編委會

國家古籍整理出版專項經費資助項目

江南製造局

科技譯著集成

化學卷

第壹分册

主編 王雪迎 鄧亮

中國科學技術大學出版社

圖書在版編目(CIP)數據

江南製造局科技譯著集成.化學卷.第壹分册/王雪迎，鄧亮主編.—合肥：中國科學技術大學出版社，2017.3

ISBN 978-7-312-03813-6

Ⅰ.江… Ⅱ.①王… ②鄧… Ⅲ.①自然科學—文集 ②化學—文集 Ⅳ.①N53 ②O6-53

中國版本圖書館CIP數據核字(2015)第204820號

出版 中國科學技術大學出版社
安徽省合肥市金寨路96號，230026
http://press.ustc.edu.cn
https://zgkxjsdxcbs.tmall.com

印刷 安徽聯衆印刷有限公司

發行 中國科學技術大學出版社

經銷 全國新華書店

開本 787 mm×1092 mm 1/16

印張 41.5

字數 1062千

版次 2017年3月第1版

印次 2017年3月第1次印刷

定價 534.00圓

前言

明清時期之西學東漸，大約可分爲明清之際與晚清時期兩個大的階段。無論是哪個階段，翻譯西書均是其中重要的基礎工作，正如徐光啟所言：『欲求超勝，必須會通，會通之前，先須翻譯。』明清之際耶穌會士與中國學者合作翻譯西書，這些西書主要介紹西方的天文數學知識、地理發現，以及水利技術、機械、自鳴鐘、火礮等方面的科技知識。晚清時期，外國傳教士爲了傳播宗教和西方文化，在中國創辦了一些新的出版機構，翻譯出版西書、發行報刊。傳教士與中國學者共同翻譯了多種高水平的科技著作，重開了合作翻譯的風氣，使西方科技第二次傳入中國。清政府也設立了一些譯書出版機構，這些機構與民間出現的譯印西書的機構，使翻譯西書和學習科技成爲當時的一種時尚。明清之際第一次傳入中國的西方科技著作，以介紹西方古典和近代早期的科學知識爲主，而晚清時期翻譯的西方科技著作，更多地介紹了牛頓力學建立以來至19世紀中葉的近代科技知識。晚清時期翻譯西書之範圍與數量也遠超明清之際，涵蓋了當時絕大部分學科門類的知識，使近代科學較爲系統地引進到中國。在當時的翻譯機構中，成就最著者當屬江南製造局翻譯館。江南製造局（全稱江南機器製造總局）於清同治四年（1865年）在上海成立，是晚清洋務運動中成立的近代軍工企業。由於在槍械機器的製造過程中，需要學習西方的先進科學技術，因此同治七年（1868年），在徐壽、華蘅芳等建議下，江南製造局附設翻譯館，延聘西人，翻譯和引進西方的科技類書籍，又自設印書處負責譯書的刊印。至1913年停辦，翻譯館翻譯出版了大量書籍，培養了大批人才，對中國科學技術的近代化起了重要作用。

江南製造局翻譯館翻譯西書，最初採用的主要方式是西方譯員口譯、中國譯員筆述。西方口譯人員中，貢獻最大者爲傅蘭雅（John Fryer,1839–1928）。傅蘭雅，英國人，清咸豐十一年（1861年）來華，同治七年（1868年）成爲江南製造局翻譯館譯員，譯書前後長達28年，單獨翻譯或與人合譯西方書籍百餘部，是在華西人中翻譯西方書籍最多的人，清政府曾授其三品官銜和勳章。偉烈亞力（Alexander Wylie, 1815–1887）、瑪高温（Daniel Jerome MacGowan, 1814–1893）、林樂知（Young John Allen, 1836–1907）和金楷理（Carl Traugott Kreyer, 1839–1914）也是最早一批著名的譯員。偉烈亞力，英國人，倫敦會傳教士，曾主持墨海書館印刷事務，同治七年（1868年）入館，僅短暫從事譯書工作，翻譯出版了《汽機發軔》《談天》等。瑪高温，美國人，美國浸禮會傳教士醫師，同治七年（1868年）入館，但從事翻譯工作時間較短，翻譯出版了《金石識別》《地學淺釋》等。林樂知，美國人，同治八年（1869年）入館，共譯書8部，多爲史志類、外交類著作。金楷理，美國人，同治九年（1870年）入館，共譯書17部，多爲兵學類、船政類著作。此外，尚有衛理（Edward Thomas William, 1854–1944）、秀耀春（F. Huberty James, 1856–1900）和羅亨利（Henry Brougham Loch, 1827–1900）等西人於光緒二十四年（1898年）前後入館。除了西方譯員外，稍後也聘請了部分中國口譯人員，如吳宗濂（1856–1933）、鳳儀、舒高第（1844–1919）等，其中舒高第是最主要的一位。舒高第，字德卿，慈谿人，出身於貧苦農民家庭，曾就讀於教會學校。咸豐九年（1859年）以Vung Pian Suvoong名在美國留學，先後學習醫學、神學，同治九年（1870年）入哥倫比亞大學內外科學院學習，同治十二年（1873年）獲得醫學博士學位。舒高第學成後回到上海，光緒三年（1877年）被聘爲廣方言館英文教習，幾乎同一時間成爲江南製造局翻譯館譯員，任職34年，翻譯了二十餘部著作。中方譯員參與筆述、校對工作者五十餘人，其中最重要者當屬籌劃江南製造局翻譯館的創建并親自參與譯書工作的徐壽（1818–1884）、華蘅芳（1833–1902）和徐建寅（1845–1901）。徐壽，字生元，號雪村，無錫人。清咸豐十一年（1861年）十一月，徐壽和華蘅芳入曾國藩幕府；同治元年（1862年）三月，徐壽、華蘅芳、徐建寅到曾國藩創辦的安慶內軍械所工作，建造中國第一艘自造輪船『黃鵠』號；同治四年（1865年），徐壽參與江南製造局籌建工作；同治五年（1866年），徐壽由金陵軍械所轉入江南製造局任職，被委爲『總理局務』『襄辦局務』，主持技術方面的工作；同治七年（1868年），江南製造局附設之翻譯館成立，徐壽主持館務，并親自參加翻譯工作，共譯介了西方科技書籍17部，包括《汽機發軔》《化學鑒原》《化學考質》《化學求數》等。華蘅芳，字畹香，號若汀，江蘇金匱（今屬無錫）人，清同治四年（1865年）參與江南製造局籌建工作，是最主要的中方翻譯人員之一，前後從事譯書工作十餘年，所譯書籍主要爲數學類著作，如《代數術》《微積溯源》《三角數理》《決疑數學》等，也有其他科技著作，如《金石識別》《地學淺釋》等。徐建寅，字仲虎，徐壽的次子。受父親影響，徐建寅從小對科技有濃厚興趣，18歲時就在安慶協助徐壽研製蒸汽機和火輪船。翻譯館成立後，他與西人合譯二十餘部西方科技著作，如《汽機新制》《汽機必以》《化學分原》《聲學》《電學》《運規約指》等。同治十三年（1874年）後，徐建寅先後在龍華火藥廠、天津製造局、山東機器局工作，并出使歐洲，遊歷各國工廠，考察艦船兵工，訂造戰船。光緒二十七年（1901年），徐建寅在漢陽試製無煙火藥，因實驗室爆炸，不幸罹難。此外，鄭昌棪、趙元益（1840–1902）、李鳳苞（1834–1887）、賈步緯（1840–1903）、鍾天緯（1840–1900）等也是著名的中方譯員。

關於江南製造局翻譯館之譯書，國內尚有多家圖書館藏有匯刻本，如國家圖書館、上海圖書館、北京大學圖書館、清華大學圖書館、西安交通大學圖書館等，但每家館藏或多或少都有缺漏。

雖然先後有傅蘭雅《江南製造總局翻譯西書事略》（1880年）、魏允恭《江南製造局記》（1905年）、陳洙《江南製造局譯書提要》（1909年），以及隨不同書附刻的多種《上海製造局各種圖書總目》《上海製造局譯印圖書目錄》，以及Adrian Bennett, Ferdiand Dagenais等學者關於傅蘭雅研究中所發現、整理的譯書目錄等，但仍有缺漏。根據王揚宗《江南製造局翻譯書目新考》的統計，由江南製造局刊行者193種（含地圖2種，名詞表4種，連續出版物4種），另有他處所刊翻譯館譯書8種，已譯未刊譯書40種，共計241種。此文較詳細甄別，考證各譯書，是目前最系統的梳理，但仍有少許不足之處。比如將《化學工藝》一書兩置於化學類和工藝技術類，致使總數多增1種。又如認爲《礮法求新》與《礮乘新法》兩書相同，又少算1種。再如，此統計中有《克虜伯腰箍礮說、礮架說、螺繩礮架說》1種3卷，而清華大學圖書館藏《江南製造局譯書匯刻》本之《攻守礮法》中，附有《克虜伯腰箍礮說》《克虜伯礮架說船礮》《克虜伯船礮操法》《克虜伯礮架說堡礮》《克虜伯螺繩礮架說》，且藏有單行本5種，金楷理口譯，李鳳苞筆述。又因一些譯著附卷另有來源，可爲一種新書，如《電學》卷首、《光學》所附《視學諸器圖說》、《航海章程》所附《初議記錄》等。

在江南製造局的譯書中，科技著作占據絕大多數。在洋務運動的富國强兵總體目標下，這些譯著介紹了大量西方軍事工業、工程技術方面的知識，對中國近代軍隊的制度化建設、軍事工業的發展以及民用工程技術的發展産生了重要影響；同時又在自然科學和社會科學等方面作了平衡，翻譯傳播了西方的科學成果，促進了中國科學向近代的轉變，一些著作甚至在民國時期仍爲學者所重視；在譯書過程中厘定大批名詞術語，出版多種名詞表，體現出江南製造局翻譯館在科技術語規範化方面所作的貢獻，其中很多術語沿用至今，甚至對整個漢字文化圈的科技術語均有巨大影響；通過對西方社會、政治、法律、外交、教育等領域著作的介紹，給晚清的社會文化領域帶來衝擊，對晚清社會的政治變革也作出了一定的貢獻，促進了中國社會的近代化。此外，通過譯書活動，也培養了大批科技人才、翻譯人才。江南製造局譯書也爲其他國家所重視，如日本在明治時期曾多次派員赴上海專門收購，根據八耳俊文的調查，可知日本各地藏書機構分散藏有大量的江南製造局譯書。近年來，科技史界對於這些譯著有較濃厚的研究興趣，已有十數篇碩士、博士論文進行過專題研究。

有鑒於此，我們擬將江南製造局譯著中科技部分集結影印出版，以廣其傳。本書先是納入『2011–2020年國家古籍整理出版規劃』之『中國古代科學史要籍整理』項目，後於2014年獲得國家古籍整理出版專項經費資助，名爲《江南製造局科技譯著集成》。

對江南製造局原有譯書予以分類，可分爲史志類、政治類、交涉類、兵制類、兵學類、船類、學務類、工程類、農學類、礦學類、工藝類、商學類、格致類、算學類、電學類、化學類、聲學類、光學類、天學類、地學類、醫學類、圖學類、地理類，并將刊印的其他書籍歸入附刻各書。從已刊行之譯書內容來看，與軍事科技、工業製造、自然科學相關者最主要，約占總量的五分之四。本書收錄的著作共計162種（其中少量著作因重新分類而分拆處理），包括150種江南製造局翻譯館翻譯且刊印的與科技有關的譯著，5種江南製造局翻譯但別處刊印的著作，7種江南製造局刊印的非翻譯館翻譯或非譯著類著作。本書對收錄的著作按現代學科重新分類，并根據篇幅大小，或學科獨立成卷，或多個學科合而爲卷，凡10卷，爲天文數學卷、物理學卷、化學卷、地學測繪氣象航海卷、醫藥衛生卷、農學卷、礦學冶金卷、機械工程卷、工藝製造卷、軍事科技卷。

儘管已有陳洙《江南製造局譯書提要》對江南製造局譯著之內容作了簡單介紹，析出目錄，但缺漏不少。上海圖書館《江南製造局翻譯館圖志》也對江南製造局譯著作了一一介紹，涉及出版情況、底本與內容概述等。由於學界對傅蘭雅已有較深入的研究，因此對於傅蘭雅參與翻譯的譯著底本已有較明確的信息，然而對於其他譯著的底本考證，則尚有較大的分歧。本書對收錄的著作，一一寫出提要，簡單介紹著作之出版信息，盡力考證出底本來源，對內容作簡要分析，并附上目錄。此外，我們計劃另撰寫單行的提要集，對其中重要譯著的原作者、譯者、成書情況、外文底本及主要內容和影響作更全面的介紹。

馮立昇　鄧　亮

2015年7月23日

凡例

一、《江南製造局科技譯著集成》收錄150種江南製造局翻譯館翻譯且刊印的與科技有關的譯著，5種江南製造局翻譯但別處刊印的著作，7種江南製造局刊印的非翻譯館翻譯或非譯著類著作。

二、本書所選取的底本，以清華大學圖書館所藏《江南製造局譯書匯刻》爲主，輔以館藏零散本，并以上海圖書館、華東師範大學圖書館等其他館藏本補缺。

三、本書按現代學科分類，凡10卷：天文數學卷、物理學卷、化學卷、地學測繪氣象航海卷、醫藥衛生卷、農學卷、礦學冶金卷、機械工程卷、工藝製造卷、軍事科技卷。視篇幅大小，或學科獨立成卷，或多個學科合而爲卷。

四、各卷中著作，以內容先綜合後分科爲主線，輔以刊刻年代之先後排序。

五、在各著作之前，由分卷主編或相關專家撰寫提要一篇，介紹該書之作者、底本、主要內容等。

六、天文數學卷第壹分冊列出全書總目錄，各卷首冊列出該分卷目錄，各分冊列出該分冊目錄。

七、各頁書口，置兩級標題：雙頁碼頁列各著作書名，下置頁碼；單頁碼頁列各著作卷章節名，下置頁碼。

八、『提要』表述部分用字參照古漢語規範使用，西人的國別、中文譯名以及中方譯員的籍貫等與原翻譯一致；書名、書眉、原書內容介紹用字與原書一致，有些字形作了統一處理，對明顯的訛誤作了修改。

分卷目錄

分冊目錄

江南製造局科技譯著集成

化學卷

第壹分册

化學鑑原

《化學鑑原》提要

《化學鑑原》六卷，英國韋而司（David A. Wells, 1829–1898）撰，英國傅蘭雅（John Fryer, 1839–1928）口譯，無錫徐壽筆述，上海曹鍾秀繪圖，新陽趙元益校字，同治十一年（1872年）刊行。底本爲《Principles and Applications of Chemistry》，1858年版，但部分增補內容的底本來自《化學鑑原補編》的底本《Chemistry, Inorganic and Organic, with Experiments and a Comparison of Equivalent and Molecular Formulae》，1867年版。

此書各卷無卷名，每卷各含若干節，共四百一十節。首卷通論化學基本原理，包括元素定義、元素數量、元素種類、化合方法等，并增加『華字命名』一節對元素的譯名方法予以界定。此後在卷二至卷六分別介紹了各種元素的符號、性質、製法、用途、主要化合物等方面的知識。

此書內容如下：

卷一　第一節萬物分類，第二節原質之義，第三節原質之數，第四節原質分類，第五節雜質之義，第六節化合之理，第七節愛攝力之理，第八節化合之例，第九節定比例，第十節加比例，第十一節等比例，第十二節化合相代，第十三節化合分劑，第十四節體積分劑，第十五節質點之理，第十六節質點容熱定率，第十七節體積分劑與輕重分劑之用，第十八節本質，第十九節配質，第二十節鹽類，第二十一節非配非本謂之中立，第二十二節同原異物，第二十三節同質異形，第二十四節西國命名之始，第二十五節原質命名，第二十六節雜質命名，第二十七節原質立號，第二十八節雜質立方，第二十九節華字命名

卷二　第三十節非金類之質，第三十一節非金類與金類之別，第三十二節養氣根源，第三十三節取法，第三十四節形性，第三十五節呼吸必有養氣，第三十六節養氣有吸鐵電氣之性，

黃異形，第一百三十一節硫白，第一百三十二節硫黃與養氣化合，第一百三十三節硫養二，第一百三十四節形性，第一百三十五節硫養三，第一百三十六節取法，第一百三十七節奴陀僧硫强水，第一百三十八節無水硫養三，第一百三十九節形性，第一百四十節硫二養二，第一百四十一節輕硫，第一百四十二節形性，第一百四十三節硒，第一百四十四節碲，第一百四十五節燐之根源，第一百四十六節取法，第一百四十七節形性，第一百四十八節變形燐，第一百四十九節自來火，第一百五十節燐與養氣化合，第一百五十一節燐養五，第一百五十二節燐養三，第一百五十三節燐與輕氣化合，第一百五十四節形性，第一百五十五節砷之根源，第一百五十六節形性，第一百五十七節砷養三，第一百五十八節硼砂，第一百五十九節矽之根源，第一百六十節形性，第一百六十一節矽養三，第一百六十二節形性，第一百六十三節玻璃，第一百六十四節各種玻璃，第一百六十五節顏色玻璃，第一百六十六節暗白玻璃，第一百六十七節玻璃緩冷能堅固，第一百六十八節矽弗二氣，第一百六十九節炭，第一百七十節金剛石，第一百七十一節筆鉛，第一百七十二節煤，第一百七十三節木炭，第一百七十四節炱，第一百七十五節炭之形性，第一百七十六節炭之雜質，第一百七十七節炭養二，第一百七十八節取法，第一百七十九節形性，第一百八十節炭氣能容水中，第一百八十一節炭氣成定質，第一百八十二節炭養氣，第一百八十三節炭硫二，第一百八十四節衰，第一百八十五節形性，第一百八十六節鉀二衰三鐵，第一百八十七節洋藍，第一百八十八節藍墨，第一百八十九節鉀三衰六鐵二，第一百九十節鉀衰，第一百九十一節輕衰，第一百九十二節衰與養氣化合之質，第一百九十三節衰養，第一百九十四節衰二養二，第一百九十五節炭與輕氣化合，第一百九十六節炭二輕四，第一百九十七節形性，第一百九十八節炭四輕四，第一百九十九節形性，第二百節生光各氣，第二百一節煤氣根源，第二百二節取法，第二百三節煤氣量法，第二百四節燒之源，第二百五節燒之義，第二百六節燒之別，第二百七節燒之理，第二百八節燒後之質加重，第二百九節燒後所成之質，第二百十節物熱生光，第二百十一節生光之料，第二百十二節燭燒之理，第二百十三節火焰之形，第二百十四節火焰之熱，第二百十五節防火燈，第二百十六節生光二要，第二百十七節空心燈，第二百十八節空心酒燈，第二百十九節吹火筩，第二百二十節炭質變化

卷四　第二百二十一節金類根源，第二百二十二節形性，第二百二十三節金類分屬，第二百二十四節鹻屬之金，第二百二十五節鉀之根源，第二百二十六節取法，第二百二十七節形性，第二百二十八節鉀養，第二百二十九節形性，第二百三十節鉀養炭養二，第二百三十一節鉀養二炭養二，第二百三十二節鉀養淡養五，第二百三十三節形性，第二百三十四節火藥，第二百三十五節製火藥法，第二百三十六節鈉之根源，第二百三十七節形性，第二百三十八節鈉養輕養，第二百三十九節鈉綠，第二百四十節鈉養硫養，第二百四十一節鈉養炭養二，第二百四十二節鈉養二炭養二，第二百四十三節試量鹻質，第二百四十四節鈉養淡養五，第二百四十五節鋰，第二百四十六節鏭，第二百四十七節鋤，第二百四十八節淡輕四，第二百四十九節淡輕四綠，第二百五十節淡輕三，第二百五十一節取法，第二百五十二節形性，第二百五十三節淡輕三水，第二百五十四節淡輕四養與炭養二化合，第二百五十五節淡輕四硫，第二百五十六節鹻屬總性，第二百五十七節鹻土屬之金，第二百五十八節鋇，第二百五十九節鎴，第二百六十節鈣，第二百六十一節鈣養，第二百六十二節形性，第二百六十三節石灰膏，第二百六十四節水中堅結之石灰，第二百六十五節鈣養炭養二，第二百六十六節石料，第二百六十七節鈣養硫養三，第二百六十八節鈣養硫二養二，第二百六十九節鈣綠，第二百七十節鎂，第二百七十一節鎂養，第二百七十二節鎂養硫養三，第二百七十三節鎂養炭養二，第二百七十四節鹻土屬總性，第二百七十五節土屬之金，第二百七十六節鋁之根源，第二百七十七節鋁二養三，第二百七十八節白礬，第二百七十九節同物異原，第二百八十節鋁二養三矽養三，第二百八十一節生泥，第二百八十二節瓦器，第二百八十三節磁器，第二百八十四節鋊，第二百八十五節鋯，第二百八十六節鉒，第二百八十七節鈦，第二百八十八節鉺，第二百八十九節鋱，第二百九十節錯，第二百九十一節鋃，第二百九十二節鏑，第二百九十三節土屬總性

卷五上　第二百九十四節賤金，第二百九十五節鐵之根源，第二百九十六節形性，第二百九十七節鐵與養氣化合之質，第二百九十八節鐵養，第二百九十九節鐵二養三，第三百節鐵養三，第三百一節鐵三養四，第三百二節鐵硫，第三百三節鐵養炭養二，第三百四節鐵養硫

養三，第三百五節鐵與綠氣之質，第三百六節鐵礦，第三百七節鐵之用，第三百八節英國鍊泥鐵礦法，第三百九節生鐵，第三百十節熟鐵，第三百十一節鋼，第三百十二節熟鐵又法

卷五下　第三百一十三節錳之根源，第三百一十四節錳與養氣化合之質，第三百一十五節鉻之根源，第三百一十六節鉛養鉻養三，第三百一十七節鉻養三，第三百一十八節鈷之根源，第三百一十九節鈷綠，第三百二十節鎳之根源，第三百二十一節鈷鎳同性，第三百二十二節鋅之根源，第三百二十三節形性，第三百二十四節鍍鋅法，第三百二十五節鋅養，第三百二十六節鋅綠，第三百二十七節鎘之根源，第三百二十八節銦之根源，第三百二十九節鉛之根源，第三百三十節形性，第三百三十一節鉛與養氣合成之質，第三百三十二節鉛養炭養二，第三百三十三節鉛之雜論，第三百三十四節鉛和別金，第三百三十五節鉈之根源，第三百三十六節錫之根源，第三百三十七節形性，第三百三十八節錫與別物合成之質，第三百三十九節鍍錫法，第三百四十節銅之根源，第三百四十一節形性，第三百四十二節銅與養氣合成之質，第三百四十三節銅養，第三百四十四節銅養硫養三，第三百四十五節銅養淡養五，第三百四十六節二銅養醋酸，第三百四十七節銅雜質之形性，第三百四十八節銅礦，第三百四十九節鍊銅，第三百五十節煆礦去鉮與硫，第三百五十一節與矽養三同鎔以去鐵養，第三百五十二節煆銅鐵硫二使鐵硫盡成鐵養，第三百五十三節使鐵養變鐵養矽養三而盡去，第三百五十四節煆去銅二硫之硫使成泡面銅，第三百五十五節鎔去異質使成純銅，第三百五十六節略去養氣使成韌性，第三百五十七節小試取銅法，第三百五十八節能損銅性之異質，第三百五十九節銅和別金，第三百六十節鉍之根源，第三百六十一節鉍之雜質，第三百六十二節鈾之根源，第三百六十三節釩之根源，第三百六十四節鎢之根源，第三百六十五節鉬之根源，第三百六十六節鐠之根源，第三百六十七節鉭之根源，第三百六十八節鈮之根源，第三百六十九節銻之根源，第三百七十節銻之雜質，第三百七十一節鉮之根源，第三百七十二節鉮養三，第三百七十三節鉮養五，第三百七十四節醫治砒毒，第三百七十五節試驗砒毒

卷六　第三百七十六節貴金，第三百七十七節汞之根源，第三百七十八節形性，第三百七

十九節汞二養，第三百八十節汞養，第三百八十一節汞二綠，第三百八十二節汞綠，第三百八十三節汞與淡養五之雜質，第三百八十四節汞硫，第三百八十五節水銀之用，第三百八十六節銀之根源，第三百八十七節取法，第三百八十八節提銀去銅，第三百八十九節提銀去鉛，第三百九十節形性，第三百九十一節銀與養氣之質，第三百九十二節銀養淡養五，第三百九十三節銀綠，第三百九十四節銀碘，第三百九十五節銀硫，第三百九十六節銀之用，第三百九十七節金之根源，第三百九十八節形性，第三百九十九節金之雜質，第四百節金之用，第四百一節分金，第四百二節金箔，第四百三節鉑之根源，第四百四節形性，第四百五節鉑之雜質，第四百六節鈀，第四百七節銠，第四百八節銤，第四百九節釕，第四百十節銥

化學鑑原卷一

英國韋而司撰

英國 傅蘭雅 口譯
無錫 徐 壽 筆述

第一節 萬物分類

萬物分為兩大類。一曰化成類。如金土氣水等物。二曰生長類。如動植等物。

第二節 原質之義

萬物之質今所不能化分者。名為原質。

第三節 原質之數

萬物中之原質。人所已知而且有憑驗者。共得六十四種。如後人又得別物。竟不能化分者。可增益其數。或現有之物。後人再能化分者。即不為原質。

第四節 原質分類

原質分為兩類。一為金類。一為非金類。金類之品雖多於非金類。然萬物以非金類化成者。乃多於金類。六十四原質之內。氣質五種。流質二種。其餘者不甚冷不甚熱之時。俱為定質。世所常有者。止有十四種。地上萬物約多用此十四種化成。此外所見甚少。用處亦不多矣。故萬物內獨成為原質者無幾。大半化合於雜質之內。雜質者。數原質所合成也。

第五節 雜質之義

雜質乃數種原質化合而成。蓋數原質交互更易。可成雜質無窮。今人以各物相試。增多無數新物。有大益於人者。有大奇怪者。有甚烈者。

第六節 化合之理

古常言各質皆有靈性。使之化合。後又言各質如相錯之意而化合。其實皆不然。今人考知此理。係質點各自相引至極親極切而化合也。相引之力。名為愛攝力。然此愛攝之理。究不能窮其所以然。或言乃類乎電氣者為之也。

第七節 愛攝力之理（以下省稱愛力）

其一。物質在體界之內。其愛力甚大。若出體界之外。則愛力全無。○如鐵線一條。雖懸挂重物不斷。若入硫強水內。則消化而變為明流質。因鐵與強水化合也。然流質之內。亦不見鐵之形迹矣。又設異類二物。雖磨至極細之點而相和。尚難顯其愛力。如白礬與鹻。共置鉢內。乳之極久。不見愛力之驗。若加以水。則兩物相親而化合。且暴發如沸矣。愛力之驗。有時甚大。人可得其益。如煤之燃。因煤內之炭質與空氣中之養氣化合而生熱。熱極生火。火可生汽。汽可生力。故將好煤一傍燒諸精

器之內所生之汽可起一百磅之重高至二十里起一磅之重則高至二千里也準此法又可較量碳質與養氣愛力之數

其二同類之物不能顯愛力○鐵二塊或硫黃二塊或銅二塊自相切並無愛力若硫黃與鐵或硫黃與銅愛力即顯故天地間之物而祗為一原質則不能有愛力且無化學矣

其三大約物質相異者愛力大相似者愛力小

其四顯愛力而化合之後物之形性全改○改變形性極為奇異未化合之前不能知其化合之後變何形性如硫強水化銅則得藍色半明之質硫強水化鐵則得淺綠色之明質然化合之後雖其形性改變視之如毀滅而原質仍存其內若反用其法即可復得原質

其五此質與別質之愛力各有大小不同但雖不同而有定率○硝強水與各金大半可化而合之如銀汞銅鉛是也惟與此四金之愛力大小迥異與銀不若與汞之大與汞不若與銅之大與銅又不若與鉛之大故以一原質與別質其愛力可作一表以大小為次第

其六化合之後形性雖變原質仍存權其化後之重必與未化之時等故知原質未毀滅也如第一圖用玻璃

第一圖

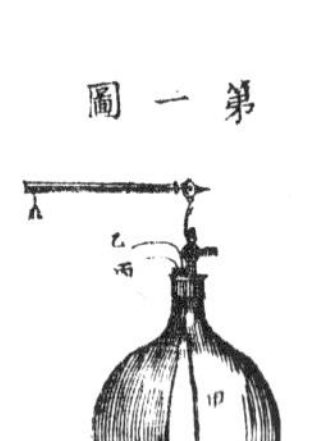

瓶甲可容二百五十立方寸口有銅蓋蓋有塞門內盛棉花火藥十二釐用抽氣筩抽盡其氣權得重數將電氣乙丙二線引點之火光閃爍藥化為氣而不見再權之重數與前等可見原質之不毀也

其七自能化合之物其置一處或可立顯愛力而化合或待片時或待多時或待別力（如熱之力）相助其愛力而化合○尋常之物不能自顯其愛力如積炭雖多久之亦無改變取數枚燃之而還置原處則空氣中之養氣與所積之炭顯出愛力而使盡燬矣又有物不必再加外力自能顯出愛力者如燐少得空氣即漸燃置諸日中即立燃

有時二物自不能化合再以一物近之其二物立能化合其一物與彼無關並不改變形質也○如糖消化於水加酵少許則通體變酸發大

各物纔生發之時比平時之愛力更大○如輕氣與淡氣已成之後其置器內不能化合惟於別物中並發而相遇方能立時化合

其八凡作雜質有用原質並合而成者或有雜質之內

本其數質再用原質與化合卽使一質離開此原質代之而成者

其九各原質之化合以發熱爲常事間有發熱之外又能發光者其熱與光之數以化合之遲速爲比例

第八節　化合之例

平常配合其權量之多少本無定限人因此事而以爲化合之理亦同此例則不然矣蓋化合之理其數自有一定之率若不依此定率斷不能盡成也此率有三各質化合必依此三率內之一率其一定比例其二加比例其三等比例

第九節　定比例

化合而成雜質其原質之數有定率自可測而知之且永無改變試此定率有分合二法○如純水一百分養氣居八十八分八九輕氣居十一分一一此水無論在谿在河爲汽爲冰爲霧爲雲若分之爲原質其兩原質之數終不改變若化合此兩原質而其數不依此定率則不能全成爲水必有偏多之原質餘出又如火石分爲原質每百分有五十一分八爲養氣有四十八分二爲矽此定比例之理雖屬顯易而分合之奧旨乃由此以生凡一切製造之事大半與化學相關若不審察此

此殊難成事也

第十節　加比例

此原質與彼原質化合或比例不一而有等級故所成之各物性雖大異而其級數可考而知設甲乙兩原質之比例甲用一數乙用一數或乙遞加一數如二如三如四之類又設甲用二數乙用三數乙又遞加二數如五如七之類

第十一節　等比例

設有此原質甲彼原質乙丙丁使之化合其定率則乙丙丁與甲化合之比例卽乙丙丁各自化合之比例所

以原質各相化合之定率卽可用數表明其比例○今以養氣與各原質爲例若與輕氣化合則成水每百分之內有養氣八十八分八九輕氣十一分一一若與鈣化合則成石灰每百分之內有養氣二十八分五八鈣七十一分四二若鉀百分則養氣十七分○二鉀八十二分九八以是知養氣與各質化合其數各不等若成此一質之數則無不等故其化合之數自有比例之定率設用養氣八分爲定率則各原質之數入算最易所以西人有以養氣爲主者此數旣定則各原質之數無不定矣如水有養氣八分輕氣一分則以八十八分八

九與十一分一一之比卽八與一之比又如石灰有養氣八分鈣二十分則以二十八五八與七十一分四二之比卽八與二十之比又如鏀有養氣八分鉀三十九分則以十七分○二與八十二分九八之比卽八與三十九之比其餘各原質可依此八分養氣之率爲定數如養氣八分與淡氣十四分與硫黄十六分與炭六分與鐵二十八分與銅三十二分與汞一百分與鉛一百四分與銀一百八分俱可化合而爲雜質此各數不但與養氣化合之數亦卽各自化合之數如輕氣一分與硫黄十六分爲一質硫黄十六分與鐵二十八分爲一質汞一百分與鉀三十九分爲一質

第十二節　化合相代

以一原質擠去他質而自與此質化合也如甲與乙合爲一質愛力不甚大再用丙與相合其愛力與甲甚大則丙必擠去乙而自與甲化合其數仍與前相同以貿易之事明之如洋錢百枚買金六兩或鉑十二兩或銀一百兩或汞一千五百兩則金六兩與鉑十二兩與銀一百兩其値並相等在化學亦然卽如鐵二十八分與汞一百分與銀一百八分與輕氣一分俱以養氣八分化合以是知鐵二十八兩與汞一百兩與銀一百八兩輕氣一兩亦相等

第十三節　化合分劑此論輕重

各原質化合所用之數名曰分劑數養氣以八分爲一分劑如言一分劑卽八分也鐵以二十八分爲一分劑如言一分劑卽二十八分也汞以一百分爲一分劑如言一分劑卽一百分也所用分劑之數不過與他質比較之數其原質本無此數所以不拘何數可立一分劑數一質之數既定各質之數必依此爲比例矣如輕氣爲分劑數之最小者其數卽一可用一百代之或一千代之或一十代之而他質之數亦依此相代而以本數乘之且用○・一亦可或○・○一亦可而他質之數亦依此相減如輕氣一百養氣八百鐵二千八百若輕氣爲○・一則養氣爲○・八鐵爲二・八

英國與美國俱用輕氣爲主其分劑數卽一因比他質之數最小整數使於推算如輕氣爲一養氣卽爲八歐羅巴之别國用養氣一百分爲主則輕氣數爲養氣數八分之一以八分爲百分卽一爲十二・五他質俱依此而改矣是書仍用輕氣爲主表附卷末

分劑之法不但各原質有之而各雜質亦有之其雜質分劑之數卽各原質相幷之數如一分劑輕氣爲一一分劑養氣爲八幷之卽水一分劑爲九又硫强水之一

分劑爲四十因其內硫一分劑十六與養氣三分劑二十四十六幷二十四即爲四十又鉀一分劑爲三十九養氣一分劑爲八化合之後即成鹻故鹻之一分劑爲四十七各原質盡依此法化合而各雜質之化合亦依此如水一分劑爲九鹻一分劑爲四十七兩物之比例即九與四十七準此始能化合否則雖化合而不全矣如硫强水與鹻之雜質名爲元明粉必用硫强水四十鹻四十七也而元明粉之分劑又爲八十七也所以分劑之法皆宜深考西國數十年前尚未知此故作雜質常有屢次相試而未能全成者今則一檢分劑之表而

可成各雜質矣

第十四節　體積分劑

化合之分劑固依輕重然以氣質化合者亦可以體積爲比例設甲乙爲兩種氣質甲用體積一乙用體積一二三四俱可化合或甲用體積二乙用體積三亦可化合如一氣質稍多所餘者不能化合○有時兩氣質已合之後其體減小於未合之時因兩氣相切緊密也然其減小之數亦有定率如輕氣三分劑與淡氣一分劑合爲淡輕氣其體比未合之時小一半而輕重仍相等

第十五節　質點之理

原質化合之時必用分劑之數不依此數不能化合細思其理久而未得前六十年西人多而敦極精化學思得一理徧傳各國雖未有全據而考究化學者盡宗其說名爲質點之理蓋萬物俱以極細無內之點相切而成此點不能再分雖明力極大之顯微鏡亦難辨察然其所有之據即在化合之中

多而敦又言凡原質點所成之形式與體積輕重皆點點相等而化合之時乃兩原質之彼此兩點依附密切而成一雜點或彼一點與此二點相切或彼一點與此三點或四點或五點相切或彼二點與此三點或五點

或七點相切如是相切相間相累相積而成雜質惟彼一點不能與此半點或小半點相切所以然者因點不能再分也此即各質不依定率不能化合之故○各質化合特因質點彼此相切相間而一質內各點之形體輕重本屬相等所以彼此兩全質化合固不得不依定率也○二不等原質之點先化合而爲雜點此雜點再與他質之點化合亦必依各原點化合之法其雜點亦不能再分若能分之其爲雜點之性則毀滅○質點之理即從分劑考知旣得此理又可還證分劑之理若言無此質點之理而以爲萬物可分至無窮則各質分劑

之數亦可任意多少矣且準此無窮分之理則化合各質之時可用無窮之率而成無窮雜質矣所成無窮雜質又得無窮之性矣習化學者皆謂必無此理○多而敦又思一理既知化合分劑之數即可知原質每點輕重之數先知最要數原質每點輕重之數即推廣而至各原質及各雜質每點輕重之數無不可知矣但最要數原質每點輕重之數何以知之即借此分劑之理以知之如彼一分劑與此一分劑能化合即彼一點與此一點亦然即彼一點與此二點或彼一點與此三點或四點以上無不然水之一物乃養氣與輕氣所成其養

氣為八分輕氣必一分兩氣各一點之化合則輕氣八點如養氣一點之重是知養氣之點與輕氣之點其重若八與一矣又養氣與淡氣化合分劑之數有淡氣一分劑養氣一分劑為第一淡氣一分劑養氣二分劑為第二以後次第相加即為第三第四第五其第一種之雜點每點內一點淡氣一點養氣所成則養氣點與淡氣點之輕重如八與十四至此已知三原質每點重數之比例即輕氣點為一養氣點為八而淡氣點為十四再推言之如淡輕氣乃輕氣淡氣所成其二質分劑之數與質點輕重之數亦無不同又如硫黃與養氣化合

硫黃與輕氣化合其每點輕重之數即十六與八十六與一之比其餘一切原質一切雜質俱依此法相試其據盡同○依前論既知質點之重數即分劑之數則彼此兩分劑數合成雜質即彼此兩質之點合成雜點也繼多而敦之後而考驗者俱以質點輕重之理為不謬且又考得質點容熱有定率亦為此理之證

第十六節　質點容熱定率

物質各點之容熱皆有定率亦與分劑之數為比例如鐵銅汞鉛四物之分劑數即二十八三十二一百二百四若將此四物之重各依其分劑之數加熱而使其熱

度等則所用之熱必等設鉛一百四磅用酒加熱至二百十二度考得用酒若干再以汞一百磅或銅三十二磅或鐵二十八磅使其熱皆至二百十二度則用酒之重必與熱鉛之酒等此外如錫鋅鎳鈷金鉑硫燐歷試盡同推至一切原質當無不同故能知萬物容熱之數即可考萬物質點之重且可證萬物分劑之數矣由此而考雜點容熱之數與原點容熱之數其比例亦等凡原質能化氣質者其重率及質點重數輕重分劑體積分劑四者皆有比例如淡氣一立方尺比輕氣一立方尺其重十四倍綠氣一立方尺其重三十五倍溴氣

之重八十倍養氣之重十六倍錪氣之重一百二十七倍此數物與輕氣較重之數適與其分劑之數及質點之重率相等其不等者惟養氣爲二倍耳

化學家必明辨質點之重率與質點之大小二者之別蓋質點之重率卽爲分劑之數者可考試而證之質點之大小無法求其實據雖歷經精博之士細分物質終未得其極小之限也近時所造至精之顯微鏡將物質一釐分爲萬萬萬分尚能見之然將黃金分至顯微鏡所不能見而用法試之仍現金性故質點大小之據恐難得也○論質點之形有二理其一點之形勢必若順理而劈成之顆粒如錦之顆粒爲斜立方形試將錦一塊碎之每小塊之形必與大塊相同再碎爲極細之粉用顯微鏡察之亦與大者同形其粉若能再分至原點其形當亦無不同也然以各質而論則又各異或有四等面者或六等面者或不等面者惟一質之中則各點無異也所以各質順理劈之成各等面形其原點亦卽此形故也其二前形爲無數圓球累積而成形之不同因圓球累積之式不同也以方爲底而正累之卽爲正立方形斜累之卽爲斜立方形漸累漸減卽爲方錐形以三邊形爲底亦然

第十七節　體積分劑與輕重分劑之用

論化學之理以體積分劑爲精妙所以化學家多從此法惟化學之用仍以輕重分劑爲便也如水依輕重分劑爲輕養若依體積分劑則爲輕養卽養氣一質點與輕氣二質點相切也惟其指數必另加記號使與輕重分劑之指數有別

第十八節　本質

本質者與配質化合而能滅其性者也品類繁多而鹻類居其一鹻類者能消化於水按之膩而滑嘗之辢而臭草木之藍色爲酸所變紅者此能復之性正與酸相對常用之鹻及淡輕水卽此類也鹻類西音阿格利言草木燒出之灰內含鹻質也後推此意凡類乎此者俱言阿格利

第十九節　配質

配質者與本質化合能滅其性使成鹽類者也品類亦繁而酸類居其一酸類者亦能消化於水嘗之味酸能變草木之藍色爲紅硫強水醋酸等皆此類也

第二十節　鹽類

本與配化合之雜質謂之鹽類若以金類電氣化分之還成本配二物其配往陽極故爲陰電質其本往陰極故爲陽電質○欲知酸與辢之性用草木之色證之如

紫色菜所煮透明紫水是也將此水分盛甲乙二器在甲內稍添硫强水其色猝變爲紅在乙內稍添鹻水其色猝變爲綠將二器之水漸并一器初時爲紅色漸變爲紫色并盡而成明藍色蓋𨐲與酸化合而二性皆泯沒也若將變成之藍水用微火煮之使水化汽而去則賸下之定質成顆粒即爲鹽類名鉀養硫養乃硫强水與鹻化合所成也○化學家試驗酸味𨐲味之物有藍色之材名里低毋司此物係一種苔草取出將少許添水染紙此紙雖遇極淡酸味之水立變紅色紅後雖遇極淡𨐲味之水立復藍色故習化學者常備此二色之紙名曰試紙○酸與𨐲之極奇者乃具最烈之性如濃强水雖極堅之金類尚能消化以改其形稍淡者亦能毀滅動植諸物如鹻類亦能毀動物之皮或玻璃器或磁器之皮用鹻類之水滴於有油之物其油立即泯沒更奇者化合之後其對性兩相毀滅○原質之內並無一酸味之物亦無一𨐲味之物故凡酸與𨐲皆爲雜質

第二十一節　非配非本謂之中立如水是也故水或可爲配或可爲本

第二十二節　同原異物

昔言兩種雜質之內所有原質與分劑相同者其二雜質之性亦必同此雜質內之原質與彼雜質內之原質可交互更易也近考其言謬誤蓋雜質之內原質與分劑雖同而性與形色有大異者如易化油類之松香油檸檬油等皆爲同分劑之炭輕氣合成而其香其質其功用其沸界其較水輕重皆大不同又玫瑰花油內凝結之顆粒香最馥郁而原質與分劑適同煤氣燈之氣所以同原異物之故必考質點之理以證之論者以爲各質點之排列不同則形性自異如西國棋盤其黑白之方錯綜爲數式

第二圖

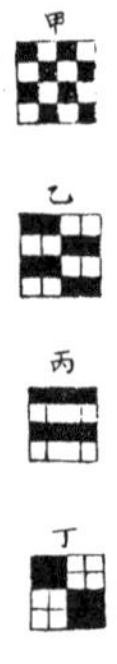

如第二圖每大方內有黑小方八白小方八甲大方一一相間乙大方二二相間丙丁大方四四相間蓋質點之相間亦然形性亦因此改變矣

第二十三節　同質異形

有數種原質或爲二形或爲多形其性亦不同炭一物也而爲金剛石而爲黑炭爲筆鉛爲煙炱是也硫矽硼燐養氣等亦如此最奇者金剛石燒之甚難而煙炱著火即燃燐常爲輭質而色黃臭味極烈少熱即燃或爲一黑色硬體無臭無味雖切身亦無害此原質之異形異性也想亦無外乎質點之排列如棉花可擠之極密

極細而爲紙或彈而爲絮或紡而爲紗或織而爲布其形異其性亦異焉

第二十四節　西國命名之始　譯存備考

化學之事今精於昔原雜兩質日增月盛若不定名必致混淆前九十年習化學者會集多人於法國大書院內立意定名既定之後不但視其字可別各物之名並可知雜質之內係何等原質所成且可知原質分劑之數所以流傳各國遵而不改

第二十五節　原質命名

昔時已知之原質多仍俗名間有羅馬方言如羅馬名

鐵曰勿日阿末金曰阿日阿末銅曰古部日阿末汞曰海得喏治日阿末銀曰阿而件得阿末鉛曰部勒末布阿末錫曰司歎奴阿末若近時考得之原質則命名之意即以表其性如勿司勿而阿司即燐其意發光也克羅而因即綠氣其意此氣綠色也孛羅明即溴水其意此物有臭氣也考得金類之原質則於其名之末添阿末以別之使與羅馬舊有金類名之末字相同如布拉典阿末以日地阿末卜對斯阿末素地阿末皆是

第二十六節　雜質命名

二原質化合之雜質名曰二合質如水即養氣輕氣化合硫養即硫強水乃硫黃與養氣化合鐵養即鐵鏽乃鐵與養氣化合二合質與二合質化合之雜質名曰三合質因內含三原質也又名鹽類尋常地產之石三合質爲多鹽類與鹽類化合之雜質名曰四合質又曰雙鹽如白礬即鉀養硫養與鋁養硫養化合而成是也又於名內減一字母或加一字母以表明其原質之分劑數若字無更改則爲一分劑此法雖能表明雜質內之原質與分劑數然雜質往往有多種原質合成者則字必甚多而不便記憶所以又思以號易名之法

第二十七節　原質立號

凡立號用羅馬方言以原質名之第一字母爲之設第

一字母有相同者則加第二字母以別之羅馬言各原質之名號表見第二十九節再於各號之右旁加指數以表其分劑數不加指數者即爲一分劑如O.即養氣一分劑若以輕氣爲主者則養氣之重率爲八如H.即輕氣一分劑其重率爲一如C.即炭一分劑其重率爲六如Pb.即鉛一分劑其重率爲一百四或有指數在前者其意並同此法亦可爲原點之重數如O_2爲養氣二點之重數如O_5爲養氣五點之重數

第二十八節　雜質立方

立方之法並列各原質之號而加指數於號之右旁以

表其分劑不加指數者爲一分劑如HO.卽水之方爲輕氣一分劑養氣一分劑如SO_3.卽硫强水之方爲硫黃一分劑養氣三分劑又$C_{12}H_{11}O_{11}$卽糖之方乃炭十二分劑輕氣十一分劑養氣十一分劑凡並列數原質之號及分劑之指數謂之雜質方雜質與雜質化合之方其法亦同惟鹽類內之本（卽陽電質）必書在左邊如硫强水方SO_3.與鐵養方FeO.化合所成之雜質其方爲$FeO+SO_3$.中間所加之十字乃相加之意或有用點者如$FeO.SO_3$.然用之有别用點乃化合之極緊者用十字乃稍鬆者如$SO_3HO+2HO$方之意爲硫養三一分劑與水三分劑化合而三分劑之內一分劑化合極緊二分劑化合稍鬆也○若欲表明三合質以上總分劑若干則於方外左右加括弧再於左括弧外加指數設用前方三分劑則如$3[FeO.SO_3]$左括弧外之指數但乘右方兩括弧內之號若括弧之右再有號則不可相乘如白礬之方爲$Al_2O_3.3[SO_3].+KO.SO_3+24HO$其$3[SO_3]$號左之3.卽指硫强水三分劑或不作括弧則號左之指數祇乘右號至間號而止

以上各號不但能表各雜質如何而成且可以代數左右相等之號表明各質變化之新質其法將各質之號書在相等號之左而書所成之新質於右因化合之時其各質無一點毀滅故其左右必相等總計各質之共重數必與所成新質之重數等如以硫强水加於灰石之內（卽石灰與炭養所成）散其炭養而化合之其式如

$$\overset{20+8}{CaO}.\overset{+6+16}{CO_2}+\overset{+16+24}{SO_3}.=\overset{20+8+16+24}{CaO.SO_3}+\overset{+6+16}{CO_2}=90.$$

於本方各原質之上書明重數若并之則左右兩邊之重數皆爲九十此可以證相等法之無訛此法初習若甚難而熟之又甚便矣

第二十九節　華字命名

西國質名字多音繁縟譯華文不能盡叶今惟以一字爲原質之名原質連書卽爲雜質之名非特各原質簡明而各雜質亦不過數字該之仍於字旁加指數以表分劑名而可兼號矣原質之名中華古昔已有者仍之如金銀銅鐵鉛錫汞硫燐炭是也惟白鉛一物亦名倭鉛乃古無今有名從雙字不宜用於雜質故譯西音作

錸昔人所譯而合宜者亦仍之如養氣淡氣輕氣是也若書雜質則原質名概從單字故白金亦昔人所譯今改作鉑此外尚有數十品皆爲從古所未知或雖有其物而名仍闕如而西書賅備無遺譯其意義殊難簡括全譯其音苦於繁冗今取羅馬文之首音譯一華字首音不合則用次音並加偏旁以別其類而讀仍本音後表所列即此類也至雜質之名則連書原質之名如水爲輕養硫強水之無水者爲硫養其養旁之小三字即指養氣三分劑也多種原質合成者由此類推俱以本質在上配質在下如鐵養硫養其鐵養本質也硫養配

質也雜質亦有方所以徵輕重相等交互變化之理在其間作⊥號者指相加而化合不緊之意作一號者乃多質化合其本或配之分劑不止於一則在其上作大指數至一號爲大指數所止也如二鉛養鉛養指鉛養二分劑與鉛養一分劑化合也作‖號者指上下相等而變易化合也如鈣養炭養⊥硫養‖鈣養硫養⊥炭養是也

華名	西號	分劑	西名
養氣	O	八	Oxygen.
輕氣	H.	一	Hydrogen.
淡氣	N.	一四	Nitrogen.
綠氣	Cl	三五五	Chlorine.
碘	I.	一二七	Iodine.
溴	Br.	八〇	Bromine.
弗氣	Fl.	一九	Fluorine.
硫	S.	一六	Sulphur.
硒	Se.	四〇	Selenium.
碲	Te.	六四	Tellurium.
燐	P.	三二	Phosphorus.
硼	B.	一一	Boron.
矽	Si.	二一三	Silicon.

華名	西號	分劑	西名
炭	C.	六	Carbon.
鉀	K.	三九二	Kalium.
鈉	Na.	二三	Natrium.
鋰	Li.	六九	Lithium.
鏭	Cs.	一三三	Caesium.
鉫	Rb.	八五三	Rubidium.
鋇	Ba.	六八五	Barium.
鍶	Sr	四三八	Strontium.
鈣	Ca.	二〇	Calcium.
鎂	Mg.	一二二	Magnesium.
鋁	Al.	一三七	Aluminium.
鋊	G.	六九	Glucinum.
鋯	Zr.	二二四	Zirconium.

華名	西號	分劑	西名
釷	Th.	五九六	Thorium.
鈥	Y.	三二二	Yttrium.
鉺	E.	一二二六	Erbium.
鉽	Tb.		Terbium.
錯	Ce.	四七	Cerium.
鋃	La.	三六	Lanthanium.
鏫	D.	四八	Didymium.
鐵	Fe.	二八	Ferrum.
錳	Mn.	二七六	Manganese.
鉻	Cr.	二六三	Chromium.
鈷	Co.	二九五	Cobalt.
鎳	Ni.	二九五	Nickel.
鋅	Zn.	三二八	Zinc.

華名	西號	分劑	西名
鎘	Cd.	五六	Cadmium.
銦	In.		Indium.
鉛	Pb.	一〇三五	Plumbum.
鉈	Tl.	二〇四	Thallium.
錫	Sn.	五九	Stannum.
銅	Cu.	三一八	Cuprum.
鉍	Bi.	二一二	Bismuth.
鈾	U.	六〇	Uranium.
釩	V.	六八六	Vanadium.
鎢	W.	九二	Wolframium.
鉭	Ta.	九二	Tantalum.
鐟	Ti.	二五	Titanium.
鉬	Mo.	四六	Molybdenum.

華名	西號	分劑	西名
鈮	Nb.	九八	Niobium.
銻	Sb.	一二二	Stibium.
鉮	As.	七五	Arsenic.
汞	Hg.	一〇〇	Mercury.
銀	Ag.	一〇八	Argentum.
金	Au.	一九六七	Aurum.
鉑	Pt.	九八六	Platinum.
鈀	Pd.	五三三	Palladium.
鐽	Ro.	五二二	Rhodium.
釕	Ru.	五二二	Ruthenium.
銖	Os.	九九六	Osmium.
銥	Ir.	九九	Iridium.

上海曹鍾秀繪圖
新陽趙元益校字

化學鑑原卷二

英國韋而司撰

英國　傅蘭雅　口譯
無錫　徐　壽　筆述

第三十節　非金類之質

原質有金類之性者有非金類之性者又有兼具此二性者固不能截然分界然恐物質紛繁初學難知端緒今特理而分之略以形色相從列非金類爲一十有四種養氣輕氣淡氣綠氣碘溴弗氣硫硒碲燐矽硼炭

第三十一節　非金類與金類之別

非金類絕無金類之形色熱與電氣皆不易傳引設以此二類之質合成一物而以電氣分之非金類常往陽極金類常往陰極所以非金類可名爲陰電質金類可名爲陽電質其化合之性非金類最與輕氣相愛金類與輕氣則不甚愛也

第三十二節　養氣根源

前九十六年英國教士名布里司德里考得養氣之質其明年瑞國習化學者名西里法國習化學者名拉夫西愛二人尚未知前人已知此氣乃各自考驗不謀而合初知之時拉夫西愛命名譯曰酸母意以爲各物之酸皆由是生也（近時又考輕氣有此性而養氣無之）○養氣爲萬物中最多之原質但皆合於別質之內而無獨自生成者地球全質（即土石等）養氣居三分之一地面之水養氣居九分之八地面之空氣養氣居五分之一空氣所容之霞霧亦九分之八爲養氣凡生長之物養氣爲最要之品而動物之能活火之發光發熱皆所必賴焉惟天空墜下之物（如星石雷楔等）大約無有養氣與地球之石質不同或疑生此石類之星質本無養氣也設有之亦必較地球所有者甚少

第三十三節　取法

定質所含之養氣加熱而能發出者厥有數種如第三

第三

圖用玻璃試筩盛汞養（即三仙丹）少許以酒燈焰之因三仙丹內汞與養氣之愛力最小故少受熱而養氣外散汞則留於筩內聚成小球形試點火於筩口其氣立燒此乃布里司德里初知養氣之法

養氣之用處甚多若欲收存備用如第四圖將曲玻璃

第四

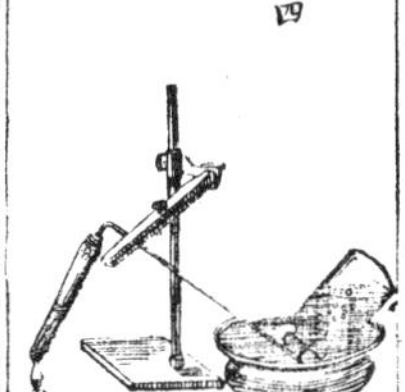

管上端插入前玻璃筩之口周圍用輭木圈密塞之下端浸入水盆之中用架扶定筩底加熱如前法水中浮出小

泡即是養氣另用玻璃瓶滿盛以水倒置水中正對管口其養氣即由水中升至瓶底氣漸多而瓶內之水漸低待氣將滿即在水中閉塞瓶口而後取出或將瓶離開管口而仍置水中另換瓶收之俟三仙丹內之養氣盡而後已○三仙丹爲貴價之品若欲多取其費甚大可將賤物代之用極乾之鉀養綠養五與錳養等分和勻盛於曲頸玻璃甑或銅爲之亦可用 取法如前蓋鉀養綠養五之養氣最多每一百二十四分有養氣四十八分綠氣三十六分鉀四十分養氣遇熱而盡出賸者爲鉀綠七十六分矣

四〇八 三六 四〇 ‖ 四〇 三六 ⊥ 四八 ‖ 一百二十四
鉀養綠養五 ‖ 鉀綠 ⊥ 養六

獨用鉀養綠養五亦可取養氣但不如合用錳養爲妙蓋錳養雖不能自發養氣然能使鉀養綠養五不甚熱而易發養氣也或以爲錳養之點間雜於鉀養綠養之點而分離之所以易發然其說殊誤蓋細砂或玻璃粉亦可間而離之何必用錳養乎又法欲取極多而可不必全純者則如第五圖用管盛錳養置於火爐大熱煅紅則養氣一分劑散出而賸者爲錳養每錳養一磅能發養氣七立方尺惟雜少許炭養氣欲去

第五

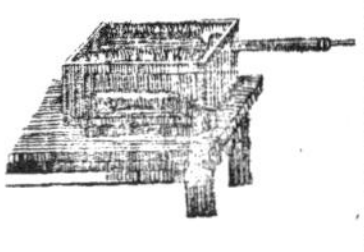

之必使經過鉀養水內

以上三物乃人所常用者另有別法如加鉛養或硝加以大熱亦能發出養氣又最濃硫養一分加錳養半分或加鉀養鉻養半分加熱俱能發出養氣

植物之枝葉青色者日曬亦發養氣試驗之法可用玻璃器盛水就樹將枝葉攀浸水內或以新折之枝葉就水日曬少頃能見小泡浮至水面即養氣也水內所生蘊藻之類若於日中細視之亦見養氣泡自水中浮出

第三十四節　形性

最純養氣與空氣難別因無色無味無臭惟較空氣稍

重若空氣爲一〇〇則養氣爲一一〇養氣一百立方寸之重乃三十四釐又五分釐之一若與他物分離則獨爲氣質設以最大之力壓之或極冷之或極冷而兼極重壓之終不能成定質與流質使與他質化合則易爲定質與流質由此可知化合愛力之大○養氣稍能融合於水內清水一百立方寸能含養氣四立方寸又半寸如與別質化合則養氣所成之雜質最多除弗氣之外與各原質皆能化合或一分劑或多分劑不等養氣與別質化合之愛力或大或小乃隨別質之性而異遇熱質之愛力大於冷質且養氣有餘則愛力大養

氣不足則愛力小不冷不熱之時金類有大半自能漸與養氣化合若兼空氣潮溼化合更速惟極燥之時則稍難鐵質錢磨極光天時乾燥而冷熱適中則永不改變若遇溼氣則養氣與鐵之外皮化合而成鏽日久而全壞矣惟別種金類如鉛鋅等祗有外皮生鏽此鏽且能保護內質使不壞

養氣與別質化合常法必加以熱如鐵燒之甚熱至紅與空中之養氣化合則生鏽如鱗而甚速若將木炭置於養氣之內永不化合試加火星一點於炭上立即延燒即化合也

養氣與別質化合必自生熱而有大小不同如與鐵化合而生鏽所生之熱最小最慢人不易覺又有化合極速積熱極多而自焚此事謂之自生火如揩擦機器之油棉紗堆積能自焚因油附於棉紗而質稀易與空氣中之養氣化合故堆積則初煖次熱久而自焚也又如多積磨細之木炭或成堆未乾之柴草及溼衣密包偶亦自燒其理盡同

養氣與別質化合而發熱發光曰燒物燒之時乃收周圍空氣中之養氣而與之化合也尋常燒物必以火熱其物之本體使物體生熱而能自吸空氣中之養氣則起燃繼則以自發之熱漸吸漸燒而不熄矣○空氣中能燒之物並尋常不能燒之物若置於養氣之內無不燒且其光射目試驗此事最爲生趣如第六圖吹滅燭火其炷雖留火星不能再燒置諸盛養氣之玻璃器內則立燒而光明特甚又如火爐初燒之木未成火焰置諸養氣之內延燒極速且發爆烈之聲若將木炭一塊綴一火星而置養氣之內其燒亦速周圍發散星光而炭能燒盡此外如溼藍紙置於養氣玻璃瓶內立變紅色可知內有酸氣乃養氣與炭質化合而成炭氣也

第六

鐵在養氣內亦燒用細鐵絲或表發條作螺絲形如第七圖下端粘硫一塊上端穿於輭木塞內將硫點燃而置養氣玻璃罩中罩覆於磁水盆鐵絲立即延燒燒時所成之物爲鐵養變爲極亮火星四面散射間有鐵養數點因鎔化成滴落於水內由水內陷入磁盆之底其熱之烈有如此者

第七

若將燐燒於養氣罩內如第八圖其光如日入目不能正視燒時發出白霧爲燐養盆內之水漸漸收之但燒燐之時甚屬危險倘不謹慎玻璃傑裂而所燒之燐四

第八

面奔散矣故欲試此事燐宜盛於長柄深杓其杓或鐵或白石粉爲之一切器具必極乾燐則在水內分爲細粒而以生紙收乾之盛於杓內不可溢出燒時若有一小粒飛出粘於玻璃罩上罩必爆裂飛出之故乃燐未乾而其水遇熱化汽也是危道也引點之時不可將杓置於火上宜用鐵絲一端燒紅引點之隨插隨拔不與杓遇庶爲妥當

燒硫黃於養氣之內則生藍色之光甚爲悅目

第三十五節　呼吸必有養氣

地面若無養氣一切動物皆死凡有氣者必有賴所以吸取空氣內之養氣也吸進之養氣與身內之別質化合其呼出者乃爲餘氣雜有炭氣無益於用矣試將一鳥置於玻璃瓶內不使通氣初時無害少頃養氣吸盡則呼吸甚難而氣息微矣再將一鳥放進不令新氣竄入其鳥立死置一燭火於內其火立熄此因動物之呼吸燃物之火光皆賴養氣也故空氣內火不能燃則物不能生物不能生亦火不得燃

造釀亦吸空氣中之養氣與燃火動物並同

呼吸雖賴養氣然動物全吸純養氣亦必漸死試將一小兔置於純養氣罩內初時無害二四刻後發躁而喘氣息甚速昏迷如醉而死

第三十六節　養氣有吸鐵電氣之性

養氣與磁石相吸之性同於鐵與磁石相吸之性若以養氣加熱其吸性失去待其漸冷又有此性此乃與鐵無異

英國化學專家名法拉待計自地面起上至空氣之盡界其養氣所藏吸鐵電氣之力適與二百五十分寸之一之鐵皮相當

第三十七節　養氣化合有鬆緊

養氣與別質化合隨所化合之質而現鬆緊凡含矽養之質如火石水晶之類其質中之養氣將及一半故愛力甚大收束極緊不用至大之力分之不肯相離雖加熱極多亦不散出別種定質之內養氣與之化合而甚鬆者則稍加熱力而相離矣如前言取養氣之料鉀養綠養每一百二十四分有養氣四十八分若稍加熱養氣之愛力頓絕而散出也硫黃或炭或燐或銻硫等與養氣愛力最大之定質若與鉀養綠養相和相和時切宜謹慎漸漸和入不可力研而以少許包於紙內在鐵砧上用椎擊打發聲甚大和以燐爆力最大和炭爲最小蓋燐與養氣之

愛力比炭爲大也火藥之易爆與此同理因火藥內養氣甚多故一遇火而訇然奔散

第三十八節　養氣動靜二性

養氣之性動靜迥異如空氣與水並水晶火石泥土以及別種定質養氣在其內能力隱而不顯卽靜性也或燃燒或爆烈其性猝然大變忽發至烈之火忽現最明之光將異性之質化成新物此動性也然化合已成乃烈性全消而仍靜矣二性之外另有一性寓於二性之間而與前者有別卽臭養氣也

第三十九節　臭養氣

轉動玻璃電器之時密閉牕戶覺有臭似硫黃雷擊各物亦有之原名曰電臭近時習化學者偶以碘紙卽小粉與鉀碘水調和用生紙所染者一條置於此臭之處其紙速變藍色因悟爲養氣所成始意卽爲養氣之變形巴里人名司于邊思得數法能知此臭深者其性不但能將碘紙變色又能令物變爲白色又能滅臭且能使物生鏽審知卽爲養氣但形性改變耳

取法將器滿盛空氣或養氣引玻璃電氣入內使發火星則瓶內之氣卽變爲臭養氣又法先將空瓶以碘紙試其無臭養氣後入養氣與燐一塊稍加以水少頃再入碘紙知瓶內之養氣已漸變臭養氣若疑碘紙之色或爲燐養五所變可先將其氣過水則燐養五必收於水內後再試之仍能變色卽定爲臭養氣簡法用玻璃瓶先

第九

以碘紙驗之次加以脫少許再以碘紙驗之確知果無臭養氣然後以玻璃條燒熱急急插入隨卽掩蓋如第九圖則瓶內養氣變爲臭養氣

臭養氣無獨成者亦不能在流質內融化其臭甚奇非若養氣之無氣味也最易散滅物類之顏色如用靛青硫養三消化於水傾入養氣瓶內水色不變若入臭養氣瓶內水色卽變爲白臭養氣之性能滅腐物之穢氣如

第十

第十圖將敗肉一塊置諸臭養氣瓶內腐氣立滅○臭養氣侵物之力比養氣更大生長類之物如象皮軟木極易侵蝕無論鐵碎銅碎本能爲養氣所鏽銀固遇養氣而不鏽者若將銀箔溼而置於臭養氣之內卽能立變爲粉而成銀養矣碘與金類化合之質置諸臭養氣之內碘必分離而出故鉀碘染紙遇臭養氣而

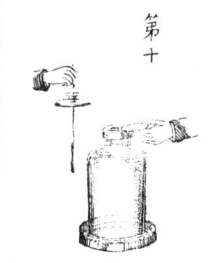

變成藍色也因碘離鉀而與小粉化合也

臭養氣加以二百十二度之熱卽變爲養氣試以鐵管燒熱隨將臭養氣放入彼端透出者已變養氣矣海面之風其臭養氣多於陸地之風故有人疑爲溼氣所生有乘輕氣球者適與雷雲同上覺臭養氣甚濃也然此臭養氣之隱於萬物之中究屬何用而其能力可以消滅一切腐穢之氣卽此是用亦未可知幸已適中無弊設若過多人之內臟易病若過少則又易生瘟熱

第四十節　遍地萬物每日所用養氣之數

統地球而核計每日總用之數人之呼吸共需十萬萬

磅長養動物共需二十萬萬磅燒火及腐爛各物並造釀共用五十萬萬磅耗費若此而不覺其少者因空氣內之養氣甚多能敷數萬年之用也且有植物吸炭氣而呼養氣足以補之不憂匱乏

第四十一節　取收氣質

收取氣質之器名爲取氣盆氣不爲水所食者用之如第十一圖用磁盆盛水（欲看發氣用玻璃箱如第十二圖更佳）以木板一塊架於水內板上漫水寸許

第十一

第十二

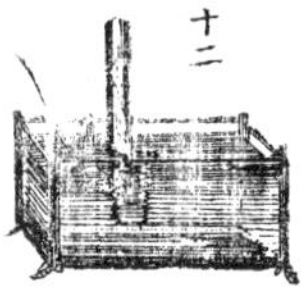

中作小孔再置玻璃罩於木孔之上罩內滿水（水能不降因空氣之壓力如風雨表之水銀同理）透氣之彎管在水中正對木板之孔氣透於罩而罩內之水漸低此小試也若欲多取則用大器多置木板再用幾罩如第十三圖凡初取氣時須使發氣器內先出之空氣放盡必如發氣器之容積兩倍庶無空氣夾雜也若取輕氣及一切爆烈之氣稍雜空氣在內危險之至取得之氣欲換瓶則如第十四圖將所換之瓶盛滿清水倒浸水內將原

第十三

瓶稍側兩口相湊其氣自能換過如取氣時氣不滿瓶則將稍大於瓶口之盆在水內托出則水不降而氣不洩

第十四

第四十二節　藏氣箱

藏氣箱所以藏備用之氣如第十五圖或鐵或銅爲之內爲罩而外爲桶以覆仰爲表裏覆者藏氣於內卽取氣罩之意仰者盛水於外以阻氣氣滿之時內罩

第十五

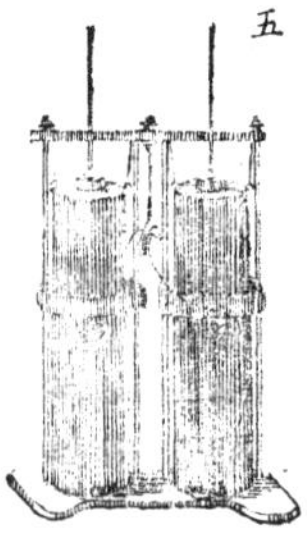

升至木架氣少則降至底架柱內空中容權而可上下權有繩環繫內罩以稱其重內罩之頂樹直桿上出於木架之孔以制其偏欹藏氣之時其氣自別器用象皮

第十六

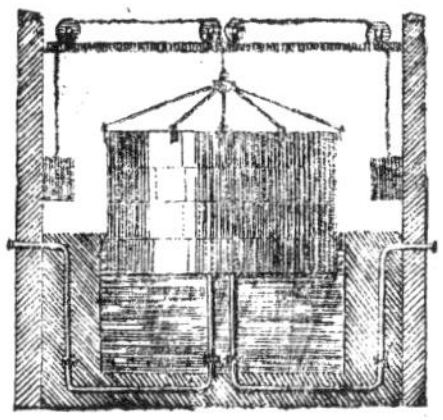

管引至外桶之管管之下端通入桶底之內上端與口齊欲出所藏之氣加重於罩壓之欲洩其水可開近底之塞門街路所點之碟氣燈亦此法如第十六圖其氣自發氣之所用管

通至大鐵罩內而其罩漸上又有管自大罩通至各處罩頂有鐵鏈環過架上之滑輪而不繫權以稱之使罩之重適可壓氣至最遠之處

第四十三節　輕氣根源

英國習化學者名買分弟詩於一百四年前考得輕氣實爲原質而命名譯爲水母因與養氣化合爲水也在萬物中亦無自然獨成者必須用法化分而得凡物質之內最多此氣者惟水水內有九分之一也要之化成類之物所含不多生長類之物所含頗多

第四十四節　取法

收取輕氣之法皆使水化分而得若欲純者如第十七

第十七

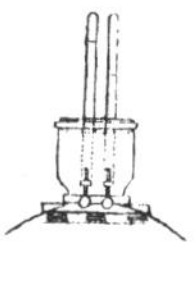

第十八

圖用玻璃器盛蒸水（水內稍加硫强水更易化分）以金類電氣之陰陽兩線通入而不相遇其陰線端所發之水泡即輕氣其陽線端所發之水泡即養氣以有底玻璃管罩於二端之上取之可得最純之輕養二氣又法如第十八圖用鐵管滿盛鐵屑置於火爐上熱至紅色管之一端與曲頸玻璃甑相連甑內盛水下用酒燈熇之其汽自甑頸過管內之鐵屑

則養氣與鐵化合爲鐵養所出者爲輕氣矣蓋水雖熱至化汽其二氣終不化分（近有英人古魯弗考知汽至極熱微有化分）必有物收其養氣始能分出輕氣也若反之而在此口入輕氣使過管內之鐵養則仍與鐵養內之養氣化合而成水還流至甑內

灑水於燃碟之上水即化分而使火更熾因水內之養氣能與炭質化合也由是而水內分出之輕氣亦燒而增熱故鐵匠欲火猛烈必灑水於鍛竈之上嘗有失火之家往往稍澆以水而焚更烈正此理耳

金類之可取輕氣者如鉀鈉二物無庸加熱亦能自與

水內之養氣化合放出輕氣如第十八圖將有底玻璃

第十九

筩滿盛沸水倒置於水碗以鈉一塊繫在鐵絲一端斜插水中正對玻璃筩口放脫卽自浮於筩內之水面因質比水輕故能浮上也浮上之後則與水內之養氣化合而發輕氣矣

常法用鋅或鐵浸於淡硫強水內或八之一或六之一如第二十

第二十

圖用玻璃瓶盛鋅塊或鐵碎而加水浸沒之再添極濃硫強水少許則立發輕氣瓶口用輭木塞緊中

插曲玻璃管卽可引至他器然須留意加愼先使瓶內空氣出盡而後收之否則遇火而爆裂也鋅一兩可取輕氣約六百九十三立方寸強水不足尙不能至此數

第二十一

須有法加添如第二十一圖瓶口輭木塞中另插一玻璃漏斗陸續加添強水其漏斗下管之口必在水面之下則所發之氣不出而外氣亦不入也若論其理鋅不能自與硫強水化合必先與水內之養氣化合而成鋅養輕氣自然發出既成鋅養不能消化於水但能與硫強水化合而再成鋅養硫養其硫養在水內固不使水化分但能使養氣

與鋅驟生大愛力所以鋅養纔成而硫養隨與之化合用鐵碎同此理設相等式以明之

鋅丄硫養丄輕養‖鋅養硫養丄輕

第四十五節　形性

輕氣無色稍能與水融合而不能獨使爲流質最純者無臭無味但前法取出者有臭因用鋅與鐵所取者其質不純也動物全吸此氣必不能久生和入多空氣而呼吸之尙無所害惟喉音變爲高細耳故用器在輕氣之中出聲則聽而不聞

輕氣爲萬物中最輕之物輕於養氣十六倍輕於空氣

十四倍四一百立方寸之重得英權二釐一四因性質甚輕故可作輕氣球總計輕氣與球體並所帶之物尙輕於空氣故能上升然此氣取之甚難近時俱用路燈之煤氣但重於輕氣耳欲見輕氣之性可以小試如第二十四圖用囊滿盛此氣口有塞門接以銅管管端作彎斗形浸入肥皂水內開門擠囊則氣出成泡而上升矣此氣不但萬物中爲最輕而其質點比諸各原質亦爲最細用象皮囊或尿脬盛之少頃卽洩與入法拉待欲壓輕氣爲流質以六十倍空氣之壓力先壓淡氣其塞門尙不洩氣後以二十八倍空氣壓力壓輕氣塞門

之洩氣甚速。且覺器之體質稍鬆。雖空氣不洩而輕氣已洩矣。所以藏氣之玻璃瓶。微有裂縫者。空氣與水尚不滲漏。而輕氣不能盛也。收取此氣。不必用水盆。如第二十二圖。將瓶倒置。用玻璃管通氣至瓶底。因其甚輕。故能推出空氣。暫時可以收存。但瓶必正直。稍欹則必浮出。此法所取。不可近火。

第二十二

第四十六節　輕氣能燒

輕氣為最易燒之物。故以燭火入輕氣瓶中。其氣立燒。而燭反熄。因燭賴養氣以燒。無養氣則熄也。若將已熄之燭取出。纔離瓶口而復燒矣。俟輕氣燒至將盡。仰正其瓶。尚覺餘氣衝出。有聲鏗爾。此氣之火光甚淡。色惟藍白。如第二十三圖。以發輕氣之瓶口插一管。管口宜極小。以火引點。可見光色。若以乾玻璃杯罩於火上。則有水如露。着於杯內。漸積漸多而下注。此因燒時之輕氣與空氣內之養氣化合成汽。甚濃。積而成露也。

第二十三

第四十七節　輕養二氣相合最能爆烈

空氣二三體積。輕氣一體積。相合而燃之。即能爆烈。發聲甚猛。故收取輕氣之時。慎勿使空氣和入。若純養氣和於輕氣之內。更見猛烈也。然輕養二氣相合。雖大力壓之。或冷之。或熱之。皆不能化合。惟用電氣。或極烈之熱物入之。則爆烈而後化合。此事須另有器。先取盡其空氣。否則不可輕試。所成之物。即為水。欲試二氣之爆力。用輕氣二分。空氣五分。或輕氣二分。養氣一分。其力最大。但極危險。祇以少許試之為穩。如第二十四圖。用皮囊口作塞門。滿盛輕養二氣。扭開塞門。使氣射入肥皂水內。成泡浮空。俟高丈許。離人稍遠。用燭火繫於長桿點之。立作礮聲。若將大尿脬滿盛二氣。以長桿引點。其聲如數礮齊放。又有輕氣鎗。筩長八寸。口徑一寸。在水中裝以二氣。隨用輭木塞緊。後有小孔點燃。理與火鎗相同。又用厚玻璃小瓶盛二氣。燃火於瓶口。氣衝聲急。但須用布包襯。免致傷手。爆烈發聲之理。乃二氣化合而生气。因燒燃暴漲甚大。忽又凝水而縮小。漲大時推開空氣。縮小則讓空氣補缺。補缺之勢迅疾。故碰撞而生大聲也。

第二十四

輕氣與空氣。或與養氣。不但用火與電氣能燒。且能不熱而燒。如用鉑絨是也。作鉑絨法。用生紙一張。浸於鉑綠水中。加以淡輕綠。則結於紙上。取出待乾。燬紅即成。用不灰木代紙亦可。久藏變性。再受大熱則復。試將輕氣二分。養氣一分。共盛一器。而以鉑絨投入。則二氣訇然而出。若將極淨之鉑箔置於前器之內亦能漸燃也其故前人以爲與第七章之第七節同理今則有粘攝力之論蓋鉑性粘攝二氣之力甚大使擠緊於鉑面而自化合而生熱成火也此外如玻璃粉炭質浮石水晶等若熱至六百度亦能助二氣化合又鈀或銠或銥研爲細粉性與鉑同最奇者輕氣噴射鉑絨但自燒而鉑絨無損

第四十八節　輕氣燈

輕氣遇鉑既能生火故剏造輕氣燈以便隨時取火如第二十五圖甲爲玻璃筒內懸有口玻璃罩口膏於蓋蓋上作塞門如丙筒內盛淡硫强水罩內懸鋅一塊强水遇鋅而發輕氣漸將强水推下至鋅離强水而止若欲取火則扭開塞門輕氣射至鉑絨丁而生火既燒之後强水漫上又發輕氣如前

第二十五

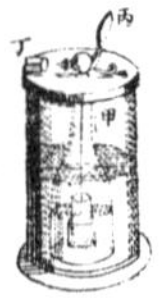

第四十九節　燃燒輕氣能出樂音

玻璃長管二端皆通套於輕氣火上如第二十六圖使火透入管中則空氣隨之而入倏忽盪動哼哼有聲生聲既速遂成樂音此音之高低係管之長短與徑之大小最奇者人聲與樂聲亂之管音忽停再有相和之聲管音復生

第二十六

第五十節　輕養吹火

輕氣燃燒光雖不多其熱甚烈加以純養氣則更烈電火之外無過於此矣如第十五圖之藏氣箱以二具分盛輕養二氣各以象皮管通出兩端共連雙孔銅口如第二十七圖其孔相離三十分寸之一吹火鎔物鮮有不鎔若吹出之輕氣其積多於養氣一倍熱力更大獨用輕氣吹酒燈之火如第二十八圖亦有大熱此輕養火之熱力甚奇雖熱風箱之火所不能鎔者此火鎔之如蠟若以銅鐵置此火內不但易鎔且燒如草木水晶鎔若玻璃最堅之鋼如發條與錶鏈能發光星閃爍其光色依各金類而有異吹此火於水內不熄而變成球形將金類之絲置於水中火球之內亦無不鎔

第二十八

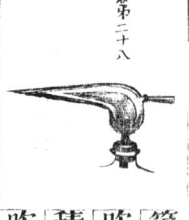

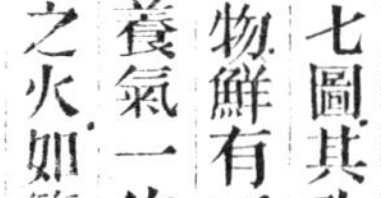

第二十七

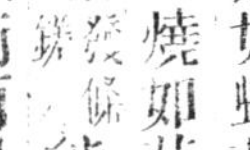

第五十一節　輕養明燈

輕養其燒熱雖大而光甚淡若以定質置諸火中則甚明亮故用乾石灰作圓柱形以二氣之火射之光如烈日若使灰柱緩緩旋轉而二氣射之不絕光可不熄剏此法者爲英國德勒門以作瞭望之用或名爲灰光燈

也後用橢圓凹光鏡返回其光更令遠照如英國測繪地圖於日間用此燈於邊界之山相去一百八里尚能望見

輕氣惟與養氣綠氣化合能發光發熱別質皆不能也

第五十二節　輕氣性似金類

輕氣與諸質化合其性大似於金類與鋅或銅化合現此性最大故疑爲氣質金類如汞爲流質金類是也輕氣與汞若汞與鉑雖視之無金光而摸之不堅亦不足爲必非金類之據汞加熱亦可化爲明氣質亦與金類爲例是可見輕氣或亦爲金類也

輕氣雖爲萬物中至輕至稀之品而分劑數爲最小者然依其分劑數而計愛力則爲極大也如一分之重能與綠氣三十六分之重化合與溴八十分之重化合與碘一百二十五分之重化合極少之數亦足配此各質而變其性且所成之質最難化分化學家以爲極少之分劑而生極大之愛力性甚奇也

第五十三節　輕養二氣成雜質

二氣化合之雜質不過兩種其一爲輕養卽水其二爲輕養屬稠質輕養乃化成之物輕養必用法製造

第五十四節　水

水爲化學中最要最奇之雜質偏地皆有統計地球之面水居四分之三大洋中有數處不能測其深淺動植兩物之質水亦居大半如人體重一百五十四磅止有三十八磅爲定質餘皆爲水別類動物之內水有多於人體者如海蜇一百分九十九分爲水也

第五十五節　輕養二氣成水

水以體積而論輕氣居二養氣居一若衡輕重養氣得八輕氣得一其徵驗有數端化分水爲二氣可用電氣與汽過鐵屑二法化合二氣爲水或以鉑絨燒之或用電火燒之或以輕氣過極熱之銅養鐵養亦可然此以末法

爲最佳蓋輕氣過銅養卽與養氣化合而凝爲水所賸之銅比原銅養減輕若干卽知輕氣與養氣化合若干而成水若干

第五十六節　成水器

電氣合輕養二氣成水可用器以細察之如第二十九圖將有底玻璃管盛以二氣倒插汞杯之內引接電火入之分劑無差盡凝爲水管旁刻分數可知盛氣幾分成水幾分若分劑少差必有餘賸之氣設輕氣一百體積養氣七十五體積化合之後必賸養氣二十五體積

第二十九

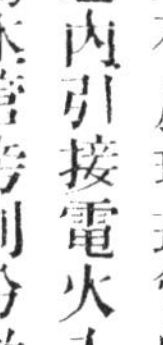

第五十七節　水之根源

西國上古之時以為水乃萬物根源後因知萬物為土水火氣四原行而水但居其一前百餘年博物者名番海里孟德言水能變成土以數事為其據如草木本在土中生長而在水中亦能生長亦得為定質而定質又能變成土又如水雖極清用法使乾必有渣滓然未言為雜質但言水有生長萬物之功前一百六十六年奈端試驗光學以光透水或金剛石中俱有光差與透易燒之流質相同歎曰後世必有人能燒金剛石者後人想奈端當時必意水內含一易燒之質也後拉夫西愛疑番海里孟德之說自試多法亦無明驗其法用蒸水器反復蒸之至一百一日之久秤甑與水總稱之並無耗損獨稱其甑減輕十七釐煮乾其水得土質二十釐土質內之十七釐為甑體消下者拉夫西愛自疑稱時有差後人以為三釐乃水內原含之鹻類並生物也而番海里孟德之說遂廢雖未試得妙理而化合輕重之定率基此矣數年之後布里司德里考得養氣買分弟詩考得輕氣再後拉夫西愛瓦特買分弟詩三人同時異處考得水為輕養二氣所合

第五十八節　形性

水不冷不熱之時為流質無色無臭無味熱至二百十二度而沸冷至三十二度而冰無論冷熱俱能漸漸化氣與空氣等體相較其重八百十五倍至清無色然積聚極多則有色其故多端未有定論海邊離岸不遠而不甚深者其色綠大海深處其色藍或以為日光之藍色最易返照水之色或即日光返照之故免飛言水中微含碘又有人言地中海水之藍色較別海更明因微含膽礬等然雖有此物亦甚少不足變色也紅海之水時變紅色以顯微鏡察之聚生紅色植物既為植物故因時而生矣大洋之清濁隨寒暑而變最清之時下視不過至二百五十尺

第五十九節　純水

萬物中無自成之純水或曠野無人之處連日大雨其水稍純然亦不能全純蓋一百立方寸之內尚含二立方寸半空氣與別氣也次則河水次則湖水又次則地內湧出之泉水若泉內有硫或雜各金類為最次大河口之水為下而大洋之水為又下有口通大洋之海如地中海等為又下不通大洋之海如死海等則下下矣

第六十節　泉水

泉水視之雖極清潔然雜地質甚多所雜之物因經過

之土石而異其常有者爲鈣養炭養或鈉綠（即鹽）又或鈣養硫養（即石膏）或鎂養硫養或鎂養炭養或鐵與別質化合之各物最多而常有者則惟炭氣

第六十一節　土質泉水

嗅之嘗之覺有土質之氣味世以爲可當藥品其功力依所含之物常有者或鐵或硫嗅之即知

第六十二節　鹹泉水

泉水內或有食鹽或有𬓊類之物則生鹹味若有炭氣甚多則發氣泡

第六十三節　熱泉水

泉內含土質者其水恆較熱於地面間有湧出沸水者大半由火山近處來也或自荒古之石內發出則水之多少與熱冷及所雜之物永遠不改有數處可考千年如一日也

第六十四節　河水

河水所含鹽類固少於泉水然宜於飲食則不及泉水因河水內常雜動植兩物之質也其經流之處又帶各處物質若過城市污穢之物更多而水更濁然能漸漸澄清蓋動植二物之質既朽腐於水中能收空氣中之養氣相與化合而發酵凝結而自沈於底也如英國達

迷斯河流經倫頓都邑一切污穢皆入其內然出海之船必載此水初時極臭數日後自淸而可用矣

第六十五節　海水

海水所含之物以食鹽爲最多次則鎂綠次則鎂養硫養有此二物遂成苦味又有或鈣或鉀或鐵或碘或溴或弗氣或銀各種雜質海水與純水較重各處不同大洋之水每百兩有三兩二五至四兩爲此各質多少之差各以地勢而異海洋有鹽之故乃雨淋地面漱洗土石內之鹽質隨流而入日熱薰蒸淡水化气上升以致愈積愈鹹也意上古之海水必淡而後世當更鹹於今

日也今以七萬兩爲率其中自二千兩至三千兩爲鹽質瀦水之澤衆水入而不出者其味亦鹹內地有極鹹之湖數處每七萬兩中自一萬一千兩至二萬二千兩爲鹽質

第六十六節　宜於日用之水

凡水七萬兩之內雜有土質十五兩以下已可爲純水之用若雜六十兩以下尚可合用惟有鎂養或鈣養八兩則不宜於飲食滌漱之用矣設有動植二物之質雖止六兩亦不可用飲之必至瀉痢及各種雜病水含鎂養而常飲者頸項漲大如瘤又有井水其味如土因含

鋁養與炭養即炭氣也。化學家徧考地面之水，以瑞顛國路卡河之水為最純，此河之底大半為花剛石，蘇省名天池石而水不能漱洗，故無雜味，一百四十萬兩之內土質不過一兩，自成之水最難得此純者矣。七萬兩而有四五兩者尚有數處也。若論水含動植之質，乃夏多而冬少，冰界之時雖有若無，水內有此，可將木炭細屑濾之，即可飲食。

第六十七節　濇滑二水濇水如井水泉水之類，滑水為純水。

水之濇滑以消化肥皂之難易為準，有鈣養或鎂養在內，則與肥皂合成一物，用肥皂時浮在水面之小粒而水不能消化之，滑水內無此二物，故易化肥皂也。此外有濇水數種，煮之可變滑水，因水內有炭氣與石灰或鎂養化合，煮時炭氣散去，而石灰與鎂養留於鍋內結成白皮。

化學家消化藥品及洗滌各物，宜用滑水。燒煮一切飲食亦宜滑水，若煮食物而不欲其液出，則用濇水。食鹽加於滑水內，亦成濇水。欲用極純之水，必將曲管玻璃甑反覆屢蒸之。

第六十八節　水內空氣

尋常之水必含空氣，間有含炭氣者，其多少之數，依水之冷熱與壓力，冷水所含多於熱水，泉出於冷處含氣甚多，味故甘美，汲出後歷時既久，遇暖空氣而所含者散去，則淡而無味矣。以新汲者盛於玻璃杯內，見有小泡浮出是也。水所含之各氣，欲使盡散，必煮沸之，或減空氣之壓力。若試之，可用泉內新湧之水，置於玻璃罩內，如第三十圖。

第三十

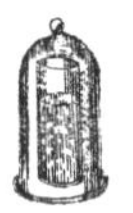

抽氣筒吸出罩內之氣，水發小泡，與沸相同。惟各水族之生長全賴所含之氣，若以取去空氣之水放魚其中，魚必立死。八千尺之高山嶺，空氣壓力甚小，所含之氣比地面少三分之二，故高山上之湖水無魚，因水內之氣不足以養之也。空氣內之養氣，在水中者多於在地面者。地面者養氣居百分之二十一，水中者養氣居三十至三十三，故魚易得養氣以養其身。大洋之水自水面下至一百尺，養氣漸少，所以極深之處生長之物甚少矣。水之收容各氣質多少不同，若兼容數種，仍依所容定率。

第六十九節　水有消化之性

水比別種流質，其消化之性更大，凡物質消化，大半熱時易而冷時難，加熱愈多，消化愈易，惟食鹽冷熱相同，石灰則冷易而熱難也。

第七十節　水有化合之性

中立之性以水為最，或本質或配質或鹽類，皆能與水化合也。鹽類消化於水恆生冷。與水化合恆生熱。是可知鹽類與水消化化合之別。石灰加水則化合極速而生大熱。水與鉀養或鈉養化合之後愛力甚大。雖加以熱不肯相離。配質與水化合亦然。若欲分之須以本質添入。則本與配化合而成定質。再加以熱而水自化散也。然須配與此本之愛力大於與水者。如硫養少許和以多水。加熱分之。初時其水化散甚速。後則水漸不出。欲其再出必再加熱。而硫養亦稍與水同散矣。再熱至六百二十度。硫養與水不能再分而一同化散矣。此時同散者水一分劑硫養一分劑也。若加鉀養一分劑則水盡化散而結成之物為鉀養硫養（水代本而與配化合謂之本水）

第七十一節　輕養

前五十二年地那德考得此物。其養氣較水多一倍。而性情甚奇。取法甚難。

輕養為濃流質。以水等體較重。若一·○○與一·四五。透明無色無香無臭而味甚澀。其性能令物質變白。沾於肌膚亦成白色。最易化氣。若欲存之。熱必在五十九度之下。過熱則化為水與養氣矣。至二百十二度化出養氣甚速。幾若爆裂。若遇炭或數種金類則爆而發光。此物之功用能令他物為白。亦能令他物與其養氣化

合。或為大有用之物。但取之甚難。恐亦不適於用。

第七十二節　取法

用鋇養加淡鹽强水消化之。則成鋇綠與輕養。毋使所得之輕養化散。再加銀養硫養。則鋇綠變為鋇養硫養而銀變為銀綠。澄清之後濾取清水。置硫强水盆上入罩內抽去空氣。則水為硫强水收去。而成純輕養。但易於差誤。

第七十三節　淡氣根源

前九十八年英國人如脫福特考得此氣。其命名之意。譯為硝母。

萬物中最多之氣質有數種。而淡氣亦與焉。空氣之內淡氣居五分之四。其餘若淡輕若煤礎若硝若別種雜質以及一切動物之內淡氣為最多。風乾之肉且居五分之一也。惟植物之內則甚少。然亦有較多者。其花瓣必四出。如蘿蔔白菜芥子是也。蕈菌之類亦有淡氣。前人以為此氣動物多而植物少者。乃動物體中自能生淡氣也。今則云動物常食植物。其內淡氣雖少。而亦積少成多矣。若植物之淡氣或從泥土中得之。或從空氣中得之。或從空氣中之淡輕得之。俱未可定。

第七十四節　取法

常法以空氣取去養氣餘者即是淡氣如第三十一圖.

第三十一

將玻璃罩內安小盆盆內置燐少許以火點之罩口浸於水中小盆自浮水面.燐燃即將養氣燒盡餘賸之淡氣亦差淨矣燒時水即漸漸滿上乃燐與養氣化合而成燐養五初時白色之濃霧漸沈於水而爲水所收矣亦可用醋代燐然不能淨且有醋內之炭氣賸下也此外尚有數法但費時日將燐一條置於玻璃罩內罩覆於水如前法而不燒俟其漸漸與養氣化合二三日後見罩內之氣所存五分之四則爲淡氣亦淨矣又法將鐵屑代燐

亦同又法用玻璃罩如前將淡輕三水引繇氣過之亦得淡氣但此甚險不精此事者不可輕試又法將肉浸於硝強水其盛玻璃甑內而加熱亦得又法將銅管滿盛銅屑燒之極熱使空氣透過銅屑收其養氣而成銅養.亦得.

第七十五節　形性

淡氣乃無色無味無臭之氣質從未能壓之冷之使爲流質者其性安靜無爲適與養氣相反如中等之冶爐.每小時吹進空氣六噸其內之養氣變出許多化合許多作爲而淡氣進如是出亦如是即是無爲之徵其性

非酸非鹻亦不能燃以燭火入之即滅以動物入之即死然非其性害生乃動物自無養氣可吸而死也顧動物每息淡氣必入肺中而食品內多有淡氣亦動物體內所不可少者也其性不能直與別質化合所有化合必遶道而成且能成無數雜質也.

第七十六節　淡氣愛力甚小

淡氣喜熱與別質雖已化合見熱輒飛仍爲氣質蓋即喜熱也其愛力甚小設有小故即欲分離且極迅疾凡作爆烈之料大半以此爲要物如火藥與棉花藥及一切爆藥是也有物名碘淡造合之時可知其不能直與

別質化合而必遶道而成既成之後亦可知其愛力之小將碘與淡氣其置一處愛力不顯必用濃淡輕水盛於玻璃器內另以碘入醋漸投至不能消化而止傾入淡輕水之內則碘與淡輕之淡氣立即化合少頃澄下.而成黑粉即爲碘淡濾出用清水洗淨置於陰處涼乾.即化學家所考各種火藥之內此爲最易爆裂者因淡氣愛力甚小幾至各粒微磨即欲分離也試將此物擲於水面立即燃燒若自高墜下亦遇物而爆或以少許置於木板擊其左近亦爆乾時之烈性若此溼則毫不危險試用之時不可多取宜用小刀尖輕輕挑取所有

金類爆藥爆裂之性亦因含淡氣也
動物愈靈其體內之淡氣愈多血皮筋肉腦髓腦筋皆有極多淡氣此氣既多最易朽腐臭且特甚人體所含之淡氣爲最多故死後腐臭亦最也多含淡氣之植物如菌與茶類腐爛之臭幾同動物且物有淡氣燒之亦臭如燒髮肉皮骨等是也故凡遇火而臭者卽有此氣矣最妙之藥料如雞哪與莫非阿及數種猛烈之毒藥並多此氣
化學家嚮疑淡氣爲雜質然已多方相試不能化分凡雜質之物電氣俱可化分惟淡氣與別質化合電氣亦不能化分

附造爆藥法　其略以多硝強水消化金類再加以醋卽成然甚危險祇可少許相試用汞二十五釐權須極準置於深玻璃盃（約容半升）加以濃硝強水（以水較重一〇〇與一四五）量杯八分兩之四（核中稱四錢）稍加熱至汞全消化爲度另以一盃盛醋（以水較重一〇〇與〇八七）量杯八分兩之五（核中稱五錢）執盃遠立伸手傾入前盃速卽躲開轉瞬自沸而發白霧氣味甚香沸停之後加以清水至滿盃自有顆粒結成待其沉下傾出其水再將顆粒傾於濾紙用噴水瓶噴水洗之屢次之後以洗下之水無酸味而止卽在空氣中涼乾其顆粒長細如針或雜未化合之汞而色灰者須加清水沸之俟全消化再待冷而結成取出涼乾收藏之瓶宜用輭木塞不用玻璃塞恐微沾於口一磨卽生危險熱不過三百六十度而生火故凡稍磨或稍擊爆裂極猛發光極亮兼有汞之灰色霧試用玻璃箸醮濃硫強水或濃硝強水著之卽燃以上爲試造之法
若欲多造廠有三方其一用汞十分濃硝強水（以水較重一〇〇與四〇）一百分加熱至一百三十度消化已盡待冷加醋（以水較重一〇〇與〇八三）八十三分漸成顆粒其二用汞十分濃硝強水（以水較重一〇〇與一三〇）一百二十分待自消化再待冷至五十五度加醋（以水較重一〇〇與〇八三七）〇八十分將所盛之器爇於沸水盆內見濃白霧初生卽取下待冷自有顆粒結成其三用汞十分濃硝強水（以水較重一〇〇與一三四至一三四五）一百二十分其置能容此十八倍之玻璃瓶內待汞自消傾入濃醋五十七分之內速卽傾還原瓶搖之約半刻許見發氣泡而在瓶底成重流質再搖使和愼視之全質忽變黑色暴沸而散出濃白霧再漸加濃醋五十七分則黑色退而顆粒初成至冷時盡皆結成澄下水內不𨡓些微三法所得之顆粒俱須用紙濾過清水洗淨在空氣內涼乾以汞自分爲率淨得爆藥多少不同

其一者一三○其二者一二五其三者一五三獨用此於銅帽爆力過猛必和別物以緩其性常和者以爲鉀養淡養或鉀養綠養因此二物更能發養氣也英國兵丁所用和以鉀養綠養與銻硫及玻璃粉其意使打時磨軋生熱也或用別物代鉀養綠養或用銻硫而不用玻璃粉此藥每次配合切不可多

作銅帽法用薄銅皮在模內揰作十字形再在小圓孔內揰作帽形將此帽仰置架上以木條稍沾膠水於帽底糝以前藥少許傾去所餘再以舍來克消化於醕內而封之乾後遇水亦不壞此爲少試之法若欲多造必用機器

銀亦可以代汞而爆力更猛用濃硝强水以水較重須一○與一五二十四分先加以淸水等重將銀一分投入待消化已盡再加濃醕與硝强水等重所得之爆藥較銀多半倍其性比汞作者甚暴造時所用之器須寬大數倍否則濺出而爆裂且宜以紙或極輭之木盒之收存之法分爲小分用紙包裹輕輕安入紙匣此物太猛太暴不可輕試故亦不合於用汞銀二種分劑之數爲汞養炭淡銀養炭淡銅鋅兩質亦可作爆藥而四種再與別原質化合又成多種爆藥性各不同

銀爆藥或汞爆藥置少許於厚玻璃上以玻璃箸醮濃硫强水點之立即爆裂而玻璃之面如回光鏡相同比較二者之力各將少許分置玻璃之上加熱於下則汞藥之爆僅發小聲而銀藥之爆發聲甚大且將玻璃擊成大孔然性烈若此而與甚多銅養相和雖用火燒毫無危險有此法可化分而求其原質

第七十七節　空氣根源

昔以空氣爲四行之一而視爲空虛無形無重如今人之視光熱電氣相同且不知有別種氣質前一百九十七年有人考定質加熱知化出氣質與空氣不同而不知其不同之故嘗見礫井之各氣或殺人或焚燒或爆裂不知其理何在甚有疑爲鬼魔者前一百二十七年杜利率利考知空氣有重前一百一十三年蘇格蘭人名步拉客將灰石或雲石或蚌殼試燒以火試浸以濃酸收得其氣不能活動物知非空氣命名爲定氣因定於石內必須用火用酸纔能發出也由此知氣質不止一種亦如流質定質之不止一種也未幾歐羅巴各國有人考得各氣如布里司德里考知養氣外尙有氣質八種同時有瑞顚國人西里考得三種賈分弟詩考得輕氣如脫福特考得淡氣拉夫西愛考知空氣爲淡養二氣始知空氣非原質矣

近時化學家審知各氣質俱為流質所化散冷則還成流質再冷亦成定質若定質加熱則為流質再熱亦為氣質然冷熱本無定限今尚未能使冷熱造其極故有數質不能使遞變所以氣質之種數未定與流質定質同理也

第七十八節　空氣之原質

空氣之內以體積計約五分之四為淡氣五分之一為養氣詳推之每百方寸淡氣居七十九寸一養氣居二十寸九若最純之空氣以輕重計之則每百分有淡氣七十六分九養氣二十三分一尋常空氣除淡養二氣

外尚有炭氣溼氣惟為數無幾且多少不定有時稍有淡輕氣或淡養氣或花香或地質與生質總之所能消化之物海水內幾皆有之所能化散之物空氣內幾皆有之

空氣內之淡氣與養氣不過融和而非化合惟二氣多少之數永無贏虧有乘輕氣球上至二萬一千尺有下至最深之井或至曠野或至城市二氣之數亦無改變而炭氣之多少則不能定且各處不同一萬立方尺空氣內有炭氣四尺九為常間有多至六尺二少至三尺七者與地面相近夏多於冬夜多於日而高處多於低

處阿美利加之高火山噴出炭氣甚多或言歐羅巴與亞西亞火山所噴出者皆為淡氣

空氣所含溼氣常依冷熱而增減最多六十分之一最少二百分之一與淡氣養氣炭氣亦屬融和終不化合各質雖輕重不同然各有自能融和之性無偏多偏少之病雖遍地有火燒及動物吸減養氣呼增炭氣並植物生長所用養氣而空氣多少之數仍無改變可見造化之妙矣近時考驗空氣內常有淡輕氣而甚少每二千八百萬立方寸之內止有一立方寸雷雨之時雨內稍有硝强水因溼氣養氣淡氣為電氣所過而成○空

氣內微有生物之質雖用極精之化學器歷試之不能分辨而人鼻則能覺之如花之芳香是也又有受之即能生病者如低窪之處所發之穢氣是也又稻田內所積之露亦含生物質故取而盛於器內兩三日即臭人於夏夜受溼處之穢氣必生甚重之瘧疾○空氣內之淡氣自有專職其性乃管束養氣使之循序作為設無淡氣焚燒者不能熄動物狂躁而速死如濃酒人不能飲配以水而可飲即此意也○養氣有攝鐵之性而淡氣則無惟空氣乃二氣所成故與攝鐵氣不變不惡○淡氣與養氣其重略相等又可見造物之妙處設輕重

懸絕則雖有自能融和之性亦難免不分離也物之出聲其大小雖因遠近而異而高低終不改變設二氣有輕重必有高低不定之病一切樂器無準矣如第三十

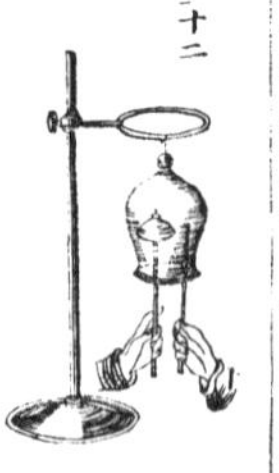

第三十二

二圖用玻璃罩盛輕氣將小鐘在內打之與打於空氣內者不同即其據也

第七十九節　化分空氣考驗各氣之數

第三十三

依前七十四節取淡氣之法即可知二氣之數又如第三十三圖用玻璃管上端無口邊有分數先置燐一條倒插水內一

日之後收盡養氣每百分空氣餘存淡氣七十九分至八十分此外之炭氣淡輕$_{三}$氣及溼氣與零星小質若欲一一分之必使透過能收某氣之質其留存者即可知爲何質矣常用之器如第三十四圖大木桶滿盛以水

第三十四

底有塞門桶旁橫置數銅管首尾相連設欲考空氣內溼氣與炭氣之數則用浮石（即火山噴出之石儘質甚輕虛能浮水面體有無數小孔）以硫強水漬令透潤盛於第一銅管再用鉀養輕養盛於第二銅管兩管稱準各重連接緊固毋稍洩氣然後開其塞門使水流出則銅管

內自有空氣透進稱量所出之水即知透進空氣之數蓋空氣透進之時硫強水收其溼氣鉀養輕養收其炭氣再以二管稱其餘重即溼氣與炭氣之數也

第八十節　淡養二氣合成雜質

淡氣與養氣化合之雜質有五一爲淡養二爲淡養$_{二}$三爲淡養$_{三}$四爲淡養$_{四}$五爲淡養$_{五}$而淡養$_{三}$淡養$_{四}$淡養$_{五}$三者俱爲酸質

第八十一節　淡養$_{五}$（即硝強水）

淡氣養氣化合者淡養$_{五}$爲最要之品古時即知此物前八十五年買分弟詩考知其中之原質爲淡養二氣萬

物中未有自然獨成者皆在土內與別質化合尋常者與鉀養鈉養鈣養三質硝即鉀養與淡養$_{五}$合成印度國多產之又有鈉養與淡養$_{五}$合成者南阿美利加比路智利等國產之雷電時之雨亦微含淡養$_{五}$

第八十二節　取法

淡氣一立方寸輕氣十二至十四立方寸相和在空氣內或養氣內燒之必有酸味之水凝出其水內即有淡養$_{五}$因輕氣與養氣同燒發出大熱所餘之養氣與淡氣同受其熱即化合而成淡養$_{五}$成時又與水融合故水內自有淡養$_{五}$也買分弟詩因見燒輕氣成硝強水遂知其

內之原質法用淡氣與養氣共盛玻璃筩內倒插其口於鉀養水盆再將玻璃電氣引入管內數日使常有火星發出開管驗之即成鉀養淡養矣是知淡養即淡養二氣化合者也又法以電氣陰陽線之二尖相離二分許下承以溼藍試紙少頃紙變爲紅色此即空氣爲電氣化合之硝強水滴下故藍變爲紅也又可證空氣內淡養二氣乃融合而非化合也如欲多取備用將鉀養淡養或鈉養淡養焗乾與濃硫強水等分置於玻璃甑內加熱則淡養被硫養逼逐而出透過甑頭如第三十五圖甑底置於沙盆下用酒燈火焗之甑口用瓶密接

第三十五

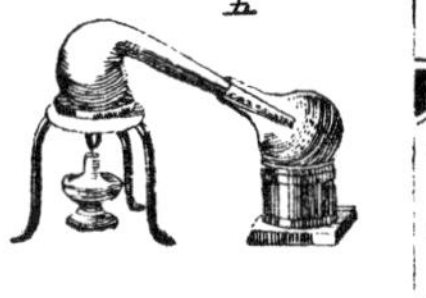

瓶外宜包溼布或浸於水桶甑內之紅霧即淡養化分而成淡養或淡養也若所成者不純其色不白常雜者爲綠氣與硫養宜加銀養淡養約能盡與所雜之物化合結成定質沈下將清者加小熱再蒸一次則純更欲多取以鐵爲甑內襯火泥此法乃鉀養淡養加硫養則變爲鉀養硫養與淡養

鉀養淡養丄硫養‖鉀養硫養丄淡養

第八十三節　形性

硝強水爲化學要品而工藝用之尤多極純極濃者無色而質稀常常發霧侵蝕物質之力甚大以水等體相較若一〇〇與一五二不濃者多水不純者色黃常用之最濃者每五十四分亦有水九分

硝強水最易化分見熱亦化見光亦化化分之故因淡養或淡養散出也其氣散時輒將瓶塞抵開故收藏亦宜留意開瓶塞時宜遠面目防氣與強水同噴而受其害也濃者熱至一百八十四度即沸冷至下四十度而冰

硝強水常放養氣與能燒之物相合化學家欲以別物

與養氣化合恆用之試將木炭細末烘熱傾硝強水於其上則立燒和以硫強水傾入松香油內則爆燐入硝強水內燃燒甚速祇可用針頭小粒多則危險

第八十四節　硝強水變化物質之性

硫強水外硝強水之性爲最猛金石之質大半可消動物之質俱能侵蝕如羊毛鳥羽人皮以及含卵白之物遇之俱變明黃色西國用之染羊毛作成橘皮色之花醫士用之殺浮肉欲驗侵物之力可將一滴沾於羊皮所作之紙立變色而收縮縐摺（嘗有人殺兔取心滴以硝強水縮小爲三分之一）若滴於植物之色無不立變故將青靛磨細用硫強

水調爲漿數日之後再添以水即爲極明青色盛於玻璃筩內沸之加以一滴硝强水其色立變

連骨之肉浸於等重硝强水不加熱而停三小時至五小時骨肉皆消並不發臭

數種生物質雖遇極濃硝强水亦不消毀如生紙棉花木絲小粉等然此雖不消毀亦與之合成奇物試以白生紙浸於濃硝强水少頃取出清水洗淨涼乾狀無改變若遇火或熱玻璃箸則爆裂其理因淡養內之養氣一分剩與紙內之輕氣化合而留淡養合於紙內所成爆裂之性不必藉空氣內之養氣也輕養二氣化合之

時成水甚多硝强水爲所解淡若不多用硝强水即不能成必加濃硫强水以收其水而硝强水得以不淡若用棉花質疏而硝强水易於滲入比紙更善名爲棉花火藥用淨硝微熱焙乾一千釐加以濃硫强水量杯十錢置於玻璃甑內如前圖有玻璃塞者更妤加熱至受器之內得硝强水量杯六錢爲度即將此硝强水量杯二錢加濃硫强水量杯二錢攪和待冷用極細極淨之熟棉花三十釐浸入以玻璃箸捺下使盡沒於强水蓋以玻璃片一刻之後將棉花挑出以清水一磅洗之再以多水沖洗至毫無酸味藍試紙遇之不變色涼乾即

成火藥重打之能自爆裂若欲多造先將熟棉花搏成塊每塊重三兩用鈉養炭養一磅沸水三十磅消化以棉花同煮一刻使棉花所含之油與松香俱洗出而水變棕色取出置轉籠內轉之甚速以去其水再用清水洗淨再入轉籠去水微火焙乾置大甕內密封之以避溼氣次用以水較重一五二之硝强水一分一八四之硫强水三分漸漸同入大磁缸內以鐵條攪和停數小時使冷臨用之時傾若干於深磁盆內盆外用冷水冷之蓋以多孔鐵板將棉花一塊浸入用鐵條攪二三分時挑出置於多孔鐵板上擠去强水盆內所耗者即將

缸內者補足再入棉花塊如前棉花入時生大熱故盆外不可無冷水已得多塊即置於大甕擠緊隨將缸內之强水如棉花塊之原重十倍至十五倍加入甕內將甕浸於冷水二日夜用鐵勾取出置於轉籠其轉先緩後急至每分時八百轉轉至十分時其强水幾已盡去取出急用多水漂洗再在長流水洗淨酸味仍漂於長流水二日夜再入轉籠去其水然後用鉀養炭養一磅沸水三十磅消化將所成之棉花同煮半刻再入轉籠去其水再漂於長流水半月取出涼乾醋與以脫皆不能消化爆裂之力比尋常火藥大四倍用於礮內恐致

礫裂若以此織成極鬆之緶繞於木條用紙包裹可代火藥包與地利交戰多用之若以淡硝强水造成者則少含淡養$_{四}$而性緩燒而不爆醕與以脫皆能消化可爲照相之用先用以水較重一·四二九之硝强水量杯三兩水二兩相和次加濃硫强水量杯九兩隨加隨攪待冷至一百四十度將淨熟棉花一百釐分作十塊一同浸入用玻璃片葢密待五分時傾去强水用玻璃箸擠乾速入多水洗之再在長流水漂洗涼乾然後用以水較重○·七二八之以脫量杯三兩六以水較重○·八一六之醕量杯一兩二以水較重○·八之醕量杯五分兩之一三物和勻再以棉花藥五十釐浸入消化卽爲照相之用

第八十五節　硝强水變化金類之性

金類俱能直與非金類化合如錦與綠氣鐵與養氣銅與硫黃皆是而未有能直與配質化合者若欲化合必先合養氣其事雖分先後視之無有參差以鋅投於淡硫强水實因强水之內有淸水鋅與水內之養氣化合而成鋅養立與硫强水化合而成鋅養硫養$_{三}$其輕氣則散去矣若用硝强水化合或銅或銀亦同此理葢硝强水更易化分發出淡養$_{四}$氣爲紅色之霧而分出之養氣卽與金類化合然後未化分之淡養$_{五}$再與之化合也

第八十六節　淡養$_{五}$合成鹽類

淡養$_{五}$所成之鹽類加以大熱則淡養$_{五}$散出若爲大愛力之金類本質如鉀鈉等加熱之時養氣二分劑先散再加熱而淡養$_{三}$亦散若爲小愛力之金類本質如錫銅等加熱之時淡養$_{四}$先散再加熱而養氣一分劑亦散故置於燒紅之炭立卽化分散出甚多養氣而發焰或火星迸裂此鹽類水內皆易消化以紙浸透涼乾可燃如慢火藥倘有別配所成之鹽類亦能燃如慢火藥

第八十七節　淡養氣

前九十四年布里司德里考得此氣此後三十二年兌飛考知形性

第八十八節　取法

將淡輕$_{三}$淡養$_{五}$置於玻璃瓶內如第二十圖口連曲玻璃管用酒燈熘之其淡輕$_{三}$淡養$_{五}$漸鎔熱至四百度視之如沸然非眞沸乃淡養氣與汽化分而出也（過熱而發白霧則爲危險之物）以藏氣箱收之箱內滿盛九十度熱水若用冷水則淡養氣融化於中人欲吸此不可取出卽吸須少待片時取此氣之理因淡輕$_{三}$淡養$_{五}$遇熱之時淡輕$_{三}$之輕氣與淡養$_{五}$之養氣一分化合而成水淡輕$_{三}$之淡氣亦與淡養$_{五}$

之養氣一分化合而爲淡養氣淡養之養氣已分去則亦爲淡養氣而同時散出故淡輕淡養一兩可成淡養氣五百立方寸

淡輕淡養丄輕養‖二淡養丄四輕養

第八十九節　形性

淡養爲無色之氣質其味甜其重幾與炭氣等以空氣較重若一○○與一五二置物於內燃燒略與養氣同添入等積之輕氣尤易爆裂此氣與養氣之辨以能融化於冷水融化之數適與冷水等積若加熱至四十五度再加五十倍空氣壓力則成明流質冷至下一百五十度則成明定質以壓成之流質添入炭硫而置於抽氣筩內使其氣自散可冷至下二百二十一度化學中之冷未有冷於此者

淡養氣或純者或與空氣融合者人暫吸之不受害惟漸見醉態四肢欲用大力亂動且大笑不止然少頃即醒不覺倦乏前事盡忘矣此氣感人依各人之性情故所現之狀人人不同若肥胖血盛之人不宜輕試恐致傷害設將小動物置此氣內初時發興繼則漸憊而死人欲用此氣宜盛於大囊銜其口而呼吸之引氣管之內徑須一寸

第九十節　淡養氣

取此氣之法將銅屑置於瓶內稍和以水而再加硝強水此爲不發熱之事可用二管瓶如第二十一圖初時瓶內有深紅色之霧自管中透過水中則清矣其理因銅與淡養之養氣化合而成銅養此銅養再與所餘淡養化合而成銅養淡養變成藍色之水前之淡養爲銅收去養氣三分劑而成淡養氣自管中透出

三銅丄四淡養‖三銅養淡養丄淡養

第九十一節　形性

此氣無色不能變爲流質稍能融合於水人若吸之呃逆而肺極痛兒飛曾試吸此氣幾死幸會厭速閉而得不死此氣所含養氣雖半其重而以燃物置其中火焰即滅若以火炭燃燐置其中則淡養自能化分而發養氣與二物共燒光焰奪目

淡養氣與養氣之愛力甚大或純養氣或含養氣之氣與此氣相遇皆成深紅色之霧此霧乃融合於水而成酸水既有此性故可因其性而試別氣之內另有未化合之養氣與否以長玻璃瓶滿盛此氣倒置於取氣盆稍以別氣通入無論空氣或養氣皆可即見深紅色之霧且發大熱搖動其瓶使水銜激氣內紅霧即融合於

水矣。

第九十二節　淡養三氣

不冷不熱之時此氣常爲紅櫻色之霧，在初度則成綠色之流質。取法將淡養氣四體積養氣一體積皆宜極乾相和即自化合。又法用小粉加硝強水加熱亦有此氣散出。又法用濃硝強水與等重之鉮養相和加熱所發之氣先過冷水去其所帶之淡養，再過鈣綠去其水氣，再由管內經過外用凍藥水冷之凝成綠色流質，雖甚冷亦欲化散爲紅霧，速用吹火封於玻璃管內，其管口宜極細，一吹即合。又法用淡養五之質加熱皆能變成此質此與本質化合所成之質有甚奇者。

第九十三節　淡養四氣

淡氣與養氣或與空氣相和時所成之深紅霧，大半爲淡養四氣。若欲取此氣之純者可將淡養氣四體積養氣二體積俱宜極乾，共入彎玻璃管即自化合而成紅色氣質，再浸於凍藥水中結成無色定質，其形爲立方顆粒，熱至十度鎔爲無色流質。

淡氣與輕氣與炭與別質合成之雜質見後各原質之內。

第九十四節　綠氣根源

前九十六年西里考得此氣，當時習化學者猶不以爲原質，後此三十四年兌飛始爲考定，因其色黃綠故名之爲綠氣。

原質有四種彼此無甚愛力，其性又略相類，即綠碘溴弗也。若與別質而冷熱適中皆有甚大愛力，愛力既大故無自然獨成者，收藏更易自散，蓋欲附合於別質也。

綠氣與別質化合之物兩大類之內並有之，最多在食鹽，食鹽即綠氣與鈉也，金類礦多有此氣化合者，動物植物內之各流質多有此氣。

第九十五節　取法

常法如第三十六圖將玻璃瓶或玻璃甑盛錳養二細末

第三十六

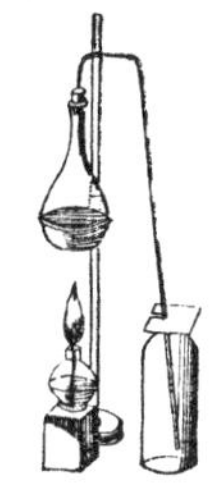

一分濃鹽強水二分用酒燈緩緩焙之，或於取氣瓮內取之，或用極淨極乾之小頸瓶取之，因綠氣重於空氣故能直流至底而空氣浮出，且易見其淺滿。瓶口用玻璃塞甚緊，再加油蠟密封可存數日不變。如無錳養二，用鉛養二代之，淡養五亦可代錳養二。

取氣之時有數事宜慎，房屋之內必通流空氣而有風，撤去貴重華麗之物如帳幃書畫等，因一遇此氣其色立變爲白也又須細察甑內盡有鹽強水溼透毫無一點乾處然後加熱否則玻璃甑迸裂矣若用水盆收取即用冷水無妨不以搖動所食綠氣極微溫水收取固不食氣然有一病其氣透過亦微溫封塞之後氣冷而縮瓶塞不能拔出瓶內不可有多水蓋見光則綠氣與水化合成輕綠輕綠又爲水所收而縮以增瓶外之壓力而瓶塞亦難拔矣人若誤吸此氣速吸淡輕氣可解如無淡輕或醋氣或以脫氣皆可

取氣之理輕綠二分與錳養一分分合而成三物一爲水一爲綠氣一爲錳綠

錳養二丄二輕綠॥錳綠丄二輕養丄綠氣

錳養粉三兩鹽強水半升以水三兩和淡之可成綠氣八百三十一立方寸至一千一百零八立方寸但鹽強水半升之內加水若多於三兩或鹽強水本是淡者皆爲險事恐收取之時綠氣與水之養氣化合成爆裂之氣也

又法淨食鹽四分錳養一分硫強水二分水二分四物共置玻璃甑內蒸之此爲多取綠氣之法若作漂白粉仍宜用前法因作鈉養炭養時所得鹽強水甚多而價廉也

又法食鹽與鈉養淡養和勻多加硫強水而加熱即有輕綠並淡養散出而二氣相遇即成綠氣並淡養氣並水氣使過造硫強水之鉛房則硫養氣收淡養氣而成硫強水積於底所餘即綠氣矣故此法在造硫強水之處極便用也所餘之質另置甑內再加食鹽而加熱尚可得輕綠氣並鈉養硫養

第九十六節　形性

綠氣之色黃綠氣味難當極多空氣之內有此些微亦不可吸吸之肺管痛癢而大咳若吸純者必致速死然西國漂布作坊盡用此氣乃以大房開通空氣工人亦

不受害有醫士依此法稍用些些和於極多空氣令人吸之能治臟腑之病綠氣爲氣質內最重者以空氣等體相較若一〇〇與二〇四加熱至六十度再加四倍之空氣壓力凝爲黃色流質以水等體相較若一〇〇與一三三此流質雖冷至下二百二十度亦不結冰

冷水一立方寸能容綠氣二立方寸但此氣與水自不能融合必同置瓶內搖動多時方合此水之色味性俱同綠氣所以多用綠氣者用此水較便但此水一見日光氣即散出故所盛之瓶宜包裹厚紙藏於黑暗之處若將水冷至將結冰之度而使綠氣與之融合再冷至

三十二度即結明黃色之顆粒其內綠氣一分劑有水十分劑將此盛於玻璃筩內吹火封之如第三十七圖

第三十七

稍加熱則顆粒鎔水而發純綠氣因被筩所固束而自壓成流質浮於筩內之水面故用此法易得綠氣之流質

第九十七節　綠氣燒物

綠氣雖能燒物而與養氣大不同其性不能直與養氣及炭質化合若與輕氣及金類則又愛力甚大故凡含養氣與炭質極多之物在綠氣之內概不能燒間或能燒亦屬勉强如木炭是也若多含輕氣之物及數種金類在綠氣之內俱能燒而發光焰欲試其事可將已燃之木炭入綠氣瓶內則頓熄與浸入水內相似蠟與油俱爲炭與輕氣所成若點蠟燭或油燈置綠氣瓶內其火亦熄但已熄之後而所發之煙反能與綠氣化合而燒其煙內之輕氣發出暗紅之光其炭則分離爲濃黑煙松香油內輕氣多而炭少沾於紙而點之隨入綠氣瓶內則綠氣立與輕氣化合而自燒炭亦分離而爲煙炱如第三十八圖若將燐入於綠氣瓶內如第三十九圖火雖不熄其光則小而難見此非二物之無

第三十八

第三十九

愛力因燒時所成者爲氣質雖熱不能成焰也其理詳物燒節若將銻或別種金類研爲細粉置於綠氣瓶內則自燒而發焰或將銅箔或用銅絲繫之懸於綠氣內亦燒

第九十八節　綠氣化合之力

綠氣與輕氣有極大極奇之愛力因此有裨於日用其力多賴日光而顯故將綠氣與輕氣同置一器藏於黑暗之處歷久不變移於稍亮之處漸漸化合再移諸日光之下則化合極速而爆裂且作大聲欲試此事將容水一磅之玻璃瓶在取氣盆盛綠氣至半用黑布密裹愼毋透光再添輕氣滿之即在水內緊塞其口置於日光之下人宜遠避用長竿挑開其布日光一射大聲訇訇而瓶裂矣若綠氣或綠氣水遇輕氣之雜質其愛力必顯因綠氣欲引出質內之輕氣也試用綠氣融合於水內置於黑暗之處其水不能化分曬之以日即易化分蓋綠氣與水內之輕氣化合而成輕綠其養氣即離之而去云

第九十九節　綠氣漂白之理

綠氣因與輕氣有大愛力故漂白之功滅臭之性以綠

氣爲尤勝蓋動物植物所出之顏料輕氣爲最要所以染成之色一遇綠氣則輕氣與綠氣化合而色頓滅此因色依質點之排列輕氣已去質點之排列變改也臭養氣亦能漂白者因養氣收去物內之輕氣而與化合故質點排列亦改變而色亦滅也故綠氣與臭養氣所滅之色不能還原必須重染

試驗綠氣漂白之功有數法用西國紅色酒或紅色水或靑靛水或黑墨水將綠氣水傾入其色立滅各色紙布浸入綠氣水內立變爲白然溼綠氣則能漂白乾綠氣則否羊毛與絲綠氣亦難漂白若綠氣水傾入中國

墨水其黑不滅因以煙炱所作而煙炱爲炭質與綠氣無愛力也凡動植物不可常遇綠氣如將棉花或麻布沾綠氣水而不洗淨必致漸壞

第一百節　綠氣滅臭之性

綠氣能化分各種惡氣而滅之如滅色同然其功與尋常辟穢之物迥異常法或燃紙或灑醋或燒香其意不過勝其臭氣而臭仍在綠氣則不然竟能消盪其臭而使潔淨也但用之宜愼恐妨別物將鈣養綠（俗名漂白粉）盛於淺盆置室內之高處空中之炭氣漸漸與鈣養化合綠氣則化分而出自高墜下彌漫空中若欲其速可用

鈣養綠水如前法再以淡硫强水或鹽强水另置一器用燈心以二端跨連二器則强水緣附而過鈣養綠水之盆發出綠氣甚速又法用廢布浸溼鈣養綠水懸於室中若無鈣養綠依前法稍以綠氣散出亦可

第一百一節　綠氣化合之性

綠氣與非金類原質大約俱能化合但有數種不能直合而須繞合一切金類原質綠氣盡能與之化合且有大半直合者化合之時發光與熱除銀綠鉛綠汞綠銅綠外並能消化於水嘗其味視其狀皆與食鹽相同別有數種金類綠氣與之化合而分劑不同如有鐵綠又

有鐵綠有鉑綠又有鉑綠總之金類能與養氣化合而爲各本者綠氣亦皆能之金類與養氣化合之分劑不一者與綠氣亦然

綠氣與金類化合之質定質爲多亦有數種不冷不熱爲流質者尙有錳綠爲氣質者定質之內大半稍熱則鎔鎔則化氣而散如金綠銅綠鋁綠鎂綠是也所以考地產者視此景像意以爲地殼所有筋脈係如此而造金類本與綠氣化合於地中因地中之熱而化散自各層累之石罅透上至冷處綠氣漸漸化分即成純金類

第一百二節　輕綠氣根源

此物乃綠氣與輕氣化合者綠氣與非金類合成之雜質此爲最要前九十八年布里司德里考得其初成之時爲氣質使之融化於水內則爲最猛之酸水

第一百三節　取法

綠氣與輕氣等積相和而使化合即成輕綠氣其體積不減小化合之法如第九十八節用燧照日光射之或

第四十

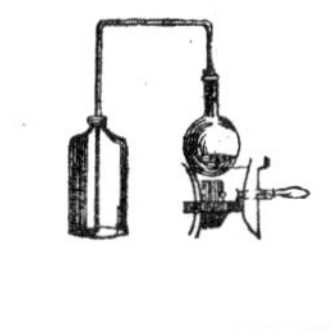

點火於內或通電氣於內任用何法常有爆裂欲小試之可如第四十圖用玻璃瓶盛鹽强水口加輭木塞塞內有玻璃管加熱於瓶底所出之氣

即輕綠氣若欲多取可將食鹽三分濃硫强水五分水五分共置大瓶內仍如前圖加熱蒸之蓋食鹽爲綠氣與鈉所成加以硫强水與水則水內之輕氣與鹽內之綠氣化合而成輕綠氣其養氣與鈉化合而成鈉養而鈉養再與硫養化合而成鈉養硫養（即元明粉）

鈉綠丄硫養$_三$丄輕養＝鈉養硫養$_三$丄輕綠

第一百四節　形性

輕綠爲無色之氣質味甚辣臭甚惡若稍放出即與空氣內之溼氣化合而成白霧若偶吸之其傷人少遜於綠氣然空氣內雖有此氣極微吸之亦能大咳以空氣

等體較重若一·〇〇與一·二四熱至五十度加以四十倍空氣壓力則成無色流質從未能使結爲定質者火之不燃即以燃著之物置其中亦熄探以乾藍試紙亦變紅色

輕綠氣與水愛力甚大水熱在四十度能容等體之氣四百八十倍容氣若此之多而水體止大三分之一以水等體較重若一〇〇與一二一水熱過於四十度則容此氣較少若將此氣盛以罩而覆於水銀之上氣內置冰一塊其冰立鎔爲水氣爲水收罩內必空水銀上升可見水性喜收此氣也故欲取用必於水銀內收之

裝入瓶內或用小管通至瓶底自能推出空氣

第一百五節　輕綠水（即鹽强水）

取法用硫强水與食鹽發出輕綠氣使過純水之內常

第四十一

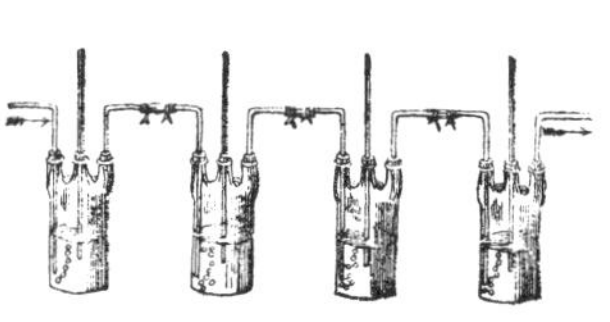

以數瓶用管通氣至第一瓶中水收飽足餘氣又至第二瓶之水內但此法宜愼若透進之氣速而過多水不及收瓶必磔裂太遲而少水又收盡其氣瓶內成空必吸水入發氣之甑而食鹽與硫强水無用矣欲免此病宜用胡夫之法如

第四十一圖數瓶相接每瓶有三口每口塞輭木以玻璃管插於塞中通連各瓶其氣進出各瓶之式視圖即知瓶之中口插一直玻璃管恰入水面之下是其妙處蓋發氣甚多而漲力大則水自中管上升而瓶不裂氣少內空則空氣透進中管而水不入發氣之甑矣此氣收於水中水亦漸熱熱則不能多收故瓶必浸於冷水或四圍用冰更妙其各管之相連用輭象皮管

用食鹽作鈉養炭養時所發之輕綠氣極多前人以爲惡物作最高之煙通引出之然雖高至四百九十五尺而基之外徑大至三十尺頂之外徑十一尺共用大磚

百餘萬尚不足用因所出之氣遇溼氣而變白霧即成輕綠水風吹至禾田果園之處大受其害後以其氣經過水中而成輕綠水甚多價乃甚廉今又使成別種價昂之物矣

最純之輕綠水無色遇空氣即成白霧尋常所買者微黃因含鐵與別物也此水化學中爲大有用之物治病亦爲有功力之藥鹽之爲物食品內或自有或外加入於胃中化成輕綠水故胃汁之內常有此水也凡綠氣與別物化合之質消化於水內若將銀養淡養五水（即各息的）水傾入即成無數白點如豆腐屑少頃沈下名爲銀綠

在淡輕水內能消化在硝强水內不能消化可以別之

第一百六節　淡養輕綠水

此水名爲合强水金與鉑雖爲金類之最固者而此水猶能消之若但浸於淡養五水或輕綠水皆不消化惟二水相合則二水彼此化分而發出綠氣與淡養綠氣其綠氣初發之時即與金或鉑化合矣配合此水用淡養五水一體積輕綠水二體積

第一百七節　綠氣與養氣化合

綠氣不能與養氣直合而爲繞合合成之質有五　綠養　綠養三　綠養四　綠養五　綠養七

第一百八節　綠養氣

取法用乾綠氣過乾汞養（即三仙丹）即成綠養氣若使入管內而外用發凍藥則凝深紅色之流質熱至十九度即沸所化之氣黃色重於空氣三倍臭甚奇極易爆裂遇人手之熱即爆與養氣或綠氣有愛力之物入此氣內大約皆能化合或爆裂甚猛此氣大有漂白之功因綠氣與養氣俱易與輕氣化合也水喜收此氣試將汞養加水傾入綠氣內搖之多時則所成綠養氣水即收之其滅色之功亦甚大若中國墨與西國墨水共書一紙而遇此水西國墨水之字盡滅

第一百九節　漂白各料

綠氣透過淡鹼類水或熟石灰內（即風化者）則爲所收而成漂白之料名爲鈣養綠、鈉養綠、鉀養綠一切滅臭之水亦用此法製造惟鈣養綠（又名漂白粉）英國製之甚多以石或鉛作一大房房內周圍有樓板數層板上鋪滿熟石灰四面密而不洩放綠氣入內石灰漸漸收之待其飽足取出密封於桶內即爲漂白粉色甚白質甚滑嫩水內稍能消化其臭一如綠氣若遇空氣極易化分發出綠氣而收空氣內之炭氣常用之漂白粉一百分內三十分爲綠氣綠氣愈多愈佳試其多寡以青靛水內有

青靛若干須添若干漂粉能滅其色可爲準則矣所有滅臭之物即鈉養綠或鋅養綠消化於水即是

第一百十節　綠養

此物無獨成者常與水化合爲輕養綠養$_{五}$取法將鉀養綠養$_{五}$以輕弗矽弗$_{二}$相和停多時而交互化合鉀則與弗矽弗$_{二}$合成鉀弗矽弗$_{二}$不能消化於水輕則與養綠養$_{五}$合成輕養綠養$_{五}$爲流質每輕弗矽弗$_{二}$四百五十體積鉀養綠養$_{五}$一百體積相和適能全化合輕養綠養$_{五}$加熱不出一百度使稍化散仍爲流質色黃臭味皆甚辣以一滴沾於紙上即自燒遇燐則爆裂甚猛

第一百十一節　鉀養綠養$_{五}$

取法以綠氣過極濃鉀養水至飽足則鉀養收綠氣而成鉀養綠即爲漂白水此水或久存或加熱則失漂白之力變成鉀綠與鉀養綠養$_{五}$煮稍乾待冷則鉀養綠養$_{五}$結成片粒其理乃鉀養內之養氣與綠氣化合成綠養$_{五}$再與未化分之鉀養化合成鉀養綠養$_{五}$其分出之鉀即與綠氣化合而成鉀綠若用別質爲本亦同此理

六綠＋六鉀養＝鉀養綠養$_{五}$＋五鉀綠

又法用鉀養炭養三百釐水二兩共置小玻璃杯消化次用食鹽六百釐錳養四百五十釐乳鉢內研和置長

頸燒瓶內如第三十六圖另用濃硫强水一兩半以水四兩相和待冷傾入前瓶口用軟木塞緊中插曲玻璃管管之次端入鉀養炭養水中瓶底用酒燈火加熱則綠氣發出透入水中少頃鉀養炭養之炭氣散出見小泡上浮如沸至發泡已停而水不再收綠氣則爲已成其水或現玫瑰色者因有鉀養錳養氣也即將此水置磁鍋加熱沸二三分時濾出異質如矽養等待冷而鉀養綠養結成斜方片粒蓋此水內惟含鉀綠與鉀養綠養二物其鉀綠祇二倍重之冷水已能消化而鉀養綠養必十六倍重之冷水方能消化故先結甚速濾出之

後再用生紙收乾所粘之鉀綠水若粒內不雜鉀綠則將少許消化於水試加銀養淡養五水不變色否則變色如乳可將結成者加沸水至適能盡消待再結成而純矣多取之法用鈣養輕養與鉀養炭養二可費料少而得質多熟石灰六分劑溼鹻一分劑以水掉和成漿使綠氣過之至飽足則成鉀養綠養五與鈣綠與鈣養炭養二加以沸水則鉀養綠養五與鈣綠俱消化於水內濾出待冷鉀養綠養五結成片粒沈下而鈣綠尚是未結將所結成者另用沸水消化再待結成則更純或用鉀綠代鉀養炭養二價更廉鉀綠水加鈣養和勻盛於鉛箱封密以綠氣通進至飽足濾取其水煮至將乾再加以水待冷則鉀養綠養五亦結片粒

又法用鈣養綠即漂白粉消化於水加熱久煮使乾而變為鈣綠與鈣養綠養五則失漂白之力乾後加水並加鉀養硫養三或加鉀綠自化合為鉀養綠養五與鈣養硫養三或鈣綠其鈣養硫養三不能消化於水濾去之而水內盡為鉀養綠養五若加鉀綠者自化合為鈣綠將水煮令稍乾則鉀養綠養五先能結成而鈣綠留於水內

第一百十二節　含綠養五質之形性

綠養五與別質合成之雜質加熱則化分而發養氣所以常用為取養氣之料投於火炭之內則生火焰燐及硫皆與養氣有大愛力故以此物相和而加熱則爆裂甚猛磨擦亦然如將硫半釐鉀養綠養五二三釐共置乳鉢研之小有爆裂可見初作銅帽爆藥用此二物和以木炭然不合用因鎗之火門及機頭沾之易鏽今祇用作大礮之拉藥昔人又欲以鉀養綠養五為火藥者但著手即燒亦不可用今西國爆竹及一切焰火俱用此物若將含綠養五質之水以紙浸溼待乾燒之與沾鉀養淡養五水者同

第一百十三節　綠養四氣

取此甚屬危險將鉀養綠養五置於甑內加以濃硫强水蒸之發出黃色之氣即綠養四也曬以日光漸漸化分加以不及水沸界之熱即發爆裂之聲若遇別類易燒之物爆裂更甚但雖危險之至亦有數法可試其性將水糖與鉀養綠養五等分各置乳鉢研細輕輕調勻以小玻璃桿少沾硫强水滴入立發火焰甚大其理乃鉀養綠養五為硫强水所化分而放出綠養四氣其氣遇糖又化分而發大熱使各物皆燒又法如第四十二圖以深玻璃筒盛燐數塊加水於筒至三分之二後用鉀養綠養五與

第四十二

燐體積相等置於燐上次以滴管吸取硫强水用指按定上口取出插入前筒之內對準燐與鉀養綠養之處則硫强水遇之而發艷綠色之光且有小爆裂之聲

綠養無獨成者必與水一分劑化合爲重流質少頃變爲黃色加熱即爆裂著紙炭之類即燒著人肌膚燒甚酷加水即發大熱與綠養皆無甚大用故不詳論

第一百十四節　綠淡

綠氣與淡氣化合止此一物化學內最危險之品此其一也性甚奇異取法將鉛盆盛淡輕綠一分水十二分消化再將綠氣一瓶倒置瓶口浸入鉛盆水內少頃見瓶內水面滴滴似油即綠淡也凝成之後漸沈水下然初成之時即宜遠離切不可快走亂動收取之時宜用鐵絲網遮護面目再用極厚羊毛布套手緩緩取出綠氣之瓶輕輕移開愼勿搖動及觸瓶口爲要

綠淡爲流質極易化散視之如油其臭甚奇加熱至二百度或稍有油遇之或遇燐或遇鹻類之物或稍搖動即大爆而發火焰猛烈之性出人意表相近之器雖生鐵所鑄者且能擊至粉碎無論別物嘗有人以少許試滴於極厚之木板即被奮擊穿通鉛錫之厚板亦成凹形而護之猛烈若此化學家尚未深悉其奧

第一百十五節　漂白各法

漂白爲日用之事而全藉綠氣故附論之未得綠氣之前漂白者止用肥皂及鹻類之物與布同置鍋內煮之多時取出鋪於青草之上使受日光與空氣再煮再曬至二百餘日之久而成前二三百年荷蘭人業此最精而歐羅巴各處所織之麻布欲漂白者幾盡運至荷蘭焉但此法費工費時甚多占地甚大致千萬畝不耕牧且必鋪於曠野難免偷竊稽英國古律有竊此者罪甚重概可見矣凡漂白之受日光及空氣溼氣理與用綠氣同即空氣內之養氣或溼氣內之養氣與色之輕氣化合成水而物即變白所以露水濃多漂白更速也空氣內之臭養氣亦有漂白之力至日光變白其理更屬顯明物在黑暗之處歷久不變置諸明處而漸白紅黃之色不耐日曬可見日光亦有漂白之力荷蘭人舊法將布浸於發酸之牛乳前一百年又用極淡硫强水代之能省工三月而省費亦多前八十五年法國人試驗綠氣之性審知能滅生物之色思用以漂白後遇英國朋造汽機之瓦特談論此事瓦特回國深究其理遂得新法後其法徧傳各國焉

初用綠氣漂白之法將冷水收綠氣以棉麻等布浸此

水內加熱則綠氣散出而汚色盡滅但此法有二病一所發之綠氣甚多工人不能當受二布亦稍毀而不固且漂時雖白不久變黃故又思一法試以所漂之布用鹻水煮之而知鹻水與綠氣之愛力較大於水與綠氣之愛力故能攝綠氣不散前七十二年有人由此以挪漂粉但彼時尚未知綠氣爲原質故於此理不能得其肎綮也漂布之人用漂粉之多少卽以準變白之遲速欲其漸漸白可欲其立時白亦可又有將漂粉用多水和之甚淡至無漂白之力再添一物又能漂白如染一種花布之法可證此理先將布通體染紅再將樹膠與

淡酸水調和而以印板刷印於布上曬乾之時不見有花後將此布浸於漂粉水內則所印之處變白無印之處仍紅得此綠氣漂白之法益處甚大一百年前需四月至八月之久今則數小時而成英國與美國漂白作坊每日漂布自六萬至十五萬尺若用舊法恐一年之功尚不及今之一日也

近時漂白棉花及各質之法再詳述之蓋棉花與絲皆有類乎松香之物包護所以水難漬入又有黃色者另有紫色者如紫花是也白花本質本是淨白然紡織之時必沾汚垢故亦須漂而去之第一事謂之熨法用銅

桶炕之極熱以布過之不可遲遲則焦此乃燎去其毛而使光光則漂染皆宜熨後置於大空輪內每輪分隔數箱如第四十三圖有銅管通水入輪內輪轉甚速布在箱內翻動爲水噴激頃刻洗淨第二事謂之煮法用鹻類水煮之去其油與松香之質如第四十四圖置布於大桶桶底作多孔中有一管管之上口有鐵帽桶下有房房內有鍋煮沸鹻水以氣之壓力逼水冲

第四十三

第四十四

出管口之帽而噴濺如雨層層透溼自桶底之孔流下自是陸續噴濺七小時而止煮過之布色較初時反黑再置於空輪內洗之然後浸以淡漂粉水待六小時取出尚爲灰色再浸以極淡硫强水則灰色立散於是再洗再煮再漂再酸反覆數次每次工費遞少而布乃純白矣一切之工可以一二日而成工作之時各專一事循環交替不息所有轉動之器俱用汽機出力統計工料每方

尺大約中國錢一文但棉花布漂白之後減輕十分之一若漂羊毛羢則不用綠氣而用燒硫黃化出之氣說見硫養形性下

上海曹鍾秀繪圖
新陽趙元益校字

化學鑑原卷三

英國韋而司撰
英國　傅蘭雅　口譯
無錫　徐　壽　筆述

第一百十六節　碘之根源舊譯埃阿顛

前五十九年法國京都人名古爾朵燒一種海草名開勒布將其灰作鈉養之時見膛下黑色流質粘著鍋體使鍋生鏽甚多以硫强水入此流質則有黝色之物分出加以熱則化爲淡紫色之霧用各法細試之而知此物爲新原質

碘之爲物徧藏萬物之中而不多海水內有之泉水內間有之數種不常見之金類亦有之海中所生之草皆有之海絨及蛤蚌與海中所生之介屬另有鱗屬數種亦皆有之惟多少不等耳常化合於物類之中而與鎂與鈉化合者爲尤多

第一百十七節　取法

各處所需之碘約皆爲英國北鄙格賴司格所造其法收聚開勒布草而燒之爲灰浸於水中煮稍乾待冷其別質如食鹽如鎂綠如鈉養炭養在水內結成顆粒澄而去之餘下黑色之流質有碘在內以此流質置甑內再加硫强水與錳養而加熱即有淡紫色之氣透出其

氣以別器收之待其自冷結爲定質即常用之碘也別勒布草灰一噸得碘九磅或作藥材或照像或染色用處最廣

第一百十八節　形性

不冷不熱不加壓力本是定質取得時爲黝色之物如魚鱗狀而有光亮加熱至二百二十五度鎔爲流質再熱至三百五十度化爲紫色之氣質試將數片盛於小玻璃箭如第四十五圖下用酒燈炙之則見紫色之氣若去燈火仍凝結於箭內或將少許投於極熱之銅板則又自成小球形

第四十五

人若多食則甚毒少食則爲妙藥未知此物之前醫者常以海絨灰治病今而知功力在碘也又能染人之皮爲紫黃色而漸漸侵之凡生物之質遇之大半如是若將此消化於水內能使水變黃色每水七千分祇能消化此物一分惟醕與以脫消化此物較多亦能漂白他物而力甚小

第一百十九節　碘與別質化合之雜質

碘與各金類化合甚速鐵或鋅置於水內再加以碘則成鐵碘或鋅碘最奇異者又能變幻美觀之色試將玻璃箭三箇各盛鉀碘水後將汞綠水滴入第一箭則成火黃色之粒少頃又變大紅色將鉛養醋酸（即鉛甜粉）水滴入第二箭則成明黃色之粒將汞養淡養水滴入第三箭則成明綠色之粒若滴碘水於小粉水之內則成深藍色但水宜冷且不可有些微鹻類在內設用小粉水繪圖於白紙次將銅板炕熱置碘於上待其化氣覆以圖紙筆畫條變爲深藍色碘在醕內消化滴於麵粉或山芋粉亦變藍色緣其內皆含小粉也碘與輕氣化合僅有一物即輕碘與養氣化合有數種而分劑不一最要者爲碘養與鉀化合爲鉀碘照相及藥材用之

第一百二十節　鉀碘

取法用鐵碘與鉀養炭養兩物交互化合而成取鐵碘法將碘二分鐵屑一分水十分相和碘即與鐵化合發大熱而成鐵碘消化於水內澄去未化合之鐵再加碘如前數三分之二入此水內則鐵碘三分之二成鐵碘而水內得鐵碘與鐵碘各一分劑傾入鍋內煮之漸加鉀養炭養則沸而炭氣散出加至不結深藍色之質濾取其水煮乾結成方形顆粒色白如乳水與醕皆能消化若淨者加純鹽强水亦不變色

鐵碘丄鐵碘丄四鉀養炭養＝四鉀碘丄鐵養鐵養丄四炭養

第一百二十一節　溴之根源

前四十四年法國人拉得煮海水成鹽之後以賸下之水考得此物因知海水之內無不有之每七千分中約有一分又考數處泉水亦有之數種金類亦有之與鎂化合者尤多

第一百二十二節　取法

海水煮鹽賸下之水以綠氣過之而隨傾於以脫之內則以脫浮上搖動多時綠氣乃與溴所含之物化合而溴放出消化於以脫之內少停片時以脫與溴共浮於上其色艷紅取出置於瓶內先將若干加於鉀養水而搖之多時其色即滅溴乃與鉀養化合而以脫獨浮於水面取出可以再用屢加前取之質而屢搖之至鉀養不能再與溴化合加熱化散其水所得者為鉀溴與鉀養溴養加大熱而全變鉀溴將此質置於甑內再加錳養與硫強水而加熱則鉀收錳養之養氣而放其溴成氣質引入別器外用發凍藥則凝為流質

第一百二十三節　形性

不冷不熱不加壓力為深紅色之流質其色極深幾不透光最易化散若欲存之必封塞極密傾二三滴於玻璃瓶內稍加以熱瓶內彌漫血色之霧其臭略同綠氣而更猛烈人若食之為極烈之毒藥以一滴沾於小鳥之嘴外鳥即立死凡動物質易被毀傷人皮沾之變為黃色而不能洗去熱至一百四十度而沸冷至下十度而冰漂白之性亦同綠氣稍能融化於水醋及以脫融化極易能與多種金類化合化合之時輒發火焰與熱若欲試之可將堅厚玻璃杯盛溴數滴漸漸添入錫粉或銻粉其性自見照相之事用之甚多亦有用為治病之藥者與養氣化合止有二質一為溴養一為溴養與輕氣化合為輕溴溴養與醋酸化合為溴養醋酸

第一百二十四節　弗氣根源

此氣常藏於鈣內即地產之鈣弗礦也色各不同俱極美觀古時鍊取金類用此為配合之料而不知其性前一百年有人將此礦與硫強水置玻璃甑內同蒸見玻璃有侵傷之痕而亦不知其故後此一年西里言此礦是鈣養與弗酸化合而成又後三十九年兒飛言此酸為含輕氣之質與輕綠相類即輕弗也由此而知為原質

第一百二十五節　形性

弗氣與別種原質之愛力甚大故獨成一質者世所希有惟與別質化合之雜質常有之其氣感受雖微為害

不淺故前人以爲不能分取今則用法取出爲無色氣質其性與綠氣與溴與碘大致相同地產各質惟鈣弗礦多含此氣出於英國特皮西爾之地極有美觀琢爲玩器同於中國之玉另有金類礦數種亦稍含此氣凡含弗氣之礦其弗氣皆易化分而速與他質化合如遇金類及玻璃之矽愛力尤大設以金類或玻璃作器盛之必欲分出而化合於器之質內

第一百二十六節　輕弗氣

弗氣不能與養氣化合而能與輕氣化合成輕弗將鈣弗礦搗粉與濃硫強水同盛於鉛甑（鉑者更佳）如第四十六圖收氣之器亦須用鉛或鉑爲之外用發凍藥水圍之

第四十六

鈣弗丄硫養輕養＝鈣養硫養丄輕弗

輕弗不冷不熱爲氣質冷則凝成無色之流質極易化散遇空氣則發白霧人偶吸之必大咳與水之愛力甚大傾入水內有滋刺之聲與熱鐵淬水相同無論流質或氣質若遇玻璃及一切含矽之物必與化合而消其質有數種金類他物所不能侵者一遇輕弗水即能消化最濃者爲極險之物較他物尤能毀傷動物之質若以一滴沾於皮膚爛而深陷痛楚異常變爲大瘡氣質亦同此性可用玻璃試之將小鉛盆或磁盆如第四十七圖內面抹油一層盛鈣弗粉少許以濃硫強水捍和如糊預以玻璃片敷蠟極薄針鋒畫去其蠟成花紋即葢於盆上一時之後用松香油洗淨其蠟花紋宛如刀刻加熱於盆底更能速成

第四十七

第一百二十七節　硫黃根源

萬物皆含硫黃而地質爲最多動植物中亦不少凡有火山之處則更多太古之人已知此物以大利之南須須里海島及南亞美里加數處開礦掘取與掘煤同與金類化合之礦如鐵硫銅硫鉛硫鋅硫地產極多鍊取金類之時其硫化散可收而取之又與養氣合成硫養而再與各本化合如鈣養硫養鎂養硫養鋇養硫養之類鈣養硫養（即石膏）之質硫黃約居其半

第一百二十八節　取法

西國所用之硫俱須須里海島所出掘取於地內鎔而淨之結爲定質又法燒鐵硫與銅硫所發之霧收之於模內凝結成條即名硫黃條若將硫黃升煉收其霧而凝之則成細粉又名硫黃花再升一次則更淨

第一百二十九節　形性

硫爲淡黃色之脆定質、或微熱、或磨擦、則生臭氣、不能消化於水、所以無味、凡嘗之無味者皆不能消化於水醋與以脫、稍能消化、松香油與類乎松香油之油、消化較多、若用炭硫乃能盡消、不易傳熱、手握一硫黃條、則手熱但傳於外層、故必自裂而斷、亦不能傳電氣、若磨擦之、則自發陰電氣、最易燒燃、其焰爲淡藍色、燒時散出之氣、即硫養也、與金類之愛力極大、化合之時發熱發焰、試將玻璃瓶盛硫少許、硫上再置銅屑、以酒燈炙之、則硫化氣遇銅而發極光之焰、

第一百三十節　硫黃異形

第四十八

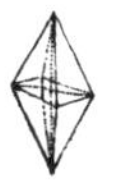

第四十九

硫黃結成之顆粒、厥有二形、其一方橄欖形、此爲地內產出者、或消化於流質內而後結成者、如入沸松香油內消化、離火微冷結成長方顆粒、取出再冷則在油內又結成顆粒、即此形也、如第四十八圖、其二長立方形、如鎔硫於磁碗、待其外皮凝結、將熱鐵條烙成一孔、傾出內面之流質、待冷剖視歷歷可辨、如第四十九圖、此二形大不相類、非如平常同例而變也、

硫之異形更有一徵、將玻璃瓶盛硫少許、用酒燈加熱、

自二百五十度至二百八十度、鎔成透明黃流質、若投少許於冷水、立復原形、再熱至五百度、流質反漸稠膩、而變墨櫻色、雖倒其瓶亦不流、再熱則又漸鎔、傾入冷水、結爲櫻色之韌定質、柔韌而能伸縮、同於象皮、可捏爲範模、以印他物之形、少待漸漸發熱而變黃色、仍復原形、

第一百三十一節　硫白

鈉養或鉀養消化於水甚濃、煮至沸時、添入硫黃花少許、則硫黃幾分自能消化於水而變黃櫻色、然後將面上之清者、傾入另器、淡酸水內、則鉀養與酸化合而硫結成細粒、沈於水底、色白如乳、俗名硫黃乳、

硫之寄於庶類植物內大半有之、動物內幾盡有之、試以銀勺入雞蛋黃中、則勺變黑色、乃蛋黃內之硫與銀化合而成銀硫、爲黑色之質也、法蘭絨亦然、若將鉛養或鉀養消化於水、以法蘭絨浸入而加熱、則法蘭絨變爲黑色、因硫與鉛或鉀化合之質亦黑色也、

第一百三十二節　硫黃與養氣化合

硫黃與養氣所成之雜質、固屬不少、今但以常用之二物詳言之、其一爲硫養、其二爲硫養、

第一百三十三節　硫養

硫與養氣或空氣同燒如第五十圖則成硫養火山相

第五十

第五十一

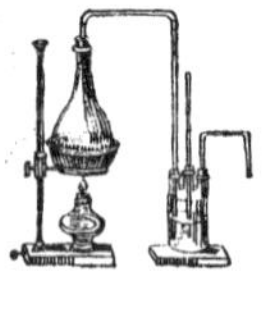

近之處常有此氣因火山內噴出甚多也欲取此氣之純者常以硫強水去其養氣一分劑將最濃硫強水二三兩盛於玻璃甑如第五十一圖再添銅屑半兩而加以熱其發出之氣即硫養也用炭屑代銅屑亦可但純少遜耳其理為硫強水之半讓出養氣一分劑與銅化合而成銅養少一分劑之硫養則化為氣而散出所成銅養與未化分之硫強水化合而成銅養硫養

銅丄二硫養＝銅養硫養丄硫養

取此氣而使經過於水則水融合此氣甚多此水即可顯硫養之性

第一百三十四節　形性

硫養係無色氣質其臭與燒硫黃相同冷之壓之俱可凝為流質若以水熱至六十度能融合此氣準等體之四十倍至五十倍而成極酸之流質故取氣之器內不可用水須以汞代之或直引至瓶底自能推出空氣與綠氣同其性最愛水試投冰塊於氣中倏忽而鎔蓋欲收其水也自不能燒亦不能燒物置燭火於氣瓶其火立熄因此氣內之養氣二分劑化合甚緊而燭火無養氣可資也所以竈突之炱延燒可置火盆於突下而投以硫黃則化氣而與養氣合成硫養突內無養氣可燒而火自熄矣

硫養能薰白物質故常以薰羊毛及粱稭等物將物浸溼挂於密室下燒硫黃則受薰之溼物收硫養氣而色即大白蓋此氣與物內之色質化合而成白質也但此氣不能如綠氣之化分色質而滅之若欲驗之可將紅色花如玫瑰之類燒硫黃薰之花即變白再以淡硫強水洗之仍復紅花因知非若綠氣之滅色也故硫養薰白之法蘭羢用最猛之肥皂洗之亦稍復黃色惟滅臭之性不亞於綠氣又能與本化合成雜質將金類與養氣所成之本或本與炭氣化合之質消化於水而使硫養過之即成雜質若有炭氣則發小泡散出所成之雜質有鈉養硫養者能消化於水凡漂白之後自有綠氣膩於物內必致毀爛用此水洗之能滅綠氣之性而無害

第一百三十五節　硫養即硫強水

此物自古知之近火山處之泉水有含之者四百年前

日耳曼國奴陀僧地有人名法倫點用鐵養硫養蒸而得之後因甑易碟裂思得新法在罩內水面上燒硫黃而成又用硫黃銻硫硝三物同燒如前皆法倫點法也前一百五十年英國人羅拜客用鉛箱代玻璃器此後三十年法國人止用硫黃與硝在水面同燒至今造者愈多而法愈精價亦愈廉昔時每一兩價約銀五錢今則銀五錢可得三百五十餘兩矣蓋硫養爲化學最要之品有此品則各强水及配質大半藉此而造工作之事用處亦廣如作鈉養炭養綠氣白礬膽礬燐以及染色與鍊取貴金非此不成英國每年需用十萬噸運往

別國尚多於此數

第一百三十六節　取法

前言硫黃燒於養氣或空氣內即成硫養氣此氣之內添入養氣一分劑則成硫養但不能使養氣直與化合必另有一物爲之糾合也若用水則化合稍遲若與養氣同過鉑絨則化合甚速但此法祇堪小試若欲多造宜將硫養氣與養氣同遇淡養氣或淡養氣或淡養氣相遇之時立見化合而成硫養矣淡養少許能使硫養與養氣化合極多但必用水試將玻璃瓶盛水少許燒以硫黃使硫養氣充滿瓶內以木柹一片浸溼硝强水

而置諸瓶內則四周紅霧瀰漫如第五十二圖此紅霧

第五十二

即淡養氣乃硫養化分淡養而自收養氣一分劑合成硫養也

二硫養丄淡養‖二硫養丄淡養

瓶內之水即收硫養之氣再將木柹如前投入數次之後即成淡硫强水更欲多造理法盡同用

第五十三

極大房屋內襯鉛板長三百尺闊二十尺高十五尺如第五十三圖內蓄清水數寸又在一隅作三管第一管乙下有燒硫黃之爐通進硫養氣與空氣第二管甲下有

鍋爐通進水氣第三管內下有甑在燒硫黃之爐內燒鈉養淡養與濃硫强水而進淡養氣各物同時相遇分合成事其硫養氣自淡養氣內收得養氣變淡養爲淡養而硫養則變爲硫養再與水氣融合沈於水中其淡養遇所入之空氣收其養氣二分劑變爲淡養而成紅霧此紅霧遇硫養即讓二分劑養氣與之使成硫養讓去之後仍然淡養如此循環不已往來不息止須少許淡養在內周旋接引以藏其事然空氣中賸下之淡氣久積必多須自鉛房之彼隅放出而放出之時又不能獨出此無用之淡氣故當盡去舊者再進一切如前其

水氣似無大用然竟無之亦難成事常法造硫强水之房隔爲數間令氣屢次漸漸化合遞傳至次間末間而放出其硫養氣沈下融合於水中開出水之門受之再入清水再進新氣但放出之水尚淡以水等體較重若一〇與一五須用鉛鍋煎之至能消鉛則傾入玻璃鍋內再煎至較水得一八四可爲常用之品此有淨硫養與水各一分劑每一磅內水居三兩任再加熱水不得去〇舊法煎熬濃者常用玻璃器最易破壞故欲多造必以鉑爲鍋雖極濃極熱亦不能消之也法國京都煎熬之鍋鉑爲薄片作渾橢圓形接縫以金作銲外護鐵皮用能經久此鍋可容五百磅至二千磅價值自八千至一萬三千圓雖僅用二三年然較玻璃則廉矣

第一百三十七節　奴陀僧硫强水

日耳曼國奴陀僧地仍用舊法燒造將鐵養硫養三（即青礬）烘乾置磁器內加大熱升取其色深稷質厚如油乃極濃之狀雖亦含水比常用者甚少若遇空氣則發霧滴入水中則有聲

硫强水與水化合有四種

一　奴陀僧極濃者　一九　二硫養輕養

二　濃者　一八四　硫養輕養

三　次濃者　一七八　硫養輕養上輕養

四　淡者　一六三　硫養輕養上二輕養

第一百三十八節　無水硫養

將奴陀僧硫强水蒸之即有硫養一分劑散出爲白霧收受之器圍以發凍藥水結成白色定質紋理如絲將手拈取亦無所害投入水中即消化有聲如熱鐵淬水遇空氣亦漸漸消鎔因收空氣內之溼氣也

第一百三十九節　形性

硫强水爲稠流質色微黃無臭各種强水此力最大冷至下二十九度而冰熱至六百二十度而沸與水之愛力極大故遇溼物立收其水試以極濃者滴於鉛盆少頃而收空氣內之溼氣其重能加一倍溼氣即水也所以氣質內有容水氣者遇此亦被收而乾若浸木質於其中則變黑似炭與火燒相似其毀壞之理因木是炭與養氣輕氣所成硫强水收其輕養兩氣成水所餘者止有炭也濃者與水相和倏發大熱其體縮小故將濃者四分水一分和於一器如第五十四圖另將試筩盛清水浸入其中水即自沸不冷不熱之時不自化散故雖以淡者滴於布上則所含之水漸漸化散而濃濃則

第五十四

布破爛矣是以極淡者亦能毀物也尋常者必稍雜鉛質因用鉛鍋煎煮也試加多水鉛卽沈下而變白如乳

凡金類之內惟金鉑鏭鋱硫强水不能消毀

第一百四十節　硫養

硫養不能獨成而可化合於鈉養之內取法用硫粉入鈉養硫養濃水消化則硫自有一分劑與之化合結成長方顆粒卽鈉養硫養也粒內含水七分劑爲照像必用之藥性能消化銀碘銀綠等質故照後浸於此水中洗之見光不再變矣欲試之可用食鹽十釐置淺盆內以清水一兩消化將白紙一張浸入少頃取出晾乾待

用再用銀養淡養十釐亦以清水一兩消化以前紙浸入則鈉綠與銀養淡養交互化合變成銀綠而留於紙挂於黑暗處待乾次將玻璃像或薄紙圖平盞紙上置日光下曬之光到之處綠氣一半散去而變銀綠其色黑光未到處色仍白浸於鈉養硫養水內又交互化合而成銀養硫養與鈉綠俱能消化於水而銀綠則變爲銀綠與銀此銀綠亦同時交互化合而後消化於水獨留黑色之銀點矣再浸於清水內一二時則銀養硫養與鈉綠皆盡去矣然色尚灰須再上金綠水色乃清靈且有金箔護其面可以歷久不壞消化玻璃像之銀碘

亦同此理多造之法用作鈉養炭養所棄之鈣硫置於露天數日使多收空氣內之養氣而成鈣養硫養與鈣養浸入水中則鈣養硫養消化濾取其水再加鈉養炭養則成鈣養炭養不能消化於水而鈉養硫養仍消化於水中濾取其水煎稍乾使結成顆粒

第一百四十一節　輕硫

生物朽腐卽發此氣又數處泉水亦有之取法如第五十五圖或第五十六圖先將鐵硫置於瓶內加水以浸沒爲度再添硫强水以速發氣爲度

第五十五

用玻璃管引入冷水中則融合於水

第五十六

或先使過少水中然後再入此水則更淨此水能顯輕硫之性比氣質者更便取此氣之處宜開敞窗戶以出臭惡其理爲鐵與水內之養氣化合而成鐵養鐵養又與硫養化合而成鐵養硫養其輕氣卽與鐵硫內之硫化合而散出於外

鐵硫丄硫養輕養＝鐵養硫養丄輕硫

作鐵硫法用鐵屑四分硫黃三分相和將瓦罐加熱至紅漸漸投入每投一次以盞速蓋之盡紅卽成

第一百四十二節　形性

輕硫爲透明無色之氣質其臭極惡相類於腐雞卵以輕氣等體較重若一與五燒之發藍色光燄及硫黄之臭人若多吸此濃氣則死小牲雖吸淡者亦死此氣一立方尺與空氣一千二百立方尺相和置一小鳥於其內尚漸死若空氣一百立方尺有此氣一立方尺能死一犬吸之血立變稠且爲黑色污穢溝渠人受其臭而病即此氣也室內有此氣祇須放入些微綠氣即能滅之或用布沾醋罩在口鼻則不受害○壓之可成無色流質冷至下一百二十二度結爲半明定質冷水能融合此氣大於等體二三倍即有配性臭味與性俱與氣同其水若遇空氣即漸漸變白因輕氣與空氣內之養氣化合成水而硫分出也所以收藏輕硫水宜滿盛宜密封輕硫水常有自成者因每輕硫百分祇有輕氣六分故有硫最易成此氣輕氣少許能與硫黄多許化合以成輕硫氣甚多也火山左近常有此氣自石隙中散出陰溝及穢積之處亦發此氣有數處之泉水每體積百分容此氣一分至一分半可以治病○其性易與本化合而成各種雜質如將輕硫水滴於光面之銀或銅或鉛立見一黑點因金質與硫黄化合也其與鉛合成之鉛硫色黑試將紙浸入鉛養醋酸水內取出而遇空氣內之輕硫氣紙即變黑雖空氣萬分之內有輕硫氣一分亦有微驗所以鉛所爲之顏料近臭處而色變職是故也與鋅化合理與鉛同但鋅硫白而鉛硫黑有臭之處以鋅硫爲白顏料其色不變若將此氣或此水和入金銀銅錫銻鉛鉍消化之水則金類與硫化合結成而沈下可以濾出所以化分金類俱用此法辨驗然鐵鋅錳鎳鈷消化之水雖和此水不能結成必再添配性更烈之水也

第一百四十三節　硒

前五十三年八西里烏司考得此質萬物中不常有且無自然獨成者常化合於鐵銅銀內產此物之處有三奴會國瑞顛國日耳曼國之哈得司山其質黑櫻色而脆稍透明外面之光如新割之鉛熱至二百十二度即鎔水與醕皆不能消化惟炭硫稍能消化性與硫黄無大異若加多熱則發臭如朽腐之馬羅蔔用吹火筒考金類時覺得此臭知含此物與養氣化合所成之配即硒養與硒養亦似乎硫養與硫養與輕氣化合成輕硒氣最臭最惡害人害物亦同輕硫氣室內有一點輕硒氣與空氣融和則室內之人盡皆噎咳墜涕鼻官失職一若傷風極重數日始愈

第一百四十四節　碲

碲不常見惟與地里國有二處產之偶見自然獨成者略不雜他質常見者合在金類之內如金銀銅鉍等其質色白如銀而脆面極光亮有人列於金類內但其性喜與別質化合與硫黃及硒無大異似不可爲金類○碲與別質所成之質人食少許尚不受害但呼出之氣及發出之汗極臭不堪須至數十日方退

第一百四十五節　燐之根源

前二百一年安北格邑有煉丹術士名步蘭德考驗人尿欲使變金銀而偶得此物其法久秘不傳無自然獨成者惟多種土石含之火所成之石內大半有之灰石之內爲最多石爛變爲土燐存於土中土上之植物食之而麥及大麥御米等物含之最多禽獸食植物之實故其肉內有之人食動植兩物而身內亦有之所以燐常寄於動物體內可於動物取之也各種骨皆爲燐與養氣及鈣化合所成中人之全骨重約九磅至十二磅內有鈣養燐養$_{\text{五}}$五磅至七磅若計純燐則有一磅至二磅動物之腦髓與腦筋多有此物或言人之知覺賴之故爲人身最要之原質獸畜恆食不含鈣養燐養$_{\text{五}}$之物必輭弱而死小童恆食不含鈣養燐養$_{\text{五}}$之物骨有輭弱之病農家欲稻禾肥美必須壅糞有用獸骨者實皆用其鈣養燐養$_{\text{五}}$也

第一百四十六節　取法

舊法自人尿內取出今則皆自骨中取出取之甚多以爲自來火之用將獸骨煅至粉白色磨爲細粉即三鈣養燐養$_{\text{五}}$不能消化於水和以硫養$_{\text{三}}$水則鈣養以三分之二與硫養$_{\text{三}}$化合而成鈣養硫養$_{\text{三}}$即石膏此物在水亦不消化所餘三分之一仍與燐養$_{\text{五}}$化合爲二輕養鈣養燐養$_{\text{五}}$自能消化於水近時農夫用培瘠薄之地使成沃壤因植物藉燐以生長也

三鈣養燐養$_{\text{五}}$丄二硫養$_{\text{三}}$輕養＝二輕養鈣養燐養$_{\text{五}}$丄二鈣養硫養$_{\text{三}}$

所得鈣養硫養$_{\text{三}}$與二輕養鈣養燐養$_{\text{五}}$尚須分之用紙濾過漏下之水惟有二輕養鈣養燐養使水化散而稠再用木炭屑調和置於鐵甑或磁甑內加大熱蒸之木炭即與此物內之別質化合而燐散出爲霧入冰水結爲定質尚屬粗燐再於水內鎔之即純傾入模內成錠

第一百四十七節　形性

燐有二形一尋常所見者爲半明輭質面光如蠟能消化於醋與以脫及數種油類之內惟水不能消化三十

二度以上即欲與空氣中之養氣化合而發小焰暗處可見至六十度而自燒故必收藏於水中也取用以尖刀挑出欲作細塊亦在水中分之燒時必鎔偶滴於肌膚撲之難熄而燒入甚深若經磨擦最易自燒故以為自來火之料在空氣內焚燒焰甚明在純養氣內焚燒焰極猛在真空內熱至一百十一度則鎔在熱水內鎔之可任作何式封密而煏之熱至五百五十度則化為無色氣質若消化於淨煤油而冷之使自化散則成顆粒盛以玻璃管而取出空氣或放入無養氣之氣使日光曬之亦可得最細之粒若將玻璃瓶盛以脫四分兩

之一取燐如豆粒大加入密封其口常常搖動數日之後燐即消化以少許塗在手掌至暗處則見發光此因以脫自散燐質留鋪甚薄與空氣內之養氣化合而發出白霧雖有淡綠之光不足成焰而燒合掌挼之發光更大若傾於冰糖而投入沸水則兩物因熱而同時化散所成之氣質升至水面遇空氣內之養氣即能自燒若滴於細密生紙待以脫散去之後紙亦自燒或以成塊者置於生紙之上再摻細炭屑蓋之少頃即鎔而燒因空氣於炭屑之罅隙傳入燐得與養氣化合而生熱炭質既不傳熱其熱愈積愈大與炭同燒也人若食之

為極毒之藥或有用以毒鼠者麵粉八兩沸水八兩燐八分兩之一即是毒餌

第一百四十八節　變形燐

燐質久受陰光或在真空中煏之外面自生紅色之粉昔人以為所生紅粉係燐與養氣所成之燐養今則攷知此粉亦為原質但變形耳試將燐煏之久久不使與養氣相接則通體變為紅色所有消化原燐之流質此物不能消化若微摩之亦不能燒不大熱亦不發光食之亦不毒性幾與原燐相反或疑為質點排列不同之故原燐必常存於水中此雖常遇空氣不自燒且藏於

襟帶亦無害熱至四百八十度鎔而變為原燐至五百度乃焚而爆即此可驗同為一物彼此互變也與養氣化合而成雜質亦不少異

第一百四十九節　自來火

自來火以燐為要品故附論之前此取火之法因見硫黃易燒故用布炭盛於匣內將刀石對匣打之火星散落燃炭而以木片粘硫引之至取燐之法出乃用以取火將小塊藏於小瓶用熱鐵絲入內攪之不使外氣竄入則瓶內之養氣與燐化合結於瓶之內面急出鐵絲用塞塞緊欲取火時將粘硫黃之木片於瓶內挑取少

許拔出而即自焚然價甚昂不能常用故作空筩內有鞲鞴筩底盛布炭急推其柄則生火而布炭自焚又有用電火燒布炭者有用輕氣射鉑絨者後有用鉀養綠養五之法用鉀養綠養五與糖捍和粘於木片待乾另用小瓶盛不灰木漬以硫强水將木片插入取出而自焚此雖傳用數十年而價亦昂乃作磨擦生火之法舊製用鉀養綠養五與銻硫三和以小粉粘以木條用沙皮兩片夾而磨之至三十六年之前易銻以燐任在何等粗面上擦之皆能生火後又以鉀養淡養五即硝代鉀養綠養五則燃時無聲以木條鎔硫漬之再將燐與硝消化於熱膠水內粘於木條之端且加色以美觀不必大熱而燒矣論其自燒之理乃磨擦生熱其熱燃燐燐燃硝硝發養氣養氣再助初成之火而增其熱至能焚硫而硫即燒木但硫有臭不便於用故將司替阿尼代之凡牛羊油內有此定質三分與哇里以尼流質一分相合其磨擦之熱不過一百五十度至一百六十度如此易燒總屬危險近時有分用其材料半粘於木條半鋪於紙片木條之端雖在粗處任磨不能生火惟在半料之紙片輕擦即燒木條所粘者係三物銻硫三與鉀養綠養五並最細玻璃粉紙上所鋪者係二物變形燐與最細玻璃粉○製造自來火本爲極險之事不但藥料之易燒且多嗅燐氣必受其毒數生惡病醫藥難治常有牙牀骨漸爛日痛一日而死此病初生牙肉先腐漸大漸深而腐骨今用變形燐製造一可減爆裂之危二可免腐骨之惡

第一百五十節　燐與養氣化合

燐與養氣化合之雜質有四　燐養五　燐養三　燐養　燐養二

第一百五十一節　燐養五

此爲燐與養氣化合最要之質乃燐同養氣或空氣速焚所成初成時爲濃白霧後則凝結成白粉取法將大玻璃罩下燒以燐即得性最喜水遇水即收且發微聲遇空氣亦即收其溼氣而消爲流質既成流質味甚酸雖加熱而水不能全化散然能結爲晶粒雖爲定質實仍含水又法以淡養澆於燐上亦得或以硫養澆於骨上亦得與水能成三質一爲輕養燐養五二爲二輕養燐養五三爲三輕養燐養五燐寄於萬物中皆爲燐養五與鈣養或鎂養等化合者

第一百五十二節　燐養三

此爲燐同養氣或空氣慢焚所成須閉於器內稍入空氣使常若不足焚者此外與養氣化合之各質無甚用

不詳言

第一百五十三節　燐與輕氣化合

第五十七

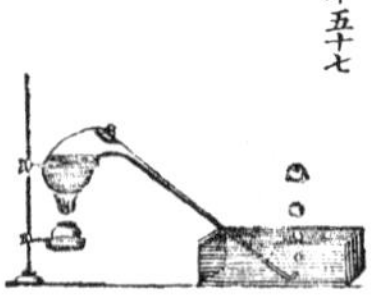

燐與輕氣化合之雜質有三其一爲氣質係燐輕三其二爲流質係燐輕二其三爲定質係燐輕其燐輕三遇空氣或養氣即自焚取法如第五十七圖將燐數小塊置於小甑加以濃鉀養水或新作之鈣養水甑內須滿欲其無空氣也約每水一兩用燐如一梧子大一粒下加以熱不宜直熇其底須隔水焠之所隔之水當用鹽水甑口有長彎管浸入水盆之內緩緩化氣透至管口由水底浮出一遇空氣則自焚焚時成旋紋環形而上升如第五十八圖天晴無風開放大礮其煙冲出亦有此形人之吸煙亦能噴出煙環其理因冲出之力激動空氣之點四面奔散而成又簡法將鈣燐二三塊投入水杯之內則鈣燐遇水化分與水內之輕氣化合而散出如第五十九圖若將散出之燐輕氣透入管中而管外圍以發凍藥水即能凝成流質是爲燐輕一遇空氣即自燒管口所出之氣不能自燒蓋燐輕之能自燒因含燐輕也將此流質見日光少頃即化分而成燐輕散去留下黃色定質是爲燐輕此定質不能自燒其理爲五分劑燐輕成一分劑燐輕三分劑燐輕

第五十八

第五十九

第一百五十四節　形性

燐輕爲無色透明氣質其臭極猛吸之有毒若罩此氣於水面多時或添入易燒之質之氣如以脫氣或松油氣則能滅其自焚之性凡人屍朽腐日久及一切動植腐爛在溼處則發此氣一遇空氣即能自焚俗名鬼火是也西國亦名迷火因人於黑夜行路前既有火自必隨之彼爲人氣所冲而更前人更隨之或至崎嶇之路而遇水即熄人則迷其返路矣

第一百五十五節　硼之根源西名布倫

硼無自然獨成者必與養氣三分劑化合地球上所產之硼養之處甚少常與鈉養化合成一質俗名硼砂古人已知之但不知其所含之質前一百六十八年有杭拔克者考知內含硼養以爲治病之藥此後一百有六年該路撒考得其原質爲欖綠色之粉乃其變形者十餘年內化學家方詳知其形性

第一百五十六節　形性

硼與炭最相類其形有三一爲欖綠色暗定質二爲半

明定質色似筆鉛常爲薄片三爲晶粒形其光色與堅
及光差之力與金剛石無異今化學家所有者顆粒甚
小若能造大者當與金剛石並珍取法用鋁與硼養相
和加大熱鎔之後用綠輕取去其鋁養即成又用硼養
與鉀亦可

第一百五十七節　硼養

此物產於西藏及南亞墨里加但二處所產不多最多
在以大利國北鄙多加納數處有水氣與沸水常從地
孔噴出其內卽有硼養取法如第六十圖見地面有極
熱之處鑿池如甲四圍築砌堅實池底留孔使地中之

第六十

氣上升池周一百尺深七尺極大
者五百尺或一千尺深則十五尺
或二十尺含硼養之水氣自池底
噴出引別處泉水入池中則水收
硼養而漸熱至沸界歷二十四小
時導至第二池如乙又收硼養如
前至不能再收則放入鐵箱戊而
澄之後以大鉛鍋盛此水卽用地
中發出之氣衝鍋底使水化散硼養結成魚鱗形之顆
粒白色晶瑩每年所出約得三百萬磅光若珍珠滑如

油蠟性不甚烈冷水稍能消化沸水三倍重盡能消化
若消化於醕而焚之則發綠色之光此光爲試硼之據
故將硼砂消化於醕置淺盆焚之用玻璃條攪之卽得
其據

第一百五十八節　硼砂

硼砂之製法用硼養水加鈉養炭養卽結顆粒粒內爲
硼養二分劑鈉養一分劑水十分劑不淨者出於西藏
取湖中之水煎之所結成者卽是爲銲藥所必需又爲
製煉金類之用其功一能使金類速鎔一能去外面之
養氣也初加熱時卽發白泡乃散出所含之水後則鎔

爲透明稠質如玻璃之形此玻璃能化分金類所合之
養氣所以製煉金類之人幸有此品也如欲鍛粘熟鐵
粘處必極淨無鏽然鐵至極熱生鏽更速用硼砂末撒
於欲粘之處不但化分其所有之鏽且能保護其面不
令養氣來侵也又有用之化分數種金類與養氣化合
之質將鉑線端作小圈粘取硼砂吹火鎔珠乘鎔粘取
欲試之質再以吹火鎔之硼砂珠變何色卽知爲何金
若爲鉻養則見青綠色若爲鈷養則見藍色若爲錳養
則見茄花色若爲鐵養則見黃色

第一百五十九節　矽之根源

遍地球最多而甚繁者矽與養氣化合之質凡石類非鈣養爲其要質即矽養爲其要質水晶之質幾全爲矽養白砂與火石之質大半爲矽養昔人誤以矽養爲原質至六十七年前兒飛始考知其原質爲矽用矽養與鉀相和加大熱鎔之而得然尚不純後有人用鈣弗矽弗與鉀取之得櫻色粉今知爲變形之矽也十餘年內化學家方詳知其形性

第一百六十節　形性

矽如炭與硼相若其形亦有三一爲淡櫻色粉二似筆鉛形三爲晶粒形與金類相同所以化學家有以列於金類者用法鎔之成塊即可與銅或鐵和鎔法國京都有二小礮於十三年前用矽與銅相和鑄成

第一百六十一節　矽養

矽養爲矽最要之雜質蓋矽無自然獨成者且與養氣化合必爲三分劑也矽養再與含養氣之質少許化合即爲各種石英常爲六面橄欖形之晶粒如第六十一圖有時成六面錐形之晶粒愈明則愈純最明者可爲佩與玩器凡寶石及玉皆以此爲要質其不透明者因多含金類養氣質也如石英之紫者含錳養也平常之砂或黃或櫻者含鐵養也石之可以爲礪者亦含矽養也植物吸土中之矽養甚多凝結於根枝如籐之皮竹之筠堅而且光故植物產於無矽養之地雖能長大而根不勝枝必致輭弱自倒人之毛髮指甲禽獸之毛羽角爪以及血內無不有此

第六十一

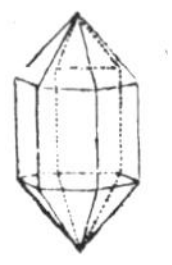

第一百六十二節　形性

矽養雖如土質而配性甚烈因最難消化於水而配性不常現也若爲淨者尋常吹火不能鎔必用養輕吹燈之法始能鎔爲明玻璃清水及各強水皆不能消化惟輕弗方能消化堅硬如寶石可割玻璃浸在鹻類水中則成鉀養矽養或鈉養矽養此二物可以消化於水中試將火石塊或石英浸入濃鈉養水或濃鉀養水加以大熱至三四百度則能消化若多用鹻類而少用矽養所成之物狀如小粉漿西名鎔玻璃再浸於沸水中則消化甚速可傳於木器之面以代漆而更勝於漆因爇之不燃也又可代漿糊膠水以漿布帛或塗房屋石料之不堅固者雖受熱凍燥溼而不壞又法用鈉養炭養八分若鉀養炭養須用十分加淨砂十五分木炭一分其鎔之所成者更淨視之與常用玻璃同浸於沸水則消化無滓將此水加輕綠水則矽養化分爲輭明質其

狀如膠既變爲膠又不能消化於水矣此膠不使溼氣散去可以常存溼氣一散仍變爲細白沙矣凡水大半微含矽養化散其水細察餘賸之渣滓可見水含鹻類炭養質則能消化矽養更多若熱者消化尤多故冰洲之噴熱水泉其水多含矽養水漸冷而凝結若遇他物遂附其面如瑪瑙等石即在水中漸漸凝結也矽養之配性加以大熱而再遇別種鹽類則現設有雜質爲甚猛之配所成投以矽養則能擠去其配而自與其本化合如鉀養炭養鈉養炭養鈣養炭養或鉀養硫養鈉養硫養鈣養硫養等質若與矽養相遇則原有之炭養硫養化分而矽養與各質之本化合變爲鉀養矽養等也

凡各種泥與雲母石及地產金類礦含矽養者過半

第一百六十三節　玻璃

玻璃爲繁質乃矽養雜質二者以上合成其一質必用鉀養矽養或鈉養矽養其餘或鋇養矽養或鈣養矽養或鐵養矽養或鎂養矽養或鋁養矽養或鉛養矽養或鋅養矽養等蓋獨用鉀養矽養或鈉養矽養則所成之質極易鎔但不甚固酸與水皆能消化如鉀養或鈉養三分矽養一分是也多用矽養較難消化於水然終不能竟不消化若矽養與鈣養或鎂養或鋇養或鋁養合成之質皆多似磁器而少似玻璃水雖不能消化然必至大之熱始能鎔所以諸質之中獨用一質與矽養合成者不適於用必以數質配合纔能透明而無色鎔亦不必甚大之熱水亦不能消化其鎔界之熱度依所用矽養之多少愈多則熱度愈大其料用各質中之二質或兼數質其配合之數以各用所宜將各質同盛火泥罐內置於倒焰爐以煤或煤氣之火加大熱至鎔久久而成可以傾鑄或吹成各種器具其最適用者以定質而能透明也

第一百六十四節　各種玻璃

玻璃有多種尋常透明之質作杯及片與鏡皆用鉀養矽養或鈉養矽養與鈣養矽養化合而成其成後之美惡依用何種鹻類若用鉀養矽養與鈣養矽養者極透明極堅固極耐火製化學之器即此料希米阿郡所造者甲於天下乃鉀養矽養與鈣養矽養微加鋁養矽養也若用鈉養代鉀養造成後易鎔而透明則遜且微有藍色宜作窗片不如用鉀養者之晶瑩無色也所言水能消化無關料之美惡蓋雖美者水亦略能消化如將美料窗片研至極細置於黃色之紙而溼之即能顯鹻類之性所以舊房屋之玻璃窗斜視之光分各色此爲

雨水所洗外面漸至不平而光不能直透已成三角體分光之意也癖古玩者覓得久在地中之玻璃面如珍珠攢簇因其鹻類已爲水所消去所存者爲矽養也

嫩玻璃用矽養一分鉀養炭養或鈉養炭養一分同鎔而成透明之質浸於水中漸漸消化久遇風雨則壞不甚合用加以鈣養等始能不多消化

粗玻璃片用砂一百分白石粉三十五分粗燥鹻三十五分另加碎玻璃片若干同置火泥罐內必先加小熱使不足鎔散去石粉及燥鹻內之炭養氣而後再加大熱使鎔否則發漲而溢出罐外矣或用鉀養硫養代燥鹻但須再加炭屑使與硫養合成炭養與硫養方得易散已鎔之後必停多時待其氣泡並渣滓即鉀養硫養與鈉綠一切浮上而盡去之方可作器成後每百分中鈉養十三分三即一分劑鈣養十二分九即一分劑矽養六十九分一即五分劑

精玻璃厚片爲鈉養矽養鈣養矽養鉀養矽養計其數每百分中矽養七十四分鈉養十三分鉀養五分五鈣養五分五所用矽養須極純之白砂鎔時愼勿雜異質製法如前

透光鏡玻璃必純用鉀養若稍有鈉養其色微綠而不合用所用之白砂溼鹻白石粉三者核計其數每百分中得鉀養二十二分即一分劑鈣養十二分五即一分劑矽養六十二分即四分劑製法亦如前

酒瓶黑色玻璃及深綠色玻璃俱爲最粗故亦不論其色質內爲鉀養或鈉養與矽養及鈣養及鉛養及鐵養等所用之料皆係極粗極賤之物如木灰及食鹽及尋常之砂與生泥並燒煤氣用過之石灰作肥皂棄置之石灰與鹻類等所以成器之價値亦廉而黑藍色者爲多因含鐵養與錳養也

火石玻璃宜作極精之器昔用火石研碎成矽養今用極純白砂三百分鉛丹二百分提淨溼鹻西國用木灰一百分硝三十分和勻而盛罐內蓋須極密若空氣洩入則鉛養與養氣化合而壞矣用硝之理恐內有異質硝內之養氣可與之化合也否則異質與鉛養內之養氣化合而亦壞矣成後之質爲鉀養矽養鉛養矽養計其數每百分中鉀養十三分七即一分劑鉛養三十三分三即一分劑矽養五十二分即六分劑因含鉛質故鎔界較小極透明而稍嫩易施琢磨光潔晶瑩折光更大故作燈旁之回光鏡及分光之三角玻璃與一切光學之器若以銀養或鋅養和入皆可代鉛養亦能易鎔且用

鋅養更易透光故可作千里鏡又法硃養可代矽養凡含鉛質而不透明者可作僞玉及僞寶石

細料玻璃所用之矽養爲最白之砂絕無鐵養在內此砂地產不多美國有一處產之運至歐羅巴各國應用希米阿羣所作之精料用白礬石研細而鹻類亦最純之鉀養炭養或鈉養炭養將此物與熟石灰或鉛養和勻盛大泥罐內其罐須火泥所作置於圓倒焰爐煆之爐之外式爲截圓錐形高六十尺至八十尺底徑四十尺至五十尺其爐爇火之處在中心而罐置於四圍或四箇或十箇不等每罐對通火之孔如第六十二圖爐外即工作之處爐內之火力不可稍弱罐則數月不移動料自外口添入燒二日夜料即鎔爲流質鎔後必再停多時待氣泡與渣滓盡皆上浮方可造器造器之法乃工藝之事故不贅焉

第六十二

有數種玻璃熱至將鎔而再漸冷變爲暗質似磁器此因所含之矽養獨自結成顆粒再鎔則復明

玻璃微有綠色者因所用之砂及白石粉之內常含鐵養也欲其無色可加以放養氣之物使鐵養變爲鐵養因鐵養在玻璃內而不過多不見有色也所用放養氣之物或硝或白砒或鉛丹而鉛丹變爲鉛養有用錳養者亦能放養氣而變爲錳養使之無色但不可多稍多則錳養有紫色

第一百六十五節　顏色玻璃

配合各等顏色待其料鎔爲流質之時添以金類與養氣化合之質則鎔和於內而改色且仍透明用銅養即爲紅色用鈷養即爲艷藍色用錳養即爲茄花色合用鈷養與錳養即爲深黑色用銅養或鉻養即爲綠色用鈾養即爲淺綠色用鐵養即爲暗綠色用金養即爲艷紅色或玫瑰色用銻養或銻養即爲黃色用細炭粉即爲樱黃色又有層層相間截然異色者先將白料作器待冷而堅急沈於鎔透有色之料中急取出而外面滿結一層碾磨以成花紋若欲數層法亦同

第一百六十六節　暗白玻璃

鐘表面及花紋透光者皆用此種其料用火石玻璃一百分和以錫養八十分或用骨粉亦可欲作各色亦在鎔透之時添以各種金類與養氣化合之質

第一百六十七節　玻璃緩冷能堅固

玻璃鎔後暴冷其質甚脆且欲自碎由冷處移至熱處即碎或微震動亦碎試將玻璃鎔而滴於冷水之中其

第六十三

所成之形如第六十三圖擲之擊之皆不能碎若將尖處折去則發聲如爆竹而全體粉碎其理因成形之時猝遇冷水外皮先結定質內尚為流質內將為定質而漲大外皮又固束之質點之鬆緊內外不同所以渾全之時雖經擲擊其動遍傳而不碎折去尖處其動不能傳至於內故漲力驟發而外皮礫裂也玻璃器欲免此弊必使漸冷或數日或數旬則內外鬆緊相等而堅固

第一百六十八節　矽弗$_2$氣

取此氣用鈣弗礦研細一分與矽養$_3$所成之沙或玻璃粉一分再用濃硫强水六分共置玻璃瓶內如第六十

第六十四

四圖加熱即成輕弗而使矽養$_3$再成矽弗$_2$氣無色使之入水則其矽之半又與水內之養氣化合復成矽養$_3$洗下如膠而水變為輕弗矽弗$_2$水取此氣為玩目之事但氣入水時不可即與水遇恐所成之膠封粘管口而氣不得出必洗水銀於水內而管口為水銀所含每氣泡出見其外有白皮包之間有透過水銀結成一管其氣自管中出則不得水而不變矣

用小瓶盛水至頸以矽弗$_2$氣傾入則水面結矽養$_3$如冰瓶雖傾倒水不流出如用水寫字於玻璃面以矽弗$_2$氣傾其上則成透明陽文之字

第一百六十九節　炭

最多而最要之原質炭居其一焉地產之物含之最多者為煤與養氣二分劑化合者為炭氣空氣內有之炭氣與鈣養等化合為數種石又動植二物之質並動植物內取出之質含炭者大半其一質有三形形性迥異一金剛石一筆鉛一煤與木炭煙炱

第一百七十節　金剛石

金剛石為純炭結成之顆粒地球有數處產之最大者在印度國之哥里干達地及波羅洲南亞墨里加之巴西國亦有產者俄國之烏拉嶺與金鉑同見美國金山亦有見者罕見藏於大石之中惟水自遠處洗來之沙泥內則常見之其外形半明如常石有暗殼包護去其外殼則內質光潔晶瑩以透明而無色者為貴然有黃有綠有玫瑰紫有藍有黑皆次也其顆粒為方橄欖形

第六十五

第六十六

第六十七

第六十八

第六十九

第七十

如第六十五圖常爲凸面角甚鈍而無稜人所佩戴者俱磨治爲平面其形製有三一爲明光形如第六十六圖一爲玫瑰花形如第六十七圖第六十八圖一爲扁形如第六十九圖第七十圖明光形見石質之美光彩之明頂作平面玫瑰花形週圍皆爲三等邊形頂作稜錐體扁形或爲本形如此或爲大塊所截下者惟明光與玫瑰花二形磨治費去之料幾半所以不計工價而貴一倍矣

金剛石爲萬物之最硬者金剛不壞喻堅也取名以此

欲磨之欲剖之必用此石之粉其粉或廢料或賤質研細而成施工磨治尤須順其紋理用平鋼輪加以細粉與油輪之飛轉每分二千至三千將石料鑲於鉛內鉛又作柄柄端有骱定於架而用錘使切於輪欲視之則停輪而將柄翻上惟輪轉甚速必生大熱而鎔鉛故須時作時止磨其一面自三小時至三十小時不等此法昉於前四百一十四年荷蘭京都業之者衆也此石極難毀壞各强水皆不能侵不遇空氣雖熱至白色不燬惟用電火能使變質如枯煤若在空氣內而熱至銀鎔之界已能焚而變爲炭養但賸灰質少許昔人挪思製

造此石至今尚未得法惟法國京都有人以糖炭置於電氣二線之間其炭漸漸化分而成細粒又有用炭硫以燐化分之亦成細粒用顯微鏡窺之亦爲八面橄欖形其堅可以磨治金剛石之用即係金剛石無疑雖經多人攷驗尚無實據也又有人細心察視金剛石之內有似植物之紋即以燒之所賸之灰色黃與植物之灰同故疑爲植物所成或以爲樹膠所變如松脂變爲琥珀同理歷數地球所有最大者在葡萄牙國庫中未曾剖磨其重一千六百八十分西國寶石稱以一百五十分爲一兩計十一兩奇前六十二年在巴西國取出又印度國哥里干達於三百年前取得一枚形如半雞卵重約六兩印度國王藏之多年今不知何往意必剖開而賣去矣或言分爲三塊一在俄羅斯國重一百九十六分一在英國原重一百八十六分製成淨重一百零三分一在波斯國重一百三十分或言俄羅斯國者價值洋錢二千萬英國者一千餘萬又奧地利國有黃色者一枚重一百三十九分其形如第七十一圖大小與

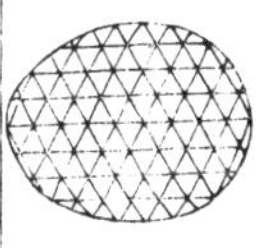
第七十一

石體等得此者不知其何物誤以爲黃玻璃而賣之又法國有一枚如第七十二圖虛線係原形其色淡藍其

第七十二

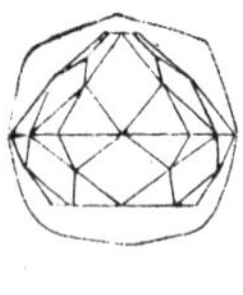

第七十三

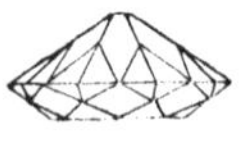

質最精重一百三十一分以洋錢七十萬買自印度國後有販賣寶石之人評價三百萬圓又土耳其國有一枚重四十七分製磨甚佳如第七十三圖價值十二萬圓前因交戰時恐為敵國所得而先自敲碎矣此石大者極少三十三分以上盡地球已知者止有十九枚

第一百七十一節　筆鉛

筆鉛亦為炭質西國書記藉此利用有生是斯獨者其色如鉛故以鉛名之實無一點鉛質在內見於最古之石中或層層相間或大塊特生或見六面橄欖形之顆粒或雜鐵質在內雖加極大之熱不能鎔置養氣之中則能焚而變為炭養此為地產之物又有贗品常以最惡之筆鉛粉與銻與硫鎔而和之傾成大塊先鋸為片再鋸成條若造上品之筆則將真物研為細粉提之極淨用大力壓實之同時抽出空氣始成堅塊鋸片鋸條次第為之雖摸之似嫩而質點甚堅故鋸必以至堅之鋼為之或用此物為鎔金之罐雖大熱不燬或糝於機器磨擦之處能滑澤耐磨勝於用油或擦於鐵器之面光亮而不鏽水或醋俱可調傳又有用法造製雖遜於地產者而已可用亦非贗品可比如少用生鐵多用木炭加大熱煆鎔之則炭有幾分消鎔於鐵內待鐵漸冷炭自浮出成片形與筆鉛相同燒煤氣之鍋爐其內常有凝結之物西國名為氣炭光色如金類堅者能裁玻璃亦為最淨之炭質

第一百七十二節　煤

煤為荒古時極茂盛之草木所成今掘地所見者層累相間每層之間有灰石或泥或鐵石等攷究此事者常見有草木根本枝葉及果實之類質已變煤而形未少改間有未經壓力及大熱者用顯微鏡窺之其紋理與脈管歷歷可辨其質乃炭質輕氣養氣稍有淡氣另有鹽類與土質即草木所含之質焚燒之時鹽類與土質賸下為灰也兩類截然大異一為硬煤一為輭煤輭煤即煙煤質與草木相似焚時氣質速散煙焰甚多若不通空氣而陶之即成枯塊硬煤在地中已受大熱而質內之氣質幾散盡故燃而無焰火而無煙能發大熱

第一百七十三節　木炭

木炭為植物已加熱而散其氣質者動物亦然加熱之時不使焚燒所賸下者為炭世常用木故曰木炭如木浸於硫強水中變為黑色或埋於地中日久亦變陶炭

之法掘地作坑以柴料堆入或即堆砌成積周圍用水泥與溼草密封之不洩空氣如第七十四圖積徑三十

第七十四

餘尺焙煆一月而成時日愈慢所得愈多火候既足上下周閉之不稍洩空氣待冷取出形仍似木但比原形減四分之一重亦如之製造火藥須用最佳者則以鐵箱滿盛柴料而密封之上留小孔出氣外加以熱久久乃成若用骨與象牙及一切動物爲之亦能成炭但此以十一兩爲率祇有一兩爲炭十兩爲鈣養燐養其滅臭滅色之力大於植物所成者因其質點散佈與別物相遇之面多也

第一百七十四節　炱

炱係油類柴類之煙分點極細即含炭之質化氣其內之炭質未燒盡而結成者如燒柏油與松香結成之色最黑可爲墨與黑油之用

第一百七十五節　炭之形性

常見之炭爲黑色脆定質不能消化於水無臭無味若爲金剛石形不引電氣若爲他形極引電氣研之愈細傳引愈難壓之愈緊傳引愈易不加熱度與別質並無

愛力所以永不改變形質以大利國二千年前有火山噴出極熱之物蓋壓山下一城城內一切皆被燒死近有人在彼掘得麥粒甚多質變爲炭而形無損故將木之外皮煆成炭而釘於地永不腐爛盛各流質之木桶煆其內皮成炭亦不損壞也炭加極大之熱不能鎔不受空氣雖加熱不能改形若加大熱則與養氣之愛力大於他物所以化分金礦內之養氣而取金類用炭煆而鎔之炭能收其養氣而成純金新煆之炭能收數種氣質與水氣入其竅內若爲堅木及細木所煆者收食氣質更多加以壓力或大冷最喜能成流質之氣如淡輕氣收容此氣大於巳體九十倍若容炭養氣則三十五倍養氣則九倍輕氣則一倍七五若研爲細粉一切香臭並收亦能收動物植物之色無論何物腐爛極臭用炭粉鋪其上雖仍腐而不臭人因此性製作嘴籠如第七十五圖用鐵絲布二層內夾炭屑罩於口鼻空氣透過屑中所有穢惡之氣皆被收盡而不至肺中矣醫

第七十五

館診視時疫或剖視死人或在船艙及陰溝積污之處用此器可免受病又作濾器水雖污濁淋下自能清潔試將含輕硫之水稍加新炭之粉而搖之其臭立滅提

糖使淨將粗黃糖消融於水以動物炭隔濾之再煮乾之而成白糖誤食植物毒藥如鴉片或莨菲亞或馬前等用炭粉和水飲之能收其毒而不害人西國罌水或紅酒黑酒以動物炭濾之如第七十六圖則色香與味俱無矣然減臭滅色久則無力再須加熱煅之力復如前

第七十六

第一百七十六節　炭之雜質

炭與養氣輕氣淡氣化合之雜質無數動植物之質大半出於此若詳言之即爲生物化學矣其直與養氣化

合者祇有二質即炭養與炭養

第一百七十七節　炭養又名炭氣

淨炭在養氣或空氣中焚燒即成此氣凡動物之呼吸動植物之腐爛造釀之發酵各物之焚燒皆生此氣空氣內亦容此氣地殼所容極多大半與鈣養化合如灰石白石粉之類

第一百七十八節　取法

焚燒木炭於養氣之中或燃一燭而悶熄之則空氣燒盡而成此氣但此尚不甚純須將有炭氣之雜質如白石粉之類盛於瓶

第七十七

內如第七十七圖和以淡硫強水或鹽強水則硫養或綠氣與石內之鈣養或鈣化合而炭氣推出即用收氣器收之或使自落於瓶中亦能驅出瓶中之空氣

第一百七十九節　形性

不冷不熱不加壓力爲無色氣質其臭辣其味酸以空氣等體較重若一〇〇〇與一五二九因其質重於空氣過半故此器之氣可以傾入彼器與水相同此氣不能焚燒雖多添以空氣亦不能燒試以一立方尺與空氣四立方尺融合於器中燭火入之不焚如第七十八

第七十八

圖置燭火於杯內將此氣傾入火即滅熄凡煤井內失火以炭氣傾入即熄故設熄火之器用薄鐵皮作箱內盛含炭氣之質與硫強水一瓶遇失火之時碎其瓶則發出炭氣彌滿井中而火熄矣而此氣入不堪吸若偶吸之則會厭速閉而不使氣入小獸遇之立死若多和空氣人肺尚能吸入然四立方尺空氣而有此氣一立方尺吸之即困倦而死矣雖居空氣十分之一或百分之十一人常吸之亦漸死若居百分之一二亦能傷人所以多人聚居小室或火爐多而室外之空氣不通即覺困倦而致頭痛即此氣也嘗有人熾炭火於牀前而熟睡多吸此氣而不覺竟致長臥又有人入枯井或深礦或大酒桶或陰溝不

知預防而死凡入此處以新煅之木炭熾旺或新熟石灰或冷水三者獨用或共用皆能收滅此氣若此氣毒死人而救之急移至空氣通暢之處多用冷水澆其身用力擦其四肢可漸漸而甦也石灰消化之水遇炭氣則收食而發白因成白石粉也此理可以試驗各物炭氣之有無用石灰水使見空氣少頃而水面生白皮即鈣養炭養此可見空氣內之炭氣若將玻璃杯盛石灰水如第七十九圖口銜玻璃管吹氣入水水必漸白如乳可見呼氣內之炭氣再吹多時炭氣更多又能消化

第七十九

所成之鈣養炭養而水反清又有數種泉水容炭氣甚多故能消化甚多鈣養所以性澀此水若加熱則有炭氣發出而鈣養沈下結於鍋內成白滓有時動植物沈溺於水而水內容炭氣與石灰或他質者動植物朽腐質內之點漸漸散出水中之石點進其體內每一質點出易一石點進久久盡為石並非木質變石也欲試炭氣內有炭質之據將小瓶盛滿炭氣以鉀一小塊焚燒而擲於瓶內則與炭氣內之養氣化合而成鉀養放出炭質瓶內所積之黑點是也地球有數處炭氣自地內噴出最多者為近火山之處如以大利國維蘇威火山

有一處一日噴出炭氣約六百磅

第一百八十節　炭氣能容水中

不熱不冷不加壓力三立方尺水能容二立方尺炭氣若加壓力尤能多容其收容之量與所加之壓力有比例二倍壓力收容亦二倍三倍壓力收容亦三倍去其壓力炭氣大半散出如開湘冰酒與荷蘭水之瓶塞是也有一種荷蘭水不過壓緊炭氣清水於瓶內並無些微他質各種發泡之酒先以封固於瓶內自能發酵而生炭氣所以開塞而驟漲水若多收炭氣其味稍酸以藍試紙驗之微變紅色較常水更能消化他物凡最堅之石及金類之礦漸漸被容炭氣之雨水所消化

第一百八十一節　炭氣成定質

炭氣冷至三十二度而加以三十六倍或三十八倍空氣壓力凝成透明流質其形似水傾出而遇空氣即化散而發冷結為定質如雪壓法用炭氣自有之漲力使自壓之盛炭氣及發炭氣之料於瓶內而固封之則所發之炭氣自壓本有之炭氣至極緊也瓶常為

第八十

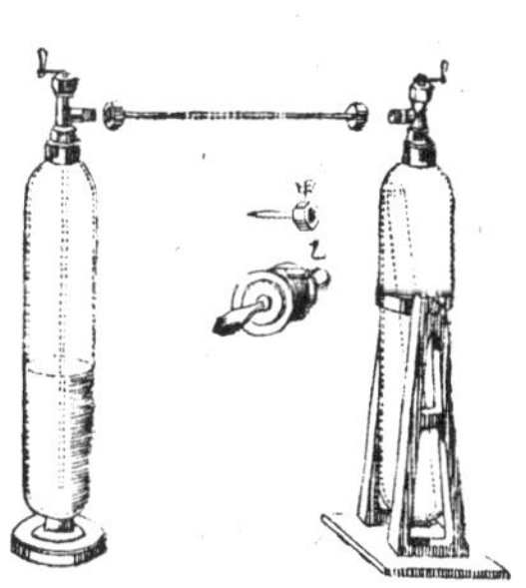

空柱形熟鐵所製每方寸可任力四千磅如第八十圖一爲發氣者一爲受氣者兩口皆作塞門而以銅管相通發氣之瓶外有樞可傾倒內安有底玻璃管受氣之瓶內亦有管下口離底少許先以發氣瓶盛鈉養二炭養而盛硫强水於玻璃管塞門宜密閉以有樞可傾倒使管內之硫强水傾出化分鈉養二炭養則二炭養散出次以受氣瓶浸於發凍藥水之內而閉二瓶之塞門則發氣瓶內之二炭養氣透入受氣瓶甚速因冷直冲至底而稍凝然後閉受氣之瓶將發氣瓶傾出舊料重換新料如此數次至受氣瓶內積多炭養流質即於接

管之處換接小孔套管如甲管口再接銅小匣如乙其流質自小孔噴入匣內而成定質如雪此物漸漸自能化散欲作何形可任意爲之但著入肌膚有如火炙又如紅熱之烙鐵若以水銀一滴盛於磁杯將此定質蓋於上而添以脫數滴則水銀立結成冰有似金類可打爲片可抽爲絲與鉛相同十磅水銀可以八分時結冰

第一百八十二節　炭養氣

炭養氣經過燃煤或熟鐵則失去養氣一分劑而變爲炭養氣煤爐內常見之蓋煤爐之下層遇空氣而爲炭養氣其氣至煤之中層因彼處空氣不足即分出養氣

一分劑而成炭養氣中層煤之炭質與炭養氣分出之養氣相合亦成炭養氣皆升至煤之上層而焚燒見有藍色光焰搖動閃爍者是也焚燒木炭而添入生炭更易見

炭養氣爲無色氣質更毒於炭養氣每空氣二百分有此一分人多吸之即死欲取此氣以草酸顆粒一分與濃硫强水五六分盛於玻璃甑內加熱有氣散出用收氣水盆收之但此法所取微有炭養氣相雜必使經過

第八十一

鈣養水或鉀養水內則純小試之法用草酸顆粒與濃硫强水盛於

玻璃試筩如第八十一圖下用酒燈加熱所發之氣即能焚燒並見藍色光焰

第一百八十三節　炭硫

取此物以硫黃之氣經過極熱之炭即得將木炭盛於瓦甑內加熱至紅上有孔用硫黃撒下則成濃霧與炭質化合而散出經過極冷之器凝成無色明流質即爲炭硫能透光而光差極大最易化散最易焚燒取時用時皆極危險其氣甚臭能消化象皮及油類之物如松香等又能消化硫黃燐碘等質各物消化之時炭硫亦隨之變化騰下者爲美觀之顆粒

第一百八十四節　衰

此物爲淡氣一分劑與炭質二分劑化合性與原質畧同與別種原質化合亦略同於原質之性西名衰安掟眞其意爲藍母因以合藍色顏料名普魯士藍前五十六年該路撒初知此物雖爲雜質而性同原質後又攷得數種別物亦然但炭與淡無法使之徑自化合祇可於雜質內取之試法如第七十七圖用汞衰研爲細粉曬乾盛於玻璃瓶內加熱衰乃離汞而散出透過水銀收之

第一百八十五節　形性

純者爲無色氣質其味極辣其臭如桃仁吸之極毒其重倍於空氣遇火即焚焰色紅藍冷至下四度凝成無色流質再下至三十度結成透明定質性與綠氣略同能與輕氣化合成配質亦能與金類化合

第一百八十六節　鉀衰鐵

取法用鐵鍋盛動物之質如角皮乾血等五分又鉀養炭養與鐵屑各二分加大熱熇之則動物質內之淡氣與炭質散出而化合成衰隨與鉀及鐵化合用水浸之久久則成鉀衰鐵濾取其水而煮乾之賸下者爲黃色片粒

第一百八十七節　洋藍 又名普魯士藍

鉀衰鐵水與鐵養水相合則結深藍色之物沈於水下濾出洗淨而乾之即是洋藍名普魯士藍者初爲普魯士國所刱製也用染各物青翠可觀白衣微變黃色可先洗淨稍用此物和水漬之曬乾即蓋其黃色而仍爲白色矣染呢爲藍色先浸於鐵養水再浸於鉀衰鐵水二物在呢內相遇無微不到自成藍色

第一百八十八節　藍墨

洋藍在水不能消化雖淡强水亦不消化惟草酸水可以消化而成藍水添以樹膠則成藍墨可爲書畫之用但此色雖好不久而退若遇鹻類其色立滅洋藍質內之衰本係毒藥然化合在內則不毒中國用染綠茶之色鉀衰鐵加入鐵養硫養水其結成之物爲淺綠色遇空氣而速復藍色

第一百八十九節　鉀衰鐵

取法將鉀衰鐵水使綠氣過之則與鉀化合成鉀綠消化於水另有鉀衰鐵結爲紅色之晶粒比鉀衰鐵所含之衰更多加以鐵養水亦結深藍色之質沈下若加以鐵養水則無所結所以化學家用此辨鐵養與鐵養

第一百九十節　鉀衰

鉀$_{二}$衰$_{三}$鐵八分鉀養炭養$_{二}$三分炭一分同置鐵鍋加熱至紅即成鉀衰此物純者如白磁易消化於水人食之爲最酷之毒藥製造此物之人手常生大瘡消化於水而以金類與養氣化合之質浸入大半能消化所以常用爲鍍金鍍銀之料洋布上所寫之字任洗不退將此水洗之即能淨盡因其墨爲銀養遇鉀衰水而消化也

第一百九十一節　輕衰

輕衰爲甚奇之毒藥用鉀衰與淡硫强水同盛甑內蒸之而得其理與取輕綠相同

鉀衰丄硫養$_{三}$輕養‖鉀養硫養$_{三}$丄輕衰

此物之最純者爲無色明流質稍有配性質輕於水極易化散傾一滴於玻璃片上因化散之甚速能使留下者結冰臭如桃仁又似苦杏仁二物之有此味因含輕衰也毒性極酷若將純者一滴置於大狗之舌必立死其化散之氣稍吸之亦令人不安然以一滴用多水和之極淡又可作藥品之用人若誤食濃者急用淡輕水或醋或綠氣水飲之可解雖視之若已死治之合法或得回生醫士尚未知食此甚少而死甚速之理或言亂動其腦筋而死或言毒性頃刻傳之遍身而死凡桃類之樹所結之實用其核和水蒸之即得美香之流質此流質內多有輕衰

第一百九十二節　衰與養氣化合之質

衰能與養氣化合成數種配質惟衰養及衰養$_{三}$二者爲要品

第一百九十三節　衰養

衰養爲最易化散之流質化散既易收藏甚難取法將錫養與鉀衰和勻加大熱鎔之則錫分離而得鉀養衰養再將此質與乾草酸研和而加以水即得不能消化之白質將此質蒸之即得衰養尚含多水

第一百九十四節　衰養

衰養常化合於別質之內未有能分出者其與金類養氣質相合即爲爆裂之藥輕打之而爆甚猛將汞一分硝强水十二分醋十二分燉於沸水之內稍加以熱三物立即化分而發白霧所成爆藥分爲白晶粒結於底用紙濾取其水再如前法煮之二三次濾之亦二三次皆尚有晶粒後將此藥加倍重之硝再加水搏成膏即爲銅帽之藥水銀之外又有銀養銅養鋅養等其理並同但皆危險之至用銀製者性更猛幾與綠淡相若在水內熱至二百十二度即能爆裂雖溼者用硬物摩之亦即爆或房內藏盛此物房外馳行馬車即爆裂爆裂

之理因炭與養氣化合忽生大熱變成炭養氣與淡氣受熱驟漲也其金類則分離而出

第一百九十五節　炭與輕氣化合

炭與輕氣化合之雜質甚多因動植物腐爛而成也有定質有流質有氣質其質雖多而化成類止言其二餘詳於生物類中　一爲炭$_{二}$輕$_{四}$　二爲炭$_{四}$輕$_{四}$

第一百九十六節　炭$_{二}$輕$_{四}$

萬物內常有此氣如煤井內煤與土石發出遇空氣而融合最易焚燒取煤工人嘗有被害者焚過之後大半變爲炭氣工人雖不焚死而會厭必閉亦悶絕矣草木及含炭之質在水下朽腐常生此氣池中淤積之水用玻璃瓶口安漏斗倒置水中而掉撥淤泥可收炭輕氣於瓶中如第八十二圖美國加那花有人掘地爲深洞以取鹽水而水自湧出且有多氣隨水而出用銅管通至煮鹽之鍋下藉氣燒鍋又有一小城亦有此氣發出用管通之爲路燈

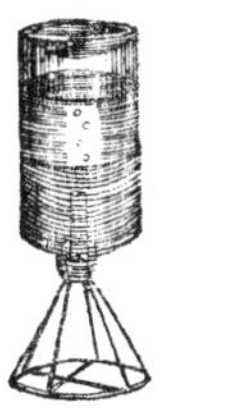

第八十二

第一百九十七節　形性

炭輕$_{四}$爲無色無臭無味之氣質百分之內炭質居七十五分輕氣居二十五分稍能融合於水與甚多之空氣融合吸之亦不受害等體較於空氣其重維半自能焚燒而不能助別質焚燒焰爲黃色若與空氣或養氣融合則成爆烈之氣質

第一百九十八節　炭$_{四}$輕$_{四}$

前七十四年荷蘭國人攷知此氣名爲油母因與綠氣化合而成油質也無自然獨成者取法將油盛鍋中加大熱熬之使至焚燒即得或煤或松香或柏油以及各類肥油熬至化氣可爲生光之用者皆含此氣又法取此氣之純者用濃酯一體積濃硫強水二體積共盛於能容四倍體積之玻璃甑或玻璃瓶內如第八十三圖加熱於底初時氣發甚速後則漸漸變黑而發氣泡發氣之時有以脫氣隨之同出再後有硫養氣隨出甚多必提純之宜使先過鉀養水再過硫強水再過清水然後用收氣器收之所過之水俱用三口玻璃瓶盛之

第八十三

第一百九十九節　形性

炭$_{四}$輕$_{四}$爲無色之氣質其臭微甜稍能融合於水重略等於空氣加以大冷及大壓力能成流質然冷至下一百

六十六度尚不結冰其性不能養生自易焚燒而不能助別質焚燒光焰甚白比炭輕更明若與養氣融合遇火即焚而爆試將此氣和以養氣吹入水中成一泡浮至水面用火燃之其驗自見且甚猛此氣之體積輕氣居二炭霧居二融合而爲一將此氣與等體之綠氣共置收氣盆內則漸漸化合凝成甘香之流質落於水面成滴如油若綠氣二體積此氣一體積共盛深瓶之內瓶口點以火則漸漸焚燒其綠氣與輕氣化合而成輕綠炭則爲極濃之黑煙存於瓶

第二百節　生光各氣

生光之氣常以炭與輕氣多而養氣少之物質置於密器用火熖之即得所得之氣炭輕也炭輕也炭養也輕氣也其融合而成何等氣及氣多少之數則依所用之料與蒸熖時之先後矣氣之最佳者爲炭輕價若稍廉固可獨用此氣而廢別氣無奈純者價昂所以常用雜有別氣者其所用之料如煤與油及松香等物若熬油所出之氣炭輕更多故比最佳之煤氣明二倍比平常之煤氣明三倍熬松油亦發最明之氣然煤價甚廉而松香與油較貴故不能常用也凡各物能發生光之氣煤一磅得三立方尺至四立方尺油一磅得十五立方尺柏油一磅得十二立方尺松香一磅得十立方尺

第二百一節　煤氣根源

熖煤生氣已於二百零六年前知其法然英國用之照道路代燈燭則始於前五十八年也業油業燭之人恨之切齒百計阻撓而得此法之人不顧也又有熬油生氣之法盛油於甑內而使滴滴落下甑底置磚或枯煤熖之極熱油著之而化氣散出磚或枯煤收其餘滓待冷即可用矣

第二百二節　取法

煤氣祇有煙煤可取最佳者名乾泥利煤比別種之氣

第八十四

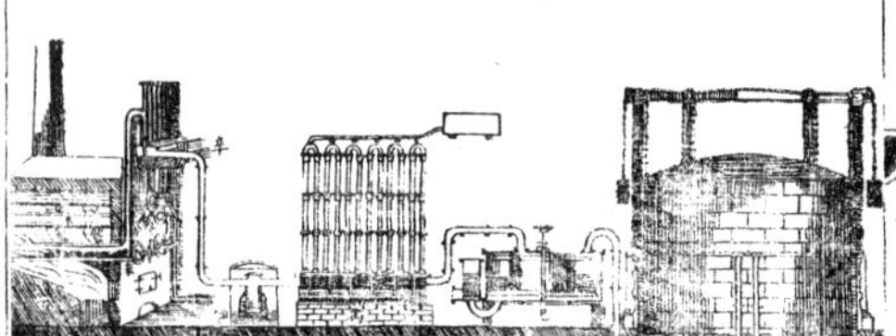

更多此外尚有數種雖爲有煙之煤不合取氣之用使煤生氣須加大熱初熱至四百度煤內之能化散者僅成流質如柏油必再熱至將燃則生氣多而成油少此法共有三事一熖而化之二洗而淨之三收而分之熖氣之法其鍋以鐵爲半圓筒勻列數筒如第八十四圖下有大火爐架各鍋於其上如未已每

鍋之兩端一密封一活蓋蓋用螺釘旋緊轉泥實罅都會之所取此氣之箭鍋有四百至五百之多其二百至三百日夜煏之不息每箭鍋盛煤一百磅至一百二十磅煏至化散之質盡出則成枯煤取出以水澆冷賣之

第八十五

其價反貴以能生大熱也故取氣所用之煤所糜無幾第八十五圖卽煤氣大坊也惟此法所生者炭輕炭輕

輕氣炭養炭養硫養輕硫淡輕油氣水氣淡氣稍有別物其氣雜糅之甚生光不明故必洗而淨之各氣質自鍋內化出之後由通氣管至曲管水箱如辛管端曲向下而深入水中氣出管口而升水面故雖開鍋蓋氣不能返由是淡輕與油氣凝於水中成黑色之流質名煤柏油其氣初出之時尚熱通至各分管必致漸凝而阻塞故再使迭過豎管管端亦浸於冷水箱中所有凝結之物皆沈箱底如丙氣自此箱出又過一桶桶內盛石灰水水內有轉輪常使石灰水動而不停氣過其中所有之炭養與硫黃及餘臢之淡輕皆爲收盡然後通至

大存氣罩而可用矣別有洗法不用石灰水而用乾石灰之塊其理亦同初煏時所生之氣五分之一爲炭輕後則炭輕漸少而輕氣漸多故平常之煤氣多爲炭輕若煏最好之煤初生之氣每百分內炭輕居十三分炭輕居八十二分五炭養居三分二淡氣居一分三煏至五小時之後每百分內七分爲炭輕五十六分爲炭輕十一分爲炭養二十一分三爲輕氣四分七爲淡氣煤氣內所有獨成之輕氣與炭養氣自不生明而反減別氣之明故爲無用之料也售賣之例常論體積尋常煤氣燈每小時用氣一立方尺至一立方尺有半

第二百三節　煤氣量法

量煤氣之器爲側立扁圓桶如第八十六圖甲甲甲甲盛水過半內有輪輪有四翼乙乙乙乙氣自輪心入如箭向其漲力將蓋於水面之一翼推上輪轉一象限而此翼滿氣外端丁離水面而內端浸

第八十六

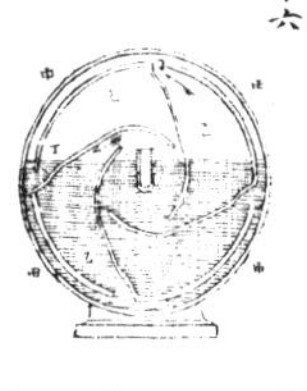

入水中則氣自口出卽爲一量桶外用管接至燈所圖可不綴矣輪轉次數桶外有記數表記之總計轉數若干卽知用氣若干常用者盛水名溼量又有不用水者名乾量此器之精巧以量氣之體積固屬無差然氣之

佳者所用積數無多而明焰甚多否則反是或言宜量其光庶爲得之。○凡生光之氣與空氣融和熱至定限之度則速燒或有誤開通管之塞門而房內煤氣瀰漫偶覺其臭愼毋攜燈入內宜先開窗戶以出之

第二百四節　燒之源

古人以火爲四行之一四行卽火氣水土前二百二十年日耳曼人名比綽悟得新理以爲萬類之中有一物爲謂之火精能燒之物皆有火精在內燒時所見之光因火精發出甚速而生也如油燭之能燒因其料內有火精發出而生光其料亦隨之散去硫黃之焚有藍光與臭氣亦是火精散出故餘賸者爲酸水燐爲火精與酸水合成因相合甚鬆故稍熱而火精外散金類除金銀之外用大熱煅之則燒而成灰此因火精與灰成金質故煅而發出火精所賸爲灰如鐵之變鏽是也又如木與煤炭之類能發大熱其中火精極多故能傳熱於別物鐵質之內火精甚少必用煤炭鍊之傳其火精而成精鐵惟金銀之火精相合極緊雖煅以烈火而火精不出故不致燒而爲灰顧火精之爲物輕虛無跡一出於物質而不見非若所賸之灰如木灰鐵灰（卽鐵鏽）可收取而存之也地球上空氣之外層周圍皆係火精之火

乃萬物之火散出而上升也繼爲此說者火精出一物必有一物收之其初出時所見者卽爲火後雖不見必有收之者也所以物之能燒必有空氣無空氣而不能燒矣步里司德里言養氣自不能燒遇別物始能燒乃養氣自無火精急奪別物之火精耳此火精之理乃前人之舊說似有巧思然揆諸物理尚屬費解所言硫黃與燐並爲二質所成一則爲火精一則爲硫養一則爲火精一則爲燐養矣尚未明養氣之化合故以鐵燒而爲灰殊不知鉛鐵等金燒後更重火精既爲一質必有本質之重既出當減輕何以反重說者謂火精最輕藏於物質之內卽能浮托其物出則物質加重矣然則既有輕重自必有體何以火精出而鉛灰鐵鏽之體反大既能浮托物質使輕必與鉛灰鐵鏽每點相間何以鉛鐵之質實而重鉛灰鐵鏽鬆而輕說者又謂灰鏽之與火精非每點相間乃融和於中火精能將其質收縮緊密故未出之前質小而實出則鬆而輕也九十年以前各西國皆信火精之理以後法國人拉夫西愛試驗化學新法以證其謬將玻璃瓶先盛水銀若干再入養氣滿之封之緊密權其共重加熱至六百度則水銀與養氣化合而成升丹再權之仍與其重等後將其瓶開一

小孔聞有空氣自外入內之聲此乃甑內爲真空始知水銀並未出何火精而養氣反爲水銀收去矣故升丹之重較重於水銀後將升丹另盛一器加熱至九百度水銀又與養氣化分分權水銀與養氣之重而總計之適與丹重等故知丹內亦無火精乃養氣化分而出也又知水銀爲原質並非火精與丹化合之物又將燐質置於罩中亦滿以養氣燐燒而養氣收入燐乃加重而養氣減輕皆有確數可攷又鐵絲燒於養氣之內所成鐵養之重即鐵與養氣二重之和以此數相證並無所謂火精也後又知物質燒於養氣之內與燒於空氣之內相同且即攷驗空氣之內有二氣一能使物燒一則不能即淡氣也因知物質之燒乃收入養氣而非發出火精也此說佈傳各國笑之者多十餘年之內止有一拉不拉司信之再數年後始得遍處皆信而化學之端自此起焉

第二百五節　燒之義

燒有二義一原質與原質化合成新質而生熱此爲化學之事一養氣與能燒之質化合而生熱生焰此乃日用之事凡常言之燒大抵如是間有物質在養氣之內焚燒不覺生熱與焰又有物質不藉養氣亦能燒者如銻粉或銅箔乃遇綠氣而生熱生焰此外如木類之腐爛金類之生鏽亦即養氣之化合雖亦生熱而不見生焰統論萬物可分爲三等其一燒物者此物能使物燒而不能自燒如養氣綠氣沸氣碘溴之類其二能燒者此物既熱遇燒物之物而燒如煤炭草木之類其三不燒者此物自不能燒亦不燒物雖加大熱亦不燒如鐵鏽泥砂之類第三等皆係燒過之物故不能再燒

第二百六節　燒之別

燒有難易之別難者遲而易者速遲則爲燒速則爲爆如油燭之類能燒之質與燒物之質漸漸相遇故謂之燒如火藥之類二物猝然相遇則謂之爆

第二百七節　燒之理

物若改變其形質必改變其熱冷然物燒而能生熱倘未知其所以然如炭與養氣化合成氣質輕氣與養氣化合成流質俱生大熱雖極難鎔之物亦爲所鎔但所生之熱不依所燒之物而依所化合養氣之數故燒時所生極大之熱即此物能與極多之養氣化合也如輕氣一磅與養氣八磅化合炭一磅與養氣二磅又三分磅之二化合所以燒輕氣若干比燒等重之炭生熱三倍矣能燒之物與養氣化合而物之多少等則無論遲

速所生之熱數常等若或遲或速而物有多少則其熱數亦異矣木在空氣內腐爛因與養氣化合亦燒之意惟甚遲若燒於爐中則甚速故腐爛所生之熱極微而人不覺乃爲空氣所傳也總計極微之熱而較爐中之烈火其熱數仍相等惟物與養氣化合所須之熱度各有不同或同此一物而化合有遲速所需之熱度亦不同如燐與養氣熱至七十七度其燒遲熱至一百四十度其燒速若於黑暗之處將鐵板加以不紅之熱置燭油之塊於其上則鎔而化氣再遇養氣而燒且見淡焰又如第八十七圖

第八十七

將鉑絲繞成螺絲形加熱至紅次將小杯盛以脫數滴醕酒亦可置於下其氣上升與空氣融合遇紅熱之鉑絲則與養氣化合而燒鉑絲常紅熱而不冷至以脫既盡而始冷其燒時成一惡氣人之眼鼻皆畏之又將鉑絲如前鉑絨亦可如第八十八圖置於燈上燈內盛以脫或醕燃其燈至鉑絲紅熱而吹熄其火燈內之氣仍循炷上升鉑絲能紅熱數時

第八十八

第二百八節　燒後之質加重

物燒之後其質雖毀而不滅且必反重於原體其加重之數即所收養氣之數此可以確據證之將燐二釐納於瓶入以養氣不拘數燒後則成白粉即燐養權之得四釐有半其加重倍餘者因收七立方寸有半之養氣也

凡能燒之料如草木煤油其體內所含爲炭與輕氣且並有養氣顧養氣愈多愈不値價因不合於焚燒也

第二百九節　燒後所成之質

焚燒之時空氣足用則養氣與燒料內之炭化合成炭氣與燒料內之輕氣化合成水氣此二氣易散於空中而不見凡物之燒多加以養氣再驅不能燒之氣則燒甚速而熱甚烈所以火爐用風箱鼓風或高其煙通吸氣皆使養氣之更多若閉風門則火小而燒亦遲矣但燒料所需之空氣即風其重比燒料之質甚多所需既多而空氣之質又甚輕若以二者體積相較其大小更懸絕矣燒純木炭一磅需用空氣十一磅四五而空氣一磅之體積約十三立方尺總計得一百五十立方尺此爲格致家測驗之率若尋常焚燒而用硬煤則一磅祇須空氣一百三十六立方尺至汽機之鍋爐燒煤一磅又需空氣二百七十六立方尺惟純木炭一磅所生之熱足使水十三磅自六十度起盡化爲二百十二度之汽如此再不能使炭之生熱加多亦不能使水之化汽加多其數已爲極限往往不至此限者多故常用之鍋

爐止能得此限三分之二其次者止得此限之半然鍋爐雖極精熱亦不能全得其失熱之故有二第一熱自煙通散出第二餘燼不能燒盡能將鍋爐精益求精空氣多而又多則兩病皆免矣設空氣不足止得爐內應需之半餘燼亦可燒盡惟炭皆成炭養而不成炭養則一磅炭之生熱不能化十三磅之水而但有五分之一不過使水二磅半化汽而已（此不但所生之熱甚少且所成炭養之體積甚大於炭養故容熱多而散去也）尋常之鍋爐費熱固不至此然不知此理竟有費熱而不覺者故鍋爐之內果以應需空氣之數而與之則燒料內之炭盡成炭養而得最大之熱

第二百十節　物熱生光

物之燒而有光因燒時之熱而生如定質與流質（指已鎔之金類）加熱至九百七十七度則能生光其光之色依所得之熱度而成七級以三角鏡所分爲準次第相加即正紅金黃正黃正綠正藍深藍淡紫熱至二千一百度則各色相合而成白名爲白熱故焰之生光乃焰內有定質之細點燒白而極熱也焰內設無定質雖熱極而光仍小如養氣與輕氣合燒爲世上最大之熱然日中不見其光若在焰內添一定質如石灰毬之法則明耀如日目不能當燐質燒於養氣之中光亦甚明若燒於綠氣之中光幾不見因燐於養氣內所成之燐養（五）即定質也受熱而生光也於綠氣內所成者爲氣質氣質之點雖熱不明

第二百十一節　生光之料

常用之料或定質或流質皆爲炭與輕氣所成煤類與油類是也其質內之炭與輕氣遇熱而化氣氣燒而生光如燭燒之時炭與輕氣雖各與養氣化合而養氣與輕氣愛力甚大故先化合而成水氣即生極大之熱光則甚淡而不見輕氣既與養氣相合必與炭相分故炭獨爲最細之點而上升遇輕養二氣化合之火焰受其大熱至白而生光再升至焰末又遇養氣而成炭養矣夫燭之焰與煤氣之焰無別而其生焰之源則有別燭燒時化氣若干即燒去若干所化此氣之熱還燒所化之氣而煤氣則在別處焙煸而出通至此處燒之惟所化之氣大約相同欲求其據可以大燭燃之將小玻璃管插入焰之中心必有氣自管中透出亦可燃而生焰如第八十九圖總之生光之焰必需定質燒至極熱試用別物置於焰中分傳其熱使定質不能得熱而生光則必散出而爲炱

第八十九

第二百十二節　燭燒之理

燭爲生光之物其發焰需氣若干能自添油若干設純蠟一塊而不用炷固亦可燒但其火必將盡鎔其蠟而盡燒之如是必有濃煙因炭不能燒盡也所以知用炷之妙可以不費蓋燒時之熱漸鎔其油成一杯形而炷係棉花燈草之類體內之紋湊成小管無數油以緣附之力循之而上至於熱處則化氣

第二百十三節　火焰之形

燈燭之火焰常爲圓尖形因四圍之空氣被火燒熱而上升引其火焰同上也其形分爲三層如第九十圖中心甲爲氣質乃燒料所化其熱未至焚物之限故不生

第九十

光內層乙即生光之處空氣內之養氣與燒料內之輕氣在此化合而炭質在氣內透上燒至白熱而生光外層丙爲養氣與炭質化合之處其光甚淡燈燭旣精所有炭質盡燒而發光若不精則不能燒盡而變爲煙煤氣燈亦可見此三層焰下常有淡藍色之暗光者因此處空氣內之養氣能將內層所散之輕氣與炭質同時化合故無定質之炭生明光也又如燈燭之炷其焰之熱止能使成炭形而不能使燒因四圍有燒質阻之不得遇空氣也所以各種能生光之氣中心俱不能燒而所燒止在外層欲知其據可將玻璃片蓋於焰上外層之火成一圈中心黑而無火或將鐵絲布蓋於上則火爲所隔而不能過

第九十一

亦見一光圈而中黑如第九十一圖故火焰中心不能燬物試盛濃酒於淺杯如第

第九十二

九十二圖用火燃之將白木條橫架於杯上少頃取視中節不燬而止燬其外端又將燐少許置於極小圓匙內燃之納諸大火焰之中心即熄取出則又燒

第二百十四節　火焰之熱

火能成焰必有甚大之熱度如將含輕氣與炭之質燒之熱度不至定限其火即熄試以大銅絲入火焰之內則熱爲所傳而火冷銅絲遍附煙炱再添一銅絲其火更冷若再多添則盡傳其熱而火熄矣或將鐵絲布蓋於火焰之上其所燒之氣透過布孔火焰之熱則爲鐵

第九十三

第九十四

第九十五

絲布傳散而不能燒如第九十三圖若絲布甚密者雖燒熱至紅而蓋之仍引其熱而不燒因火焰必至白熱始燒也其透過布孔之氣以火點之亦仍可燒若將鐵絲布覆於煤氣之管口相去稍遠如第九十

四圖置火於上而開塞門其氣上燒而下不燒或將樟腦置於鐵絲布上如第九十五圖點火布下樟腦但能鎔而不能燒自布孔流下始能燒

第二百十五節　防火燈

英國博物家兌飛審知鐵絲布有不透火之理即捌造一燈如第九十六圖用於煤礦之內雖有炭輕等能燒之氣俱可隔

第九十六

絕其火而不致延燒

第二百十六節　生光二要

輕氣炭質之生光一須空氣足用二須燒後所成之質易於散出試用玻璃管套於燭火之外使下端不通則空氣不入而火即熄或下通而上不通則燒後之質不得外散而火亦熄若爲上下皆通如第九十七圖空氣能自下而入燒後所成之質能由上而出燭火不但不

第九十七

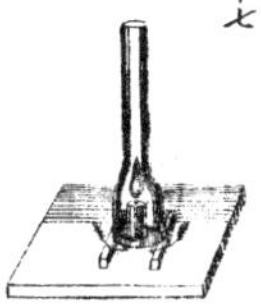

熄而較不用管罩者反明此因管內之氣受熱漲大而上浮下端之氣上補其缺陸續添換燭火得飽受之也然受空氣而太多必生淡藍色之光如風吹煤氣燈可見此因氣出管口所有之炭點尚未在火中熱至白色即與養氣化合也若將木條粘以硫黃而燃之以之點

燭燭不能燒蓋硫黃之氣收盡四圍之養氣而燭不得養氣之故此可證熾火總在養氣徒熱不足以爲燒

第二百十七節　空心燈

尋常之燈燭與空氣相遇之處則燒而所遇止在焰之外皮若使入於火焰之內則內外皆熾而發光特甚所以捌造空心燈空氣能自管中上升透入火焰之中如第九十八圖焰外再加玻璃管近火焰中節之管體甲乙忽然收小使空氣至此折而向內則

第九十八

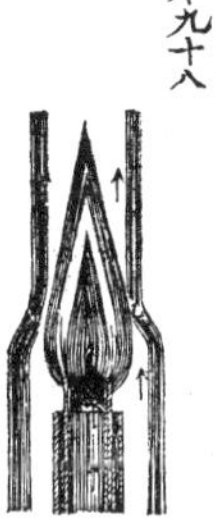

添入火焰而能更明焉火中炭點且能燒之極熱故生光之法以此爲最若將片紙封密燈下進氣之孔則焰內立發多煙而不明養氣缺少故也此燈雖用次等之油亦不生煙尋常之燈必用上等之油因上等油輕氣多而炭少次等油炭多而輕氣少也第九十九圖即空心燈外形空

第九十九

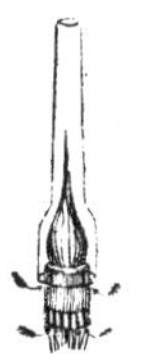

氣所入之狀

第二百十八節　空心酒燈

酒燈比油燈之熱倍大爲化學家常用之器再用空心之法其熱更大外罩以銅爲之恐玻璃不能任大熱也如第一百圖

第一百

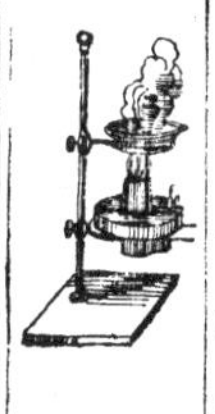

架下置燈而上置所熖之物

第二百十九節　吹火箭

吹火之理與空心燈相若亦以空氣添入中心使火甚熾而甚熱也其箭爲彎銅管出氣之端作小圓孔如

第一百一

第一百一圖又作小泡於彎曲之處所吹之氣必有水氣可凝爲水而留於泡內此器吹時其氣衝入火焰之中而火焰頓失光明且橫射成尖錐形亦有三層如第一百二圖中心之黑處甲乃吹入之

第一百二

空氣未與燈炷所發之氣化合內層火乙色藍外層火丙色黃此二層之火性迥異藍色者所得之養氣不足使燈炷所發之氣盡爲炭養而有爲炭養者故與養氣有甚大之愛力若將金類與養氣化合之質（銅養之類）置於此處則養氣被收速鎔而變爲銅所以西人謂之收養氣之火黃色者與前相反因遇空氣而養氣甚多與別物亦有大愛力故將鉛或錫或銅置於此處立即與養氣化合謂之放養氣之火試此二處之別用火石玻璃一塊此物係鉛養與矽養所成置於內層玻璃變爲暗黑色因其養氣失去也移於外層仍復原形又得養氣

也若將紅銅片磨之極光置於酒燈火熖之如第一百三圖遇火焰之外皮則銅與養氣化合而變色置諸焰之內層銅之光亮不改試在火焰之上移動其色忽亮忽暗此與吹燈二層之意略同

第一百三

第二百二十節　炭質變化

炭質被燒有二形在火焰之中爲定質出火焰之外爲氣質所以最宜於生熱生光燐在空氣中燒其光較勝於炭但燒後成爲定質裹其本物使不得燒故不合用鋅若加以大熱亦燒而發光甚明但在火焰中結聚無

數小點下墜壅蔽出火之處亦不合用炭則燒後所成者爲氣質即與空氣融合不阻未燒之炭之燒設炭而燒後亦爲定質則亙古以來遍地球積高數尺矣炭之變化如此可見造化之妙用每次燒火所發之炭甚多人因不能見而不覺如鎔礦取鐵之冶爐每小時所入空氣約六噸而帶出之炭約半噸皆變爲炭養氣

上海曹鍾秀繪圖

新陽趙元益校字

化學鑑原卷四

英國韋而司撰

英國　傅蘭雅　口譯
無錫　徐　壽　筆述

第二百二十一節　金類根源

金類原質不常見者過半古人但知有八種今世所日用者亦不過十四五種惟化學之士始得窮究所有焉

第二百二十二節　形性

金類皆生光彩名曰寶光如磨治之鋼及鏡背之汞與錫是也不能透光而能傳熱引電質之輕重各物迥別金與鉑爲萬物中最重之質與水等體相較金重十九

倍鉑重二十二倍鉀與鈉則輕於水而軟如蠟錯與錳之堅過於淬水之鋼鉛之柔指甲可以刻畫汞不冷不熱爲流質金類之性能受捶打者以次第列之如金銀銅錫鎘鉑鉛鋅鐵鎳鉀鈉汞冰皆可打爲箔抽爲絲然抽絲之次第不同於打箔之次第能任抽而不斷者惟金銀鉑鐵近用新法以金銀相合之雜金爲絲用堅寶石爲絲模鑽成錐形細孔所抽之絲細過毫末目力難見每重一兩可長至六十里也若論結力鐵最大而鉛最小作同徑同長之絲繫其上端挂重於下端權之以絲徑爲百分寸之七鐵任四百四十四磅銅任三百磅

金任一百三十七磅鉛任二十四磅然此尚不能爲定率因同一金而各有精粗其結力亦隨之而異鐵若以某熱度而鍛鍊數次則橫任之力更大每百磅可加六十磅所以鐵之結力又當以質之疎密率爲定如生鐵之疎密率數六九比諸七四者其結力爲五分之一等體而重質之密也密者之結力必大故生鐵器而同式必以重者爲佳金類之任力不但以質且可因形而變如軋成板而更作摺疊之紋則豎任之力更大銅板作此式其力能加九倍也金類皆可鎔但鎔界之熱度大異汞下三十九度尚爲流質鉑鉢鏈必用輕養二氣之

火或電氣之火始鎔又有將鎔之時而生粘力者二面相遇以大力或壓或打則能相連爲一鐵鉑鈀鉀鈉鋰粘合之最易者也金類已鎔而再加熱可化爲氣質已有六種並自雜質升煉而出汞鉮鎘鋅鉀鈉是也鎔銅爐房屋之樑可見極微之點綴於其中蓋銅質化氣上升而凝結也若用極大之火鏡鎔黃金亦可使化氣以最堅之金類作小絲忽遇濃厚電氣其絲化氣而不見此皆金類化氣之徵兩金或數金相合名爲雜金如黃銅礮銅鐘銅字鉛是也雜金配合之數可任意多少故爲融合而非化合然有疑爲化合者因見生成之雜金

其數常有定率也且以二金相合而與水相較其輕重之數必非二金之和既成雜金其鎔界之熱度不在二金之間反有小於最易鎔者之界如鉍八分鉛五分錫三分合成之後二百零三度而即鎔比錫之鎔界少二百餘度比鉛之鎔界少四百度此物將紙作鍋亦可鎔之以此數端似爲化合之據

金類皆可成顆粒形但有不易成者有自然爲顆粒形者○金類皆能與養氣化合惟愛力之大小懸殊無論熱度小大易與養氣化合者大半既合之後而欲分之則甚難惟金與鉑不能直與養氣化合既合之後而稍加熱其分又甚易各金與養氣合成之雜質性亦大異有能爲本者有能爲配者有不能爲本及配者凡金類一分劑養氣一分劑常爲有力之本質養氣多於一分劑常爲中立質養氣之分劑甚多者常爲配質

第二百二十三節　金類分屬

金類分爲四屬其一鹻金其二鹻土金其三土金其四重金又名眞金眞金又分二種一與養氣無愛力如金銀等一與養氣有大愛力如鐵銅鉛等

第二百二十四節　鹻屬之金

鹻金有六曰鉀曰鈉曰鋰曰銫曰鉫曰淡輕俱能與養氣化合而成鹻類淡輕雖非原質而有原質之性故借列於此

第二百二十五節　鉀之根源

英國博物家兒飛於前此六十三年攷知此金用大力五金電氣化分鉀養輕養而得未得之前人固疑鹻屬及鹻土屬爲雜質然未有能取其原質者至鉀養輕養既得原質之後鹻屬及鹻土屬之原質逐物皆得

鉀常化合於別質之內未有自然獨成者地產晶粒形之石多有鉀養與矽養化合在內其石漸腐爲土鉀養能消化於水草木生其處而吸食之故草木之灰有鉀養可自灰內取之海水之內亦有鉀與綠氣化合者

第二百二十六節　取法

原法用五金電氣煩而多費今用木炭研之極細與鉀養炭養共置鐵甑而加大熱鉀化爲小圓粒透出用器盛火油收之結成定質

第二百二十七節　形性

鉀粒剖開面光而色白如銀但生鏽甚易轉瞬而成白皮一層是爲鉀養鉀不冷不熱軟如蜜蠟可以柔捏至下三十二度則甚脆而有晶粒形與養氣之愛力甚大若欲收存必藏於取盡空氣之玻璃瓶而密封之或浸

於無養氣之流質如火油之類使與有養氣之物相遇而加熱必盡收其養氣欲試其愛力之大如第一百四圖將小塊投於水面水乃立分其養氣而與化合成鉀養化合之時且生熱所放之輕氣因熱即燒燒時鉀亦微化散而在輕氣內同燒現玫瑰色之光鎔成圓形浮在水面漂泊往來甚速至盡成鉀養之後方能切水而火亦滅稍冷即有聲翕然多發水氣而終其水若加草類之紅色則所生之光或爲藍色或爲綠色鉀之雜質以吹火燒之其焰皆爲茄花色

第一百四

第二百二十八節　鉀養

鉀養無水者僅有一法可得使鉀遇最乾之空氣則與養氣化合而成極細白粉但一見微水即欲收之而與化合任加何熱終不能分故常用者無不有水也取法將鉀養炭養二分水二十分至二十四分共盛淨鐵鍋內煮沸再以上等生石灰一分和水如漿漸漸添入鍋中則石灰收其炭養而成鈣養炭養不能消化於水故沈下爲渣滓其鉀養消化於水中而水得澄清將水少許稍添輕綠水試之不發小泡可知其炭養盡入鈣養中矣用虹吸取出上面清水熬乾之即成灰白色之定質折斷之處有晶粒形是爲純鉀養輕養若鎔而傾於模內成條可爲醫生炙烙之用功與銀養淡養同而次之

第二百二十九節　形性

鉀養常與水化合故名鉀養輕養鎔後爲灰白色之硬定質於醕於水最易消化無論定質與消化於水皆能收空氣內之炭氣甚速所以收存此物必置瓶內密封之消化於水有鹻類之性甚大能敵最猛之酸草木所成之藍色已爲酸所變紅者見此仍復藍色又能變草藍之色爲綠色但其色或變或復之後少頃即滅其臭難嗅其味甚辣能毀動植物之質既消於水而欲濾淨必用玻璃細粉隔取或待渣滓澄下取其上面清者人手撚之滑膩因侵蝕皮之外膚也○鉀養加熱愛力極大所能敵其愛力者甚少含矽養之物鉀養易令之化分鉑綠或鉑綠遇之其綠氣即化分而鉑即與養氣化合變爲鉑養或鉑養遇定質之油或雜化散之油變成輭肥皂此物用處化學極多製造之中尤多凡化學中爲本者其性之烈未有過於此者所以各鹽類俱能爲之化分如將鉀養水置器中以鐵養硫養水或銅養硫養水加之鉀養立與其配化合而放出其本鉀養又爲

甚烈之毒藥若食之腸胃內皮爲侵蝕也

第二百三十節　鉀養炭養

陸地植物之灰俱含此物海草之灰鈉養爲多鉀養雖有而甚微樹木最多之處如美國俄國等土人燒木取灰用極大之桶盛之冲水其上緩緩淋下將水燒乾所得之物乃粗鉀養炭養也但各類植物之灰所含多少不同即一類之內亦有多少不同因所生之土宜也草本灰內比木本者爲多葉與皮及新枝之灰則更多在植物之內鉀養與炭養未嘗化合蓋先與別配化合也如在葡萄籐之內先與葡萄酸化合燒灰之時其酸毀滅始與燒時所出之炭養化合也純鉀養炭養漬以兩倍重之水盡能消化而鹻性極猛在空氣之內必收溼氣而化水鈉養炭養則放溼氣而自燥正屬相反

第二百三十一節　鉀養二炭養

此物與前物之別其炭養爲二分劑取法將濃鉀養炭養水以炭氣過之至飽足則結成晶粒因更難消化於水也藥材常用此品

第二百三十二節　鉀養淡養五即硝

此物地產者多印度國所產最多或在泥土中或生地面上用泥土淋水將水燒乾成粒溯其來源想因泥土中有鉀養與鈣養另有生質所含之淡氣化分之時淡氣合成此物歐羅巴人有釀法將各等動物皮肉毛骨之類及陳石灰與草木之灰相和成堆上蓋瓦房不令雨霖間一二日將發臭之人獸尿傾於其上如此二三年然後淋水燒乾成粒此料每一立方尺可得鉀養淡養二十兩又數處山中之大洞內其下之土有鈣養淡養極多若用草木所燒之灰與此土合滲於水或用鉀養與此土俱能成鉀養淡養五

第二百三十三節　形性

硝成晶粒形長而有六邊易消於水水愈熱消化愈多水重一百分而三十二度之熱不過消化七分加熱至六十五度則能消化二十九分再熱至二百十二度能消四百分其味微涼微鹹能令生物不腐與食鹽同擦於肉能使肉不改色所含之養氣甚多又易散出所以常用爲放養氣之料如以少許投於火即發火焰若以紙沾硝水令乾捲而燒之又能緩緩延燒獨此一物不能爆裂然堆積之處失火又有陡發爆裂者此因燒時即放養氣極多更有別物所發含炭之氣化合所致也

第二百三十四節　火藥

硝之大用可作火藥即與硫黃及炭相合也大約用硝

一分劑炭三分劑硫一分劑常用之方每百分硝居七十四分八硫居十三分三炭居十一分九其爆礫之力乃定質忽變氣質也不冷不熱之時氣質大於定質三百倍爆時發極大之熱氣又漲大五倍故比火藥大至一千五百倍矣其力之大小總在固閉之法設有極堅之鐵筒置火藥三分之二留空三分之一密閉之其漲力每方寸有十五萬磅添滿而不留空每方寸有七十五萬磅若火藥在真空之內雖能燒而勢緩並無漲力因初燒之氣點速散熱難傳至次點也用厚紙作筒試此理紙且不裂

第二百三十五節　製火藥法

火藥所用之三物必取最純者且必研之極細而和之極勻微加以水置於大木盤內每盤約盛四十磅用堅木爲輪重約數噸碾之久久取出用銅板層層相間每層約厚一寸以水壓器壓之緊密而成板形再用有齒轆轤二根平行相切將板形者入其間夾碎之再入細齒轆轤夾成細粒即將篩等器分其大小後用水氣之熱焙乾之再置空木輪內旋轉而擂光或稍加筆鉛於空輪內其粒更光或言尚未盡善

成粒之理使火藥之燒迅速也蓋火氣自粒間之空處通過故能使各粒齊燒若用細粉燒亦迅速然爆漲之力較損凡火藥之燒雖極速然究不能齊發而有自此至彼之意如在礮內火自火門而入近者先燒且鎔爲流質次入近層之粒間如此逐層前燒至粒間之空氣漲大而自生熱始即齊燒粒大者燒遲小者燒速彈受其力而起動初慢漸快也用藥合法彈至礮口時每秒能行一千六百尺自點火至出口歷時纔二百分秒之一耳棉花藥及汞爆藥比平常火藥能更速但旣更速反不合放礮之用因猝然爆漲礮彈不及起動必致礮體礫裂也欲試火藥之美惡將少許作二堆於白紙相離三四寸用鐵絲燒紅引燃此堆有聲旨然其紙雖黑而不破且無白點又無火星飛出彼堆不致延燒即爲上品否則非料之不純即工之未到

第二百三十六節　鈉之根源

鈉亦兒飛所考知乃先得鉀而後得此也用鈉養與取鉀同法今則用鈉養炭養亦與取鉀之後法略同地產各物皆有鈉與別質化合者但不及鉀之多惟食鹽之中則此爲多故常用之鈉養概用食鹽取之凡植物中多含鉀動物中多含鈉

第二百三十七節　形性

色白如銀與鉀略同但與養氣化合不若鉀之易且速投於冷水不能自燒水熱亦能自燒與別質化合之質用火燒之其光焰爲深黃色以吹燈試之易見其所成之雜質亦略同於鉀

第二百三十八節　鈉養輕養

取法將鈉養炭養與生石灰調和令石灰化分之如取鉀養輕養之法其性及形亦與鉀養輕養略同惟與油類所成肥皂比鉀養輕養所成者堅緻而合用

第二百三十九節　鈉綠即食鹽

鈉置綠氣之中燒之即成食鹽或用鈉養或用鈉養炭養加以鹽强水亦成食鹽鈉與綠氣化合之時其收束之力極大如食鹽二十四立方寸中有鈉二十五立方寸八又有流質綠氣三十立方寸共爲五十五立方寸八化合時爲愛力收束而僅有二十四寸設用重力壓之亦不能小至如此而二質自然之愛力乃能如此甚奇也體質雖緊密然透明似玻璃有數國取鹽於地內與採礦同法即名石鹽波蘭地內有一層長約五百里寬二十里深一千二百尺海水所含者每水一百兩有鹽二兩七故有將海水置諸日中曬而成者亦有盛以淺鍋煮而成者且不必使水盡乾而鹽自能在水中結成其腑下之水尚含別質如鎂鈣溴等又有數國其井水甚鹹可以汲而煮之結成之形依化散其水之遲速而異若用猛火而化氣速則成細粒用緩火而化氣遲則成大顆無論或顆或粒皆爲方面粒內無水粒之外面有水故以鹽塊投於火能發爆裂之聲而碎若將鹹水化散其水而甚慢則成截方錐形如第一百五圖其故因在水面結成方粒質重於水而欲沈下又因緣力而不得沈視圖可明此意少頃周圍又結成各粒粘其上則更重而沈下一層如第一百六圖如是屢結屢沈重累疊積如第一百七圖第一百八圖逐層遞加而成大形如第一百九圖每水一百分以含鹽三十七分爲限再多則結無論熱冷並同凡一切動物必食鹽若久不食含鹽之物必漸死

第一百五

第一百六

第一百七

第一百八

第一百九

第二百四十節　鈉養硫養即元明粉

此物之味微鹹微苦可用爲瀉藥多產於地中海水亦有之數處泉水亦有之取法常將食鹽和以硫强水即得水熱九十度消化最多更熱則消化愈少若消化於

沸水至不能再容乘沸而密封於瓶內亦不凝結若過空氣即結成長方粒粒內含水其重幾半若已成之粒再遇空氣水又自散而碎爲細粉

第二百四十一節　鈉養炭養

此物造者甚多常爲漂白及作玻璃與肥皂之料今則俱自食鹽中取之用鹽六百磅置於倒焰爐內熾火加熱隨將濃硫强水六百磅自爐蓋之孔傾於鹽上立發輕綠自煙通散出用法收之歷四小時而鹽盡變爲鈉養硫養如第一百一十圖乙爲火爐甲爲進料之門煙通有門如丁可司火之大小將所成之鈉養硫養研爲

第一百十

粉加以等重灰石粉或白石粉半重煤粉拌勻而再入前爐加熱使鎔頻頻攪之則鈉養硫養又變爲鈉養炭養每次可成二百磅其灰石粉即鈣養炭養亦變爲鈣養硫養所餘之養氣與煤粉內之炭化合成炭養散出而又變爲鈣硫待冷浸之水中鈉養炭養能消化於水取水乾之即得然不甚純常雜鈉綠鈉養硫養鈉養輕養提法以等分之木屑或煤粉相和加熱六百五十度則各質互變而硫化散

盡成爲白色再以消化於水而取水乾之結成斜立方形之顆粒顆粒之內含純鈉養炭養一分劑水十分劑此顆粒一分在冷水二分沸水等重皆能消化百度表零度之水每百分消化純鈉養炭養七分八十度之水則消化十六分六一百四度六之水則消化四十八分五提淨者每百分內有四十八至五十二爲純鈉養此乃法國之化學家名里步蘭克於七十餘年前所剏當時無有信者蓋狃於海草燒灰之舊習也西班牙國所出之草灰每百分有十八分爲純鈉養灰價每噸約五十圓法國所出之草灰每百分止有六分灰價每噸約二十圓用作肥皂或玻璃則西班牙者八十二分爲棄物法國者九十四分爲棄物而步蘭克所取者其中有純鈉養五十餘分反皆不信至五十年前有人試以作肥皂始知前費四十圓之灰造成肥皂一噸而今用十圓之鈉養炭養亦能成肥皂一噸且省工三分之二又試作玻璃亦省價省工由是造鈉養炭養者年多一年玻璃與肥皂之價更廉人盡沾其大利焉

第二百四十二節　鈉養二炭養

取法用濃鈉養炭養水以炭氣過之即得或將鈉養炭養置於釀酒之缸上使收發出之炭氣亦得

第二百四十三節　試量鹻質

鉀養炭養鈉養炭養純雜不同值有貴賤凡買賣者必有定法試其高下即將此物若干加以硫强水（濃淡有定率）至滅盡其性爲度視用强水若干即知所含鹻質若干

第一百一十一

如第一百一十一圖以玻璃筒外刻百分量硫强水若干分所用硫强水之濃淡以筒內一分能滅一釐重之鹻質爲率然後將欲試之物若干消化於水內用若干分硫强水和入適能滅盡其性即知每百分內有若干分鹻質其性之滅否用藍試紙驗之

第二百四十四節　鈉養淡養（即蘇特硝）

南亞美里加之秘魯智利二國地產此物甚多或結於地面或結於地中其性與鉀養淡養略同但不可作火藥因易收溼氣而變壞祇可用之取淡養又農家用之壅田能使植物暢茂

第二百四十五節　鋰

此金不常見形性與鈉略同大半自石中取出前人以爲僅產於石中近知煙葉之灰內亦微有之地產者恆與養氣或綠氣化合取法將鋰綠以電氣化分之凡原質內之定質者此爲最輕以水較重若一〇〇與〇五九鋰養在鉑片加熱能使鉑質能與燐養及炭養化合鋰養炭養可以治病

第二百四十六節　鏭

化學家名本生於十年前用光色分原之法攷驗某處泉水之定質而得鏭每水一噸僅含此二三釐又有數種石內亦含之鏭養有鹻性甚大

第二百四十七節　鉫

化學家名各出弗亦用光色分原之法考驗某處泉水之定質而得又有數種石並數種植物之灰含此少許性略同於鉀而與養氣之愛力更大於鉀在空氣中能自燒投諸水中亦自燒鉫養之鹻性亦極大所成之各雜質皆與鉀之雜質相似

第二百四十八節　淡輕

淡輕養之性與鉀養及鈉養略同化學家以淡輕爲雙原質因其與養氣化合成淡輕養猶之鉀等與養氣化合成鉀養等也

淡輕不能自別物分出若試分之即散出其輕氣一分劑而成淡輕氣然可合於水銀內而得之將水銀一百分鈉一分（鉀亦可）共置於小玻璃筒酒燈加熱而化合待冷傾入小磁盃內再傾淡輕綠於其上則各物化分而

綠氣與鈉成食鹽水銀即漸漲大八倍至十倍光色不改而形似稠漿若冷至○度則成四方粒不冷不熱能自化分仍爲淡輕氣與輕氣也其水銀之能漲大必與別質化合然與非金類化合必無光色可見所化合者必係金類所以淡輕或爲金類也

第二百四十九節　淡輕綠

此物自然獨成者產於火山旹或用乾駝糞蒸而取之今以煏煤氣時所出之流質或煅動物炭時所出之流質皆可收取將其流質和以鹽强水而煎之稍乾置鉛器內待冷結成顆粒尚屬不淨盛於鐵甑內加熱則淡輕綠化散成白色濃霧凝結之後即成半明半暗有紋之白色定質味甚辣金類遇之即鏽浸於水內即消惟嗅其氣與淡輕有別取淡輕之各質大半用此

第二百五十節　淡輕

此物空氣內有之草木之汁內有之卑溼之泥土中亦有之又有與別質化合自火山之口噴出者

第二百五十一節　取法

取此物不能將原質徑自化合而得然將淡氣與輕氣共置瓶內用玻璃電氣過之使發星點久久亦能合成少許若輕氣與淡氣繞道化合爲萬物常有之事如動

化學四　淡輕

植物內含此二氣者漸漸腐爛而化合物在溼氣之處與溼氣內之養氣化合時其輕氣速與空氣內之淡氣化合此二事皆成淡輕尋常取法將石灰與淡輕綠置玻璃甑內稍加以熱則鈣與綠氣成鈣綠而放淡輕散出爲無色氣質用此二物雖不加熱亦能漸漸化合而

第一百十二

散出淡輕氣又法將淡輕水置於玻璃甑內蒸之以水銀收氣筒收之或如第一百一十二圖倒置玻璃瓶使氣透上至底逐出瓶內之空氣將紅試紙在瓶口驗之能變藍色知氣已滿將塞蘸以油而塞之

第二百五十二節　形性

淡輕爲氣質冷至下四十度或壓之極緊密則成流質氣味猛烈置生物其中立死惟與多空氣和合則成香氣昔人蒸鹿角而得之故英國古名淡輕水爲鹿角汁其性不能養火而自稍能燒若以噴過空心燈之上則見淺綠色之焰其氣有鹼類之性變復顏色俱同鹼類雖最猛之强水此物亦能滅其性但植物之色雖爲所變因其易於化散故見空氣少頃即自復原色因謂之飛鹼類不若別種鹼類所變者之不能自復也淡輕若

遇自能化散之酸氣則成白霧或淡輕甚少鼻不能覺則以此白霧驗之如第一百一十三圖將能發淡輕之質盛於杯內將玻璃箸沾以鹽强水置於杯上所見之白霧即淡輕綠也

第一百十三

第一百十四

水收淡輕甚多且速五十度熱之水能收此氣大於水體六百七十倍此氣一瓶置冰一塊於其內覆於水銀之上冰即鎔成水而收其氣瓶內成空而水銀上升又如第一百一十四圖將此氣一瓶用輭木作塞中鑽一孔孔內插短玻璃管倒置於水內則水噴射瓶中

第二百五十三節　淡輕水　即淡輕養

水收淡輕氣至飽足爲化學中常用之品質如清水無色而透明氣味及性與氣質並同至濃者著於肌膚能起小泡以爲引病外出之用此水遇空氣則化散稍加以熱化散更速

第二百五十四節　淡輕養與炭養化合

此質有數種而二淡輕養三炭養常用爲治病之藥又可代酵作饅頭因氣化散而麵能爲漲鬆也取法用淡輕綠一分灰石粉二分和勻置鐵甑或瓦甑內加熱有

氣散出用鐵管通至鉛箱結成白色半明定質而有紋理倘屬不淨再置鐵器內覆以半圓鉛蓋加熱至一百三十度則淨者上升結於蓋內三倍重之冷水盡能消化極易化散多遇空氣即變爲淡輕二輕養三炭養若加以水化散更速所留之定質亦爲淡輕二輕養三炭養而水所含者則爲淡輕養炭養此質未能自水中分出其定質也

第二百五十五節　淡輕硫

此爲化分物質常用之料取法將極濃淡輕水使輕硫氣過之即成宜藏冷處不使受熱且宜密封瓶口新者無色若遇空氣即變黃色再久而有硫黃沈下仍爲無色而質則變

第二百五十六節　鹻屬總性

化學中所有之本質鹻屬之力爲最猛且俱能消化於水中若遇生物質能使漸漸化分鹻屬與配化合之質大半遇水而消與炭氣化合之質雖加以熱炭氣終不能出加以別配炭氣始出而發泡似沸若與各種定質油或雜散油相合即成肥皂亦能消化於水中

第二百五十七節　鹻土屬之金

鹻土金有四曰鋇曰鎴曰鈣曰鎂謂之鹻土者因與養

氣化合之質其狀如土而性如鹻凡鹻屬之金與養氣有大愛力與別物難分離而此金亦然

第二百五十八節　鋇

鋇爲白色之金類可打爲箔煅至紅色即鎔亦爲兒飛所攷得名鋇呂阿末其義爲重因與別物化合體常甚重也取鹻土金之通法用鹻土金與綠氣化合之質與鉀或鈉相和而加熱因鉀鈉二金與綠氣之愛力甚大故即與綠氣化合而放出鹻土之原質矣鋇養與硫養$_{三}$化合者常有之其形爲片粒而色白恆產於銅礦鉛礦相近之處或以磨爲細粉和入鉛粉中作僞凡鋇之各雜質大半用地產之鋇養炭養$_{二}$取出而鋇綠爲化分物質所常用取法用鋇養炭養$_{二}$入淡鹽強水消化煮稍乾冷而結成片粒也無論何水疑含硫養$_{三}$可將鋇綠水加入即與化合結成白色定質沈於底鋇養炭養$_{二}$入鈉養淡養水消化煮稍乾結成斜方粒即鋇養淡養$_{五}$用作火藥宜於開山礫石鋇養炭養$_{二}$入綠養$_{五}$水內煮稍乾結成片粒再與炭相合焚燒得豔紅色之光凡鋇之雜質水中能消化者皆甚毒

第二百五十九節　鍶

鍶爲白色金類與鋇略同鍶養炭養$_{二}$恆產於鉛礦相近之處又數處泉水亦含之鍶養硫養$_{三}$西西里硫黃礦內產之甚多爲藍色顆粒鍶之各雜質置於火中則燒而有大紅色之光故可作焰火之紅火用鍶養炭養$_{二}$四十釐鉀養綠養$_{五}$十釐先研和另用硫黃十三釐銻硫$_{三}$四釐亦研和二者輕輕拌勻宜防爆裂又鍶綠少許消化於醋中燒之亦見紅火

第二百六十節　鈣

鈣爲淡黃色之金類其狀若金類相合者可打箔如紙加熱至紅色即鎔再熱則有極明之白光取法將鈣碘與鈉同鎔則碘與鈉合而得鈣不冷不熱易與養氣化合成鈣養爲地殼最多之質

第二百六十一節　鈣養即石灰

取鈣養用純灰石即鈣養炭養$_{二}$置於瓦罐內煅紅歷數小時俟其炭養化散則所賸者爲鈣養燒石灰之常法用雜灰石置於陶內與碎煤層層相間燒之下有門以出石灰再添以碎煤與灰石

第二百六十二節　形性

前法所得者爲生石灰大熱不能鎔澆水其上則與水化合而漲大是爲熟石灰用生灰一百分水五十分相和則生熱極大能焚草木熟灰爲乾而輕之細粉內含

鈣養一分劑水一分劑生灰若見空氣則收其溼氣與炭氣而漸碎爲細粉冷水七百分已能消化鈣養一分沸水須一千四百分方能消化一分鈣養水之味甚惡而有鹼類之性能復紅試紙爲藍色又能變草藍爲綠色鈣養水遇空氣則收其炭氣而面上結皮一層即鈣養炭養取去之而又結至水中之鈣養盡而後止生石灰能毀動物之皮毛甲角數種植物亦能爲所毀故製皮之人將皮浸於濃石灰水其毛自落農家常用石灰培地然燒灰之石內多含鎂養則不合用凡糞至發臭之時不可加入石灰因石灰能使糞內之淡輕化散而

化學四　三三

力減也

第二百六十三節　石灰膏

石灰之大用專作各等灰膏純石灰用水調和甚爲稠膩乾則結成定質漸裂而碎所以獨用純者其粘力太小必以細沙相和則能堅結其股分無一定恆用者爲石灰一分沙四分沙雖以多爲佳而過多則又無粘力矣和膏最宜之沙爲火石屑然鋒芒鈍者亦不甚佳灰沙之能堅結其理尚未深悉大約膏內之水漸自化散而石灰結成細粒粘於沙間與沙凝結灰性又收空氣中之炭氣而成鈣養炭養數年之後沙內之矽養與鈣

養化合而成極堅固之質常見舊牆壁之灰沙幾同石類也但築砌之時須將磚或石浸於水中或澆水其上必使溼透則不收灰膏內之水而得慢乾更能堅固然尤賴沙灰調和之均勻

第二百六十四節　水中堅結之石灰

尋常之石灰膏浸於水中則自散而碎故不可用於水中有數種灰石每百分內含泥（即鋁養矽養）約二十分燒此爲灰能在水中凝結堅固其凝結之遲速依石內所含之質而異每百分內有此泥十分至十五分須歷數十日而堅結十五分至二十五分則數日而堅結二十五

化學四　三四

分至三十五分數時已堅結俟將凝之際而置諸水中則更堅有用此種石灰與碎石合成大石以爲水中之用其堅固與整石同

第二百六十五節　鈣養炭養

此爲萬物中極多之質質有數形如灰石（可爲印圖之用）白石粉（可爲藥材之用）純是此質珊瑚類螺蛤類及動物之骨大半爲此質凡石內鈣養炭養居其半亦爲灰石（可爲燒灰之用）其餘或爲泥或爲鎂或爲鐵或爲地油（俗名火油即石腦油）堅緻之灰石能磨光者謂之紋石（即大理石之類）其結成之顆粒形狀甚多常

第二百十五

見者爲斜方形如第一百一十五圖然有六百五十種之變每淸水十磅止能消化鈣養炭養二釐水內多含炭氣尙能多消化但炭氣散去則此成粒而沈下地中所產之大塊灰石想亦如此而成泰西數國有大洞洞內有滴乳石之形其結成之根源因洞上之水有炭氣與鈣養炭養相合自上緩緩流下炭氣散去而結成鈣養炭養其尖向下水滴下後尙有炭氣散去而又結成其尖向

第一百十六

上如第一百一十六圖久久上下相接成石柱

第二百六十六節　石料

建造房屋常用灰石而有高下不同所有雲石者其顆粒甚大間有鐵硫之顆粒相雜皆不甚堅固灰石之顆粒雖甚小然質中有空隙者或雜別類沙石者皆不合顯露於外之用雨淋日曬歷久而剝蝕此因空隙之處收存水氣遇冷則結冰而漲裂也欲用顯露之料必須相試將灰石一二立方寸六面皆磨平浸於鈉養硫養水中取出待乾其鈉養硫養結於外而成粒石即片片而碎以碎之少者爲佳若欲經營大建選料宜精預往

採石之所視其梁自太古外露至今日豪無剝蝕之病如火結之石即廣省之花綱蘇省之天池金山之類最古而最堅然外露之面有凹凸不平者即不合選因水能漱之也又如灰石或櫻色或鐵鏽色者質內必含鐵而與養氣有大愛力漸能自漲而碎

第二百六十七節　鈣養硫養即石膏

石膏之質常含水二分劑產處甚多或透明層片如玻璃或成粒如土質西國常以壅田若加熱在三百度之下散去所含之水則成乾粉再添以水爲漿少頃又成堅質此因鈣硫一分劑與水二分劑化合而還原形也人見此變化之能即掤法以盡其用以漿印物待乾成模再用漿印之即肖前物之形但加熱若過三百度則和水以後不能堅固又法將石膏乾粉一百分白礬一二分或鉀養硫養或硼砂皆可用水和之凝結之後較原石膏堅固數倍可磨光作僞雲石和水之時並加顏料以美觀若加魚膠堅結更甚

第二百六十八節　鈣養硫養

燒煏煤氣所過之石灰變成此物若遇空氣則漸漸變爲鈣養硫養有將此物壅田者無甚大益此物能脫動物之毛使永不再生西國藥肆所賣脫髮藥大半有此

物在內

第二百六十九節　鈣綠

收取此物用鈣養炭養$_2$漸投於鹽强水內至不能消化而止然後焙乾其水成粉用大火鎔之成白色之粒與水有大愛力遇水必速收之化學內任何氣質欲使乾燥或醋氣或以脫氣欲去其水皆可使過鈣綠之中又可爲發凍藥以鈣綠五分與雪或冰四分調和則下至四十度

第二百七十節　鎂

鎂色如銀可打爲箔無獨自生成者常化合於別質之中亦爲地殼內極多之物鎂養與石灰相合者爲鎂灰石與矽養化合者成石數種如石脂（西名肥皂石）之類凡地產之石滑如蜜蠟者皆含此質故名肥皂石因滑膩也海水內有鎂與綠氣或與碘或與溴化合者

第二百七十一節　鎂養

將鎂養炭養加熱至紅變成甚輕之白粉即爲鎂養多用作瀉藥性甚和平

第二百七十二節　鎂養硫養$_3$（即外國元明粉）

煮海水成鹽之後所賸之水加以硫强水即得此物又法將含鎂之石消化於硫强水中亦得此物西班牙國有生於地面者其味苦而可憎其形成小平面之粒常用爲瀉藥

第二百七十三節　鎂養炭養$_2$

藥肆常賣之鎂養炭養用鎂養硫養$_3$與鈉養炭養$_2$各消化於水中以二水并於一器則成鎂養炭養沈下不能消化於純水惟用炭氣水可以消化成藥品地中亦有獨成者

第二百七十四節　鹻土屬總性

雜質爲本之最有力者鹻屬之外惟鹻土屬但力不若鹻屬之大亦能與油質化合成肥皂而不能消化於水中與炭氣化合之質亦不能消化於水中若加大熱則其炭氣散出此乃與鹻屬相反之性

第二百七十五節　土屬之金

土金有十即鋁鋊鋯鉒鈦鉺鋱錯鋃鏑各質之中惟鋁爲常有之物餘皆罕見亦不甚合用

第二百七十六節　鋁之根源

日耳曼國化學家名胡訛賴於四十三年前攷得此質取法將鋁綠加大熱化氣使之過鈉則鈉收其綠氣成鈉綠而鋁留其中近時取得此物價値兩倍於銀其色其堅並同於銀而重僅與玻璃等不易生鏽雖遇溼氣

或熱至紅色養氣皆不能與化合其鎔界小於銀之鎔界可打爲箔且可抽絲極長擊之發聲甚大硫强水或硝强水雖極濃者不以火助幾不能消化惟鹽强水能消化之極濃之醋亦能消化若銅九分鋁一分合鎔形如金而堅如鐵

第二百七十七節　鋁養

至堅之紅色寶石或藍色寶石其質幾全爲此物者有數種其堅光寶貴次於金剛石磨銅鐵使亮之砂（即寶砂）亦爲此物地殼之質與別質化合者除矽養之外鋁養爲最多若將白礬水多加以淡輕水即結成半明半暗白色之質沈下係鋁養與水三分劑化合者取出洗淨用火煆紅爲白粉乃純鋁養也諸酸水皆難消化尋常之火不能鎔惟輕養吹燈始能鎔

第二百七十八節　白礬

白礬之質爲鋁養三硫養與鉀養硫養并水二十四分劑化合而成加熱則漲而水化散即成極鬆之白粉其體大於原體數倍是爲枯礬地內有產者西國則用法製造將生泥澆以硫强水使化分而收其鋁養則得鋁養三硫養或將含鋁養與鐵硫之泥或嫩石使露於空氣中或稍加熱則鐵硫化分而硫與空氣內之養氣化合成硫養而硫養又與泥內之鋁養化合成鋁養三硫養再將此泥浸於水中洗而澄之取其水盛於大桶之內準其數添以鉀養硫養待數日漸成白礬之粒結於桶之內面將桶板卸開如第一百一十七圖取出打碎收藏別器其味澀而微甜微酸其晶粒爲方橄欖形如前第六十五圖

第一百十七

第二百七十九節　同物異原

由造白礬可明同物異原之理其造製用鉀養硫養爲常法然可用鈉養硫養代之亦可用淡輕養硫養代之所成之物形性皆同其鋁養可用鐵養代之或用鉻養或錳養代之所成之物形性亦同但形性雖同而色則各異如用鉀養硫養或淡輕養硫養者成後爲白色用鉻養者成後爲深紫色用鐵養者成後爲淺紫色或紅色其各質所成之各種附方如下可合而試之

鉀養礬　鋁養三硫養丄鉀養硫養丄二十四輕養

鈉養礬　鋁養三硫養丄鈉養硫養丄二十四輕養

淡輕養礬　鋁養三硫養丄淡輕養硫養丄二十四輕養

鐵養礬　鐵養三硫養丄鉀養硫養丄二十四輕養
鉻養礬　鉻養三硫養丄鉀養硫養丄二十四輕養

白礬並礬類之雜質多用爲染布印布製皮之料鋁養與數種生物質有大愛力而與染料爲尤大故可代動物之炭以收去各種染料水之色惟反用之將素布浸於白礬水內則其細點粘於布紋再以染色而色不退即鋁養之細點爲之粘合能使染料不相離也亦即收得染料之色也若染布而不用此法者其色易於洗去矣錫養鉻養鐵養皆具此性將白礬添入染料之水中再添鹼類之質則鋁養與染料結成沈下可作繪圖之

顏料

第二百八十節　鋁養矽養

此爲地殼之質最多最要

第二百八十一節　生泥

各種生泥之質鋁養矽養爲多另有石質所碎者即鉀養矽養鈣養鎂養鐵養等視生泥內所含何質即爲何種可適何者之用若無鐵養及鈣養炭養作火磚並鎔金類之罐最佳但此種不多見若多含鐵養者可用爲油顏料間有一種生泥與油之粘力甚大所以綢布有油跡用水調爲漿敷於污處能將油污收去凡呼氣於

生泥之上而嗅之其氣味甚奇若將生泥與熟泥相和使柔韌則能收聚溼氣炭氣及淡輕氣與生物質以助植物之生長然植物不吸鋁養之質也有數種石質大半爲鋁養矽養又有數種玉質亦然石青之質爲鋁養矽養與鈉硫化合者

第二百八十二節　瓦器

瓦器磁器之料其要質爲鋁養矽養即生泥也但鋁養矽養之純者乾燥則收縮甚多且有不勻之處不合作瓦器所以生泥之內必多加矽養然嫌其脆故必再加易鎔之質如鹼類或鈣養矽養等質則陶鎔之時鋁養

矽養收而合之冷則結爲定質堅固特甚其易鎔之料多用則明少用則暗

第二百八十三節　磁器

瓦器之精者即名磁器其料爲最細最白之生泥（西名高嶺）與矽養並鈣養相和者取矽養之法用火石煅而研爲粉極純極細以水調勻三物形輭如糕即置於車床上或石膏所作之模內成器待乾裝入窰內燒之歷四十小時取出變成堅質但通體滲漏必再加以釉其釉爲易鎔之玻璃亦作細粉與水調和將磁器浸其中水乃收入體內而釉料勻鋪於外再加不甚大之熱鎔而結

成光而矣欲作花彩先將金類與養氣化合之質繪成而後用前法待冷而花形畢露作瓦器之法與磁器略同惟料雜糅耳粗瓦器用鉛養與別物作釉此器毋以煮飲食恐遇酸物鉛即與化合而成毒藥也磚與瓦器常爲紅色者因泥內所含之鐵質陶時變爲鐵養也有數國泥內無鐵故所成之色較淡

第二百八十四節　鉻

鉻與鋁相同而罕見者昔人化分寶石而得之鉻養亦略似鋁養其雜質之味皆甚甜

第二百八十五節　鍩

鍩似異形之矽大熱不能鎔置沸水中能漸使輕養二氣化分產有二礦而皆罕見礦質爲鍩養矽養而鍩養似鋁養入鉀養水不消化

第二百八十六節　釷

釷形似鋁其礦產奴耳威國釷養入鉀養水不能消化鉀養炭養水則能消化釷養硫養入冷水能消化而沸之則結

第二百八十七節　鈦

鈦礦產瑞顚國以大皮地鈦養色白性與釷養相同其各雜質之色皆白

第二百八十八節　鉺

鉺與鈦同出一礦鉺養與鈦養性亦相同而色則黃

第二百八十九節　鋱

鋱亦出於鈦礦鋱養與鈦養性亦相同而其雜質皆玫瑰色

第二百九十節　鍇

鍇礦爲鍇養炭養而鍇養色白鍇養色黃鍇養草酸可以治病

第二百九十一節　鑭

鑭出於鍇礦而與鍇有別與養氣化合止有鍇養一質

第二百九十二節　鏑

鏑亦出於鍇礦性與鑭相同鏑養含水者茄花色不含水者櫻色

第二百九十三節　土屬總性

土屬皆不能消化於水亦不能與炭氣化合此爲本而與配化合其力甚小鋁養間有配性以上三屬各金與水相較重率皆不甚大故謂之輕金以別於重金也

上海曹鍾秀繪圖

新陽趙元益校字

化學鑑原卷五上

英國韋而司撰
英國 傅蘭雅 口譯
無錫 徐壽 筆述

第二百九十四節 賤金

賤金之類二十有二鐵錳鉻鈷鎳鋅鎘銦鉛鉈錫銅鉍鈾釩鎢鉬鍇鈤鈮銻鉮與養氣之愛力皆甚大若加以熱則更大故已與養氣化合者雖加極大之熱而養氣終不分出

第二百九十五節 鐵之根源

鐵之化成本末不能詳悉蓋自古已有之矣為金類中最多而最有用之物動物之有脊骨者其血內必含之金類與養氣化合之質而不害於動植物者止有一鐵其與鎳或鈷合成之質地球上常見成塊者與地球所有者大異乃自天墜下雖未目視亦知為空中之流星散落也有甚大者重十五噸至二十噸前二十六年南阿墨利加有人親見墜下體積二十七立方尺初着地時尚極熱而發光又美國書院收藏一塊重一千五百三十五磅又一塊重五十二磅凡自然純者各處皆罕見有時與白金礦一處或鐵礦內偶見一小塊常用之質純者甚少人所製鍊而最良者尚含炭質或含矽養及硫黃與燐然化學家不得不有純者考驗可將鐵養燒紅用輕氣吹過而取之

第二百九十六節 形性

鐵為藍灰色之金顆粒為立方形或方橄欖形斷處有紋理磨之能極光以水較重若一〇與七八金類之中結力最大凡能打薄引長者亦為最固易收吸鐵電氣而純者則又易散純者為熟鐵其性柔含炭者為鋼為生鐵其性堅嘗之皆微澀磨擦而嗅之皆微臭遇燥空氣不改變遇溼空氣則與養氣化合成二鐵養三輕養即鐵鏽也若兼遇炭養生鏽更速因鐵遇輕養與炭養即與輕養之養氣化合成鐵養再與炭養化合成鐵養炭養所餘之輕氣遂與空氣所餘之淡氣化合成淡輕氣散去鐵養炭養再遇炭養即消化成流質此流質能速收空氣之養氣又成二鐵養三輕養凡打釘入新木見有黑質自釘孔流出者乃所成之鐵養炭養遇樹酸而成也溼布遇鐵良久變成紅黃色任洗不能去亦是鐵養炭養也鐵若浸於鹻類水或鹻類炭養水或鹻土屬水皆不生鏽浸於極濃硫強水或極濃硝強水不甚熱者皆不消化若浸於淡者消化甚速濃硫強水之沸者雖能消化而緩浸於濃硝強水久久取出而入淡硝

强水，反不消化，取出擦淨而入淡硝强水，則又消化甚速，以鐵絲浸入一·三五之硝强水，立卽消化，若以金或鉑入此水內與鐵絲相切，則又不消，此理尚未知其所以然。

第二百九十七節　鐵與養氣化合之質

鐵與養氣化合之質有三，一爲鐵養，一爲鐵$_{二}$養$_{三}$，一爲鐵養$_{三}$，又有一質爲鐵$_{三}$養$_{四}$，地殼常見，亦名黑鐵養，卽吸鐵石，或以爲鐵與養氣化合之本質，或言鐵養與鐵$_{二}$養$_{三}$化合之質。

第二百九十八節　鐵養

鐵養無獨成者，常與別質化合，其爲本之力最大，與配合成之質色綠，味澀，如鐵養硫養$_{三}$，又有與水合成之質，將鐵養硫養$_{三}$與新沸之水消化後，添鹻類於水中，結成鐵養輕養之質，取出消化於水，服之能解砒毒，其質初成時色白，後收空氣中之養氣而變樓色，再後變成鐵$_{二}$養$_{三}$而爲紅色。

第二百九十九節　鐵$_{二}$養$_{三}$

此物地產者甚多，恆用以取鐵，其色深紅，故名鐵紅鞍，卽紅鐵鏽也，研之極細，可磨銅鏡及鋼鐵玻璃發寶光，取法將鐵養硫養$_{三}$煅之卽成。

第三百節　鐵養$_{三}$

鐵養$_{三}$不能獨成，常化合於別質之內，取法，用鐵$_{二}$養$_{三}$一分，鉀養淡養$_{五}$四分，共盛於瓦罐，蓋密，加熱至紅，歷一小時，則所成者爲鉀養鐵養$_{三}$，色樓，浸於水內則消化而水變茄花色。

第三百一節　鐵$_{三}$養$_{四}$

此物地產者亦多，卽尋常之吸鐵石也，其吸鐵之性得自地球，又打鐵時落下之衣，大半爲此物。

第三百二節　鐵硫$_{二}$ 卽自然銅

此爲地產極多之物，昔時不用以取鐵，其顆粒成方形，

第一百十八

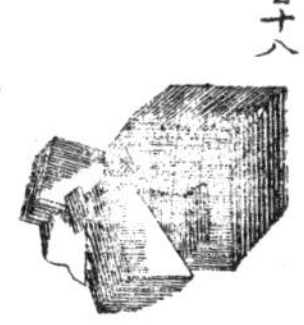

如第一百一十八圖，或爲十二面形，或爲大塊，紋理皆自中心引出光彩如金，人常誤視爲金，故名愚人金，加熱則發硫臭，一嗅卽知非金也，今有用以取硫者，又有使成硫養$_{二}$氣以取硫强水者。

第三百三節　鐵養炭養$_{二}$

取法用含鐵養質之水，加鹻類炭養$_{二}$質之水，結成白質，卽鐵養炭養$_{二}$也，洗而乾之，則炭養$_{二}$散去而收養氣，凡泉水含鐵者大半爲此質，因水內炭氣甚多，此質能消化也，此水久遇空氣，則炭氣散去而結成鐵鏽沈下，地產

者爲鐵礦質內常雜別物

第三百四節　鐵養硫養三卽青礬

取法將濃硫强水一分半水四分相和以鐵絲一分浸入加熱消化待冷而結然欲多取必用廉省之法可將白色鐵硫（色若不白必加熱化散其硫之幾分方能自收養氣）久遇空氣與水則多收養氣而成鐵養硫養卽以消化於水加熱煎熬結成晶粒粒內含水七分劑其質透明其色藍綠倍重之冷水盡能消化加熱使沸水變椶色而濁則爲不淨其性與數種澀味之植物顏料如樹皮五倍子等相遇則成黑色着物不退故用爲染料或爲墨水亦名皂礬遇

燥空氣則收其養氣而外皮變爲鐵養三硫養與鐵養硫養色椶白

第三百五節　鐵與綠氣之質

鐵與綠氣化合之質有二一爲鐵綠一爲鐵綠取法將鐵絲置於玻璃管內加大熱以燥綠氣過之則有鐵綠氣發出結於管之冷處爲艷藍色片粒如鱗與水有大愛力遇空氣卽收其溼氣而消取鐵綠水法用鐵屑浸於鹽强水內則消化成鐵綠再加合强水則成鐵綠仍在水內其理爲合强水內輕綠三分劑之輕氣全爲淡養內之養氣化合成水所餘之淡養氣與綠氣二分劑

化合成淡養綠氣散出尙餘綠氣一分劑卽與鐵綠二分劑化合也有用鐵綠水滅臭者以其易發綠氣也鐵綠消化於酒名曰鐵酒

第三百六節　鐵礦

鐵礦之類各國無不有之約共十九等而適用者祇有八等其一黑鐵礦質內幾全爲鐵養色黑而光亮在地中爲層累又數處大山全爲此礦所含之鐵爲最多用木炭鎔鍊者每百分可得純鐵七十分凡鐵以瑞顛與俄國所產者爲最良卽是黑礦取出也鐵砂亦屬此等惟多雜錯養耳其二紅鐵礦質內大半爲鐵養其色或

椶或紅種類繁多有時見圓塊打碎視之紋理成粒如第一百一十九圖此礦煅之見紅色故與前礦易別其質甚堅甚密難以獨鎔必與泥鐵礦相和同鎔每百分中有純鐵四十七分至六十九分其三鏡面鐵礦質亦爲鐵養與前者相同而形則大異面光如鏡所出之鐵爲最良因礦質甚淨且用木炭鎔鍊也其四椶色鐵礦質內半爲二鐵養三輕養其形有如內腎者有如豆粒累積者有如鱗者有如木片者皁利智國與法國之鐵大半以此礦取出每百分中有純鐵

第一百十九

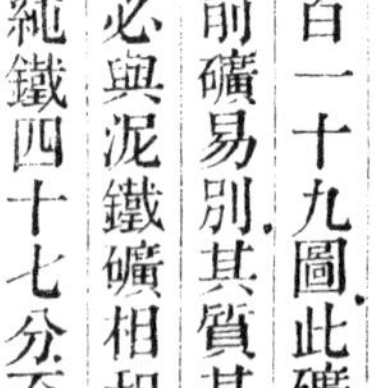

至多爲六十三分至少者止有十二分有一種爲黃顏料之石亦屬此等其五爲炭養鐵礦質爲鐵養炭養與錳養炭養所以鍊出之鐵稍次每百分中有鐵至多五十分至少十四分日耳曼國雖格司地產之甚多其六泥鐵礦質內爲鐵養炭養生泥石灰鎂養錳養等英國產之甚多此礦與火泥灰石及煤同處用之極便每百分中有鐵至多四十九分至少十七分英國之鐵大半以此鍊取其七黑層鐵礦質與前者畧同惟每百分含煤油二十分至三十分故鎔取甚易英國北鄙多產之皆間於煤層之內其八硫鐵礦質爲鐵硫昔因難分其

硫而不用近時先以取硫或硫強水餘者置於大爐內煅之久久去盡其硫可得最下之鐵凡礦所雜之泥或石甚多而鐵不及十分之二者不足鍊取

第三百七節　鐵之用

地產金類鐵爲最多且有特異之性故爲適用之物其重率以水相較若一〇與七七於重金內爲畧輕而堅固則遠勝別金焉所以房屋橋梁車船之類皆宜之其性足以任重也熱時可引長打薄故作極薄之皮極細之絲別金之所不及銅絲雖韌然徑十分寸之一者任牽力之斷界止得三百八十五磅而同徑之鐵絲斷界

得七百〇五磅鎔界除鉑之外鐵之熱度爲最多堪作火爐與鍋爐等器第其功用尚不止此所尤奇者爲能與炭相合而多少可從人所欲少者爲鋼其堅勁與鋒利倍蓰於純鐵多者爲生鐵其鎔界較少可以範鑄各形爲捶打所不能爲者

第三百八節　英國鍊泥鐵礦法

鎔鍊之先必以鐵礦燒煅去其水氣與炭氣將煤之大塊者平鋪一層作長方形之某址即以泥鐵礦與煤屑層層相間堆成錐形若煤田所產之黑層鐵礦則不必用煤相間矣堆成之後即在下層燃火數處使煤漸燒

至盡礦乃鬆而易鎔若礦內多含硫黃亦已大半燒去又法用煤屑相間如前置陶內與燒石灰畧同殊爲更精然竟有不先煅而即鎔鍊者礦已煅成遂入冶爐鎔

第一百二十

鍊爐之直剖面如第一百二十圖高五十尺至六十尺徑稱之外層磚石圍築內層再砌火磚近底作進風管或三或四用大力

風車鼓風熾火以生大熱風之漲力每平方寸須三磅至四磅凡新造之爐初發火時不可驟熱以致裂壞須緩緩至一日夜而火始極熾然後添料日夜不熄可數年之久始重修也已煆之礦與煤炭同入爐固屬易鎔然與泥相合雖鎔仍礦也故必先使泥鎔鐵自與泥相離鐵既離泥其鎔甚難幸卽與燒料內之炭質化合方能易鎔泥既離鐵其鎔更難故必先有一質與之化合亦卽易鎔乃灰石之故也凡鋁養矽養泥卽與鈣養炭養石卽灰相合而遇大熱則鈣養炭養放其炭養與鋁養矽養化合而鎔成流質冷則結爲黑玻璃所謂鐵滓也故欲礦內之泥與鐵分離必與灰石和勻也

礦與灰石相和之後用煤層層相間滿盛爐內下層既鎔卽加一層於上口爐須常滿其風氣入爐底之時養氣與燒料內之炭質化合成炭養此氣上升再遇燒料卽放養氣一分劑與此內之炭質化合而皆成炭養然後遇紅熱之礦則收其養氣再成炭養而使礦內之鐵養變成鐵然尚未與泥分離必漸下至極熱之處與燒料內之炭質漸合漸鎔而成生鐵遂流至底其時礦內之泥含鐵而與灰石內之鈣養化合亦鎔而流下因質輕於鐵而浮於鐵上較所成之鐵體積多至五六倍積聚既多隨使放出自斜面流下鐵已多積則開爐傍之塞使流於沙模或鐵模之內成半圓柱形名爲豬鐵鐵養變鐵之處在距底三分之一凡礦能化散者皆在此處散去爐內極熱之處在風管相近

冶爐之內每日夜用煤五十噸鐵礦三十噸灰石六噸空氣一百噸出鐵二次至四次每次得五噸至六噸鐵礦煆過者每百分約得鐵三十五分爲中數

煙通內所出之氣尙可重燒蓋所含者不特爲淡氣與炭氣又有輕氣與炭養氣性最易燒熱且甚大故大鐵坊內有以引入鍋爐之下運動汽機者有以引入煆礦之爐者有以引燒熱風者嘗以熱風冶爐燒生煤所出之氣體積萬分化分所含各質之數

淡氣	五五三五	炭養氣	二五九七
輕養	○六七三	炭養氣	○七七七
炭輕氣	○三七五	炭輕氣	○○四三

各質之內炭養氣最毒人偶吸之卽死淡氣出入爐內無少改變或以爲在火爐下節遇燒料灰內之鉀並燒料之灰稍成鉀衰卽鉀淡炭

冶爐所需空氣甚多然空氣冷者必收甚多之熱而費燒料所以先將空氣過紅熱之鐵管使變熱約至六百

度而後吹入有此法自可不必用枯煤非若冷風爐之必用枯煤也且鎔鐵之數相等而用煤不過冷風爐之半惟所出之鐵大不及冷風爐者其故有三一因生煤所含硫黃更多於枯煤一因鐵所受之熱度甚大易收異質三因鍊鋼鐵之滓本屬棄物茲可復鎔而得鐵凡自礦內取出之鐵與滓內取出之鐵高下逈異宜明辨之蓋滓內多含硫黃與燐也

冶爐所出之滓係玻璃之類其質大半爲鋁養矽養與鈣養化合者餘者依各礦所含之質而有不同色常暗白而兼藍色或綠色或櫻色之紋

礦內所含異質欲收去之必以異質相配之物如含泥則用灰石如含灰石則用泥如石英(即矽養)則合用灰石與泥有巧思者用數種相配之鐵礦同鎔得其相濟之利而不必另和別物省煤多多焉鈣養不足則鐵變爲鐵養代鈣養與矽養化合隨滓流出鈣養太多則所成之滓難鎔而鐵泥兩質難分滓之再易鎔者爲六鈣養鋁養九矽養英國之冶爐兼用生煤與枯煤故必多加鈣養使煤內之硫成鈣硫所成之滓內約爲十二鈣養二鋁養九矽養

滓內常有鐵或錳或鎂代鈣故公方即爲十二鈣鐵錳鎂養二鋁養九矽養嘗以此滓化分其重每萬分而得各質之分數

矽養	三四〇七	鋁養	一四八五
鈣養	二八九二	鎂養	五八七
鐵養	二五三	錳養	一三七
鉀養	一八四	鈣硫	一九〇
燐養	少許		

滓自爐內流出以模受之使成大磚可爲建造之用或見其多含鉀養即以壅田棄其鎔時引風管之風吹入使成多泡而發漲甚大冷則鬆而易碎

第三百九節　生鐵

鐵質每百分含炭二分至五分則爲生鐵然又常含矽質因冶爐內極能使各質放其養氣而各質之養氣已去則必與鐵相合如矽養放其養氣而成矽即入鐵內故生鐵每百分或含矽二分至四分又常含硫與燐但爲數甚微此二質能減鐵之結力故鍊鐵者亦設法以減之然鎔鑄之時微含燐者反有益因含燐則易鎔已鎔又易流也鐵內之硫大半得自煤內故鎔鍊以木炭爲盡善樹木暢茂之處皆用木炭所出之鐵最佳其燐或礦內原有或得自配合之質內又或含錳一二分亦

得自礦內原有之錳養間有含鈷鉻者其數亦甚微嘗以生鐵百餘種考驗每萬分所含異質之數

	極多	極少
炭	四八一	一〇四
矽	四七七	〇〇八
硫	一〇四	〇〇〇
燐	一八七	甚微若無
錳	六〇八	甚微

生鐵之別與炭相關蓋鐵質鎔而遇炭則每百分能與六分化合成光白色之質而甚脆化學家名為鐵炭然

鎔而緩冷必有炭質幾分與鐵之質點分離自在鐵內結成極細之粒狀似筆鉛斷之而見灰色其色深淺各種不同即結成之炭粒所現也此種俗名灰生鐵即紫花鐵若炭化合在鐵內而未獨自結成則斷處見白色俗名白生鐵二種之間另有一種俗名花點生鐵灰色與白色點點相間

辨二種生鐵含炭之法以生鐵入淡硫強水或淡鹽強水鐵即消化所有未與鐵化合之炭則不消化而沈下其與鐵化合之炭則變為別質數種故消化之時所發之氣極臭

生鐵灰白二種其性大異灰色者質嫩而稍韌可施鑽磋白色者質堅而極脆難以攻治白鐵之鎔界小於灰鐵而灰鐵已鎔則比白鐵易流所以傾鑄更便也二種大異之處固在炭之化合而其小異尚有數端如白鐵較灰鐵含矽更少含硫更多含錳亦更多

三種生鐵所含各質

	灰生鐵	花點生鐵	白生鐵
鐵質	九〇二四	八九二四	八九八六
化合之炭	一〇二	一七九	二四六
分離之炭	二〇四	一一一	〇八七
矽	三〇六	二一七	一一二
硫	一一四	一四八	二五二
燐	〇九三	一一七	〇九一
錳	〇八三	一六〇	二七二
共得	一〇〇四六	九八六三	九九八六

生鐵之灰色白色花點三者界限難別常法自深灰色至光白色依次分為八等深灰色者未化合之炭最多而光白色者無有未化合之炭矣灰色與白色鎔鍊之入大半可以主之冶爐合法所出恆為灰鐵冶爐不合法或燒料不足所出恆為白鐵然同爐所出者亦有不

同則所出先後之別也

花點鐵與各種相較結力為最大所以鑄礮極佳鎔鍊深灰鐵之燒料比白鐵甚多故價必貴鎔鍊白鐵之時每百分約有五分隨滓而去燒料少也鎔鍊灰鐵之時每百分約僅二分隨滓而去燒料多也凡含錳之鐵礦常出白生鐵

深灰鐵重鎔之時則未化合之炭再為鐵消化而仍與鐵化合故速傾於極冷之鐵模而使速結則外皮為極白之色因冷之急而不及分離也各西國用此法鑄礮彈使外皮堅如鋼內質韌而仍為灰色

生鐵以水較重若一〇〇與六九二至七五三鎔界至多三千度

第三百十節　熟鐵

分出生鐵內之炭矽等質即成熟鐵蓋生鐵與鐵養同煅至極熱生鐵內之炭即與養氣化合為炭養而散出矽則與鐵養內養氣之半化合為矽養此矽養再與鐵養化合成易鎔之滓而與鐵分離

生鐵成熟鐵之法一為提淨生鐵二為鍊成熟鐵亦有不提淨而即鍊者

提法將生鐵鎔之使多遇空氣其爐之直剖面如第一

第一百二十一

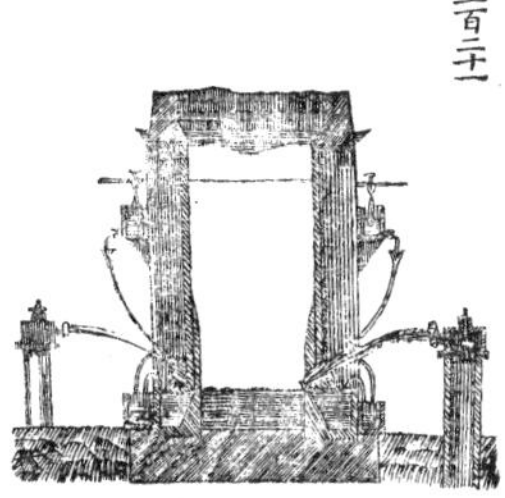

百二十一圖橫剖面如第一百二十二圖中有長方槽長三尺半濶二尺四旁各有夾層之生鐵邊夾層之空處有冷水流過內襯火泥一層二旁各有風管三向下斜二十五度至三十度而對槽底槽內盛枯煤一層若鍊精鐵則用木炭將豬鐵五六條其重一噸至一噸半鋪於煤炭之上然後燃火吹風其風力須每平方寸有三磅吹之一刻其鐵漸鎔流下遇吹入之風氣稍有變成鐵養至槽底之時風

第一百二十二

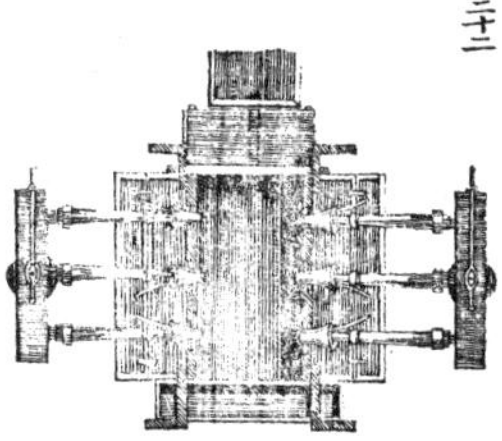

氣吹於其面而鐵內多發炭養氣成泡視之如沸至二小時之久乃開其塞使流入淺平模內(生鐵所作)如圖之上端是也模外有冷水可使速冷俟鐵初結即澆多水其面使脆所成之板約厚二寸其滓另模受之質為二鐵養矽養其矽養乃生鐵內之矽所成

鐵已提淨其質改變後表為每萬分所有各質之數

鐵	九五一四	炭	〇三〇七

矽　○六三　硫　○一六
燐　○七三　錳　極微
滓即二鐵養矽養三　○四四
共得　一○○一七

炭之所減不若矽與硫之所減硫已十去其九而爲鐵硫矽亦十去其五而爲矽養燐則所去不多亦爲燐養五皆隨滓而去也

鍊法必用搗爐因鐵愈淨必有甚大之熱度方能鎔且必便於搗攪使生鐵與鐵養勻和以去其炭而前爐所不能也爐之外形如第一百二十三圖直剖形如第一

第一百二十三

第一百二十四
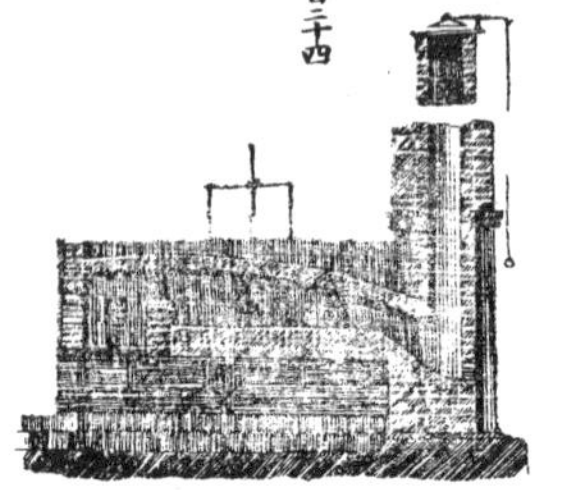

百二十四圖煙通甚高可得極大之風上有蓋可司風之大小盛碟與盛鐵之處用火磚作限使鐵不與碟相遇盛鐵之處長六尺近爐栅者濶四尺近煙通者濶二尺或用生鐵或用火磚爲底鋪以極難鎔之鐵滓一層下有空處使空氣透過而易冷其面稍斜下而向爐尾近煙通處斜下更多最低之處有孔滓由此流出此爐得熱甚大攷知有三千度周圍包以鐵皮冷空氣不自磚隙透入而熱不散

淨生鐵五百六十磅打成小塊堆於盛鐵之處再用打鐵時落下之衣即鐵養三四並打出之滓共一百二十磅加於堆上發火使鎔以鐵棍入傍孔搗攪使生鐵盡遇鐵養則鐵內之炭質與養氣化合成炭養發泡如沸自初鎔即搗攪不息至一小時而炭質大半已去鐵則漸結

如沙粒間有成塊者俟盡能如是而不發炭養氣則知炭質幾盡即可提高煙通之蓋使火更猛鐵能稍韌而有粘力乃開爐尾之孔使滓流去用鐵棍將其鐵摶成多塊每塊五六十磅皆置爐內極熱之處屢用鐵棍按捺擠出其滓然後密閉爐旁之門使爐內得極大之熱良久取出在輪擬椎下打去其滓且即連諸塊爲一長塊即置有槽雙輥輥成長條名一號鐵條性硬而脆不可作任受急力之器而可爲鐵路等用若將一號鐵條剪斷用小鐵條捆緊入二號爐煆至白熱取出諸捆急入有槽雙輥魚貫軋過則諸捆粘合而捆內各條亦粘

合連成長條欲作何形再過何輥名二號鐵條質有紋理比一號者牢固再如前法數次即名三號鐵條紋理均勻而平行更能牢固且所含之炭矽燐硫皆與養氣化合而去幾若盡矣

豬鐵不先提盡即入掉鐵爐所得三號鐵條各質比較之數

十萬分	炭	矽	硫	燐
灰色豬鐵	三三七五	二七三〇	〇三〇一	〇六四五
一號條鐵	〇二九六	〇一二〇	〇一三四	〇一三九
三號條鐵	〇一二一	〇〇八八	〇〇九四	〇一二七

每豬鐵一百磅初過掉鐵爐一次約得九十磅此十分之一即散出爲炭養之炭並隨滓而去之矽燐硫鐵四質夫掉鐵滓之要質雖爲鐵養與矽養然雜別質依所用之生鐵是何種所加鐵衣鐵滓是何種爐底所襯爲何質化分其滓而得所含各質之數

鐵養	五七六七	鐵養	一三五三
矽養	八三二	燐養	七二九
鐵硫	七〇七	鈣養	四七四
錳養	〇七八	鎂養	〇二六

鈣養想自爐底所出因有時特以鈣養爲爐底以助去

其硫也

豬鐵不先提淨而即入掉鐵爐則鎔時易流名煮掉法若提淨而入掉爐名乾掉法

掉鐵之法覺有大弊多端一爲多費人力二爲爐熱甚大工人受之生病更兼光焰甚烈傷目生瞖三因每日夜至多掉鐵十爐至十二爐每爐不過五六百磅故欲鍊盡一冶爐所出者必有五六掉鐵爐方能敷用且鐵屢出屢入爐必易壞須多備數座以爲更番修理近人設法初用搖動之爐可省人力繼有別色麻者奇想天開不費人力不藉搖動不用煤炭獨以空氣吹入鐵內

第一百二十五

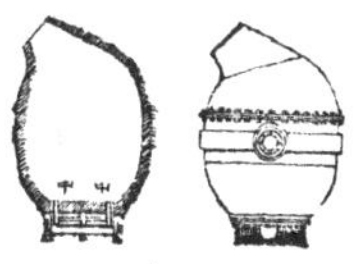

第一百二十六

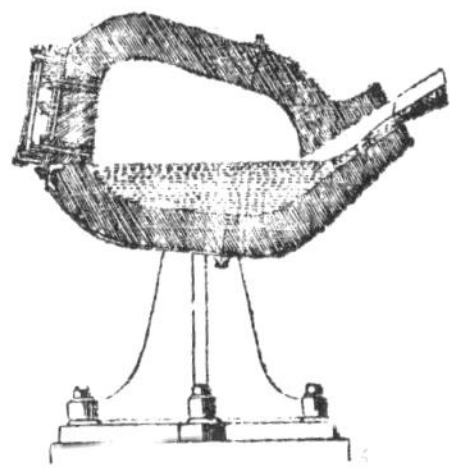

能成熟鐵堅鋼初似駭人聽聞實則盡物之性窮理之奥也爐式如第一百二十五圖外殼生鐵鑄成二半以螺釘連合旁有樞可傾倒內襯火泥空氣自底孔甲吹入每方寸必有抵力十五磅至二十磅出旁樞轉達底孔極大者可容生鐵十噸用法先將爐橫仆如第一百二十六圖以

第一百二十七

第一百二十八

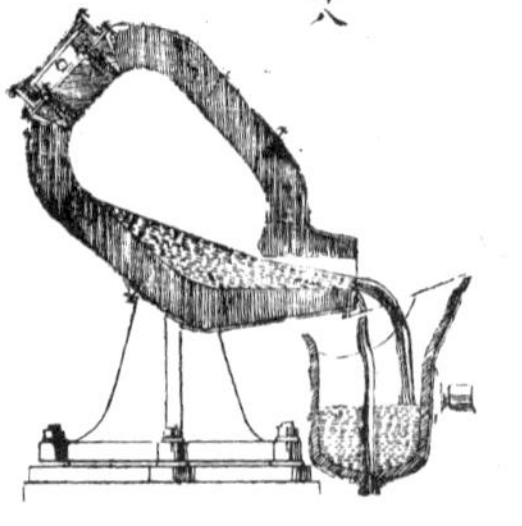

爐內鎔出之生鐵自爐口傾入隨即鼓風大將爐直立如第一百二十七圖因鐵已鎔故一遇空氣遂與養氣化合而生熱甚烈發光甚大合成鐵養即鎔而散於鐵內遇所含之炭與矽又放其養氣使炭變爲炭養升至爐口而燒使矽

第一百二十九

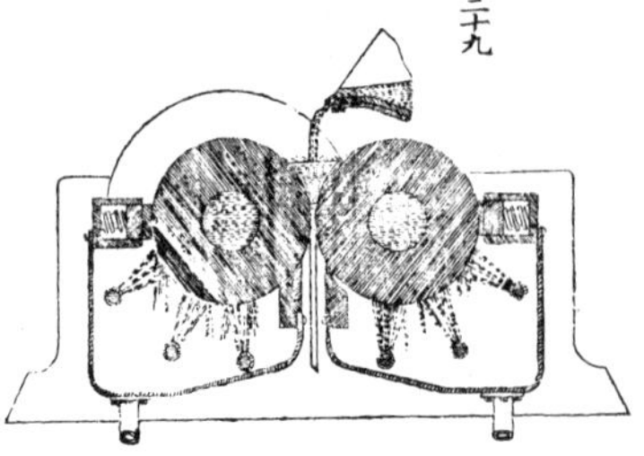

變爲矽養而入於滓內其滓爲風力所吹而成泡亦自爐口散出鼓風一刻有半爐口無焰遂成熟鐵此爐內之鐵質極易流動不如掉鐵爐之稠結如膏蓋鐵遇猛風而燒所生之熱冶爐與掉鐵爐所不能及者也成後傾出如第一百二十八圖受以範模任鑄何物每豬鐵一百分可得熱鐵八十五分又有軋器乘其鎔時輾成鐵板如第

一百二十九圖

此法雖省力省時省費然欲多去硫燐二質則不及掉鐵爐也故有吹入水氣之法以水氣遇大熱即化分爲輕養二氣易與硫燐化合而散出但欲作上等熟鐵必用上等鐵礦鎔取之生鐵（用此法鍊鋼見下節）

別色麻法鍊成之熟鐵其各質之數如左

生鐵十萬分	入爐之先	出爐之後
炭	三三〇九	〇二一八
矽	〇五九五	無
硫	〇四八五	〇四〇二
燐	一〇一二	一一〇二

熟鐵之極精者每千分必含炭一分至五分微含矽硫燐等質鐵若眞純其堅固反不及微含炭者惟含硫與燐必有二病一名熱脆因含硫也硫有千分之三十三分則不能粘合一名冷脆因含燐也燐有千分之五分熱時甚韌冷則易斷

鐵質堅固之理尚未確知姑置勿論若論精粗不特以所含炭矽硫燐錳之多少尚依此各質之點在鐵內排列之狀及與鐵相切之疎密

熟鐵之條極精者緩緩折斷見有直順之紋理蓋質點

之排列平行也故能牢固特甚若粗鐵則見錯亂之顆粒顆粒愈大鐵愈不固或言鐵內含燐顆粒必大故冷脆也鐵若常受振動雖初造之時爲直紋久亦變爲顆粒如汽車鐵橋可見此據

熟鐵雖鎔之極難然易於粘合將鐵煆之極紅撒沙或泥於其面使所成之鐵養變成鐵滓搥打而擠出之即自粘合若鐵久燒而熱過大則不能粘合且顆粒變爲甚大

第三百十一節 鋼

鋼之異於鐵者焠水之後變爲甚堅甚脆然熟鐵亦微

含炭常依炭之多少而此性隨之若千分之鐵而炭不及五分此性即不能見故電氣法所得之純鐵焠水毫無堅意也最精之鋼每千分含炭十五分若含十七分幾爲生鐵矣所以熟鐵條千分加以炭十五分即成鋼生鐵而去其炭每千分留炭十五分亦即成鋼故作鋼有二法英國則以熟鐵加炭將鐵條與木炭共置箱內加以大熱數日箱以火磚或石爲之長十尺至十二尺濶三尺深三尺以二箱同置一爐如第一百三十圖爐形如覆碗用磚砌成熱度均勻不減不增其木炭打爲粗屑以二分方孔之篩篩之將此炭屑平鋪一層於箱

第一百三十

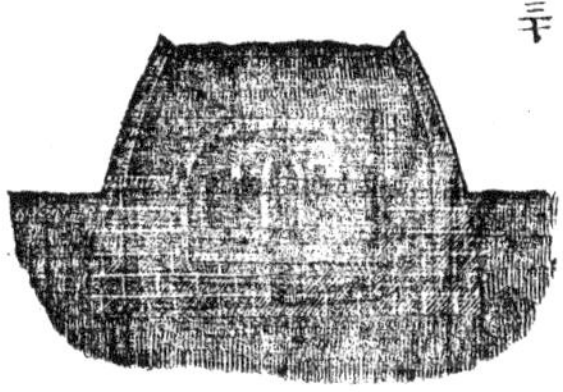

底次將上等鐵條橫排一層每條相離少許亦間炭屑如此層層相間每箱盛鐵條五噸至六噸面鋪溼泥或沙厚約六寸箱端有孔用一稍長之鐵條出於外以便抽出察視起火須緩急則箱裂熱至二千度略如銅之鎔界恆不少減歷時之多少依鋼之優劣定之平常不甚堅之鋼六日至八日可成若欲最堅之鋼則加多二三日已成之後緩緩減火再過十日方冷冷定而開箱

取出內質與外形盡皆改變面生大泡乃鐵內有氣質散出之時所成也然難知其爲何氣及自何而成或言鐵含之硫變成炭硫氣或言炭養氣入於鐵內而成炭養氣若將此條斷之見極細之顆粒與熟鐵之紋大異化而分之知鐵千分收炭十五分最奇者不特遇炭之處改變而內質亦皆改變也依化學之理或因炭與箱內之養氣化合成炭養而鐵收其炭養之半炭而變鋼所餘之氣變爲炭養氣此炭養氣再收炭一分劑而又變爲炭養而再放出與鐵故內外均變也或曾試熟鐵一立方寸煆紅之時能收炭養氣四立方寸一五由是

知炭入鐵之故其炭養至冷仍存鐵內而不去惟加熱至成鋼之熱度則變矣

泡面鋼之質點與紋理尚不停勻有炭多之處有炭少之處有緊密之處有鬆疏之處欲除此病須剪爲短條用鐵絲捆縛煅至粘合置於輪撥椎下打之每分時打以三百數其椎重二百磅至二百五十磅每捆皆打成條與打鐵條同已紅熱而未打之時必先用沙撒於其面與銲同理打過之鋼其質甚密甚勻可以打薄引長宜作剪磋等器俗名剪鋼或再摺疊成捆煅打一次名二號剪鋼更佳

鋼質極勻必用鎔法將泡面鋼三十磅打碎盛於火泥罐內大火鎔之面上蓋以玻璃使不與養氣化合已鎔之後將諸罐同傾於一模可成大塊此名鑄鋼比剪鋼之質更勻更密更堅然紅熱之時甚脆以此作器須慎有人將炭粉與錳養和勻乘鋼鎔時每百分加以一分能使鋼之顆粒甚細若於模內先置熟鐵一條而將已鎔之鋼傾入則粘合爲一熟鐵之韌可補鋼之脆鋒鏑之器毋以鐵爲刃

加錳養於鑄鋼可減價甚多因此法可用英國鐵所作之泡面鋼作鑄鋼如不加錳養者必用瑞顛與俄國之

鐵所作之泡面鋼方可作鑄鋼也

鋼已成器煅紅焠水或油或汞俱可堅如金鋼石而體稍漲大未焠者以水較重爲一〇〇與七九三已焠者爲一〇〇與七六六未焠而輭已焠而堅其理略同於灰生鐵與白生鐵之別因堅鋼內之炭化合在質內而輭鋼內之炭在質內未化合也將輭鋼消化於强水炭則不能消化而沈下乃實據也堅鋼加熱至紅而使緩冷仍變輭鋼若加熱不多俟其變色而自冷則所加之熱度與其堅有比故欲何等堅即加何等熱最堅之鋼脆性幾如玻璃無適於用必重加熱度若干則改變脆

性而有凹凸力其堅適能合用堅鋼加熱至四百三十度而得淡黃色者因生鐵養一層也再熱則漸厚至四百七十度而爲深黃色至四百九十度則更厚而爲紫色再熱至五百二十度爲深紫色至五百五十度爲藍色再熱則爲暗黑色已成厚皮矣四百三十度之熱而色見淡黃鋒刃甚利五百五十度之熱又太輭而不利惟凹凸力則甚大各器相宜之熱度如左

器名	熱度	色
醫刀剃刀	四百三十至四百五十	淺黃
便用小刀	四百七十	深黃

剪銅鐵大剪並琢生鐵之鑿　四百九十　櫻黃
便用稍大刀並木匠器具　五百一十　櫻紫
食刀　五百二十　紫
表發條與軍刀　五百三十　深紫
鎖鑰　五百五十　藍
刺刀與細鋸並針　五百六十　深藍
鋸　六百　暗藍

加熱即退火也。一切鋼器退火之後必再磨。惟表發條則不磨而色仍在。欲辨器之爲鋼爲鐵，可將硝強水滴其面，鋼則有黑點，因炭自質內分出也。鐵不含炭，故不變也。

鋼質小器如鑰匙與洋鎗之機頭，常受扭折之力，應使外皮有鋼之堅，而內質無鋼之脆，須用熟鐵造成，再於外面包以含炭之質，如骨灰粉或鉀衰鐵，加熱煅紅，則炭質入於外皮而成鋼。或置木炭粉內煅紅，亦得外堅。若反其法，即能使生鐵之器有結力。用鐵養或錳養同盛火泥箱內封密，加熱煅紅至六日之久，後使緩冷，則養氣與生鐵內之炭矽等化合爲炭養或矽養，而生鐵變成韌性。

鋼之堅性依含炭之理，或以爲淡氣及與淡氣相類之質。然化分鋼質所得之淡氣極微，故知非確論也。或又言所含爲鐕，此說更無確據。若將鐵條在碁氣內久加大熱，亦變爲鋼。化分此氣而知其炭減少若干，因知含炭之理不易也。

用色麻之初法，鍊鋼與鍊熟鐵相同，惟度所需之炭爲千分鐵之十五分，即不吹風傾出而爲鑄鋼。後法使鐵盡變爲熟鐵，再將一種白生鐵俗名鏡鐵另鎔傾入爐內，少傾待勻傾出，所成之鋼比初法更妙。蓋鏡鐵爲多含錳養之鐵養炭養礦，以木炭鎔取，故多含炭與錳也。此鐵常成大光片粒。

化分普魯士鏡鐵所得各質之數。

鐵	八二八六
錳	一七一
矽	一〇〇
炭	四三二
共得	九八八九

質點勻密之鐵名爲密鐵，實乃少含炭之鋼也。作法將最好瑞顛鐵條與含炭之質同鎔，質性甚韌，最可打薄。因已鎔過，故比掉鐵更勻也。

八里鋼作法，將鐵條以絕無硫黃之燒料鎔之而得極

淨之生鐵再用類乎別色麻之法去其炭數分若鎔時再加以錳則更良

掉鋼作法掉鐵之時炭未盡去即停掉每鐵千分約留炭十分或十五分

自然鋼或名日耳曼鋼作法於提淨生鐵之時未至全淨而即止若生鐵含錳則所得者更佳

格路百鑄鋼出卑利智國宜作礮及礮彈取此種之礦爲紅色或棕色或炭養鐵礦用枯煤鎔鍊次用掉法使成鋼其生鐵含錳本多至掉時雖去不盡也此鋼千分常含炭十二分用鑄大礮再加熟鐵鎔鑄之鑪筆鉛爲之每罐可盛三十磅鎔極大之礮至十六噸重者須用罐一千二百箇並用工人四百名輪流取罐傾入槽內再流入模不可間斷鑄成之後宜緩冷須用灰爐圍至二三日之久

第三百十二節　熟鐵又法

鍊成熟鐵常以生鐵重鎔此則不先取生鐵而徑用鐵礦鎔鍊乃古法也且古人并不知生鐵爲何物也若有礦之甚淨而含鐵甚多者如黑鐵礦與紅鐵礦及燒料價廉者亦可爲之稽古之士嘗在鍊鐵舊處取得遺滓即以化分法攷驗知其不知用配合之料

法國日司班牙國之間有山名必利尼司仍用古法取鐵其爐之內面兩邊襯厚鐵板底襯耐火之石先盛已熾之炭以大鐵鏟側置其上分隔爲前後二處近風管之處滿盛以炭而在彼處盛小塊鐵礦即取出鐵鏟而吹風初緩漸急見漸低下再添以炭與鐵礦其礦內鐵養之半遇炭即化合爲炭養而鐵即分離而鎔所餘之鐵養又與礦內之矽養化合爲鐵滓亦鎔而上浮五小時之後將鐵棍粘取成團取出打之與掉爐法同惟所得之鐵含炭多於掉鐵法者其吹風之法如第一百三十一圖上有水箱盛水箱底有大木管水自管內流下管旁有多小孔水下之時空氣自孔而入被水帶下管之下端亦連一箱氣水同落箱內氣則爲水所壓而吹出水則在箱之下旁流出

第一百三十一

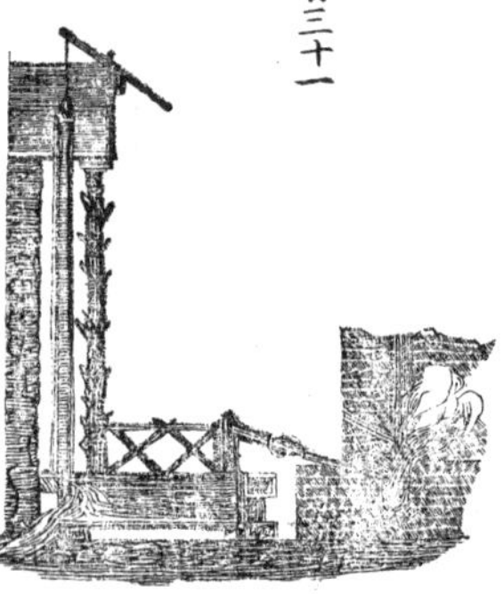

小試取鐵法如第一百三十二圖甲爲火泥罐高約三寸內盛溼炭粉築實而作一窩將紅鐵礦百釐白石粉二十五釐白泥二十五釐研細和勻入炭粉窩內再用

第一百三十二

炭粉蓋之，罐口亦蓋密，即入火爐，四圍加枯煤小塊，吹風熾火約半小時，取出待冷，連罐打碎，即得生鐵一小塊。

取純鐵法，用最好熟鐵五分，加最純鐵$_{二}$養$_{三}$一分，置罐內，以無鉛之玻璃粉蓋之，再以火泥封固罐口，入爐加大熱約一小時，即得極純之鐵，其色如銀。

上海曹鍾秀繪圖

新陽趙元益校字

化學鑑原卷五下

英國韋而司撰

英國 傅蘭雅 口譯

無錫 徐壽 筆述

第三百一十三節　錳之根源

錳爲灰白色之金，無甚大用，形與性皆如生鐵，甚脆而堅，不能鑽磋，祇可磨礪，用小粒作尖鋒，可劃玻璃，微能藏吸鐵電氣，不甚熱之空氣不能侵，易爲酸水消化。取法將錳養炭養與木炭屑相和，置火泥罐內，加大熱鎔之，即得錳，尙含炭少許，與生鐵之含炭同，可再與錳養炭養同鎔，則炭去而純，或言與別金類鎔和，自有大用。

地產錳礦雖不少，而未見有自然獨成者，與養氣二分劑化合者甚多，凡草木灰內及湖水內皆微含此物，溪河之底有火結之石，其外皮有黑點，即此質自水中結其上也。

第三百一十四節　錳與養氣化合之質

錳與養氣化合而能獨成者三，錳養　錳$_{二}$養$_{三}$　錳$_{三}$養$_{四}$　錳養$_{二}$

不能獨成而有配性者二，錳養$_{三}$　錳$_{二}$養$_{七}$

錳養$_{二}$礦，美國、日耳曼國、司班牙國產之甚多，成塊色黑，研爲粉，可作玻璃及漂白粉，取養氣等用，又取錳之各質多用此物，錳養$_{二}$無爲本之力，故不能與配質化合，若加入濃硫强水掉勻則養氣之半化散而成錳養即有爲本之之力能與硫養化合成錳養硫養惟錳養礦兼含鐵養若再焙乾煅紅則鐵養三硫養化分而硫養盡能散出但存鐵養矣錳養硫養則因錳養爲本之力大雖紅熱而硫養不能化分置於水中則錳養硫養消化而鐵養不消化濾取其水煮稍乾冷而結成淺紅色顆粒即純錳養硫養也粒內含水五分劑可爲刷印樱色黑色花布之用消化於水而加鈣綠水結成黑質仍錳養也若不加鈣綠水而加鉀養水或鈉養水結成白質乃錳養也遇空氣則漸收養氣變爲錳養若不加鉀養水而加鈉養炭養水亦結白質乃錳養炭養也直取錳養法將錳養炭養置管內加熱以輕氣過之不使遇空氣則得淺綠色粉亦錳養也若加熱而遇空氣則成錳養又有取得錳養或成淺綠色顆粒間有地產者成方橄欖形顆粒又有地產含水錳養顆粒恆見於錳養礦內錳養爲本之力不大消化於酸水成深紅色加熱則養氣小半散出而變錳養之雜質錳養硫養與鉀養硫養化合名錳礬性同白礬用錳少許加入已鎔之玻璃即得葡萄色蓋成錳養矽養也或言淺葡萄色之寶石因含此質也凡錳與養氣化合之質在空氣內加熱俱變錳養或謂係二錳養與錳養化合似黑鐵礦也其色或紅或櫻成後不易改變又有一種礦內亦含此質錳養與鉀養化合之質有奇性取法用錳養粉四分鉀養綠養五三分半相和再用鉀養輕養五分與少水消化傾入前物之內掉和曬乾置瓦罐內煅紅歷一小時待冷變成深綠色之質即鉀養錳養也試以消化於水內初時爲淺綠色須臾變深綠色又變爲藍色再變葡萄色後又變大紅色錳與各配合成之色皆如玫瑰花最爲悅目與別質化合之質大半有裨於化學如錳養能化分輕綠而得綠氣又爲取養氣最廉之料又爲玻璃之顏料

第三百一十五節　鉻之根源

鉻無自然獨成者惟與養氣化合之質有數處産之取法用鈉與鉻綠同鎔即得方橄欖形顆粒色灰白甚脆而堅至濃之强水不能消化若用鉀所得者爲粉强水易消化之常見含鉻之礦俗名鉻鐵即鐵養與鉻養化合者瑞顚國俄國美國皆産之

鉻與各質化合色皆悅目故可作繪圖之顏料或染布之顏料或玻璃磁器之顏料有數種寶石之色即鉻養也用鉻鐵礦研碎與鉀養淡養相和鎔之則鉻養與養氣化合成鉻養而鉻養再與鉀養化合成鉀養鉻養將

鉀養鉻養加以硫强水又得一新質即鉀養二鉻養成紅色之粒鉻之諸雜質大半藉此爲之

第三百一十六節　鉛養鉻養

將鉀養二鉻養水加鉛養醋酸水則結黃色定質沈下即鉛養鉻養取出洗之待乾爲繪圖之黃顏料再與白石粉或白泥和勻即得各等黃色加以普魯士藍即得各等綠色

第三百一十七節　鉻養

取法用鉀養二鉻養消化於冷水至飽足將此水四體積與極濃硫强水五體積相和則自發熱待冷而鉻養沈下成晶粒色大紅形如針將水傾出以粒置於乾磚上用玻璃罩覆之而令漸燥是爲鉻養若遇生物即速化分而壞若遇醕或以脫則放其養氣而使焚燒試將醕或以脫盛於玻璃杯內投以鉻養少許立見焚燒又將少許盛於乳鉢加入樟腦四分之一輕輕研之再以醕相離數尺滴下則速燒如火藥而乳鉢內所賸者爲鉻養色鮮綠形如嫩苔

第三百一十八節　鈷之根源

鈷爲紅灰色之金地產無獨成者惟空中墜下之鐵中有之鈷礦恆含鉀與硫或含鎳銅鐵錳鉍取法將鈷養草酸置磁鍋內蓋密加大熱即得鈷性與鐵略同取鈷養法將鈷礦煆紅去其硫與鉀之大半次用鹽强水消化之漸加鈣養使所含之鐵養結成而留下鉀亦結成鐵養鉀養沈下再以輕硫氣過之則所含之鉍與銅次第結成而水內止含鈷與鎳矣加熱沸之化散其輕硫氣加鈣養以減輕綠之性再加漂白粉則結黑色之質沈下即鈷養也而水內止含鎳矣鈷養恆用爲玻璃之顏料藍色甚美如以少許硼砂玻璃粘取鈷養淡養入吹火燈鎔之可見艷藍色

第三百一十九節　鈷綠

鈷綠作水名爲冷隱墨取法將鈷養入鹽强水內消化然後加熱化散其水而成紅色之粒即鈷綠也再消化於清水將此寫字淡而無跡遇熱乃見藍鈷綠之內恆含水遇熱而水化散字跡自顯爲深藍色冷則漸收空氣內之溼氣而字跡仍隱

第三百二十節　鎳之根源

鎳爲光亮之金色白如銀可抽爲絲比鐵易鎔地產者恆與鉀硫鈷相合然亦不多見取法將取鈷留下之水再加鈣養則鎳結成沈下凡空中墜下之鐵內幾皆有之間有鐵質百分鎳居十分者與各配化合之質色多

淺綠消化於水色亦無異鎳之大用配合爲白銅用銅五十一分鋅三十分六鎳十八分四合鎔之形色略同於銀故以作僞者有之

第三百二十一節 鈷鎳同性

此二金恆同見於一處其分劑數略同性亦相若凡易藏吸鐵電氣者惟鐵與此二金也

第三百二十二節 鋅之根源 即倭鉛

鋅無自然獨成者與別質化合之礦產處甚多常見者即鋅養炭養礦鋅養礦色紅又有鋅硫礦恆與產鉛之礦同見鋅遇大熱自能化散故取法可燒煏而得將礦研細與枯煤屑或炭屑同盛於火泥罐內蓋密如第一百三十三圖第一百三十四圖罐底有孔孔內入鐵管透上至三分之二管之下端出於爐底之外加熱之時初見管口有藍色光焰即炭養也次見綠光知鋅已化氣而燒即在管之下端用不洩空氣之器受之即能凝結爲定質矣此爲淨物凡尋常者皆雜異質如鐵鉛銻等

第一百三十三

第一百三十四

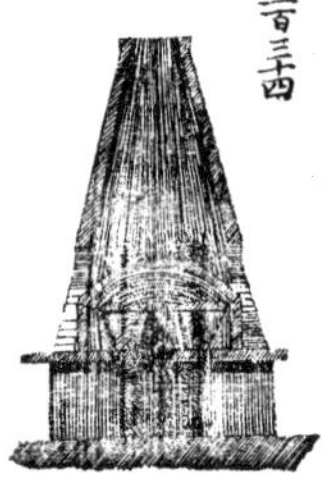

第三百二十三節 形性

鋅爲藍白色之金性稍堅碎而視之其紋顆粒攢簇不冷不熱則脆加熱自二百至三百度可抽爲絲可打爲箔且可摺疊搥打與鐵相同由此而冷韌性仍存若熱至四百度則又脆置於乳鉢可研爲粉熱至七百七十度而鎔再熱至紅色而化氣其氣若遇空氣則焚燒光色蒼翠變成鋅養落下爲白粉狀如棉花鋅遇溼氣則生鏽亦是鋅養結於外皮適能保護內質再不受侵所以金類在露天必用鍍鋅之法

第三百二十四節 鍍鋅法

鐵皮鍍鋅將鐵先浸於淡硫強水以去鐵面之衣 即鐵養 次用鍋鎔鋅面蓋淡輕四綠隨將鐵皮浸入用淡輕四綠之意使鋅不與養氣化合也設有一點鋅養著鐵面鋅即不能粘合粘合之後能藏陰電氣而鐵不生鏽

第三百二十五節 鋅養 又名鋅白

鋅與養氣化合止此一質純者爲白粉與油相合可作白漆但不能及鉛粉之光亮而勝於鉛粉有二事一遇輕硫氣不變一不害工人近有人用鋅養與膠調和刷於牆上或木上再用鋅綠亦如之其鋅綠即與鋅養立刻化合而面即光滑如玻璃鋅養與各配合成之質俱

白色入若服之即大吐然用鋅養硫養少許又能治病又可用爲印布之色取法將鋅硫礦加小熱煅之則鋅硫皆與養氣化合而成鋅養硫養入水中消化濾取其水煎稍乾結成顆粒粒內含水七分劑或用鋅入硫强水消化煎稍乾亦結鋅養硫養顆粒也

第三百二十六節　鋅綠

鋅入鹽强水消化即成鋅綠水能收輕硫氣與淡輕氣及朽腐各臭氣又能使動植物質不朽腐若將鋅綠水煎乾則得鋅綠流質冷則結爲定質易收溼氣而消化

第三百二十七節　鎘之根源

鎘爲白色之金形如錫性如鋅熱至二百四十二度而鎔一千二百八十度而化氣常合於鋅礦內而不多鎘礦取鋅初見樓色之光即鎘也故用先出之鋅可取之將初出含鎘之鋅入淡硫强水消化以輕硫氣過之則結光黃色之質爲鎘硫可作顏料入濃鹽强水消化再加淡輕炭養則結鎘養炭養再與炭粉同置甑內加熱鎘乃化散收而得之鎘三分鉍十五分鉛八分錫四分鎔和熱至一百四十度即鎔鎘碘可爲照像之用

第三百二十八節　錮之根源

錮礦產日耳曼國近時用光色分原之法攷得其原質色白而可打薄入鹽强水能消化熱至紅色即燒見茄花色之光而成錮養色黃

第三百二十九節　鉛之根源

鉛之獨自生成者甚少與別物化合而爲礦者甚多如鉛硫礦英國產之極多視之如純鉛其顆粒爲正立方形故易剖爲方粒鉛硫礦之脈內常見銅硫礦與鐵礦脈旁常有石英鋇養硫養鈣弗礦又鉛硫礦內常含銀硫間含鉍硫與銻硫英國自司班牙國有鉛養炭養礦新金山多產鉛養硫養礦運至英國取鉛常用之鉛大半自鉛硫礦取出取法先將礦搗碎衝洗去其異質即

第一百三十五

與鈣養和勻置於倒焰爐內作凹形如第一百三十五圖加熱而任空氣透入則礦之小半漸與養氣化合成鉛養硫養與鉛養歷二小時加以前次所成之滓再加大熱屢次掉攪使滓與鉛養盡遇未變之鉛屢開爐門使多遇空氣而皆化合盡成鉛養硫養熱再加大其硫養又變硫養氣散去而鉛盡分出停於爐之凹處其滓浮於鉛面滓質大半爲鈣養矽

養並鉛養矽養若初時多用鈣養必多成鉛養入滓內若鎔後再加鈣養與煤屑滓反多放鉛養再加大熱將滓取出開爐旁之孔使鉛流出以器受之如含銀稍多則取鉛者注意在銀見後提銀去鉛法純鉛所含之銀以千分之三分六爲最多前四十一年英國人名白天生以含銀極少之鉛每噸止有三兩者不用大費亦能分出其法排列十鐵鍋如第一百三十六圖將鉛入第五鍋內鎔之使緩冷頻頻掉攪有先成粒者用鐵笊籬取出恐已冷故另用小鍋鎔鉛以焠熱之傾入第六鍋內取至留十分之五則將所留者傾入第四鍋內再於第五鍋

第百三十六

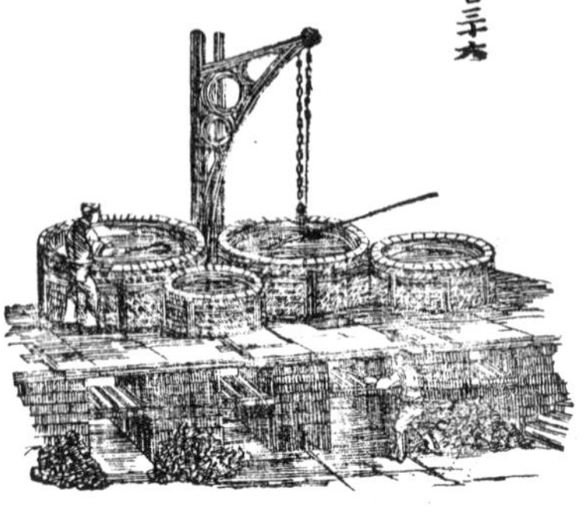

內加鉛鎔之如前而第四鍋內者亦用鐵笊籬取出傾入第六鍋內取至半將所留者傾入第三鍋而第六鍋內者亦用鐵笊籬取出傾入第七鍋內取至半將所留者傾入第四鍋內餘鍋如法遞爲之首鍋者每噸可得銀三百兩末鍋者每噸止有半兩矣鉛內之銅亦能隨銀而出

第三百三十節　形性

鉛爲藍灰色之金可作薄片可抽長絲質甚輭而結力甚小熱至六百二十度而鎔將冷而結成定質之時縮小甚多故不能模鑄爲器熱至紅色稍能化氣新割之面光而且亮遇空氣片時生鏽一層即是鉛養能保全質不再鏽空氣乾燥亦不能鏽或封於清水瓶內而不遇空氣亦能光亮若遇空氣而又兼清水生鏽甚速○鉛所成之雜質能消化於水者爲大毒之藥其毒食之不多微而不覺漸漸積多生病多端西國常用爲引水管或盛水桶之內襯水內如有消化鉛質之物久食成病再久即死各水消鉛之性各自不同極純之水而含氣質者或污水含淡養$_{五}$之雜質或綠氣之雜質或生物質如糞堆洗下者如園圃流出者此等水過於鉛管必消鉛質而成毒性惟水含硫養$_{三}$之質或炭養之質或燐養$_{五}$之質過於鉛管雖微能消鉛不致受害若水含鈣養二炭養而過於鉛管食之不毒蓋地內所出之水常含此物故遇鉛不成毒性因此三物與鉛化合在鉛面結皮爲鉛養炭養或鉛養硫養或鉛養燐養$_{五}$此皮既成其質再不能消鉛矣屋瓦流下之雨水所含之質不甚消

鉛總之無論何水久與鉛遇必有鉛之微迹所以通水管用錫鐵木而水箱用石與木爲最好不得已而用鉛須俟水流過數日而食之

第三百三十一節　鉛與養氣合成之質

其質有四鉛二養　鉛養　鉛三養四　鉛養二

鉛二養卽鉛面所生之鏽

鉛養爲黃色之粉取法將大鍋盛鉛燒鎔之令風氣吹過初時變灰色之粉卽鉛養與未變之鉛風過久久盡變爲光黃色卽密陀僧如小試之將鉛少許置於炭上以吹火筒吹鎔之炭面所成黃色卽鉛養也此物用處甚多如作玻璃及磁器之面又與油內之配質合成水所不能消化之肥皂此肥皂可作膏藥又與數種油同熬成漆甚佳

鉛三養四爲最佳之紅色粉卽鉛丹取法將鉛養煅至將鎔久使風氣吹之卽成此物用作玻璃之顔料及紅火漆與紅紙等

鉛養二有地產者爲長立方形色黑煉取者爲深紫色之粉將硝强水一體積水五體積相和次將二鉛養鉛養二若干加入而煮之洗淨曬乾卽得其性易放養氣與別質以硫黃相和磨之能自燒故亦可作自來火

第三百三十二節　鉛養炭養　卽鉛粉

鉛粉有地產者但不能常得故須造製西國有數處造者甚多最淨者爲細而滑之白粉入水不能消化若以淡硝强水或醋酸卽能消化作法有二其一將鉛養入醋酸消化後令炭氣過之沈下之質卽是其二用小瓦器無數每器盛淡醋至半將鉛皮一張卷作螺形浸入如第一百三十七圖其器以鉛皮蓋之層層累積高十五尺至二十尺用馬糞或硝皮用過之樹皮周圍堆護數月之後揭開取出盡變白粉洗而研之此名荷蘭法

第一百三十七

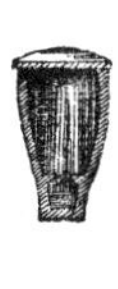

所得爲更淨其變化之理因糞朽爛生熱令器內之醋酸成氣質卽在鉛面成鉛養醋酸皮此皮遇糞所生之炭養卽放其醋酸而與炭養化合成鉛養炭養而所放之醋酸再與鉛化合而再遇炭養再放如前至鉛盡變而後已樹皮亦同此理此淨物也作僞者以鋇養硫養相和欲試之投於淡養或醋酸之內能消化者爲淨所餘者爲僞

第三百三十三節　鉛之雜論

淡硝强水鹽强水不甚侵鉛惟濃者始能侵蝕欲試水內有鉛可用硫强水傾入必有白色之質沈下或用輕

硫水傾入必有黑色之質沈下即鉛硫也水內之鉛雖甚少數時之後亦必見用鉀養二鉻養水或用鉀碘水傾入所沈下者為黃色之質若將鉛所成之雜質消化於水而以鋅置其內則生電氣而電氣使水與鉛質化分結於鋅面如第一百三十八圖是也○人若誤食能

第一百三十八

消化之鉛質必致毒死可將鎂養硫養三（即元明粉）服之其硫養三即與鉛化合成鉛養硫養三在腹不能消化故不害人但忽然誤食者此法可治若逐日所食積於腹內則不治

第三百三十四節　鉛和別金

鉛和別金各適其用如打獵之鉛子微和以鉮則易成圓粒而堅固作一空塔高百餘尺鎔鉛於頂置大水箱於下將已鎔之鉛傾入一器器底多小眼滴滴墜下自於空中成粒而墜落入水中不致相擊而不圓作大粒者其塔必高一百五十尺然亦有不圓者揀法將鉛子置於斜面圓者滾而直下不圓者或停止或滾而旁出矣作印書之鉛字用鉛三分銻一分和鎔則將結之時忽然漲大故能充滿範模稜角鋒起鉛錫半可作烙銲之用

第三百三十五節　鉈之根源

前九年西人名克路克司以鐵硫礦燒取硫強水將引氣管內所結之質用光色分原法試分而得之其光帶現綠色線比銀之線更亮後有人在泉水內亦得此物然此硫強水引氣管內所出者甚少取法將管內之質浸入沸水加以濃鹽強水極多則得鉈綠結成沈下取出而入硫強水消化煮稍乾待冷結成顆粒取出再消化之而入鋅塊其內鋅面結成鉈絨將此絨置煤氣內加熱鎔成整塊形與鉛相同遇空氣而生鏽更易於鉛畫於白紙亦有黑線但少頃而成鉈養變為黃色鉈已生鏽而嘗之辣味甚烈或以列入鹻類因鉈養易在水內消化也故以鏽者浸於水中則反新然鋅塊置鉈雜質之水內鉈能結於鋅面且浸於水中不生鏽必非鹻類也鉈綠遇水難消化而鉈硫遇水不能消化此性與銀相似鉈入淡硫強水亦發輕氣又與鋅同鉈養與各配化合之雜質性皆毒與鉛同

第三百三十六節　錫之根源

錫礦常為錫養常雜含鉮之銅鐵硫礦間雜鐵養與錳養礦其脈藏於石英花剛石端石之內又在熟泥內偶見圓塊錫礦或有顆粒此內之錫最純西國產處不多

惟英國西南並馬來國所產最多日耳曼國南北亞墨利加有數處雖產而較少常用者有二種一為塊錫或板錫質粗一為紋錫質純取法先分別礦之純雜揀為數等雜者有泥與石英等相間必置大臼內搗之使泥與石英碎為粉礦則堅韌而不碎也置於長流水內衝去泥石之粉純者不必如此雖石內有錫礦百分之一亦可如法取出次將純礦半噸入倒焰爐煅之如第一百三十九圖使其硫

第一百三十九

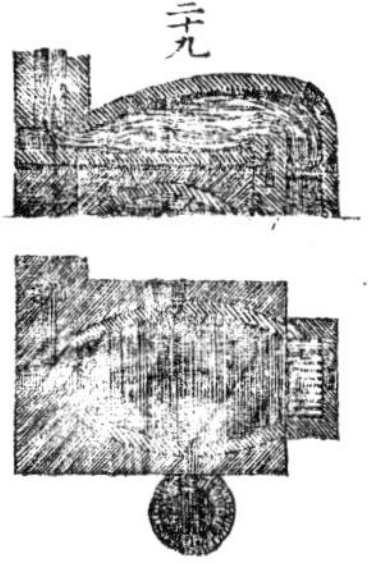

及鉮皆與養氣化合為硫養與鉮養散去其鐵與養氣化合為鐵養其銅硫之半與養氣化合為銅養硫養煅畢取出置露天澆水其上數日使未變之銅硫盡變銅養硫養隨水洗去再在長流水洗去其鐵養此時每礦百分可得錫六十分至七十分將此礦每八分加煤末一分再加鉛養或鈣弗使與泥成滓灑水溼之攪和再入倒焰爐每次約一噸加熱初小後大不使其錫養與矽養化合成滓致難分出密閉爐門煅六七小時則錫養之養氣與炭質化合散去而錫即分出可將鏟取去其滓開爐旁之塞以器受之再去其滓前後二滓皆可再與錫礦同煅而取錫滓內若有純錫之粒可搗碎揀出傾入模內成塊尚非純錫常含鐵鉮硫銅鎢少許提法將錫塊置倒焰爐成空心堆加熱至錫之鎔界則錫鎔而流出留者變為錫養而銅等亦皆與養氣化合留於爐底鉮則變為鉮養散去錫已鎔而受於器其質甚輕異質雜自浮出必俟器內積至五噸乃以溼木攪攪使多發汽泡而帶異質同浮始為純質可傾於模內然在器內之時純者在上可以打碎不純者在下不能打碎也錫礦若多含鎢將其礦與鈉養炭養和勻入倒焰爐鎔之則鎢養成鈉養鎢養入水能消化煮稍乾使結成鈉養鎢養顆粒印花布用之

小試取錫法用純錫礦一百釐鈉養炭養二百釐乾硼砂二十釐和勻入襯炭屑之泥罐內與試取生鐵同法

第三百三十七節　形性

錫性易鎔可打為箔色白如銀而較軟若屈曲之簌簌有聲乃質內之粒磨軋而生與養氣無甚愛力所以在空氣或溼氣內熱度不大不能光亮加熱至四百四十二度而鎔如再加熱亦不化散但與養氣化合甚速而能燒有白亮之光焰淡硫強水幾不能消化鹽強水雖能消化而緩硝強水則消化甚速成為白粉即錫養也若將錫粉燒去所含之水可作磁器之白釉又可磨擦

玻璃使晶瑩

第三百三十八節　錫與別物合成之質

質有數種其適用者爲錫養及錫養錫養含水者即錫養輕養常爲配質又有錫綠及錫綠錫綠爲甚奇之稠流質常自發濃霧作法將已鎔之錫遇乾綠氣即成又能與硫黄化合成錫硫用錫十二分水銀六分淡輕綠六分硫黄七分共置於玻璃瓶加熱至將紅所成之質色如黄金而性亦如金各强水皆不消化惟合强水能消化之凡印書及花紙用作僞金

第三百三十九節　鍍錫法

鍍錫之法最廣俗名馬口鐵者即薄鐵皮兩面鍍錫也工分數級先將鐵皮浸於淡硫强水次煅紅入雙軸間軋過次浸於已變酸之麩皮水內（以硫强水加入麩皮歷二小時即酸再和以水）取出再浸於淡硫强水鹽强水相合之內再用酸麩皮與水擦淨再用水洗淨又浸於已鎔之牛羊油內一小時取出淋乾入已鎔之錫內一小時半錫面蓋牛羊油而不遇空氣鐵錫自能粘合取出挂起使餘錫流下再入已鎔之上等錫內一次取出豎浸於油鍋內使錫流於一角將此角浸鎔錫內俟將鎔而擊鐵皮則多者落下而勻矣又一種用錫鉛相合作法同前銅質鍍錫將銅器先煏熱擦淡輕綠於其面再擦松香即將麻絲醮已鎔之錫揩之則銅錫粘合矣西國所用有帽之針係黄銅所作外鍍以錫將純錫與鉀養二果酸水共置鍋內煮之則錫收養氣成一質而爲酸水所消化再以針置其內久久則針內之鋅分出錫遂結於針面成皮又錫配合別金如錫銅鉍銻等分鎔和可作茶壺湯勺諸器色略如銀若錫居四分鉛居一分則爲錫器之常法

第三百四十節　銅之根源

銅古名赤金得用於世最早未有鐵之時已先有之自然獨成者爲小粒多於自然獨成之鐵美國北疆有山大半爲純銅智利國所產之銅沙爲銅與鋅相合者地產含別質之銅礦亦不及鐵礦之多

第三百四十一節　形性

銅質堅緻而韌可引之長而細打之寬而薄而結力不及鐵之大絲徑十分寸之一可任牽力三百八十五磅鐵絲與此等徑可任七百五磅凡金類惟銅與鋅爲紅色鎔界一千九百九十度再加大熱則化散所發之霧燒而色綠引電傳熱金銀而下以銅爲最空氣乾而不太熱以及純水之內不甚生鏽溼氣內亦不甚生鏽惟

久則成綠色之皮其質大半爲銅養炭養海水及含綠氣之質之水亦易消化船外所包之銅皮初時雖不改變久亦成銅綠三銅養四輕養一層色綠其理因銅遇空氣而成銅養又與水中鈉綠之綠氣化合其質遂能消化於水也既能消化銅而必致毛糙海苔海帶之類易於粘附少減船行之速有人思免此弊以銅內和鋅及銅外加油皆不效也水激船首所成之水泡與銅皮相遇之處消化最速船行大洋較泊於熱地之海口或大江之口銅皮之消化者少因此水內常有生物質將腐爛時著其上而侵蝕也○凡侵蝕銅質以硝强水爲最猛數種植物之酸類次之硫强水與鹽强水又次之淡者幾不能侵銅

第三百四十二節　銅與養氣合成之質

其質有二一爲銅養色黑一爲銅養色紅

第三百四十三節　銅養 俗名銅綠

銅養爲銅所成雜質之根取法將銅燒紅多令風氣吹之急取淬於冷水即成黑片或將銅養淡養燒紅則成黑粉皆是也又法將銅養硫養或別種銅雜質浸入鉀養水內所得爲淡藍色質內含水化學與工藝銅養爲最要之物如與生物質和勻而加大熱養氣盡皆放出

放出之時與生物質化合而燒盡即能知生物之原質又用作玻璃磁器之綠料○銅養自然獨成者有之亦可造製將銅養五分細銅末四分置於磁鍋蓋密加熱即成又法用銅養硫養水鈉養硫養水鈉養炭養水相和加熱結成紅色之粉亦銅養也若將西國銅錢以酒燈熱之而忽冷之如第一百三圖而生紅皮亦銅養也此物和於玻璃內能成紅色或葡萄色銅養有奇性如入淡輕水內即消化不遇空氣而色白一遇空氣而爲艷藍色因變銅養也若將瓶滿盛此水浸銅於內而密塞之其色又退因有銅消化又變銅養也銅屑入淡輕水搖之亦變藍色銅與養氣化合之時淡輕水之半亦與養氣化合成淡養其時必有白霧可見將此藍水加以清水甚多則結淺藍色之質若以棉花浸入此藍水盡能消化再加酸水則又結成沈下

第三百四十四節　銅養硫養 即膽礬

膽礬爲銅雜質之要品取法將銅屑置濃硫强水加熱化合成粒藍色甚美冷水四分或沸水二分皆可消化印棉布之色常用之取銅之各雜質亦用之金類電氣使發電氣亦用之若將木質浸透膽礬水而燥之在乾處永不蠹蛀動物質久浸於此水遍體皆透而乾之永

不朽腐此水洗刷地屋之窗戶門壁亦不霉爛

第三百四十五節　銅養淡養五

造法將銅屑置於淡養五水消化則化合成藍色之花粒易侵別物自易化分欲試易化分之性以數粒溼之用錫箔密包而置於磁盆因錫與淡養五之愛力甚大少頃必生火若將紙片浸於銅養淡養五水取出而速乾之其紙亦自燒

第三百四十六節　二銅養醋酸俗名康綠

取法將純銅浸於濃醋內久久銅面生綠皮即二銅養醋酸也或用銅板以葡萄糟鋪其面則糟內所含之餘

汁漸變成醋能在板面生藍皮亦可為顏料

第三百四十七節　銅雜質之形性

銅雜質之色大半為綠或為藍能消化於水其味酸濇其性為猛毒之藥食之必致大吐久之力乏而死銅養能為油質所消化如燒煮之銅器久不洗淨而煮油物油必消化銅養食之必受其毒若銅器煮酸果或酸菜必成銅養醋酸所以廚中各器不便用銅若誤食銅毒急食生卵白蓋卵白與銅質化合成一新物而不害人又法用牛乳或糖與細鐵末調和食之亦可解毒

第三百四十八節　銅礦

銅礦種類極多形色各自不同英國最佳之礦色黃而光有似黃銅其質為銅鐵硫此礦常與鐵硫鐵鉮礦並錫養礦或鈣弗礦或石英或生泥相間而同見此種內又有一礦其色花簇不一西名紅礦質為銅鐵硫又有一礦質為銅硫色深灰稍有金光又一種色灰之礦乃銅硫鐵硫銻硫鉮硫數質相合又常微含銀鉛鋅汞不一又一種名銅養炭養礦新金山與俄國東邊多產之綠色者紋理甚美磨光作寶石其質為銅養炭養銅養輕養藍色者質為二銅養炭養銅養輕養又有二種一紅色質為銅養一黑色質為銅養

第三百四十九節　鍊銅

英國西鄙地名算西有鍊銅大坊因彼處產有硬煤便於取用也其法略分為三事其一煅礦以化散其鉮與硫而使所含之鐵硫變為鐵養其二與矽養同鎔使鐵養與矽養化合為滓而分出而銅尚與硫化合其三煅銅硫以化散其硫而得銅此三事為公法若詳言之則分七次鎔鍊各種銅礦不必盡用而可擇用也如含養氣或含炭養之礦不必用第一事如不含鐵之礦不必用第二事

第三百五十節　煅礦去鉮與硫第一次

礦塊分種揀出打碎之後再以各種配合以每百分有銅八分至十分爲度入倒焰爐如第一百四十圖第一

第一百四十

百四十一圖每爐可容三噸爐旁有孔空氣由此而進加熱不必至鎔界屢次掉撥使礦盡遇所進之空氣則空氣內之養氣與硫化合成硫養與鉮化合成鉮養皆爲氣散出其初時鐵硫之大半收養氣變爲鐵養硫養後因熱更大而又成硫養與硫養亦皆化散故大半爲鐵養矣其銅硫之小半亦如前理變爲銅養所以煅過之礦其質爲鐵養鐵硫銅養銅硫蓋鐵硫比銅硫更易與養氣化合故礦內之鐵硫多變鐵養而銅硫少變銅養也

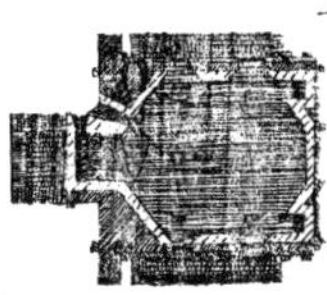

第一百四十一

煅礦之時有濃白霧自爐內散出俗名銅煙其質爲鉮養硫養硫養輕弗諸氣輕弗乃礦內之鈣弗所出也銅煙放出周圍之空氣變成惡氣能傷人畜田禾故近時鍊銅者遂使凝結爲有用之質

第三百五十一節　與矽養同鎔以去鐵養第二次

煅過之礦與第四次所出之滓和勻再以含矽養之銅礦並含銅養之礦和勻切不可加含硫之礦入倒焰爐如第一百四十二圖加熱大於前爐須鎔至五小時或加鈣弗礦使所成之滓易流

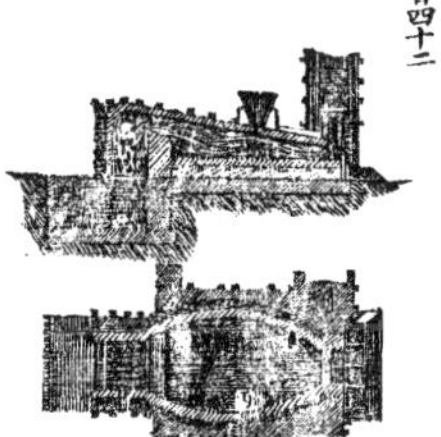

第一百四十二

鎔時之銅養與鐵硫互變爲銅硫與鐵養然所含之銅養不足使鐵硫盡變故尚留鐵硫能與銅硫相合成易鎔之質即自滓內分出流於爐底凹處如丙使放出流入水池如西而成粒便於下次再煅其質約爲銅鐵硫每百分有純銅三十三分至三十五分未經此次之前每百分僅有純銅八分五也所成之鐵養即與矽養化合成滓其質略爲鐵養矽養亦微含銅取出而入沙模成磚爲造房屋之用久則面生綠花乃含銅之據也細視其內有石英小塊

第三百五十二節　煅銅鐵硫使鐵硫盡成鐵養第三次

將前銅鐵硫入第一次之爐加熱約二十四小時使空氣內之養氣變鐵硫內之硫成爲硫養散出而鐵盡變鐵養

第三百五十三節　使鐵養變鐵養矽養而盡去第四次

將前法所得者與五六兩次所出之滓和勻再加含銅養炭養並銅養之礦入第二次之爐鎔之六小時若尙含鐵硫者至此遇銅養時必盡變爲鐵養而銅收其硫所有鐵養盡與矽養化合成滓而易鎔其質略爲三鐵養二矽養多含銅養矽養可爲第二次之用所餘者留於凹處使流入沙模成塊其色白其質幾爲純銅硫因銅硫所含硫之半已與養氣化合散出也將結之時其矽與別種異質沉於塊之下半若剖其上半可得極好之銅而下半得稍次之銅塊內常見純銅紋理如青苔

第三百五十四節　煅去銅硫之硫使成泡面銅第五次

將前銅硫塊約三噸入第二次之爐加熱四小時至將鎔空氣內之養氣卽與硫之半化合爲硫養又與鉮化合爲鉮養俱化散而出銅則變爲銅養加熱更大而使全鎔則銅養與銅硫化合變爲銅與硫養氣其氣散出使銅發沸自初加熱至沸停時共歷十二小時再加以熱使銅盡與滓分離銅內尙含硫養少許不能散出流入沙模至將冷時硫養又能散出使銅生泡故名泡面銅其滓約爲銅養矽養因銅養之半與結於銅塊之沙化合也所有鐵養矽養與鉛養矽養卽其異質與沙化合也此滓第四次用之

第三百五十五節　鎔去異質使成純銅第六次

將前泡面銅七八噸置第二次之爐鎔之使空氣內之養氣與所含微硫化合成硫養又與所含微鐵微錫化合成鐵養與錫養且並與銅化合成銅養皆與爐內之沙化合成滓浮於銅面其銅養必有幾分消化於銅內使銅甚脆俗名乾銅自初鎔至此約歷二十四小時

第三百五十六節　略去養氣使成韌性第七次

前次已鎔二十四小時乘其鎔時掠去上浮之滓隨用硬煤屑蓋其面使不與養氣化合再將嫩樹枝掉撥之取出少許視之有紋理之狀卽放出而傾入模內成塊掉撥之理因嫩樹枝發氣欲燒卽收去銅內之養氣而銅韌矣若銅含少許銅養能比純者更韌故養氣盡去反覺不韌所以掉時不必使盡去也然掉撥太少而含銅養太多則銅亦脆若欲入雙軸間軋成薄板每二百分宜加鉛一分自能不裂

每次各質之改變

一百分	銅	鐵	硫	養	矽養三	硫養三
礦	八二	一七九	一九九	一	三四三	○
第一次	八六	一七六	一二五	四五	三四三	一一
第二次	三三七	三三六	二九二	○	○	○

第三次	三三七	三三六	一三	一一
第四次	七七四	○七	二一	
第五次	九八	○五	○二	
第六次	九九四	微	微	○四
第七次	九九六	微	微	○三

每次渣滓之改變

一百分	鐵養	銅養	矽養
第二次	二八五	○五	三○
第四次	五六	○九	三三八
第五次	二八	一六九	四七五
第六次	三一	三六二	四七四

第三百五十七節　小試取銅法

銅鐵硫礦二百釐研爲細粉與乾硼砂二百釐和勻置於能容八兩之火泥罐內用蓋蓋密加紅熱約半小時則礦所含之土質爲硼砂所含而淨銅鐵硫二沈於罐底

第一百四十三

開罐傾於鐵模如第一百四十三圖結時淬於水中取出打之使與淬相離置鐵乳鉢研碎再入火泥罐內斜置火爐中加熱不至鎔用鐵條屢掉之使硫與養氣化合至不再發硫養二氣將罐取出置小試取鐵之爐內加白熱數分時使所成之鐵養硫養三銅養硫養三化散俟不再發硫養三霧之臭將罐取出用鋼刀刮入乳鉢中再研爲細粉加鈉養炭養二六百釐炭粉六十釐和勻而入原罐面上蓋乾硼砂二百釐置原火爐內加大熱二十分時取出待稍冷淬於水中使脆將罐打碎即得純銅一小塊稱之而知礦二百釐含銅若干

第三百五十八節　能損銅性之異質

此事化學家知者不多如前言銅含銅養少許則更韌或言若不含異金類而徒含銅養無益蓋銅養之用所以補救異金類所損之性

銅含硫雖微亦難打薄

銅常含鉮若不過千分之一略無所損或言稍含鉮更能打薄

銅常不含燐或言每千分加燐一分二至五分則更韌更固但熱時脆而易斷

銅微含錫或言更韌多含則脆

銅含銻損最大平常之銅間有之

銅含鎳或言性脆

銅微含鉍與銀或益或損未知確據

銅傳引電氣與所含異質大有相關如純銅能傳電氣之力爲一百則美國北鄙所產純銅得九十三新金山之銅養炭養礦所出之銅得八十九日司班牙國所出之銅多含鉀僅得十四

純銅養硫養以電氣過之可得純銅將陰線連銅板入銅養硫養水內純銅結於銅板可揭下得薄片

第三百五十九節　銅和別金

銅與別金相合而銅過半者列表如左

百分	銅	鋅	錫	鐵	鎳	鋁
黃銅	六四	三六				
船皮銅	六○至七○	四○至三○		○	○	
白銅	五一	三○五	○	○	一八五	
苟之銅	六○	三八二	○	○一八	○	
固銅	五五	四二四	○八	○一八	○	
鐘銅	七八	二二				
鏡銅	六六六		三三四			
古銅	八○	○四	一六			
砲銅	九○五		○九五			
西錢銅	九五	○一	○四			
鋁銅	九○					一○

黃銅內之銅與鋅或爲化合或爲融合未有定論謂融合者因銅鋅二物可任意加減也然水中有黃銅之質而以電氣過之能結黃銅故亦可謂化合也

鐫刻黃銅陰紋板加錫少許更佳

銅欲刨磋光滑者每百分須加鉛二分否則細屑粘滯於器而不能光

黃銅每鎔一次鋅必化散化散之多少視熱度之大小

黃銅器常受振動者其質漸變爲極脆

粘銲黃銅之藥用銅鋅等分鎔和若加錫三十分之一鎔界更小

油漆之類蔽護黃銅之面雖遇空氣而不鏽如將舍來克消化於醋再加顏料傳其面是也或鍍以汞鉀鉑諸金更佳用鉀養消化於鹽强水拭於黃銅則鉀推去其鋅而自入銅內銅面變爲鉀銅或用汞綠消化於草酸刷之則鋅與綠氣化合而汞結於銅面成皮又如精緻銅器以鉑綠水刷其面則鋅與綠氣化合而鉑結於銅面成皮

苟之銅性最堅韌熱至紅即能打薄或用以鑄礮

固銅性甚固而韌有大凹凸力常用作壓水器之壓水筩

鋅七十七分錫十九分銅六分合成最堅之白質可作汽機車行輪之軸襯

礟銅性甚堅固易鎔作法先將銅與倍重之錫鎔和遂成堅脆白色之質另將銅入倒焰爐鎔之不使與養氣化合再以前白色者搗碎加入準前表之劑以長木桿攪勻或加舊礟銅使錫銅更易勻和全鎔之時取去上浮之銅養與錫養然後傾入泥模又必隨傾隨攪否恐錫浮於上而成多錫之銅礟模必直立而礟口向上模口須加長二三尺可容所分出者浮於此且高則壓力大而結更速不易相分下節亦更緊密尤要者必俟將結時而傾鑄使錫不及上浮

配合之法甚多用銅六十六分鋅三十四分亦爲常用之黃銅若多用銅若多用鋅各適所宜用銅九十分錫十分亦爲礟銅鑄人物之像用銅九十一分錫二分鋅六分鉛一分惟古時之黃銅以銅錫相和爲之

第三百六十節　鉍之根源

鉍爲硬脆之金與別金配合固有大用而獨自一質則無用色白稍紅顆粒分明與別金易辨試用數兩置泥罐內加熱鎔之少待至面上堅結刺孔而傾出未結者可見內面有立方形之顆粒甚是光亮質較錫稍輕熱

則更易化氣其異於別金者在地中恆獨成而不與別物相合其脈皆藏於嫩端石與端石泥中日耳曼國殺

第一百四十四

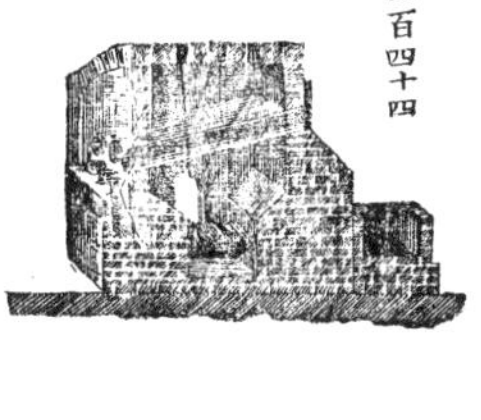

克司泥產之最多其旁常見鈷鎳礦取法賴其不必大熱能自間雜之泥中流出故可將礦搗碎盛以鐵筩而置爐中如第一百四十四圖上口有鐵門下口有多孔之火磚鉍已鎔由孔內流出以鐵器受之再用火爐使不冷所取得者尚含鈷硫銀三物提淨之先用銀內去鉛法得鉍養將鉍養與木炭和勻同煅即得純鉍入鹽强水或淡硫强水不能消化入硝强水則全消化設鉮未能盡淨則有白質沈下即鉍養鉮養也鉍與別金相合將結之時漲大甚多能使稜角鋒起勝於用銻故鑄精細之鉛字用之精圖之印板亦用之

又鉍二分鉛一分錫一分能鎔於沸水之中

第三百六十一節　鉍之雜質

鉍與養氣化合有三　鉍養$_2$　鉍養$_3$　鉍養$_5$取鉍養$_2$法將鉍綠$_3$與錫綠多加鉀養同鎔得黑質即鉍養$_2$也遇空氣而速變爲鉍養$_3$取鉍養$_3$法將鉍在空氣內加熱或將鉍養淡養$_5$加熱皆得黃色之粉即鉍養$_3$也加熱則變稷

色而易鎔取鉍養法將鉍養入最濃鉀養水內攪和以綠氣過之則成鉀綠鉀養鉍養水而有輕養鉍養結成爲櫻色之粉加熱一百七十度輕養化散而變紅色卽鉍養也

取鉍綠法將鉍入乾綠氣內燒之卽得易鎔之質亦自易化水又有地產之鉍硫與鉍硫皆無大用

取鉍養淡養法將鉍入硝強水消化傾入淡水而結成可治痢疾

取鉍綠二鉍養法亦將鉍入硝強水消化傾入食鹽水而結成與前者皆白色可爲顏料

第三百六十二節　鈾之根源

鈾爲罕見之金性與錳鐵略同而無用與養氣化合能成鈾養色淺綠又有二鈾養鈾養色深黑可爲玻璃或磁器之黃色及黑色而黃色者有花紋鈾礦之質爲二鈾養鈾養矽養銅鐵鉛鈽等

第三百六十三節　釩之根源

取釩之法昔用釩與鐵相合之礦今用鉛養釩養礦此礦產於蘇格蘭智利墨西哥又俄國之銅沙與泥內亦見釩養取法將鉛養釩養礦入硝強水消化而洗去其鉛養淡養卽得釩養而不淨提法將釩養入淡輕水消化煎稍乾結成淡輕釩養加熱化散其淡輕而得能鎔之質其色紅黃卽純釩養也水內難消化消化之後水得黃色鹽強水內易消化消化之後再以輕硫氣過之水得艷藍色因成釩綠也淡輕釩養水加五倍子酒則成墨水過含綠氣之質或酸類或鹼類皆不變色將釩養與鉀和勻加熱卽能得釩爲白粉入硫強水或鹽強水皆不變入硝強水而消化成爲釩養淡養水色藍

第三百六十四節　鎢之根源

鎢礦常與錫礦同見重於錫礦顆粒大而長方色櫻而光亮其質爲鐵養鎢養與錳養鎢養而數不一又有鈣養鎢養礦將鎢礦與鈉養炭養同鎔則鈉養與鎢養化合用水洗出結成片粒凡印染棉布宜將布先浸於此水又最細之布浸透此水而乾之火不能燒將鎢養與炭屑和勻加熱至白則得灰色之金甚重甚堅甚韌入鹽強水或淡硫強水皆不能變入硝強水仍變爲鎢養用鎢一分加入已鎔之鋼十分之內其鋼更堅

第三百六十五節　鉬之根源

鉬之形性略同於鈮而不多見昔時化學家卽以爲鈮今知非是惟瑞顚國產鉬礦其質含鉬養

第三百六十六節　鍇之根源

錯與錫相似昔人以爲罕物今知鐵礦內及泥內有之且甚多然多而不知其用鐵礦內者爲鐵養錯養每百分有四十分狀如火藥近來各處運至英國甚多取錯養法用礦一分研細與鉀養炭養三分同鎔則炭養散出而錯養與鉀養化合成鉀養錯養入沸水能消化而鉀養之半爲水收去濾出煮乾入鹽强水消化再煮乾再加淡鹽强水則錯養及矽養不能再消傾去水以其質與鉀養二硫養同鎔則硫養與錯養化合入冷水能消化而矽養不能消化可濾去加水二十倍沸之多時錯養分出結於器面成白質若加大熱則變黃色冷則仍還白色可作僞牙並磁器面之淺黃色若用錯養與炭屑和勻置管內以乾綠氣過之成錯綠爲無色易化散之流質再用鈉置管內加熱以錯綠氣過之得長方顆粒如鏡面鐵礦即錯也性之特異者能與淡氣化合試將錯在空氣內加大熱或錯養在管內加熱以淡輕氣過之皆得茄花之粉即錯淡也凡鐵礦多含錯者滓內或見立方顆粒色如銅甚堅昔以爲純錯今知爲每百分有錯七十分餘者爲淡氣與炭也

第三百六十七節　鉬之根源

鉬礦之恆見者爲鉬硫狀似筆鉛入濃硫强水煮之水變櫻藍色乃其據也此礦之大用可作淡輕鉬養以證別物內之含燐養者取法鉬硫礦煅至將紅使硫化散即成鉬養與鐵養入極濃淡輕水鉬養消化而成淡輕鉬養水取鉬之法將鉬養與炭屑和勻煅至白熱所得白色之質即鉬也最難鎔入鹽强水或淡硫强水皆不消化入硝强水煮之仍變鉬養

第三百六十八節　鈮之根源

鈮礦爲極堅之顆粒其內爲鈮養鐵養錳養諸質相合殊屬罕見鈮養爲白粉入鹽强水難消化鈮爲黑粉取法皆甚繁而用處則甚少

第三百六十九節　銻之根源

銻爲藍白色之金與鉍略同而堅脆過之可搗爲細粉其顆粒爲正立方形與鉍鉮相同外面成花紋熱至八百度而鎔若加大熱則燒發光甚亮並發白霧甚多即銻養也試將銻少許置炭凹以吹火鎔之傾一小滴於棹上一遇棹面即分爲無數小點四面飛散而滴所著之處僅有白霧亦銻養也銻研爲細粉以玻璃瓶滿盛綠氣將細粉漸漸撒入即生火落下如火雨銻遇空氣或溼氣而不甚熱不能改變入鹽强水或淡硫强水不甚消化入硝强水則消化而與養氣化合若置鹽强水

內煮沸再加硝強水則消化而速盡銻礦之多者爲銻硫產於英國西南與奥地利國與婆羅洲諸處常與鉛硫礦鐵硫礦鈣弗礦石英諸質同見取法賴其易鎔可與木炭屑和勻而不使遇空氣置倒焰爐加熱則異質上浮銻硫鎔而沉下使流入模內名生銻硫乃銻硫鉮硫鉛硫鐵硫諸質次將生銻硫與小鐵塊或即碎馬口鐵同鎔則鐵與硫化合成滓上浮而銻遂流出倘多含鐵又法將生銻硫置倒焰爐加不足鎔之熱歷十二小時則鉮與硫大半變硫養與鉮養散去銻亦半變銻養而稍散質變銻養銻硫色櫻紅將此五分與炭屑一分相和入濃鈉養炭養水掉勻如膏置火泥罐內加大熱銻硫之半與鈉養化合爲鈉硫及銻養此銻養並前成銻養內之養氣皆與炭化合而銻皆分出鈉硫與銻硫之又半化合爲滓上浮開旁孔使銻放入模內其滓尚可取銻之雜質數種小試取銻法將生銻硫一分鉀衰四分和勻入磁鍋加小熱或將生銻硫四分鉀養二果酸三分硝一分半和勻漸入燒紅之鍋內皆得銻之顆粒在鍋底

工藝內不能獨用銻而用銻與別金相和則將結之時漲大而能充滿範模如作鉛字書板是也

用鉀養果酸銻養果酸濃水一分與銻綠濃水四分和勻以金類電氣之鋅板連銅板而銀板連銻板共浸前水相離稍遠則銻附結於銅板之面甚光亮而無顆粒稍加以熱或速打二三下忽能自熱至四百度而變顆粒多發銻綠霧然此不足爲異形

第三百七十節　銻之雜質

銻與養氣化合有三而銻養及銻養爲最要取銻養法將銻或銻硫在空氣內焚燒所得白粉即銻養也可爲顏料有地產者色亦白在鉀養水或鈉養水或各種強水皆能消化而在淡水不能消化若在空氣內加熱則先變黃色後再燒而變銻養取銻養法將銻入硝強水消化則與養氣化合成白粉洗淨乾之即銻養也加熱則變淺黃色熱再大而變銻養銻養即銻養也銻養入鉀養水則消化而爲鉀養銻養水取鉀養銻養法將鉀養淡養四分入泥罐鎔之漸加銻粉一分則銻代鉀養淡養之淡氣而成鉀養銻養矣鉛養與銻養化合可作黃顏料

銻能與輕氣化合成銻輕取法用含鋅之銻加淡硫強水其上或用銻雜質之水入試鉮器內再加淡硫強水與鋅即生銻輕氣與輕氣以火引之燒而有紅光變爲

銻養$_{五}$霧將玻璃著之結成黑皮一層即銻也若將酒燈火焰其出氣之管銻必結於管內然此法恒雜化合之輕氣尚不能確知其分劑數也

銻養$_{三}$果酸鉀養果酸（即打打伊密的）爲大有功力之藥而用之太多則有毒取法用銻養$_{三}$果酸入鉀養果酸水煮之即化合而成矣將此二釐和酒一兩即名銻酒

銻雜質之水加以鹽强水再以輕硫氣過之結成橘皮色之質沈下即銻硫$_{三}$也用此或生銻硫$_{三}$與鉀養綠養$_{五}$和勻即大礮之拉藥再與汞爆藥和勻即銅帽藥也銻硫$_{三}$與鉀養淡養$_{五}$和勻燒之有藍色之光焰火用之

第三百七十一節　鉮之根源

鉮與別質化合者略同於硫如在鐵鈷鎳銅錫諸礦內是也其自然獨成者雖有甚少也取法可將鉮養$_{三}$與炭屑相和置於密封之罐內加以大熱鉮必化散而結於上其色深灰其質如鋼而甚脆可研爲粉加熱則化散而不能鎔化散之時遇空氣必與養氣化合成鉮養$_{三}$其霧之臭如蒜而甚惡若將含砒之質置炭上用吹火筒吹之可試其臭西國所用大半爲日耳曼國西里西地所產取法將含鉮之各礦置於火爐燒之引其化散之氣透入大箱箱約如房其氣結於四壁成白粉是爲鉮

養$_{三}$即砒霜也四五十日之後開其門而取之但極危險故工人以厚皮蒙全身甚密眼留兩孔嵌以玻璃口鼻用溼布數層蒙之以防鼠入腹中

第三百七十二節　鉮養$_{三}$（即砒霜又名信石）

鉮養$_{三}$色白新成者爲半明質久則變暗如白磁沸水十一分全能消化冷水必加多若用熱鹽强水或鹻類水更易消化消於水內無色無味故易毒人鉮養$_{三}$再與別質化合能成有用之物數種如鉀養鉮養$_{三}$爲藥材銅養鉮養$_{三}$爲綠色顏料世人常用麵粉或猪油和以鉮養$_{三}$少許爲毒餌然用之太多鼠又不食若置於牲畜之房牲畜之食物宜蓋密恐鼠食餌而吐於其中並致毒死也動物已死而以鉮養$_{三}$搽其身永不腐爛如奇獸怪禽魚蟲諸物欲久存者常以此法製之用鉮養$_{三}$作肥皂將白肥皂一百分鉮養$_{三}$一百分鉀養炭養$_{三}$三十六分樟腦十五分生石灰十二分先將肥皂和水少許煮而消之次下鉀養炭養$_{三}$與石灰調勻之後漸漸加入鉮養$_{三}$調之甚稠另將樟腦添醋數滴置於小臼以杵打之爲粉至肥皂冷時相和調勻然後將此肥皂與水消化用輭毛筆塗於物上

第三百七十三節　鉮養$_{五}$

取法用鉮養入硝强水內消化加熱至乾即成鉮養能與數種金類養氣質化合如鉀養鉮養之類鉀養鉮養用以印棉布之花紋有此物之處不能染別色○鉮與輕氣化合成最毒之氣即鉮輕也鉮與硫黄化合成數質如鉮硫爲金黄色之顏料鉮硫爲正黄色之顏料二物皆是地產若用鉮硫二分硫黄七分硝二十八分和勻皆夜燒之成極亮之白光鉮與多種金類俱可化合其所成之物大半脆而易鎔所以鐵內有鉮則爲大病

第三百七十四節　醫治砒毒

鉮之雜質甚多或食於腹中或沾於傷處或吸其氣皆

能致死治毒之法先用吐藥吐之次服鐵養水解之若無鐵養用鎂養亦可并此無之可用蛋白或乳或白糖或肥皂俱效但所用各法必須急速遲則不及肥皂水幾能解一切毒藥

第三百七十五節　試驗砒毒

砒霜毒人常常有之故化學家攷察中毒者食餘之物與飲餘之水或吐出之物或大小便果有砒質在內俱可試而驗之所有之砒質雖祗忽微尚可使目見設人死已久或已腐爛亦能攷其確證顧砒毒致死之人能久不腐爛若已葬數月疑是毒死者取出屍中之腸胃

每多不爛法國有人已死十餘年開棺驗得確證而定下毒者之罪然此必須專精化學之理否則恐致錯誤此法有益於民人有裨於國政故詳述之○馬爾士試驗之法其理乃鉮養及含鉮質之物其鉮俱能與輕氣化合成氣質若燃此氣而以白磁盆覆其上則鉮結於盆面而易見以鋅末與淡硫强水共置玻璃瓶內瓶塞之中以細玻璃管通氣管之外口須極小如第一百四十五圖所發之輕氣先以磁盆覆其上燃而試之毫無鉮質然後將欲驗之物置於瓶中學者可用鉮養二三釐試

第一百四十五

之少頃再燒其氣再將白磁盆覆之即得黑色或樓色之無數細點結聚之面有光可鑑然此尚有錦質之物亦能如是辨之之法用鈣養綠水一滴溼其面若爲鉮立見消化錦則否又法其氣過玻璃管時即在管之中段用酒燈加熱則其氣結於管之冷處有金類之狀即鉮也或將鉮所成各雜質之水用輕硫氣過之則成鉮硫漸漸沈下其色甚佳略如橘橼皮之色此法更確所試之水內雖含鉮養萬分之一極微至八萬分之一亦有結成之質其色可辨凡訊下毒者之罪疑爲鉮養或鉮硫者皆以此法驗之如將鉮養或鉮硫少許與細炭

粉並鈉養炭養和勻共置試筩不使沾於筩體以酒燈加熱鉮必散出結於筩之內面成黑色之金類如第一百四十六圖丙即是又法將鉮養水或鉮養水稍添以鹽強水而加熱再將光亮之銅片置其中銅面必生灰色之皮即鉮也此法爲至妙蓋水內含鉮二十五萬分之一亦得見之且含鉮之水內多雜生物質者前法即不能驗而此法能驗也○鉮養二釐至三釐食之即死若更多食反盡吐出而不死或言食十五分釐之一或三十分釐之一令人體煖而強健如啻格利之鄉人常服鉮養也○金類惟有鉮與銻二者能與輕氣化合因其有此性又有別性並與非金類質相同故化學家或以鉮爲非金類

第百四十六

上海曹鍾秀繪圖

新陽趙元益校字

化學鑑原卷六

英國韋而司撰

英國 傅蘭雅 口譯

無錫 徐 壽 筆述

第三百七十六節 貴金

貴金之類有九汞銀金鉑鈀銠釕鋨銥是也與養氣之愛力皆甚小所以已與養氣化合之質除鋨養之外微熱而養氣已化散矣汞與銀地產者常與硫黃化合又有自然獨成者又有與別貴金相和者

第三百七十七節 汞之根源

汞有自然獨成者爲流質但常見者爲汞硫礦其色黲紅淨者爲硃砂研細而色朱呂宋國奧地利國舊金山墨西哥國秘魯國中國日本國產此最多取法將礦升煉而得汞不純試將少許置玻璃上滾動必有微跡純者則否其常雜者爲鉛提法置於淺器內成一薄層另將硝強水一體積水二體積相和傾其面攪之一二日其鉛爲硝強水所消化汞亦微有消化者洗淨用生紙收乾若雜別物可用紙絞去如常法其紙用針多刺極小之孔

第三百七十八節 形性

汞爲亮白之金質甚密不冷不熱爲流質冷至下三十九度則成輭韌之定質可打爲箔熱至六百六十度則

沸而化氣若在四十度以上亦自能化散但極微而不覺汞之淨者不甚熱時不受空氣與水氣之侵蝕加熱至將沸漸漸與養氣化合成深紅色之粉即是汞養再熱至將紅則又放出養氣而還爲汞化學家因試此物始知有養氣也又因此物而知空氣爲數質所成也汞入硝强水內極易消化鹽强水或淡硫强水俱不能消化若將以脫或松香油或硫或糖或白石粉或猪油研而合之使其分粒極細而與所合之物相間甚勻失其金類之色即可服食因分粒之細能入血而周流徧身得解毒去炎之功力故有與膠質同搗爲汞丸者有與猪油同搗爲汞膏者

第三百七十九節　汞$_2$養

取法將汞$_2$綠入鉀養水則交互化合取出其結成者洗淨得黑粉即汞$_2$養也見光或熱易化合而爲汞養與汞

第三百八十節　汞養　即三仙丹

取法將汞加熱至沸使多遇空氣而生黑皮即汞養也冷則色紅又法將汞入硝强水消化煎乾即得汞養淡養$_5$加小熱煆之化散其淡養$_5$冷則成明紅色之小粒亦汞養也加熱又變黑色至紅熱則化分入水微能消化可與油質合作膏藥汞養遇濃淡輕$_3$水即變淡黃色之粉此粉與炭養$_2$有大愛力極乾者在乳鉢內研之能爆裂略如銀爆藥汞爆藥等

第三百八十一節　汞$_2$綠　即輕粉

取法將汞$_2$養淡養$_5$水加以食鹽即結成汞$_2$綠又法將汞綠一分劑汞一分劑稍加水搗勻乾之加熱化散之收取其氣亦汞$_2$綠也又法將汞二分入硫强水三分之內加熱使消化煎乾而得汞養硫養$_3$再加汞二分入乳鉢加食鹽研勻置甑內加熱收取其氣亦是汞$_2$綠若服食者必引其氣入大箱使多遇空氣或添以水氣使分粒極細取出用水洗之極淨純者爲白色之粉質重而無味不能消化於水

第三百八十二節　汞綠　即惡輕粉

取法將汞一釐置於鐵勺下加以熱乘熱置於綠氣瓶內汞能自燒燒後所成即爲汞綠多取之法用食鹽與汞養硫養$_3$和勻盛於甑內加熱化氣凝結而成汞綠爲緊密而白色之晶粒冷水十六分能消化一分若用熱水則三分能消化一分水內含汞綠其味辣而如金類化學內最毒之藥此其一也與卵白化合所成之質水不能消化故人誤食之可急食卵白或牛乳解之汞綠水浸透動物植物而乾之永無蟲蛀亦不乾毀船木恆

用此法其理因汞綠與生物質相合水不能消化而不毀且甚毒故蟲亦不食也若用醋消化汞綠刷於書面不生蠹蟲灑於花草亦免蟲食

第三百八十三節　汞與淡養$_{五}$之雜質

汞養能與淡養$_{五}$化合成數質而最要者為汞養$_{二}$淡養$_{五}$及汞養淡養$_{五}$取法用硝強水量杯一兩水五兩相和加汞於內消化煮稍乾而使結成顆粒即汞$_{二}$養淡養$_{五}$也用汞少許入極濃硝強水多許消化沸而乾之即汞養淡養$_{五}$也簡法用極濃硝強水量杯一兩水一兩相和加汞養於內消化至飽足亦成汞養淡養$_{五}$消化於水而以毛類

浸透可以為氈

第三百八十四節　汞硫

汞礦以汞硫為最多純者名硃砂為紅色之石升鍊而成者亦為最佳之顏料乃銀朱也取法用純硫粉一分汞六分相和加熱化氣凝結而成黲紅之粒乳細而變鮮紅

第三百八十五節　水銀之用

水銀之用甚多工藝中為尤要格致之器如風雨表寒暑表皆所必需取金礦銀礦之金銀亦必用之又為鍍金之料又為藥品又玻璃鏡背乃錫四分汞一分相合

也用錫箔鋪於平板加汞一層於其上宜極勻次將玻璃片切錫箔之一邊緩緩移上概去錫面之滓移至蓋滿即將重物壓之二三日後汞與錫相合成一質而極光亮汞喜與銅相合但變甚脆如含汞之雜質消化於水用畫於銅板即可折斷有如刀切汞遇錫或鋅或鉛即緣附之如用鉛條作虹吸形可引汞至別器汞能含金銀鉛錫等金極多尚為流質惟與鐵之愛力甚小故可收藏於鐵器欲試水內有汞與否將水滴於金板用鋅一條或刀尖點於水中而遇金面如有汞質必發電氣遇處變為白色金為侵蝕也

第三百八十六節　銀之根源

銀有自然獨成者而常見之礦多含硫或鉛硫或銻硫$_{三}$或銅硫或鐵硫墨西哥國及秘魯國所產為最多別國亦有產者海水之內亦微有之

第三百八十七節　取法

銀礦之含鉛者與取鉛同無鉛者先以礦磨為粉與食鹽拌勻置火內煅以將紅之熱其銀漸收食鹽內之綠氣而放出硫黃煅後所得之物有銀綠有銅養有鐵養有土質即盛於大木桶中有軸令之平轉再添水與鐵屑於桶內轉之久久鐵必與綠氣化合為鐵綠而銀成

原質再添水銀若干而再轉則水銀收銀與銅如有金亦并收之因水銀甚重再添多水洗之水銀沈下易與別物分離盛於羊毛布之袋壓出未與金類相合之水銀然後將袋內之定質鎔之則相合於金類之水銀化散而出銀內止有銅或金矣傾於模內成錠再分之而得純銀

又法使礦變成銀綠之後再入甚多之食鹽水內俟銀綠消化而以銅浸入銀乃獨自結成沈下矣

第三百八十八節　提銀去銅

傾成之錠尙含銅質可將多鉛與錠同鎔傾出急冷成

板再置火爐之斜面加熱至鉛鎔之界自能帶銀滾下銅則留而不動

第三百八十九節　提銀去鉛

火爐之底有淺盆將含銀之鉛置其內加熱至紅吹風氣過之鉛乃與養氣化合成鉛養即鎔而自盆底漏去所留者幾爲純銀其盆內襯以骨灰襯式爲長方若欲去淨其鉛如法盛於小盆如第一百四十七圖再鎔一次則得全純之銀所餘別種金類必盡與養氣化合漏入骨灰之中

第一百四十七

第三百九十節　形性

銀之色於金類中爲最白可抽爲絲可打爲箔其堅在金銅之間加熱至一千八百七十三度而鎔冷至臨結之時漲大甚多空氣或溼或燥任何熱度養氣俱不侵蝕惟鎔時能收養氣極多冷至結時則又放出故使錠之上面生紋如苔與硫黃之愛力甚大空氣內微含硫養氣或輕硫氣則面生黑鏽而成銀硫如大城都會燒煤既多常有硫黃之氣銀必生鏽也極易爲硝强水消化若銀內和金則不能消化留下爲黑粉用西國銀幣消化於硝强水內水變爲綠色因有銅也鹽强水與硫强水不加以熱幾不能消化

第三百九十一節　銀與養氣之質

銀與養氣化合之質有三一爲銀$_{2}$養一爲銀養一爲銀養$_{2}$三者之內惟銀養能與配化合而成不自改變之質

取法將銀養淡養或別種銀雜質之水加以鉀養或鈉養結成深櫻色或黑色之粉即銀養也此粉能在淡輕水消化清水亦微能消化銀養加熱至將紅即化分見日光亦化分凡電氣鍍銀用銀養消化於鉀衰水內

第三百九十二節　銀養淡養$_{5}$ 即各息的

銀之雜質此爲最要取法將銀入硝强水消化加熱至半乾待冷結成無色透明之片粒即銀養淡養$_{5}$也若未

淨可再加水煎之冷亦結成片粒易消化於清水加熱則可鎔而鑄成條即醫生所用各息的之圓條也此物能損毀生物然非銀質有此力乃所含之淡養著動物而與銀化分也其最純者雖見日光豪不變色若遇生物而見日立變黑色任洗不去所以染鬚髮爲黑色寫字於衣服作識皆以此爲主又如象牙紋石等物浸於銀養淡養水取出置於日中亦變黑色不能再滅其理或以爲極細之銀質或以爲銀養若人手或白布沾之急用極濃之鉀碘水或鉀衰水洗之又可爲服食之藥品但久食之銀質走入皮中皮能透進日光袒露之處皆變爲藍色因有外膚相隔永洗不去如羊癇病醫生以銀養淡養治之服食既多病雖愈而人則變爲黑櫻色○燐置於銀養淡養水燐面生銀花汞置於銀養淡養水結成銀花沉下銅置於銀養淡養水銅與淡養化合銀即化分而沉下

第三百九十三節　銀綠

銀雜質水傾入輕綠水或加以含綠氣之質如食鹽則所結之白物如豆腐屑之狀即銀綠也無論何種流質疑其有銀用此法試之爲最妙雖水內有銀千萬分之一亦必使水稍變乳色殆有銀綠之意也銀綠加大熱化散而不化分在暗處加熱至五百度鎔爲櫻色流質冷則結爲定質面如明角若以鹽强水溼其面再以鋅切之銀綠盡變爲銀乃電氣之力也照相之銀養淡養水日久須換不必棄去可加食鹽至不再結成將其質洗淨稍加硫强水搗勻以鋅入其內二三日則銀綠變爲銀取出其鋅將銀洗淨可再用也銀綠入淡輕水最易消化使見日光忽變茄花色海水內微有銀與綠氣化合者近人攷驗海水立方一里有銀十磅又四分磅之三銀綠見日光初變茄花色後變黑色即綠氣之半化分而變銀綠也若用銀消化於鐵綠水亦得銀綠或將銀箔置綠氣內亦成銀綠而此見光不變色

第三百九十四節　銀碘

此物有地產者銀遇輕碘即與碘化合成銀碘而放出輕氣更易於輕綠能在熱輕碘水內消化冷則仍結又銀養淡養加鉀碘結成黃色之質即銀碘也不能在淡輕水消化而入沸銀養淡養水始能消化冷則結爲銀碘銀養淡養之質見光變色更易於銀碘故用之照相入於水內又可分出銀碘

第三百九十五節　銀硫

銀硫爲最要之銀礦光亮而有正方形或方橄欖形類

粒有紅色者因含鉮硫三或銻硫三也凡輕硫氣過銀雜質水結成之質亦是銀硫若將銀與硫同置泥罐蓋密加熱亦成銀硫凡銀含硫百分之一即甚脆

第三百九十六節　銀之用

銀質柔輭故工藝內不能獨用如作錢幣或銀器須以銅配合合銅之意能使堅而不改變但銀幣所合之銅國法有一定之數英國之制每十一分合銅一分美國則九分合銅一分至於器具英國法國合銅之數有定例美國則否○銀可合於賤金之面其法多端如將銀片置於銅片之上加熱至銀將鎔打使粘連再於雙軸

問軋薄又如銅器浸於硝強水內使淨後用鉀養二果酸一百分銀綠十分汞綠一分調勻塗於銅器之面揩擦使光又如銀銅相合所作之器可使面有縐紋將已成之器置於鉀養二硫養三水消去其銅則所留者獨為銀又如玻璃器或鏡或球或花瓶或酒杯俱可鍍銀其色光亮美觀用淡輕水三十釐銀養淡養五六十釐醋九十釐水九十釐和勻待消化而濾清另將葡萄糖十五釐桂皮油丁香油亦可水一兩半醋一兩半和勻加入前水將玻璃器浸其內二三日則銀結於玻璃之面如加熱則更速

第三百九十七節　金之根源

金為地產而無礦常見獨成之薄片或顆粒間有大塊匝為立方形或立方變形或八面形或八面變形如第一百四十八圖如第一百四十九圖又有與銀相和者又有或銤或鈦或銅或銻或鐵硫或碲相和者地內不見有金脈俗所謂金脈者即花剛石內有金粒也恆藏於初成地球時所結之石或自

第一百四十八

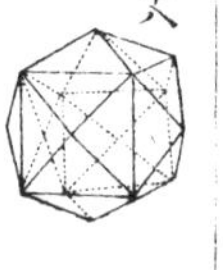

第一百四十九

此石洗下之砂流至河底偶見大塊如美國得一塊重二十八磅俄國得一塊重八十磅然舊金山新金山尚

有大於此者但與石質相雜耳金既為獨成之物故取法淘汰其沙即得惟顆粒甚細或與別物相和難分則用水銀與取銀之法同

第三百九十八節　形性

金色正黃而面光質性最韌純者更輭幾與鉛相若打箔抽絲此為最易箔之薄可至二萬分寸之一絲之細可比秋豪之末加熱至二千十六度而鎔不可模鑄為器因冷縮甚多也任熱至何度不能直與養氣化合各酸水硫黃輕硫皆不能侵惟綠氣及溴能侵之故凡雜質能放綠氣者金遇之而消化如硝強水一分與鹽強

水二分相合名合强水是也硇養則不與別配相合亦能消化之也

第三百九十九節　金之雜質

金與養氣化合成金養與金養取法將金綠入鉀養水交互化合所得黑質即金養也用金入合强水消化再加鉀養水得鉀養金養再加硫强水即得金養而不淨取出消化於硝强水而傾入多水之中結成黃色之質即淨金養也或見光或熱至五百度皆欲化分若入鉀養水消化而置眞空之罩內乾之得黃色顆粒長細如針即鉀養金養也

金與綠氣化合成金綠與金綠取金綠法將金綠加熱至三百五十度則鎔而綠氣二分剖化分成金綠若再熱至四百度則綠氣又化分而變爲金取金綠法將金置鹽强水四體積之內再加硝强水一體積消化用熱水燒鍋化散至稍稠冷而結成黃色方粒是爲含輕綠之金綠加熱幾及二百五十度輕綠化散而質變紅櫻色即金綠也或水或醕或以脫皆易消化皆爲明黃色拭於人膚或生物見光則變爲紫色其質爲極細之金粉遇各氣皆不變故照像用之淡錫綠水加以金綠水數滴所結之質其色最佳名爲金紫色用繪磁器之紫

花或和玻璃作玫瑰色金綠消化於以脫之中而浸以磨光之鋼則金綠之綠氣化分而金結於鋼面凡精緻之刀用此法鍍金鏽無由生若浸以絲帶而使見輕氣或燐輕氣則若金帶又用淡金綠水加檸檬酸與淡輕水各少許盛於玻璃瓶而稍加熱則若金瓶金綠水加以淡輕水所結之質爲黃櫻色即淡輕金綠或微加熱或磨擦爆裂甚猛

第四百節　金之用

金常用作錢幣然必和銀或和銅使成堅性方能經久其劑十分其金而銅居一泰西有數國核計金之成色

常以二十四分爲準如言二十三分則和銅爲一分二十二分則和銅爲二分餘可類推試驗成色之法非化學家事故不贅焉

第四百一節　分金

金內和銀銅而能使分離者賴銀銅能爲淡養所消化也然所和之銀或銅必重於金三倍否則爲金所掩而不能消化設所和者不及四分之三必添足而始可分淡養所不消化乃得純金消化之銀銅加以食鹽則結而沈下仍得銀銅又法將金置於硫强水煮之亦能消化其銀與銅而留純金若將鐵養硫養水加入金綠水

則結糉色細粉沈下爲極純之金糉色者因分粒甚細
也摩之而見黃色

第四百二節　金箔

打造金箔先鑄金板用鋼軸軋薄縱橫剪爲小方塊與
薄腸皮層層相間以大椎打之再分再打至適用而後
已凡極純之金其價十五倍於銀

第四百三節　鉑之根源鉑即白金

鉑爲地產而甚少常見獨成小片粒雖有大塊庶幾一
見藏於石中及古河底之砂泥中俄國烏拉嶺之西產
此最多一百二十年前已知爲金類原質

第四百四節　形性

鉑色如銀而微帶灰色其堅在銅鐵之間銅鐵之外此
爲最固金銀之外此爲最韌可以打箔抽絲煆至將紅
可粘合如鐵其妙處在難鎔雖有至大之熱不能改其
形質惟輕養吹燈及電火始能鎔之易與錫鐵等相和
既和之後較純者易鎔所以鉑鍋不宜盛錫養鉛養鉍
養諸質而加熱恐竄入鍋體以致無用也鉑見空氣任
何熱度皆不能直與養氣化合遇酸水亦不改變惟合
强水能消化之但比金更難也加熱至紅使遇猛鹻類
或燐養或炭皆能生鏽鉑因難鎔且不畏諸酸水故以

作器化分一切猛烈之物及熬煮濃厚之强水又有補
牙之人用鑲牙牀鑄礮之人用鑲火門前數年俄國曾
用作錢幣今因不便而廢其生者價較於金約一半鍊
成者幾與金相等先將生粗粒置於合强水之淡者鉑
則消化而所含之銥與鋨留下後加以淡輕綠則結淡
輕綠鉑綠加熱至紅氣質化散而成鉑羢次置木椀之
內水調成膏篩過數次用大力壓密加熱至白打之成
小塊再加大熱可粘合數小塊爲大塊置於雙軸之間
軋成薄片昔惟法國爲此業今則別國亦有矣
又法將生粗粒置於小倒焰爐加鉛硫與鉛養各等重
加熱而硫與養氣化合成爲硫養氣散出鉛鎔之時鉑
能消化於其內所含之銤與銥則留下再如提銀法去
其鉛而得鉑羢置鈣養所作之盆內以輕養燈吹鎔之
傾入煤氣炭模而成錠鉑有二變形一爲白羢一爲黑
粉羢已詳四十七節取粉之法用淡輕綠鉑綠和水成
膏塗於鉑絲加熱化散其氣質變成黑粉爲極細之質
其色如灰又法用鉑綠水多加鈉養炭養頻頻搖動緩
緩加熱至二百十二度結成細粉濾出洗淨焙乾亦是
黑粉較羢更能收束氣質並能令酯及以脫與養氣化
合如二百七節

第四百五節　鉑之雜質

鉑與養氣化合成鉑養與鉑養二取法將鉑綠以多鉀養水交互化合再加淡硫强水則結黑質為鉑養將鉑綠水多加鉀養而加熱後初結成之質消化再加醋酸則結櫻色之質為鉑養加熱皆易化分也與綠氣化合成鉑綠與鉑綠二取法將鉑綠置熱沙盆加熱後不發綠氣之臭則得鉑綠用鉑屑一百釐置於鹽强水量杯三兩之內加硝强水量杯四分兩之三消化加熱待稠如膠再加淡鹽强水消化之再加熱散去所餘之淡養五待冷結成紅櫻色之質即鉑綠也或水或醕皆易消化亦為紅櫻色化學家所必需者蓋欲使鉀養結成萬物中無有別物惟此傾入鉀養水內鉀養變成鉀綠而卽結

第四百六節　鈀

鈀恆與獨成之銀或鉑同見形與鉑相似色亦白而光亮過之與養氣化合較易於鉑然在空氣內不加熱亦不能化合加熱則化合而面生藍色再加白熱養氣又化散而仍復原色入硝强水能消化若與衰化合則成不能消化之質性較鉑堅固而質稍輕冶爐不能鎔可打薄引長並可作最精之器如與銀二倍相合可作絲忽之法馬若能多得大有裨於工藝也英國地產博物會之規條如有人覓得有益於人之新物贈以鈀作之寶一枚可見其貴重矣

第四百七節　銠

銠恆與鉑礦同見惟甚脆而易打碎碎者在空氣內加熱卽與養氣化合鎔界較鉑更大合强水亦不消化與鉑相合合强水始能消化與鉀養二硫養同鎔則成銠養硫養鉀養硫養能消化於水水色鮮紅銠之雜質並雜質消化之水大半是鮮紅色

第四百八節　鋨

鋨恆與鉑粒相間亦為片粒粒內係鋨釕銠三者相合也地產之金亦含之因重於金鎔金之時此恆沈於底性極堅或用作鐵筆尖若作金錢之金內微有此物印打之時其模每致損傷凡金類以鋨為最難鎔雖用輕養吹燈亦不能鎔也鋨或鋨之雜質或在空氣內加熱或在硝强水內或在合强水內消化皆能與養氣化合成鋨養四而化散其氣甚毒人若嗅之咳逆與嗅綠氣同若收取之能結無色方粒消化於水亦常化散遇肌膚而變黑色

第四百九節　釕

釕亦與鉑同見性硬而脆鎔亦極難合强水微能消化

第四百十節　鋨

鋨有自然獨成者有與鉑同見者鎔亦難於鉑質亦更重與水較重二十二倍三或用作鐵筆之尖若爲純者合强水亦不能消化細粉在空氣加熱則成鋨養色黑可作磁器面之黑色

上海曹鍾秀繪圖
新陽趙元益校字

江南製造局科技譯著集成

化學卷

第壹分冊

化學鑑原續編

《化學鑑原續編》提要

《化學鑑原續編》二十四卷，英國蒲陸山（Charles Loudon Bloxam, 1831–1889）撰，英國傅蘭雅（John Fryer, 1839–1928）口譯，無錫徐壽筆述，上海曹鍾秀繪圖，新陽趙元益校字，光緒元年（1875年）刊行。底本爲《Chemistry, Inorganic and Organic, with Experiments and a Comparison of Equivalent and Molecular Formulae》，1867年版。

此書譯自蒲陸山原著之有機化學部分，是第一種專論有機化學的中文譯著。此書介紹了氰及其化合物、煤氣之製造、纖維素、木質素、苦杏仁油、水楊苷、烯丙基類、淀粉、麵包、糖類、火棉、釀酒、醇類、生物鹼、醋酸、油與脂肪、植物酸類、植物鹼類、植物顏料與印染、動物機體化學分析、植物之化學分析、有機物腐化等內容。

此書內容如下：

目錄

化學鑑原續編目錄

化學鑑原續編卷一

英國蒲陸山撰

英國　傅蘭雅　口譯
無錫　徐　壽　筆述

鑑原一書厥分兩大類前書專論化成之物如氣質流質金石之類是書專論生長之物如草木飛走之類故名鑑原續編所以別前書也

化成類之質與生長類之質最難定其分界因其質有相似之形者又有相合而成者故生物化學之本意以動植兩物之質或從直路得之或從繞道得之或從化成生長二類之質合而得之俱屬於生物化學

二類之內雖有相似相合之質然亦大有辨別蓋化成類之原質數十而生長類之原質祇有四即炭輕淡養惟分劑之多少與質點之排列各不相同故能彼此互易變化無窮

近日化學家意趣漸深能造生長類內之物數種乃前人所不能成者蓋前人以爲此等物質必需動植物長養所成而今則竟能以化成類之原質直令合成而無庸繞道之繁然此尚屬生物所成之材料也至如動植之骨肉花果必須自然長養者究未能造又如動植物所藉成之質除水之外亦未能造也

四質之在生物最爲奧妙蓋生物之雜質藉此四質合成者過半如輕養淡炭化合之率輕爲一質點養爲二質點淡爲三質點炭爲四質點相需而變則其質點養一與輕二成水淡一與輕三成阿摩尼阿炭一與輕四成氣質此將輕氣爲主而異其質點之數也所以質點化合之率相等者所成之雜質甚少不相等者能成無窮之雜質

生物質已知而定名者品類繁多常以性情理其緒雖是舊法甚屬簡明若以質點之率爲次第則有性情略同而其次第已大異者殊難識別所以此書不依新法用質點而以變化之性所習見者而分類列之惟生物之繁不能

盡述茲擇其有益於民生日用之尤要者備言其法而並論其理

化成類生長類原質之變化有物屬於二類分界之間其名曰衰即炭與淡所化合也其原質本在化成類中而性情略與緑氣類之質相同然與別質合成之雜質多出於生長類之中故宜列於生物化學之首以爲二大類之過脈

名有是古而非今者理有喜新而厭舊者檳榔阿魏之稱在昔皆西名也而久則相承習用分合變化之事於今皆新理也而閱者悅志怡神蓋理無今古乃庶務也不可以

例化學名泥舊新乃常情也不可以該萬物上古有音無字以音記名中古物衆名繁故造字以記其音江河銅鐵是也前編之硫矽鉀鈉亦此意也惟是前編之原質六十有四雜質以類相從故能有條不紊茲編之原質惟四而雜質更繁西人取名之義或以地或以人或形性或色味聚衆音而成文聚衆名而成章截譯從簡挂漏必多若循前編之例則炭輕養淡交互無幾雖有分劑之識別而繁者又難於悉數故當全譯其音而詳其形性中國有其物者註之無者闕之學者可考其形性而想像其物如有其物又可試驗其事而恍悟其理若以西名之繁冗爲嫌宜

廣求乎中國之物

合衰之質

西歷一千七百餘年布國京都製造顏料之肆嘗用鉀養分出水內之皂礬偶得藍色之粉甚異之即用作顏料名爲普魯士藍如此多年尚未考知其理至一千七百二十四年有人用動物質與鉀養炭養和勻加熱煅之而以水消化之再添鐵養硫養與輕綠水亦得普魯士藍然仍未知其理後有人名麥邨爾將普藍置鹼類水內令沸即化分而變爲紅色之鐵養將此濾出而再加鐵養爲本之質於水內則仍變爲藍色因思此藍料必爲鐵養與某配質

相合而其鹼類與此配質之愛力必大於鐵質之愛力至一千七百八十二年有西里者見普藍造時所用之鹼類久遇空氣或炭養氣而後用之則不能成藍色但其料和勻之後所放之霧質能令鐵養水所染之紙變爲藍色所以西里將此配質分出而得其淨質名爲普魯士酸即輕衰普魯士藍省文普藍即今所謂洋藍也

一千七百八十七年白士來將此質化分得炭輕淡三質又考得普藍所用之鹼類水其功在一箇黃色質其顆粒成八面形乃輕衰鉀養鐵養二質所成其輕衰鉀養二質與鐵養之愛力甚大用尋常分鐵養之法不能分出

一千八百十四年布里得依化學之新理用銀養化分普藍再用硫強水分出銀養而得鉀衰水

一千八百十五年魯殺克將普藍與汞養和勻加水沸之濾取其質烘乾加熱得一種氣質爲炭淡即衰遂知從前所得之質爲衰與鐵相合而成鐵衰魯皮益初得之質顆粒其質爲鐵輕淡鐵因此質遇金類與養氣化合之質放出輕氣二分劑而得金類二分劑其式爲

$輕_{二}炭_{六}淡_{三}鐵丄二某養＝某_{二}炭_{六}淡_{三}鐵丄二輕養$

從此以$炭_{六}淡_{三}鐵$爲一類之質而以鐵衰爲配質

$鉀_{二}衰_{三}鐵$　此物之原質爲$鉀_{二}炭_{六}淡_{三}鐵$加三輕養製造之內

甚爲有用造法用動物質如牛皮馬蹏舊角乾血等多含淡養之質先置鐵甑內蒸出其淡輕養炭養餘質已變爲炭其內尚含淡氣甚多將此質與鉀養炭養並鐵屑和勻置鐵鍋內加熱至鎔化將此鎔質添水加熱消化得黃色之水濾取其水熬乾即成鉀衰鐵之顆粒質內含水三分劑

此事之理爲化學家里必格考得如將鉀養炭養與淨炭和勻而加大熱即得炭養與鉀其式爲

鉀養炭養丄炭‖三炭養丄鉀

如其炭質先與淡氣相合而加熱稍小則其鉀能與炭二分劑淡一分劑合成鉀炭淡即鉀衰將此質消化於水和以鐵屑而加熱則收空氣內之養氣鐵遂與鉀衰相合其式爲

三鉀炭淡丄鐵丄養‖鉀炭淡鐵丄鉀養

其養氣不但從空氣而得亦可從水內得之故其水必放輕氣

普藍　尋常之造法用鉀衰鐵與鐵養三硫養之水和勻即有藍料造成其式爲

三鉀鐵衰丄二(鐵養三硫養)‖六(鉀養硫養)丄鐵(鐵衰)

鉀衰在化分化合之事能力甚大幾與原質相同其鐵衰不能從別物分開但有數種含鐵衰質其性情與分劑相類於綠氣雜質如輕鐵衰並金類與鐵衰合成之質相類於輕綠並金類與綠氣合成之質但其本用二分劑而不似綠氣用一分劑所以普藍爲鐵鐵衰與鐵養相對其鐵與綠氣化合亦成鐵綠如以鐵養三硫養水傾入甚多之鉀衰鐵水內則鉀衰鐵之能化合者自有結成之質能在水內消化變爲普藍水爲染坊所用之藍料草酸亦能化此藍料則爲畫工所用之藍水

又法用鐵養硫養但所得之質爲白色必久遇空氣而漸變藍色因收空氣內之養氣也其白質爲鉀鐵衰鐵鐵衰其式爲

二(鉀鐵衰)丄二(鐵養硫養)‖二(二鉀養硫養)丄鉀鐵衰鐵鐵衰

收養氣而變藍色之後其式爲

三(鉀鐵衰鐵鐵衰)丄養‖三鉀鐵衰丄鐵養丄鐵鐵衰

普藍易爲鹼類化分所餘之質爲椶色即鐵養其式爲

鐵鐵衰丄六鉀養‖三鉀鐵衰丄二鐵養

染布之人賴此理而得藍布上成白色或古銅色之花紋其法將布先浸於鐵雜質水內後浸於鉀衰水內再用鹼類水印成花紋即變椶色即鐵養質以水洗之再以淡酸

水漬之則鐵養自散而變白色

輕鐵衰　鉀衰鐵極濃之水加輕綠水等體積則得無色之顆粒即輕鐵衰輕綠水內不消化淡水內能消化將此化得之水加熱即發輕衰而有結成之白質爲鐵衰遇空氣則變藍色即普藍也此理及輕鐵衰與別質含鐵衰者變化之理俱屬難明然化學家詳考其事以爲鐵衰爲本質即衰三分劑鐵一分劑相合而成則輕鐵衰爲輕衰鐵普藍爲鐵三衰鐵因衰質欲與輕氣一分劑或金類一分劑化合方能飽足則衰必須合金類三分劑而衰鐵自能收金類二分劑所以鉀衰鐵即鉀之二分劑與鐵之一分劑合而爲三分劑與衰之三分劑相配也普藍內鐵之四分劑可以代輕之六分劑或鉀之六分劑如二鐵綠即鐵四綠六同理輕鐵衰遇熱化分之理其式爲

輕衰鐵‖二輕衰丄鐵衰

普藍從鐵衰變成之理其式爲

九鐵衰丄養‖鐵四三衰鐵（即普藍）丄鐵養

輕衰　藥材內所用之輕衰水用配質化分鉀衰鐵而成將鉀衰鐵細粉二分硫養一分半水二分置甑內蒸之用尋常之器令其凝爲流質即輕衰水其式爲

二鉀（衰鐵）丄三（輕養硫養）‖三（鉀養硫養）丄鉀鐵（衰鐵）丄三輕衰

甑內所餘之質爲淡綠色遇空氣而速變藍色前所言鉀養硫養與鉀衰鐵化分所得之質或略相同

輕衰水無色而其臭與別種氣質易辨其爲配質之性更小於炭養氣其性極毒少許入口即死如萬年青葉或桃仁杏仁梅仁等所蒸之水亦有此質然輕衰食極微能作大益之藥品醫家嘗備濃淡各種以一定之法用之亦無錯誤如倫敦合製藥材之書每水百分含輕衰水二分西里之輕衰水所含輕衰不定略在百分之四與百分之五之間其造法用普藍所作即將普藍加水加汞養加熱令沸則藍色滅而有鐵養分出其汞衰水能變輕衰濾取此水而添淡硫强水並鐵屑則有汞質沈下將其水蒸之即得輕衰水此即西里原考輕衰之法其式爲

汞衰丄鐵丄輕養硫養‖輕衰丄鐵養硫養丄汞

欲明此理須知汞與衰有大愛力能令普藍放其鐵衰而衰之一分與汞養之汞互易

輕衰流質並衰　此俱從汞衰所作將汞養以尋常之輕衰水化之則化分之理與用輕綠化分之理相同其式爲

汞養丄輕衰‖汞衰丄輕養

化分之後水內已成汞衰熬乾之而得長方形之顆粒再

將顆粒烘乾加以濃鹽强水而稍加熱則成汞綠並輕衰其式爲

汞衰丄輕綠〓汞綠丄輕衰

輕綠輕衰之雜霧質令過灰石小塊即收其輕綠而不收其輕衰因輕衰之愛力更小於炭養也放出之輕衰氣與炭養氣必過鈣綠收其水再過一管其外用冰與鹽令極冷即得無色之輕衰流質此質遇空氣化散極速即能滅熱至〇度若加熱至七十九度則沸而發霧其霧能燒而成藍色之火故收藏雖密亦能化分而發出淡輕氣變爲欖色之質而此質內不能定其何質其輕衰水之變化亦同所以欲作藥材之用其瓶必用黑紙包裹不令見光則不變質如含硫養少許亦不甚變故用硫養與鉀衰鐵所蒸之輕衰水因稍含硫强水收藏可久

如將輕碘氣經過冰鹽發冷之無水輕衰則成顆粒其質爲輕衰輕碘易在水或醋內消化不能在以脫內消化加熱令散出而再收之不甚化分其質無有配性如以試輕衰之法試之無有證驗以鉀養化分之則得鉀養蟻酸並鉀碘所以此物可爲炭輕三質點之一分劑數以代輕三分劑數合成其質爲淡(炭輕)輕碘（彡爲質點數）衰質即炭淡取法用汞衰盛於試筒內筒口接一小玻璃管而燒得其氣如第一圖其汞衰變爲汞與衰與巴辣衰即衰三分劑相合而成其色爲欖色其質爲炭淡其衰氣易以其臭辨之燒時之色如桃皮之紅色其氣略倍重於空氣即略爲一・八與一〇之比故取此氣可令自沈於瓶底水能收此氣四倍體積其水自能化分所成之質最繁最奇內有淡輕養草酸淡輕養蟻酸尿酸此各質俱以衰與水之原質變化而出衰之變化性情與綠氣相似如鉀或鈉置於衰內稍加熱而成鉀衰鈉衰即同於鉀綠鈉綠又如將衰入鉀養水內即成鉀衰與鉀養衰養其式爲

第一圖

二鉀養丄衰〓鉀養衰養丄鉀衰

此亦類乎綠氣遇鉀養變成鉀綠與鉀養綠養其式爲

二鉀養丄綠〓鉀養綠養丄鉀綠

將衰加空氣壓力四倍即成無色流質以水較重爲一〇〇與〇八七加冷至負三十度即成明顆粒

鉀衰　鉀衰爲含水質內之最有用者如鍍金鍍銀其功甚大化學內用空氣內淡氣之事甚少而此質則用空氣經過紅熱之炭其炭預將最濃之鉀養炭養水漬透而曬乾則炭能收空氣內之淡氣而放出炭養氣其式爲

鉀養炭養丄炭丄淡〓鉀衰丄三炭養

冶煉鐵質而用熱風爐底必有鉀衰結成略同前理其鉀必從燒料所出者鉀衰常用鉀衰鐵所作加以大熱即變鉀衰與鐵炭而發出淡氣其式爲

鉀衰$_{三}$鐵‖二鉀衰丄鐵炭$_{二}$丄淡

依此法作鉀衰常有費去之衰所以將鉀$_{二}$衰$_{三}$鐵七分與鉀養炭養三分和勻在有蓋之瓷罐內燒鎔屢屢掉之至無氣發出而止將鍋離火片刻俟其鐵質沈下即傾於平面石上其式爲

二鉀$_{二}$衰$_{三}$鐵丄二（鉀養炭養$_{二}$）‖五鉀衰丄鉀養衰養丄鐵$_{二}$丄二炭養$_{二}$

由此可知藥肆出售之鉀衰常含鉀養衰養與鉀養炭養$_{二}$所以鉀衰之數不過十分之六其色略如白瓷遇空氣而化分輕衰氣與淡輕$_{四}$養其輕衰氣因空氣內之炭養$_{二}$氣而成其淡輕$_{四}$養因空氣內之水質遇鉀養衰養而成淡輕$_{四}$養炭養$_{二}$其式爲

鉀養衰養丄四輕養‖鉀養炭養$_{二}$丄淡輕$_{四}$養炭養$_{二}$

鉀養消化於醋內而令輕衰透入則結無色之立方顆粒爲淨鉀衰或將尋常之鉀衰以醋消化加熱令沸乘熱濾之待冷亦有淨鉀衰顆粒結成

鉀衰之於鍍金鍍銀以其能消化金衰或銀衰而另成一質易爲電氣化分而爲能傳電氣之物所引即鍍一層或金或銀鉀衰水又能消化銀養或銀綠所以手指偶沾銀養淡養$_{五}$可將鉀衰水洗去金花線或銀花線有污亦用鉀衰水洗之

鉀衰加大熱則收各物之養氣其力甚大別種金類與養氣化合之質能放養氣二分劑與鉀衰而鉀衰變爲鉀養衰養金類由是分出如將錫養與鉀衰同加熱鎔化則變化之式爲

錫養丄鉀衰‖錫丄鉀養衰養

鉀衰既有此性故化學內藉以爲化分之用鉀養衰養其臭易辨加入淡硫强水發氣甚辣惟衰養不甚變此臭而在自沸時化分爲淡輕$_{四}$養硫養$_{三}$與二炭養$_{二}$其式爲

鉀養衰養丄二（輕養硫養$_{三}$）丄二輕養‖鉀養硫養$_{三}$丄淡輕$_{四}$養硫養$_{三}$丄二炭養$_{二}$

鎔化之鉀養衰養再與草酸相和而加水消化之則有白色不消化之質此質爲衰阿米里地其原質爲炭輕淡養與含水之衰養同原質即輕養炭淡養將此質蒸之即有含水之衰養透過爲無色之流質此質之性最奇必藏於極冷之器如離冰鹽發冷之物少頃即變熱而自沸甚速結成白色定質如白瓷

鉀衰與硫鎔化則所結之質與鉀養衰養相類但以硫代養氣即爲鉀硫衰硫此質之槃本質爲衰硫即硫衰其鉀硫衰硫之造法將鉀衰鐵三分鉀養炭養一分即造鉀衰之料再添硫二分盛於有蓋之瓷罐內加熱鎔化後以沸水洗之則其鉀硫衰硫洗出加熱乾之即得顆粒如硝如將鉀硫衰硫以鉛養醋酸化分之即得鉛衰硫遇輕綠氣則變爲鉛硫與輕衰硫此質爲無色之油形加冷而成顆粒遇鐵質多分劑之雜質即變極深之紅色因此常用鉀硫衰硫試驗鐵質里必格試驗中輕衰毒之法有一極細之據將黃色之淡輕硫沾於表面玻璃之上令遇輕衰之霧則輕衰變爲淡輕衰硫其式爲

淡輕硫上硫上輕衰‖淡輕衰硫上輕硫

其表面稍加熱則所餘之淡輕硫化散再加鐵綠水一滴則淡輕衰硫變爲紅色如血此其據也

鉀衰鐵　綠氣通過鉀衰鐵水內即變爲櫻色乾之而成豔紅色斜方形粒即鉀衰鐵其式爲

二鉀衰鐵上綠‖鉀衰鐵上鉀綠

此質可作染料之用如將布浸於此質與醋酸和勻之水內則布染成豔藍色與普藍略同

鉀衰鐵又可造一種藍色之料爲鐵衰鐵俗名脫而捺布辣藍造法將鉀衰鐵水與鐵養硫養水和勻結成之質即是其式爲

三鐵養硫養上鉀衰鐵‖三鉀養硫養上鐵衰鐵

印花布之工常用鉀衰鐵與鉀養水和勻爲減靛色之料因此質遇收養氣之物即放養氣與之而其衰鐵變爲衰鐵其式爲

鉀衰鐵上鉀養‖二鉀衰鐵上養

鉀衰鐵略有槃本質在內即衰鐵乃衰鐵之雙本質其鐵似乎輕或鉀如鐵綠內之鐵質故其衰鐵只須輕或鉀與衰相合即能飽足輕衰鐵能取其顆粒另有數種含衰鐵之質亦已考明

此類之質又有別種槃本質如衰鈷衰錳衰鉻衰鉑衰鈀衰銀等但尚未知其用處其鉑與衰合成之質色甚明豔

衰綠　綠氣滿瓶將濕汞衰納入搖動半日藏於暗處則綠氣之黃色不見而瓶內變爲無色之氣即衰綠氣嗅之甚辣令眼流淚移置稍有光之處變爲流質其形如油即衰綠將此盛於玻璃管內而吹黏其口數日變爲白色之定質即衰綠如將氣質加以四倍空氣壓力亦成流質其定質遇水即成三輕養衰養其式爲

衰綠上六輕養‖三輕綠上三輕養衰養

此配質與輕養衰養相類惟其分劑加三倍如蒸此配質即得輕養衰養此質爲合三本之配質如三本之燐養亦能成三類之質即三某養衰養又二某養輕養衰養又某養二輕養衰養

銀衰與燐綠封在玻璃管內久久加熱至二百八十度然後蒸之蒸時令過乾炭養氣即得燐衰之質爲片形之顆粒此質在甚小之熱度能自燒遇水即化分成衰養與燐養

合衰淡養鐵之質　將鉀衰鐵與淡硝强水同沸若干時隨加含鐵多分劑之雜質即有結成深灰色之質再加鈉養炭養至有餘令沸濾清熬乾則結深紅色之明顆粒爲鈉衰淡養鐵加四輕養從此能得別金類之同類質已有人造得輕衰淡養鐵加四輕養成顆粒

近有化學家名哈度蒸此類之質從合衰鐵之質變化而成即放出衰一分劑而收淡養一分劑同時再放出衰鐵所合之金類一分劑如鉀衰鐵與硝强水同沸即變爲鉀衰淡養鐵因硝强水能令各質與養氣相合則有別質結成

哈度依此理思得更簡之法成鈉養衰養淡養鐵加四輕養即將鉀衰鐵與鈉養淡養與醋酸與汞綠相合則汞綠之汞合衰一分劑放出其綠令鉀一分劑放出其鈉養淡養之淡養與所餘之鉀衰鐵化合而變爲鉀衰淡養鐵加四輕養與所成之鈉養醋酸相遇則變爲鉀養醋酸與鈉衰淡養鐵加四輕養此質冷時先結成汞衰取出而將其餘水熬乾即結成鈉衰淡養鐵加四輕養

鈉衰淡養鐵加四輕養能試驗類與硫合成之質將此質少許在吹火內遇驗硫相合之質即發豔紅色之火或將髮長一二寸與鈉養炭養少許在吹火內燒鎔則所成之鈉硫遇鈉衰淡養鐵加四輕養而亦發深紅色之火

各種爆藥

汞爆藥　銅冒內之爆料此品用之甚多其性猛烈而屬於合衰之類故應附詳於此卷

此質用硝强水消化水銀再加醕而成之合製之時甚是危險必宜謹慎

試造之法將汞二十五釐盛於容水半磅之玻璃杯內再將硝强水量杯半兩傾入前杯其硝强水與水較重一、四二稍加熱至水銀消盡待冷再量與水較重〇、八七之醕五錢伸手速傾入消化之水銀內則杯內自沸杯之近處不可有火其水因有分出之顆粒而變濁水面發出白霧甚香此霧即淡養以脫與阿勒弟海特等俱屬醕與硝强水合成之質其霧甚濃因含汞質但不知其汞之形狀如何另有淡養與輕衰發出俟發氣盡而安静之時傾入多水少頃即有白藥沈下傾去其水濾取其白藥以水洗之至洗下之水無酸味而止在空氣內晾乾

以上之化變甚繁如只論其白藥而不問別質可略言之汞藥化分所得之原質爲汞炭淡養四種其式爲

汞炭淡養

若謂其汞先與養化合其式爲

汞養炭淡養

醋之原質爲炭輕養如將汞藥之式倍之即得二汞養炭淡養如將醋之輕易淡而再加二汞養即得其質前編已言淡養遇生物質能令其放出輕變成三輕養所以硝强水遇醋常自放出養氣再令醋放出輕氣與此養氣化合而餘下淡氣二分劑如此得炭輕養加二淡養等於炭淡養加六輕養此易知其三質點淡氣之二質點等於輕氣六質點（如將淡養氣通過銀養淡養與醋化合之質能成銀爆藥此爲旁面之據）炭淡養想與汞養化合故未能分取其質但名爲爆藥配汞爆藥變化之理甚深當先論其質性而變化之理自明矣

汞爆藥之質性　依前法所得之藥顆粒長細如針另含水銀少許故稍有灰色提净之法添水加熱令沸即能消化將此水濾之待冷而結明顆粒此質稍受磨力或擊力爆烈甚猛所以收藏之瓶宜用輭木塞爆裂之時發光如閃另有汞爲灰色之霧其變化之式爲

汞炭淡養＝汞＋四炭養＋淡

猛烈之性因定質少而忽發極多之氣其藥與水較重四四其體積比變化所成之熱氣比例極小尋常化分之事成冷而此質化分成熱其故因炭質與養氣化合所生之熱大於爆藥化分所成之冷也汞藥熱至三百六十度則燃如將玻璃條黏最濃之硫强水或硝强水滴於藥上亦立燃如通電氣令發火星亦立燃

銅冒之料　純用汞藥作冒內之料爆裂甚猛必加別料使稍緩所添之料爲鉀養淡養或鉀養綠養此二物能令各質收其養氣故比別種平性之料更好又能令炭養氣變爲炭養氣藥更易燃英國所造之銅冒常用鉀養綠養合於汞藥而另添玻璃粉使生磨力或用銻硫代玻璃粉能令鉀養綠養放出養氣更多而使燒之歷時稍久合製之時不可甚多亦不可遇堅質之物冒內裝藥之法將前料少許傾入再加舍來克消化於醋之質一滴使能見水而不壞

汞藥鋪成一線盞滿火藥一層而露出其二端將紅熱之鐵絲點其一端則汞藥燒盡而火藥散開不燃如將汞藥十釐鉀養綠養五十五釐在紙面輕輕和勻以前法爲之火藥即燃或將汞藥散布玻璃之上成薄層而引點之則分出之水銀能黏於玻璃之面而與擺錫之鏡相似

汞藥自燃之時相近處之受力甚大而稍遠之處則甚小如用汞藥當火藥之用而放鎗其鎗必致爍裂因其燃極速不及勝彈汞靜之性也如鎗筒極固而能當其力彈即飛出但不及火藥所發之力

平常之汞藥含汞養炭養即汞養草酸造時即另有此物變成

銀爆藥　造法略同於汞藥而其性更猛更不宜多造將銀十釐硝強水與水較重一·四二者七十釐水五十釐同置玻璃杯內漸漸加熱消化離火待冷加醋與水較重〇·八七者二百釐略待少頃如不自沸則少加熱自有銀藥結成如針其餘事盡同汞藥硝強水與醋太淡雖合自沸必再加紅色之硝強水因此水含淡養質能令其起沸如無純銀則稍含銅者亦可

銀藥乾時必極謹慎因其性更烈也收藏之法用軟紙作小包而裝於紙匣分合此藥之器俱以紙爲之此藥之爆性極猛斷不可作銅冒藥祇可作自礫之要物銀藥在冷水不甚消化在熱水盡能消化如一分而在沸水三十六分內已盡消化

銀藥少許置於石上再將石之尖角稍壓之自燃而成光聲或將銀藥少許與小石塊同包而擲於地面即發大聲

銀藥之爆力與汞藥之爆力可相比而知將二物等重置於薄銅片而下面加熱汞藥之燃如吹滅燈火之聲片上無有污迹銀藥則發極大之聲而片乃擊成一孔

銀藥極微置於玻璃片上而以硫強水滴上燃後有餘下之銀

銀藥以淡輕養四消化之冷而結成顆粒爲銀藥與淡輕養四相合而成即銀養淡輕二輕養炭四淡養二此質比銀藥更猛而極險雖濕亦易燃

鉀綠水加銀藥至有餘則銀之半變爲銀綠其餘爲銀養鉀養炭四淡養二結成顆粒濾出之而以水消化之再漸加硝強水則其鉀養分出而得銀養輕養炭四淡養二在沸水內易消化冷時結成顆粒將此顆粒以沸水消化而加銀養再沸則變爲中立性之爆藥

又有數種單原質與雙原質之爆藥其爆性或大或小不等茲不備載

爆藥之變化　爆藥類有單質者有雙質者公式必備其

分劑數如銀藥之式不可爲銀炭二淡養二必倍之而爲銀炭四淡養四則指出其銀之半能與別種金類或輕氣互易此式亦同於銀衰二分劑但銀衰與銀藥之性大不同

爆藥與含衰之質多有相類之性可以法證之如將汞藥加輕綠水則消化而發輕衰香氣水內有汞綠與汞養草酸並淡輕四養輕綠或將銀藥稍加輕硫氣則得衰養水如加至有餘則變爲輕衰硫二或將銅養淡輕四養炭四淡養二加輕硫二則變成輕炭淡硫二與尿酸其尿酸之原質與淡輕四養衰相同其式爲

銅養淡輕四養炭四淡養二丄三輕硫‖銅硫丄二輕養丄輕炭二淡硫二丄炭輕四淡養二酸即尿

以上變化之性化學家以爲各種爆藥爲金類與養氣合成之質爲本而其配爲衰養此配質在衰養配與衰養配之間但其質不能與別質分開依此理排列各種爆藥清楚而簡便其各種變化亦易明

汞藥入鉀衰水內加熱令沸則消化熬乾而結鉀養炭六淡三輕二養五此質之分劑同於鉀養二輕養衰養三但鉀養爆藥祇能成一類之質故爲一質點之質其以炭六淡三輕二養五爲配質者爆力甚小其二輕養炭四淡二養三變成輕養炭六淡三輕二養五其式爲

二(二輕養炭四淡二養三)丄二輕養‖二炭養二丄淡輕三丄輕養炭六淡三輕二養五

上海曹鍾秀繪圖
新陽趙元益校字

化學鑑原續編卷二

英國蒲陸山撰
英國傅蘭雅口譯
無錫徐壽筆述

蒸煤所得之質

五十年以內，化學比前更盛，其故半因煤氣之事，初以為此事與化學無甚相關，然細考其理，則於製造各物之工，無有比煤氣能得多種奇性，而為有用之物者，而此各物亦無有能從別事造出者。

煤氣所添化學中之新理新物，乃化學家詳考蒸煤氣之法，而偶得其理，更有從提淨煤氣而除去異質，而考究此異質而偶得有益之物也。

煤氣未蒸之時，化學家不甚知物質含炭與輕之性情，從前用別法得煤內之油，即含輕與炭之流質，但其變化尚未明曉，後從蒸煤氣時取得多質，而更詳考其理，如偏蘇里原從安息香取得，而當時取之甚難，其用處在製造內又甚多，如無煤氣內取出之法，今尚不能多得，且不但偏蘇里之用處多，而其變成之質之用處亦甚多，如偏蘇里淡養五為上品之香料，從此質而得阿尼里尼，為造各種豔色之顏料。

那普塔里尼為煤黑油內所得，有人名羅倫德考究甚詳

製造之時，擬設替代之理，並從此理略知生物質點排列之理。

煤黑油內更得多種能化散之鹼類，如阿尼里尼，又有非尼酸酲，即加波力酸酲，從此質而得一大類之物，即非內里類。

蒸煤氣之甑，如第二圖，以生鐵為之，其形作扁管，以三四筩為一副，可用一爐之火加熱，如甲，每管盛煤約二百磅，乘管乙極熱之時，以煤納入，用鐵板為門，以泥封密，管前之上面有管丙，通煤氣向上而彎入大總管丁，下半之水內，此總管與各甑管為正角，而收得各甑管之氣，管內盛

第二圖

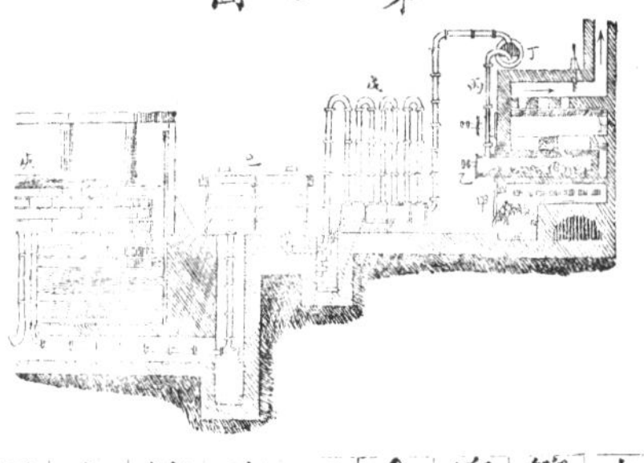

水之意，使氣既出水面，雖開甑管添煤，再不回至甑管。

總管內所存之水，先收煤氣所含淡輕四養之各質，如二淡輕四養三炭養二淡輕四綠淡輕四衰淡輕四衰硫，總管通至凝器，此器有多彎管，其加冷法或用冷水流過，或大其遇空氣之面而能自冷，此凝器內凝盡煤氣所含之水氣，並收總管內未曾收盡之炭輕類，或淡輕三類之質，惟淡輕三

類之質凝器內尚不能收盡故有數處蒸煤氣者令氣再過枯煤箱內枯煤之內常有微水流下則能收盡其餘質總管丁內收得之黑油所含之質甚繁茲將各質列表

質名	沸界	相等式	較水重
非本非配之流質			
徧蘇里	一七六	炭$_{一二}$輕$_{六}$	八八
多路阿里	二三○	炭$_{一四}$輕$_{八}$	○·八七
歲路里	二八四	炭$_{一六}$輕$_{一○}$	○·八七
以蘇苦母里	三三八	炭$_{一八}$輕$_{一二}$	○·八五
非本非配之定質			
那普塔里尼	四二八	炭$_{二○}$輕$_{八}$	
伯辣那普塔里尼	五八○	炭$_{三○}$輕$_{一二}$	
可里西尼		炭$_{二四}$輕$_{八}$	
貝里尼		炭$_{三○}$輕$_{一二}$	
鹼類質			
阿摩尼阿		淡輕$_{三}$	
阿尼里尼	三六○	炭$_{一二}$輕$_{七}$淡	一·○二
比哥里尼	二七一	炭$_{一二}$輕$_{七}$淡	○·九六
雞那阿里尼	四六二	炭$_{一八}$輕$_{七}$淡	一·○八
比里弟尼	二四○	炭$_{一○}$輕$_{五}$淡	

質名	沸界	相等式	較水重
配質			
加波力酸	三七○	炭$_{一二}$輕$_{六}$養$_{二}$	一·○七
苦里歲里酸	三九七	炭$_{一四}$輕$_{八}$養$_{二}$	
羅殺里酸		炭$_{四○}$輕養$_{八}$	
波羅奴里酸			
醋酸	二四三	炭$_{四}$輕$_{四}$養$_{四}$	一·○六

徧蘇里之名從安息香得之多路阿里之名從多路膠得之歲路里即木之意以蘇苦母里爲與苦母里同原質之意苦母里爲苦母尼子所得之油

氣過枯煤箱之後又通入石灰箱內此箱以鐵爲之如已內作多層隔板板上鋪乾石灰收其炭養氣並輕硫氣最後通過淡硫強水收盡所餘之淡輕$_{四}$養

又別有數法收其輕硫最便者用皂礬熟石灰木屑三物和勻令氣行過其用木屑之意欲令二物不黏連而漏氣其石灰能化分鐵養硫養而得鈣養硫養並含水之鐵養其式爲

鐵養硫養丄鈣養輕養丨丨鐵養輕養丄鈣養硫養

空氣遇此質不久其鐵養變爲鐵養此質收其輕硫與輕養而成鐵硫與普藍等質此收淨煤氣之料又能收氣內所含之淡輕$_{四}$養炭養而成淡輕$_{四}$養硫養與鈣養炭養有數處祇用鐵養收淨煤氣此質或用天生者或用人造者

輕硫氣遇鐵養三其變化之式爲

鐵養丄三輕硫川三鐵硫丄硫丄三輕養

此法甚省簡因鐵硫遇空氣自能變爲鐵養其式爲

二鐵硫丄養川鐵養丄硫

收淨煤氣之器內令空氣隨煤氣同進則將鐵硫變爲鐵養其變化之時即生熱足令所凝之偏蘇里變爲霧質如是而偏蘇里光亮之性不失此所用之料可以收淨甚多之煤氣以至化分之硫體積增大而不便所以另有鐵甑蒸之而收其硫惟煤氣所含之炭硫質最難分出且爲各異質內之最有害者因欲變爲硫養而壞各物也故有人

設法去之如用淡輕養硫養水洗其氣或用重加熱汽令煤氣通過則炭硫變爲輕硫與炭養而易散其式爲

炭硫丄二輕養川炭養丄二輕硫

又法將石灰加熱至紅亦能收之其式爲

炭硫丄三鈣養川鈣養炭養丄二鈣硫

又將鉛養以鈉養消化之使炭硫行過而變爲鉛硫其式爲

炭硫丄二鉛養丄鈉養川二鉛硫丄鈉養炭養

又將鉀養或鈉養以酯消化令炭硫行過則變爲含炭養與硫之質而分出由今以觀所有氣內之異質未有難去

如炭硫者

煤氣淨後通至藏氣罩內如庚從罩通至燃燈之處

蒸煤氣必慎爐內之熱度熱度大小則輕與養爲本之定流兩質發出甚多不但得氣減少而管乃塞住熱度過大則易化散之輕氣炭氣並炭輕與炭輕四氣自欲化分而炭結於甑邊爲炭精其輕氣隨煤氣而出因此煤氣之體積大而光小

茲將回干地方用干尼里煤蒸時所有原質之數列表

每一百分體積含各種氣質之名	蒸一小時	蒸五小時	蒸十小時
炭輕四氣並飛散之炭輕質	一三·〇	七·〇	〇·〇
炭輕四	八二·五	五六·〇	二〇
炭養	三·二	一一·〇	一〇
輕	〇·〇	二一·三	六〇
淡	一·三	四·七	一〇

第一點鐘後炭養增多之故因熱度大而爲炭所化分其淡氣增多之故亦因熱度大而淡輕養自化分

蒸煤氣時所得之異質內淡輕爲要質尋常所有含淡輕之質即從蒸煤之法所得此質之外黑油爲要質黑油之用處甚大因有各種適用之質在此取出也

煤黑油內取得化散之質依各物沸界之度可檢前列之

表

黑油盛於大鐵甑內蒸之則有水氣透過而凝爲水內有各種含淡輕$_{四}$養之質另有㮕色之油質浮於水面其氣甚臭乃輕與炭所成之質即徧蘇里多路阿里歲路里以蘇苦母里各質依前表較水之重略爲〇·八五黑油一百分發出此種輕油質十分

輕油蒸過之後而熱度漸大則有黃色之油蒸出較水更重沈於收器之底俗名死油此油比前之輕油體積更多略爲黑油四分之一內含沸度大而較水更重之質如那普塔里尼阿尼里尼雞那阿里尼加波力酸蒸時愈久此

油所含之那普塔里尼愈多因其沸界甚大之故最後透過之油冷時略爲定質此時即可停蒸甑底所餘之質黑色而黏力甚大即柏油也燒此油可變爲極細之炱又可將此油與沙子或石灰和勻鋪在路面則路面平硬如石初時蒸得之輕油再蒸一次而淨即名煤那普塔其重油即死油存在甑內甚多因沸界大於輕油故也將此煤那普塔再提之法須加硫強水收其數種異質而淨那普塔浮在面上取出蒸之即得極淨之那普塔

輕油所含之質不但有炭$_{卯}$輕$_{二卯}$爲原質之質其外另有數種屬於炭$_{卯}$輕$_{二卯}$之質又有別種新考得之質其公式爲炭$_{卯}$輕$_{二卯二}$此一類遇硫強水則輕油爲本之質爲硫強水所變其變得之質即含多分劑之炭輕質其公式爲炭$_{卯}$輕$_{二卯-六}$此一類之質有三種已考得甚詳即

分劑式	沸界
炭$_{十四}$輕$_{二○}$	四百十度
炭$_{十八}$輕$_{二四}$	四百六十四度
炭$_{二二}$輕$_{二八}$	五百三十六度

炭$_{二}$輕$_{○}$爲本之質如炭$_{二}$輕$_{○}$炭$_{四}$輕$_{二}$炭$_{六}$輕$_{四}$即前質用硫強水而成者其各質與炭$_{四}$輕$_{二}$相類不過分劑數加大

蒸干尼里煤而熱度不大則含以上之質甚多現在造巴

辣非尼並其油多用干尼里煤與類乎煤之數種金類見專造巴辣非尼一節

第三圖

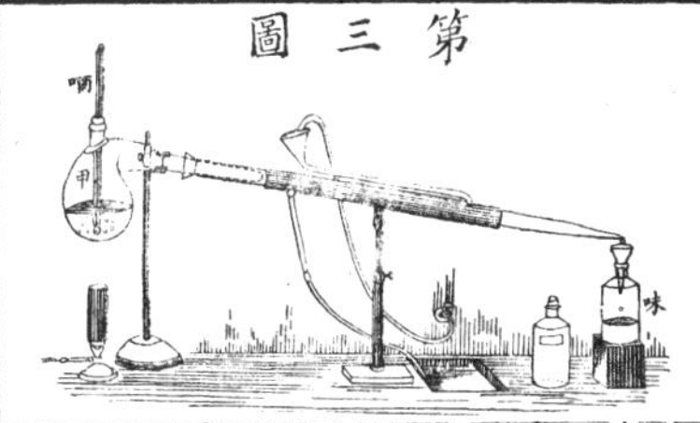

那普塔分出所含炭輕爲本之質須用分蒸之法

分蒸之法如第三圖將那普塔盛於甑內如甲塞門內安一寒暑表如丙初蒸過者必爲沸界再小之質如預知各質之沸界則俟寒暑表至若干度必換收受之瓶如未如此則每瓶所收之質得其沸界不同者如將收得之各流質再

以同法蒸之又能分出數種各種沸界之相距比前更小若再以同法蒸之則其沸界之相距尤小如連蒸之必得多種而沸界不甚相遠矣茲將煤那普塔分蒸之法列次言之

輕油先加淡硫強水搖動和勻則所含爲本之質與強水相合再加淡鉀養水和勻則分出加波力酸除去黏連器內之鉀養須加清水搖之俟其澄清則那普塔浮在面上而鉀養消化於水其那普塔與水分離

那普塔盛於甑內加熱至一百六十度則起沸而透過無多熱至一百八十度可換收受之瓶熱至二百度再換收瓶此後每加二十度之熱必每換瓶至三百六十度其質略盡（多造此物之肆將一百八十度與二百五十度之間蒸過之料發賣即偏蘇里可作阿尼里尼之用也）

依此法所得之流質有十種其各種之多少不等沸界愈多得數愈少將此十種分盛於小甑而再蒸之各甑亦各安寒暑表

第一瓶之料即一百六十度至一百八十度者略在一百五十度起沸至一百六十度時可換收瓶至一百七十度時餘下之質已屬無多棄而不用遂將一百六十度至一百七十度收得之質添入下次所蒸之料內即前所得第二瓶一百八十度至二百度者

第二瓶一百八十度至二百度之料熱至一百七十五度即起沸至一百八十五度可換收瓶至一百九十五度略已蒸盡亦棄其小餘而將其次得者添入前所得第三瓶二百度至二百二十度者如此循序蒸畢而得六種流質第一一百五十度至一百六十度第二一百七十五度至一百八十五度第三一百八十度至一百九十度第四二百四十度至二百五十度第五三百度至三百十度第六三百四十度至三百五十度將此六種再蒸一次幷成五種第一一百四十五度至一百五十度第二一百七十五度至一百八十度第三二百三十度至二百三十五度第四二百八十八度至二百九十三度第五三百三十六度至三百四十二度

一百四十五度至一百五十度之間所得者甚少故未考其詳細一百七十五度至一百八十度之間所得者甚多於各種略爲淨偏蘇里即炭$_{六}$輕$_{六}$二百三十度至二百三十五度之間所得者大半爲多路阿里即炭$_{七}$輕$_{八}$二百八十八度至二百九十三度之間所得者爲歲路里即炭$_{八}$輕$_{十}$三百三十六度至三百四十二度之間所得者爲以蘇苦母里即炭$_{九}$輕$_{十二}$

一百七十五度至一百八十度者分取其偏蘇里加冷至

三十二度則凝結爲定質其餘質不凝故壓之而餘質盡出

前爲舊法繁而費時今有簡便之法如第四圖其盛料之

第四圖

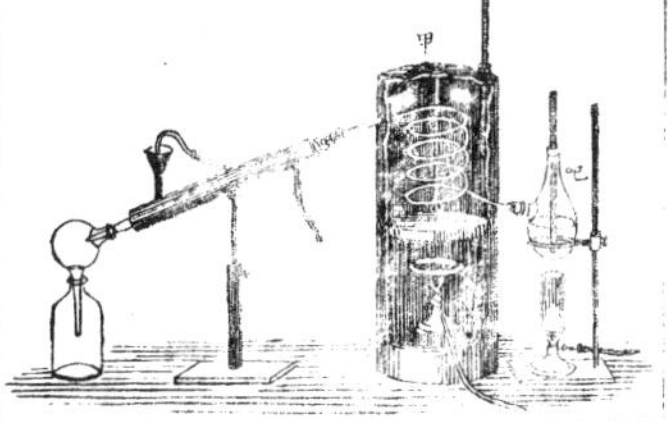

之瓶如已有螺絲管如物或銅或錫所作外圍以水或用別種流質如甲下加以熱稍大於欲取之質之沸度則熱度更大之質必流回至瓶內如將輕油蒸出偏蘇里可令甲器內之流質熱至一百八十度則多路阿里等質必在螺管凝而流回所有透過之質大半爲偏蘇里此後將甲器之熱度加大至二百三十度而換收受之瓶則所得之質大半爲多路阿里其餘各質可類推

偏蘇里　偏蘇里之淨者名偏西尼爲極明無色之流質其臭如煤氣熱至一百九十六度而沸其性易燃燒時發出多煙醕或木酒皆能相和與水不能相和能化輭硬二種象皮各工藝內大有用處衣服有油漬可將此洗去而無痕迹

偏蘇里能直與綠氣合成偏蘇里綠爲定質即炭$_{12}$輕$_6$綠$_6$遇醕消化之鉀養即化分成炭$_{12}$輕$_3$綠$_3$

偏蘇里加綠養水亦得一定質有顆粒之形其質爲炭$_{12}$輕$_9$綠$_3$養$_6$如遇鹼類即變成甜味之定質名爲非奴司與乾葡萄糖之原質相同其式爲

炭$_{12}$輕$_9$綠$_3$養$_6$丄三（鉀養輕養）＝炭$_{12}$輕$_{12}$養$_{12}$（即非奴司）丄三鉀綠

非奴司不能成顆粒但能成一易化散之料在水在醕皆易消化以脫內不能消化遇銅養或銀養即能化分同於葡萄糖之質遇醋酸即變爲草酸遇酵不肯發氣

阿尼里尼　偏蘇里之大用爲造阿尼里尼由此質而變成各種阿尼里尼之顏料將偏蘇里加以濃硝强水則發沸甚猛而成深紅色之流質再加以水即成黃色之重流質其形如油其臭如苦杏仁名爲偏蘇里淡養$_4$其質爲炭$_{12}$輕$_5$（淡養$_4$）其以偏蘇里而變成之理其式爲

炭$_{12}$輕$_6$（即偏蘇里）丄輕養淡養$_5$＝炭$_{12}$輕$_5$淡養$_4$丄二輕養

如將此質令遇淡硫强水與醕則其初生之輕氣除去其全養氣而得二分劑輕氣代之其質爲炭$_{12}$輕$_5$淡輕$_2$即炭$_{12}$輕$_7$淡其式爲

炭$_{12}$輕$_5$淡養$_4$丄輕$_6$＝炭$_{12}$輕$_7$淡丄四輕養

如用質點式代分劑式則其變化更易明

偏蘇里之質點式爲

炭$_6$輕$_6$

偏蘇里淡養之質點式爲

炭輕淡養

阿尼里尼之質點式爲

炭輕淡輕

觀前式自知養氣二質點可易輕氣二質點

如欲試驗所得之阿尼里尼可將有餘之硫强水加以鉀養滅其酸再加鈣養綠養則阿尼里尼變爲豔紫色

如欲用偏蘇里淡養多造阿尼里尼可盛於甑內再加以水與鐵屑並醋酸而稍加熱則初時得鐵養醋酸即鐵養炭輕養此質能令其變化更快後即變爲鐵養二炭輕養此質存在甑內而阿尼里尼透過另有水同過蒸至略盡之時更有紅色之油透過凝結成顆粒此質爲阿蘇偏西弟即炭輕淡其原造此物用偏蘇里淡養加以醕內消化之鉀養蒸之即得

偏蘇里淡養在醕內消化而再加鹽强水與鋅化分之將其水添入鈉養炭養滅其酸再在醕內沸之即得阿尼里尼與鋅綠合成之顆粒其質爲鋅綠炭輕淡

阿尼里尼在水內不甚消化而其重率爲一·○二所以多在器底相聚而其上面之流質稍有白色因內有阿尼里尼小質點之故如將所得之質傾入高細之玻璃管內則其水質多能分出而其阿尼里尼可再蒸之因阿尼里尼之沸界三百六十度水盡透出而得無水阿尼里尼

阿尼里尼之名乃葡萄牙國語即靛之意如將靛與鉀養相和而蒸之亦能得阿尼里尼阿尼里尼之淨質初時無色久遇空氣而變櫻色其氣甚奇與阿摩尼阿略同其味甚辣將此一滴黏於新杉板上能變深黃色或使遇鈣綠水能變豔茄花色雖阿尼里尼甚少亦可用此法試之其變色之理尚未深悉但知爲與養氣化合之意近年剏法甚多又得各種大紅色紫色茄花色俱藉此阿尼里尼與養氣化合之質

煤黑油所成各種顏料

阿尼里尼所造顏料初爲暮甫顏料此是法國語乃扶桑花之名因其色與此花相同也阿尼里尼在淡硫强水消化加以鉀養二鉻養水則其流質變爲深暗之色並有黑質結成濾之洗之加以煤那普塔而變櫻色之料將其餘質加入熱醕之內則暮甫消化其阿尼里尼變爲暮甫之理尚未全知惟其本質已知爲炭輕淡名爲暮甫以尼其顆粒黑而光略如光花點之鐵礦在醕內消化變爲茄花色之流質在酸水內消化即得紫色暮甫以尼亦能與各配質合成鹽類將暮甫以尼以醕消化之能收炭養氣與鹽强水化合即得炭輕淡輕綠

而成長方形之顆粒其色綠而光亮

阿尼里尼與炭綠四或錫綠二或鐵綠二或銅綠或汞養淡養五或汞綠或含水鉀養五化合俱能成紅色之料因此各種材料俱能令別物與其養氣或綠氣化合也

試造紅色可將阿尼里尼數滴盛於小筒內而以汞綠少許添入則消化而變成深紅色之料卽阿尼里尼紅與汞綠等質將此質於醕內消化而取其紅水以絲線或羊毛線浸入染成豔紅色洗之不去

多造之法將阿尼里尼加以含水之鉀養五卽得黑色之稠質冷而硬脆其色綠而有回光不但含阿尼里尼紅色又有別質並鉀養將此質置水內令沸卽得深紅色之水並有黑色之料如松香或柏油以食鹽添入至不能消化而止則其顏料結成而狀如松香提淨之法曬乾之在煤那普塔內加熱令沸所得之紅料爲鉀養五與羅殺阿尼里尼化合而成此爲無色之本質其質爲炭四〇輕一九淡三二輕養如將其紅水添入鈣養水又得淡櫻色之料卽羅殺阿尼里尼與鈣養鉀養五結成之質

結成之質加入醋酸少許其羅殺阿尼里尼變爲羅殺阿尼里尼醋酸卽炭四〇輕一九淡三輕養炭四輕三養三於水中消化而得紅色其鈣養鉀養五不能消化故易濾出將其水熬至略乾待冷卽結顆粒其色綠而有閃光俗名瑪眞塔染色之力甚大雖以極小之粒置於多水內水亦變紅如將絲或毛浸於濃水之內能染大紅洗之不去惟棉與麻難染其色故將極細夏布用絲線刺繡浸於紅水其花紋之色甚牢而夏布之色易脫以水洗之只見紅花此卽今之一品紅也俗以一品爲最好之意故紅黃藍綠皆以一品名之

羅殺阿尼里尼醋酸水加熱令沸添以淡輕養四至有餘其質大半結成沉下乘水熱時濾之則結針形之顆粒初時無色久遇空氣而收炭養卽變紅色此爲羅殺阿尼里尼炭養

羅殺阿尼里尼水內消化甚少醕內消化甚多遇酸質能成兩種鹽類一有配質卽酸質一分劑爲大紅一有三分劑爲櫻色如將無色之羅殺阿尼里尼用淡鹽強水消化其水含羅殺阿尼里尼輕綠而得紅色如添鹽強水至有餘遂變櫻色結成之顆粒爲紅櫻色卽羅殺阿尼里尼三輕綠

試驗羅殺阿尼里尼之性可將羅殺阿尼里尼醋酸加以鈣養水至有餘乘熱濾之所得之水爲黃色藏於甁面密封之能存日久如以此水少許用管吹氣於內卽變紅色且有羅殺阿尼里尼炭養結成以此水寫字於白紙初時

不見後遇空氣而漸變玫瑰花色。
羅殺阿尼里尼稍加鹽强水再加鋅一塊其色盡滅因收輕氣二分劑而變爲留格阿尼里尼（留格二首卽白色之意）其質爲炭輕淡此質與輕綠三分劑相合變爲無色之水如再加放養氣之料則仍變爲羅殺阿尼里尼如將阿尼里尼之淨者加以汞綠或錫養而加熱則不能成阿尼里尼紅色因成紅之理必合別種本質卽多路以弟尼爲炭輕淡此質從多路阿里所得之理與阿尼里尼從偏蘇里所得之理相同用煤那普塔所得之偏蘇里大半含多路阿里則從偏蘇里所得之阿尼里尼大半含多路以弟尼惟多路以弟尼與成紅色之相關不能深悉想是阿尼里尼或用偏蘇以酸所造偏蘇里而成者則不能含多路阿里所以不得紅色如將多路以弟尼七十分阿尼里尼三十分相和則得最佳之紅色與茄花色此法爲多路以弟尼七分劑阿尼里尼一分劑卽炭輕淡如加放養氣之質收其輕氣六分劑卽得炭輕淡卽羅殺阿尼里尼。
古里殺阿尼里尼爲黃色顏料（古里殺卽金色之意）造阿尼里尼紅時所有次等之料爲光黃色之粉其質爲炭輕淡水內幾不能消化醕內能消化與酸質化合能成鹽類如在淡鹽强水內消化而再添極濃鹽强水卽得紅色之質爲炭輕淡二輕綠置於濃鹽强水不能消化淸水卽能消化古里殺阿尼里尼與淡養合成之質有奇性水內消化極少如將古里殺阿尼里尼二輕綠加以淡水而再加淡養卽結顆粒沈下色紅而形如針卽古里殺阿尼里尼淡養其質爲炭輕淡輕養淡養。
阿尼里尼藍料將羅殺阿尼里尼之鹽類質卽有醋酸者加阿尼里尼至有餘令沸則羅殺阿尼里尼變爲三非尼里格羅殺阿尼里尼卽炭輕三（炭輕）淡此質約有非內里卽炭輕三分劑代輕氣三分劑其散出之輕氣三分劑變爲淡輕其式爲

炭輕淡輕綠丄三（炭輕輕淡）〓炭輕三（炭輕）淡輕綠丄三淡輕

阿尼里尼藍爲三非尼里格羅殺阿尼里尼輕綠其色爲椶水不能消化醕能消化得豔藍色如將淡輕養醕消化之再添以水卽有白質結成卽三非尼里格羅殺阿尼里尼二輕養將此質洗之乾之卽帶藍色
羅殺阿尼里尼遇初生之輕氣則成留格阿尼里尼有一通法其三非尼里格羅殺阿尼里尼能成三非尼里格留格阿尼里尼卽炭輕三（炭輕）淡此質不似留格阿尼里尼有本質之性而爲無色之中立性遇放養氣之質仍變藍

色如將三非尼里格羅殺阿尼里尼相配之雜質所含之米以脫里或以脫里或阿美里代其非內里可用此三質內之任一質與碘化合而加羅殺阿尼里尼盛於玻璃管封密久加大熱即成以脫里碘即炭輕碘與羅殺阿尼里尼相合即得藍色之顆粒水內不消化醋能消化即以脫里與三以脫里酸羅殺阿尼里尼合成之質其雜質為三以脫羅殺阿尼里尼以脫里碘其式為

炭$_{40}$輕$_{19}$淡$_{3}$丄四炭$_{4}$輕$_{5}$碘＝炭$_{40}$輕$_{16}$(三炭$_{4}$輕$_{5}$)淡$_{3}$炭$_{4}$輕$_{5}$碘丄三輕碘

阿尼里尼茄花色亦為同法所作又有用阿尼里尼作別種顏色如輕綠與鉀養綠養相和加入阿尼里尼之內得

綠色之料又有變法能用同料得黑色之料又可將瑪眞塔加以阿勒弟海特作別種綠色之料

羅殺阿尼里尼醋酸水加鉀衰則紅色漸漸而散有白顆粒結成名為羅殺阿尼里尼輕衰但此質不能以尋常之法辨別其質為炭$_{42}$輕$_{20}$淡$_{4}$疑此為新本質乃是留格阿尼里尼內有輕氣一分劑為衰一分劑所互易即炭$_{40}$輕$_{20}$衰淡$_{3}$其羅殺阿尼里尼輕衰在水內幾不能消化在沸醋內亦難消化如其鹽類質之水加鹻類質則能結成遇日光而變淡紅色

以上為阿尼里尼作各種顏料之大略現在阿尼里尼之用益廣可見化學有裨於工藝[illegible]前以前惟化學家能知此質之名今則無人不知矣

阿尼里尼為大愛力之本質易與配質(即酸)成鹽類而其鹽類又易成顆粒又能直與含水之配質相合未分出其水即與淡輕相同如阿尼里尼硫養為炭輕淡輕養硫養適與淡輕輕養硫養相配

酸質之含輕氣者能與阿尼里尼化合與淡輕相同即阿尼里尼輕綠質亦即淡輕輕綠質又有一相同之處如將淡輕之鹽類質加以鉀養則放淡輕氣將阿尼里尼之鹽類質加以鉀養則其本質結成油形而配質之色不明而

如乳阿尼里尼與淡輕之性既有相似之處故意其原質排列之法必同式可依非內里即炭$_{12}$輕$_{5}$代其輕氣一分劑因此取其名為非內里阿米尼其式為

淡輕$_{2}$(炭$_{12}$輕$_{5}$)＝炭$_{12}$輕$_{7}$淡

非尼酸或加波力酸加以淡輕盛於管內封密加熱即成阿尼里尼此即前言之據因人疑此非尼酸配質(即蒸煤所得配質之最要者)必為非尼里養與水合成之質即(炭$_{12}$輕$_{5}$)養輕養既如此則遇淡輕所有之事其式為

(炭$_{12}$輕$_{5}$)養輕養丄淡輕$_{3}$＝二輕養丄淡輕$_{2}$(炭$_{12}$輕$_{5}$)

阿尼里尼消化於醋加以淡養則棄去輕氣三分劑而得

淡氣一分劑代之卽有結成黃色之料名爲弟阿蘇阿米多偏蘇里其式爲

二炭輕淡丄淡養〓炭輕淡丄三輕養

淡養水遇熱醋內消化之阿尼里尼則所成之本質卽前言之同原異物名爲阿米多代非尼里美的此質同於鈉養錫養遇阿尼里尼之鹽類質所成黃色之料將此消化於水稍加酸質可令絲或毛染得深黃色如加以熱其色不見因其本爲易散之質也淡養遇阿尼里尼所成之各質能顯淡氣代輕氣作各種雜質之公法

煤黑油所含阿尼里尼之外別有三種本質卽比里弟尼比哥里尼雞那阿里尼比哥里尼在蒸骨所得之料內取出卽炭輕淡與阿尼里尼爲同原異物而有一大別其鹽類質不易成顆粒遇放養氣之質不變茄花色又雞那阿里尼以植物鹼類與鉀養水相合蒸之而得

輕那普塔餘下之質卽多路阿里歲路里以蘇苦母里此三質雖爲偏蘇里之要質而四質又彼此有相關也

四種流質之分劑爲級數如多路阿里爲炭輕偏蘇里爲炭輕則二質之較爲炭輕以蘇苦母里爲炭輕歲路里爲炭輕其較亦爲炭輕視前表所有各質之沸界每加一箇炭輕則加熱五十四度如歲路里之炭輕沸界二百八十四度多路阿里之炭輕沸界二百三十度此沸界有五十四度之較又偏蘇里之炭輕沸界一百七十六度亦得五十四度之較

此四質爲一等與香酸質之一等大有相關卽偏蘇以酸卽安息酸炭輕養多路以酸炭輕養古米尼酸炭輕養

如將此各種配質和以含水之鋇養蒸之卽得其相配之炭輕質因鋇養收其炭養一分劑其式爲

炭輕養卽偏蘇以酸丅二炭養〓炭輕卽偏蘇里

此變化與用醋酸卽炭輕養變爲炭輕之法相似其式爲

鈉養炭輕養卽鈉養醋酸丄鉀養輕養〓鈉養炭養丄鉀養炭養丄炭輕

此一等之質加以淡養卽各得一質與偏蘇里淡養相配如遇收養氣之質如鐵養草酸等則成一本質與阿尼里尼相似卽

炭輕質	偏蘇里	炭輕
含淡養質	偏蘇里淡養	炭輕淡養（此各種含炭輕質變爲霧時其體積數爲四卽養氣任等熱度等壓力之體積之四倍）
本質	阿尼里尼	炭輕淡
炭輕質	多路阿里	炭輕
含淡養質	多路阿里淡養	炭輕淡養
本質	多路以弟尼	炭輕淡

炭輕質　歲路里　炭輕

含淡養$_{五}$質　歲路里淡養$_{五}$　炭$_{六}$輕$_{九}$淡養$_{四}$

本質　歲里弟尼　炭$_{六}$輕淡

加波力酸　加波力酸又名非尼酸又名非奴里即炭輕$_{六}$養此質大半爲苦里亞蘇脫（苦里亞蘇脫即保肉不壞之意）加波力酸常出於牛尿內然今則俱從煤黑重油內所得其最多在加熱三百至四百度之間此種油能令木質不枯爛因多含加波力酸也

蒸黑油在三百與四百度之間所得之重油分出其加波力酸先添極濃鉀養水之熱者再添含水鉀養相和搖動則有白色之顆粒結成與其流質分離添水少許即得鉀養加波力酸上面所浮之油可取出而用輕綠水化分其餘質則其加波力酸分離而浮在面上如油取此油而添鈣綠少許收去其水再用甑蒸之所得之流質加冷則結成長而無色之顆粒其顆粒置於掌中得熱九十三度足令鎔化

加波力酸之味與臭同於苦里亞蘇脫水內難消化醕內易消化如將杉木塊以加波力酸水濕之再加輕綠水則乾時木上變爲藍色肆中售者常不淨試驗之法將加波力酸一錢加以溫水半磅以全消化者爲淨如不消化必雜死油鈉養一分以水十分消化能消加波力酸五分

加波力酸加水四分之一加冷至三十九度則結成長方顆粒即含水之加波力酸其質爲炭輕養輕養此質在水或醕或以脫俱能消化加熱至六十一度亦鎔化

加波力酸之爲配質其性最淡略與非尼里格醕相似即合水之非尼里養其質爲炭輕$_{五}$養輕養

加波力酸之用處甚廣功力甚大其性能令動植物不枯爛故醫家用以保護好肉而令腐者不更壞又加波力酸與鈣硫相合即成滅臭之料名瑪客杜克拉專用加波力酸亦能滅臭

加貝所的酸　加貝所的酸之質將加波力酸加以濃硝強水待冷其水變爲明黃色之顆粒即加貝所的酸又名比客里酸又名三淡養$_{四}$非尼酸又名淡養$_{四}$非尼西酸因此質從非尼酸所造成也用三淡養$_{四}$代輕養即同於用偏蘇里令淡養$_{四}$代輕氣而成偏蘇里淡養$_{四}$依此理則比客里酸之質爲輕養炭輕$_{二}$三(淡養$_{四}$)養其一分劑之水能以一箇本質代之成新質如添鉀養水結成比客里酸鉀養其色黃即鉀養炭輕$_{二}$三(淡養$_{四}$)養因此化學家用比客里酸爲試驗鉀養之法

加貝所的酸不易在水內消化而易在醕內消化其消化

所得之流質能令皮膚並別種生物質變爲黃色所以染絲之鋪俱用此料其味又極苦造苦酒之肆常以僞充霍布花之用

加貝所的酸可將數種生物質加以硝强水得之如靛或絲或數種松香類俱能造此物如將新金山巴搭尼貝地所出之樹膠添入硝强水內即得此物甚多而價甚廉英國常用者將硝强水加於煤黑油所得之生加波力酸造此物如將加貝所的酸忽加大熱則爆裂因其炭與輕氣收淡養$_5$之養氣也

加貝所的酸添以鈣綠蒸之即得無色之重油質其氣甚辣與芥末略同加熱至二百四十八度而沸（好甫門云加熱至二百三十三度即沸）此油名爲綠氣比客里尼其質爲炭$_2$綠$_3$(淡養$_4$)略同於炭$_2$輕$_4$之類其輕氣三分劑以綠氣代之而又一分劑以淡養$_4$代之綠氣比客里尼常在綠氣與生物質合成之質內水內幾不能消化醕與以脫俱易消化

綠氣比客里尼與醕消化而遇鈉則成二以脫里三炭養$_2$如遇鉀衰則綠氣二分劑換衰二分劑而成深紅色之稠質其質爲炭$_2$綠衰$_2$(淡養$_4$)此質想是從炭$_2$輕$_4$所成即衰二分劑綠一分劑淡養$_4$一分劑共四分劑以代輕氣四分劑

非內里合成一類之物有數種並可比較其原質非內里雖不能分取而得而其質知爲炭$_{12}$輕$_5$合成之物有四種爲最要者如輕氣非內里即偏蘇里其質爲輕(炭$_{12}$輕$_5$)又阿摩尼非內里即阿尼里尼其質爲淡輕$_2$(炭$_{12}$輕$_5$)又非尼酸即輕養(炭$_{12}$輕$_5$)養又三淡養$_4$非尼酸又名比客里酸其質爲輕養炭$_{12}$輕$_2$三(淡養$_4$)養

阿尼里尼之質想其本爲淡輕$_3$而其輕氣一分劑可以非內里代之非尼酸以水二分劑爲本而其輕氣一半亦以非內里代之偏蘇里之本爲輕氣一質點之輕輕而其一箇原點亦以非內里代之

苦里亞蘇脫之內有數質其熱度大於加波力酸始能沸因含可里雪里酸也可里雪里酸之質爲炭$_{14}$輕$_8$養$_2$與加波力酸相似惟有可里雪里即炭$_{14}$輕$_7$代其非內里其原質不但有相似之處而其性情亦略同所以可里雪里酸能令物質不枯爛與加波力酸相同二物可互易用之如將可里雪里酸與硝强水相和即得三淡養$_4$可里雪里酸其質爲輕養炭$_{14}$輕$_4$三(淡養$_4$)養加波力酸與硝强水相和即得三淡養$_4$非尼酸其質爲輕養炭$_{12}$輕$_2$三(淡養$_4$)養二物正有相同之理

那普塔里尼　煤黑油蒸出重油最多之質即此物如將蒸畢餘下之質壓出其炭輕流質將其定質添以醕而沸

之得冷得光亮白色之片粒即那普塔里尼將此加熱而收其霧再令凝結其質更淨

那普塔里尼本是無甚意趣之物然有人試其用處而得妙理用綠氣與之相和或用溴與之相和從此得一公理即相代之理因知雜質可將一箇原質之一分劑易以別種不同性之物之一分劑如將綠氣與那普塔里尼相和則綠氣與輕氣合成輕綠而散出其能得六種新雜質有陸倫得者依字母指出所含綠氣之數如後質

那普塔里尼　炭$_{一〇}$輕$_{八}$

綠那普塔西　炭$_{一〇}$輕$_{七}$綠

綠那普替西　炭$_{一〇}$輕$_{六}$綠$_{二}$

綠那普台西　炭$_{一〇}$輕$_{五}$綠$_{三}$

綠那普拖西　炭$_{一〇}$輕$_{四}$綠$_{四}$

綠那普圖西　此質尚未見過

綠那普他拉西　炭$_{一〇}$輕$_{二}$綠$_{六}$

綠那普他里西　此質亦未見過

綠那普他來西　炭$_{一〇}$綠$_{八}$

各質之內其分劑之和恆為二十八炭之分劑恆為二十陸倫得所考得之事更有奇妙之處前質內尚有數種同原異物如綠那普替西有七種其原質俱為炭$_{一〇}$輕$_{六}$綠$_{二}$而各質有分別與不同原質者相若內有二種為流質餘俱為定質而其鎔化之熱度亦不同從八十八度起至二百十四度止又如綠那普台西有七種綠那普拖西有四種俱是同原異物陸倫得所考之理以為相代之輕氣每質點在本質內有自己之本分而其別質點亦俱有此理故其第一質點易以別質點所成之質與易其第二質點不同如那普塔里尼為炭$_{二〇}$輕輕輕輕輕輕輕輕綠那普替西之第一種為炭$_{二〇}$綠綠輕輕輕輕輕輕綠那普替西之第二種為炭$_{二〇}$輕輕綠綠輕輕輕輕其餘各種類推近有人考究此事更詳知此理更確

溴與那普塔里尼所得之各質相和與綠氣略同但不能預知其輕氣幾分能以綠氣代之再一分以溴代之如將綠氣代輕氣所得之質加以溴或反之能得各質如後

綠溴那普台西　炭$_{一〇}$輕$_{五}$綠$_{二}$溴

綠溴那普拖西　炭$_{一〇}$輕$_{四}$綠$_{三}$溴　其綠在溴之上者其意先有綠氣後用溴代之反之亦然

綠溴那普賴拖西　炭$_{一〇}$輕$_{四}$綠$_{二}$溴$_{二}$

溴綠那普圖西　炭$_{一〇}$輕$_{三}$溴$_{三}$綠$_{二}$

溴綠那普拖西　炭$_{一〇}$輕$_{四}$溴$_{二}$綠$_{二}$

綠溴那普賴拖西與溴綠那普拖西分劑之數相同而性情不同造法亦不同綠溴那普賴拖西之造法將綠那普

台西即炭$_{二}$輕$_{五}$綠$_{二}$以溴相和而溴綠那普拖西之造法將溴那普替西即炭$_{二}$輕$_{六}$溴$_{二}$與綠氣相和因此據而知所得之質之性情必藉輕氣質點排列之法

那普塔里尼能直與綠氣化合成二種質一為炭$_{一〇}$輕$_{六}$綠$_{二}$二為炭$_{一〇}$輕$_{八}$綠$_{四}$

那普塔里尼與硝強水相和能成三種質一將輕氣一分劑以淡養$_{四}$一分劑代之二將輕氣二分劑以淡養$_{四}$二分劑代之三將輕氣三分劑以淡養$_{四}$三分劑代之此各質遇收養氣之質則成一本質如淡養$_{四}$偏蘇里以同法代之能成阿尼里尼

那普塔里尼與硝強水相和加熱久沸而蒸乾得那普塔里酸又名塔里酸其質為二輕養炭$_{一六}$輕$_{四}$養$_{六}$加熱化散收其霧而令凝結其水即能分出那普塔里尼與非內里類有相因之用如將那普塔里酸與石灰相和則變為鈣養炭養$_{二}$與偏蘇里其式為

二輕養炭$_{一六}$輕$_{四}$養$_{六}$丄四鈣養‖炭$_{一二}$輕$_{六}$即偏蘇里丄四（鈣養炭養$_{二}$）

再將二鈣養炭$_{一六}$輕$_{四}$養$_{四}$與有水之鈣養相和加大熱數小時則變為鈣養炭$_{一四}$輕$_{五}$養$_{二}$二（鈣養炭養$_{二}$）其式為

二鈣養炭$_{一六}$輕$_{四}$養$_{六}$丄鈣養輕養‖鈣養炭$_{一四}$輕$_{五}$養$_{三}$丄二（鈣養炭養$_{二}$）

伯辣那普塔里尼之質為炭$_{三〇}$輕$_{一二}$乃蒸煤黑油將畢時所得之質與那普塔里尼之別在醕內最難消化又須加熱至三百五十六度始鎔化而那普塔里尼加熱至一百七十四度即鎔化

可里西尼與貝里尼二質亦是蒸煤黑油將畢時所得之質俱能成顆粒無甚大用蒸定質油類與松香類亦見此二質

上海曹鍾秀繪圖

新陽趙元益校字

化學鑑原續編卷三

英國蒲陸山撰

英國 傅蘭雅 口譯

無錫 徐 壽 筆述

草木所含各質

蒸取木內之質 木質所含之淡氣極少而煤為含淡氣之質故蒸二物所得之質有大別葢不含淡氣之質所蒸得者無有為本之質

凡木除汁之外大半為寫留路司與立故尼尼並金類之質木不能燒盡必有餘灰此灰即金類也用顯微鏡細察木紋似橘瓤之水包故植物學名為聚包體其橫剖面有

化學三續編 一

極細之孔如蜂房之形成此孔之料為寫留路司其質為炭輕養各孔之裏層為立故尼尼木之顆硬藉此立故尼尼之多少故果核之硬殼大半為此質立故尼尼遇鹼類易致消化寫留路司遇鹼類幾不能變立故尼尼之質未有人分出而求其原質其故因木所含之松香類不肯與之相離也又木所成色之料並含淡氣之質少許並汁少許俱不能分開

化學家將數種木質化分所得之原質略同其木俱在真空內加熱至二百八十四度烘乾之

	炭	輕	養	淡與硫	灰
柳木	四九·九三	六·〇七	三九·三八	〇·九五	三·六七
阿司并木	四九·二六	六·二八	四一·七四	〇·九六	一·八六
柏止木	五〇·二九	六·二三	四一·〇二	一·四三	一·〇三
橡木	四九·五八	五·七八	四一·三八	一·二三	二·〇三
樺木	四九·四六	五·九六	四二·三六	一·二二	一·〇〇

寫留路司之略淨質為棉花與蔴並上等生紙此各種料所含之立故尼尼與其餘各質在製造之時大半已經分出

木之原質與煤之原質相比木之養氣多於煤故蒸時所得之質必不同蒸木之時所得炭養炭養醋酸與水俱是

化學三續編 二

多含養氣惟其氣質俱不及煤氣質之光亮因炭輕質之重者少也

蒸木所得各種要料

定質

巴辣非尼 炭$_{天}$輕$_{天}$

那普塔里尼 炭$_{一〇}$輕$_{八}$

西特里留脫

比弟加來

貝里尼 炭$_{三〇}$輕$_{一二}$

可里西尼 炭$_{一四}$輕$_{八}$

松香

流質

多路阿里　炭$_{十四}$輕$_{八}$

歲路里　炭$_{十六}$輕$_{十}$

歲暮里　炭$_{二十}$輕$_{十四}$

苦里亞蘇脫　炭$_{十四}$輕$_{八}$養$_{二}$

披客瑪爾

加波奴木爾　炭$_{二十}$輕$_{十一}$養$_{二}$

由比阿尼　炭$_{十}$輕$_{十二}$

醋酸　炭$_{四}$輕$_{四}$養$_{四}$

木那普塔　炭$_{二}$輕$_{四}$養$_{二}$

米以脫里醋酸　炭$_{二}$輕$_{三}$養炭$_{四}$輕$_{三}$養$_{三}$

米以脫福密酸　炭$_{二}$輕$_{三}$養炭$_{二}$輕養$_{三}$

阿西多尼　炭$_{六}$輕$_{六}$養$_{二}$

水

氣質

炭$_{二}$輕$_{四}$

炭養

炭養$_{二}$

各質內最要者為醋酸木那普塔阿西多尼

蒸木之法如第五圖其木盛於鐵殼已置於鐵甑甲有管

第五圖

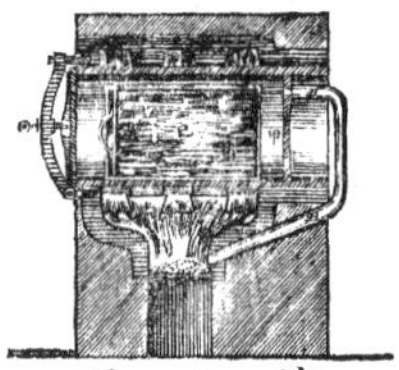

第六圖

丑引至收器自分為輕重二質其重而不鎔化者為木油輕者為醋酸為那普塔為阿西多尼如欲小試此事可如第六圖用玻璃甑其流質收在受瓶內而氣再至筒內如將其輕流質蒸之則那普塔熱至一百五十度而沸阿西多尼在一百三十三度而沸此二質透過之後有醋酸透過其沸界二百四十三度所得之醋酸不淨內含木油而有木煙之臭所以最便於令肉不壞之用提淨此醋酸添以鈉養炭養$_{二}$則炭氣散而得鈉養醋酸加以不過大之熱則其異質散出再將鈉養醋酸在水內消化令成顆粒則為淨鈉養醋酸若與硫強水相和則硫養$_{三}$與鈉養合成鈉養硫養$_{三}$再蒸之而得淨醋酸

木那普塔　木那普塔又名米以脫里酸醕又名木酒取法將二百十二度以內蒸過之一分盛於甑內加白石粉則所有醋酸與石粉相合變成鈣養醋酸所收之質為木那普塔其質不淨大半為米以脫里酸醕即炭$_{二}$輕$_{四}$養$_{二}$兼雜阿西多尼並米以脫里酸醋酸並數種油質能令其有臭

與水相和其水變色如乳尋常之木蒸之每得那普塔一分略得醋酸二十分提淨米以脫里酸之法將生木酒加以鈣綠至不能消化為度則所得之質能成顆粒而令米以脫里酸二分劑與鈣綠一分劑相合其質為鈣綠二炭輕養將此質盛於甑而隔水蒸之先使阿西多尼與米以脫里酸醋酸散出其質在二百十二度不變化故其甑須置於沸水內再將餘下之質添以等重之水而再蒸之則其米以脫里酸醕並水透出而甑內所餘者為鈣綠再將米以脫里酸醕去其水須加甚多生石灰俟數刻蒸之則所得之米以脫里酸醕為淨者。

生木油之用處藉其二種性情一在酒燈內燒之得其熱而不必有光二能消化松香之類故欲洗去油漆可用此物。

米以脫里酸醕為醕類之第一種此類之質多而最要詳見第十二卷米以脫里酸醕之名其義為內有兼雜之本質米以脫里米以脫里即木酒之意即炭輕此本質與養氣化合再與水化合即成米以脫里酸醕即炭輕養輕養此理雖未有一定之據然有數事能相證將木酒一分濃硫強水四分蒸之即得一種氣質為炭輕養此質以為米以脫里與養氣合成之質如再將木酒加燐與碘蒸之則所成之輕碘與米以脫里養相變而成米以脫里碘即炭輕碘將此質與醕相和加熱即成醕碘另有一種氣質為炭輕即米以脫里其雜本質之理詳於別卷。

又有一法能得米以脫里硫米以脫里硫米以脫里綠米以脫里溴米以脫里衰又能得米以脫里硫養米以脫里淡養米以脫里醋酸等質總言之其米以脫里類與以脫里類為並行之質而以脫里尤要於米以底里故在別卷更詳言之。

木酒所得之雜質最有意趣者為米以脫里囇里西里弟即炭輕養炭輕養此質與各拉弟里克樹之花所出之香油無異而化學家能用材料造成其造法將木酒加硫強水加囇里西里酸即輕養炭輕養相和蒸之其囇里西里酸之造法將無水鉀養燒鎔之而與柳樹皮所得之囇里西尼即炭輕養相和蒸之。

米以脫里養即炭輕養與福密酸即炭輕養相和所成之質為炭輕養炭輕養此物之原質與醋酸之原質即輕養炭輕養相同但其原質之排列不同故凡物之為何原質所成者不足指明為何物如醋酸與米以脫里福密酸其原質俱為炭輕養而醋酸原質之排列為輕養炭輕養可見此物為無水醋酸與水化合所成之質而米以脫里福

密酸爲米以脫里養卽炭$_{二}$輕$_{三}$養與福密酸卽炭$_{二}$輕養$_{三}$合成之質此種雜質爲同原異物而所異者惟質點之排列耳

巴辣非尼卽炭$_{天}$輕$_{天}$爲半明半暗之質其形如蠟蒸木油將畢之時所得如未變成之煤西名必得或干尼里煤或地內之油俱能蒸得此油如印度國藍乃古捺地方石油井所出之油多含此質

木油蒸出巴辣非尼因此質與各質愛力不大之性將蒸時所後出者添以濃硫强水則與巴辣非尼相合之質大半爲硫强水所毀而放出巴辣非尼浮在面上待冷結成用生紙收乾而得淨質另將醕與以脫相和加熱而添此

質消融待冷得明亮之片

巴辣非尼加熱至一百十度則鎔化故加更大之熱卽能蒸之巴辣非尼似白蠟能燃甚光亮之火故可代白蠟作燭今之洋燭卽此物也不能在水消化而稍能在醕消化以脫則多消化

巴辣非尼炭與輕之分劑尚未考得因與別質合成之質不定故不能深考惟所知者其炭與輕之分劑必相等故式內以天代之

巴辣非尼油爲流質可作機器滑料之用將北格海特地方所出之干尼里煤蒸油之時取其難化散之輕炭質卽

是此油而其易化散者可在燈內點之

阿西多尼詳見別卷

前所言蒸木所得之別質無有大用故亦未考其詳

由此阿尼卽炭$_{○}$輕$_{二}$爲輕於水之質加熱一百十六度卽沸

加波奴木爾爲油類之定質加熱至三百六十度而沸

披客瑪爾亦爲油質比水更重

西特利留脫爲紅色顆粒之質

比弟加來爲藍色之定質

木黑油又名他爾（因其地多出此物也）其質爲燒松木成炭之時有黑油從爐底流出此油與別種黑油之別因多含松香與

松香油故蒸之卽可得二物其餘質爲尋常發賣之柏油

比得路里烏末　俗名石油常在地內而近於產煤之處則甚多疑是植物變煤之時凝成此油

藍乃古捺所出之油多含巴辣非尼蒸取此油內之流質而用硫强水去其所含徧蘇里類之炭輕質則爲藏鉀與鈉之油此油爲數種炭輕質相合而成能消象皮及松香類加司邊海之相近處有數泉所噴之水上面有油浮出取之可作火油之用

火油　數年以內亞美利加數處開井所得或爲點燈之用或爲滑料之用出此油之地前爲壙野今有此利遂成

市鎭近來每年所產者幾不能數此種油臭氣難聞大半屬於炭輕類之炭輕質本司非尼阿地方所產者有各種炭輕質爲炭輕炭輕炭輕炭輕炭輕等此各質之外另有炭輕炭輕炭輕俱與炭輕爲同類之質俱從此油內取得者加拿大地方所出之火油有偏蘇里之質

地所產之物名必刁門與阿蘇弗辣脫姆亦含炭輕質之一類與松香油同原異物亦有一質爲松香類者有黑質類乎柏油俱含養氣其用處爲不漏水之灰並黑漆用時必將松香油化之

有一種石名必刁門含辣蒸取其質與木內煤內所得者相似

松香油並同類之質

松樹數種俱可用刀割其皮流出之汁名爲松香油此油有兩種一蘇格蘭松樹所出一非尼司松香油爲拉志木所出此兩種俱爲松香即炭輕養化學名彀路夫尼與松香油即炭輕二物相合而成蒸之而甑內所餘之物爲松香收得之流質爲松香油每百分得松香七十五分至九十分松香油二十五分至十分此物俗名爲松香酒

松香油加熱至三百二十度而沸其重率○·八六四難在水內消化易在酯內與以脫內消化性最易燃所以便爲點燈之用所含之炭質甚多火內之煙亦甚多故其燈制必須多添空氣至火內或添酯於油內又有一種名加萁非尼用北司吞松木蒸得者

松香油能消松香質與油質因此可與顏色油漆相和用之紬布偶得油迹可用松香油洗去又可消化象皮

此油有一奇性能變爲同原異物之質而變得之質其沸界與本質大異如松香油三百二十度可蒸盡其變成之質名爲以蘇脫里偏替尼須熱至三百五十度而沸又一種米太脫里偏替尼須熱至六百六十度而沸

松香油添硫强水少許俟若干時而變成兩種新質一爲脫里比尼一爲彀路非尼其脫里比尼熱至三百二十度而沸但其臭與松香油不同而似太末草之香

彀路非尼之沸界大至六百度質比松香油更重其率○·九四如斜視之色如靛藍直視之則無色燒得之霧重率爲九·五二而松香油之霧不過四·七六略爲一半故以松香油之原質爲炭輕則彀路非尼或爲炭輕可爲松香油之倍質如將松香蒸之亦能得彀路非尼

松香油爲兩種同原異物之炭輕質相合而成設將松香油令輕綠氣通入其內即成兩種同原異物之質爲炭輕輕綠一爲定質一爲流質其流質加冷至○度不肯凍爲

定質其定質俗名假樟腦化學名打對里輕綠顆粒白色與樟腦相似將此物加熱成霧令其透過燒熱之生石灰則石灰收其輕綠而得炭輕質名為加末非里尼又名打對里（打對里即松木火把之意）與松香油同原異物其沸界小於松香油即二百七十三度

松香油遇輕綠氣所成之流質名為比胡蓋里輕綠與生石灰相和蒸之得脫里比里尼即比胡蓋里（比胡蓋即此松木之意）此物之原質與松香油同其物則異

松香油雖不與水相和然能與水合成三種質使油遇水日久即結顆粒其原質為炭輕六輕養將其顆粒置水內

加熱令沸則消化冷時結為長方形顆粒取出加熱至二百十七度即鎔化再加熱即散出水二分劑所得之質亦能成顆粒加熱至四百八十度則變成霧而其霧凝結而不改變如遇空氣多時再收水二分劑

前二物以水消化加以硫強水少許蒸之則得一種香流質如海耶仙德花之氣此質為炭輕輕養名為脫比奴里

松香油置於露天久久漸變為定質因收養氣而變為松香質

松香　即殼路夫尼（古城名）　此質為兩種同原異物之配質相合而成一名為西勒非酸一名為貝尼酸如將松香置

於冷酯內大半消化將此加熱化散則餘下之質為貝尼酸冷酯所不消化者結成無色之長方形顆粒名為西勒非酸此兩質與某本質合成之鹽類為某養炭輕養所以兩物之質必為輕養炭輕養其鈉養貝尼酸與鈉養西勒非酸之造法將松香與鈉養水或鈉養炭養水消化而得之黃色肥皂多含此物造紙之肆多用此料作紙之光面如將尋常之松香以重熱汽噴於甑內而蒸之其色退至略無

松香油類之質　松香油為炭輕質一大類之首其同類之質俱從植物質所取得原質為炭輕此類之質遇空氣

多時即收養氣而變定質又易變為同原異物之質又能與水相合而成結顆粒之含水質又多能與輕綠相合成假樟腦之質

布而格莫脫布而止野菊花胡荽丁香葎布花側柏檸檬橘怕而司里胡椒撒非捺多路太末甘松各物之油俱為炭輕另有養氣幾分劑在內如松香含松香油與養氣在內同理

此各種油或花或果或葉或子蒸出將其物盛於袋內挂在水中恐遇甑體而焦也所蒸之水內含油若干如其油甚多即能浮在水面取之亦易惟與水相合之油須加食

鹽於水內至不能消化則其油自能浮出或加以脫於水內則以脫與油化合而浮出其以脫可蒸而取之

茉莉花等油其香輕微易散遇熱即滅故不可蒸取須將罌粟子之油漬於羊毛布而以花層疊相間壓出其油而香盡收於油內又有用炭硫$_{二}$收出香氣者

薄荷油所含之炭輕質名面替尼即炭$_{一〇}$輕$_{一八}$片栢木所含之炭輕質爲西特里尼即炭$_{一〇}$輕$_{一六}$

輕並養氣相合而成

樟腦類　樟腦類與各種香油略相近與香油相配之炭

樟腦爲炭$_{一〇}$輕$_{一六}$養在樟樹內成極小顆粒折取樹枝劈成小

條盛於甑內添水加熱令沸甑口有一帽帽內裝稻草樟腦在草內凝結成顆粒此爲生樟腦提淨之法盛於大玻璃甑內置鈣養灰即石灰少許則得淨白者

樟腦能在尋常熱度之空氣內化爲霧藏在瓶內則在瓶邊結成八面形之顆粒加熱至三百四十七度而鎔化三百九十九度而沸最易燃火亮而多煙添入燈油之內其燈更明質輕於水其重率○九九六浮在水面之時游移不定水內消化甚少每水千分只消一分醋或以脫俱能消盡

樟腦與無水燐養$_{五}$相和蒸之則放出水二分劑而變成炭

輕質爲歲暮里即炭$_{一〇}$輕$_{一四}$與偏蘇里同類

龍腦之質爲炭$_{一〇}$輕$_{一八}$養亦樹液也此樹波尼阿與蘇瑪脫辣等處所產樹上鑽孔其汁流出而自結取而蒸之得一種炭輕質名爲北爾尼以尼即炭$_{一〇}$輕$_{一六}$其原質與松香油相同此爲初蒸得之質後則有龍腦透過但此龍腦與尋常之樟腦不同其鎔化之熱度更大而更能飛散香亦不同顆粒亦不同此爲長方形樟腦爲八面形如加硝強水則收其輕氣二分劑而變爲樟腦其式爲

炭$_{一〇}$輕$_{一八}$養即龍腦丅輕$_{二}$＝炭$_{一〇}$輕$_{一六}$養即樟腦

龍腦爲北爾尼以尼與水化合如將北爾尼以尼與鉀養水相和蒸之則能與水二分劑相合而成龍腦反其理而將龍腦加無水燐養$_{五}$蒸之則放出水二分劑而變北爾尼以尼甘松油內亦有北爾尼以尼

樟樹所蒸樟腦之外另有樟腦油此油比樟腦之養氣少一分劑其質爲炭$_{一〇}$輕$_{一六}$養

波勒殺末　波勒殺末類爲草木所流出之香汁內含香油並松香類與酸類之質想是油質與養氣化合而成

秘魯國所產之波勒殺末另含一種油類之質名西捺米以尼即炭輕養又有一種成顆粒之質名爲司台辣西尼即炭輕養又有成顆粒而能自化散之配質名西捺米酸

卽炭$_{六}$輕$_{八}$養$_{四}$，又有一種松香類之質，多路內之波勒殺末，亦含西捺米酸與司台辣西尼，另有數種松香類，略爲司台辣西尼與養氣化合而成。司土辣克司亦爲波勒殺末類之一物，所含之質與前兩質相同，另有一奇性之炭輕質，名司台路里，卽炭$_{六}$輕$_{八}$，此種流質加熱至四百度，則變爲無色之定質，另有米塔司台路里（米塔二音，卽變字之意），此質爲司台路里倍分劑之質，蒸之再得司台路里。

松香類　松香類以殼路夫尼爲首質，此一類俱有松香之形，俱能鎔化，俱能消化於醕，俱能燃火，其火發煙甚多，化分之，則含炭與輕甚多，另有養氣，其變成之理與松香同，卽與松香油同類之油質與養氣化合而成。

松香類大半有酸性，消化於醕所得之流質，能令藍試紙變紅，而其松香原能於鹼類消化，如散達拉格（卽芸香）與古阿以苦末俱如此，其散達拉格含三種松香類，古阿以苦末含兩種松香類。

哥巴辣含數種松香類，有爲中立性者，有爲酸性者，此質於醕最難消化，必遇醕霧甚久始能消化，或久在空氣內，而其空氣之熱度稍大，則收養氣而自化，哥巴辣易爲阿西多尼消化，又有兩種與哥巴辣相同之質，卽阿尼米與以里米。

以上各種松香類俱可作漆料之用。

古阿以苦末遇三角分光內之淡紫色，則變爲藍色，又遇數種質，能令其與養氣化合，如綠氣或電臭，亦變藍色。

拉克（文名舍來克，中名紫草茸）爲工藝多用之料，出於數種樹上，其樹有小蟲刺通樹枝，流出之汁變爲深紅色，包住樹枝，折取樹枝，卽得拉克條，從枝上剝下，在鈉養炭養水內加熱，令沸，卽成紅色之染料，名拉克子，將此子加熱鎔化，卽得拉克片，西人之帽有硬襯，卽用此爲膠類，又可爲火漆之用，如將散達拉格（卽芸香）與非尼司（卽松香油類）在醕內消化，又可爲黃銅面上之漆，又如將拉克一百釐，硼砂二十釐，水四兩相和，再與煙炱搗勻，成濃膠，置模內成條，待乾，卽爲上等中國墨。

琥珀爲地內變化之松香，內含數種松香類之質，其生質最難消化，浸於醕內，只能消化八分之一，以脫只能消化十分之一，如將琥珀加大熱鎔之，卽能在醕內消化，能使爲汁。

琥珀最奇之性，能發琥珀酸，卽二輕養炭$_{八}$輕$_{四}$養$_{六}$，其法與鹼類消化而蒸之，或加硝強水，令收養氣，如用硝強水之法，則有樟腦變成。

琥珀酸亦有別法能得之卽取於數種松樹所產之松香又在茵陳草內亦能得之硝强水與數種油類或蠟類變成之質亦可得之又酒與發酵之流質內亦有之此爲糖質變化之時所成琥珀酸有一奇性加熱之時所發之霧嗅之發咳不止

漆類之造法將松香類以醋或木酒或阿西多尼消化阿西多尼能消哥巴辣與瑪司的克與散達拉格三質其漆內必添松香油或難化散之油少許則其消化松香類之料化散之後不致燥裂而脫落松香類因不易消化須磨細成粉使易消化磨時須添玻璃粉則不黏連成塊現在英國造漆常用之造漆醋已有米以脫里在內其故因英國取醋之稅甚重若爲造漆之用則免稅常有假托造漆而仍賣人飲者故報不飲之醋則收稅之人必添木那普塔卽米以脫里於內其氣之臭極惡而不可飲添入之後無法分出

偏蘇以捺卽安息香亦爲植物所產之松香類質內有安息酸卽輕養炭四輕五養三將安息香置於鐵器或瓷器如第七圖上面冒一紙以線縛緊紙面密刺小孔再作紙筒套其上置於熱沙盆則安息香發霧結於紙筒之內面成顆粒其形如極細之羽卽安息酸又法將安息香添入鈣養水內加熱令沸卽得鈣養與安息酸此質難在水內消化故稍加鹽强水則結顆粒

第七圖

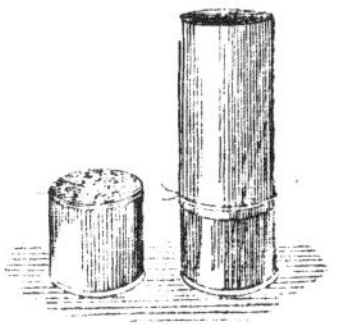

安息酸馥郁異常然其香不屬於酸而在所含易化散之油質此油質難於分開其霧不可嗅嗅之令人大咳加小熱卽鎔化以火燃之其焰多煙浸於冷水二百分而消化沸水二十五分卽消化醋或以脫消化甚易

安息酸所成之各種鹽類質無有大用安息酸卽偏蘇以酸與石灰或鋇養蒸之能變成偏蘇里

上海曹鍾秀繪圖
新陽趙元益校字

化學鑑原續編卷四

英國蒲陸山撰　英國　傅蘭雅　口譯
無錫　徐　壽　筆述

苦杏仁油並相類之質並變成之質及偏䏲里類

苦杏仁油卽炭$_{十四}$輕$_{六}$養$_{二}$多遇空氣則收養氣二分劑而變爲含水之安息酸質卽炭$_{十四}$輕$_{六}$養$_{四}$

苦杏仁油之取法爲生物化學內奇事之一苦杏仁與甜杏仁俱含難化散之油壓而取之無臭無味略同於橄欖油其苦杏仁餘下之渣則含易化散之油味乃甚苦爲杏仁二十分之一只能在熱醋內消化冷時結成顆粒此質

名阿米葛大里尼（阿米葛大卽杏仁之意）其質爲炭$_{四十}$輕$_{二十七}$淡養$_{二十二}$顆粒之內有水六分劑

用醋收得此質之後所餘之質與水相和蒸之已無油質如將其原渣浸於水內數小時而蒸之亦得易化散之油甜杏仁不含阿米葛大里尼雖以原渣浸水蒸之亦不能得易散之油可見易散之油必從阿米葛大里尼所出或將苦杏仁原渣以沸水澆於上亦不得易散之油雖浸之久久亦不能得如將甜杏仁用冷水磨成漿添於前苦杏仁之渣內則立成苦杏仁油如用熱水磨者卽不能成蓋甜杏仁與苦杏仁各含一種材料能令苦杏仁之阿米葛大里尼放出其易散之油如用熱水則不能放出也如將阿米葛大里尼之淨者消化於水再添甜杏仁漿亦成易散之油

甜杏仁之漿濾清與醋相和卽有結成之白質與蛋白相似此爲含炭輕養之質濕之而遇空氣卽腐爛此質名爲衣暮辣西尼以冷水消化之而添入阿米葛大里尼水內卽成苦杏仁易散之油如將衣暮辣西尼添水加熱令沸而後用之則不能成玆將阿米葛大里尼分之知其質內含輕衰卽炭輕淡葡萄糖卽炭輕養福密酸卽炭輕養其變化可以下式明之

二炭輕淡養（卽阿米葛大里尼）＝四炭輕養（卽苦杏仁易散之油）＋二炭輕淡（卽輕衰）＋四炭輕養（卽葡萄糖）＋四炭輕養（卽福密酸）＋六輕養

苦杏仁易散之油爲阿米葛大里尼變化而成或類乎發酵之變化或類乎別種變化凡遇蛋白一類之質名衣暮辣西尼則令其變化其衣暮辣西尼濕之而遇空氣亦變化甚易如將冬青類之葉蒸之或平常果核之仁蒸之亦能成此物

苦杏仁油蒸之其收瓶內有輕衰因此尋常發賣者有最猛之毒如與石灰與鐵綠相和再蒸之所得之油輕衰極少而無毒或將生油添以等體積之鈉養硫養濃水盛於

瓶內搖之即得白色之顆粒再與鈉養炭養水相和蒸之即得淨油

苦杏仁生油亦含一種顆粒質名為偏腮以尼即炭$_{廿八}$輕$_{十二}$養$_{四}$此質為其易散油之倍質如將生油加熱令成霧令其霧行過紅熱之管則變為偏腮以尼或將生油以鉀養消化於醕而相和搖動則全變為偏腮以尼

苦杏仁易散油之淨者令遇乾綠氣則放輕綠水而變為無色之流質其臭如辣根內含炭$_{十四}$輕$_{五}$綠養$_{二}$其輕氣一分劑散出而以綠氣一分劑代之如將此流質加以溴或加金類與溴或與碘或與衰或與硫合成之質則綠氣放出而以溴或衰或碘或硫代之各質所得之式為

炭$_{十四}$輕$_{五}$溴養$_{二}$

炭$_{十四}$輕$_{五}$碘養$_{二}$

炭$_{十四}$輕$_{五}$衰養$_{二}$

炭$_{十四}$輕$_{五}$硫養$_{二}$

含綠氣之質與水相和加熱令沸則放綠氣而收水之養氣變為含水之安息酸其式為

炭$_{十四}$輕$_{五}$綠養$_{二}$上二輕養＝炭$_{十四}$輕$_{五}$養$_{三}$輕養上輕綠

此各質之原質與其原油質之原質相比俱含炭$_{十四}$輕$_{五}$養$_{二}$即

苦杏仁油　(炭$_{十四}$輕$_{五}$養$_{二}$)輕

安息酸　(炭$_{十四}$輕$_{五}$養$_{二}$)養·輕養

含綠氣之質　(炭$_{十四}$輕$_{五}$養$_{二}$)綠

含溴之質　(炭$_{十四}$輕$_{五}$養$_{二}$)溴　其餘類推

由是化學家以此各質所含之本質偏腮里即炭$_{十四}$輕$_{五}$養$_{二}$能與養氣綠氣等化合即可當生物原質故以偏字代之則用苦杏仁油合成各種偏腮里類之質其名易記

偏輕　即苦杏仁油

偏養輕養　即偏蘇以酸又名安息酸

偏綠

偏溴

偏碘

偏衰

偏硫

近有人將偏綠加以鈉而分出其偏則變成長方形之顆粒易於鎔化蒸之而不化分浸於醕或以脫不甚消化其質為炭$_{十四}$輕$_{六}$養$_{二}$之倍

以上偏腮里類各質之內未有無水偏蘇以酸即偏養但有一質為此質之倍分劑即偏養即(炭$_{十四}$輕$_{五}$養$_{三}$)炭$_{十四}$輕$_{五}$養$_{三}$其造法將鈉養偏養與偏綠相和加熱其式為

鈉養偏養上偏綠＝鈉綠上偏養·偏養

此質名為無水偏蘇以酸無有配性冷水不能消化如在水內沸之則漸變為含水之質

苦杏仁油以鉀養輕養消化於醋而消化之即成偏蘇以酸醋即炭$_{一四}$輕$_{八}$養$_{二}$此質詳後

桂皮油與苦杏仁油為甚相近之質大半為與養氣化合之易散油其質為炭$_{一八}$輕$_{八}$養$_{二}$以淡養相和令沸則變為苦杏仁油或與鉀養輕養相和加熱即成鉀養桂酸其式為炭$_{一八}$輕$_{八}$養$_{二}$即桂皮油丄鉀養輕養‖鉀養炭$_{一八}$輕$_{七}$養$_{三}$即鉀養桂酸丄輕$_{二}$將此鹽類質在水內消化最添一配質即得桂酸結成之質名為西捺米酸其粒如細羽與偏蘇以酸之形相同其性亦略同

桂皮油內所得之各質俱含炭$_{一八}$輕$_{七}$養$_{二}$故可依偏腮里類之法令此質為生物原質名西捺米里所以桂皮油為西捺米里輕即（炭$_{一八}$輕$_{七}$養$_{二}$）輕又西捺米酸為（炭$_{一八}$輕$_{七}$養$_{三}$）養輕養

古米納油為炭輕質乃歲暮里即炭$_{二○}$輕$_{一四}$見前第三卷流質與一質炭$_{二○}$輕$_{一二}$養$_{二}$相合此質最相似於苦杏仁油與桂皮油名為古米里輕其質為炭$_{二○}$輕$_{一一}$養$_{二}$輕此質遇放養氣之質即成古米納酸即輕養炭$_{二○}$輕$_{一一}$養$_{三}$似乎偏蘇以酸而其氣略如蜚蟲之臭有人從古米里輕而得油類之質為古米里之倍分劑質即炭$_{四○}$輕$_{二二}$養$_{四}$知此倍質之據即將古米里與鉀養輕養消化則其水化分輕氣一分劑與古米里一分劑化合又養氣一分劑與古米里一分劑化合成古米納酸其式為炭$_{四○}$輕$_{二二}$養$_{四}$丄（鉀養輕養）‖（炭$_{二○}$輕$_{一二}$養$_{二}$）輕丄鉀養（炭$_{二○}$輕$_{一一}$養$_{三}$）養

茴香八角太拉艮等易散油所含之質與松香油為同原異物之質其外另有一易化散之定質與古米里輕同原質即炭$_{二○}$輕$_{一二}$養$_{二}$此質斷非古米里輕而有確據可證如與放養氣之質相和則變為阿尼歲里輕即（炭$_{一六}$輕$_{七}$養$_{四}$）輕與阿尼西酸即輕養炭$_{一六}$輕$_{七}$養$_{五}$此酸之原質與米以脫里曬里西里弟同見前木那普搭節

新陽趙元益校字

化學鑑原續編卷五

英國蒲陸山撰　英國　傅蘭雅　口譯
無錫　徐　壽　筆述

曬里西尼並所成之各質及哥路哥司得之類

司配里耶油　此物大半與含水之徧蘇以酸爲同原之質，即炭$_{14}$輕$_{6}$養$_{4}$，以曬里西尼與養氣化合而成。取曬里西尼之法，將柳樹皮在水內沸之，熬出其苦汁，再添鉛養輕養合沸，則其顏色與樹皮酸分出，再加輕硫而鉛質分出，濾取其水，熬至將乾，即有曬里西尼結成顆粒。將此在醕內消化，又得白色針形之顆粒，即炭$_{26}$輕$_{18}$養$_{14}$。

曬里西尼冷水難消化，以脫不消化，沸水與醕易消化。欲辨此物，加以濃硫強水，即變深紅色，如將硫強水加在柳樹之內皮，亦得深紅色。曬里西尼與淡硫強水並鉀養二鉻養相和蒸之，所得之油名爲司配里耶油。

曬里西尼添以淡硫強水，加熱令沸，其變化甚奇，因數沸之後，其水內有葡萄糖並明顆粒結成，名曬里治尼尼。此質與鐵綠相和，則變深藍色。此變化之理易明，如將曬里西尼添水四分劑，即得葡萄糖與曬里治尼尼，其式爲

炭$_{26}$輕$_{18}$養$_{14}$（即曬里西尼）＋四輕養＝炭$_{14}$輕$_{8}$養$_{4}$（即曬里治尼尼）＋炭$_{12}$輕$_{14}$養$_{14}$（即葡萄糖）

衣暮辣西尼，即西那普太西，能令曬里西尼如此變化，前已言衣暮辣西尼能令阿米葛大里尼生葡萄糖，如將曬里西尼與淡強水相和，即結成松香類之質，名爲曬里如低尼，其原質與苦杏仁油之原質同，即炭$_{14}$輕$_{6}$養$_{2}$。

曬里西尼遇綠氣所變之各質內，可見同類之質雖互易其一个原質而仍不改其類，如曬里西尼以綠氣代其輕氣有三个不同之質，此三質各與鹽強水同沸所變成之質俱含綠氣，各質與其原有之質之相關與曬里治尼尼並曬里如低尼與曬里西尼之相關同理。

曬里西尼	炭$_{26}$輕$_{18}$養$_{14}$
綠曬里西尼	炭$_{26}$綠輕$_{17}$養$_{14}$
二綠曬里西尼	炭$_{26}$綠$_{2}$輕$_{16}$養$_{14}$
三綠曬里西尼	炭$_{26}$綠$_{3}$輕$_{15}$養$_{14}$
曬里治尼尼	炭$_{14}$輕$_{8}$養$_{4}$
綠曬里治尼尼	炭$_{14}$綠輕$_{7}$養$_{4}$
二綠曬里治尼尼	炭$_{14}$綠$_{2}$輕$_{6}$養$_{4}$
三綠曬里治尼尼	炭$_{14}$綠$_{3}$輕$_{5}$養$_{4}$

曬里西尼與鉀養輕養鎔和，再於水消化而加鹽強水，即得曬里西里酸，其顆粒如針形，即輕養炭$_{14}$輕$_{5}$養$_{5}$。如將司配里耶油以同法爲之，亦可得曬里西里酸，則曬里西里酸與司配里耶油之相關，同於徧蘇以酸與苦杏仁油之相

闕

苦杏仁油　炭$_{十四}$輕$_{六}$養$_{二}$

偏蘇以酸　炭$_{十四}$輕$_{六}$養$_{四}$

司配里耶油　炭$_{十四}$輕$_{六}$養$_{四}$

曬里西里酸　炭$_{十四}$輕$_{六}$養$_{六}$

非奴里以炭養$_{二}$與鈉同時相和所得之質爲曬里西里酸其式爲

炭$_{十二}$輕$_{六}$養$_{二}$丄二炭養$_{二}$丄鈉Ⅱ鈉養炭$_{十四}$輕$_{五}$養$_{五}$（即鈉養曬里西里酸）丄輕

化學家以爲苦杏仁油爲偏腮里與輕氣合成之質又以爲司配里耶油爲曬里西里與輕氣合成之質依此理必有一本質爲曬里西里即炭$_{十四}$輕$_{五}$養$_{四}$而曬里西里酸爲此質先與養氣後與水合成之質有一事畧能作此據如將司配里耶油與偏腮里綠相和加熱即得二个本質曬里西里與偏腮里合成之雜質其式爲

炭$_{十四}$輕$_{五}$養$_{四}$輕（即司配里耶油）丄炭$_{十四}$輕$_{五}$養$_{二}$綠（即偏腮里綠）Ⅱ炭$_{十四}$輕$_{五}$養$_{二}$炭$_{十四}$輕$_{五}$養$_{四}$（即偏腮里曬里西里）丄輕綠

曬里西尼與數質相和而考其變化疑必爲曬里治尼尼即炭$_{十四}$輕$_{八}$養$_{四}$與別質炭$_{十二}$輕$_{十}$養$_{十}$合成之質此質於曬里治尼尼分出之時再與水相合而成葡萄糖

曬里西尼之性能治發熱之用故雞那常以此作僞

曬里西尼爲哥路哥司得一類之首此一類變成之質俱含葡萄糖（哥路哥司得即葡萄糖之化學名）此類内有數質與曬里西尼畧同亦爲數種樹皮内所出

拍布里尼即炭$_{四十}$輕$_{二十二}$養$_{十六}$爲結成顆粒之質其味甜從阿司偏樹皮與葉所得與偏腮里及曬里西里類相近如將此物與鋇養水相和加熱令沸則化分而變爲偏蘇以酸與鋇養化合之質另有變成曬里西尼其式爲

炭$_{四十}$輕$_{二十二}$養$_{十六}$（即拍布里尼）丄鋇養輕養Ⅱ鋇養炭$_{十四}$輕$_{五}$養$_{三}$（即鋇養偏蘇以酸）丄炭$_{二十六}$輕$_{十八}$養$_{十四}$（即曬里西尼）

此外尚有一種與偏腮里及曬里西尼相連之處如將拍布里尼與硫强水與鉀養$_{二}$鉻養$_{三}$相和蒸之即成司配里耶油如但與强水相和加熱令沸則變成偏蘇以酸與曬里如低尼與葡萄糖其式爲

炭$_{四十}$輕$_{二十二}$養$_{十六}$丄四輕養Ⅱ輕養炭$_{十四}$輕$_{五}$養$_{三}$丄炭$_{十二}$輕$_{十二}$養$_{十二}$丄炭$_{十四}$輕$_{八}$養$_{四}$

欲知拍布里尼變爲含偏腮里質並曬里西里質之理必先知拍布里尼原用曬里西尼所成即炭$_{二十六}$輕$_{十八}$養$_{十四}$其法去其輕氣一分劑而以偏腮里代之即炭$_{十四}$輕$_{五}$養$_{二}$依此法變化其式爲

炭$_{四十}$輕$_{二十二}$養$_{十六}$（即拍布里尼）Ⅱ炭$_{二十六}$輕$_{十七}$（炭$_{十四}$輕$_{五}$養$_{二}$）養$_{十四}$（即偏腮里曬里西尼）

夫路力得西尼即炭$_{四十二}$輕$_{二十四}$養$_{二十}$此質從蘋果梨梅李櫻桃等樹

之皮所得易結成顆粒稍有苦味與淡酸類加熱令沸即成葡萄糖並一種松香類之質名夫路力低尼即炭輕養（即葡萄糖）此質有奇性遇空氣與淡輕即變紅色之質名夫路力得西以尼其變化之式為

炭輕養（即夫路力得西尼）丄養丄二淡輕＝炭輕淡養（即夫路力得西以尼）

將此紅色之質與淡輕化合變成深紫色其光畧如紅銅再以消化於水變為艷藍色夫路力得西尼能變化數色乃空氣與淡輕遇其成色之料也此理可為別物能變顏色之端倪如力低萼司其原材料無色能變為有色之物苦耳西得里尼即炭輕養為用酯從苦耳西特倫樹皮所得此為能成顆粒之質與酸類加熱令沸即化分成葡萄糖並黃色之顆粒名為苦耳西低尼其式為

炭輕養丄四輕養＝炭輕養（即苦耳西低尼）丄炭輕養（即葡萄糖）

愛思古里尼即炭輕養用馬栗樹皮在水內燒煑加以鉛養醋酸則其樹皮與其色之料結成沉下濾取其水添以輕硫收去其鉛再濾取其水熬至畧乾即成無色之顆粒如針形名為愛思古里尼此質之奇性為閃光正視無色斜視有藍色此質亦屬哥路哥司得之類如與淡酸類加熱令沸則變成葡萄糖並一種成顆粒之質名愛思古里低尼其變化之式為

炭輕養丄十輕養＝炭輕養（即愛思古里低尼）丄二炭輕養（即葡萄糖）

馬栗樹之皮內又有一質名巴非以尼呵失樹之皮內更多此質與愛思古里尼之別因斜視為綠色

曬布尼尼與哥路哥司得相近有數種植物常見之如肥皂草皂莢子馬栗子必末比耳內辣賓克草之根用沸酯煑之待冷而結成曬布尼尼此質能在水內消化其水膩而能成氣泡綢布等物俱可用此水洗之印度所出之皂莢最合此用

畢克路托克西尼其質畧為炭輕養乃成顆粒之質殼苦路司印度苦司之毒即此質其配性甚淡如將其水加以強水再添以脫搖動之則與以脫相合即將此水熬乾結成長方形之顆粒味甚苦

新陽趙元益校字

化學鑑原續編卷六

英國蒲陸山撰

英國傅蘭雅口譯
無錫徐壽筆述

易散油即阿來里之類（阿來二音即蒜之意）

阿魏薺菜蒜辣根葱韭芥子蘿蔔取得其易化散之油與各種油不同其質內含硫

阿魏薺菜蒜韭葱蘿蔔其油之原質為炭$_{六}$輕$_{五}$硫芥子與辣根油之原質為炭$_{八}$輕$_{五}$淡硫

芥子易散油之理與杏仁易散油畧同用黑芥子壓取其油毫無辣味此為難化散之油將其渣和水蒸之又得易化散之油芥子另含一種鉀養為本之鹽類質又有一配質名為美洛尼酸即輕養炭$_{十}$輕$_{九}$淡硫$_{四}$養$_{八}$又有一質與杏仁內之衣暮辣西尼同類名為美洛西尼此質能令美洛尼酸化分故能令芥子有易散油生出亦同於杏仁之衣暮辣西尼能令阿米葛大里尼化分而得易散油惟芥子變化之理尚未考至杏仁之確而其大畧必如下式

輕養炭$_{十}$輕$_{九}$淡硫$_{四}$養$_{八}$（即美洛尼酸）＝炭$_{八}$輕$_{五}$淡硫（即芥子易散油）＋炭$_{十二}$輕$_{十二}$養$_{十二}$（即哥路哥司）＋輕養＋二硫養$_{二}$

近時有人用別種材料造成芥子易散油其法甚細將各里司里尼即定質油類內不化散之甜味流質油與燐碘相合而蒸之即得無色最稀之流質為炭$_{六}$輕$_{五}$碘名為阿來里碘取此名之意因與鈉合而蒸之即得鈉碘並易散之流質為炭$_{六}$輕$_{五}$即阿來里因其氣似蒜之臭造阿來里碘之法可以下式明之

炭$_{六}$輕$_{八}$養$_{六}$（即各里司里尼）＋燐碘$_{二}$＝炭$_{六}$輕$_{五}$碘（即阿來里碘）＋燐養$_{三}$＋三輕養＋碘

阿來里碘與鉀衰硫相和蒸之即得一油類之質其性與質點同於芥子之易散油因知此芥油必為阿來里衰硫質而其用材料所成之式為

炭$_{六}$輕$_{五}$碘＋鉀（炭淡硫$_{二}$）＝炭$_{六}$輕$_{五}$炭淡硫$_{二}$（即芥子易散油）＋鉀碘

此法所成芥子易散油原為甚奇之事然又有更奇者可將此油與鉀硫相和加熱變為蒜之易散油其式為

炭$_{六}$輕$_{五}$炭淡硫$_{二}$＋鉀硫＝炭$_{六}$輕$_{五}$硫（即蒜之易散油）＋鉀（炭淡硫$_{二}$）

既得此理因疑蒜之易散油為阿來里硫芥子易散油為阿來里衰硫

阿來里類亦有數種雜質今尚未知其用處

阿來里酸醋即炭$_{六}$輕$_{五}$養輕養為一新得醋類之首此類與尋常之醋即炭$_{四}$輕$_{五}$養輕養並行造此質之法將阿來里碘用銀養草酸化分之即成阿來里草酸其式為

炭$_{六}$輕$_{五}$碘＋銀養炭$_{二}$養$_{三}$＝炭$_{六}$輕$_{五}$養炭$_{二}$養$_{三}$（即阿來里草酸）＋銀碘

再將阿來里草酸與阿摩尼阿相和，即成阿來里克醋與草酸阿美弟，其式爲

炭$_{六}$輕$_{五}$養炭$_{二}$養$_{三}$丄淡輕$_{三}$‖炭$_{六}$輕$_{五}$養輕養即阿來里酸醋丄炭$_{二}$輕$_{二}$淡養$_{二}$即草酸阿美弟

阿來里尼即炭$_{六}$輕$_{四}$與阿西台里尼即炭$_{四}$輕$_{二}$有相同之處，其造法，將布路貝里尼綠與鈉醋相和，盛於玻璃管密封加熱，其布路貝里尼綠之造法，將燐綠$_{五}$與阿西多尼相和，其式爲

炭$_{六}$輕$_{六}$養$_{二}$丄燐綠$_{五}$‖炭$_{六}$輕$_{五}$綠丄輕綠丄燐綠$_{三}$養$_{二}$

炭$_{六}$輕$_{五}$綠丄炭$_{四}$輕$_{五}$鈉養$_{二}$‖炭$_{六}$輕$_{四}$阿來里尼丄鈉綠丄炭$_{四}$輕$_{六}$養$_{二}$

阿來里尼遇銀養淡養$_{五}$與淡輕$_{三}$合成之質，即成銀阿來里尼，即炭$_{六}$輕$_{三}$銀，如將鈉與阿來里尼加熱，即有炭與輕放出，其式爲

炭$_{六}$輕$_{四}$丄鈉$_{二}$‖炭$_{四}$鈉$_{二}$丄炭$_{二}$丄輕$_{四}$，另有布路貝里尼即炭$_{六}$輕$_{六}$同式所成。

松香膠類　此類之各質爲松香類與膠所合成，樹內流出之時，其形如乳，久遇空氣漸結爲定質，有數種含易化散之油，此類之質與水磨勻，則其膠消化，而其油與松香和於水內而不消化，令其水有白色如乳，此各質與尋常之松香有別，不能全在醕內消化。

阿魏爲此類之一質，即炭$_{四}$輕$_{六}$養，其臭精所含之易散油，此油含硫，如加勒巴奴末疑即阿魏、阿摩尼阿古末、司卡嘗尼、藤黃、乳香、沒藥及大戟與沉香取得之香質，俱屬於松香膠類。

古得止格即象皮之料，其質爲炭$_{五}$輕$_{四}$，雖非松香膠類，而有相同之處，出此料之樹有數種，生於熱地者多，刺之流汁如乳，將此汁敷於泥模，而以火烘乾，則模外結皮一層，其模如瓶形，第一層結後再敷一層，如前法連至適用之後而止，將泥模打碎取出，即成一瓶，此印度人之業也，西國初得此料，以爲揩紙之用，進中國者皮形爲多，故名象皮，蓋相象於皮也，其生料有黑色，疑爲火烘之故，如將生象皮之料用以脫消化，而再加以醋，則結白質，想其淨質原非黑色，生料之內含蛋白，初流出之汁，每百分只含生料三十分，而七十分爲蛋白水，如將新取之汁加以多水，則生料浮在面上，如牛乳皮，遇空氣則黏連而成凹凸力之膠，其重率爲〇·九三，不漏水，故合於雨衣之用，並可作浮瓠之用，又有凹凸力，故汽機之用更多。

造雨衣之法，將生料以淨松香油消化如漿，敷於布面，兩層相合，用木桿軋緊，使各處黏連甚牢，存之日久，不少分離，消化生料有數法，如炭硫$_{二}$、偏蘇里、煤那普塔、火油並各

種易化散之油

海膠能黏木器雖浸於水內日久亦不脫落造法將象皮生料以煤那普塔消化再加舍來克少許

不漏水之罇將生料消化於煤那普塔再將棉花浸入漬透鋪成罇形而軋至緊密但此物日久漸壞

生象皮與養氣化合變爲松香類之質與舍來克畧同此質易爲醕所消化（未加硫者爲生象皮即生料也）

生象皮遇各種鹻類或淡強水則變化如稍加熱其質即軟加熱至二百五十度則變爲油形冷時有膠黏之性而無法使結定質可用之爲轉動塞門之滑料再加熱則自燃亮而發煙盛於甑內加熱則化散數種炭輕質一爲愛蘇布里尼熱至一百度即沸其質爲炭輕一爲古得止以尼原質與松香油同熱至三百四十度而沸此二質最合於消化生料之用（二質俱名象皮滷）

生象皮百分加硫二三分則變成硫象皮能受大壓力而不變形亦不黏連亦不黏於別物如加極大之熱始有黏性松香油與那普塔俱不能消化平常發賣之硫象皮含硫太多漸脆而失其凹凸力故不能久用如作象皮鞋必另加鉛養炭養

生料造成薄皮置於二百五十度熱之硫內久則收硫百分之十二至十五分而其質不甚變加熱至三百度少頃而變硫象皮再加更大之熱則變爲黑色之硬質形如牛角可作梳篦與雜器硫象皮之收硫太多可浸於鈉養硫養水硫能分出百分之二三（此質又能滅綠氣）

硫象皮又有數種造法一將硫與生料磨勻二將生料浸於炭硫百分硫綠二分半之內或用鈣綠與硫亦可一將硫消化於松香油而以此油消化生料松香油化散之後則將此料入模成形後再置於大壓力之器其器加熱二百八十度亦變爲硫象皮

硫象皮原質之排列尚未深悉想是生料放出輕氣若干而以硫若干代之然未知生料果能直與硫化合否

生料爲植物內常見之質如罌粟之汁（即鴉片）又生菜並地錦並澤漆之汁與阿司可里比阿類俱含此質

格搭伯查即硬象皮亦爲樹內流出之汁初亦如乳遇空氣而漸變樱色定質比象皮生料更重不加熱則硬而無凹凸力加熱至二百十二度則軟而可矯揉不漏水可作通水管傳電氣之性極小可包電線

消化硬象皮與消化生料畧同惟以脫內消化甚遲遇淡強水與淡鹻類不壞輕弗水雖能消化玻璃瓶而此物所作之瓶不消化加以不甚大之熱度即鎔化化分所成之

質與化分生料之質相同。

硬象皮所含之淨質爲一百分之八十其質爲炭輕其淨質能在以脫內消化所餘者爲兩種松香類之質相合置於醕內沸之則消化冷時結成白顆粒卽炭輕養又一質爲炭輕養醕內不結淨硬象皮久遇空氣漸變此兩種松香類質如不見光則不多變

樹膠類

此質與前質有相關其形光亮而透明浸於水內則軟或消化或醕內不消化

各種膠類以阿拉伯膠爲首卽西國封信之水膠此膠之質大半爲

阿拉比尼卽炭輕養易在冷水消化而爲有黏力之濃膠如加以醕卽有阿拉比尼結成爲白色之片

阿拉比尼在淡硫強水內加熱令沸漸變爲葡萄糖卽炭輕養其變化之理乃收水三分劑其性其質類乎小粉因小粉亦能以同法變化也

膠類與小粉變化之性不同因膠類遇硝強水而變茂雪酸卽二輕養炭輕養與草酸卽輕養炭養如以小粉或糖遇硝強水但成草酸如將乳糖與瑪內糖以同法爲之又得茂雪酸

歲尼加勒膠可代阿拉伯膠之用印花布者常用此膠能令其顏色更濃此膠比阿拉伯膠之色亦深其質大半爲阿拉比尼

脫辣茄嵌得膠其質爲炭輕養質比阿拉伯更暗不能以水消化只能腫大成軟質此質幷阿拉比尼俱在櫻桃梅杏桃等樹所出又有胡麻與木瓜子等所煮得之水有黏力者俱藉此性扶桑根卽蜀葵內亦有之

新陽趙元益校字

化學鑑原續編卷七

英國蒲陸山撰
英國　傅蘭雅　口譯
無錫　徐　壽　筆述

小粉

小粉之質爲炭$_{12}$輕$_{10}$養$_{10}$植物之內俱有此質因其質有一定之形而花草藉此以向榮也其原質與前寫留路司略同寫留路司亦有一定之形惟在植物之內大半如筋骨之意因不甚改變故合此用而小粉在植物之內常變化似乎動物內消化食物之料

常用之小粉或山芋或麥或米造成天花粉與藕粉菱粉亦此物也

山芋之定質大半爲小粉已將山芋化分得各質如左

水	七五五
植物蛋白	二·三
油質	○·二
木質	○·四
小粉	二○·六
金類	一·○
	共得一百分

山芋分取小粉之法用器磨擦成漿以布濾之再淋水其上至水無白色則布內所餘之物爲木質淋下之水俟其澄清取去淸水卽得小粉將所得之小粉再與水相和分出其所含之異質然後曬乾或加熱烘燥

麥內所含別種定質更多化分而得各質如左

水	一二·一
植物蛋白	二·○
油質	一·一
木質	一·五
小粉	六○·八
對格司得里尼與糖	一○·五　貝里各脫云麥內無糖
哥路登卽麪筋	一○·五
金類質	一·五
	共得一百分

分取小粉將麥磨成粗粒以水濕之數時之後有臭腐之意令其臭腐之質名哥路登含炭輕淡養硫臭腐之時令其糖與小粉之一分發酵而成醋酸與乳酸此酸質能還化其哥路登而可以水洗去之其餘各事同於山芋粉又有一更簡之法先以淡鹼類水化出其哥路登則小粉易出米取小粉必用此法曾將米化分而得各質如左

水	五·○
小粉	八三·○
哥路登卽麪筋	六·○
木質	四·八

糖與對格司得里尼　一·〇
油　〇·一
金類質　〇·一　共得一百分

分取小粉將米浸於水內一日其水預加鈉養三百五十分之一取米淘淨磨粉將粉浸於鹼類水二三日則其哥路登與鹼類水相合濾去其水而得粗粉漿提淨之法將此漿加清水掉和令其木質之重者沈下濾取其細者色白如乳換盛別器結成小粉

英國發賣之小粉含水一百分之十八為長方形之小塊乃將乾之時自裂成此形其色微藍因另加藍色顏料於

內其意用此藍料漿衣服可以遮掩布之黃色

第八圖

小粉在草木之內為有專職之料其形狀必依產之之物曾將顯微鏡細察其粉粒而知各物所出之形不同察其形即知其出於何物如第八圖有數種小粉已為山芋所出者其粒為長卵形外面有同心之圈痕凡植物內之小粉其粒大於山芋所出者少每粒之長略為三百分寸之一物為麥所出者其粒略為圓形外面無圈痕其徑略為千分寸之一末為米所出者其粒略方而有稜其徑祗有三千分寸之一甲為藕所出者其粒長圓而扁其長萬分寸之十二至二十四

小粉在冷水不變加熱大於一百四十度則其粒腫大開裂變成有黏力之稠質即是衣服之漿再添多水停數時則其不開裂之粒沈下而可分出其不沈者與水相合甚緊濾之亦不能出然以水仙花類種於此淡粉水內則能吸其水而賸其粉質故疑粉之在水不是化合而為和合如將粉水熬乾即得甚脆之質再加以水仍能變漿

小粉在水內變化之理與食此粉漿在腹內消化之理相同惟食生小粉常有直過腸胃而不消化者故必加熱成

漿使最易消化人有停食之病可用西穀米或藕粉或打比夏克粉冲以沸水令其粒開裂食之（西穀米即莎木麪）

西國有一種小粉為瑪藍打之根在熱地所產

打比夏克與西穀米初取出之後加熱至一百四十度以上令乾則變為半明半暗之形

西穀米為暹羅阿喇伯等國所產樹心內之物將樹劈開取出浸於水內以尋常之法分取其小粉後用細孔勻密之銅板壓之令其流出成圓條再置於桶內轉動之則成圓粒（即莎木麪）

打比夏克為瑪尼霍得草之根所取出將根剝去皮加大

力壓之其流出之汁最毒土人用以敷於箭鏃名壓脫羅非尼然以其汁澄之數時即有小粉沈下以水洗之用細孔之器壓之加熱二百十二度令乾

對格司得里尼　小粉置爐內加熱至四百度歷一二小時其質即變易在冷水消化所成之質與樹膠之性相同名對格司得里尼俗名英國膠可代樹膠之用印花者俱用此收住顏料初得此物出於偶然因造小粉之鋪失火救火者澆水於燒熱之小粉後看流出之水有黏力如膠考其事知為小粉加熱而成設將饅頭一片烘至櫻色則其麪內之小粉亦變為對格司得里尼以水浸之其膠消化而出

對格司得里尼之原質為炭$_{12}$輕$_{10}$養$_{10}$與小粉相同能變同原異物者必因質點之排列不同故其性亦不同也其對格司得四音為右邊之意光線通過其水必向右邊而偏如加硝強水即變為草酸亦同於小粉然以樹膠而加硝強水則變為茂雪酸

多造對格司得里尼將小粉十分水三分另用硝強水一百五十分之一與水相和然後拌勻小粉鋪在板上置爐內加熱二百四十度至一小時因有此硝強水故不必大熱能變為對格司得里尼各種酸質俱能令小粉變為對格司得里尼如將小粉在水內加熱令沸稍添強水再沸則漸漸變成

硫強水數滴添於小粉水內可用碘水試其變化如將冷小粉水加以碘水即得深藍色沸數時之後將少許冷而驗之則藍色不見而得紫色因碘遇對格司得里尼而變此色也

化分生物質俱用碘試其有無小粉惟所變之藍色能被鹼類變白加熱亦不能見待冷而藍色仍顯其變藍之故因碘極細之質黏於小粉之細點並未另變新質也用此法作銀票之紙能令人不能私改銀數之字其紙濕以鉀碘消化於小粉之水則乾時仍白色或欲作偽而用綠氣或鈣綠等滅其原寫之字紙上必變藍色

前所言之對格司得里尼再加熱令沸甚久不分出其硫強水則其水漸漸不能為碘變色嘗之甚甜此因變為哥路哥司得即葡萄糖其質為炭$_{12}$輕$_{14}$養$_{14}$此因收水四分劑其式為

炭$_{12}$輕$_{10}$養$_{10}$即對格司得里尼丄四輕養‖炭$_{12}$輕$_{14}$養$_{14}$即葡萄糖

或疑小粉漿造葡萄糖之變化同於曬里西尼或哥路哥司得之類變葡萄糖其式為

炭$_{24}$輕$_{20}$養$_{20}$丄四輕養‖炭$_{12}$輕$_{10}$養$_{10}$即對格司得里尼丄炭$_{12}$輕$_{14}$養$_{14}$即哥路哥司得

種子發芽　小粉與水合成葡萄糖之性於植物內大有相關並相關乎食物之理此為死質轉為生質之變化種子發芽藉此變化而成遂為萬物發端之事蓋先有植物而後有動物也

種子之原質與前所言麥之原質同如將種子曬乾可藏至日久而不失其發芽之性發芽必藉三事一空氣二水三熱三事所需之數依各種之屬於何類三事俱合數則種子能收養氣而放炭養氣此因種子內最易變化之質如蛋白哥路登等所含之炭與養氣化合化合之時必自生熱此熱適合於發芽所需之熱由是變化之事既起而小粉遇之亦變所變之質即對格司得里尼與葡萄糖此二質能在水內消化而其原有之小粉不能消化消化之後始有炭與輕氣與養氣俱為萌蘖所吸食故能長而漸大

刈麥之後陰雨而不能曬乾有為濕熱薰蒸而發芽者磨麵作饅頭黏性如膠兼有甜味所以釀酒之麥預令發芽而酒能得甜味亦此意也中國之麵雖不用發芽之麥然成麵之後亦自發熱蓋亦有萌蘖之意焉故古者名之為麵蘖

種子發芽之時生一奇物名為對阿司打西質含炭輕淡養未能用別法得之此質能令小粉變為對格司得里尼與葡萄糖

對阿司打西未能得其最淨者故不能知其原質之分劑如將已發芽之大麥去其芽而磨碎加以溫水則其對阿司打西消化於水內壓取其水而加熱至一百七十度必有結成之蛋白須分出之再將所得之水與醕相和則對阿司打西結成沈下可以分出質細而白形似小粉嘗之無味此質變化之能力甚大如將小粉二千分對阿司打西一分同在水內相和足令其全質變為對格司得里尼與葡萄糖而其對阿司打西即不見為此事適宜之熱以一百五十度為最好如熱至水沸界則變化之事立停此事所得之物即飴糖也

造酒者亦宜知對阿司打西變化之理所用之大麥必先浸於水內然後薄鋪在暗處此似麥在地內發芽之意其熱度須五十五度至六十二度故宜於春秋二季而不宜於夏季得此熱度其粒漲大再過二十四小時即有萌蘖甚細而白每日翻撥二三次則上下之熱度相等十數日後芽長半寸所成之對阿司打西已足將此麥芽以一百四十度之熱烘乾篩去其芽此芽所含之淡氣為大麥所含之淡氣九分之一故亦不為棄物可作糞地之用

乾大麥一百分能得去芽麥九十分乾芽四分其餘六分

爲化合炭養氣之炭與變爲水之輕氣並浸麥時所消化去之質凡去芽麥含對阿司打西五百分之一能令麥之小粉變爲糖而有餘

茲將陸士試驗大麥發芽之各種變化列表

	原大麥	浸水之後	鋪於地面十四日半	篩後所得去芽麥	乾芽
糖	二·五六	一·五六	一二·一四	一一·〇一	一一·三五
小粉 對格司得里尼	八〇·四二	八〇·二二	七〇·〇九	七二·〇三	四三·六八
木質	四·六九	五·二三	五·〇三	四·八四	九·六七
蛋白質	九·八三	九·八三	一〇·三九	九·九五	二六·九〇
金類質	二·五〇	二·二七	二·三五	二·二七	八·四〇
共計	一〇〇·〇〇	一〇〇·〇〇	一〇〇·〇〇	一〇〇·〇〇	一〇〇·〇〇

造啤酒之法（即苦酒 啤音皮）此酒造法將去芽之麥磨碎浸於水內加熱一百八十度待數小時則對阿司打西令發芽所有未變化之小粉變爲對格司得里尼與糖濾取其水備用所有不消化之餘渣尚含哥路登甚多可以喂豬

去芽之麥所含對阿司打西前已言變小粉爲糖而尚有餘試驗此事將去芽麥之水少許添入小粉漿加熱至一百五十度數小時後其小粉變爲稀質用碘水試之不見藍色可知已變爲對格司得里尼此爲有餘之對阿司打西所變成者精於造啤酒者審知此事所以每一分去芽麥可添三四分未發芽之麥則全麥之小粉能變爲對格司得里尼與糖可免全麥發芽之煩

去芽麥浸得之水不但含葡萄糖與對格司得里尼與對阿司打西又有哥路登所變成之含淡氣者發酵之前其水內必添霍布花略爲去芽麥四十分之一此花能令其酒在發酵時不變酸

霍布花每百分內含黃色之香粉十分名爲羅布里尼此粉含易化散之油其臭甚奇其味極苦

霍布花添在麥水內之後盛於大桶令花渣沈下取其清者盛於淺盤使速冷至六十度其淺盤內有冷水管通過使冷更速如稍慢則所含之淡氣質久遇空氣而改變酒由此而得酸其水既冷再盛於大桶添酵略爲百分體積之一

酵爲極微莓類之植物凡含糖與含淡氣之質如淡輕所成之鹽類質並燐與鉀養或鈉養或鈣養或鎂養相合之質俱能發酵其酵之爲植物西國久已知之但其發酵所不可少之事尚未能考知其所以然想其種子與能生之理必同於數種苔類而人固不疑苔類非植物

雞蛋白或乳餅或肉俱含炭與輕與養與淡與燐之物質

於糖水內俟其變化則其面生灰色之皮以顯微鏡視之

第九圖

有長圓形之小窠取其窠數箇另置於少許水內以顯微鏡視之則四面延生新窠甚速如第九圖造啤酒發酵時之水亦生此物甚速其熱度從六十至七十為最合宜

小窠之內含一質似乎蛋白而包在薄皮內其薄皮略與寫留路司相同又有一質與對阿司打西略同而為含淡氣之質此質能令蔗糖即炭十二輕十一養十一變為葡萄糖即炭十二輕十四養十四故將酵加於蔗糖水內則發酵之時其水之重率加多因

蔗糖之水必含葡萄糖而蔗糖能令其水質更鬆也如以常法試之即知實有葡萄糖

麥水添酵之後葡萄糖變化發酵名為發醕酵發酵時之熱度自能增大水內生醕與炭養氣與乳酸與琥珀酸與各里司里尼又有一棕色能消化之質又有數質尚未定其性情如專論醕與炭養氣則從葡萄糖而變化其式為

炭十二輕十四養十四即葡萄糖＝二炭四輕六養二即醕＋四炭養二＋二輕養

發酵之時其酵之小窠漸漸散而不見故令若干糖變化其酵有一定之數如糖百分所需酵之定質二三分而已足後有餘下之含淡輕鹽類質因酵所放之淡氣所成

發酵之流質內有含淡之質並含燐之質則其酵植物能長大而數更漸多如造啤酒之大麥水其味本甜而哥路登與其含燐之質能養其酵植物令長大比其原種子大六倍至八倍

酵若加熱至水沸度則其植物之性滅死而不能發酵故其酵祇用小熱度烘乾或加力壓乾並可得其粉西國市肆常賣此物名乾酵粉

水內所含之糖其數多於四分之一則不肯發酵發酵成醕而如其水五分之一其事亦停因此發醕酵所得之各種酒至多含醕百分之二十又如添金類酸質在內其發

酵之事亦停又如添能令物不腐爛之料如食鹽與苦里亞蘇脫或汞綠或硫養松香油等亦能停其發酵

造酒發酵之時放出炭養氣甚多其酵植物隨氣而浮於水面可取為下次之用

啤酒所含之質或為醕或為大麥之哥路登所含淡氣之質發酵時所不用盡者又有未變化之糖與對格司得里尼又有發酵時所生棕色或黃色之料又有霍布花之苦料並其易化散之油

以上各質之外尚有醋酸此因醕與養氣化合者（詳後）又有炭養氣即開酒瓶時所生之氣點又有發酵時所變之乳

酸與琥珀酸與各里司里尼又有酵內所含之淡輕質又有大麥內能消化之金類質惟其酵所收含燐之質隨酵而取出

各種酒所含之質不同後表為大麥所造之酒五種

每百分	亞辣所鋪黃色啤酒	把司鋪黃色啤酒	極濃之黃色啤酒	原得布來特布而得而色黑	原得布來特布而得而極濃者
醕	六·〇〇	七·〇〇	八·六五	四·二〇	六·〇〇
醋酸	〇·二〇	〇·一八	〇·一二	〇·一九	〇·一八
糖等定質	五·〇〇	四·八〇	六·六〇	五·四〇	六·三八

布而得而酒之黑色因出芽之大麥在爐中加大熱度則糖之一分變為黑㰖色之料易消化於水內名卡拉末辣

故致酒有黑色有人云黑酒開瓶之時多發氣泡因另添皂礬與膽礬在內啤酒之香疑是發酵之時有變成之以脫類少許

造啤酒而偶不合法則其酒內變成膠形之物此名發膠酵其糖即變化而成一質與膠略同尋常之糖亦可令變此膠如糖水添以沸過之酵水或添以米泔水是也黃色葡萄酒常因此事而變成膠形惟紅者則否疑是所含之樹皮酸即葡萄皮內所出者與變化此膠形之酵合成不消化之質沈下發膠酵之時其糖之一分常為瑪內糖即炭$_{十二}$輕$_{十四}$養$_{十二}$

造醋之法　啤酒變酸之時名為發醋酵俗以為空氣內之淡氣所成略同於腐爛此言未確其實因空氣內之養氣遇啤酒內之醕而變為醋酸即炭$_{四}$輕$_{四}$養$_{四}$其式為

炭$_{四}$輕$_{六}$養$_{二}$(即醕)＋養$_{四}$＝炭$_{四}$輕$_{四}$養$_{四}$(即醋酸)＋二輕養

濃醕令遇空氣久之不能變酸與水相和亦然俱不能與養氣化合也如遇數種生物質則其醕與養氣化合而成醋酸故造醋之各法俱藉此理

各法內有直用此理者名曰快醋凡醕不取稅之國俱用此法將重率八五之醕一分與水六分相和再加酵千分之一或加別種含淡氣而能變化之質然後加熱至八十

度另備木桶如第十圖桶內滿盛木柹而木柹預浸以醋近底鑽多孔離口數寸置一木板亦作多孔孔內有鬆繩下垂須入前和之水則漸漸流下而醕與

第十圖

養氣化合遂自生熱至一百度桶底流出者須再添入桶內反復三四次歷時一日半即成好醋器內如有易散油之質或苦里亞蘇脫等合物不腐爛之料則其醕不肯與養氣化合(用木柹之意因有一種極微之植物黴附其上能令其醕與養氣化合也)造時必得多空氣之理為里必格所創設前人未明此理里必格云醕變醋之舊法有二層工夫一其醕大半與養

氣化合而變阿勒弟海特即炭$_{四}$輕$_{四}$養$_{二}$此為最易化散之流質熱至七十度而沸變為霧而散出所得之醋必少其式為

炭$_{四}$輕$_{六}$養$_{二}$丄養$_{二}$＝炭$_{四}$輕$_{四}$養$_{二}$丄二輕養

其二多添空氣則不變阿勒弟海特而所得之醋必多

法國用淡葡萄酒造白醋其歷時比前法更多將木桶滿盛木柿桶上作孔傾以酒而從桶底流出得四十磅五十磅之後另備一桶盛之其蓋半掩將醋若干加熱令沸傾入此桶須晝夜常熱至八十度數日之後再添前桶流出之酒若干半月之後全變為醋放出其半再添前酒至滿如此迭更無已其桶用之日久變醋愈快其故因桶邊有結成之物名醋母初時用已成之醋亦此意也

英國以發芽之大麥造醋浸於水內令水發醋酵再令發醋酵

尋常之醋含醋酸百分之五另含植物與金類質若干其各數之多少依造醋所用之料醋之香藉造時所變成之醋酸以脫即炭$_{四}$輕$_{五}$養炭$_{四}$輕$_{三}$養$_{三}$尋常之醋添以硫強水千分之一令不發黴

上海曹鍾秀繪圖

新陽趙元益校字

化學鑑原續編卷八

英國蒲陸山撰

英國傅蘭雅口譯

無錫徐壽筆述

饅頭

發酵之理與尋常做饅頭之法有相關前已言麥麪大半為小粉與哥路登另有對格司得里尼與糖將其麪與水少許拌勻使成濕麪其黏力全藉哥路登如欲分取之將濕麪濕透俟數小時以極細之紗包之置於水內揉之則小粉散出而包內之物韌而有凹凸力遇空氣不久而臭爛如加二百度之熱縮小變乾而脆略如牛角

哥路登化分之即炭輕養淡其各質之比例不能定大略為炭$_{二四}$輕$_{二〇}$淡$_{三}$養$_{七}$哥路登不能為原質乃三物相合而成其三物之原質則略同

哥路登以醕相和加熱令沸必有一分不肯消化名為植物非布里尼此音之義其形似乎動物之肌肉將所得之流質待冷即有結成之白質與乳腐略同再添冷水又有略同於血內之蛋白名哥路低尼

哥路登所含之三質與動物之要質相似可見哥路登為養身之最合宜者然從麪內分出而食之甚難消化故但用麪與水相和食之亦難消化加熱烘之亦然所以欲為

食品必令其質發鬆則遇腹內消化之料而而積加大發鬆有數法一用極多炭氣之水滲其麵其工以鐵箱為之滲勻之後箱底有小門其濕麵自能噴出遇空氣而脹大烘熟則甚鬆一將麵與鈉養炭養相和再加鈉養二炭養少許所用之水加以鹽強水少許則鹽強水令前料放出炭養氣麵亦發鬆其綠氣與鈉合成食鹽饅內即有鹹味如糕餅等物鹹味不合則用淡輕養炭養相和烘時即變為霧而發鬆亦無別味

尋常做饅頭生炭養氣之法令麵內之糖發酵而成之將麵加水二分之一和勻之後加酵與鹽少許加熱至七十度則其麵腫大因炭養氣放出之故其麵內之糖變為炭養氣與醕再將其麵置爐內熱至五百度則水之一分與其醕散出而其炭養氣因熱發漲更大其小粉之粒亦大變而為易消化之物饅頭中心之熱不大於二百十二度惟外面乾而硬有櫻色之皮陳麵已朽腐者少許可代酵之用

新烘熟之饅頭置於空氣之內則漸漸變硬昔人以為變乾之意今則知其質點之改變如將饅頭置器內封密其漸硬仍同而形不少改或以陳饅頭一片烘之令其更乾其中反濕而甚軟所以陳饅頭置爐內烘之幾與新饅頭相若

麥麵因哥路登之黏力甚大故合於饅頭之用麰麥麵次之其餘穀類所含之哥路登不多黏力太小不合此用

新陽趙元益校字

化學鑑原續編卷九

英國蒲陸山撰

英國　傅蘭雅　口譯
無錫　徐　壽　筆述

糖類

前言小粉遇淡酸質能變爲葡萄糖故將水一百分硫强水一分加熱令沸再將加熱之小粉水漸漸流入不可停沸半小時後漸添以白石粉少許足減其强水爲度則變鈣養硫養沈下然後盛於大鍋蒸至成顆粒

葡萄糖即哥路哥司得不能當蔗糖之用因其甜味不及蔗糖之半在水內之消化更慢更少葡萄糖三分必須水

四分而化盡蔗糖三分只須水一分即化盡市肆常有羼雜之物顆粒大而明不甚淨白者即其據也然有法辨其眞僞將少許與鉀養水少許相和加熱令沸則葡萄糖化分令其水變爲深櫻色眞蔗糖則不變色必煮之極久始變又法將糖於水消化再添銅養硫養水數滴再加鉀養水即變深藍色之水而兩種糖俱不能令銅養結成再將藍水漸漸加小熱如有葡萄糖則銅養結成紅質沈下如爲淨蔗糖必至沸後而銅養結成

寫留路司與硫强水相和亦變爲對格司得里尼與葡萄糖故蔴布或棉布或紙曬極乾而漸漸加濃硫强水一分半不令熱度增大數小時之後變爲膠類之形能在水內消化與對格司得里尼相似若寫留路司遇硫强水至二日之後能在多水內消化加熱令沸八小時至十小時則變爲糖再加白石粉減其硫强水濾去鈣養硫養熬乾而得葡萄糖

寫留路司變爲對格司得里尼有一相類之事即紙變爲明皮將極濃硫强水一分水一分相和待冷以白生紙拖於內隨用多水洗之則其堅固加五倍而略等於羊皮乾時之重與原紙同化分之而知本質未變其堅固之意乃質點之改變此紙幾不能漏水形略如油紙用處甚多可

作連於器物上之小牌而不畏水又可當各種薄皮之用

小粉與寫留路司變爲葡萄糖其理能顯植物萌蘖時變化之大略前已言種子發芽之時其所含之小粉變爲糖故能消化而往植物體之各處以及變成寫留路司之各處其糖即炭輕養再還而變爲炭輕養如果子漸熟而生甜味其立故尼尼類之質與其小粉亦變爲糖此因未熟之果所含之植物酸令其變化之故

熟果與新成之蜜並非葡萄糖之炭輕養而另爲一種俗名果糖化學名夫路克拖司其質爲炭輕養此糖不能成顆粒略爲小粉與寫留路司似乎未變成葡萄糖之物故

用此二物內之任一物加以淡硝强水令沸待其水變甜之時立停其沸則其糖亦不能成顆粒即是果糖如令久沸則變爲能成顆粒之葡萄糖又如新蜜本是果糖藏久亦變爲葡萄糖之顆粒又如新葡萄只含果糖曬乾之而其內成顆粒即葡萄糖

漿糖亦不能成顆粒乃熬蔗糖時所得者蔗內本不含果糖然有此者必因蔗糖之變化如將蔗糖消化於水令沸多時即有幾分變爲果糖稍加酸質改變更速

蔗糖　造糖所用之蔗在未開花之前割取其汁最多嘗將瑪低尼克地方所產之蔗分之得汁九〇・一得木質九

九如依此率每蔗百分應得汁略九十分然用最好之法如鐵雙軸大力重軋每百分亦祇得汁六十五分又法將其蔗置於汽爐內蒸之而後壓汁其數稍多所得之汁含糖百分之十八另有植物所常含之別質如植物酸蛋白鹽類等

產蔗之地本熱其汁內所含之蛋白遇空氣而速變令其糖發酵往往變壞而不能用所以取得新汁須加熱令其蛋白凝結惟稍變不能成顆粒之糖或將汁每八百分加熟石灰一分置平底大銅鍋內加熱一百四十度則其蛋白結而浮出成皮可取去之然後熬至將成顆粒另盛於

淺木盤內待二十四小時用桿掉撥甚速使結成半定半流之顆粒傾入桶內底有多孔以便漿糖流出二十餘日之後取出曬乾名爲生糖爲蔗汁十分之一此生糖乃蔗汁含糖之一半其餘一半在熬時變爲不成顆粒之質近來創設新法能得生糖多而漿糖少其鍋有密蓋抽出鍋內之氣而得眞空小熱度即能熬稠蔗汁又蔗渣曬乾可爲燒料其灰可作糞地之用

前法所得之生糖每百分含淨糖六十分其餘爲水與不成顆粒之糖又有顏色之料並汁所含之鹽類等異質

提淨之法將生糖二三分以稍含鈣養之水一分消化每

糖一百分添以骨炭粉三分至四分再添牛血少許噴以熱汽則血之蛋白凝結而欲浮出帶其異質與炭粉同浮成皮其糖水白淨因顏色之料大半爲骨炭所合將此糖水再以骨炭粗粉一厚層過濾則其色盡減盛於鍋內熬之鍋有雙層其間有極熱之氣上有密蓋抽去鍋內之空氣令不成顆粒之糖極少如不用此眞空之法必熱至二百三十度今用眞空祇熱至一百六十度試驗糖水稠稀之度以少許二指撚之試其黏力又牽之成絲而視其絲之長短又視其絲斷時捲縮之式至合宜之時盛於盤內掉之視有亂形顆粒即傾入圓錐形模內銳端向下俟二

十小時成顆粒拔出銳端之塞放出其流質再以少許濃糖水淋之即將模移至爐內烘之俟乾取出削平其面名爲糖塔

又法不用濃糖水淋洗而將糖粉鋪在面上再將淨白泥和水成漿傾在糖粉之上則泥漿消化糖粉所成之糖水洗淨其糖粒其用白泥之意使水漸漸流下

又法將生糖以濃糖水洗之則初時所有異質大半洗去然後分出其糖水將此置於銅絲布之桶內此桶轉動極速則糖水飛出而有外殼受之再將銅絲布桶搵入新糖水內而以同法爲之如此數次至淨爲止

英國與法國爭戰之時法國之蔗糖食盡故創設新法所用之料爲白色之胡蘿蔔其用白色者因紅色不能分去也汁內含蔗糖質一百分之十而此十分祇有顆粒之糖五分取法與蔗糖同

花旗國用糖楓樹之汁造糖與蔗糖同春間將樹皮刺孔用蘆葦作管插於孔內引其汁以器受之未發酵之前移至大鍋內熬之所得之生糖不提淨而發賣尋常之糖楓樹每年出糖六磅

冰糖結成斜長方形之大顆粒將極濃之糖水加熱略至一百七十度鍋內挂以小繩使其顆粒結於繩上

熬糖將糖水加以大於成顆粒之熱度冷時成玻璃之形若傾於冷器上可任意作何形此糖如藏之日久其透明漸漸而暗因其質結成顆粒

卡拉末辣即炭$_{十二}$輕$_{九}$養$_{九}$爲黑櫻色之料將糖加熱至四百度即成此物易在水內消化其水爲深櫻色以爲酒或醬油之色料

糖類變化之性　蔗糖與葡萄糖能與數種金類養氣化合之本質合成數種質如將蔗糖以水消化而加以石灰則所成之質爲鈣養炭輕養冷水內更易消化故加熱令沸其水暗而如乳冷則變明如將含水鉛養添入糖水令沸則消化待冷而有白粉結成其質爲二鉛養·炭$_{十二}$輕$_{九}$養$_{九}$輕養其水之一分劑在二百十二度化散因此疑蔗糖必含水二分劑其質必爲炭$_{十二}$輕$_{九}$養$_{九}$·二輕養如將蔗糖漸漸加熱所得之雜質爲炭輕養化學名曬卡來得再加熱即成一質爲炭$_{十二}$輕$_{九}$養$_{九}$即前言之卡拉末辣如將食鹽一分糖四分在水消化令自乾即有結成之質爲鈉綠·二(炭$_{十二}$輕$_{九}$養$_{九}$)三輕養觀此略爲前含水之理之據

有數種金類養氣化合之質能與糖合成各種雜質易在鹻類水內消化所以銅與養或鐵與養合成之質而加以糖再加鹼類其質不能結成

葡萄糖亦能與數種本質化合然與鹼類相合則甚鬆其流質初時有鹼類之性後則葡萄糖變爲哥路西酸卽三輕養炭輕養此因有失去水質之故

葡萄糖水加食鹽至飽足所得之流質能結顆粒卽三炭輕養鈉綠二輕養將此顆粒加熱至二百十二度令乾則變爲二炭輕養鈉綠所以葡萄糖之確質必爲炭輕養二輕養如將葡萄糖在熱醕內消化冷則結成顆粒爲柱形其質爲炭輕養若以葡萄糖加熱至二百十二度亦能令水二分劑散出

硫强水遇蔗糖與葡萄糖所見之事不同蔗糖則變爲炭而全化分葡萄糖則與之化合而成硫養葡萄糖此質爲一酡質遇鈣養或鋇養能成易消化之鹽類不但此也又有以脫里哥路哥司爲苦而香之油類質已有人將以脫里溴與鉀養用葡萄糖相和成之其質爲炭輕二炭輕養

格致家精考糖之性情又能分出雜糖之各數俱用光學之理辨之葡萄糖與蔗糖之水令其光線自左偏至右蔗糖之偏性比葡萄糖更大以蔗糖水先試其偏性自左至右加以鹽强水而加熱試之則其光線轉偏自右至左此因變爲果糖之故

小粉所成之糖遇分光鏡之光有三種偏法以小粉糖在水內消化試之俟數小時而再試之則比初時轉偏之數祇爲一半去芽麥所做之糖消化於水則初化者比存久者轉偏之性大三倍又比初化之小粉糖亦大三倍若各糖加熱至將沸而後待冷試之則其偏性極小

瑪內糖之質爲炭輕養見卷七發膠酵節其瑪內爲一種樹結成之質又有數種蕈海菜芹菜葱蔄司叺拉故司等物亦有之如將瑪內用熱醕消化而濾取其流質冷則瑪內結成顆粒爲柱形味甜易在水內消化瑪內糖與蔗糖葡萄糖有大別遇酵不發酵而其質點亦與糖類不同或以爲不應列於糖類之內近有人細考其變化之理應與各里司里尼同類卽油類質內之甜質於第十六卷詳言之

哥路色爾喜以尼此爲甘草之甜質其形略如瑪內糖惟不能成顆粒

新陽趙元益校字

化學鑑原續編卷十

英國蒲陸山撰

英國 傅蘭雅 口譯
無錫 徐壽 筆述

棉花火藥

小粉與糖類並爲留路司遇極濃之硝強水其變成之質有爆裂之性其理將淡養四代輕氣之一分劑此一類之內貝如阿客色里尼爲要質（貝如二音即火字之意。阿客色里尼即木字之意）其造法以硝強水滲入各種木紋之質如木如棉花如紙是也白生紙浸於極濃硝強水（重率一、五二）數分時取出即變爲新質以多水洗之而曬乾其形與質不改而燃之猛烈將不甚熱之玻璃條遇之亦燃其變性之故因紙內收得淡養四之質而此多養氣能令紙燒甚速不必藉空氣之養氣也其紙所得之淡養四以代輕氣一分劑代出之輕氣與淡養五內之養氣一分劑相合成水

貝如阿客色里尼常與未改變之紙相合惟輕氣與養氣合成之水令其餘之硝強水稍淡故宜用硝強水極多否則變化未半而強水已淡全紙不能變化蓋紙之質紋爲無數極細之管彎曲旣多強水難於收進故不但強水須濃更宜浸之多時

欲使木質全變爲貝如阿客色里尼必用極濃硫強水與極濃硝強水相和則所成之水爲硫強水所收而硝強水始終不淡棉花之質甚鬆比紙易變爲貝如阿客色里尼試造之法將極淨之硝一千釐加小熱令極乾盛於乾甑內如第十一圖添以極濃硫強水量杯十錢

第十一圖

蒸之受瓶之內得六錢另將極淨之新棉花烘乾須毫無濕氣爲度以取得之硝強水二錢半與極濃硫強水二錢半相和待冷將棉花三十釐浸入以玻璃條壓下用玻璃片爲蓋俟十五分時之後取出棉花置於水一升之內洗之再在流水內漂盡其酸以藍試紙不變色爲度然後在空氣內自乾或加微熱烘之

近來各西國造此藥甚多以代火藥之用其多造之法如後

棉花紡成鬆紗或再數紗相並繞成小匡每匡重三兩將鉀養炭養一磅水三十磅消化得重率一、〇二加熱令沸而以棉紗煮一刻時使棉花所含之油質與松香質消化並花子內所得之立故尼尼亦消化鹼水因此變穀色取出棉紗置於鐵絲布之桶內令轉極速水即離出遂在流水內漂盡鹼味再置於鐵絲布桶內去其水用溫箱烘至極乾藏於磁瓶密封不使稍進濕氣

極濃之硝强水重率一·五二一分濃硫强水重率一·八四一三分或以體積論之則爲一與二·四五此兩種强水分盛於瓦箱內箱底有塞門從此門緩流而同入於另一箱內此箱亦有塞門並鐵蓋又有一孔可將鐵條入孔內掉勻俟數小時冷定之後遂流於深瓦筒內此筒浸於冷水箱上有鐵柵以備棉紗流乾强水之用將棉紗二匡同浸於深筒之强水用鐵條掉撥二三分時隨手撈起置於柵上以鐵條壓出其强水筒內所耗之强水如數補足再將二匡以同法爲之棉紗浸於强水必生熱筒外之冷水須極多此爲初次之工棉紗不能在初次全變爲火藥故必二次浸入强水令强水滲徧於棉花絲紋之內其初次之工先令絲紋之外面濕透如將多匡同入即不能周徧且有自生之大熱惟第二次則所生之熱減小

初次取出之棉紗換浸於小口瓦甕內其蓋必須極密先以棉紗壓稍實而添以强水漫過爲度大略棉紗一分須强水十分至十五分依棉紗之鬆實此瓶亦浸於冷水內俟二日始得盡變

四十八小時之後用鐵鉤取出棉紗置於鐵絲桶內先轉稍緩後轉甚速至每分時八百轉爲率十分時之後其强水大半離出遂取棉紗在極多之水內速汰之遲則水遇强水而生大熱以致藥性自化分其少許汰後移至流水漂之必使毫無酸味此事須漂在流水四十八小時之久棉藥漂淨之後置於鐵絲桶轉之令水離出以前法所備之鉀養炭養水將棉藥浸入減盡其微酸硝强水遇棉子等物所成松香類之質亦能被鹼水洗盡再入鐵絲桶轉出其鹼水再漂於流水內半月然後挂於透風處乾之而棉藥之全功始成

以上全功分爲六級一洗淨油類即煮以沸鹼水二初次浸於强水其强水之方極濃硝强水一分極濃硫强水三分三第二次浸於强水兩日四長流水內洗漂兩日五用沸鹼水減酸六久漂之陰乾之

造藥者云以上造成之藥應用鈉養矽養水浸透而曬乾再以淸水洗之透風處乾之蓋以爲棉藥內尚存極微之强水能令空氣內之炭養氣化分其鈉養矽養則棉藥內有矽養少許結成而棉藥之燒可稍緩又能免空氣之水氣所侵阿伯里詳考其事云此法毫無益處

棉藥之原質　極淨棉藥所含之質爲炭輕淡養四質其分劑之式略爲炭輕淡養其確數與各質排列之法甚難推求因與他質化合所成之新質不定而其燒成之霧亦無法能化分至詳細若以造時之料而推之則得寫留路司即棉花爲炭輕養加以硝强水而不發氣則其最合理之

式爲炭輕三淡養養即爲三淡養寫留路司其三淡養爲代散出之輕氣三分劑

依此理其硝强水遇棉花而變化之式爲

炭輕養丄三輕養淡養川炭輕三淡養養丄六輕養

如用質點之記號則其式變爲

炭輕養丄三輕淡養川炭輕三淡養養丄三輕養

依前式每川棉一百磅應得棉藥一百八十三磅但造時至多得一百七十七磅其所少者因造時所耗又爲强水所消去

試驗棉藥所含淡氣實有淡養之形將棉藥以鉀養消化之則所得之水含鉀養淡養與鉀養淡養此質亦爲鉀養遇淡養所成之質同

又可將鉀硫輕硫試之爲前言之據含水鉀養用醋消化而通過輕硫氣至飽足即得鉀硫輕硫在醋內消化之質以棉藥浸入而漸加熱則其棉藥仍變棉花而流質內有鉀養淡養其式爲

炭輕三淡養養丄三鉀硫輕硫川炭輕養丄三鉀養淡養丄硫

此法爲化分棉藥求原質之法如前理不差則棉藥一百八十三分應得棉花一百分

棉藥燒後所得之各質　棉藥所成之各質與燃燒之法有相關如將棉藥鬆散而燃之其燒稍慢因各質點必依相近之質點延燒而熱氣與火向外衝散內質不能與外質同燒若固束而燃之則初燒之火不向外散而往抵內質故各處立燒在極少之時燒極多之藥所得之熱度更大所得之各質更簡同於化學內各種質收極大之熱變成甚簡之質

棉藥鬆燒之時即得淡養淡養輕衰等質或以爲放礮礫山亦不可用恐吸其毒氣而受害然已詳試緊燒之時所得之各質不過水霧炭養炭養淡氣並輕氣與炭輕各少許放礮礫山必無受毒之事

卡路里已試緊燒棉藥所得之各質與前編所試火藥同理將棉藥置於生鐵筒內其筒之堅固足任燒盡時之礫力筒置於鐵毬之內抽盡空氣而得眞空以電氣引燃棉藥氣質盡在毬中量其體積化分而得原質然此所試之得數不合於三淡養寫留路司之理而爲炭輕淡養即三淡養寫留路司之倍數惟化分棉藥而得準數因爲最難其試工之差更易差於棉藥之原差

棉藥一百釐得氣質三百二十五立方寸五此爲寒暑表六十度風雨表二十九寸〇六其水霧在此熱度不凝

水鎔化分其氣質每百分體積所得之各質如左

水霧	二五·三四
炭養	二八·九五
$炭養_{2}$	二〇·八二
淡氣	一二·六七
輕氣	三·一六
$炭_{2}輕_{4}$	七·二四

共得九八·一八惟水霧不能直得其數但從棉藥所含之輕氣而推知之

如不問其$炭_{2}輕_{4}$與輕氣而所試之棉藥爲淨$三淡養_{4}$寫留路司則所得之氣質如後式

$炭_{12}輕_{7}三(淡養_{4})養_{10}$ ‖ 九炭養丄三$炭養_{2}$丄七輕養丄$淡_{3}$

依此式則棉藥一百釐應得氣質三百五十六立方寸不應如前試之三百二十五立方寸五此式所得各質之體積應爲水霧二八炭養三六$炭養_{2}$一二淡一二則與前試得之體積數亦不同由是觀之難得確式能顯其化分所得之各質

或言礮內用棉藥容積一立方尺應裝十一磅則其功力最大依此率則一立方寸必重四十四釐五卡路里試驗此事應發氣一百四十立方寸五此爲寒暑表六十度風雨表三十寸而水霧不凝水

前編言火藥一立方尺重五十八磅則一立方寸爲二百三十五釐能發氣二百〇七立方寸此亦爲寒暑表六十度風雨表三十寸

燃燒棉藥若干重生熱若干度尚無確據故亦不能推算化氣漲大之體積由是氣質所顯之力亦不能知設如變成之氣質各爲熱所漲大至相等則略可爲火藥所顯之力應比等重之棉藥更大即棉藥四十四釐五體積一立方寸能發氣一百四十立方寸五火藥四十四釐五體積五分立方寸之一能發氣二百〇七立方寸如將兩物之同重數閉於適能容之盒內則依此理火藥所顯之漲力應爲空氣壓力二百〇七倍棉藥爲一百四十倍五

業已試得二種藥等重之數在礮內施放知棉藥之力大於火藥之力三倍此因棉藥所生之熱比火藥所生之熱必更大雖火藥變成之氣質在尋常之熱度能發大漲力然在燒時其生熱所漲之數比棉藥必小所以實在之漲力亦必小不第此也棉藥之燒且能盡而火藥不能盡火藥之燒稍慢而棉藥之燒極速故能得更大之力（礮內用火藥常有多餘者衝出其力由此亦減）棉藥之力大於火藥者又因燒時更速則彈未起動之時

藥膛之容積自小故漲力加大而無空費之力初用棉藥往往以力大爲一病因礮易致碟裂也後設一法將棉紗織成極鬆之帶以帶之鬆緊消息其燒之遲速如火藥配其粒之大小同理蓋鬆紗在一秒時延燒一尺織成鬆帶如放鎗所用者一秒燒十尺若織至甚緊燒亦更速以緊帶裝礮則一見火而全燒忽加漲力礮體受傷故鎗內常用原棉花與棉藥相合令慢燒阿伯里之法將棉藥磨研成漿如造紙之料再和原棉花之漿壓成餅其燒與火藥相同

開山礫石棉藥一磅能代火藥六磅此因裝藥處之容積不能加大其燒之快慢不計惟計所顯之力

棉藥所生之熱如以爲不大於火藥所生之熱斷無其理然以棉藥放礮礮體所生之熱小於火藥所生之熱則棉藥之發熱想不能大於火藥矣惟是棉藥之燒絕無餘剩之定質故其全熱盡爲令氣漲大之用而火藥變成之定質必收其熱至同於氣質之熱定質又不能漲大而不能顯力

棉藥紗一條引燃其毛數處則漸漸而燒若將紗數條相并而置於小玻璃管內其燒亦緩噴出之炭養氣可在管口引燃之

棉藥與火藥相比之性情　棉藥在二百七十七度而燃若至四百度無有不燃者火藥必須六百度始燃火藥打之極難燃棉藥則遇擊而燃惟所燃但在椎面之下棉藥燃時不發煙又無渣滓故用於礮內不必每放洗刷因棉藥所有不能燒之金類質只有一百分之一二放時全能散出也

棉藥令礮生熱小於火藥放棉藥一百次不及放火藥三十次之熱其故因棉藥所生之霧質內大半爲水質其熱率倍大如水氣之熱率爲〇·四八而炭養之熱率（即火藥所生之質最熱者）爲〇·二五所以令此二質得同熱度則水氣所需之熱比炭養所需之熱多一倍不但此也棉藥所用之重數爲火藥五分之一棉藥又能速燃且無餘剩之熱物故其熱不及傳於礮體

棉藥可置於掌上燃之而無傷如用火藥鋪平而蓋以棉藥引燃之時火藥亦不能燃惟棉藥燃時之熱度必大於火藥燃時之熱度棉藥放礮其礮之退力較諸用火藥之退力祇有三分之二

棉藥造時必須漂洗日久因知不能被水濕變壞所以藏藥之處設有失火之危速即以水濕之日後曬乾仍是原物非若火藥見水其硝消化而無用也火藥遇濕空氣硝

亦稍有消化而變質棉藥雖遇濕氣移至乾燥之處即可用棉藥所含之水質在空氣不燥不濕之時爲百分之二或言棉藥代火藥之用有一極險之事因棉藥能自化分則生熱而自燃此乃舊法造棉藥浸於強水之時不久棉質尚未盡變而有易變壞之料在內又因洗漂之時不久酸味未能淨盡也阿伯里等試驗棉藥之精者不甚能自改變濕之而久藏雖有酸質之微迹亦不自生熱度燃性亦不因此而減小

棉藥之形稍異於尋常之棉以指撚之稍脆如手指甚乾而撚之則多生電氣醕與以脫俱不能消化雖二物相合

亦不消化然亦間有消化之質者因所雜之異質消化也若浸於醋酸以脫即能消化尋常之以脫與淡輕相和亦能消化又極濃之硫強水亦能消化此或有未變透之棉遇硫強水而變爲炭

哥路弟恩　棉花或紙浸於造過棉藥之強水內此因強水已淡所成之質含淡養四更少故比棉藥難燃此物與棉藥之不同浸於醕與以脫相合之內即能消化

如欲明此各種質與棉藥之相關必將棉藥之式作三倍即得一等含淡養四之質俱爲硝強水硫強水與水三物所成

強水	與棉合成之質
一輕養淡養五丄二輕養硫養三	炭二六輕[illegible]九淡養四養二〇
二輕養淡養五丄二輕養硫養三丄三·五輕養	炭二六輕[illegible]八淡養四養二〇
三輕養淡養五丄二輕養硫養三丄四輕養	炭二六輕[illegible]七淡養四養二〇
四輕養淡養五丄二輕養硫養三丄五輕養	炭二六輕二四六淡養四養二〇

各質所含之淡養四愈少燃性亦愈小其第二者爲照像所用可將以脫與醕相和消化之

哥路弟恩之製法將尋常之硝強水（重率一·四二九）量杯三兩盛於能容水一升之玻璃杯內再添濃硫強水（重率一·八三九）量杯九兩須緩緩傾入而掉之以寒暑表試之俟其略在一百

四十度即將乾棉花一百釐分爲十塊浸於水內其杯用玻璃片蓋密俟五分時之後將強水傾出用玻璃條壓乾棉花隨洗於多水之內再漂於流水之內至酸味淨盡爲度挂於透風處乾之如再添硫強水三錢於前強水內尚能浸棉花一百釐但必浸至十分時始可取出

哥路弟恩所造之輕球將前法所得之棉藥六釐醕（重率〇·八三五）一錢以脫（重率〇·七二五）二錢置於試筒內以輭木塞緊消化之後浸於球形瓶內四面轉動使各處勻滿傾出所餘用風箱吹風於瓶內至以脫之氣出盡而止剔開瓶口以內皮黏於玻璃管端吸出內氣至球之半離開瓶邊合於又

一邊可緩緩轉動至全離抽出而鬆其扭緊之處即從玻璃管吹氣使飽球口用線扎住挂於透風處乾之此球重不過二釐

哥路弟恩藏久則變質若藏於濕處即化分瓶內起滿紅霧變爲有膠性之質並含醋酸

㳄路以弟尼爲極易燒之質與貝如阿客色里尼相似將小粉以極濃硝强水消化遂加以水使淡則㳄路以弟尼沈下成白質濾出洗盡酸質爲止此質爲炭輕二(淡養)養即小粉之炭輕養以淡養二分劑代輕氣二分劑

淡養瑪內糖即炭輕六(淡養)養亦爲同類能爆裂之質將瑪內糖粉即炭輕養以極濃硝强水與硫强水等體積相和漸漸添入糖內立即消化少頃而結成淡養瑪內糖顆粒如針形以多水洗之置於沸醕內再待成顆粒用椎擊之爆聲甚響加熱必先鎔而後燃

上海曹鍾秀繪圖
新陽趙元益校字

化學鑑原續編卷十一

英國蒲陸山撰

英國 傅蘭雅 口譯
無錫 徐壽 筆述

造釀

葡萄酒每百分有醕八分至十分水八十五分至九十分再有數種香以脫類少許又有顏色料又有鉀養二果酸並葡萄汁內所含金類之質又有數種酒含各里司里尼並琥珀酸或爲發醕酵時變成之質

全糖發酵之酒名爲甘酒如有未發酵之糖名爲果味酒

葡萄酒之造法不加發酵之料故不同於啤酒因葡萄汁所含之質自能發酵其汁不但含葡萄糖尚含植物蛋白與鉀養二果酸並植物質所含金類之鹽類葡萄之皮與子與梗多含樹皮酸另有藍色紅色黃色之料

壓得葡萄之汁久遇空氣則所含蛋白類之質變化令糖發醕酵面上生皮一層如用紅葡萄而不去其皮則所生之醕化出其顏料而酒內有紅色如造淡黃色之酒則先去其皮而令發酵其遇空氣須極少

白色之酒極易發膠酵如加樹皮酸少許則不發膠酵其樹皮酸即用葡萄皮與梗內取出者紅色之酒如布爾得與古拉里得常有濇味因發酵時化出之樹皮酸甚多之

故布爾得酒初盛於瓶內多含鉀養二果酸即鉀養輕養二炭$_8$輕$_4$養藏久之後生醋更多則鉀養二果酸結於瓶邊成皮另有紅色料隨之同結所以裝瓶之時其酒深紅色有果味甚多藏久則略變黃色而味甘此因糖變醋之故

葡萄酒含果酸太多須添以中立性之鉀養果酸即炭$_8$輕$_4$養使太多之果酸結成爲鉀養二果酸

沙末貝捺酒之造法極難其汁與皮必分出每百分加罷蘭地酒一分令其發酵俟兩月之後將酒引至第二桶內另將魚膠用白酒消化之每酒四十磅加入此膠酒半兩酒遂爲膠所澄清其理因膠與樹皮酸相合結成不消化之質如酒內有異質上浮者亦隨膠沈下再過兩月引至第三桶內以同法澄清一次再過兩月裝入瓶內豫將冰糖用白色酒消化每瓶傾入少許其瓶裝滿酒後塞之甚緊以鐵絲絆住而橫置之半年有餘則所添之冰糖發酵而生炭養氣即將瓶斜置俟結成之質近於瓶口放鬆鐵絲其塞與結成之質自出立將白酒增滿塞緊絆住貼以錫箔或敷火漆令不洩氣另有一種帶紅色者用葡萄皮顏色料添入或用別種紅色料

各種酒所含之醋其數不同茲將每百分含醋之數列後

布爾得酒十五分至十七分

舍利酒十四分至十六分

沙末貝捺酒十一分五（即冰湘酒）

古拉里得酒八分至九分

路子海瑪酒七分至八分五

舍利酒含糖每百分有一分至五分布爾得酒三分至七分土該酒十七分此酒裝瓶之時將葡萄糖熬至略乾添入少許所以甜味甚多

酒之香藉有數種以脫質在內至多者以雖弟酸以脫與比拉而各尼酸以脫與草酸以脫發酵時或藏瓶時自生此物藏於瓶數年之酒其香更濃

燒酒　燒酒爲醋與水相合之質將各種已發酵之流質蒸而得之必有一物爲其氣味或爲發酵時變成之質或添以易散油質

罷蘭地酒乃葡萄酒所蒸出其色爲添入之卡拉末辣即炒黑之糖其味爲發酵時所成以雖弟酸以脫淡色眞罷蘭地酒因存於木桶內日久收得木內糉色之料故以有此色者爲眞物後來市肆添以顏料作僞或炒黑之糖或茶令酒微有濇味極似木內化出之樹皮酸

灰司記酒用去芽大麥所造烘乾大麥用未變成之煤燒之其酒白色其味有必得之味（必得即未變成之煤）

進酒亦爲去芽大麥及別種穀類所造其味爲側柏之實所成卽添此實於內同蒸

勒木酒用漿糖令發酵而蒸之其味藉布低里酸以脫同類之質

阿剌吉酒用米令發酵蒸取印度所造

櫻桃燒酒用櫻桃連核磨碎令發酵蒸取

又有用山芋令發酵蒸酒又有半用山芋半用麥者蒸得之酒其臭可厭名爲山芋酒又名甫司里油其質爲炭$_{一〇}$輕$_{一二}$養此種油質雖葡萄所造罷蘭地酒亦含少許用半芋半麥造酒者成後浸以木炭收其臭味然不能盡

新陽趙元益校字

化學鑑原續編卷十二

英國蒲陸山撰　英國 傅蘭雅 口譯　無錫 徐 壽 筆述

醋

醋爲一大類之首其一類內各質之性與原質大不同醋之各質俱爲炭輕養三原質所成常含養氣二分劑而輕氣常多於炭二分劑其炭與輕之分劑常爲雙數所以各種醋之公式爲炭$_{二卯}$輕$_{二卯上二}$養$_{二}$如葡萄酒醋卽炭$_{四}$輕$_{六}$養$_{二}$其內之卯等於二又如木酒卽米以脫里酸醋卽炭$_{二}$輕$_{四}$養$_{二}$其卯等於一又如山芋醋卽炭$_{一〇}$輕$_{一二}$養$_{二}$其卯等於五

醋類之各質其分劑有級數惟其級數之各質尚不全茲將已考知者列左

化學名	材料	分劑式	俗名
米以脫里酸醋	乾蒸木料	炭$_{二}$輕$_{四}$養$_{二}$	木那普塔
以脫里酸醋	糖發醋酵	炭$_{四}$輕$_{六}$養$_{二}$	酒醋
布路貝里酸醋	葡萄皮發酵	炭$_{六}$輕$_{八}$養$_{二}$	
布低里酸醋	胡羅蔔發酵	炭$_{八}$輕$_{一〇}$養$_{二}$	
阿美里酸醋	山芋發酵	炭$_{一〇}$輕$_{一二}$養$_{二}$	甫司里油
加布路以酸醋	葡萄皮發酵	炭$_{一二}$輕$_{一四}$養$_{二}$	
以難弟酸醋	草蔴油加鉀養蒸出	炭$_{一四}$輕$_{一六}$養$_{二}$	

加布里里酸醕	葡萄發酵	炭輕養	
如弟酸醕	即如草蒸出之油	炭輕養	以脫辣
羅里酸醕	鯨魚油	炭輕養	
西低里酸醕	司拍瑪西的鯨魚定質油	炭輕養	
西立里酸醕	中國蟲白蠟	炭輕養	西路弟尼
密里西酸醕	密蜂蠟	炭輕養	密里西尼

成級數之類其性與級數相配在酒類之內其級數之理易見所以此表之首八種俱是大有相關因第二種至第八種將略同類之質發酵而成惟第一種爲乾蒸木料而得略同於快發酵之意故此八種不冷不熱之時皆爲流質其氣甚奇而濃易於蒸取而質不變然各質之性亦有次第首二種可與極多之水相和第三種雖能以水相和而不能甚多第四種只能和水更少第五種則極少第六種不能以水相和第八種不但不能相和且有油類之性傾於紙上有油迹者（第七種乃近時新得者其性尚未甚詳）此八種醕質其沸界與霧之重率亦有級數之意

醕名	沸界	霧之重率
米以脫里酸醕	一四九度九	一·一二
以脫里酸醕	一七三度	一·六一
布路只里酸醕	二〇五度	二·〇二
布低里酸醕	二三三度	二·五九
阿美里酸醕	二六九度八	三·一五
加布路以酸醕	二九九度至三〇九度	三·五三
以難弟酸醕	三二七度至三四三度	
加布里里酸醕	三五六度	四·五〇

此各種醕類一分劑成霧四體積（即各醕以質點成霧所得體積此以輕氣等於一體積）如將此一種醕以其原質各分劑之和數加熱令成霧其霧之體積與養氣一分劑在同熱度同壓力之體積四倍相同或輕氣一分劑之體積二倍相同或水以同比例成霧之體積相同

醕類之分劑更大者俱爲定質俱能鎔化略與定質油相同蒸之必化分成此各質化學家詳考者少更少於少合炭質者

此類之醕如遇放養氣之質則放輕氣二分劑而變爲阿勒弟海特即已放輕氣之質此後又收養氣二分劑而變成酸類質第八卷已言葡萄醕之炭輕養遇空氣而變爲阿勒弟海特即炭輕養阿勒弟海特收得養氣而變爲醋酸即炭輕養

變成阿勒弟海特之公式爲

炭輕養上養＝炭輕養上二輕養

其相配酸質之式為

炭$_{二卯}$輕$_{二卯二}$養$_{二}$丄養$_{四}$＝炭$_{二卯}$輕$_{二卯}$養$_{四}$丄二輕養

以上變化之後，各醕質失去水一分劑，即變成以脫類之質，與尋常之以脫即炭$_{四}$輕$_{五}$養相配。此質與酒醕之分別，祇差水一分劑。

從以上各種醕而得以脫公式為

炭$_{二卯}$輕$_{二卯二}$養$_{二}$丅輕養＝炭$_{二卯}$輕$_{二卯一}$養

由是知醕類之各種有相配之阿勒弟海特質與酸質與以脫質，各分劑俱為級數與其原醕類之級數相配。

昔考阿勒弟海特與以脫類之質，俱從酒醕所得，惟酸質之一類尚有數種，未知其相配之醕。茲以公式炭輕養所成有級數之酸類列表。

酸質	材料	分劑
福耳密酸	紅蟻與蕁麻	炭$_{二}$輕$_{二}$養$_{四}$
醋酸	即醋所造	炭$_{四}$輕$_{四}$養$_{四}$
布路貝里酸	油類與養氣化合	炭$_{六}$輕$_{六}$養$_{四}$
布低里酸	牛乳油變酸	炭$_{八}$輕$_{八}$養$_{四}$
發里里阿尼酸	甘松	炭$_{一〇}$輕$_{一〇}$養$_{四}$
加布路以酸	變酸之牛乳油	炭$_{一二}$輕$_{一二}$養$_{四}$
以難弟酸	草麻油與養氣化合	炭$_{一四}$輕$_{一四}$養$_{四}$
加布里里酸	變酸之牛乳油	炭$_{一六}$輕$_{一六}$養$_{四}$
比拉而各尼酸	者來尼紅之葉	炭$_{一八}$輕$_{一八}$養$_{四}$
如弟酸（又名加布里酸）	變酸之牛乳油	炭$_{二〇}$輕$_{二〇}$養$_{四}$
由阿弟酸（即香之意）	加草之油	炭$_{二二}$輕$_{二二}$養$_{四}$
羅里酸	冬青樹子	炭$_{二四}$輕$_{二四}$養$_{四}$
哥格尼酸	椰子油	炭$_{二六}$輕$_{二六}$養$_{四}$
美里司低酸	蔻仁油定質	炭$_{二八}$輕$_{二八}$養$_{四}$
徧尼酸	徧樹之油	炭$_{三〇}$輕$_{三〇}$養$_{四}$
巴辣密的酸	巴辣麻油	炭$_{三二}$輕$_{三二}$養$_{四}$
瑪加里酸	橄欖油	炭$_{三四}$輕$_{三四}$養$_{四}$
司弟亞里酸	牛羊油	炭$_{三六}$輕$_{三六}$養$_{四}$
巴里尼酸		炭$_{三八}$輕$_{三八}$養$_{四}$
布低酸	牛乳油	炭$_{四〇}$輕$_{四〇}$養$_{四}$
那而弟酸		炭$_{四四}$輕$_{四四}$養$_{四}$
西路弟酸	蜜蠟	炭$_{五四}$輕$_{五四}$養$_{四}$
密里西酸	蜜蠟	炭$_{六〇}$輕$_{六〇}$養$_{四}$

此類之酸質，其性略亦依其級數。首九種不冷不熱之時為流質，其餘者為定質。第一種在二百二十一度即沸，以後漸大，至第九種五百度而沸。其定質鎔化之熱度，從第十種即炭$_{二〇}$輕$_{二〇}$養$_{四}$從八十六度起至

末種炭$_{二○}$輕$_{二○}$養$_{四}$一百九十二度止。

第一第二兩種與水能相和同於相配之醕其第三種雖能與水相和而不能任依水之多少第四種亦然俱同於其相配之醕第五六七八相和更少第九相和極少其餘者俱與水不和而能與鹼類合成肥皁。

醕類之各種如遇令其放輕氣大力之質即能放出二分劑水之原質而成有級數之炭輕質如炭$_{四}$輕$_{四}$即以脫里尼與以脫里酸醕相關。

從各醕質所取以脫里尼又名哇里非尼其公式爲

炭$_{二卯}$輕$_{二卯}$養$_{二}$丁二輕養‖炭$_{二卯}$輕$_{二卯}$

茲將此類炭輕質之已知者列表。

質名	分劑	相配酸質	相配醕質
米以脫里尼	炭$_{二}$輕$_{二}$	福耳密酸	木那普塔
以脫里尼	炭$_{四}$輕$_{四}$	醋酸	酒醕
布路貝里尼	炭$_{六}$輕$_{六}$	布路貝里酸	布路貝里酸
布低里尼	炭$_{八}$輕$_{八}$	布低里酸	布低里酸
阿美里尼	炭$_{一○}$輕$_{一○}$	發里里阿尼酸	甫司里油
加布路以尼	炭$_{一二}$輕$_{一二}$	加布路以酸	加布路以酸
以雞弟尼	炭$_{一四}$輕$_{一四}$	以雞弟酸	以雞弟酸
加布里里尼	炭$_{一六}$輕$_{一六}$	加布里里酸	加布里里酸
以拉以尼	炭$_{一八}$輕$_{一八}$	比拉而各尼酸	
巴拉美里尼	炭$_{二○}$輕$_{二○}$	如弟酸	如弟酸
西低里尼	炭$_{三二}$輕$_{三二}$	巴辣密的酸	以脫辣
西路弟尼	炭$_{五四}$輕$_{五四}$	西路弟酸	西路弟尼
密里西尼	炭$_{六○}$輕$_{六○}$	密里西酸	密里西尼

各質內之第一二三爲氣質第四亦爲氣質而易凝爲流質其餘者不冷不熱爲流質。

此一類爲倍分劑質即每物爲第一物之分劑若干倍各種質一分劑其霧質爲四箇體積如其分劑不差則其霧極濃亦必爲倍數。

後表即明此理所以化分能散之數而得其數之後應求其霧之重率爲據。

含炭與輕之質	分劑	霧之重率
米以脫里尼	炭$_{二}$輕$_{二}$	○·四九○
以脫里尼	炭$_{四}$輕$_{四}$	○·九七八
布路貝里尼	炭$_{六}$輕$_{六}$	一·四九八
布低里尼	炭$_{八}$輕$_{八}$	一·八五二
阿美里尼	炭$_{一○}$輕$_{一○}$	二·三八六
加布路以尼	炭$_{一二}$輕$_{一二}$	二·八七五
加布里里尼	炭$_{一六}$輕$_{一六}$	三·九○

以拉以尼　$炭_{8}輕_{8}$　四四八
巴拉美里尼　$炭_{20}輕_{20}$　五〇六一
西低里尼　$炭_{22}輕_{22}$　八〇〇七
此類含炭與輕之質又有一法記其名即以其炭輕之倍數命之如布路貝里尼爲三(炭輕)名爲三阿里尼又如布低里尼名爲四阿里尼
各霧質之重率常與其倍數有比例如西低里尼爲米以脫里尼之十六倍則西低里尼霧之重率亦略爲米以脫里尼之十六倍即八〇〇七與〇四九〇之比所有小差乃試驗時之工差

酒醕　此爲醕類之首故特詳之尋常發酵之流質蒸之初次透出者尚含多水屢蒸之而去其多水將所得者或稱或量即知其內含醕若干量法用浮量而再檢水醕相合表相配之數蒸取之質愈輕醕乃愈多無水醕之重率爲〇七九三八(表見化學分原)
含水之醕名曰酒其水之多少以其重率定之以水較重得〇九二〇謂之準酒試法將此準酒濕於火藥而火藥能燃多含水者火藥不燃謂之虧準含水更少謂之過準準酒每百分含水五〇七六含醕四九二四
試驗醕內含水之數設有過準之酒量杯一百分加以水三十分其得準酒一百三十分即爲過準三十分設有虧準之酒一百分減去其水三十分而得準酒七十分即爲虧準三十分
發酵之流質連蒸多次之後分取其初透過者即得濃醕每百分含水十分後出者漸淡如將先得之醕盛於尿脬內挂於陰處多時其水五分能自散出得醕九十五分
又法將極乾鉀養炭養添入尋常醕內至飽足分爲兩層上層之醕每百分含醕八十九分下層爲鉀養炭養水如用深量杯以此法試之略知尋常之醕所含之水數若用浮量則所含糖等雜物不能驗知
欲得無水醕必將極濃之醕加以生石灰粉俟三四日後蒸之則其水爲鈣養所收而有純醕透出所得者必封藏甚密否則收食水氣其純醕之與水愛力極大與水相和即稍生熱因有化合之理也如欲試爲化合否將純醕若干漸添以水少許而純醕之體積不加大

以脫　以脫之質爲$炭_{4}輕_{5}養$取法將醕一體積硫强水一體積蒸之至甑內變黑色離火待冷再加醕半體積而蒸之至以脫出盡爲止
又法將〇八三醕與濃硫强水等積相和盛於瓶內如第十二圖另有盛醕之瓶相連加熱令沸通醕之管有塞門可令醕緩緩流下足補燒瓶內所少之數瓶內置一寒暑

第十二圖

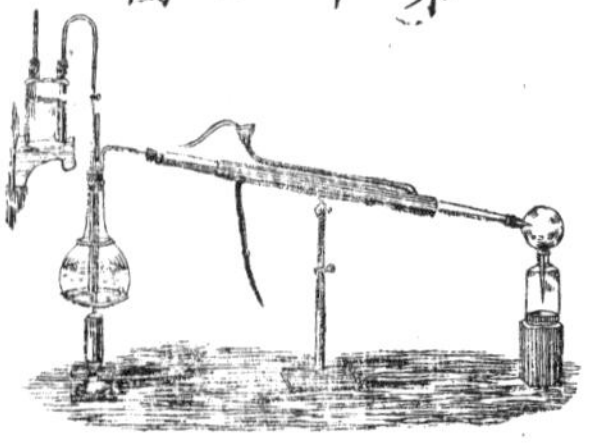

表其熱在二百八十四至二百九十度之間此法硫强水一體積能令醋三十體積變爲以脫

以脫之沸度不過九十四度八必加冷凝管使不過熱所得者含水六分之一醋六分之一又有硫養少許分出以脫之法添以淡鉀養炭養水則醋爲水所融合而其鉀收食硫養其以脫比水更輕重率爲〇.七四所以浮在面上而稍含水停少頃則將其上層取出隔水蒸之令其氣透過生石灰即得純以脫

以脫之變成理有所難知須知醋之別種變化始能知以脫之理

以脫之最奇者爲易散之性如將少許傾於掌心任其化散即覺甚冷或將少許傾於表面玻璃以淸水一滴黏於下面吹氣於以脫令速散則下面之水結冰

以脫最易燃其霧極濃重率二.五九傾出之時霧從瓶口下垂故傾時不可近火以致延燒瓶內而碟裂以脫之火甚亮於醋之火如燒時未盡必有發出阿司低里尼

以脫化散之易着火之速與霧之重有數法試之將海絨一小塊濕透以脫置於淺木盆之中心則盆內滿霧引燃盆邊而盆內遍燒或將小瓷筒焠於溫水使煖隨傾以脫數錢於內少頃而發霧可用小杯舀其霧離遠燃之

收氣盆與收氣罩如尋常之法而換用溫水將小試筒滿盛以脫而按其口揾入罩內而移開手指則罩內滿霧如將冷水淋於罩上其霧即凝

以脫加以輕綠或輕溴或輕碘則以脫之養氣與輕氣相合而其綠或溴或碘代之如加輕綠其式爲

炭$_四$輕$_五$養即以脫 丄 輕綠 川 炭$_四$輕$_五$綠即輕綠以脫 丄 輕養

又依同理能造炭$_四$輕$_五$溴與炭$_四$輕$_五$碘造此二物之簡法將不甚濃之醋與燐並溴或碘相和而蒸之即成燐酒酸即燐以脫里酸並輕碘其式爲

六炭$_四$輕$_六$養$_二$即醋 丄 燐 丄 碘$_五$ 川 五炭$_四$輕$_五$碘 丄 二輕養.炭$_四$輕$_五$養.燐養$_五$ 丄 四輕養

醋之原質爲炭$_四$輕$_五$養.輕養可見此變化之理正等於用燐與碘與水成輕碘之法即

六(炭$_四$輕$_五$養.輕養) 丄 燐 丄 碘$_五$ 川 五(炭$_四$輕$_五$碘) 丄 (炭$_四$輕$_五$養.二輕養.燐養$_五$) 丄 四輕養

六(輕養.輕養) 丄 燐 丄 碘$_五$ 川 五輕碘 丄 輕養.二輕養.燐養$_五$ 丄 四輕養

此三種以脫俱爲無色而香之質極易化散凡欲考驗甚

繁原質之物，用此三種以脫爲多。

輕碘以脫　卽以脫里碘，化散稍難，故欲加大熱之試法爲便用。

以脫里碘之取法，用酒醕（重率○·八四）一千四百釐，碘二千釐，與尋常玻璃形之燐一百釐，先將醕盛於甑而置於冷水內，遞更添以燐與碘，屢次搖動，添畢之後，連於里必格所作之冷凝器而隔水蒸之，則以脫里碘二兩半並醕若干透過，將所得之質盛於瓶內，加水等體積，而塞緊搖動甚久，則水能融和其醕，而以脫里碘在底凝結，爲甚重油形之質，其重率一·九七，用彎管取出其上面之水，將其餘者傾

入小甑，甑內預盛燒鎔之鈣綠粉，用輭木塞其甑口，停數小時後，將甑連於冷凝器，隔水蒸之，卽得純以脫里碘。

醕本質類　鋅之小粒置於玻璃管，再添以脫里碘，抽出空氣而封之，隔油加熱至三百度，俟二小時取出，則有結成之質，爲炭$_{四}$輕$_{五}$鋅，卽以脫里鋅，另有鋅碘相雜，又有一無色之流質，此能分開而爲含炭輕之氣質三種，因壓力而合成流質，如將其管在水面下斷其封處，則流質速變爲氣而散出，收此氣，知爲炭$_{四}$輕$_{四}$與炭$_{四}$輕$_{六}$與炭$_{四}$輕$_{五}$，其第三質爲以脫里，因以脫里比前二質之化散更慢，故最後出之氣爲純以脫里，如不問別質，則變成以脫里之式爲

炭$_{四}$輕$_{五}$碘⊥鋅＝鋅碘⊥炭$_{四}$輕$_{五}$（卽以脫里）以脫里爲無色之氣質，其香與以脫略同，不能與水融和，加以二三倍空氣壓力，卽變流質，此質爲從酒醕所得各雜質之首，故其一類之物，名爲以脫里類，化學家未化分以脫里之前，已將此爲一類之首。

前已言有一爲本之質，可以同法爲之，卽米以脫里，卽炭$_{二}$輕$_{三}$，此物可爲木酒類之首。

又有人分出布低以里，卽炭$_{八}$輕$_{九}$，阿美里，卽炭$_{十}$輕$_{十一}$，加布路愛里，卽炭$_{十二}$輕$_{十三}$，此三種爲布低里酸醕、阿美里酸醕、加布路以酸醕之本質，其沸界亦逐物加大，如此而得有級數之含

炭輕質之類，此數質可名爲醕本質類，其公式爲炭$_{二卯}$輕$_{二卯上一}$。

阿勒弟海特類之炭$_{二卯}$輕$_{二卯}$養$_{二}$與酸類之炭$_{二卯}$輕$_{二卯}$養$_{四}$，俱從醕類之炭$_{二卯}$輕$_{二卯上二}$養$_{二}$所出，俱爲炭$_{二卯}$輕$_{二卯上一}$之本質與養氣化合而另含水之質，此各質與非金類質相似，多於金類質，因與養氣合成之質多似配質，而少似本質，如從尋常之醕所得之各質有

炭$_{四}$輕$_{四}$養$_{二}$（卽阿勒弟海特）＝（炭$_{四}$輕$_{三}$）養·輕養（卽阿西台里與養氣合成之質，另含水質）

炭$_{四}$輕$_{四}$養$_{四}$（卽醋酸）＝（炭$_{四}$輕$_{三}$養$_{三}$）養·輕養（卽阿西台里與三養氣合成之質，另含水質）

由是得非金類與金類相配之類之本質，卽正電氣與副

電氣本質

正電氣本質		副電氣本質	
炭輕		炭輕	
米以脫里	炭$_{二}$輕$_{三}$	福美里	炭$_{二}$輕
以脫里	炭$_{四}$輕$_{五}$	阿西台里	炭$_{四}$輕$_{三}$
布路貝里	炭$_{六}$輕$_{七}$	布路貝阿內里	炭$_{六}$輕$_{五}$
布低里	炭$_{八}$輕$_{九}$	布低來里	炭$_{八}$輕$_{七}$
阿美里	炭$_{十}$輕$_{十一}$	發里來里	炭$_{十}$輕$_{九}$

其副電氣未有人能分取其物。

以上各質其各分劑數發霧二體積卽養等於一體積。若以質點發霧一體積，則輕等於一體積。惟此各種含炭輕之質與別種含炭輕之質不同，因別種一分劑數變爲霧則有四體積。見那普塔之餘質一節。其以質點發霧之時，有二體積數，其輕氣等於一體積。此事當倍其各質之式卽易明其理。如令以脫里變爲炭$_{八}$輕$_{十}$，令阿美里變爲炭$_{二十}$輕$_{二十二}$，自能顯出其含炭與輕質點之理。試將以脫里碘與阿美里碘相和，其阿美里碘以甫司里油造成，同於以脫里碘。用鋂造成之法。其式爲炭$_{十}$輕$_{十一}$碘，再與鈉相和加熱，得一無色之流質，爲以脫里與阿美里負相和之質，卽炭$_{四}$輕$_{五}$炭$_{十}$輕$_{十一}$。其變化之式爲

炭$_{四}$輕$_{五}$碘（卽以脫里碘）丄炭$_{十}$輕$_{十一}$碘（卽阿美里碘）丄鈉$_{二}$ ‖ 二鈉碘丄炭$_{四}$輕$_{五}$炭$_{十}$輕$_{十一}$（卽以脫里阿美里）

又以同法合成以脫里布低里，卽炭$_{四}$輕$_{五}$炭$_{八}$輕$_{九}$；又成米以脫里加布路愛里，卽炭$_{二}$輕$_{三}$炭輕；又成布低里阿美里，卽炭$_{八}$輕$_{九}$炭$_{十}$輕$_{十一}$；又成布低里加布路愛里，卽炭$_{八}$輕$_{九}$炭輕。

此各種雙本質每分劑成霧四體積，卽一質點成霧二體積，以輕爲一體積。所以米以脫里之原式卽炭$_{二}$輕$_{三}$，必倍之而得雙本質米以脫里米以脫里，卽炭$_{二}$輕$_{三}$炭$_{二}$輕$_{三}$，得霧四體積。又以同理得以脫里以脫里，卽炭$_{四}$輕$_{五}$炭$_{四}$輕$_{五}$；又得布低里布低里，卽炭$_{八}$輕$_{九}$炭$_{八}$輕$_{九}$。其餘類推。

此各本質既有此雙性情，故不肯直與綠與溴化合。如以以脫里不肯直與碘合成以脫里碘，因以脫里原爲以脫里之以脫里也。

以脫里鋅卽炭$_{四}$輕$_{五}$鋅，以脫里輕卽炭$_{四}$輕$_{五}$輕。將鋅與以脫里碘相和，其所成之質能以此理明之。此變化之第一事爲變成以脫里鋅，其式爲

炭$_{四}$輕$_{五}$碘（卽以脫里碘）丄鋅$_{二}$ ‖ 炭$_{四}$輕$_{五}$鋅丄鋅碘

其二則所成之以脫里鋅遇新以脫里碘，變成鋅碘與炭$_{四}$輕$_{五}$炭$_{四}$輕$_{五}$，卽以脫里以脫里。

以脫里輕亦與雙本以脫里相對，其一半爲輕氣一分劑所代，卽炭$_{四}$輕$_{五}$輕；又一半有二箇體積，與其所代之炭$_{四}$輕$_{五}$同。

鋅遇以脫里硔之時所有同時變成之以脫里輕與炭$_{四}$輕$_{四}$

其式爲

二炭$_{四}$輕$_{五}$硔丄鋅‖二鋅硔丄炭$_{四}$輕$_{五}$輕丄炭$_{四}$輕$_{四}$

以脫里輕爲含炭輕有級數類之主其第一質爲米以脫里輕即炭$_{二}$輕$_{三}$輕此質同於炭$_{二}$輕$_{四}$

茲將炭$_{二}$輕$_{四}$類含炭輕質之要質並其相配之醕爲本之質列表其二類之公式爲炭$_{二巾}$輕$_{二巾丄一}$與二（炭$_{二巾}$輕$_{二巾丄一}$）

本質		與輕合成之質
米以脫里	炭$_{二}$輕$_{三}$炭$_{二}$輕$_{三}$	炭$_{二}$輕$_{三}$輕‖炭$_{二}$輕$_{四}$ 此各含輕之質與其上之
以脫里	炭$_{四}$輕$_{五}$炭$_{四}$輕$_{五}$	炭$_{四}$輕$_{五}$輕‖炭$_{四}$輕$_{六}$ 本質爲同原之質如以脫
布低里	炭$_{八}$輕$_{九}$炭$_{八}$輕$_{九}$	炭$_{八}$輕$_{九}$輕‖炭$_{八}$輕$_{十}$ 里醕之原質與米以脫里
阿美里	炭$_{十}$輕$_{十一}$炭$_{十}$輕$_{十一}$	炭$_{十}$輕$_{十一}$輕‖炭$_{十}$輕$_{十二}$ 同而有人以爲即是此物

此各種俱合於輕氣之質其首三種爲氣質第四爲易散之質

如令以脫里即炭$_{四}$輕$_{五}$爲醕類之本質而將以字命之則以脫之炭$_{四}$輕$_{五}$養名爲以養醕之炭$_{四}$輕$_{六}$養$_{二}$即炭$_{四}$輕$_{五}$養輕養名爲以養輕養依此法則多質相合者易記矣

輕綠遇以脫所有之變化同於輕綠遇金類與養氣合成之質即輕綠之綠與其本質之養互易而成以脫里綠亦可令輕綠遇醕而變成如鉀綠爲輕綠遇鉀養輕養變成者同其式爲

以養輕養（即醕）丄輕綠‖以綠丄二輕養

別種酸質遇醕之變化與遇鉀養輕養之變化相同惟醕比鉀養輕養更難分開如將一瓶插一甚長之管瓶內添以醕與乾草酸即輕養炭$_{二}$養$_{三}$加熱令沸數小時因有長管而其所凝之醕流回將所得之流質加水使淡即得香而重之流質爲炭$_{四}$輕$_{五}$養炭$_{二}$養$_{三}$名爲草酸以脫其變化之式爲

以養輕養（即醕）丄輕養炭$_{二}$養$_{三}$（即草酸）‖以養炭$_{二}$養$_{三}$（即草酸以脫）丄二輕養

如用極濃硫强水則更易變成因能成以脫甚便於與草酸化合

如加鉀養輕養則草酸以脫化分而變鉀養草酸與醕其式爲

以養炭$_{二}$養$_{三}$丄鉀養輕養‖鉀養炭$_{二}$養$_{三}$丄以養輕養

草酸以脫與一半鉀養輕養相和則不能成鉀養草酸而爲別質結成片粒其色如珍珠其質爲鉀養以養二（炭$_{二}$養$_{三}$）其式爲

二（以養炭$_{二}$養$_{三}$）丄鉀養輕養‖鉀養以養二炭$_{二}$養$_{三}$丄以養輕養

將此質以輕弗矽弗$_{二}$化分之令其鉀變爲不能消化之質

而得一新配質爲鉀養以養二炭$_{二}$養$_{三}$名爲草酒酸或名草酸以脫里酸亦可名爲以養二草酸因其原質之排列與鉀養輕養草酸同

所有之配質與以脫里養相和變成之質與草酸以脫相配如將醋酸與醕與硫强水相和蒸之將所得之質與水相和即爲醋酸以脫即以養炭$_{四}$輕$_{三}$養分出者此質甚香可當香料蘋果酒梨酒醋並數種酒其香俱藉此物在內

藥材內之硝酒爲淡養$_{三}$以脫即炭$_{四}$輕$_{五}$養淡養$_{三}$與醕相合之質其製法將醕與硝强水相和則變化甚猛醕之一分變爲阿勒弟海特變時收得淡養$_{五}$之養幾分其式爲

二(炭$_{四}$輕$_{六}$養$_{二}$)丄輕養淡養$_{五}$‖炭$_{四}$輕$_{四}$養$_{二}$(即阿勒弟海特)丄炭$_{四}$輕$_{五}$養淡養$_{三}$(即硝以脫)丄四輕養

此種以脫爲最易化散之質有大香如蘋果純者自能化分發淡養氣

硝以脫即以養淡養$_{五}$其製法將醕與硝强水相和而蒸之所得者爲香而重之油形質但蒸時必慎因熱至二百度即磔裂

如將輕氣遇淡養$_{五}$以脫即得本質爲淡輕$_{三}$養$_{二}$此質內之淡輕$_{三}$有輕氣一分劑爲輕養$_{二}$所代此物之式甚奇其變成之式爲

炭$_{四}$輕$_{五}$養淡養$_{五}$丄輕$_{六}$‖炭$_{四}$輕$_{五}$養輕養(即醕)丄二輕養丄淡輕$_{三}$養

得此本質之法將淡養$_{五}$以脫五分錫十二分最濃輕綠水五十分相和變化畢後其醕被熱所逐其錫爲鹽强水結成沈下取其流質熬乾加以純醕令沸則結針形之顆粒爲淡輕$_{三}$養$_{二}$輕綠如將淡輕$_{三}$養$_{二}$輕綠以銀養化分之即得其本質之水但此水內不能分出淡輕$_{三}$養$_{二}$因此質自欲分爲淡輕$_{三}$與水與淡氣其式爲

三淡輕$_{三}$養$_{二}$‖淡輕$_{三}$丄淡$_{二}$丄六輕養

藥材內之綠以脫不是正爲以脫質乃是克羅路福密即炭$_{二}$輕綠$_{三}$在醕內消化之質其克羅路福密詳第十五卷

綠養$_{七}$以脫即炭$_{四}$輕$_{五}$養綠養$_{七}$爲油形之質擊之能爆裂無有甚奇之處

硼養$_{三}$以脫其式爲三以養硼養$_{三}$其製法將硼綠$_{三}$用醕化分之其式爲

硼綠$_{三}$丄三(以養輕養)‖三以養硼養$_{三}$丄三輕綠

又法可將無水硼養$_{三}$加以醕至有餘以大力壓之同時加熱此質比水更輕其重率爲〇八八加熱至二百四十六度而沸加以無水硼養$_{三}$則變爲以養硼養$_{三}$加熱即化分得三以養硼養$_{三}$與以養三硼養以養三硼養$_{三}$爲定質與玻璃略同

如將矽綠以醋化分之即得二以養矽養其式爲

矽綠丄二（以養輕養）〢二以養矽養丄二輕綠

此矽以脫爲無色之流質重率〇九三加熱三百三十度則蒸過而不變質其香如以脫燃火甚明有結成之矽養如傾於水面即漸漸化分有含矽養與水之質其形如膠其式爲

二以養矽養丄二輕養〢二（以養輕養）丄矽養

將此以脫收在濕處即結明亮之硬質爲石英

又有兩種矽以脫爲以養矽養與以養二矽養一爲流質一爲半流半定之質

炭養以脫即以養炭養其製法將銀養炭養與以脫里碘盛於管內封之加熱其改變之式爲

銀養炭養丄以碘〢以養炭養丄銀碘

鈉與綠比客里尼與醋相和即得二以養炭養其式爲

炭綠（淡養）丄四（以養輕養）即醋丄鈉〢三鈉綠丄鈉養淡養丄二（二以養炭養）丄輕

炭養氣通過純醋與鉀養輕養相和之水即成鉀養以養二炭養之顆粒此質與鉀養輕養二炭養相配

燐養已變爲膠形質者與醋相和即得二輕養以養燐養

將此質與一本質相和即得二某養以養淡養兼有第二酸質變成其質爲輕養二以養燐養與本質合成之質爲某養二以養燐養如造以脫里碘餘賸之料亦有二輕養以養燐養

眞燐以脫即三以養燐養

眞硫以脫即以養硫養只有一法能造將無水硫强水之霧通入純以脫此質有油形比水更重遇熱即化分所變之質內有炭輕與醋其式爲

炭輕丄炭輕養〢二（炭輕養）

另有香流質名爲重酒油此乃造以脫與炭輕時所成內有以養硫養並數種炭輕之類如以鉀養水化分之即淨酒油亦含炭輕類之數質

以脫或醋添以極濃硫强水即生大熱此因以脫里養與硫强水化合變成輕養以養二硫養此質與鉀養輕養二硫養相類如再添鋇養則未化合之硫强水結成鋇養硫養其輕養以養二硫養與其本質合成鋇養以養二硫養二輕養熬乾之而得斜長方形之顆粒易在水內消化如不熬乾而漸添以硫强水至一切鋇養變爲鋇養硫養沉下濾取其流質在眞空內熬乾即得淨輕養以養二硫養爲稠質最易化分與水相和而加熱易化分爲近於硫强水其式爲

輕養以養二硫養丄二輕養∥二(輕養硫養)丄以養輕養
酒類之酸質不能爲一箇本質之酸類所成如酸類之大
半雖能成以脫然能成酒類之酸甚少疑所成酒類酸爲
多本之酸卽成鹽類所必用之本質不止一分劑數如硫
强水疑其質應爲二輕養硫養而不可謂輕養硫養依此
理則鉀養硫養之質亦應爲二鉀養硫養又鉀養二硫養
之質應爲鉀養輕養硫養又以同理以養輕養硫養應爲
以養輕養硫養其能成酒類酸之性藉其酸質所含水之
一分劑能將以養代之如硝强水疑是一本質之酸又不
能成酸性之鹽類質故亦不能成酒酸因硝强水之式爲

輕養淡養則其所含之水必全爲以養所代或全不爲以
養所代不能出此二事之外

如將以養輕養硫養加熱化分之而有多醕合其內則變
成之質必有多以脫所以化學家以爲變成以脫之事先
成以養輕養硫養此因醕與硫養相和而蒸之遂變爲以
脫也或以爲醕變爲以脫藉其硫强水與水有大愛力而
其醕放出水而變爲以脫其式爲
炭四輕六養醕卽丁輕養∥炭四輕五養卽以脫
試造以脫甑內盛硫强水加熱用極細之管添醕於强水
內則變爲以脫與水其水不能爲硫强水所收而隨以脫

透出此事可連添以醕甚多因知前人取以脫之理尚未
盡善

近知取以脫之理有兩層變化醕與强水相遇之時先成
輕養以養二硫養此質遇水或醕卽化分成含水之硫養
與水與以脫三物其二式爲
輕養以養二硫養丄輕養∥二(輕養硫養)丄以養
輕養以養二硫養丄以養輕養∥二(輕養硫養)丄二以養
依此理所放之含水硫養再成輕養以養二硫養此質再
化分如前如此而有循環變化之事

又有一事能證此理將阿美里養輕養卽炭輕養輕養合
於極濃硫强水內卽變成阿美里養輕養二硫養卽炭輕
養輕養二硫養此質與輕養以養二硫養爲相配之質將
此質盛於甑內加熱用小管令醕通入如造以脫之法則
初收得之質爲雙以脫一分劑爲以脫里酸一分劑爲阿
美里酸其質爲炭四輕五養炭輕養其合製之法以下式明之
輕養炭輕養二硫養丄炭四輕五養輕養∥炭四輕五養炭輕養丄
二(輕養硫養)

蒸至多時其發出之雙以脫卽止只能得以脫里酸以脫
此種雙以脫參考前言雙本質之理可豫料其必有故前
法所成以脫之理足爲其據可知尋常之製法乃輕養以

養二硫養$_{三}$為醋所化分而成然此理有可疑之處如將醋霧通入硫強水內其強水重率必一·五二加熱至二百九十度而沸則其醋幾全變為水與以脫可收取之似不能有輕養以養二硫養$_{三}$變成設有之必立即化分如硫強水之重率為一·六一沸界為三百三十度即不能成以脫而醋變為炭$_{四}$輕$_{四}$與水

含水燐養$_{五}$亦不能代硫強水成以脫但成一酒類之酸質化學家以為硫強水遇醋不是一直變化有似在旁指麾之意令醋成水與以脫熱度或大即成炭$_{四}$輕$_{四}$強水之為此事名親炙之變化此親炙而變之理有數事略可為據如硫強水遇寫留路司等質能令其大變化而自不入其內但與其相切而已

又有一事與此相關用炭$_{四}$輕$_{四}$氣與水相和遇硫強水即能成醋將極濃硫強水盛於大瓶內再滿以炭$_{四}$輕$_{四}$搖動甚猛即為硫強水所收添水於強水內而蒸之即得醋

此法為近人所搦亦可略證化學家歷年所設之理即炭$_{四}$輕$_{四}$並其分劑有級數之各質為各種醋類質之本依此理則以脫之質為以脫里尼輕養即炭$_{四}$輕$_{四}$輕養而醋為以脫里尼二輕養即炭$_{四}$輕$_{四}$二輕養

又有數事為據而知成以脫與醋之原質另有一理如將鉀或鈉置於純醋內則立時生熱多放輕氣而有結成之顆粒為鉀醋即鉀養以養或鈉醋即鈉養以養此質所含輕氣一分劑代以鉀或鈉之一分劑其式為

炭$_{四}$輕$_{五}$養輕養⊥鉀＝炭$_{四}$輕$_{五}$養鉀養⊥輕

如用別種金類其變化之式相同或將鉀或鈉置於水內其所顯之事亦同所以化學家將此兩事以同理言之因鉀置於水內所變成之質非鉀養而為鉀養輕養亦可謂含水二分劑其輕氣之一半為鉀所逐而鉀居其位則其質為鉀輕養$_{二}$其變化之式為

（輕輕）養$_{二}$⊥鉀＝（鉀輕）養$_{二}$⊥輕

又以同理以醋為水內輕氣之一半為以脫里即炭$_{四}$輕$_{五}$所代則其質為以輕養$_{二}$故鉀入醋內之變化為

（輕以）養$_{二}$⊥鉀＝（鉀以）養$_{二}$⊥輕

又以同理能造鈉醋（已有人造成鉛醋即炭$_{四}$輕$_{五}$鉛養$_{二}$為無色之流質重率為三·五五能令光線大偏）如將鈉醋盛於玻璃管添以醋本與碘合成之質封其管口加熱則鈉與碘相合而其醋本代其鈉而有雙以脫變成如將米以脫里碘即炭$_{二}$輕$_{三}$碘用鈉醋化分之其式為

炭$_{二}$輕$_{三}$碘⊥（鈉以）養$_{二}$＝鈉碘⊥（炭$_{二}$輕$_{三}$以）養$_{二}$（即米以脫里以脫里酸以脫）

又以同理能成（炭$_{四}$輕$_{五}$，以）養$_{二}$即阿美里以脫里酸以脫

又以同理將以脫里碘用鈉醋化分之即得尋常之以脫而其變化之事應以同理明之其式爲

炭$_{四}$輕$_{五}$碘⊥（炭$_{四}$輕$_{五}$，鈉）養$_{二}$＝鈉碘⊥（炭$_{四}$輕$_{四}$，炭$_{四}$輕$_{五}$）養$_{二}$

此可見尋常以脫之式應倍之此亦合於前言雙本質以脫里之式又能令以脫一分劑變爲霧四體積而其尋常之式炭$_{四}$輕$_{五}$養本爲霧二體積

依此理醋與以脫從原質變成之式爲同類即俱爲水之倍分劑而彼此相關有如鉀養輕養與輕養之相關

鉀類		以脫里類	
鉀	鉀	炭$_{四}$輕$_{五}$	以脫里
鉀養輕養	（鉀，輕）養$_{二}$	（炭$_{四}$輕$_{五}$，輕）養$_{二}$	醋
鉀養	（鉀，鉀）養$_{二}$	（炭$_{四}$輕$_{五}$，炭$_{四}$輕$_{五}$）養	以脫

質點之式比其分劑之式更能顯水與醋之相關並其各雜質之相關如以輕氣一質點即二體積爲主則此各質易明其合成之法

令質點重率炭＝一二，輕＝一，養＝一六，質點體積炭＝一體積 輕＝一體積 養＝一體積 則其質點式以二體積爲主得

輕氣	輕輕	以脫里	炭$_{二}$輕$_{五}$炭$_{二}$輕$_{五}$
水	輕輕養	以脫	炭$_{二}$輕$_{五}$炭$_{二}$輕$_{五}$養
鉀養輕養	鉀輕養	鉀養以脫里	鉀炭$_{二}$輕$_{五}$養
		醋	輕炭$_{二}$輕$_{五}$養
		米以脫里以脫里酸以脫	炭輕$_{三}$炭$_{二}$輕$_{五}$養
		以脫里阿美里	炭$_{二}$輕$_{五}$炭$_{五}$輕$_{一一}$

已有人造成數種雜質以醋與以脫相配其養氣以硫代之其與輕硫之相關同於醋與以脫之與水相關即

輕硫	（輕，輕）硫$_{二}$		
輕硫以脫	（炭$_{四}$輕$_{五}$，炭$_{四}$輕$_{五}$）硫$_{二}$	鉀硫	（鉀，鉀）硫$_{二}$
末卡波旦	（炭$_{四}$輕$_{五}$，輕）硫$_{二}$	鉀輕硫$_{二}$	（鉀，輕）硫$_{二}$

此各質有大蒜之臭末卡波旦爲最臭化學中之物料未有臭於此者取法將鉀輕硫即鉀養飽收輕硫消化於水

與鉀養炭$_{四}$輕$_{五}$養$_{二}$二硫養$_{三}$相和或鈣養炭$_{四}$輕$_{五}$養$_{二}$二硫養$_{三}$相和
而蒸之其式爲

鉀養炭$_{四}$輕$_{五}$養$_{二}$二硫養$_{三}$丄輕 鉀硫$_{二}$川 輕 炭$_{四}$輕$_{五}$硫$_{二}$丄二（鉀養硫養$_{三}$）

末卡波旦爲輕流質最易化散最易燃火與水不能相和
設有金類或金類與養氣化合之質可將此物試其變化
而得其據如鉀遇末卡波旦則同於遇醕其式爲

輕 炭$_{四}$輕$_{五}$硫 即末卡波旦 丄鉀川 鉀 炭$_{四}$輕$_{五}$硫 即鉀末卡波旦 丄輕

命名之意與水銀略同因遇汞養即成白顆粒無臭之質

水內不消化醕內能消化其式爲

輕 炭$_{四}$輕$_{五}$硫$_{二}$丄汞養川 汞 炭$_{四}$輕$_{五}$硫丄輕養

輕衰以脫即炭$_{四}$輕$_{五}$炭淡即以衰取法將鉀養以養二硫養$_{三}$
加以鉀衰而成之其式爲

鉀養以養二硫養$_{三}$丄鉀衰川以衰 即輕衰以脫 丄二（鉀養硫養$_{三}$）
以衰爲易化散之毒流質其臭似大蒜有一奇性與鉀養
水相和令沸變成鉀養布路貝里另有淡輕$_{三}$發出其式爲

炭$_{四}$輕$_{五}$炭淡丄鉀養輕養丄二輕養川鉀養炭$_{八}$輕$_{五}$養$_{三}$ 即鉀養布路貝里 丄淡輕$_{三}$

又以同法取各種醕本質與水化合之質與鉀養水相和
加熱令沸即變成有級數類內之下一箇酸質合鉀養之
鹽類即如米以脫里衰即炭輕$_{三}$炭淡能成屬於以脫里類
之醋酸合鉀養鹽類質又如阿美里衰即炭輕$_{三}$炭淡能成
屬於加布路愛里類之鉀養加布路愛里其餘各質類推
以此法化分各質可見此各本質屬於輕氣之類如將輕
衰即輕炭淡與鉀養水相和加熱令沸即成福耳密酸合
鉀養之鹽類福耳密酸亦爲有級數類分劑最小之質其
式爲

輕炭$_{二}$淡 即輕衰 丄鉀養輕養丄二輕養川鉀養炭$_{二}$輕養$_{三}$ 即鉀養福

耳密酸 丄淡輕$_{三}$

如不問其鉀養即得各式如左

輕炭$_{二}$淡 即輕衰 丄四輕養川炭$_{二}$輕養$_{四}$ 即福耳密酸 丄淡輕$_{三}$
炭$_{二}$輕$_{三}$炭淡 即米以脫里衰 丄四輕養川炭$_{四}$輕$_{四}$養$_{四}$ 即醋酸 丄淡輕$_{三}$
炭$_{四}$輕$_{五}$炭$_{二}$淡 即以脫里衰 丄四輕養川炭$_{六}$輕$_{六}$養$_{四}$丄淡輕$_{三}$

以上變化又可疑輕衰 即輕炭淡 之本爲淡輕$_{三}$其輕氣二分劑
以炭二分劑代之猶之成炭養時水內之輕氣一分劑爲
炭一分劑所代之理同即得各式爲

淡（輕 輕 輕$_{二}$）即淡輕$_{三}$ 丄 輕 輕 養$_{四}$ 即水 川 淡（輕 炭 炭$_{二}$）丄 炭 輕 養$_{四}$ 即福耳密酸

淡炭炭輕三即米以脫里衰丄輕輕養四‖炭炭輕三輕養四即醋酸丄淡輕輕

淡炭四輕五炭即以脫里衰丄輕輕養四‖炭炭四輕五輕養四丄淡輕輕

即醋本與水合成之各質詳於他卷。

上海曹鍾秀繪圖

新陽趙元益校字

化學鑑原續編卷十三

英國蒲陸山撰

英國　傅蘭雅　口譯

無錫　徐　壽　筆述

卡苦待里類即金類與生物合成之質

卡苦待里並其變成之各質昔之化學家深思其應列之類究未能定故即獨立一類而與別物不相連近數年內諸家考得一大類之雜質俱與卡苦待里有相關可見化學之理漸推漸廣也

鉀養與乾鉀養醋酸等重相和蒸之即得一重流質其性最毒其氣臭於大蒜數倍遇空氣能自燃名為阿勒卡耳新其意即含鉀之醋又名發霧之流質即炭四輕六鉀養如不問其變成之次質其式為

二鉀養炭四輕三養三即鉀養醋酸丄鉀養‖炭四輕六鉀養即阿勒卡耳新丄二鉀養炭養二丄二炭養二

如將醋酸依前卷之式命之即水遇米以脫里衰所成則阿勒卡耳新之造法易明依此法其鉀養醋酸之式必為

炭炭輕三鉀養其遇鉀養之變化可以下式明之

炭炭輕三鉀養四即鉀養醋酸丄二鉀養‖鉀養二炭輕三即阿勒卡耳新丄

二（鉮養炭養三）丄二炭養

阿勒卡耳新有本質之性，能與含養氣之配質合成結顆粒之鹽類，若遇含輕氣之酸質，卽成水並鹽類質，若與輕綠水相和，其式爲

炭四輕六鉮養卽阿勒卡耳新丄輕綠＝炭四輕六鉮綠丄輕養

簡法，將阿勒卡耳新在醋內消化，再添汞綠與醋消化之流質，卽成白色之定質，有顆粒之形，其質爲炭四輕六鉮養汞綠，將此物於輕綠內蒸之，不令遇空氣，則另得一流質，遇空氣而自燃，其臭最惡，人不可當，其質爲炭四輕六鉮綠，將此質與醋相和，通入炭養氣蒸之，卽得第三種流質，臭比前兩物尤惡，卽炭四輕六鉮，此質以每分劑有二分劑，其式應倍之。名爲卡苦待里，此名卽指出其臭，卡苦二音卽惡字之意也。上所言之雜質以卡苦待里爲本，

卡苦待里　　炭四輕六鉮　　簡法以卡代之

阿勒卡耳新　　炭四輕六鉮養　　卡養

卡苦待里綠　　炭四輕六鉮綠　　卡綠

驗卡之性情，必爲此各雜質之本，卽同於鉀爲鉀養與鉀綠之本，因卡能直與養或綠化合，而與養之愛力極大，故遇空氣而卽燃，

此本質因其性情似金類，故於生物化學有大用，化學家既得此物，自有同類之物，以脫里米以脫里等，如雜本之衰，亦於生物化學有大用，考得卡與衰之後，始知有別種雜本質而能分取之，

卡苦待里漸遇養氣，則初變爲卡養，卽炭四輕六鉮養，後變爲輕養炭四輕六鉮養三卽輕養卡養三，此質成長方形之顆粒，遇空氣不改變而無毒性，如加輕綠或輕硫則變成卡綠三與卡硫三，

此一類最毒之質爲卡衰，卽炭四輕六鉮炭二淡，取法，將汞衰水與卡養相和，其式爲

汞衰丄卡養＝汞養丄卡衰

將此質之顆粒少許化爲霧，吸之者必毒死，

卡苦待里類之要質列左，

卡苦待里	炭四輕六鉮	卽卡
卡苦待里養	炭四輕六鉮養	卽卡養
卡苦待里硫養三	炭四輕六鉮養硫養三	卽卡養硫養三
卡苦待里硫	炭四輕六鉮硫	卽卡硫
卡苦待里綠	炭四輕六鉮綠	卽卡綠
卡苦待里酸	炭四輕六鉮養二輕養	卽輕養卡養三
卡苦待里銀	銀養炭四輕六鉮養三	卽銀養卡養三
卡苦待里硫三	炭四輕六鉮硫三	卽卡硫三
卡苦待里綠三	炭四輕六鉮綠三	卽卡綠三

金類生物相合之質　前人以卡苦待里一種爲已知之物即卡苦待里爲米以脫里即炭輕$_{三}$與鉀合成之質依此理則必有同類之質亦用生物與一金類合成之質所以近年有人考得將米以脫里碘或以脫里碘或阿美里碘與鋅相合加熱則能得此各本質與鋅合成之質而此各質與養氣有大愛力同於卡苦待里其鉀與鋅之外尚有別種金類能與此各本質相合如砷鉀鈉鎂鉛鎘錫銻鉍鉛汞俱能合成同類之質而化學家俱知醕本質與金類合成之質內有數種逕與養氣並副電原質相合而此各種之愛力比金類之愛力更大

此類之質業已詳考數種茲將要質列論之

以脫里鋅之取法將鋅與以脫里碘相和其式爲

炭$_{四}$輕$_{五}$碘丄鋅$_{二}$川炭$_{四}$輕$_{五}$鋅丄鋅碘

第十三圖

將鋅之小粒其面未生鏽者置於容半升之瓶如第十三圖戊此瓶與發炭養氣之瓶甲相通從甲瓶引過濃硫强水之二瓶乙與丙透過之時其氣甚乾戊瓶之塞又有一孔以通冷凝管己此管之上端彎入盛水銀之小杯丁又有象皮管乙與酉一通冷水入吧一放出其水其全器滿炭養氣之後則將戊瓶之塞取去添以極乾之以脫里碘四百釐塞好再通炭養氣俟若干時而在酉處象皮管上加一簧夾令炭養氣不通則甲瓶內所生之氣通過庚管此管之端插入小杯之水

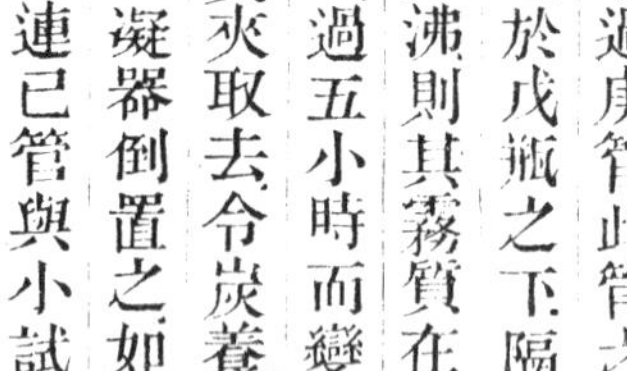

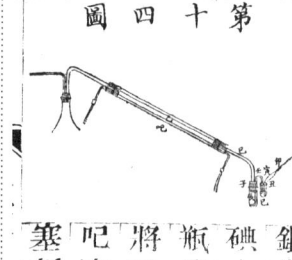

第十四圖

銀遂於戊瓶之下隔水加熱令以脫里碘大沸則其霧質在己管凝水而流回瓶內過五小時而變成碘則不能蒸過將簧夾取去令炭養氣再通戊瓶後將吧冷凝器倒置之如第十四圖而用子塞相連己管與小試筒辰再有玻璃管

彎成鉤形如壬此管之孔宜小而其長端通子塞之孔而短端通極短之試筒巳此短筒之塞內又有一丑孔其徑宜稍大收以脫里鋅之法另備管數箇如第十五圖將此

第十五圖

種管之小端未通入丑孔至巳筒之底而其卯端必連於發炭養氣之器全器通得炭養氣之時酉處再用簧夾而戊瓶之下則隔水加熱令其以脫里鋅透過再令炭養氣通滿巳筒以及辰筒俟辰筒內所收之以脫里鋅已足即用吹火筒封密其管口卯而將彎管壬插下至以脫里鋅之內再開簧夾則炭養氣之壓力壓住以脫里鋅即將寅管用酒燈加熱則

逐出其炭養氣待冷而以脫里鋅上至其內取出其管立用吹火封密以脫里鋅最易自燃亦易被水化分造時須極慎如將鋅與四分之一重之鈉相和則其變化之事在一小時可成如所用之料內有水質則能化分同數之以脫里鋅而有變成之鋅養與以脫里輕其式為

炭四輕五鋅丄輕養＝炭四輕五輕丄鋅養

以脫里鋅為無色之流質其氣甚濃其重率一·一八加熱二百四十四度而沸遇空氣即自燃其火藍綠色發出白色之鋅養霧如將磁一塊蓋在火上即成鋅一層外有鋅養一圈熱時黃色冷時白色

養氣漸遇以脫里鋅即變成鋅醋此質與前之鉀醋鈉醋相配其式為

炭四輕五鋅丄養二＝鋅養炭四輕四養（即鋅醋）

如令漸遇別種副電氣原質則以脫里鋅漸化分而與所用之料合成含鋅與以脫里之質如用碘則其式為

炭四輕五鋅丄碘二＝炭四輕五碘丄鋅碘

米以脫里鋅即炭二輕三鋅取法將鋅與米以脫里碘即炭二輕三碘相和其性略如以脫里鋅而更易化散遇水即化分着火即爆裂變成之質為鋅養與米以脫里輕其式為

炭二輕三鋅丄輕養＝炭二輕三輕丄鋅養

阿美里鋅即炭二輕三鋅其變化稍緩遇空氣不燃惟收養氣甚速

以脫里鉀與以脫里鈉即炭四輕五鉀並炭四輕五鈉取法將以脫里鋅盛於管內添以鉀或鈉而封密則有鋅分出其式為

三（炭四輕五鋅）丄鈉＝二（炭四輕五鋅炭四輕五鈉）丄鋅

其所得之鈉以脫里與鋅以脫里合成之質為成顆粒之質能化分水甚猛而變鈉養與鋅養並以脫里輕（此質加熱之時即化分而有鈉與鋅）此質若遇炭養二氣其變化甚速

鈉以脫里與鋅以脫里合成之質遇炭養二氣即變化如盛於有泡之管內令乾炭養二氣行過則生熱而其鋅以脫里

透出泡內所餘之白質為鈉養炭六輕五養三其式為

炭四輕五鈉丄二炭養二＝鈉養炭六輕五養三

此變化之事乃化學家第一次能用炭養二而徑成生物酸質既有此法即可以公法成同類之各酸質如米以脫里鈉以同法試之得鈉養醋酸其式為

炭二輕三鈉丄二炭養二＝鈉養炭四輕三養三

又如將米以脫里碘與鉮與鈉盛於管內封密加熱即變成卡苦待里其式為

二（炭二輕三碘）丄鉮鈉＝鉮二（炭二輕三）丄二鈉碘

卡苦待里能廁於生物與金類二性合成之內如將以脫

里碘以同法試之即得以脫里卡苦待里即鉀$_{二}$(炭$_{四}$輕$_{五}$)三米以脫里鉀即鉀三(炭$_{二}$輕$_{三}$)三以脫里鉀即鉀三(炭$_{四}$輕$_{五}$)此二物之取法將米以脫里碘或以脫里碘與鉀一分鈉三分相和其變化之式為

三(炭$_{二}$輕$_{三}$碘)丄鉀鈉$_{三}$〢鉀三(炭$_{二}$輕$_{三}$)丄三鈉碘

又法將米以脫里鋅或以脫里鋅以鉀綠$_{三}$化分之其式為

三(炭$_{四}$輕$_{五}$鋅)丄鉀綠$_{二}$〢鉀三(炭$_{四}$輕$_{五}$)丄三鋅綠

其三以脫里鋅有卡苦待里之臭遇空氣不燃惟與養氣化合甚速亦能與養氣合成本質其質為鉀三(炭$_{四}$輕$_{五}$)養$_{二}$又以同法用綠氣或碘或硫代其養能得相類之質

又造別種以脫里與米以脫里含鉀之質內含醋四分劑副電氣原質如養或碘一分劑惟其鉀四(炭$_{四}$輕$_{五}$)養與其相類之質屬於淡輕$_{四}$之類詳於別卷

三以脫里銻即銻三(炭$_{四}$輕$_{五}$)三米以脫里銻即銻三(炭$_{二}$輕$_{三}$)取法與成別種含鉀之雜質相同而其質亦有相同之性

三以脫里銻有臭如葱遇空氣而自燃與養二分劑或綠或碘或硫二分劑則化合甚速其與綠氣之愛力尤大遇最濃之輕綠則令放其輕氣其式為

銻三(炭$_{四}$輕$_{五}$)丄二輕綠〢銻三(炭$_{四}$輕$_{五}$)綠$_{二}$丄輕$_{二}$

三(以脫里銻)養$_{二}$此能為本之質又銻四(炭$_{四}$輕$_{五}$)碘屬於淡輕$_{四}$類

米以脫愛特汞即汞炭$_{二}$輕$_{三}$與以脫愛特俱為米以脫里鋅與以脫里鋅遇汞綠變化而成其式為

鋅炭$_{四}$輕$_{五}$丄汞綠〢鋅綠丄汞炭$_{四}$輕$_{五}$

其含米以脫里之質除汞之外為已考知之最重流質其重率為三○七玻璃塊能浮其面

以脫愛特鉛即鉛$_{二}$三(炭$_{四}$輕$_{五}$)取法將以脫愛特汞以鉛化分而得之其式為

三以汞丄鉛$_{二}$〢汞$_{三}$丄以$_{三}$鉛$_{二}$

此為無色之流質遇空氣即自燃能為水所化分其相配之含米以脫里之質鉛$_{二}$三(炭$_{二}$輕$_{三}$)加熱至稍多於三十二度即結成明顆粒

三以脫里硒即硒三(炭$_{四}$輕$_{五}$)其原質排列法與硒養$_{三}$略同嘗用以脫里鋅與硒養$_{三}$以脫即三炭$_{四}$輕$_{五}$養硒養$_{三}$相和而成之其式為

三以養硒養$_{三}$(即硒養$_{三}$以脫)丄三以鋅(即以脫里鋅)〢以$_{三}$硒(即三以脫里硒)丄三(鋅養以養)

蒸時所得之質重率○六九無色而有臭氣不能在水內消化遇空氣即自燃其火綠色遇純養氣則燒如閃如令其漸與養氣化合則變為硒以$_{三}$養$_{四}$在真空內能蒸之而不

化分。此流質與水相和，即化分成醕，並易化散之白質，為硫輕二以養四，其式為

硫以三養四丄四輕養‖硫輕二以養四丄二〔以養輕養〕

此質氣香而味甜，水與醕與以脫俱能消化。

三米以脫里硫，即硫三〔炭二輕五〕取法，將米以脫里鋅在以脫內消化，至極濃，再加硫養三以脫，其式為

三以養硫養三丄三鋅米以‖硫米以三丄三鋅養以養

觀此變成之意，可知三以脫里硫，非令硫養以脫放養氣而成，有以脫里三分劑代硫養三之養氣。

硫米以三為無色之氣質，其重率一．九三，其臭甚辣，眼遇其氣之淡者，即流淚，加以三倍空氣壓力，即變為流質，如放其氣自管內緩出而遇空氣，則與養氣化合成極淡藍色之火，日中不能見，以指遇火不覺熱，如令其氣速遇空氣則燒成綠色之火，而甚亮甚熱，此火有奇性，四面飛散炭質飄於空中，如雪而色黑，此因其炭為硫養二所包而不能燒盡也。如將三米以脫愛特硫與等體積之炭輕三氣相和，則變為白色易化散之質，為淡輕二硫米以用以脫消化之，即成極細之顆粒，將此顆粒蒸之，其質不變，其霧容八體積，與淡輕四綠同。硫米以三水內難消化，醕內易消化，鹼類水與鹼土屬之水亦能消化，鉀養水能化分其含淡輕二之質，惟與鹼類相合之質，不能成顆粒，炭養氣不能令其化分。

矽以三之取法，將矽綠用以脫里鋅化分之，此質不能為水所化分，亦不能為鉀養水所化分，比水更輕，燒火甚亮，因其炭質之一分為矽所代，此為新考得之醕質，此醕或言為矽二炭六輕一〇養可令此質為第十二卷所言未曾考得之醕，即炭輕養，即第九種之醕，其炭二分劑代以矽二分劑。

二米以脫里矽，即矽二〔炭輕〕取法，令矽綠遇米以脫里碘，須以鋅配之，所得為流質，燒之甚亮，成矽養之白霧。

茲列表顯出已有化分之醕本與死物相合之質，惟有數種間雜之淡輕質不列此表，而詳於別處。表內各質之式應倍之，因照表內之法，與霧二箇體積相配，如以脫里鈉應為鈉以，惟鋁以三、錫以、錫以、碘鉍以三、銻以三、鉀米以，並其各雜質不可倍。

醕類與死物合成雜質	分劑式	死物質內相配質
以脫里鈉	鈉以	鈉養
以脫里鎂	鎂以	鎂養
以脫里鋁	鋁二以三	鋁二養三
米以脫里鋅	鋅米以	鋅養
以脫里鋅	鋅以	鋅養
阿美里鋅	鋅阿美	鋅養
米以脫里錫	錫米以	錫養
以脫里錫	錫以	錫養

三以脫里二錫　錫$_{二}$以$_{三}$　錫$_{二}$養$_{三}$
二以脫里碘二錫　錫$_{二}$以$_{三}$碘　錫$_{二}$養$_{三}$
二以脫里錫　錫以$_{二}$　錫養$_{二}$
以脫里米以脫里錫　錫以米以　錫養
以脫里碘錫　錫以碘　錫養$_{二}$
三以脫里鉍　鉍以$_{三}$　鉍養$_{三}$
以脫里二綠鉍　鉍以綠$_{二}$　鉍養$_{三}$
二以脫里鉛　鉛以$_{二}$　鉛養
以脫里汞　汞以　汞養
米以脫里汞　汞米以　汞養

三以脫里銻　銻以$_{三}$　銻養$_{三}$
三以脫里養$_{二}$銻　銻以$_{三}$養$_{二}$　銻養$_{五}$
四以脫里碘銻　銻以$_{四}$碘　銻養$_{五}$
卡苦待里　鉮米以$_{二}$　鉮硫$_{二}$
卡苦待里養　鉮米以$_{二}$養　鉮養$_{三}$
米以脫里養$_{二}$鉮　鉮米以養$_{二}$　鉮養$_{三}$
三米以脫里鉮　鉮米以$_{三}$　鉮養$_{三}$
米以脫里鉮養$_{四}$　鉮米以養$_{四}$　鉮養$_{五}$
卡苦待里酸　鉮米以$_{二}$養$_{三}$　鉮養$_{五}$
卡苦待里硫養$_{三}$　鉮米以$_{二}$硫$_{三}$　鉮養$_{五}$

卡苦待里三綠　鉮米以$_{二}$綠$_{三}$　鉮養$_{五}$
以脫里卡苦待里酸　鉮以養$_{三}$　鉮養$_{五}$
三以脫里養$_{二}$鉮　鉮以$_{三}$養$_{二}$　鉮養$_{五}$
四以脫里養鉮　鉮以$_{四}$養　鉮養$_{五}$
二米以脫里二以脫里養鉮　鉮米以$_{二}$以$_{二}$養鉮養$_{五}$
三以脫里[石希]　[石希]以$_{三}$　[石希]養$_{三}$
三米以脫里[石希]　[石希]米以$_{三}$　[石希]養$_{三}$
二以脫里矽　矽以$_{二}$　矽養$_{二}$
二米以脫里矽　矽米以$_{二}$　矽養$_{二}$

觀前表、自知生物與死物相合之分劑、同於死物與死物相合之分劑、所有原質與養或硫一分劑化合之質、亦與醋本質一分劑化合、所有與養或硫多於一分劑化合之質、亦與醋本質多一分劑化合、惟鋅與養一分劑或硫一分劑能化合、而多於一分劑不肯化合、則與米以脫里以脫里阿美里、多於一分劑、亦不能化合、如鋁與醋本質、祇有一法能化合、卽鋁$_{二}$以$_{三}$、正與養氣化合之一分劑相同、錫能與醋本質成三箇不同類之質、則與錫養、與錫$_{二}$養$_{三}$、與錫養$_{二}$相配、生物質各分劑和之相配、則不拘何質、俱不相關、如與錫$_{二}$養$_{三}$相配之生物雜質、其內有一質用以脫里三分劑、代其養三分劑、又有一質用以脫里二分劑、代其養三分劑內之二分劑所餘養氣一分劑以碘一分劑代之而以脫里爲正電氣質碘爲副電氣質又含錫之雜質亦能指出其原質之排列爲相配因以脫里錫與米以脫里錫俱依錫養之類化分而變成錫與錫養$_{二}$相配之質如將以脫里錫蒸之其變化之式爲

二錫以‖錫以$_{二}$丄錫

又將錫養與鉮養相和令沸其式爲

二錫養‖錫養$_{二}$丄錫

鉮類之各質內有卡苦待里與鉮硫$_{三}$相配但無鉮養$_{三}$之物又三米以脫里鉮亦與鉮養$_{三}$相配又四米以脫里養鉮與鉮養$_{五}$相配又鉮養遇能放養氣之質則變爲鉮養$_{五}$依此理其卡苦待里養是與鉮養$_{三}$相配之質變爲卡苦待里酸即與鉮養$_{五}$相配之質卡苦待里酸不易化分鉮養$_{三}$亦然鉮養$_{五}$再不肯收養氣而卡苦待里酸亦然

以上所論各種雜質知生物死物之質甚相近而難分爲兩種化學又表明原質可以雜質代之爲本爲配則雜質能作原質之用即可謂原雜質並雜原質又可見後此考究化學者必藉分類而求相配質之法

化學鑑原續編卷十四

英國蒲陸山撰

英國　傅蘭雅　口譯

無錫　徐　壽　筆述

動植鹼類並淡輕$_{三}$類

化學家考究鹼類之質知植物所含鹼質甚少然動物食之而受其益大半藉植物所含之鹼質所以化學家詳考其事即知植物內以何法能變成植物質即能設法徑得植物內鹼類有益之料不必遠道而用植物之煩惟詳考其事最繁最難因求鹼類之原質其分劑數甚大而所含之輕氣數較少故原質之比例不易審知今有數種生物鹼類尚未悉其原質之詳

茲將植物內所考得之鹼類質列表

鹼類之名	材料	分劑式
莫爾非尼	鴉片	炭$_{三四}$輕$_{一九}$淡養$_{六}$
苛弟以尼	鴉片	炭$_{三六}$輕$_{二一}$淡養$_{六}$
那而苛弟尼	鴉片	炭$_{四六}$輕$_{二五}$淡養$_{一四}$
拍拍甫里尼	鴉片	炭$_{四〇}$輕$_{二一}$淡養$_{八}$
雞那以尼	金雞那樹皮	炭$_{四〇}$輕$_{二四}$淡$_{二}$養$_{四}$
金雞那以尼	金雞那樹皮	炭$_{四〇}$輕$_{二四}$淡$_{二}$養$_{二}$
雞那以弟尼	金雞那樹皮	炭$_{四〇}$輕$_{二四}$淡$_{二}$養$_{四}$

加非以尼	加非樹子	炭$_{一六}$輕$_{一〇}$淡$_{四}$養$_{四}$
替以尼	茶葉	炭$_{一六}$輕$_{一〇}$淡$_{四}$養$_{四}$
替哇布路米尼	卡高樹	炭$_{一四}$輕$_{八}$淡$_{四}$養$_{四}$
司脫立格尼尼	馬前即番木鼈	炭$_{四二}$輕$_{二二}$淡$_{二}$養$_{四}$
布路西尼	馬前	炭$_{四六}$輕$_{二六}$淡$_{二}$養$_{八}$
尼古低尼	煙葉	炭$_{一〇}$輕$_{七}$淡
蘇辣尼尼	山芋芽	
阿脫路比尼	癲茄即卑立打那	炭$_{三四}$輕$_{二三}$淡養$_{六}$
打都里尼	佛茄兒葉即醉仙桃葉	炭$_{三四}$輕$_{二三}$淡養$_{六}$
高卡以尼	高卡葉	炭$_{三四}$輕$_{二一}$淡養$_{八}$
海哇歲阿米尼	鬧羊花子	
以密低尼	乙畢格	
阿古尼低尼	草烏	
非辣得里尼	藜蘆	炭$_{六四}$輕$_{五二}$淡$_{二}$養$_{一六}$
哥尼以尼	黑暮拉客草空梗	炭$_{一六}$輕$_{一五}$淡
貝比里尼	胡椒	炭$_{六八}$輕$_{三八}$淡$_{二}$養$_{一二}$
加布西格尼	辣茄	
司巴低以尼	金雀花本身	炭$_{一六}$輕$_{一三}$淡
古拉里尼	古拉辣毒	炭$_{二〇}$輕$_{一五}$淡

視前表，知生物鹼類質俱含淡氣，惟其淡氣比全質甚少，最多者替哇布路米尼，每百分有三十一分，最少者那而苟弟尼，每百分祇三分二。化學家考此各質之原質排列，俱依其淡氣。

初考得生物鹼類原質之排列者，名伯雪利亞司，知此類之質俱含淡氣與輕氣，故以爲各質俱是中立性之質，而未知其何物與淡輕$_{三}$合成鹼類。繼又考得數種生物之本質，能用淡輕$_{三}$相和而成之，其理更足爲據。如芥子油之炭$_{八}$輕$_{五}$淡硫$_{二}$與淡輕$_{三}$相和，即能成弟哇西乃米尼，即炭$_{八}$輕$_{八}$淡$_{二}$硫$_{二}$。或有疑此理者，以爲各種生物本質內不能分出淡輕$_{三}$，然嗣後一箇原質能以別原質代之之理漸漸傳佈，始信生物本質可依淡輕一法成之，即輕氣能以炭輕若干分劑代之，或以炭與輕與養若干分劑代之，由是而定生物原質之排列，即令各質以淡輕$_{三}$爲母。

初時以爲各種生物本質以淡輕$_{三}$爲母，或言淡輕$_{三}$爲四箇質點相合而成，即淡一點、輕三點，則生物本質亦必然，惟只含輕氣二點，其第三點有一雜質代之，即能作輕氣第三質點之用，然究不能改淡輕$_{三}$爲母之理。如將此理推至生物本質之最簡者，即阿尼里尼之炭$_{一二}$輕$_{七}$淡，可謂淡輕$_{三}$之第三輕氣點爲非內里，即炭$_{一二}$輕$_{五}$所代，其變化之式爲

炭$_{一二}$輕$_{七}$淡＝淡輕$_{二}$炭$_{一二}$輕$_{五}$即非內里阿米尼

又有一據其阿尼里尼原質之排列亦必如此如將淡輕$_{三}$非內里加熱則變成阿尼里尼其式為

淡輕$_{三}$輕養炭$_{二}$輕$_{五}$養丅二輕養＝淡輕$_{二}$炭$_{二}$輕$_{五}$　即阿尼里尼

又因用淡輕$_{三}$之鹽類所成之生物本質名為阿美弟質疑其含阿美弟真即淡輕$_{二}$故此理謂之阿美弟之理

近有人擴充此理而得其據知生物本質大半以淡輕$_{三}$為母不但其淡輕$_{三}$之輕氣一分劑能以別質代之而其三箇分劑俱能以雜本質代之其淡氣亦可以同類之原質如燐與鉮與銻代之可見其為母之質甚能活變未有原質更活變於此者

含以脫里之淡輕質　以脫里碘即炭$_{四}$輕$_{五}$碘與酯內消化之淡輕$_{三}$俱用一分劑盛於玻璃管內封其口加熱即成顆粒其質為炭$_{四}$輕$_{五}$碘淡輕$_{三}$如將此質與鉀養相和不能成淡輕$_{三}$氣而成霧質收於瓶而外包以冰即變最清之流質加熱至六十五度六而沸發出極多淡輕$_{三}$氣將此質化分之得炭$_{四}$輕$_{七}$淡即為淡輕$_{三}$其輕氣一分劑用以脫里一分劑代之此質之性與淡輕$_{三}$略同易錯認為淡輕$_{三}$所以其變成之法必為如此其以脫里淡輕$_{三}$即以脫里阿米尼不但有淡輕$_{三}$之氣而其鹼性亦甚大亦能與酸質化合成鹽類數種能成顆粒此質比淡輕$_{三}$更易燃火

以脫里碘與淡輕合成之顆粒為以脫里阿米尼輕碘其式為

炭$_{四}$輕$_{五}$碘丄淡輕$_{三}$＝淡{輕 輕 炭$_{四}$輕$_{五}$}輕碘

淡輕$_{三}$所放之輕氣為以脫里碘內之以脫里所代即有輕碘變成而與以脫里阿米尼相和

以脫里綠或以脫里溴與淡輕$_{三}$相和加熱即變以脫里阿米尼輕綠與以脫里阿米尼輕溴此事用以脫里碘更便因化散之性甚小盛於玻璃管內封之易於閉密

以脫里阿米尼輕碘與鉀養相和蒸之則其變化如同法試淡輕$_{三}$輕碘相同其式為

淡輕$_{三}$輕碘丄鉀養＝淡輕$_{三}$丄鉀碘丄輕養

淡輕$_{二}$炭$_{四}$輕$_{五}$輕碘丄鉀養＝淡輕$_{二}$炭$_{四}$輕$_{五}$丄鉀碘丄輕養

以脫里阿米尼與含養氣之酸質相合與淡輕$_{三}$同如

淡輕$_{三}$硫養$_{三}$　即淡輕$_{三}$輕養硫養$_{三}$

以脫里阿米尼硫養$_{三}$　即淡輕$_{二}$炭$_{四}$輕$_{五}$輕養硫養$_{三}$

以脫里阿米尼以淡輕$_{三}$為母而成更有一據將衰以脫與輕養鉀養相和而蒸之則變成以脫里阿米尼

衰以脫即炭$_{四}$輕$_{五}$養炭$_{二}$淡養製法將鉀養炭$_{四}$輕$_{五}$養二硫養$_{三}$與

鉀養㒼養相和而蒸之其式為
鉀養㒼養⊥鉀養炭$_{四}$輕$_{五}$養二硫養$_{三}$‖炭$_{四}$輕$_{五}$養㒼養⊥二鉀養硫養$_{三}$
㒼以脫即是㒼酸之變質其輕氣一分劑用以脫里一分劑代之
㒼酸　　即輕養㒼養
㒼以脫　　即以養㒼養
如將㒼酸與鉀養輕養相和蒸之即成淡輕$_{三}$與鉀養炭養$_{二}$其式為
輕養炭$_{二}$淡養⊥二鉀養輕養‖淡輕$_{三}$⊥二鉀養炭養$_{二}$

又因㒼以脫含以脫里一質點代以輕氣一質點則其變成之淡輕$_{三}$質有相同之代法其式為
以養炭$_{二}$淡養⊥二鉀養輕養‖淡輕$_{三}$以⊥二鉀養炭養$_{二}$
如將以脫里阿米尼再以同法令遇以脫里碘一分劑則其以脫里能放出輕氣第二個質點而自代之則所得之質為二以脫里阿米尼輕碘其式為
淡輕 輕 炭$_{四}$輕$_{五}$ ⊥炭$_{四}$輕$_{五}$碘‖淡 炭$_{四}$輕$_{五}$ 輕 炭$_{四}$輕$_{五}$ 輕碘
將此質與鉀養相和而蒸之即得二以脫里阿米尼為無色之流質易於着火而淡輕$_{三}$之性甚大滚度多於以脫里阿米尼即一百三十四度六以其變化之性而論之則二以脫里阿米尼必為淡輕$_{三}$類之一質

如再欲去其輕氣第三個質點則將二以脫里阿米尼再遇以脫里碘一分劑其變化之式為
淡 炭$_{四}$輕$_{五}$ 炭$_{四}$輕$_{五}$ 輕 ⊥炭$_{四}$輕$_{五}$碘‖淡 炭$_{四}$輕$_{五}$ 炭$_{四}$輕$_{五}$ 炭$_{四}$輕$_{五}$ 輕碘
此為三以脫里阿米尼輕碘再與鉀養相和而蒸之即得三以脫里阿米尼亦為無色之流質而其性必與以脫里

阿米尼並二以脫里阿米尼並淡輕$_{三}$為同類之質鹼性亦甚大而其沸度更多於二以脫里阿米尼如將鉀養輕養與㒼以脫相和而蒸之即得以脫里阿米尼又將鉀養以脫里即鉀醕與㒼以脫相和而成三以脫里阿米尼其理相同其式為
以養炭$_{二}$淡養⊥二鉀養以養‖淡以$_{三}$⊥二鉀養炭養$_{二}$
然用以脫里碘令此物變化不止於此如將第三次所得之三以脫里阿米尼再與以脫里碘相和加熱則其三以脫里阿米尼之一分劑與以脫里碘合成淡三炭$_{四}$輕$_{五}$炭$_{四}$輕$_{五}$碘此質為三以脫里阿米尼輕碘內輕碘之輕用以脫里

代之。

或以為淡輕三輕碘。為一箇雜金類原質淡輕四與碘相合之質。故可名淡輕三輕碘為淡輕四碘。而其輕氣之四箇質點。俱用以脫里代之。則其名不應為三以脫里阿米尼輕碘。而應為四以脫里淡碘。即為淡以四碘。

淡以四碘與鉀養水相和。加熱令沸。不能化分。如將此質之水與銀養相和。即變成銀碘。濾取其水。置於真空罩內。旁置甚多硫強水。令其自乾。則結鹹形之顆粒。其質為淡四(炭四輕五)養輕養。即四以脫里淡與養與水相合之質。其性與鉀養輕養或鈉養輕養之水相同。易自消化。並能多收空氣內之炭養二氣。鹼性甚大。能令淡輕三從其鹽類質放出。又能與油質合成肥皂。各事俱與定質之鹼類與輕養相合之質同。其味甚苦。然此質非淡輕三類。必以鉀養輕養為母。而其代鉀之質為淡以四。即淡四(炭四輕五)。或可以淡輕四為母。其輕之四質點。為以脫里所代。依此理即可明淡以四碘與銀養所有之變化。其式為

淡以四碘丄銀養丄輕養‖淡以四養輕養丄銀碘

此所得之鹼類質易於化分。加熱小於水之沸界。即變為三以脫里阿米尼與炭四輕四氣與水。其式為

淡四(炭四輕五)養輕養‖淡三(炭四輕五)丄(炭四輕四)丄二輕養

淡輕三融和於水。即為淡輕四養輕養。其式為

淡輕三丄二輕養‖淡輕四養輕養

此質乃淡以四養輕養。真為母之質。但此質之愛力極小。不能分出其淡輕四養輕養。已有人多次試之。往往得淡輕三與水。

淡以四養能與含養之酸質合成鹽類。而放出其水一分劑。如鉀養相同。即

鉀養硫養三　淡以四養硫養三

別種醋本質與碘相合者。遇淡輕三可成雜質。與以脫里類各雜質相配。已有人取得各質。俱以淡輕三為母。

米以脫里阿米尼	淡輕二炭輕三
以脫里阿米尼	淡輕二(炭四輕五)
阿美里阿米尼	淡輕二炭輕
二米以脫里阿米尼	淡輕(二炭輕三)
二以脫里阿米尼	淡輕(二炭四輕五)
二阿美里阿米尼	淡輕二炭輕
三米以脫里阿米尼	淡(三炭輕三)
三以脫里阿米尼	淡(三炭四輕五)
三阿美里阿米尼	淡(三炭輕)

米以脫里阿米尼不冷不熱為氣質。能融和於水內。比別

種氣質甚多，水一體積能收米以脫里阿米尼一千一百五十體積，其性略與淡輕三同。

以脫辣之本質西低里，即炭二輕三，亦有人令代淡輕三之輕氣，所得之質為三西低里阿米尼，即淡三（炭二輕三）三，每百分只含淡氣二分。

以淡輕四養輕養為母，如

淡以四養輕養　即淡四（炭二輕三）養輕養

四以脫里阿米尼即淡四（炭四輕五）養輕養

四阿美里阿米尼即淡四（炭一〇輕一一）養輕養

各質之為母者能活變，而其酯本質代換之質不止以上各質，如將米以脫里阿米尼即淡輕二米以與以脫里碘相和，即變米以脫里以脫里阿米尼輕碘，其式為

淡輕二米以上以碘＝淡輕米以以輕碘（即米以脫里以脫里阿米尼輕碘）

此質與鉀養相和而蒸之，即得米以脫里以脫里阿米尼。

此質之形性與別種淡輕三本質略同。

再將此質與阿美里碘並鉀養相和而蒸之，即得一淡輕三為母之新質，其輕氣三質點俱為三個不同之本質所代，即米以脫里以脫里阿美里阿米尼，而其質點排列之式為

淡（炭二輕三）（炭四輕五）（炭一〇輕一一）＝淡米以以阿美

前事之內，如用阿尼里尼即淡輕二炭一二輕五與米以脫里碘相和，即變成米以脫里阿尼里尼，即淡輕炭二輕三炭一二輕五，此質與以脫里碘相和，其質為淡炭一二輕五炭二輕三炭四輕五，如將此質與阿美里碘相和，而以銀養化分之，其質為淡（炭二輕三）（炭四輕五）（炭一〇輕一一）（炭一二輕五）養輕養，此本質以淡輕四養輕養為母，其輕氣四分劑俱為不同之質所代。

此質甚繁，然能顯出其原質排列式之分別，其四種原質之分劑為炭二六輕三五淡養二，如不知以何法所成，視前式之排列即明。

第二卷已言乾蒸羅殺阿尼里尼而得阿尼里尼，即淡輕二（炭一二輕五），蒸以脫里羅殺阿尼里尼而得以脫里阿尼里尼，即淡輕（炭四輕五）（炭一二輕五），又蒸非內里羅殺阿尼里尼即得非內里阿尼里尼，即淡輕二（炭一二輕五）。

又有人將阿尼里尼輕綠與阿尼里尼相和，加大熱，即變成二非內里阿米尼輕綠，多加熱水即化分，即得二非內里阿米尼，浮出如油，冷則結為定質，其式為

淡輕二（炭一二輕五）輕綠（即阿尼里尼輕綠）上淡輕二（炭一二輕五）（即阿尼里尼）＝淡輕二（炭一二輕五）輕綠（即二非內里阿米尼輕綠）上淡輕三

二多路以辣阿米尼即淡輕二（炭一四輕七）可以同法為之，將多路以弟尼輕綠與多路以弟尼消化而得之。

非內里多路以辣阿米尼卽淡輕（炭二輕五）（炭四輕七）將阿尼里尼與多路以弟尼輕綠相和或用多路以弟尼與阿尼里尼輕綠相和

如用硝强水則二非內里阿米尼變爲二淡養四二非內里阿米尼卽淡輕二（炭二輕四）淡養四西亦爲同母之質而以淡養四代其非內里之輕氣五分之一

徧腮里綠卽炭四輕五養二綠與二非內里阿米尼相和卽成二非內里徧腮里阿米尼卽淡二（炭二輕五）炭四輕五養二

從醋所得之數種本質其分劑同於用煤黑油等質所得者惟其質之形性大不同如多路以弟尼炭四輕九淡其質點排列爲淡輕炭二輕五炭二輕三卽米以脫里阿尼里尼多路以弟尼爲成顆粒之質米以脫里阿尼里尼爲油類之流質又如令以脫里碘遇多路以弟尼則有輕氣一分劑爲以脫里所代卽得以脫里多路以弟尼又炭四輕八（炭四輕五）淡之分劑同於米以脫里以脫里阿尼里尼之淡（炭二輕三）（炭四輕五）（炭二輕五）又同於古米低尼之炭六輕二淡而其各物變化之性大不同此因原質排列之式不同也

生物鹼類之質點排列法　視以上各事試得之理則植物本質之質點排列法亦能以同法考之設以脫里阿米尼卽炭四輕七淡爲植物鹼類如不知其質點之排列則用以脫里碘令放其輕氣七箇質點之二箇自可知此二質點與其五質點排列之不同則其雜質之排列法可爲炭四輕五輕二淡又以同理考得天成之鹼類質哥尼以尼卽炭六輕五淡可用米以脫里碘令放其輕氣一箇質點故其排列式可爲炭六輕四輕淡蓋此質以淡輕二爲母而其輕氣二質點爲炭六輕四所代卽每一質點爲炭八輕七所代因知此一類含碘之質與淡輕三相和卽能成人造之哥尼以尼或謂炭八輕七爲布低里酸卽炭八輕八養四之本故將哥尼以尼加硝强水卽能成布低里酸

尼古低尼莫爾非尼荷弟以尼遇以脫里碘俱不放輕氣故必與三以脫里阿米尼卽淡三（炭四輕九）同排列而其輕氣三分劑已爲別質所代依此理而得其式

尼古低尼　淡彡（炭十輕七）

莫爾非尼　淡彡（炭三四輕一九養六）

荷弟以尼　淡彡（炭三六輕二一養六）

其彡之意指明各質爲三質點之質卽能代別質之輕氣三質點故各本質遇含碘之醋本質卽得淡輕四碘爲母之含碘之質而從此各質能得定質鹼類似乎淡以四養輕養如

米以脫里莫爾非里淡輕四養輕養卽淡彡（炭三四輕一九養六）（炭二輕三）養輕養

以脱里荀弟里淡輕養輕養　即淡炭輕養炭輕養輕養，
以脱里尼古弟里淡輕養輕養　即淡炭輕炭輕養，輕養

淡輕多分劑之質　詳考植物本質之原質，有含淡氣二分劑者，如金雞那以尼，即炭輕淡養，雞那以尼炭輕淡養，司脱立格尼尼炭輕淡養，此各本質之淡氣，全用淡輕為母而成者，則其質點之排列，必依質點之雙質，即淡輕，如司脱立格尼尼所用以脱里碘，不能出其輕氣之若干分，故其本質實依淡輕雙質點，即淡輕，則其全輕氣為炭輕養所代，其質變為淡陸炭輕養，此質為六質點作其代質，即與輕氣六質點相配，惟輕氣每一質點，未必一定為別質所代，觀數種生物雜質自知，如克羅路福密，即炭輕綠，有三質點之質，炭輕，即福而美里，代其輕氣三質點，而此原所需之輕氣與其綠氣三質點化合，又如荷蘭流質，即炭輕綠，有二質點之質，炭輕，即以脱里尼代輕氣二質點，以上所有數種天成之鹼類質，其質點之排列不差，則應能造一箇本質，即輕氣二三箇質點，為二質點本質，或三質點本質所代。

二阿米尼　將以脱里尼，即炭輕，與溴相和，所得之新質為炭輕溴，即以脱里尼溴，此質與荷蘭流質之炭輕綠相配，令此質與淡輕相遇，則變成新鹼類本質，其質點排列，為淡輕炭輕，即淡輕二質點，即淡輕為母，用二質點以脱里尼代輕氣二質點，此種本質，以雙淡輕為母，名為二阿米尼質，所有淡輕一質點為母者，名為單阿米尼，以上所言之本質名為以脱里尼二阿米尼，其二阿米尼質能與輕綠或同類之配質相合，變成新質，與其本淡輕雙質點相同，即可謂二配質。

荷蘭流質，即以脱里尼綠，盛於玻璃管，添以濃淡輕，密封加熱至三百度，則所有之變化，類乎輕綠雙質點，即輕綠，遇淡輕雙質點之質，淡輕之變化，即成雙質點淡輕輕綠，即淡輕輕綠，如荷蘭流質，遇淡輕所成之質，淡輕二炭輕綠，其輕氣四箇質點為二質點之質，炭輕之二箇質點所代，但其相配之處，即此而止，因將淡輕輕綠用銀養化分之，即得淡輕與銀綠，如將其新質以同法試之，即得鹼類本質，與鉀養輕養相似，而其質點之排列，為淡輕二炭輕養二輕養，此質可為炭輕養輕養之雙質點，其內之輕氣四質點為二質點以脱里尼之二質點所代，名為二以脱里尼二淡輕與養氣與輕氣合成之質，此質不易化散，必加熱至三百度以上，始能化散，化散之時，即發出易散之鹼類質，其質點為淡輕二炭輕，名為二以脱里尼二阿米尼，取法，用淡輕二質點，其內之輕氣四質點為二質點以

脫里尼之二箇質點所代其式爲
淡$_{二}$輕$_{四}$二(炭$_{四}$輕$_{四}$)養$_{二}$二輕養‖淡$_{二}$輕$_{二}$二(炭$_{四}$輕$_{四}$)丄四輕養
新淡輕$_{三}$質與以脫里碘卽炭$_{四}$輕$_{五}$碘相和則輕氣二分劑能用以脫里代之卽變成二以脫里二以脫里尼二阿米尼卽淡$_{二}$二(炭$_{四}$輕$_{五}$)二(炭$_{四}$輕$_{五}$)卽淡輕$_{三}$雙質點卽淡$_{二}$輕$_{六}$有輕氣二質點爲以脫里二質點所代又有輕$_{四}$用以脫里尼二質點代之

非內里阿米尼卽阿尼里尼卽淡輕$_{二}$(炭$_{十二}$輕$_{五}$)與荷蘭流質卽以脫里尼綠$_{二}$相和卽成二非內里二以脫里尼二阿米尼卽淡$_{二}$二(炭$_{十二}$輕$_{五}$)二(炭$_{四}$輕$_{四}$)此質爲淡輕$_{三}$雙質點卽淡$_{二}$輕$_{六}$其內有輕$_{三}$爲非內里二質點所代又有輕$_{四}$爲以脫里尼二質點所代如將阿尼里尼克羅路福密相和得福而美里二非內里二阿米尼卽淡$_{二}$(炭$_{二}$輕)二(炭$_{十二}$輕$_{五}$)輕其輕$_{三}$爲三質點福而美里卽炭$_{二}$輕所代而其輕$_{三}$爲非內里所代

淡養$_{四}$偏蘇里卽炭$_{十二}$輕$_{五}$淡養$_{四}$遇鐵養醋酸則放其養氣而變成非內里阿米尼如將二淡養$_{五}$偏蘇里以同法代之卽成非內里尼二阿米尼卽炭$_{十二}$輕$_{四}$(炭$_{十二}$輕$_{四}$)此質必爲雙質點淡輕$_{三}$所成而其輕$_{二}$爲二質點之質非內里尼卽炭$_{十二}$輕$_{四}$所代而此質與非內里卽炭$_{十二}$輕$_{五}$之相關同於以脫里尼卽炭$_{四}$輕$_{四}$與以脫里卽炭$_{四}$輕$_{五}$之相關如將二淡養$_{四}$多路阿里與二淡養$_{四}$苦母里與鐵$_{二}$養$_{三}$醋酸相和卽得多路以弟尼二阿米尼與苦母以里尼二阿米尼俱爲雙淡輕$_{三}$質其輕$_{二}$爲其雙質點本質多路以弟尼卽(炭$_{十四}$輕$_{六}$)與苦母以里尼卽(炭$_{十八}$輕$_{十}$)所代此三箇二阿米尼質名爲香阿米尼質因其非內里尼多路以弟尼與苦母以里尼由偏蘇里卽炭$_{十二}$輕$_{六}$與多路阿里卽炭$_{十四}$輕$_{八}$與苦母阿里卽炭$_{十八}$輕$_{十二}$俱與香酸類質偏蘇以酸卽炭$_{十四}$輕$_{六}$養$_{四}$與多路以酸卽炭$_{十六}$輕$_{八}$養$_{四}$與苦母尼酸卽炭$_{二十}$輕$_{十二}$養$_{四}$俱甚相近

巴辣阿尼里尼卽炭$_{二十四}$輕$_{十四}$淡$_{二}$爲造阿尼里尼之時所得之次質而爲阿尼里尼之倍質如將此質分出則不冷不熱之時爲定質其性與阿尼里尼無甚異能成顆粒如絲遇小熱卽鎔化加熱至水銀表不能測而始沸蒸之不變質能與酸質合成美觀之鹽類顆粒詳考其各鹽類質卽知必爲二阿米尼質

三阿米尼　俱以淡輕$_{三}$三箇質點爲母卽淡$_{三}$輕$_{九}$其輕氣或全爲別種本質所代或幾分爲別種本質所代如二以脫里尼三阿米尼卽淡$_{三}$輕$_{五}$二(炭$_{四}$輕$_{四}$)與三以脫里尼三阿米尼卽淡$_{三}$輕$_{三}$三(炭$_{四}$輕$_{四}$)二質俱令淡輕$_{三}$與以脫里尼溴卽炭$_{四}$輕$_{四}$溴相遇而成此二質之鹼性甚大而爲流質俱能收空氣之炭養$_{二}$氣其三阿米尼質大半能成三種鹽類質卽一酸鹽

類，二酸鹽類，三酸鹽類，即含一·二·三·分劑酸之鹽類。
二以脫里尼二以脫里三阿米尼，即淡輕二炭輕二炭輕。
用以脫里尼溴，令遇以脫里阿米尼與淡輕，其式爲
二炭輕溴丄三淡輕炭輕丄淡輕川淡輕二炭輕二炭輕
三輕溴丄淡輕淡輕輕溴
此物能成最美觀之鹽類顆粒，其變成之法易知，必爲淡輕三箇質點，即淡輕爲母，而有以脫里尼二箇質點，即二炭輕代輕，又以脫里二箇質點，即二炭輕代輕。
炭阿米尼，又名古阿尼弟尼，即淡輕炭爲淡輕之三質點其內有輕氣四箇質點，以四質點炭代之，取法，將淡輕與二以脫里炭養盛於玻璃管，密封加熱至三百度，其式爲
二三炭輕養炭養丄三淡輕丄二輕養川淡輕炭二輕養
丄四炭輕養輕養
如其二箇以脫里炭養以四分劑水爲母，而其輕以二炭輕代之，所餘輕以炭代之，即炭養內之炭，更易明其變成之理，其式爲
二［二炭輕養／炭］即二以脫里淡養丄三淡輕丄二輕養川淡輕炭即古阿尼弟尼二輕養丄四淡輕輕養即醋四分劑

綠比格里尼與醋融和之淡輕盛於玻璃管，封密加熱至二百十二度，亦能得古阿尼弟尼，其變化之式爲
炭綠淡養即綠比格里尼丄三淡輕川淡輕炭輕綠丄二輕綠丄淡養丄輕養
取二以脫里炭養，必令鈉養與綠比格里尼在醋消化之質而成見第十二卷
密辣阿尼里尼，即炭輕淡爲成顆粒之本質，其取法，將衰綠與阿尼里尼相和，此質爲二非內里古阿尼弟尼，即淡輕二炭輕炭，即古阿尼弟尼鈉，有非內里二質點代輕氣二質點
各種阿尼里尼顏色料，略爲數種三阿米尼鹽類質，取法將三質點淡輕以炭輕本質代之。
羅殺阿尼里尼，即令含多路阿以弟尼之阿尼里尼遇放養氣之質所成阿尼里尼紅之本質，略爲非內里尼二多路阿以里尼三阿米尼，即淡炭輕二炭輕輕二輕養，其內之非內里尼爲從阿尼里尼，即淡輕炭輕所成，而多路以里尼從多路以弟尼，即淡輕炭輕所成，其阿尼里尼藍，即令阿尼里尼遇阿尼里尼紅所成，必爲非內里尼二多路以里尼·三非內里·三阿米尼，即淡炭輕二炭輕三炭輕二輕養，此從羅殺阿尼里尼所造之法，將非內里三質點代

輕阿尼里尼之茄花色者即以脫里碘遇綠氣所成之質爲非內里尼二多路以里尼三以脫里三阿米尼即淡炭輕二炭輕三炭輕二輕養即羅殺阿尼里尼內之輕有以脫里三質點代之

近已取得二以脫里尼三淡輕綠即淡二炭輕輕綠四阿米尼質此各質之取法以淡輕四箇質點爲母故必含淡氣四質點亦能與含輕之酸質之四質點相合如將以脫里尼溴遇以脫里尼二阿米尼又有輕氣酸在其旁則得三以脫里尼四阿米尼輕溴其式爲

炭輕溴（即以脫里尼二溴）丄二淡炭輕輕（即以脫里尼二阿米尼）丄二輕溴＝淡三炭輕輕四輕溴（即三以脫里尼四阿米尼輕溴）

此質以銀養化分之即得一大鹼性之流質其內含三以脫里尼四阿米尼即淡三炭輕輕即淡輕四箇質點亦即淡輕其內輕氣之半用二質點以脫里尼之三質點代之炭輕溴與以脫里阿米尼相和即得一種鹽類其質點之排列爲淡五炭輕四炭輕輕溴此質爲淡輕溴四箇質點即淡輕溴其內輕氣之十箇以五炭輕代之又其輕以四炭輕從此質能得一鹼性之本質即五以脫里尼四以脫里四淡輕與養與輕養相合之質即淡五炭輕四炭輕輕養四輕養此質之母爲淡輕養輕養四箇質點

以脫里碘即炭輕碘遇此本質則其以脫里放出其輕之餘質點而自代之變成淡五炭輕五炭輕輕養四輕養與淡五炭輕六炭輕養四輕養

二以脫里阿米尼即淡輕二炭輕遇以脫里尼溴即得三以脫里尼八以脫里四淡輕溴即炭三炭輕八炭輕輕溴從此質能得大鹼性之本質爲淡三炭輕八炭輕輕養四輕養

含醋本質之淡輕本質不賴人工所造有數種能得其天成者如數種生物腐爛之時亦能成數種本質因似乎淡輕故人不覺如麥麪腐爛之時能生以脫里阿米尼三米以脫里阿米尼與阿美里阿米尼其三以脫里阿米尼在黑令魚子取出又在臭尿內取出又將蕎麥發莓與鉀相和蒸得其米以脫里阿米尼與布路貝辣阿米尼即淡輕炭輕又布低里阿米尼即淡輕炭輕又名比的尼尼與阿美里阿米尼俱在乾骨所得之各質內

含燐或鉀或銻之淡輕或淡輕質　觀以上各質必謂淡輕已變如此之多似不能再有變化然又試得令其淡氣以相類之質代之如銻鉀燐俱能與輕氣三質點相合成質爲銻輕鉀輕燐輕此各質亦可爲屬於淡輕爲母之類但此各質俱無鹼性只有燐輕能與數種酸質相合如輕

溴與輕碘是也。

又能取數種質，與銻醋三鉮醋三燐醋三相配之質，其輕氣以醋本質代之。惟此各式之內，其輕氣不能以幾分為別質所代，必有代其全輕氣者，所以只能得與三以脫里阿米尼與三米以脫里阿米尼相配之質。

三以脫里銻即銻三(炭四輕五)與三以脫里鉮已在別種質言之，因不能成與淡輕三相配之鹽類，而大略必以銻養三鉮養三為母。見第十三卷末

三以脫里燐與此二質不同，因燐三(炭四輕五)真為淡輕三類之質，能與酸質合成鹽類，與以脫里阿米尼同。惟有一事與以脫里阿米尼不同，即能直與養與硫二分劑相合而成各種雜質，與鉮類與銻類相同。見第十三卷末 各質以燐養五為母。如燐以養與燐以硫並含米以脫里相配之質。

燐以養之取法，令燐綠遇鋅以脫里，其式為

燐綠三丄三鋅以二Ⅱ燐以三丄三鋅綠

此為易化散之流質，其臭濃而奇，其霧與養相合，不至二百十二度即能爆烈甚猛。

三以脫里鉮遇以脫里碘，再以銀養化分之，即成鉮以四養輕養，此質以淡輕四養輕養為母。

又以同法能得鉮以四養輕養與燐以四養輕養，並其相配之質。

此各質之性同於淡四(炭四輕五)養輕養，俱為大力鹼性，與鉀養輕養相似。

又有一甚奇之本質，其母為淡輕四養輕養之雙質點，即淡二輕八養二二輕養。其淡之一質點以燐代之，其第二質點以鉀代之，而其輕氣之二質點以二質點之以脫里尼代之，即(炭四輕四)其餘用以脫里代之。此本質為以脫里尼六以脫里二燐鉀與養與輕養，其質為燐鉀(炭四輕四)六(炭四輕五)養二輕養。此質能與配質二分劑相合成鹽類，而其各性同於鉀養輕養之倍分劑質。

以脫里燐與克羅路福密即炭輕綠三相和，因克羅路福密有三質點福密里即(炭二輕)即得一含綠氣之質，以淡輕四綠為母，即三淡輕四綠等於淡輕二綠二，其內輕氣四分之一為福美里所代，其餘為以脫里所代。所以此質之排列式必為[燐(炭二輕)(炭四輕五)九]綠三。從此質能造數種鹽類質，內含相配之含養氣質並酸質之三分劑，但其含輕養與養之質尚未考得。其式為

三燐三(炭四輕五)丄(炭二輕)綠三即克羅路福密Ⅱ燐三(炭二輕)(炭四輕五)九綠三

以上用淡輕三為母所得各本質排列之理既明，可以同理求淡輕三用金類鹽類質所得死物本質之理。如令鉑綠遇

淡輕三所得之雜質為鉑綠淡輕三此質與銀養相和則另得一種大力鹼類其質為淡輕三鉑養淡輕三輕養亦可謂淡輕三鉑(淡輕四)養輕養此質必為淡輕四養輕養之類其輕氣一質點為鉑所代二質點為淡輕四所代

又有最奇顆粒形之雜質俱以淡輕三錏綠為母其各質用燐或銻或鉀代淡又用以脫里代輕此各質為

燐鉑三(炭四輕五)綠

鉀鉑三(炭四輕五)綠

銻鉑三(炭四輕五)綠

又有將金代鉑得相配之鹽類質其顆粒甚美觀而無色

有數種本質能用綠氣或溴或淡養四在醕本內代其輕氣但所得之質其為本之力減小並有數質全減者如阿尼里尼類即非內里阿米尼類共有五質

綠阿尼里尼	淡輕(炭輕四綠)	為本之性小
二綠阿尼里尼	淡輕(炭輕綠)	為本之性更小
三綠阿尼里尼	淡輕(炭輕綠)	中立性
淡養四阿尼里尼	淡輕[炭輕四(淡養四)]	為本之性小
二淡養四阿尼里尼	淡輕[炭輕二(淡養四)]	中立性

阿美弟類　淡輕四養草酸即淡輕四養炭養將此蒸之即得白顆粒最難消化名哇克司阿美弟其質為淡輕二炭養取法令淡輕四養炭養放水二分劑其式為

淡輕四養炭養丅二輕養=淡輕二炭養

此質與淡輕四養草酸相關之據將此質盛於玻璃管加水密封加熱至四百三十六度或將清水稍加酸質或鹼類質加熱令沸俱能變為淡輕四養炭養

取此哇克司阿美弟又有更簡之法將草酸以脫用淡輕三化分之即結白顆粒其式為

炭四輕五養炭養即醋丄淡輕三=炭四輕五養輕養丄淡輕二炭養即哇克司阿美弟

用雜淡輕三質如以脫里阿米尼與阿尼里尼代淡輕三即得以脫里哇克司美弟與哇克司阿尼來弟其式為

炭四輕五養炭養即草酸以脫丄淡輕二炭四輕五即以脫里阿米尼=炭四輕五養輕養丄淡輕炭四輕五炭養即以脫里哇克司美弟

又炭四輕五養炭養丄淡輕炭輕五=炭四輕五養輕養丄淡輕炭輕五炭養即哇克司阿尼來弟

哇克司阿美弟為一大類質之首故名阿美弟類此類收水二分劑即能仍變為淡輕鹽類質

將此類內四種別質並其相配淡輕鹽類質列左

福耳密阿美弟	淡輕炭輕養	淡輕福密酸	淡輕四養炭輕養
醋酸阿美弟	淡輕炭輕四養	淡輕醋酸	淡輕四養炭四輕三養

布低里阿美弟　淡輕炭輕養　淡輕布低里酸淡輕養炭輕養
偏蘇阿美弟　淡輕炭輕養　淡輕偏蘇以酸淡輕養炭輕養

各種阿美弟質可用淡輕造成之雜質代輕氣之一質點

淡輕二草酸卽淡輕養炭養輕養炭養加小熱蒸之則甑內有定質之配質名爲哇克司阿密酸卽淡輕炭養輕養炭養疑爲哇克司阿美弟與含水草酸之另分劑相合而成然有法能證其不含草酸將其質與鈣養或鋇養相和卽變鹽類質能成顆粒能於水消化如含草酸卽不能消化

哇克司阿密酸以水消化加熱令沸仍變爲淡輕二草酸其式爲

淡輕炭養輕養炭養丄二輕養＝淡輕養炭養輕養炭養

哇克司阿密酸爲同法所造一類酸質之首其草酸因二本之配質卽二輕養炭輕其淡輕之鹽類質應爲二淡輕養炭養則哇克司阿美弟爲淡輕炭輕而其哇克司阿密酸之式必倍之如此則未有不合前理者

內脫來里類　淡輕草酸與無水燐相和而蒸之失去水四分劑所餘者爲衰其式爲

淡輕養炭養丅四輕養＝炭淡

又以同理用淡輕偏蘇以酸卽成偏蘇內脫來里其式爲

淡輕養炭輕養丅四輕養＝炭輕淡

所得之新質爲油類質其臭同於苦杏仁油而更濃可仍變爲淡輕偏蘇以酸法與淡酸水或淡鹼水相和令沸

內脫來里之類俱可將淡輕之鹽類質令放水四分劑而得之又能復爲原物可見內脫來里之類有數質與醋本質之含水者相同卽

草酸內脫來里　淡炭　卽衰

福耳密內脫來里　淡炭輕　卽輕衰

醋酸內脫來里　淡炭輕　卽炭輕炭淡卽米以脫里衰

布路貝內脫來里　淡炭輕　卽炭輕炭淡卽以脫里衰

偏蘇內脫來里　淡炭輕　卽炭輕炭淡卽非內里衰

又有一質名爲衣美弟此名疑其各質含一箇虛本質衣美弟眞卽淡輕以同理推之則阿弟弟各質俱含阿美弟眞卽淡輕取法用數種二本之酸質合成淡輕酸鹽類加熱令放出水四分劑而成之其式爲

淡輕養輕養炭輕養卽淡輕樟腦酸二丅四輕養＝淡輕炭輕養卽樟腦衣美弟

如其阿美弟質徑從淡輕以代法得之則無有鹼類之性必有副電氣本質代其輕氣見第十三卷醋本質之類節

如草酸哇克司阿美里養輕養卽輕養炭養養則哇克司

阿美弟可以為淡輕三為母其內之輕氣一質點以此本質
代之即淡（炭養 輕）
如命偏蘇以酸為偏腮里養輕養即炭十四輕五養二養輕養又曬
里西里酸為曬里西里養輕養即炭十四輕五養四養輕養則其含
阿美弟之質必為
偏蘇阿美弟 淡（炭十四輕五養二 輕二） 曬里西里阿美弟 淡（炭十四輕五養四 輕二）
從淡輕三造此各質之法同於造以脫里阿米尼等物之法
嘗用偏腮里綠與淡輕二相和加熱則易變成偏蘇阿美弟

其式為
炭十四輕五養二綠（即偏腮里綠）丄二淡輕三〢淡輕二炭十四輕五養二（即偏蘇阿美弟）丄淡
輕四綠
若再代一次放出其餘輕氣可將偏蘇阿美弟與曬里西
里阿美弟相和即放出淡輕三而成偏腮里曬里西里阿美
弟其式為
淡（炭十四輕五養二 輕 輕）（即偏蘇阿美弟）丄（炭十四輕五養四 輕 輕）〢淡（炭十四輕五養四 炭十四輕五養二 輕）（即偏腮里曬里西里阿美弟）丄淡輕三
嘗造阿美弟質其淡輕三之輕氣三質點俱以不同之本質

代之則各種衣美弟質其淡輕三之輕氣二質點可以二
質點之本質代之如樟腦衣美弟即淡（炭二〇輕十四養四 輕）而內脫來
里之淡輕三質其輕氣全為三質點之本質所代惟試得之
據與此理有不合之處
如各種阿美弟質真從淡輕三所得則燐輕三應能成同類之
質如三偏腮里燐即燐三（炭十四輕五養二）其取法將偏腮里綠令
遇燐輕三其式為
燐輕三丄三（炭十四輕五養二綠）（即偏腮里綠）〢燐三（炭十四輕五養二）（即三偏腮里燐）丄三
輕綠

金類阿美弟 淡輕三之輕氣能以金類代之乃近時所考
得如鉀與鈉在淡輕三內加熱即發輕氣而成鉀阿美弟與
鈉阿美弟其式為
淡輕三丄鉀〢淡輕二鉀丄輕
鉀阿美弟加熱即發淡輕三而成三鉀阿美弟即淡鉀三其式
為
三（淡輕二鉀）〢淡鉀三丄二淡輕三
淡輕三氣通入以脫消化之鋅以脫里即變以脫里輕而有
白色變形之鋅阿美弟分出其式為
淡輕三丄炭四輕五鋅（即鋅以脫里）〢淡輕二鋅（即鋅阿美弟）丄炭四輕五輕（即以脫里）

輕三

鋅阿美弟與水相遇則化分成熱變成鋅養輕養與淡輕三其式爲

淡輕鋅丄二輕養‖淡輕三丄鋅養輕養

鋅以脫里能令從淡輕三所得之木質化分類乎令淡輕三化分之事如阿尼里尼變化之式

淡輕二炭輕五(即阿尼里尼)丄炭四輕五鋅(即鋅以脫里)‖淡輕鋅炭輕五(即鋅非內里衣美弟)丄炭四輕五輕(即以脫里輕)

鋅非內里衣美弟與水相和仍得阿尼里尼

二以脫里阿米尼與鋅以脫里相和加熱其式爲

淡二(炭四輕五)輕(即二以脫里阿米尼)丄炭四輕五鋅‖淡二(炭四輕五)鋅(即二脫里[illegible]阿米尼)丄炭四輕五輕

鋅阿美弟加熱至四百餘度則化分爲淡輕三與淡鋅三此質爲淡輕三之輕氣三質點俱爲鋅所代其式爲

三(淡輕二鋅)(即鋅阿美弟)‖淡鋅三丄二淡輕三

淡鋅三爲灰色之粉不遇空氣而加熱至紅亦不變化如澆水其上則爆裂甚猛其式爲

淡鋅三丄六輕養‖淡輕三丄三(鋅養輕養)

阿美弟質果以淡輕三爲母則遇鋅以脫里之變化應與淡輕三與阿尼里尼同

哇克司阿美弟與鋅以脫里相和則其輕氣之一質點能以鋅代之其式爲

淡輕二炭養二丄鋅炭四輕五‖淡輕鋅炭養二(即鋅哇克司衣美弟)丄炭四輕五輕

又以同理將醋酸阿美弟即淡輕二炭四輕三養二能變爲鋅醋酸衣美弟即淡輕鋅炭四輕三養二此質如加以水則復爲相配之阿美弟質與鋅養

新陽趙元益校字

化學鑑原續編卷十五

英國蒲陸山撰

英國　傅蘭雅　口譯
無錫　徐　壽　筆述

金類變成之質

克羅路福密（即哥羅仿）　金類所成有用之材料、此物爲最、其質爲炭$_{二}$輕綠$_{三}$、將醕一分、鈣綠六分相和、加水二十四分、蒸取一分半、所得者大半爲水與克羅路福密、分爲二層、其重者卽此質、重率一．五、上層之水可用虹吸取出、將下層者添以硫強水、令其易散之油分出、而克羅路福密浮在面上、取出蒸之卽純、蒸時之熱以一百四十二度能沸者爲純、

取克羅路福密時變化之事、分爲兩層、其一、醕先變爲克羅路勒、此因鈣綠所放之綠與醕化合也、其式爲

炭$_{四}$輕$_{六}$養$_{二}$（卽醕）丄綠$_{八}$‖炭$_{四}$輕綠$_{三}$養$_{二}$（卽克羅路勒）丄五輕綠

如此變化、其輕綠自必爲鈣養所收、

其二、克羅路勒遇鈣養所含之鈣養輕養（尋常發買之克羅路勒、俱有鈣養輕養在內）、而變爲克羅路福密與鈣養福密酸、其式爲

炭$_{四}$輕綠$_{三}$養$_{二}$（卽克羅路勒）丄鈣養輕養‖鈣養炭$_{二}$輕養$_{三}$（卽鈣養福密酸）丄炭$_{二}$輕綠$_{三}$（卽克羅路福密）

克羅路福密有奇性、其氣甚香、然嗅之不省人事、筋骨斷折、須鋸割者嗅此、卽不知痛、此性不但克羅路福密有之、如以脫、與炭硫$_{二}$、與炭綠$_{四}$、有以脫香者、俱有之、惟力薄耳、克羅路福密能化象皮、速於別物、又能收別物內毒性之驗、如馬前內之司脫立格尼尼是也、克羅路福密取名之意、疑含福密酸之本質福美里、故有人稱爲福美里綠$_{三}$、有一事略可爲據、將克羅路福密與醕內消化之鉀養相和、卽成鉀養福密酸與鉀綠、其式爲

炭$_{二}$輕綠$_{三}$丄四（鉀養輕養）‖鉀養炭$_{二}$輕養$_{三}$丄三鉀綠丄四輕養

驗其合成克羅路福密之法、似乎炭$_{二}$輕$_{四}$爲母、先得米以脫里輕、卽炭$_{二}$輕$_{四}$、以此氣與炭養$_{二}$等體積相和、再以此氣一體積與綠氣一體積半相和、則漸有克羅路福密變成、其式爲

炭$_{二}$輕$_{四}$丄綠$_{六}$‖三輕綠丄炭$_{二}$輕綠$_{三}$

又法、令綠氣遇米以脫里綠、其式爲

炭$_{二}$輕$_{三}$綠丄綠$_{四}$‖炭$_{二}$輕綠$_{三}$丄二輕綠

取克羅路福密所用之醕、可將木酒（卽米以脫里養輕養）代之、

將克羅路福密蒸之、另用綠氣通入甑內、則變炭綠$_{二}$、卽炭$_{二}$綠$_{四}$、其式爲

炭$_{二}$輕綠$_{三}$丄綠$_{二}$‖炭$_{二}$綠$_{四}$丄輕綠

鉀與汞相和成膏，令遇克羅路福密，加熱，即放出炭$_{二}$輕$_{二}$。此質為福美里炭輕之倍質。

布羅母福密即炭輕溴$_{三}$，與愛亞度福密即炭輕碘$_{三}$，俱無甚大用。

克羅路勒，即炭$_{四}$輕綠$_{三}$養$_{二}$，已言為綠氣遇醕所成。凝此質之本為阿勒弟海特，即炭$_{四}$輕$_{四}$養$_{二}$，其輕氣三質點以綠氣代之。此質本為無色油形之質，自能變為定質，與白瓷相似，蒸之仍變為流質。此質與水一分劑相和，亦為明質，其味稍苦，食之能止痛，令人安睡。

香料以脫類　有數種雜以脫，為以脫里養與其相似之質合醋酸內之酸質而成，其用或作清玩之香料，或作食品之香料。

布低里酸以脫，即炭$_{四}$輕$_{五}$養炭$_{八}$輕$_{七}$養$_{三}$。取法：將鉀養布低里酸與醕與硫強水相和而蒸之，其味如波羅密，加於糖或點心甚美。又如阿美里酸以脫，即炭$_{一〇}$輕$_{九}$養炭$_{四}$輕$_{五}$養$_{三}$，其味與香如香黎。取法：將甫司里油和於鈉養醋酸與硫強水蒸之。

阿美里發里里阿尼酸，其味如蘋果，俗名蘋果油。取法：將甫司里油與硫強水與鉀養二鉻養$_{三}$相和，則鉻養$_{三}$令阿美里養輕養，即炭$_{一〇}$輕$_{一一}$養輕養之一分合成發里里阿尼酸，即炭$_{一〇}$輕$_{九}$養$_{三}$輕養。此質與阿美里養之一分合成阿美里發里里阿尼酸，即炭$_{一〇}$輕$_{一一}$養炭$_{一〇}$輕$_{九}$養$_{三}$。

阿勒弟海特類

此類即醕阿勒弟海特、醋酸阿勒弟海特。見第七卷造醋之時，有多醕空費變成阿勒弟海特，即炭$_{四}$輕$_{四}$養$_{二}$，而不成醋酸，即炭$_{四}$輕$_{四}$養$_{四}$。此因有若干分醕與養氣化合也。如欲多取阿勒弟海特，必將醕與硫強水並錳養$_{二}$相和而蒸之，或醕與硫強水並鉀養二鉻養$_{三}$相和而蒸之，或用綠氣在水內令收養氣。將錳養$_{二}$細粉盛於甑內，以硫強水三分和水二分添入，此須待冷而傾於錳養$_{二}$上，再添以醕（重率〇·八五）二分，漸漸加熱，用冷凝器收其霧，或用冰水螺絲管凝之。如用鉀養二鉻養$_{三}$三分，則添醕二分之時，其甑必置於冷水，令不自生熱。另用硫強水四分與水三倍體積相和，漸漸流於甑內，俟發沸之後，可稍加熱。

無論用何材料，其醕收得養氣之式為

炭$_{四}$輕$_{六}$養$_{二}$丄養$_{二}$‖炭$_{四}$輕$_{四}$養$_{二}$（即阿勒弟海特）丄二輕養

第一法之養氣從錳養$_{二}$所得，甑內所餘為錳養硫養$_{三}$。第二法之養氣從鉻養$_{三}$所得，甑內所餘為鉻$_{二}$養$_{三}$三硫養$_{三}$。故其醕有若干分與多養氣化合，變成醋酸，即炭$_{四}$輕$_{四}$養$_{四}$。因此阿勒弟海特內有醋酸以脫。又有一質為阿西台辣，其質為炭$_{一二}$輕$_{一四}$養$_{四}$。此質為以脫二分劑，即硫強水與醕所成者，與阿勒弟海特一分劑相和，即二炭$_{四}$輕$_{五}$養·炭$_{四}$輕$_{四}$養$_{二}$。

阿勒弟海特與燒鎔之鈣綠等重相和盛於甑內，隔水加少熱蒸之，則所含之水與䤄大半爲鈣綠所收而留在甑內。阿勒弟海特之沸界六十七度八，蒸後即從醋酸以脫與阿西台辣分出其分出之理，藉其能與淡輕成一質不能在以脫內消化，將所取阿勒弟海特與以脫二倍體積相和，盛於瓶內，瓶外圍以冰，令淡輕通過至飽足，即有白色針形之顆粒凝結在內，即淡輕阿勒弟海特，即淡輕炭輕養。將此質與淡硫强水相和蒸之，其氣通於加冷之受瓶，即得純阿勒弟海特，而稍含水，去水之法可蒸之，令霧經過燒鎔之鈣綠。

阿勒弟海特有最奇之辣氣，眼遇之而大流淚，又易[illegible]，又能着火，可以此各性識別之。不冷不熱之時，收得空氣內之養氣，漸變爲醋酸，與養氣之愛力甚大，能令含銀之鹽類放出其銀，亦可以此性別之。試將阿勒弟海特盛於小試筒內，添以銀養淡養少許，並淡輕極微，則銀分出而黏於筒邊如擺錫鏡。如將阿勒弟海特與鉀養輕養相和，即化分成一㯶色之質，俗名阿勒弟海特膏。若將鉀養醋酸水與鉀養醞密酸水相和蒸之，亦能成阿勒弟海特，其式爲

鉀養炭輕養（即鉀養醋酸）丄鉀養炭輕養（即鉀養醞密酸）‖二（鉀養炭養）丄炭[illegible]養（即阿勒弟海特）

觀此各種[illegible]則阿勒弟海特可以輕氣一原點即輕輕爲母，其內之一[illegible]點以阿西台里即炭輕養代之，此爲醋酸之虛本質，因[illegible]鉀養醞密酸與鉀養輕養相和而蒸之，即成鉀養炭養[illegible]輕氣二質點，其式爲

鉀養炭輕養丄[illegible]養輕養‖二（鉀養炭養）丄輕輕

如用鉀養醋酸[illegible]其鉀養輕養，即不能得輕氣而得阿勒弟海特，其式[illegible]

鉀養炭輕[illegible]丄鉀養（炭輕養）養‖二鉀養炭養丄（炭輕養）輕

此理可明阿勒弟海特易收養氣之性，因其本質阿西台里與其輕氣多收養氣而成醋酸，即同於輕氣收得養氣變爲水之理。（阿勒弟海特又可爲阿西台里養輕養，即炭輕養輕養。）母爲（輕輕），則阿勒弟海特爲炭輕養輕；母爲（輕輕養），則醋酸爲（炭輕養）養輕養。阿勒弟海特之霧經過燒熱之鉀養輕養，即與鉀養相合而變成鉀養醋酸與輕氣，其式爲

炭輕養輕丄鉀養輕養‖輕輕丄鉀養（炭輕養）養

如用鉀則阿勒弟海特之輕氣一質點分出而得（炭輕養）鉀

阿勒弟海特與鈉汞膠與水相和則能與其初生之輕氣相合而變成醕又綠氣能令阿勒弟海特之輕氣放出四分之三而變成克羅路里即炭輕綠養前言此質遇鹼類質能成克羅路福密

純阿勒弟海特不能久存雖以玻璃瓶封密亦欲變質其變得之質一爲米塔阿勒弟海特一爲以拉阿勒弟海特此二質之性與阿勒弟海特大不同蓋米塔阿勒弟海特能成顆粒以拉阿勒弟海特爲流質熱至二百零一度即沸惟二質之原質仍與阿勒弟海特同其以拉阿勒弟海特之質或爲炭輕養因其霧之重率爲四五二即阿勒弟海特霧之三倍其阿勒弟海特之霧不過爲一·五三米塔阿勒弟海特封在玻璃管內加熱至四百度即復爲阿勒弟海特

阿勒弟海特與鈉養輕養二硫養極濃之水相和即成顆粒能在水內消化不能在原鹽類水消化此爲阿勒弟海特一分劑與鈉養輕養二硫養一分劑合成之質

由前言而知阿勒弟海特爲阿西台里與輕氣合成之質則草酸類之酸質應有相配之阿勒弟海特質所以鈣養醋酸與鈣養蟻密酸相和而蒸之即成醋酸阿勒弟海特以同理將發里里阿尼酸或以難弟酸加布里酸俱能得其相配之阿勒弟海特質

此類所有考得阿勒弟海特之要質爲

醋酸阿勒弟海特　即炭輕養

布路貝阿尼酸阿勒弟海特　即炭輕養

布低里酸阿勒弟海特　即炭輕養

發里里酸阿勒弟海特　即炭輕養

以難弟酸阿勒弟海特　即炭輕養

加布里酸阿勒弟海特　即炭輕養

如弟酸阿勒弟海特　即炭輕養

由阿弟酸阿勒弟海特　即炭輕養

羅里酸阿勒弟海特　即炭輕養

此各種阿勒弟海特質應有阿西台里相配之本質尚未能分出惟有從布低里酸用繞道之法分出一質與布低里酸即炭輕養之虛本質炭輕養相配

或用錳養與硫强水令非布里尼或蛋白或加西以尼收得養氣即成醋酸阿勒弟海特或布路貝阿尼酸阿勒弟海特或布低里酸阿勒弟海特

發里里酸阿勒弟海特之取法將阿美里醕即炭輕養與硫强水與鉀養二硫養相和蒸之即得

加布里酸阿勒弟海特如弟酸阿勒弟海特由阿弟酸阿

勒弟海特羅里酸阿勒弟海特俱在如草之油內取出其阿勒弟海特類之多分劑炭數者不及少分劑炭數者易與養氣化合

阿勒弟海特質與淡輕三爲母之質而有醋本質代輕氣之一質點者相和加熱則淡輕三之餘輕氣二質點爲阿勒弟海特二質點所代其式爲

二淡輕三炭輕 卽阿美里阿米尼 丄二炭四輕四養二 卽以雞弟酸阿勒弟海特 ||四輕養丄淡二炭二輕二(炭四輕四)二 卽二以雞弟里阿美里阿米尼

或用此變化之理定生物本質所含能代換之輕氣

阿西多尼類

醋酸類之酸質所有與鈣養合成之鹽類不以鈣養稱密酸相和如前取阿勒弟海特之意而但獨蒸之或與生石灰相和蒸之卽得有級數類之質各質與其前表內下一質之原質同而其性大不同

鈣養醋酸與鈣養相和而蒸之卽得流質阿西多尼卽炭六輕六養二此質已在前蒸木內所成各質言之其式爲

二(鈣養炭四輕三養三) 卽鈣養醋酸 ||二(鈣養炭養二)丄炭六輕六養二 卽阿西多尼

阿西多尼之原質排列與布路貝阿尼酸阿勒弟海特同

又以同法能得各種阿西多尼質或名爲雞多尼

阿西多尼　炭六輕六養二

布路貝阿尼　炭輕養

布低里阿尼　炭輕養

發里里阿尼　炭輕養

此各種質之性有數事類乎阿勒弟海特然惟與鈉養輕養二硫養相和成顆粒之質爲要故化學家疑其各質以輕氣一原點爲母卽與阿勒弟海特類相同但其阿西多尼類相配酸質之本不屬於輕氣一質點而屬於下一箇醋類質之輕炭本質之一質點如醋酸類之阿西多尼卽炭六輕六養二爲本質之阿西台里之炭四輕三養合於米以脫里卽炭輕而成而此成法有一事略可爲據卽將阿西台里綠遇米以脫里鋅則有阿西多尼變成其式爲

炭四輕三養綠丄炭輕鋅||炭四輕三養炭輕丄鋅綠

又以同理將阿西台里綠遇鈉養米以脫里亦成阿西多尼其式爲

(炭四輕三)綠丄(炭二輕三)鈉養||鈉綠丄炭四輕三養炭二輕三 卽阿西多尼

鉀養醋酸與鉀養發里里阿尼酸等分相和蒸之卽得阿西多尼之一類含發里來里卽炭輕九養合於米以脫里卽炭二輕三其式爲

鉀養炭四輕三養三丄鉀養炭十輕九養三||二(鉀養炭養二)丄炭十輕九養二炭二輕三

從前言鉀養醋酸與鉀養輕養相和而蒸之則成炭輕$_{四}$其變化亦屬同類其式爲

鉀養炭$_{四}$輕$_{三}$養$_{三}$丄鉀養輕養＝二（鉀養炭養$_{二}$）丄輕炭輕$_{三}$

又法能取阿西多尼將糖一分生石灰八分相和蒸之所得阿西多尼之外另得一流質爲米塔阿西多尼即炭$_{六}$輕$_{五}$養此質與阿西多尼之別因不能與水相和將此流質與鉀養二鉻養$_{三}$並硫養$_{三}$相和加熱則與養氣化合而成米塔阿西多尼酸或布路貝阿尼酸即輕養炭$_{六}$輕$_{五}$養$_{三}$如將阿西多尼令與養氣化合亦能得此質

以上所論阿勒弟海特之性似乎含養氣之易散油質如苦杏仁之易散油即炭$_{十四}$輕$_{六}$養$_{二}$遇空氣則收養氣而變爲偏蘇以酸即炭$_{十四}$輕$_{六}$養$_{四}$即同於阿勒弟海特之炭$_{四}$輕$_{四}$養$_{二}$變爲醋酸之炭$_{四}$輕$_{四}$養$_{四}$又苦杏仁油與鈉養輕養二硫養$_{三}$相和而成顆粒亦與阿勒弟海特所成者相似故可將此油先變爲顆粒而後得其淨油

苦杏仁油即偏爬里輕即炭$_{十四}$輕$_{五}$養$_{二}$輕與阿勒弟海特即阿西台里輕即炭$_{四}$輕$_{三}$養$_{二}$輕極相似又如阿勒弟海特可用鉀養醋酸與鉀養福密酸相和而蒸之則以同理其苦杏仁油即偏蘇以酸阿勒弟海特亦能從鉀養偏蘇以酸而得之其式爲

鉀養（炭$_{十四}$輕$_{五}$養$_{三}$）養丄鉀養炭輕養$_{三}$＝二鉀養炭養$_{二}$丄炭$_{十四}$輕$_{五}$養$_{二}$輕即偏蘇以酸阿勒弟海特

數種含蛋白之質令遇硫養$_{三}$與錳養$_{二}$收得養氣即成苦杏仁油並醋酸類之酸質與數種阿勒弟海特質見本卷阿勒弟海特節

偏蘇以酸阿勒弟海特令遇醕內消化之鉀養輕養即成油類之質其與偏蘇以酸阿勒弟海特之相關同於醕與醋酸阿勒弟海特之相關其式爲

二（炭$_{十四}$輕$_{五}$養$_{二}$輕）丄鉀養輕養＝鉀養（炭$_{十四}$輕$_{五}$養$_{三}$）養丄炭$_{十四}$輕$_{八}$養$_{二}$

偏蘇以酸醕之輕綠以脫即炭$_{十四}$輕$_{七}$綠或名爲偏爬里綠其本質偏爬里即炭$_{十四}$輕$_{七}$與偏蘇以酸類之相關同於以脫里與醋酸類之相關如令淡輕$_{三}$遇偏爬里綠即成偏爬里阿米尼即淡輕$_{二}$（炭$_{十四}$輕$_{七}$）與三偏爬里阿米尼即淡（炭$_{十四}$輕$_{七}$）$_{三}$其偏爬里阿米尼與多路以弟尼爲同原異物因偏爬里阿米尼爲流質其爲本之性大於多路以弟尼易在水內消化而多路以弟尼難在水內消化

曾將鈣養偏蘇以酸蒸之得偏蘇以酸阿西多尼即偏蘇尼即炭$_{二十六}$輕$_{十}$養$_{二}$又名偏蘇非奴尼因可爲偏爬里非內里合成之質即炭$_{十二}$輕$_{五}$養炭$_{十四}$輕$_{五}$如將此質與鉀養輕養相和而蒸之即能成鉀養偏蘇以酸與偏爬里即非內里輕其式爲

炭輕養炭輕即偏蘇非奴尼丄鉀養輕養川鉀養（炭輕養）養即鉀養偏蘇酸以丄炭輕輕

桂皮油即西捺米里輕即炭輕養輕見第四卷桂皮油節為西捺米酸阿勒弟海特即炭輕養又古米納易散油含古米尼酸即炭輕養之阿勒弟海特即炭輕養輕如遇鉀養消化於醕之質則成古米尼酸醕即炭輕養又如司酡里耶油即曬里西里輕即炭輕養輕即為曬里西里酸之阿勒弟海特即炭輕養又如阿尼西里輕即炭輕養輕其取法將八角油與養氣化合為阿尼西酸阿勒弟海特即炭輕養又為阿尼西酸醕即炭輕養之阿勒弟海特此各種阿勒弟海特質之輕氣質點被綠氣放出而成各種本質與綠氣相合之質比各種醋酸類更易

各里哥里即多質點之醕質

醕嘗以一原點水為母而成見第十二卷醕節即輕養其輕氣之半用以脫里即炭輕代之依此理其醕之質點式為輕炭輕養如此必為一質點之醕因含一質點之本（炭輕）若以同理令二質點之本質如以脫里尼即（炭輕）代其水之輕氣之半則水之一原點尚未足而必有水二原點即輕養其所得之醕為二質點醕

各里哥里即炭輕養為二質點醕之首乃是水四分劑內輕氣之半為以脫里尼所代即輕（炭輕）養取法用以脫里尼碘即炭輕與碘一徑相合之質令遇銀養醋酸而得之其式為

二（銀養炭輕養）丄（炭輕）碘川二銀碘丄（炭輕）養二炭輕養即各里哥里二醋酸

依此法所得之各里哥里二醋酸與從尋常之醕所得之醋酸以脫相配即（炭輕）養炭輕養惟各里哥里為二質點之質則與醋酸二分劑相合如將所得之質蒸之即得各里哥里二醋酸為無色之流質滴於水則下沈加熱至三百六十五度而沸如將阿勒弟海特與無水醋酸盛於管內封之加熱即得一流質與各里哥里

醋酸同原質惟沸界祇三百三十六度

各里哥里從各里哥里二醋酸分出之法將其質與鉀養輕養相和俟若干時連加熱三百六十度然後蒸之則有各里哥里透出其沸界三百八十七度為無色之流質其味甜能與水相和無論多少蒸之亦不變形但為易燒之霧質從未能結冰其重率甚大於醕為一·一二五不能與以脫相和惟醕則易相和

各里哥里亦能與醋酸一分劑相合變為各里哥里醋酸即炭輕養輕養炭輕養有人造一奇質含各里哥里與醋酸與布低里酸相合此質為各里哥里醋酸布低里酸其

式爲

炭四輕四養二炭四輕三養三炭八輕七養三

各里哥里遇鹽强水所有之變化與醕遇鹽强水之變化不同因不能成以脫里綠而成以脫里養與輕綠合成之質其式爲

輕二(炭四輕四)養四丄輕綠＝(炭四輕四)養二輕綠丄二輕養

將此質以鉀養化分之即成以脫里尼養二爲無色之流質加熱至五十六度即沸故不同於阿勒弟海特加熱六十八度而沸者惟其原質則相同所以各里哥里可爲以脫里尼養二輕養即(炭四輕四)養二二輕養有一事略可據即將以脫里尼養二與水盛於管內封之加熱即能成各里哥里反之而將各里哥里與鋅綠相和令放其水則所得者爲尋常之阿勒弟海特即炭四輕四養二而非以脫里尼養二

燐綠五遇各里哥里即得以脫里尼綠二即荷蘭流質其式爲

輕二(炭四輕四)養四丄二燐綠五＝(炭四輕四)綠二即以脫里尼綠二丄二輕綠丄二燐養綠三

此相等式與燐綠五遇水之變化爲同類即二質點以脫里尼代其輕氣一質點其式爲

輕二(輕二)養四丄二燐綠五＝(輕二)綠二丄二輕綠丄二燐養綠三

鈉遇各里哥里之變化與尋常之醕相同惟各里哥里爲二質點之質其變化分爲兩層其一得一質點內之各里哥里即輕鈉(炭四輕四)養四其二得鈉各里哥里即鈉二(炭四輕四)養四此二質俱爲定質

各里哥里遇養氣而有鉑粉在其旁或用淡養五漸令與養氣化合則變爲各里哥里酸即炭四輕四養六此質與各里哥里相關同於醋酸與尋常之醕之相關各里哥里阿勒弟海特即各里阿格蕨里即炭四輕二養四在淡養五以脫以水化分所得之質內觀下式自明

輕(炭四輕五養二)養二丄養四＝輕(炭四輕三養四)養二丄二輕養

輕二(炭四輕四)養四丄養四＝輕二(炭四輕二養二)養四丄二輕養

二式之變化俱在醕本內以養代輕二而有醋酸變成其成醋酸之變化以水二分劑即輕二養二爲母而其輕氣以炭四輕三養二代之其各里哥里酸以水四分劑即輕四養四爲母而其輕氣爲炭四輕二養二所代如用硝强水令與養氣化合之事再爲之則此本質之餘輕氣爲養氣所代而變成草酸其式爲

輕二(炭四輕二養二)養四丄養四＝輕二(炭四養四)養四丄二輕養

醋所生之輕氣遇草酸則本質內之養再能以輕代之仍成各里哥里酸

各里哥里酸爲流質如糖漿之形似乎乳酸而與乳酸有別因用鉛養醋酸即能結成惟各里哥里酸爲一本之酸質不似草酸因其輕氣只有一分劑以金類代之作汞爆

藥之時其硝強水遇醕即有各里哥里酸變成兼有草酸此因醕與以脫里尼本有大相關之處如醕之式列為（炭$_{四}$輕$_{四}$）二輕養易顯其理

各里哥里酸為有級數之酸質之首其最要者為乳酸而此各酸質與各里哥里類之相關同於醋酸類與醕類之相關

乳酸類之酸質表

酸質名	分劑式	材料
各里哥里酸	炭$_{四}$輕$_{四}$養$_{六}$	令各里哥里或醕與養氣化合
乳酸	炭$_{六}$輕$_{六}$養$_{六}$	蔗糖與乳糖發酵
布低里辣格的酸	炭$_{八}$輕$_{八}$養$_{六}$	布低里各里哥里與養氣化合
發里路辣格的酸	炭$_{一〇}$輕$_{一〇}$養$_{六}$	用銀養令溴發里里阿尼酸化分
留昔酸	炭$_{一二}$輕$_{一二}$養$_{六}$	硝強水遇留昔尼

此下各酸質以其含養氣之分劑而論之必在醋酸與草酸之間

醋酸	炭$_{四}$輕$_{四}$養$_{四}$
布路貝阿尼酸	炭$_{六}$輕$_{六}$養$_{四}$
各里哥里酸	炭$_{四}$輕$_{四}$養$_{六}$
乳酸	炭$_{六}$輕$_{六}$養$_{六}$
草酸	炭$_{四}$輕$_{二}$養$_{八}$
瑪路尼酸	炭$_{六}$輕$_{四}$養$_{八}$

此下三類酸質之相關似乎醕三類之相關其式為

酒醕	炭$_{四}$輕$_{六}$養$_{二}$
各里哥里	炭$_{四}$輕$_{六}$養$_{四}$
各里司里尼	炭$_{六}$輕$_{八}$養$_{六}$

醋酸與各里哥里酸為醕並各里哥里與養氣相合又以同里各里司里尼用硝強水令與養氣化合即變成各里司里酸即炭$_{六}$輕$_{六}$養$_{八}$

草酸類變為乳酸類之酸質即留昔酸將草酸變為草酸以脫再令遇以脫里鋅即成留昔酸以脫而從此質能造留昔酸如以兩酸質之式並列則變化之事易明

草酸	炭$_{四}$輕$_{二}$養$_{八}$
留昔酸	炭$_{四}$輕$_{二}$二（炭$_{四}$輕$_{五}$）養$_{六}$

若不問中間之各事則以脫里醕內之醕能收出草酸內之養氣二分劑而將以脫里二分劑代之所以留昔酸可為二以脫里草酸即含以脫里二分劑代養氣二分劑之草酸如將米以脫里草酸代以脫里草酸即得米以脫里留昔酸即炭$_{二}$輕$_{三}$養炭$_{四}$輕$_{五}$養$_{五}$此質以鋇養$_{三}$化分之即得鋇養$_{三}$留昔酸再用硫強水分出其鋇養即得留昔酸之顆粒易在水或醕或以脫消化不冷不熱之時漸漸化散或言此留昔酸

雖與草酸以脫所得者甚相近但非同質。

或將米以脫里碘與米以脫里草酸與鋅汞膏合成二米以脫里醋酸，即炭四輕二二炭二輕三養六，此質可爲草酸含米以脫里二分劑代養氣二分劑，其二米以脫里草酸與布低里辣格的酸或阿西多尼酸，即炭八輕八養六，同原而結成顆粒，爲長方形，與草酸略同，加熱一百二十二度即化散，不加熱亦漸漸自散。

從炭二輕四類之別種炭輕質亦能造各里哥里之質，其法同於造以脫里尼各里哥里，如布路貝里尼炭六輕六能成布路貝里尼各里哥里輕二炭六輕六養四，布低里尼炭八輕八能成布低里尼各里哥里輕二炭八輕八養四，阿美里尼炭十輕十能成阿美里尼各里哥里輕二炭十輕十養四，此各流質之沸度與重率與其式之分劑數相反，與尋常之質亦相反，如阿美里尼各里哥里炭十輕十二養四重率爲○、九八七，沸界三百五十一度，布路貝里尼各里哥里炭六輕八養四重率一、○五一，沸界三百七十一度。

布路貝里尼各里哥里漸與養氣化合，變爲乳酸，同於各里哥里變爲各里哥里酸，其式爲

輕二炭二輕六養四丄養四＝輕二炭二輕四養四丄二輕養

各里哥里有二質點之性，尋常之醕有一質點之性，視其遇生物酸質而變化顯出，如一質點之醕遇一本質之酸質，只能成一類之含酸質一分劑之以脫，若二質點之各里哥里能成二類，其一類有酸質一分劑，一類有酸質二分劑，如各里哥里一醋酸，即炭四輕四養二輕養炭四輕三養三，與各里哥里二醋酸，即炭四輕四養二二炭四輕三養三，其第二類內之二分劑不是一定爲同酸質，如各里哥里醋酸布低里酸，即炭四輕四養二炭四輕三養三炭八輕七養三，乃各里哥里與醋酸與布低里酸相合。

多質點淡輕三質以數質點淡輕三爲母，則以同理，多質點醕質亦用多質點醕爲母，而以雜本質代輕氣，如將各里哥里與以脫里尼養三盛於管內加熱，則成二以脫里尼三醕，即輕二二炭四輕四養三，此以醕之三質點爲母，即輕三三炭四輕五養三，又以同理，三以脫里尼四醕，即輕三三炭二輕四養四，亦以醕之四質點爲母，即輕四四炭二輕五養四。

各里司里尼，即炭六輕八養六，即油類內之甜料，爲三質點之醕，以水三質點爲母，即輕三養三，其輕氣之半以三質點本質，即炭六輕五，即各里西來立代之，其各里司里尼之原點式爲輕三炭六輕五養三。

二質點之質易變爲一質點之醕，如各里哥里輕綠與鈉汞膏在水內相合，則變爲尋常一質點之醕，其式爲

炭四輕五綠養二丄輕養丄鈉＝炭四輕六養二醕丄鈉養丄鈉綠

醕類以水爲母所有之相關，以下式明之。

母爲水一原點之輕$_{二}$養 ＝ 輕 輕 養

酒醕炭$_{四}$輕$_{六}$養$_{二}$ ＝ 炭$_{四}$輕$_{五}$ 輕 養

母爲水二原點之輕$_{四}$養$_{四}$ ＝ 輕 輕$_{二}$ 養$_{四}$

各里哥里炭$_{四}$輕$_{六}$養$_{四}$ ＝ 炭$_{四}$輕$_{四}$ 輕$_{二}$ 養$_{四}$

母爲水三原點之炭$_{六}$輕$_{六}$ ＝ 輕 輕$_{三}$養$_{六}$

輕$_{二}$

二以脫里尼三醕炭$_{八}$輕$_{一八}$養$_{六}$ ＝ 炭$_{四}$輕$_{四}$ 炭$_{四}$輕$_{四}$ 輕$_{二}$ 養$_{六}$

各里司里尼炭$_{六}$輕$_{八}$養$_{六}$ ＝ 炭$_{六}$輕$_{五}$ 輕$_{三}$ 養$_{六}$

母爲水四原點之輕$_{八}$養$_{八}$ ＝ 輕$_{六}$ 輕$_{二}$ 養$_{八}$

三以脫里尼四醕炭$_{一二}$輕$_{一四}$養$_{八}$ ＝ 三炭$_{四}$輕$_{四}$ 輕$_{二}$ 養$_{八}$

酸類遇此各種醕類所有變成之質以下式明之

醋酸以脫 炭$_{四}$輕$_{三}$養 炭$_{四}$輕$_{五}$ 養$_{二}$

各里哥里一醋酸 炭$_{四}$輕$_{三}$養$_{二}$ 輕 炭$_{四}$輕$_{四}$ 養$_{四}$

各里哥里二醋酸 二炭$_{四}$輕$_{三}$養$_{二}$ 炭$_{四}$輕$_{四}$ 養$_{四}$

各里哥里醋酸布低里酸 炭$_{四}$輕$_{三}$養 炭$_{八}$輕$_{七}$養$_{二}$ 炭$_{四}$輕$_{四}$ 養$_{四}$

一阿西低尼 炭$_{四}$輕$_{三}$養$_{二}$ 輕 炭$_{六}$輕$_{五}$ 養$_{六}$

二阿西低尼 二炭$_{四}$輕$_{三}$養$_{二}$ 輕 炭$_{六}$輕$_{五}$ 養$_{六}$

三阿西低尼 三炭$_{四}$輕$_{三}$養$_{二}$ 炭$_{六}$輕$_{五}$ 養$_{六}$

新陽趙元益校字

化學鑑原續編卷十六

英國蒲陸山撰　英國　傅蘭雅　口譯
無錫　徐　壽　筆述

醋酸與油酸類

醋酸類之最有用者為醋酸其取法已見前見第十二卷醋節

醋酸之各種鹽類工藝內多用之如鋁二養三醋酸其三炭四輕三養三為染布所用之澀料又如鉛養醋酸即鉛養炭四輕三養三三輕養其取法將鉛養於醋酸內消化而結成長方形之顆粒易在水或醋所消化

三鉛養醋酸之取法將鉛養在鉛養醋酸水消化而結針形之顆粒為三鉛養炭四輕三養三輕養

銅養醋酸即二銅養炭四輕三養三六輕養其取法將銅皮與造酒所壓出之葡萄皮相間則銅收空氣內之養氣再合醋與養氣所成之醋酸

阿西多尼即炭六輕六養二其取法將鈣養醋酸蒸之其式為

二〔鈣養炭四輕三養三〕‖二〔鈣養炭養二〕丄炭六輕六養二

醋酸類別種酸質之鈣養鹽類質亦可用同法令成雜多尼質

阿西多尼是有以脫性之流質比水更輕加熱一百三十三度即沸能燒極亮之火易與水相和惟添以鉀養輕養則浮在水面

醋酸遇綠氣則失去輕氣一質點而以綠氣代之變成綠醋酸即輕養炭四輕二綠養三近有人造成二綠醋酸即輕養炭四輕綠二養三此事在日光下為之即能成三綠醋酸即輕養炭四綠三養三此質可令成顆粒如用死物造成醋酸須用此品

硫霧通過燒紅之炭即成炭硫二將此質與鹽強水並硝強水相和加熱令沸即得白色之顆粒內含炭硫綠養二如令此質之霧通過燒紅之管則變化而成炭四綠四其式為

四炭硫綠養二‖炭四綠四丄四硫養二

炭四綠四在水內遇綠氣而受日光則成三綠醋酸其式為

炭四綠四丄四輕養丄綠二‖輕養炭四綠三養三丄三輕綠

三綠醋酸水遇鉀汞膏即成鉀養醋酸其式為

輕養炭四綠三養三即三綠醋酸丄鉀六丄四輕養‖鉀養炭四輕三養三丄二鉀養輕養丄三鉀綠

已有鉀養醋酸則醋酸易得

嘗用原質造醋酸比前法更簡即將綠炭養二氣令遇炭二輕三即成輕綠與醋酸綠養其式為

炭二輕三丄二炭養綠‖〔炭四輕三養二〕綠丄輕綠

醋酸綠養以水化分之即得醋酸其式為

〔炭四輕三養二〕綠丄二輕養‖輕養炭四輕三養三丄輕綠

此法略爲各種易化散之油類酸質用原質合成之公法俱可從炭輕而起如阿美里輕即炭輕以同法代之即成加布路以酸即炭輕養

生物配質之不含水者　無水醋酸之質數年內化學家考得醋酸原質之排列甚詳從此又得別種酸質排列之法如造成醋酸之最濃者見第三卷名爲冰形醋酸熱在五十五度而成顆粒爲冰紋之片形即炭四輕四養四如以鈉養炭養二滅其酸則成鈉養醋酸即鈉養炭四輕三養三此因酸質與鈉養相合之時收其水之一分劑從此化學家以尋常之醋酸爲含水一分劑之醋酸而其眞醋酸必爲炭四輕三養三然已用各法分出醋酸之水俱不能得故必用代換之法始能有成

醋酸與燐綠三相和蒸之即得無色最辣之流質俗名醋酸養綠即炭四輕三養三綠此質亦爲無水醋酸其養氣一分劑散出而有綠氣一分劑代之其式爲

二輕養（炭四輕三養三）養丄燐綠三＝二輕養丄輕綠丄燐養三丄二（炭四輕三養三）綠

此醋酸養綠即阿西台里綠與醋酸大有相關而爲同母如以水與此質相和則立變醋酸放其養氣收得醋酸養綠之綠即其據也其式爲

（炭四輕三養三）綠丄二輕養＝輕養（炭四輕三養三）養丄輕綠

既成炭四輕三養三立即與水一分劑化合而成含輕養之醋酸其化合之性甚大故相合之時爆裂甚猛

鉀養輕養遇阿西台里綠則鉀養放其養氣而收得綠氣其水仍與炭四輕三養三化合其式爲

（炭四輕三養三）綠丄鉀養輕養＝輕養（炭四輕三養三）養丄鉀綠

如用鉀養醋酸即（鉀養炭四輕三養三）代鉀養輕養則鉀養仍還養氣而收綠氣惟其化合之炭四輕三養三與其變化之式所成之炭四輕三養三合成雙質黏醋酸即尋常所言之無水醋酸其式爲

（炭四輕三養三）綠丄鉀養炭四輕三養三＝炭四輕三養三炭四輕三養三丄鉀綠

或用別法取無水醋酸即將乾鉛養醋酸或銀養醋酸與鉀養二硫養三（疑炭硫二之誤）盛於管內封之加熱三百二十度歷數小時其管屢次開之放出炭養氣即得其式爲

二（鉛養炭四輕三養三）丄炭硫二＝二鉛硫丄炭養二丄二（炭四輕三養三）

無水醋酸爲中立性油形之質可從前所用玻璃管之法蒸之其臭略同醋酸其霧傷目令流多淚在水內能下沉而漸漸消化發熱變成輕養醋酸（無水醋酸常用銀養相和加熱即成銀養醋酸與炭養與米以脫里氣見第十二卷醋本質類節其式爲二（炭四輕三養三）丄銀養＝銀養炭四輕三養三丄二炭養如用鉀養收其炭養氣即得純米以脫里氣）

無水醋酸有一實據能證其二倘質點之各質點爲霧二體積將鉀養醋酸與偏蘇以酸相和即成無水偏蘇以酸醋酸即無水偏蘇以酸之炭$_{十四}$輕$_{五}$養$_{三}$與無水醋酸之炭$_{四}$輕$_{三}$養$_{三}$相合其式爲

(炭$_{十四}$輕$_{五}$養$_{二}$)綠丄鉀養炭$_{四}$輕$_{三}$養$_{三}$＝鉀綠丄炭$_{十四}$輕$_{五}$養$_{三}$炭$_{四}$輕$_{三}$養$_{三}$

此無水雙質之眞性有法能使顯出設令遇水則變爲含水偏蘇以酸與含水醋酸

別種生物酸質之無水者亦可以同法得之如是而各虛質能變爲眞排列之質

造此無水各質所得之理以顯酸質所有尋常之形不可謂含水之質如醋酸㚒爲炭$_{四}$輕$_{三}$養$_{三}$含輕養之質則添以收水之質即當徑得無水醋酸而不必繞道得之蓋無水醋酸必用代替之法而成故不可謂醋酸之內即有其物也尋常之醋酸能指出其變化之事可謂水二分劑內輕氣之半爲炭$_{四}$輕$_{三}$養$_{二}$所代其式爲

輕養炭$_{四}$輕$_{三}$養$_{三}$＝(炭$_{四}$輕$_{三}$養$_{二}$ 輕)養$_{二}$

醋酸養綠即炭$_{四}$輕$_{三}$養$_{二}$綠之原質排列又阿西的美弟即淡輕$_{二}$炭$_{四}$輕$_{三}$養$_{二}$之原質排列略爲此事之據

鉀養醋酸依此理其式必爲

(炭$_{四}$輕$_{三}$養$_{二}$ 鉀)養$_{二}$＝鉀養炭$_{四}$輕$_{三}$養$_{三}$此變化爲醋酸之醕以鉀代之

又如以水爲母之法列其鉀養輕養之式則遇醋酸之變化可以下式明之

(鉀 輕)養$_{二}$丄(炭$_{四}$輕$_{三}$養$_{二}$ 輕)養$_{二}$＝(炭$_{四}$輕$_{三}$養$_{二}$ 鉀)養$_{二}$丄(輕 輕)養$_{二}$

鉀養醋酸遇醋酸養綠之變化只令炭$_{四}$輕$_{三}$養$_{二}$在其醋酸養綠內代其鉀養醋酸內之鉀其式爲

(炭$_{四}$輕$_{三}$養$_{二}$ 鉀)養$_{二}$丄炭$_{四}$輕$_{三}$養$_{二}$綠＝(炭$_{四}$輕$_{三}$養$_{二}$ 炭$_{四}$輕$_{三}$養$_{二}$)養$_{二}$丄鉀綠

又以同理其無水偏蘇以酸醋酸可列其式爲

(炭$_{四}$輕$_{三}$養$_{二}$ 鉀)養$_{二}$丄炭$_{十四}$輕$_{五}$養$_{二}$綠＝(炭$_{四}$輕$_{三}$養$_{二}$ 炭$_{十四}$輕$_{五}$養$_{二}$)養$_{二}$丄鉀綠

生物本質所含極多養氣之質　已考數種雜質與其無水質之相關同於輕養與水之相關此可略證以上生物酸之原質之理

鋇養與鹽強水相和即成鋇綠與輕養其式爲

鋇養丄輕綠＝鋇綠丄輕養

鋇養遇偏腮里綠所得之質爲鋇綠與偏腮里養其式爲

鋇養$_{二}$丄(炭$_{十四}$輕$_{五}$養$_{二}$)綠＝鋇綠丄(炭$_{十四}$輕$_{五}$養$_{二}$)養$_{二}$

徧蘇以酸養能浸於醋內，得其顆粒，此質同於輕養，熱至二百十二度爆裂甚猛，如遇鹼類，則化分為徧蘇以酸與養氣，即同於輕養化分成水與養氣，其式為

(炭$_4$輕$_5$養$_3$)養$_2$丄鉀養‖鉀養(炭$_4$輕$_5$養$_3$)養丄養

無水醋酸遇鋇養$_2$，即得阿西台里養$_2$，其式為

鋇養$_2$丄二(炭$_4$輕$_3$養$_3$)養‖鋇養(炭$_4$輕$_3$養$_3$)養丄(炭$_4$輕$_3$養$_3$)養

醋酸養$_2$為油形之質，不能在水內消化，加熱爆裂甚猛，其與養氣化分之性甚大，因甚似乎輕養$_2$，知其必有此性，此各質之相關最易在質點內考出，即輕養（即水）輕養$_2$又二(炭$_4$輕$_3$養$_3$)養（即無水醋酸）又二(炭$_4$輕$_3$養$_3$)養$_2$（即醋酸養）

福耳密酸之質為輕養炭$_2$輕養$_3$，化學中甚有意趣之物，動物植物內俱有之，又可將死物材料如法造之，又蕁麻葉內亦能得之，又蒸紅蟻亦能得之。

此質常用生物質取出，將小粉漿與錳養$_2$與硫養$_3$相和而蒸之，又法，將乾草酸置甑內，加各里司里尼適足滿其上面，隔水蒸之，即變為炭養$_2$與福耳密酸，其式為

二(輕養炭$_2$養$_3$)（即草酸）‖輕養炭$_2$輕養$_3$（即福耳密酸）丄二炭養$_2$

各里司里尼之用，令先與福耳密酸合成一質，與司替阿里尼並阿西弟尼相似（見本卷後），此合成之質後來化分，此法所得之福耳密酸水含輕養福耳密酸四分之三，如將乾草酸添在所得之福耳密酸水，加熱令消化，待冷而結顆粒，則草酸收其水，取出其顆粒蒸之，即成淨輕養福耳密酸，加冷即成顆粒。

造此物最奇之法，可將死物成之，因福耳密酸與濃硫強水相和加熱，則變為水與炭養，其式為

輕養炭$_2$輕養$_3$‖二輕養丄二炭養

依此理可反其法，用原質相合而得之，將濕鉀養輕養盛於瓶內，加熱至二百十二度，而其瓶滿以炭養，則炭養為鉀養輕養所收而成鉀養福耳密酸，其式為

鉀養輕養丄二炭養‖鉀養炭$_2$輕養$_3$（即鉀養福耳密酸）

將此質加以淡硫強水而蒸之，即得福耳密酸。

此用死物質成生物質，比前所言造醋酸之法更簡，因其炭養不必用植物動物炭，可將鋇養炭養$_2$與鐵相和加熱而得之，此為福耳密酸實可用死物合成之據，如用以脫里鈉，即鈉養炭$_4$輕$_5$養，亦能收炭養而成鈉養以脫里福耳密酸，即鈉養炭$_2$(炭$_4$輕$_5$)養$_3$，此質與鈉養布路比阿尼酸同原質。

福耳密酸之性與醋酸相同，惟其濃者遇人之皮膚，比醋酸更猛。

福而福而哇里，即炭$_{10}$輕$_4$養$_4$，即蟻油，此用阿美里類之質與

錳養與硫强水蒸福耳密酸時同時所成如欲多造可將麩皮浸於淡鉀養冷水去其小粉與哥路登另用硫强水一分清水一分相和待冷與前麩四分同入甑內蒸之蒸時另令水氣噴入甑內則透出之水內有福而福而哇里如用分蒸之法卽能分出無色之油類質有苦杏仁之氣味見空氣而變糉色水內稍能消化遇極濃之硫强水則消化而成葡萄色之流質添以水則沈下而仍復原形福而福而哇里能收銀養內之養氣同於阿勒弟海特類又能與鈉養硫養相合成顆粒福而福而哇里與養氣化合變爲貝路茂雪酸卽炭輕養其貝路茂雪酸之取法用膠或乳糖造茂雪酸而後蒸之所有福而福而之正名應爲貝路茂雪酸阿勒弟海特

苦杏仁油卽偏蘇以酸阿勒弟海特遇淡輕變爲海得路偏蘇阿美弟則以同理其福而福而哇里能變成福而福而阿美弟其二式爲

三炭$_{14}$輕$_{6}$養$_{2}$卽苦杏仁油 丄二淡輕$_{3}$川炭$_{42}$輕$_{18}$淡$_{2}$卽海得路偏蘇阿美弟 丄六輕養

三炭$_{10}$輕$_{4}$養$_{4}$卽福而福而哇里 丄二淡輕$_{3}$川炭$_{30}$輕$_{12}$淡$_{2}$養$_{6}$卽福而福而阿美弟 丄六輕養

海得路偏蘇阿美弟與鉀養水相和成阿瑪里尼或偏蘇里尼卽炭$_{42}$輕$_{18}$淡$_{2}$卽以同理福而福而阿美弟與鉀養相和合沸卽成福而福而以尼卽炭$_{30}$輕$_{12}$淡$_{2}$養$_{6}$爲同原質之物

布低里酸卽輕養炭$_{8}$輕$_{7}$養$_{3}$不但在變壞之牛乳油內所得又在內之汁內發酵常變成此物取此酸質最便之法用糖水令遇乾酪（見二十一卷）不久而糖變酸因有乳酸在內如屢次添以白石粉減其酸則能全變爲稠質卽鈣養乳酸卽鈣養炭$_{6}$輕$_{5}$養$_{5}$其糖變成乳酸觀二物之式易明其理卽

蔗糖一分劑　炭輕養

乳酸二分劑　炭輕養

所得之稠質漸漸略變爲流質發出氣泡其泡內爲炭養與輕氣此因鈣養乳酸發酵而變鈣養布低里酸其式爲

二（鈣養炭$_{6}$輕$_{5}$養$_{5}$）卽鈣養乳酸 丄輕養川鈣養炭$_{8}$輕$_{7}$養$_{3}$卽鈣養布低里酸 丄鈣養炭養$_{2}$丄三炭養$_{2}$丄輕$_{4}$

鈣養布低里酸與淡鹽强水相和蒸之卽得布低里酸之水將此與多鈣綠相和其酸質浮出如油形其臭與壞乳酥相同（人出之汗亦有布低里酸並同級數之質如發里里阿尼酸與加布路以酸凡有多人聚居一室所生之臭亦因有此酸）

醋酸類之酸質用原質相合而成之理　此事有一甚奇之法能以代法用醋酸造布低里酸將鈉與醋酸相和加熱則漸漸消化而放輕氣冷則結成鈉醋酸以脫之顆粒

即醋酸以脫有鈉一分劑以代輕氣其式爲

炭$_{四}$輕$_{五}$養炭$_{四}$輕$_{三}$養$_{三}$（即醋酸以脫）丄鈉〢炭$_{四}$輕$_{五}$養炭$_{四}$（輕$_{二}$鈉）養$_{三}$（即鈉醋酸以脫）丄輕

鈉醋酸以脫與以脫里碘相和盛於封密之器內加熱二百十二度歷數小時則其鈉換去而有以脫里代之即成以脫里醋酸以脫即布低里酸以脫其式爲

炭$_{四}$輕$_{五}$養炭$_{四}$（輕$_{二}$鈉）養$_{三}$（即鈉醋酸以脫）丄炭$_{四}$輕$_{五}$碘（即以脫里碘）〢鈉碘丄炭$_{四}$輕$_{五}$養炭$_{四}$輕$_{二}$（炭$_{四}$輕$_{五}$）養$_{三}$（即以脫里醋酸以脫 即布低里醋酸以脫）

從此以脫質又造以脫里醋酸即輕養炭$_{四}$輕$_{二}$（炭$_{四}$輕$_{五}$）養$_{三}$此質與布低里酸相似即輕養炭$_{八}$輕$_{七}$養$_{三}$

以上所有布低里酸與以脫里類之相關能顯糖發酵時能成布低里酸之理。

布低里酸有一代法能得之以此爲據可指出其一箇材料以二箇不同之式明之。

鈉代醋酸以脫內之輕不但能代其輕之一質點尚能代其二質點而成二鈉醋酸以脫如將此質與米以脫里碘相和俟久即成布低里酸以脫其式爲

炭$_{四}$輕$_{五}$養炭$_{四}$（輕鈉$_{二}$）養$_{三}$（即二鈉醋酸以脫）丄二炭$_{二}$輕$_{三}$碘（即米以脫里碘）〢二鈉碘丄炭$_{四}$輕$_{五}$養炭$_{四}$輕二（炭$_{二}$輕$_{三}$）養$_{三}$（即二米以脫里醋酸○即布低里酸以脫）

布低里酸變成之法有兩層其一爲以脫里醋酸用醋酸令以脫里一分劑代輕氣一分劑其二爲二米以脫里醋酸即米以脫里二分劑代輕氣二分劑。

二鈉醋酸以脫遇以脫里碘即成二以脫里醋酸以脫其式爲

炭$_{四}$輕$_{五}$養炭$_{四}$（輕$_{二}$鈉）養$_{三}$丄二炭$_{四}$輕$_{五}$碘（即以脫里碘）〢二鈉碘丄炭$_{四}$輕$_{五}$養炭$_{四}$輕二（炭$_{四}$輕$_{五}$）養$_{三}$（即二以脫里醋酸以脫）

此以脫之氣味與薄荷油略同而其原質同於加布路以酸以脫即炭$_{四}$輕$_{五}$養炭$_{四}$輕$_{五}$養用此質所取二以脫里醋酸與加布路以酸即輕養炭輕養同原異物。

級數內之第二箇酸質即以難弟酸即輕養炭$_{四}$輕$_{三}$養$_{三}$其取法用阿美里碘遇鈉醋酸以脫變成之以脫而得之其式爲

炭$_{四}$輕$_{五}$養炭$_{四}$（輕$_{二}$鈉）養$_{三}$丄炭$_{四}$輕$_{五}$碘〢鈉碘丄炭$_{四}$輕$_{五}$養炭$_{四}$輕$_{二}$（炭$_{十}$輕$_{十一}$）養$_{三}$（即阿美里醋酸以脫）

從此以脫能得阿美里醋酸此質同於以難弟酸。

以上所有各種變化能指出葡萄皮發酵所成與醋酸類相配之酯質。

鈉與以脫里酸碘遇醋酸以脫所成之各質內有一流質爲炭$_{六}$輕$_{四}$養$_{六}$此質與鹼類本質相和而蒸之即變成以脫里阿西多尼即炭$_{六}$輕$_{五}$（炭$_{四}$輕$_{五}$）養$_{二}$與布路貝阿尼酸之阿西多尼

卽布路貝阿尼炭輕養同原質其式爲

炭輕養丄二(鋇養輕養)丨丨炭輕養卽以脫里阿西多尼丄炭輕養酯卽

醋丄二(鋇養炭養)

又有一流質爲以脫里酸碘遇二鈉醋酸以脫所成其質爲炭輕養從此質與鋇養水相和蒸之可成二以脫里阿西多尼卽炭輕二(炭輕養)其式爲

炭輕養丨丨二(鋇養輕養)丨丨炭輕養卽二以脫里阿西多尼丄炭輕養丄二鋇養炭養

二以脫里阿西多尼爲流質其氣如樟腦加熱二百八十度而沸與布低路尼卽沸界二百九十度爲同原質又與以難弟酸阿勒弟海特卽以難拖里沸界三百十二度同原質

醋酸以脫與鈉與米以脫里碘相和卽得相配之米以脫里阿西多尼

米以脫里阿西多尼卽炭輕(炭輕)養有克羅路福密之氣同於以脫里鋅遇阿西台里綠所成之以脫里阿西台里卽炭輕養炭輕

二米以脫里阿西多尼卽炭輕二(炭輕)養有怕而司里之氣味

發里里阿尼酸卽輕養炭輕養之數種鹽類能作藥材最多爲鋅養發里里阿尼酸

此酸質在發里里阿尼草根內取出又在薔拉大玫瑰花之子取得乾酪腐爛時之臭亦含此質鯨魚油與海狗油亦含此質

如欲用材料造取可將甫司里油卽炭輕養與硫養與鉀養二鉻養相和蒸之則鉻養之養令甫司里油之一分變爲發里里阿尼酸其式爲

炭輕養丄養丨丨炭輕養丄二輕養

所得之質尚非淨發里里阿尼酸但含阿美里發里里阿尼酸卽炭輕養炭輕養如將此質與鉀養輕養相和卽化分成甫司里油與鉀養發里里阿尼酸其式爲

炭輕養炭輕養丄鉀養輕養丨丨炭輕養輕養卽甫司里油丄鉀養炭輕養

鉀養發里里阿尼酸與硫養相和蒸之卽得發里里阿尼酸爲油形之流質其臭最奇略同於布低里酸

分出醋酸類之易散酸質爲化學家常用之法此法之理凡含兩種酸質之物其沸界不同用鹼類減其酸而蒸之則兩酸質之沸界小者能透出其餘與鹼類相合而留在甑內

如以此法分出發里里阿尼酸卽三百四十七度而沸者

與布低里酸，即三百十五度而沸者，兩物相合而不知其分數，可將其質分為兩等分，先將一分加鉀養至適足減其酸，而添入又一分，則發里里阿尼酸與鉀養化合而留於甑內，其布低里酸因易化散而透出，如發里里阿尼酸與鉀養化合而尚有餘，則其餘者亦透出而與布低里酸相并，甑內惟存鉀養發里里阿尼酸，將此質與硫養相和蒸之，即得淨發里里阿尼酸，再將取得之布低里酸分為兩分，如前法蒸一二次，則可分盡其發里里阿尼酸，如發里里阿尼酸不足與鉀養化合，則甑內尚雜鉀養布低里酸，而所透過者為淨布低里酸，將甑內所餘者與硫強水相和蒸之，即得兩種酸質相合之物，再分半而蒸之，即能分出。

無論兩質之數如何，以此法蒸之，必得一種最淨者，又以同法能分出三種或多種易化散之質，惟其工則繁而必多蒸數次。

肥皂

製造此物已數百年矣，然知其變化之理纔數十年耳，西歷一千八百十三年，舍夫羅勒始能詳考此事，以前則俱未知所用之油類為何原質所成。

一千八百年至今化學盛行，舍夫羅勒考出之益處不少，惟當時生物化學尚甚略，而生物之分類尚未定，亦無有書籍考其據，可見舍夫羅勒之深思好學也。

舍夫羅勒之時，化分生物所用之法甚繁甚難，而其各質依分劑化合之理，不過知其大略，所以化分所得之物，亦難知其何物，且無定法知其何據，則開此生物化學之門徑，俱藉舍夫羅勒之功。

肥皂為鹼類與定質油或流質油合成，所用之鹼類祇有兩種，一為鉀養，一為鈉養，鉀養所成者為稠質，鈉養所成者為定質，所用之油類為牛油或羊油、巴辣麻油、椰子油、燒肉所出之浮油、海狗油、鯨魚油。

硬肥皂備料之法，將鈉養炭養、水與石灰相和，收其炭養氣，其式為

鈉養炭養$_2$＋鈣養輕養＝鈣養炭養$_2$＋鈉養輕養

鈉養輕養水可用虹吸取出，鈣養炭養不消化於水而沈下。

油內先添淡鈉養水令沸，如用濃者則初成之肥皂包住未變化之油而成小粒，不能在濃鹼水消化，故必漸使變化，俟變成者愈多，其鹼水須愈濃，至不見油形而全變為肥皂而止，分出其水，加以鹽水，因肥皂不能在鹽水消化也，燒肥皂之鍋內既有鹽水，則肥皂浮在面上，鍋底有塞

門放出鹽水而取肥皂置另器內使硬然後切成條塊。此化學之理乃油類爲兩種油質合成。一爲司替阿里尼。其質爲炭輕養合成之物。司替阿里尼居三分。哇里以尼居一分。其質爲炭輕養卽定質牛羊油一爲哇里以尼。其質爲炭輕養合成之物。

各種油類質遇鈉養卽化分成司替阿里酸與哇里以酸。而與鈉養合成肥皂。另成一甜味之油類名各里司里尼。爲流質。能與水融和。此兩種變化以下兩式明之。

炭$_{六}$輕$_{五}$養$_{三}$三(炭$_{三十六}$輕$_{三十五}$養$_{三}$)卽司替阿里尼丄三(鈉養輕養)‖三(鈉養炭$_{三十六}$輕$_{三十五}$養$_{三}$)丄炭$_{六}$輕$_{八}$養$_{六}$卽各里司里尼

炭$_{六}$輕$_{五}$養$_{三}$三(炭$_{三十六}$輕$_{三十三}$養$_{三}$)卽哇里以尼丄三(鈉養輕養)‖三(鈉養炭$_{三十六}$輕$_{三十三}$養$_{三}$)丄炭$_{六}$輕$_{八}$養$_{六}$卽各里司里尼

牛羊油與鈉養合成之肥皂爲鈉養司替阿里酸約三分。鈉養哇里以酸約四分之一。水十分之二至十分之三。

巴辣麻油其質之大半爲巴辣麻的尼。卽炭輕養爲定質之油。將此油與鈉養消化成鈉養巴辣麻的酸與各里司里尼。其式爲

炭$_{六}$輕$_{五}$養$_{三}$三(炭$_{三十二}$輕$_{三十一}$養$_{三}$)卽巴辣麻的尼三(鈉養輕養)‖三(鈉養炭$_{三十二}$輕$_{三十一}$養$_{三}$)丄炭$_{六}$輕$_{八}$養$_{六}$卽各里司里尼

魚類所出之油。大半爲哇里以尼。故與鉀養輕養相合。卽成鉀養炭輕養。卽稠質肥皂之大半。

加司的里肥皂爲橄欖油所成。內含哇里以尼與定質油類。名爲瑪加里尼。此質爲巴辣麻的尼與司替阿里尼合成者。所以加司的里肥皂爲鈉養哇里以酸鈉養巴辣麻的酸與鈉養司替阿里酸三物所成。

花紋肥皂之內。有鐵養排列。故能成花紋。此種含水較少。如含多水。則傾於模內。鐵質沈下。而不肯成花紋。但現所造者不能以花紋而知其水之多少。因有作僞之法。將多含水之肥皂添以鐵養硫養。並稍含鈉硫之鹼類水。則化分成鐵硫之花紋。肥皂含水多於十分之三則無法能使其成花紋矣。

黃色肥皂。不但用牛羊油與巴辣麻油。尚欲用松香。見第三卷松香油並同類之質節卽肥皂將成之時添入。

稠質肥皂不用鹽水分其水。須熬之得所需之濃而止。

透光肥皂將乾硬之肥皂。先用熱醕消化而蒸之。俟醕大半透出之後傾於模內。

含矽之肥皂。將肥皂與鈉養矽養相合而成。

各里司里尼肥皂。將油類質與鹼類水少許。加熱至四百度。久至二三小時。則變成之肥皂自有各里司里尼相合於內。

各種肥皂所含之水不等。最多者居百分之七十分或八十分。至少亦三十分。

以上合成肥皂之理近來用法證之嘗將各里司里尼與油類酸質合成其油質

取油類酸質之法　各種肥皂類與酸質相和則化分其鹼類而與酸質化合故其油類酸質變爲定質如司替阿里酸巴辣麻的酸或變爲流質如哇里以酸如牛羊油與鈉養水合成之肥皂用熱水消化之而加果酸至有餘則其面上有油類質冷時結成牛乳形之物此爲司替阿里酸與哇里以酸兩種酸質加以壓力則哇里以酸分出而餘者爲司替阿里酸此質先在醕內消化令成顆粒後在以脫內消化令成淨顆粒

司替阿里酸爲明亮無色之片形其質爲輕養炭三六輕三五養三不能在水內消化能在熱醕內消化藍試紙遇之即變紅司替阿里酸不能在水內消化惟與鹼類合成之質始能消化所以尋常之肥皂即含鈉養司替阿里酸者與鈣養水或鎂養水相合即成鈣養司替阿里酸或鎂養司替阿里酸分出而不能消化故用滷水與肥皂洗滌油膩其肥皂內之酸質不能消化於水浮出而生白皮一層

油燭

牛羊油加熱至一百度即鎔惟司替阿里酸加熱至一百五十九度方能鎔故用司替阿里酸造燭甚好於牛羊油不但熱地不能自鎔而燒時亦無油溢淚流之弊又司替阿里酸在燭心變化之氣成火甚亮所以西國之燭大半用司替阿里酸造成尋常之燭用司替阿里酸與巴辣麻的酸相合爲之

司替阿里酸與油類分開之法將油鎔化與鈣養水相和令水氣通過數小時得熱二百十二度則其油變爲鈣養司替阿里酸與鈣養哇里以酸濾取其質以硫強水化分之即得司替阿里酸與哇里以酸相合之質傾出成薄板而將稷席與薄油板間層相疊加以大壓力則哇里以酸之流質分出其定質爲司替阿里酸與巴辣麻的酸俱爲造燭之料

更便之法用硫強水分出牛羊油內之定質酸類此法英國用以製巴辣麻與椰子油將油置鍋內添以濃硫強水六分油重之一噴汽三百五十度之熱數小時之久則各里司里尼之一分變爲二硫養各里司里尼即炭六輕八養六二硫養其餘者爲硫強水所化分而有炭養與硫養氣發出所餘黑色之質爲巴辣麻的酸與司替阿里酸與哇里以酸三種酸質所合其哇里以酸一分變爲以拉以的酸其原質與哇里以酸同惟其鎔化之界爲一百十三度所以取得之定質比前法更多將所得之質以水洗之多次淨其黏連之強水與各里司里尼硫養盛於銅甑蒸之噴汽

六百度之熱，其加熱之法，令氣通過燒紅之鐵管，因油類之酸質，乾蒸之必致化分，噴以熱汽則易透過而不變質，甑內所餘之質，黑色如柏油，可作黑火漆之用，蒸得之油類酸質，打碎成小塊，用椶席如法壓出其哇里以酸，此法不必用佳料，雖極壞之油，亦可蒸取而造好燭，如燒骨做膠所出之油，織布之羊毛洗出之油，並可作此用，可見此法之內，其巴辣麻的酸，司替阿里酸，哇里以酸，俱從油類所含之巴辣麻的尼，司替阿里尼，哇里以尼而成者，因收得輕養而分出各里司里尼，即同於用鹼類成肥皂之理，

以上化分之事，分為兩層，其一，將最濃硫強水，添入原油質而不加熱，則與各種質合成硫養$_3$司替阿里酸，硫養$_3$巴辣麻的酸，硫養$_3$哇里以酸，硫養$_3$各里司里酸，此各酸質，俱能在水內消化，而不能在酸水內消化，惟硫養$_3$各里司里酸，酸水亦消化，其二，將含硫養之油類，加以大熱，令遇水氣化分之，則硫養$_3$各里司里酸，大半在未蒸之前，化分為次質，

油類分出其定酸質，用重加熱汽之法，能得其淨各里司里尼，用甑蒸之，而以六百度熱之汽噴之，則其油類酸質各里司里尼透過，其分出油類酸質之法，加壓力，則定質流質分離，其油類之底，有各里司里尼與水融和，熬濃之，為甚甜無色之油形質，依此理，將巴辣麻的尼，用重加熱汽蒸之，則其式為

炭$_6$輕$_5$養$_3$三(炭$_{32}$輕$_{31}$養$_3$)即巴辣麻的尼 丄 六輕養 = 三(輕養炭$_{32}$輕$_{31}$養$_3$) 丄 炭$_6$輕$_8$養$_6$即各里司里尼

用原質造各種油類質，其變化之事，與前相反，將司替阿里酸，或巴辣麻的酸，或哇里以酸，三分劑，添以各里司里尼一分劑，盛於管內封密，加熱至五百度，歷數小時，則分出水六分劑，所得者為司替阿里尼，或巴辣麻的尼，或哇里以尼，

又以同法，用各里司里尼與油類酸質一二分劑相合，成數種雜質，所以司替阿里尼類之內，有以下有級數之質，

一司替阿里尼　炭$_{42}$輕$_{42}$養$_8$ = 炭$_{36}$輕$_{36}$養$_4$ 丄 炭$_6$輕$_8$養$_6$ 丅 二輕養

二司替阿里尼　炭$_{78}$輕$_{76}$養$_{10}$ = 二(炭$_{36}$輕$_{36}$養$_4$) 丄 炭$_6$輕$_8$養$_6$ 丅 四輕養

三司替阿里尼　炭$_{114}$輕$_{110}$養$_{12}$ = 三(炭$_{36}$輕$_{36}$養$_4$) 丄 炭$_6$輕$_8$養$_6$ 丅 六輕養

其第三質，為自成之定質油所含之司替阿里尼，

不但油類酸質，能與各里司里尼相合而成各里司里弟質，若用醋酸與偏蘇以酸，亦能成此物，

輕氣酸類質，能以同法令各里司里尼改變，如將各里司里尼，即炭$_6$輕$_8$養$_6$，遇鹽強水，則成克羅路海特里尼，即炭$_6$輕$_7$

養綠其各里司里尼與鹽強水一分劑相合而分出水二分劑

二克羅路海特里尼即炭$_{六}$輕$_{六}$養$_{二}$綠$_{二}$用各里司里尼與鹽強水二分劑相合則有水四分劑分出

三克羅路海特里尼即炭$_{六}$輕$_{五}$綠$_{三}$用各里司里尼與鹽強水三分劑相合則有水六分劑分出

銀養添入此水能令克羅路海特里尼復為各里司里尼已考克羅路海特里尼之變化而得一法能將三質點之金類質即各里司里尼變為二質點之醋質即各里哥里如克羅路海特里尼遇汞內消化之鈉則變布路貝里尼

各里哥里其式為

炭$_{六}$輕$_{七}$養$_{四}$綠(即克羅路海特里尼)丄輕養丄鈉$_{二}$〢炭$_{六}$輕$_{八}$養$_{四}$丄鈉養丄鈉綠

各里司里尼與酸質相合成各種雜質其化合之時有水之原質分出如以脫里從醋內分出相似從此化學家以各里司里尼亦屬金類質有一事略可為據即各里司里尼能與硫養$_{三}$化合成硫養$_{三}$各里司里酸即炭$_{六}$輕$_{七}$養$_{五}$輕養二硫養$_{三}$又與燐養$_{五}$化合成同類之質即同於醋能與硫養$_{三}$或燐養$_{五}$合成酸類質一例又有人造成一質疑其與各里司里尼之相關同於以脫與醋之相關此質名各里司里尼

以脫即炭$_{六}$輕$_{五}$養$_{三}$其與各里司里尼炭$_{六}$輕$_{八}$養$_{六}$之分別不過少合水三分劑所以司替阿里酸與各里司里尼能成司替阿里尼之變化似乎用醋酸與醋能做醋酸以脫觀下二式自明

輕養炭$_{四}$輕$_{三}$養$_{三}$(即醋酸)丄炭$_{四}$輕$_{五}$養輕養(即醋)〢炭$_{四}$輕$_{五}$養炭$_{四}$輕$_{三}$養$_{三}$丄二輕養

三輕養炭$_{三六}$輕$_{三五}$養$_{三}$(即司替阿里酸)丄炭$_{六}$輕$_{五}$養$_{三}$三輕養(即各里司里尼 即各里司里酸)醋〢炭$_{六}$輕$_{五}$養$_{三}$三炭$_{三六}$輕$_{三五}$養$_{三}$(即司替阿里尼)丄六輕養

此二物之變化有一分別如第二式有醋質三分劑而其各里司里酸醋有水三分劑放出化學家因此式並各里司里尼別種同類之事以為醋既以水一原點為母則各里司里尼依同理亦必以水三原點為母其內輕氣之半有三質點之本質各里司來立即{炭$_{三}$輕$_{五}$}代之如下表

母{輕 輕}養 則得醋為{炭$_{二}$輕$_{五}$ 輕}養 而以脫里為{炭$_{二}$輕$_{五}$ 炭$_{二}$輕$_{五}$}養

母為{輕$_{三}$ 輕$_{三}$}養$_{三}$ 則各里司里酸醋(即各里司里尼)為{炭$_{三}$輕$_{五}$ 輕$_{三}$}養$_{三}$ 而各里司里酸以脫為{炭$_{三}$輕$_{五}$ 炭$_{三}$輕$_{五}$}養$_{三}$

試取各里司里尼之法將橄欖油與密陀僧與水相和合

沸則其司替阿里酸哇里以酸巴辣痲的酸與鉛合成鉛膏而俱不能消化其各里司里尼能在水內消化再有鉛養少許同消化再令輕硫氣通入水內則結鉛硫沈下將所得之流質熬至所需之濃

各里司里尼可作外科之藥品擦於皮膚即輭潤點於耳內能治聾此性俱藉其油類之形而不易化散故能令皮常濕而不乾因此漸漸變輭

各里司里尼盛於甑內蒸之即化分如噴極熱之汽於內而蒸之則不變質其化分所發之霧嗅之難受名阿克羅阿里以尼即$炭_{六}輕_{四}養_{二}$此質為各里司里尼所變成者油燭吹熄而其心漸焇所發之臭即此阿克羅阿里以尼也洋燭祇有司替阿里酸與巴辣痲的酸而無各里司里尼故吹熄之後不發此臭

阿克羅阿里以尼之取法將各里司里尼與無水燐養$_{五}$相和而蒸之則水四分劑分出其式為

$炭_{六}輕_{八}養_{六}$ 丁 四輕養 ‖ $炭_{六}輕_{四}養_{二}$

阿克羅阿里以尼為無色之流質其霧甚臭而辣偶入眼內痛而流淚惟在化學之事甚有意趣因此質為阿來里類之阿勒弟海特（見第六卷）所以能連阿來里類於各里司里尼類如將此質與銀養相和則變阿克羅以里酸即$炭_{六}輕_{四}養_{四}$此質與阿克羅阿里以尼之相關同於醋酸與阿勒弟海特之相關其阿來里碘與阿來里酸醕已詳論於第六卷

阿來里類與以脫里類必並行大略阿來里醕為有級數類醕質之一質其級數之公式為

$炭_{二卯}輕_{二卯}養_{二}$又一有級數之酸質類與醋酸相配之公式為

$炭_{二卯}輕_{二卯丁二}養_{四}$茲將級數類所已知之質列左

阿克羅以里酸類之酸質

質名	分劑式	材料
阿克羅以里酸	$炭_{六}輕_{四}養_{四}$	阿克羅阿里以尼與養氣化合
克羅多尼酸（即巴豆油酸）	$炭_{八}輕_{六}養_{四}$	巴豆
安者里酸（即前胡油）	$炭_{一〇}輕_{八}養_{四}$	前胡根
貝路太里比酸	$炭_{一二}輕_{一〇}養_{四}$	松香油
大瑪路里酸	$炭_{一四}輕_{一二}養_{四}$	雌牛尿
嵌末夫里酸	$炭_{二〇}輕_{一八}養_{四}$	樟腦
木令記酸	$炭_{三〇}輕_{二八}養_{四}$	木令格阿坡的辣油即扁油
海波其乙酸	$炭_{三二}輕_{三〇}養_{四}$	花生油
非司拖里以酸	$炭_{三二}輕_{三〇}養_{四}$	司潑末鯨魚油
哇里以酸	$炭_{三六}輕_{三四}養_{四}$	大半油類質
杜格里酸	$炭_{三八}輕_{三六}養_{四}$	杜格里額鯨魚油（此種鯨魚其鼻如瓶形）

布拉西酸　炭四十四輕四十二養四

衣魯西酸　炭四十四輕四十二養四　芥子油即難散之油菜油

以上各酸質為一本類之質其鹽類令酯類一分劑代輕氣一分劑或用本質與最少養氣之質一分劑代水一分劑

視下表可知阿來里類之要質並其以脫里類所有相配之質

以脫里類質

以脫里　炭四輕五炭四輕五

以脫　炭四輕五養炭四輕五養

酯　炭四輕五養輕養

以脫里碘　炭四輕五碘

醋酸以脫　炭四輕五養炭四輕三養三

阿勒弟海特　炭四輕四養二

醋酸　炭四輕四養四

以脫里硫　炭四輕五硫

三以脫里阿米尼　淡三(炭四輕五)

四以脫里淡養輕養　淡四(炭四輕五)養輕養

阿來里類質

阿來里　炭六輕五炭六輕五

阿來里酸以脫　炭六輕五養炭六輕五養

阿來里酸酯　炭六輕五養輕養

阿來里碘　炭六輕五碘

阿來里醋酸　炭六輕五養炭四輕三養三

阿來里阿勒弟海特　炭六輕四養二　即阿克羅哇里以尼

阿克羅以里酸　炭六輕四養四

阿來里硫　炭六輕五硫　即蒜油

三阿來里阿米尼　淡三(炭六輕五)

四阿來里淡養輕養　淡四(炭六輕五)養輕養

各里司里尼與燐碘相和而蒸之即成阿來里碘即炭六輕五碘見第六卷此流質與溴相和即成阿來里三溴即炭六輕五溴三如將此質以銀養醋酸化分之即成三阿西低尼各里司里弟其式為

炭六輕五溴三＋三(銀養醋酸)＝炭六輕五養三三醋酸即三阿西低尼＋三銀溴

三阿西低尼遇鋇養輕養即成各里司里尼其式為

炭六輕五養三三醋酸＋三(鋇養輕養)＝炭六輕八養六＋三(鋇養醋酸)

觀此式則為一質點之本質阿來里(炭六輕五)變為三質點之本質各里司來立(炭六輕五)

前已言各里司里尼與瑪內糖即炭六輕七養六之相關又言各

里司里尼爲發酯酵變成之質瑪內糖爲發膠酵變成之質

瑪內糖與醋酸類之酸質相合加以大壓力而再加熱則所成之雜質與各里司里尼以同法造成之質相似如用司替阿里酸其式爲

炭六輕七養六（即瑪內糖）丄三（炭三六輕三六養四）（即司替阿里酸）川炭一一四輕一〇八養一一（即三司替阿里尼瑪內糖）丄七輕養

此有水七分劑放出各里司里尼只有六分劑放出如更考之可知瑪內糖不是各里司里尼相似之質而其相似之質爲瑪內打尼其取法將瑪內糖加熱至四百度令放水一分劑其式爲

炭六輕七養六（即瑪內糖）丅輕養川炭六輕六養五（即瑪內打尼）

此瑪內打尼即瑪內糖各里司里尼爲稠質似乎各里司里尼所以考自成之油類取得此質易錯爲各里司里尼如將瑪內糖與油類酸質合成則難與司替阿里尼巴辣麻的尼等質分別如遇鹼質即變肥皂

蔗糖與葡萄糖能成雜質與各里司里尼遇酸質瑪內糖遇酸質所得之質相配如葡萄糖加熱二百五十度令遇司替阿里酸數小時之後變爲能鎔化之定質水內不能消化能在醕與以脫消化其式爲

炭一二輕一二養一二丄二（炭三六輕三六養四）川炭八四輕七八養一四（即司替阿里哥路哥司酸）丄六輕養

葡萄糖與果酸相和令沸則有同類之變化所得之質爲新酸類質其式爲

炭一二輕一二養一二（即無水葡萄糖）丄二（二輕養炭八輕四養一〇）（即果酸）川二輕養炭二八輕一六養二八（即哥路哥果酸）丄六輕養

如用蔗糖亦有同變化

淡養各里司里尼又名古路奴以尼　此質爆裂之性雖極猛而其造法則極易將最濃硝強水與硫強水等分相和待冷以最純之各里司里尼漸漸添入消化然後緩傾於極多之水則其淡養各里司里尼凝結重油形之質其重率爲一·六各里司里尼添入強水一次只可少許每添一次將器浸於冷水不可微有生熱淡養各里司里尼沈下之後傾出其水而取其油盛於瓶內添以清水搖之換水五六次洗至極淨而止淡養各里司里尼原質之排列與棉藥略同（見第十卷棉藥之原質節）即各里司里尼遇硝強水所放之養氣則放出輕氣三分劑而以淡養三分劑代之其式爲

炭六輕八養六（即各里司里尼）丄三（輕養淡養五）川炭六輕五三（淡養四）養六（即淡養各里司里尼）丄六輕養

此藥比棉藥爆裂之性甚猛同於汞爆藥試將一滴置砧

上急打之立燃而得大響雖有水在內亦然如用一滴沾於紙而打之則爲極細之塊而飛散然盛於淺器而引點之則延燒甚緩如在空露之處盛於不封閉之器而加熱稍有爆裂之性如密封而加熱則爆裂甚猛熱至三百六十度已足爆裂常用此藥開山礫石在石作一洞另用火藥少許作引火器令打着此藥或言此物一分能代火藥十分又運動之時常能自燒而生大患此物設未洗盡而藏之日久則易自化分成淡養(四)之霧而有變成草酸之顆粒所以化分時發出之氣質增多則壓力大而自礫如有多瓶裝於一箱則全箱之瓶受其振動而盡礫

淡養(四)各里司里尼易在以脫並木酒內消化醋內亦稍能消化如消化之後添以水即可分出之

此物加冷至四十度即能凝結如食一滴即令腦中大痛多食則大受其毒矣

新陽趙元益校字

化學鑑原續編卷十七

英國蒲陸山撰

英國 傅蘭雅 口譯

無錫 徐壽 筆述

流質油定質油

定質油無論動物植物所出其性與原質無大異惟有數種中立性之質變成肥皂之時俱能分出各里司里尼並醋酸類或相似類之酸質

植物定質油類內最有用者爲巴辣麻油此油爲阿非利加所產之巴辣麻樹將此樹所結之果壓碎而浸於熱水取得之初得之時爲半流半定之質後則有發酵之意約是所含蛋白之故因此巴辣麻的尼之炭輕養變爲各里司里尼與巴辣麻的酸其油本爲黃色之質欲變白之用硫養與鉀養二鉻養(三)則收出其黃色之料(疑即柏油)

椰子油在椰子之肉用大力壓出亦爲半流半定之質多含醋酸類之酸質成肥皂之時即能分出內有加波路以酸與加波里里酸與如弟酸與羅里酸與美里司低酸與巴辣麻的酸

以上各種定質油俱宜作肥皂與燭之用

橄欖油之取法將橄欖壓碎得其細而淨者再浸於水內令沸又得其粗者可作肥皂之用橄欖油熱三十二度大

半凝結此凝結之一分名爲瑪加里尼卽炭輕養此質在醋內消化比司替阿里尼更少比巴辣厤的尼更多瑪加里尼變成肥皂則成各里司里尼與瑪加里酸卽炭輕養此酸質略爲司替阿里酸與巴辣厤的酸二種酸相合而成如浸於醋內消化而屢次得其顆粒則能分出其司替阿里尼而巴辣厤的酸消化於醋內瑪加里酸鎔化之熱度一百四十司替阿里酸一百五十九巴辣厤的酸一百四十四如將巴辣厤的酸十分司替阿里酸一分相和則鎔化之度祇一百四十

橄欖油冷至三十二度以下所有不凝結者名哇里以尼卽炭輕養略爲橄欖油四分重之三此定質油類更難成肥皂而成肥皂之時變成各里司里尼與哇里以酸卽炭輕養此質與別種油類酸質之分別因四十度以上爲流質又能收空氣之養氣變爲新酸質遇冷亦不凝結

紡羊毛紗多用哇里以酸令其羊毛鬆滑舊法用橄欖油然難洗去哇里以酸則易被鹼類消化或用淡輕哇里以酸在染棉布時令其阿尼里尼染料收進

哇里以酸乾蒸之卽成顆粒之質名西巴西酸爲有級數二分劑內酸質之一其一類內之別質俱能用硝强水與哇里以酸造之茲將一類之各質列表

二本油酸質類

質名	分劑式	材料
草酸	炭輕養	所勒里草
瑪路尼酸	炭輕養	瑪里酸與養氣化合
色克西尼酸	炭輕養	琥珀
里比酸	炭輕養	哇里以酸與養氣化合
阿弟比酸	炭輕養	哇里以酸與養氣化合
貝米里酸	炭輕養	哇里以酸與養氣化合
蘇毘里酸	炭輕養	司替阿里酸與養氣化合或從軟木取出
安可以酸	炭輕養	蟲白蠟與養氣化合或椰子油與養氣化合
立帕格里酸	炭輕養	蟲白蠟與養氣化合或椰子油與養氣化合
西巴西酸	炭輕養	蒸哇里以酸所得

此類酸質之中立性鹽類取法令輕氣二分劑以金類代之或水二分劑以含極小分養氣之質代之如鉀養色克西尼酸之質爲炭輕鉀養或二鉀養炭輕養

此類有九種酸質從阿西低酸至加布里酸止卽炭輕養俱在硝强水遇哇里以酸所成之質內得之

橄欖油藏久卽變壞而發甚臭之氣此變化同於巴辣厤油之變化內空氣內之養氣遇油蛋白之質而成其中立性之質有幾分化出而與成肥皂相同其相配之酸質放

出之後則發臭如將此油置於水內令沸後用淡鈉養水洗之仍復原物

杏仁油之取法同於橄欖油其質亦略同菜油之質祇有一半為哇里以尼故比別種油易結

此油西國俱用點燈然用生油點燈必有燈花漸大此因子內壓出膠類之質可分出之將油一百分加硫強水二分則其膠類之質變為炭而油不變俟質沈下取其油用水洗去強水另用炭屑隔濾

胡麻油所含之哇里以尼比前各種更多冷至冰界以下二十度不結惟多遇空氣自能變定質故可為油漆之用凝結之時收得養氣甚速嘗有楷此油之布或麻留積成堆不久即自燃此油與養氣化合即成易化散之質其臭略如阿格路里尼能令生紙變為糉色舊書之臭並糉色即因墨內之油

胡麻油遇空氣凝結之事能令更速添以鉛養二十分之一或錳養十分之一而加熱即成速乾油用此金類與養氣化合之質益豫添以養氣也

胡麻油易乾之性疑是哇里以尼有格外之奇性或言不是尋常之哇里以尼乃變肥皂之時生一酸質名為利尼阿里以酸胡麻油加熱多時則漸濃可用作印書之墨料此油熬至甚濃之後與淡硝強水相和令沸即變成假象皮為醫家外科之器所常用

蓖麻油為蓖麻之子所取出令成肥皂則發一種奇酸質為利西尼阿里以酸即輕養炭輕養比哇里以酸多含養氣二分劑將蓖麻油乾蒸之即成以難弟酸即輕養炭輕養又有以難拖里即以難弟酸阿勒弟海特即炭輕養若將蓖麻油與鉀養輕養相和蒸之即得加布里里酸醕即炭輕養蓖麻子壓出之油比用熱燒出之油能久存而不變壞橄欖油亦然蓖麻油在醕內消化易於別種難化散之油

各種魚油如海狗油鯨魚油大半為哇里以尼之質而其臭因含數種易散之酸質如發里里阿尼酸等

各特魚肝油所含之哇里以尼與司替阿里尼之外尚有阿西低尼少許即炭輕養成肥皂之時即變醋酸與各里司里尼有八分出其膽汁之料少許內有極微之碘與溴

乳油含定質油三分之二此定質大半為瑪加里尼見前又含布低尼而其布低尼能變各里司里尼與布低酸即輕養炭輕養其流質之一分大半為哇里以尼乳油有布低里尼少許與加布路以尼與加布里尼成肥皂時變成各里司里尼與布低里酸即輕養炭輕養加布路以酸即輕養炭輕養加布里酸即輕養炭輕養各質之氣甚臭

新乳油無甚臭味因無易散之酸質惟存之日久而乳內之加西衣尼在取油時未曾分盡則其油類自變為各里司里尼與各種易散之臭酸質如取油時加以多鹽則其油不多變化

牛羊油大半為司替阿里尼故其質硬惟豬油則哇里以尼為多故其質軟此各油類俱含瑪加里尼

人油大半為哇里以尼與瑪加里尼而其瑪加里尼疑是司替阿里尼與巴辣麻的尼相合而成

司巴瑪油從司巴瑪鯨腦漿取得其奇臭因含一種油質名夫雪尼尼其實為發里里以尼因變肥皂時即成各里司里尼與發里里阿尼酸即輕養炭輕養

司巴瑪息的又名西低尼為定質油類有明亮美觀之形此質與尋常之油性大不同不易變肥皂而變成肥皂之時不生各里司里尼惟有別種醕類質代之如以脫辣即炭輕養為白色明亮之定質能蒸而不變化

司巴瑪息的油所作之肥皂如用酸質化分之即成巴辣麻的酸即輕養炭輕養舊名以脫辣酸其相配之醕質為以脫辣

司巴瑪息的油收得水之原質即成巴辣麻的酸與以脫辣似乎司替阿里尼能成司替阿里酸與各里司里尼其式為

炭輕養即司巴瑪息的 丄 二輕養 ＝ 炭輕養即巴辣麻的酸 丄 輕養炭輕養即以脫辣

依其雜本質之理以脫辣必為西低里養輕養即炭輕養輕養而為西低里類與以脫里類並行之醕質業已考得有級數類之各質如後表

西低里類		以脫里類	
西低里尼	炭輕	以脫里尼	炭輕
西低里酸以脫	炭輕養	以脫	炭輕養
以脫辣	炭輕養輕養	醕	炭輕養輕養
巴辣麻的酸	炭輕養輕養	醋酸	炭輕養輕養
司巴瑪息的	炭輕養炭輕養	醋酸以脫	炭輕養炭輕養

蟲白蠟為一種蟲所成此蟲類乎染料之呀蘭米蟲其變化之原質排列似乎司巴瑪息的如以鉀養輕養相和消化之即成西路低尼即西立里酸醕即炭輕養輕養與以脫辣相配又成西路弟酸即輕養炭輕養與巴辣麻的酸相配其西路弟酸亦能從蜜蠟取得其取法添於沸醕內待冷即結顆粒蠟常有三分之一為此物

蜜蠟重三分之一為美里西尼即炭輕養此質與司巴瑪息的相似成肥皂之時即變為巴辣麻的酸與蜜里西尼

即炭輕養輕養似乎以脫辣之醋質蜜蠟之臭與色與粘力藉所有之油類質名西路阿里以尼為其全重二十分之一尚未有人詳考東洋所出樹蠟或言為淨巴辣麻的尼

造燭之蠟必須漂白先作薄條令遇空氣而收養氣或與鈉養硫養相和合沸或用綠氣惟綠氣必稍與蠟內之輕氣相合故點燭時發出輕綠霧

茲將油類質與其相配之酸質與其鎔化之熱度列表

中立性油類名	分劑	常材料	鎔度
司替阿里尼	炭一一四輕一一〇養一二	牛羊油	一五五至一五七
巴辣麻的尼	炭一〇二輕九八養一二	巴辣麻油	一四二至一四五
瑪加里尼	炭一〇八輕一〇四養一二	橄欖油	一一六
哇里以尼	炭一一四輕一〇四養一二	橄欖油	三二以下
西低尼	炭六四輕六四養四	司巴瑪息的	一二〇
美里西尼	炭九二輕九二養四	蜜蠟	一六二

相配之酸質	分劑	鎔度
司替阿里酸	炭三六輕三六養四	一五九
巴辣麻的酸	炭三二輕三二養四	一四四
瑪加里酸	炭三四輕三四養四	一四〇
哇里以酸	炭三六輕三四養四	四〇
巴辣麻的酸	炭三二輕三二養四	一四四

巴辣麻的酸

新陽趙元益校字

化學鑑原續編卷十八

英國蒲陸山撰

英國 傅蘭雅 口譯
無錫 徐壽 筆述

植物酸質

草酸　此質甚毒即炭₂輕養₄常在所勒里草葉內與鉀養化合成鉀養二草酸其質爲鉀養輕養二炭₂養₃二輕養又在路巴伯葉梗內又在數種海草內爲鈉養草酸又在數種靑苔內有數種靑苔大半爲鈣養草酸木內亦有鈣養草酸間有動物生病時亦成鈣養草酸或隨小便而出或存膀胱成痳症俗名桑子石痳蓋身內之炭並輕氣當與

養氣化合成炭養與水如其變化之各法有病則漸變草酸而不成應得之質

生物質遇放養氣之質收其養氣而成新質者其內所含炭質除炭養之外無有別種含炭之質此草酸爲常見者此所言生物質之內其不含淡氣者如糖炭₁₂輕₁₁養₁₁小粉炭₁₂輕₁₀養₁₀與木紋之質爲最多

草酸在印花布內有大用亦能洗淨皮與銅略能消化普藍作藍錠等又能洗去白麻布之鐵鏽污痕多取之法用鉀養輕養與鈉養輕養合與木屑化合但用鈉養輕養不能成草酸但用鉀養輕養雖能成而價貴故將鉀養輕養一分劑鈉養輕養二分劑其得重率一・三五與木屑相和成濃膠則水化分而放輕氣其養氣令木變爲草酸而木成灰色之質略有草酸四分之一將所得之質與水相和即有鉀養草酸不消化再與鈣養相和而沸之則草酸變爲鈣養草酸而不肯消化而鉀養鈉養則消化於水濾去其水而用淡硫強水化分之即有鈣養硫養₃爲難消化之物取水熬乾即成草酸顆粒即輕養炭₂養₃二輕養其鹼類水不必棄去可以熬乾燒紅即能去其生物質再用鈣養水化分所含之炭養₂凡用木屑取草酸其所得之顆粒爲木屑之半重

前法未得之時草酸之價大於今一倍舊法用硝強水與漿糖或小粉糖見第九卷糖類節

前人因用糖爲之故取名爲糖酸所用之器以鉛爲之其糖未與養氣全化合即不能侵鉛如小試之將小粉一百釐硝強水重率一三八一量杯一兩又四分兩之一相和則多發淡養₃霧此因硝強水放其養氣之故發霧畢後可取其水換置瓷鍋內漸漸熬至六分體積之一待冷則成長立方形之顆粒即草酸

草酸顆粒爲炭₂輕₃養₆漸加熱至二百十二度則放水而不鎔如忽加以熱則先鎔而後放水如將其顆粒盛於試筒

內忽加以熱則其酸質黏在筒邊爲長立方形之顆粒乾草酸之原質爲炭二輕養四可見有水二分劑放出故其顆粒爲炭二輕養四二輕養如以鉀養或鈉養減其酸則成鹽類質加熱至二百十二度令乾即鉀養炭二養三與鈉養炭二養三此質以鉛養淡養五或銀養淡養五化分之即得鉛養草酸即鉛養炭二養三與銀養草酸即銀養炭二養三所以無水草酸之原質爲炭二養三而其草酸加熱至二百十二度應爲輕養炭二養三嘗欲分開此炭二養三尚未得法如將乾草酸加熱至三百二十度即散而後結爲顆粒熱度再多則化分爲水與炭養二氣與炭養氣與福耳密酸見第十六卷福耳密酸節將此質與收輕氣之質如硫強水相和則化分而變爲炭養二氣與炭養氣故依試得之事而論不應爲炭二養三而可謂炭二輕養四其各鹽類質即是輕養爲一箇金類所代如鉀養草酸之炭二鉀養四銀養草酸之炭二銀養四是也惟草酸能成一種酸鹽類其輕氣不過有一分爲金類所代如鉀草酸即鉀養輕養二炭二養三即炭四〔鉀輕〕養八亦能成二種雜以脫類如草酸以脫即以脫里草酸即炭四輕五養炭二養三即炭二〔炭四輕五〕養四如以脫里二草酸即草酸醕即炭四輕五養輕養二炭二養三即炭四〔炭四輕五〕輕養八如此則草酸之式應列爲炭四輕二養八爲二本之酸質必須金類二分劑能成中立性之鹽類質可見前卷之表已用此式名草酸爲二

本油酸類質之首

草酸難在冷水消化冷水九分只能消化一分熱水則消化較多醕內亦難消化其消化之水味極酸略同強水之類不似別種生物酸質食之最毒其顆粒與鎂養硫養三相同易致錯認惟其酸甚猛食少許即知如加以熱則草酸全能化散而鎂養硫養三只能放水而本質仍存幸而多食始能毒死平常以一百釐爲極限治毒之法用白石粉與水相和食之則草酸與鈣養化合而成鈣養草酸即鈣養炭二養三爲水內不消化之質能隨大便而出其鈣養草酸不消化之性最便於分別鈣養之料如水含鈣養少許而將草酸與淡輕三相和傾於水內即成白色之質爲鈣養草酸反之可用含鈣之質如鈣綠等分別草酸所結成之質能在草酸消化則非草酸不能在草酸消化則爲草酸

草酸爲炭二輕養四則遇放養氣之質易變爲炭養二氣如將草酸水加熱傾於錳養二粉內則放炭養二氣甚速而發沸

鉀養二草酸即鉀養輕養二炭二養三二輕養即鉀輕〔炭二養四〕輕養俗名爲榅桲鹽可當草酸之用難在水內消化須冷水四十分始能消化一分此質與鉀養二果酸之形極相似故亦常致錯認而受害惟有一法易辨加熱則鉀養二果酸發黑成炭而鉀養二草酸不變色

鉀養四草酸即鉀養三輕養四炭養三四輕養即鉀輕三二炭
養四二輕養此質比二草酸質更難消化於水
淡輕三草酸即淡輕三輕養炭養三輕養即二（淡輕四）炭二養四輕二養化
學內常用之料能令鈣養結成取法將草酸水一分與淡
輕三多於一分相和熬至將乾即結成淡輕草酸爲針形之
顆粒此質加熱所有之變化已詳第十四卷阿美弟類節
銀養草酸即銀養炭養三即銀炭二養四取法將淡輕三草酸添以
銀養淡養五即有白色之質結成即銀養草酸此質乾而加
熱則爆而發小響餘下之質即銀其式爲
銀養炭二養三‖銀丄二炭養二

果酸　植物酸質內之最要者爲果酸即炭八輕六養十二此質在
數種果內常見者最多在葡萄內葡萄汁發酵之時分出
此質爲鉀養二果酸俗名打打難在冷水消化易在沸水
消化冷時結成顆粒即鉀養炭八輕五養十一乃果酸之水一分劑
以鉀養代之此質之水藍試紙遇之變紅再用鉀養滅其
酸而熬乾之即得顆粒最易消化爲二鉀養炭八輕四養十此爲
中立性之鉀養果酸因其鉀養二果酸原爲二本之質必
有鹼類二分劑始能成中立性之質所以成顆粒之果酸
必是二輕養炭八輕四養十所成其水二分劑爲鹼類所代而成
中立性之鹽類如其水不過一半放出則成酸性之鹽類

即二果酸之質
果酸俱用於染布與印布之工取法將粗鉀養二果酸在
水消化令沸再添鈣養炭養二以再不放炭養氣爲度即有
鈣養果酸變成爲不能消化之物又有鉀養果酸能在水
內消化其式爲
二（鉀養輕養炭八輕四養十）即鉀養二果酸丄二（鈣養炭養二）‖二鉀養炭八
輕四養十即鈣養果酸丄二輕養丄二炭養二
所得之料內再添以鈣綠則一切果酸變爲不能消化之
鈣養果酸其式爲
二鉀養炭八輕四養十丄二鈣綠‖二鉀綠丄二鈣養炭八輕四養十

其鈣養果酸先濾之而後洗之再添以硫強水令沸則有
鈣養硫養三不消化濾之而得果酸之顆粒其式爲
二鈣養炭八輕四養十即鈣養果酸丄二（輕養硫養三）‖二輕養炭八輕四養十即果酸丄二（鈣養硫養三）
所得之質爲長方形顆粒大而透明水內易消化所消化
之水若非極濃則漸生奇形之菌並生醋酸將其顆粒加
熱三百四十度則鎔化而不減重將此鎔化之料化分之
知已變爲二種新酸質其一爲米塔果酸即二輕養炭八輕四
養十不能成顆粒在水內消化易於果酸以此水加熱令沸
則水內又含眞果酸其二爲以蘇果酸亦不能成顆粒即

輕養炭$_{八}$輕$_{五}$養為一本之酸質其果酸為本之水如其本酸而化合其鉀養以蘇果酸即鉀養炭$_{八}$輕$_{五}$養其原質同於鉀養二果酸即鉀養輕養炭$_{八}$輕$_{四}$養$_{〇}$消化更易如將此質消化於水令沸則變為鉀養二果酸

果酸加熱至三百七十四度則放出所含之水變為無水果酸即炭$_{八}$輕$_{四}$養$_{〇}$為白色不能鎔化之質遇水久久仍變為果酸

打打伊密的　果酸所成之各鹽類內常用者惟此品乃鉀養並銻養$_{三}$兩物與果酸相合而成製法將銻置於沸硫強水消化熬乾而得銻養$_{三}$再與鉀養果酸並水少許相和加小熱數小時其兩種變化之式為

銻$_{二}$上三(輕養硫養$_{三}$)川二銻養$_{三}$上三輕養上三硫養$_{三}$（此式誤）

銻養$_{三}$上鉀養輕養炭$_{八}$輕$_{四}$養$_{〇}$（即鉀養二果酸）川鉀養銻養$_{三}$炭$_{八}$輕$_{四}$養$_{〇}$上輕養

將所得之質與水相和令沸隔濾待冷結成八面形之顆粒即鉀養銻養$_{三}$炭$_{八}$輕$_{四}$養$_{〇}$輕養

加熱至二百十二度則成顆粒之水散出加熱至四百度再放水二分劑而變成鉀養銻養$_{三}$炭$_{八}$輕$_{二}$養$_{八}$在水消化仍復為打打伊密的

鹽強水少許添入打打伊密的水內即成銻養$_{三}$質加至有餘即消化如以此水藏久則化分而成八面形之銻養$_{三}$顆粒再添以鹽強水亦無沈下之質前用試紙相試無有酸性變化之後相試無有鹼性

今已做成雜質與打打伊密的相似其內之銻以砷或鉀代之而其鉀以銀或鉛或鈉代之

打打伊密的與其相似之質其質點排列有不合理之事蓋銻養$_{三}$應代以鉀養三分劑不應代以一分劑也其鉀養銻養$_{三}$炭$_{八}$輕$_{二}$養$_{八}$為最奇者但有一法能令成顆粒之果酸相配可列為炭$_{八}$(輕$_{二}$鉀銻)養$_{二}$即成顆粒之果酸炭$_{八}$輕$_{六}$養$_{二}$其內輕氣之一分劑以鉀代之而其三分劑以銻三分劑代之

路式里鹽類為美觀之長方顆粒其質為鉀養二果酸與鈉養二果酸相合即鉀養鈉養炭$_{八}$輕$_{四}$養$_{〇}$八輕養取法將鉀養二果酸以鈉養炭養$_{二}$滅其酸

嘗用硝強水與乳糖或膠令成果酸則其果酸與植物內之糖類有相連之處

果酸易變為色克西尼酸與瑪里酸觀其質易明其理

果酸　二輕養炭$_{八}$輕$_{四}$養$_{〇}$

瑪里酸　二輕養炭$_{八}$輕$_{四}$養$_{八}$

色克西尼酸　二輕養炭$_{八}$輕$_{四}$養$_{六}$

果酸與燐或碘與水相和加熱即與輕碘酸相和加熱其

酸放出養氣而變成之瑪里酸與色克西尼酸其式為

二輕養炭八輕四養十即果酸丄四輕碘〢二輕養炭八輕四養六即色克西尼酸丄碘四丄四輕養

果內常有果酸與瑪里酸相合者葡萄發酵之時常見色克西尼酸在內

色克西尼酸與溴與水相合則變為二溴色克西尼酸即二輕養炭八（輕三溴）養六如以銀養化分之即成果酸其式為

二輕養炭八（輕三溴）養六丄二銀養丄二輕養〢二輕養炭八輕四養十即果酸丄二銀溴

如將二輕養炭八（輕三溴）養六用銀養化分之即成瑪里酸其式為

二輕養炭八（輕三溴）養六丄三銀養〢二銀養炭八輕四養八即銀養瑪里酸丄銀溴丄輕養

葡萄果內所遇果酸之外尚有別種酸質一為拉西密酸一為巴辣果酸有數處之葡萄含此質比別種更多此質之原質與果酸相同而與水二分劑合成顆粒即二輕養炭八輕四養十二輕養其二酸質顆粒之形亦相同惟拉西密酸之顆粒遇空氣則放出水而面上生細粉如以消化於水能以鈣養之鹽類質令結成如果酸而不先滅其酸性則不能結成拉西密酸與鉀養或鍗養合成鹽類雖與打打

伊密的相似然不能成八面形之顆粒而成針形之顆粒此二種酸質與其鹽類令遇折光則大不同因拉西密酸與所成之各種鹽類不改折光之平面其果酸與各種鹽類能令光向右邊轉動

巴司士耳將各種果酸變成之鹽類顆粒詳察其形與尋常顆粒形之公理有不同之處蓋別種顆粒其一面或一邊任何變法而各面各邊亦皆相同若果酸之顆粒則有數邊截斷而其餘不然因此而成半面形然尋常顆粒亦有成半面形者惟其兩半能相似果酸則以其兩半合之不相配如欲試之將一箇顆粒在回光鏡內得其所照之影與第二箇顆粒所照之影相切則不相配若尋常之顆粒無有左邊成式而其右邊不成式者而果酸之顆粒則全為左半或全為右半如將此各鹽類質之水以折光通過即知其右邊之顆粒令其光偏右左邊者令其光偏左嘗將各酸質之鹽類分出其酸質而試其性無不相同故右邊鹽類之酸質成右邊之半面顆粒左邊鹽類之酸質成左邊之半面顆粒右邊酸質之水令光右轉左邊者令光左轉

右邊酸質名為對格司脫羅果酸即右邊之意左邊之果酸名為里扶果酸即左邊之意其變化之性各相同而化學家不能

分別凡應用果酸之事任用何種俱合宜

巴司土耳試驗鈉拉西密酸與淡輕$_{三}$拉西密酸所成之顆粒有右半者有左半者揀出之而視其水之令光偏左右俱依其半面為相配又分出酸質之右邊顆粒成對格司脫羅果酸左邊顆粒成里扶果酸

前事已有人用法證之將右果酸與左果酸等分作極濃之水則二水相和之時熱度自增從此知相合之後其水再不能令光偏左右結成之顆粒為拉西密酸可見二種酸質變化之性相同能合成一新酸類質與原二質不同略可證數種原質與雜質有陰陽二種相合而成之理

檸檬酸即炭$_{六}$輕$_{八}$養$_{七}$檸檬及橙橘等俱有之取法用檸檬汁添以白石粉即成鈣養檸檬酸其質為三鈣養炭$_{十二}$輕$_{五}$養$_{十一}$以淡硫強水化分之濾取其水熬乾即成檸檬酸之顆粒內含炭$_{二}$輕$_{八}$養$_{四}$二輕養加熱二百十二度而鎔化放出成顆粒之水二分劑視鈣養檸檬酸之式乃是三本之酸質應列為三輕養炭$_{十二}$輕$_{五}$養$_{十一}$所以成三類之鹽類質與燐養$_{五}$相同即鈉養與檸檬酸所成之各質其式為

三鈉養炭$_{十二}$輕$_{五}$養$_{十一}$十一輕養

鈉養二輕養炭$_{十二}$輕$_{五}$養$_{十一}$二輕養

二鈉養輕養炭$_{十二}$輕$_{五}$養$_{十一}$二輕養

檸檬酸加熱至三百度即變為阿古內得酸即三輕養炭$_{十二}$輕$_{三}$養$_{九}$此酸質在數種草烏頭內見之

檸檬酸之用處為染布與印花布又能作藥料

檸檬酸遇酵則變鈣養醋酸與鈣養布低里酸而發出炭養$_{二}$氣與輕氣有時自能變化故有人設法將檸檬酸加熱添以鎂養炭養$_{二}$即成三鎂養醋酸之顆粒將此另添於熱檸檬酸而熬乾之即成二鎂養醋酸之顆粒此質久藏不變壞

瑪里酸即二輕養炭$_{八}$輕$_{四}$養$_{八}$為顆粒形之酸質蘋果內常見之又與草酸並見大黃草等與煙葉內亦有之為鈣養二瑪里酸即鈣養輕養炭$_{八}$輕$_{四}$養$_{八}$

大黃草梗取瑪里酸之法將葉壓出其汁添以鈣養與水成漿略滅其酸性再添以鈣綠其結成之質即鈣養果酸鈣養檸檬酸鈣養燐養$_{五}$酸鈣養草酸濾取其流質熬乾即成鈣養瑪里酸即二鈣養炭$_{八}$輕$_{四}$養$_{八}$以水洗之另將硝強水一分與水十分相和加熱將鈣養瑪里酸添入至不肯消化為度冷時有鈣養二瑪里酸結成即鈣養輕養炭$_{八}$輕$_{四}$養$_{八}$將此質於水內消化再以鉛養醋酸化分之即成鉛養瑪里酸即二鉛養炭$_{八}$輕$_{四}$養$_{八}$六輕養待久即結顆粒未到水沸界即鎔化將鉛養瑪里酸與水相和通入輕硫則鉛為鉛

硫而成瑪里酸水，熬至稠質，待久而成長方形之顆粒，遇空氣能自消化。瑪里酸加熱，分為二種酸質，其原質相同，即二輕養炭八輕四養六二，一名瑪里以酸，一名甫瑪里酸。其甫瑪里酸亦在一種草內見之，草名甫瑪土里，故取此酸名。

瑪里酸多在槐樹子之汁內，另有易化散之油類酸質，其味辣而香，名為巴辣所皮酸。其質為輕養炭二輕七養三，與鉀養輕養相和加熱令消化，或與濃強水加熱令沸，則結成顆粒，其原質同，名為所皮酸。

鈣養瑪里酸和於水內而添以酵，即變為鈣養色克西尼酸與鈣養醋酸，其式為

三（二輕養炭八輕四養八）即瑪里酸 ‖ 二（二輕養炭八輕四養六）即色克西尼酸 丄 輕養炭四輕三養三即醋酸 丄 四炭養 丄 二輕養

瑪里酸阿美弟即炭八輕五淡養六，即淡輕三瑪里酸減水三分劑，即二淡輕養炭八輕四養八減四輕養。化學家業已詳考其原質，同於阿司叭拉故司草與蜀葵根汁內所取得之顆粒，然其原質相同而物不同。

阿司叭拉故尼遇淡養三亦成瑪里酸，其式為

炭八輕八淡二養六即阿司叭拉故尼 丄 二淡養三 ‖ 二輕養炭八輕四養八即瑪里酸 丄 二輕養 丄 淡四

阿司叭拉故尼為別種酸質，名阿司叭拉低酸之阿美弟類質，與水相和加熱多時，即變為淡輕四養阿司叭拉低酸，其式為

炭八輕八淡二養六即阿司叭拉故尼 丄 二輕養 ‖ 淡輕四養炭八輕六淡養七

樹皮酸化學名歎尼酸，又名歎尼尼，其質為炭五四輕二二養三四，即五倍子內之濇質。將五倍子磨碎，浸於沸水內，即能化出其質。此質有兩種大用之性：其一，遇鐵二養三各鹽類能成黑質；其二，遇動物膠或含膠之皮等，能變凝結不能消化之質。

第一性作墨水，第二性製熟皮。

作墨水之法：將五倍子四分磅之三，打碎，浸於冷水十磅之內，再添皂礬六兩、樹膠六兩、苦里亞蘇脫數滴，存半月

至二十日，屢次掉之，傾出其流質，即西國之墨水。淨皂礬即鐵養硫養三，與樹皮酸相和而密封，不使見光與空氣，則不變化；如遇空氣，則收養氣令鐵養變為鐵二養三，此質遇樹皮酸結成黑質，略為鐵二養三歎尼酸，其原質不能一定。添膠之意，欲水有黏力，令其黑質不沈下；添苦里亞蘇脫之意，使不發霉。西國墨水寫字日久變為𣿪色，其故因樹皮酸與養氣化合而散去，所餘者為鐵二養三，即𣿪色之質。如棉布或麻布偶沾墨水而洗之，能去者為樹皮酸，餘質為鐵二養三。

製熟皮之法　將五倍子水添於動物膠內，則二物化合

有多質結成沈下故將動物之皮浸於五倍子水內則其膠質收盡歎尼酸而變爲熟皮比生者更韌水難通過亦不腐爛

製皮之第一事將皮剷刮之後浸於盛鈣養與水之坑內令所含之油變爲肥皂而其毛遂鬆如令其皮稍臭腐而自成淡輕三亦能令油成肥皂而毛易脫變化之後取出挂起刮去其毛而浸於淡硫强水十二小時其水每千分和以强水一分則黏連之石灰去淨而皮上之汗孔自開便於收進樹皮酸

製馬牛皮之料爲橡樹之皮因此皮有歎尼酸將生皮浸於橡樹皮水內略爲四十日至五十日此法先用淡水後漸加濃後再置於坑內每皮之上勻鋪橡樹皮之粉坑內滿水待三月之後取出換至第二坑內再如法爲之皮必反其次第即前在上者後在下變化已足取出曬乾其質全爲熟皮用刀割斷察其內質之勻否熟皮比生皮加重十分之三至十分之四此後另用法使皮得所需之或軟或硬有數種薄皮不用橡樹皮而用蘇瑪格根此質亦多含樹皮酸

摩羅坷皮爲山羊或胡羊之皮先用前法在石灰水內去其毛後用酸麪粉或酸麩皮之水去其石灰再將其皮縫爲囊盛滿蘇瑪格根之水又浸於此水內數小時後以同法用更濃之水其全工一日而成此後洗之染之惟紅色者必先染而後浸於蘇瑪格根水其染法用白礬或錫綠爲濇料後浸於呀蘭米水內如黑色者用鐵養醋酸因此質能與樹皮酸合成黑質近數年來俱用阿尼里尼爲染料

西國手套之皮爲小羊皮此皮不用樹皮酸之法先用石灰或鈉硫或鈣硫去其毛再用麩皮與水變酸之質收其石灰並令汗孔放開再將白礬與食鹽與水相和加熱將皮浸於其內則皮收其鋁綠再將白礬與麪粉與蛋黃相和加於皮上搓摩令其質軟其皮所收之鋁綠足使皮不臭爛與用樹皮酸同意

麂皮鹿皮亦不用樹皮酸於張開之後灑油於其上摺疊之而用大木椎打數小時令其油收入皮內後挂於熱空氣處令其油收得養氣速乾如此多次之後則用淡鹼水洗出其油曬乾輥平如欲染黃色可浸於蘇瑪格根淡水之內

書皮製法將小羊皮或綿羊皮張於架上甚緊用石灰去其毛以刀刮之再用浮石磨之即得所需之厚

歎尼酸與淡硫强水相和令沸即生葡萄糖從其水內能

得一新酸質名爲加里酸。加里即五倍子之意其式爲
$炭_{54}輕_{22}養_{34}$即歎尼酸 丄十輕養‖三$(炭_{14}輕_{6}養_{10})$丄$炭_{12}輕_{14}養_{14}$即葡萄糖
歎尼酸之原質，似乎第十六卷內所言哥路哥果酸。此質與淡硫強水相和令沸，即變爲葡萄糖與果酸，似乎歎尼酸分爲葡萄糖與加里酸。

淡硫強水添於五倍子水內，所結之質爲歎尼酸與硫強水合成之質。如將此質加以硫強水至有餘，令沸，則消化而改變，如上式。

加里酸即五倍子酸，即三輕養$炭_{14}輕_{3}養_{7}$。取法令樹皮酸收得空氣之養氣。如用五倍子更能速成，因五倍子另含別種料能令速成，如醋酸發酵之意。見第七卷論醋變酸節 尋常取加里酸，將五倍子磨粉，稍澆以水，令遇空氣數十日，其處須煖，則收養氣而放炭養氣，其粉面有加里酸之顆粒，而樹皮酸則不能成顆粒。將已變之粉浸於水內，加熱令沸，化出其五倍子酸。因此酸質難於冷水消化，則漸冷之時，大半成顆粒，其形如針，其光如絲，其質爲$炭_{14}輕_{3}養_{7}$二輕養。此外另有一種酸質結成少許，不能在水消化，名爲歐拉其酸，即輕養$炭_{14}輕養_{7}$。此質甚奇，動物亦能成之，如亞西亞中間有數種麋鹿等獸腹內結成一物，名爲獸黃。

凡含歎尼酸之質，亦含加里酸少許。

加里酸能在硫強水消化，變成紅色。將此傾於水內，即結紅櫻色之質，名爲路非加里酸，即$炭_{14}輕_{4}養_{8}$。此料能染棉布得紅色，但其布須浸於白礬水內，令黏色。

如將五倍子粉置於鐵鍋內，上作一紙帽，如前第七圖之法，加熱至四百二十度，則筒內結成顆粒，名貝路加里酸。貝路即火之意 其質爲$炭_{12}輕_{6}養_{6}$，但此質難定其果否爲酸質，故其名應爲貝路加里尼。此質用五倍子內之樹皮酸成之，其式爲
$炭_{54}輕_{22}養_{34}$即歎尼酸 丄二輕養‖四$(炭_{12}輕_{6}養_{6})$即貝路加里酸 丄六$炭養_{2}$
貝路加里酸或言亦能從加里酸以同法取之，如將加里酸與水二分至三分相和，加大壓力，同時加熱至四百十度，歷半小時後，將其水熬乾，即得貝路加里酸。

照像常用貝路加里酸，因其收養氣之性甚大，能令銀之鹽類質化分而銀立即分出。

第十六圖

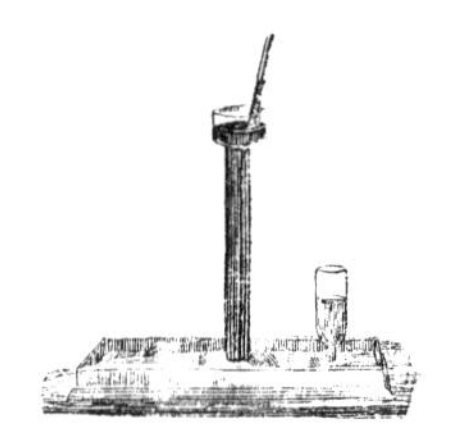

貝路加里酸水遇空氣，不久即變櫻色，因收養氣之故。如與鹼水相和，則立收養氣而變深櫻色。故欲化分空氣內之養氣，或與別種氣質未化合之養氣，將刻準分數之管內盛空氣若干，在水銀筒內倒置之。如第十六圖先用

濃鉀養水收出其炭養氣必記所滅體積之數再添貝路加里酸水搖動數秒時則收盡其養氣而能測其餘下淡氣之數

歎尼酸與加里酸各鹽類不甚深悉加里酸略爲三本之酸質故應列爲三輕養炭輕養其三輕養能以合養氣之本質代之

貝路加里酸之酸性極淡極小

以上三酸質可將含鐵之鹽類別之如遇淨鐵養硫養則歎尼酸與加里酸無甚變化而貝路加里酸則得一深藍色之水如龍歎尼酸與加里酸遇鐵養三硫養則成一藍黑色之質或遇鐵綠亦然貝路加里酸遇此二種鹽類則成甚光亮之紅色質

歎尼酸在植物水內添以鐵綠則立顯顏色惟其顏色在各種質內不同因各質所含之歎尼酸有數種之分別

各種歎尼酸內只有眞歎尼酸加熱時能成貝路加里酸

取樹皮酸所用之加的主與雞奴之質亦爲歎尼酸之類其內所含之濇質名米母太尼酸

上海曹鍾秀繪圖

新陽趙元益校字

化學鑑原續編卷十九

英國蒲陸山撰

英國 傅蘭雅 口譯
無錫 徐 壽 筆述

植物鹼類

植物內之酸質與鹼類化合者有數種如鴉片內之莫爾非尼與米故尼酸化合金雞那樹皮內之雞那與雞尼酸化合此種鹼類從其酸質分開之法爲化學最要之理

鴉片內分出鹼類之法　鴉片爲罌粟殼之汁開花後結實如罌割破而取其流出之汁各國所產不同英國常用作藥材者從波斯國土耳其國印度國埃及國所出其形作圓毬外以花瓣並葉包之色黑而質韌如黃蠟有奇臭嘗化分各處所產者各不同即一處所產亦有異茲將司末那所產者化分其各質以一百分爲率

膠質	二六·二
古得止格（即象皮之料）	六·○
松香	三·六
油	二·二
米故尼酸	五·○
莫爾非尼	一○·八
那而苛弟尼	六·八

那而西以尼　六七
米故尼尼　○八
苛弟以尼　○七
濇料等植物質　一九一
水　九九

鴉片作藥品之功力大半藉莫爾非尼卽炭三四輕一九淡養六而莫爾非尼大半與米故尼尼相合欲分取之將鴉片浸於水內加熱二三小時濾取其水熬稠加白石粉少許滅其未化合之酸其稠水大半含莫爾非尼與苛弟以尼俱與米故尼酸與硫强水相合加以鈣綠則米故尼酸與鈣養相合而結成沈下帶去大半所有顏色之料其水內含莫爾非尼輕綠與苛弟以尼輕綠熬至將乾能得其顆粒再浸於水內用動物炭滅其色再令成顆粒再消化於水而添以淡輕祇有莫爾非尼結成可濾出而在醋內消化令成顆粒淨質爲白色之長方形卽炭三四輕一九淡養六二輕養

取出莫爾非尼之後其所餘之水含苛弟以尼輕綠以鉀養化分之卽結苛弟以尼顆粒卽炭三六輕二一淡養六二輕養

分出兩物之後水內尚含那而苛弟尼那而西以尼米故尼尼晳巴以尼拍拍甫里尼與松香與顏料苛弟以卽子殼之意○那而苛卽迷之意○米故尼卽罌粟花之意

莫爾非尼難在冷水消化味極苦有鹼類之性有醉迷之性多服數釐卽大毒分別之法添以鐵綠卽得一暗藍色水如添硝强水卽得黃色如金

莫爾非尼輕綠卽炭三四輕一九淡養六輕綠爲大有功力之藥適當其病必用此品

那而苛弟尼卽炭四六輕二五淡養一四二輕養爲從鴉片初得之本質如將鴉片浸於以脫內則莫爾非尼不肯消化故能得那而苛弟尼如將鴉片滓在水內則其渣內含那而苛弟尼之大半如於醋酸內消化則那而苛弟尼在醋酸內再用淡輕滅其酸卽得淨那而苛弟尼其爲本之性甚小無有鹼類之變化

米故尼酸爲三本之酸質其質爲三輕養炭一四輕養一一能在熱水消化冷則成片形之顆粒其顆粒含水六分劑遇鐵綠卽變紅色如血

分取雞那之法　金雞那卽祕魯國所產樹皮爲大有功力之藥其上等者從安的斯山相近處所產分爲三種一爲黃色含雞那霜最多一爲灰色含金雞那以尼最多一爲紅色兼含前二種質此二種與雞尼酸相合又有一種歎尼酸名雞那歎尼酸

分出各質之法將樹皮打碎浸於淡鹽强水加熱令沸濾

取其水爲雞那輕綠與金雞那以尼輕綠添以鈣養足滅其輕綠而有鹼性則雞那與金雞那以尼難於冷水內消化即冷水四百分祇消化一分自能結成沈下皮內之顏色料隨之同下將結成之質以細麻布濾出加以大壓力再浸於沸醕內則二種鹼類質消化而鈣養不消化蒸出其醕之若干分而將其餘質添以硫强水則二種鹼類質與硫養三化合用動物炭減其色待若干時令成顆粒因雞那硫養三比金雞那以尼硫養三更難消化故先成顆粒而金雞那以尼硫養三後成顆粒

再將雞那硫養三於水消化以淡輕三化分之則雞那分出爲

白色之粉此粉在醕內消化而成顆粒

雞那硫養三結成之後其餘水內不但含金雞那以尼硫養三尚有一本質與雞那相同惟含硫養三質而不肯成顆粒此質名爲雞那以弟尼凡雞那遇酸質過多則變此質變形之雞那即雞那阿以弟尼大半爲此質即雞那硫養三分出之後其水所含者亦可作藥材功力既薄價亦較賤

雞那成長方顆粒其質爲炭四〇輕四二淡二養四六輕養冷水難消化熱水亦消化甚少味極苦其所成各鹽類之形略同

藥材所用之雞那霜爲雞那硫養三其質爲炭四〇輕二四淡二養四輕養硫養三七輕養

雞那硫養三每一分必川冷水七百分而消化如含硫養三之水則消化甚速變爲炭四〇輕二四淡二養四二輕養硫養三其水遇光有奇性正看無色斜視有淡藍色另有別種質亦有此性（見第五卷愛思古里尼節）

雞尼酸　將金雞那樹皮以前法分出雞那與金雞那以尼之後將餘水熬乾即得鈣養雞尼酸之顆粒將此顆粒以硫養三消化即得雞尼酸即二輕養炭一四輕一〇養一〇在此流質內能結成長方形顆粒

此酸無甚用惟其變成之質有奇性如加硫强水與錳養二相和而蒸之則所發之養氣令其雞尼酸變成一新質而

結黃色針形之顆粒名爲雞奴尼其式爲

二輕養炭一四輕一〇養一〇（即雞尼酸）丄養＝二（炭一二輕四養四）（即雞奴尼）丄四炭養二丄十四輕養

加非子內所含之加非以酸文名加非哇欶尼酸以同法變之亦能得此質如將雞奴尼消化於硫養二水而熬乾所得之顆粒無色名爲海得路雞奴尼其式爲

炭一二輕四養四（即雞奴尼）丨四輕養丄二硫養二＝炭一二輕六養四（即海得路雞奴尼）丄二（輕養硫養三）

雞奴尼水與海得路雞奴尼水相和即結綠色之顆粒名綠色海得路雞奴尼即炭二四輕一〇養八若以鐵綠三相和令

海得路雞奴尼放出養氣亦能成此物如將雞奴尼遇輕綠水與鉀養綠養五卽變成黃色之顆粒爲克羅辣阿尼里卽炭綠四養四如用阿尼里尼或矖里西尼或衣矖的尼俱可造此物加熱令遇鉀養卽成瓷色之水

替以尼與加非以尼　此茶與加非內之精質各國所有湯飲之物雖其形不同然依化學之理而知其養人之功相同如數國飲加非數國飲茶南亞美里加有數處飲巴辣沽爲茶卽另一種葉與中國不同又如阿非里加飲苟辣核其各物之味大不同形與製法亦異飲之不覺有味然仍喜而不輟者因多含一種鹼類質能令人神清意適此鹼類質名加非以尼又名替以尼但以上四物內另含數種別質故其味與形不同茲將生加非子化分而得各質以百分爲率

木質三四·〇

水質一二·〇

油質一二·〇

蔗糖與膠一五·五

里故米尼或同類之質一三·〇

加非以尼一·五

加非以酸四·〇

金類質七·〇

生加非子以水沸之水內含糖與膠與里故米尼與加非以尼與加非以酸卽炭卄輕八養七嗅之不香此因無有發香之油類質加非哇尼在內必炒其子卽能生此油此油甚少而爲子內所能消化之料變化而得或爲加非以酸變化而得如以生加非子滷出之水熬乾將其質加熱卽得炒過之香氣略可爲其據

炒加非子加熱略至四百度則腫大而減輕四分之一其質變脆磨作粗粉爲深糉色因所含之糖大半變爲卡拉末辣見第九卷蘿蔔糖節如炒至黑色則子內所含里故米尼與別種含淡氣之質爲熱所變而發大臭

炒過之加非每百分能滷出之質二十分所滷出者爲加非以尼與加非以酸與卡拉末辣與里故米尼與油質又加非哇尼卽易化散之香油與鉀養各鹽類質最多爲鉀養燐養五其加非不消化之一分除木質之外尚有多含淡氣之質而能養人故有數國飲此加非連渣同食

加非所滷之水分出加非以尼之法將其水與三鉛養醋酸水相和則加非以酸與顏色料之若干結成沈下濾取其水令輕硫通過則鉛與硫化合成鉛硫而沈下濾出熬至將乾待冷卽得白顆粒形如針光如絲其味苦卽炭六輕。

淡$_{四}$養二輕$_{四}$養爲本之性甚淡

茶葉之原質與性同於加非生葉有木質有含多淡氣之質與里故米尼略同又有濇味之酸類質與歎尼酸略同又有加非以尼少許又有數種金類質

茶葉之味與香氣不在葉內而在炒時變成同於加非炒時能生易化散之油此油令人有精神生葉初炒乾之時含此油最多綠茶與紅茶俱是一種樹所生其分別在人工所製綠色之葉摘下卽炒紅茶則攤於露天待若干時用手搓之而後炒之其變色之理略爲葉內所含之樹皮酸遇空氣而變化

紅茶一百分以沸水淬之得能消化之質三十分綠茶得消化之質三十六分茶葉水所含之要質爲樹皮酸與香油綠茶所含之香油每百分爲〇八紅茶每百分爲〇六又含加非以尼其乾葉每百分含加非以尼從二二至四一生葉所含更多

茶葉淬水之後尚含里故米尼之大半另有加非以尼若干再可用水煎出將所得之水如前取加非以尼之法分取之

茶葉在水內令沸添以三鉛養果酸濾取其水蒸乾之將其餘質漸漸加熱則加非以尼化散用前第七圖之法收

其霧成美觀之顆粒其色甚明

卡高俗名可可與綽故辣得俱爲替哇布路米尼卡高樹子所出剝去其殼其子之大半爲油類質名爲卡高油乃哇里以尼與司替阿里尼二質相合而成此油不似尋常油類質變酸卡高子含小粉甚多又有樹膠與含淡之質似乎哥路登亦有糖與替哇布路米尼此質爲本之性甚淡似乎加非以尼其質爲炭$_{十四}$輕$_{八}$淡$_{四}$養$_{四}$

卡高子成堆若干時令發酵其味更佳再在日中曬若干時而炒之自生香味壓碎簸去其殼而磨之其磨必熱則其油能在磨內鎔化而與粉質合成漿再加以糖用模壓成各形綽故辣得之材料相同再加別種香料

卡高與綽故辣得以前法成餅或乾之或淬於水內食之可當點心考其原質比茶更能養人

加非以尼疑是替哇布路米尼與米以脫里相和所成之料如將加非以尼與鉀養相和令沸卽發米以脫里阿米尼如將米以脫里碘卽炭$_{二}$輕$_{三}$碘令遇替哇布路米尼與銀等物所成之質卽炭$_{十四}$(輕$_{七}$銀)淡$_{四}$養$_{四}$則銀與米以脫里相易而成銀碘與加非以尼卽炭$_{十四}$輕$_{七}$(炭$_{二}$輕$_{三}$)淡$_{四}$養$_{四}$卽米以脫里替哇布路米尼

司脫立格尼尼卽炭$_{四十二}$輕$_{二十二}$淡$_{二}$養$_{四}$爲毒性最猛之藥從馬前樹

所結之子即番木鼈所出番木鼈內所含之司脫立格尼尼與乳酸相和又有一種鹼類質名布路西尼即炭輕淡養分取之法將其子在淡硫強水內令沸濾出而添以鈣養輕養滅其酸類之性則司脫立格尼尼與布路西尼分出沈下將所得之質與醋相和令沸則鈣養不消化司脫立格尼尼與布路西尼消化司脫立格尼尼在醋內消化稍難故熬乾時先結為八面形或多邊形顆粒其味極苦乃司脫立格尼尼最奇之性極難消化於水每一分須水七千分始能消化此水尚極苦將此水一分添以淸水一百分亦尚極苦浸於克羅路福密或偏蘇里消化極易因此二種流質不能在水消化亦不能與水相和也如有多水含司脫立格尼尼而欲取出任將此二流質之一與水相和分之蒸之即得司脫立格尼尼之定質凡含司脫立格尼尼極微有法能證之將其乾質以最濃硫強水令濕再添鉀養鉻養水少許則鉻養令司脫立格尼尼與養氣化合成美觀葡萄色之紋在水內

古拉里尼即炭輕淡為成顆粒之鹼類或言亞美里加之土人沾在箭上之毒名烏拉里又名古拉辣分出此質易在水內與醋內消化以脫不消化此質加以硫強水變為藍色

煙葉　煙葉之性賴一種鹼類質名尼古低尼除煙葉之外無有別物產此質尼古低尼即炭輕淡與別種鹼類有二種奇異之分別其一不含養氣其二不冷不熱之時為流質

分取尼古低尼之法將葉在水內煮之則其鹼類消化於水另有瑪里酸並榼檬酸與尼古低尼相合濾取其水熬濃與醋相和則分為兩層上層含尼古低尼之鹽類質與醋相合下層為水質含其餘之各種質取出上層而加鉀養搖動則鉀養與其酸質相合而放出尼古低尼再加以脫搖動則尼古低尼與以脫浮出取而蒸之則以脫散出而餘下油形之流質淨者無色遇空氣而變深棕色氣味甚辣與煙葉之煙相似不加熱而自能發出沸界四百八十度能在水內或醋或以脫消化性最毒禽獸食少許而立死美國非而止尼阿邦所產之煙葉含尼古低尼最多加熱至二百十二度令乾則每百分含尼古低尼七分又美國瑪利蘭得與哈法那二處所產每百分只含二分至三分煙葉燒時所成之灰甚多略為乾葉五分之一內有三分之一為鉀養炭養此質因所含之鉀養瑪里酸與鉀養榼檬與鉀養淡養燒時變化而成煙葉每百分本含鉀養淡養三四分與別種葉不同故能在吸時漸漸而燒

呂宋煙將乾煙葉浸於極淡之鹽水內令輭而捲成之鼻煙則用鹽水之後再作大堆俟一年半或二十箇月令其發酵因葉內所含之植物蛋白腐爛即成淡輕四養炭養又有尼古低尼少許放鬆故嗅之有辣味其香氣因發酵時所變易化散之油鼻煙所含之尼古低尼不過百分之二即不發酵者所含之三分之一此尼古低尼與醋酸相合其醋酸亦爲發酵時所得或令有醋酸以脫少許或醋酸類之別種酸質與以脫如布低里酸以脫與發里里阿尼酸等所以各種鼻煙之香賴此各料之多少而異

新陽趙元益校字

化學鑑原續編卷二十

英國蒲陸山撰
英國 傅蘭雅 口譯
無錫 徐壽 筆述

植物顏料

草木之花葉果實各種顏色俱有之惟其顏色之料能耐久者甚少植物死後大半自滅此因生時其力能耐光與養氣與濕氣各種變化之性既死之後即無此力有數種植物生時已不能耐如月季花之類是也如欲得其眞顏色必置在稍暗之處

植物綠色之料名克羅路非勒（克羅路即綠色之意非勒即葉之意）爲松

香類之質含炭輕淡養未能得其淨質而考知其分劑因不能成顆粒又不能蒸取也

綠葉和以醕而沸之即得藍色之料熬乾之即克羅路非勒之定質將此在醕內消化而與醕內消化之鉀養相和加熱令沸再添以鹽强水即結黃色之質名爲非勒哇克散的尼又有一藍色之質名非勒哀阿尼尼消化於水內此質之內含淡氣二質俱能在水內消化樹葉至秋變爲紅色與黃色必因非勒哀阿尼尼散去之故如將綠葉遇綠氣亦有此種變化

花之藍色料名爲哀阿尼尼如遇酸質必變爲紅色稍添

以鹼類仍復爲藍色凡有中立性汁之花其色藍有酸性汁之花其色紅如葡萄或紅酒其色料與衰阿尼尼略同嘗從花內取出二種染料名爲散的尼與散的以尼其散的以尼能在水內消化

番紅花卽撒法卽爲黃色之料其花藍色其鬚黃色將其鬚曬乾壓成餅香甚馥郁浸於水內或醕內能消化其黃料其原質尚未詳考

紅藍花卽紅花其瓣內有一種紅色之染料名卡耳太米尼卽炭輕養其色見光易退其性爲酸類浸於鹽類水內卽消化添以酸質卽結成故從花內分出其料卽藉此性

西印度島有一種草其子有橙皮黃顏料名爲阿那土分出其染汁名爲比克西尼能以鹼類消化之再添以酸質而再結成造取乳酥與乾酪嫌其黃色太淡則添此料作僞

又有一種黃顏料從回勒特花之葉取得將乾葉浸於水內令沸而得之名爲羅的哇里尼卽炭輕養乾蒸之取黃色之顆粒其形如針

有數種木在水內沸之卽得染料如西印度島之木名甫司的格能成黃顆粒之料名摩里歎尼酸卽炭輕養

陸茄木在刋佩止地所産內有一種黃顏料名爲喜瑪托客西里尼能得其顆粒如針其質爲炭輕養二輕養遇鹼類與養氣變爲紅顏料名喜瑪替尼卽炭輕養如將陸茄木與錏養鉻養相合卽成黑色之水有人以此當墨水之用惟色易退

巴拉西勒木可作紅色水爲寫字之用其顏色之質似乎陸茄木

土耳其紅卽茜草根取得其根生時本無紅色只有一種黃料名羅被安卽炭輕養此黃料變化而成紅色俗名地血取此紅料有數法將根浸於水內久久則其含淡氣之質化分而羅被安變成數種新質一種爲紅色顆粒名爲

阿里司里尼卽炭輕養三輕養一種不成顆粒之糖其阿里司里尼可用水或醕消化令成片形顆粒其光如金

如將茜草根加以熱硫強水令其羅被安消化再添淡硫強水令沸而羅被安化分卽得一印布之料名加蘭西尼此質浸於水內令沸能成一種紅水內含阿里司里尼

托末里客卽薑黃爲一種瓜類草之根其顏料名可苦米尼水內略不能消化醕內能消化其色遇鹼卽變褐色

力低暮司卽石蕊與阿耳扣勒與紫粉俱爲美觀之顏料俱從苔內取得

阿耳扣勒與紫粉之顏料俱藉所含之哇耳西以尼質卽

炭一四輕七淡養六苔類內無此現成之質須用製合之工
各苔類和以鈣養水消化數小時濾取其水而以鹽強水
滅其鹼性令有中立性即成白色膠形之質遇熱醋而消
化待冷結成顆粒其顆粒之原質依所用何種苔類而異
其要酸質爲以里脫里酸即炭二二輕一六養一六又以分尼酸即輕養
炭一四輕一五養三又里卡奴里酸即炭一二輕一四養一四此各種酸質與醋相和
令沸即成各種雜以脫質
此各種酸質與鈣養或鋇養相和則化分將其餘質以炭
養二分之而熬濃再用沸醋分出則結柱形之顆粒爲哇耳
西尼即炭一四輕八養四二輕養此質取法之理以下式明之
炭二二輕一六養一六即以里脫里酸丄四鈣養川四鈣養炭養二丄二(炭一四輕八養四即哇
耳西尼)
炭一四輕一六養一四即以分尼酸丄二(鈣養輕養)川二(鈣養炭養二)丄炭八輕一〇養八
即以分尼西酸丄炭一四輕八養四即哇耳西尼
哇耳西尼之淨者爲無色之質遇淡輕三與空氣則變爲美
觀之紅顏料名哇耳西以尼其式爲
炭一四輕八養四即哇耳西尼丄淡輕三丄養六川炭一四輕七淡養六即哇耳西以尼丄四輕
養
哇耳西以尼本不能成顆粒水內難消化醋與鹼類內易
消化變成美觀之紫色水遇酸質而變紅結成片質即哇

耳西以尼
變成阿耳扣勒與紫粉從前言易明將苔磨粉與尿相和
令成淡輕三質又與鈣養相和令遇空氣數十日則鈣化分
以里脫里等酸而成哇耳西尼此質遇淡輕四與空氣之養
氣則變哇耳西以尼
力低暮司之取法與前法略同惟用淡輕四養炭養二與鉀養
炭養二代尿與石灰其變化之理雖相似而非眞相似因所
得顏色之質爲紅色名阿蘇立得米尼即炭八輕一〇淡養一〇此質
與哇耳西以尼之別因不能在醋內消化能在鹼水消化
成美觀之藍色化學家常用以試酸質肆中所售盛於小
瓶與白石粉相和
以里脫來脫即炭八輕一〇養八爲成顆粒之質從數種苔與蕈所
取得與油類之酸質相合與各里司里尼所成者略同或
謂此質爲四質點之醋類質即炭三八輕六輕四養八見第十五卷各里哥里節
靛即炭一六輕五淡養爲數種藍草所作印度國中國美國俱產
此物將藍草浸於冷水內令發酵俟水面生藍色之泡添
以鈣養少許而掉撥若干時靛即凝結沈下用布濾之壓
成餅形
此法之理尚未能明悉其草內不但無藍色之料並無靛
之料惟在發酵之時變成近人考此靛草疑含一種材料

名引的甘郎炭$_{六}$輕$_{五}$淡養$_{二}$此質與靛藍色之相關同於羅被安與阿里司里尼之相關能在水內消化用酸相和而加熱則分爲靛藍與靛紅並一種不能成顆粒之糖分出其靛紅之法將靛與醕相和令沸則靛藍不肯在醕內消化而洗下靛紅則消化於醕內其靛藍亦不能在尋常之流質消化如欲作染料必先變爲靛白能在鹼水消化

鐵養硫養$_{三}$二分和以水二百分盛於有塞之瓶內再添熟石灰三分靛粉一分搖動甚久其靛不見停而凝結則得黃色之流質遇空氣而面上立變藍色如將此水添以鹽強水而不遇空氣則有靛白結成即炭$_{六}$輕$_{六}$淡養$_{二}$其製法之理因靛藍即炭$_{六}$輕$_{五}$淡養$_{二}$添以水內所出之輕氣一質點而所放之養氣與鐵養相合鈣養之半與硫養$_{三}$相合又一半令其靛白消化此質能在鹼類水消化其式爲

鐵養硫養$_{三}$丄鈣養輕養＝鐵養輕養丄鈣養硫養$_{三}$

二(鐵養輕養)丄輕養丄炭$_{六}$輕$_{五}$淡養$_{二}$即靛藍＝鐵養$_{三}$二輕養丄炭$_{六}$輕$_{六}$淡養$_{二}$即靛白

此法所得之靛白能染麻布與棉布得藍色將靛白消化於水而以布浸入濆透之後挂起令遇空氣則空氣內之養氣收其輕氣一質點而成靛藍即在布質內凝結

或用別種材料代鐵養硫養$_{三}$如腐爛之植物質能令靛藍在鹼水內變爲靛白即將靛與茜草與鉀養炭養$_{二}$與鈣養相和令發酵則發酵之時所放之輕氣令其靛藍變爲靛白鈣養則收得鉀養炭養$_{二}$之炭養$_{二}$而放出鉀養能消化其靛白

呢與羊毛布欲以靛染之其靛用極濃之硫強水消化所得之流質名爲硫養$_{三}$靛其實爲二種酸相合而成即硫養奄的里酸即輕養炭$_{六}$輕$_{四}$淡養$_{二}$硫養$_{三}$與硫養靛

靛藍加熱即發紫色之霧凝結則成顆粒其光色如紅銅而爲純靛藍即炭$_{六}$輕$_{五}$淡養$_{二}$多取之法將靛與葡萄糖與鈉養與淡醕相和存久令消化則得靛白水遇空氣即結純靛藍之顆粒

動物染料　動物內之染料只有二種要質一爲呀蘭米一爲拉克俱是卡苦司類之蟲所成呀蘭米蟲之染料名卡耳米尼可用水或醕從蟲內浸出此色有酸性故又名卡耳米尼酸其質爲炭$_{八}$輕$_{四}$養$_{六}$如將此酸質與鋁養相和即成卡耳米尼紅料製法將呀蘭米與水或醕消化再添白礬與含炭養$_{二}$之鹼類相和結成之質即是

印染之工

印染花布須令其色與布不能分離故其工必與所染之物之性與顏料有相關如欲得其顏色平勻而令漬入布

內則其染料必在水內能消化色既漬入而欲洗之不脫又必使染料變成不能消化之質最簡之法須令其質紋與顏料自能合成不消化之質如將蠶絲浸於硫強水內消化之靛則收水內之顏料取出洗之其色不脫若以同法試染棉花則不能收水內之顏料取出洗之仍變爲白色此因動物料之收色易於植物也（動物料如絲與羊毛植物料如麻與棉花）如所染之物與顏料本無愛力則將其物先浸於濇料水內即與顏料有大愛力者故能與顏料合成不消化之質染後有粘合之力而洗之不脫如將棉花一塊先浸於鉛養醋酸水內則鉛養結成定質再浸於呀蘭米或陸茄木

水內則其顏料與鉛養合成不消化之雜質而得不能洗去之紅色

又法將所染之物連浸於數種流質之內使顏料自合成不消化之質如將布先浸於鐵綠水內後浸於鉀衰鐵水內則有普藍在布質內自相合而爲不能洗去之藍色

染色之物必先淨其一切油質與顏料質此事必考其物之性如以棉花與羊毛之布印花必薙去其面上之小毛或用熱鐵烙去

棉與麻之有所含之異質如油與松香等須先浸於淡鹼類水內再用鈣綠以尋常之法漂白若絲與毛易被鹼類與綠氣變壞絲宜用白色肥皂水內沸之去其所含之膠類羊毛則浸於肥皂水內而不加熱或浸於變臭之尿內絲與羊毛漂白之法用硫養水

紅顏料之常用者茜草根巴拉西勒木呀蘭米拉克阿尼里尼

茜草根或巴拉西勒木染紅色先將麻或羊毛或棉浸於白礬與鉀養二果酸水內即是濇料使其物與鉛養相合再浸於熱茜草水內則其顏料與鉛養相合不能洗脫

染土耳其紅之法亦以白礬水爲濇料然必先用油與五倍子甚繁之法其各事之理雖不甚明然不可少染好之

後將其物浸於錫綠水沸之則有光亮之色

呢與羊毛布染鮮紅色之法用拉克或用呀蘭米先在錫綠與鉀養二果酸水內加熱令沸爲濇料

阿尼里尼類之顏料（見第二卷阿尼里尼節）俱可爲染絲與羊毛之用或用濇料或用蛋白之法

染藍色常用靛（見本卷靛藍節）或用普藍如用普藍則浸於鐵養之鹽類水後浸於鉀衰鐵水阿尼里尼藍亦可染絲與羊毛

黃色之染料爲回勒特花或苔耳西特倫或甫司的格或阿那土或阿尼里尼黃或鉛養鉻養其首四種用含鉛類

之濇質其鉛養鉻養先將物浸於鉛養醋酸或鉛養淡養五水內後浸於鉀養鉻養水內

加貝所的酸（見第二卷加貝所的酸節）亦可爲染料

染黑色或糉色將其物浸於含樹皮酸質之水（見第十八卷樹皮酸節）如五倍子酸或蘇瑪格或兒茶水內後浸於含鐵之鹽類水內再添以靛藍或銅養硫養等質令其色有變化而成小分別

印棉布與染色之工不同因欲數處有色數處無色或欲得數種色

白布印有色之花用刻成花紋之輥輪其面上已有濇料略用膠令濇料黏連即將其布置於牛糞水內則糞能收其過多之濇料後將其布浸於熱染料內則輥上濇料之處能收顏料其餘各處可洗去

用鐵養醋酸水印花而後將其布浸於茜草水內則得茄花色或黑色依濇料之濃淡而異如用鉛養醋酸爲濇料再浸於茜草水內即得深紅色

又法與前相反用不收色之料印於布上則染後可洗去而成花紋如用果酸或檸檬酸與麵膠相和印於布上再浸於鉛養之濇質水內則印花之處不肯收鉛養故亦不肯收顏料或用銅養淡養五印花將其布浸於靛水內則銅養淡養五令其靛收得養氣而變不消化之藍色別處則已收靛白挂在空處變藍而不能洗去

又法將其布浸於染料內後令放其色成花形如用茜草或靛染布再用酸質與膠相和印花將其布浸於淡鈣綠水內則酸質印花之處其色脫去如酸質內添以鉛養淡養五則放色之後將其布浸於鉀養鉻養水內其茜草之紅色變爲黃色如靛藍染布而用硝強水印花再用同法亦能得黃色

如將欲染之布浸於鉀養錫養或鈉養錫養相和之水再浸於淡硫強水則布內有錫養凝結得光亮之色如以濇

料合於膠而印在布上令布遇水氣則成不能消化之質所得之顏色甚佳又能耐久

新陽趙元益校字

化學鑑原續編卷二十一

英國蒲陸山撰
英國 傅蘭雅 口譯
無錫 徐 壽 筆述

動物變化

動物體內各質之變化化學家雖已精心考驗尚未能盡悉其理此有二故一動物死後其質立變一動物各質難於分取因其性有相連而不肯相離之意故不能得其純質蓋化分物質而詳考其理全藉公法曰化散曰結成凡能蒸而不變之質如已知其沸界即知其純與不純能成顆粒之質自與別質相離其別質雖亦結成必比本質或

難或易分察其顆粒之形顯有識別若夫動物則不然大半不能蒸取大半不能結成所以各人之所考驗常有不同之數此因所得之質不純故也或數人化分而偶得同數然再考其質點之式又不似常見之式不純之故又一據也所以動物所得之式難明其理者甚多亦不能將其質列於別質之內又不能預知其與別質相遇如何變化前數卷已言化學家漸能將各種雜質列成數類各類以某質爲母故能將所考之物察其原質之式而知其屬於何類並知此類以何質爲母遂得詳考其性如酯類之質炭輕養或易化散之酸質類即炭輕養或淡輕類即天地之類雖其各質之式有最繁者然以其相當之質爲母則條分縷析而其理易明惟動物質所得之式俱屬甚奇不能成類不能以何質爲母其各質有獨立之意如下二物之式可見其大概

阿勒布門卽蛋白 炭$_{二一六}$輕$_{一六九}$淡$_{二七}$養$_{六八}$硫$_{二}$

加西衣尼卽乳餅內之質 炭$_{二八八}$輕$_{二二八}$淡$_{三六}$養$_{九〇}$硫$_{二}$

觀其分劑式如此之繁相比而不能相同且與別質亦不相同

由前論各事無怪動物質未能盡悉其理而不及植物質之精詳然既得端倪而能循緒漸進將試驗之事細察各

質之相關再與植物相比而得其相同之處不難詳考其形性也

乳

動物化學當以乳爲起手之工因動物體內一切材料乳內俱有之故動物之質未有比乳更合於養人者

乳汁之形似乎混濁之流質然用顯微鏡察之有無數小圓點浮在明流質內故其質不透光如以搖動數小時卽有油類之質分離而變爲透光此油卽乳油見第十七卷乳油節其分離之理因小圓點有極薄之皮包之搖動時薄皮破裂其油質相遇而相粘凝聚於一處

乳油即乳酥令乳存數小時則結成浮皮一層其皮之數無定率略爲乳體積二十分之一此皮所含之油質略爲重二十分之一又有百分之三爲加西衣尼與水如將此皮掉攪多時其小圓點之皮破裂油即相合而成乳酥內含乳汁若干此乳又含加西衣尼可分出之如分出而不淨則油內所留加西衣尼因含淡氣之質不久而變化以致油亦變化放出數種易化散之酸質令其氣味臭惡欲免此弊必將新取之油添以食鹽則加西衣尼不變化淨乳油爲瑪加里尼與哇里以尼二種並數種質如布低里尼加布里尼加布路以尼相合而成

新乳遇試紙有鹼類之性但不久而變酸性有酸性之後加熱則凝結因加西衣尼分出乳即自能變酸蓋乳糖遇加西衣尼而發酵故生拉克的酸其式爲

炭$_{十二}$輕$_{十二}$養$_{十二}$（即乳糖）＝二（輕養炭$_{六}$輕$_{五}$養$_{五}$）（即拉克的酸）

加西衣尼不能在酸質內消化分出之如豆腐之形拉克的酸不但乳糖能成之而別種相似之物亦能之如將蔗糖八分以水五十分消化之再添乾酪一分白石粉三分俟數十日常令其熱略得八十度則蔗糖遇乾酪內之加西衣尼遂與白石粉之石灰相合放其炭養氣成鈣養拉克的酸之顆粒即鈣養炭$_{六}$輕$_{五}$養$_{五}$此質以沸水消化再令成

顆粒和以硫强水三分之一則鈣養變爲鈣養硫養$_{三}$而放出拉克的酸再加以醕而鈣養硫養$_{三}$全結成其拉克的酸爲醕所消化蒸至將乾而得無色極酸之流質如不令遇空氣而蒸之則稍有化散而消去不見

拉克的酸加熱二百七十度而歷多時則分出水一分劑而爲無水拉克的酸即炭$_{六}$輕$_{五}$養$_{五}$爲糉色之質如玻璃置於水內沸之再能與水化合加熱至五百度而乾蒸之即成明顆粒爲拉克對特即炭$_{六}$輕$_{四}$養$_{四}$拉克的酸與此質之別因含水二分劑如將拉克的酸與輕碘盛於管內封密加熱則變布路比阿尼酸其式爲

輕養炭$_{六}$輕$_{五}$養$_{五}$（即拉克的酸）丄二輕碘＝輕養炭$_{六}$輕$_{五}$養$_{三}$（即布路比阿尼酸）丄二輕養丄碘$_{二}$

拉克的酸爲動物內之要質肉內之汁與胃內消化食物之汁俱有之

乳汁加熱九十度而歷多時則加西衣尼發酵成醕與炭養其乳糖雖不似尋常之糖遇酵而發酵然加西衣尼得合宜之熱度先變爲葡萄糖後變爲醕與炭養蒙古人令乳發酵成一種酒名爲苦密司（即乳酒）即此理也乳汁添以酸質則加西衣尼分出成豆腐之形此因乳內令加西衣尼消化之鈉養其性已滅也豆腐形之質內有

乳油之小圓點相雜其餘下者為明黃色之水名為乳水
乳餅即乾酪用連尼得令乳凝結連尼得為小牛胃之內皮所得之質其功用能凝結乳汁將此質置於乳內稍加熱數小時俟有豆腐形之質取出置模內壓成餅遂置於冷處加以食鹽待其自熱即有香味此因油質遇加西衣尼而化分變成數種易散之酸質如布低里酸發里里阿尼酸等所成之香味甚濃惟其餅存之日久則加西衣尼腐爛成淡輕或成前各酸質之以脫或成以脫之料得餅內所餘之乳糖而變化所以各種乳餅之臭味因此而別乾酪之優劣藉乳之何種多含油之乳其酪肥少含油之

乳其酪枯肥者加熱能鎔化成稠質枯者不能全鎔化而乾縮如皮
加西衣尼　此即乳所含豆腐形之質大半為炭輕淡養並硫少許即略為百分之一如將加西衣尼化分之即得炭$_{一四四}$輕$_{一一四}$淡$_{一八}$養$_{四五}$硫此質甚繁疑其淨加西衣尼之原質尚無確據無論用何法提淨之俱有鹽類質相雜觀此甚繁之質略必為易腐爛之故
加西衣尼凝結之後易為鈉養炭養消化成一流質沸之即結不肯消化之皮一層此物同於新乳令沸之後所結之皮加西衣尼之凝結者亦能為醋酸或草酸所消化如

添以硫强水或鹽强水則再凝結而其酸質與加西衣尼合成不肯消化之質
乳存若干時令結浮皮取出其皮將餘乳熬乾而添以脫則其內之加西衣尼與乳糖相合而能消化於或水或醕
加西衣尼有淡酸質之性能與鹼類或鹼土屬化合或言能稍減其鹼性嘗將乾酪與熟石灰相和成膠能粘破瓷甚牢因加西衣尼與石灰相合能成硬而不消化之定質
乳所變豆腐形之質洗而曬乾之印花布之舖用以定色使不脫其質名拉克的里尼以淡輕水之淡者消化之而與阿尼里尼顏料相和印在布上令遇水氣則淡輕散出

而其顏料與加西衣尼相合洗之不脫
加西衣尼並與加西衣尼相似之質在青豆或扁豆以及別種豆類之內常見之將豆曬乾磨碎浸於溫水內數小時則得一濁流質而含小粉待其澄清名為里故米尼水即植物所得之加西衣尼略為豆重四分之一此水受熱其面上結皮一層似乎煮乳所結之皮水內之質遇醋酸或連尼得而凝結似乎乳內之加西衣尼
乳糖　將乳水熬至將乾而待冷即結白色之顆粒即是乳糖名拉克的尼即炭$_{二二}$輕$_{二二}$養$_{二二}$其消化之性少於蔗糖故其味不及蔗糖之甜

乳糖亦能變爲葡萄糖卽炭$_{24}$輕$_{24}$養$_{24}$與蔗糖同將乳糖置器內加熱令沸則收得水二分劑乳糖與別種糖皆能與數種本質相合如鹼土屬與鉛養等其與鉛養相合能成二種不能消化之質卽炭$_{24}$輕$_{19}$養$_{19}$五鉛養並炭$_{24}$輕$_{19}$養$_{19}$十鉛養乳糖加熱至三百度則其顆粒鎔化放出水五分劑故其質或爲炭$_{24}$輕$_{19}$養$_{19}$五輕養

乳之要質爲加西衣尼與乳糖但此二質之比例各乳不同非特各類之乳不同卽一類之乳亦不同且一類內一物之乳亦常有不同此依所食之物與其肥瘦之別茲將北星亞特化分四物之乳所得各料之中數列後

材料	牛	驢	山羊	人
水	八七·四	九〇·五	八二·〇	八八·四
乳油	四·〇	一·四	四·五	二·五
乳糖並能消化之鹽類質	五·〇	六·四	四·五	四·八
加西衣尼並不能消化之鹽類質	三·六	一·七	九·〇	三·八

乳內所能消化之鹽類質有鉀養綠養$_{5}$鈉養燐養$_{5}$鉀綠鈉綠其不能消化之質爲鈣養燐養$_{5}$鎂養燐養$_{5}$鐵養此各種鹽類俱是養身之物

乳之僞者常添以水更僞者待乳結成浮皮取去其皮而再添以水又有添黃色之料如薑黃等令其亂眞更添小粉與膠令其質稍稠或以爲稱其重率卽可知添水與否無奈乳之重率本爲一·〇三二重於水者無幾而其浮皮之油質輕於水去其皮而添以水仍得本重之率最準之試法備一深管外刻百分傾滿以乳一日之後視所結之皮有若干分如爲眞乳卽得十一分至十三分又一法加以鉀養少許卽能消化其包於油點之皮再加以脫搖動則其油爲以脫所消化而浮在面上取之而令以脫化散眞乳每重千分應得油二十七至二十八分但此祇能得其粗數蓋一牛之乳週年亦有不同之處故添水之多少尚屬難定

血

養動物之身者惟血而血爲動物體內各種流質之最繁者其變化之性尚難明曉因一離動物之身而立變也用顯微鏡看新出之血有幾分似乳之形內有不透明之點甚多俱爲匾形浮在明流質內此各點爲紅色而易分辨

血既離身數分時卽變成膠形而此稠質分爲紅色之定質與黃色之流質其定質漸漸縮小過十小時至十二小時而止此凝結之事或謂因冷之故然細考之卽知非是如將新血加熱一二度則凝結更速加冷而結更慢此等

變化之性尚未能講明也

血質結定之後切成小片用布包之置於急流水中則有洗出之紅色包內所餘者爲黃色而有條縷之紋名爲非布里尼因有此質略爲血凝結之故如將新血用小竹帚挑撥則其非布里尼在帚上結成黃色之條紋而其餘下之血不能凝結再將取去此非布里尼之血水加以鈉養硫養三停若干時則有紅色之點沈於器底

沈下之紅圓點用顯微鏡察之爲極細之囊其囊爲極薄之皮囊內爲紅色流質如將取去非布里尼之血水加以多水掉和因水之重率小於囊內之水故水能逼進薄皮令其囊腫大至裂開放出其紅水而全水變紅色

細囊內之紅水含一質名格路布里尼此質與蛋白略同又有顏色料名喜瑪替尼

細囊所含二物外另有油質少許又有數種金類質最要者爲鐵此鐵連於顏色料不知其與何質化合又有鈉綠與鉀綠並鉀養燐養五鈉養燐養五鈣養燐養五鎂養燐養五

血所含各料之數各人各物不同而一人或一物之血亦各時不同茲將細囊內所含各料之中數列後

血之圓點每千分所含之質

水	六八八·○○
格路布里尼	二八二·二二
喜瑪替尼	一六·七五
油	二·三一
未知之生物質	二·六○
金類等質	八·一二 喜瑪替尼所含之鐵不在此內

金類等質共得千分之八·一二再將其各數分列

鉀	三·三二八
燐養五	一·二三四
鈉	一·○五二
綠	一·六八六
養	○·六六七
鈣養燐養五	○·一一四
鎂養燐養五	○·○七三
硫養三	○·○六六

格路布里尼之性與原質極似蛋白眼球內之睛珠亦多含此質

喜瑪替尼爲細囊內最要之質血質之能養身以及呼吸之事其血俱藉此質爲之如欲分出其喜瑪替尼將小圓點置於醋內其醋先加硫强水使有酸性令沸再和以淡輕四養炭養則格路布里尼大半分出濾取其流質熬乾迭

用水與醋與以脫消出其能消化之質再將餘下之糉色質以淡輕$_{三}$與醋相和消化之濾出其定質蒸乾再以水消化所能消化之質濾之得深糉色之質卽喜瑪替尼略爲純質惟其形與血內之時大不同蓋在血爲消化之質而今爲不消化之質

喜瑪替尼變化之性與其原質之排列有奇意因所含之鐵合於炭與輕與淡與養甚緊不能以尋常之法試驗其式爲

炭$_{卌四}$輕$_{二二}$淡$_{三}$養$_{六}$鐵但此尚疑喜瑪替尼爲不純

喜瑪替尼遇養氣所有之變化爲最奇之性發血管內之血色紅迴血管內之血稍有紫色如將迴管內之血令其凝結則其上面遇空氣之處比下面之色紅而明

如將紫血少許盛於大瓶內瓶內盛養氣或空氣搖動久久則血收得養氣而放出等重之炭養氣其色改變同於發血管內之紅色迴血管所含之炭養氣血內本有之如將其血置於抽氣罩內取去空氣則炭養自出血收養氣而變化尚未深悉化學家俱以爲紫血變紅血因其養氣令炭養放出之故

圓點外之流質爲鹼類水兼含蛋白質與非布里尼與鹽類質茲將此流質每千分含各質之數列後

水	九〇二·九〇
蛋白	七八·八四
非布里尼	四·〇五
油	一·七二
未知之生物質	三·九四
金類等質	八·五五

再將金類等質分列

鈉	三·三四一
綠	三·六四四
鉀	〇·三二三
養	〇·四〇三
燐養	〇·一九一
硫養$_{三}$	〇·一一五
鈣養燐養$_{五}$	〇·三一一
鎂養燐養$_{五}$	〇·二二二

流質有鹼類之性大略在所含之鈉養炭養$_{二}$與鈉養燐養$_{五}$

血水內所含之蛋白遇熱則結成膠形此性爲蛋白之特性如分出之得一明黃色之膠質分法將血水加熱至一百二十度以內而蒸乾之所得之質能在水內漸漸消化如其熱度更大則蛋白凝結不能於水消化必須加熱而

加大壓力始能消化。

蛋白不能得其純質所得者俱含鹽類質最多為鹼類與燐養$_{五}$或鹼土屬與燐養$_{五}$合成之質所以最難分出其純質其最簡之式為

炭$_{二一六}$輕$_{一六九}$淡$_{二七}$養$_{六八}$硫$_{二}$

前言植物之汁加熱則有凝結之質與蛋白略同名為植物蛋白。

非布里尼與別種動物質之別因自能凝結凝結之時與凝結之蛋白大不同如將新血掉撥甚猛即成條紋而其條紋有凹凸力此條紋曬乾即變黃色之質如牛角非布里尼為動物要質之一凡肉俱為此質穀類所含之哥路登與此非布里尼甚相似名為植物非布里尼。

非布里尼之質同於蛋白之質其質甚繁故不活之時易致臭爛惟血內之非布里尼未必與肉內之非布里尼真相同曾化分肉內之非布里尼所含養氣比血內者更多而血內者所含比蛋白更多故疑血內之非布里尼為血水之蛋白與後來變成肉中之一物。

化學家以為蛋白與非布里尼與加西衣尼俱為一箇原材料之雜質此原材料名布路的以尼各質所含之硫與燐比例不同分取布路的以尼法將含蛋白之質與鉀養相和令沸再添以酸質而令凝結布路的以尼之原式為

炭$_{三六}$輕$_{二七}$淡$_{四}$養$_{一二}$此質不能成顆粒又不能化為霧無法能將所試之質決其純與否化學家皆論此質其蛋白必與非布里尼與加西衣尼等質相關故以為俱是布路的以尼所變成之質。

蛋

蛋殼之質含鈣養炭養十分之九此質與動物質相和蛋白每百分含水八十六分蛋白定質十二分又有能消化之鹽類少許其性為鹼性因含鈉養少許之故蛋白生時無有輕硫氣之臭遇銀不能令變黑沸後即顯輕硫之性乃凝結之時所變化。

蛋黃含蛋白變化之質名非弟里尼而其色因含黃色之油能用以脫分取之兼含燐養$_{五}$雞蛋之黃略為白之半重內含水亦略為一半非弟里尼百分之十六油百分之三十鹽類質百分之一·五

肉

肉內所含之非布里尼四分之三為水此水幾分為所含之血幾分為肉內之汁如將肉壓之其汁即出汁內有數質與養身之功大有相關此質有酸類之性而血之性為鹼類故為奇理肉汁含燐養$_{五}$與拉克的酸與布低里酸並

苦里阿的尼以奴西的與鹽類質如將切碎之肉以冷水浸之包在布內壓之則得紅色之水內含肉汁與血少許漸加以熱則血之蛋白與汁之蛋白凝結成塊亦有紅色黏於其上濾取其水與鋇養水相和令其燐養五凝結再濾之而將其水熬至稠質待少頃而得無色之顆粒為動物本質性甚淡名為苦里阿的尼（苦里阿即肉之意）其質為炭八輕九淡三養四二輕養

各種動物之肉所含苦里阿的尼之數不同業已試驗最多者為雞其次為魚雞肉每千分含苦里阿的尼三分二各特魚肉每千分含苦里阿的尼一分七一牛肉每千分

含苦里阿的尼分七或言人肉含苦里阿的尼較多

苦里阿的尼與酸質相和令沸則放水一分劑變為大力之本質名苦里阿的尼尼其質為炭八輕七淡三養二此質在尿內隨苦里阿的尼同見者

苦里阿的尼與鹼類水相和令沸即收水一分劑而成二種生物本質一為由里阿即尿內所見之質一為矖而殼西尼（矖而殼亦是肉之意）其式為

炭八輕九淡三養四丄二輕養‖炭二輕四淡二養二（即由里阿）丄炭六輕七淡三養四（即矖而殼西尼）

此苦里阿的尼凝結之後其水內尚有一質名以奴西的即肉糖之顆粒其質為炭十二輕十二養十二四輕養加熱二百十二度

以下放出水二分劑其質與乾葡萄糖即炭十二輕十四養十四相同但其式不同

肉所能出之糖類其數甚少生豆能出此質每百分得分七五

肉汁所含之鹽類質大半為鉀養燐養五鎂養燐養五鈣養燐養五並鈉綠少許

肉汁內之鹼質最多者為鉀養血內之鹼質最多者為鈉養

里必格云肉汁之酸性因含酸性之鉀養燐養五即鉀養二輕養燐養五血之鹼性因含鈉養燐養五有人言電氣學所論

肉之質紋常有電氣通流因肉之酸質與血之鹼質彼此相近祇以極薄之皮相隔故其動筋與腦筋即顯電氣

化分肉質所得各數列後

水七十八分　非布里尼血管腦筋等物十七分　蛋白二分五　肉汁之別質二分五　共得一百分

燒肉之理　肉汁之性已知即知煮肉之法如欲肉味之美而不計其湯必先令水沸然後置肉於內則外層肉之蛋白立即凝結而肉內之汁不能滲出如欲其湯之濃厚而不計其肉將肉置於冷水漸漸加熱則肉內一切之汁自出所餘者不過肉之質紋

欲得牛肉之濃湯則肉內一切能消化之質須令散出將肉切細浸於等重之冷水一刻許而後漸漸加熱至沸度歷數刻濾取其湯肉內之汁盡出只少蛋白

肉用燒炶之法則肉質之熱不足令其汁內之蛋白凝結惟其外面之熱大於二百十二度故肉之外面多含油質而其汁改變燒者與煮者之味不同職是故也其外面所成之稷色質名哇司瑪蘇密（哇司即香之意蘇密即湯之意）此質之性尚未詳考

肉加以鹽其質有流出者所以醃肉之養人不及鮮肉也

直辣的尼　含脆骨與筋之肉置水內令沸久久其水冷時凝結成膠此因直辣的尼或可捺得里尼或二質之和消化水內此二質甚相似昔常混爲一質論其分別直臘的尼出於皮與骨等質可捺得里尼出於脆骨此二質之形雖相似其性則有別可捺得里尼水能以醋酸與白礬與鉛養醋酸令凝結直辣的尼則不能凝結也

直辣的尼與可捺得里尼之原質亦有分別可捺得里尼之輕氣多於直辣的尼而淡氣則較少其式爲

直臘的尼$炭_{82}輕_{67}淡_{12}養_{31}$　可捺得里尼$炭_{72}輕_{68}淡_{9}養_{32}$

二質俱含$鈣養燐養_{5}$與$鎂養燐養_{5}$相合甚緊

直辣的尼常見之性爲冷時凝結如遇歎尼酸即成不消化之質此性爲成熟皮之根源（見第十八卷樹皮酸節）因其凝結之性可作食品內之膠與工藝內所用之膠用水九十九分消化此膠一分冷時即膩若屢次令沸此性即失

魚肚膠爲最純之直辣的尼即數種黃魚等所取得

工藝內常用之膠用馬牛等之皮浸於鈣養水除去其毛與血再挂起數日令鈣養收空氣內之炭養而變爲鈣養炭養則直辣的尼不被鈣養變壞再置於水內加熱沸之以水能凝結稠質爲度傾於別器俟所含之雜質沈下再傾於淺盆內凝結切成方片挂起令多遇風氣而堅實其曬乾之工應在春秋二季冬季則凍冰而其質裂開夏季則鎔化而不能乾

細膠以同法爲之惟所用之料爲極細之羊皮熬成之後不切片曬乾即用流質

直辣的尼遇酸質或鹼質即成二種顆粒之本質一爲各里各可勒又名各里各西尼即直臘的尼糖即$炭_{4}輕_{5}淡養_{4}$一爲留昔尼即$炭_{12}輕_{13}淡養_{4}$

各里各西尼與淡養以脫同原質即$炭_{4}輕_{5}養淡養_{2}$留昔尼與加布路以酸類之淡養以脫同原質但此以脫未有考得其質

動物質內有數種與直辣的尼甚相似如毛髮爪角蹄殼

取得之質

髮含炭輕淡養並硫百分之三至五。

羊毛與棉花相和織布，其布用壞之後，可分出其毛。將分碎之物浸於淡鹽強水內，加熱至一百二十度，曬乾而彈散之，棉花已變脆質，能成粉而飛出，羊毛則不變。如欲取棉花而去羊毛，可令遇重加熱汽，則棉花不變而羊毛變爲爨色之脆質，亦易彈出羊毛之粉，可作培地之用。

蠶絲之質紋，或謂分作三層，層層相套，外層爲直辣的尼，水內能消化，中層爲阿勒布門，即蛋白，能在沸醋酸消化，內層爲含淡氣之質，名絲里西尼，水內不消化，醋酸能消化。蜘蛛絲之料，大略即此內層之質。海絨亦爲同類之料所成，名爲非布路以尼。

尿

動物之尿，含質數種，身體無病，則別處之流質內不見此各質，雖或有之，其數亦甚微。此各質內之最要者有三：一爲由里阿，一爲由里酸，一爲希布由里酸。

由里阿　將人尿熬至八分體積之一，與等重之硝強水相和，即得一稠質，有珍珠色之片，名由里阿淡養$_{五}$，即炭$_{二}$輕$_{四}$淡$_{二}$養$_{二}$輕養淡養$_{五}$。如將此質以冷水洗之，再以沸水消化之，添以鋇養炭養$_{二}$，則其硝強水與鋇養相合，而炭養$_{二}$散出，水內分出之質，即由里阿。其式爲

炭$_{二}$輕$_{四}$淡$_{二}$養$_{二}$輕養淡養$_{五}$（即由里阿淡養$_{五}$）丄鋇養炭養$_{二}$＝炭$_{二}$輕$_{四}$淡$_{二}$養$_{二}$（即由里阿）丄鋇養淡養$_{五}$丄輕養丄炭養$_{二}$

濾去未化分之鋇養炭養$_{二}$，而將其水隔水熬乾之，即得由里阿與鋇養淡養$_{五}$相和之雜質。添以熱醕，則由里阿消化，再將其醕熬乾，即得美觀之顆粒，爲淨由里阿，可以久存而不壞，消化在清水內亦不壞，若在尿內不分出，少頃而化分發臭，令其發臭之物，名暮苦司，此質似乎蛋白。尿若存久，在內起花，由里阿變臭所成之質爲淡輕$_{四}$養炭養$_{二}$，其式爲

炭$_{二}$輕$_{四}$淡$_{二}$養$_{二}$（即由里阿）丄四輕養＝二（淡輕$_{四}$養炭養$_{二}$）

因此變化，其尿存久，即發淡輕$_{三}$之臭。但欲將淨由里阿合同變化，則必以水消化，加大壓力而加熱。如將由里阿與鹽強水相和，即得由里阿輕綠。將此加熱，即成淡輕$_{四}$綠與衰阿由里酸。其式爲

三（炭$_{二}$輕$_{四}$淡$_{二}$養$_{二}$輕綠）＝三（淡輕$_{四}$綠）丄三輕養炭$_{六}$輕$_{三}$養$_{三}$（即衰阿由里酸）

如將衰阿由里酸蒸之，即得輕養衰養三分劑，可見由里阿與衰類有相關之處，因此本質與淡輕$_{三}$輕養衰養爲同原之質。若將輕養衰養與淡輕$_{三}$相和而熬乾，則所得之質

不是淡輕輕養衰養而爲由里阿
從此理可用別種材料造成由里阿昔以此法爲甚奇因當時用材料造出動物體內之質甚少也將鉀衰鐵烘乾五十六分錳養烘乾二十八分相和置鐵鍋內加熱至暗紅色掉之至不熖爲度則錳養所放之養氣令鉀與衰之若干分變爲鉀養衰養而多餘之衰燒去鐵則變爲鐵養其式爲

鉀三衰鐵丄養川二鉀養衰養丄二炭養丄淡丄鐵養

將其質與冷水相和則鉀衰消化而不肯消化者沈下傾出而添以淡輕養硫養遂成鉀養硫養與淡輕輕養衰養其式爲

鉀養衰養丄淡輕輕養硫養川鉀養硫養丄淡輕輕養衰養

將其水隔水熬乾之則淡輕輕養衰養變爲由里阿再添以醕即能與鉀養硫養分開因醕祗消化由里阿也

化學家論由里阿原質之排列或謂由里阿能收水四分劑而變爲淡輕養炭養則由里阿應列於阿美弟類（見第十四卷阿美弟節）既如此可依原質排列之理用淡輕養炭養二分劑令放水之原質四分劑而成由里阿則所得之式其理同於哇克司阿美弟能從淡輕養草酸內取出者其二式爲

二淡輕養炭養丅四輕養川炭輕淡養（即由里阿）

二淡輕養炭養丅四輕養川二炭輕淡養

所有淡輕爲母之本質遇衰應成相配之由里阿類質前人試驗此事而知實有其理如將以脫里阿米尼令遇衰養即成以脫里由里阿此質與以脫里阿米尼衰養同質即同於由里阿與淡輕養衰養同原質之理其式爲

淡輕炭輕輕養衰養川炭輕炭輕淡養（即以脫里由里阿）

由里阿果能從二原點淡輕爲母者而以炭養代輕得之則以同理可用以脫里阿米尼二原點得以脫里由里阿其式爲

淡輕二炭輕（即以脫里阿米尼）　淡輕炭輕炭養

此式內以炭養代輕之一原點並以脫里之一原點

前言阿美弟類可用淡輕令遇相配之以脫而得之如草酸以脫遇淡輕成哇克司阿美弟其變化可以下式明之

二炭輕炭養養（即草酸以脫）丄輕淡輕（即淡輕）川輕炭養淡（即哇克司阿美弟）丄二炭輕輕養（即醕）

又以同理將炭養以脫添以醕內消化之淡輕盛於玻璃管內封密加熱即成由里阿與醕其式爲

二（炭四輕五）炭二輕三養四丄輕輕輕淡‖（炭養輕輕）淡即由里阿丄輕（炭四輕五）養四即醋

如將哀養以脫即炭四輕五養哀養令遇淡輕三即成以脫里由里阿其變化之法略與哀養遇淡輕三之變化相同其式為

輕養哀養丄淡輕三‖淡輕三輕養哀養

（炭四輕五）養哀養丄淡輕三‖淡輕三（炭四輕五）養哀養即以脫里由里阿

嘗有人造成此類之別種雜由里阿質其內之輕氣或幾分或全分為醕本質所代此各質與其原母質由里阿之相關視下數質自明

由里阿　炭二輕四淡二養

以脫里米以脫里由里阿　炭二（輕三）（炭四輕五）淡二養

四以脫里由里阿　炭四（炭四輕五）淡二養

二非內里由里阿　炭二（輕）（三炭二輕三）淡二養

由里阿以淡輕三為母之理有一事略可為據嘗有人取得數質與由里阿之相關同於阿美弟與淡輕三之相關所以此種質可名為由里阿特又可名為雜由里阿質而其內有副本質或酸類本質代輕氣之一分劑茲將偏蘇由里阿特即偏蘇里由里阿之取法作式指出此類之質之變化

將偏蘇里綠令遇淡輕三即成偏蘇阿美弟與輕綠其式為

炭一四輕五養二綠即偏蘇里綠丄淡輕三‖炭一四輕五養二淡輕二即偏蘇阿美弟丄輕綠

將由里阿代淡輕三即成偏蘇由里阿特與輕綠其式為

炭一四輕五養二綠即偏蘇里綠丄炭二輕四淡二養二即由里阿‖炭一四輕五養二炭二輕三淡二養二即偏蘇由里阿特丄輕綠

以上二種變化俱是由里阿與各雜質以淡輕三為母視下式更易明

淡輕三丄（炭四輕五養二）綠即偏蘇里綠‖淡輕二（炭四輕五養二）丄輕綠

淡輕四（炭養二）即由里阿丄（炭四輕五養二）綠‖淡輕三（炭四輕五養二）（炭養二）丄輕綠

又以同法得下二質

阿西台里由里阿　淡二輕三（炭四輕三養二）（炭養二）

布低來里由里阿　淡二輕三（炭八輕七養二）（炭養二）

由里酸　將人尿加以鹽強水存若干時即結成極細而硬之紅顆粒為由里酸即炭一〇輕四淡四養六此質在尿內與鈉養相合又與淡輕三相合人身有病則此二質在尿內凝結因其質過多故也其鹽類在溫水能消化在冷水即凝結如石蔴常含由里酸與鹽類質所以此質又名為里的酸里的

二音即石之意

人屎內所含之由里酸略爲千分之一故用人屎所取亦無多即花布所用之米由來曷克歲特必用由里酸造之蟒蛇與鳥之糞內大半爲酸性之由里酸淡輕三又有大洋內數處小島亘古爲海鳥停止之所其糞每年加一層年久而變質現有船取之以糞地名爲古阿奴此質亦含由里酸甚多其酸性之由里酸淡輕三內分出其由里酸甚易只將其質在鉀養水內消化濾之添以鹽強水則由里酸須冷水萬分之一消化故凝結爲白色之顆粒

鉀養水加以由里酸不加熱消化而俟飽足再令不遇空氣而熬乾即成小顆粒如針其質爲二鉀養炭。輕二淡四養四此質水內能消化若以炭養二氣通過其水則鉀養之半分出爲鉀養炭養二又有酸性之鉀養由里酸顆粒其質爲鉀養輕養炭。輕二淡四養四所以由里酸爲二本之酸質即炭。輕四淡四養六應寫其式爲二輕養炭。輕二淡四養四

由里酸漸漸添於濃硝強水內即消化發沸生熱待冷結成八面形之顆粒名阿陸克珊即炭八輕二淡二養八此質爲由里酸與養氣相合其式爲

炭。輕四淡四養六丄輕養淡養五刂炭八輕二淡二養八丄二炭養二丄淡二丄淡輕三

阿陸克珊之性能染手指爲淡紅色而其水遇鐵養硫養即變深紫色

阿陸克珊能爲由里酸與由里阿中間之物蓋尿內常有此二質並阿陸克珊少許其阿陸克珊略爲由里酸收得養氣而變爲由里阿時在半路所成之物如欲試之將阿陸克珊水和以鉛養令沸則發炭養二氣而阿陸克珊與養氣化合變爲由里阿其式爲

炭八輕二淡二養八（即阿陸克珊）丄二輕養丄四鉛養二刂炭二輕四淡二養二丄六炭養二丄四鉛養

如將輕硫氣通過阿陸克珊水內則有硫分出而結成阿陸克珊的尼顆粒即炭一六輕四淡四養一四加二輕養加硫

如將阿陸克珊的尼四厘與阿陸克珊顆粒七厘用熱水半兩消化再添極濃之淡輕四養炭養二水八十厘則放炭養二而大沸其水變爲光亮之紫色待冷結成顆粒避光視之爲紅色兼有綠色與金色如金蟲翅之閃光此質名米由來曷克歲特其式略爲

炭一六輕四淡四養一四（即阿陸克珊的尼）丄炭八輕二淡二養八（即阿陸克珊）丄四淡輕三刂炭二四輕一二淡一〇養一六（即米由來曷克歲特）丄六輕養

米由來曷克歲特合於染料之用能染布與印布造此所用之由里酸即用古阿奴所取

希布由里酸　此種酸質別物尿內幾無有之人尿內亦甚少即炭十八輕九淡養六(希布二音即馬之意)此酸在馬尿內甚多牛尿內亦含此質百分之一從牛尿內取出之法將其尿熬至八分體積之一再加鹽強水至有餘待久即結長細之顆粒但有一奇事惟在圈內之養牛能得此質馬尿內欲得此質者亦不可奔跑設令其牛或馬多走路多出力而用同法試其尿所得者為偏蘇以酸而非希布由里酸又有一奇事牛馬不但不可行動若其尿存久至發臭而用前法試取亦只有偏蘇以酸最奇者牛馬而食以偏蘇以酸則雖令行動亦有希布由里酸

此二種酸質之相關可用法證之將希布由里酸和以濃硝強水加熱多時待冷即結偏蘇以酸顆粒取出其顆粒而將其水熬乾加以淡輕三減其酸性又結各里各可勒(見本卷直辣的尼節)之顆粒其式為

炭十八輕九淡養六(即希布由里酸)丄二輕養ㅣㅣ炭十四輕六養四(即偏蘇以酸)丄炭四輕五淡養四(即各里各可勒)

有人反用此法得其據將各里各可勒令遇鋅養與偏蘇里綠(見第四卷苦杏仁節)即成希布由里酸其式為

炭四(輕四鋅)淡養四(即鋅各里各可勒)丄炭十四輕五養二綠(即偏蘇里綠)ㅣㅣ鋅綠丄炭十八輕九淡養六(即希布由里酸)

希布由里酸因此可名為偏蘇里各里各可勒即炭四輕四(炭十四輕五養二)淡養四此各酸質可顯其相代之理將希布由里酸令遇硝強水與硫強水即變為淡養四希布由里酸因有淡養四代輕氣之一分劑如將此酸質與鹽強水相和令沸即成淡養偏蘇以酸即同於希布由里酸變成偏蘇以酸之理其式為

炭十八(輕八淡養四)淡養六丄二輕養ㅣㅣ炭十四(輕五淡養四)養四丄炭四輕五淡養四

希布由里酸遇本質所成鹽類之公式為某養炭十八輕八淡養五故其酸質可命為輕養炭十八輕八淡養五

尿內所含各種生物質如由里阿由里酸暮苦司希布由里酸苦里阿的尼尼之外尚有數種鹼類質與鹽類質如鈉綠鉀養燐養五鉀養硫養三鈣養燐養五鎂養燐養五淡輕四養燐養五

人尿所含各質之中數列後

水	九五六·八〇
由里阿	一四·二三
由里酸	〇·三七
希布由里酸苦里阿的尼尼顏料並未知生物質	一五·〇三

幕苦司	○一六
鈉綠	七一三
燐養$_{五}$	二一二
鉀養	一九三
硫養$_{三}$	一七○
鈣養	○一一
鎂養	○一二
鈉養	○○五
共得	九九九九四

新陽趙元益校字

化學鑑原續編卷二十二

英國蒲陸山撰　英國　傅蘭雅　口譯
無錫　徐　壽　筆述

植物生長

植物之原質即生長植物各種材料之原質如炭輕淡養硫燐綠矽鉀鈉鈣鎂鐵錳此各質內之炭輕淡養硫燐乃相合變化而成植物所需之料其餘各質仍為平常之狀

鉀綠鈉綠

鈣養硫養$_{三}$

鉀養矽養$_{三}$

鈉養矽養$_{三}$

鐵養燐養$_{五}$或有錳養燐養$_{五}$又有鈣養燐養$_{五}$鎂養燐養$_{五}$淡輕$_{四}$養燐養$_{五}$

鉀養鈉養鈣養與植物酸質合成之質

植物能得養之之質或藉葉吸氣或藉根吸水

養植物最要最多之質為炭此炭常有炭養氣之狀葉與根俱能食之得此炭養氣有兩法一得於空氣之內一得於根之相近處動物腐爛之所發

養植物之輕氣亦有兩法得之一從雨露一從近根之淡輕$_{三}$即土內含淡氣動物腐爛所發者其淡輕$_{三}$亦為養植物

淡氣之一源，其餘淡氣或爲雨水所含之淡養$_5$，或淡養$_3$，或土內成此兩物，因其淡輕$_3$而放其淡氣，植物所需之養，亦從炭養$_2$氣與水所得，此二物含養氣之數，比植物所需用者尚有餘。

植物所含之硫與燐，大略得於土內所有硫養$_3$與燐養$_5$之質，其綠與矽與金類，俱從土內所得。

植物俱是藉土而生長，其土如何而成，考地學之理，大略可知地球在混沌之初，祇有火成之石類，即花綱石，其火漸熄之後，其石遇空氣燥濕冷熱之變化，歷數萬年剝蝕腐爛而成土，層層相疊，俱能考其質而言其理。

花綱石爲數質相合而成，一爲石英，即矽養$_2$，一爲非勒特司怕耳，即鋁$_2$養$_3$並鉀養或鈉養與矽養$_2$合成之物，又有雲母石，即鋁$_2$養$_3$鐵$_2$養$_3$鉀養鎂養等物合成之質，另有鈣養硫養$_3$並含硫養$_3$之質，合綠氣之質，含錳之質少許。

此石多年遇空氣變化之事，漸漸爛而鬆散，爲雨水衝至低窪之處，積成粉質一層，此粉質內含植物所需養之金類質，如是而石之外而有薄層之土質，偶有植物易生之種着其上，如苔類之子，即能生長，其炭輕淡養各質，從空氣與雨露所得，其金類各質，從土內所得，此苔結子後即死而腐爛，土又收其各質，而此各質本爲空氣與土所有之簡質，由是而變爲稍繁之質，能養上等之植物，自有上等之種，如前事之榮枯，久之而草木暢茂，禽獸宿食其中而繁殖，一切動物又從別處得各種別質，帶至其地，或爲糞，或身死其地，俱留積於土，而其土漸肥，再後有農夫耕其地而樹藝各物，所產之物爲動物所食，而運至別處，以致本處土內所含之金類質漸缺而爲瘠土，故必用法補之。

農夫糞地之意，即補土內缺少之料，所補之料，或能令徑養植物，或能令土內之質變化而植物食之。

徑養植物之料有十三種，詳列於後。

一．煤與草木之灰，此灰含本處植物所收土內之料，壅於地面而土得其原物。

二．鈣養硫養$_3$，鎂養硫養$_3$，此二物不但能補硫與鈣與鎂，尚能化分土內植物質腐爛所成之淡輕$_4$養炭養$_2$，令變爲淡輕$_4$養硫養$_3$，此質能存在土內，如淡輕$_4$養炭養$_2$不變，則散於空氣之內，而植物失去此物。

三．鈣養燐養$_5$，即骨灰，此物或者徑用之，或先用硫強水令變爲鈣養二輕養燐養$_5$而用之，此質易於消化。

四．鈉綠，即食鹽，能放出其鈉，而遇土內常有之鈣養炭養$_2$，使大半變爲鈉養炭養$_2$，又能變爲鈉養矽養$_3$，或養植物之

別種鹽類
五鈉養淡養有數種土用此最宜因能發鈉養與淡氣俱
是植物所需
六鉀養矽養鈉養矽養此二質宜於長養穀類如麥類之
梗多含矽養土內雖有此物然須與鹼類合成能消化之
質而植物始能吸食
七淡輕養硫養此質從燒煤氣之廠所出能放硫養與淡
輕俱有益於植物
八草木之根葉等物埋在土內則腐爛之後能還養植物
九皮骨之膠質腐爛能生炭養與淡輕並多成鈣養燐養
十尿內之由里阿與由里酸化分時能放淡輕養炭養又
能放燐養與別種鹽類質
十一各種動物之糞此內有動物所食之物而不肯消化
之鹽類再有易腐爛之生物質內能發淡輕與輕硫甚多
十二古阿奴即食肉之海鳥之糞此質多含淡輕養由里
酸等含淡氣之生物質又含燐養之鹽類與鹼類之鹽類
十三炱此質之益處大半含燒煤所有各種淡輕鹽類質
土質變化所成之料宜於植物之用其最要者為鈣養此
質能改變土內之生物質與金類質故遇生物質即令腐
爛而變為炭養或水或淡輕或淡養俱有益於植物者又

鈣養遇土內之死物質即令其金類化分如含鹼類質與
非勒特司怕耳等令變為易消化之質
有數種土農夫疑其生長之力已乏而必多加以糞有時
停種一年或二年令不生植物即能復其原力然亦不必
如此蓋一處本不可每年常種一物因常種一物則養此
物之料必缺而養別物之料尚足故種別物二三年而再
種本物仍能如前之茂農家試驗此法名為輪種如第一
年大麥第二年草第三年豆第四年蘿蔔第五年仍種大
麥等法
此輪種之理可從長養各物所需之金類質明之如蘿蔔
所需為鈣養與鹼類麥所需為鹼類與矽養大麥所需為
鈣養與矽養草等物所需為鈣養所以種麥而矽養既缺
其所餘之鹼類與鈣養尚能養蘿蔔鹼類缺後則所餘下
之鈣養尚能養草此時其麥所需之料已變化而出
每年所產之物所有無用者埋在土內變為有用如數種
植物其根甚長而深其吸食之料為短根者所不能吸如
長根在土腐後短根即能食之
化學家能知植物變化成各植物質之理甚少其所知者
糖與小粉用炭養氣與水在植物內所成又知哥路登為
此各質並淡輕或硝強水並數種含硫養與燐養相合而

成惟此種變化之層次無法能知
種子之內常含小粉與哥路登或同類含淡氣之質如里故米尼等再有數種金類質此金類之在種子內所以養此草木使其生根生葉能自吸食空氣與土內之料
種子發芽之時收得養氣而發炭養氣此因蛋白質即各質內之最易變化者先與養氣化合而令其不能消化之小粉變爲能消化之糖種子在此時須得多水必用水之原質令其小粉之炭輕養變爲糖之炭輕養又必用水消化其糖並可變之蛋白質與金類之鹽類質以備變成植物之汁此內所能生長之力令其汁變爲根其根入土尋食自養之料又令生葉向上吸食空氣內之料葉既生長之後遂能吸炭養氣與水與淡輕以自成其汁葉之功用似乎動物之肺但其職相反肺乃吸養氣而放出炭養氣葉則吸炭養氣而放出養氣並淡氣少許
植物在夜間亦能放炭養氣惟少於有光之時所收之炭養氣
植物之炭質俱從炭養氣與水所得故必有放養氣之事因植物內炭質所含之養氣比炭養與水所含之養氣更少
植物內所有含炭與輕之質或此各質與養氣化合之質

俱爲炭養氣與水所成而有全養氣或幾分養氣放出如寫留路司即炭$_{12}$輕$_{10}$養$_{10}$爲炭養$_{2}$氣十二分劑與水十分劑而有養氣二十四分劑放出又如瑪里酸即炭$_{8}$輕$_{6}$養$_{10}$爲炭養$_{2}$氣八分劑水六分劑相合而有養氣十二分劑放出
植物內含淡氣之雜質與前同例乃淡養與水與淡輕相合而成而有養氣放出因此各雜質內所含之淡氣與炭輕之比甚少則其炭養與水所放之養氣足令其淡輕之輕氣變爲水如其輕氣在雜質內無有別種專職其養氣亦足用而有餘茲以成雜那之式明之

四十炭養$_{2}$上十八輕養上二淡輕$_{3}$川炭$_{40}$輕$_{24}$淡$_{2}$養$_{4}$即雜那上養$_{94}$

可見養氣之有餘
植物質所含之硫乃在土內所得因土內所有硫養之質所發之硫養遇炭養氣與水與淡輕而有硫分出如哥路登原質之式爲炭$_{216}$輕$_{169}$淡$_{27}$養$_{68}$硫$_{2}$則從養植物之料變成之式爲

二百十六炭養$_{2}$上八十八輕養上二十七淡輕$_{3}$上二硫養$_{3}$川炭$_{216}$輕$_{169}$淡$_{27}$養$_{68}$硫$_{2}$上養$_{458}$

植物之變化將養之之質減去養氣動物之變化將養之之質加以養氣
以上生長之理祇能略知其概惟植物之果實漸漸變熟

其理較明

果實初生之時含寫留路司與小粉與植物酸質如瑪里酸檸檬酸果酸歎尼酸其歎尼酸果內常有之所以生果之味澁但生果有一質名貝格士司爲炭輕養三質所合成其原質之數尚未考得貝格士司不能在水內消化果子漸熟則變貝格的尼即炭$_{六四}$輕$_{四〇}$養$_{五六}$能在水內消化成一濃流質全熟之時貝格的尼又變爲貝格的酸即炭$_{三二}$輕$_{二二}$養$_{三〇}$與貝格士司酸即炭$_{三二}$輕$_{二二}$養$_{三〇}$能在沸水消化冷則能成稠質如膠所以蘋果等浸於水內沸之即得膠形之物

果實生時與空氣之相關其職司與葉相同亦能收炭養$_{二}$氣而放養氣初變熟時則收養氣而放炭養氣其小粉與寫留路司變爲糖因遇植物酸質之故遂成甜味前言小粉與寫留路司之炭輕養變爲糖之炭輕養只收水之原質而已故其收養氣而放炭養氣或爲樹皮等酸變爲糖所不可少之事如

炭$_{五四}$輕$_{二二}$養$_{三四}$（即樹皮酸）丄二輕養丄養$_{八}$〢二炭$_{二}$輕$_{二}$養$_{二}$（即果糖）丄三十炭養$_{二}$

三炭$_{八}$輕$_{六}$養$_{二}$（即果酸）丄養$_{六}$〢炭$_{二}$輕$_{二}$養$_{二}$丄六輕養丄十二炭養$_{二}$

糖已足後其變熟之事已成如再存若干時則收養氣而令腐爛

生長各種植物乃自然之變化設如無有循環之法令其植物死後散於空氣與土中以養將來之植物則其變化不全所以植物死後而得濕氣即能變化含淡之質腐爛後則漸爲空氣內之養氣所侵而全質腐爛其炭仍爲炭養$_{二}$其輕仍爲水其淡仍爲淡輕$_{三}$此各質散於空氣爲風所吹以養別處之植物其金類質被雨衝入土內以備後用木質遇濕氣則漸爛而成稷色之料名爲呼莫司土內之生物質此居其大半鹼類能令此質消化而得稷色之水如將此水加以酸質即結稷色之質有人已試此質含呼米酸與烏勃米酸與奇以酸但此各質不肯成顆粒則其實爲酸質尚是無據又有二種同類之酸質即苦里尼酸與阿布苦里尼酸（苦里尼即苦井之意）俱從此法得之地內所出之水間有含此二質者

木欲令其不腐爛必用藥料能與其汁內之蛋白合成不能變化之質常用之料爲苦里亞蘇脫（見第二卷波加酸節）加與汞綠將此料在水內消化其木或浸於內日久或加壓力使水漬入木內

西人布式利令木不腐爛之法藉其樹汁能往上至枝葉之力吸取藥料之水在樹之近根處割一槽外圍以泥令不漏水槽內傾入銅養硫養$_{三}$或鐵養醋酸或鈣綠之淡水

則樹皮能吸其水無處不到如樹已砍下而平置者可將一皮袋盛此水包在一端仍能吸入與活時相同木含此種藥料不但不能腐爛且不為蟲所食又不能養莓類

新陽趙元益校字

化學鑑原續編卷二十三

英國蒲陸山撰
英國 傅蘭雅 口譯
無錫 徐 壽 筆述

長養動物

動物長養之變化與植物有大別植物收聚各料而成質動物則毀壞各質以自養動物不能徑以炭養與輕養與淡輕養其身而植物能將此簡質造成繁質如蛋白與糖等動物即食此繁質而變為植物所需之簡質惟動物質所成數種材料如非布里尼與膠其原質繁於數種植物質所以成此材料所食之物亦必為繁質而其原質必與所成之質略同動物所食之物與其身內之原質亦略同則長養動物之理已得考知其要矣

動物體之原質與植物體之原質略同惟動物體之雜質比植物體之雜質更多而其性與形又大不同

動物之骨含鈣養燐養五鎂養燐養五鈣養炭養二鎂養炭養二並膠類之質因動物所食之物多含燐養五之質並多含淡氣之質如哥路登則能成膠類之質小動物所食之乳亦含燐養五質而其加西衣尼亦含淡氣質

肉所由生亦藉米麥之哥路登與乳之加西衣尼變成非布里尼之含淡氣質而其變化較少於成骨之直辣的尼

卽膠類之質非布里尼直辣的尼加西衣尼三種之原質略同。

血之蛋白與非布里尼其相配之質爲米麥之哥路登與乳之加西衣尼而血內之一切鹽類質亦從此二種食物所得。

食品之內略以麵與乳爲主動物之性雖喜食肉者亦當以此二物爲主惟其肉之質更繁。

動物體不含淡氣之各物須用不含淡氣之物養之如麵內之小粉乳內之糖與油。

動物所食之物不能徑至欲補之處必先消化而得精液融和於血遂入肺內而遇呼吸之氣以成其變化然後周行各處以補百體所需之料因百體常欲修補之全藉此血。

消化之事將所食之物嚼細與口津相和成漿口津爲鹼類之流質兼含一種蛋白類之料名台阿里尼（台阿卽涎吐之意）此質易於臭爛其口津之用處大略浸潤乾質令易下咽其鹼類之性能備與別料化合所有之油類質使變爲肥皂之形台阿里尼易臭爛之性能令食物更易消化有發酵之意。

下咽之後直至胃中待若干時得身內之熱度卽九十八度胃汁卽令消化最要之質。

胃汁爲胃之內皮所生含輕綠水與拉克的酸卽乳酸也兼含蛋白類之質名伯布西尼（伯布西卽消化之意）淡酸質而兼有此物易能消化非布里尼卽肉紋與已結之蛋白如無此物而但有酸質難於消化食物。

胃汁可用材料配合令消化食物同於胃所生者將豬羊等胃之內皮浸於最淡之鹽强水內須稍加熱置肉或豆腐於內加熱至身體之熱亦漸消化所以豬羊胃內所得之伯布西尼可用作藥品令人易消食物。

食物遇胃汁而變化乃將非布里尼與蛋白質變爲能消

化之形其小粉亦大半變爲對格司得里尼與糖惟油類之質不消化。

胃內幾分消化之質名爲開末從胃往幽門之前再遇二質卽膽汁與甜肉汁。

其膽汁大半爲兩種鹽內質之水一爲鈉養古里古殼里酸一爲鈉養托路殼里酸此二酸質有松香類之性不能滅其鹼類所以膽汁有大鹼性又含炭質甚多古里古殼里酸之質爲輕養炭（二六）輕（四二）淡養（五）則每百分含炭六十七分托路殼里酸之質爲輕養炭（二六）輕（四四）淡養（六）硫則每百分含炭六十一分此二酸質能出二種材料一名各里各可勒一名托

而以尼，又有二種不含淡氣之酸質，欲取此質，將其兩種本酸質，與淡鹽強水相和令沸，其式為

輕養炭$_{五二}$輕$_{四三}$淡養$_{一二}$（即古里古殼里酸）丄輕養‖炭$_{四八}$輕$_{三九}$養$_{九}$（即可路以的酸）丄炭$_{四}$輕$_{五}$淡養$_{四}$（即各里各可勒）

輕養炭$_{五二}$輕$_{四四}$淡養$_{一三}$硫$_{二}$（即托路殼里酸）丄二輕養‖炭$_{四}$輕$_{七}$淡養$_{六}$硫$_{二}$（即托而以尼）丄輕養炭$_{四八}$輕$_{三九}$養$_{九}$（即可里酸）

托而以尼所成之顆粒甚美觀，所含之硫每百分有二十五分，此質為甚繁之動物質，然有簡法可用材料造成，將炭$_{四}$輕$_{四}$通過無水之硫養$_{三}$，則為強水所收，再以淡輕$_{三}$減其酸而熬乾之，即得淡輕$_{四}$養以西替哇尼酸，其式為

炭$_{四}$輕$_{四}$丄二硫養$_{三}$丄淡輕$_{三}$丄二輕養‖淡輕$_{三}$輕養炭$_{四}$輕$_{五}$硫$_{二}$養$_{七}$（即淡輕$_{四}$養以西替哇尼酸）

將此鹽類質加以小熱，則放水二分劑而成托而以尼，此變化之式為

淡輕$_{三}$輕養炭$_{四}$輕$_{五}$硫$_{二}$養$_{七}$（即淡輕$_{四}$養以西替哇尼酸）丅二輕養‖炭$_{四}$輕$_{七}$淡養$_{六}$硫$_{二}$（即托而以尼）

膽汁內尚有一物，名各立司替里尼（各立即膽之意，司替里即油之意），即炭$_{五二}$輕$_{四四}$養$_{二}$，為明顆粒，與油類略同，常在腹內凝結成膽內之石痳，此種曾在植物內，如豆，如麥並數種植物之油類質見之。

膽之色料，未能分出而得其純質，

肝內亦有一物，名各里各貞，即動物小粉，即炭$_{一二}$輕$_{一〇}$養$_{一〇}$。動物死後，此質速收水之原質而變為糖

食物之消化，其膽汁所運用，尚未考其詳，然因有大鹼性，疑其職相助消化油質

甜肉汁亦為鹼類質，其與膽汁之別，因含甚多之蛋白質，極易臭爛，此汁之職大略將飯內之小粉令變為糖（見第九卷蘿葡糖節），然此質亦能令油質化分，略如做肥皂之意，所食之物，經過此汁之後，即至腸內，腸亦有汁，能令小粉與糖成其消化之事，所以小腸內一切能消化之物，變為白色漿形之質，名開勒，即精液也，所有不能消化之質，如木紋等，必與此質分開，而往大腸，小腸內分開此兩物，有兩種微細之管，密佈腸包膜內，一名美生脫里克管，專吸能消化之小粉類質，引至肝內，從肝引至心之右上房，一名吸液管，專吸能消化之油類質，引至吸液總管，而往心之右上房。

此為半成血之料，從心之右上房往右下房，在此處與迴血管迴進之血相合時，得一深糉色而為心噴至肺內，徧通至極細之管，與吸進之氣相遇，其血與氣祇有極薄之皮分隔，即在此處放出其炭養$_{二}$氣，而收等體積之養氣，血

遂變爲明紅色通入心之左邊而從發血管行至百體之微絲管

血質迴行全體所有各種變化之事不能甚詳其最要者常添需用之養氣而血內之各質與養氣化合而生熱令身溫煖其變成者有炭養$_{二}$硫養$_{三}$燐養$_{五}$拉克的酸即炭$_{六}$輕$_{五}$養$_{五}$布低里酸即炭$_{八}$輕$_{七}$養$_{三}$由里酸即炭$_{一〇}$輕$_{四}$淡$_{四}$養$_{四}$由里阿即炭$_{二}$輕$_{四}$淡$_{二}$養$_{二}$等質既爲養氣所變其質必從精液內再得新質補之而其血必放出已變之各物如炭養$_{二}$氣從肺與皮而出硫養$_{三}$燐養$_{五}$由里酸由里阿從內腎而出

身內各種流質如膽汁與口津與胃汁等必從血內生出其血從迴血管歸至心內之時收得食物內成此各流質之料爲發血管運至應當之處

身遇大冷或大熱則必或減或加其熱令週年平勻身內各處之油質能補其熱以禦冷因油質含炭與輕甚多在身內與養氣化合必令所生之熱大於多含淡氣與養氣之物所生之熱所以身體受冷則血放養氣令其油質化合因此生熱能補所散之熱此有一天然之事凡寒冷之時須多用養氣補熱則吸進之養氣因空氣緊而必多且遇冷時之呼吸必比平時稍速

天冷之時身內需用之炭與輕比平時更多故宜多食小

粉與糖與油等質因此各料所含炭輕質最多所以此各種不含淡氣之料常稱爲補呼吸之所用之料又如肉與哥路登與阿勒布門等質爲成百體之料

食物之功用有二一養身一生熱故所食之物應依其用而分二類但食一類必有所偏如欲補身之料必食蛋白與非布里尼加西衣尼如欲補熱之料必食不含淡氣之質如小粉與糖與油

動物食此二類彼此之比例必依其時與事爲主未壯健者全賴含淡氣之物以補養百體成堅固身已壯健此物略可少食至如嚴寒之時又宜多食生熱之料

壯健之人所食之物以六分爲率可食不含淡氣之物如小粉與糖等質五分含淡氣之物如哥路登之類一分惟饅頭含此二種略有此五與一之比小兒之身正須長養所需含淡之料自宜更多故以食乳爲宜因乳內不含淡氣之質如糖與油每四分略有含淡氣之質如加西衣尼略一分

凡冷地之人食油比熱地與煖地之人更多

常食之物宜以二種并用使其料常相配如以饅頭爲主則其二類有一與五之比茲將數種相配者列左

物名	養身料	生熱料

牛肉	一	一·七
山芋	一	一〇·
火腿	一	三·
小牛肉	一	〇·一
羊肉	一	二·七
米	一	一二·三

人之運動與知覺俱耗身內之各質如汽機每一轉爐內之煤必費若干所以動物或出力或運思必令精血漸虧全賴食物之相補並養氣之相助

吸進之養氣呼出之炭養氣與所食之物大有相關設食植物質如小粉與糖其養氣適足令其輕氣變爲水則吸進之養氣大半可以合成炭養氣之用其炭養氣之體積略等於每吸所費之養氣如食肉與油則必多用吸進之養氣令其肉與油內之輕氣變爲水故其炭養氣之體積少於每吸所費之養氣如動物歷久不食則炭養氣之體積與所用養氣之比例略同於食肉之後故人不食肉必漸費已身之肉

新陽趙元益校字

化學鑑原續編卷二十四

英國蒲陸山撰
英國傅蘭雅口譯
無錫徐壽筆述

動物死後變化

動物死後之事與植物死後略同其各質復爲原形便於循環之用身死不久空氣內之養氣令其含淡氣之質變化此變化逼至百體則成腐爛其炭變爲炭養$_2$其輕變爲水其淡變爲淡輕$_3$與淡養$_3$與淡養$_5$硫變爲輕硫與硫養$_3$其金類質與土相合能養植物植物收其炭養$_2$與淡輕$_3$而長大仍爲養動物之料動植二物不但循環互養更有相因之用動物放出炭養爲植物所收植物放出養氣爲動物所收

動植兩物彼此相關不能獨立而此相關之理爲農事之根本

設有一地周圍隔絕不與別處相通而耕牧其中空氣不甚改變可以連得動物與植物萬年不絕其外不必添進其內亦不運出此因常能循環互養也設此處所生之植物運至別處或養人或養獸而其人與獸之糞全運迴本處亦能連爲之而不缺其故因動物之糞所含之金類質原爲植物所需土內之金類既足則其餘各質能從空氣

收得矣。

動物體腐爛之遲速各物不同，如肉與血之質最緐，故腐爛最速，油質最遲，骨與毛髮更遲。

油質之不肯腐爛常有見者，如動物死後埋於濕土，歴久挖起，則得成塊之質，爲油內之司替阿里酸與瑪加里酸相合而成，名爲阿的布西里。

動物質曬乾卽不變壞，此爲久存食物最簡之法，如加以鹽或糖或香料或苦里亞蘇脫更能存久。

或言鹽與糖能存動物，因收動物體內之流質，又如香料能令物不腐，因其易散之油能阻發酵之事，苦里亞蘇脫加波力酸等質亦有此性，此質從燒木之煙所得，故將肉挂於煙內永能不壞。

動物植物之作食品者，欲久藏之，可盛於馬口鐵筩內，加水少許，再加以熱，則水變爲汽，而逐出其空氣，俟出盡之後立卽封密，所盛之物果屬新鮮，雖藏數年不壞，如藏時已稍變壞，雖不遇空氣亦漸腐爛。

近時有化學家考出從前之人論動物腐爛之事大差，近日詳細考驗，知空氣內有極微之定質點，或爲極細之蛋，或爲植物之種，着於動物，則腐爛之事由此而起，曾將牛乳分盛於二瓶內，令沸，一瓶用棉花作鬆塞，一瓶空露其口，同置一處，則無塞之瓶先發臭，有塞之瓶久不臭。生肉亦可久藏，所盛之器須毫不洩漏，另使空氣通過紅熱之鐵管，燒死一切微物，再通於盛肉之器，逐盡空氣而封密。

觀此數事，確知物極則反，死生相接，最緐最靈之物死後卽養最賤最頑之物，遂令其質變爲炭養與淡輕等氣，而歸諸空中，蓋動物之要質卽此炭輕淡養，由是空中又以此氣質還養萬物矣。

江南製造局科技譯著集成

化學卷

第壹分册

化學鑑原補編

《化學鑑原補編》提要

《化學鑑原補編》又名《化學補編》，六卷，附《體積分劑》一卷。英國蒲陸山（Charles Loudon Bloxam, 1831-1889）撰，英國傅蘭雅（John Fryer, 1839-1928）口譯，無錫徐壽筆述，長洲徐鍾校字，光緒八年（1882年）刊行。底本爲《Chemistry, Inorganic and Organic, with Experiments and a Comparison of Equivalent and Molecular Formulae》，1867年版。

此書譯自蒲陸山原著中無機化學部分，較《化學鑑原》內容更多更豐富。

此書內容如下：

卷一　非金類　養氣，養氣性情，養氣變化，汞養取養氣，錳養二取養氣，鉀養綠養五取養氣，電臭氣，空氣，輕氣，汽變輕氣，輕氣性情，輕氣變化，輕養吹燈，輕氣化合之性，水，水內所含之質，水在鉛器內變毒，海水，蒸水，水之形性，水與別質或化合或消化，輕養二，炭，炱，木炭，動物炭，煤，炭養二氣，取法，炭養二性情，炭養二變成流定二質，考驗炭養二之數，考驗生物含炭之數，炭養二合成之鹽類質，炭養二含原質之據，炭養氣，取法，炭與輕合成之質，炭四輕二，炭四輕四，炭二輕四，火，吹火筩，考驗炭輕二質之數，煤氣

卷二　矽，矽養二，矽輕二，硼，淡氣，淡輕三，考驗生物質內淡氣之數，鐵生鏽時能成淡輕三，淡輕三變成淡養三與淡養五，淡與養合成之質，淡養五，淡養氣，淡養二，淡養三，淡養四，淡養相合之總說，綠氣，綠氣取法，輕綠，輕綠遇金類之性，綠與養合成之質，綠養氣，綠養五，含綠養五之質，紅火，藍火，綠火，白色火藥，綠養四，總論綠養相合之質，綠與炭合成之質，炭養綠即福司託尼氣，矽綠二，綠淡，合强水

卷三　溴，輕溴，淡溴，碘，碘與養合成之質，輕碘，淡碘，鉀碘，弗，輕弗，矽弗二，輕弗矽弗二，硼弗二，綠溴碘弗總論，硫，硫之形性，輕硫，含硫之本質與配質，輕硫二，硫與養合成之質，硫養二，含硫養二之質，硫養三，含水硫養三，硫强水形性，無水硫養三，硫養三

之鹽類質，硫二養二，硫二養五，硫三養五，硫四養五，硫五養五，炭硫二，矽硫二，淡硫二，硫與綠合成之質

卷四 硒，硒養二，硒養三，碲，碲養三，輕碲，硫類原質之總論，燐，變形燐，自來火，爆礫之料，燐與養合成之質，燐養五，燐養三，燐養，燐二養，燐與輕合成之質，燐與綠合成之質，燐與硫合成之質，淡輕三與無水燐養五合成之質，鉀，鉀與養合成之質，鉀養三，含鉀養三之質，鉀養五，鉀輕三，鉀綠三，鉀碘三，鉀弗三，鉀與硫合成之質，鉀硫二，鉀硫三，鉀硫五，非金類總論，鹽類之原質，鹽類雙質，合成鹽類質以水爲模

卷五 金類 鉀，鉀綠，鉀養輕養二炭養二，鈉，鈉綠，鈉養炭養二，鈉之質性，硼砂，鈉養矽養二，淡輕三各鹽類質，淡輕三輕養硫養三，淡輕三輕綠即淡輕四綠又名硇砂，淡輕三輕硫即淡輕四硫，鋰鋤鏭，光色原鏡，鹻屬金總說，鋇，鋇養硫養三，鋇養炭養二，鋇養淡養五，鋇養輕養，鋇綠，鋇養綠養五，鍶，鈣，鈣養炭養二，鈣養，鈣養硫養三，鈣綠，鎂，鎂養硫養三，鎂綠，鹼土屬金總論，鋁，鋁二養三，鋁二養三三輕養，鋁二綠三，鋁二養三與矽養二合成之質，鉛，釷，鈥鉺鋱，錯鋃鏑，鋯，鋅，取鋅之法，鋅養，鋅養硫養三，鋅綠，鎘，錮，鈾，鐵，鍊鐵之理，鐵之形性，鐵與養合成之質，鐵二養三，二鐵二養三三輕養，吸鐵礦，鐵養三，鐵養硫養三，鐵二綠三，錳，錳與養合成之質，錳養二，錳養，錳二養三，錳三養四，錳養三，鈉養錳養二，鉀養錳二養七，錳與綠合成之質，錳綠，鈷，鈷與養合成之質，鈷綠，鈷硫，鎳，鎳與養合成之質，鉻，鉻與養合成之質，鉻養三，鉀養鉻養三，鉀養三鉻養三，鉛養鉻養三，二鉛養鉻養三，鉻二養三，鉻養，鉻二養七，鉻與綠合成之質，鉻綠，鉻養二綠，鉻弗三，鉻二硫三，鋅鐵鈷鎳錳鉻總論，銅，銅之性情，銅遇海水之變化，銅器煮食物宜慎，銅鍍於別金，銅與養合成之質，銅養，銅二養，銅四養，銅養硫養三，銅與綠合成之質，銅綠三銅養四輕養，銅二綠，銅與硫合成之質，銅二硫，銅硫，銅二燐，鉛，鉛內分銀，鉛之用，鉛與養合成之質，鉛二養，鉛養，鉛三養四，鉛養二，鉛養炭養二，鉛養硫養三，三鉛養燐養五，鉛綠，鉛綠鉛養，鉛綠七鉛養，鉛碘，鉛與硫合成之質，三鉛硫二鉛綠，鉑，鉑養三

卷六 金類 銀，銀之形性，銀與養合成之質，銀養，銀養淡養五，銀綠，銀二綠，銀溴，

銀碘，銀硫，汞，汞與養合成之質，汞二養，汞養，汞二養硫養三，汞養硫養三，汞與綠合成之質，汞綠，汞二綠，汞二碘，汞碘，汞與硫合成之質，鉍，鉍與養合成之質，鉍養二，鉍養三，鉍養五，鉍綠三二鉍養五輕養，鉍硫二，銻，變形銻，銻與養合成之質，銻養三，銻養五，鉀養銻養五，銻輕三，銻與綠合成之質，銻綠三，銻綠五，銻與硫合成之質，銻硫五，錫，錫之羼質，錫與養合成之質，錫養二，鈉養錫養二，錫五養十，錫與綠合成之質，錫綠，錫綠二，錫與硫合成之質，錫硫，錫硫二，鐠，鐠養二，鐠綠二，鎢，鎢養三，鎢養二，取鎢之法，鎢硫二，鉬，鉬之取法，釩，釩硫二，鈮，鉑，鉑與養合成之質，鉑與綠合成之質，鈀，鈀與養合成之質，銠，銠與養合成之質，銠二綠三，銖，釕，銥，金，金與養合成之質，金與綠合成之質，卡西由斯紫色，金與硫合成之質，鎵，燒錬玻璃，無色玻璃，各色玻璃，陶器，房屋料之石與灰

附卷　體積分劑　質點之理，炭養與炭養二之體積，淡輕三之分劑，淡氣之分劑，淡養五之分劑，輕綠與綠氣之分劑，體分劑式之理，炭與綠合質之體積，矽綠二之分劑，輕碘之分劑，輕弗之分劑，矽弗二之分劑，輕硫氣之分劑，氣與霧之重率常與熱度相關，硫養二之原質排列法，硫養三原質之理，炭硫二之分劑與體積，燐養五之分劑數，燐輕之分劑數，鉀養三與鉀養五之分劑數，鉀輕三之分劑數，鉀之分劑數，鈉之分劑數，淡輕四綠分劑數，鋇鍶鈣鎂之分劑數，熱率與分劑數相關，鋁之分劑數，鋅之分劑數，鎘之分劑數，鐵之分劑數，錳之分劑數，鉻之分劑數與質點重率，銅之分劑數與質點重率，鉛之分劑數與質點重率，銀之分劑數與質點重率，汞之分劑數與質點重率，鉍之分劑數與質點重率，銻之分劑數與質點重率，錫之分劑數與質點重率，鉑之分劑數與質點重率，金之分劑數與質點重率

化學鑑原補編卷一　非金類

英國　傅蘭雅　口譯
無錫　徐壽　筆述

疇昔化學名家討論各質原點之性情而定相合相分之例凡屬有重之物俱謂之質其大類有二曰原曰雜原質爲不能再分者雜質爲二物以愛攝力而相合者何謂愛攝力即令各質變成新質之力如但相合而不成新質則非此力有愛力者始謂之化合已化合之質而又有物勝其愛力令相離謂之化分

現在考知之原質其得六十四種分爲金類與非金類

非金類有十五種養輕淡炭硼矽硫硒碲燐鉮弗綠溴碘前人以鉮列于金類之內因有數種性情略與金類相同也

金類有四十九種鏭鋤鉀鈉鋰鋇鍶鈣鎂鋁鋊鋯釷鈦鉺鉞錯鋃鏑鈮鋅鎳鈷鐵錳鉻鎘鈾銦銅鉍鉛鉈錫鐟鉭鉺鎢釩銻汞銀金鉑鈀錴釕銖銥六十四種之內有數種不多見亦無大用惟化學家則不可不知其有關於世用之要質即養輕淡炭硼矽硫燐鉮弗綠溴碘又即鉀鈉鋇鍶鈣鎂鋁鋅鎳鈷鐵錳鉻鎘鈾銅鉍鉛錫鐟鎢銻汞銀金鉑

各原質之彼此化合俱有一定之重數依其數之多少而命之謂之分劑數凡有分合之事不外此數分劑數最小之原質爲輕氣故以輕氣爲主其餘各質之數則爲輕氣之若干倍數茲將最要之原質以輕氣之倍數相配其分劑數而不計其零數列之如後

鋁	一三·七	銻	一二二·	鉮	七五·	鋇	六八·五
鉍	二一○·	硼	一一·	溴	八○·	鎘	五六·
鈣	二○·	炭	六·	綠	三五·五	鉻	二六·三
鈷	二九·五	銅	三一·八	弗	一九·	金	一九六·七
輕	一·	碘	一二七·	鐵	二八·	鉛	一○三·五
鎂	一二·二	錳	二七·五	汞	一○○·	鎳	二九·五
淡	一四·	養	八·	燐	三一·	鉑	九八·六
鉀	三九·	矽	二一·	銀	一○八·	鈉	二三·
鍶	四三·八	硫	一六·	錫	五九·	鐟	二五·
鎢	九二·	鈾	六○·	鋅	三二·八		

以上三十九種俱是工藝之切用者所以製造之家不可不知其內亦有數種可爲醫藥等用者至如動物植物所有之原質甚少非金類惟有養輕淡炭矽硫燐綠碘金類惟有鉀鈉鈣鎂鋁鐵錳此十六種之性情乃平日所習見者所以考究生物之人祇欲知尋常之理專論十六種而已足若在製造之家必須博考三十九種如欲研極深微俟通觸類者則六十四種俱宜全考

地毬大體極多之原質惟二種卽矽與鋁動植物內極多之原質有四種卽養輕淡炭此六種者已合成萬物之大半

雜質粗分爲生死二質但此二質之界限難定生物質藉動植而得之如小粉與糖等死物質從地內得之如鹽礬等

養氣

養氣爲各原質之最多者空氣中有五分體積之一其餘爲淡氣而稍兼別氣然其養氣不化合於淡氣惟與和合而已水有九分重之八爲養氣則與輕氣化合又如矽養與鋁養略有二分重之一爲養氣此二質居地毬定質之大半可見養氣之多

取養氣之法初學者不易通曉必預知其性情之理始可明其取法故先論其性情

養氣性情

空氣雖有五分之一爲養氣而目所不見又無臭味前人有欲令變流質與定質者俱不能成比諸空氣之重略加十分之一若一・〇〇與一・一〇五七之比二氣俱宜極乾極淨熱度等而壓力等始得準數凡氣質與霧質之重咸以此理與空氣相較

養氣變化

養氣與別原質多能化合又能直與一質化合而無須相助之質然有不能直與化合者計七種卽綠溴碘弗金銀鉑又有不能化合者惟弗

養氣與別質化合必有生熱之事所生之熱大小不等如大至令物發光成火而燒亦有時小至寒暑表所不能顯試將白石粉以酸質化分則不覺生熱因其熱令石粉內之炭養變爲氣而用盡也其生熱之故詳論於後近有化學家云其故因質點之動

非金類之質不藉熱而能與養氣化合者惟有燐故必藏在水內否則速與空氣內之養氣化合如將燐質以生紙收其水而令遇空氣倏忽化合所生之熱能令其全體之熱度漸增熱度愈增化合愈速以至成燒而光熱並發故有質能在空氣之內與養氣化合而發熱發光或至於燒如第一圖將玻璃罩置已燃之燐於內則發出之濃霧爲無水燐養五質內含燐一分劑卽三十一含養五分劑卽八乘五得四十其燐養五二字槪此各數在內若將濃霧所變之白質令遇空氣則吸空氣內之水而變成小

第一圖

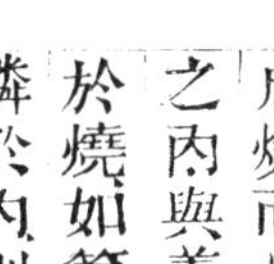

滴其味甚酸用藍紙試之立變紅色所以化學家用以分辨酸質凡屬酸味者俱可同法相試然有數種質不能消化於水味亦不酸卽不能變試紙爲紅色如平常之矽爲矽酸藍紙無從試驗也此種酸類之質必用別法顯之詳論見後

燐在空氣之內先與養氣三分劑相合至於燒時則與養氣五分劑相合空氣之熱度無多亦難自燃然遇空氣之面甚大亦卽易燃尋常化合之事以其質分至極細化合亦易亦速因化合之質須密切始能顯其愛力質點愈細相切愈密如將乾燐少許用炭硫消化於試筒之內再以生紙糊在匣上如第二圖將燐傾於紙面則炭硫飛散而燐留於紙面質已分至極細故速與養氣化合而紙自燃其光甚亮如在純養氣內則更亮前因空氣內之淡氣阻隔其養氣而難多合也空氣之內淡氣居五體積之四故以養氣燒燐則遇燐之氣點多四倍生熱發光必大矣再以小杯盛燐少許而置於鐵架之上如第三圖用熱鐵絲燃之而罩以有養氣之玻璃瓶則光熱極大惟玻璃必甚薄而燒透者燐塊宜小大則瓶體必裂其白

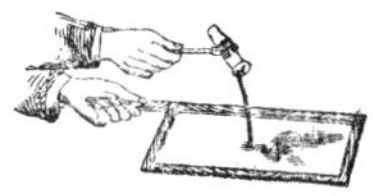
第二圖

第三圖

霧同於空氣所燒者故無論空氣或養氣之燒物其化合之分劑數相同而熱度加大者因歷時同而燒者多也所以空氣或養氣所成之熱數亦同

硫黃亦爲非金類之質能與養氣化合但不能在尋常之熱度化合須得五百度之熱而始燃火色淡藍如將已燃之硫置於養氣之內則藍光甚亮燒亦甚速每硫一分劑其重十六分能與養氣二分劑卽八乘二得十六分合成硫養氣其臭觸鼻難當故易辨識若以小杓盛硫如第四圖甲置於有養氣之玻璃罩乙而下以水盆承之則水能收其硫養氣用藍試紙安在水內立變紅色此法祇令養氣二分劑與硫化合然有法能合三分劑而成硫養三者可見燒物之時未必用盡能化合之養氣也

養氣內燒硫所得之火不及燒燐之亮此因燒燐之時必有定質小點在火內燒至極熱而發亮燒硫則但有氣質也故欲火之發亮者必有定質小點成白熱於火內

炭亦爲非金類之質亦能與養氣化合但其熱度須更大若用極純之炭質加熱約須白色如爲木炭則含輕與養加熱至紅而卽燃此言空氣之內也如將木炭在其一處加熱至紅而置於含養氣之玻璃瓶內則炭之全體速熱

第四圖

至白色每炭一分劑卽重六分能與養氣二分劑卽重十六分合成炭養氣藍紙探入瓶內變成紅色其變慢於燐養與硫養因其性弱之故凡燒料以含炭之物爲要而燒時必成炭養氣

燒炭略無煙焰純炭如金鋼石等絕無煙焰此因炭不能變爲霧質也凡火之或爲霧質或爲氣質俱在燒時所顯故燒時不變能燒之氣或霧則其焰不顯

以上三物俱能與養氣合成酸類之質惟輕弗則否故西文養氣之名卽酸母之意

金類之性咸喜逕與養氣化合惟在平熱度內則難合然如鐵鉛等質遇空氣而雖不加熱亦漸化合惟空氣不含水與炭養氣鐵等亦不能逕與養氣化合若在平熱度而逕與養氣化合者祗有五種卽鈉鉀鋇鎴鈣此五質與養之愛力極大故收藏之法宜用無養氣之地油浸沒之亦有與養氣之愛力極小者三種卽金銀鉑雖加大熱亦不肯逕與養氣化合

鈉質以刀剖開其面極光極滑少頃而受空氣之養氣卽成鈉養皮一層既生此皮雖加以熱而養氣亦難侵入內質若熱度極大而令鈉變霧質則燃而得黃色之火如第四圖將鈉盛於小杓而置養氣之罩內則其黃火更亮燒罩之時鈉一分劑卽重二十三分與養一分劑卽重八分合成鈉養燒鎔之時爲流質待冷而爲定質以之消化於水而沾於手指撚之有滑性嘗之有辣味將前變紅之試紙探入立復藍色凡有此性之質名爲鹻類質有金類者有非金類者如將鈉養水少許以淡硫強水滴滴添入則漸消去滑性而辣味亦變爲鹹味將變紅之試紙探入不復藍色再以藍試紙探入亦不變紅則鹻性與酸性彼此相平而成中立性水內變成之新質爲鹽類卽鈉養硫養亦卽元明粉其鈉養有鈉重二十三分養重八分合重三十一分又硫養有硫重十六分養重二十四分合重四十分則鈉養硫養分劑數之共重爲七十一分故凡雜質分劑數之重可將原質分劑數之重相加而得

硫養能滅鹻類之性然有數種酸類質不能全滅者如炭養不能全滅鈉養之性故仍能令紅試紙變藍惟其別性能改變其鈉養水侵蝕皮絲棉花等質如與炭養相合性卽變弱故可謂之弱鹻類而鈉養爲強鹻類所以弱酸類祗能改變鹻性數分

金類質在平熱度內不遇炭養氣與水氣原有不甚與養氣化合者若加以熱卽能化合試將鋅少許置于小杓加熱令鎔以鐵條掉之則燒其火有豔藍色因鋅之霧與空

氣內之養氣化合也。又將鋅箔剪成小條而作帚形。如第五圖。下端稍加熱而粘以硫粉。燃其硫而納於養氣罩內。則燒至極亮。燒畢而取出其餘。即變脆質。易磨爲粉。加熱則有黯黃色。冷而變白色。此爲鋅養。含鋅一分劑。即重三十二分八。養一分劑。即重八分。合重四十分八。

第五圖

鋅養無酸性。亦無鹻性。不能消化於水。然能滅酸類之幾分。間有全滅者。此種謂之本質。而其酸類謂之配質。鹻質亦歸本質之類。如將鋅養添以淡硫强水。至消化飽足爲度。則硫强水侵物之性已滅。而尚能令藍紙變紅。水內變成之新質。爲鋅養硫養三。凡本質與配質化合者。俱謂之鹽類質。因初考知此類之物。其形與性。略似食鹽也。如鉀養淡養五。亦爲鹽類質。即焰硝。其本鉀養。其配淡養五。即如食鹽。本質鈉。配質綠。成鈉綠。理並同也。

鐵遇乾空氣。或養氣。在平熱度內。不與養氣化合。須加熱至五百度。而生薄皮一層。即鐵養。再加熱而皮漸厚。久則擊之而脫下。試將四分徑之鐵條。一端加熱至白色。隨用大力風箱。接以小嘴。而急吹之。鐵能燒至極亮。四面發出光星。鐵養成滴落下。如以養氣代空氣。其光更亮。或將鐵絲繞成螺絲形。如第六圖。甲一端連於罩口之乙。罩內滿盛養氣。鐵絲之下端粘以硫粉而燃之。急入於罩內。能成鎔鐵之熱度。鐵絲鎔時。鐵養滴滴落下。罩須承以水盆。不致燒壞盆底。

第六圖

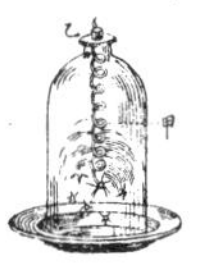

前法所得之鐵養。爲黑色。而鐵養之分劑有兩種。其一含鐵一分劑。即重二十八分。含養一分劑。即重八分。謂之鐵養。其一含鐵二分劑。即重五十六分。含養三分劑。即重二十四分。謂之鐵二養三。此質與水相合。即尋常之鐵鏽。熱鐵與養氣合成之質。含此二質各一分劑。故可謂之鐵養鐵二養三。或名爲鐵三養四。此質能爲磁石之所攝。而磁石之原質與此同。

鐵若分爲極細之粉。則空氣之內能自燃。作細粉之法。詳後炭養氣之末節。其物爲黑色。宜密封於玻璃管內。如開其管而灑於空中。立與養氣化合。而自生熱至白色。所變之質爲鐵二養三。

鐵養與鐵二養三。俱能滅酸類之性。故謂之本質。同於鈉養與鋅養之理。凡金類之質。大半能與養氣合成含養之本質。有不能者惟鎢。非金類則無有與養氣合成本質者。又有數種金類。能與養氣合成配質。如錫養二與銻養五是也。此類配質所含之養氣。乃最多之分劑。

又有與養合成者非本非配謂之平質或爲金類或爲非金類如輕養與錳養$_{二}$皆平質也然非金類與養合成者大半爲酸質若金類與養化合之質則含養少者爲本質含養多者爲配質不多不少爲平質如錳與養氣合成之各質能顯此理錳養爲强本質錳$_{二}$養$_{三}$爲弱本質錳養$_{二}$爲平質錳養$_{三}$爲弱配質錳$_{二}$養$_{七}$爲强配質

汞養取養氣

尋常需用養氣概以空氣代之雖有淡氣在內亦不能阻遏養氣之性

西歷一千八百年化學家拉甫西阿以空氣之分合而取

純養氣惟其法甚繁不合於尋常取養氣之用然偶試之殊有雅趣將長頸之玻璃瓶盛以水銀而隔砂加熱歷久不息其熱常得六百六十度汞乃發沸而有若干分變爲霧在長頸內結成而仍回瓶內後其汞漸變爲紅色之粉此因收空氣之養氣而成汞養也其空氣之淡氣不爲所收而散出如將此汞養加熱至紅即熱至一千度則放其養氣而復爲汞其式爲汞養＝汞＋養

細玩前理可見化分化合之事其熱度不致過大過小自有變化之事若爲過大仍歸原質如第七圖爲試汞養放養所用之器甲爲管即日耳曼玻璃管乙爲本生煤氣燈

第七圖

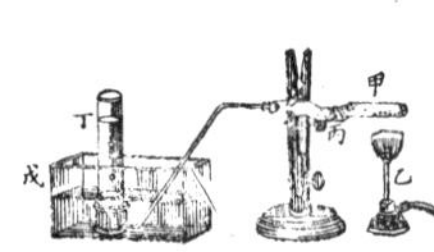

丙爲汞凝結之處丁爲收養氣之筩先滿以水而倒置於收氣盆戊如欲試此氣是養與否則以紙焠置於管口即能自燃如連加熱片刻汞養全能化分而復爲原質初加熱時其汞養變爲黑色待冷仍顯紅色

近有人用空氣徑得養氣然工藝之內原無多用養氣之處故其法尚未盛行

錳養取養氣

汞養之外有用錳養者此質英國有數處產之日耳曼與西班牙更多造玻璃與漂白俱用之此礦分爲多種尋常者名貝路羅多得此西語爲遇熱放鬆之意如將黑色之錳養在鐵甑內加大熱而收其氣或存於瓶或存於袋即可備用養與錳之愛力極大所以雖加大熱不能盡放其養氣尚有三分之二存在質內此存養之質變成棕色略爲錳$_{三}$養$_{四}$其式爲三錳養$_{二}$＝錳$_{三}$養$_{四}$＋養$_{二}$

鉀養綠養$_{五}$取養氣

化學取養氣之料常用鉀養綠養$_{五}$此質又可爲銅冒藥與各種焰火如將此質少許盛於試筒加熱如第八圖則先

第八圖

鎔成明流質而後發沸即放養氣之泡若將木條燃火而吹滅其焰插入筒內仍能自燃如久加熱至放盡養氣則筒內所餘之質爲鉀綠

鉀養綠養五爲鉀養與綠養五化合而成如鉀養與綠養五不化合則雖加大熱亦不化分今因在大熱之中綠與鉀之愛力大於養與鉀之愛力故化合之鉀養綠養五放出養氣而鉀與綠化合其式爲鉀養綠養五＝鉀綠＋養六

欲知鉀養綠養五所發養氣之重數必先知其分劑數如鉀爲三十九分養爲八分乘六得四十八分綠爲三十五分五共得一百二十二分五爲鉀養綠養五之分劑數故欲取養氣四十八釐則用鉀養綠養五一百二十二釐五若欲知此養氣體積之數必以平熱度即法倫表六十度並平壓力即汞柱高三十寸爲準此時之空氣一百立方尺其重三十一釐今以空氣之重率爲一養氣之重率爲一·一〇五七則得比例空氣一體積之重爲一養氣一體積之重爲一·一〇五七若空氣一百立方寸之重三十一釐與養氣一百立方寸之重三十四釐二八之比從此而得公法以求別種氣質一百立方寸之重總以六十度三十寸爲率故將別種氣之重數以三十一乘之即得各氣一百立方寸之重今以養氣三十四釐二八與一百立方寸之比略爲養氣四十八釐與一百四十立方寸之比所以鉀養綠養五一百二十二釐五必得養氣一百四十立方寸然若空氣之數有小異此數亦必加減矣

凡取養氣一斗即二百七十七立方寸二七六需用鉀養綠養五二百四十二釐六即半兩稍餘

鉀養綠養五化分所需之熱大於玻璃器能任之熱所以化學之事欲取養氣須將鉀養綠養五分加以錳養粉一分同研勻細則熱度不甚大而能放盡其養氣錳養則仍不改變其錳養在此內之功用尚未詳攷

取養氣之簡法如第九圖甲爲玻璃瓶乙爲玻璃管丙爲象皮管用二罩或多罩滿以水而覆於收氣之盆罩之容積如一升可用鉀養綠養五三十釐錳養六釐罩若幾箇料須幾倍以酒燈加熱於甲瓶第一罩之氣必雜甲瓶內之空氣第二罩則略純而微含綠氣

第九圖

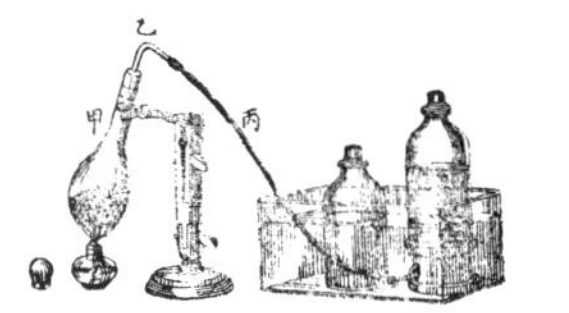

電臭氣

電臭氣爲養氣改變而成其性尚未深悉與各質化合更易於養氣令養氣變爲此氣之法有數種尋常磨電氣所發者即有此氣所以電氣久通過養氣而不發響則養氣變爲電臭氣又如燐等質漸與養氣化合而有水在其旁亦發此氣又如將水以電氣化分之所得之養氣有少許變爲電臭氣

第十圖爲西門子所作之器能顯電臭之性甲管之內面糊錫箔再套一管而於外面亦糊錫箔內外錫箔俱通至附電圈之二極點運法用螺絲丙丁令空氣或養氣通進戊管而行過內外二管之間則已端所出之養氣變爲電

第十圖

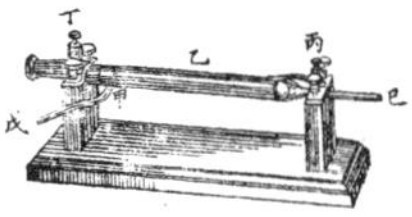

臭氣試驗已孔所出之電臭將小粉一百釐冷水一兩和勻再將瓷鍋盛沸水五兩漸傾以小粉水而掉勻冷後加以淨鉀碘水數滴隨勻敷於厚白紙上此紙遇尋常之空氣不變色如遇電臭立變藍色因電臭能收鉀碘之鉀故放出之碘即令小粉變藍其藍色之濃淡依所放之碘爲比例故可分作數等以準放碘之分數自能知電臭之多寡但此尚屬粗法如將已孔所出之電臭通過靛水即硫養三變成之靛水則電臭能令靛與養氣化合而藍色漸減水或

不濃色略不見若尋常之養氣不能變靛之色硫象皮管通此電臭易被侵蝕

已孔所出之電臭氣行過玻璃管而管外用酒燈加熱至三百度則其氣不能令小粉紙變藍色因電臭受熱而變爲尋常之養氣也若將電氣通過養氣而不使發響則養氣幾分變爲電臭氣而體積縮小如加熱而令電臭仍變養氣則體積復原可見電臭氣之體積小於養氣之體積

燐在水下刮光而置於容水二磅之瓶內其瓶盛水至半口用玻璃片蓋之不必甚密少頃而瓶內有電臭以小粉紙探入即變藍色此法成電臭之理詳後輕養

以脫數滴傾入容水二升之玻璃箱如第十一圖傾時慎毋近火將小粉紙與藍試紙各一條用玻璃條挂於箱口如圖式兩紙之色皆不變若另用玻璃條加熱而入於箱內則以脫之霧受熱而與養氣化合爲酸性之霧能令藍紙變紅小粉紙變藍而現出電臭

第十一圖

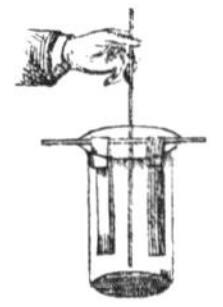

電臭氣雖經多人詳攷尚未得確實之理或云空氣內之養氣常有少許變爲電臭所以空氣之有益於人者約藉此電臭有此電臭即可免各種動物之疾病故大城大鎮居民稠密所用養氣既多則不覺有電臭而易致生病若

在鄉村曠野以及海邊居民稀少則常遇電臭而疾病較少化學家云植物長大之時所發之養氣已變爲電臭氣數分

前人考得電臭之性其時另得養氣質點之數種要理詳後輕養之末節

空氣

空氣含淡與養而常有水氣兼有炭養二與淡輕四養少許因萬物所發各種氣質俱爲空氣所收也如化分之法極細卽能分出別種質但其數極少與空氣之性不相關如近於大城大鎭之處另雜炭四輕四或炭二輕四或輕硫或硫養二多燒煤之處更雜輕硫與硫養三

地毬不拘何處常有減去養氣之數而添以炭養二之數如動物呼吸以及燒物等事是也幸有風與各氣飄揚動盪故能遍地調勻各處空氣原質之數大略相同惟曼尺斯達地方大城中之養氣少於常數五百分之一茲列空氣內養氣與淡氣之常數

淡氣　體積七九・一九　重七六・九九

養氣　體積二〇・八一　重二三・〇一

空氣所含之水氣居百分體積之一・四論其重則百分之〇・八七所含之炭養氣百分體積之〇・〇四重則爲百分

〇・〇六此俱核其中數

試驗空氣內養淡之數將燐以生紙收乾其水置於鐵線

第十二圖

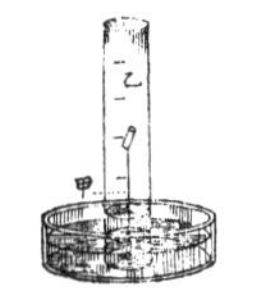

第十三圖

架上如第十二圖甲而罩以乙筩乙筩所容空氣分爲五分用點作識筩下承以水盆俟數小時後燐與養合成燐養五而爲水所收水面卽高起一分其餘四分卽淡氣如欲速顯其據可將燐用前法如第十三圖甲以高玻璃罩覆之罩之上口有玻璃塞另加豬油少許令氣不洩罩高分爲七分其下滿水二分塞下有鈎可挂銅鏈其長適著於燐將鏈之下端燒熱引燃其燐卽發大光與白霧遂有燐養五之白片粘於罩初燃之時因罩內生熱而空氣必漲將水壓下後則養氣減少而水又漸高至丙分卽占五分體積之一燐既燒畢罩內所凝之白片變爲流質而霧卽不見氣又透明如前罩外稍稍添水令內外之水等高拔其塞而以小燭燃火置其內立卽滅熄

前法尚是粗試不能考水氣與炭養二炭輕四等如欲極準必用杜馬斯所製之器如第十四圖令空氣先過各彎管甲此盛鉀養能收一切炭養二氣次過各彎管乙此盛硫養三能

第十四圖

收淡輕氣與水氣再過大管丙此盛紅銅細屑管下燒炭令銅屑得紅熱即能收盡養氣所餘賸者俱爲淡氣通至玻璃瓶卯臨用此法之前將玻璃瓶與盛銅屑之管抽出其空氣而稱準其重遂與各管相連而微開其塞門則外氣之壓力能令空氣透進各管而至卯瓶之內多空氣行過之後即關塞門待冷而再稱瓶重即知瓶內淡氣之重但銅屑之管內亦必有淡氣故瓶內淡氣之數必有差宜將丙管細稱之抽出其淡氣而再稱之得其較數而加於瓶內之數則管內銅屑所增之重爲收得養氣之重茲將此法所得之各數列後

卯瓶含淡氣共重	三千○百七十六釐
抽空之原重	三千○百○十○釐
淡氣之重	七十六釐
丙管含淡氣共重	二千五百七十四釐
抽空後之重	二千五百七十三釐
淡氣之重	一釐
化分之空氣內取得淡氣之重	七十七釐
丙管並銅養共重	二千五百七十三釐
丙管並原銅屑共重	二千五百五十○釐
化分之空氣內取得養氣之重	二十三釐

試準養氣與淡氣之比例爲二十三與七十七之比即一與三三四七之比此乃空氣內分出水氣並炭養並淡輕氣淨得每百分重含淡七十七分養二十三分

取盡空氣內之養氣而所餘者即淡氣俗名硝母氣因硝含此氣也其性與養氣相反重率爲○九七一三稍輕於空氣二氣輕重之性可用法顯之如第十五圖辰爲倒置之無底玻璃瓶滿以養氣用玻璃片蓋之卯爲合淡氣之瓶亦用玻璃片蓋之兩瓶相合如式取出二塊玻璃片而開其上瓶之塞將燃火之燭急放下經過淡氣之時則頓熄至養氣之內而立燃少頃而養氣與淡氣相和再置燃燭於內亦不熄或言

第十五圖

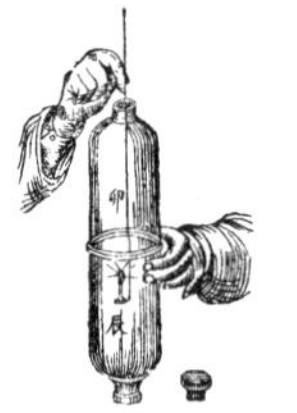

淡氣與養氣之輕重不等則輕者應浮於上而重者常沈於下如油與水同理惟是氣質與流質之性大異不與地毬之攝力相關而彼此自能調和詳後輕氣性情第二節

空氣內之養淡二氣本不化合而但和合此已考得確據凡有二質或多質之相合必變盡其原有之形性而養淡二質之相合仍是原有之性而不變故知但爲和合而非

化合也。
淡氣不顯其何性，所以化學家無法可以分辨，惟驗其性絕不與各氣相類，卽爲淡氣。其性既不顯，眞是淡然無爲，故最宜與養氣和成空氣。

輕氣

輕氣與別質無不化合者，水並各種動植之物多合之，各種燒料亦合之。水爲輕養二氣化合而成，欲分取之，必勝其化合之愛力。常法用電氣器，如第十六圖。水質本屬難通電氣，故在盛水之甲筒添以硫强水少許，而使電氣易通，則化分較速。丙乙爲鉑片彎成管形，而連於鉑絲之上。

第十六圖

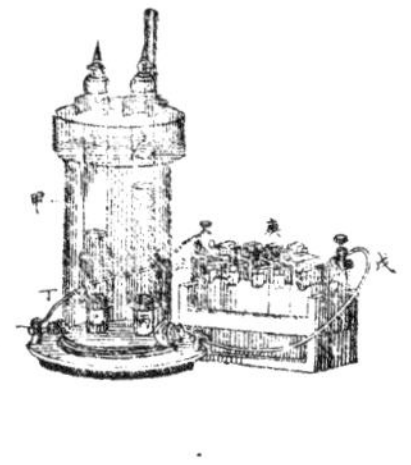

第十七圖

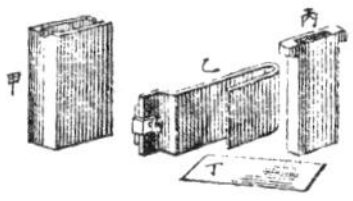

第十八圖

鉑絲通過筒邊之軟木塞，而再連於丁戊二通線，以至電箱庚。玻璃管辰辛有銅冒與塞門，下作侈口，便於收氣，卽在塞門吸出空氣，使水漫上，關其塞門而水不下。庚爲古路物之發

電箱，此箱有五筒，如第十七圖甲，滿以淡硫强水，每水四體積配以强水一體積，各筒之內有彎鋅板乙，板上鍍足以水銀，鋅板之間有長方之漏筒丙，盛濃硝强水，而插鉑片丁。各筒之鉑片與鋅板遞相連，如第十八圖之式。丁戊二線連於箱邊之丑子，視十六圖。丁銅線在鋅板之一邊，爲負電之極點；戊銅線在鉑片之一邊，爲正電之極點。各件相連之後，電氣流通而成循環之路。
電氣通過之時，乙丙二鉑管中之水卽化分，輕氣爲乙管負電之點相引，養氣爲丙管正電之點相引，其氣起於鉑管成小泡升上，而爲辛辰二管所收，視二鉑管中間之水

第十九圖

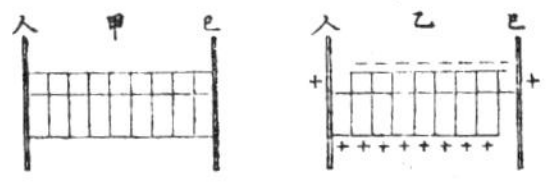

並無通過之氣，故知所發之輕與養，不是水之一質點化分而爲兩箇質點化分。如第十九圖甲之人與巳爲二箇鉑管之邊，未通電時所有水質點之排列，巳爲正電之點，連於發電箱鉑片，人爲負電之點，連於發電箱鋅板。乙圖爲通電後水質點之排列改變之形，指明養氣收負電而爲正電點所引，輕氣收正電而爲負電點所引。凡金類與非金類化合者，以此法化分之，則金類爲負電點所引，非金類爲正電點所引，故常言金類爲正電氣之原質，非金類爲負電氣之原質。

第十六圖辛管之氣升滿辰管之氣升至一半因水爲輕氣二體積與養氣一體積合成也二管滿氣則可開其塞門而試二氣之性開輕氣之塞門而引燃之即發響而燒成黃色之火若開養氣之塞門而燃之火光極亮吹熄已燃之物而留一火星使遇養氣亦能立燃嗅養氣之臭即有電臭若遇小粉紙即變深藍色

又法將水氣收在罩內令電氣通過而發響亦成輕養二氣此事或因電火之熱所成而非電氣之性如將鉑燒鎔滴滴入於水內亦發輕與養之小泡若以電氣化分水氣不能用發電箱之電氣因發電之數雖多而其濃不足成火星故必用磨電器或附電圈方可

凡用濃電氣之火星分物質莫妙於附電圈雖用發電筒一箇而所得之火星同於磨電器如第二十圖即用電氣火星分水氣之法甲爲容半磅之玻璃瓶其軟木塞內有三孔其中孔用彎玻璃管乙通至水盆丙其丁戊二管各有鉑絲藏於內一端通至瓶內一端伸出管外成一鉤以便相連通電氣之銅線一切相連視圖式鉑絲二端在瓶內相離十六分寸之一使電氣易過甲瓶盛水略一半加熱令水至沸界俟十五分時之後瓶內空氣俱爲水氣所逼出始將收氣管辛滿以水而套在乙管之口上直立其

第二十圖

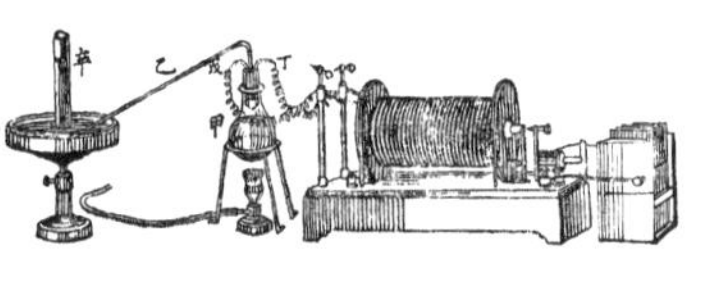

辛管之法乙管之口彎上而套以軟木辛管再套於其外軟木之邊作數槽以便水之落下此時水氣之泡全凝水辛管之水尚不落再令電氣相通則瓶內之汽爲電火所化分遂成養輕二氣而至辛管之內俟其滿而在水內用指捺緊取起以火近於口旁而移開其指則燃而發響即輕養二氣再合而成水如附電之力甚大一刻得氣一立方寸

以上所試輕養二氣化合之愛力爲電氣與熱所勝然更有簡法令水遇別質而養與別質之愛力大於養與輕之愛力亦能化分

各種非金類之原質俱不能在循常之熱度分出水內之養氣而金類之原質則有五種能在循常之熱度並乾空氣內與養化合故亦能在循常之熱度化分水即鉀鈉鋇鍶鈣如將鉀置於水面即燃而成茄花色之火浮在水面與養氣化合其熱足令輕氣自燃其茄花色因鉀少許分爲霧而燒也以紅試紙探入水內即變藍色此因合成鉀養而爲鹼類之質分水之式爲輕養丄鉀＝鉀養丄輕此即鉀一分劑即重三十九分代輕一分劑即重一分又即

鉀之重三十九分能令輕之重一分分出同於鉀重三十九分令與養重八分化合凡有雜質之內放輕而以鉀代者則鉀三十九分代輕一分而三十九為鉀分劑之重數故凡金類之分劑數即能代輕一分劑之數觀此鉀之變化則雜質之內俱可放出一原質以別質代之而成新雜質凡雜質以此法而成者過半所有原質一逕化合而成雜質者甚少

鈉與養之愛力小於鉀故將鈉質置於冷水不能自燃惟與養氣化合生熱而鎔化以火近之則放出之輕氣燃成深黃色之火紅試紙入水亦變藍色即鈉養之鹻性也若將生紙浮在水面而以鈉置於生紙之上則能自燃輕氣因紙令鈉不動水之傳冷不速也若用鐵絲布作一小籠略半寸許以鈉盛其內如第二十一圖甲置於收氣之水盆玻璃管

第二十一圖

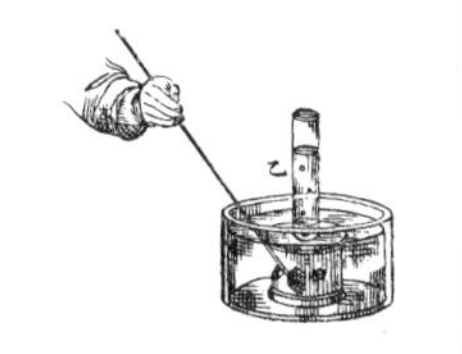

乙能收所放之輕氣得數立方寸鈉質分水之式為輕養丄鈉‖鈉養丄輕即鈉一分劑其重二十三分代輕一分劑之重一分依前理二十三為鈉之分劑數之重

鋇鍶鈣之分水較緩於鉀鈉其變成之質為鋇養鍶養鈣養俱有鹻性而比鉀養與鈉養則難消化於水故謂之鹻土屬

金類加熱則能與養氣化合比諸冷時更易故循常之熱度不能化分水之金類若加以熱即能化分如鎂與錳遇冷水不化分加熱至沸界即化分而放出輕氣遂成鎂養與錳養此外之金類有十一種必加更大之熱至千度以上始能分水茲以熱度小者為首依次列之即鋅鐵鉻鈷鎳錫銻鉛鉍銅其銅必加熱至白貴金類有四種在空氣內不肯與養化合故不能分出水內之輕氣即汞銀金鉑

汽變輕氣

化分水氣如第二十二圖用鐵管滿盛碎鐵橫置爐中如

第二十二圖

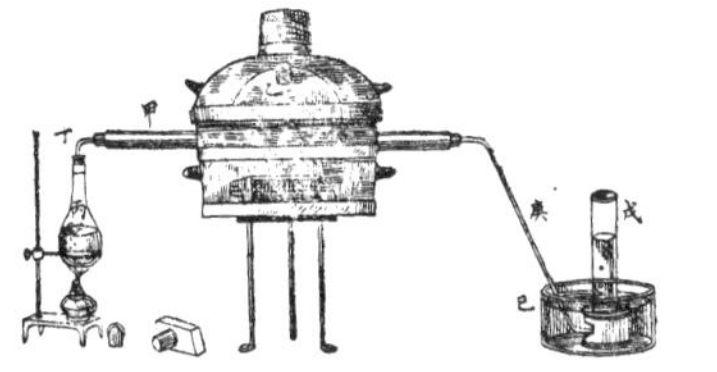

甲其爐如乙以木炭火加熱又有玻璃瓶如丙盛以水而用酒燈加熱令沸以玻璃管丁連於鐵管與瓶汽即行過鐵管又以玻璃管庚自鐵管通至收氣罩如戊其初出之氣必棄之因有器內之空氣相雜也於是鐵收水之養氣而變成鐵$_{三}$養$_{四}$附於鐵管之面有顆粒之形其式為四輕養丄鐵$_{三}$‖鐵$_{三}$養$_{四}$丄輕$_{四}$

從此知鐵之分劑數之三倍卽三乘二十八等於八十四分以代輕氣四分劑然由前式而觀鐵之分劑數可謂之二十一卽四乘之而代輕氣以四代四適是相當惟鐵代養氣之常數皆與此數不同且與別質化合之數亦無此數故常謂汽與熱鐵之變化分爲兩級而成第一級輕養丄鐵＝鐵養丄輕第二級輕養丄三鐵養＝鐵$_{三}$養$_{四}$丄輕依其第一級之意則鐵一分劑卽二十八代輕一分劑仍是二十八爲鐵之分劑數

尋常取輕氣所藉之理有數種金類能化分水或加以熱或不加熱俱可若用酸質則不加熱而已能化分數種金類可在尋常之熱度浸於水內而加酸質卽能分水如鉀鈉鋇鎴鈣鎂錳鋅鐵鉻鈷鎳常用者惟鋅置於瓶內如第二十三圖用水浸過數寸添以硫強水則多發輕氣可以常法收之變化之時其水生熱而有黑質浮出此因尋常之鋅多雜鉛硫強水所不能消然藉有鉛乃發電氣而輕氣更能速成純鋅則稍慢矣

第二十三圖

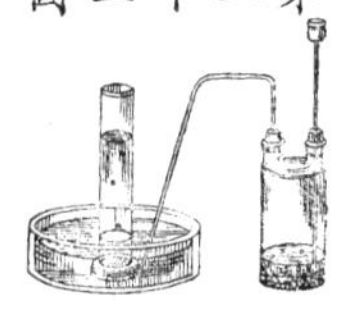

從此知鋅一分劑卽三十二分八能代輕氣一分劑嘗有人考得鋅能在硫養$_{三}$之旁化分輕養者因硫養$_{三}$與輕與養本無愛力也但其所論之理尚無實據又一說鋅與養硫養之愛力比諸輕與養硫養$_{三}$之愛力更大然輕與養之愛力在平熱度內大於鋅與養之愛力故其說亦不甚確瓶內之水熬至將乾卽得鋅養硫養$_{三}$依前言之相等式須用水較多則所成之鋅養硫養$_{三}$能消化

鐵可代鋅消化將其水熬之卽結鐵養硫養$_{三}$之顆粒鐵在水內之變化其式爲輕養硫養$_{三}$丄鐵＝鐵養硫養$_{三}$丄輕

輕氣性情

輕氣爲無色無臭之質永不變化常法分取輕氣大臭難當此因含硫鉮炭等質若用純鋅與硫養$_{三}$則無此臭輕氣之奇性卽輕乃爲萬物內之最輕者其重率〇·〇六九二故爲空氣之重十五分之一若以輕氣之重率爲主則易定各氣之重率然輕氣一升重不過四分釐之三而空氣一升重有十釐又四分釐之三如以輕氣爲主則權各氣之重率而與輕相比難得極靈之秤凡推氣質之重率與體積須準法倫表六十度汞柱高三十寸輕氣四十六立方寸七三適重一釐

試驗輕氣之性常用肥皂水作泡或用氣球等如將極薄之玻璃燒杯天平稱準而倒置之滿以輕氣而再稱之比前稍輕又用薄玻璃罩如第二十四圖挂於天平之一端

第二十四圖

令權平將合輕氣之罩就其下口令輕氣升過罩內亦卽輕而向上若在罩下燴以發煙之紙捲其煙不進於罩內聚在罩口而不散惟此輕氣雖輕於空氣而上浮然終必自罩內落下因各種氣質與霧質俱有散開之性而各質點彼此常欲相離故得自能調和也如將輕氣與空氣各一瓶又令二瓶相通不久而彼此調和二瓶之通孔雖極細不過歷時稍久也

空氣瓶所和輕氣之數必同於抽出空氣而令二瓶相通之數設此瓶含空氣而彼瓶之輕氣至空氣之內和勻今乃不用空氣而抽使眞空則輕氣通過雖速其數必同此無論何種氣若抽空其一盡同此理如二氣用紙或石膏等片相隔而此相隔之物雖不能見微孔歷數時後二氣亦互通其微孔而二瓶之氣必和勻故用易通氣之物相

第二十五圖

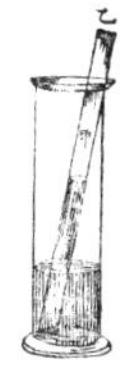

隔又可測量二氣散開之數如第二十五圖甲爲玻璃管乙端用石膏封之管內滿以輕氣豎於盛水之筒水能自上於管內因氣質能通石膏之故其輕氣透出之時

卽有空氣透進惟所進不及所出之速故水能漫上視水升之高卽知二氣通過石膏之速率自可驗其散出之數但必令管內管外之水常等高內水稍升隨添外水否則輕氣受壓力而不得其散出之眞數業已歷試此理而得各數之比例其氣散之速與其重率之平方根有反比例如養氣與輕氣重率之比爲十六與一而平方根之比爲四與一因散出之速爲此數之反比卽一與四之比故輕氣透過極微之孔速於養氣四倍因知裂縫之瓶雖能存養氣而輕氣則必滲漏又如空氣與輕氣其重率之比爲一與〇·〇六九則其散開之速必爲一與〇·〇六九之平方根除一之比卽三·八故用二十五圖之法每有輕氣三立方寸八散出必有空氣一立方寸竄進如不計壓力則應有水二立方寸八漫上

輕氣與養氣調換遲速之較可用第二十六圖之器試之甲爲玻璃罩內容養氣二體積輕氣一體積上有塞門連於象皮管與玻璃管乙此管插於軟木而塞於白泥煙筒丙煙筒之嘴通於收氣之水下如開其塞門而將玻璃罩壓進水內則氣從煙筒放出可用戊管收之將其氣以火燃之卽發響如罩上不加壓力而令氣漸出略一分時過一立方寸則輕氣能從煙筒之微孔漏出戊管所收者大

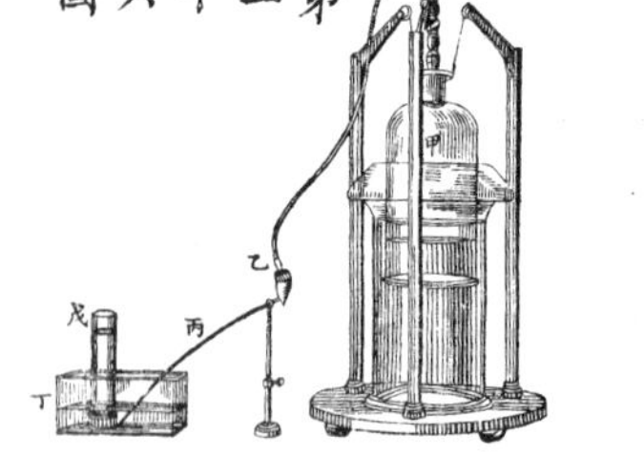

第二十六圖

半爲養氣而輕氣之數已甚微以火燃之不發響熄燭而留火星入其內卽能再燃此爲輕少而養多之據如用象皮或蠟綢卽不能通氣質然使一邊爲眞空而一邊有空氣用薄象皮分隔之則亦有氣能通過但所過之氣每百分有養氣四十一分六而空氣只含養氣二十分有餘固知養氣之散出易於淡氣也用此通過之氣使燒物甚速於空氣又如白金管或鐵管加熱至紅色輕氣卽能通過其理並同

試輕氣散開之速如第二十七圖甲爲電器所用之漏筒以軟木緊塞其口而塞中作孔以通玻璃管乙長約三尺徑約半寸軟木塞之外須用消化於醋內之火漆封密之管下承水盆其口入水面之下略半寸再將玻璃罩丙滿以輕氣而套於漏筒之外則輕氣不但漏出玻璃罩之口兼能通入漏筒之小孔而長管之下口出氣泡略俟氣泡不出

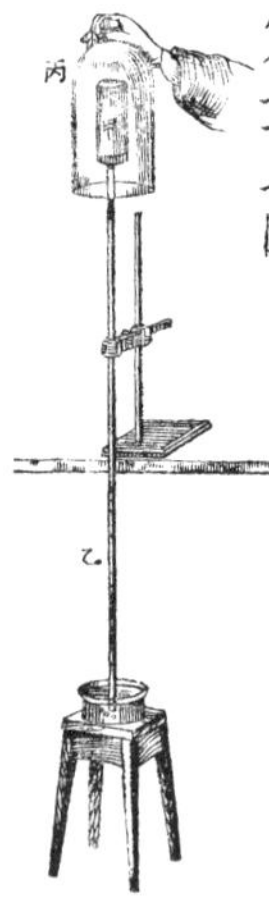

第二十七圖

而取去玻璃罩則漏筒內之輕氣速散水在管內升上如記水面升上之點而俟其落下將罩滿以煤氣如前式亦顯相類之事但不及輕氣之速與多此因煤氣之質重故其通過亦稍慢

輕氣變化

輕氣變化之性加熱不甚大而能燒隨合於空氣之養氣成水輕氣燒而成水西名海得會經卽水母之意如第二十八圖將管盛輕氣而倒置之以小燭探入其內則燭火熄而管口生淡色之焰如緩緩取出其燭至管口而仍能自燃

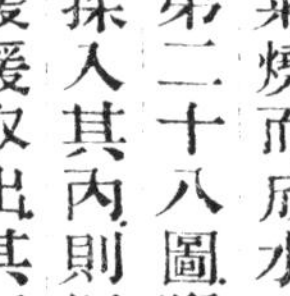

第二十八圖

輕氣之輕性與能燃之性可用法顯之將二管盛輕氣一管之口向上一管之口向下待少頃而置燭於內則向上之管輕氣全散向下之管輕氣仍存如第二十九圖用小管乙倒置於甲管內而取出必有輕氣在內連作數次甲管之輕氣俱收盡乙管取出之時將燭火近於其口

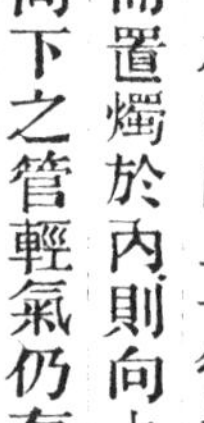

第二十九圖

輕氣能燃

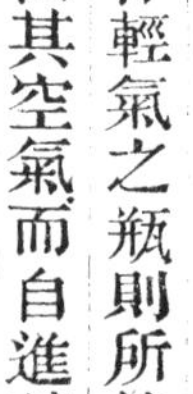

第三十圖

第三十圖用盛空氣之筒倒罩於存輕氣之瓶則所放之輕氣能推出其空氣而自進其筒內

倒置存輕氣之管而燃之管內必有凝成之水附於內面如露

玻璃管在酒燈上燒紅而引長成細頸以鋸斷之如第三十一圖即成噴氣之口將此管插入軟木而塞於發輕氣之瓶如第三十二圖即可在管口燃其輕氣但初生之輕氣必放去因雜瓶內空氣之養氣有最險之爆性如欲驗此性可將玻璃管長約三寸徑約八分寸之一插入軟木而塞於荷蘭水之瓶內盛淡硫強水與鋅之小粒初發氣時即引燃則瓶內之輕養二氣必爆裂木塞衝出甚遠如照上三十二圖之瓶欲試知所雜之養氣放盡與否可將小試筒套於管口收其氣而燃之若不爆裂口上可引燃而不危險設將乾玻璃杯罩於輕氣火上輕氣燒而成水氣凝於杯之內面

第三十一圖

第三十二圖

輕氣成燒之熱度甚大於等重之別種質輕氣重一釐與養氣重八釐化合所成之熱能令水六萬二千〇三十一釐加熱一度即從三十二度至三十三度輕氣火之熱略為五千八百九十八度乃各種火最大之熱度但輕氣火之熱度雖大而光則極少此因無有定質之點在內

養輕二氣相合引燃發響

燭火與存輕氣之管相離數寸以輕氣之管口向上則有大爆裂之聲此因放出之輕氣與空氣之養氣相和遇火而速燃

第三十三圖將有塞之罩滿以輕氣罩旁置一木片而燃火則其火延燒至罩下所生之氣升上而與輕氣相和遂發大響

第三十三圖

第三十四圖

小試之法用二口銅器如第三十四圖器內滿以輕氣而在上口燃火俟數秒之後開其下口隨有養氣通進而與輕氣相和亦成大爆之聲

輕合養而爆裂者因二氣相和之時忽生大熱而速漲此漲大之體積比諸原氣甚大體大則勢大故與空氣衝擊而發大響爆後所餘之質即水氣與淡氣

純養氣與輕氣相和爆裂更猛因無淡氣阻隔其間也輕養相和所成之漲力大於空氣壓力二十六倍即每平方寸三百九十磅若輕氣和空氣所顯之漲力不過空氣壓力十二倍五即每平方寸一百八十七磅

試驗此事之簡法用荷蘭水瓶先滿以水而後倒置之其

口沒入水內通進養氣滿至容積三分之一再將輕氣添滿以火近其瓶口則爆裂甚猛而瓶內成藍色之火如距瓶口二三十寸之處挂紙一張紙必打破因此知放出之氣衝擊空氣之力之大

第三十五圖

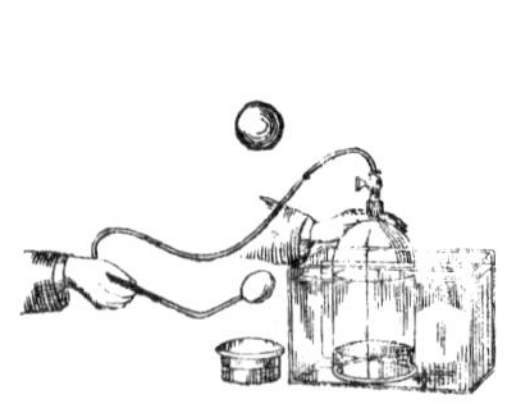

輕養相和而通入有塞門之罩如第三十五圖其塞上接一象皮管而管端再接玻璃管此管之口通於肥皂水而稍壓其罩則肥皂水吹成氣泡自能浮起以火燃之爆裂甚猛

輕氣與養氣燃時所成之水有器能試之如第三十六圖

第三十六圖

用厚玻璃瓶上端有蓋如甲連固令不動蓋中通以二鉑絲如巳巳鉑絲之二端須甚近使電火易通將乙塞門連於抽氣筒而抽出其空氣隨接於第三十七圖之瓶此瓶含輕氣二分養氣一分開其二塞門而氣即透過瓶下瓶之水升至若干高即知上瓶之氣已滿即關塞門

第三十七圖

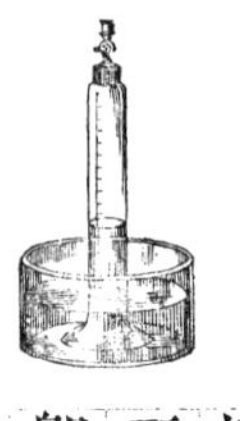

內而令電氣通過鉑絲以發光星則二氣燃至極亮有霧凝

成露水形即輕養化合之水如二氣之比例極準必全化合而瓶內成眞空倘可再進以氣而同法燃之得水更多如合二氣在水銀上燃之則其氣倏忽不見如第三十八

第三十八圖

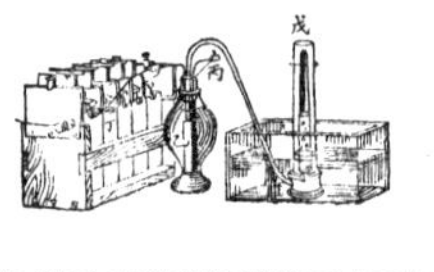

圖之電器可分水而得二氣水內必添硫強水使甚酸用古路物之發電筒五六箇分水之瓶內有鉑片二塊如乙連於鉑絲丙丁而通至發電箱之二邊先發輕與養若干以逼出其空氣然後引至燃氣管戊先滿以水此爲厚玻璃所作內徑半寸厚八分寸之三長七寸一端有蓋用粗白金絲二條在上端通入管內用甚堅固之灰塞緊其二端在內相離不遠便於發火星此管既滿輕氣與養氣以象皮蓋密其下口而置於水銀盆內火星一發二氣立燃管內倏成眞空管口吸住象皮難於拔起如移動而令放鬆水銀立即衝進而滿如輕養之體積不準必有餘氣而水銀不滿

又法可用彎管如第三十九圖管內滿以輕養二氣略一

第三十九圖

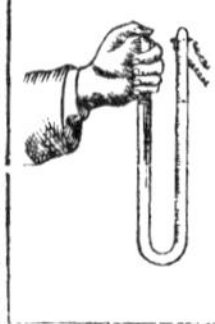

立方寸再添以水用軟木塞其口使水面離口不遠此處容空氣連於架上以免振動而裂如已用過一次試知能當

其力則可以手執之如圖式
輕養合水之分劑與體積若預知則可化分别種氣質而驗其含輕氣或養氣之數如欲驗空氣所含養氣之數則將多輕氣合於所試之空氣內使足與養氣化合而有餘通電氣之後必有氣若干分不見將此分數以三約之即得空氣所含養氣之數此法最合宜之器為彎管即如前圖之式先滿以水而置於收氣盆內進以所試之氣約半立方寸管口以指捺緊調過而令氣至管端取出餘水令二邊等高則管端之氣不受水之壓力記明水面之點再添水使滿將管倒置於收氣盆內進以輕氣略等於前所進者半再如前法令二邊水面相平記明水面之點則知其氣之體積以指捺緊管口令電氣通過發光星燃之後去其指而水上升再添水至二邊等高則知餘氣之體積如管旁刻分線各數易見遂將燃前與燃後之二體積相較即養氣三倍之數以三約之即得養氣之體積數列其各數如後

所試空氣之體積　二分立方寸之一
加輕氣後之體積　四分立方寸之三
燃後餘氣之體積　十分立方寸之四五
兩數較餘之體積　十分立方寸之三

較餘三分之二為輕氣即十分立方寸之二三分之一為養氣即十分立方寸之一
反用前法而以養氣代輕氣則得較餘之體積三分之二為原氣所含之輕氣此尚為略法如欲詳考必計空氣之熱度與壓力
三十六圖三十七圖之器令輕養化合成水所得水之體積其比例甚小但雜質之流質定質其體積不能與原質之氣質相比因氣之質點多有相推之性定流二質俱有相攝之性故必俱為氣質或俱為定流二質始可相比如將輕氣與養氣依成水之比例而配之令熱至大於水之沸度通以電氣令化合則變成之質為汽而其體積為二氣原體積三分之二此數為熱度與空氣相等而試得者故在同熱度與同壓力之時以輕氣二體積而合於養氣一體積必成水氣二體積所以雜質之氣或霧之體積必小於氣質原體積之和此為别種雜質常有之事
已知各氣質之重率與分劑數即可推算其化合之體積如養氣之重率為一·一〇五七輕氣之重率為〇·〇六九二養重於輕十六倍則體積相等而得養氣之重十六分與輕氣之重一分相準故必倍其輕氣之體積則知輕養化合重數之比即八與一之比茲依此數而並準前數即

可推算水氣之重率
輕氣一體積之重率　〇·〇六九二
輕氣二體積之重率　〇·一三八四
養氣一體積之重率　一·一〇五七
水氣二體積之重率　一·二四四一
此數以二約之卽得水氣一體積之重率〇·六二二。氣質能化合之體積數爲分劑數相準之體積所以輕氣重一分爲一體積則養氣重八分必爲半體積因欲免其小分之繁故以養氣八分爲一體積輕氣一分爲二體積則養氣化合之體積等於一輕氣化合之體積等於二

輕養吹燈

輕氣與養氣化合有極烈之性故能生大熱乃化學內生熱之最大者如第四十圖以輕氣一體積養氣半體積各用氣袋通進辛辰二管而至乙毬內相合其氣袋有鐵板並鐵錘壓之二管有油綢之門俱向外開令其二氣彼此不相通總管甲丙裝滿細銅絲如其火從吹口傳入銅絲能收其熱而滅其火丁戊爲二筒塞門令二氣依比例而相合如輕氣先燃而後添養氣火之體積乃減小此因養氣之體積比前所用之空氣少

第四十圖

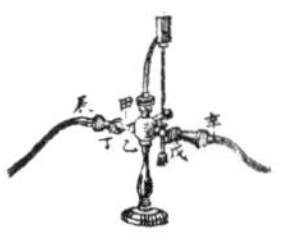

於輕氣之體積約五分之一所以燒此二氣所生之熱聚在甚小之面則其火任何處之熱度必甚大能耐此熱而不鎔者世上無幾此火之熱約有一萬四千度惟鈣養能耐此熱故將鈣養一塊作圓柱形如圖內之式擎於架而以火吹之則鈣養之質點變爲極熱而發光極亮可從遠處見之故宜於夜間作標記以及燈塔上之用今因此燈能得大光而煤氣又能當輕氣故在有煤氣之處祇須取得養氣尤爲便用矣第四十一圖石灰剜一淺凹將鉑數塊置於凹內令受輕養之火歷數分時而卽鎔如用

第四十一圖

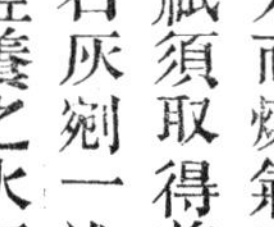

鈣養作爐又能鎔鉑而鑄成大塊別種爐俱無此功力如白泥卽石脂之類用於平常之爐已能受大熱而不鎔若遇輕養之火卽鎔而變成玻璃金與銀不特易鎔且化爲濃霧而散出

輕氣化合之性

輕氣之變化與養氣相反養氣與各原質略能一徑化合輕氣能一徑化合者甚少如與養與綠與溴甚難化合而炭硤硫等更難化合綠溴雖在尋常之熱度能化合然無日光亦不化合惟弗氣不能與養氣化合而能與輕氣化合成輕弗化合之後最難化分輕氣與弗氣化合比諸綠

氣更易至於金類能與養氣化合者極多而與輕氣者甚少因知輕氣變化之性大似乎金類然不可稱爲金類者不能與養氣合爲本質也且與綠氣等合成之質爲酸質而非鹽類質

水

河湖之水不甚淨惟雨水之雜物較少然雨在空際必收得數種氣質落至地面又有定質少許消化於內因此稍含鹽類質與各氣質河湖等淡水雖爲空中落下總不能淨其內數種雜質與其經過之土石有相關至於海水所含之鹽類質尤爲最多乃亘古爲瀦水周圍江河帶入之各質常留積於內而不能出也惟將冰鎔化其水幾淨因含鹽類之水結冰則其鹽類爲冰擠出而留在餘水之中

試驗水內之含之氣質可將雨水或泉水或河水或海水盛於瓶內令沸用管通至收氣罩內此罩亦滿以同類之水如第四十二圖瓶水所放之氣遂爲收氣罩所收罩中爲冷水能收盡其水氣而存留別氣存留之氣數與其水爲何種有相關所含空氣內之氣即淡養炭養等如雨水一升略有淡氣四立方寸養氣二立方寸炭養二

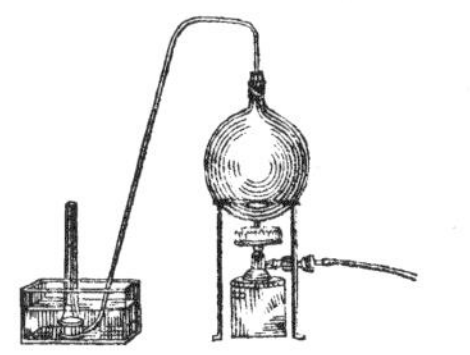

第四十二圖

氣一立方寸惟水內消化淡與養之比例與空氣所含淡與養之比例不同空氣爲淡氣四體積與養氣一體積之比而水內則爲應消化之比且空氣內之淡與養原是和合而非化合之比例也雨在空際收得之養氣以資水族之吸食又能令水族變化而不害其生長至如大河相近於大城大鎮則流入之水常有陰溝之積穢而水遂變壞幸有水內消化之養氣能滅其變壞之質乃無大害於人又如雨水所含之炭養氣亦有益於萬物變化之事

水內所含之質

井泉河湖等水俱依經過之土石等物而各不相同其水內消化之物常甚多有日用之物有變成之物如鈉養硫養三鈉綠鎂養硫養三鈣養硫養三鈣養炭養二鎂養炭養二並炭養二與矽養二俱爲常見之物即日用之物又如輕硫鉀養硫養三鉀綠鈣綠鎂綠鈣養燐養五鈣溴鈣碘鎂溴鎂碘鋁二養三或鋁二養三硫養三鐵養炭養二並數種生物質此爲不常見之物即化學家用法變成者

大城大鎮之井水常含淡養五或淡養四之鹽類又含淡輕三之鹽類

泉水河水所含之質與井水所含者無甚大別惟河水內之質幾分藉水流之速並水遇空氣之多少

家中日用之水分為滑濇二種此以肥皂消化之難易為準如將肥皂在雨水內輕擦速成多泡最宜滌洗衣服若用泉水必須久擦方能消化水內有白色片形之點待少頃而浮聚水面雨水則無之

肥皂之質係油類之酸質合於鹻類而成將油加熱令沸而和以鉀養或鈉養鉀養能成軟肥皂鈉養能成硬肥皂其鈉養從油內收得兩種配質一爲司替阿里酸一爲哇里以酸平常之肥皂俱有此兩種質化合在內故肥皂以化學之理命名可爲鈉養司替阿里酸合於鈉養哇里以酸

肥皂以雨水消化少許另將鎂養硫養少許消化於水而傾入其內則成白色之片形點與用濇水者同雖將其水掉撥亦不能成小泡此因鎂養硫養化分水內之肥皂而肥皂內之鈉養合於鎂養硫養之硫養而成鈉養硫養亦消化於水內而鎂養則合於司替阿里酸與哇里以酸而成不消化之片形質此爲鎂養司替阿里酸與鎂養哇里以酸

水內所添之鎂養硫養與濇水所含之質同性令水成濇之料原爲鈣養與鎂養之鹽類俱能化分肥皂如前理故欲肥皂在水成泡並消化油質常宜多用而足破鈣養與鎂養之鹽類化分而有餘始能顯出此性所以水愈濇者靡費之肥皂愈多

水壺久煮泉水井水河水等內面生皮一層此皮常爲棕色其水愈濇結皮愈厚如將此皮化分之即知其大半爲鈣養炭養之小粒以顯微鏡察之甚是顯明兼含鎂養炭養鈣養硫養並鐵養與植物質少許其棕色即因鐵養與植物質此皮結成之理藉鈣養炭養在水消化之性然純水則消化者極少若含炭養之水消化即多可試知之將蒸水或雨水一瓶添以石灰少許而搖之片刻之後有不消化之鈣養沈下將其清者傾入小杯而和以含炭養氣之水即變白色如乳此因結成鈣養炭養極細之點此質不能在水消化故與水分離而可見若再多加以炭養氣之水仍變透明因鈣養炭養能與炭養氣合成鈣養二炭養而消化於水嘗有化學家不以爲此質而以爲炭養水消化之鈣養炭養其說亦無不通

將前透明之水盛於玻璃瓶而以酒燈或煤氣火加熱令沸不久變濁因炭養氣爲熱所驅而鈣養炭養仍結成惟其形不能如前極細之粉而爲硬質之小顆粒粘於瓶之內面以顯微鏡察之其形易見

又以同理將平常之水在壺內煑之則水內不化合之炭

養遇熱而放散其鈣養炭養鎂養炭養鐵養俱結成因無炭養氣消化之也水沸既久體積必漸少設有鈣養硫養在內遂不足令其消化因此質一分需水四百分消化故必有鈣養硫養合於鈣養炭養鎂養炭養鐵養等質結成沈下而爲層積之硬質如有植物質亦合於其內常在多於二百十二度熱之水內試驗鈣養硫養得其難於水中消化之據如鍋爐受極大之壓力最易結成又試知不含鈣養硫養或含此極少之水則其結成之質鬆而脆

煑水之鍋內日久而生白皮一層則傳熱慢而難沸故宜將礫石置於鍋內水沸之時石常搖動所有鈣養炭養之質不能結皮如汽機鍋爐不特有慢傳熱之弊若久不除去而積厚必致增大熱度皮熱至紅而忽裂水卽與熱鐵相遇發汽甚多能令鍋爐忽磔幸而不磔亦有熱度大而燒壞鍋爐之虞已有人刱設數法以免此弊或添以泥或添以木屑或添以淡輕四綠此法最好因其質遇鈣養炭養而彼此分合能成鈣綠與淡輕四養炭養其鈣綠易在水內消化淡輕四養炭養則隨汽散出其式爲

鈣養炭養丄淡輕四綠＝淡輕四養炭養丄鈣綠又有用鏀類質或鏀類合炭養之質或含鈉養之質俱能令鍋內不生白皮

水箱與水管常存濇水其面生皮俱因放散之炭養氣而有鈣養炭養與鎂養炭養結成常見數處所有生成之事卽可將此解其理

泉水之內多含炭養者卽能消化鈣養炭養甚多故將小物置此水中不久卽生鈣養炭養而漸加厚久之而有變石之形如歐羅巴有名之泉三處皆有此性卽卡司罷特地方司鋪路待泉得司卡尼地方散非里布泉烏勿納地方散太來阿來而泉

山洞內常見向上向下之鍾乳石俱爲炭養氣之水從洞之高處落下而結成鈣養炭養每水一滴其炭養氣散出而留極微之跡漸積漸多歷年既久上下相接成柱如第四十三圖其色依水另含之質如鐵養與植物質間有紅黃相間最爲雅觀者

第四十三圖

濇水久沸能變爲滑性若以原水相比極易分別此因鈣養與鎂養之鹽類質幾分與水相離所以化分之肥皂較少所有因沸而變去之濇性謂之暫濇性久沸之水尙存

消化之鈣養與鎂養之鹽類質謂之恆濇性化學家驗水之性有法定其濇性之分數以水十磅爲率令其多含炭養氣考準鈣養炭養消化之釐數如某水之濇性爲十六分則將此水十磅含炭養氣消化鈣養炭養十六釐則能化分肥皂與所試之水同

水之宜於家用與否須考其暫濇性之分數與恆濇性之分數如倫敦之新河水其濇性爲十五分又有出售之水其濇性爲十四分此二種水亦宜於家用因加熱令沸能減濇性約五分嘗有人攷得水之濇性每一分以水十磅爲率空費肥皂十釐故倫敦得密司河水或新河水每用一千磅空費肥皂二磅然若加熱令沸則所減之濇性亦減空費之肥皂三分磅之一水內若添鈉養炭養則不但減其暫濇性尚能減其恆濇性因能令鈣養硫養與鎂養硫養收得炭養氣而變爲鈣養炭養與鎂養炭養水內乃含鈉養硫養其式爲

鈣養硫養⊥鈉養炭養＝鈉養硫養⊥鈣養炭養所以將水加熱令沸而添以鹻少許即能減其濇性有人名苦拉克設法減水之濇性加以鈣養若干則與水內之炭養氣合成鈣養炭養亦令原有之鈣養炭養與鎂養炭養分出此法能改其暫濇性所有分出之質又能令植物質分出其水因此更合於用鑿大池蓄水依其體積並其濇性之分數加以鈣養水掉勻澄清之後引至另一大池以備用比諸得密司河水與新河水減少濇性三分半若再加熱令沸一小時更能多減其濇性

凡含泥之水常加白礬即鋁養硫養則鋁養爲鈣養炭養結成而沈下之時與泥同沈

水內所含之生物質或爲地內所消化者即草木化分而成或爲動物質即蝦魚與小蟲所成或爲城鎮內之雜物與地面所有之動物質遇大雨而衝入河中現在醫家俱言水內所含之生物質如能變化者有害於飲此水之人所以化分水而定其合用與否必考其生物質有若干分能變化用鉀養錳養水驗其放出養氣之數能令其生物質有不易變化之性

水在鉛器內變毒

鉛能令水變化之性即以此性定水之性如儲水與通水常用鉛器並久存於鉛器內之水飲之必受鉛毒設將鉛皮刮光而遇空氣速生薄皮即是鉛養因收空氣之養氣此鉛養能在水內消化幾分但各種水能收鉛養之性有速有遲

鉛面所生之皮不能消化於多含鈣養硫養或鈣養炭養

之水內所以濇水存在鉛器不甚危險若滑性之水並含淡養$_{三}$或淡養$_{五}$之水遇鉛之後即不可飲所以久存於鉛器之水雖含鉛極微久飲則身內所存之鉛漸多人不能覺所生之病從此而來由此觀之存水斷不可用鉛器

地內所出之水間有多含藥料者常依其所含之料而定其名如鐵水即含鐵養之鹽類質平常爲鐵養炭養爲炭養$_{二}$氣消化者又有數種酸水如歲勒蔡水又有含輕硫者其臭可惡謂之硫水如英國哈路開得地方所產又有鹽類水內含數種鹽如英國車吞哈末地方之水含鈉綠與鈉養硫養$_{三}$

鐵水遇空氣即有鐵$_{二}$養$_{三}$結成因水內所含之鐵養炭養$_{二}$其鐵養與養氣合成鐵$_{二}$養$_{三}$此種水係常見者其式爲二鐵養炭養$_{二}$丄養丄輕養‖鐵$_{二}$養$_{三}$輕養丄二炭養$_{二}$

海水

海水所含之鹽類與別種生成之水相同惟有鈉養最多十磅之內常含鹽類質二千五百釐而食鹽有一千八百九十釐衣服爲海水所濕不能全乾因有鎂綠之故此質在濕空氣內喜收濕氣而自消化海水兼含溴與碘俱能與金類化合此二質海水內多而別種水內少

蒸水

泉水與河水以甑蒸之能得其純者將水加熱變氣引其氣至冷凝之器即變爲純水

第四十四圖

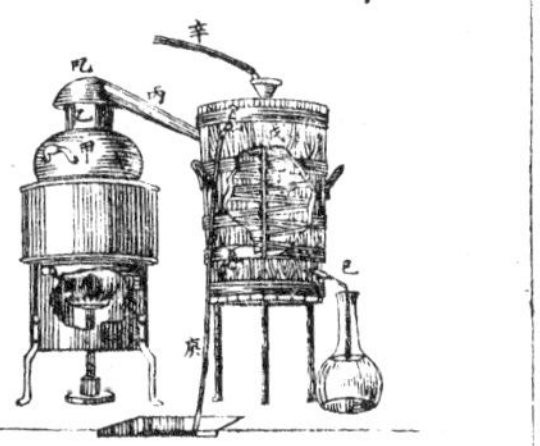

第四十四圖爲常用之甑有紅銅鍋如甲盛水加熱發汽一切雜質留此鍋內乙爲甑之頭在叱爲接處有頸如丙連於冷凝之螺管丁此管以錫爲之而盤旋於水桶戊銅鍋所發之汽通至螺管凝水而在己放出螺管浸於冷水汽凝甚易戊桶之上有添水管與放水管使水之熱常在百度以內此水爲尋常分合之事所用然化學極精之事必用極純之水如第四十五圖甲爲玻璃甑有玻璃塞以便添料其頸通至里皮格凝器如乙此器內爲玻璃管通汽如丙用外套通水或玻璃管或銅管如丁其左端有添水之漏斗右端有放水管凝成之水過有尾之收器庚而流入受瓶辛此器兼可蒸各種流

第四十五圖

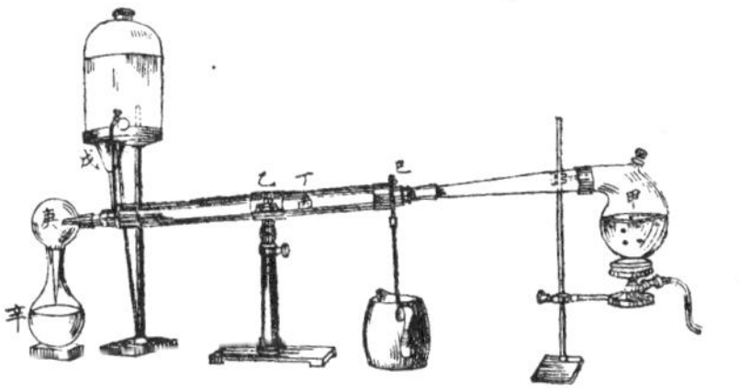

質。

出海之船常備蒸器。如所藏之淡水用盡。可蒸海水以免渴。但蒸水淡而無味。因原含之空氣沸時散盡。曾有人設一器能將空氣壓入蒸水。味仍可口。

水之形性

水爲萬物內之最多者。其形與性人所習知。無庸贅言。其重率爲一。凡較定質與流質之重率。以一爲主。卽與水同體積而相比其重。如水之重率爲一。其質之重率爲若干。其水之熱以六十度爲準。卽百度表十五度五。

水冷至三十二度。卽百度表之○度。在空露之處卽結冰。能成六面柱形之顆粒。其重率爲○九一八四。以顯微鏡視雪。其顆粒合成星形之片。水結爲冰。其水漲大甚多。水體積一百七十四。變冰則成一百八十四。所以存水之器結冰易致礫裂也。水熱無論何度。常自化气。其化气之數與熱度有比例。水之沸界爲二百十二度。卽百度表一百度。

流質之沸界。以空氣之壓力爲準。卽汞高三十寸。亦卽法枚七六二。流質內置鉑絲一圈。能令其氣易散。將寒暑表試此沸流質。視其常顯之度數。卽此流質之沸度。

汞高三十寸之空氣壓力。水熱至二百十二度以上。化爲不能見之氣質。其重率爲○六二二。如將六十度熱之水一立方寸。加熱至二百十二度。而盡化爲汽。能得一千六百九十六立方寸。

水與別質或化合或消化

水能與雜質化合者甚多。其化合之質謂之含水質。又能與二種原質化合。卽綠與溴。其餘別種原質無有與水一遲化合。而亦不能在水多消化。如冷水七千分。始能消化碘一分。而不能化合。養氣輕氣淡氣硝能在水消化而亦不能與化合。

水遇雜質。或令消化。或與化合。其消化之時。無有變化之事。所得之流質性亦不變。不能生熱而反減熱。如將鉀養淡養之粉添在水內搖動。令速消。立覺發冷。如再添至飽足而熱爲六十度。則水一千釐能消三百釐。此爲冷消盡之硝水。若以此水盛於盆內。待數時。水卽漸變霧而散出。硝能結成六面形之顆粒。而粒內不含水。若將硝添於沸水之盆。如第四十六圖。用玻璃箸掉之。再添至不能消化而止。則水一千釐能消二千釐。此爲熱消盡之硝水。凡鹽類之定質。以熱水消之。比諸冷水速而多。

第四十六圖

定質結成顆粒之法。以熱水消化之。而俟漸冷。其冷愈慢。

顆粒愈大故熱水消化而使結成太速顆粒不能甚大若在將冷之時掉之粒細如粉如硝一千釐用水四兩消化而蓋密則冷時結成之顆粒長可二三寸

定質之內有數種若不動其消化之水則不肯結成如鈉養硫養消化於沸水之瓶內至飽足略比原水重一倍瓶口不塞冷時多成顆粒若乘熱之時以軟木塞密而待冷即不成顆粒雖搖動之亦不結成取去其塞而令空氣竄入再搖動其水即能全質結成水且自能生熱又如將此消水飽足之水傾在盆內而以玻璃片蓋之亦無顆粒用箸掉動立有結成但其玻璃箸不可數日前曾加熱者如已加熱雖待冷而用掉此水亦不結成此事之理尚未詳

流質之內欲試含鉀養與否必添以果酸使成鉀養二果酸之顆粒然不用箸掉動即難結成欲驗其據可將果酸水合於硝水而傾于大玻璃片用指寫字則有字之處即結成

鈉養硫養之顆粒含水一倍有餘如無水鈉養硫養之重七十一分即一分劑含水之重九十分即十分劑所以顆粒之式爲鈉養硫養十輕養如將此顆粒以生紙收盡其外面之水令遇空氣多時則漸生白粉一層此粉爲無水鈉養硫養久遇空氣則全變爲白粉故其所含之水謂之成顆粒之水

含水之顆粒有色者去其水則失其色銅養硫養原爲藍色之顆粒如無水銅養硫養之重七十九分八即一分劑含水之重四十五分即五分劑其式爲銅養硫養五輕養如將此質久遇空氣而不加熱亦不變色若加熱至水之沸度即變暗色研之成白粉此粉爲無水銅養硫養其重七十九分八即一分劑含水之重九分即一分劑其式爲銅養硫養輕養散出之水四分劑即成顆粒之水其顆粒之形與色俱藉此水如以白粉投於水則再化合而生大熱仍得藍色之顆粒若加三百九十度之熱其水全能散出可見四分劑之散出尚易其餘一分劑則爲成質之水散出甚難若欲指明成質水若干成顆粒水若干則其質爲銅養硫養輕養四輕養

鹽類質成顆粒之水常在二百十二度化散而其形與色俱藉此水成質之水必加熱至大於二百十二度方能化散此與鹽類質變化之性有相關

化學之內有數種寫字之後不加熱其迹不顯此因加熱則成顆粒之水散去而變色也如將鈷綠水之淡者寫字待乾略不能見若加以熱則放出水二分劑而變爲無水鈷綠即深藍色之質冷則又收空氣之水而色仍隱銅養

硫養一分淡輕綠一分以水消化寫字而加熱即變深黃色洋葱汁有同性硫强水或硝水或硝强水極淡者變棕黃色不淨之鈷綠水變綠色鉛養酸醋加硝少許化水變玫瑰花色鈷綠與鈮綠化淡水變深綠色鉛養醋酸水遇輕硫氣變棕黑色汞養淡養加熱遇輕硫成深黑色銀養淡養或金綠夜間寫字遇日光成深棕色或葡萄色

鹽類質與水之愛力甚大者遇空氣則收其水而消化如鈣綠盛於管內而令空氣或別氣行過即能收盡氣內所含之水

本質能與水化合者甚多如將鈣養灑以水則化合爲鈣

養輕養化合之時發大熱而變成鬆粉若加熱至紅水又散去而仍得鈣養

鉀養鈉養鋇養與水化合之後雖加大熱亦不散出所以化學家疑其所含之質無水之形而有輕氣一分劑以金類質代之如鉀養輕養之式應爲鉀輕養即水二分劑即輕養其輕氣之一半放出而以鉀代之此式雖是合理然各種含水之質無論緊鬆必歸一例故尚不便

鉀養輕養鈉養輕養鋇養輕養雖加以熱其水亦不放出故化學家以爲其水實爲化合而非和合然能放出輕氣若干而以金類代之如依此理則鉀養輕養之式應爲鉀

輕養若用質點式則爲鉀輕養即爲水分分劑之輕養內有輕氣一半放出而以鉀代之故以相等式之法表明其變化則用此式爲甚便惟有數種質所含之輕養其化合甚鬆所以尚不能爲實在之理而但可爲假設之理

酸類質與水化合者極多故常用之酸質俱有水化合於內其無水者甚是難得如濃硫强水含水一分劑無水則爲顆粒之定質乾時不顯酸性必遇水而有强水之性與水化合之時生大熱如將輕養硫養多加以熱亦不放水雖蒸而取之仍爲輕養硫養故有化學家疑其水或變形不可謂之輕養硫養而應爲輕硫養若謂輕養硫養則用

輕養與硫養二質合成可謂之雙質若謂輕硫養則爲單質

輕養硫養與水之愛力甚大故氣質流質定質之含水者可用濃硫强水收乾之

輕養

萬物之內此質無獨成者工藝中無甚大用而醫家則有用之者格致家考驗其理能使質點之理顯明取法將燐數條在水內刮光置於有孔之杯內而再置於大瓶之底水浸燐條之一半瓶蓋不可甚密須暫吹瓶內換氣置瓶之處須防燐自燃瓶內之空氣多有電臭氣數日之後水

內含燐養與燐養並含養氣甚多，即空氣內所收得者。如將試筒或小罩盛此水而添以錳養粉少許，蓋密而倒置於水內，則發養氣之泡，可以常法試之。錳養亦不化分，其全養氣為輕養所放。如將鉀養錳養，即紅色之水，傾於盛汞養水之管內，則多放養氣，此養氣之幾分為輕養所發，幾分為錳養所發，而其紅色漸不見，因錳養變為少含養氣之質，本是無色也。以上為粗法，如欲取淨者，必將鋇養以輕綠水化分之。此須令輕養不自化分，其式為

鋇養丄輕綠＝輕養丄鋇綠，分出鋇綠之法，必漸添以銀養硫養，則鋇變為鋇養硫養，銀變為銀綠，其式為

鋇綠丄銀養硫養＝銀綠丄鋇養硫養，俟各質結成沈下，即將器內之淨流質傾出，而安在抽氣筒之罩內，兼用濃硫强水盆抽出空氣，而强水收盡其水，輕養亦不多散出，即得淨輕養，為稠質，其重率為一．四五三，略有綠氣之臭。此質之奇性最易化分為水與養，如添酸質少許，化分較慢，添以鹻類，化分甚速，現以此物為藥料之用，或照像之用，內含輕綠少許，令不化分，熱至七十度，則發養氣之泡，所以夏令不能造，加熱至二百十二度，則化分甚速，遇數種金類，如金鉑銀等，本與養氣無愛力者，能令輕養化分，而其金類質毫不改變，又有別質遇一質在旁亦同此事

化分，前言用錳養，則輕養化分而錳養不變。若將銀養少許以輕養滴在其上，立即化分，而發大熱，大響，有大爆裂之性，所餘之質為銀粉，即灰色之質，或用金養與鉑養得據亦同，而理甚難明。近有化學家云，銀養等質所含之養氣與輕養所含之養氣，其性不同，因其質已變形，故彼此有大愛力，而如兩種異質之意，若令銀養所含之養為負電氣之養，令輕養所含第二分劑之養為正電氣之養，則二物彼此化分，其式為

銀負養丄輕養正養＝銀丄輕養丄負養正養

由前理觀之，則空氣內之養氣或尋常之養氣，可謂之養養氣，即有養氣二質點相合而成，而其二點之性相反，如將養氣與別物分開，則最小之點為二質點相合而成，所能分開之養氣，其最小點可云養氣一粒，此粒能與別質化合極細點之倍，故命養氣質點之重率為十六，則粒之重率為三十二，化學家論此理而推至別原質，云凡原質一徑化合為雙化分之事，其相配之質點彼此調換，依此理，輕養化合成水，其式為

正輕負輕丄正養負養＝正輕負養丄負輕正養，即輕丄養＝輕養，即水之質點，應記為輕養，其重率為十八分，此以輕等於一，如命養之重為十六分，則其式為輕養。

或疑電臭氣爲養氣之負質點與正質點相離有事略可爲據凡物與養氣化合而有水在旁則常有輕養生出故可謂輕養與正養化合成輕養正養其負養即分出而爲電臭氣又如水以電氣化分之所有變成電臭之時亦有輕養生出然果如此則有數事難明如電氣變養爲電臭其體積縮小又如變化之時令遇汞則無縮小之事但此二事有一理可以明之如以養氣爲多質點相合而成輕養養而其輕爲養一分劑所代成養養養則譬諸輕氣二體積合於養氣一體積所成之水氣縮而爲二體積則以同理養氣二體積可與養氣一體積相合成電臭二體積

又譬如用熱金類化分水氣二體積得餘下輕氣二體積則以同理用金類質化分電臭二體積則放養氣二體積無有縮小之事近有人試得電臭之重率則知重於養氣一倍即一六六可爲此理之據又輕養之性稍受熱即化分則以同理電臭受熱變爲養氣又電臭遇錳養或白金細粉俱能變爲養氣又作電臭之時常有輕養顯出略與此理相配

炭

生物之質俱含炭故欲試驗是否生物質者祇須加熱而不遇多空氣待少頃而其色變黑漸成炭形即知爲生物

質

炭之變形甚多金剛石爲無色而透明者筆鉛爲黑色不透明而有金光者木炭爲鬆脆而有毬形者又如軟煤硬煤並鐵甑內逼過之煤俱是炭之變形

金剛石不但稀少而美觀且於化學源流大有相關西歷一千七百七十餘年以前格致家不知其爲何質變成惟有奈端細察其質大有折光之性又考別種質之有此性者俱爲油類所結成遂想金剛石必爲可燒之質但不能考得其實據後始有人考知爲炭質但其試驗法亦不甚詳再後數年化學家拉甫西愛將金剛石置於小玻璃瓶

而添以純養氣即用凸鏡之聚光引燃之盡變爲炭養氣近有人用極詳之法試驗而得其極細之據知爲炭所結成之顆粒形因試此事之理又知炭養之原質並其分劑數如不知此事亦不能知含炭之質之炭數蓋含炭之質求其炭數必先使其變爲炭養氣始可從此而攷得之

炭與養氣合成炭養氣如第四十七圖之器收得極淨之氣甲爲瓷管在木炭火加熱至紅管內置白金小盆稱準其重將金剛石數小塊亦稱準而盛於白金盆內管之一端通至存氣器乙此器含養氣而其養氣通過丙管此管盛鉀養可收出養氣內之炭養與綠氣又過丁戊二管俱

第四十七圖

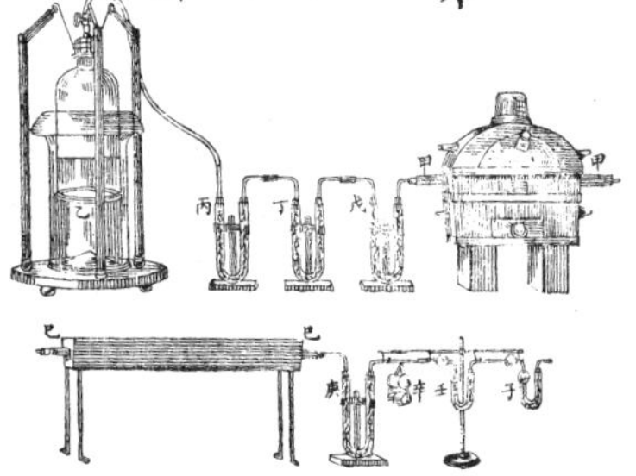

盛漬透硫強水之浮石所過之養氣如含水盡爲收出其夻管甲之又一端連以玻璃管己己亦用炭火加熱管內盛銅養燒金剛石而設有炭養氣生出則變爲炭養氣金剛石所成之炭養氣行過庚管此管亦盛漬透硫強水之浮石炭養氣如含水亦盡收出再過各玻璃泡辛之鉀養

水再過壬管之鉀養輕養定質再過子管之浮石硫強水其辛壬子預已稱準其重如過辛管而有餘下之水質壬子可收之金剛石燒畢之後則稱白金盆所餘並稱辛壬子三器與前數相較即得炭養之數如金剛石燒盡則其原數與炭養數之較即爲與炭化合之養氣數此法相試不但用金剛石並可用筆鉛即知炭重六分合成炭養之重二十二分其養氣之重必爲十六分即二分劑考得金剛石爲炭質之人名拉甫西愛其事在西歷一千七百七十二年將玻璃小瓶滿以養氣再挂金剛石用凸鏡收日光燒之全變爲炭養

近日教習化學之館又有燒金剛石之法將白金絲作雙連環圈絡住金剛石而挂於玻璃毬之蓋如第四十八圖毬內滿以養氣隨用養氣噴過醇火或煤氣火令燒至白色急置於毬內俟燒數分時而取出將鈣養水少許傾入毬內摇動則水變白色因收炭養氣而爲鈣養炭養然此法未免

第四十八圖

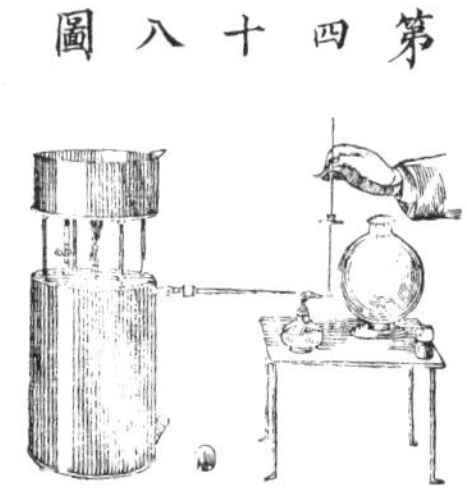

白金絲鎔化而金剛石落下故不及電氣之法如第四十九圖甲爲白金絲所作之螺絲圈連於銅線乙乙螺絲圈

第四十九圖

內挂以金剛石其銅絲通過軟木塞先將瓶內滿以養氣而塞之用古路物發電筒五六箇俟電氣通過金剛石得紅熱即斷其電氣金剛石自燒而發大光

金剛石不遇空氣而在爐內加以大熱亦不變質若用大力之電器在眞空內燒之則變爲黑色之質與筆鉛略同筆鉛以此法燒之其灰較多於金剛石係鐵養與錳養間有石英之小點並錯養最純之筆鉛產於英國坎部倫省其地名爲布路對拉取得者多大塊質密而細又有一種粗者有顆粒之形爲六面形之片在西冷地方所產製造

生鐵器之工內常得筆鉛又有鎔化之生鐵冷定之後其炭與鐵分離而成片形之顆粒西名開施所以紫花生鐵其筆鉛之片形顆粒雜於鐵內偏體皆有用强水消化之其炭質存於水內卽可分出

筆鉛雖無金剛石之美觀而用處則甚廣因能造筆書畫皆宜又可擦於鐵面令不生銹又可合於泥而造成鎔鍊金類之罐能耐大熱一敷於機器相磨之面卽能光滑火藥亦用之以發光

炱

炱甚近於純炭可將松香或柏油或煙煤令稍遇空氣而燒之所以粗炱常雜松香並淡氣與硫等質墨與黑色之料俱用此質多藉其黑色之功而少藉其化學之性

木炭

木炭之性有益於化學者較多於炱依法造之始合各事之用若不依法質遂不佳祗可粗用如將木一塊在平常之火內加熱不久而燒盡所餘者惟灰此灰係木質所含之金類如燒木而收放出之氣卽得炭養氣並水因木質為炭輕養三質合成炭有十二分劑養與輕各有十分劑木燒之時其養氣合於空氣而令其炭與輕變為炭養與輕養若將其木置於玻璃管內一端封密而加熱則不能

燒盡必有餘質為木炭其形尙同於原木而其性則大異因燒時未遇養氣故不成灰不過為熱所變而質點成新排列之法比木質之原排列更簡能受大熱而不變化其管口所放之霧以藍紙試之得酸性並有奇臭遇火卽燃

第五十圖

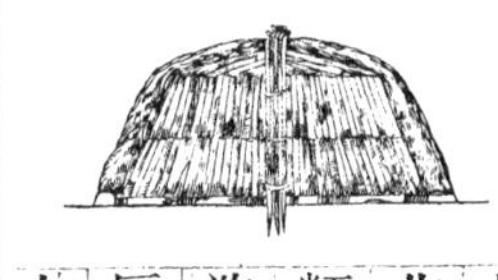

此霧之內常含數種有用之質所成之炭非純質尙含養輕二質並淡少許又含金類質卽成灰之質

造木炭以當燒料之用者如第五十圖將長木條打入地內如牀之式周圍倚以木中留空處便於在此爇火所成之堆徑三十尺至四十尺用砂泥等物周圍蓋密近於地面留孔以便初燒時放出水氣卽在中留之空處爇火而蓋密頂上所留之空歷若干時而木已放盡其水氣卽將堆底之孔封密再待二十日至三十餘日其木變為炭每木一百分得炭二十二分

第五十一圖

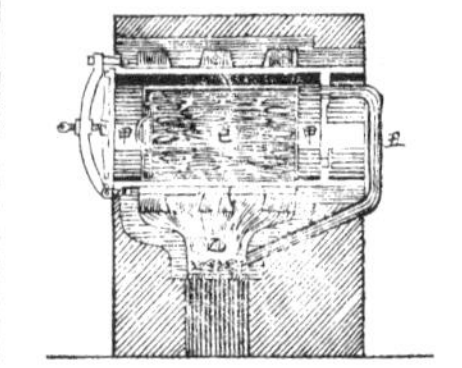

又法用鐵殼如第五十一圖已置於鐵甑甲而加大熱所放之霧有管丑引至乙爐內在此爐內燒盡

小試之法如第五十二圖用玻璃甑盛木而加熱則水氣與黑油與那普塔俱留於受器之內其能燃之氣通至收氣之罩

第五十二圖

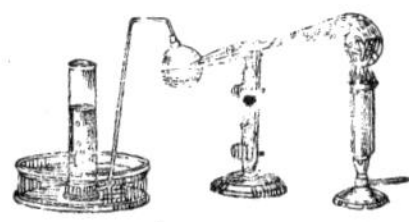

木炭之質甚鬆能收氣質與流質故常用以收肉魚等物腐敗之氣並可滅動植物之臭氣炭所能收之氣質甚多如炭一立方寸能收淡輕氣一百立方寸並收輕硫氣五

十立方寸動植物朽爛而常發者即此二氣炭之收氣雖多不能與之化合如欲試之可將炭一塊安在封密之器加熱至紅取出插於水銀內使不遇空氣待冷取出能收氣質最多臭氣收在炭質之內更能同收養氣炭一立方寸能收養氣十立方寸如養氣能與同收之氣化合者則與化合而變為不臭之質試將炭一塊令遇含輕硫之空氣則收進之時令輕變為輕養令硫變為硫養

試炭質之鬆性如第五十三圖將木炭繫以鉛使沈於水而安在玻璃罩內抽出空氣炭即發無數小泡而水似沸此因炭中之空氣散出也又將玻璃管長十寸如第五十

第五十三圖

第五十四圖

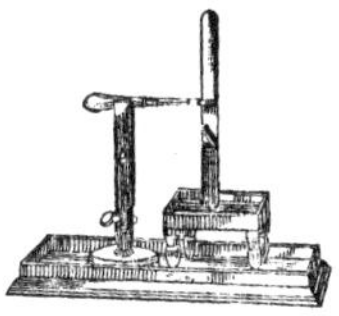

四圖以架托之立在水銀盆內滿以淡輕氣再將新加熱之木炭小塊從水銀下放入管內則收淡輕氣甚速而水銀升上取出其炭置掌心覺其甚冷此因淡輕飛散之故

新加熱之木炭置於輕硫氣之瓶俟其收足再置養氣之罩內則養氣與輕硫相攻而炭即自燃養氣之罩毋甚密恐有忽增之漲力而碎裂

或以為軟木炭之收氣必更多於硬木之炭此未必然有一種硬木炭能收淡輕氣得體積一百十一倍如椰瓢燒炭其剖面光如金類用顯微鏡察之亦無小孔然收氣質更多於硬木炭

民生日用之事即以炭收氣之性而得益如發臭之物而撒以炭屑即收其臭氣如病人之卧房用大盆盛炭屑則收其穢氣如房外有臭氣則牕戶進氣之處可用鐵絲布

之袋滿盛炭屑挂其處如人至臭氣之處可用銅絲布盛炭罩於口鼻之上種種臭氣隨宜用之無不受益又如水之污穢者用炭屑濾之卽能清淨

炭質不但能收氣尚能收水中消化之流質與定質各種顏料之水大半能收其色如紅酒或蘇木水將新煅過之炭在內搖動數時而以紙濾之如第五十五圖所得之質卽無色若將濾出之炭屑加以淡鹼類水則顏料能從炭內取出

第五十五圖

動物炭

動物炭收顏色之性甚多於木炭故製造之內常以為提白糖作白酒之用燒動物炭之法將骨盛於鐵器封密而加熱凡骨三分之一為動物質三分之二為土質與金類質最多則為鈣養燐養五並有鈣養炭養二少許加熱之時不遇空氣則骨內之炭輕淡養變形其輕淡養為氣質散去炭則與土質相合為動物炭惟燒骨與燒木所發之氣其性不同燒骨或角則有鹻類之性燒木則有酸類之性俱可以試紙驗其氣而得之其故因骨角之內淡氣多而木之淡氣甚少也多含淡氣者其淡氣變成淡輕三等質少含淡氣者淡輕少而酸性之質多

化分骨炭而求各質之數其炭質少於木之炭質大略十分之九為土質卽鈣養燐養五與鈣養炭養二土質既多則炭點疏散而顏色之質遇炭點之面積更大所以動物炭能收顏色者大半以此如將動物炭用鹽强水洗之則土質化出以所餘之炭收顏色其性減小

炭不能一逕與別質化合故其雜質必繞道而成若不加熱竟無一物能化合者所以木常因乾濕易壞必燒其外面成炭質遂能不與別質化合可永不變又如鐵器之外面敷以筆鉛日久亦不生銹若遇大熱炭亦易與養氣

並數種金類化合熱若更大又與輕氣化合如將炭塊於一點之處加熱令能與養氣化合則成炭養氣而其相近之質點漸受其熱而延燒其熱遍傳全體方能燒盡餘燼則為土質卽白灰設炭而易於傳熱則無此事因其熱能傳至全體故必將全體加熱至能燒之度方能燒如將炭不遇空氣而加大熱則傳熱之性更大而更難著火炭之生熱率為八千〇八十卽炭一釐燒成炭養二所發之熱能令水八千〇八釐加熱一度卽百度表〇度至一度

炭質之生熱多於等重之木質一倍此因炭含輕養少而木質所發之熱欲令木內之水變為汽故熱必多費製鍊

金類之工宜用木炭取其生熱多而與養氣之愛力甚大能收金類所含之養氣如鉛養與炭加熱卽發炭養氣其式爲二鉛養丄炭＝鉛丄炭養此爲易放養氣之質然有難放養氣之質如鋅養等與炭同加熱亦能發炭養氣其式爲鋅養丄炭＝炭養丄鋅

炭質恆爲定質不肯使變流質或云炭加以極大之熱略能鎔化略能成霧然無實據又無一質能消炭爲流質炭若置於硫强水或硝强水內加熱令沸亦卽漸漸不見此非消化乃變爲炭養之故

煤

煤之種類甚多俱以炭質爲不可少之物另有輕氣淡氣硫黃並數種土質燒後之灰卽土質也煤之所以成因植物質埋在地內化分而放出炭$_{2}$輕$_{4}$等含輕氣之質並炭養含養氣之質其餘則炭等質共聚而成煤木質之大半爲歲畱路斯卽炭$_{12}$輕$_{10}$養$_{10}$其化分之式或爲

二炭$_{12}$輕$_{10}$養$_{10}$＝五炭$_{2}$輕$_{4}$丄十炭養$_{2}$丄炭$_{4}$凡產煤之處常發炭$_{2}$輕$_{4}$火油炭養氣等卽是前理之據植物變化之時常發炭$_{2}$輕$_{4}$與炭養$_{2}$乾草成堆其內生熱而自燒設不至燒亦變成炭質如使木變爲炭必含異質在內則地內所埋之植物變煤亦有異質爲輕養淡等其淡與硫之幾分爲植物內之蛋白等質所成而硫之大半又有鐵硫$_{2}$之形從別處根原而來如愛爾蘭等處有低窪之地其土質俱爲植物變化而成故土內常有將變而未變之物其植物之形尚未全失又有已變爲黑色者若遇壓力卽能成煤

煤分爲三大類一爲木煤一爲軟煤卽煙煤一爲硬煤其木煤有棕色而紋理尚可辨多含輕氣與養氣硬煤卽白煤多含炭兼有土質少許茲將木質變至硬煤分爲五級每級之內其輕養之數漸減少

	炭	輕	養
木	一〇〇·	一二·一八	八三·〇七
比得卽低窪處已變化之植物質	一〇〇·	九·八五	五五·六七
木煤	一〇〇·	八·三七	四二·四二
煙煤	一〇〇·	六·一二	二一·二三
硬煤	一〇〇·	二·八四	一·七四

燒煤時之變化甚繁煤既受熱其原質之排列改變因初受熱之煤塊放出數種能燃之氣質此質燃時引其熱至別塊則各塊之外面延燒而生熱能令內質發出各種氣質卽成含炭與輕之數種質如炭$_{2}$輕$_{4}$與炭$_{4}$輕$_{4}$不發煙而成燒又如偏蘇里卽炭$_{12}$輕$_{6}$與那普塔里尼卽炭$_{20}$輕$_{8}$含炭甚多則幾分成燒尚有幾分因養氣不足而不能燒盡遂至煙

通結爲臭。此外尚有淡輕$_{四}$養並炭養$_{二}$並別種質各少許。煤內之氣既燒盡，則爲枯煤，不發煙與焰而成燒，至炭質盡而後止。餘者爲灰，卽煤所含之土質。總計燒盡之各質，卽得炭養$_{二}$氣、輕氣、養氣、淡氣、硫養$_{二}$氣與灰。如欲令爐內少煙，則添煤必在爐之近口，使放出氣質，而後推進。此推進之煤勻鋪於熱極之枯煤，卽能燒盡，而炭質不致散出於煙通。有人剏法，令熱氣在爐之背後進爐，遇煤所生之氣質而燒盡之。各種煤之成燒，俱藉其原質。玆將三種煤之原質列表。

	木煤	軟煤	硬煤
炭	六六·三二	七八·五七	九〇·三九
輕氣	五·六三	五·二九	三·二八
淡氣	〇·五六	一·八四	〇·八三
養氣	二二·八六	一二·八八	二·九八
硫	二·三六	〇·三九	〇·九一
灰	二·[illegible]	一·〇三	一·六一

木煤之類，受熱所發之氣多於別種煤，故燒時之火焰亦多。所成枯煤之形，爲原料之形。煙煤之燒時，變成軟質，而能各塊相粘，雖爲細屑，若依法爲之，亦可燒盡。硬煤之燒時，發氣甚少，故火焰與煙亦少。冶鑄之爐必用此種，生大

熱。

炭能與養化合成二種質：一爲炭養，一爲炭養$_{二}$。其原質之重，卽炭養含炭六分與養八分，炭養$_{二}$含炭六分與養十六分。

炭養$_{二}$氣

空氣內常含炭養$_{二}$氣，每空氣一萬體積，有炭養$_{二}$四體積。此氣之從來，約因空氣之養氣令各質燃燒，或因動物之呼吸。燒料之內含多炭，燒時與養氣化合而變爲炭養$_{二}$氣，和入空氣之內。動物呼吸，則身內之炭質與吸進之養氣亦合成炭養$_{二}$氣，而在呼時放出。此事卽動物體生熱之關係。

植物之葉見光，卽能化分空氣之炭養$_{二}$氣，其炭能成植物體之各質。而植物死後，其炭卽歸於空氣，仍爲炭養$_{二}$氣。如植物爲動物所食，則其炭亦在身內變爲炭養$_{二}$氣而呼出。又如燃燒植物，或植物腐爛，或植物歷多年變煤而燒之，俱仍爲炭養$_{二}$氣而入空中。化學家名布西岳得云：植物在暗中能放炭養$_{二}$氣。有一種樹，西名哇里俺達，將其葉合湊而積其一平方枚，卽方邊三十九寸三七，在日光內每一小時化分炭養$_{二}$氣六十七立方寸六，在暗處每一小時放炭養$_{二}$氣四立方寸二七。又考得花在日光之內能收養氣

而放炭養氣
腐爛與發酵二事即將生物所含之炭還於空氣之中雖
二事之理大不同而其變化之工則同類即將繁質變爲
簡質也此理之大概乃動植物死後不久即變化其體質
如呼吸或燒或發酵俱成炭養氣有簡法可得其據如將
極乾之瓶罩於燭焰之上則瓶之內面凝水如露此因燭
內之輕氣燒成再將鈣養清水少許添入瓶內搖之變濁
如乳即爲炭養所變化
第五十六圖二瓶同盛鈣養水並列而連以歧管從甲端
吸進空氣過乙瓶鈣養水不能變濁因空氣內之炭養氣

甚微也如吹入口氣則過丙瓶而鈣
養水變濁又如第五十七圖將溫水
八分至十分以糖一分消化另將乾
酵料和水掉勻而添入糖水盛於甲
瓶一小時後發酵之事頓令收氣罩
乙內即有炭養氣

第五十六圖

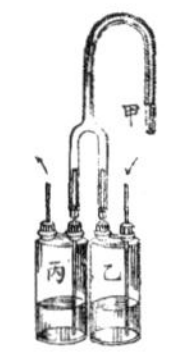

第五十七圖

取法

地內所藏之炭養不少有數處常噴不息如奴海末地方
有泉噴出之水每年約一百萬磅又有歲勒蔡與潑耳曼
得等泉所出之水甚多俱含炭養氣
炭養氣常與鈣養化合而成灰石或大理石即雲石或白
石粉地毬之外殼大半爲此質所成又如螺蛤之殼與珍
珠等每三分約有二分爲鈣養炭養蛋殼則十分之九爲
鈣養炭養
灰石燒石灰乃逼出所含之炭養氣用窰燒成者祇供房
屋等用若欲收取炭養氣必用强水化分之
分取炭養氣必用合式之料如用雲石等片將淡硫水傾

其面雖能發沸片刻即停因其外面變成之鈣養硫養幾
不能消化阻隔强水之性其式爲
鈣養炭養丄輕養硫養‖鈣養硫養丄輕養丄炭養若以
雲石研成細粉或用白石粉之極細者則每點周圍盡遇
强水氣盡發出如用雲石之塊以鹽强水消化則能發氣
不息因變成之鈣綠極易消化石面常遇强水其式爲
鈣養炭養丄輕綠‖鈣綠丄輕養丄炭養
平常試驗物質需用炭養者可如第五十八圖之器將雲
石小塊先以淡水浸没後從漏斗添入鹽强水則雲石化
分而有炭養氣發出其氣用瓶收之即能擠出空氣而自

第五十八圖

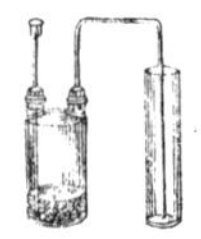

落至瓶底

炭養性情

炭養氣無形無色其臭稍辣易以分別飲荷蘭水時覺有此臭其重率爲一.五二九重於空氣半倍所以地內噴出此氣常沈空氣之下聚而不散意大利亞國有一洞名爲狗洞因狗入此洞必死如預繫以繩而速牽出不久尚能復活

驗此氣之重率如第五十九圖用天平令碼與管等重將炭養氣傾入其管立即下墜再加以碼令其平則能略知其重數又法如第六十圖用大筒另將白石粉和水成膏

第五十九圖

第六十圖

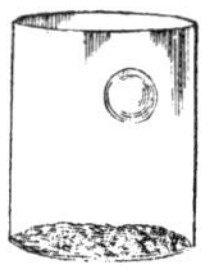

第六十一圖

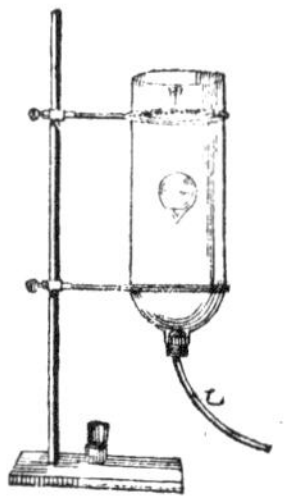

鋪於筒底添以淡硫強水則所生之氣能托住肥皂水之泡又如第六十一圖用哥路弟恩之小毬盛空氣置於瓶內如甲通進炭養氣毬即上浮

炭養氣能滅火故可藉此性以滅煤窟內之延燒又可滅房屋之失火但尚未甚得法空氣八分含炭養氣一分即能滅火如少於此數亦能大減火光純炭氣亦能滅火惟須以甚多加入空氣方效

試驗滅火之性厥有數端將燭燃火相離稍遠而傾炭養氣在其上火乃立滅又如前六十圖將火炬探入筒內其火亦滅又如第六十二圖大筒盛炭養氣小筒用繩挂下

第六十二圖

第六十三圖

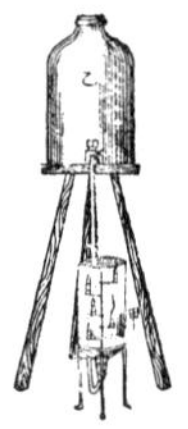

如井中汲水之式將燭置於另一小筒以汲出之氣傾其上火亦立滅又如第六十三圖將鐵絲一條插燭枝高低不等再用象皮管自存氣之瓶乙通炭養氣至容燭之瓶甲其氣漸高燭火挨次而滅又如前十五圖養氣一瓶頫在炭養氣瓶上二瓶俱無底用燭火置於養氣瓶內發光極亮置於炭養氣瓶內火焰立滅提起至養氣又能

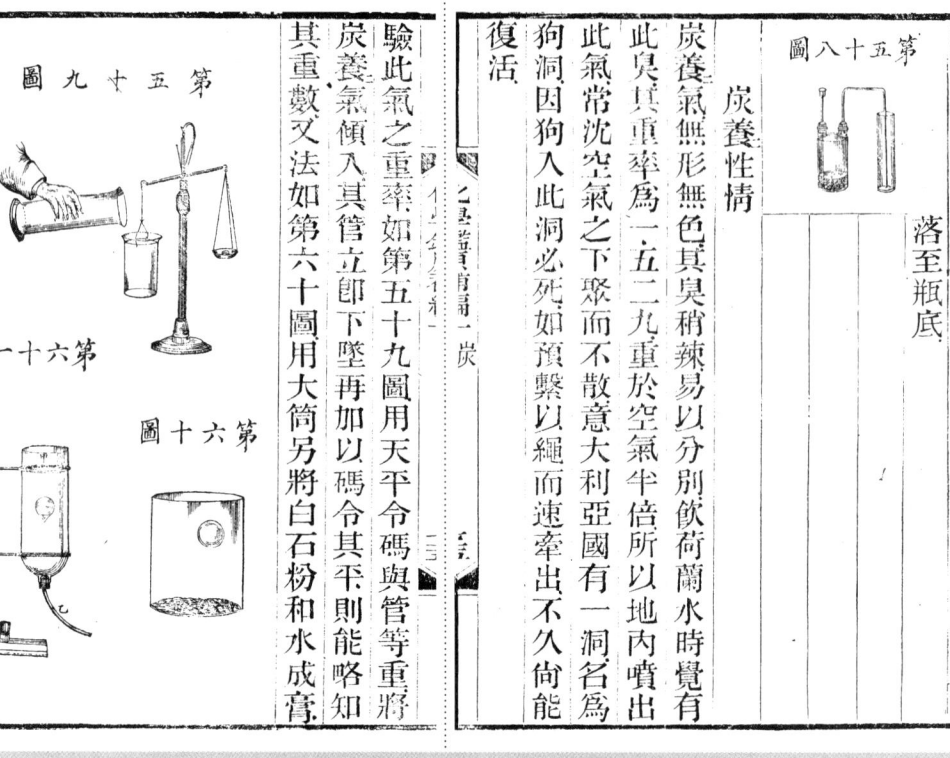

自燃如是迭更起落至數次.

炭養氣能滅火所以燭火在不通氣之罩內其養氣尚未用盡而火已滅蓋養氣雖未盡而燒餘之炭養氣已充足燐既燃火雖遇炭養氣亦不能滅如第六十四圖用小架

第六十四圖

甲置燐一塊又用鐵絲插燭一枝罩有塞如乙不稍洩氣以銅絲連於塞下直通至燐塊彎通至燭火其罩在水盆亦不洩氣先燃燭於罩內其火不久而滅隨將熱銅絲遇燐尚能延燒片刻可見燭因炭養而滅燐藉餘養氣而燒.

動物置於不通氣之罩內呼出之炭養氣漸多必致喘促而死然其養氣尚未用盡此與前理相同.

第六十五圖甲罩內含空氣有管通在人口呼吸此氣數

第六十五圖

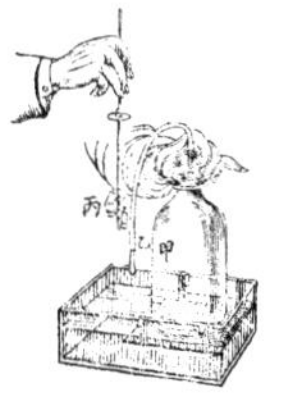

次大覺煩悶即是炭養氣漸多之故再將鐵桿丙下端之左作凹置燐右邊插燭皆引燃之而納諸罩燭立熄而燐仍燃.

炭養氣嚥入胃中不受毒吸入肺中則大害因令肺內之回血不能放出炭養氣故亦不能收進養氣以變紅血此事停歇人即喘促肺內吸進炭養氣愈多則呼吸愈難惟

身體之强弱各人不同故吸空氣所含炭養若干而受害不能預定如空氣一千體積內含炭養一體積亦不可吸然此數尚無危險至於二百體積含炭養一體積即有危險人遂委頓而頭痛若更多吸必致昏眩如十二而含一人即悶死眢井或地窖等不通氣之處人若入內甚屬危險此處之炭養氣乃土內之生物質放出試驗此事將燭從上縋下火光同於外空氣中即知無險火若滅光即能害人.

煤窟內之氣遇火延燒又變爲炭養氣前氣之燒甚速不足令人即死但受驚而傾跌適有變成之炭養氣沈於下隨吸之而悶死又如苦酒與燒酒必用極大之木桶釀之其桶底常存炭養氣人如入桶往往受害.

人肺呼出之氣每一百體積內含炭養三體積半至四體積如再吸入即屬危險嘗考人肺與皮膚所放炭養氣每一小時共有十分立方尺之七所以此氣再欲吸用必和以新空氣一百四十立方尺即五尺二爲邊之立方凡聚多人之處風氣須通暢則炭養氣淡而不害人燃燭或煤氣燈之處炭養氣亦多常用之煤氣燈而燈嘴所成之炭養氣須設法助其升散蓋呼氣或燒火能令空氣加熱熱則重率小而易升四旁之新空氣來補其虛此宜在屋頂

或窗戶之高處預作通風之孔若但藉火爐之煙突祇能令放出近地之炭養氣

前理可用簡法相試如第六十六圖玻璃筒二箇各能容

第六十六圖

二升滿盛炭養氣而將燃燭置於內其火即熄再將二小瓶各能容四兩一盛沸水一盛冷水在筒如圖式待數分時將燃燭置於沸水瓶之筒內其火不熄若置於冷水瓶之筒內其火即熄

第六十七圖用三燭插於架而高低不等則罩內之空氣先在上面變壞故上燭先熄次及中燭後及下燭皆熄若

第六十七圖

第六十八圖

在下燭未熄之時取去罩塞而將罩底稍虛以進空氣火遂不熄又如第六十八圖用玻璃管插於罩口以當煙通之意內置二燃燭一在管下一在管旁又將罩底稍虛而通空氣下燭可久燃不熄上燭則不久而熄此因自生炭養氣之故

房屋之內所進空氣常藉門與窗之小縫出氣則藉火爐之煙突然極大之房屋須特設流通空氣之法又如取煤之井內常有炭輕氣與炭養氣又有火藥礮石所成之氣

並挖取金類礦內之氣俱以流通空氣爲最要常法作二井其一井之下燃火令氣上升一井即爲進氣之用再用木板隔開風路令風通至各處

通風之法可用器試之如第六十九圖甲爲高罩其口有

第六十九圖

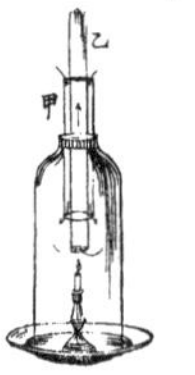

軟木能受玻璃管將罩置於水盆而內藏燃燭不久即熄若用小管乙入於大管之內以鐵絲圈托之則大小二管之間爲進氣之處可用紙焠之煙近之視其隨行之路即知進出氣之路圖內之箭即是

第七十圖爲小木箱兩端有玻璃管甲乙置燃燭於乙管

第七十圖

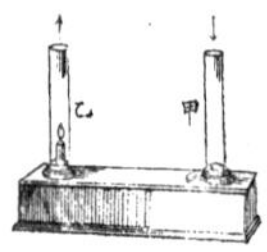

而用紙焠發煙近之可見氣進甲管而出乙管如煤井內進氣出氣同理若以玻璃片蓋密甲管之口燭火即滅若乘閉而速傾養氣入甲管燭仍自燃

第七十一圖將容一升之罩置於水盆內置燃燭再將燈

第七十一圖

筒接於罩口燭火漸熄此因無氣進出之故若將錫板或厚紙置於燈筒之中如圖式以分進出之氣路燭可不熄用紙焠之煙試之易顯何邊是進何邊是出

炭養氣盛於瓶而添入冷水少許以掌揞其口而輕搖掌心即爲瓶口吸住此因炭養氣爲水所收若將此水傾入鈣養水內即結鈣養炭養再添炭養水則又消化不見炭養氣盛於瓶而添水一升在空氣平壓力之時水能收炭養氣一升略重十六釐若加三倍之空氣壓力即壓緊炭養氣三倍爲一升之體積水亦能收此壓緊之氣一升水乃更重因含炭養四十八釐也如減小其壓力則緊氣放鬆而自水散出水所含者仍爲空氣平壓力時之原體積其重仍得十六釐水中發泡如沸者即壓緊三十釐之氣鬆散使然如造荷蘭水時令水多收炭養氣而氣所受之壓力頗大速塞瓶口以備用後開其塞氣無阻遏隨即噴出又有地內溢出之水多含炭養氣因受深處之壓力溢至地面壓力亦減炭養氣放鬆而散出等常泉水稍有此性故其味酸河湖之水味則淡因無炭養氣間或有之亦是極少

湘賓酒與苦酒俱以自沸者爲佳此乃發酵時之炭養氣然此氣又爲藏瓶之後所生在瓶久受壓力又有藥材名蕨特里仔粉又謂之鹻水粉消化於水即發沸亦是放出炭養氣又如果酸與鈉養炭養各包於紙而同投於水即放炭養氣而成鈉養果酸設將此二質之乾者同研極勻

並不變化若和以水立即發沸

炭養氣能在水內消化爲萬物變化之根源如雨水收空氣之炭養氣而遇花鋼石等則炭養能與石內之鹻類質化合石即由漸消化又常因此而多成小孔其孔內存水水又凍冰而漲石遂碎裂隨爲水所衝散而成泥土即能生長植物此生長之事亦藉水內消化之炭養氣不但經過其根而添以炭質又能化分土內數種質如鈣養燐養等以養植物根之吸食蓋土內之質易爲含炭養之水消化而不能爲純水消化如不消化植物亦不能吸食

炭養變成流定二質

炭養氣受平熱度與平壓力仍存氣質之形若受壓力之極大者變爲定質如受三十八倍五之空氣壓力即每平方寸五百七十七磅五之力在三十二度之熱即變成無色之流質其重率爲〇.八三若冷至負七十度即冰界下一百〇二度即變成定質與冰同形其小試之法如第七十二圖甲爲厚玻璃管長十二寸內徑十六分寸之五厚十分寸之一吹火於近端之處令軟而引長如乙又封之如丙但此須緩

第七十二圖

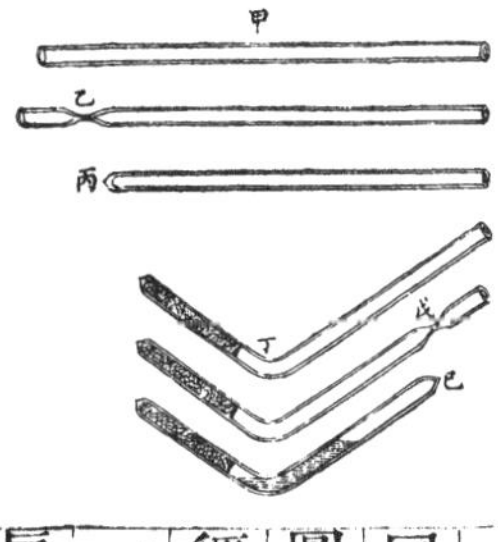

爲之令管底與管周等厚將淡輕四養炭養二三十釐或四十釐盛於管內用玻璃箸舂緊而彎之如丁須用濕生紙包於外令不生熱在又一端加熱成一小頸如戊隨添硫强水一錢此强水前不至小頸後不遇內料吹火封之如己管內之空處不可大於六分立方寸之一以線挂起而人匿於屏風之後拽管稍斜令强水與料相遇或將管藏在箱內而蓋密蓋起其箱亦能防患因管不堅牢必磔裂極猛如不磔裂則數小時後其變成之淡輕四養硫養三面上有炭養二流質一層如將食鹽與冰屑相和或鈉養硫養三與輕綠相和將管之空端浸在內則其炭養二流質可歸至空處而爲淡輕四養硫養三在原處

若欲多取可用鐵器如鑑原之圖所成炭養二流質可顯冷熱之理如噴此流質於器內則有幾分收熱而化散令其餘者結成白色之質遇空氣又速化散而成極冷如將此定質和於以脫則爲化學內所用發冷料之造極者故欲各種氣質變爲流質與定質俱藉此料

考驗炭養二之數

炭養二合於別質可用鉀養輕養收之而成鉀養炭養二則可視氣所占之體積而知炭養二之數或視所添鉀養之總數或並用二法相準如欲知氣質內分出之炭養二數則將刻分度之管滿以欲試之氣必記空氣之熱度與壓力如第七十三圖用彎管引濃鉀養水至合氣之管內搖動其管數次令炭養二與鉀養化合俟數分時視氣減少若干分此法祇得其體積若欲考其重率必用玻璃泡之器如第七十四圖丙泡盛濃鉀養水稱得

第七十三圖

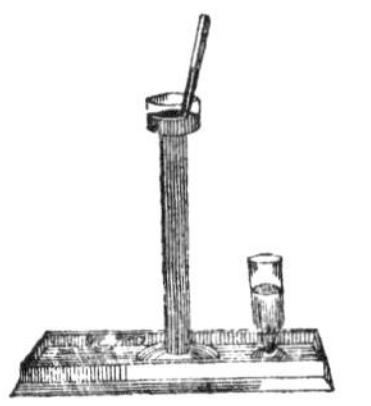

第七十四圖

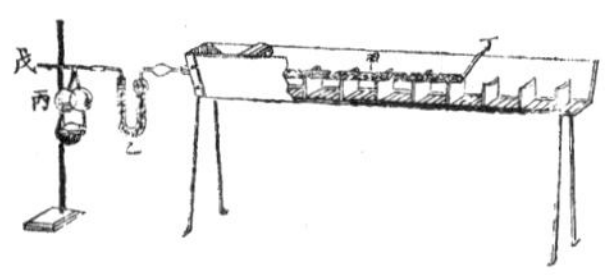

重數通過試氣之後再稱重數如所試之氣含炭養二甚少可另用小管如乙盛以鉀養輕養之定質或鈣綠或浮石濕透硫養三使收氣質過鉀養水所帶出之水氣

考驗生物含炭之數

生物質內求其炭數必令先變爲炭養二氣將所試之質七釐或十釐合於銅養或鉛養或鉻養能在大熱度發養氣之質此質必多用而和勻盛於無鉛之玻璃燒管如前圖之甲管管端接以盛鈣綠之管乙再接盛鉀養之泡丙一切安好即以木炭火加熱於燒管至紅使生物質所含之輕與養化合成水炭則與養化合成炭養二所成之水爲鈣

緑所收驗此管所增之重即知燒時成水之數驗鉀養所增之重即知所成炭養之數其管熱至全紅氣已極微不能通至鉀養泡可將管之尖端丁摘開即在戊口吸出所含之水與炭養盡遇鈣緑與鉀養或將動物質置於白金小盆而安在玻璃管以純養氣通過令燒成之氣行過熱銅養則炭養氣亦變爲炭養$_{二}$氣

生物質含炭與輕與養可將炭與輕之重數與全數相較則餘數爲養氣之數茲將化分草酸所得之各質爲式

草酸十釐加熱至二百十二度令沸即得炭養氣九釐七八得水二釐故其比例爲炭養二十二與六之比若炭養九七八與天之比則天等於二釐六七即草酸十釐所含之炭數

又得輕養九與輕之比若輕養二與地之比則地等於〇釐二二即草酸十釐所含之輕氣數

考得草酸所含炭與輕之數則知草酸十釐減炭與輕之和即二釐八九其餘得養氣七釐一一

草酸	十釐〇〇
炭	二釐六七
輕	〇釐二二
養	七釐一一

化學家從以上所得之數可得草酸之式而知各原質之分劑數法將各原質之數以其分劑數約之即

$\frac{二.六七}{六}$等於〇.四四即炭一分劑之分數

$\frac{〇.二二}{一}$等於〇.二二即輕一分劑之分數

$\frac{七.一一}{八}$等於〇.八八即養一分劑之分數

將此三數爲草酸之式即炭$_{〇.四四}$輕$_{〇.二二}$養$_{〇.八八}$但此種式內不便用分數而宜用整數故必作炭$_{四四}$輕$_{二二}$養$_{八八}$此式乃試驗而得以其各原質之數爲主而不指明各質點相合之法若欲得其成質之式必以其質與別種同類之質相比如試過鉀一分劑之數即四十七分必用乾草酸四十五分令爲中立性之質而成鉀養草酸故可命四十五爲乾草酸化合之分劑數此草酸四十五分之內含炭二分劑即重十二分輕一分劑即重一分養四分劑即重三十二分共重四十五分故其成質之式爲炭$_{二}$輕養$_{四}$但雖爲此式亦不知其原質爲一屬而成或二屬或多屬而成化學家細攷草酸用各法化分而得各數遂知爲一屬爲多屬所成

炭養合成之鹽類質

炭養氣易與鹻屬並鹻土屬化合成鹽類如鉀養或鈣養水易收炭養氣然炭養氣爲弱性之酸質不能全滅鹻性雖與本質化合而遇別種酸質即欲相離遇藍試紙則變

色慢而亦不久卽復如將炭養水添入藍水卽立的莫司之內卽變紅色若加熱令沸則炭養放散而水仍復藍色設用强水則得明紅色而加熱亦不變

炭養與各種鹻質合成二種鹽類質一含炭養一分劑一含炭養二分劑如有鉀養炭養與鈉養炭養亦有鉀養輕養二炭養與鈉養輕養二炭養觀此二質疑是炭養可與水化合成輕養炭養則變爲鉀養炭養輕養炭養與鈉養炭養輕養炭養但從未取得輕養炭養之質試令乾炭養遇鈣養永不化合加水少許立卽化合故化學家以爲炭養原非酸質必先與水相合方有酸性遂謂之無水炭養

日後再有精深此學者或能考得輕養炭養

茲將含炭養之質列後

鉀養炭養	俗名木灰鹻	分劑式	鉀養炭養
鉀養二炭養		分劑式	鉀養輕養二炭養
鈉養炭養	澣洗之鹻	分劑式	鈉養炭養
鈉養二炭養		分劑式	鈉養輕養二炭養
淡輕四養炭養	西名嗅藥	分劑式	二淡輕四二輕養三炭養
鈣養炭養	俗名灰石白石雲石	分劑式	鈣養炭養
鎂養炭養		分劑式	三鎂養炭養鎂養輕養
鐵養炭養		分劑式	
鋅養炭養		分劑式	
銅養炭養	石綠	分劑式	
鉛養炭養	鉛粉	分劑式	
鈣養鎂養二炭養	鎂灰石	分劑式	

炭養含原質之據

拉甫西愛初考炭與養化合之時有炭養氣變成田蘭德初化分炭養所得之據將鈣養炭養與燐同盛於玻璃管內封密卽得鈣養燐養與炭此因炭養放出養氣故令燐變爲燐養而與鈣養化合

又有簡法可試此事將鉀一塊盛於有泡之玻璃管而令乾炭養氣行過泡外加熱鉀卽燒而收炭養之養氣所餘之黑物卽炭其器如第七十五圖鉀收養氣合成鉀養又與炭養氣之一分合成鉀養炭養其式爲

三炭養丄鉀＝二鉀養炭養丄炭

第七十五圖

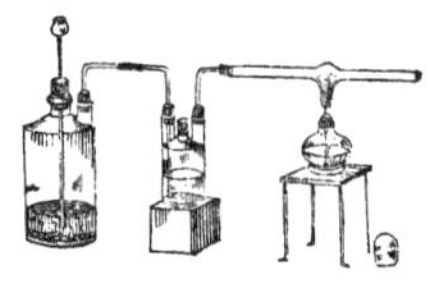

若將鈉數片與白石粉數片間叠於試筩內用酒燈加以大熱則其料燒至極猛而分出炭質其式爲

鈣養炭養丄鈉＝鈣養二鈉養丄炭

炭養氣

鉀鈉之與養氣俱有大愛力、乃別種金類所不能及者、故別金類則不能將炭養二氣盡化分、如鐵與鋅加以大熱、只能收養氣之半、又如炭加熱至紅、亦得此事、如將鐵管滿以炭塊、入爐加熱至紅、如前二十二圖、令炭養二氣行過、則管端所出之氣無有炭養二之性、遇火則燃而成藍色之火、不發煙之煤、常見之鐵管內所成之氣、並爐內所成之氣、其理相同、管內之炭養二氣放其養氣之半、被炭所收、其式爲炭養二⊥炭‖二炭養、其爐火內之炭養二氣、乃爐底所進空氣之養氣、與煤之炭相合而成、此炭養二氣升上而遇熱炭、幾分變爲炭養、再升而遇煤面空氣之養氣、即燃成藍色之火、仍變爲炭養二、其炭養之體積、爲炭養二體積之倍、

炭養二變爲炭養之事、在製鍊金類之工爲最要、如金類礦應在倒焰內受火之熱、如第七十六圖

第七十六圖

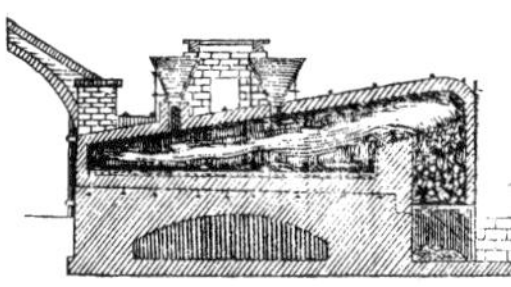

煤即發出能燃之氣而變化、如用硬煤令發火、則爐柵上之堆煤必厚、使下層所生之炭養二氣、升至紅熱之煤而變爲炭養氣、此氣至煤面遇所進之空氣而燒成火焰、其焰蓋滿礦上、炭養氣與養氣之愛力甚大、故可藉其性以收出鐵礦之養氣、此事詳後、

數年之前、法國京都欲以炭養氣爲點燈之用、然知其氣有毒性、故不敢用、且專燒炭養亦不甚亮、如用大管盛棉花而以煤那普塔濕透、令炭養氣過管之後、從小孔放出、即能燒至極亮、取此氣之法、令水氣行過紅熱之枯煤、則成易燃之氣質、此氣含炭養二與炭養與輕、其式爲

四輕養⊥炭‖炭養二⊥二炭養⊥輕二

輕氣與炭養氣燒時不甚亮、故必使再過紅熱之枯煤上、滴以鎔化之松香、則松香遇熱煤而發霧、其霧似前煤那普塔之霧、如此而氣乃甚亮、

水氣用熱炭化分之、則汽機鍋爐雖用硬煤、亦能發焰、其法用魚腹形之爐柵、下置多水、則水遇熱而發汽、升過熱煤而成炭養氣與輕氣、即有火焰發出、爐柵之熱度因此而不甚大、自可耐用

炭養爲不變化之氣質、與炭養二不同、幾不能在水內消化、輕於空氣、其重率爲〇.九六七、不能爲本、不能爲配、

取法

取此氣用草酸顆粒一分、硫强水三分、如第七十七圖、盛於玻璃甑中加熱、透出之氣、用水盆與玻璃筩收之、此氣本有炭養二相雜、可用鈣養水少許添入筩內搖之、至無白

第七十七圖

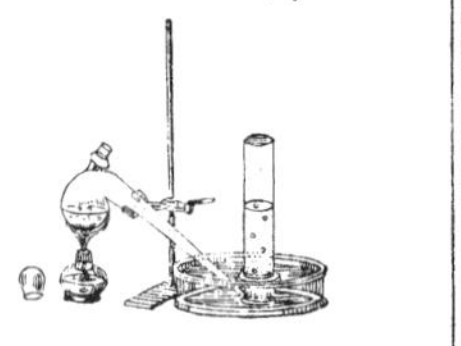

色如乳即知盡是炭養氣傾入玻璃盆內而引燃之則有綠色火焰其草酸顆粒爲炭$_2$輕養$_4$內有成顆粒之水二分劑其變化之式爲

炭$_2$輕養$_4$＝輕養丄炭養丄炭養$_2$其變化之理因硫強水與水之愛力

若欲得淨氣可將硫強水四分鉀$_2$衰$_3$鐵一分盛於瓶內如第七十八圖以煤氣燈加熱令沸隨去其燈令其氣行過鉀養水收盡異質如硫養$_2$或炭養$_2$等其式爲

鉀$_2$炭$_6$淡$_3$鐵丄六輕養丄六輕養硫養$_3$＝六炭養丄二鉀養硫養$_3$丄三淡輕$_4$養硫養$_3$丄鐵養硫養$_3$所得之炭養氣甚淨

第七十八圖

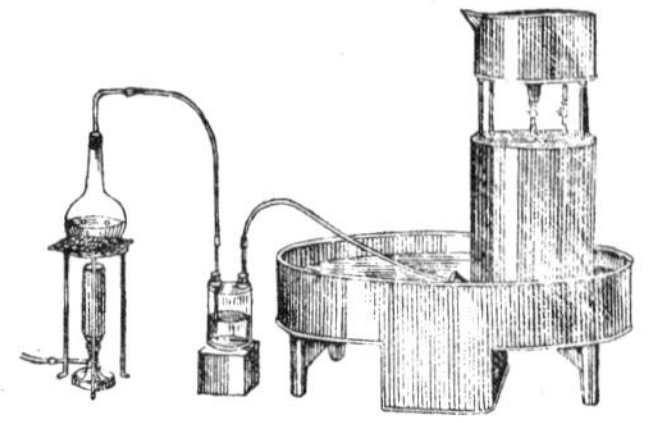

燒炭養氣時必有炭養$_2$變成試法將鈣養水少許傾入淨炭養氣瓶內而急以玻璃片蓋密搖動其瓶水不變白取去玻璃片而引燃其氣再即蓋密輕搖必有鈣養炭養$_2$結成如令炭養氣行過紅熱之瓷管則有若干化分爲炭養$_2$與炭若不禁其化合則氣漸冷而仍變爲炭養或在瓷管內再置銅管而以冷水通過銅管則銅管之外面有炭結成而可收其炭養

炭養$_2$氣加以大熱則變爲炭養氣與養氣待冷而二氣仍化合如鎔鐵爐極熱之處收取其氣令速冷而禁其化合則爲炭養與炭養$_2$氣如用水銀盆並電火分汽之瓶如前三十八圖瓶內滿盛炭養$_2$氣將燐一塊置於氣內陸續令電線通過歷數十時則炭養$_2$化分而得等體積之炭養

第七十九圖

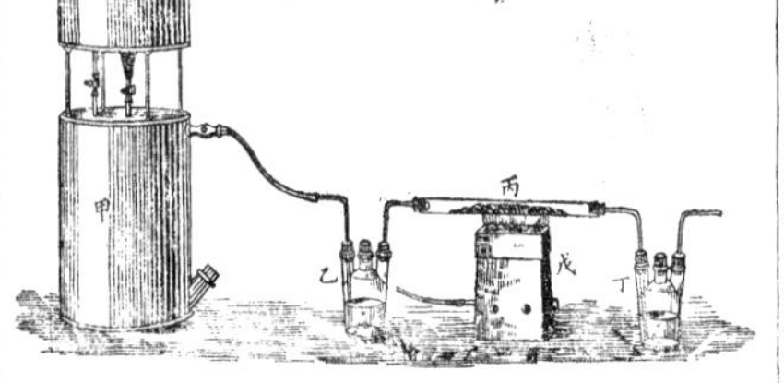

炭養遇金類與養氣合成之質而加以大熱即能收出養氣而畱金類如第七十九圖甲爲盛炭養氣之筒令氣先過乙瓶此瓶盛鈣養水以驗有無炭養$_2$在內再用丙管盛銅養令氣透過再過丁瓶之鈣養水先通氣若干逼盡空氣後用鐵絲布等法加熱則鈣養水收得炭養$_2$而變爲白色其黑色之銅養

變爲紅色之銅如用結成之鐵$_{二}$養$_{三}$代銅養即得黑色之鐵粉待冷取出撒在空中立即自燃仍變爲鐵$_{二}$養$_{三}$

炭與輕合成之質

炭輕二質化合之各分劑其式最多別種原質未有如此之多者尋常能燃之氣並易散之油與那普塔等俱爲此二原質所成而其各質幾全爲植物所成故欲考其源流必在生物化學內求之茲將三種含炭與輕之質詳細論之以明炭輕之相關

阿西台里尼即炭$_{四}$輕$_{二}$　炭二十四分輕二分

卑濕處之氣即炭$_{二}$輕$_{四}$　炭十二分輕四分

成油之氣　即炭$_{四}$輕$_{四}$　炭二十四分輕四分

以上三種氣質如命爲炭$_{二}$輕炭輕$_{二}$炭輕亦合於分劑之比例但有不合理之處其故已詳別卷

炭$_{四}$輕$_{二}$西名阿西台里尼

舊名古路米尼西歷一千八百三十六年有人在取鉀之時得之此後化學家考究生物所得之質爲阿西台里即炭$_{四}$輕$_{三}$與古路米尼大有相關故改名爲阿西台里尼此二質之相關同於以台里與以台里尼之相關以台里爲炭$_{四}$輕$_{五}$以台里尼爲炭$_{四}$輕$_{四}$

炭加極大之熱能與輕氣合成炭$_{四}$輕$_{二}$取法用密質之炭置於含輕氣之罩內用鉑絲連炭於罩外之大力發電箱則有炭$_{四}$輕$_{二}$變成試驗此事雖無大用而其理則甚趣乃是用金類原質取生物質起手之工也炭$_{四}$輕$_{二}$能變爲炭$_{四}$輕$_{四}$而炭$_{四}$輕$_{四}$能變爲酒醋即炭$_{四}$輕$_{六}$養$_{二}$酒醋又能變爲生物質極多

炭$_{四}$輕$_{二}$常見於蒸熘多炭之物變成之質內故煤氣內必含此質少許若將以脫之霧行過紅熱之管則可取得甚多

辨別炭$_{四}$輕$_{二}$之法用淡輕$_{四}$養消化銅$_{二}$綠而令炭$_{四}$輕$_{二}$行過則有結成豔紅色之質

又有簡法能試此事其大略令空氣和於煤氣內燒之如第八十圖甲爲接管其小端連以通煤氣之象皮管已大口用軟木塞之塞內作二孔其一孔受黃銅管乙徑四分寸之三長約七寸其一孔受玻璃管丙而通至漏器丁其銅管乙之下口亦以軟木接一玻璃管戊此管通進空氣其空氣或藏在袋內或在收氣器內如前第七十九圖之甲各器照八十圖備齊之後先令煤氣通進甲內俟空氣逼出之後則將戊管與軟木取出以火燃銅管之下口而再令戊管稍放空氣漸令戊管通過乙管而至甲內則氣可燒至數小時若在戊管口

第八十圖

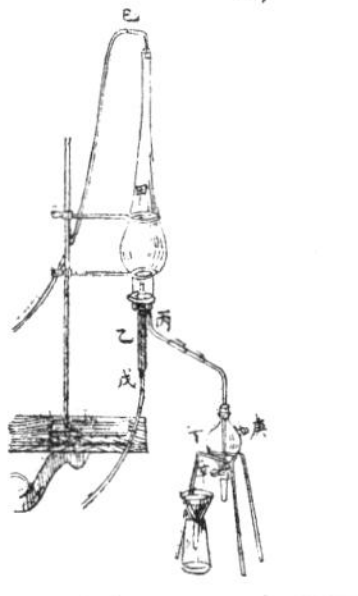

連以細鉑絲其火易見丁漏器之塞口庚可添銅絲消化於淡輕養之水遂令甲管內所燒變成之氣通至丁漏器內則有銅阿西台里尼結成沈下其色藍紅俟水內之質全結可將漏斗受於其下開辛塞門而放其質至漏斗內再添新料於庚塞口其漏斗內之質傾水衝入瓶內洗之俟結成之質沈下傾出其水而添以極濃之輕綠加熱則發炭輕以氣罩或氣袋收之欲得炭輕之體積一升必有結成之質約水六兩之體積取此多質須費六小時

取銅綠與淡輕養之水將黑色銅養五百釐盛於瓶內添以鹽强水七兩紅銅屑四百釐加熱令沸二十分時即得棕色之水傾於能容三升水之瓶內即結白色之質爲銅綠沈下之後取出其水傾入能容二十兩水之瓶內添滿以水而塞密俟質沈下再取出其水而添以淡輕綠粉四兩再滿以水封密而搖之則銅綠全爲淡輕綠所消化如用水更多則再結成將所得之水一瓶傾入本圖之庚塞口以四兩爲足然於未傾入之先須將極濃之淡輕養重率〇.八八二配準前水十分體積之一傾入丁器而後添前水四兩俟三小時後能得結成之質與水三兩等體積用紙濾出紅質之後其餘水爲深藍色此水可再變化將銅養硫養水添以鹽强水而置鋅板於內則銅結成沈下將此銅置於有塞之瓶內添以藍水搖之久久則仍可用

紅色之質大半爲炭輕以銅代輕之一分劑而再與養氣化合者其質爲炭銅輕化學家白晢路謂之銅阿西台里乃是數種雜質之根源如銅綠水內所用之淡輕養太少則結成之質必爲銅阿西台里綠即炭銅輕綠並與養氣化合之質

結成之銅阿西台里尼濾之洗之在空氣內乾之稍加以熱爆裂極猛或謂紅銅管通引煤氣則管內必有此質爆裂亦猛

炭輕行過銀養淡養水即有白色之質結成其形與銀綠略同惟淡輕養不能消化只能令變黃色硝强水亦不能消化取法如前八十圖之器用銀養淡養水盛於丁器之內如將結成之質以水洗之而俟自乾再加以熱爆裂甚猛若用椎擊則不能燃或將此質少許置於玻璃片上以燒紅之鐵絲引燃之即能爆作大聲玻璃片擊碎如銀爆藥之力或謂之銀阿西台里養即炭銀綠養如將銀綠以淡輕養消化而令炭輕行過則成銀阿西台里綠即炭銀輕綠如將金養硫養與鈉消化於水而令炭輕行過即結黃色之質爆裂更猛

鉀或鈉在甚多之炭輕內加熱或云有輕氣一半爲或鉀

或鈉所逼出，而成鉀阿西台里弟，即炭$_{四}$輕$_{三}$鉀，或成鈉阿西台里弟，即炭$_{四}$輕$_{三}$鈉。又炭$_{四}$輕$_{二}$之若干分與所放之輕氣合成炭$_{四}$輕$_{四}$。如加熱至暗紅色，則鈉能全化分炭$_{四}$輕$_{二}$而成炭$_{四}$鈉$_{二}$。此二種含鈉之質為水化分至甚猛，復成炭$_{四}$輕$_{二}$。燃燒以脫而令燒不盡，則多成炭$_{四}$輕$_{二}$。法將以脫數滴盛於試筒內，而添以銅綠淡輕$_{四}$養水，即在管口引燃所發之以脫霧，能成紅色之銅阿西台里弟甚多。如用銀養淡養$_{五}$水代其銅質水，即結白色之質，為阿西台里養。或用淡輕$_{三}$遇紅熱之木炭，則所發之淡輕$_{四}$養輕衰霧內有炭$_{四}$輕$_{二}$變成。

炭$_{四}$輕$_{二}$為無色之氣質，香氣如殺辣紅。凡燒煤氣而燒不盡，即有此氣。燃之甚亮而發煙。此氣最奇之性，遇綠氣即自燃。如將此氣噴入含綠氣之瓶內，即成紅色之火，並有多炭結成。或將玻璃管在收氣盆內盛滿炭$_{四}$輕$_{二}$而令綠氣噴入，則爆裂甚猛，閃光甚亮，分出多炭。其式為：

炭$_{四}$輕$_{二}$＋綠$_{二}$＝炭$_{四}$＋二輕綠

炭$_{四}$輕$_{二}$行過水內，水能收之極多，而水有大響。添以銀養淡養$_{五}$或銅綠淡輕$_{四}$養，即有結成之質。

炭$_{四}$輕$_{二}$加熱，則變化甚奇。其變成之質比本質更繁。如將炭$_{四}$輕$_{二}$盛於玻璃管內，加熱至玻璃管將鎔，俟二刻許，則炭$_{四}$輕$_{二}$縮小為原體積五分之一。大半變成流質，為斯大路里，即炭$_{四}$輕$_{八}$。此質原為斯拖辣克斯香，即樹膠之香類質所成。其餘大半為輕氣，又有炭$_{四}$輕$_{四}$少許。如將炭$_{四}$輕$_{二}$行過紅熱之枯煤或鐵，則大半變為原質。

銅阿西台里尼與淡輕$_{四}$養相和，而加鋅之小粒少許，再加以熱，則能令炭$_{四}$輕$_{二}$與初生之輕氣合成炭$_{四}$輕$_{四}$。

炭$_{四}$輕$_{四}$

煤與木含多炭之質遇熱，其變成之質內所有炭$_{四}$輕$_{二}$之數不及炭$_{四}$輕$_{四}$之多。尋常所燃煤氣之內，此氣為最要。取法：將濃硫強水即輕養硫養$_{三}$與醕即炭$_{四}$輕$_{六}$養$_{二}$相和，用瓶如第八十一圖，盛以體積二分，再漸添以醕體積一分，每添少許，須搖動其瓶，即生大熱，若頓添則險。醕內或雜米以脫里所得之質，有紫棕色，雖屬少許，亦變暗色而發沸。所發之氣用玻璃筒與水盆收之，如圖式。加熱至久，則變為稠質而發氣即慢，須將通氣管從水內取出，然後熄其燈。取得之氣質，其臭甚奇，易辨以脫與硫養$_{二}$之臭。如將收氣之筒以玻璃片蓋之，仰其口而置於桌上，備水一瓶，如第八十二圖，用火引燃筒口之氣，即得白色光亮之火，若傾以水，氣

第八十一圖

第八十二圖

卽漸升而燒盡再將此氣一瓶洗之其法用管二筒一含水浸於水盆內一含氣置於前管之下漸倒之氣卽過水而升爲前管所收數次之後卽將此氣添以鉀養水少許而久搖動之則鉀養收盡硫養氣取去玻璃片而嗅之卽是炭$_四$輕$_四$之臭所得之淨氣可在水下換至別管而燃火待其將盡隨添鈣養水少許於內而搖之水若變爲白色卽是炭養氣之徵此因炭$_四$輕$_四$氣在空氣內燒之必有變成之炭養氣與水其式爲炭$_四$輕$_四$丄養＝四炭養丄四輕養

炭$_四$輕$_四$之原質與醕之原質卽炭$_四$輕$_六$養$_二$相比可見醕合於硫養而放出水二分劑卽輕養遂變成炭$_四$輕$_四$另有別種變化放出炭質與硫養茲不詳論因硫養遇所有之各事已在生物化學詳之

炭$_四$輕$_四$俗名爲成油氣因與綠或溴能化合成油形之質可藉此性考得尋常煤氣所含炭$_四$輕$_四$之比例因煤氣之發亮藉此氣之多寡此氣與綠氣合成之質爲炭$_四$輕$_四$綠$_二$俗名爲荷蘭流質初爲荷蘭國化學家所考得也其臭與克羅路福密相同

取荷蘭流質之法將容水二升之筒如第八十三圖半盛

第八十三圖

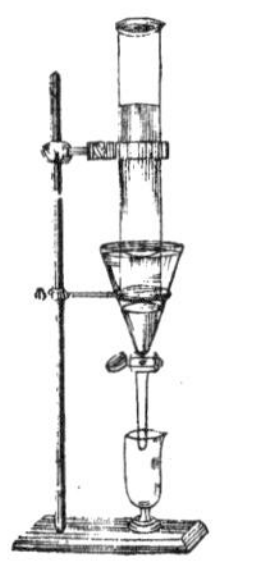

炭$_四$輕$_四$氣半盛綠氣以玻璃片蓋之倒置於有塞門之含水漏斗則氣之體積立縮小而筒邊有油質成滴漸漸落下至漏斗之底水漸升於筒內必屢次添水於漏斗以補之俟氣全變化之後而不見可開漏斗之塞門而放出其油質以小杯受之添以鉀養水少許而搖之以收其未化合之綠氣此油質嗅之甚香傾於鉛盆其香極久或將容三升之筒在水下先添炭$_四$輕$_四$氣一升而速添綠氣二升以玻璃片蓋密而搖之令氣相和去其蓋而燃之卽

成紅色之火漸至筒底此因輕氣與綠氣化合而炭質分爲定質其式爲炭$_四$輕$_四$丄綠$_四$＝四輕綠丄炭$_四$

炭$_四$輕$_四$令過紅熱之管受大熱必有一分化分成炭$_二$輕$_四$而有炭分出又有一分變成炭$_四$輕$_二$與輕氣此種變化在造煤氣之工有大益

試驗炭$_四$輕$_四$氣遇熱之變化用附電氣所發之火星如第八十四圖甲爲含炭$_四$輕$_四$氣之管倒置於水銀筒乙再用彎玻璃管丁內藏銅絲通至氣內而不遇水銀此銅絲戊通至附電氣之器又有銅絲已入水銀內通至附電器之

第八十四圖

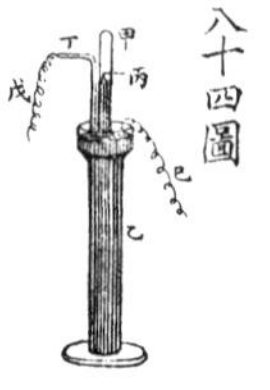

又一極點附電氣可用古路物之發電筒二三箇則火星必在水銀面與戊銅絲之端行過而令氣化分有炭變成此炭漸漸積多即從水銀面連至銅絲之端而致不發火星若反其電氣方向或搖動其器可令再發火星變化之時炭四輕四氣漸漲而管在水銀內漸高其氣能漲大一倍惟火星則不變其常

又有簡法能顯炭四輕二之據如第八十五圖用四口之玻璃毬二口有軟木塞將銅絲通於塞內以傳電氣二銅絲連至附電器第三口在上接一管管內通以炭四輕四氣從藏氣筒添進第四口向下接一管通至小管之底先通炭四輕四氣

第八十五圖

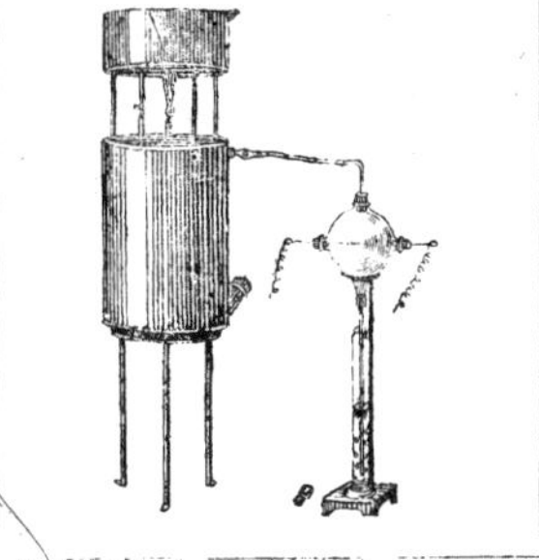

而令空氣散出管內添以銅二綠消化於淡輕四養之水則氣從管內放出其流質不變色如通電氣令發火星則流質內不久結成紅質此因通電氣之時有炭四輕二變成若用煤氣代炭四輕四氣亦能成炭四輕二但其數則少而結成之紅質亦少

炭二輕四

炭四輕二與炭四輕四在萬物內無有生成者惟炭二輕四則常見生成者凡有植物質在水內化分即成此氣如低窪處積水日久必變臭而發泡收此泡之氣而試之知含炭二輕四與炭養二相和化學家考得本在地內變煤其放出之輕氣與養氣有此二氣之形故凡開煤之處常有炭二輕四氣俗謂之濕火此氣常在煤層之間壓得甚緊鑿動之時氣即噴出有聲試將新鑿取之煤浸在水內必有氣散出成泡而浮於水面又如地內所出之火油其原質與炭二輕四略同大抵同法所成

取炭二輕四之法將鈉養醋酸烘乾五百釐研成細粉與鉀養輕養之定質二百釐鈣養粉三百釐同掉勻盛於銅管如

第八十六圖

第八十六圖加熱而以常法收其氣如無銅管可用玻璃瓶代之但易被鹻性侵蝕其式爲鈉養炭四輕三養三（即鈉養醋酸）⊥鉀養輕養‖鈉養炭養二⊥鉀養炭養二⊥炭二輕四如將炭二輕四氣燃之祇成淡色之光遠遜於炭四輕四或炭四輕二之火惟不發煙

炭二輕四氣之性情大相關於開煤之事故不可不精究其所以然煤礦之內常有此氣發出遇火即爆爲害甚烈此氣既爆之後變成炭養氣甚多雖有遇爆未死之人亦吸炭

養氣而盡死此氣之所由來因鑿開之時在其罅中倏忽噴出無臭可辨輕於空氣較重得○五五九六故易合於空氣而在煤井內無處不到如有炭^{二}輕$_{四}$一分與空氣十八分相合則爆裂甚猛惟此氣從煤內初噴而即燃以火竟可安靜而燒盡若合空氣則井內立刻全燒並生大熱而發大漲力設有炭^{二}輕$_{四}$氣一體積與養氣二體積相合則爆裂更猛因其數適足令炭與輕燒盡而生最大之熱也其式為炭^{二}輕$_{四}$丄養$_{八}$＝二炭養$_{二}$丄四輕養如依此比例而使二氣相合則所顯之漲力大於空氣之壓力三十七倍即每平方寸五百五十五磅空氣所含之養氣為五分體積之

一故用空氣十體積配以炭^{二}輕$_{四}$一體積即能燒盡但雖燒盡而發出之漲力不過空氣之壓力十四倍即每方寸二百一十磅其力減小之故因空氣內之淡氣阻其燃力空氣與炭^{二}輕$_{四}$氣之比例愈大則燃時之漲力愈小空氣若多於十八倍幾不能爆在此氣內點以燭則火外有淡色之光一層即所燃之氣

炭^{二}輕$_{四}$氣欲令成燒其所需之熱度必大於尋常之氣此為有幸之事如以金類等質加熱至紅尚不能燃其氣必有白熱方能燃或遇火焰亦然如欲試之可將極堅固之玻璃筒甲乙甲盛輕氣二體積養氣一體積乙盛炭^{二}輕$_{四}$氣一

體積養氣二體積將鐵桿加熱至紅而插入乙筒則炭^{二}輕$_{四}$不燃插入甲筒則立燃若置燭火於乙筒即能燃煤氣在尋常之事雖可當炭^{二}輕$_{四}$之用若試此事則不可用因成燒之熱比炭^{二}輕$_{四}$甚少

炭^{二}輕$_{四}$既合於空氣因成燒所需之熱度必大故須遇火多時其質點方熱至燃度所以英人司弟分孫依此理而剏一防火燈用高玻璃筒圍住其火則進筒而過火之氣升出甚速不及熱至燃度故炭^{二}輕$_{四}$雖與空氣相合亦不能燃有簡法可驗其理如第八十七圖用紅銅漏斗約容水四五升者小口之內徑四分寸之一覆於水內再用手指捺

第八十七圖

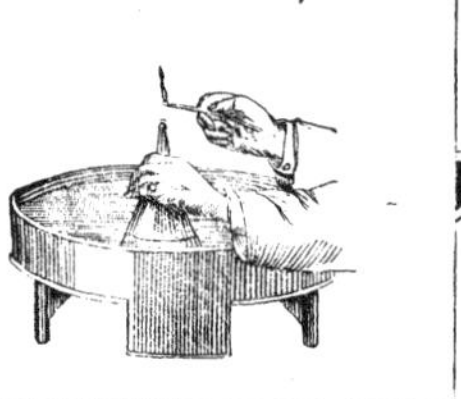

住其小口而通以尋常之煤氣約半升即將漏斗提高而令空氣透進又安下水得稍深使內氣受水之抵力可將燭火近於小口而去其指則氣之噴出甚速雖遇火而不燃俟漏斗內之水稍高噴氣即慢而燃

第八十八圖

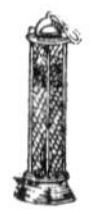

第八十八圖為兒飛之防火燈此燈之理因能燃之氣雖易竄入然過鐵或銅等質傳去其熱即不能燃

銅絲繞成螺絲形而安在燭心上如第八十九圖其火立

第八十九圖

熄因其熱傳與銅絲甚速而火內之熱度小於能與養氣化合之熱度如將銅絲加熱至紅則傳熱少而火不熄若用許多極細之管令金類面積與所燃氣之比例甚大雖極猛之火亦熄如海明斯輕養燈嘴之法用黃銅管以極細之銅絲裝滿則絲間成小孔甚多嘴外所燃輕養氣之熱不能傳至藏氣之處而爆裂如細管作更長其數可少作更短其數須多因使傳熱之面積相等也故用緊密之鐵絲布即是極細極短之多管其每平方寸之孔數至一定之界限

火即不過如細鐵絲布每平方寸約有八百孔蓋於火上火即不能透過但有氣上升若在布上點火其氣亦燃又如煤氣燈嘴上相距二三寸安一鐵絲布氣如過其布而可在上面燃之火亦不能傳下至燈嘴又如以酒燃火而傾於布上酒即流過而火不能過如第九十圖將偏蘇里或松香油少許與醋相和燃而傾於布上則布上之火更可觀

第九十圖

兌飛之防火燈點以油而四面圍以鐵絲布火上用布二層其布每平方寸之孔七百至八百布外用粗鐵絲作架

上連一圈為提手油膛有銅管通上管內有鐵絲一根與管孔同徑其上端作彎形即可作挑燈之用而不必開燈將此燈挂在大罩之內如第九十一圖上有多孔之木蓋

第九十一圖

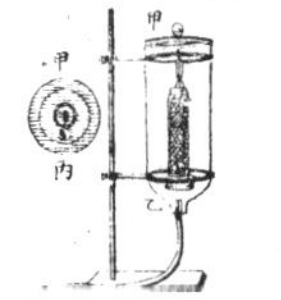

甲下有口乙用管通進煤氣於乙孔燈則依常法點之而在內自燃不關罩內之氣如令氣漸漸通進燈火即搖動而升長後亦漸熄鐵絲布內有煤氣與空氣安靜而燒其火不能通至燈外惟罩內之氣即易爆裂之氣如從木蓋之孔納一燭火則罩內之氣亦燃所以此燈用於煤井內雖有易燃之氣亦不能燃惟燈內已有能

燃之氣則漸漸生熱而鐵絲亦將燒壞久之而外氣亦燃用燈火人更宜防大風恐吹火至燈外

此燈有一病因光不能盡透難見工作如無人專司而鑿煤者擅開其燈必致大險故有人將玻璃鑲其一面現在用以試驗此氣之有無於每日工作之先攜此燈在煤洞內遍行如有炭輕四之險即禁人進內故工人可在穩當之處用燭火工作雖有藍色之火圍於燭火之外亦屬無妨因炭輕四之數未至能燃之限也但此事甚險蓋鑿煤之時常有多氣噴出而氣數易於過限故煤洞內應使空氣暢通氣常不至能燃之限如通風之法有病或風斷而不進

必成大險。

火

火之形性與炭二輕四並炭輕四有相關原爲氣質加熱則發光而能見。蓋定質熱至一千度卽能發亮而氣質有漲大之性必須更大之熱始能發亮然除能燃之氣質外無有熱至能見者惟能燃之氣與空氣內之養氣化合遂成發光之熱故凡生焰者必是能燃之氣若將金剛石或純木炭置於養氣之內能令紅熱而燒但不能生焰此係炭質難變爲霧之故如以硫燒之卽能生焰因硫易變爲霧質所有不能化散之燒料其養氣祗在相切之面化合若爲氣

質或霧質則所燒之質不特在外面而直通至中心其養氣與所燒之氣遍體化合

火焰有繁簡之別俱依燒時之事顯出者如輕氣與炭養之火爲簡法若炭輕四氣與炭二輕四氣爲繁法因其燒時有輕氣變爲水又有炭變爲炭養氣

火焰常爲空心如以管放氣而在空氣內燒之其焰之中心有養氣所不到之處

火焰之得益者常爲繁法包括數事在內惟考究此事必先辨明發亮之理蓋火焰固以氣質爲主然必有定質方能發亮

硫燒於養氣之內發焰暗淡燐燒於養氣之內則成烈焰而射目此因燒硫所成之硫養爲霧質而燒燐所成之燐養五爲定質且爲極細之點而周徧於焰中遂生極大之熱故有射目之白光有法能顯此理之據將燐燒於含綠氣之罩內其焰淡於燒硫在養氣之中此因燐綠熱至能燒之限卽爲霧質

焰內發亮之定質不必全出於燒料可以極細之點自外加入亦能令焰發亮如輕氣燃火而在相近處燒燐一塊則有燐養五質入輕氣火內而令其發亮或以極細之炭粉噴入輕氣

第九十二圖

內亦能發亮如第九十二圖卽噴炭粉之器

火焰之亮原因極細極熱之炭質欲考其炭質在焰內之變化有三事證之如燭如油燈如煤氣燈俱爲得光之繁法而此三事之繁各不同燭又爲三事內之最繁者如燃燭心生之熱遇燭心有油之處油卽變化成數種質內有炭輕四爲最多燒此各質而成焰乃令燭心周圍之油鎔化能因微管吸力而沁至有火之處卽化分而變爲各質以助其焰至如油燈內所燒之油原爲流質可省鎔化之工若夫煤氣燈之燒料已爲氣質更省鎔化變氣之工蓋在煏煤氣處造成矣但此三事無論何者其生焰與發亮皆

同焰藉炭四輕二氣炭四輕四氣炭二輕四氣得熱而成此即油與煤等變成者

常見之火焰如燭等自成三層同心之錐形如第九十三圖內層附着燈心幾爲黑色中層發亮至白色外層則淡日中幾不能見

第九十三圖

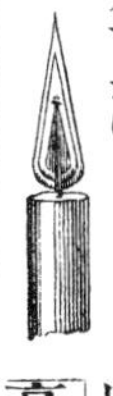

內層因所燒之氣質未遇空氣故僅能燃

焰有三層之性可試知之將厚紙一片盖於燭火之上則其中心不能燃或將鐵絲布一塊蓋在火上而近於燈心之處如第九十四圖則燈心所生之氣透

第九十四圖

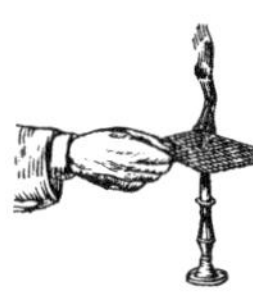

過布孔而可在上面引燃之又有法用彎玻璃管引其氣從內層至管口如第九十五圖其管須稍下斜

第九十五圖

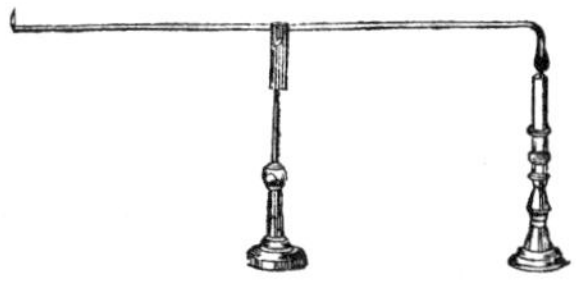

將燐之小塊盛於小杓而置酒燈火之中心燐但鎔化發沸而不燃取出而遇外層之焰即立燃再置中心則又熄

第九十六圖用玻璃瓶與二管以吸焰內之氣甲管之口須收小以便進焰之中心乙管通至瓶底而外端彎下再以象皮管接長令有虹吸之意瓶內滿盛以水將甲管之小口置於焰之中心而吸氣於象皮管水即自乙管流出氣即吸入瓶內甲管離火之後吹其乙管而在小口引燃其氣如用燭火取氣則瓶中必有變成之定質

第九十六圖

中層焰之燒而發亮原因炭質然不能全燒而有炭質分出如將瓷片盖於中層火之上即結黑炱一層此炱因炭輕四等氣化分而成炭既與輕相離輕則燒而生熱足令相離之炭得白熱惟所進之空氣不足令炭全燒也

火焰發亮之性有數種簡法顯之如第九十七圖在燭火之上置一小管引其分出之細炭點入於輕氣火內火遂發亮管中所過之炭質能見其黑色

第九十七圖

第九十八圖用二口瓶其中管通至合輕氣之罋兩邊俱有直管其一作大小兩節在大節內置棉一塊引燃二管之口火色相同若將徧蘇里即炭輕滴於棉上則其霧合於輕氣而有炭放出能令火焰發大亮

第九十八圖

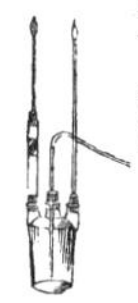

焰之外層即最淡之一層此能燒盡分出之炭質可謂之

盡燒之層比諸發亮之層甚薄因可多遇空氣故能燒盡若欲細察此層可在近於火邊燒鈉少許則其外層有深黃色甚是顯明

第九十九圖

第九十九圖能辨燭火各層之據用玻璃管徑約三分寸之一彎其上端而下插於小瓶將管口置於內層之端則有能燃之氣與霧行過此管而通至小瓶可於其口引燃之再將彎管之口移至發光之中層即有黑煙由管通至瓶內又將彎管仍置中層而稍高則有炭養氣行至小瓶可用鈣養水驗之

成火原藉能燃之氣但須再藉空氣始能燃其相關之理有簡法試之即在煤氣內燒空氣如第一百圖用三口之毬形瓶約能容二升甲口接象皮管通進煤氣上口如乙用象皮圈密接玻璃管徑約半寸其端作小口便燒煤氣下口如丙用軟木塞密而中插薄紅銅管徑約三分寸之一通進空氣可在上口引燃若將紙焰從丙口速進因有空氣而能在瓶內燃火欲試此事如第一百一圖將平常之橄欖油瓶在甲處用吹火筒加熱不稍移動俟有白色即在瓶口急吹自能凸出再以火尖射在凸心未離火時再急吹之能得圓孔吹火令軟以鐵桿壓侈其口成摺邊以便受塞此口已冷即塞密而再作乙口如前法

第一百圖

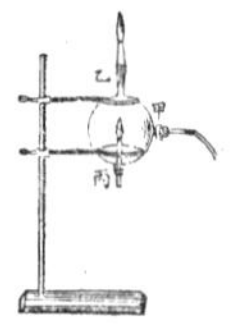

第一百一圖

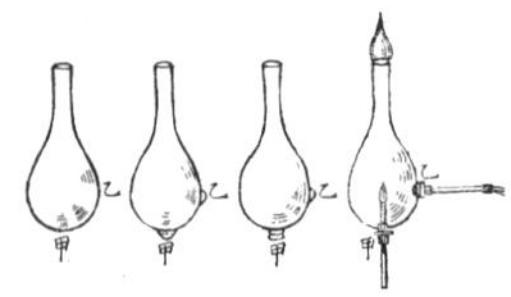

歷觀前論凡欲火焰發亮必慎添進空氣之事並所用之燒料如第一百二圖為空心燈能得添空氣之益設不用燈筩則火變紅色而發多煙因空氣不足燒盡分出之炭而熱度不能令火生白色若套以燈筩則吸進之空氣上升而成光熱氣既上升下必有新氣補進視圖內之箭即進出空氣之路設用筩套兩層令所進之空氣行過其間則未與火相遇而已熱至五百度此法比諸單筩者省氣甚多

第一百二圖

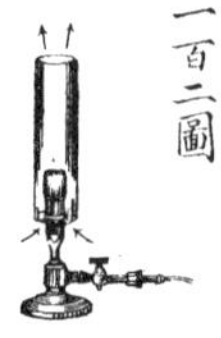

新製燒煤氣器便於廚竈與化學等事將煤氣空氣相合而燒之其發亮之性小而得熱則甚大此因炭合輕氣而同燒如第一百三圖即本生所造之式下接大管進煤氣旁有四孔進空氣可在上口燃火所進之空氣甚速其火不能秋進或在上口用多孔之嘴令其焰散大如揞密其進空氣之

第一百三圖

化學家藉此器之理。而分辨煤氣發亮之性。其法量準煤氣之數而燒之。添以空氣。令其發亮之性全滅。以是知所添之空氣彌少。則煤氣發亮之性彌大。

第一百四圖亦是燒煤氣之管。其上口有鐵絲布之蓋。從下吸進多空氣。上升而透出鐵絲布之上。發焰最熱而無煙。並不延燒至管內。

第一百四圖

火焰發亮猶藉空氣之壓力。壓力減少。則發亮之性亦少。空氣平壓力卽汞高三十寸。燃燈燭之火。命其光率爲一百分。如降一寸。則光率減五分。如升一寸。則光率加五分。此須用氣之數相同。而並無慢燒速燒之差。其水銀降而光率減者。空氣稀則養氣少。成焰之氣內其炭分出無幾。不能在焰中燒至白色。若空氣壓力大至汞高一百二十寸。則酒醕之火發大亮。此因養氣極濃。而成焰之氣不能與之相合。故有炭質分出。而在焰中燒至白熱。

燒料之原質與火焰之性大相關。其有煙無煙之別。全藉所含之質。有數種祇爲炭與輕氣所成。有數種兼含養氣。茲將燒料變成發亮之焰所含原質之比例數列表。

		炭	輕	養
卑濕處之氣	炭$_{二}$輕$_{四}$	三〇・	一〇・	〇〇
成油之氣	炭$_{四}$輕$_{四}$	六〇・	一〇・	〇〇
伯辣非尼	炭$_{天}$輕$_{天}$	六〇・	一〇・	〇〇
松香油	炭[illegible]輕$_{六}$	七五・	一〇・	〇〇
偏蘇里	炭$_{二}$輕[illegible]	一六〇・	一〇・	〇〇
蜜蠟	炭[illegible]輕[illegible]養$_{四}$	六〇・	一〇・	三五
司替阿里尼	炭$_{四}$輕[illegible]養$_{二}$	六二・一	一〇・	八・七
哇里以尼	炭$_{四}$輕$_{四}$養$_{二}$	六五・八	一〇・	九・二
酒醕	炭$_{四}$輕$_{六}$養$_{二}$	四〇・	一〇・	二七・〇
木那普塔	炭$_{二}$輕$_{四}$養$_{二}$	三〇・	一〇・	四〇・〇

凡炭之分劑少於輕氣者。焰內無煙。如炭$_{二}$輕$_{四}$是也。炭之分劑等於輕氣者。如炭$_{四}$輕$_{四}$與巴拉非尼。若不用通氣之法。常有多煙之病。炭之分劑多於輕氣者。如松香油與偏蘇里。焰內發煙甚多。通氣之法必極善。始能發亮。松香油之淨者。西名加暮非尼。必用小徑長體之燈筩。藉以多進空氣。煤那普塔卽偏蘇里。燒時和以空氣。始能得無煙之焰。試將棉一塊漬以偏蘇里而置於瓶內。以二管通入。如第一百五圖。將瓶燖於熱水而漸加熱。吹其彎管。則偏蘇里之霧與空氣從第二管噴出。引燃無煙。

第一百五圖

煤氣原是輕氣與炭$_{二}$輕$_{四}$與炭$_{四}$輕$_{四}$三種氣質合成者。其比例

輕氣太多而炭質太少故令其行過煤那普塔之淨者以收炭質能得極亮之火

燒料之火無養氣則炭與輕之分劑大而焰必有煙因有養則能合其炭質也如蜜蠟之發煙少於伯辣非尼此因炭與輕之比例相同而有養氣又如司替阿里尼即定質油大半是此質哇里以尼即流質油大半是此質若用於平常之燭與燈則比原定油原流油發煙甚少蓋炭質雖多而養氣亦多

酒醋之火不亮因炭與輕之比例比諸炭輕則炭為多雖有養氣適能燒其炭而不分開故無白色設將醋十分和以偏蘇里或松香油一分即能燒至極亮

吹火箭

吹火之火其形性皆同前論吹火箭所用之空氣不出於肺而含於口專藉兩頤收放之力而逼出之故其養氣尚未為肺所收火受箭內吹出之氣光即大減因養氣適將炭質燒盡也焰之體積因吹急而縮小聚在甚小之面故其焰之熱度必加大惟其形仍與平常之焰相似亦有三層內層如第一百六圖甲有空氣與能燒之氣俱不甚熱中層為收養者其光如乙乃極熱之處此所有之養氣不足令炭全變為炭養氣而但為炭養此氣於各種金類所含之養氣無不能收之外層如丙乃放養氣者此層能收空氣之養氣無限故得飽足而肯放出凡有易與養氣化合之質此層即放出氣而與之欲試此兩層之性可將鉛養少許置於木炭之小凹如第一百七圖以兩層之焰迭更噴其面則中層能令鉛養變為純鉛外層能令純鉛變為鉛養若吹散於炭面則炭面生黃皮一層亦即鉛養此又可攷何種金類之據化學與礦產兩家常用此器得大益但須知此焰之極熱者在中層因燒料之氣與養氣適相配非若內層之養偏少外層之養偏多也

第一百六圖

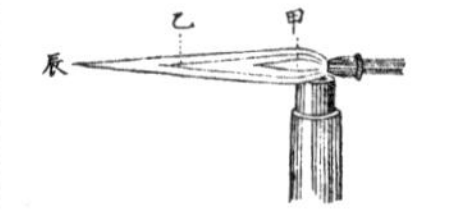

第一百七圖

皮袋或存氣器滿盛養氣而壓出之噴入焰中如前四十八圖其熱甚烈能鎔石脂與鉑以鐵遇之燒至極亮

考驗炭輕二質之數

將二質之氣一體積和以養氣至有餘記其相和之體積用電氣燃其氣而量準餘賸之體積盛於鉀養水之瓶內搖動收盡所含之炭養氣以此收餘之體積即能推算炭數如將炭輕氣十分立方寸之四即○四和以養氣一立方寸用電氣令燃則餘氣之體積為○六與炭養相和即

得餘氣〇·二故所生之炭養$_{二}$氣爲〇·四則合炭霧〇·四合養氣〇·四共燒之養氣爲〇·八與前數相較得輕氣所燒養氣之體積爲〇·四惟養氣〇·四能與輕氣〇·八相合所以輕氣數爲〇·八（以上俱爲立方寸）依此法即知炭$_{二}$輕$_{四}$氣之四體積含炭霧四體積輕氣八體積

第一百八圖

第一百八圖爲幼而所設之燃氣彎管如用此器化分炭$_{二}$輕$_{四}$須配以多養氣而令爆裂之力減小將器滿以水而添以炭$_{二}$輕$_{四}$氣十分立方寸之一其添法詳第三十九圖說再添養氣十分立方寸之二視管旁所刻之分而記其二氣之數通電氣之後再量氣之體積再添濃鉀養水以指捺緊管口令氣多次過彎處俟不減少而止量其所餘之養氣如前法推算各數若以水銀代水更得清靈茲將阿西台里尼即炭$_{四}$輕$_{二}$與炭$_{二}$輕$_{四}$炭$_{四}$輕$_{四}$各質之體積列表以養氣重八分爲一體積

炭$_{四}$輕$_{二}$	分劑數二十六	體積數四	炭霧八	輕氣四
炭$_{二}$輕$_{四}$	分劑數一十六	體積數四	炭霧四	輕氣八
炭$_{四}$輕$_{四}$	分劑數二十八	體積數四	炭霧八	輕氣八

煤氣

燒造煤氣之事化學內又增多種新理煤盛於器內熇之而不遇空氣即成許多雜質各合煤內五箇原質之二三種但其重數之比例與質點之排列不同嚮未有人能定煤內原質點排列之法且燒熇時所得之質本不在煤內而爲熇時所變成者茲將各質變成之質列後

炭與輕變成之質

氣質	流質	定質
輕氣	偏蘇里 即炭$_{一二}$輕$_{六}$	那普塔里尼 即炭$_{二〇}$輕$_{八}$
炭$_{二}$輕$_{四}$	多路阿里 即炭$_{一四}$輕$_{八}$	安脫辣西尼 即炭$_{三〇}$輕$_{一二}$
炭$_{四}$輕$_{四}$		巴辣非尼 即炭$_{天}$輕$_{天}$
炭$_{四}$輕$_{二}$		枯煤 即炭
炭$_{八}$輕$_{八}$		

淡氣變成之質

氣質	流質
淡氣	阿尼里尼 即炭$_{一二}$輕$_{七}$淡
淡輕$_{四}$	雞那阿里尼 即炭$_{一八}$輕$_{四}$淡
	輕衰 即炭$_{二}$輕淡

養氣變成之質

氣質	流質
炭養	水 即輕養
炭養$_{二}$	醋酸 即炭$_{四}$輕$_{四}$養$_{四}$

加波立酸　卽炭$_{二}$輕$_{六}$養$_{二}$

硫變成之質

氣質　流質

輕硫　炭硫$_{二}$

煤所成發亮之氣大半爲輕氣炭$_{二}$輕$_{四}$炭$_{四}$輕$_{四}$炭養又有阿西台里尼卽炭$_{四}$輕$_{二}$並偏蘇里等質各少許兹將干尼里煤所得各質之體積列後

輕氣　體積四十五·六

炭$_{二}$輕$_{四}$氣　體積三十四·九

炭養　體積　六·六

炭$_{四}$輕$_{四}$　體積　四·〇

炭養$_{二}$　體積　三·七

炭$_{八}$輕$_{八}$　體積　二·四

淡氣　體積　二·五

輕硫　體積　〇·三　共計體積一百

煤氣所藉以發亮者爲炭$_{二}$輕$_{四}$炭$_{四}$輕$_{四}$炭$_{八}$輕$_{八}$阿西台里尼偏蘇里等質煤氣內所最不宜者爲硫卽輕硫與炭硫$_{二}$此質燒時變爲硫養$_{二}$而飛散能壞書畫與簾幙等物故造煤氣者必用法去其各種無益之質而令多成有用之氣

提淨煤氣並煏煤之法詳生物化學

小試煤氣所用之器如第一百九圖甲爲收各種定質與流質第一彎管乙盛紅試紙能驗淡輕$_{三}$行過丙盛鉛養醋酸紙此紙變黑卽驗輕硫行過第二彎管丁盛鈣養水滿其彎處如有炭養$_{二}$行過卽變白色其煤氣在戊罩內收之此罩有塞門能噴氣將罩壓下可燃其氣

第一百九圖

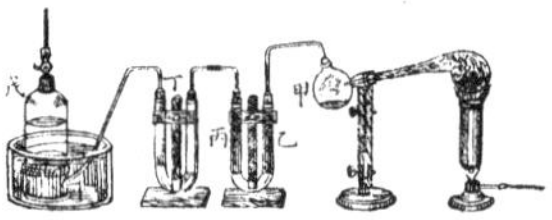

如欲試煤氣所含之阿西台里尼可令其氣過甲管如第一百十圖先過乙瓶內盛淡輕$_{四}$養再過丙管內盛水滿其彎處卽將純銅皮安管之兩邊通氣不久水內有光紅色之質結成卽銅阿西台里弟因知所過之氣必含阿西台里尼

第一百十圖

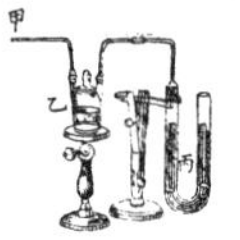

長洲　徐鍾　校

化學鑑原補編卷二

英國 傅蘭雅 口譯
無錫 徐壽 筆述

矽

矽與別質之相關略相反於炭與別質之相關炭與別質所成之雜質極多矽則專與養氣化合既成矽養後始與數種金類質化合

矽養之最純者即水晶地內取出之形如第一百十一圖此質最硬能劃玻璃又有紫色或黑色者或雜生物質少許若改變其成顆粒之狀即爲各種瑪瑙其紅色之花紋

即鐵養所有寶石大半以矽養爲本如猫兒眼並黑質白紋者並哇尼克斯並哇白里(即似白瓷)其哇白里爲矽養與水合成者平常之白砂略爲純矽養其色或黃棕者亦雜鐵養如火石大半爲矽養與別質化合而有黑色火石常在白石粉內取出成大小塊比水晶更

第一百十一圖

硬故用鋼片擊之而落下之小粒極熱能在空氣內發燒遇紙帽或火藥即燃

矽養能進植物之體內因其質與長養草木之料同被泥土所收而爲草木所食之既進植物之內遂有專職如竹竿與麥稭其外皮因有矽養而堅强又如木賊草之外皮如砂可以磨光金類與木類故知矽養原爲能消化之質蓋植物從地內吸出之料只能吸消化之物也有數種水

第一百十二圖

亦含矽養如愛斯蘭特地方噴熱水之井水所到之處地面結成矽養一層所有天生之矽養遇淨水不消化必遇鹼質而消化如欲試之可將鈉養炭養數釐烘乾研細安於鉑片之上鉑片作凹形如第一百十二圖用吹火筒加熱於下俟鈉養炭養鎔化遂將極細之白砂

少許糝於內則發滚而砂亦鎔再添以砂至不發滚而止能發滚者因炭養散出之故平常之質俱能令配質分出而自爲配質故疑矽養爲配質亦可謂之矽酸如將鎔成之質渐在沸水內即能漸漸消化成鈉養矽養以試紙驗之而得鹼性因矽養爲弱性之配質與炭養同故不能全滅鈉養之性

鈉養矽養水傾入試筒添以鹽强水二三滴而搖之則所餘之炭養又發滚而散出筒內之質變爲輕養矽養如膠形之稠質若以鈉養矽養水少許添以淡鹽强水多許則矽養在水內消化而不能分出鈉養變成之鈉綠亦在水

內消化如欲分出其鈉綠必用隔滲之法此理藉各流質通過隔膜而有遲速之性如將鈉綠與矽養相和之水以平常之紙濾之則漏下而無存若用皮紙則不通水而但

第一百十三圖

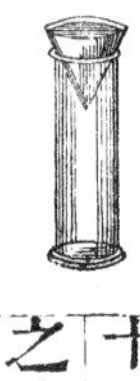

被水沾濕故以皮紙作筒形如第一百十三圖安在淨水之器令水切於紙筒之外而將所分之流質傾於紙筒之內則輕綠與鈉綠水滲過紙筒可見濃者在淨水內落下如換水數次則數小時後其輕綠與鈉綠全能滲過而紙筒內但留純矽養水

純矽養水沾於藍紙稍變紅色嘗之不覺有酸易變為稠

質如盛於鉛盆內緩緩熬之即變稠質若盛於瓶內熬至將乾可濃至每百分含矽養十四分此質久存於瓶內則稠質與流質分離而稠質漸漸縮小如用硫強水在真空內令乾則得極明之玻璃質每百分含水二十二分矽養七十八分其質為輕養矽養浸於水內不能消化鹽強水稍能消化若加熱化散其水又成無水矽養水內亦不消化鹽強水亦稍消化若合於鉀養水或鉀養炭養水或鈉養炭養水令沸俱能消化

矽養之生成者如水晶與石英等質用各種鹼類水加熱令沸俱不能消化獨有輕弗能消化然變形之矽養可用

鹼類水沸而消之令矽養變形之法磨為細粉而加熱至紅即變形其重率減小原為二六變為二四在沸鹼水內能消化

前人將玻璃在水內加大壓力而並加大熱久久能成矽養之顆粒若用輕養火鎔化矽養則不能成顆粒因已成變形矽養之故而其重率為二三

變形矽養之取法將白砂研極細盛於鉑鍋內以鉀養炭養重三倍並鈉養炭養重三倍相和安在煤氣添以空氣之燈上或將鉑鍋護以火泥罐而鍋外再加鎂養蓋密置於極熱之火內凡用鉑鍋加大熱不可與燒料相切因燒

料之炭並硫並鍋內之矽可令白金變甚脆用鎂養之意即令鉑質不與火泥相切俟鍋內之料不發滾取出待冷

第一百十四圖

第一百十五圖

而置於盆內一夜以水滌之其質全消化再添輕綠水而屢次掉之驗以藍試紙能變紅為止將此流質加熱熬之漸成膠形之稠質若再加熱必致噴出故常法用鐵鍋如第一百十四圖將盆安在其上則盆底之熱各處平勻至乾時待冷添以水而消化鉀綠與鈉綠則所餘之矽

養結成白片以紙濾之淨水淋之如第一百十五圖將紙取起鋪於熱鐵板或熱磚焙乾即得白色之粉甚是光亮再置於鉛鍋或瓷鍋焙乾其餘水即成變形之純矽養此質甚輕加熱更輕吹以小風即飛散前言加大熱令質消化可用煤氣與空氣相合之吹火器如第一百十六圖用雙行風箱乙用踏板丙為最妤如煤氣不便之處可用如第一百十七圖之小爐燒以炭

第一百十六圖

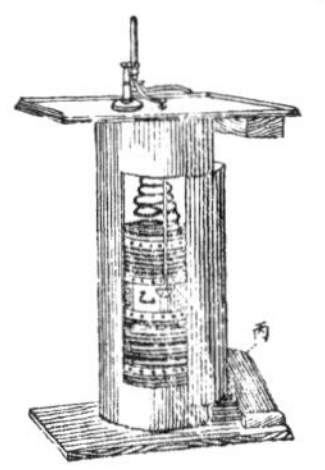

第一百十七圖

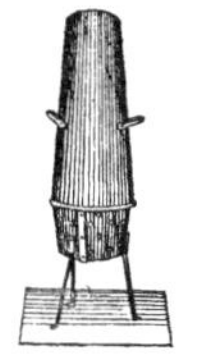

矽養

矽養之配性甚弱故與本質合成中立性之鹽類最難知其比例矽養與炭養俱不能全滅鹼類質之性故不能用試紙辨驗滅鹼性之事若與含炭養之鹼類質相和加熱則所放炭養之比例常不等全藉熱度與鹼類質之數

矽養與鈉養輕養相和加熱則矽養三十分能令放水十八分無論鈉養輕養之水若干其數不變若用鋇養輕養以同法試之其放水之比例亦同

矽養依分劑數而論之矽養之重三十分所放之水十八

分即水二分劑所以矽養一分劑能放水二分劑則應能與鹼類二分劑相合又有數種含矽養之成顆粒金類質其金類與養氣化合之質二分劑與矽養一分劑相合故化學家恒以矽養為二本之配益必與本質二分劑方能化合

矽養雖加大熱不能變為霧質然能令別種鹽類質之配質放散而自與之化合熱度若小矽養只能自分散如硫養在平熱度內與各種本質之愛力大於矽養然將矽養與含硫養之鹽類質相和而加以大熱則有硫養放散而矽養與其本質化合

石類與土類之質大半含矽養質如各種泥俱有鋁養矽養白泥為鋁養矽養與鉀養化合如米而含莫即西國煙筒頭之料為鎂養矽養又如各種玻璃乃鉀養或鈉養或鈣養或鉛各質與矽養化合凡矽養與鹼類化合之質能在水內消化餘俱不能

化學家初以矽養為原質因見不肯變形也西歷一千八百十三年兒飛疑為雜質故用鉀化分之而得矽遂以矽為原質近有人捌思化分之法更屬簡易將矽養變為鉀弗矽弗再與鉀或與鈉相和而加大熱化分之則鉀或鈉與弗化合成鹽類質能在水內消化餘存之矽為棕色粉

即變形矽此質遇各種強水俱不變惟遇輕弗即與弗化合成矽弗而放出輕氣其式爲矽丄二輕弗＝矽弗丄輕又遇鉀養輕養即與鉀養化合成鉀養矽養而亦放輕氣置於養氣內加熱能燒至極亮而不能燒盡因矽養遇大熱則鎔化而外面生矽養一層如置於鉑片上鎔之則鉑片蝕成一孔因變爲鉑矽

鉀弗矽弗與鋁相和加熱鎔化則鋁之幾分與弗相合其餘與矽合成鋁矽將此質先與輕綠後與輕弗相和加熱令沸鋁即分出而得矽之顆粒爲魚鱗形其光略如筆鉛名爲筆鉛形矽此種矽之重率二·五養氣內不肯燒輕弗內不肯消若以淡養與輕弗相和則能消化此種矽能傳電氣同於筆鉛但平常變形之矽不能傳電氣如將平常變形之矽加以極大之熱即變筆鉛形矽此性同於變形之炭質故將木炭即變形之炭不遇空氣而加以大熱但紅而不燒亦不能鎔化若加熱於矽而大於生鐵之鎔度即能鎔成最光亮之質其形如金類有法能使結成八面形顆粒其質極硬能劃玻璃與金剛石相等

矽炭二質與別質顯出各種變化之性多有相同之處二質俱能成弱性之配質其養氣之分劑數皆同矽能收出炭養內之炭質如將鉀養炭養與矽相和加熱鎔成鉀養矽養即有炭分出矽又能與數種金類化合所成之質仍有金類之形炭亦有此性矽又能合於生鐵之內亦與炭相同又能一徑與鋁鋅鉑相合成質有金類之性矽若加大熱即能與淡氣相合炭則不能與淡氣一逕相合必有鹼質在其旁始能相合矽炭二質與輕氣化合大不同蓋矽與輕氣只能合成一種質而此質最易化分炭與輕氣能成多種質

矽輕

輕與矽合成之質極難取其純者其質爲矽輕遇空氣即能自燃而成極亮之白火放出矽養極多其霧遇冷面則結成棕色之矽皮一層

矽輕之取法將鎂矽以淡鹽強水化分之造鎂矽之法將鎂綠與鈉弗矽弗並鈉相和鎔化則鈉與綠與弗化合而鎂則與矽化合造鎂綠之法將鎂養炭養一分以鹽強水消化之添以淡輕綠三分用瓷鍋熬乾將此乾質加熱令鎔化隨傾於乾淨之石上待冷而盛於瓶內塞密否則自化爲流質造鈉弗矽弗之法將輕弗矽弗和以鈉養炭養至滅其配性加熱熬乾但此質最難鎔化必添以鈉綠則易鎔所添之鈉綠宜預鎔化將食鹽盛於火泥罐加熱至明紅色而傾於乾淨之石上

各料既備將鎂綠四十分鈉弗矽弗$_2$三十五分鎔過之鈉綠十分鈉切成片二十分四物速相和而盛於乾瓶搖之即傾入紅熱之泥罐蓋密加熱至鈉之黃色火不見而止待冷將罐打碎即得質二層上層爲白色即鈉綠與鈉弗下層爲黑色即鎂矽速分取之盛於乾瓶塞密

第一百十八圖

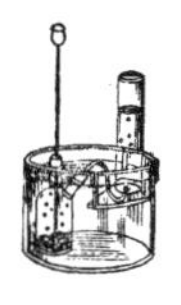

既得鎂矽即能造矽輕$_2$將鎂矽磨成粗粉盛於兩口瓶如第一百十八圖瓶之中口用長漏斗旁口用放氣之管瓶內滿以沸過而待冷之水欲其不含空氣二口瓶置於收氣之水盆此亦用無空氣之水管與瓶俱宜浸沒於水中再將收氣罩亦滿以無空氣之水各事齊備從漏斗添以濃鹽强水慎毋空氣同進瓶內立發矽輕$_2$氣透入罩內待數時見水面所成之泡沈下以其氣換於有塞門之罩而試其性但此質尚非極純者

生鐵含矽可置於鹽强水內加熱令沸俟鐵全消化即得灰色之質如水泡之形以紙濾之以水洗之晒乾而得筆鉛形之矽內有最輕之白色粉如將此質置於鉀養水加熱令沸則放輕氣而其白粉消化變成含鉀養矽養之流質此白粉與酉苟尼相同原可用別法取得其質爲矽$_3$輕$_2$養$_5$有化學家以爲三矽養二輕養與輕養合成之質其遇

鉀養水而變化之式爲

矽$_3$輕$_2$養$_5$丄輕養六鉀養‖三(二鉀養矽養$_2$)丄輕$_2$酉苟尼自能漸變爲矽養$_2$而有輕氣放出又有一質含矽與輕與養名爲矽里苟尼其色黃其性與酉苟尼略同置於水內令見日光則放輕氣而變爲酉苟尼

矽之分劑數乃柏西里烏斯所考得養氣八分與矽七分四合成矽酸若以矽酸與炭酸相配則矽之分劑數即與養氣八分相合之數當爲十四八近有人考得更細之數爲十四炭酸即炭養$_2$皆之化學家以矽酸之分劑爲矽養$_3$則養氣三分劑即重二十四分與矽重二十二分化合或以新考得之數即重二十一分化合矽之質點重率平常命爲二十八但此數尚無確據與炭霧之數爲同類因矽霧與炭霧皆不能分出而試其重率

硒

硒與矽之性大相類而動植物內無其質常在金類質與土質內見之如硼砂自古知之其質爲鈉養二硒養$_3$與輕養十分劑化合產於印度與西藏之湖水內令成顆粒而得之俗名頂加拉色黃而不淨者外面有肥皂形之質一層提之即得白色製鍊金類並藥材以及假寶石久已用

之。
西歷一千七百二年化學家罕白格將硼砂與皂礬相和蒸之得珍珠色之質乃從來所未見者藥材用之得大益名爲平和鹽此後二十五年化學家立末里用硫强水代皂礬亦能取之再後二十五年始知硼砂內有鈉與珍珠色之質化合而此質有酸類之性名爲硼酸即硼養
再後多年以大里亞國之北疆有火山之處多得硼養從地內發出成霧另有水氣通過水內方能收其硼養故就噴氣之孔四面用磚砌大池如第一百十九圖導引山上之水至池內山邊多作水池逐層低下水即自流而過各

第一百十九圖

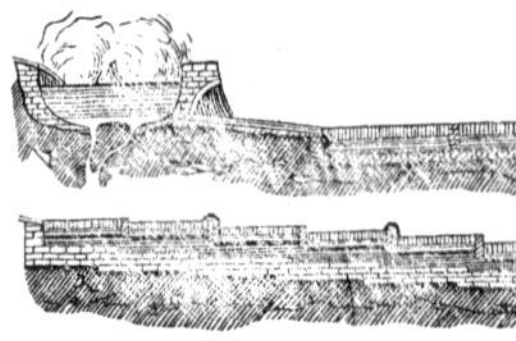

池所得之水含硼養略有百分之一第以熬乾必費燒料甚多以致製煉之處燒料昂貴所以一千八百十七年以大亞亞人名賴的來曾捌法即用所噴水氣之熱每日造成數百頓以後瓷器年年增多其外之釉藉硼砂爲之此種取法因出氣之孔太少而所得不敷所用又在火山邊鑽大孔深入使氣發出與天生者同
循常之硼養顆粒含淡輕養之數種鹽類質三倍重之沸

水即消化若以沸水等重待冷即成顆粒因硼養一分必得冷水二十六分方能消盡其顆粒爲三輕養硼養如盛於甑內而速加以大熱則透過者有幾分不變形其餘者化分而水亦透過若加熱至二百十二度則顆粒面上生白皮而變輕養硼養熱度再大則全水透過並帶過硼養少許其餘者鎔化成玻璃形之質冷而明如水晶此質受極大之熱則漸漸化散在水內消化甚慢
硼養能令火變綠色若欲驗之可於水消化加熱令沸所發之氣遇酒燈之火或紙煝之火即變爲綠色火之外面色更深

硼養顆粒安在鉑片上而以酒燈燒之則綠色之火甚明或將醋加熱至沸以硼養消化於內而盛於瓷盆燃火則更明或將硼砂以濃硫强水消化足放其硼養添醋足令燃火若顯綠色即是分別硼養水內稍加以熱即得紅棕色再遇鉀養或鉀養炭養即變綠色或藍色如以此法試硼砂必將硼砂先添鹽强水少許令有酸性則硼養能放出後將紙浸入變色如前
硼養之性與矽養略同亦爲弱性之配質藍試紙只能變葡花色而不能變紅若沾於鹼類已變色之試紙亦不能復原色大熱之內硼養能鎔金類與養化合之質而成明

玻璃形之質有數種質顏色甚美故造玩器與假寶石俱用之

地產之質含硼養者極少含矽養者極多此則相反祇有一質乃鈉養硼養與鈣養硼養相合而成在皮魯國挖取者運至英國使成硼砂又有一礦爲鎂養硼養亦不常見

考究硼養應與本質若干化合成中立性之鹽類其難處與矽養相同見前矽養業已考得硼養三十五分能放出鈉養輕養之輕養三分劑即二十七分鋇養輕養亦然因疑硼養須得金類與養氣化合之質三分劑始滅酸性故謂之三本之配質又有別法得此據

西歷一千八百八年化學家苟路殺克與替那特二人將無水硼養與鉀相和鎔化即得深綠色之粉係變形之硼此質與硼有數種相似之處而有分別因遇淡養即能與養氣化合又鎔化所需之熱度比矽尚大又有一種變形硼謂之筆鉛形硼其取法與造筆鉛形之矽相同其形爲魚鱗而光如新紅銅

又有一種變形硼似金剛石之形此爲硼之最奇者取法將深綠色之變形硼合於鋁而加極大之熱後用輕綠水分出其鋁結成之顆粒極明亮其形八面而略無色其光差亦同於金剛石而質亦甚硬能劃寶石亦可以礮磨金

剛石如分出鋁之時其顆粒結在玻璃杯之底必稍用力摘取若不留心即能劃碎杯底此質無論何種強水俱不消化惟含水之鹼類質加熱而以此硼置於內則能消化遇輕養火亦不鎔若在養氣內加熱至白則外面生硼養一層而內質不變若在綠氣內加熱至紅即燒成硼綠

與別原質之相關略同於矽與別原質之相關但不能與輕氣化合成雜質若與淡氣化合之性比矽更大加熱至紅則易收淡氣而成白色之粉爲硼淡其粉不肯消化亦不鎔化

兌飛試硼化合之分劑數得養氣重八分能與硼重三分七六合成硼養柏里西烏斯亦在硼砂內得鈉養一分劑即重三十一分能與硼養重六十九分五化合如依兌飛之數而推算之必含養氣四十七分三則硼之分數必爲六十九分五與四十七分三之較即二十二分二硼養之式應爲硼養即硼二十二分二養氣四十八分或以爲硼砂係硼養二分劑與鈉養一分劑相合如依此理則硼之分劑數應爲二十二分二之半即十一分一近有人試得之數爲十一分因知硼養之式不誤即硼十一分與養二十四分合成

炭硼矽三質多有相同之性故爲原質之一屬俱有變形

之質有筆鉛形者有成顆粒者三物俱不能變霧質俱不消化俱能與養一遥化合而成弱性之配質俱能與數種金類化合所成之質亦略相同硼與矽又能一遥與淡氣化合如有鹻類在旁炭亦相同近有化學家云矽能在數種生物質代其炭如西荀高與矽里荀尼之式即矽三輕二養五與矽六輕三養三此二式與炭輕養三質所合成之生物質甚相似矽有數種性與金類相同如硼與錫變化之性亦與矽有數種相似之處

淡氣

空氣體積淡氣居五分之四生成而合於別質者有鉀養淡養五與鈉養淡養五並火山所出之淡輕三動物質內多有之植物質內亦有之故凡生長之物淡氣為不可少之質

淡氣之取法如第一百二十圖將燐盛於小瓷盆而浮在水面燃而以罩蓋之養氣遂合成燐養五霧而淡氣仍和於內片刻之後燐養五為水所收而獨留淡氣

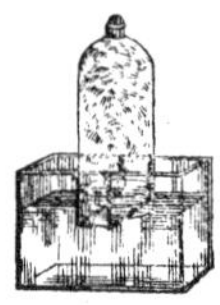

第一百二十圖

多取之法將銅屑在管內加熱至紅而令空氣行過銅即收其養氣而餘者為淡氣為永不變之氣質而其性則幾若無有故於化學之事甚乏趣惟能與硼矽二質化合若加大熱又能與鎂鐠二質化合輕氣能與合成強鹻性之質即淡輕三養氣能與合成烈酸性之質即淡養五若與別質化合其愛力極小所以合成之質有大爆裂之性如淡合綠之質並合碘之質又如棉火藥與銀爆藥汞爆藥並淡養五各里司里尼等

初知淡氣係蘇格蘭書院內考植物學者名魯得福特在一千七百七十二年用人口噓出之氣以鹻類質收盡其炭養氣植物在此氣內不能生長始知尚有別氣合於空氣之內後遂審知為淡氣所以西國初名此氣為阿蘇替即絕命之意

淡輕

空氣內所含之淡輕三氣甚少最難測準每立方尺約有百分釐之一其少之故非成之者少乃用之者多也所有含淡氣之動植物腐爛時俱發淡輕三然植物不能吸食空氣內之淡氣乃從下雨時空中帶下之淡輕三得之至於動物身內所消化含淡之質放至空氣大率是口內所吸之氣淡輕三幾分為皮膚所放又幾分為尿內所出蓋尿變臭時即成淡輕三動植物臭爛所發之淡輕三並同類之質仍和於空氣之內

藥材與製造之內淡輕三水之用處極廣俱從煏煤氣所得

水內取出煤氣行過之流質合淡輕三與炭養二並輕硫分出淡輕三之法先用輕綠與之化合惟輕硫有臭難當且能害人故加輕綠水之時用大桶蓋密有管通其氣至爐內燒去輕硫而膩水與硫養三所得之淡輕四綠水先熬去水之幾分而傾於木盆冷之其木盆以鉛皮作裏俟淡輕四綠黑油質沈下取其顆粒盛於鐵鍋加小熱俟黑油質散出而再取其顆粒加熱令變爲霧待冷凝結其器爲柱形鐵管有鐵蓋以火泥封密不必紅熱而淡輕四綠成霧結在蓋內成淡輕四綠定質

淡輕四綠可取淡輕三如欲試之將淡輕四綠一兩打爲粗粉與

第一百二十一圖

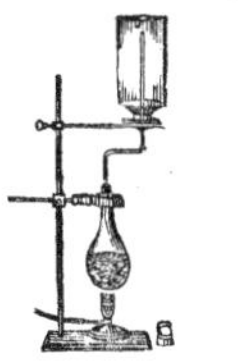

生石灰粉二兩速掉和而盛於玻璃瓶加以小熱如第一百二十一圖此氣之重率略爲空氣之半即○五九故可用瓶倒置而收之其瓶口以馬口鐵鑽孔托之淡輕三至瓶內而空氣自出瓶滿而淡輕三亦洩故於瓶口置紅試紙以驗氣之滿否滿後即換空瓶而將滿瓶塞密石灰遇淡輕四綠而分出淡輕三其式爲

淡輕四綠丄鈣養＝鈣綠丄輕養丄淡輕三

又有簡法將極濃之淡輕三水盛於甑而加小熱化散之有彎管通氣而以瓶收之如第一百二十二圖加熱既小所

第一百二十二圖

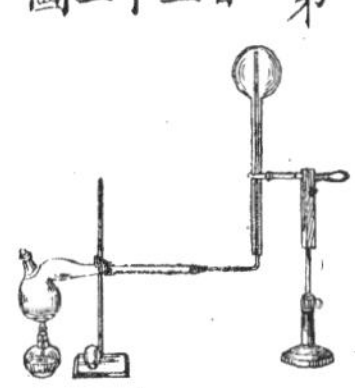

發之氣不雜水

淡輕三之臭易辨紅試紙或黃試紙遇之立變色水收此氣甚多於別氣水一體積以平熱度能收淡輕三氣七百體積祇大一倍其重率爲○八八水收淡輕三不是化合而爲和合故遇空氣而淡輕三自散氣從水內散出之時即生大冷水能收淡輕極速如第一百二十三圖用長頸球形瓶滿

第一百二十三圖

以淡輕氣而倒置於水銀杯此杯再置於滿水之大杯水尚不能至氣瓶內若取去水銀杯則水升至瓶內而滿其水應添紅色之料升上者立變藍色瓶外者仍是紅色

淡輕三水遇熱即發氣如欲試之可將厚玻璃管如第一百二十四圖長十二寸徑半寸略滿以水銀而再盛極濃之淡輕三水少許以指掩其口而倒置於水銀盆則淡輕三水升於水銀之上用掌揞之其熱足令發氣而水銀落下若以熱水淋之其熱更大而水銀更下管內幾滿氣待冷而水

第一百二十四圖

漸收氣水銀亦漸升

常用之淡輕水其取法用二口瓶滿以水令氣行過水內另有一管另通一瓶如有洩出之氣亦可收之淡輕水視其重率而定其濃淡重率愈少水質愈濃如五十七度之熱重率〇八八四四則水每百分含淡輕三十六重率〇八九七六含淡輕三十分重率〇九一〇六含二十五分重率〇九二五一含二十分重率〇九四一四含十五分重率〇九五九三含十分重率〇九七九含五分試淡輕水重率之法必將純水與淡輕水同熱度同體積比其重數之較常用體輕而有塞之瓶容水略二兩瓶必曬乾稱準然後滿以欲試之淡輕水準其熱而記其重再以純水同法為之準熱度之法以瓶置於冷水或熱水必使前後相等既得二水之重數將淡輕水之數以水數約之即得淡輕水之重率又法用浮表如第一百二十五圖浮于水內

第一百二十五圖

即知水之重率此浮表為空管上長而小刻準分度下端盛水銀淨水之內分度在水面之處一千分即水之重率輕於水之質入水較深重於水之質入水較淺此種表有專試淡輕水者其分度指出每百分含淡輕之數英國常言淡輕水之重率以熱度六十二度為準

從前英國不知取淡輕之法故用嫩鹿角刨成薄片而蒸之以作藥材之用其價甚貴

淡輕氣受冷至負四十度即冰界以下七十二度或受壓力如空氣之六倍半而熱在五十度即凝為明流質再冷至負一百三度即結成白色之顆粒易變為流質有人名卡來栁設造冰之器如第一百二十六圖將極濃之淡輕水盛於堅固之鐵箱甲而加以熱則化氣至鐵器乙此器安在冷水之內氣又變為流質隨取去甲箱下之火而將甲箱浸於

第一百二十六圖

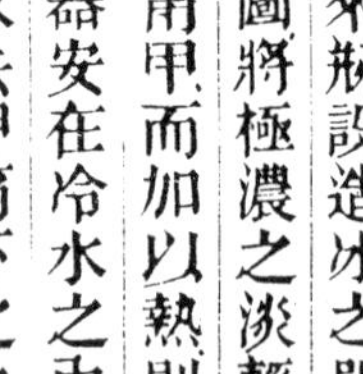

冷水則流質再化氣而速歸至甲箱為水所收遂成大冷乙器內藏一盛水之管其水立結為冰法國南邊令鹽結顆粒即仿此器之法

甲箱與乙器俱用熟鐵為之通氣之管須稍高則發沸之淡輕水不致竄入乙器甲箱內盛極濃之淡輕水四分之

三將用之時須令俱在筩內此宜橫置其筩俟半刻餘使盡流還或在乙處用酒燈加熱流還較速甲筩安在爐內至四分高之三如己己乙器之底孔開後以大桶盛水浸沒丙管而蓋密之丙管之口必低於外水之面二寸庚杯添滿以水筩外加熱至二百六十六度測其熱度用寒暑表在筩頂盛油之管如酉得此熱度之後取去其爐而將筩置於水桶之內乙器亦取起俟底孔放水盡而塞密將清水盛於丁筒而藏入丙管丁丙之罅灌滿燒酒或鹽水乙器外包以木或佛藍絨不久而水結爲冰將丁筒取出置於稍熱於冰界之水冰即離筒而可倒出作此事必令

器內毫無空氣故加熱至一百四十度之時將庚杯底之螺絲轉開則甲筩內之氣從庚杯之水發滾如無空氣則不滾而作嘶嘶聲即淡輕$_{三}$氣與水相合之聲如覺空氣極多則杯內之水須屢換因水收足淡輕$_{三}$氣則不能辨空氣之有無俟空氣放盡即關螺絲以免洩氣此器能得冷負五十八度每燒煤一磅能得冰三四磅歷時五十五分欲造冰六磅須歷二小時四十分

造冰之理固易明曉而器則繁如造冰一磅必用淡輕$_{三}$水約八升每一小時造冰二十六磅須用淡輕$_{三}$水八十八升若造四百四十磅須用淡輕$_{三}$水一千餘升其器愈大則燒煤一磅得冰愈多故大器燒煤一磅可得冰十五磅用此器與空氣之熱度相關如空氣五十度之時能得冷負五十八度即共得冷一百八度空氣更冷則熱度初減甚速而後稍慢

第一百二十七圖

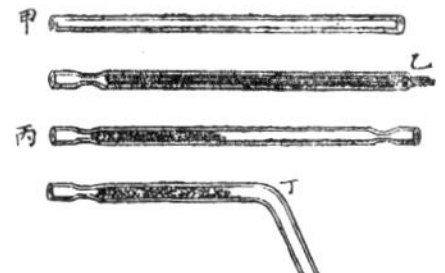

淡輕$_{三}$又有筒法能凝流質將含淡輕$_{三}$之銀綠盛於玻璃管之一端而封密其又一端置於發凍藥水如第一百二十七圖甲爲玻璃管其色稍帶綠色其體宜厚其長約十二寸徑約半寸在管端約寸許加熱引長得小頸

將硬紙條摺作一槽插進在紙槽之一端將銀綠三百釐直送至小頸此質須加熱四百度而待冷者將管向上調

第一百二十八圖

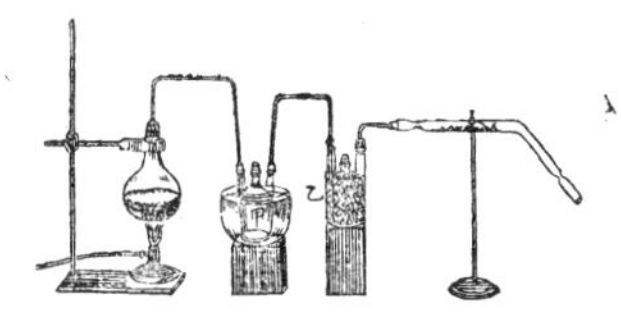

過半周則銀綠離紙而可取出再在管之又一端引長作小頸如丙彎之如丁銀綠愼毋過彎處將管安在架上如第一百二十八圖令管內之銀綠得平用小管與軟木接於口通於發淡輕$_{三}$氣之器此器將淡輕$_{四}$綠一千釐鈣養一千釐相和而盛於瓶加熱令發氣先過空瓶甲此瓶浸於冷水

杯內再過生石灰塊之瓶乙能收所雜之水氣盛銀絲之

第一百二十九圖

管必用生紙包之而常濕以冷水俟淡輕通過約三小時以銀絲再不加重爲度共收淡輕約三十五釐在通氣未斷之時用吹火筒封管之頸第二端亦速封之封時不可去濕紙再如第一百二十九圖將管之短端浸於發冷之水即冰與食鹽或鎂養硫養八兩輕絲四兩相和者在長端用酒燈加熱其燈必移動勻燒則銀絲所收之淡輕散至加冷之處而凝成極明之流質將管自冷水取出俟管各處全冷則淡輕之流質自沸漸漸不見仍被銀絲所收再可加冷加熱而試爲之

淡輕在空氣內稍能燃試將淡輕氣盛於瓶而倒置以小燭近其口則燭火外面有閃光即所燃之淡輕其輕氣變爲水而淡氣散出取去燭火即不燃若在養氣內燃之即連燒而不斷

第一百三十圖將淡輕之濃水盛於甑內加熱而以大管引所發之氣大管之二端俱通從管之下口添進養氣而在上口點火則淡輕燒成之火長十寸餘若欲省用養氣可如第一百三十一圖令通淡輕氣之管入養氣瓶內入瓶之時可燃

第一百三十圖

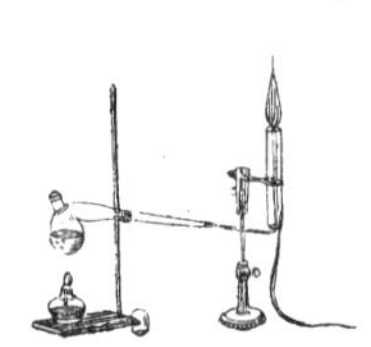

第一百三十一圖

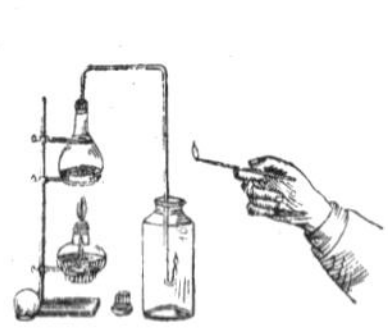

淡輕易化分其原質令其氣行過紅熱之管或令電氣火通過其氣則氣之體積忽增大至一倍其淡輕一體積分爲淡氣半體積輕氣一體積有半試此事之法將淡輕氣一體積添入盛水銀之彎管如第一百三十二圖管內有鉑絲連於附電器歷時不久而氣之體積加一倍管上有

第一百三十二圖

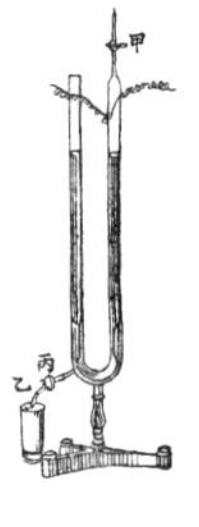

塞門輕氣即放出可以火燃之其通電之線通過玻璃如圖式否則火星發熱而管裂另配塞門乙於下用象皮管與黃夾可放水銀配準二端之高低

淡輕之鹼性甚大故與各種酸質有大愛力而能全滅其

第一百三十三圖

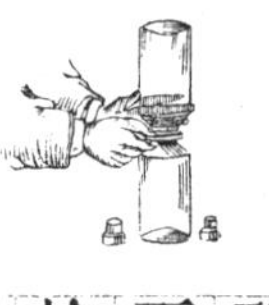

酸性如將淡輕氣一瓶以玻璃片蓋之再將輕綠氣一瓶亦蓋之淡輕瓶倒置於輕綠瓶上如第一百三十三圖抽去玻璃片令兩口相切則二氣化合生大

熱變成白色之定質卽淡輕四綠此質內之鹼性與酸性相滅若將淡輕三水添入淡硫强水則硫養三之酸全滅而變成淡輕四養硫養三熬之而得顆粒此法所得之鹽類質與鉀養鈉養所成之鹽類質略同故疑淡輕三水必含一鹼類原質與養氣化合與鉀養或鈉養相似

柏昔里有斯考得淡輕四爲雜原質其考驗之法用極濃之淡輕三水盛於瓶其瓶底有水銀以負電線通於水銀正電線通於淡輕三則正電點發出養氣而遇負電點之水銀卽腫大比原體積大至四五倍變成軟定質有金類之形此事略與用同法化分鉀養輕養相似蓋鉀亦在正電點發養氣而與負電點之水銀化合也此外則並無有相似之處鉀乃易與水銀分離淡輕四則無法能分之惟不久卽自化分而放淡輕三每放淡輕三一分劑另放輕氣一分劑故疑其必有質爲淡輕三加輕卽淡輕四與水銀化合凡水銀與各種非金類質化合卽失金類之形若合於金類之質仍顯金類之形因是知水銀合於淡輕四而仍能有金類之形者淡輕四必爲金類之質

水銀所加之重極少合成之質極易自化分故疑水銀之腫因遇淡輕四而變形又如淡輕四極易放淡輕三氣故亦疑淡輕四與養化合之質甚異於各種別質與養化合之質然竟謂必無淡輕四之質則淡輕四養與各配質合成之質何以相似乎鉀養或鈉養所成之質

淡輕四與水銀合成軟定質如膠形其事易試可將淡輕四綠與鈉汞膏相和作此膏以汞少許盛於小試箭內加熱將鈉加入化合甚猛待冷而傾於盛淡輕四綠濃水之管此管須較大其膏立腫數倍於前體積而成軟定質可取出其柱形之體比水尙輕能自化分極速發出淡輕三與輕氣不久而復原體積又變爲流質

考驗生物質內淡氣之數

考驗淡輕三之原質生物化學之內爲最要因欲知生物質所含淡氣之數必將淡氣先變爲淡輕三始可分出而稱得之如以生物質稱準與鈉養輕養鈣養輕養相和盛於玻璃燒管如第一百三十四圖甲管口以軟木塞密塞內有孔接小管此管通於盛輕綠之泡如乙遂將甲管用煤氣火或木炭火逐寸加熱則生物質所含之淡氣與鈣養輕養之輕氣合成淡輕三而爲輕綠所收全管加熱之後卽將丙尖折去而在丁口吸氣則甲管內所有之淡輕三全過輕綠隨將乙泡內變成之淡輕四綠稱之其稱法可傾入瓷鍋稱準熬乾再稱淡輕四

第一百三十四圖

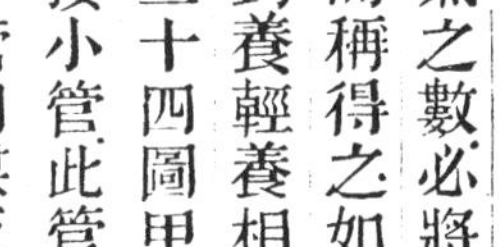

綠或可令變爲鉑綠淡輕$_{四}$綠（詳見鉑與綠合成之質）或以硫强水代鹽强水其硫强水之力有一定之率即知減其酸性需用淡輕$_{四}$若干亦能知淡輕$_{三}$之數

設如所試之生物質爲人尿其內爲本之質即由里阿則將由里阿與鈉養輕養鈣養輕養多許相和盛於燒管如前法爲之其式爲

炭$_{二}$輕$_{四}$淡$_{二}$養$_{二}$（即由里阿）⊥鈉養輕養⊥鈣養輕養‖鈉養炭養$_{二}$⊥鈣養炭養⊥二淡輕$_{三}$若用鉀養輕養代鈉養輕養鈣養輕養化分之理亦同惟其玻璃必侵蝕

合淡輕養炭四質者當如第一卷考驗炭質之法先考其炭與輕之比例再如前法驗其淡遂將炭輕淡三質之和與全數相較即得養氣之數將所得之各數以各質之分劑數約之即得試得之數再如前法得其實在之式化分由里阿十釐得炭二釐輕釐六六淡四釐六七三質共重七釐三三與原重十釐相較即得養氣二釐六七將此四數以其原質之分劑數約之即

二·○以六約之爲炭一分劑之○·三三

○·六六以一約之得輕一分劑之○·六六

四·六七以十四約之得淡一分劑之○·三三

二·六七以八約之得養一分劑之○·三三

從此得試得之式爲炭$_{三三}$輕$_{六六}$淡$_{三三}$養$_{三三}$將各數以公約數三十三約之得最簡之式爲炭輕$_{二}$淡養由里阿爲生物本質能與配質化合成鹽類質嘗用由里阿六十分能滅輕綠氣一分劑即三十五分五之酸性因知六十分爲由里阿之一分劑即合炭二分劑重十二分輕四分劑重四分淡二分劑重二十八分養二分劑重十六分共得重六十分故由里阿之實式爲炭$_{二}$輕$_{四}$淡$_{二}$養$_{二}$

鐵生鏽時能成淡輕$_{三}$

淡氣與輕氣不能一逕合成淡輕$_{三}$如別質內有輕氣分出適在分出之時而遇淡氣即能化合若輕氣已經分出而歷時雖極少亦不能化合如將鐵屑少許盛於瓶而加以水少許搖動其瓶令鐵屑粘在內面瓶頸安一紅試紙待數小時而變藍色因有淡輕$_{三}$生出將此鐵屑化分之即可得淡輕$_{三}$其成淡輕$_{三}$之理因水爲鐵所化分而放輕氣其旁又有空氣內之淡氣故即化合成淡輕$_{三}$氣

淡輕$_{三}$變成淡養$_{三}$與淡養$_{五}$

淡輕$_{四}$養濃水數滴盛於一升之瓶添以電臭之空氣即第十圖所成者立有濃白霧生出即淡輕$_{四}$養淡養$_{三}$此因淡輕$_{三}$收得電臭之養氣而變成淡養$_{三}$其式爲

二淡輕$_{三}$⊥養$_{六}$‖淡輕$_{三}$輕養淡養$_{三}$⊥二輕養

紅銅屑與淡輕$_{三}$水相和盛於瓶而搖之亦成白霧並深藍色之水內含銅養與淡輕$_{四}$養淡養$_{三}$此因銅與養氣化合之時淡輕$_{三}$亦同時與養氣化合如將鉑絲繞成螺絲形如第

第一百三十五圖

第一百三十六圖

一百三十五圖挂於瓶內瓶底盛淡輕$_{三}$之濃水少許在鉑絲之下端加熱至紅而安下則鉑絲之紅熱不滅而可歷多時因淡輕$_{三}$與空氣之養氣在鉑絲之面化合而生大熱所生之濃白霧即淡輕$_{四}$養淡養$_{三}$間有淡養$_{三}$之紅霧若用同法另將通養氣之管放在瓶如第一百三十六圖則其變化更猛鉑絲生熱至白淡養$_{三}$與養氣相合而成爆聲爆裂一次又重生熱至大熱度而又爆裂如瓶堅固而口大亦無危險若養氣進瓶不速不遲則養氣經過瓶底之淡輕$_{三}$水而能燃

淡輕$_{三}$遇大力之本質又有滲漏之材料便與養氣化合者則可多收空氣之養氣而變為淡養$_{五}$且與其本質化合而成含淡養$_{五}$之鹽類質如遇鈣養則其式為

淡輕$_{三}$丄養$_{六}$‖鈣養淡養$_{五}$丄三輕養造硝之法即同此理

淡與養合成之質

此二種原質雖以極純者相和亦無自能化合之事若用法使化合則能成雜質五種此各種內之養氣比例不同

淡養	淡十四分	養八分
淡養$_{二}$	淡十四分	養十六分
淡養$_{三}$	淡十四分	養二十四分
淡養$_{四}$	淡十四分	養三十二分
淡養$_{五}$	淡十四分	養四十分

瓶盛空氣與養氣少許相和而用大力之電氣行過即成紅色之霧少許或為淡養$_{三}$或為淡養$_{四}$如有刻分度之管如

第一百三十七圖

第一百三十七圖外箭用藍色之試水則通電之後其藍水漸變為紅色而氣漸縮小收其養氣而不能燃

輕氣與淡氣少許相和而引燃之則所得之流質有酸性因含淡養$_{五}$少許蓋其燃時空氣之養氣因輕氣火之大熱而能與淡氣化合

化學之事造取含淡與養之各雜質俱用輕養淡養$_{五}$所以前列之五質必先論淡養$_{五}$

淡養$_{五}$

取淡養$_{五}$之料必用硝與硫強水硝產於地面如印度與秘魯國等天氣燥熱之處英國常用之硝一種為鉀養淡養$_{五}$即印度國本合辣所出一種為鈉養淡養$_{五}$即秘魯國與知里國所出此二種俱可取淡養$_{五}$

試取淡養五之法用鉀養淡養五與極濃之硫養三等分相和蒸之如硝四兩研細烘乾盛於能容一升之甑如第一百三十八圖添以極濃之硫養三量杯二兩半俟強水收入硝內之後漸漸加熱即有硝強水透過可藏瓶內塞密蒸剩之質待其自冷再滿以水稍加熱俟其質盡消化而傾出蒸至將乾待冷結成顆粒即鉀養輕養二硫養三此鹽類質在化分之事並試金類大有用處

第一百三十八圖

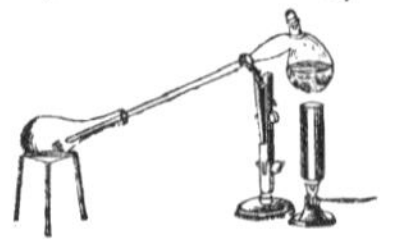

鉀養淡養五加以等重之濃硫強水其式為

鉀養淡養五丄二輕養硫養三＝輕養淡養五丄鉀養硫養三丄輕養硫養三

或以為所用之硫強水尚可減省一半殊不知省用一分劑則其硝化分所需之熱度必極大淡養五且欲因大熱而化分其變化之事亦不過一半蒸畢所得之鉀養硫養三又難消化而不便取出

製造之內硝強水之用處極多其大造之法不同於小取料用鈉養淡養五價可更廉透出之淡養五更多將鐵甑盛硝如第一百三十九圖甲丙襯火泥令鐵不被侵蝕將濃硫強水重一半傾在硝面在爐內加熱其甑以二筒為一副用磚蓋之輕養淡養五透出成霧瓦瓶收之如乙安於冷水槽內其式為

鈉養淡養五丄輕養硫養三＝鈉養硫養三丄輕養淡養五甑底所留之鈉養硫養三可為造玻璃之用

第一百三十九圖

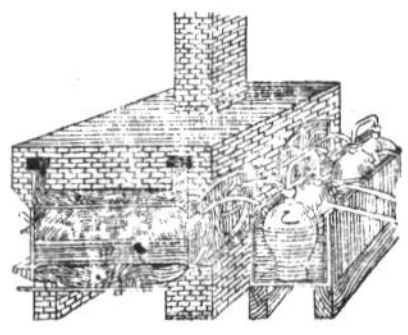

燒淡養五之時自初加熱至將畢甑內起滿紅霧惟淡養五霧本無色茲有色者因變為水與養氣而成淡養四之故其式為輕養淡養五＝輕養丄養丄淡養四所成之紅霧即淡養四常為輕養淡養五所收故硝強水變為黃色淨淡養五無色然遇

日光亦變色因有少許為日光所化分其分出之養氣聚於近瓶口之空處若開瓶塞即有養氣噴散而帶出強水數滴稍不經意面目受傷

極乾之硝與極濃之硫強水等重相和初放之氣與末放之氣不收而但收其中段者即得最濃之物遇濕空氣而發濃霧其霧為灰色惟其霧本透明茲因收空氣之水而凝為淡硝強水極細之點也故平常之物不發霧試淡養五之濃率用浮表如前第一百二十五圖之式極濃之輕養淡養五重率一·五二合淡養五之重八五·七二平常者之重率一·二一九合淡養五百分之四十製造內所常用者重率一·四

二含淡養$_5$百分之六十八.

硝强水遇人皮卽變黃色動植物之質亦然如含淡氣者更有此性染絲卽藉此性而能價廉將白絲浸在濃硝强水一分水一分相和之內而稍加熱卽得鹽黃色無法洗去如欲再變爲極亮之橘皮色則浸在淡輕$_3$之淡水內凡有硫强水或鹽强水沾在布帛卽變紅色加以淡輕$_3$少許能復原色若爲硝强水所沾卽變黃色加以淡輕$_3$水可滅酸性而不致毀爛惟其黃色更深.

硝强水遇生物質卽變黃色惟其極濃者卽不能令藍紙變黃而只能變紅如將靛藍水盛於瓶而稍加熱或將造試紙之藍水卽里低母司水盛於別瓶而稍加熱添硝强水少許則靛藍水變黃力低水變深紅此因靛卽炭$_{16}$輕$_5$淡養$_2$收硝强水之養氣而變爲衣矖的尼卽炭$_{16}$輕$_5$淡養$_4$.

輕養淡養$_5$加熱至一百八十四度則發沸若欲提淨而蒸之則透過之質必有幾分變化爲淡養$_4$與養氣並水其淡養$_4$與養氣原是氣質而水則存在甑內故甑內之硝强水漸漸變淡至所含之淡養$_5$爲百分之六十八則其熱能至二百四十八度雖蒸過而不變依此法所得之質其重率爲一.四二如將淡硝强水蒸之則水先透過甑內漸濃至一.四二以後不變而透過.

輕養淡養$_5$易放養氣故欲物質與養氣化合者用此爲便.

凡能與養氣化合之質令遇硝强水不化合者甚少.

如將燐一小塊置於盛濃硝强水之盆內人宜遠離避險不久而燐受養氣自燃或致爆裂而碎其盆變成之質爲輕養燐養$_5$若在養氣內燒燐則得燐養$_5$而不含輕養.

如將硫與硝强水相和而加熱硫卽與養氣化合其數多於空氣內燒硫所化合者卽空氣內燒得硫養$_2$淡養$_5$內加熱得硫養$_3$.

木炭在平熱度內遇化學之料不變化若遇硝强水則與養氣化合如將極濃之硝强水一體積與極濃之硫强水半體積相和而傾於極細之炭粉則立燃火或用木炭一條插在前水俟數秒亦燃.

碘遇養氣亦不能一逕化合若遇硝强水卽變爲碘養$_5$又常遇養氣而自不能與別質化合惟養氣與別質之化合不甚緊者則易與別質化合.

硝强水能令金類與養氣化合此事之用處甚大因尋常之酸質不能一逕與金類化合必令金類先與養氣化合而再與酸質合成鹽類如將黑色之銅養盛於試筒內添以硝强水而加熱卽消化而不發氣變成藍色之流質含銅養淡養$_5$其變化因銅養分出輕養淡養之水其式爲

銅養丄輕養淡養$_{五}$‖輕養丄銅養淡養$_{五}$如將淡養$_{五}$傾於銅屑上則變化甚猛發出紅霧而其金類質消化亦成銅養淡養$_{五}$即四（輕養淡養$_{五}$）丄銅$_{三}$‖三（銅養淡養$_{五}$）丄四輕養丄淡養$_{二}$其淡養$_{五}$本是無色遇空氣之養氣而變爲紅色之淡養$_{四}$即淡養$_{二}$丄養‖淡養$_{四}$

尋常之金類遇淡養$_{五}$即被侵蝕惟金鉑則否故用硝强水能辨此種金類如有金器欲辨其眞贋則用硝强水一滴試之若雜銅即變爲藍色之銅養淡養$_{五}$如有試金石更易辨驗此黑石出在日耳曼國之西里西阿者最好金磨於其面而以硝强水試之或銅或銀皆消化

金鉑之外各種常用之金類遇硝强水則收養氣惟有二種不肯在硝强水內消化即錫與銻遇硝强水之後所成之質爲本質與養氣化合者其性本爲酸故不肯與硝强水化合如將錫屑傾以濃硝强水並不變化加水少許立發紅霧錫即變爲白粉即錫養$_{二}$所發之霧爲淡養$_{四}$其式爲二（輕養淡養$_{五}$）丄錫‖錫養丄二輕養丄二淡養$_{四}$濃硝强水不能令錫等消化加水則消化其理尚未深悉如將白粉取出而和以熟石灰成膏嗅之有淡輕$_{三}$之臭凡能化分水之金類以淡硝强水消化之常有淡輕$_{三}$發出淡養$_{五}$愈淡所發之淡輕$_{三}$愈多此因淡輕$_{三}$合於淡養$_{五}$成淡輕$_{四}$養淡養$_{五}$加石灰之意欲令淡輕$_{三}$與淡養$_{五}$分離而其臭顯出也淡養$_{五}$變爲淡輕$_{三}$有相反之法能令淡輕$_{三}$復爲淡養$_{五}$（詳前淡輕變成淡養$_{五}$）鋅在極淡之硝强水內消化即能得淡輕$_{三}$甚多其變化之理必是初生之輕氣速與淡養$_{五}$化合令其養氣變爲水而淡氣變爲淡輕$_{三}$即淡養$_{五}$丄輕$_{八}$‖五輕養丄淡輕$_{三}$凡質於別質內初分出之時其愛力大於平常之時幾倍此理甚奇故可藉此理而得數種用處如鉀養淡養$_{五}$水合於極濃之鉀養水再添以純鋅粒與純鐵屑加熱令沸即多發淡輕$_{三}$此因初生之輕氣與淡養$_{五}$化合而分出淡輕$_{三}$

近有人得數種材料乃硝强水變淡輕$_{三}$至半路之事內有一物名哇克司阿米尼輕即淡輕$_{三}$養業已考明此質有一定爲本之性遇配質即成顆粒之鹽類

硝强水遇生物質之變化甚奇有數種遇硝强水則與養氣化合甚速而成火如將極濃之硝强水少許盛於小杯用試筒繫於長木桿上盛松香油數滴傾於杯內則立燃而爆裂又如將極濃之硝强水盛於試筒加熱令沸如第一百四十圖用生絲或馬騣鬆塞於口因有淡養$_{五}$氣透出可在筒口燃之其絲燒得甚亮

第一百四十圖

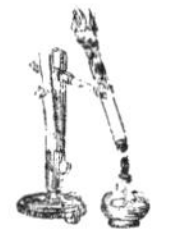

硝强水所成之各物有數種與其材料大有相關其原材

料之輕氣一分劑或多分劑與淡養之養氣合成水而其輕氣之位有變成之淡養補之如徧蘇里即變化甚猛其硝强水變爲深紅色傾於多水內即有黃色之重油質分出其臭同於苦杏仁油即常用之香料俗名木耳貝尼化學名淡養徧蘇里其質爲炭輕淡養徧蘇里之質爲炭輕此物變化之式爲

炭輕⊥輕養淡養‖炭輕淡養⊥二輕養

如令再變化則成炭輕二淡養即輕氣二分劑爲淡養所代名爲二淡養徧蘇里此物變化之式爲

炭輕⊥二輕養淡養‖炭輕二淡養⊥四輕養

淡養遇棉花紙片木屑等質即變成爆裂性之質如棉花火藥等此爲要物故另詳於後

淡養遇各質能令與養氣化合不但此也所有含淡養之鹽類質數種亦有此性如將鉛養淡養和以炭粉置於鐵砧上以椎重擊之即能爆裂因炭與養氣化合甚速而成炭養又如將銅養淡養數塊以水濕之速用錫箔包之不久而與養氣化合甚猛發出甚亮之火星

本質與淡養之愛力甚大者如鹼類質必加大熱方能與養氣化合如將硝少許盛於鐵杓或小罐加熱鎔化至紅再添以木炭粉後添以硫粉則燒得極猛即與養速化合

也其炭變爲炭養其硫變爲鉀養硫養

淡養與本質之愛力乃强水內之最强者惟其原質遇大熱度即變爲氣質因淡與養之愛力原甚小故其鹽類質無有一種加熱而不化分者其化分之事與其本質大有相關凡大愛力之本質如鹼類等與淡養合成之鹽類加熱則先變爲含淡養之質如鉀養淡養先變爲鉀養淡養與養此鉀養淡養再漸化分而發出淡氣與養氣餘賸者即本質又如本質愛力甚小之鹽類質如銅養鉛養等爲本者則發淡養與養氣餘者即本質若能以熱化分其本質如銀養汞養等則餘者爲金類原質循常之含淡養者易在水內消化常用之含淡養鹽類質有五種

鉀養淡養	俗名硝	鉀淡養
鈉養淡養	俗名方粒硝又名秘魯硝	鈉淡養
鍶養淡養	俗名紅火硝	鍶淡養
鋇養淡養輕養	俗名片白	二鋇淡養輕養
銀養淡養	俗名月色各息的	銀淡養

造無水淡養之法將銀養淡養漸加熱而令綠氣行過此須毫無水氣其式爲銀養淡養⊥綠‖銀綠⊥養⊥淡養其無水淡養結成顆粒之法必用冰與食鹽包其收器此顆粒爲長方形而透明加熱至八十八度即鎔熱至一百

十三度則沸再熱少許則化分或云封在玻璃管內亦自化分所發之氣能礫其管

無水淡養五遇水即發大熱而成輕養淡養五

無水淡養五乃化學家弟末勒於一千八百四十八年考得者得此乃甚奇因前三十年以爲硝強水本含輕養在內而無法能分出也得此質後知其理不錯近來化學家云含硝強水之鹽類質不以淡養五爲配質而其各事不相關於無水淡養五所以無水淡養五之質點式爲淡二養四遇水而變化之式爲淡二養五丄輕二養＝二輕淡養三

淡養氣俗名喜氣

取法將淡輕四養淡養五加熱即變爲水與淡養其式爲淡輕三輕養淡養五＝四輕養丄二淡養如令淡養與水氣行過鉀養輕養加熱至暗紅色仍復淡養五與淡輕三

造淡輕四養淡養五之法將淡硝強水即含水一體積之硝強

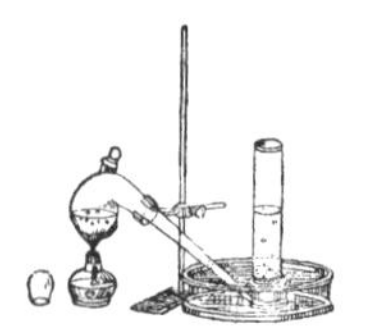

第一百四十一圖

水添以淡輕四養炭養二至不發沸爲度遂蒸之取出一滴遇冷而結即全傾於乾淨石面待冷打碎藏於瓶內塞密因易收濕氣也凡欲取淡養氣可將此質一兩盛於小瓶內稍加熱至鎔化而漸發沸變成水氣與淡養以水盆收之如第一百四十一圖則水氣爲水所收而淡養收在瓶內亦稍爲水所收

淡養爲無色之質稍有香氣與甜味人吸之則如酒醉之態又能令燭速燃如養氣試以木片燃火熄之而探入氣內即能再燃然與養氣易辨將此氣與水同盛瓶內搖之水能收此氣四分之三此氣重於養氣其重率爲一·五三又能變爲定質與流質如加以四十倍之空氣壓力而在四十五度之熱則凝成流質再加以負一百五十度之冷則結成定質其流質有奇性如與炭硫相和而在眞空內俟自化散則得化學內極冷之限即負二百二十度

淡養二

取此氣之常法用銅與淡硝強水其式爲四（輕養淡養五）丄銅三＝三（銅養淡養五）丄淡養二丄四輕養將銅屑三百釐盛於甑又將極濃硝強水量杯三兩與水三兩相和傾於銅上加以小熱即有氣發出可用水盆收之如前圖淡養與甑內之氣相和所成之淡養四爲盆內之水所收

淡養二氣與別氣之分辨可令無色之淡養二遇養氣即變紅色之氣又可藉此性分辨所欲試之氣質含養氣與否即在氣內添以淡養二少許自能變紅大半爲淡養四間有含淡

養

淡養氣與養氣相合之性有一簡法可試之將玻璃罩滿以藍試水而添進養氣一升如第一百四十二圖其氣立變爲紅霧搖動其罩則紅霧爲水所收而水變爲紅色其養氣之體積少一半再添淡養氣一升則養氣收盡因知淡養二體積能與養一體積合成淡養而爲水所收

第一百四十二圖

化學家初用取去空氣內之養氣而定空氣原質之法即將淡養$_{二}$添入空氣之內但所得之數往往不同此因淡養$_{四}$氣之外尚有淡養$_{三}$變成

用此初法試空氣之原質將等徑之管兩箇各有分寸之記號一管盛空氣五體積一管盛淡養氣五體積遂在水盆內相和如第一百四十三圖即變成紅色之淡養$_{四}$而爲水所收其氣縮爲七體積水所收之三體積內其一體積爲空氣五體積內之養氣

第一百四十三圖

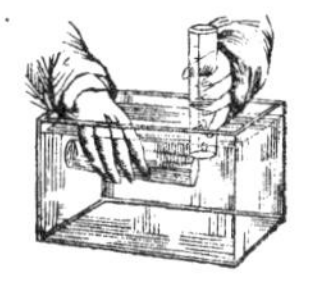

銅與硝強水所成之淡養$_{二}$氣另有淡養氣所以前法有差

數取淨淡養$_{二}$之法將鉀養淡養$_{五}$一百釐鐵養硫養$_{三}$一千釐淡硫強水即硫强水一分水四分量杯三兩盛於玻璃瓶而稍加熱則發淨淡養$_{二}$氣二升其式爲

鉀養淡養$_{五}$⊥六(鐵養硫養$_{三}$)⊥四(輕養硫養$_{三}$)＝鉀養硫養$_{三}$⊥三(鐵$_{二}$養$_{三}$三硫養$_{三}$)⊥淡養$_{二}$⊥四輕養

淡養$_{二}$之性與淡養大異其重率略同於空氣即一·○四從未能令變爲流質水略不能消化之如燃燭而入淡養$_{二}$氣之內其火立滅但此氣之合養氣比淡養氣多一倍惟與養氣之愛力甚大故養氣不易分出而爲燒物之用所以燃燭即熄而淡養則反能令燭速燒也銅與硝強水所取之淡養氣有時多含淡養氣故燭能在氣燒至極亮燐初燃火而安在淨淡養氣內即無火若已燒久者而安入則燒至極亮淡養氣爲淡養所合各質內之最易化分者因此化分別種合養氣之質極易變成淡養氣如令淡養氣行過紅熱之管則幾分變爲淡養氣又如將燃燭安在淡養之瓶內則瓶之上半生紅色之氣即知有淡養氣變成之後與所進空氣之養化合

令此二種氣遇輕氣易顯其化分難易之性如將淡養氣一體積輕氣一體積相和而遇火則爆裂而成水氣與淡氣淡養一體積輕氣一體積相和而在空氣內引燃之則

安靜而燒因輕氣不能化分淡養$_{二}$氣若輕氣多用始能化分淡養$_{二}$氣而成淡輕$_{三}$與水。淡養$_{二}$二體積與輕氣五體積相和令通一管如第一百四十四圖管中有一泡置以鍍白金之不灰木管口所出之氣遇空氣而變紅色之霧以藍紙試之亦變紅色不灰木鍍鉑之法將不灰木濕以鉑綠水晒乾而加熱至紅則鉑與綠氣分開而鍍在不灰木之面如泡內之不灰木用酒燈加熱如圖式則輕氣因白金令變化之性能令淡養化分成淡輕$_{三}$

第一百四十四圖

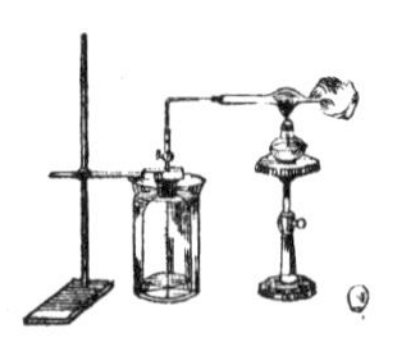

霧紅試紙即復爲藍色其式爲

淡養$_{二}$丄輕$_{五}$〓淡輕$_{三}$丄二輕養（詳淡輕變成淡養）

養氣多至有餘則淡輕$_{三}$因遇白金而變爲水與淡養$_{二}$

淡養$_{二}$氣易爲含鐵養之鹽類所收而變成深棕色之流質如將鐵養硫養$_{三}$水少許盛於淡養$_{二}$氣之管內管口蓋以玻璃片而搖動則氣立爲水所收而水變爲深棕色加熱則化分質有人取得棕色小顆粒乃鐵養硫養$_{三}$四分劑淡養$_{二}$氣一分劑所成眞空內能放出其淡養$_{二}$氣

淡養$_{三}$

雨水內有淡養$_{三}$與淡輕$_{三}$化合者亦有淡養$_{三}$與鹼土屬化合者（詳見淡輕變成淡養）如將輕氣在空氣內燒之亦得淡輕$_{四}$養淡養$_{三}$乃輕氣與空氣之養氣淡氣相合而成

小粉與淡養$_{五}$相和加熱即有淡養$_{三}$發出又可將一·三五之硝强水與鉮養$_{三}$等分相和加熱令所放之氣先過彎管如第一百四十五圖以冷水浸之令未變化之淡養$_{五}$凝結再過鈣綠之彎管收其水氣再過冰鹽發冷之彎管此彎管之底有一孔接以小管所凝之淡養由此落下以管受之而封管口其管必先引長

第一百四十五圖

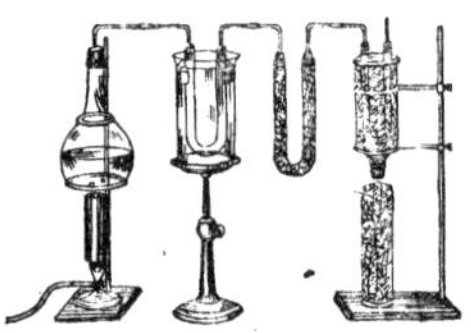

使細便於吹火封口其式爲

輕養淡養$_{五}$丄鉮養$_{三}$〓輕養鉮養$_{五}$丄淡養$_{三}$所得之淡養$_{三}$爲藍色之流質不滿三十二度之熱即沸而變爲紅色之霧若在三十二度熱之時而添以水能與其流質相和而淡養$_{三}$不化散仍變爲藍色之流質熱度若漸大則化分成淡養$_{五}$存在水內並有淡養$_{二}$發沸而散出其式爲

三淡養$_{三}$丄輕養〓輕養淡養$_{五}$丄二淡養$_{二}$

含淡養$_{三}$之鹽類俱能從含淡養$_{五}$之鹽類加熱而成（詳見淡養）如將鉀養淡養$_{五}$盛於火泥罐加熱鎔化至紅則發出養氣泡漸變爲鉀養淡養$_{三}$接連加熱用鐵條收出少許以水消

化能得大斂類性爲止即將罐傾在乾淨之石上待冷打碎藏在瓶內塞密如將此質少許與淡硫强水相和加熱即放紅色之霧此霧含淡養三甚少因大半爲水化分成淡養五與淡養

淡養三遇淡輕三則二物化分成水與淡氣其式爲淡輕三⊥淡養三‖淡二⊥三輕養化學家藉此性取得淡氣即將淡輕四綠與鉀養淡養三水相和加熱令沸而收所發之淡氣其式爲淡輕三輕綠⊥鉀養淡養三‖淡二⊥鉀綠⊥四輕養

凡試生物質可將淡養三收出雜質之輕氣三分劑而添以淡氣一分劑代之

含淡養三鹽類質之流質令遇空氣之養氣即變爲含淡養五之鹽類質

淡養四

第一百四十六圖

取此質之法將淡養二氣二體積養氣半體積二氣不可有極微之水氣在內盛於乾管之內管外有冰與鹽加冷則其紅色霧凝爲無色之長方顆粒如熱至十度即變爲略無色之流質熱度漸大即變爲黃色之流質至空氣之常熱度則變爲橘皮深紅色此質極易化散加熱至七十一度即沸而變爲紅棕色之霧前人俱以爲不能變之氣質因最難令

凝結如第一百四十六圖將鉛養淡養五盛於管內加熱即得淡養四與養氣四分體積之一其式爲鉛養淡養五‖鉛養⊥淡養四⊥養其淡養四之霧重於空氣熱度愈大而色愈深至一百度則極深其臭亦甚奇易於分別能令炭或燐燃火能令金類質之大半與養氣化合如將鉀置於內能自燃發霧之紅色硝强水能令物質與養氣化合比無色之硝强水更好因含淡養四之故

淡養四水即是淡養五內含淡養四甚多者其製法用造淡養五之甑鈉養淡養五與硫養三之外再加以硫則淡養五之一分放養氣而變爲淡養四凡水能令淡養四立化分而變成淡養二與淡養五其式爲三淡養四⊥二輕養‖淡養二⊥二輕養淡養五如將淡養四水漸添水則發沸因有淡養二散出先變綠色後變藍色再後變爲無色其變綠與藍因有淡養四未變化而水多令化分則其流質變爲無色如將紅色硫强水漸添以水則變色與前者相同而後亦至無色古路物發電器用過之硝强水常帶綠色因發電之時生出多許淡養四存於內生此氣之故因所放之輕氣令淡養五化分而與其養氣一分劑化合其式爲輕⊥輕養淡養五‖二輕養⊥淡養四如將此綠色水添以水少許則先變藍色再添以水則變無色而發盡其淡養二又如淡養二通入含水數分劑之硝强水即

得與前同色之事，因有淡養四氣變成，而後為淡養三所消化，其式為淡養二⊥二〈輕養淡養五〉‖三淡養四⊥二輕養。

汞銀等以冷硝强水消化之，常得綠色或藍色，不知此變色之理者，必以為雜銅，其實因硝强水之一分放出養氣，其餘將所得之淡養四消化。

前人以為淡養四能與本質化合成鹽類，此言不然，惟其霧遇試紙有大配質之性，若遇本質，則成含淡養五並淡養三之鹽類質，並無淡養四之鹽類質，其式為

二淡養四⊥二〈鉀養輕養〉‖鉀養淡養五⊥鉀養淡養三⊥二輕養。

淡養相合之總說

前論淡與養合成之各質，俱能一逕用淡養五遇金類質而得之，惟其變化半藉熱度，半藉淡養五之濃，故難預定所成之質為何種。如用淡養五與錫所得之質，大概為淡養四，其式為二〈輕養淡養五〉⊥錫‖二輕養⊥二淡養四⊥錫養二。如用淡養五與銀，則淡養三為多，其式為

三〈輕養淡養五〉⊥銀二‖三輕養⊥淡養三⊥二〈銀養淡養五〉。如用淡養五與銅，則多得淡養二，其式為

四〈輕養淡養五〉⊥銅三‖四輕養⊥淡養二⊥三〈銅養淡養五〉。如其硝强水甚濃，或大熱度，另有淡氣與淡養氣生出。

如用硝强水與鋅，其强水先和以水十倍體積，則多成淡養氣，其式為

五〈輕養淡養五〉⊥鋅四‖五輕養⊥淡養⊥四〈鋅養淡養五〉。淡養之外另多淡養。

淡養二淡養三淡養四三質，與養氣之相關甚奇。淡養二氣平常之熱度能與乾養氣化合，而此性又甚小，故所成之淡養四最易放其養氣。淡養三之性在淡養二淡養四之中間，遇易放養氣之質，則收其養；若遇與養氣有大愛力之質，則放其養。如將鉀養淡養三之水，添以硫强水，有酸性，令遇鉀養錳二養七，則滅其色，因錳二養七變為錳養，若將鉀養淡養三水添入鐵養硫養三，則鐵養變為鐵二養三，即以此水添入鉀養錳二養七，則不能滅色，須添鉀養淡養三至極多，始能滅色。

淡與養合成之各質，能顯出分劑與體積多比例之理。凡有一質甲與別質乙能化合，而有數種不同之數為變數，甲質之數為常數，乙能與甲化合之各數，為乙最小數之倍數。如淡與養化合之質，其理最易明曉，因淡氣為常數，而養氣為變數，其養氣各分劑之數為最小數之倍數，即一二三四五各為一之若干倍數。詳淡與養合質之表

前八十八節已言淡氣之分劑數可命為十四，而其化合之體積命為二，此以養氣之體積為一。

淡養通過紅熱之瓷管其體積加一半所得之氣爲養氣一體積淡氣二體積故謂淡養氣內有淡氣二體積即一分劑即十四分與養氣一體積即一分劑即八分相合成淡養氣二體積即二十二分然無論此數爲淡養氣一分劑或多於一分劑不能試知因此淡養氣不知能與別質有一定之比例而化合否如淡養五之分劑爲五十四則淡養之分劑自必爲二十二因此數爲淡養五一分劑放出養氣所得者如將炭養二氣內加大熱則氣之體積不變若化分之即變爲炭養氣與淡氣等體積其式爲

淡養二⊥炭‖炭養二⊥淡因炭養二氣一體積含養氣一體積

可知淡養二氣二體積含養氣一體積淡養一體積則淡氣二體積即一分劑即十四分與養氣二體積即二分劑即十六分相合成淡養二氣四體積即三十分此數能與綠氣一分劑相合成質而化分淡養五一分劑亦得此數故可謂淡養二氣分劑之數三十分爲四體積

淡養三氣原質之據不及前二質之確嘗有人將淡氣一體積一逕與養氣四體積相合故疑其質含淡養三又有人化分銀養淡養三而定其分劑數因銀養淡養三每含銀養一分劑即一百十六分含淡養三三十八分即淡氣十四分即一分劑即二體積合於養氣二十四分即三分劑即三體積

惟淡養三成霧之時所有之體積尚未試準故不能知其重率

昔人化分淡養四之法將淡養四之流質令其發霧而行過紅熱之銅則養氣爲銅所收而可取其淡氣稱量之即得淡氣十四分即一分劑即二體積與養氣三十二分即四分劑即四體積相合而成又有人將此各數還造淡養四即用淡養二一分劑即四體積與養二分劑即二體積合而成之淡養四四十六分能與生物質內代其輕氣一分劑從此以淡養四之分劑爲四十六又有人試其霧之重率而所得之數往往不同因各熱度之改變也故淡養四一分劑所有之

化學鑑原補編卷二 淡

體積不能爲定率但化學家俱以體積數爲四即淡氣二體積養氣四體積

昔人將無水硝强水化分之與化分淡養四同法因知淡氣十四分即一分劑即二體積養四十分即五分劑即五體積相合而成淡養五五十四分此數能與鉀養一分劑即四十七分合而成硝故可命此數爲無水硝强水分劑之數淡養五一分劑變爲霧質所有之體積亦未定準因其霧最難使不變

兹將淡與養合成之質各分劑數各體積數列左

分數之數	淡重	養重	體積	淡體積	養體積

淡養	二°十二	十四	八	二°	二	一
淡養$_{二}$	三十	十四	十六	四	二	二
淡養$_{三}$	三十八	十四	二十四	四°	二	三
淡養$_{四}$	四十六	十四	三十二	四°	二	四
淡養$_{五}$	五十四	十四	四十	四°	二	五

以上加○之數以理推算而未試驗者、

綠氣

綠氣未有獨成者惟地產之質有之如鈉綠鉀綠等動物體之流質亦有之動物所食植動二物之質所含之鹽無多不足供動物之用故動物常欲另食鹽鈉綠即鹽乃製

造內所不可少之料如造肥皂玻璃漂白料等俱用鈉綠變成之質為之化學內最要之物有三種俱以鹽為母即綠輕綠鈉養、

西歷一千六百五十年日耳曼化學家名苟路巴將鹽與硫强水相和蒸之而得一種强水謂之鹽强水試其性與昔時早知之强水謂之鹽酒又謂鹽精相同甑內所餘之質謂之苟路巴鹽現在謂之鈉養硫養、

化學家因取强水之理即以為平常之鹽乃鹽强水與鈉養合成又以為硫强水與鈉養之愛力比鹽强水與鈉養更大故二種强水彼此互易即謂食鹽為鈉養輕綠相傳

日久未有疑其錯者至一千八百十年兌飛試得此物祇有二原質化合即鈉與綠以後化學家改稱鈉綠兌飛又考鹽强水亦為二原質化合即輕綠其變化之理乃鈉綠放出其鈉而收輕以代之、

綠氣取法

食鹽與錳養與淡硫强水相和蒸之則硫養化分錳養而有養氣一分劑放出鈉綠之綠而自代之遂成鈉養此鈉養又與硫强水化合故水內有鈉養硫養與錳養硫養而綠氣即散出其式為、

鈉綠丄錳養$_{二}$丄二（輕養硫養$_{三}$）＝鈉養硫養$_{三}$丄錳養硫養$_{三}$丄二輕養丄綠、

食鹽六百釐錳養$_{二}$四百五十釐相和而盛於甑內如第一百四十七圖另將濃硫强水量杯一兩半水四兩相和待冷而傾於甑內必搖之而令與前物和至極勻稍加以熱而用玻璃瓶在水盆內收其氣瓶內先滿以水俟水落下即在水內塞密塞須貼泊使不漏第一瓶第二瓶所收之氣尚含空氣其色亦淡後所收者始能純而色亦深水盆內可備數瓶則第一瓶滿

第一百四十七圖

氣可立通至第二瓶以免氣之散失此氣有許多弊端俱宜留意有氣之瓶必藏在暗處又法將錳養五百釐與鹽强水量杯四兩盛於甑內稍加熱以同法收其氣其式爲錳養丄二輕綠＝錳綠丄二輕養丄綠以上二法俱能得綠氣略五升

綠氣之性更奇於前各氣其臭難當其色淡綠故謂之綠氣重於空氣約二倍半卽二四七加以四倍空氣壓力而熱至六十度卽凝爲流質如將綠氣一瓶倒置在水內取去其塞令氣三分之一通至別瓶將其餘氣並水搖之瓶口以掌蓋之如第一百四十八圖則水收綠氣二倍體積

第一百四十八圖

而瓶內稍變眞空吸住掌心如放氣入瓶而再搖之至再不收氣卽得綠氣飽足之水其色黃將此黃水加冷至三十二度卽得黃色之顆粒乃綠氣一分劑與水十分劑合成者其水變爲無色

冬日取此氣而水盆內之水甚冷則所得之綠氣不透明而似濃霧之形此因成輕養綠極細之顆粒若過數時其氣漸明而瓶內有顆粒如霜瓶外稍加以熱霜卽不見

輕養綠最便於取綠氣流質乘冬冷之時取綠氣數瓶以前法令收於水內各瓶留在房外冷處俟成顆粒以紙濾出其紙之熱度亦必略在三十二度將顆粒盛於堅固有底之管長約十二寸徑半寸此管必預在冰內使冷裝顆粒之時亦必安在冰內其顆粒裝於管內必送緊而略滿管之上端吹火封其口封處必極牢隨將此管置於煖水內則水與綠氣分離成流質二寸下半琥珀色卽綠流質上半淡黃色卽含綠氣之水若將管再加以冷則管內再成顆粒平熱度內顆粒亦不化因管內受壓力故壓度不大顆粒不變

又法造成綠流質可以收存將鉑綠二百釐以四百度之熱烘乾而封在管內如前一百二十七圖之式在管之一端用酒燈加熱令鉑綠受熱其又一端置於冰內卽有流質凝於冷之一端作此事手與面必用法護之恐管磔裂而受傷

第一百四十九圖

綠氣之奇性乃與別質有大愛力如循常之熱度而遇輕氣溴碘硫硒燐鉀並大半金類質俱能自與化合

小杓盛乾燐而置於綠氣瓶如第一百四十九圖卽能自燃而能與綠氣合成燐綠必將大罩蓋其瓶令綠氣不散於外

燐置於養氣瓶內而養氣已有綠氣少許則不久而燐自燃光亦亮

銻粉即銻原質之屑撒在綠氣瓶內如第一百五十圖即有白色之火星落下因銻自燃成銻綠瓶底宜有水以防火星遇瓶底而裂又宜用大罩蓋瓶以免綠氣散出

第一百五十圖

玻璃瓶口有塞門如第一百五十一圖滿以荷蘭金箔此箔非黃金乃紅銅合鋅為之其色似金如用抽氣筒抽盡其空氣而用螺絲接於存綠氣之瓶如圖式開其塞門令綠氣通過則瓶內之金箔燒成紅光而成濃黃霧此霧即銅綠與鋅綠如將眞金箔挂在綠氣內初時尚不變久則變為金綠

第一百五十一圖

綠氣與輕氣之愛力甚大然二氣在暗處相和而仍存於暗處久久亦不化合若遇日光則化合而成輕綠其變化之遲速全在光之大小煤氣火之光或陰光化合甚遲日光則化合極速而爆裂此因化合之時生大熱而陡漲如燒鎂之大光亦能速化合

收氣瓶二箇各能容一升口外磨平相切不漏一裝輕氣而倒置其輕氣必過硫強水使乾一裝綠氣而正置亦過硫強水使乾瓶口沾以油而用玻璃片蓋之隨將輕氣瓶正置綠氣瓶倒置二瓶相合而取去玻璃片如前一百三十三圖則二氣必相和而仍有黃色存在黑暗之處其色不變遇光則漸變為無色若再將玻璃片蓋其口則蓋時必稍有氣漏出而發濃霧獨用輕氣或綠氣則不發霧將瓶倒置於水內而取去其蓋水即收氣甚速瓶內幾滿水所有小空而無水者因開闔之時稍有空氣漏進可見輕綠氣之體積為輕與綠之和如其盆內之水稍含立的暮斯之藍色則進瓶之後變為紅色因有輕綠之故

欲試二種氣忽然化合之性可用厚體小口瓶裝水將水傾於量杯記其體積之數而以半數傾還瓶內必無少差在瓶外作水面之識隨將瓶添滿以水而倒置於水箱瓶口接以漏斗使輕氣進至識點而止再使綠氣速進滿瓶如第一百五十二圖速塞瓶口如第一百五十三圖軟木塞內通以包象皮之銅絲二條其銅絲之二端稍出於象皮而令相距不遠以便通過電氣即連於附電氣器此須先將

第一百五十二圖

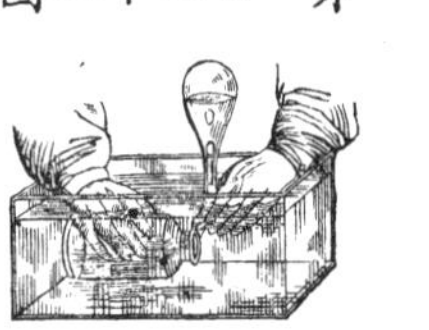

第一百五十三圖

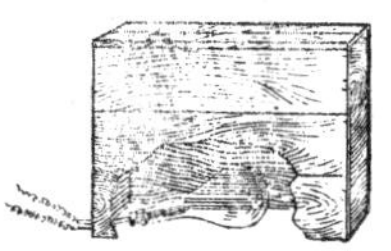

瓶置於地上，外用木箱護之，以防礫裂傷人。通電氣時，即有大響，去其箱而箱內即滿輕綠之濃霧，並有極細之玻璃塊，即瓶所礫裂者。又法，將瓶裝滿二氣而塞緊，以黑布包之，布繫小繩，而置瓶於日曬之處，人在遠處拉去其布，瓶遇日光立即化合，瓶亦礫裂。或繫瓶於長竹竿之端，人隱於門後，而挑至日光之中，其變化亦同。

又法，用燈火或別種燒成之火，令二氣化合，可將電氣化分輕綠，而收其二氣，如第一百五十四圖，甲爲電氣化分

第一百五十四圖

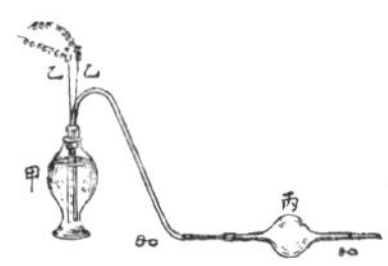

第一百五十五圖

之瓶，內盛濃鹽強水，其銅線接以古路物發電器五六箇，則正電之鉑片放出綠氣，負電之鉑片放出輕氣，其器須置於冷水內，恐化分之時生熱太大。歷五分時，所發之氣，以另瓶盛之，因輕綠之分劑不配而不可用，後即將薄玻璃泡丙，徑略二寸，用象皮管連於出氣之管。作玻璃泡之法，用厚管加熱吹氣使漲，將管之二端引長得細口，如第一百五十五圖，其泡連上之時，不可見日光，泡

第一百五十六圖

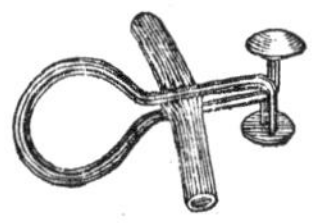

第一百五十七圖

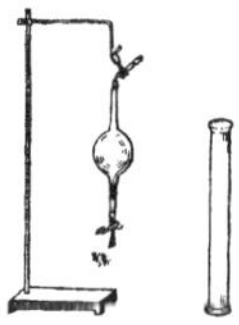

內氣之色已深，即知滿足，隨用簧夾夾住象皮管，如第一百五十六圖，此存在暗處多時不變，如欲令礫，可用淡養氣與炭硫氣相和燃之，則所生之光能令氣化合。此法將管如前一百四十一圖，裝以淡養氣，以玻璃片蓋之，再速添以炭硫數滴，而搖動之，將泡掛起，離人甚遠，管則與泡相距數寸，如第一百五十七圖，在管口燃火，而得閃爍之亮，泡內之氣化合，泡即礫裂。二氣合成輕綠之

濃霧，泡若極薄，玻璃雖飛散而不傷人，惟面目須用物遮護。

綠與輕之愛力甚大，能令水化分，如將綠氣融和於水內，而藏在暗處，能數年不變，如令見光，即失去綠氣之臭，而水變爲淡鹽強水，遂有養氣放出，其式爲輕養丄綠＝輕綠丄養。養氣一分，與綠氣化合成綠養氣。近有化學家云，亦成綠養氣，加熱至紅，則化分更速，故令綠氣與水氣通過紅熱之管，則成養氣甚多。此將瓷管外用紅銅皮包之，以免礫裂，內盛碎瓷片略滿，令熱面更大，用炭爐如第一百五十八圖，漸漸加熱，一端通進綠氣與

第一百五十八圖

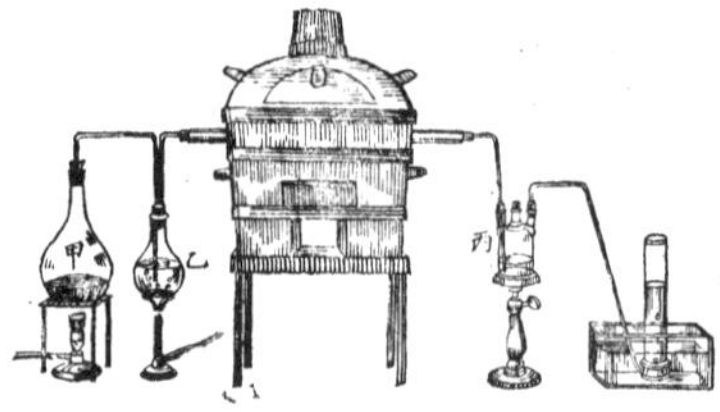

水氣此將甲瓶盛輕綠與錳養如前取綠氣之法令所發之綠氣通過沸水瓶乙管之又一端通至丙管之氣爲養氣可以水盆收之

水被綠氣所化分則含輕氣之別種雜質亦被化分故淡

輕遇綠氣則變化甚猛如前一百三十一圖令淡輕水所發之淡輕通入綠氣瓶內立能生火其火色甚奇發濃白霧即淡輕綠其式爲四淡輕丄綠川三淡輕輕綠丄淡濾紙一張浸在淡輕之濃水內而置于綠氣瓶則所顯之事同前如令綠氣遇淡輕綠其變化雖稍緩然能成大爆裂性之料昔人以爲淡綠今人以爲淡輕放出輕氣一分劑而以綠氣代之

輕氣與炭合成之數種質令遇綠氣則化分甚猛如將濾紙浸于松香油即炭輕而置于綠氣瓶即發紅色之火放出炭與輕綠之濃霧又如阿西台里尼即炭輕合于綠氣而遇日光即自爆裂詳見炭輕又如炭輕氣遇綠氣而引燃之亦有爆裂之性詳見炭輕又如已燃之燭安在綠氣內即變紅色之火其蠟之輕氣與綠氣化合而有炭分出成黑煙與輕綠相和又如綠氣遇酒燈之火其光極亮因其炭質點分開詳見火又如炭輕氣所試之事其綠氣有時與輕炭一運相合

炭輕與炭養等體積相和以免其猛烈之性每用炭輕一體積添以綠氣四體積遇日光而成油類質此爲克羅路福密與炭綠合成之質其式爲

炭輕丄綠川三輕綠丄炭輕綠即克羅路福密又炭輕丄綠川炭

綠丄四輕綠觀此二式綠氣不但能從雜質內放出輕氣尚能自代之而分劑數相同準此法能從生物質內多得含綠氣之質

綠氣與輕氣之愛力既大故能令物遇濕氣而收養氣如將炭輕與綠氣相和而旁有水再令見日光水即分出其輕氣而與綠氣相和其養即與炭輕之炭相合其式爲

炭輕丄四輕養丄綠川二炭養丄八輕綠

綠氣遇生物顏料能滅其色此理前人未曉今已考知如將綠氣水傾入硫養所消化之靛水則靛之藍色不見而水變爲淡黃色綠氣變靛之色必用水乾綠氣則不能令

乾靛變色其靛先收水之養氣變爲衣靛的尼其色爲棕黄其式爲

炭$_{16}$輕$_{15}$淡養$_{2}$（卽靛）丄二輕養丄綠$_{2}$川炭$_{16}$輕$_{15}$淡養$_{4}$（卽衣靛的尼）丄二輕綠

又炭$_{16}$輕$_{15}$淡養$_{4}$（卽衣靛的尼）丄綠$_{2}$川炭$_{16}$輕$_{14}$綠淡養$_{4}$（卽綠衣靛的尼）丄輕綠

動植物之顏料大概含炭輕淡養遇濕綠氣而變成之質俱略爲無色試將硫强水少許安于綠氣瓶內搖之俟一小時或二小時則硫强水收盡水氣將紅色紙曬乾乘煖時挂于瓶內雖久不變色若挂于濕綠氣之瓶立卽變白又如用水與凈筆寫字於紅色紙而安于大罩內通進綠氣如第一百五十九圖則紙上之濕字漸變白色

第一百五十九圖

各色麻布或棉布或通草假花如以動植之質爲顏料者遇濕綠氣或綠氣水立卽變色若以金類爲顏料則不變色如將鮮樹葉或草葉置于綠氣內則先變淡赭色如秋天老葉之色後漸變白色各種鮮花更易被綠氣變色

綠氣常用爲漂白麻布與綿布雖變其色而不壞其質惟絲與羊毛易爲綠所壞故必用硫養漂白

綠氣與綠氣水漂白不便於多用因其臭不宜於久吸故常用鈣綠代之

鈣綠卽漂白粉其取法將綠氣通過盛鈣養之鉛箱或石箱其箱內有平隔板以熟石灰卽鈣養鋪在其面令收綠氣略至本重之半成白粉其臭與綠氣稍異所成之質謂之鈣綠其實爲鈣養綠養與鈣綠二鈣養兩物相合而成其式爲

四（鈣養輕養）丄綠$_{4}$川（鈣養綠養丄（鈣綠二鈣養）丄四輕養

如將鈣綠消化于水則鈣養綠養與鈣綠消化餘賸之質爲鈣養輕養將此水和以立的暮斯少許則漂白之性甚微若再添酸質如硫强水少許則藍色放出而其酸質能放出綠氣而綠氣遇顏料而漂白之其式爲

（鈣養綠養）丄鈣綠丄二（輕養硫養$_{3}$）川二（鈣養硫養$_{3}$）丄二輕養丄綠$_{2}$

炭養$_{2}$氣亦能令鈣綠顯出其漂白性故以上所得之流質如用玻璃管吹口氣於內因有炭養$_{2}$而能令其綠氣放出

鈣綠漂白之工須將欲漂之物洗淨一切油質或織布人所加之滑料先在鈣養水滌之加熱令沸再換鈉養之淡水沸之再以鈣綠之淡水浸之但此淡鈣綠水不多變布之本色故宜先將布浸於淡硫强水則顏料改變而能在鹼類水內消化而出所以旣用鹼類水之後顏料已大半

消化再照前法爲之每作此工一次必用淨水汏之其布即變爲淨白

酸質能放出鈣綠之綠氣故藉此性印成紅布面之白花先用土耳其紅染布再用放綠氣之料或果酸或燐養五或鉀養三和于濃膠水內以此料印在紅布上而將其布浸於淡鈣綠水則印花之處放出綠氣而變去其紅色

綠氣漂白之理略同于綠氣滅臭之理常發臭氣之處其氣含毒物幸其數極微雖用化分之法不能取出然已能害人此種毒物若遇能化分生物雜質之質則被化分故化學家以此毒物爲生物雜質綠氣能滅此各種毒氣初

用此法約在一百年前法國人名蓋頓得莫甫因低安地方大禮拜堂之下有坟墓內所發之氣即用綠氣滅之

動植物臭爛時所生之毒氣常含輕硫與淡輕三並雜含輕氣之氣此種氣遇綠氣則令化分所以房內或溝內或畜牧之處俱宜用綠氣滅其臭

綠氣原不甚便用故用鈣綠令放其綠氣將布浸於鈣綠水而挂起則空氣內之炭養氣發出此氣滅臭之性大于綠氣事若甚急可令綠氣速發則將鈣綠盛於盆內稍加以淡硫强水或將鈣綠粉與半重之白礬粉相和

初考得綠氣之時世人大疑其性此在西歷一千七百七

十年瑞顛國化學家名西勒將錳養礦與鹽强水相和加熱而得之後又考得養氣西勒雖得此氣尚未明其理以爲鹽强水放出其火精而得此氣故謂之無火精之鹽强水當時化學家論火精之理云凡能燒之物俱含火精至燒時而放出化學家又以其火精爲輕氣今因知西勒之理不甚差所差不過在名目後此十年化學家白土來以鹽强水爲含養氣之鹽强水則大錯矣後有蓋路殺與退那特並兒飛俱考定鹽强水爲輕綠所成又知西勒所試之事乃用錳養令鹽强水之輕氣與養氣合成水綠氣自能放出

輕綠

此氣有生成者常在火山噴出之氣內又見於火山相近處之井水與泉水內取法用硫强水與鈉綠其式爲

鈉綠丄輕養硫養三〓輕綠丄鈉養硫養三

即鈉綠之鈉與輕養硫養三之輕互換欲小試之可將食鹽烘乾三百釐盛于乾玻璃瓶如第一百六十圖瓶塞接矩彎之小管而用瓶收其氣將濃硫强水量杯六錢傾在瓶內之鹽上塞其口而漸漸加熱即有輕綠氣放出通至收瓶之內瓶口用厚紙片蓋之

第一百六十圖

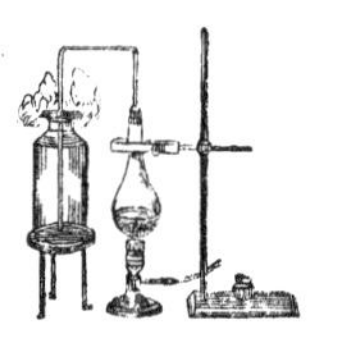

滿氣之後可用玻璃片蓋之瓶口稍沾以油即不洩漏食鹽若濕則稍加熱而發沸散出于瓶口之外故必將鹽加以大熱鎔化之傾于石上打碎而用之如將淡輕綠之小塊一兩半硫强水一兩又四分兩之三亦用前器則所發之輕綠氣更勻

瓶內滿氣遂有濃霧散出即輕綠氣如氣不出瓶尚未滿此氣本無形因遇空氣之濕氣而與之相合故成濃霧此氣之重率一·二四七其臭難當然不及綠氣之甚水與輕綠氣之愛力極大乃是最奇之性如將此氣一瓶蓋密而倒置于水內取去其蓋水即收氣極速而速滿於瓶若有

長頸之瓶尤爲便用瓶內必極乾氣必有餘而滿出其進氣管須緩緩取去否則瓶內所少之氣等于管之體積瓶用指捺密而置于水內移開其指水即衝進甚速如第一百六十一圖即試淡輕氣與此氣者

第一百六十一圖

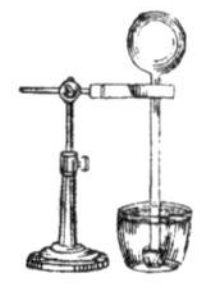

輕綠水即常用之鹽强水乃此氣消化于水而成易於辨識因遇空氣即發灰色之霧而有奇臭水一升熱至四十度能收輕綠氣四百八十升遂成鹽强水一升又三分升之一重率一·二一可依其重率辨濃淡以一·二一之數爲主作表指明含水各數之重率如一·二一者含氣爲百分重

之四三平常者稍帶黃色因含鐵綠少許并有綠氣之臭燒造鹼類之廠成此鹽强水極多因用硫强水化分食鹽而得鈉養硫養放出其輕綠氣此氣若散於空氣則周圍之草本皆死人畜皆病故從爐內通入大管其管立置而滿盛枯煤管端置水令其漸漸落下收盡此氣

第一百六十二圖

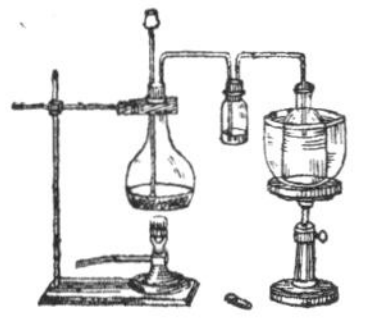

試造輕綠水其氣可通至盛水之小瓶通氣管只須入水十分寸之一輕綠因重自能落下管口常有新水如第一百六十二圖將食鹽六兩硫强

水十兩相和加熱令發氣通至淨水七兩之內視水漲至八兩則已飽足其盛水之瓶外面必用冷水因氣與水化合之時必生大熱

最濃之輕綠水在甑加熱亦發氣甚多故疑輕綠與水非化合而爲和合如加熱至重率一·一〇則每百分所含之輕綠不過二十分氣即不發如將最淡之輕綠水加熱先放水氣既到濃數則不變形而透過惟水內所含之輕綠氣數與甑內之空氣壓力有正比例

凡欲用輕綠氣以輕綠水爲便如將輕綠水盛於瓶內加熱令所發之氣行過浮石小塊此浮石漬透濃硫强水則

水氣盡被硫養收出可用水銀盆收之如第一百六十三圖

第一百六十三圖

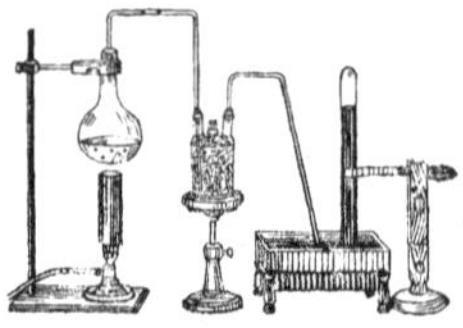

水收輕綠氣其性甚奇蓋輕綠變爲流質必用極大之壓力平常之熱度須至空氣壓力四十倍始成流質流質輕綠遇金類無甚變化若用輕綠水則變化極速遇鈣養亦毫無變化立的莫斯之定質漆於輕綠流質內變成淡茄花色之水若漆於輕綠水內則變光紅色可從此理證無水硫養爲配質因無有硫養輕養之性輕綠氣或輕綠流質乃無水之質故必遇水而性能顯出想此二物之理必相同

輕綠氣遇草木即令枯死其故因愛力大而收出其水也如將有葉之枝浸在輕綠水內則立變棕色而捲縮

輕綠遇金類之性

金類質與養氣之愛力極大者則與綠氣之愛力亦大故金類遇水而變化其大小之次第（詳見輕氣末節）略同於遇輕綠而變化之次第此因綠氣與金類之愛力比養氣更大所以輕綠遇金類之變化比水更易乃以金類代輕氣而與綠氣化合也

銀與水無論熱度大至如何終不能化分若在濃輕綠水內加熱至沸則能緩緩消化而成銀綠此銀綠又能在濃輕綠水消化如添以水則銀綠結成金或鉑遇輕綠水不能變化若水內有不化合之綠氣則能消化而成金綠或鉑綠鐵或鋅遇輕綠水雖不加熱亦能消化成鐵綠或鋅綠而放出輕氣其式爲鐵丄輕綠〢鐵綠丄輕

鉀或鈉遇輕綠氣外面立生白質即鉀綠或鈉綠其氣不能進內質然鉀鈉二物在輕綠氣內加熱令鎔化則燒至極亮其式爲鈉丄輕綠〢鈉綠丄輕

輕綠氣之原質有簡法能定之將氣一體積用管與水銀盆如前七十三圖之式用鈉一小塊納入合氣之管稍搖動其管則氣之體積漸少久而減半驗其餘下之氣惟有輕氣而已因知輕綠氣之體積半爲輕氣半爲綠氣

金類與養氣化合之質若輕綠氣相遇遂變爲金類與綠氣化合之質並水質其綠氣之分劑數與養氣之分劑數相配此爲公法如銀養遇輕綠即成水與銀綠其式爲銀養丄輕綠〢輕養丄銀綠銅養遇輕綠其式爲銅養丄輕綠〢輕養丄銅綠又如鐵養丄三輕綠〢三輕養丄鐵綠又如錫養丄二輕綠〢二輕養丄錫綠又如銻養丄三輕綠〢三輕養丄銻綠若無相配之含綠氣質則

所成之質必含綠氣較少者其餘綠氣必放出而不化合如錳$_{二}$養$_{三}$之式爲錳$_{二}$養$_{三}$丄三輕綠‖三輕養丄二錳綠丄綠又如錳養$_{二}$之式爲錳養$_{二}$丄二輕綠‖二輕養丄錳綠丄綠此可見綠氣所不能化合者卽自散出

鉻養$_{三}$無有相對之含綠氣質故又另有變化其式爲

二鉻養$_{三}$丄六輕綠‖六輕養丄鉻$_{二}$綠$_{三}$丄綠$_{三}$

凡含一分劑養氣之金類質則以綠氣代其養氣所成含綠氣之質亦有一定而不自變之形若多于一分劑養氣之質則所成含綠氣之質形性難定而自易變化

綠與養合成之質

綠氣與輕氣易于相合然不能與養氣一逕相合故凡綠氣與養氣相合之質俱爲繞合而成平常之質其變化之性愈相似則愛力愈小如綠氣與養氣有負電氣之大性而輕氣有正電氣之大性二氣與輕氣之愛力大而彼此之愛力小

茲將綠氣一分劑與養氣各分劑合成之質列後其綠養$_{五}$綠養$_{七}$雖未分取而驗之然已得據知其必有此物

綠養　含綠氣重三十五分五　含養氣重八分

綠養$_{三}$　含綠氣重三十五分五　含養氣重二十四分

綠養$_{四}$　含綠氣重三十五分五　含養氣重三十二分

綠養$_{五}$　含綠氣重三十五分五　含養氣重四十分

綠養$_{七}$　含綠氣重三十五分五　含養氣重五十六分

綠養氣

綠養氣爲漂白料卽鈣綠鈉綠等所合之質其取法令乾綠氣行過汞養而再引至管內其管外用冰雪加冷其式爲

汞養丄綠$_{二}$‖汞綠丄綠養所得之綠養爲深紅色之流質熱至六十六度卽沸而放出黃色之霧重于空氣三倍其臭甚濃最易爆裂掌心之熱足令化分其霧二體積成綠氣二體積養氣一體積遇養氣或綠氣而顯出愛力之質若遇綠養則化分之有數種質化分極猛遇輕綠氣亦能化分之如綠養氣一體積遇輕綠氣二體積卽全化分成水與綠氣其式爲綠養丄輕綠‖輕養丄綠$_{二}$

綠養氣有極大之漂白性因綠與養俱能令顏料變色詳前綠氣

綠養氣能爲水所收者極多如將紅色之汞養置于綠氣瓶而加水搖之至氣收盡爲度則水多含綠氣其汞養變爲汞綠而與未變之汞養合成棕色之質水內不能消化其流質另含汞綠少許亦有甚大之漂白性又能令質收其養氣如用外國墨水寫字而將此流質滴于字上其字

立滅如將其紙洗之紙亦不爛若印書之墨乃炭與油所作者遇綠養氣則不能漂白故所印之書或圖偶沾寫字之水可用綠養氣之水滅之

數種金類與養化合之質遇綠養氣之水其變化甚奇鐵遇之則收其養而放其綠銅遇之則收其養與綠銀遇之則收其綠而放其養鉛養遇之則收其養而成鉛養二而放其綠銀養遇之則收其綠而變銀綠而放其養其式爲

銀養⊥綠養‖銀綠⊥養

綠養與本質合成鹽類質無有淨者其取法將養氣之水用本質滅其性遇炭養氣即化分而放出綠養氣

綠養氣之水加熱令沸即變爲含綠氣與綠養五氣之質如用鉀養則其式爲

三鉀養綠養‖鉀養綠養五⊥二鉀綠此種變化最便于造取鉀養綠養五然若多含鹼類至有餘則最難變化其綠養氣之水遇光亦變爲綠養五與綠其式爲

五綠養⊥輕養‖輕養綠養五⊥四綠

漂白粉爲含綠養氣最要之質其質爲

鈣養綠養⊥鈣綠二鈣養⊥四輕養將此質和以淡硫强水少許而蒸之即得綠養水如多用硫强水則鈣綠變成輕綠遇綠養氣而即放其綠醋雖能消化鈣綠而不能

出漂白粉之鈣綠因其鈣養與鈣綠相合而不離若用多水則鈣綠與鈣養相離而爲水所消化

漂白粉藏久即自化分其綠養發出養氣而變爲鈣綠能收多水而令漂白粉自消化如藏於瓶而塞密因放養氣甚多而瓶裂

含錳養或鈷養之鹽類質水與鈣綠水相和即成錳養二之黑粉或鈷養二之粉乃錳養或鈷養多收鈣養綠養之養氣也其所成之質無一定之性不肯與酸質相合如將所結之質和以鈣綠水甚多而令沸即發養氣甚多其理尚未詳悉

鈷養淡養五水數滴添于鈣綠水內而稍加熱亦發養氣甚多

鈉養綠養之水能滅墨水之色其法將鈣綠水與鈉養炭養水相和濾去鈣養炭養

綠養五

造取此質用含綠養之質化分之即得含綠養五者只有一種爲化學之要物即鉀養綠養五最簡之取法令綠氣速行過極濃之鉀養輕養水則漸漸生熱其初生之鉀養綠養變爲鉀綠而存在水內遂有鉀養綠養五結成片形之顆粒其成時之式爲

六(鉀養輕養)丄綠$_{二}$川鉀養綠養$_{五}$丄五鉀綠丄六輕養若用鉀養炭養$_{二}$或淡鉀養輕養水則收綠氣至飽足之後必加熱令沸其鉀養綠養變爲鉀養綠養$_{五}$

小試之法將鉀養炭養$_{二}$三百釐以水二兩消化再將食鹽六百釐錳養$_{二}$四百五十釐相和盛于瓶內如第一百六十四圖添以濃硫强水一兩半水四兩加熱發出綠氣用彎管通入鉀養炭養$_{二}$水初時尚無變化漸收綠氣而先變爲鉀養綠養與鉀綠並鉀養二炭養$_{二}$所結顆粒尚少其式爲

第一百六十四圖

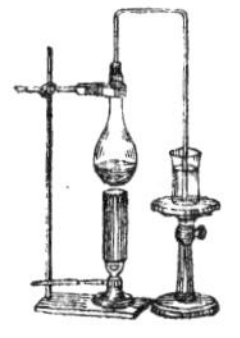

四(鉀養炭養$_{二}$)丄綠$_{二}$丄二輕養川鉀綠丄鉀養綠養丄二(鉀養輕養二炭養$_{二}$)再收綠氣而顆粒漸漸消化有炭養$_{二}$從鉀養二炭養$_{二}$內發出而沸其式爲

二(鉀養輕養二炭養$_{二}$)丄綠$_{二}$川鉀綠丄鉀養綠養丄二輕養丄四炭養$_{二}$發沸之後再不能收綠氣則變化已成其式爲

二(鉀養炭養$_{二}$)丄綠$_{二}$川鉀綠丄鉀養綠養丄二炭養$_{二}$此流質常有玫瑰花色因稍含鉀養錳$_{二}$養$_{七}$可傾于瓷鍋加熱令沸二三分時如不淨而含錫養$_{二}$等質者此在鉀養炭養$_{二}$所出則濾去之置于安靜之處結顆粒其發沸之時則鉀養綠養變爲鉀養綠養$_{五}$與鉀綠其式爲

三(鉀養綠養)川鉀養綠養$_{五}$丄二鉀綠其鉀綠在三倍重之冷水即消化鉀養綠養$_{五}$則須有冷水十六倍始消化所以結成之顆粒可濾取之以生紙收去粒外之鉀綠水如將此顆粒消化于水添以銀養淡養$_{五}$水少許而水不濁已無鉀綠如尚未淨水變白色如乳必將其顆粒再在熱水消化待冷而結淨粒

前法造取最爲費料因鉀養六分之五變爲鉀綠而放養氣綠氣乃變爲綠養$_{五}$多造之法必用價廉之料取養氣常用者爲鈣養將鉀養炭養$_{二}$一分劑和以熟石灰六分劑令收綠氣至飽足再加沸水消化所得之質含鉀養與鈣綠此鈣綠因易消化故冷時不結而鉀養綠養$_{五}$即結其綠氣遇鉀養炭養$_{二}$與鈣養變成時之式爲

鉀養炭養$_{二}$丄六鈣養丄綠$_{六}$川鉀養綠養$_{五}$丄五鈣綠丄鈣養炭養$_{二}$

近用鉀綠代鉀養炭養$_{二}$其價更廉將鉀綠水與鈣養相和盛葢密之鉛箱而令綠氣通過濾取其水熬至將乾再以沸水消化之待冷而鉀養綠養$_{五}$結成如將其餘之鈣綠水添鈉養炭養$_{二}$尚有白石粉結成

嚮來未能分取綠養$_{五}$故所得者必與輕養化合其取法將鉀養綠養$_{五}$與輕弗矽弗$_{二}$水相和則鉀變成鉀弗矽弗$_{二}$而水

內含輕養綠養如將輕弗矽弗$_{三}$量杯四百四十釐其重率爲一·○七八鉀養綠養$_{五}$一百釐相和變化其式爲

鉀養綠養$_{五}$丄輕弗矽弗$_{三}$‖輕養綠養$_{五}$丄鉀弗矽弗$_{三}$以此水加熱一百度熬至將乾卽得輕養綠養$_{五}$水其色黃其臭辣

輕養綠養$_{五}$變化之性略同於輕養淡養$_{五}$而更易化分故不能久存如熱度大于一百○四度卽化分爲綠養$_{五}$與綠與養其式爲二輕養綠養$_{五}$‖輕養綠養$_{七}$丄輕養丄綠丄養$_{三}$

輕養綠養$_{五}$能令他質與其養氣化合此性且甚烈如將一滴沾紙片立卽自燃又能令燐收其養氣收時之爆裂甚猛

含綠養$_{五}$之質

綠養$_{五}$爲一本之質與淡養$_{五}$同如將鉀養一分劑卽四十七分與無水綠養$_{五}$虛質七十五分五相和則成中立性之鹽類質所有含綠養$_{五}$之質與含淡養$_{五}$之質俱能令別質收其養氣在平熱度內卽能變化然含綠養之質比含淡養之質放養更易如將鉀養綠養$_{五}$一二釐與硫少許和研必致爆裂而發出綠硫之臭

初造銅冒藥用鉀養綠養$_{五}$與硫後覺有鏽壞火門之弊故換用汞爆藥如將鉀養綠養$_{五}$少許研細與黑色銻硫$_{三}$相和用紙包緊置鐵砧上打之則爆裂而發大聲

平常放礟所用之引火管卽用此料生火其管如第一百六十五圖其式有兩種薄紅銅皮所作者以爲陸礟之用或以鵝翎管爲船礟之用管內裝以火藥上端用小銅片二面鑿毛如乙片之二面敷以拉藥一塊造拉藥之法用鉀養綠養$_{五}$十二分銻硫$_{三}$十二分硫一分各物相和另將舍來克一兩以醕一升消化于前三物掉和成膠此管插在礟火門內片端之孔連一繩拉其繩而立卽生火透入管內延燒礟藥

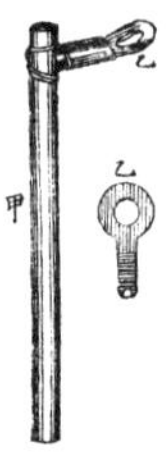

第一百六十五圖

初造自來火用鉀養綠養$_{五}$與銻硫$_{三}$並小粉漿相和成膏蘸在片之端取火之時用砂紙摺之而夾住木片拉之

大熱度之時設有含綠養$_{五}$氣之質遇能燒之物則生火甚速如煤或炭加熱至紅而撒以鉀養綠養$_{五}$粉少許燒必極猛又如鉀養綠養$_{五}$少許置鐵杓內加熱鎔化而安於盛煤氣之瓶如第一百六十六圖燒亦極亮乃養氣與煤氣之炭並輕氣相合也其瓶裝煤氣之法倒置在放煤氣之管口俟滿氣而用玻璃片蓋密

第一百六十六圖

鉀養綠養$_{五}$可爲各種顏色之火料將鉀養綠養$_{五}$與硫相和再添以能燒出顏色之金類質合製此料研須極細掉和

極勻烘須極乾慎此三事方能無錯

紅火

鍶養淡養$_{五}$四十釐烘乾而和以鉀養綠養$_{五}$十釐研至極細硫十三釐銻硫$_{三}$四釐各另研而和勻將二種料置于乾淨之紙上用象牙片掉和須慎磨壓欲用之時將此料少許盛盆內成堆用紅熱之鐵絲引燃之燒成紅色之火其焰平勻其紅色乃鍶養淡養$_{五}$所生

藍火

鉀養綠養$_{五}$十五釐鉀養淡養$_{五}$十釐銅養三十釐三物俱研細而攤于紙上再添硫細粉十五釐用象牙片掉和以前法燃之其火之藍色在銅養

綠火

鋇養綠養$_{五}$十釐鋇養淡養$_{五}$十釐研勻而攤在紙上另添硫粉十二釐以前法燃之其綠色在鋇

以上三種料不可久存因易自燃

白色火藥

鉀養綠養$_{五}$二分鉀$_{二}$衰鐵$_{三}$一分白糖一分三物相和或磨或擊即能自燃亦可於鎗礮內放之

鉀養綠養$_{五}$加熱即分為養氣與鉀綠而生大熱但平常化分之事即收大熱如將鉀養綠養$_{五}$加熱至將化分之度以鐵養$_{三}$少許添入即漸生大熱至全質變紅而鐵養$_{三}$仍不收其養氣業已試驗鉀養綠養$_{五}$一分化分之時所發之熱數為三十九即能分水重三十九分增熱百分表之一度故燒鉀養綠養$_{五}$生大熱能令爆裂之料有大力生熱之故或因鉀與綠合成鉀綠其所生之熱大于綠養$_{五}$化分之熱

無水綠養氣無人取得其含水者之取法將鉀養綠養$_{五}$與輕弗矽弗$_{二}$化分之如前節將其水加熱令沸而熬之則綠養$_{五}$氣化分為綠養$_{七}$氣與綠氣與養氣其式為

二輕養綠養$_{五}$‖輕養綠養$_{七}$丄綠丄養

如俟水熬去大半而盛於甑蒸之餘水透出之後即有重油質透出係輕養綠養$_{七}$四輕養如將此質和以濃硫強水四體積而再蒸之即得淨輕養綠養$_{七}$為黃色之流質再蒸之即得油形之輕養綠養$_{七}$四輕養將此質與前質相和而待冷即結顆粒其形如絲其質為輕養綠養$_{七}$二輕養加熱至二百三十度即成輕養綠養$_{七}$此亦蒸而得之甑內所餘之質為輕養綠養$_{七}$四輕養其式為

二（輕養綠養$_{七}$二輕養）‖輕養綠養$_{七}$丄（輕養綠養$_{七}$四輕養）

輕養綠養$_{七}$之淨者為無色極重之流質重率一・七八二存之不久即變黃色而化分故不可久藏加熱亦化分或致礫養能令別質收其養之性尚大於綠養$_{五}$人皮遇之即燒爛

紙或炭遇之則燒至極猛但此爲極淨之質若添以水則生大熱而得淡酸質即可久存此淡質不能漂白物質只能令藍試紙變紅

綠養爲一本之質含綠養之鹽類質加熱即化分成養氣濾出之質乃含綠氣一分劑如鉀養綠養‖鉀綠丄養鉀養綠養加以熱則先成之質爲鉀養綠養其式爲

二(鉀養綠養)‖鉀養綠養丄鉀綠丄養如將鉀養綠養數釐盛于試筒內加熱則先成明流質遂發養氣之泡久之而變爲稠質待冷而以水相和令沸再待冷而成鉀養綠養之顆粒此質與鉀養綠養易別因加以濃硫强水鉀養綠養則放出黃色之綠養氣而此質不放鉀養綠養雖含鉀養之質最難于水消化必用冷水重一百五十倍方能消化綠養與其各鹽類質無有用處

綠養

取之試之最爲危險因極易變化而爆裂如將濃硫强水與鉀養綠養相和即有此氣放出其式爲

三(鉀養綠養)丄二(輕養硫養)‖鉀養綠養丄鉀養硫養輕養硫養丄二綠養丄鉀養輕養其氣黃色其臭稍似綠氣重率二·三二冷至負四度即成紅色之流質極易爆裂遇光則自化分加熱至一百四十度亦化分甚猛而爆裂

綠氣與養氣其體積大於原體積二分之一

小取綠養而免其危險則將鉀養綠養數小粒盛于試筒而以架托之滴入濃硫强水少許則其粒立變紅色而漸散爲流質筒內有明黃色之氣若加以熱氣即爆裂而綠養之臭與色變爲綠氣之臭與色如所用之鉀養綠養含鉀綠雖不加熱亦能爆裂因硫養遇鉀綠而發輕綠氣能化分綠養之一分而令其餘者自化分

綠養氣易爲水所收水即大有漂白之性若遇易燒之質如硫與燐甚易化分此氣而使有猛力綠養氣被易燒之物收養氣之性能令其各質與鉀養綠養相和遇濃硫强水而立生火如將鉀養綠養數釐置於冷水如第一百六十七圖將燐一二小塊置於杯內以長管漏斗流下濃硫强水數滴至杯底則所發之綠養氣能燃其燐而水內發閃甚亮稍有爆裂之聲若將白糖磨細與鉀養綠養細粉相和用玻璃條沾濃硫强水滴其上立即爆裂或將木片之端沾以鎔化之硫待冷而將白糖五釐鉀養綠養十五釐磨勻加水四滴成膏將木片沾此膏令黏於硫外而待乾另用不灰木盛於瓶內用濃硫强水令濕將木片插入取出即能自燃疇昔所作自來火尚未用燐故即是此法又

第一百六十七圖

有一種乃前人所雅玩者用紙作管內面敷蠟一層再用極細之玻璃泡盛硫强水少許將鉀養綠養五與白糖相和敷于泡外而藏于紙管內打其紙管立即自燃又可用同法作礫彈之引火

前人以綠養四爲配質其說非是蓋綠養四遇鹼類質即成含綠養三與含綠養五之鹽類質而不能成含綠養四之鹽類其式爲二綠養四丄二鉀養川鉀養綠養三丄鉀養綠養五

濃輕綠氣遇鉀養綠養五所發深黃色之氣即綠養與綠養五與綠氣三質

綠養三亦爲險物易自化分而成爆裂之氣其取法將鉀養三分鉀養綠養五四分淡硝强水重率一·二四者十六分相和而稍加熱其式爲

鉀養綠養五丄輕養淡養五丄鉀養丄二輕養川鉀養淡養五丄三輕養鉀養丄綠養三

綠養三爲深黃綠色之氣質重率二·六五易爲水所收比綠養四更易化分有弱配性其鹽類質易爲炭養化分用冰與鹽不能令變爲流質須加極大之冷方能變爲紅色之流質

總論綠養相合之質

綠養之合質與淡養之合質多有相似之處惟含綠者比含淡者更易自化分綠養三氣與淡養三氣俱爲弱配性之質綠養四氣遇本質易變爲綠養三與綠養五淡養四亦易變爲淡養三與淡養五輕養綠養能令別質收其養氣輕養淡養五亦然含綠養之鹽類質與含淡養之鹽類質其性亦多相同之處

綠氣與養氣合成之質所能與別質分取之者有三種以其原質之體積列左

	分劑數	體積	綠體積	養體積
綠養	四三五	二	二	一
綠養三	五九五	三	二	三
綠養四	六七五	四	二	四

綠與養相合之體積與淡與養相合之體積相對但綠養三之體積與淡養三所設之體積不同詳前淡養總說

有化學家云含綠養氣之鹽類質並非綠養與含養之本質合成者又云含綠養三或綠養五或綠養七之鹽類質亦非與含養之本質合成者惟含綠養之鹽類質則以輕養綠養三爲配質而成又含綠養三之鹽類質則以輕養綠養三爲配質而成又輕養綠養五或輕養綠養七之鹽類質亦然其變化乃輕氣與其金類代換如鈣養綠養三爲鈣綠養而鉀養綠養五爲鉀綠養六等

此理與常言之理俱有不明之處如以常法論之則綠養五

與綠養$_{七}$二物未有人能分而取之者至如新理則輕綠養$_{四}$與輕綠養$_{四}$亦為未知之物又如新理之各事能顯明其配質之原質排列法則以水消化之應化分成輕綠與養氣但未有此事

綠與炭合成之質

前言綠與炭未有一逕化合之愛力若將綠氣遇含炭之雜質則可成含炭與綠之質如荷蘭流質即炭$_{四}$輕$_{四}$綠$_{二}$和以綠氣至有餘而置於日光之下則輕氣全變為輕綠以綠氣代之而成炭$_{四}$綠$_{六}$其式為炭$_{四}$輕$_{四}$綠$_{二}$＋綠$_{八}$＝炭$_{四}$綠$_{六}$＋四輕綠

炭$_{四}$綠$_{六}$為白色之顆粒其臭略同于樟腦熱至三百二十度而鎔化再加四十度而沸蒸之亦不變形水亦不能消化惟醕與以脫能消化如將炭$_{四}$綠$_{六}$霧行過盛紅熱玻璃屑之管內則化分為綠氣與無色之流質即炭$_{四}$綠$_{四}$此質有香氣熱至二百四十八度而沸比水更重其重率一·五不能在水內消化能在醕與以脫消化如將炭$_{四}$綠$_{四}$通過紅熱之管則化分為綠氣與炭$_{四}$綠$_{二}$而成顆粒如絲略無味水內不消化以脫內能消化加以大熱則能透過而不變形空氣內能燒成紅色之火

炭$_{二}$綠$_{四}$即令綠氣遇炭$_{二}$輕$_{四}$與炭$_{二}$輕綠$_{三}$即克羅路福密所成如欲多取令綠氣先行過玻璃管此管盛漬透硫強水之浮石如第一百六十八圖再過盛炭硫$_{二}$之瓶再過包銅皮之瓷管此管滿以碎瓷塊而外用炭或煤氣爐加熱至紅再以管引其氣至彎管內凝結所得之質為炭$_{二}$綠$_{四}$與二硫$_{二}$綠其式為

二炭硫$_{二}$＋綠$_{六}$＝炭$_{二}$綠$_{四}$＋二硫$_{二}$綠

第一百六十八圖

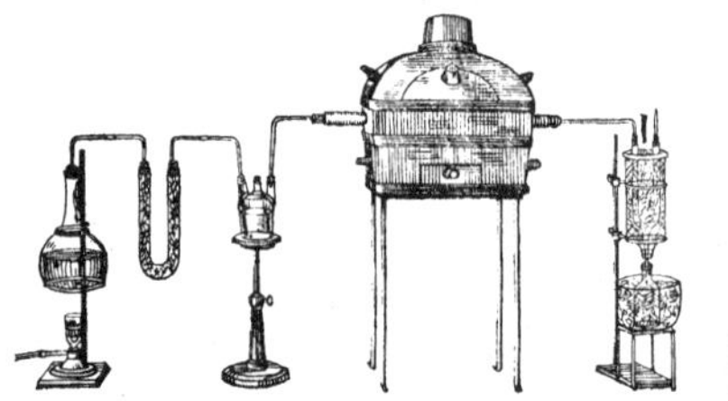

如將此質與鉀養相和則二硫$_{二}$綠化分而消化其炭$_{二}$綠$_{四}$相離而沉下上層傾出之後則炭$_{二}$綠$_{四}$可蒸而淨之此質為無色之流質重于水其重率一·六氣味甚奇熱至一百七十二度即沸冷至負九度則結炭$_{二}$綠$_{四}$不能在水消化能在醕與以脫消化

綠氣行過那普塔里尼即炭$_{二〇}$輕$_{八}$末後能得炭$_{二〇}$綠$_{八}$之顆粒名為綠那普塔里司

綠氣與炭合成之質除炭$_{四}$輕$_{六}$之外俱有相對之輕與炭合成之質如阿西台里尼即炭$_{四}$輕$_{二}$與炭$_{四}$綠$_{二}$相對成油氣即炭$_{四}$輕$_{四}$與炭$_{四}$綠$_{四}$相對卑濕氣即炭$_{二}$輕$_{四}$與炭$_{二}$綠$_{四}$相對

以上所列綠與炭合成質之式其倍數大而不足為炭$_{二}$綠炭綠炭綠$_{二}$其故因能顯出炭與綠並炭與輕二種物之相

關又因炭與綠合成之質不能分而取之故不能一逕試驗其分劑與配質或本質能取之式

炭養綠即福司託尼氣

此質之取法令炭養一體積與綠氣一體積在日光下相合故名爲福司託尼即光生之意相合之時其體積縮小一半而無色其臭甚辣遇濕空氣即發霧化分其水而成輕綠其式爲

炭養綠丄輕養‖炭養$_{二}$丄二輕綠此質非眞配質因遇本質即化分成含綠氣與含炭養$_{二}$之質此質在化學內甚有用因能收生物質之輕氣而令炭養氣代之或令炭代之或令養代之如令遇淡輕$_{三}$其式爲

四（淡輕$_{三}$）丄炭養綠$_{二}$‖炭養$_{二}$輕$_{四}$淡$_{二}$（即由阿里）丄二（淡輕$_{三}$輕綠）此變化內將淡輕$_{三}$二分劑化分之有輕氣二分劑變爲輕綠以炭養二分劑代之從此變化即知炭養綠之眞式爲炭養綠$_{二}$

矽綠$_{二}$

此質可用矽與綠加大熱而一逕成之其取法將乾綠氣行過紅熱之矽養$_{二}$與炭此二物盛于瓷管而其管通至收氣瓶瓶外必加以冷其炭與綠不能分出而與矽養$_{二}$化合若二物並用則炭收其養氣而綠與矽化合其式爲

矽養$_{二}$丄炭$_{二}$丄綠$_{二}$‖矽綠$_{二}$丄二炭養

矽綠$_{二}$爲無色之流質其重率一·五二自能化散沸界一百三十八度遇空氣則發霧因空氣之濕氣化分之而成輕綠與矽養$_{二}$其式爲矽綠$_{二}$丄二輕養‖矽養$_{二}$丄二輕綠

此質在製造內不多用惟化學內用造矽之各雜質因用矽養$_{二}$取之則變化不易而難成

如令輕綠行過紅熱之矽即得最奇之流質此矽綠$_{二}$更易自散沸界一百〇八度能燃而生綠色之火成矽養$_{二}$與輕綠遇空氣則發濃霧遇水則爲水所化分而成輕綠氣留荀尼此流質之原質爲矽$_{三}$輕$_{二}$綠$_{五}$而其變化之式爲

矽養$_{二}$丄五輕綠‖矽$_{三}$輕$_{二}$綠$_{五}$丄二輕養丄輕加以水其式爲

矽$_{三}$輕$_{二}$綠$_{五}$丄五輕養‖矽$_{三}$輕$_{二}$養$_{五}$（即留荀尼）丄五輕綠

硼綠$_{三}$與矽綠$_{二}$之性略同取法亦同但平常熱度爲氣質有化學家以矽養$_{二}$爲矽養$_{三}$以此理則矽綠$_{二}$必記之爲矽養$_{二}$

綠淡

此質爆裂之性極猛乃綠氣與淡輕$_{四}$綠所成者其原質難于定準因其爆裂之性猛而不可化分試驗也或以其質爲淡綠$_{三}$即原爲淡輕而其輕氣俱爲綠氣所代或以爲必含輕氣在內即用淡輕$_{三}$二分劑如淡輕$_{三}$丄淡輕$_{三}$以綠氣五分劑代其輕氣五分劑而得淡綠$_{三}$丄淡輕綠$_{二}$

此質爲黃色之油形質其重率一·六五極易自化分而成霧其霧之臭味最奇加熱至二百度則爆裂極猛而發大聲並光閃因質之化合甚鬆故易化分而其爆裂極猛之故因流質之體積小忽變爲氣質而體積大其氣質爲淡氣綠氣並輕綠氣少許此質遇綠氣有愛力之質立即化分燐與鉀是也又遇油類之質亦能令爆裂因油質所含輕氣之故如遇松香油則比定質油更易爆裂若遇鹼質爆裂亦猛惟酸質則與綠氣不甚相關故遇之而難定其爆裂與否如加熱至一百六十度能蒸之而不爆裂

此質于製造內無甚用處因其爆裂之性最奇而取之最險玆故將其小取之穩法論之用淡輕四綠四兩水四十八兩置于瓷盆內加小熱至消化而止濾之而傾于淺鉛盆如第一百六十九圖此鉛盆必先盛鉀養水沸之收盡所有之油質再將小鉛鍋如乙約容水一兩半者以同法淨之而安在大鉛盆內此鍋有銅絲鋬可挂起再將橄欖油瓶割去其頸其割法用磋作小痕用熱鐵引其痕使自裂亦盛鉀養水沸淨其油而以淨水洗之又用繩倒挂之如第一百七十圖俟淡輕四綠冷至九十度則在水

第一百六十九圖

第一百七十圖

盆內令瓶滿水遂通綠氣至滿瓶再用表面在水內蓋其口以繩挂起令口在鉛盆內淡輕四綠水面之下略一寸又必對小鉛鍋之中心隨將表面取去以其全器置于不能害物之處俟綠氣漸爲水所收水即升至瓶內而水面生出許多油形小點其色黃小點漸合而大沉於水底而爲小鉛鍋所收其瓶將滿水約有二十分時從原處用長桿輕輕挑起玻璃瓶令水漸漸流下至鉛盆內將玻璃瓶即置于遠處恐其有少許油形之質沾在內面也再視鉛鍋所有油形質之處從遠處用長桿取起小鉛鍋如將長桿之端沾以松香油而探入小鉛鍋油形質之處立即爆裂水亦噴高至數尺其小鉛鍋有油點之處成大凹

又法只能見其爆裂而不能察變成之理用淡輕四綠與綠養水不能用鉛鍋必用玻璃或瓷鍋人必立至更遠恐器碟時受傷先將紅色汞養五十釐研極細而添入容一升之綠氣瓶再添水半兩塞密瓶口搖動甚久將塞暫放鬆因水收綠氣而縮恐塞不能拔出瓶內所成之質爲綠養必濾出其餘汞綠養之質將濾得之流質傾于小玻璃杯如第一百七十一圖其杯必極淨再將淡輕四綠一塊重二十釐置於杯內將杯置于穩處設自碟裂不致傷人過二十分時可將長十

第一百七十一圖

尺之桿其端沾以松香油而探入杯內則爆裂極猛杯即裂爲極細之塊當時立在屏後則更穩或面上戴一鐵絲籠手上用長皮套則更善

合強水

硝強水一體積鹽強水三體積相和即能消化金與鉑等乃一種強水所不能消化者如將金鉑少許置于鹽強水之杯內再將金鉑置于硝強水之杯內則在二杯內俱不能消化加熱亦不改變若將二杯之物合于一處立即消化此因初放之綠氣遇金而一逕化合其式爲

輕養淡養$_{五}$丄三輕綠〢四輕養丄淡養$_{二}$綠$_{二}$丄綠所生之淡養$_{二}$綠$_{二}$氣遇金質原不能變化但從流質內放出爲紅色之氣如以瓶收之而瓶外加以發凍之料則凝成紅色之流質其味甚奇遇水則化分而變爲輕綠與淡養$_{四}$其式爲

淡養$_{二}$綠$_{二}$丄二輕養〢二輕綠丄淡養$_{四}$又有一種同類之質名淡養$_{二}$綠其自化散之性比淡養$_{二}$綠$_{二}$之性更少取法將淡養$_{二}$氣二體積與綠氣一體積相合而加冷至○度亦凝成紅色之流質如將輕綠與淡養$_{五}$相和亦成此氣少許其式爲輕養淡養$_{五}$丄三輕綠〢四輕養丄淡養$_{二}$綠丄綠$_{二}$

長洲　徐鍾　校

化學鑑原補編卷三

英國　傅蘭雅　口譯
無錫　徐壽　筆述

溴

凡有大相似之原質則萬物內常見於一處如綠溴碘三質大有相似之性俱在海水內見之但綠氣比二質更多故其二質久未有人考知西歷一千八百二十六年化學家法賴待考究海水煮鹽所餘之質西名比得揉每海水十磅略含溴一釐其溴與鈉鎂二質化合又有日耳曼國可曾士那與記生成二處之泉水俱含溴或爲鉀溴或爲鈉溴或爲鎂溴

水內分取其溴俱藉溴能從化合之金類內用綠氣收出故將海水先分出鈉綠並鈉養硫養$_{三}$此各質可熬乾使成顆粒而取出所餘含溴之流質令綠氣通過則變橘皮色之流質因溴放出其式爲

鉀溴丄綠〢鉀綠丄溴其水所含之溴必用法收出若熬之溴即飛散須將橘皮色之水和入以脫而在瓶內搖動則以脫能消化其溴比水甚易故溴可全從以脫內收出久久而以脫浮在水面成橘皮色之流質一層其色甚艷因溴而成將橘皮色之流質收起而盛于瓶內添以鉀養

水即立與溴相合而色滅其淨以脫仍在水面亦可取出溴遇鉀之變化與綠遇鉀之變化相同其式爲

六鉀養丄六溴〓五鉀溴丄鉀養溴養$_{五}$

所得含溴之鉀養水可用數次至其性已飽收溴質即可熬乾而散去其水餘下之定質即鉀溴與鉀養溴養$_{五}$此種鹽類質加以大熱而令鉀養溴養$_{五}$化分遂變鉀溴其式爲

鉀養溴養$_{五}$〓鉀溴丄養$_{六}$

此鹽類質取溴之法和以錳養$_{二}$與硫養$_{三}$熬之則鉀收錳養$_{二}$之養而溴放出引入收瓶而外加以冷使凝其式爲

鉀溴丄錳養$_{二}$丄二輕養硫養$_{三}$〓鉀養硫養$_{三}$丄錳養硫養$_{三}$丄二輕養丄溴

溴之形性與別種原質大不同凡非金類之原質無有別一種爲流質者其色紅棕色而甚深其常發之霧爲橘皮色其臭難當嗅之終世不忘易以此三事辨之其臭微同綠色但比綠氣更甚嗅之腦中大痛或致鼻中流血

溴爲流質略重于水三倍重率二九六加熱至一百四十五度即沸其霧重于空氣五倍半即五五四加冷在九度半即結成棕色顆粒須冷水重三十三倍方能消化又能與水化合成顆粒形乃溴丄十輕養此質與綠氣與水合成之質相配

溴有漂白之性能一逕與別質化合其餘各性亦與綠氣甚相似所以最難辨含綠之質與含溴之質必先化分之始知爲何質因二質有相同之性而綠氣更易收取故製造不多用溴惟照像之事並化分之事用之尙好於綠氣如辨煤氣所含發亮之輕炭質等事是也其雜質原質排列法與綠氣者大同小異

溴養未能取得無水者如將汞養與水與溴盛于瓶內搖之則得溴養水在內此溴養水最易自化分如加以熱則放出溴氣而成溴養$_{五}$溴遇淡鹼類水即成漂白水與綠所成者略同遇鹼土亦然

無水溴養$_{五}$亦無有能取得者但輕養溴養$_{五}$可與輕養綠養$_{五}$同法取之又與此質大相似含溴養$_{五}$之質與含綠養$_{五}$之質亦大相似

輕溴

溴原質化分化合之性稍小於綠氣溴與輕氣合成之質可顯出其據如溴霧與輕氣相和而遇火或遇電不致爆裂若綠與輕則必爆裂然溴與紅熱之鉑相遇能令溴與輕一逕化合

鈉溴或鉀溴合以硫強水而熬之同於取輕綠之法則易顯輕溴氣自化分之性並輕氣與硫養$_{三}$之養氣化合而放

出其溴也其式爲

輕溴⊥輕養硫養$_{三}$‖二輕養⊥硫養$_{二}$⊥溴如將極濃之燐養$_{五}$代强水能得淨輕溴

取輕溴氣之簡法用溴與燐相合而遇水則燐收水之養氣而成燐養$_{三}$其溴即與輕氣合成輕溴其式爲

六輕養⊥溴$_{三}$⊥燐‖三輕養燐養$_{三}$⊥三輕溴或在化合之時間有變成燐溴$_{三}$此將雙彎之管如第一百七十二圖一彎盛燐之小塊四十釐與玻璃小塊相和以水濕之又一彎盛溴二百四十釐此端塞之而彼端通之以放氣

第一百七十二圖

用瓶覆於水銀盆內收之在盛溴之彎稍加熱溴即變爲霧而透過遇濕燐而結成輕溴後須在盛燐之彎稍加熱令水放輕溴之一分

輕溴與輕綠甚相似冷至負九十二度則成流質再令更冷則結爲定質然輕綠則無有此性輕溴氣易爲水所收而其水遇金類或金類與養氣化合之質其各種變化畧同於輕綠若令綠氣通過輕溴則收其輕而放其溴隨變爲綠溴欲得此質必用綠氣至有餘輕溴之原質排列法亦同於輕綠輕溴含溴一分劑即重八十分與輕一分劑即重一分或令溴霧二體積與輕氣二體積合成輕溴四體積

淡溴

此質之取法令鉀溴遇淡綠即成其形與爆裂之性畧同於綠淡即自能化散之黃色流質其臭甚辣其原質之排列法尚未確知綠與溴之性大相似而仍能化合則知其化合之性甚大

碘

海水所含之碘較少於溴有數種海草藉鈉碘而生長故此草收碘在體內將此草晒乾而燒取其灰昔用作肥皂因有鈉養炭養在內至一千八百十一年法國造肥皂者名哥而土阿燒海草爲灰取鈉養炭養在淋灰之水內得奇質用盡所知之法試之不能改變遂送與法國化學家可里門德詳考之始知爲新原質以後合而晒克與兌飛考核更詳定爲非金類原質名爲愛阿碘即深茄花色之意此指霧之色

製造之家能知化學者大有益於實用如前此未知化學而不能詳考其理則歷久尚不能知之也惟初知此物亦不知其用處但以爲化學內新奇之物後有醫家考知嚮來所用之海絨灰即是有碘在内故用碘以代海絨大得益處因海絨尚雜無用之異質也近時照像者用之極多

如愛而蘭蘇格蘭海邊多生此種海草之處從前貧民取造鈉養炭養$_{二}$新法既用食鹽燒造貧民謀食無所幸其時照像者多欲用碘故仍藉此爲生計將海草晒乾而置於淺坑內用小熱度燒灰若用大熱鈉碘必化散有人設法燒成炭形以免碘之飛散其灰在坑常成塊取出打碎而浸於沸水則消化者半其餘或爲鈣養炭養$_{二}$或爲鈣養硫養$_{三}$或爲沙等質其鈉碘消化於水並有鈉養硫養$_{三}$鈉養炭養$_{二}$鉀綠鈉養硫養$_{二}$鈉硫等質相雜將水加熱熬之待冷而鈉養硫養$_{三}$鈉養炭養$_{二}$鉀綠結成顆粒其鈉碘仍在水內消化化分鈉養硫養$_{二}$與鈉硫之法濾取流質和以硫養$_{三}$八分體積之一則二質化分而放出硫養$_{二}$氣與輕硫氣又有硫黃分出並有鈉養硫養$_{三}$結成顆粒濾取其流質和以錳養$_{二}$而盛於鉛甑如第一百七十三圖鉛甑又置於熱沙盆內即發出碘霧其色爲美觀之深茄花色用玻璃瓶收之即結黑色之片粒有金類之光其形略同於筆鉛其式爲

第一百七十三圖

鈉碘丄錳養$_{二}$丄二輕養硫養$_{三}$＝鈉養硫養$_{三}$丄錳養硫養$_{三}$丄二輕養丄碘蒸碘之熱必小於二百十二度以免鈉綠放

出綠氣而合於碘內成碘綠

海草灰成碘之工又有更簡者有人仿用分溴之法（詳見溴）通以綠而放其碘將其流質與偏蘇里相和而搖動之若將偏蘇里與鉀養相和碘即變成鉀碘與鉀養碘養$_{五}$再加以鹽强水碘即沉下其二式爲

六鉀養丄碘$_{六}$＝五鉀碘丄鉀養碘養$_{五}$又五鉀碘丄鉀養碘養$_{五}$丄六輕綠＝六鉀綠丄六輕養丄碘$_{六}$

碘之形性易辨蓋其金光與氣味大異於別種原質加熱至二百二十五度即鎔化其沸界爲三百四十七度所發之霧其重率爲八.七二比空氣略重九倍遇冷面則成發光之片粒人皮遇之即變深黃色其定質之重率四九五碘浸於冷水稍能消化成棕色之水浸於熱水消化更多浸於醕內消化最易而成碘酒若加以水碘即結成碘又能在鉀碘水消化偏蘇里與炭硫俱能消化之而成美觀之茄花色水又能令碘結成如令緩自化散則成極細之八面形顆粒其顆粒之排列法如背陰草之式最爲美觀如將極淡之碘水與炭硫少許相和則炭硫能收出其碘俟片時而沉下爲艷茄花色若以多碘在炭硫內消化則此流質不能通光線而能通熱線故於格致之事用以通熱而阻光

水內所含之碘常為極微之數，若以常法化分其水，易致遺漏而不能分辨，惟用極精之法，碘雖甚微亦能分辨。凡與他質不化合之碘，而以小粉遇之，則染成艷藍色。如將碘一二釐和以水而加熱消化，添以極稀之小粉漿，詳見電臭氣或將碘少許盛於瓶，以稀小粉漿沾紙片而掛瓶內，俱能變色。但此法只能試碘與別質不化合者，如與別質化合之碘，即不能試其變色。然萬物內所有之碘質，總與別質化合，所以辨碘之法，將其流質與小粉漿少許相和，再添甚淡之綠氣水少許，則綠放鬆其碘而變成藍色。或以鉀碘與小粉水相和而寫字於紙上，尚不能見，噴以綠氣立變藍色。惟其綠氣須極少，否則藍色纔成而即漂白。鹼類亦能漂白之。又如鉀碘和於小粉水而加熱，其色不見，待冷而色復見。

碘質變化之性，與綠溴二質大有相關，然亦有數事與此二質相反者，如碘與輕氣並金類之愛力，小於綠並溴之愛力，所以綠與溴能令碘與別質化合者分離。碘與養之愛力甚大，如和於沸硝強水，即變為碘養五。若綠或溴與淡養五相遇則不能變。

碘與數種金類合成之質，其色甚美，如汞碘有艷紅色，即鉀碘水與汞綠水相和所結成者。若添以鉀養水至有餘，色即不變。

濾取汞碘而洗之，乾之，將少許盛於試筒加熱，即變艷黃色之霧，其霧凝結成艷黃色之顆粒。若用玻璃條擦碎，仍變紅色。如將汞碘鋪在紙面而稍加熱，亦變為黃色，壓碎之而仍復紅色。其變色之故，因顆粒變形，而其性則未變。

鉛碘為光黃色之質，取法將鉀碘水與鉛養醋酸水相和，即有結成之質，在水內沸之而稍添以鹽強水，即成無色之水，待冷則鉛碘變成顆粒，其色黃而亮。取銀碘之法，用銀養淡養五相於鉀碘水內，即結黃色之質。銀綠與溴綠俱為白色之質，可以其色辨之。

碘與養合成之質

化學家疑必有碘養質與綠養相對，但未有人能分而取之者。所知之碘與養合成之質為碘養五與碘養七，俱含輕養，若無水者亦無有人取得。

碘養五之取法，與綠養五並溴養五略同，即將碘以鉀養水或鈉養水消化之，其式為

六鉀養丄碘六〢鉀養碘養五丄五鉀碘。

又有簡法，將碘與極濃之硝強水盛於長頸之瓶，則消化而成碘養五，熬乾其硝強水而得白色之質，以水消化而令成顆粒，即變白色之六角形片粒，其質為輕養碘養五二輕

養加熱至二百六十六度則變爲輕養碘養七加熱至三百六十度則全水放出而爲無水碘養五熱至七百度則化分爲碘與養其無水碘養五可令能燒之質與其養氣化合但其化合之性遲緩輕養碘養五比輕養綠養五並輕養溴養五更難自化分其水能變藍試紙爲紅後又能收其養氣漂白之碘養五之鹽類質比含綠養五並溴養五之鹽類質更難在水消化若遇能燒之質則令收其養氣與含綠養五並溴養五之鹽類質相同加熱則能放養氣間能放碘此可見碘與金類之愛力小於綠並溴與金類之愛力

含碘養五之鹽類質內每本質一分劑與碘養五二分劑或三分劑化合者厥有數種如鉀養碘養五之外有鉀養二碘養五並鉀養三碘養五綠與溴則無此相似之質

碘養七無有分取其無水者含水之取法用二鈉養碘養七此質之取法令綠氣行過鈉養與鈉養碘養五相和之質則鈉養化分而其鈉爲綠所收其養氣令碘養五變爲碘養七其式爲

鈉養碘養五丄三鈉養丄綠∥二鈉養碘養七丄二鈉綠

二鈉養碘養七難消化於水此性與含鈉養之質者相反如在硝強水內消化而再添以銀養淡養五即成二銀養碘養七冷水內結成者爲黃色熱水內結成者爲紅色其式爲

二鈉養碘養七丄二銀養淡養五∥二銀養碘養七丄二鈉養淡養五

二銀養碘養七以硝強水消化之即化分成銀養淡養五消化於水而有銀養碘養七結成顆粒其式爲

二銀養碘養七丄輕養淡養五∥銀養碘養七丄銀養淡養五丄輕養

銀養碘養七和以水而加熱令沸則復變爲不能消化之二銀養碘養七結成顆粒而分出其輕養碘養七在水內消化其式爲

二銀養碘養七丄輕養∥二銀養碘養七丄輕養碘養七將此水熬乾之則輕養碘養七結成柱形顆粒其質爲輕養碘養七四輕養加熱至三百二十度即放其水熱至四百度則化分爲碘養五與養氣其輕養碘養七之水能令別質與養氣化合含碘養七之鹽類質水內難消化加熱則易化分同於含碘養五之鹽類質所取輕養碘養七之質其輕養碘養七欲與本質多分劑化合而碘養五所成之鹽類俱有酸性

輕碘

碘霧遇紅熱之白金即與輕氣化合而成輕碘氣取此之簡法將水以碘化分之而有燐在其旁即成輕碘與燐養五令此質遇鉀碘亦成輕碘其式爲

八輕養丄碘丄燐川五輕碘丄三輕養燐養又二鉀碘丄三輕養燐養川二輕碘丄二鉀養輕養燐養

小試之法將鉀碘一百釐以水五十釐消化盛於甑內如

第一百七十四圖

第一百七十四圖再添碘二百釐俟消化再添燐十釐漸漸加熱所透之氣用瓶收之此氣之出甚速須備瓶數箇滿卽換而塞密預將乾生紙作一鬆圈送入甑口可收所變之流質不至氣瓶內以上之料所發之氣足滿一升之瓶四箇

輕碘氣之性略同於輕綠並輕溴遇濕空氣則變濃霧遇水則易爲水所收難以壓成流質若加極大之冷始能凝結其重率四四四如將輕碘一瓶并入綠氣之瓶或溴氣之瓶則立化分而成茄花色之碘霧

輕碘水之取法將輕硫氣通入含碘之水其式爲

輕硫丄碘川輕碘丄硫濾取其硫而沸其水則所餘之輕硫氣散出輕碘水與輕硫水並輕溴水有大分別蓋輕碘水遇空氣卽自化分碘則在水內消化而水爲棕色輕硫水並輕溴水則無此性

輕碘之輕氣易與養氣化合故輕碘最宜於收養氣之事此性甚大能令輕養硫養變爲輕硫氣其式爲

輕養硫養丄四輕碘川輕硫丄四輕養丄碘故鉀碘與濃硫養相和加熱則多發輕硫氣

輕碘遇金類質並金類與養氣化合之質其變化同於含輕氣別種質之變化

綠氣與溴能令輕氣從數種生物質內分出而自代之碘亦有此性而較弱含碘之生物質比含綠與溴之生物質更難自散所以更能收住因此化學家考驗生物質用碘以代生物質內之輕氣

炭輕遇碘卽成顆粒名爲炭輕碘此與荷蘭流質卽炭輕綠相似從此質能得黃色之香流質疑爲炭碘

淡碘

綠溴碘三質遇淡輕之變化各不同能顯三質與輕氣之愛力不同之理溴與綠遇淡輕能令淡氣若干放出而碘則放出輕氣三分之二而自代之故無淡氣放出其式爲

淡輕丄碘川淡輕碘丄二輕碘所成之輕碘再與淡輕化合而成淡輕輕碘

淡碘之取法將碘二十釐置乳鉢研細以淡輕之濃水量杯半兩相和用玻璃片蓋其乳鉢俟半小時將小漏斗四箇各鋪以濾紙乳鉢之料傾於漏斗略四分之一俟流質流下卽將紙攤開晒乾卽是淡碘其棕色之流質乃碘與

淡輕碘所得之淡碘爲黑色之粉極易爆裂用雞毛掃之即燃而爆裂作大響發出輕碘霧與紫色之碘霧其爆裂之式或爲淡輕碘川淡丄輕碘丄碘其爆裂之猛略因原體積小而所發霧之體積大如將淡碘粉從水面上數尺落下則遇水面而爆裂然不乾者亦不爆裂若藏在濕處漸自化分

碘與綠合成之質有二種一爲碘綠一爲碘綠三其碘綠之取法將碘一分和於鉀養綠養四分蒸之所得之流質爲棕色最易自散其臭難嗅令鼻大痛其碘綠三之取法令碘遇多綠氣而變成其顆粒之形如針色紅有化學家取得碘與溴合成之質但其原質之數與排列法尚未知其詳

鉀碘

鉀碘爲含碘最有用之鹽類質可爲藥材與照像之用其取法將鐵碘以鉀養炭養化分之

取鐵碘之法將碘二分鐵屑一分以水十分相和則碘與鐵之一分化合而發大熱成鐵碘將其流質與餘鐵分出再於流質內添以碘如原數三分之一則鐵碘三分之二變爲鐵碘故其水含鐵碘一分劑鐵碘一分劑將此加熱令沸而漸添以鉀養炭養俟無結成之質而止所結之質深綠色即是有吸鐵性之鐵銹其式爲

鐵碘丄鐵碘丄四鉀養炭養川四鉀碘丄鐵養鐵養丄四炭養此炭養氣放出而發沸如將水濾清熬乾則結美觀之六面形或八面形顆粒或成白暗之質如乳間有得明質如玻璃所得之鉀碘顆粒在平空氣內爲乾質若造取之時用鉀養炭養太多則顆粒仍含此質少許遇空氣而變濕鉀碘易在水內或醕內消化如鉀碘水鉀碘酒而淨者則添以淨鹽强水亦不變色若雜鉀養碘養即變棕色此因碘養遇輕碘而放出其碘其式爲

碘養丄五輕碘川碘丄五輕養如用碘在鉀養水內消化而得鉀碘與鉀養碘養因鉀養碘養爲熱所化分故此法所造之鉀碘常含鉀養碘養

弗

英國所產美觀之石類以鈣弗礦爲最多其色有數種或藍或紫或茄花或綠或無色或成大塊者或成顆粒者其顆粒或立方或立方之變形此礦從古用之爲鎔錬鐵礦令成流質之料西名弗羅哇而即流之意但古人不知考究化學之理約在百年前化學家瑪格辣甫將此礦與硫强水相和而蒸之視其甑銹蝕而不知其故後有化學家名希立用法化分之以爲含鈣養與弗酸其粗淺如此然在化學初行之時無怪其然

輕弗

鈣弗礦研細，和以倍重之硫强水，而盛於鉛甑，如第一百七十五圖。甑口套入鉛凝管，其管外用冰鹽加冷，即有氣透過凝成無色之流質，而甑內所餘爲鈣養硫養。其式爲：

鈣弗丄輕養硫養三‖鈣養硫養三丄輕弗

第一百七十五圖

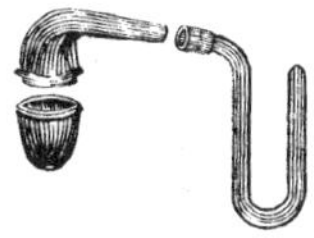

其所凝之流質即輕弗。其性最奇，其配性甚大，遇空氣即發濃霧，其臭甚辣而難當，如空氣不冷，而取去加冷之料，立即自沸而速化散，其沸界六十度。此流質愼毋沾於人手，設有一滴着皮膚，必爛而大痛難治；其霧遇指甲內之嫩肉，亦大痛。與水之愛力極大，遇水則發嘶聲，與熱鐵淬水同。其最奇之性能蝕玻璃，初造此物之人驗其性與輕綠有相似之處，所以化學家安比疑爲必含輕氣之配質，故名之爲輕弗氣。後人考此質亦含水，如將無水燐養五合於輕弗，則燐養五能收其水，蒸之而發輕弗氣。此氣與輕綠氣有相似之性，遇濕空氣而發濃霧，遇水則易爲水所收，其臭更難當於輕綠氣。其最乾之氣遇玻璃略不能蝕。

輕弗水之極濃者不及淡者之重，如重率一·〇六者，添以水少許，重率得一·一五；再添以水，則重率漸小，故疑一·一五者爲含一定之水之分劑數，其質略爲四輕弗四輕養

加熱至二百四十八度，則蒸過亦不變，宜藏於硬象皮之瓶，因此物不甚被蝕。

輕弗遇金類或金類合養之質，其變化略同於輕綠，除金、鉑、銀、汞、鉛五種之外，所有平常之金類俱能消化。

輕弗氣於化學內有最大之功力，能消化矽養。如將砂或火石研細，而盛於鉛器，添以輕弗，則漸消化。若將其水熬乾，則矽養全變爲矽弗氣而飛散。其式爲：

矽養二丄二輕弗‖矽弗二丄二輕養

如矽養合於本質，則其本質之金類爲弗氣化合，能爲硫養或輕綠氣化分，所以輕弗氣最宜化分含矽養之金類，別種酸質所不能化分者，輕弗無不能之。

輕弗能蝕玻璃者，因平常之玻璃俱含鈉養矽養三或鉀養矽養三合於鈣養矽養三或鉛養，所以輕弗氣收其矽養而剝蝕。如欲試之，可將玻璃片加熱，以能鎔蠟爲度，即將蠟敷其面，得平勻之一層，不可過厚，用鋒利之刀刻蠟成字或畫，遂將鈣弗礦研細，和以極濃之硫養三成漿，傾在面上，俟一刻而洗淨之，稍加熱鎔去其蠟，再揩淨之，則刻紋之處成深痕。已有人用此法將厚玻璃片作印書板，但玻璃之性甚脆，不能當壓力。如有白金盆或鉛盆，可將鈣弗礦與硫强水盛於盆內，加熱令發氣，而以玻璃片蓋在盆面，

昔人剏設多法分取其弗但雖分之無有器藏之因盛於器內必與器化合也兌飛剏法卽用鈣弗礦爲器存之其質爲綠色之氣其性與綠氣相似而更猛然化學家尙未精考因難於造鈣弗礦之器近有人將銀弗以碘化分之又知弗氣爲無色之氣遇乾玻璃或汞無甚變化然亦未考至極詳也

鉀弗等鹼類與弗化合之質亦能蝕玻璃但稍緩耳此各質能與其配質化合如鈣弗輕弗此質之乾者稍加以熱卽變爲取輕弗氣之料鈣弗礦之外尙有別種含弗之質然祇得一種爲有用者名爲苦來哇來得此名乃似霜之意其質爲三鈉弗鋁弗古林蘭地方多產之其用處專取鋁與鈉養又有一種寶石西名多巴士亦含弗氣但與別質化合之法尙未考知其別質爲鋁養並矽養

有人化分海水亦得含弗之質少許又動植物內間有之如人骨每百分含鈣弗二分

弗氣不知其能與養氣化合否設或能之亦未考得除弗之外未有原質不能與養氣化合者

矽弗

鈣弗礦粉與玻璃粉相和盛於試筒或瓶而加以濃硫强水則發氣有極辣之臭遇空氣而成白色之濃霧初看此霧必以爲輕弗然將玻璃條以水濕之而遇此氣則濕處生白皮一層取其皮試之知爲矽養因此化學家以其處爲含弗與矽養惟兌飛指明其錯而證此氣不含養氣只含矽與弗現在以爲矽弗卽矽養去其養而以弗代之其二物之互代可以下式明之

二鈣弗丄矽養丄二（輕養硫養）＝二（鈣養硫養）丄矽弗丄二輕養其玻璃條面上所生之白皮因矽弗與水成化分之事而其養與弗再互代其式爲

矽弗丄二輕養＝矽養丄二輕弗依此式卽知再有輕弗變成故可疑玻璃在白皮之下有侵蝕但亦不然如指去白皮玻璃毫無變動若詳試之可將其遇氣之水化分則不含輕弗而含不能蝕玻璃之質卽輕弗與矽弗相合故令水遇矽弗所成之輕弗合於水內之餘矽弗卽變成輕弗矽弗

取矽弗之法將鈣弗礦一兩玻璃粉一兩盛於橄欖油瓶而加以濃硫强水七兩加熱而另用乾瓶收其氣如前第一百六十圖將所得之氣傾入滿水之瓶則水面生矽養一層似乎水面結冰倒其瓶而水亦不漏若將小試筒滿以水而納入收此氣之瓶取出之後其形亦與結冰同或將玻璃管引尖而作小孔以水漸滴於氣內則成矽養一

條如淋澤之形若用筆醮水在玻璃片寫字而以矽弗氣傾其上則有字處變成白皮一層而空處仍明橄欖油瓶卽法國盛橄欖油之瓶此種瓶堅固而價廉且能耐熱故化學之事常用之

矽弗爲考究地產有用之料因可用此質而成顆粒之金類礦略爲天生之法相同如司托路來得石卽十字形之意爲鋁養與矽養合成之天生顆粒質可用矽弗通過白熱之瓷管其管內盛鋁養與矽養相間多層則矽弗遇甚熱之鋁養而成鋁養矽養與鋁弗其式爲

三鋁養丄三矽弗〢鋁養三矽養丄二鋁弗其所成之鋁弗行過熱矽養則成鋁養矽養而再成矽弗其式爲

五矽養丄二鋁弗〢二鋁養矽養丄三矽弗因是知矽弗若干數能令矽養與鋁養若干數變爲司托路來得顆粒故可疑別種礦與石亦以同法成顆粒質而其矽弗雖爲微數乃因多年遇別種料亦能漸成顆粒故數種金類礦之顆粒常見矽弗之微數疑卽前言之理

輕弗矽弗

此質之無水者未有人取得故常見者俱於水消化其取法將矽弗通過水內其式爲

三矽弗丄二輕養〢二輕弗矽弗丄矽養其矽弗氣不可逕通於水內恐分出之矽養塞住通管之口故此管口應

藏於水底之水銀內則所發之氣泡在水內漸漸升上而有矽養包於氣外成殼如其泡發出極勻則連成管形直通至水面

取輕弗矽弗之簡法用有釉之瓷瓶容水約十磅如第一百七十六圖塞內接一管而通於有水之大玻璃筒管口插入水底之水銀杯內將鈣弗礦研細一磅極細之砂一磅濃硫强水六十四兩盛於瓷瓶而用隔砂漸加熱則所發之氣通入玻璃筒內此筒所容之水約五升俟六七

第一百七十六圖

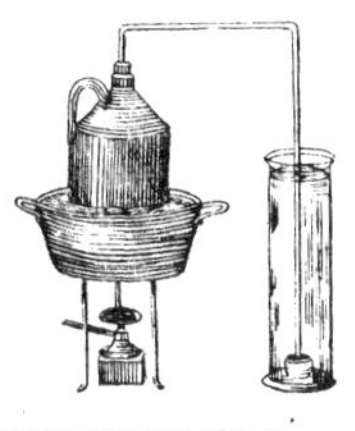

小時之後其水變成膠形因矽養爲水所收可濾之至再不流下遂將所得之質弃其濾紙包以布而絞之擠出其餘之酸質所得流質之重率略爲一〇七八

輕弗矽弗之淡水可熬之至一定之限爲止若過其限則化分而發出矽弗霧水內但存輕弗再加以熱而輕弗亦化散若用玻璃鍋或瓷鍋熬之必被水剝蝕如將輕弗矽弗水以鉀養滅配性而掉之卽成鉀弗矽弗之顆粒其式爲

輕弗矽弗丄鉀養〢鉀弗矽弗丄輕養若用鉀養有餘則有矽養稠質分出而水內只有鉀弗其式爲

輕弗矽弗丄三鉀養川三鉀弗丄輕養丄矽養。
輕弗矽弗能令鉀養化合之配質分離遂可取其配質。

硼弗

取法與矽弗略同又法用無水硼養粉與倍重之鈣弗礦粉盛於鐵管加大熱其式為

三鈣弗丄硼養川三鈣養丄硼弗此硼弗為氣質遇濕空氣即發白霧同於矽弗易為水所收收時生大熱水一體積能收硼弗七百體積所成之流質甚重其重率為一·七七此流質遇空氣亦發霧遇生物質必收其水而令其質變黑如炭形此流質名為硼養三輕弗其式為

硼弗丄三輕養川硼養丄三輕弗此流質加熱即發硼弗至重率為一·五八而止後則不變而蒸盡如將多水添入硼養三輕弗內其式為

三（硼養三輕弗）川硼養丄六輕養丄三輕弗丄二硼弗此質與輕弗矽弗相似而其輕氣可在雜質內代其金類

綠溴碘弗總論

四種原質大有相關其變化之性亦相似約為一類之原質再無有四箇原質如此四者之相似者西名哈魯成司類（哈魯即海成司即生）此各質俱在海水內見之其變成之鹽類質與海水熬成之鹽相似又名鹽本質因能一逕與金類化

合成鹽類質

綠溴碘一分劑之霧俱能與輕氣一分劑之霧相等或弗之霧亦然此各原質能與輕氣等體積化合成配質其配質之體積即其原質之體積相和

如令輕氣一體積代一質點則各原質之一分劑其容質為輕氣一體積亦可以代其質點之重數而各質為一箇質點與別質化合之原質

四質之性之漸變大小有一定之次第如化分化合之力弗為首其愛力極大最難於分取其次為綠氣又次為溴最次為碘其分劑數之次第乃愛力之相反即弗十九綠

三十五·五溴八十碘一百二十七此各數亦為其霧之重率四質之形與色亦有相同之次第即綠為黃氣質溴為紅流質碘為黑定質其溴之沸界一百四十五度碘之沸界三百四十七度弗之形與色尚未審定弗與養之愛力極小未有人考得弗養化合之質綠與養之愛力小於溴而溴小於碘或云碘能一逕與臭養氣化合成碘養此四質與輕合成之雜質俱為氣質與濕氣之愛力甚大而其臭味亦略同各質與鉀合成之鹽類質有立方顆粒銀弗能在水內消化銀綠不能在水內消化而能在淡輕內消化銀溴在淡輕內勉強消化銀碘無物能消化

硫

硫爲生成者火山之處極多地內所出之水常有硫與輕相合金類之礦含硫者多有六種爲常見者即鐵硫$_{二}$銅$_{二}$硫鐵硫鉛硫鋅硫錫硫汞硫又有硫與養並金類化合者常見有五種即鈣養硫養$_{三}$二輕養鋇養硫養$_{三}$錯養硫養$_{三}$錳養硫養$_{三}$七輕養鈉養硫養$_{三}$十輕養植物所含硫與養合成之硫養$_{三}$植物蛋白每百分有此質一分五俱在汁內又有數種極辣之易散油亦含硫如蒜內即炭$_{六}$輕$_{五}$硫即阿來里硫又芥子內即炭$_{六}$輕$_{五}$炭淡硫$_{二}$即阿來里衰硫

動物內之硫亦與養合成硫養$_{三}$再與別質合成鹽類質如蛋白如非布里尼如加西衣尼三質之內俱有硫其數百分之二胆汁內亦有之胆內有一質名托而以尼其質爲炭$_{四}$輕$_{七}$淡養硫$_{三}$此質四分之一爲硫

西國所用之硫大半在地中海須須里島火山處所出其地內有多層藍色之泥各層之間俱有生成之硫又見錯養硫養$_{三}$顆粒之大塊在其旁硫亦有成顆粒者必是透明之黃色平常者俱爲暗黃色產硫之處俱有火山或古有而今已熄近於地中海之產硫處其硫最多又有愛司蘭得並舊金山亦產之

平常見生成之硫在石膏與錯養硫養$_{三}$大塊之間必用熱燒之如其礦之含硫多於百分之十則先鎔出其大半法將礦置於大爐或大罐礦間添以燒料少許面上以土蓋

第一百七十七圖

之隔絕空氣而令硫不燒生火之後硫即流到火下用木模收之若礦內之硫不及此數則加熱令變爲霧另用大器收之而令凝結如須須里用瓦瓶密列於爐內如第一百七十七圖甲其爐旁有管引硫霧至同式之瓶霧即凝爲流質而流出以水桶收之此法所得者尚屬粗物名爲生硫內雜土質百分之三或四取出其土質之

第一百七十八圖

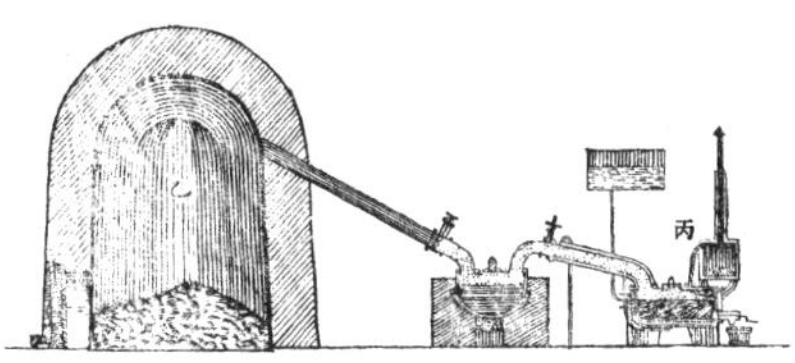

法將生硫盛於鐵甑如第一百七十八圖甲加熱而引霧至大磚房內如乙即在牆面結成硫粉燒至數時之後則磚房內熱大而硫鎔遂流於房底即可引至木模成條形其鐵甑又有一管通至小凝器丙此器之外以水加冷則凝爲流質而放出器外結定質此種最便於火藥之用

小試蒸硫之事可將橄欖油瓶截去其頸（詳見淡綠）再用一瓶

第一百七十九圖

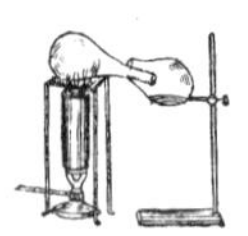

如第一百七十九圖其原瓶盛硫而用三角架托之以鐵絲布盖燈而加熱先緩後急則收瓶內先結硫粉後熱更大乃成流質初時或稍發爆裂之聲因硫霧遇空氣之故數分時內能得純硫一兩

鐵礦與銅礦所含之硫可在鎔鍊時收取鐵硫為常見之礦色黃如金煤塊內可見之或成立方形海邊亦常見之則為圓塊外面生鐵銹內質有美觀之光色其質紋為直縷此質加以大熱硫即放出再加極大之熱能得一半其式為

鐵硫二＝鐵硫丄硫但平常之爐所得之熱祇能得硫四分之一燒煏鐵硫之甑用火泥作圓錐形如第一百八十圖大口盖密小口內用有孔之板塞密加熱之時硫即過此孔而出此器能容礦一百磅燒一次能得硫十四磅所得之硫色綠

第一百八十圖

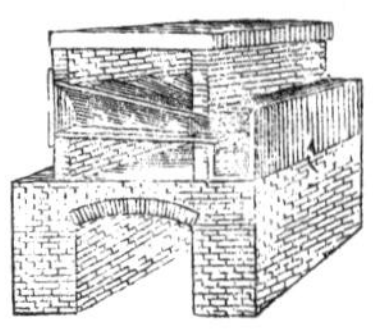

因稍有鐵硫在內提法加熱令鎔而任其漸冷則鐵硫沉下取其上半而將下半以前法煏之即得純質

銅硫鐵硫煆礦之時必有硫養分出其礦作錐形之大堆底方約三十尺先將磨粉之礦鋪一層於底令進氣不甚快再將木柴小枝鋪一層於粉上中間立木烟通此烟通可通至木柴之間所留之孔遂於烟通外堆以大塊之礦外再堆以小塊其高八尺成錐形堆外面再鋪礦粉一層則每一堆可積礦二千噸燒出之硫約二十噸其燃火之法另燃木柴從烟通內放下因進空氣甚少故燒亦慢數日之後其礦堆之下有硫之流質流出外面作凹處受之此事須歷時五六個月燒時有硫之一分因熱而分出又有一分為空氣之養所代變成鐵養而放其硫所分之硫有一分變為硫養散出其餘因進空氣少而不能燒故流出於外此硫含鉮少許因礦原有鉮在內英國每年需用硫極多如造硫強水並火藥並自來火並硫象皮並漂白之硫養等

硫之形性

硫色常黃惟硫與鹼消化於水而添以酸質令結成沉下則其色變白硫若磨之易感動其電氣若將乾乳鉢研硫少許即粘於內而難於取去

硫之奇性易燃火而燒盡熱度不必甚大能與養氣化合即易燃之故加熱至二百三十九度則鎔熱至五百度則燃其焰藍色發出硫養霧其臭難當

硫遇熱而變化之形甚奇如盛於瓶而漸漸加熱如第一

第一百八十一圖

百八十一圖卽變淡黃色之流質其熱約二百五十度再加熱則漸變棕色熱至三百五十度則略黑而暗倒其瓶亦不流再加以熱其熱度亦不增可知硫收此熱而藏於內卽隱熱之意以備變化者數時之後漸熱至五百度則仍變流質但不如前之稀再熱至八百三十六度卽沸而變爲紅棕色之濃霧此霧遇空氣而爆裂卽宜速去其加熱之火將此硫少許傾於深水則在水內沉下成條軟而有凸凹力如象皮之形瓶內之餘者漸冷則顯出以前各形而與前者相應三百五十度變稠質二百五十度變流質此時可再傾少許於水內則成滴而結爲圓粒其色黃其質脆如平常之硫再冷而成顆粒全冷而結黃色之塊復原形

變成之棕色軟質存數小時而復黃色其性仍脆若稍加熱復原更速而自散其隱熱此各形之硫不能在水內消化亦難在醕與以脫內消化若以顆粒之質與炭硫少許盛於瓶內搖之則速消化俟其自乾卽成八面形之質甚是美觀與地產之顆粒同如第一百八十二圖但其軟質不能在炭硫內消化

第一百八十二圖

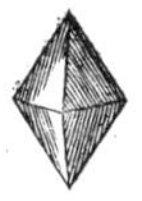

蒸出之硫花與炭硫其盛瓶內搖之則大半消化其餘爲變形之硫而不消化如硫條卽能消化更多或能全消化蒸出之硫塊亦易全消化

硫之能消化與不能消化者乃同質異形之理如將輕硫水用濕電氣化分之則輕氣在負極點相聚硫在正極點相聚詳第一卷輕氣故知輕硫內之硫爲負電質而輕爲正電質此種硫易在炭硫內消化但將多於一分劑之硫與鹼類化合之質在水內消化而添以酸質則其餘硫結而沉下亦能在炭硫消化因此硫與所化合之金類質在雜質內爲負電質又如將硫養水以電氣化分之則硫向負極點故又知在硫養內之硫爲正電質此硫不能在炭硫內消化又如將硫綠化分之則硫亦爲正電質此硫亦不能在炭硫內消化硫既有此二形則知原質有陰陽之分別略可爲據

正電硫與養氣之愛力比負電硫與養氣愛力應更大如遇硝强水則更易收其養氣亦爲其據但正電硫卽不能消化之硫加以中等之熱度則變爲負電硫卽能消化之硫其變時自能生熱若將能消化之硫於硫養氣內加熱鎔化則其外面一層變爲不能消化之形

成顆粒之硫卽能消化之硫有二箇不同之形天成硫質

粒爲八面形而其底爲斜方形如前一百八十二圖硫在流質成顆粒者常有此形如置於鍋而葢密之加熱鎔之待其將冷則外面生皮一層卽在皮上剌二孔一孔進氣一孔傾出流質鍋內結成美觀之長顆粒俱爲斜方柱形

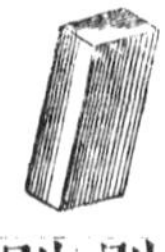

第一百八十三圖

如第一百八十三圖色棕黃新成者透明久則變爲暗黃而顆粒之外形不變然細察之則知分爲極細之八面形顆粒此形時其斜方顆粒自生熱若將八面形之明顆粒暫加二百三十度之熱隨置於最濃之沸鹽水內卽變爲暗質細觀之則知爲極細之斜方柱形顆粒

二種顆粒之鎔界與重率俱不同其斜方柱形者熱至二百四十八度而鎔八面形者二百三十九度卽鎔斜方柱之重率一·九八八面形者二·〇五

平常新鑄之硫條爲斜方柱形之顆粒相聚而成但存之不久而漸變八面形惟其重率不改此原爲定質而顆粒變形之時其質點不能動所以伸縮之力極大幾欲自碎因此質脆輕觸之而易斷如冬令以熱手握硫條卽能自斷乃外面受熱而漲不相同也從此知玻璃等質自能變質而裂

硫花不結顆粒之形而爲圓粒每粒之外層爲不能消化之硫內爲能消化之硫置於熱松香油鎔化之待其稍冷則先成之顆粒爲斜方柱形冷後所成之顆粒爲八面形玆將變形之各數列後

八面形負電質重率二·〇五　鎔度三九　炭硫能消化

斜方柱形負電質重率一·九八　鎔度二四八　炭硫能消化

有凹凸力變形正電質重率一·九六　自變八面形顆粒炭硫不消化三種內之八面形顆粒永不變形別種存久則歸爲八面形又有數種如黑者紅者雖有其物因無大用故不論

硫能逕與別原質化合若作細粉則不必加熱而能與綠氣並數種金類之細屑化合又有數種金類加熱亦能化合除淡氣外又能與一切非金類化合如將銅之細屑二分硫一分或將鐵之細屑一分硫一分相和而盛於瓶內加熱則化合之時發火甚亮

西人名立末里能造自燃之小火山以顯火山之理將鐵屑三十磅硫粉二十磅相和而埋在地內澆水令全濕用土葢密則不久而鐵屑生銹自生大熱其餘鐵與硫化合燒至極猛發出多霧與火山略同

鐵細粉二十分淡輕綠二分硫一分與水相和敷於鐵縫則可粘合而不漏氣此因鐵與硫化合成最硬之料

金類有數種能在硫養氣內自燃如在養氣內同將硫盛

第一百八十四圖

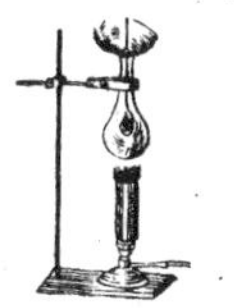

於瓶內用鐵絲布蓋於酒燈或煤氣燈而加熱令瓶內恆滿棕色之霧即以鉀或鈉盛於鐵勺置瓶內如第一百八十四圖自能燃火紅銅絲捲成螺絲而置於硫霧內亦發大熱漸變為銅硫其質甚脆

硫在濃硝強水或濃硫強水漸漸加熱消化如用硝強水則變成硫養如用硫強水則變為硫養如用硝強水與鉀養綠養相和而添以硫則硫之消化更速亦成硫養鹼類水加熱亦能消硫成黃色或紅色之流質內含鹼質與硫養化合又含金類與硫化合

硫與各質化合所成之質養與各質化合所成之質其原質之排列大同小異

輕硫

輕硫見於地內所出之水又見於火山所出之氣或有體積四分之一凡含硫之生物質腐爛時即成此氣陰溝所出之臭亦是此氣雞蛋黃含硫甚多故臭時發出輕硫氣所以常言輕硫氣與臭蛋相同間有枯煤或烟煤燒水則煤之硫與水之輕化合而成輕硫又有蒸含硫之生物質而甑燒至紅熱者亦成輕硫又在燒煏烟煤所得之質內有硫與淡輕化合成淡輕硫

輕氣與大熱之硫霧相遇即能稍成淡輕硫氣或令硫霧與水氣同過紅熱之管而管內盛浮石則所出之氣為輕硫其浮石有多孔故便於合成取輕硫之簡法將硫粉與木炭細屑相和以水濕之加熱即成或用硫一分牛油或羊油一分相和加熱油即放出輕氣與硫化合

取輕硫之常法將鐵硫添入淡硫強水內其式為

鐵硫⊥輕養硫養‖輕硫⊥鐵養硫養造鐵硫之法將鐵屑三分硫粉二分相和用瓷罐如第一百八十五圖以木炭火加熱至紅將料暫添少許每添一次必速蓋密硫即

第一百八十五圖

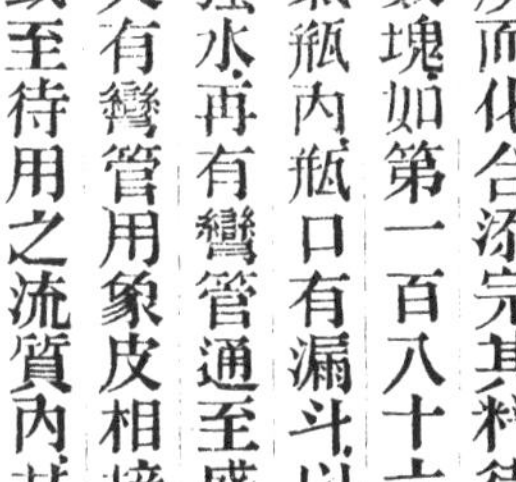

燒而化合添完其料待冷取出將數塊如第一百八十六圖盛於發氣瓶內瓶口有漏斗以便添進硫強水再有彎管通至盛水之小瓶又有彎管用象皮相接通至水內或至待用之流質內其發氣瓶之

第一百八十六圖

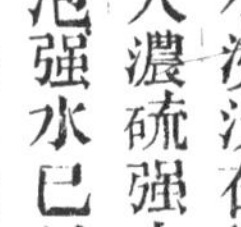

鐵硫塊用水浸沒在瓶約有三分之一為度從漏斗添入濃硫強水每添數滴必搖其瓶俟瓶內發泡強水已足如所添太多即不發輕硫氣因有無水鐵養硫養為白色之質結

成於鐵硫塊之外面則鐵硫不能遇硫强水也此法所發之氣足用後必將瓶內之流質傾出留其鐵硫以爲下次之用若存流質數日則成綠色之顆粒其質爲鐵養硫養七輕養

常法取輕硫必含鐵少許而更有輕氣相和但此已足爲平常之用如欲取淨氣可將銻硫盛瓶內和以鹽强水而加熱其式爲

銻硫丄三輕綠川三輕硫丄銻綠

輕硫氣易辨之據有難當之臭其氣比空氣加重五分之一卽一·一九二加以十七倍之空氣壓力卽變無色之流質加冷至負一百二十二度卽成透明之定質水在平熱度能收輕氣三倍體積藍試紙遇其氣或水稍變紅色此氣易燒成藍色之火同於硫火變成之質爲水與硫養其式爲

輕硫丄養川輕養丄硫養同時有輕養硫養少許變成如空氣不足用亦有分出之硫如將輕硫氣一瓶以燭火入內令燒則瓶邊有結成之硫輕硫有能燃之性最便於因其性而滅之如煏煤氣有各種含淡輕之質常發輕硫氣甚多若放之出外鄰家必病故卽引入爐內燒之可得其熱而免其害人若多吸此氣必致迷眩雖爲淡者而久吸亦必困倦無力

輕硫氣通於水內至飽足令水再遇空氣則空氣之養氣與輕硫之輕氣化合而成水分出之硫爲白色有負電質之性輕硫水不能久藏常必換新者若用沸過之水收氣或用變壞之輕硫水收氣則水含空氣之養氣業經散去俱能稍免此病水收氣而欲驗其飽足與否須蓋密瓶口而猛搖之如已足者必有向外之抵力收藏此水瓶塞敷以定質油而倒置之能存數十日不壞

凡造輕硫水時常有氣外洩而不可嗅宜在收氣之瓶用象皮冒蓋之冒內有二孔其一孔通以進氣管入水內又一孔通以出氣管引其餘氣至燒氣之燈或引入淡輕水則收之而變爲淡輕硫此水又爲化學有用之物

輕硫氣遇淡養則其輕氣立與化合而放出其硫其式爲

淡養丄六輕硫川淡輕丄三輕養丄六硫

最濃之淡養亦能令輕氣與硫與其養化合而成淡輕輕養硫養輕硫可在水內見其硫分出成膠形如有綠或溴或碘遇之則立收其輕而放其硫

輕硫遇金類或金類與養化合之質其變化同於輕綠並別種含輕氣之配質遇數種金類能放其輕而成金類與硫合成之質但作此事必須得熱惟汞與銀不需熱如用

水銀盆收輕硫氣水銀面必生黑皮一層卽汞硫其式爲輕硫丄汞川輕丄汞硫銀之光面遇輕硫氣不久而變黑色卽是銀硫如食雞蛋而用銀杓其杓遇蛋黃之處亦卽變黑又如自來火與銀錢同藏不久亦變黑而以鉀衰水擦於黑處立卽變白因鉀衰消化銀硫之故

金類置於輕硫氣內加熱則放出其輕氣如鉀遇此氣其變化同於遇水其遇水之式爲二輕養丄鉀川鉀養輕養丄輕其遇輕硫之式爲二輕硫丄鉀川鉀硫輕硫丄輕錫遇輕硫而加小熱錫卽收盡其硫其式爲

錫丄輕硫川錫硫丄輕

輕硫遇金類與養化合之質卽變爲含硫之質與含養之質相對其輕與養化合成水如鉛養變成黑色之鉛硫與水其式爲

鉛養丄輕硫川鉛硫丄輕養又如鉛養已與配質化合者其變化相同故將紙沾以含鉛養之鹽類水而遇輕硫卽變黑色此法可作試輕硫氣之紙如以鉛養淡養水或鉛養醋酸水灑於紙上成點卽能顯出輕硫之微蹟煤氣不淨而遇此紙若含輕硫則紙上之點變爲紫色而鉛養淡養爲輕硫所化分其式爲

鉛養淡養丄輕硫川[illegible]鉛養炭養卽

鉛粉合以油爲白色油敷於木面而在多燒煤之處卽變暗灰色或用鉛粉擦紙成光面以之印圖或寫字久遇輕硫氣亦變黑色或用鉛粉作畫其色亦變若將其圖多見日光與風仍得白色因黑色之鉛硫收養氣而變成鉛養硫養爲白色之質其式爲

鉛硫丄養川鉛養硫養暗處則不能變化

含硫之質與含養之質相對而其質易自化分如輕硫遇其養氣必有硫分出故鐵養遇輕硫其式爲

鐵養丄三輕硫川二鐵硫丄三輕養丄硫煤氣內欲分出輕硫而用鐵養卽有此種變化

輕硫遇含綠氣之質或綠氣同性之質與金類合成之鹽類則其變化似乎遇含養之金類鹽類質

金類有多種與硫相合者不能在水內消化同於金類與養相合者又有金類多種與硫相合者不能在淡强水與淡鹼類水消化所以輕硫遇大半金類鹽類水硫卽與金類化合而成不能消化之質所結成之質其色往往不同故可以色辨其何種金類

含鉛之流質遇輕硫氣卽結成黑色之鉛硫不能在淡酸水或淡鹼水消化

含銻之流質卽鉀養銻養果酸水以輕硫水有餘相和而

再添以輕硫氣則成橘皮色之質為銻硫若在未添輕硫氣之前分其一半而加鉀養水至有餘然後以二半各添輕硫氣則含鉀養者無所結因銻硫能在鹼類水消化也

鎘綠水添以輕硫結成光黃色之質即鎘硫鋅養硫養添以輕硫結成白色之質即鋅硫若先添輕綠使有酸性而後添輕硫則無所結成故有含鎘與鋅相和之水即可分出其二金類先加輕綠使有酸性而加輕硫至有餘則鎘硫結成而鋅硫不結濾取其鎘硫而添以淡輕水則鋅硫結成

含硫之本質與配質

凡能在鹼類水內消化之含硫質謂之硫配質而鹼屬金與硫合成之質謂之硫本質此硫本質與硫配質化合又成硫鹽類質與金類之養鹽類質相對茲將已成之鹽類質而得其顆粒者列後

二鈉硫錫硫　即與錫養為配質所成之鹽類相似

三鈉硫銻硫　即與銻養為配質所成之鹽類相似

三鈉硫鉮硫　即與鉮養為配質所成之鹽類相似

空氣遇金類與硫化合之質其變化在製造之內可得數益平常之熱度所有金類能成含養之鹼類質如鈉與鉀等遇空氣而兼有水則先成含養之質與二個硫之質後成含硫養之質故化學家因此性而作鈉養硫養其前式為二鈉硫丄養‖鈉養丄鈉硫後式為鈉硫丄養‖鈉養硫養如金類與養合成之質其性稍弱則其硫遇濕空氣而自變為硫養其式為

銅硫丄養‖銅養硫養凡錫礦內雜銅可以此法分出

鐵硫遇濕空氣變成紅色之鐵養而有硫分出其式為

二鐵硫丄養‖鐵養丄硫造煤氣者因此變化即用鐵養收出煤氣內之輕硫使變為鐵硫之後而遇濕空氣即能自變為鐵養

含硫之金類礦與強本質相配者在空氣內加大熱煅之即變為含硫養之質如鋅硫丄養‖鋅養硫養故煅鋅硫礦常變鋅養硫養但尋常煅此種礦則硫之幾分變為硫養如銅硫礦加熱煅之則幾分變為銅養其式為

銅硫丄養‖二銅養丄硫養故用銅礦取銅俱藉此性而成之

輕硫

此質之原質排列尚未詳考惟其性與輕養相似故化學家記其式為輕硫或又化分得輕硫此為流質而易消硫其硫難於分出故難定其輕與硫若干分化合如將熟石灰一分硫三分與水相和令沸則得橘皮色之水內含鈣

養硫養並鈣硫其式爲
三鈣養丄硫川鈣養硫養丄二鈣硫濾取其定質而在流質內添以鹽强水則多有硫結成而多發輕硫其式爲
鈣硫丄輕綠川鈣綠丄輕硫丄硫如將濾出之水漸傾入輕綠一分水二分之內稍加熱而掉勻卽得黃色之重油質沉於水底卽輕硫其式爲
鈣硫丄輕綠川輕硫丄鈣綠因所用之輕綠多至有餘故輕硫未化分但前式在鹼類水能化分而輕硫之性與輕養之性甚相同輕養易分爲輕養與養而輕硫亦易分爲輕硫與硫如將輕硫封在玻璃管內尙欲化分其分出之輕硫因壓力大而凝成流質凡遇輕養能令變化之質則遇輕硫亦然輕硫之臭難聞目遇之而淚流

硫與養合成之質

硫合養之質有二種能分取之卽硫養與硫養又有四種能與水相合而取之卽硫養硫養硫養硫養又有一種能在鹽類內得之卽硫養玆將其各質以次第列之

硫養	含硫三十二分	含養十六分
硫養	十六分	十六分
硫養	十六分	二十四分
硫養	三十二分	四十分
硫養	四十八分	四十分
硫養	六十四分	四十分
硫養	八十分	四十分

硫養

萬物內不常見硫養惟火山所發之氣內有之人民聚處常燒煤而煤本含硫故亦有之此氣極易變爲硫養故空氣內不能多見硫在乾空氣內燒之易成此氣化學家所取之硫養將硫養與銅相和而加熱銅卽收其養氣一分其式爲
二輕養硫養丄銅川銅養硫養丄二輕養丄硫養如以銅屑三百釐盛於瓶內添以濃硫强水四兩用彎管引所發之氣至乾瓶內其瓶用厚紙蓋之如前一百六十圖加熱數時而得大熱卽有氣發出其氣發時甚速故必去其火所得之氣含硫養霧少許因此不淨待此發盡而瓶冷卽有棕色之流質浮於上而底有灰色之粉此粉爲顆粒之形其流質爲多餘之硫養盍銅養硫養不能在濃硫强水消化如傾出流質而添滿以水待少頃則其灰色之粉消化而成藍色之水數日不動水自化散仍結顆粒尙有黑粉少許卽是銅硫可見銅能收養氣之性甚大
硫養爲極重而無色之氣其重率二·二五有燒硫之臭加

冷至〇度即冰鹽相和所得之冷即凝成明流質不加壓力而再加冷至負一百〇五度則結成無色之顆粒

第一百八十七圖

凝此氣為流質有簡法能試之如第一百八十七圖用管引硫養氣至甲管之底甲管置於發凍之料此料用冰粉二分鹽一分相和其管先在中間引長成小頸如乙便於用吹火封密吹封之時其頸適出於發凍料之外因熱至十四度則硫養流質欲自沸所用之管不必極好因硫養霧在平熱度內祇須二倍半空氣壓力硫養流質自化散極速故易得冷至負四十度若欲令水銀

凍結可用硫養流質成之試將表玻璃而盛水銀一滴而在通風之處傾以硫養流質數滴水銀即凍所盛硫養流質之管以手執持必用羊毛布為襯令不傳熱又法甚奇將鉑鍋加熱至紅而傾入硫養流質數滴則流質外面生硫養氣一層而流質不與鉑鍋相切此因周圍發氣甚速於其間隔絕也流質速散而熱度減將水數滴置於內立即凍冰鉑鍋尚熱隨可傾出

硫養氣最易為水所收如將水少許傾入硫養氣之瓶用掌蓋其瓶口而急搖之水即收氣而瓶內幾真空掌被吸而瓶粘於掌心水能含硫養氣四十三倍半在平熱度時

而加大冷於水即有輕養硫養粒結成此質之原質排列尚未考準硫養水久存在含空氣之瓶其臭漸滅因收養氣而變硫養

硫養氣能滅火同於炭養氣如瓶內有空氣大半硫養氣小半而以燭火置於內其火立熄又如煙通內臭多而忽自燃可將硫燒之而令煙通吸其氣臭火即滅

硫養氣在製造之用藉有漂白之性數種動植物之色見硫養氣而自滅其性不及綠氣之猛故凡用綠氣而欲受傷之物如草如羊毛如海絨如魚肚膠如柳條籃如籐等其漂白之法用大箱在底燒硫將其物濕之而掛在箱內

惟其顏料原不被硫養化分而與硫養化合成無色之質所以草或佛藍絨等舊時仍復黃色此或因硫養收養氣而變硫養又如麻布偶沾果汁之色或紅酒之色可用硫養水濕之其色立滅

硫養漂白之性可小試之將蘇木數片用河水煮之而得淡紅色添以硫養水數滴即變淡黃色其色雖變而究未滅將此黃水一半添以鉀養又一半添以硫養其色並復

第一百八十八圖

若將鉀養錳養之淡紅水添以硫養水少許則其色略滅用鹼或酸亦不復此可見滅色與變色之別因錳養變為錳

養也若將數種顏色之花挂於罩內如第一百八十八圖罩內燒以硫則花內有數種爲硫養所變白如再置於硫强水或淡輕水內則其色有復原者有不復而變別色者硫養氣又有一大用之性卽能阻發酵並發臭蓋發酵藉有植物生於內而硫養氣能死此物故凡藏酒之木桶燒硫於其內則木質之孔所含能發酵之物卽滅藏以新酒

第一百八十九圖

而不致再發酵如第一百八十九圖瓶內盛糖水少許添以酵而令發酵再添硫養水在內則發酵立停所以製造數種材料並造糖之工常用之又如衣服內有蚤虱與蠱虫者可用硫養氣薰之

硫養氣能收養氣而變爲硫養故可用硫養收出含養質之養氣如含銀或金之流質先加硫養水再加淡輕養少許而稍加熱金或銀卽分出

硫養水盛於玻璃管內封密加熱至三百四十度則硫養之半能收又一半之養氣遂有硫放出而變成硫養其式爲

三硫養二丄二輕養‖二輕養硫養丄硫

硫養氣能與淡輕合成二種定質卽淡輕硫養並淡輕二硫養此二質之性與淡輕輕養硫養並淡輕輕養二硫養大不同造此二質令硫養遇輕養淡輕而成

綠氣能與硫養在日光下化合成無色之流質此宜等體積其流質所發之霧極辣目遇之而大痛其質爲硫養綠或稱之爲配質然不能與本質化合故其言未確遇水則化分成輕綠與硫養或以硫養之根源爲硫養而硫養綠與硫養相對卽硫養之養氣一分劑以綠氣代之又如將硫綠消硫而令綠養氣行過卽得無色之流質最易自散此質易爲水化分成輕綠與硫養

鉀或鈉在硫養氣內加熱能燒至極猛而成鉀養或鈉養鉀硫或鈉硫

鐵鉛錫鋅在硫養氣內加熱卽變爲含養或含硫之質其式爲

硫養丄鋅‖鋅硫丄二鋅養

含硫養之質

硫養之配性稍弱然尚强於炭養含硫養與炭養之質有數種相同之處如消化之性等其鹼屬金與硫養合成之鹽類易在水內消化其餘鹽類質或不消化或難消化硫養氣與炭養氣俱能成二種鹽類質有含硫養一分劑者如鈉養硫養有含二分劑者如鉀養二硫養其鈉養硫養在製造內之大用卽造紙之工滅漂白料之性如造紙之

舊藍布用鈣綠與硫養漂白者又須用硫養滅其綠氣其式為

鈉養硫養丄輕養丄綠川鈉養硫養丄輕綠其法將硫養氣行過濕鈉養炭養之顆粒則炭養散出而成鈉養硫養先在水內消化再令成顆粒此粒為斜方柱形其質為鈉養硫養七輕養遇空氣而變為暗色漸收養氣而自變為鈉養硫養其水遇試紙則稍顯鹼性造鈉養硫養而取硫養或將硫燒之或將硫養與炭相和而加熱其式為

二（輕養硫養丄炭川二輕養丄炭養丄二硫養其炭養氣無損乎硫養氣之功用

有化學家云硫養無有配性與炭養相同詳見炭養又云其配質為輕養硫養即輕硫養取此質之法將硫養水加以大冷

硫養

硫藏於萬物之內以硫養與本質化合者為最多火山附近之泉池並江河之水俱微含硫強水若使硫養氣與養氣同過加熱之管而內盛白金或金類合養之質如銅養或鉻養俱能化合而成硫養但其理尚未晰

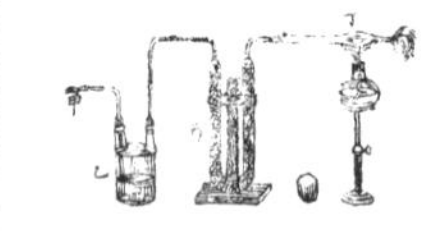
第一百九十圖

如第一百九十圖甲為管一端通養氣瓶一端入乙瓶瓶內盛硫養水養氣通過即收硫養氣幾分而其入丙管管內盛火山噴出之浮石其石漬溼那陀僧硫強水則所含之水氣收盡丁為空泡泡內置鍍白金之不灰木詳見第一百四十四圖說養氣與硫養氣透過此泡而出管口不見形跡若用酒燈火稍加熱於泡外則養氣與硫養氣化合成硫養濃霧由管中噴出收空氣內之濕氣而見白霧即硫強水也尚有多取無水硫養並含水硫養之法其含水者於製造更有相關故先論之

含水硫養

四百年前有人名法倫汀將鐵養硫養熖得酸質名曰硫

強水俗名那陀僧強水今那陀僧地方仍用此法將鐵養硫養即青礬置空氣內多收養氣而成鐵養二硫養其式為

二（鐵養硫養丄養川鐵養丄二硫養

將鐵養二硫養烘乾置於火泥甑內用火熖之則硫養化分由管而出以玻璃瓶收之若鐵養二硫養極乾則所出為無水硫養但恆不能極乾故所得者為那陀僧硫強水其質為輕養二硫養留在甑內者為鐵養即紅鐵銹可磨玻璃及金類使光亮

那陀僧所用之鐵養硫養乃用鐵硫所變多出於火山將白色鐵硫置於濕空氣內收養氣即成其式為

鐵硫二丄輕養丄養七川鐵養硫養三丄輕養硫養三

白色鐵硫三有大塊者自能裂開外生皂礬因見濕氣置於濕空氣內即自收養氣色若不白者即不能自收養氣必加熱化散其硫之幾分則亦如白色者之自能收養氣矣

那陀僧硫強水開其瓶塞則發白霧因有無水硫養三散出收空氣內之濕氣也以水較重得一·九那陀僧強水之用可消化普藍成水以染羊毛等成藍色亦可用以取無水硫養三如將那陀僧強水置甑內加熱則無水硫養三漸漸化氣散出以瓶收之外包發凍之水即結顆粒如絲甑內所留者爲輕養硫養三

那陀僧法所造之強水其價甚貴因燒料多而甑易裂也所以英國剏設簡法

法倫汀又用銻硫三與硫與硝相和盛於玻璃罩內在水面之上燒之百年前法國有化學士不用銻硫三而但用硫與硝亦可成硫強水後有羅蒲克用鉛作房代玻璃罩昔時用玻璃器所作每兩之價二角半今已賤至二分半英國現在所用每年約需十萬頓

欲知硫養三收取之法先明化合之理燒硫在空氣內則所成之氣大半爲硫養二此氣若遇輕養淡養五而兼遇水氣即能化合其式爲

三硫養二丄輕養淡養五丄二輕養川三（輕養硫養三）丄淡養二此淡養二遇空氣則收其養氣而成淡養四氣淡養四氣遇硫養二與水氣則又化合其式爲

淡養四丄二硫養二丄二輕養川淡養二丄二（輕養硫養三）此因淡養二能收養氣而放與硫養三所以硫養三雖多若有水氣空氣淡養二氣則盡可成硫養三

第一百九十一圖

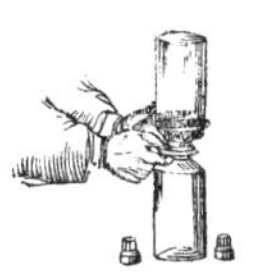

今設數法以明其理如第一百九十一圖用淡養二氣一瓶與養氣一瓶其瓶之容積如前瓶之半將兩瓶口相對而合之則倏忽化合成淡養四氣而色紅即用此淡養四氣一瓶與硫養二氣一瓶容積與前等亦將兩瓶口相對而合之則紅色漸不見而在瓶內結成顆粒因淡養四氣與硫養二氣並濕氣少許化合所成也其顆粒之質約爲淡養二一硫養三輕養其式爲

淡養四丄二硫養二丄輕養川淡養二一硫養三輕養以水少許加入結顆粒之瓶內搖之則顆粒消化有聲簌簌而淡養二散出遂成含水之硫養三其式爲

淡養二一硫養三輕養丄輕養川淡養二丄二（輕養硫養三）將玻璃管吹空氣入前瓶內則又成紅色淡養四氣故知有淡養二氣也濕氣若多不結顆粒

第一百九十二圖

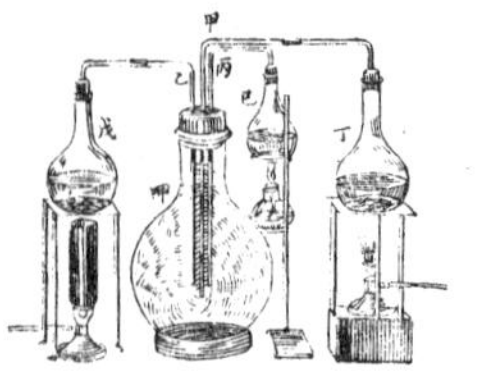

又法用大玻璃瓶如第一百九十二圖呷口有軟木塞塞內有甲乙丙三管甲通丁瓶內盛銅與濃硫强水以發硫養氣乙通戊瓶內盛銅與一二重之硝强水以發淡養氣丙管通已瓶盛水稍加熱於硝强水之瓶則散出淡養$_2$氣而入大瓶呷與空氣內之養氣化合成淡養$_4$氣色紅取去此瓶而加熱於硫强水之瓶則散出硫養$_2$氣入大瓶呷其淡養$_4$氣之紅色漸不見而結顆粒於瓶之內旁取去此瓶而加熱於水瓶使汽通入則顆粒消化成水而聚於瓶底再放空氣入呷瓶則不結顆粒而即成硫强水呷瓶之軟木塞易爛故用玻璃圓片爲佳片上作三孔

第一百九十三圖

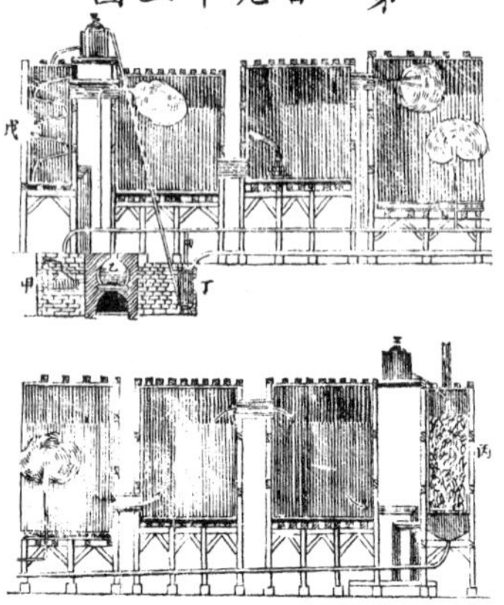

前理既明英國擴充其事而作大取之法如第一百九十三圖用鉛皮作大房接縫處亦用鉛銲若用別物必致消化鉛房外以木作架房內盛水深二寸甲爲爐燒硫或鐵硫以發硫養$_2$氣其爐之式宜使空氣易與硫養$_2$氣同入鉛房爐內有鐵盆盆內盛鈉養淡養$_5$與硫强水使成淡養$_5$氣各氣同入鉛房乙爲添水氣之鍋爐有管通於鉛房在數處噴入房內則硫養$_2$氣與淡養$_5$氣水氣交互化合成硫强水如雨而落於房底並有淡養$_2$氣其式爲

三硫養$_2$丄輕養淡養$_5$丄二輕養＝淡養$_2$丄三（輕養硫養$_3$）

若將淡養$_2$氣放出而再加淡養$_5$氣使與硫養$_2$氣化合則鈉養淡養$_5$一分劑即八十五所成淡養$_2$能與硫三分劑即四十八化合成硫養$_3$若淡養$_2$不放出祗用鈉養淡養$_5$八十五分之三即能使硫四十八分盡成强水因淡養$_2$易收房內空氣之養氣成淡養$_4$而淡養$_4$又放養氣二分劑與硫養$_2$在汽內成硫强水也其式爲

二硫養$_2$丄淡養$_4$丄二輕養＝二（輕養硫養$_3$）丄淡養$_2$

此時鉛房之氣略鬆因硫養$_2$四體積與淡養$_4$四體積化合成强水落於底獨餘淡養$_2$氣四體積故可再添各氣其化合之理同前

空氣內之淡氣在房內無所用養氣已用完而留此無用之淡氣必甚多積久自宜放出昔時作長管如煙通引之出外而淡養$_2$氣亦隨之同出今則設法收之而再用如圖

丙爲又一鉛房滿盛枯煤在上用濃硫强水滴下如雨其硫强水卽收淡養而由管流至丁箭有起水箭起上至壺內而流至戊房房內有數層斜板或亦用枯煤使緩緩流下再以添入其大房之硫養氣與空氣先過戊房卽能收此硫强水內之淡養氣而同入大房未設此法之時用鈉養淡養一分祇燒硫八分至十二分今則用鈉養淡養一分可燒硫二十分

硫强水在鉛房之底漸濃至與水較重一·六則每百分中有輕養硫養七十分卽須取出若任其再濃則能收淡養氣

此種硫强水已可作鈉養硫養等用若欲再濃必盛於鉛鍋熬之使重至一·七二再濃則消鉛其式爲

二（輕養硫養）丄鉛＝鉛養硫養丄二輕養丄硫養

一·七二之硫强水每百分內有輕養硫養八十分可用作鈣養燐養

欲再熬濃必用白金大甑或玻璃大甑則水氣透出而稍帶出强水留於甑內者卽極濃之硫强水見有白霧出管口知甑內之水已盡宜用白金虹吸吸出重率一·八四前所透出者爲淡硫强水可放入鉛房內代水之用

極濃硫强水價甚貴宜置玻璃瓶內密封不可置於空露之器因易收空氣內之水氣也又將濃時須熱至法倫表六百四十度故熬時玻璃甑易裂宜用隔沙之法沸時振動甚猛玻璃甑亦易裂故以白金甑爲佳白金大甑外包鐵皮價值金錢二千至三千圓所以濃硫强水必貴也極淨之硫强水蒸出之後再加熱使餘質盡散出則甑內所留者爲鉛養硫養甑內置水晶數塊能減沸時之振動加熱宜於勻滿全底使强水通體全熱

以上總法乃硫養氣空氣水氣淡養氣同入鉛房之內則淡養與硫養化合而變爲淡養其淡養收空氣內之養氣而變爲淡養其淡養放出養氣與硫養使成硫養遇水氣而成硫强水取出而用鉛鍋煎稍濃再用白金甑熬極濃

硫强水形性

極濃者與水較重一·八五其形如油而無臭極淨者無色平常者有灰色因含生物質沸界六百四十度沸時發氣在器內不見若遇空氣則成白霧將濃强水少許沸之能滿屋皆有白霧冷至負三十度而結冰如已冰後而再欲鎔之必甚熱於負三十度性能毁生物之質變爲炭木遇之而變黑色蔗糖消化於水而加以濃硫强水少許則發沸而變黑色稠質飴糖與濃硫强水相和有如黑漆可作擦光黑皮之料此皆因硫養與水之愛力甚大也木之質

爲炭輕養糖之質爲炭輕養此二物乃是炭十二分劑與水十分劑或十一分劑化合所成故强水收盡其水所餘者即炭也

加水於濃硫强水則生熱有時大於水沸之度所以加水之時須慎之

加水之時將水盛於瓶內以强水緩緩傾入隨用玻璃箸攪之隨傾隨攪若加水於平常硫强水內則變濁因鉛養硫養分出也鉛養硫養能在濃硫强水消化若加以水即能化分如未煎濃則雖含鉛養硫養加水亦不化分變濁之質停數小時後鉛養硫養結成沉下傾出上面清者即

純硫强水與水相合其體積小於二物未合時之原體積

淡硫强水亦能毀布紙等物若沾少許初時雖不壞久則水化散而濃濃則毀矣若近火熇之則水速散而毀亦更速若用淡硫强水寫字於紙上初時不見字跡近火熇之而字跡速現黑色硫强水盛於無蓋之器內則體積漸能加大故濕物欲使速乾可將淺盆盛

第一百九十四圖

濃硫强水與之同置罩內如第一百九十四圖欲其更速則以抽氣筩抽出罩內之空氣凡含水之氣質亦可用硫强水收乾之

硫强水氣至紅熱則化分而變爲水與硫養與養氣其式爲

輕養硫養‖輕養丄硫養丄養

若欲試之可將硫强水之氣過極熱之白金管即得其據如欲取養氣可使白金管所出之氣過石灰則石灰收硫養氣而剩養氣其養氣初成之時得自空氣

若將硫與硫强水同置白金鍋內沸之硫即漸漸消化而硫强水變成硫養其式爲

硫丄二輕養硫養‖三硫養丄二輕養

凡金類除金與鉑外皆能與硫養化合然鉑亦能消化故

鉑鍋久沸硫强水亦漸壞也鉑爲硫强水消化其鉑與硫養化合而變爲硫養與鉑養再與硫養化合成鉑養硫養

若將銀置於極濃沸硫强水內則成銀養硫養在熱水內可消化其式爲

銀丄二輕養硫養‖銀養硫養丄二輕養丄硫養

銀內含金者其金留下成黑粉所以硫强水可分銀內所含之金銅內含金亦如之若硫强水含淡養亦可消金再加以水則金成紫紅色粉沉下

硫强水二體積水一體積相合將紙浸入取出洗淨牢固如皮而輕重不改

硫強水與水相合可分爲數種，如淡硫強水在眞空內加熱至二百十二度，使化氣，則餘下者爲輕養硫養三二輕養重一·六三。若將此質在空氣內加熱至四百度，使化氣至無水氣而止，則餘下者爲輕養硫養三輕養重一·八五。此質冷至負四十七度能成顆粒，其形如冰。

無水硫養三

前已言用發霧之硫養三取無水硫養三，又法爲常用者，將鈉養輕養二硫養三加熱至暗紅色，使輕養散去而成鈉養二硫養三，置火泥甑內，蒸出其硫養三一分劑，則所留者爲鈉養硫養三，以瓶收其硫養三氣，瓶外圍以冰，即結白色顆粒，同於不灰木之形，在空氣內能發白霧，因硫養三氣收空氣之濕氣而凝爲水點也。漸收多水，則不發霧，而消化成輕養硫養三。若將顆粒投於水內，則有聲如熱鐵淬水，因忽然多成水氣之故。其顆粒熱至六十五度即鎔成流質，再熱至一百十度即沸。燐遇硫養三氣即自燒，因收硫養三氣內之養氣，硒臏硫。若將鋇養在無水硫養三霧內加熱，則自增熱至紅，而成鋇養硫養三。無水硫養三又能與炭四輕四或炭八輕八化合，故此二氣含於別氣之內，宜用硫養三氣收而出之，如化分煤氣，可將梏煤一塊濕透硫強水，罩於水銀面上，將煤氣放入，則梏煤能收盡煤氣內之炭四輕四或炭八輕八。又法，取無水硫養三將無水燐養五三分置甑內，其外用冰與食鹽使冷，次將硫強水二分傾入，而緩加熱，則燐養五收盡硫強水內之水，有無水硫養三散出，以冷瓶收之。

硫養三之鹽類質

平熱度內硫養三與各種本質相遇，其愛力大於別種配質，故遇各種鹽類質，亦能擠去其配質而自與本質化合，製造之事大半藉此性。

硫養三化合之性極猛，故遇酸性或中立性之金類與養化合之質，即令其養氣分出，而與含養之本質化合，如取養氣之法有藉此性者，將錳養二與硫養三相和加熱，即成錳養硫養三，而放其養氣，其式爲：

錳養二丄輕養硫養三‖錳養硫養三丄養丄輕養。又錳養二易鉻養，即成鉻養三三硫養三，其式爲：

二鉻養三丄三輕養硫養三‖鉻養三三硫養三丄養三丄三輕養。又以同法，鉀養二鉻養三合於硫強水，亦有養氣放出。

有數種本質能與硫養三合成二種鹽類質，一爲中立性者，一爲酸性者，其酸性者係中立性與輕養硫養三化合，如鉀養硫養三爲中立性，而其含二硫養三者爲鉀養硫養三輕養硫養三，此鹽類平熱度內爲定質，其酸性略同於硫養三，故用吹火筒試金類礦常用之，如加大熱，即放其輕養硫養三，餘臏者爲中立性之鉀養硫養前言鈉養硫養輕養硫養加熱則放水而變爲鈉養二硫養又有化學家取得鉀養二硫養之顆粒。

硫養能成多種雙鹽類質即含二種質與硫養化合者如礬之類有數種質即含一箇鹼類本質與養氣化合並含一箇半養氣本質與硫養化合如鉀養礬之式爲鉀養硫養鋁養三硫養二十四輕養。

硫養遇大熱自能分爲硫養與養故含硫養之鹽類質能以熱化分之如銅養硫養加以大熱則放硫養與養而餘者爲銅養其式爲

銅養硫養川銅養丄硫養丄養。鐵養硫養更易化分因鐵養與養之愛力更大則與養化合成鐵養其式爲

二（鐵養硫養）川鐵養丄硫養丄硫養其硫養之幾分變成無水之形而飛散。

或用鋅養硫養爲取養氣之料因價廉也加以大熱即放硫養與養氣而餘質爲白色之鋅養可作白油之色其硫養又可用鈣養或鈉養收之而成工藝內有用之物其養氣即爲化學之用。

鉀養鈉養鋇養錯養鈣養等與硫養合成之質並鉛養各質不能爲熱所化分鎂養硫養必用極大之熱方能化分

含硫養之質用木炭相和而加熱則炭收其全養氣而餘質爲金類與硫化合者其式爲

鉀養硫養丄炭四川鉀硫丄四炭養若用輕氣代炭而加以大熱其變化亦同。

鈣養硫養在平熱度內生物質亦能收其養氣如將井水或河水與鈣養硫養同盛於瓶而封密久久則發輕硫之臭因水內之生物質令其幾許變爲鈣硫而此質又爲水內所含之炭養氣化分茲將平常所見含硫養之質列後

鉀養硫養 俗名元明粉

鉀養硫養十輕養 俗名元明粉

鉀養硫養輕養硫養

淡輕輕養硫養

鋇養硫養 西俗名重石

鈣養硫養二輕養 俗名石膏

鎂養硫養七輕養 俗名新元明粉

鉀養硫養鋁養三硫養二十四輕養 俗名鉀養礬

淡輕輕養硫養鋁養三硫養二十四輕養 俗名淡輕礬

鉀養硫養鉻養三硫養二十四輕養 俗名鉻養礬

鐵養硫養七輕養 俗名皂礬

錳養硫養五輕養

鋅養硫養七輕養

鉛養硫養

銅養硫養 俗名膽礬

硫養與本質化合成酸性鹽類與雙鹽類而其硫養或有二分劑或四分劑在內故化學家以硫强水之式應爲輕養硫養卽輕硫養必得鉀養二分劑始能成中立性之質如是則硫養爲二配之酸質

硫養

此質不能分取其無水者又不能取得與水化合者但有數種鹽類含金類與養化合之質又含硫養所以化學家以硫養爲配質因作此式以記之

鈉養硫養爲此種質之最多用者如照像之事並漂白之工可代鈉養硫養之用以滅其綠氣最簡之取法將硫之細粉添以鈉養硫養水此水卽化合硫一分劑而變爲鈉養硫養熬乾其水而成長方柱形之顆粒其質爲鈉養硫養五輕養多取之法將造鹼之廠所有之廢料令久遇空氣因此質多含鈣硫故卽與空氣之養合成鈣養硫養其式爲

二鈣硫丄養〢鈣養硫養丄鈣養將所得之質侵於水內則鈣養硫養消化將其水添以鈉養炭養卽有鈣養炭養結成沉下而水含鈉養硫養其式爲

鈣養硫養丄鈉養炭養〢鈣養炭養丄鈉養硫養此質最有用之性以能消化銀綠與銀碘此二質不能爲水消化如將銀養淡養水與鈉綠水相和卽結白色之質爲銀綠若掉其水則分出更速其式爲

銀養淡養丄鈉綠〢銀綠丄鈉養淡養其銀綠沉下之後可傾出其水而以淨水漂洗二三次後可換於別杯而和以水漸添以鈉養硫養銀綠卽易消化其水極甜水內含銀養硫養其銀綠與鈉養硫養彼此化分其式爲

銀綠丄鈉養硫養〢鈉綠丄銀養硫養此銀養硫養與未化分之鈉養硫養合成雙鹽類質能在水內成顆粒而分出其味極甜其質爲銀養硫養二(鈉養硫養)

銀綠遇日光漸變深灰色此因變成銀綠而有綠氣放出其式爲

二銀綠〢銀綠丄綠如將此變色之銀綠以前法與鈉養硫養相和若有未改變之銀綠在內卽爲鈉養硫養所消化其已變銀綠者又爲鈉養硫養所化分遂成銀綠與銀粉其銀綠仍爲鈉養硫養所消化而銀粉則沉下其式爲

銀綠〢銀綠丄銀

試驗此理以明化學之用可將食鹽十釐以水一兩消化

而盛於鉛盆內用紙浸入一二分時取出晒乾再將銀養淡養五十釐以水一兩消化亦盛於鉛盆內將前紙浸入三分時紙即收其銀綠此因鈉綠與銀養淡養彼此變化其紙挂在暗處乾之如將花紗或背陰草之葉或薄紙所印之圖而不甚細密者覆在紙上以玻璃片壓平之而晒於日中數分時紙上之迹畢現其不通光之處爲白色透光者深灰色因見光而變爲銀綠若將晒成者再見日光數分時而無物遮之紙面全變爲深灰色故必用法定之當用鈉養硫養之濃水浸紙則未變色之銀綠消化而不見所有變色之銀綠又爲銀養硫養所化分故紙面祇留銀之細粉而略爲黑色再將紙在流水內漂洗二三小時去盡所有之鈉養硫養此後雖見光而不變色。

銀礦若爲銀與綠氣化合者則取鍊之人可藉鈉養硫養之性而分出其銀。

鈉養硫養之水見大力之強水其變化顯出前言之理即硫養未與別質分離而將其水添以硫強水或輕硫少許數秒時仍爲清水後則忽然變濁因有硫分出並有硫養氣之臭其式爲

硫養川硫丄硫養此硫養自欲分爲硫養與硫之性又能顯出一理平常用鈉養硫養添入金類酸性之水則金類與硫化合而結成如將銻硫礦在輕綠水內加熱令沸即得酸性之銻硫水將此質添入鈉養硫養之沸水內即有硫分出而與銻合成橘皮色之質爲銻硫之細粉可作顏料俗名銻硃此料爲製造內所常用者多取之法因價貴而不用鈉養硫養只用造鹼所有之餘質以鈣養炭養令變成鈣養硫養。

硫養添以硫即成硫養又有法將硫養去其養氣亦成硫養如將硫養水遇鋅則有養氣一分劑放出而餘質爲硫養其養與鋅化合成鋅養其式爲

三硫養丄鋅川鋅養硫養丄鋅養硫養若欲試水內含硫養或否可將輕綠水添入則依前言而變。

鈉養硫養之顆粒在空氣內加熱即鎔熱度漸大則成顆粒之水漸散其質變爲白色而燒成藍色之火餘質爲鈉養硫養如隔絕空氣而加熱其餘質爲鈉養硫養與鈉硫其式爲

四(鈉養硫養)丄五輕養川二十輕養丄三(鈉養硫養)丄鈉硫

硫養鹽類質之無水者從未有人取得至少必有一分劑若除化分其鹽類質之外無法能分去其水故疑水之原質應作式爲輕硫養即硫養輕養則鈉養硫養五輕養之

式應作鈉養輕硫養四輕養即鈉輕硫養四輕養

硫養

製造之內此質無甚大用亦無人取得無水者取含水者之質將極細之錳養粉用水和勻令不沉即加以冷而令硫養氣行過遂成錳養硫養其式爲

二硫養丄錳養川錳養硫養同時兼有錳養硫養變成若不加冷則錳養硫養更多其式爲

硫養丄錳養川錳養硫養如將所得之水即含錳養硫養與錳養硫養之水添以鋇養水即變成鋇養硫養而沉下並有錳養同沉水內只有鋇養硫養濾取其水而漸添以淡硫强水俟其鋇養盡變爲鋇養硫養則水內只有硫養濾之而置於眞空之內並置濃硫强水於旁即得硫養之濃者乃爲無色無臭之流質加熱則分爲輕養硫養與硫養其式爲

輕養硫養川輕養硫養丄硫養若遇放養氣之質如淡養等即變爲硫養此硫養所成之鹽類質亦無甚用處俱能在水內消化俱能爲熱所化分而變成含硫養之鹽類質並發硫養氣

硫養

此質之無水者未有人取得化學之內亦無甚大用其含水者之取法用鉀養硫養取此物之法將鉀養輕養二硫養之濃水與硫同加熱令沸俟水無色爲度將此熱水濾之其式爲

三（鉀養輕養二硫養）丄硫川二（鉀養硫養）丄鉀養硫養丄三輕養此水待冷即結方柱形之顆粒爲鉀養硫養將此質於水消化而添以綠養則鉀養變爲鉀養綠養而沉下水內只含硫養將此水待成顆粒其內亦含水此質最易自化分而成硫養並硫養並硫其式爲

輕養硫養川輕養硫養丄硫

硫養

此質不能自化分化學與製造毫無所用取法將鋇養硫養極細之粉在水內掉和令不沉而添以碘則成鋇養硫養之顆粒其式爲

二鋇養硫養丄碘川鋇碘丄鋇養硫養將此顆粒以水消化漸添以淡硫强水俟鋇養與硫養全化合而沉下即得硫養之水此水令沸則化分成硫養並硫養並硫其式爲

輕養硫養川輕養硫養丄硫養丄硫

鐵綠水添入鈉養硫養消化之即得艷紫色但其色漸能不見而水變爲無色初有紫色者成鐵養硫養而此質速化分而自變其式爲

鐵綠$_{二}$丄二(鈉養硫養$_{二}$)‖鈉養硫$_{四}$養$_{五}$丄二鐵綠丄鈉綠

硫$_{五}$養$_{五}$

此質易取於前數質亦稍得趣將輕硫與硫養相遇卽有硫結成而水內含硫$_{五}$養$_{五}$其式爲

五輕硫丄五硫養$_{二}$‖輕養硫$_{五}$養$_{五}$丄四輕養丄硫$_{五}$欲得極濃者須將輕硫與硫養迭更通過水內俟所結之硫極多而止數小時之後將其淨水傾出而乾之其乾法先用燒鍋而後在真空內以濃硫强水置其旁此因淡者不易化分而濃者遇熱卽化分變成硫養$_{三}$並硫養$_{二}$並硫其式爲

輕養硫$_{五}$養$_{五}$‖輕養硫養$_{三}$丄硫養$_{二}$丄硫$_{三}$

第一百九十五圖

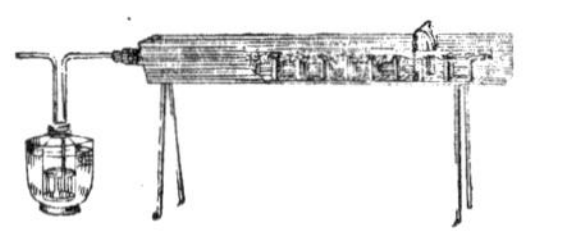

炭硫

化學與製造之內此質極爲要品燒煏煤氣所有之餘質內含炭硫少許常用以消化硫燐象皮油類等物凡屬原質往往不肯一逕化合而成各種雜質惟炭與硫則能一逕化合故可令燒硫所得之氣行過紅熱之炭成之試取之法將日耳曼玻璃管長二尺徑半寸如第一百九十五圖管之一端封密盛硫數塊近底約二三寸其餘盛以新成之木炭將管安在炭爐上其伸出之一端

有軟木塞而塞內接以玻璃小管此管彎至瓶內瓶盛水少許而瓶外加冷其加熱之法將鐵皮作彎搭中有孔而套在管上在炭與硫之交界令熱不通至硫內卽在炭下鋪以紅熱之炭令內炭得紅熱然後取去鐵皮而在硫下加小熱令所發之硫霧漸行過熱炭卽合成炭硫此質不能在水內消化且重於水故沉於受瓶之底其重率爲一二七瓶內兼有未變化之硫少許提淨之法用小虹吸收取炭硫盛於淨瓶內將鈣綠數塊添入以收其餘水瓶口有塞與彎管通至里皮克凝器內或螺形

第一百九十六圖

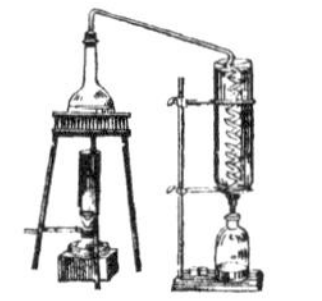

管內如第一百九十六圖用燒鍋稍加熱卽有炭硫透過爲無色之流質最易著火必慎其霧之近火

多取之法用火泥甑盛炭塊而加熱至紅甑口有小瓷管通至底炭既紅熱卽將硫之小塊漸添於瓷管而流下遂以大收瓶凝其透出之霧若欲更多則用枯煤並燒鐵硫礦所發之霧

炭硫之奇性有數種雖屬無色而極爲明亮視其透過之光能變各色同於三角玻璃故光學之事以光化分原質者常用此質如盛炭硫於玻璃管而以各色之火光透過最便於分之而得其原色

此質亦能通熱。其熱線一逕通過而不靡熱。所以碘在炭硫內消化則發光。所發之光停止而熱則透過。又能耐冷而不變化。化學中所得之極冷尚不能令結冰。故測極冷之表常用此質。但最易自散。平熱度即變爲霧。加熱至一百十八度半而沸。如將其霧合於空氣。有臭難當。略同於輕硫。而更猛。然在盛炭硫之瓶口嗅之。似有以脫之香。

炭硫因易化散。故易成大冷。如將數滴置於玻璃表面。用口氣吹之。不久而化散。變霧遂成大冷。口氣所含之水結於表面成霜。置於掌心少頃即消。如將玻璃片以水濕之。再以表面盛炭硫數滴。而安於上。用管吹之。即生冷而結冰。玻璃片粘連於表面。

炭硫極易燃火。雖遇小熱亦燃。燒成藍色之明火。發出炭養與硫養之氣。其式爲

炭硫丄養川炭養丄二硫養

如燒時而空氣不足。則有硫分出。

炭硫少許盛於小杯。再用一小管盛油而加熱於管外。俟油得三百度之熱。即將管安在杯內。遇炭硫所發之霧。則其霧立燃。顧平常能燒之物。未有遇熱三百度而能燃者。雖火藥之燃度尚大於此。如將鐵條加熱至將紅。而探入輕氣與養氣相和之管。或煤氣與養氣相和之管。如第一

第一百九十七圖

百九十七圖。其氣不燃。即以此鐵條待數分時而散去熱。再探入炭硫之杯內。則其霧立燃。又如將甚堅固之玻璃管。滿盛養氣。將炭硫滴滴流進。則所成之氣質大有爆裂之性。遇火而立燃。

煤氣常含炭硫少許。其通氣管有漏氣之處。而修理所有鋼器具碰擊於石而迸出火星。其氣即燃。若爲平常之煤氣。則鋼器擊出之火星不能燃。但此尚無確據。不過疑爲如此。

炭硫燒成之火多有硫放出。故能燒鐵令變爲鐵硫。如將

第一百九十八圖

炭硫少許盛於試筒內。用有孔之軟木塞之孔內接以玻璃小管。而加小熱令炭硫能沸。在小管之口引燃其氣。將細鐵絲置於火內。如第一百九十八圖。則鐵絲發火星而得大亮合成鐵硫而落下。

人吸炭硫氣至腹內。其病略同於吸輕硫。曾有人用此物毒死五穀內之蛀虫。

炭硫在製造內之大用。藉其能消化油類之性。如各種含油之子或核類之仁。已用壓器取出其油。更可將炭硫和

於渣內而消盡其餘油再將此油蒸之炭硫$_{二}$又能分出收取各種香花之油如玫瑰花油茉莉花油等俱用炭硫$_{二}$從花內得之

化學家試用原質配造生物質者其各種工專以炭硫$_{二}$爲起手之事如合輕與炭之各質平常用生物質得之而炭硫$_{二}$亦能爲之故欲造炭輕$_{四}$可將炭硫$_{二}$盛於瓶而稍加熱令輕硫氣行過而再令所出之氣行過瓷管內紅熱之銅絲即成炭輕$_{四}$其式爲

四炭硫$_{二}$丄四輕硫丄銅$_{二}$॥十二銅硫丄炭輕$_{四}$

炭硫$_{二}$遇淡輕$_{三}$易成淡輕$_{三}$輕炭$_{二}$淡硫$_{二}$以醕消化而遇淡輕$_{三}$再加以熱即成其式爲

二淡輕$_{三}$丄二炭硫$_{二}$॥二輕硫丄淡輕$_{三}$輕炭$_{二}$淡硫$_{二}$

炭硫$_{二}$爲炭養$_{二}$相對之質化學家命炭養$_{二}$爲炭酸命炭硫$_{二}$爲硫酸炭硫$_{二}$能與數種硫本質合成炭硫$_{二}$之鹽類質亦與炭養$_{二}$之鹽類質相對如鉀硫已消化者而添以炭硫$_{二}$則結成金黃色之顆粒爲鉀硫炭硫$_{二}$又能得一質與虛質輕養炭養$_{二}$相對者將鉀硫炭硫$_{二}$以輕綠化分之即得黃色之油類質其式爲

鉀硫炭硫$_{二}$丄輕綠॥輕硫炭硫$_{二}$丄鉀綠

合炭硫$_{二}$之鹽類質與水相和加熱令沸即放硫而收養變爲合炭養$_{二}$之鹽類質其式爲

鉀硫炭硫$_{二}$丄三輕養॥鉀養炭養$_{二}$丄三輕硫

煤氣所合之炭硫$_{二}$霧爲其最壞之雜質最難得簡法去之既有此質則室內點燈時分出之硫必與空氣之水氣合成硫養凡物遇之即毀已有化學家設法分出其炭硫$_{二}$如用熘煤氣時所得之淡輕養硫養水令煤氣行過即能收出或用重加熱汽令煤氣行過令炭硫$_{二}$變爲輕硫與炭養$_{二}$此二氣易從煤氣內分出其式爲

炭硫$_{二}$丄二輕養॥炭養$_{二}$丄二輕硫

或令煤氣行過紅熱之石灰其式爲

炭硫$_{二}$丄三鈣養॥鈣養炭養$_{二}$丄二鈣硫

或將鉛養以鈉養水消化而令炭硫$_{二}$變爲鉛硫其式爲

炭硫$_{二}$丄二鉛養丄鈉養॥二鉛硫丄鈉養炭養$_{二}$

或用鉀養或鈉養以醕消化而令炭硫$_{二}$變爲鉀養或鈉養與炭硫$_{二}$化合之質雖有此各法俱屬不便故至今炭硫$_{二}$仍爲最難取之雜質

矽硫$_{二}$

此質與炭硫$_{二}$亦相配取法將矽在硫霧內燒之或令炭硫$_{二}$霧行過矽養與炭此種之形不似炭硫$_{二}$爲流質而爲白色之粉遇空氣則收水氣能在水內消化而漸漸化分成矽

養與輕硫其式爲

矽硫⊥二輕養‖矽養⊥二輕硫若在空氣內加熱則漸燒而化分爲矽養與硫養

淡硫

此質爲黄色之顆粒有爆裂之性取法甚繁將硫綠在炭硫內消化而令遇淡輕霧即有淡輕綠凝結濾取其流質令自化散而乾即有淡硫與硫分出其硫之法浸於炭硫內硫即消化而淡硫消化極少無論用何種流質消化俱屬極少其所發之臭極難當而其原質化合之愛力最小故擊之或稍熱之即爆裂

第一百九十九圖

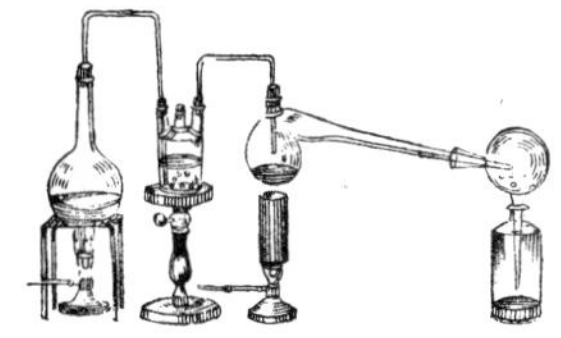

硫與綠合成之質

各質之內惟硫綠爲最要因造硫象皮所必用也取法將硫盛於甑內如第一百九十九圖稍加以熱而令乾綠氣行過則硫速消化而有硫綠透出用瓶收之得黄色之流質極易自散沸界二百八十度其臭甚奇遇空氣即發濃霧空氣內之水氣能使之化分成輕綠與硫養瓶口內有硫結成其式爲

二硫綠⊥二輕養‖二輕綠⊥硫養⊥硫若將此質置於水內即自沈因其重率爲一·六八漸在水內化分而分出之硫爲正電質其水在輕綠與硫養之外另爲含硫更多之酸質硫綠霧之重率爲四·七是含綠氣二體積即四·九四含硫二體積即四·四六相和而成硫綠霧二體積即九·四

硫綠比硫綠尤易自散其取法用多綠氣合於硫綠其質爲暗紅色之流質遇空氣而發霧易自化分成綠氣與硫綠遇日光則化分更速

硫碘爲易自散之顆粒其取法令硫與碘一逕化合藥粒內用之

硫碘爲大片形之顆粒與碘略同其取法將硫綠與以脫里碘化分之其式爲

硫綠⊥炭輕碘‖硫碘⊥炭輕綠

長洲 徐鍾 校

化學鑑原補編卷四

[redacted]

英國 傅蘭雅 口譯
無錫 徐壽 筆述

硒

硒爲不常見之原質.西名硒里尼得其硒里尼三音爲月之意因此質遇月光則發極亮之回光其性與別質之相關同於硫與別質之相關.有數種地產之硫稍含硒在內.硒與金類化合之質常與硫與金類化合之質同在一處.初得此質.在瑞顛國法倫地方所產鐵硫之礦內.而此礦常爲取硫養之用.其鉛房內有紅棕色之質結成西歷一

千八百十七年.化學家伯西里由斯取其質化分之而得此新原質.其分劑數爲三九.七五.

紅質內取硒之法.以硫養一體積.水一體積.與紅質相和.加熱令沸後漸添淡養少許.俟硒全與養氣化合爲度.以不放紅色之霧證之.所得之流質含硒養與硒養.必以多水相和.濾出未消化之質.添以輕綠四體積而熬至稍濃.則輕綠令硒養變爲硒養.其式爲

輕養硒養⊥輕綠‖輕養硒養⊥輕養⊥綠.再以硫養氣行過其水.硒即結成沉下.得艷紅色之片.稍加以熱則其片相聚而成黑質.其式爲.

輕養硒養⊥輕養⊥二硫養‖二輕養硫養⊥硒.鉛房所結之硒.其數多少不等.有時結成之質內百分之三爲硒.硒有形三種.亦與硫同.其第一種爲紅粉.在流質內結成沉下.燒之可成花如硫花.第二種爲黑玻璃之形.第三種爲顆粒形.即以炭硫消化之而令結成者.在炭硫內比硫難消化.此質加熱不至紅而已能鎔化.變爲深黃色之霧.此霧加熱能漲大.同於硫霧.

硒比硫難燒.若在空氣內加熱.則燒成藍色火.發臭同於腐爛之辣根草.甚奇而難當.此因收空氣之水氣而成輕硒.若在硫强水內加熱.則變成綠色之水.將此傾入淡水

內.硒又分開而結成.

硒養

此質與硫養爲相配之質.其取法.將硒在養氣內燒之.或將硒在沸硝强水內消化.熬乾之而得白色之質.加熱成霧.而令凝結.即得針引之顆粒.以沸水消化之.即成輕養硒養之顆粒.

硒養

此質之無水者.尚無人取得.其含水者之取法.將硒與鎔化之硝同加熱.令硒收得養氣.其式爲.

鉀養淡養⊥硒‖鉀養硒養⊥淡養.將此鉀養硒養以水

消化而添以鉛養淡養即成鉛養硒養將此質在水相和而不令沉下通以輕硫氣則其鉛與硫化合不能在水消化而水內含輕養硒養其式爲

鉛養硒養丄輕硫川輕養硒養丄鉛硫將此水熬至重率二·六即不變化而其形同於硫強水加熱至五百五十度則發養氣而變爲硒養若遇金類即能令其收養氣亦與硫強水同又能消化黃金含硒養之鹽類質略同於含硫養之鹽類質若置於輕綠內加熱即能化分而成硒養遂放綠氣

輕硒與輕硫爲相配之質取法亦同於輕硫其氣更猛更

毒水內含金類而遇之能令金類與硒化合而沉下亦同於輕硫

硒與綠化合之質有二種一爲硒綠乃棕色之流質易於自散一爲硒綠乃白色之顆粒此質在硫與綠相合之質內無有相配者

硒與硫雖有相同之性多端然硒與硫即能化合成二種質一爲硒硫一爲硒硫取硒硫之法令輕硫行過硒養而得黃色之質沉下

碲

碲與硒更多相同之處見於地產者更少於硒土闌西勒

法尼阿地方金礦內有之有時見其未與別質化合者但平常與金類化合者爲多如鉛碲銀碲金碲此三質常見在一種礦內其色同筆鉛又如鉍碲亦有時見其天生者

碲從礦內分出之法略與取硒同如將鉍碲礦合於鉀養炭養與木炭而加以大熱則成鉀碲遇水即消化而得紫紅色之水遇空氣而水內有碲結成其分劑數爲六四·五

碲雖爲非金類之質然與金類多有相同之處故有人謂之金類但不能與養氣化合而成本質究不可爲金類其形與鉍略同且常與同見其色紅而有金光所成顆粒甚脆加熱不必紅而即鎔加以更大之熱即變黃色之霧空

氣內加熱即燒成藍火其火邊有綠色又發碲養霧有甚奇之臭

硒與碲俱能在硫強水內消化而成紫紅色之水添以淡水即結成

碲與養氣合成之質與硒相同碲養之取法用硝強水所消化之碲傾於水內即得輕養碲養如將消化之碲加熱令沸即結無水碲養之顆粒碲養難在水消化而硒養則消化此即其辨碲養易於鎔化成黃色之玻璃形冷即變暗白色加熱蒸之能不變形而透過其爲配性甚弱然能與強性之配質合成能消化之質則碲養變爲本性

碲養

此質亦爲弱配性之質取法將碲同硝加熱令碲收其養氣而用鋇綠令鉀養碲養沉下用硫强水令鉀養碲養化分將其水熬至將乾卽成輕養碲養與輕養二分劑化合之顆粒加以小熱卽得輕養碲養若加熱至將紅卽變爲橘皮色之粉乃無水碲養此質不能在酸質內消化又不能在鹼質內消化加以極大之熱則放養氣而變爲碲養若以碲養之鹽類質加熱俱變爲含碲養之質

輕碲

此質能顯碲與硒並碲與硫相似之性其臭同於輕硫其

性亦大半相同如融和於水而見空氣卽有棕色之質結成令遇金類水碲卽與金類化合而沉下輕碲爲氣質取法將鋅碲以輕綠消化所有含碲之質如鉀養碲養與木炭相和加熱令鎔化將此質以水消化卽成紫色之水含鉀碲化學家已得碲與綠之相合定質二種如碲綠爲黑色之質其霧茄花色消化於水卽得碲與碲綠其碲綠亦能結白色之顆粒以多水消化則成輕綠與碲養碲與硫化合亦成二種質卽與碲與養所合之二種質相配俱可用輕綠氣得之俱爲暗棕色之定質二質俱爲硫之配質故能在硫鹼類質消化

硫類原質之總論

硫硒碲三質大有相關其性與形所有相同之處略同於綠氣一類之質

硫爲淡黃色之質易鎔化易自散無金光重率二·〇五其霧之重率二·二三硒爲紅粉或爲光黑色之塊如得其薄片有通紅色之光比硫難鎔難散重率四·八霧之重率五·六八碲爲光黃色之質比硒難鎔難散重率六·六五霧之重率九·〇〇

硫之分劑數十六與養氣輕氣金類之愛力俱甚大硒之分劑數三九·七五愛力小於硫碲之分劑數六四·五愛力

小於硒此原質爲非金類質與正電氣小力之金類質略在中間

燐

此原質全藉動物質內得之無有別種原質常藏於動物質者萬物之內並無獨成常與養並鈣化合卽三鈣養燐養地產者常見於卡布路來得與阿八得得等礦又凡生長植物之土內亦有之所以植物從土內吸食此質動物食此植物而亦得此質植物之實所含之燐多於枝葉故最宜於動物所食

動物食植物而得燐養等含燐之質故動物內之流定二

質多含燐養如骨內之燐養略有五分之三各國所用之燐俱從骨內取出茲將牛骨之原質列後以百分爲率

動物質	三○·五八	三○·五八
鈣養燐養	五七·六七	五七·六七
鈣弗	二·六九	二·六九
鈣養炭養	六·九九	六·九九
鎂養燐養	二·○七	二·○七

動物質乃脆骨之料即節骱間之襯將此置於水內加熱並壓力即能消化而成膠此膠含炭輕淡養四質從前取此膠之法在空露之火內燒之然太費而料價又貴故加壓力於熱水而消化其料成膠或燒煏其料收取淡輕而

第二百圖

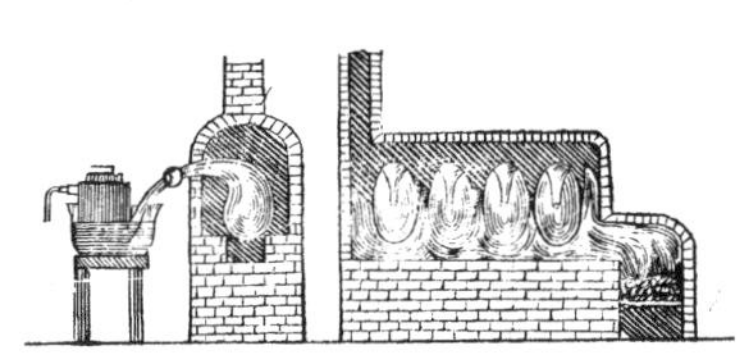

得動物炭先作提糖之用提糖者用久而不能滅色即再燒之令其炭質燒盡得餘質爲骨灰此灰大半爲三鈣養燐養取燐之法將此骨灰與淡硫强水相和而加熱數小時則鈣養多變爲鈣養硫養而結成沉下其燐養則消化於水濾取其水熬成膠和以木炭粉而在鐵鍋內熬乾盛於瓷甑如第二百圖甑底加熱炭即收其

養氣而燐分出用瓶盛水受之炭收養氣而變化其式爲

輕養燐養丄炭＝六炭養丄輕丄燐此爲取燐易明之理

若詳考之則硫强水尚不能合盡鈣養而水內亦有鈣養其質爲鈣養二輕養燐養故用硫養而變化其式爲

三鈣養燐養丄二輕養硫養＝鈣養二輕養燐養丄二鈣養硫養如將鈣養二輕養燐養熬乾則變爲鈣養燐養和以炭而煏之其式爲

三鈣養燐養丄十炭＝三鈣養燐養丄十炭養丄燐或添以矽養而令矽與鈣養化合則所餘之燐養放出而全能爲炭所化分

又法用骨灰與炭相和加熱令輕綠氣行過其式爲

三鈣養燐養丄三輕綠丄炭＝三鈣綠丄八炭養丄輕丄燐此將乾炭粉一分乾骨灰細粉一分盛於瓷管內管之外面套以銅管安在炭爐如第二百○一圖管之一端連於甲瓶內盛乾食鹽與硫養以發輕綠又

第二百一圖

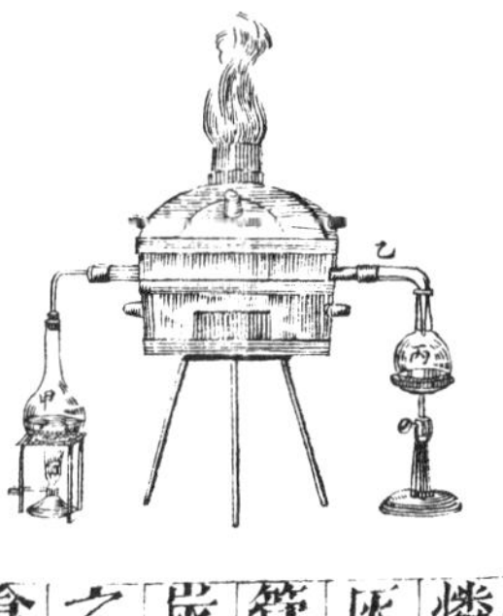

一端用油灰粘連彎接管乙可通燐至盛水之瓶內將瓷管加熱至紅燐即透過甚多其輕氣與炭養氣放至空氣

內而燒因稍含燐之故

初成之燐色紅而質暗因含燐二養與雜質去其各雜質之法以溫水消化用麂皮作囊盛而壓之燐卽滲出而雜質留於內先將此燐在淡輕三水內鎔化收出所含之酸後以鉀養二鉻養三加硫强水至有酸性將燐在內鎔化則鉻養三令燐二養與養氣化合而變爲燐養五此質卽消化於水內其燐以清水洗之而於水內鎔化用玻璃管吸取其燐令在管內結成平常所售者卽此物燐宜常存於水內而不遇養氣再藏於馬口鐵筒而不見光

純燐略爲無色而透明若久見光漸變爲暗紅色卽變形

燐如將燐一條用黑布圈數个套於外而逐圈之間有燐露出令在水內見日光後去其布圈則其色有暗紅明黃相間燐雖不見光而水或常遇空氣燐亦漸漸生白皮而不透明若遇日光變化更速

燐之奇性能自燃若加熱至稍大於鎔化之度卽一百十一度半卽立燃其焰爲白光燒於養氣之內如前第三圖則光芒極亮而射目若將乾燐一塊令遇空氣則漸與養化合成燐養五雖或變化極慢而所生之熱足令自燃若遇手掌之熱或手指摩擦之熱更易自燃故燐不可輕弄或欲拈取或欲分開俱必在水內若粘於肌膚而燒痛甚難

受

燐與養氣化合卽發光如純養氣內或含炭輕四氣少許之氣內或含松香油少許之氣內則與養氣化合而不發光

第二百二圖

前已言燐與養氣漸漸化合卽生電臭氣燐分爲極細之粉易辨其與養化合之事如將燐塊置於炭硫二少許之內而搖動速卽消化以此流質傾在粗生紙上如第二百〇二圖在暗處待少頃則炭硫二速散而紙上所餘之燐極細漸漸發光而燃

燐在橄欖油內稍加熱消化而傾入含空氣之瓶搖之或將流質置掌心按之卽發大光

燐塊用濕布多層包之而露出少許在紙面或畫或寫如磨力過大而生火卽浸於水後在暗處將其紙背焙以火或用熱鐵烙之燐卽發光而燒有光閃爍其紙有燐之處變黑而燒燐已幾分與養化合則比純燐更易自燃若將燐數小塊盛於有塞之乾瓶漸加熱至鎔化而再搖之令幾分變爲紅色之燐養待冷開其塞卽能自燃試將木片粘以硫而插入瓶內粘燐少許於硫外取出見空氣亦卽自燃燐燃而硫亦燃木亦隨燃昔用此法取火如瓶塞加油令不洩氣燐可藏久不變性木片若不粘硫燐卽不能

燃木因在木面生燐養一層而木不遇空氣也故自來火必加易燒之質或硫或蠟或巴辣非尼等質即可為燐火所引燃如將燐塊以生紙收乾投入養氣之管而用玻璃蓋之置於暗處則不發光若移至抽氣筒罩內出其空氣即發光其養氣減至原數五分之一燐光始見又如將玻璃筒大於前管四倍盛以炭養氣取去養氣管之玻璃片而置管於筒內如第二百〇三圖則炭養氣漸令養氣自淡而燐漸發光設有空氣一瓶內有發光之燐將紙片加以松香油一滴而挂於瓶內燐光立滅或將含炭輕氣或煤氣之小管置於瓶內燐亦不能發光

第二百三圖

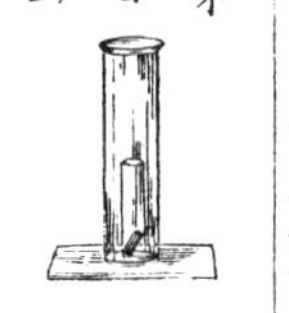

平熱度內燐能漸漸變化而發白色之濃霧其臭略同於蒜暗處發光若不見空氣而加熱至五百五十度即沸而變為無色之霧

燐塊置於小瓶口以水浸滿或在試筒內用塞塞密塞中通一小管加熱令沸則發極大之光小管所出之水氣內含燐霧亦見藍色之火此火之熱不過二百十二度故遇易燃之物亦不燃燐亦可在炭養氣內蒸之而甑口必浸於水內平常之燐有玻璃之形而不成顆粒如欲得顆粒可以炭硫消化之而在炭養氣內乾之即得十二面形之顆粒

變形燐

循常之燐變為紅色即變形事之奇者如將燐在真空內加熱至四百五十度或在不能燒之氣內即變為紅色之變形燐此質加熱不能鎔變形燐與常燐之別略同於筆鉛與金剛石之別變形燐在空氣內不改變不發霧不發光不能摩盪自燃加熱至五百度仍復為平常之燐而自燃化學家喜度弗云必加熱至八百度方變平常之燐不至此熱度則變為霧而不鎔化變形燐遇消化常燐之料不能消化其重率與常燐亦不同常燐之重率一·八三變形者二·二四

第二百四圖

試取變形燐之法如第二百〇四圖將平常之燐盛於瓶甲再置於盛油之盆乙加以四百五十度至四百六十度之熱瓶口接以彎管而通至水銀丙又一彎管丁可添以炭養氣此氣行過鈣綠使乾加熱之前甲瓶預滿炭養氣可用簧夾斷其氣加熱略至四十小時大半已變其未變者可用炭硫消化而分出之須以洗燐之炭硫熬乾而無質為度則其紅質即變形燐

多取之法將常燐二百磅盛於鐵鍋加熱至四百五十度二三十日之後變成硬脆之紅色質用石磨在水中磨之用炭硫或用鈉養水消化未變之燐加熱之事必極慎因熱大至五百度則紅色之燐欲還原形而放出變化時所收之隱熱放熱之時因自生多熱其質有幾分變爲霧試驗此還原之事可以紅色燐少許盛於小試筒內則筒之冷處有平常之燐滴滴凝結其變形之燐顏色不能定多取者常得暗棕色若用更精之法造之可得光紅色有化學家將燐與鉛相和加熱鎔化後用淡硝强水重率一·一者消化其鉛即有餘質爲燐之顆粒其形與光略同於鉮

之顆粒即斜立方形

常燐最毒變形燐則略無毒故將常燐與油相和即能殺鼠與甲虫之類嘗有小兒嬉弄自來火而嚼食其燐因此毒死用常燐造自來火必有燐霧發出工匠多吸其氣牙牀骨漸致腐爛無法可治故造自來火之家必在廠之四面通風或常放松香油之霧始能稍免其弊近用變形燐代之則不發惡霧惟不及常燐之靈試將二種燐同置於盆內而遇碘少許則常燐立燒而變形燐不燒

黑燐之取法將常燐加熱至稍大於鎔度而忽加冷即得黑色如加熱至略沸之度而忽加冷即得稠質如膠形

常燐能與養氣綠氣溴碘硫並大半金類一逕化合金與鉑加熱亦能一逕化合故燒含燐養之質而其旁有能收養氣之質如炭等若用金或鉑之鍋必致銹壞如將鉑鍋燒含燐之植物或動物成灰鉑面必發毛鐵或銅含燐少許其性大變燐有一奇性能令流質內消化之金類從水內分出而得金類原質如將燐塊置於銅養硫養水內則外面生銅皮一層所放之養氣爲燐所收故鍍金類之事能得其益處如有細紋之物可先浸於含燐之流質即燐與以脫或炭硫消化者在內不久取出而再浸於含銅之流質則生銅皮一層紋雖極細亦不差又以同法用金水

或銀水即可鍍金或銀

銀綠之淡水用極微之燐片浮在水面則水面生極薄之銀皮一層用玻璃輕輕撈起而使皮粘於上則有各種顏色如綠與茄花等其色在皮之厚薄其厚處爲銀之本色所有之光即回光如稍加以熱即得各種紅色與葡萄色又如將金綠之淡水必用蒸水所化者傾入極淨之瓶另將以脫消化之燐數滴添入瓶內即得艷紅色之水其紅色即極細之金點所成此瓶置於靜處數月不動金即沉下爲紫色之粉而水即清如其水內含鹽類之雜質則其金粉爲藍色或藍紫色從以上各事可見玻璃與瓷易作

各種顏色.

自來火

此物當名洋焠子.將木條之端粘以硫或蠟或巴辣非尼.再粘易燃之料.造此料用硫或鉀養綠養以燐與鉛養並膠各物相和成稠質.此料研時即生熱.其燐遇放養之質.如鉀養淡養或鉀養綠養或鉛養.火即易旺.用膠之意令其料相粘於木條.英國所造者.用鉀養綠養.此種用時常發響.日耳曼所造者.用硝或鉛養淡養或鉛養或鉛養.此種不發響.

變形燐作自來火.則用錦硫.因不易燃.故加極細之玻璃粉.或用普藍或硃爲適觀.合此料之法.將膠與鉀養綠養或硝.在熱水內消化.而添以燐.掉之極勻.熱必常得九十度.再將玻璃粉或細砂掉勻之.而鋪在平面之石.下用水氣加熱.將木條之端沾在膠內.晒乾即成.其木條須預粘蠟或硫.

近有法.只擦於匣外之砂皮而燃.別處則不燃.此用鉀養綠養及錦硫並玻璃粉與膠相和.將粘蠟之木條醮此料.匣旁之砂.用變形燐與玻璃粉並膠成漿而勻敷之.法國人所作.在木條之二端粘料.折斷而以二端相磨.

自來火果能不必用燐.則可免易燃之險.並工匠之受病.且造燐所費之鈣養燐養甚多.而此質原應爲農家壅種之用.英國有一廠.每年用燐十餘頓.所用之骨極多.近有人用鉀養綠養與鉛養並硫養代燐.雖可用而不及燐之靈.

小造之法.將硫鎔化而粘於軟木條之端.用膠三十釐.以水二錢消化.再將平常之燐二十釐添入而掉勻.又添鉛養十五釐.鉀養綠養細粉五十釐.木條醮此料.內在空氣內自乾.此爲舊法.如欲作新式.則將鉀養綠養十釐相和.另將膠二十釐.以水二錢消化.而與前料相和成漿.又將硫或蠟鎔化.醮於木條之端.而再醮於前漿.作砂皮之法.將變形燐二十釐.極細玻璃粉十釐.亦與膠水相和.而敷在厚紙.待乾應用.

爆礫之料

變形燐鉀養綠養.合來克玻璃粉.用醕相和成膠.點於銅冒之內.待乾.再用醕類消化之合來克封面.以避濕氣與水.

合製之時.必宜極慎.將鉀養綠養細粉四釐盛於小盆內.以醕六滴沾於上.再添變燐四釐.用象牙刀伸手掉勻.掉時必極輕.重壓則生危.將此料均敷厚生紙十條.在靜處待乾.試置於地面.而以木桿壓之.則爆裂極猛.如用刀壓

之恐有碟斷其刀之險若將木條之端沾以硫强水則遇之而燃如將其料少許成粒待乾安於長鉛彈之端而用軟布輕包離地擲下則爆裂極響此爲碟彈之小樣

燐與養合成之質

燐與養氣化合今已考得有據者祗有二質即燐養$_{三}$與燐養$_{五}$或云尚有燐$_{二}$養但此質並無實據又有燐養此質不能從水內分取之茲將其各質列後

燐$_{二}$養　燐六十二分　養八分

燐養　燐三十一分　養八分

燐養$_{三}$　燐三十一分　養二十四分

燐養$_{五}$　燐三十一分　養四十分

燐養$_{五}$

此質爲含燐之最要者前言萬物遇燐多有此形長養動植物之質必有燐養$_{五}$在內如新墾之地而欲考其能養人與物者專以有無燐養$_{五}$爲斷又如工藝內有數事必藉燐養$_{五}$而成如印花布等

地產所有含燐養$_{五}$之質俱雜鈣養如燐礦與卡布路來得及阿八待得等此三種石俱有鈣弗而骨內亦有鈣弗與鈣養燐養$_{五}$相合故化學家以爲此種石類原藉生物而成其燐礦爲土形之料西班牙國愛斯脫辣買佗辣地方所產極多阿八待得產於英國谷奴握辣地方在錫礦之脈內常見者爲方柱形之顆粒西名阿八待即騙字之意化學初行之時化分此石之人往往悞認爲別種以上二種石英國農家所用極多可以當糞大半爲西班牙國與拿而會國並亞美里加所產

卡布路來得多產於英國其形爲圓塊前人以爲動物之糞變成石故名爲卡布路即糞之意來得即石之意

大洋內有數處大島歷年多有海鳥相聚作巢生卵捕食魚蝦等物其糞落在島上每年加厚一層現在英國往取以爲農家之用謂之阿奴此質多含燐養$_{五}$與鈣養並鈉養化合又有農家所用鈣養燐養$_{五}$之質大半用骨所取

輕養燐養$_{五}$可自骨灰得之所有鈣養之大半令與硫養$_{三}$化合濾取其流質而添以淡輕$_{四}$養炭養$_{二}$滅其酸則未變化之鈣養燐養$_{五}$凝結沉下而燐養$_{五}$變爲淡輕$_{四}$養燐養$_{五}$此質爲燐養$_{五}$與水並淡輕$_{三}$所成熬乾之而再加熱則淡輕$_{三}$放出而有輕養燐養$_{五}$鎔化待冷結成玻璃之形但此法所取者常含淡輕$_{三}$並含骨內所分出之鈉養

淨輕養燐養$_{五}$之取法將燐與重率一·二之淡養$_{五}$令與養氣化合將所得之質在瓷鍋熬乾俟輕養燐養$_{五}$發出濃白霧而將自散爲度其式爲

五(輕養淡養五)工燐三‖三(輕養燐養五)工二輕養工五淡養三。初變化之時所成燐養五為明玻璃之形，收得空氣內之濕氣而變流質。但此輕養燐養五所含之輕養不能加熱分出，故欲作無水燐養五，必在乾空氣內燒燐而得之。多造之法，如第二百〇五圖，將燐盛於小瓷杯甲，挂於管下，燐能在管口添進，此管與杯挂於大玻璃球中，如圖左邊之管用浮石漬透硫强水，收乾所進之空氣，右邊之管通

第二百五圖

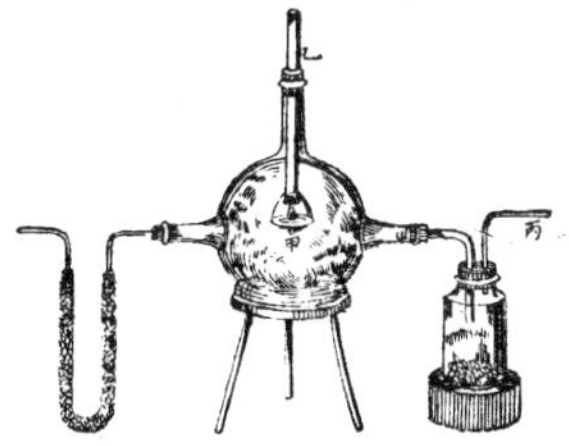

至瓶內，此瓶卽收無水燐養五瓶，又有小管丙通至吸氣之器。全器備齊，卽將熱鐵絲插入乙管，引燃甲杯內之燐，後再添燐，因杯已熱而能自燃，乙管之上口在燃時塞之。少取之法，如第二百〇六圖，大玻璃罩之內有盛硫强水之小盆，待數小時硫强水收盡濕氣，卽取出其盆，切不可攪動罩內之氣，將乾燐盛於小瓷杯，而納於罩內，杯下襯以玻璃片，亦用熱鐵絲引燃其燐，卽成燐養五，飄落如雪，燒盡之後，取去罩而速用象牙刀刮取，藏於塞緊之乾瓶。無水燐養五可加大熱鎔化，亦可蒸之而不變形。其最奇之

第二百六圖

性與水有大愛力，若遇空氣卽多收其水，而消化為流質，卽輕養燐養五，故化學家用收各質內之水，雖硫强水內之水亦能收出，投在水內則發嘶聲，如熱鐵之淬水，但不能立刻消盡，數小時內必有燐養五白片少許不消化。燐養五能與水若干分劑化合成三種，與硫養三相同，而各質不同，與本質合成之鹽類亦不同，惟硫强水所成之鹽類質俱屬相同。

無水燐養五以水消化，則水內必有含水一分劑之燐養五，卽輕養燐養五，將此水少許添以銀養淡養五，卽成明稠質如膠，此為銀養燐養五，其式為

銀養淡養五工輕養燐養五‖輕養淡養五工銀養燐養五。如將輕養燐養五水在瓶內加熱數時，而添以銀養淡養五，則無結成之質，若添淡輕三一二滴，滅其酸性，卽有暗白色之質結成，卽二銀養燐養五，此因燐養五變二輕養燐養五之故，其式為

二輕養燐養五工二(銀養淡養五)工二淡輕三‖二銀養燐養五工二(淡輕三輕養淡養五)。如將二輕養燐養五水添以水而加熱令沸多時，用銀養淡養五水少許試之，卽結成黃色之質，為三銀養燐養五，其燐養五已變為三輕養燐養五，其式為

三輕養燐養五工三(銀養淡養五)工三淡輕三‖三銀養燐養五工三(淡輕三輕養淡養五)。其二輕養燐養五不能用前法得其淨者。

其質俱含燐養五與輕養別種分劑化合惟有一法能得其顆粒即將二鉛養燐養五以輕硫消化之將濾出之水置於硫强水盆上在眞空內化散之

又以同法可得三輕養燐養五之顆粒此質平常謂之眞燐養五因是製造內常用之質乃此質之鹽類可見各分劑水之燐養五能與本質化合其本質之分劑數同於所含水之分劑數如輕養燐養五爲一本之配質即與本質一分劑化合如鈉養燐養五等又二輕養燐養五爲二本之配質與本質二分劑化合如二鈉養燐養五等又平常燐養五即三輕養燐養五爲三本之配質如三鈉養燐養五等

二輕養燐養五三輕養燐養五與本質化合未必得水之各分劑數必有同質化之又有含二種本質者如二鈉養輕養燐養五此質爲三輕養燐養五所成內有水一分劑未與之化合又如鈉養淡輕四養燐養五內有水一分劑不與本質化合有一分劑以鈉養代之又有一分劑以淡輕四養代之又可用二輕養燐養五令輕養一分劑與鈉養化合而成鈉養輕養燐養五

鹽類質含水或淡輕四養若加以熱則三本與燐養五合成之質可變爲二本與燐養五合成之質或一本與燐養五合成之質如將平常斜立方形之二鈉養輕養燐養五二十四輕養

第二百七圖

之顆粒盛於小瓷鍋內加熱如第二百〇七圖則藉水爲本者鎔化而漸乾爲白色之質若加熱不過於三百度則所得之質爲二鈉養輕養燐養五將此質以水消化之即得鹼性之水紅試紙遇之即變藍色若添以銀養淡養五即不能令紅試紙變藍色則有三銀養淡養五之質結成而其水有大酸性其式爲

二鈉養輕養燐養五丄三（銀養淡養五）＝三銀養燐養五丄二（鈉養淡養五）丄輕養淡養五如將二鈉養輕養燐養五之乾質用酒燈加大熱則放出輕養而變爲二鈉養燐養五以水消化之即得鹼性之水再添以銀養淡養五即結成白色之質其性爲中立其式爲

二鈉養燐養五丄二（銀養淡養五）＝二銀養燐養五丄二（鈉養淡養五）如將鈉養淡輕四養燐養五八輕養之質以水消化之即得鹼性之水如添以銀養淡養五即結成黃色之質而其水變酸性其式爲

鈉養淡輕四養輕養燐養五丄三（銀養淡養五）＝三銀養燐養五丄鈉養淡養五丄淡輕四養淡養五丄輕養淡養五如將此質盛於瓷鍋加熱即鎔化而放出水與淡輕三餘質爲明玻璃之形即鈉養燐養五消化於水稍有酸性若添以銀養淡養五即成白

色之質稠膩如膠其性爲中立其式爲

鈉養燐養五丄銀養淡養五‖銀養燐養五丄鈉養淡養五其鈉養燐養五之顆粒加熱至二百〇二度令乾卽成鈉養燐養五輕養再加熱至三百度卽變爲鈉養輕養燐養五此質與前質之別因水在內化合而前者未化合凡含燐養五之質合於含輕養之鹼類質或含炭養二之鹽類質加熱鎔化卽可變成含三本之燐養五質燐養五之配性易變爲本性又易復爲配性因此能成令物有生命之料如人身內之燐爲最要之物而說者謂人之思慮藉此而生有化學家以燐養五爲三酸質合爲一酸質而成

燐養三

此質爲燐緩燒而成如將燐盛於長玻璃管而加熱用極小之管吸乾空氣行過卽燒得淡藍色之火變成無水之白點如霜結在管內燐養三比燐養五更易變爲霧亦易收空氣之濕氣如盛於管內封密而加熱卽化分成燐與燐養五其式爲

五燐養三‖三燐養五丄燐二

取輕養燐養三水之法將燐數條分盛於各管內管之二端空露而勻排於漏斗漏斗之下口通於瓶口用玻璃罩有孔能多通極濕之氣但所得之水另含燐養五如欲得其淨

者須將燐在水內加熱鎔化令綠氣漸漸行過則所生之燐綠三爲水化分而成燐與輕綠其式爲

燐綠三丄六輕養‖三輕養燐養三丄三輕綠加以小熱而令輕綠水化散卽得輕養燐養三結成方柱形之顆粒燐養三所含之水不能加熱若加以熱則化分爲輕養燐養五與燐輕三其式爲

四｛三輕養燐養三｝‖三｛三輕養燐養五｝丄燐輕三

燐養三易收空氣之養氣而變燐養五因易收養氣故便於分出數種流質內之金類如銀養淡養五水能分出其養氣而成極細之銀粉所以久存燐塊之水添以銀養淡養五卽知

爲含燐之水又如燐養三水能化分硫養二水成輕硫並有硫分出因所成之輕硫能爲硫養二化分其式爲

二硫養二丄二輕養丄三｛三輕養燐養三｝‖二輕硫丄三｛三輕養燐養五｝

昔日化學家以燐養三爲三[illegible]之配質與平常之燐養五相同但近日始知只能與本質二分劑化合爲限如燐養三水加以鈉養水至稍餘後漸熬乾成顆粒其質爲二鈉養燐養三十一輕養此顆粒雖加熱至五百七十度只能分出水十分劑故以爲餘水一分劑屬於燐養三如過此熱度之顆粒其質爲二鈉養輕養燐養三卽二鈉養燐輕養四若能分取燐

輕養即輕養燐養則可為有據之事如燐養果為二本之配質則應成二種鹽類質與二本之燐養相同然有配性之含燐養質只有本質一分劑其餘分劑以水代之如鉬養與燐養合成之鹽類質加熱至二百十二度而乾之即得鉬養二輕養燐養如以為有燐輕養者其質為鉬養輕養燐輕養若加以熱則含燐養之鹽類質變為含燐養之質因所含之水放其養氣而為燐養所收其輕氣即放出間有燐輕氣同時放出

燐養

無水燐養尚無人能分取之故謂之虛質如將燐合於鉬

養輕養而與水相和加熱令沸則水化分而與燐之一分化合成燐輕此質遇空氣能自燃又能自放散其水之養氣與燐之他分化合成燐養隨與鉬養並水化合成鉬養燐養如將此水乾之即得顆粒其質為鉬養二輕養燐養燐遇鉬養輕養而變化之式為三鉬養輕養丄六輕養丄燐＝三（鉬養二輕養燐養）丄燐輕同時更有三鉬養燐養變成乃已變化之料所成

鉬養二輕養燐養消化於水而以硫強水化分之則令鉬養變為鉬養硫養所得之流質漸乾之即得三輕養燐養此質加熱則放燐輕而變為三輕養燐養其式為

二（三輕養燐養）＝三輕養燐養丄燐輕若遇空氣即收養氣而變為燐養與燐養此質比燐養更能收雜質之養氣若燐養不能收銅養硫養之養氣而分出其銅若燐養與銅養硫養水漸加熱即成黑色之質為銅輕此質加熱令沸即化分成銅粉而放輕氣

三輕養燐養含輕養三分劑故前人以為三本之配質但此質所成之各種鹽類質俱含本質一分劑其餘二分劑為水雖加極大之熱而水不能散出即以鉬養為本所成之鹽類質為鉬養二輕養燐養故此質常謂之鉬養燐輕養則其含水之配質為輕養燐輕養即等於三輕養燐養

如此為一本之配質與輕養燐養同如將含三輕養燐養之鹽類質加熱則放燐輕而變為含燐養之質其鉬養燐輕養可為藥材之用曾將其水熬乾之時忽然爆裂甚猛或因放出輕硫之故

含燐養之質可用燐養成之而養之一分劑用輕氣代之如二鈉養燐養之養一分劑以輕代之即成二鈉養燐輕養又以同理鈉養燐輕養可以鈉養燐養成之即其養之二分劑以輕二分劑代之

燐養

燐在空氣內燒盡之後其盆內所餘之黃粉或紅粉化學

家以爲燐二養五然常有燐二養三甚多在內如第二百〇八圖用

第二百八圖

玻璃瓶盛水與燐加熱令燐鎔化用銅管插至瓶底而通養氣則養氣在水面成泡過水面之空氣而發閃甚亮其燐成紅色之雪花形前人以此質爲燐二養今則知爲變形燐若將燐之小塊以燐綠三蓋滿之而令見空氣後浸於水內加熱即有結成黃色之粉此眞爲燐二養加以大熱即變紅色若在空氣內加熱即能燃

燐與輕合成之質

燐與輕本不能一逕化合惟有代替之法能成質三種俱

爲含燐與輕之質

燐輕三　含燐三十一分　含輕三分

燐輕二　含燐三十一分　含輕二分

燐二輕　含燐六十二分　含輕一分

各質之內燐輕三爲最要以三輕養燐養三加熱（詳見燐養）得無色之氣質其臭如爛魚見光即燃燒成白色之火而成燐養五之濃霧其質比空氣稍重其重率爲一·一九加以大壓力即成流質平常收此氣之法將燐置於極濃之鉀養水內加熱令沸則水化分而其輕氣與燐之一分化合其養氣亦與燐之一分化合成燐養二此質再與鉀養化合其法將

燐數塊盛於小甑如第二百〇九圖甑內略滿鉀養濃水

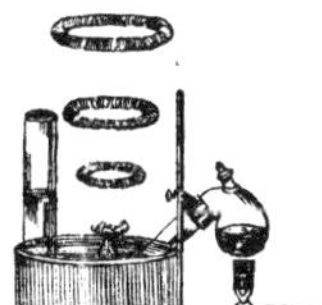

第二百九圖

其重率須一·三（若將平常之鉀養條四十五釐在水一千釐消化即得此重率）加熱之時其甑頸之口不可先沒於水底必俟有自燃之氣在口成火始沒在水底其甑不可太近於人面恐有磔裂之事蓋沸鉀養水遇肌膚即受其害收氣用小瓶瓶內須滿水而不雜空氣此氣含燐輕三因水爲鉀養燐養三所化分故放出輕氣其氣過水而出於空氣每一泡遇空氣而燒得極白之光漸上升而成光環如圖式放礮之烟亦常見此環

形如令此氣之一泡通入養氣瓶內則發極亮之光瓶或不牢必致磔裂若在養氣內添以綠氣少許即能每泡必燃否則有數泡進瓶而不燃至積多之後而燃瓶必磔裂燐輕三氣通過一管而外有冰與鹽發冷則管口所出之氣不能自燃惟見火亦燃管內所合之流質爲燐輕二原在氣內成霧形故遇空氣即能燃已變爲流質必待化霧而能燃若遇日光則其流質化分爲燐輕三並黃色之定質即燐二輕此質不能自燃若存在瓶內則有燐二輕凝在瓶邊而不能自燃如其瓶置於暗處則不變化而尚能自燃

松香油數滴添入此自燃之氣內氣即不能自燃若再添

淡養四少許，又能自燃。

燐輕三氣通過數種金類之水，則其金類與燐化合。如過銅養硫養三，卽成黑色之質，爲燐銅三。其式爲：

三〔銅養硫養三〕丄燐輕三＝三〔輕養硫養三〕丄燐銅三。將此黑質與鉀衰水相和，加熱，則發出自燃之燐輕三氣。此因變成銅衰與鉀燐，而其鉀燐爲水化分，成燐輕三與鉀養燐輕二。用此法取燐輕三，乃最穩而最簡。因取銅燐之法，祇將銅養硫養三添以燐而加熱得之。

燐養三氣有數種相似之處，此因雖無鹼類之性，而能與輕溴或輕碘化合成顆粒，則與淡輕三輕溴或淡輕三輕碘爲相似。但此各質俱能以水化分之。是書已言，燐輕三之輕氣若干分，若以數種雜質代之，如以脫里等，則成大力之生物本質。

自燃之燐輕三氣，又有簡法可取。將鈣燐之塊添入水內，氣卽發出而燃。取鈣燐之法，將燐霧行過紅熱之生石灰，或將生石灰小塊盛於泥罐，加熱至紅，再添燐小塊而速蓋密。所得之質暗棕色，尚非淨鈣燐，另含鈣養輕養燐養五。其各物之分劑不等。

燐與綠合成之質

燐綠化合之質，常與燐養化合之質相對，卽燐養三與燐養五。其燐綠三之取法，以燐遇極乾之綠氣。所用之器如前一百九十九圖，卽取硫綠二之器。燐綠三最易透過，其沸界一百七十三度四，收得無色之辣流質，重率一·六二，遇空氣則發霧。其霧遇空氣之水，卽化分成輕綠之霧。其流質遇水，卽化分成輕綠與燐養三（詳見燐養三）。此質與無水燐養三極相似，因在養氣內加熱令沸，能收養氣而成燐綠三養，卽與無水燐養五相配。且亦易收綠氣而變爲燐綠五。此質有簡法可取，將燐消化於炭硫二，而令綠氣行過。但此必先加冷，方可通以綠氣。將所得之流質熬乾，卽有燐綠五結成白色柱形顆粒，熱不至二百十二度而自散，遇空氣卽發霧，因有輕綠變成。若浸於水內，卽化分成燐養與輕綠。其式爲：

燐綠五丄八輕養＝三輕養燐養五丄五輕綠。若在空氣內自消化，則化分之事不全，卽變成燐綠三養。其式爲：

燐綠五丄二輕養＝燐綠三養丄二輕綠。

取燐綠三養之法，將燐綠五與無水燐養五相和加熱。其式爲：

二燐養五丄三燐綠五＝五燐綠三養。又法，將燐綠五以成顆粒之硼養三相和而蒸之。其式爲：

三燐綠五丄二〔三輕養硼養三〕＝三燐綠三養丄六輕綠丄硼養六

有數種含水之生物酸質，如色克西尼酸等，可得其無水者，與此所得無水硼養三之法同，卽與燐綠五相和而蒸之。所透過之燐綠三養沸界二百三十度乃無色發霧之流質味辣而氣臭重率一·七能爲水所化分成輕綠與燐養五此質之用最宜於令數種生物質變化

水與輕硫有極相似之處故疑輕硫氣遇燐綠五則應成一質與燐綠三養相配卽燐綠三硫依法爲之果得此質其式爲燐綠五上二輕硫川燐綠三硫上二輕綠此爲無色發霧之流質遇水而漸化分成燐養五與輕綠並輕硫其式爲燐綠三硫上八輕養川三輕養燐養五上三輕綠上二輕硫將燐綠三硫合於鈉養則放其綠氣而爲鈉所收又收養氣等分劑結成之質爲三鈉養燐養三硫二十四輕養此鹽類質之式與三鈉養燐養五二十四輕養相配而其取法之式爲燐綠三硫上六鈉養川三鈉綠上三鈉養燐養三硫又可用別種金類本質合成相似之鹽類質或更有一質燐養三硫二與燐養五相配之質但不知有人取得否

燐綠三含燐霧一體積綠氣六體積壓緊而爲四體積此以養氣一分劑爲一體積其濃霧之重率四·八七五

燐綠五之霧其重率爲三·六五四含燐霧一體積綠氣十體積壓緊爲八體積但平常之雜霧質含四體積此以養氣一分劑爲一體積此質與常法不合如加熱至五百七十二度卽定質燐綠五重率之熱度則化分成燐綠三四體積綠氣四體積如置於管內加熱至此度能見其分出綠氣之色

燐綠三養內之燐霧一體積合於綠氣六體積與養二體積壓實爲四體積其霧之重率爲五·二九

燐綠三硫之體積與燐綠三養相對其硫霧二體積熱至一千九百度同於養二體積之容積所以燐綠三硫之霧其重率爲五·八七八

燐溴化合之質並燐溴與養化合之質亦與燐綠化合之質相對

定質之碘與燐化合甚猛若此二質在炭硫二內消化而相遇則其化合不甚猛能得二種燐碘合成之質一爲燐碘三與燐綠三相對一爲燐碘二此質在燐與綠與溴與養化合之質無存相對者

平常之燐置於炭養二之瓶內加熱鎔化而添以碘少許倏忽而成紅色之變形燐其所需之熱度甚少於別法所需之熱度其故因負電氣性之碘令燐與碘化合之時易成紅色之變形燐此質受熱碘卽與燐分離所分出之燐卽變形燐所放之碘與未變形之燐相合仍如前法變化

燐與硫合成之質

此二質可以一逕相遇而化合若用平常之燐其事頗屬

危險故必在水內爲之最穩之法可將變形燐與硫在炭養$_{二}$之瓶內加熱令化合

燐與硫化合之質有三種與燐養化合之質相配其燐硫與虛燐養相配燐硫$_{三}$與燐養$_{三}$相配燐硫$_{五}$亦然

燐硫爲黃色油形之質不遇空氣即可蒸之燐硫$_{三}$爲黃色之定質易於消化不遇空氣而蒸之即成顆粒之形取法將燐綠$_{三}$令遇輕硫其式爲

燐綠$_{三}$丄三輕硫〢燐硫$_{三}$丄三輕綠

燐綠$_{五}$消化之後而成顆粒易於燐硫$_{三}$燐與硫合成之質爲硫酸質同於燐與養合成之酸質

淡輕$_{三}$與無水燐養$_{五}$合成之質

淡輕$_{三}$與無水燐養$_{五}$相遇即成含淡與燐之質數種如考其各質之取法則稍能明一大類生物質之理此類名阿美弟類無水燐養$_{五}$遇淡輕$_{三}$氣即發大熱其所成之質即非淡輕$_{三}$燐養$_{五}$因此必藉水而成其質爲燐阿美酸此質有淡輕$_{四}$養二輕養燐養$_{五}$之原質減水四分劑其式爲

淡輕$_{三}$丄燐養$_{五}$〢輕養丄淡輕$_{二}$燐養$_{四}$即燐阿美酸如將燐阿美酸在水漸漸加熱即變爲淡輕$_{四}$養二輕養燐養$_{五}$

淡輕$_{四}$養燐阿美酸令乾淡輕$_{三}$氣行過其面上即放出其水而變黃色不能消化之質昔以爲淡燐今名爲燐阿美其式爲

淡輕$_{三}$輕養淡輕$_{二}$燐養$_{四}$即淡輕$_{二}$燐阿美酸〢五輕養丄淡輕$_{二}$燐即燐阿美

前人不知此質含輕氣亦不以爲奇因不遇空氣可加熱至紅而不變遇綠氣亦不變遇淡養雖改變而亦慢

淡輕$_{三}$遇燐綠$_{三}$養其變化之式爲燐綠$_{三}$養丄三淡輕$_{三}$〢三輕綠丄淡輕$_{六}$燐養$_{二}$即燐三阿美弟輕綠遇其所餘之淡輕$_{三}$又成淡輕$_{四}$養輕綠可用水洗去其燐三阿美弟乃白色不消化之質不易爲強水並驗類所變化此質可謂之三淡輕$_{四}$養燐養$_{五}$少輕養六分劑

燐綠$_{三}$硫令遇淡輕$_{三}$即成燐硫三阿美弟其式爲

燐綠$_{三}$硫$_{二}$丄三淡輕$_{三}$〢三輕綠丄淡輕$_{六}$燐硫$_{二}$即燐硫三阿美弟此質亦可謂之三淡輕$_{四}$硫燐硫$_{五}$少輕硫六分劑

淡輕$_{三}$遇燐綠$_{五}$之變化其式爲

燐綠$_{五}$丄二淡輕$_{三}$〢二輕綠丄淡輕$_{四}$燐綠$_{三}$即燐綠阿美弟其輕綠與其所餘之淡輕$_{三}$合成淡輕$_{四}$輕綠如將淡輕$_{二}$燐綠$_{三}$與水相和加熱令沸即得一最難消化之質名爲燐養二阿美弟其式爲

淡輕$_{二}$燐綠$_{三}$丄二輕養〢淡輕$_{二}$燐養$_{二}$丄三輕綠此質可從二淡輕$_{四}$養輕養燐養取出而其水六分劑放出即成如將燐養二阿美弟加熱即放出淡輕$_{三}$而變爲淡燐養$_{二}$其式爲

淡輕燐養‖淡輕丄淡燐養此質可謂之淡輕養二輕養燐養少水六分劑

燐養之阿美弟類乃淡輕與燐養合成之質而放去其水幾分劑其式爲

淡輕養二輕養燐養丅六輕養‖淡燐養

二淡輕養輕養燐養丅六輕養‖淡輕燐養

三淡輕養燐養丅六輕養‖淡輕燐養

以上各質若與鉀養輕養相和而加熱卽收水之原質而放淡輕與鉀養燐養

鉀

疇昔之化學家以鉀有金類之色並能傳引電氣故列於金類之內然近時之化學家考其變化之性並合成之雜質以爲與燐大相似當列於非金類之內

萬物內所含此質與硫類之原質略同亦不能與養合成爲本之質其未與別質化合者卽天成之鉀然能與金類質化合又能與硫化合而成一礦兹將尋常含鉀與硫之礦列後

鎳鉀　鎳鉀　銅鉀　鐵硫鐵鉀　鈷硫鈷鉀

鎳硫鎳鉀

鉀亦有專與硫化合成礦者

鉀硫　紅色　卽雄黃　鉀硫　黃色　名石黃　卽雌黃　又

鉀與硫合成之質有酸性故再能與別種含硫之質化合如紅色銀礦爲三銀硫鉀硫又一種名脫難奈得礦卽含鉀與硫並鐵硫並銅硫合成一礦又如灰色銅礦內含鉀硫銅硫銀硫鋅硫鐵硫銻硫其鉀又與養化合成一種礦名干多來得含鉀養與銅養又有一礦含鈷名爲鈷布路麥卽三銅養鉀養

常法取鉀藉含鉀之鐵礦又有數種礦因取別金而兼得鉀如含銅錫鈷鎳等是也

製造工內所用含鉀之質惟鉀養其純鉀質無有大用故不多取將鐵硫鐵鉀礦盛於火泥罐再置於鐵殼內而加以大熱鉀卽變霧升出結成皮一層有金光之色如欲小

第二百十圖

試可將鉀養二分新木炭一分相和而盛於罐內如第二百十圖將木炭細粒蓋滿罐面而置於爐內令罐內之炭得紅熱則炭下所升之鉀養過熱炭而放出養氣變爲純鉀作此事須將鐵板一塊內作圓孔比罐口稍小蓋於罐口用此鐵板之意令罐內之火不得上再將一罐與前罐之口徑略等覆

於鐵板之上其底作小孔放氣再將上下二罐並鐵板用火泥封極密不稍洩氣各事如圖即加熱其炭分出鉮質其式爲

鉮養$_{三}$丄炭$_{三}$川鉮丄三炭養

第二百十一圖

又有簡法亦用鉮養分取此法且能試驗各物含鉮與否如第二百十一圖甲爲日耳曼玻璃管其一端吹火引長使尖而封之將鉮養少許盛於管之尖處再將木炭數小粒加入管內如乙以紙條爲柄而手執之用吹火筒在木炭處加熱令紅即移至鉮養處加熱令所發之氣行過熱炭則管內必生皮一層如丙此皮之色甚光略同水銀

無論何法得鉮其色俱有金光略與鋼相同其質甚脆重率五七加熱不能鎔化若封密於罐而加熱即能鎔化加熱至三百五十六度則變爲霧其尋常之塊遇空氣不變化磨爲粉而濕以水漸變爲鉮養空氣內加熱則至一百六十度而速與養氣化合放出白霧即鉮養發臭略同於蒜又稍同於燐在空氣內加熱至紅有淡藍色之火若在養氣內燒之則發大光不能在水內消化亦不能在尋常能消化之質內消化此性與金類略同若置於淡養內即收養氣而速消化

鉮與別質之相關略同於燐在綠氣內能自燃又與硫易化合又能與多種金類化合雖鉑亦能化合凡金類含鉮少許性即大變化學家疑有一種變形鉮與變形燐相對者人如食純鉮暫時尚不覺久則在腸胃內與養氣化合而變鉮養人即受害

鉮與養合成之質

鉮與養氣化合成酸質二種與燐養燐養相對即鉮養與鉮養其分劑數列後

鉮養含鉮七十五分養二十四分即砒霜

鉮養$_{五}$含鉮七十五分養四十分

鉮養

鉮在空氣內燒之與養氣三分劑化合即成鉮養此事與燐有不同之處製造之工鉮養之用處甚多如造玻璃並數種顏料並小鉛子等是也鉮養並與鈉養或鉀養化合者俱從此質造成又有一切含鉮之雜質大半藉鉮養成之鎳養鈷礦之內有時見鉮養顆粒少許

鉮養之取法將含鉮之鐵礦燒之而令空氣行過則鉮變爲鉮養而硫變爲硫養引入大凝房內則鉮養結成極細

之粉其鐵亦與養氣合成鐵養或鐵養硫養三房內所積鉮養既多即開門取之但此最險因鉮養易飛散而竄入人之腹內應作皮套護其身而以濕布蓋口鼻始免細粉吸入腹內

取得之粗鉮養盛於鐵甑內熘之即得半明半暗之質久之變為全暗再久則同於無釉之瓷藥肆出售之鉮養乃極細之白粉與白麵粉相似易於悞視幸其質較重手指撚之即易別其重率三·七以顯微鏡察之有細碎玻璃形之小粒兼有八面形之顆粒鉮養稍加熱則變軟封在玻璃管內則不能鎔化若熱至三百八十度即變為霧其霧遇冷面即結光亮八面形之顆粒如將此質盛於小管而封密一端在上半先稍加熱後再加熱於鉮養其上半先加熱之故因不欲其速結若先過速顆粒難成其八面形之顆粒以雙筩顯微鏡窺之最易辨識或言鉮養盛於長管鎔化管之二端封密蓋於熱沙之內待冷之後即成柱形顆粒管內所有大於三百九十度熱之處方成此種顆粒有一簡法易辨含鉮養之質將炭一塊燒紅撒其質於上即發蒜臭甚烈此因熱炭令鉮養化分若為未化分之霧本不發臭鉮養難在水內消化故置於尋常之流質不多消化而大半沉下如用此質為毒料亦屬不便悞食其

定質至腸胃最難消化而入血內故易致吐出其味極淡即此可知其難消化

鉮養浸於水內如與水有推開之性其相聚於水面之上但附於氣泡之外而成白毬此毬常乾而不肯為水所濕若與水調和而俟數小時則水二十兩祇能消化鉮養二十釐八之毒死極少須二釐半如將鉮養之粉盛於杯內而以沸水傾入冷後雖有消化者不過四百分水重之一即二十兩消化二十二釐

鉮養粉在水加熱令沸二三小時則水百分能消化鉮養十一分半待冷之後結成八面形顆粒其結成之數約有九分所餘未分出者有二分半即水二十兩內消化二百十九釐可見鉮養在水沸多時則消化甚多或言此因暗形鉮養質變為玻璃形之質而易在水內消化如將鉮養與水等重盛於玻璃瓶封密而加熱則鉮養全消化漸冷之時先結柱形顆粒後結八面形顆鉮養水遇藍試紙稍現酸性

鉮養易在熱鹽强水消化因有一分變為鉮綠漸冷之時有一分結成八面形之大顆粒或言將玻璃形之鉮養在熱强水內消化待冷之時結成顆粒常發閃光其暗質鉮養以同法試之並無閃光

玻璃形之重率比暗質者更大其鎔化則爲更易暗質者之性略與成顆粒之鉮養同

各種鹼類水亦能消化鉮養其消化而變成之質冷時亦有顆粒結成鹼類水消化之力大於水鉀養水消化之鉮養有時結成柱形顆粒此種顆粒亦見天成者如將鹼類水消化鉮養再將鹽强水少許添入則有白色之鉮養結成

鉮養有一奇性能令動物質不臭爛如皮等質令收鉮養在內則永不壞所以考究動物學者常用此質爲久藏作樣之用

含鉮養之質

鉮養不能滅鹼類質之鹼性若加以熱纔能化分鹼類與炭養化合之質故爲弱酸性之質如淡輕養鉮養最易化分遇空氣即放淡輕又如鉮養在加熱之淡輕水內消化冷則結成八面形之顆粒雖淡輕水甚多仍能結顆粒

鉀養炭養或鈉養炭養合於甚多之鉮養鎔化即變透明之質略同於硼砂玻璃其質爲鉀養二鉮養或鈉養二鉮養如將鹼類含鉮養之質與鉑同燒鉑易鎔化而成鉑鉮

另有鉮養少許變爲鉮養其式爲

五鉮養$_3$川三鉮養$_5$丄鉮$_2$鹼類與鉮養合成之質比諸鹼類與鉮養合成之質難於自化分故含鉮養者易變爲含鉮養者同時有鉮分出

鉮養之酸性甚弱故鹼類與鉮養合成之質最易自改變所以難定爲一本或多本之質惟銀養與鉮養合成之質含銀養三分劑即重三百四十八分與鉮養一分劑即重九十九分又鋅養與鉮養合成之質含鋅養三分劑即重一百二十二分一：與鉮養一分劑故此二質爲三銀養鉮養三鋅養鉮養又以同理鎂養與鉮養合成之質如加熱至四百度則原質爲二鎂養輕養鉮養所以鉮養可爲三本之配質又有數種含鉮養之質其分劑略與含燐養之質相似故鉮養之式應爲二輕養鉮輕養即爲二本之配質與燐養相似然無水之鉮養與水化合或與輕並養化合之雜質未有化學家取得之

鉀養或鈉養與鉮養合成之質以水消化而再合於別料之內盛於大盆洗羊能治毛與皮之病又如鉀養鉮養與肥皂與樟腦三物相和能令動物之皮不腐又如鈉養鉮養添在汽機鍋爐之內能令鍋爐不生皮造此鈉養鉮養之法將鈉養炭養一分劑鉮養二分劑相和消化

二銅養輕養鉮養名爲西里綠其取法將鉮養以鉀養炭養水消化則水內成鉀養鉮養再添以銅養硫養即成二

銅養輕養鉮養此質結成沉下而濾取之西國用爲印紙之綠色糊壁之紙欲得綠色之花俱用此料但房內多用此紙人易生病因風吹之時或拂拭之時其綠色料成極細之粉而飛散人卽吸入腹內而成病故有綠色之紙而疑其色卽用此料可用法試之將紙少許浸於淡輕水內若含此毒質卽能消化成藍色之水如欲分出其鉮添以淨鹽强水少許令有酸性而置純銅數條於內加熱令沸則銅條上生銅鉮一層爲灰色之質似鋼取出銅條洗之安在生紙上收乾盛於小管如第二百十二圖鉮卽變爲鉮養在管之冷處結成八面形之顆粒但此應先用不疑之紙試之不得含鉮之據然後再將所疑者試之則有鉮與否庶爲確證

第二百十二圖

二銅養輕養鉮養乃最便用之顏料肆中不問其害但貪其色如染翎羽或紗布等其工匠常得病竟有將此料畫花於糕餅者遺害不淺

鉮養不食至爲害之界則動物之身大爲至感動故養馬者將此質飼馬每日祇用少許則馬之皮毛生光彩且長肉而壯强司低里阿等處多出鉮礦無論男女常食之身體壯健面皮明亮食久卽成大癮不能不食能毒死人之一服此人食之不覺但不能長壽各西國已用鉮養爲藥材治瘧病等甚是有益常用者爲鉀養鉮養

鉮養

此質在化學製造工內大有用處如印花布嚮用果酸者今有法以鉮養代之因此料之價甚廉也鉮養遇阿尼里尼能成紅色之染料名瑪眞塔最合於染布之用

鉮養之取法將鉮養四分淡養之重率一·三五者三分相和卽生大熱而多發淡養之紅霧其式爲

鉮養丄輕養淡養丄二輕養=淡養丄三輕養鉮養

冷則水內結成方柱形之顆粒其顆粒之質爲三輕養鉮養含水一分劑此顆粒易自消化加熱至二百十二度卽鎔化所得之流質漸有顆粒結成其形如針其質爲三輕養鉮養卽與三本之燐養相對再熱至三百度卽得二輕養鉮養再熱至五百度卽得白色之質爲無水鉮養如再加熱至紅則鎔而化分爲鉮養與養氣

無水鉮養與水之愛力小於無水燐養與水之愛力在空氣內自能漸漸消化在水內難於消化與水化合之各分劑不甚有分別略同於燐養與水化合之分劑因鉮養祇成三本之鹽類質而燐養亦然含鉮養之鹽類質與含燐養之鹽類質其形相同如鉮養與鈉養合成之鹽類質燐

養$_{五}$與鈉養合成之鹽類質是也兹將含鉮養$_{五}$者列後、

三鈉養鉮養$_{五}$含二十四輕養

二鈉養輕養鉮養$_{五}$含二十四輕養

鈉養二輕養鉮養$_{五}$含輕養

如將第二第三種加熱即放其水而不成新鹽類亦與鈉養燐養$_{五}$相似加熱之後而再遇水即與水化合而復舊

二鈉養輕養鉮養$_{五}$含二十四輕養現在印染之肆多用之鬻用牛馬等糞和以水而將布浸於其中因其微有鹼性今用此質代之又有人用含燐養$_{五}$之質代之造此質之法以鉮養$_{三}$與鈉養相和令成鈉養鉮養$_{三}$將此質與鈉養淡養$_{五}$相和加熱則收其養而變爲含鉮養$_{五}$之質

鉮養$_{五}$之配性大於鉮養$_{三}$亦同於燐養$_{五}$與燐養$_{三}$之比例惟鉮養$_{五}$之毒性則小於鉮養$_{三}$

鉮輕$_{三}$

鉮與輕合成之質祇得一種已有確據此質與淡輕$_{三}$並燐輕$_{三}$相配取法將硫養$_{三}$一分和以水三分另將鋅一分鉮一分盛於瓦甑內加熱使成鋅鉮遂置於强水內則放出此氣其式爲

鋅$_{三}$鉮丄三〈輕養硫養$_{三}$〉川鉮輕$_{三}$丄三〈鋅養硫養$_{三}$〉取此氣最險人若吸之必受大害其臭略如蒜嗅之即欲吐如加冷至負四十度則凝爲水此氣遇火即燒而成暗色之光並成水與鉮養$_{三}$霧其式爲

鉮輕$_{三}$丄養$_{六}$川鉮養$_{三}$丄三輕養此氣之數雖極微亦易分辨故疑食物或死人之腹有鉮養$_{三}$可令變爲此氣而辨之

化學家名馬而石特設一器可造鉮輕$_{三}$而試辨之人亦不受害因此氣與多輕氣相和不至有大害於人又有尋常

第二百十三圖

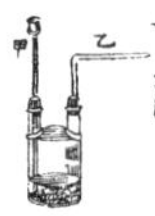

化學器亦可用同法粗試之如第二百十三圖將盛水半磅之兩口瓶一口塞內插漏斗如甲一口塞內通彎管如乙此管之尖作小口其玻璃應爲日耳曼所造者則點火之時不鎔化各件備齊如圖將水傾入瓶內滿至三分之一將鋅數粒添入水內而在漏斗添以淡硫强水令發輕氣俟五分時瓶內之空略盡出可在管口外點火燒其輕氣再將鉮養$_{三}$在水內令沸而以此水少許滴入漏斗則管口所出之輕氣內自有鉮輕$_{三}$其式爲

鉮養$_{三}$丄鋅$_{六}$丄六〈輕養硫養$_{三}$〉川鉮輕$_{三}$丄六〈鋅養硫養$_{三}$〉丄三輕養鉮養$_{三}$水添入之後其輕氣變爲暗色而燒時發白色之霧即鉮養$_{三}$若令其火射於白瓷或玻璃上如第二百十四圖則成鉮皮一層有金類之色如平常煤氣等火可生黑色之炭質同理鉮輕$_{三}$易爲

第二百十四圖

熱所化分如將酒燈在噴輕氣口相近之處加熱如第二百十五圖則加熱處之外面生黑圈即鉮而口外所燒輕氣之色為輕氣之本色瓷面結成之鉮即極薄故其料雖微而瓶內所添之鉮養$_{三}$水雖極

第二百十五圖

少亦能在瓷面上顯出皮一層此法固屬最靈然粗為之尚易錯悞因平常之硫強水與平常之鋅俱含鉮雖用法提淨亦難免鉮之微蹟所以素非精究化學之人而遽用此法不足為據最好之法先將不疑含鉮養之料用以試辨如瓷面亦生黑皮即知料內已有鉮須得極淨之料毫無鉮之微迹始添所疑鉮之料

鉮輕$_{三}$氣噴入數種含金類之水即有黑色之質結成若添以輕硫氣所結之質略同

鉮輕$_{三}$燐輕$_{三}$淡輕$_{三}$三質俱有輕氣三分劑俱有相同之性略成一類之質此一類與含輕氣之別種質藉此性而分辨之如三種氣質各二體積含輕氣三體積其三質俱有奇臭淡輕$_{三}$為最大而鉮輕$_{三}$為最小又淡輕$_{三}$有鹼類之強性燐輕$_{三}$則弱鉮輕$_{三}$則無三種氣俱能燃最難燃者為淡輕$_{三}$三種氣俱能為熱化分淡輕$_{三}$最難鉮輕$_{三}$最易三種氣俱從含養三分劑之質而變成即用淡養$_{三}$燐養$_{三}$鉮養$_{三}$而變成其變成之法並同如用淡硫強水與鋅令放輕氣而初成之輕氣過或淡或燐或鉮則與之化合三種氣又與生物本質相似其本質有別種雜質代其輕氣即

淡輕$_{三}$　似乎三以脫里淡即阿米尼即淡(炭$_{四}$輕$_{五}$)$_{三}$

燐輕$_{三}$　似乎三以脫里燐即福司飛呢即燐(炭$_{四}$輕$_{五}$)$_{三}$

鉮輕$_{三}$　似乎三以脫里鉮即阿爾西尼即鉮(炭$_{四}$輕$_{五}$)$_{三}$

鉮綠$_{三}$

鉮與綠合成之質祗有一種即鉮綠$_{三}$然與燐養$_{五}$相配之鉮綠$_{五}$尚未考出有化學家名尼古來云令輕綠氣遇鉮養$_{五}$而旁有以脫即能成鉮綠$_{五}$但其質易自化分成鉮綠$_{三}$且此事亦未有確據取鉮綠$_{三}$之法可將原質一逕化合而得之或用器如第二百十六圖將鉮養$_{三}$於乾綠氣內加熱甲為玻璃瓶其鉮養$_{三}$與綠氣在此瓶內相遇加熱則鉮養$_{三}$將鎔而有鉮綠$_{三}$透過瓶內有鎔化之料待冷明如玻璃其原質未定約在加熱之大小平常所得者略為二鉮養$_{三}$鉮養$_{五}$如將鉮養$_{三}$與鉮養$_{五}$相和加大熱所得者與此相同其鉮綠$_{三}$之式為

十一鉮養$_{三}$丄綠$_{六}$＝二鉮綠$_{三}$丄三(二鉮養$_{三}$鉮養$_{五}$)

第二百十六圖

鉮綠$_{三}$與燐綠$_{三}$之形性大同小異重率為二·二味甚辣乃自

能發霧之流質易爲空氣內之水質化分其霧所遇之面生白皮一層卽鉀養傾入水內卽有鉀養分出沉下其式爲

鉀綠上三輕養＝鉀養上三輕綠如將鉀綠添以適足消化之水卽有顆粒結成其質爲鉀養綠二輕養如將鉀養以輕綠消化之卽成鉀綠其式爲

鉀養上三輕綠＝鉀綠上三輕養在水內不能化出如再添以水令輕綠稍淡則有鉀養結成鉀養以輕綠消化所得之質蒸之則有鉀綠透出故疑食物內有鉀養可用此法試之又如鉀養在乾綠氣內加熱則成玻璃形之質爲二鉀養鉀綠養其式爲

三鉀養上輕綠＝二鉀養鉀綠養上輕養

鉀綠以體積而論其原質則與燐綠略相似含鉀霧一體積綠氣六體積其縮小成四體積而霧之重率爲六三鉀綠與鉀溴變化之性略相似但其顆粒之定質易於鎔化

鉀碘

此質與其相對之含燐質卽燐碘不同性因不能爲水化分如將鉀與碘相和加熱則成霧而發出收取其霧令凝結卽得紅色之片粒若多取之則在收霧之器內自成顆粒似海草相聚之形能在沸水消化待冷仍成顆粒其原質不改變如將鉀三分碘十分水百分相和加熱卽有紅顆粒結成卽含水之鉀碘加以小熱其水散出

鉀弗

此質與鉀綠略同而更易自散取法將鉀養四分鈣弗礦五分濃硫强水十分其盛於鉛瓶內如前一百七十五圖加熱蒸之所得之質卽是此質之乾者不能爛玻璃有水始能爛因遇水卽化分爲鉀養與輕弗

鉀與硫合成之質

鉀硫相合之質有三種如鉀硫鉀硫鉀硫第一第二種爲天生者第三爲人造者

鉀硫

此質爲美觀之礦成橘皮色之方柱形顆粒工藝內所常用者取法將鉀養與硫相和加熱卽有硫養散出餘下暗色之質爲常用之鉀硫其式爲

二鉀養上硫＝二鉀硫上三硫養又法將含鉀之鐵礦與鐵硫礦相和加熱收得其霧令凝結其式爲

鐵硫鐵鉀（卽含鉀之鐵礦）上二鐵硫＝四鐵硫上鉀硫所蒸出之霧結成紅色明光之定質在空氣內燒之能成藍色之火而化分爲鉀養與硫養如將鉀硫投於鎔化之硝內則燒成白色之火而變爲鉀養鉀養與鉀養硫養若欲作極光

亮各色之火以爲夜間標號之用可將鉮硫$_{二}$一分硫花三分半硝十四分各研細而相和燒之

鉮硫$_{二}$不易爲酸質所消化若浸於淡養$_{五}$內加熱亦能化分而成鉮養$_{五}$與硫養$_{二}$兼有硫少許分出如遇鉀養則稍能消化而得棕色之質爲鉮$_{六}$硫

鉮硫$_{三}$

此質之生成者爲黃色方柱形顆粒可爲黃色顏料有大毒之性其取法將硫與鉮養$_{三}$相和加熱而收其霧則結成鉮硫$_{三}$與鉮養$_{三}$其式爲

硫$_{九}$丄二鉮養$_{三}$‖二鉮硫$_{三}$丄三硫養$_{二}$

此質遇各種酸質不多改變惟淡養$_{五}$則消化鉀養水則全消化而成鉀養鉮養$_{三}$與三鉀硫鉮硫$_{三}$其式爲

六鉀養丄二鉮硫$_{三}$‖三鉀硫鉮硫$_{三}$丄三鉀養鉮養$_{三}$淡輕$_{三}$亦能消化之而成無色之流質此質能染布爲黃色如將布浸之而取起遇空氣則淡輕$_{三}$化散而留鉮硫$_{三}$化學家藉此黃以辨明含鉮之物如將鉮養$_{三}$和於純水加熱令沸而添以輕硫卽成光黃色之流質如用達光直視之則有明黃色如用回光視之則有暗色如用紙濾之無有定質之顏料此水或含三輕硫鉮硫$_{三}$然無定質且易化散而有鉮硫$_{三}$凝結若添以輕綠少許或淡輕$_{四}$綠少許或別種中立性之鹽類質少許卽能令水內之鉮硫$_{三}$分開若添以鹹味之水亦有此性如將鉮養$_{三}$水先加輕綠少許令稍有酸性後添以輕硫則其黃色之鉮硫$_{三}$立卽結成如欲分辨此質可浸在淡輕$_{四}$養炭養$_{二}$水內全能消化此質易與含硫之鹼類質合成易消化之雜質

鉮硫$_{五}$

此質比前各質稍次無甚大用取法將鉮硫$_{三}$與硫相和鎔化之卽成橘皮色之玻璃形易於鎔化可蒸之而收其霧凝結之質與原質無異如將鉮養$_{五}$水令輕硫氣行過卽有白色之硫結成其輕氣收得鉮養$_{五}$之養而令變爲鉮養$_{三}$其式爲

鉮養$_{五}$丄二輕硫‖鉮養$_{三}$丄二輕養丄硫$_{二}$如其輕硫氣令行過歷久則鉮養化分而有鉮硫$_{三}$結成若加以熱變化更速如將鈉養鉮養$_{五}$水令收輕硫氣至飽足卽變爲二鈉硫鉮硫$_{五}$其式爲

二鈉養鉮養$_{五}$丄七輕硫‖八輕養丄二鈉硫鉮硫$_{五}$將此添以鹽强水卽結光黃色之質爲鉮硫$_{五}$其式爲

二鈉硫鉮硫$_{五}$丄二輕綠‖二鈉綠丄二輕硫丄鉮硫$_{五}$

鉮硫爲硫酸質之最强者凡與輕硫或含硫之鹼類質相遇能令分離而與含硫之鹼質化合成鹽類質所含硫鹼

質或一分劑或三分劑如介輕硫遇各種相配之含鉀養質即可得其各種鹽類質

非金類總論

前將非金類詳論其質茲再論其性而分爲數屬皆與金類有相似相關之處故必重言以申明之

輕氣爲非金類之無相似者其變化之性與別種非金類大異然與正電性極大之金類如鉀鈉等則有大相似之處

養硫硒碲爲一屬皆能成霧皆能與輕氣二倍體積化合而成雜質此雜質之霧體積等於輕氣之原體積其各種含輕之質稍有酸性而其輕氣可以金類等分劑代之代成之質其化分化合之性與原者略同此一屬與金類質有相關者如碲之性略同於金類能與養氣合成碲養而遂爲弱性之本質

淡燐鉮爲一屬所有之相關耤其含輕含養之質而燐與鉮彼此之相關比淡之相關更大其鉮與金類之相關亦大鉮與輕之性並其分劑又與銻輕大有相似之處又有數種鹽類質能以鉮養代銻養銻與硫合成之質其分劑與性略與鉮者相同有一種鉮養即方柱形顆粒者與生成之銻養同形而此銻養亦能成八面形之顆粒即鉮養尋常顆粒之形

此三種質亦與養硫硒碲之質有相關因硫硒碲如輕氣與金類之相關略如燐與鉮者相似

炭硼矽爲一屬其變形略同不能鎔化不能自散惟能與養氣化合成弱性之酸類此屬與金類亦有相關如矽與錫之分劑與含養並含綠之質相似此屬並與前屬有相關如硼養與鉮養相似俱能爲鹼類合成玻璃形之質有數種雜質內其硼養可與鉮養相代

綠溴碘弗爲一屬亦有大相似之處詳見綠溴碘弗總論碘有數種性與金類相同即如與養氣之相關又與含綠氣三分劑之質有相關而其含綠之質與含養之質又有相似此屬與養硫硒碲之屬又有相關

鹽類之原質

鹽類之意乃其形其性與海水所成之鹽略相似如能消化於水能結爲顆粒是也猶之酸類與鹼類其名亦以同理得之

化學初行之時此鹽類之字樣可以通用日後化學漸盛而化學家地學家藥材家必分辨本質與配質故凡能出一本質或一配質之料無論能否消化能否結顆粒俱謂之鹽類如鈉綠鈉養淡養鉀養淡養鈣養炭養等質以後

化學家更化分各料而得其詳始知鈉綠並同類之鹽類質不含一本質並一配質其變成之法全藉化分與化合之事而不藉能出本質或配質之事如前人以食鹽爲鈉養與輕綠合成因輕綠與鈉養俱可用食鹽造取也然細考之並非輕綠與鈉養合成但爲鈉與綠二原質合成

從此理而將鹽類分爲兩種一爲海鹽類卽一金類與一原質合成如鈉綠等一爲金類與養氣合成本質再與含養之酸質相合如鈉養硫養等近時之化學家將此第二種之鹽類質列式以爲本質不含養氣如鈉養硫養三列式爲鈉硫養四

第二種之鹽類質又分爲中立性與酸性或用試紙或用舌嘗其色可驗其味能辨此後再添一種名爲多本鹽類質因有數種中立性能得化之質另加本質若干而再化合遂變爲不肯消化之質又考知鹽類之中立性或紙試之或舌嘗之不盡在本與配之比例而全藉本與配化分化合之理如鉀養與硫養各一分劑合成之質試之嘗之得中立性若令鉀養與炭養相合則有鹼性又如鋅養一分劑合於硫養三一分劑試之嘗之則爲酸性

鹽類依其變成之法有爲中立性者有爲酸性有爲鹼性者故依其變成之法而得中立性者謂之合法鹽類質雖遇試紙不顯酸性與鹼性如鉀養硫養三爲中立性之質並爲合法之質若鋅養硫養三鉀養炭養二俱爲合法之質而非中立性之質

合法之鹽類質其本內之養與配內之養有一定之比例其各種配質亦有一定之比例如合法之質含炭養二者其本之養與配之養比例一定卽一與二之比鉀養炭養二卽是鉀養二炭養二卽不是又如含硫養三者其本之養與配之養有一與三之比鋅養硫養三卽是若本質內養氣之分劑用一箇半者則需硫養三三分劑方成合法之質鋁二養三硫養三卽是本養與配養亦爲一與三之比

配性鹽類質之配質內其養氣之比例多於合法者之比例如鉀養輕養二炭養二依其變成之法爲酸性鹽類然以試紙驗之則有鹼性其本養與配養有一與四之比而合法之質含炭養二者祗一與二之比酸性鹽類質間有以水補其本養比例之所少者如鎔化之硼砂卽鈉養二硼養三並鉀養二鉻養三並乾鈉養二硫養三是也

本性鹽類質其本內養氣之比例多於合法者之比例如二〔鉛養炭養二〕鉛養輕養爲本性之含炭養二質其本質與配質爲三與四之比但合法之質爲二與四之比卽一與二之比如鋁二養三硫養三九輕養卽本性之鹽類質其本養與配

養爲三與三之比合法者之比乃一與三之比
玆將尋常鹽類質之合法比例列後
含炭養二者合法比例一與二如鈉養炭養二
含硼養三者合法比例三與三如三鎂養硼養三
含矽養者合法比例二與二如二鐵養矽養二
含淡養五者合法比例一與五如鉀養淡養五
含綠養五者合法比例一與五如鉀養綠養五
含硫養二者合法比例一與二如鈉養硫養二
含硫養三者合法比例一與三如鈣養硫養三
含燐養五者合法比例一與五如鈉養燐養五

本養二分劑之含燐養五者二與五如二鈉養燐養五
本養三分劑之含燐養五者三與五如三鈣養燐養五
含鉮養三質之含燐養五者三與三如三銀養鉮養三
含鉮養五質之含燐養五者三與五如三鈷養鉮養五
含鉻養三質之含燐養五者一與三如鉀養鉻養三
含錳二養七質之含燐養五者一與七如鉀養錳二養七
欲明以上各鹽類質化分所得之式必知其質以水爲本之式而成合法之鹽類質其水以本質代之如硫强水之式爲
輕養硫養三其輕養以鉀養代之即得鉀養硫養三爲合法之質若用鋁二養三代輕養則其三分之一可與輕養相配因鋁等於輕三所以合法之質必爲三分之一（鋁二養三）硫養三去其分數則爲鋁二養三三硫養三

鹽類雙質

含輕養之配質其輕能以金類代之由是知鹽類雙質之理其各種本質與鹽類質盡同於輕綠與鈉綠之式而成其配質即輕氣與鹽類本質相合而成此鹽類本質乃配質與餘原質所相合者如輕養硫養三則爲輕硫養四輕養淡養五則爲輕淡養六輕養燐養五則爲輕燐養六二輕養燐養五則爲輕二燐養七三輕養燐養五則爲輕三燐養八其合法之鹽類質則用金類等分劑代其輕氣如鉀養硫養三爲鉀硫養四二鈉養燐養五爲鈉二燐養七三鈣養燐養五爲鈣三燐養八其配性之鹽類質則輕氣之若干分爲金類所代如鉀養二硫養三爲鉀輕二硫養四鈉養二燐養五爲鈉輕燐養其雙性之鹽類質則以二種不同之金類代輕氣如白礬即鉀養硫養三鋁二養三三硫養三則爲鉀鋁二四硫養四鉀養鈉養輕養燐養五則爲鉀鈉輕燐養八此理固佳而有一病因有數種質如硫養三燐養五炭養二等已屬有據之質若依此理則變爲烏有之質而所代者之硫養四燐養八炭養三等終成無據之質矣又有將成鹽類之理謂之水模之理者則凡含養之配質以水爲其模範其法以雜

本質代其水之輕氣則無水之配質其輕氣代盡而含水之配質其輕若干以水代之故一本之配質以水一質點爲模範放出輕氣一質點而以別質代之卽成含水之配質若放盡其輕氣二質點而以別質代之卽成無水之配質其二本之配質以水二質點爲模範則輕氣二質點可以一種金類代之其餘二質點可以又一種金類代之其三本之配質以水三質點爲模範而如前理

合成鹽類質以水爲模

又有一理名爲水模之理所有各養氣配質俱以水爲模又有雜底質代其輕氣如無水之配質其輕氣全爲此雜底質所代而含水之配質則代其幾分故依此理欲顯出放輕氣之事必用水之體分劑式卽輕二養或輕輕養如有一本之配質以水一質點爲模則放其輕氣一質點而成含水之配質放其輕氣二質點而成無水之配質硝強水之式爲輕養淡養五依此理則爲輕淡養五養無水之淡養五則爲淡淡養五養又鉀養淡養五則爲鉀淡養五養觀此各式易知一本之配質如硝強水不成酸性鹽類質又不成雙鹽類質其故因含輕祇有一質點故祇能與各金類以放輕氣之法而成單鹽類質依此理亦可有無水之淡養五又以爲其淡養五之底質爲淡養二此質之原質爲淡養四如以爲淡養二合於水而

成淡養五其式爲輕輕養上淡淡養二養輕淡輕養二養上輕淡養二養又以同理燐養五爲燐燐養二養又輕養燐養五爲燐輕養二養又鈉養燐養五爲燐鈉養二養惟此式內以燐養三爲底質不過爲虛質尙未得此物

凡二本之配質必以水二質點爲模卽輕輕養二故含輕氣二質點者全能爲金類所代而成合法之鹽類質或可幾分爲金類所代而成酸性鹽類質或爲二箇金類所代而成雙鹽類質如硫強水卽輕養硫養三其式可爲輕硫養三養卽爲水二質點內有輕氣二質點爲硫養二又如鉀養硫養三爲鉀硫養三養又鉀養二硫養三爲鉀輕硫養養三又無水硫養三爲硫硫養養三養此式內所有之底質硫養三其原與硫養三同故以此質爲硫養三之底質亦無不合理之處

又以同理無水炭養二爲炭炭養養養其虛炭養之式爲輕炭養養二又鉀養炭養二之式爲鉀炭養養二又酸性鉀養炭養二之式爲鉀炭輕養養二又鉀養鈉養炭養二之式爲鉀鈉炭養養可見炭養卽炭養其原質與炭養同又與綠氣化合所成之質卽炭養綠爲二質點之性代輕氣二質點

如照此理而考二輕養燐養五卽輕二燐養七則難依水模之理而記其式因水二質點之式爲輕四養二而此質內之養七不能平分而得二箇整數所以無奈而以水四箇質點爲其模

卽得模輕輕養則二輕養燐養五得式爲(輕燐養)養。又此質與鈉合成之質其式爲
(鈉四燐養)養。又其酸性者其式爲(鈉燐輕養)養從此可見其式甚繁不便於用。
又有數種鹽類質以二箇配質合於一箇本質如鋇養淡養五鋇養醋酸又如一箇配質能合二箇本質可謂之二本之配質則一箇本質與二箇配質合成雙鹽類質可謂之二配之本質可見鋇養雙鹽類質其鋇養爲二質點之金類故此鹽類質以水二質點爲模可記之爲(鋇養)(炭輕養)養。
凡三本之配質可以水三質點爲模而記之卽其模爲輕三輕三養三則三本之燐養爲輕三燐養。又鈉養三燐養五之式爲鈉三燐養。又鈉養硫養三之式爲(燐鈉輕)養。又鈉養燐養淡輕養燐養五卽鈉(淡輕)輕燐養但作此式必用未知之底質如燐養然有化學家將配質與鹽類以其體分劑式記之而不問其何質爲底亦不問其何質爲模此淡養五記之爲輕淡養三不問其淡養爲實有之質與否茲將用此法之人所設之名目與說列後。
配質者係含輕氣之雜質其輕氣或幾分或全分能爲金類所代。

鹽類質者係配質中之輕氣有金類代之而成雜質。
一本之配質能放輕氣一質點故合成之鹽類質祗爲一級
二本之配質能放輕氣二質點故合成之鹽類質爲二級。卽合法鹽類與酸性鹽類。
三本之配質能放輕氣三質點故合成之鹽類質爲三級。卽合法鹽類並二種酸性鹽類。
合法鹽類質能放之輕氣俱以金類代之。
酸性鹽類質能放之輕氣有幾分爲金類代之。
雙鹽類質能放之輕氣已放出而有不同之金類代之。
爲本之鹽類質係鹽類質與本質合養之質所成者茲將數種鹽類質照前法記之。

一本之配質與鹽類質		二本之配質與鹽類質	
淡養五	輕淡養三	硫養三	輕二硫養四
鉀養淡養五	鉀淡養三	合法 鉀養硫養三	鉀二硫養四
輕養燐養五	輕燐養三	酸性 鉀養硫養三	鉀輕硫養四
鈉養燐養五	鈉燐養三	燐養三	輕二燐輕養三
燐養	輕燐輕二養二	合法 鈉養燐養三	鈉二燐輕養三
鈉養燐養	鈉燐輕二養二	酸性 鋇養硫養三	鋇輕燐養三

三本之配質與鹽類質

眞燐養三　輕三燐養四
合法眞鈉養燐養　鈉三燐養四
一配之眞鈉養燐養五　鈉二輕燐養四
二配之眞鈉養燐養五　鈉輕二燐養四
小天地鹽　鈉（淡輕四）輕燐養四
鉮養五　輕三鉮養四
合法鈉養鉮養五　鈉三鉮養四
一配之鈉養鉮養五　鈉二輕鉮養四
二配之鈉養鉮養五　鈉輕鉮養四

準前理而論配質與鹽類質之根源嘗有駁之者云此必有合輕氣之雜質與合法之鹽類質相配者如有此質亦屬無據如合炭養二氣之質必以爲有虛炭配質其式爲輕二炭養三又合鉮養三之各鹽類質必以爲有虛鉮配質其式爲

輕三鉮養三其餘類推所以從未有人設一理顯明本質與鹽類質之根源而與試驗所得之事相對者

因此而知欲考配質與本質化合之理不必詳細化分祇須考其各鹽類質即能知之如其鹽類質俱歸一級者則爲一本之配質又如有一箇合法鹽類質並一箇酸性鹽類質即雙鹽類質則爲二本之配質又如配質在合法鹽類質之外另有一級之酸性鹽類質則爲三本之配質

長洲徐鍾校

化學鑑原補編卷五　金類

[redacted]

英國　傅蘭雅　口譯
無錫　徐　壽　筆述

前論非金類之質其變化之綱領條目無不詳盡而金類之變化亦已包括於內故亦不必贅論且因金類變化之總理本無甚緊要也此金類二字之意已詳於第一卷中卽能與養氣化合而成本質者

鉀

鉀養爲地球面最多之鹻類質原從花綱石（蘇省名天池石金山石）之類而得之花綱石內有此質與矽養並鋁養化合此種

石千萬年迭受冷熱燥溼風雨之變化故剝蝕朽爛而爲雨水洗下遂成能消化之質草木卽能食之草木既食此鉀養又變爲數種質如尋常之植物含鉀養硫養與鉀綠等惟鉀養在植物之內常與數種生物酸質合成鹽類質者過半而草木燒灰之時鉀養與生物酸質化分而隨與炭養化合又成鉀養炭養

燒得植物之灰浸于水內則鉀養之鹽類質消化而其鈣養並鎂養之鹽類質不消化若將濾出之水熬之卽有鉀養硫養分出而沈下此因鉀養硫養消化之率小於鉀養炭養也分去此質之後將其水熬乾卽得鉀養炭養然尚

雜鉀綠與鉀養硫養少許凡樹木暢茂之處可燒得其灰而以前法分取其粗質以爲造肥皂與造玻璃等用若提淨之價可稍貴尚非極淨之品

葡萄釀酒則發酵之時有一種定質分出而沈下卽鉀養二果酸其質爲二輕養炭$_{8}$輕$_{4}$養其輕養之一分劑有鉀養代之將此鉀養二果酸加熱則果酸化分爲數種質其內有炭養與鉀養化合另有炭與鉀養炭養相和再加熱而令空氣行過炭卽燒盡而餘者爲鉀養炭養凡釀葡萄酒之肆將發酵時面上所生之皮取至日中曬乾而燒灰則灰內之鉀養炭養可消化而出

羊毛亦含鉀養少許與動物酸質化合如將羊毛以水洗之則鉀養所成之鹽類質消化於水此水熬乾能得定質燒灰而取鉀養炭養

化學初行之時化學家皆以鉀養炭養爲原質前人曾將鉀養炭養與石灰相和則水內所得之質甚烈于鉀養炭養水故謂之强鹻未用石灰者謂之弱鹻但其理則前人尚未知或謂石遇大熱則變成灰其灰必藏火性故弱鹻中而添入石灰則收其火性而變爲强鹻百餘年前英國化學家布賴克初以格致之理考驗此事將灰石以火燒之不但不收別物且有物放出試其放出之物知爲炭養

再將石灰置于罏水內石灰不但無物放出令罏收之反欲收罏內之炭養所收罏內炭養氣之數等於前燒時所放炭養氣之數

製造肥皂所用之鉀養水將鉀養炭養水添以熟石灰則熟石灰所含之輕養放出而以炭養氣代之器底有鈣養炭養沈下而其水為鉀養輕養其式為

鉀養炭養丄鈣養輕養＝鈣養炭養丄鉀養輕養將此水熬乾則所得之鉀養輕養為明流質如油形冷則結成白質即尋常之鉀養此質常鑄成條而發賣稍帶綠色因稍雜鉀養錳養凡常用之罏類質內此鉀養輕養為最強與

各種酸類之愛力極大化學家俱藉此性以化分各質平常出賣者為流質其價隨濃淡之率辨其濃淡之法用浮量之

鉀養輕養乃前人所不知其原質者西歷一千八百〇七年兌飛用金類電氣化分而得其原質即鉀其法將鉀養輕養之塊遇空氣至微濕再將白金片連於大力電氣之正極點而令負極點通至鉀養輕養之面則此線之端有小圓粒相聚略有銀色之光白金片放出養氣而鉀養輕養放出輕氣詳見第一卷輕氣下再將負電通至鉀養面含汞之凹處鉀即與汞化合取而蒸之汞即分開餘下者為鉀惟所得之鉀甚少後數年另設一法將鉀養輕養用白熱之鐵化分之較前稍易而所得之鉀亦不多再後多年用鐵甑盛鉀養炭養與煆鉀養二果酸之炭而取鉀其式為

鉀養炭養丄炭＝鉀丄三炭養如第二百十七圖乃現在

第二百十七圖

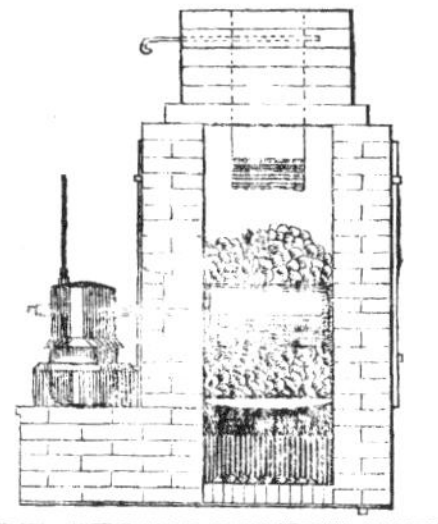

取鉀之鐵甑此甑有管通於銅收器此器之外有流動之冷水而內盛火油能收透過之鉀而不受養氣其通管之端伸出器外如有滯塞可用鐵桿通之

鉀之奇性詳見第一卷輕氣質軟如蜜蠟新剖之面似銀色不久即暗其重率〇八六故能浮于水面遇水而立燃與別金類迥異遇熱易鎔加以更大之熱即變綠色之霧若在空

第二百十八圖

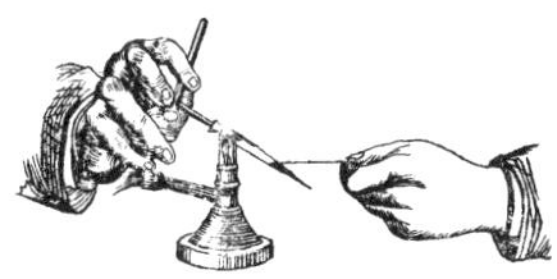

氣內加熱則燒而成茄花色之火即變為無水鉀養鉀養之火茄花色藉此分辨含鉀之質故將硝即鉀養淡養以水少許消化再加濃醋足令能燃其火即現此色如欲小試可將鉑絲一端作鈎置鉀養小塊于上令遇吹火之內層如第二百十八圖鉀即鎔化而分出其霧

至外層火而燒成茄花色

取鉀之工最難其費亦大故循常製造之工不多用惟爲化學內之材料因鉀與養氣並綠氣等有負電性之原質其愛力極大化學即用其愛力也

鉀綠

此質爲鉀最要之根源取法或用海水或用海草灰或用胡蘿蔔造糖所餘之渣又有地產之數種質含鉀綠如煞克斯尼國斯太司富德地方開挖石鹽之礦有一厚層鹽類質名那來得此礦之質爲鉀綠二鎂綠十二輕養此質之外形頗似石鹽最易自消化最便分取鉀綠

鉀養輕養二炭養二

此質爲藥材之用其取法將極濃之鉀養炭養水再以炭養氣行過即結成顆粒此質比鉀養炭養難消化

鉀與養與綠合成之質俱已詳前所有不甚緊要者茲亦不贅如鉀養三鉀養四鉀硫鉀硫二鉀硫三鉀硫四鉀硫五等

鈉

數種金類礦內並土石之內有含鉀者有含鈉者此二質可彼此相代天下常用之鹽即鈉綠海水可熬地內可挖有數種泉河湖之水內亦有之

鈉綠 即食鹽

石鹽藏於地內所產之處甚多如英國語得會知地方每年挖取又如波蘭國會里仔加地方有極大之石鹽礦已挖取數百年礦內空處已極大挖鹽之人住宿于中其牀榻與櫈桌俱以石鹽爲之且造禮拜堂在內亦以石鹽爲之晝夜點火其鹽之顆粒發出回光如寶石法國日耳曼國亨軋里國西班牙國阿皮西尼阿國麥西哥國等俱有石鹽礦極淨之石鹽能透光如水晶而無色平常者半明半暗而稍帶黃紅色此因含鐵之故又有數處在石內鑽孔至地內灌滿以水待數時而取出其水熬乾得鹽

英國杜來得會知地方有數處泉水可熬乾而得鹽法國

與日耳曼國泉水所含之鹽甚少如熬乾之所得者不敷燒料之價幸有一便法可不用熱而化散其水將木桿作高架以細樹枝捆束而裝滿架上用起水筒吸水至架頂令其滴滴流下因多遇風氣而流至近地已濃如此數次即可盛于鍋內加以大熱約三十小時熬乾若干再添鹽水令鍋常滿沸時有鈣養硫養並鈉養硫養結成沈下須分出之俟水面有鹽顆粒結成則減去其火令少于一百八十度必以此熱度數日即能盡成顆粒其顆粒久遇空氣能自乾鹽所結之顆粒與結成時之熱度有反比例熱度小者顆粒大熱度大者顆粒小惟鍋內之水不能全變

爲顆粒必有一分餘下之水此水可以分取鈉養硫養鎂養硫養並溴並碘

海水取鹽之法各國之熱度皆不同故各因其宜而爲之如俄國在海邊鑿淺池俟水凍冰即棄其冰而取其水熬乾如空氣稍熱之處則將海水引至岸邊淺池內自此池換至彼池而漸濃至末一池而極濃即有顆粒沈下取其顆粒在陰處久遇空氣則所雜之鎂綠消化而出所餘不結顆粒之水可熬乾而分取鎂養與溴

數年來歐洲數處設一最簡之法分取海水之鹽尋常之海水每一千分含鈉綠二十九分鉀綠半分鎂綠三分鎂養硫養二分半鈣養硫養一分半如在熱地則水自化散至重率一・二四遂能結成鈉綠五分之四加水約十分體積之一加冷至〇度其器詳前一百二十六圖即結鈉養硫養甚多此因鈉綠之一分爲鎂養硫養所化分再將其流質熬至重率一・三三則鈉綠之結成亦多待冷而再有雜鹽類質結成即鉀綠相和者用極少之水洗去其鎂綠則餘下之鉀綠可出賣其雜鹽類水能收能放各種鹽類與其冷熱有相關前法能顯化學之要理

尋常之食鹽遇空氣而欲消化此因稍含鎂綠與鈣綠若爲淨鈉綠則與濕氣之愛力甚小惟置於水則易消化因水重二分又四分之三能消化鹽一分

歐洲各國以鹽爲製造工藝之事甚多一國所產之物鹽雖爲最賤然能用化學之法變化之實爲生財之大道今日各種製造工藝之事不藉古人流傳之法專藉新理新法而成之故可見化學之大用

百年前之用鹽不過爲食饌與農事用之間有用爲瓦器之釉至於鈉養炭養則從西班牙所購而其取法用一種海草燒得之灰此灰有四分之三爲雜質運至英國分出其鈉養炭養而造肥皂並玻璃其費甚大所以二物之價亦甚大法國作亂之時道路斷絕別國之海草灰不能進境遂無鈉養炭養應用故法王出示如有人考出新法能用本國之物取出鈉養炭養即與以重賞化學家名魯蒲蘭克刱法用食鹽變化之此後各國所產之鹽更得一大用之處

鈉養炭養

此質之取法將鹽盛于倒焰爐內如第二百十九圖添以等重之硫強水即變爲鈉養硫養（詳見第二卷輕綠下）而放出輕綠氣此氣引至塔形凝器不致散出害物爐底分隔爲二膛其遠爐柵之膛以鉛爲裏襯上有一彎管漏斗近爐柵之膛用火磚爲裏襯則一膛爲化分之事而一膛爲散去輕

第二百十九圖

綠而鎔化鈉養炭養之事其火遇鹽與硫養合成之質至全乾而止謂之鹽餅將此與等重之灰石半重之煤屑相和置于爐內之鉛膛則多發炭養氣而變爲鈉養炭養與石灰並鈣硫合成之質謂之黑灰鈉養硫養有此變化者因遇煤屑之炭質而收熱則放養氣而變爲鈉硫隨有炭養放出其式爲

鈉養硫養丄炭‖鈉硫丄二炭養又如鈣養炭養加熱而遇炭則放炭養氣而有多餘之石灰其式爲

鈣養炭養丄炭‖二炭養丄鈣養其後鈉硫與石灰加熱而遇炭養氣則成鈉養炭養與鈣硫其式爲

鈉硫丄鈣養丄炭養‖鈉養炭養丄鈣硫將黑灰浸于水內則鈉養炭養消化而鈣硫不消化取水熬乾即得粗鈉養炭養此質尚含鈉綠甚多又有鈉養硫養並鈉養輕養此質乃石灰遇鈉養炭養而生出者提淨之法將粗鈉養炭養和以煤屑或木屑而再加熱則所燒之炭質變成炭養而此炭養能令鈉養輕養變爲鈉養炭養再消化於水而取水熬乾結成斜方形顆粒即漱滌之鹻即鈉養炭養

十輕養

數十年內英國即用前法得利因多產鹽與煤與灰石三物也初用此法之時硫強水之價尚貴然愈多用而價愈廉因燒造硫強水之法更易之故遂令一切用硫強水之事因此皆得便宜初時所有之輕綠原用高煙通散出仍是大害人物故用法收之以爲漂白粉之用從此漂白布與印花布亦俱得益又如各種織造之物成後必漂洗綢布沾污亦必洗鈉養炭養之價既廉亦能受益造肥皂與燒玻璃鈉養炭養爲極多用之質英國燒造鈉養炭養之後二種生意甚盛

鈉養炭養之顆粒極易分辨遇乾空氣則外面生霜形之粉其味辣而遜於鉀養炭養鉀養炭養遇空氣即消化而此質不然惟顆粒在水內則易消化添以冷水重二倍巳能消化若置于沸水內雖少于顆粒之重亦消化其消化之水以試紙驗之大有鹻性

藥材所用之鈉養炭養又名鈉養二炭養其質爲鈉養炭養輕養炭養其取法將鈉養炭養之濃水令炭養氣行過即成

造硬肥皂所用之鈉養水將鈉養炭養合于鈣養輕養則鈣養放出輕養而收炭養

循常鈉養輕養之定質其取法卽前鈉養炭養之工將黑灰浸于水內取水熬至將乾則鈉養炭養鈉養硫養鈉綠俱能成顆粒而分出水內所餘者爲鈉養輕養易於消化但尚雜鐵硫與鈉硫因此而有紅色分出之法添以鈉養淡養令其含硫之質與養氣化合濾水熬乾得鈉養輕養鎔化之而傾入鐵模成條又法將黑灰水淋於裝滿枯煤之塔形器此器四面通風水則漸漸落下其鈉硫卽與養氣化合而變成鈉養並鈉養硫養微有鐵硫結成再將其水和以鈣綠少許令所餘含硫之質與養氣化合再熬濃之卽有鈉養炭養並鈉衰鐵結成顆粒濾取流質祇含鈉養輕養熬至乾時能結傾入模內成條有礦名苦來哇來得常用以取鈉養輕養此礦之質爲三鈉弗鋁弗其取法用鈣養輕養與礦相和化分而得之

鈉之質性

鉀養與鈉養質性略同所以古人不能分別前一百四十年化學家名都哈米勒考明二物之別兒飛考得鉀原質之後卽思鈉亦應能考得遂用法試之知此二原質之性大有相同之處（詳見第一卷輕氣下）然其分別則燒鉀之火茄花色而鈉火黃色如欲驗之可將鈉綠以水消化再添濃醋足令生火燒時掉之不止卽得黃色之火或將鈉少許盛于鐵杓置于火中燒之則室內各燈之火盡變深黃色若用吹火筒亦可分別含鈉之質與辨鉀同理

又有焰火之料欲得黃色之火則用鈉養淡養如欲深黃者可將鈉養淡養七十四釐硫二十釐銻硫六釐木炭粉二釐各質分曬至極乾研至極細然後和至極勻

鈉養炭養和以木炭而熘之卽得鈉較易于取鉀故其價亦廉于鉀工藝所用則鈉多而鉀少分出其鋁與鎂依前數節之法如用鈉作膏則便于將金銀礦分出其金銀如欲多取鈉質可將鈉養炭養烘乾而和以煤屑與白石粉盛于鐵甑熘之則養氣爲炭所收而變成炭養其鈉卽變霧而透過其式爲

鈉養炭養丄炭‖鈉丄三炭養用石粉之故欲令其料不鎔化

硼砂

硼砂卽鈉養二硼養爲工藝內之要料產於西藏數處湖水之內熬乾其水而得顆粒其顆粒之外面有油形之皮此種顆粒名爲汀加辣提淨之法將其顆粒打碎以鈉養之淡水洗之則油形消化而洗去再將此細粒以水消化而添鈉養炭養卽能分出所雜之石灰變爲鈣養炭養濾去而取水熬濃至能結顆粒待冷而得淨硼砂之顆粒

英國工藝內所用者大半爲本國自製其法將鈉養炭養與硼養相和加熱則硼養擠出其炭養而與鈉養化合常用之硼養從得司格尼地方所購質內含淡輕此淡輕分出即謂之火山淡輕無有難嗅之氣非若蒸煤蒸骨之淡輕俱帶燒時所成之臭也所得之定質以水消化俟硼砂結成顆粒而分出即爲英國硼砂其結顆粒之工不可貪快須令漸漸結成則能加大價值亦貴若快結者顆粒小而價廉此非質性不同因人慣以大者爲好故業此者必依人心而爲之

結顆粒之法將硼砂水熬濃而盛於木箱此箱以鉛皮爲裏襯而箱外再用套箱其二箱中間之空處裝滿不通熱之料使水減熱極慢顆粒必大待三十小時之後忽將其水放出以乾海絨收盡其餘水使箱內全乾否則餘水雖少必令大顆之面生小粒其價亦減箱必即速蓋密令顆粒漸冷若速遇冷大顆粒必致裂開

硼砂尋常之顆粒含水十分劑故其質爲鈉養二硼養三十輕養然其水易於化散故遇空氣不久外面即起白粉而不透明其味爲鹻性可用試紙驗之加熱易鎔而腫大即成白色之鬆質大于原體數倍再熱而鎔成明流質冷則成玻璃之形此玻璃能消化數種含養氣之金類質因硼砂爲酸性之鹽類故能與多種本質化合因此而各種鎔銲金類之工俱用之又瓷器之釉亦用之

鈉養矽養

鈉養與矽養用法使化合能成易鎔玻璃拭於木上不爲火所燒近又作磚以造房屋並作牆面畫花之料不能爲風雨所侵

易鎔玻璃之製法將白砂十五分鈉養炭養八分木炭一分則矽養與鈉養化合而炭養放出其放出炭養之故因所用之木炭令變爲炭養而易散所得之質在冷水久不改變若見沸水即漸消化成強鹻性之流質

用此料護木將其水之稍淡者拭於木面即成玻璃一層此外再加以石灰水而再拭玻璃水如此而木雖遇火祇在外面生炭一層不能延燒內質

造磚之法將火石與極濃鈉養輕養水相和加熱並加大壓力其熱必三百度至四百度則火石之矽養與鈉養化合所得之水以少許和於極細之砂調成膏以模印成磚形曬乾而加大熱則鈉養矽養鎔化而粘合砂粒磚內所添之色料須用耐火之物此法爲藍生所剏經久不壞鈉養矽養又可爲印花布之用

平常之磚外面常生霜形之質即鈉養硫養又有一大沙

漠其地面多生此質又有地產之礦名替那待得即鈉養硫養三又有一種名古魯龍來得即鈉養硫養三鈣養硫養三水內幾不能消化

鈉養與燐養五化合者其質爲二鈉養燐養五二十四輕養其取法將硫養化分骨灰所得之生燐養五（詳見燐養）加以鈉養炭養滅其酸濾取其水熬乾即成斜方形之顆粒即二鈉養輕養燐養五二十四輕養此質遇空氣外面生霜形

鈉養淡養五爲鈉本質之最要者大半自秘魯國所產或以當糞之用或以造鉀養淡養五之用

淡輕四各鹽類質

前言此種鹽類質與鉀養鈉養之各種鹽類質略同故化學家疑必有一種金類與鉀鈉二質相似者惟有淡輕四最爲近之所論淡輕三之各鹽類質若以其原質爲淡輕四固是有理但其鹽類質不能與鉀養鈉養之鹽類質同例因淡輕四或淡輕四養尚未考得其物而有確據也惟近來考知另有數種生物本質與鉀養鈉養之相似更近於淡輕四與鉀養鈉養之相似若竟以淡輕四爲原質則其數種生物本質亦可謂之原質矣果如是化學書中又得許多無據之物之名

試得一事亦可證淡輕四養之質盖淡輕三合于無水之配質如炭養二硫養三等而不添以水則不能顯出與鉀養鈉養鹽類質相似之形故淡輕三而添水在內即變爲淡輕四養如將淡輕三氣之極乾者令遇無水硫養三即成淡輕三硫養三此質能在水內消化又能成八面形之顆粒若將其水添以鋇綠水則不結成而祗有眞含硫養三之鹽類自爲結成之質若添以鉑綠水亦不結成而祗有眞含淡輕三之鹽類自爲結成之質如將淡輕三硫養三在水內令沸至久則變爲淡輕三輕養硫養三即淡輕四養硫養三亦用二料試之即能結成又凡無水燐養五或炭養二或硫養三之各質俱能與乾淡輕三合成含淡輕三之鹽類質俱不能以平常之試法如試含淡輕三相配之

鹽類質者而試之必先令收水一分劑始能顯出淡輕三鹽類之性凡淡輕三之眞鹽類質或用含輕養之配質合于淡輕三而成之或以雙化分之事而成之

淡輕三輕養硫養三

此質造淡輕四磠之工內多用之又可爲肥地之料其取法將煏煤氣所得之淡輕三水和以硫養三令成中立性而熬之俟結顆粒加以小熱散出其煤油之質再消化之令成淨顆粒其顆粒之形與鉀養硫養三之質相同易在水內消化加熱至五百度則淡輕四養硫養三能化分而放出淡輕四養硫養二霧並水與淡輕三與淡氣與硫養二如將紗羅一塊浸于淡

輕養硫養之淡水即每水十分含淡輕養硫養一分者取出曬乾以火燒之不發火焰有一種地產名爲馬司卡格尼尼大半爲淡輕養硫養多點煤氣之房其玻璃窗之內面常有結成之針形顆粒即此質也又有一質爲淡輕二輕養硫養

二淡輕二輕養三炭養即二淡輕養三炭養藥肆常備之物俗名嗅鹽類又謂之普來司頓鹽即英國之地名尋常藥料之內多用之內科新說所謂阿摩尼阿散又可和于麵內令發鬆其取法將淡輕綠一分白石粉一分在泥罐或鐵甑內蒸之其甑有鐵管通氣至鉛房令凝結遂成光亮之質即二淡輕養三炭養其鉛房之五面可拆開便于取出此質但此尚爲粗質須再盛于鐵器而項上有圓形之鉛冒添以白石粉即鈣養炭養加熱蒸之令淡輕綠變爲淡輕養炭養其變化之時因所加之熱而必再化分放出淡輕與水氣其式爲

三淡輕輕綠丄三鈣養炭養〓二淡輕二輕養三炭養丄淡輕丄輕養丄三鈣綠如將新取之二淡輕養三炭養多遇空氣則放淡輕與炭養漸變不透光之軟脆質即淡輕養二炭養其式爲

二淡輕二輕養三炭養〓淡輕丄炭養丄淡輕二輕養二炭養若與水遇變化更速如將二淡輕養三炭養以水少許洗之亦變爲淡輕養二炭養其水內含淡輕輕養炭養從無人能得此物之定質者二淡輕養三炭養一分能在冷水三分消化若用沸水消化自能化分其水冷時即結方柱形之大顆粒即淡輕二輕養二炭養難在冷水消化此質有生成者南阿美里加之南地名八打哥尼阿之西邊海鳥糞多層之下常產之又有淡輕養炭養酒即常用之藥料其製法將淡輕綠和以鉀養炭養與酒醋而蒸之又法將二淡輕養三炭養添於熱酒醋內

二淡輕養三炭養以極濃之淡輕水消化再添酒醋令結顆粒即二淡輕二輕養三炭養加二輕養

淡輕輕綠即淡輕綠又名硇砂

此質之取法將淡輕氣與輕綠氣相遇其二氣須同體積而極乾自能合成淡輕綠又有人將淡輕養硫養和以食鹽而乾蒸之其式爲

淡輕輕養硫養丄鈉綠〓淡輕輕綠丄鈉養硫養此質爲透明絲紋之體硬而韌略同於收氣凝結之原式又常有棕色之條紋稍含鐵質之故並無淡輕臭最易消化于水每一分只須冷水三分熱水則一分熱水漸冷之時即有美觀之顆粒結成其形如背陰草之狀以顯微鏡察之有

極細之立方形與八面形淡輕綠在水消化大減水之熱度故發冷之料常用之如淡輕綠一分硝一分以水一分消化則水從五十度減至十度但此必有化分之事因欲變成鉀綠與淡輕養淡養此二質爲水消化之時即收多熱也淡輕綠消化於水而以藍紙試之稍顯酸性若將淡輕綠加熱即變爲霧未至紅熱不鎔化其霧在空氣之內能變極濃若令此霧遇冷面即結白色之質凡蒸淡輕綠未免耗費因有數分變爲輕綠或輕氣或淡氣

近有化學家設法能令淡輕綠之霧自分爲淡輕與輕綠如霧內仍自相合則不能分取其二霧可將淡輕綠和于金類與養氣合成之質則輕綠收其養氣而令金類與綠氣化合所合成者或能鎔化或能變霧所以金類面已有養氣化合者可用此料收其養氣如金類要銲粘可撒此料在其燒熱之面收去養氣又如錦養與錫養等有不肯爲本之性者加以大熱而令遇淡輕綠則勉强能與綠氣化合火山之簏常見淡輕綠海水內亦略有之

淡輕輕硫即淡輕硫

此質之取法將輕硫氣一體積和以淡輕氣二體積容氣之器外必加冰鹽等發冷之料此質在空氣之常熱度自能分爲淡輕與淡輕二輕硫此質又可一逕取之即將淡輕一體積輕硫一體積共盛一器如前加冷而成如將淡輕水多通輕硫氣則淡輕與輕硫二分劑化合而成淡輕硫輕硫水其新製者無色久遇空氣則變爲黃色此因內有自成淡輕硫同時又有淡輕養硫養其式爲

二（淡輕硫輕硫）丄養＝淡輕硫丄淡輕養硫養丄二輕養

此水久存有硫結成而變爲無色內有自成淡輕養硫養又有淡輕養硫養又有淡輕養硫養如將新製無色之淡輕硫輕硫和以酸質則其水仍爲無色而有輕硫氣發沸放出其式爲

淡輕二輕養丄輕硫＝淡輕輕硫丄二輕養水若已變黃色而以法試之即結成白色之硫此因淡輕硫化分其式爲淡輕硫丄輕綠＝淡輕綠丄輕硫丄硫如將新製之水和以鉛養醋酸則有黑色之質結成即鉛硫若存久而變深黃色或紅色則結成之紅質爲鉛硫化學內所有化分之工多用淡輕硫爲試料製法將淡輕硫和以等體積之淡輕水其臭難當

淡輕氣和以硫霧而通入紅熱之瓷管則有淡輕硫之黃色顆粒結成易自鎔化如蒲愛勒發霧之水爲極臭之黃色水其製法將淡輕綠和以硫與石灰而蒸之此水內常有淡輕硫之黃色顆粒結成如將硫在淡輕硫消化則得

橘皮色之方柱形顆粒爲淡輕四硫五又有化學家取得一質爲淡輕四硫七有數種質以淡輕四硫爲本質而以鉀硫銻硫等爲配質可見其硫能爲本質又能爲配質

淡輕四與硫多分劑化合其理難明只能以淡輕四爲金類方能明之

淡輕三輕溴淡輕三輕碘俱是照像之藥品俱爲無色之顆粒其淡輕四碘易變黃色或棕色因有碘分出必藏於乾燥無光之處二種鹽類俱易在水內消化

鋰鉚鏭

鋰爲不常見之金類西名里弟烏買即石之意因其質常產於土石內也現在考知數種植物之灰內有之地產之鋰合于別質成礦如里比度來得與雲母鋰礦俱是鋁二養三矽養三與鈣弗與鋰弗又比太來得爲鈉養矽養三合于鋰養與鋁二養三又有脫里發尼又名司布佗米尼其原質俱與前者同

鋰之取法將鎔化之鋰綠以電氣化分之所得之鋰爲金類之最輕者其重率爲〇五九其性與鉀並鈉有相同之處惟其質較硬而收養氣亦較難常熱度內自能化分甚速但不易在水面自燒

鋰養在鉑面加熱能令鉑生銹又能與燐養合成一質即三鋰養燐養五又能與炭養二合成一質即鋰養炭養此二質不易消化所以鋰養與鉀養鈉養又不同鋰之雜質以吹火筒試之令火變紅色鋰養炭養二可作藥品之用

鉚與鏭二原質纔在西厯一千八百六十年內考得者曾有化學家二人考驗泉水而用光色分原鏡細察見有不識之光線必是新原質在內因而取得此質但此水每噸不過含此質二三釐若用別法尚不能分辨既用分光之法考得二新質隨又信用此鏡而更得二種新原質一爲鉈一爲銦此鏡另有專書詳論因與化學最爲相關故摘錄其大略

光色原鏡 省文分光鏡

前言吹火筒燒鉀即得淡茄花色之火燒鈉得黃色之火燒鋰得紅色之火此各金類之霧加以極大之熱有此各色顯出如金類之數極微其光因此而少則吹火筒之法尚不能分辨若一物而有二三種金類在內更易混目故不及分光鏡之妙此器燒其金類之火而有鏡收之如第二百二十圖甲用火石玻璃之三角鏡或用三角空體而內裝

第二百二十圖

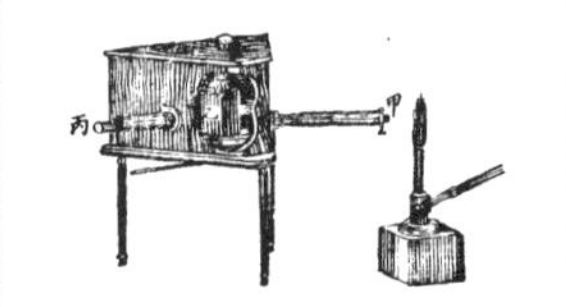

炭硫使傳其光色如圖之乙則一箇色之光必向一箇方向而透過其火之形不能有每一色勻列而火內每一箇色必有一定之方位顯出如火內有鈉之霧則黃色之光必在光帶之處相聚而成極光之黃線雖其鈉數極微亦必有此線顯出然欲絕無鈉質之火亦甚難得故尋常火內常現極微之黃線鋰質所現之光有紅線又微有黃線故含鋰之火有最光明之紅線又有不甚明之黃線如鉀之火有藍合于紅之線故其紅色之線比鋰之紅線更深其旁又有淡茄花色之線此器用遠鏡如丙令視者之目易於分辨現在此器已為化學家所不可少者其乙鏡之上有柄能轉其鏡而令各光帶易於顯明如將燒金類之光帶與太陽之光帶相較如第二百二十一圖能現出各金類之色與方位如鉀綠鈉綠鋰綠各物相和用鉑絲一端作小圈如圖之右邊為鉀之紅線又相近處有鋰之淡黃線又稍遠處有鈉之黃線其餘別種金類可例此推之最易辨者惟金類與綠氣合成之質因易變為霧也

第二百二十一圖

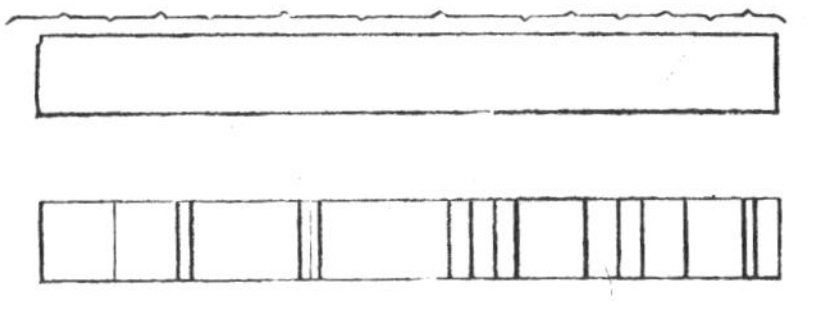

前言化學家二人即本生與谷綽弗化分泉水之時見光帶內有紅線二條藍線二條與已知之金類不同於是專考此四線者為何物久久而得鉫與鏭二種新原質

近有化學家又在數種地產之水並里比度來得之礦並數種植物之灰取得鉫其性與鉀略同而更易鎔更易變為霧且與養之愛力甚大故見空氣能自燃遇水則燒而成火亦與鉀同鉫養為強鹻性而其各鹽類質與鉀養者相對所有鉑綠鉀綠在沸水消化之性易於鉫綠鉀綠八倍故可藉此性情而分別鉑與鉫

電氣正極點之性鏭大於鉫合成強鹻性之雜質為鏭養其各鹽類質亦與鉀養者相對惟鏭養炭養能在酒醋消化而鉀養炭養鉫養炭養則否又鏭養二果酸比鉫養二果酸消化易至九倍嘗有化學家化分里比度來得而得鏭又如愛勒罷海島有罕見之金類礦名布魯客斯其形與鈣弗礦同或言含鈣弗極多（來得內得台得俱為石字之意）

鹻屬金總說

鉀鈉鋰鉫鏭為原質之一屬俱有電氣正極點之性與養合成之質有強鹻性其鹽類質大半能在水內消化其變化之性並其本性與弗綠溴碘四質為一屬者適相反因四質為負極點之性此二屬之質有逐質遞加遞減之性其分劑數與體積數亦有相關如鏭為一屬內正極點最

大之性鉚次之鉀與鈉又次之最小之性爲鋰如碘爲一屬內負極點性之最大者而分劑數亦爲最小例以同理錸爲一屬內正極點性之最大者而分劑數亦爲最大即錸爲一百三十三鉚爲八十五三鉀爲三十九鈉爲二十三鋰爲七化學家以爲此五質之分劑數與其體積數同即與弗綠溴碘之一屬同又如綠氣爲一屬之首其餘質略配之則鉀亦爲一屬之首而其餘質亦配之所成之綠氣本質能任與別質化分化合而自不變所以鉀所成之綠氣本質任與別質化分化合而自不變

此一屬原質之性情有與其分劑數相配之意如鉚加熱至一百〇一度即鎔化鉀一百四十四度五而鎔化鈉二百〇七度七而鎔化鋰三百五十六度方鎔化可見常熱度內鉚爲最軟而鋰爲最硬此各原質之鹽類質亦有相似之性如錸鉚鉀與養與炭養合成之質最易在水消化易收空氣之水而自消化惟鈉養炭養則難在水內消化鋰養炭養更難在水消化其鋰養炭養與鋰養燐養難在水內消化者略爲此屬漸漸變爲下一屬之性蓋下一屬之鹽類質所有含炭養與燐養者不肯在水消化矣

鋇

鋇之西名爲貝里哇暮即重之意因其雜質甚重英國北方多產此質一爲鋇養炭養礦西名韋脫來得一爲鋇養硫養礦其鋇養炭養礦在英國產鉛之處能得其大塊或云本地人用此礦爲毒鼠之藥亦有誤爲鉛礦者因其質重之故

取法將鋇綠消化再以電氣化分之即得淡黃色之金類易鎔化易打薄重率略爲四易與空氣之養化合常熱度之水易令其化分

工藝內常用之鋇雜質多取於鋇養硫養礦此質在水內與酸質內不肯消化故欲用鋇養硫養造別種雜質必將礦研成細粉而和以木炭或別種含炭之質加以大熱則炭收養氣而變爲炭養放出礦遂變爲鋇硫其式爲

鋇養硫養⊥炭‖四炭養⊥鋇硫既得鋇硫即能在水內消化易變爲鋇之雜質

鋇養硫養

油漆內所用之鋇養硫養係白色之質能當鉛養炭養之用俗名不變之白色如西人名片等紙敷以此料白而光滑其取法將鋇硫合于淡硫强水即有鋇養硫養結成白色之質洗之乾之即可用其式爲

鋇硫⊥輕養硫養‖輕硫⊥鋇養硫養

鋇養炭養

燒造玻璃之料有用此質者其取法將鋇硫令炭養$_{二}$行過即有結成鋇養炭養$_{二}$其式爲

鋇硫⊥輕養⊥炭養$_{二}$‖輕硫⊥鋇養炭養$_{二}$

凡小取鋇之雜質可令鋇養硫養$_{三}$礦先變爲鋇養炭養$_{二}$如將鋇養硫養$_{三}$研細五十釐乾鈉養炭養$_{二}$一百釐乾硝細粉六百釐木炭細粉一百釐各料相和置於磚面或鐵板燃之則硝內之養氣合于炭質生熱令鋇養硫養$_{三}$合于鈉養炭養$_{二}$而鎔化即化分而變成鋇養炭養$_{二}$與鈉養硫養$_{三}$其式爲

鋇養硫養$_{三}$⊥鈉養炭養$_{二}$‖鈉養硫養$_{三}$⊥鋇養炭養$_{二}$

將其質浸于沸水則鈉養硫養$_{三}$消化而鋇養炭養$_{二}$不消化待冷洗下之後傾出其水而屢以水洗之試以鋇綠無所結成爲度即知鈉養硫養$_{三}$盡去而鋇養炭養$_{二}$已淨

鋇養淡養$_{五}$

此質之取法將鋇養炭養$_{二}$在淡硝强水消化將其水緩熬俟結八面形之顆粒即是鋇養淡養$_{五}$有數種火藥以鋇養淡養$_{五}$製合者可爲磔石之用如將鋇養淡養$_{五}$在瓮鍋內加熱則鎔而化分變爲灰色之鬆質即鋇養其式爲

鋇養淡養$_{五}$‖鋇養⊥淡養$_{四}$⊥養

鋇養輕養

此質之取法將鋇養淡養$_{五}$粉四兩和於鈉養輕養之沸水十二兩製此水之法將鈉養輕養三兩以水二十兩消化得重率一·一三所和之水因有鋇養炭養$_{二}$而變濁令沸數分時後而濾之待冷尙有不化分之鋇養淡養$_{五}$顆粒結成即將其清水傾于別器遂結顆粒其質爲鋇養輕養含水八分劑遇空氣則外面生霜一層變爲不透光之質尙是含水之鋇養輕養加熱至紅始爲鋇養輕養此質鎔化之後雖再加熱亦不化分鋇養輕養稍能在水內消化其水得强鹻類之性收空氣中之炭養$_{二}$即有鋇養炭養$_{二}$結成若將鋇養在管內加熱而令養氣或空氣行過即收養氣而變爲鋇養$_{二}$宜于取輕養$_{二}$之用詳見輕養

鋇綠

此質爲化學家常用之試料其取法將鋇養炭養$_{二}$在淡鹽强水內消化而熬乾之待冷結成片形顆粒即鋇綠含水二分劑多取之法將鋇養硫養$_{三}$和以鈣綠在倒焰爐內鎔化其鈣綠係造淡輕$_{三}$之餘質詳見淡輕其式爲

鋇養硫養$_{三}$⊥鈣綠‖鈣養硫養$_{三}$⊥鋇綠

其鈣養硫養$_{三}$不消化傾出其水熬乾而得鋇綠惟二質在熱水內不可多延時刻因鈣養硫養$_{三}$與鋇綠久在水內必復爲鋇養硫養$_{三}$與鈣綠

鋇養綠養$_{五}$

此質可爲綠火之料取法將鋇養炭養二在綠養五水內消化卽變成光亮之片形顆粒若與硫與炭等相合能燒成綠色之火甚是美觀詳見含綠養之質凡鋇養之鹽類質能消化於水者俱有大毒之性

鎴

天成之鎴其形與產處略同于鋇而少見於鋇初得此質在英國北方息脫郎西恩之鉛礦內與炭養化合卽鎴養炭養二後又有人在泉水內得之

鎴礦常得者爲藍色極似空氣之色西國謂之細勒司的尼卽天色之意其原質爲鎴養硫養三常有美觀之顆粒見於須須里產硫之處英國亦見之變爲鎴養淡養五可爲紅色火之料鎴養硫養三與鋇養硫養三不能消化之性相同若和以含硫之質而煅之卽變爲鎴硫卽能消化將鎴硫水以淡養五化分之能結鎴養淡養五之柱形顆粒其質爲鎴養淡養五含水五分劑和以別種燒料卽得極美觀之大紅火戲場之前常燒之以悅目詳見含綠養之質

鎴之別種雜質無甚大用與鋇相對之質亦略同但尚未得鋇養之質取鎴之法亦與取鋇同其性與鋇亦略同惟鎴之重率爲二·五四更難鎔化在空氣內加熱燒之能成大紅之火

鈣

地產內含鈣之質極多約俱爲鈣養炭養二與鈣養硫養三又有鈣弗詳見弗又有鈣養燐養五詳見燐凡動物質與植物質內無不含鈣者因長養動植兩物之料必有鈣在其內

鈣之取法將鎔化之鈣碘和以鈉則化分而得鈣其色淡黃如淡色之金礦硬于鉛可打薄在空氣內而不加熱收養氣甚慢加熱至紅則鎔而燒成極亮之白光變爲鈣養常熱度內能令水化分其重率爲一·五八比鋇與鎴更輕

鈣養炭養

此爲取鈣養各雜質之原料尋常灰石之類卽此質灰石與白石粉係鈣養炭養不成顆粒之塊英國之巴得與北得蘭兩處所產之魚子石亦爲此質所成大理石之各種乃鈣養炭養極細之顆粒相聚者間有鐵養或錳養或煤之黑色料在內則爲黑大理石又有透明大顆粒如愛司蘭司怕耳並鈣克司怕耳其顆粒爲六面柱形考究顆粒者久知鈣養炭養有此二種形之顆粒因將其六面柱形顆粒加熱則自裂爲無數小顆粒皆成斜方形卽鈣克司怕耳

蛤蚌殼與卵殼俱以鈣養炭養二爲要質除鈣養燐養五之外動物之體內無有多於鈣養炭養二者珊瑚之質大半爲無

數細蟲之殼相聚而成卽鈣養炭養有一種礦謂之該路雖得係鈣養炭養合于鈉養炭養另含水五分劑此礦置於水內不甚消化如先加大熱而再浸于水卽能消化鈉養炭養又有一種礦乃與錏養炭養鈣養炭養相合

鈣養

取鈣養於鈣養炭養內前已略論之其鈣養炭養必放盡所含之炭養故必令燒料在燒時所放之各質行過鈣養炭養各塊之間設盛鈣養炭養於甑內而加極大之熱炭養終不能化分若令空氣或別氣行過始能化分而放盡其炭養燒煤等料兼有水質在所放之氣內更能令炭養分出故石灰必在窰內燒成者卽此理也如第二百二十二圖爲圓錐形之窰其內以灰石與煤間層相疊燒其煤則灰石漸放其炭養而成石灰卽鈣養遂從近底之孔取出灰塊再在上口添以灰石又如第二百二十三圖在窰底將大石塊砌成環洞連燒三日三夜至灰石全化分爲度

第二百二十二圖

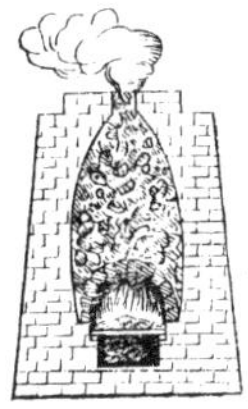

第二百二十三圖

變成之石灰須用法試之將數塊潑水其面卽與水化合而發大熱腫漲而鬆變爲白粉卽鈣養輕養若能變化極速始爲上等久不肯變化則爲下等必雜異質甚多卽矽養鋁養鎂養等或石灰內有成塊之硬質如燼卽爲鈣養矽養此乃平常之灰石稍含矽養因受大熱而鎔化成塊俗名僵塊

鈣養輕養在冷水消化能多于熱水內一倍故作鈣養水應用冷水而掉動之每水七百分消化鈣養一分所作之水必滿盛於瓶而塞密否則收空氣之炭養氣上面結成薄皮一層卽鈣養炭養曾將鈣養水在真空內熬之能得鈣養輕養之顆粒

鈣養硫養

俗名石膏常見者與水化合成鈣養硫養輕養又含水若干生成者有二種一爲透明之柱形顆粒西名西里內得一爲不透光之質或半透光之質西名阿拉巴司打又名紀布速未如將此質加熱三百度至四百度則放其水而變爲極鬆之質易研爲細粉將此粉和以水而成膏又能結成硬質幾與原者相同

製石膏粉之法將大塊在爐內壘砌近底作環洞之式所有小塊置于上面爐內爇火其火能在空隙升出熱度不可過大若不留意必變過限之僵塊不能與水相合燒成

之後揀其火候適宜者研爲細粉和水成漿傾入模內則石膏之細點合于水二分劑而成含水之鈣養硫養輕養與水化合之時其質稍漲故造極細花紋之物其料自能漲滿於模中

西名司得荷即石膏合于膠水者間有添色者又有幾納灰與幾丁灰俱用石膏爲之將石膏先浸于白礬水內後加熱煆紅用此料造人物之像須多費時刻始能結成堅硬而可磨光若用平常之石膏則久遇濕空氣者必收水而漸變其性臨用收水甚少不能結硬又有造紙之肆用水內結成之石膏合于紙內令白

鈣綠

此爲淡輕養所餘之質前已詳之如欲得淨鈣綠則將淨鈣養炭養即白色大理石以鹽强水消化將其水熬之即成鈣綠之顆粒含水六分劑將此顆粒鎔化熱至三百九十度即變爲鈣綠只含水二分劑色白而鬆可作收乾煤氣並各氣之用若加更大之熱即得無水之鈣綠能收出數種流質如醕等所含之水

鈣養輕養添于鈣綠之濃水即能消化濾取其水能結成顆粒即鈣綠三鈣養含水十五分劑此質遇淸水又爲之化分

以上鈣雜質之外尚有數種無甚大用茲將其名列之即鈣硫鈣硫$_{二}$鈣硫$_{五}$鈣矽$_{二}$

鎂

動植物與土石類俱有此質惟其數不及鈣之多所見含鎂之質其鎂與矽養化合者西名託克石與司替阿胎得俗名佛蘭西白石粉又不灰木又美耳束末此各質兼含水在內鎂礦爲鎂養炭養大凡含鎂之質必有滑性如石脂之類是也藥料常用之鎂質從兩箇根源得之一爲鎂灰石此含鎂養炭養與鈣養炭養二爲海水並數處泉水近有人以火燃鎂能得大光如將鎂作絲或作薄條入火令熱即自燃而發極大之亮其燼餘即鎂養若將已燃之鎂絲插入養氣內其火更亮燒鎂所發之光能成化合化分之事與日光相同所以夜中能用此火照像或又試用鎂絲燒火以代燈燭但燒時必成許多鎂養必須常常剔去否則火光爲其所掩取鎂之法將鎂綠和以鈉而鎔化之另加鈉綠與鈣弗令其易鎔化

小取之法將鎂綠九百釐和以鈣弗一百五十釐鎔過之鈉綠一百五十釐鈉切碎一百五十釐各物和勻之後即置於紅熱之泥罐蓋密而加熱待其變化已畢隨用鐵條掉之令鎂之細點合成圓粒傾于鐵盆待冷打碎而分取

之如將各小粒再添鎂綠鈉綠鈣弗相和之料而加熱則其小粒並成一大粒

鎂之形性大半與鋅相似而色則與銀相似其能引長與打薄較韌於鋅其重率與鈣略同卽一七四其鎔界不必紅熱可照取鋅之法蒸取之如遇冷水不收水之養氣而生銹若在水內令沸雖與養氣化合亦屬甚慢惟遇强水則速收養氣淡輕養輕綠水能令其消化因鎂之各鹽類與淡輕之鹽類質有大愛力故欲與之化合成雙鹽類其式爲二淡輕輕綠丄鎂‖淡輕輕綠鎂綠丄輕丄淡輕

鎂能直與淡氣化合但須加以大熱如淡鎂已得其明顯

粒而其變化之理與淡輕相對故淡鎂遇水而成鎂養與淡輕卽此理所應得之事其式爲

淡鎂丄三輕養‖淡輕丄三鎂養

鎂養硫養

此質名元明粉其取法將鎂養炭養鈣養炭養礦加熱煆之放散其炭養餘質爲鈣養與鎂養以水消化而去其鈣養若干分再加硫養合變爲鈣養硫養與鎂養硫養則鈣養硫養不能在水消化而鎂養硫養全能消化易於分出將水熬之得長顆粒卽鎂養硫養輕養含水六分劑詳見鈉綠西班牙數處常見地面生此質如霜形與產硝相同此鎂

養硫養又在泉水內常見者略爲水內之鈣養硫養合于鎂養炭養鈣養炭養之石而成其式爲

鎂養炭養丄鈣養硫養‖鎂養硫養丄鈣養炭養

鎂養硫養內所含之水能以鹼類硫養之質代之而其顆粒之形不變此法所得者如鎂養硫養含水六分劑並鎂養硫養淡輕養硫養含水六分劑是也有一種礦石西名布里哈來得卽多鹽類之意其質爲

鎂養硫養鉀養硫養二鎂養硫養含水二分劑此質易在水內化分而得其各鹽類質

藥品常用之鎂養炭養實爲鎂養炭養合于鎂養輕養與

水其質爲三鎂養炭養鎂養輕養含水三分劑其取法將鎂養硫養之沸水和以鈉養炭養之沸水則炭養四分之一變爲氣而放出水內結成白色之質以布濾之以水洗之用長方形之模烘乾之

鎂養炭養又有取法將鎂養炭養鈣養炭養礦加熱至暗紅色令其鎂養炭養化分再和以水與炭養氣而加壓力則鎂養消化而其餘質爲鈣養炭養將此水加熱令沸則多餘之炭養氣放出而有鎂養炭養結成若將鎂養炭養加熱則其水與炭養氣放出而得淨鎂養稍能在水消化稍有鹼類之性

又有一種礦西名淜利可賴斯即鎂養之顆粒鎂養能與水化合成鎂養輕養此質與水化合之時不生熱若鋇養鎴養鈣養等質與水化合無不生熱故與此質不同鎂養輕養之顆粒天成者西名布路蔵得鎂養雖加大熱不鎔化則與鈣養同。

煆過之鎂養和以水不久而結為硬質即鎂養輕養略與石膏同性亦可入模作人物之像又如鎂養炭養鈣養炭養礦石煆至暗紅色研為粉而和水成膏結時甚硬鎂養亦具有此性殊可當石膏等質之用

三鎂養燐養係骨內所含之質二鎂養淡輕輕養燐養在石淋內見之又見於兩種礦石內其一西名古阿內得其二西名司脱路韋得

又有礦石西名硳拉蔵得即鎂養與硳養合成之質又有海脱路硳拉蔵得即鎂養硳養鈣養硳養合于水而變成

又有礦石二種西名賽奔弟尼石與奥里非尼石即鎂養矽養與鐵養合成之質故有數種賽奔弟尼石可取鎂養之用因其石易為强水所化分而其矽養之質易于分出

又有一質西名珠司怕耳即鎂養炭養合于鈣養炭養所成

鎂綠

此為石質可用以取鎂又有法能取鎂綠即將鹽强水合于鎂養炭養滅其酸性所得之水為鎂綠水將此水熬乾而取其乾質臨乾之時必有鎂綠幾分為水化分故所得之質多含鎂養其式為

鎂綠＋輕養＝鎂養＋輕綠

又可令鎂綠不化分將其水每含鎂養一分添以淡輕綠三分則結成雙鹽類質即鎂綠淡輕輕綠此質可加熱至乾而不化分如加大熱即鎔化而仍得鎂綠其淡輕綠則因熱化散鎂綠易收空氣內之水又易在水內消化其味苦即與鎂養之各鹽類質同性

鹼土屬金總論

鋇鎴鈣鎂四種原質為一屬各有相關與養氣之愛攝力略有大小之級數鋇收養氣而生銹易於鎴而鎴又易於鈣雖乾空氣內亦有此性惟鎂遇乾空氣則不變化濕空氣內亦變化甚少又鋇鎴鈣三質在常熱度能化分水即與水之養氣化合而放其輕氣鎂則須加以熱方能有此變化此四種質與養合成之各質其惟亦有級數之意如鋇養鎴養鈣養與水之愛力甚大遇水即與化合而生大熱鎂養則與水化合而不生熱又如鋇養輕養雖加大熱亦不放水若鎴養輕養與鈣養輕養加熱至紅始放其水

鎂養輕養不必紅熱即放其水又鋇養輕養與鍶養輕養俱比鈣養輕養易在水內消化因鈣養輕養須用水七百分消化一分此三種質俱有强鹻類之性故謂之鹻土屬金但鎂養輕養幾不能在水消化須用水三千分始消化一分其鹻性極弱所以勉列於此屬或列於土屬之內似亦合例此四原質與硫養合成之各質其性亦有級數之意如鋇養硫養不能在水消化鍶養硫養稍能在水消化鈣養硫養則消化較多鎂養硫養易在水內消化

後篇土屬之質與硫養化合者俱易在水消化以此例之則鎂養略爲鹻土屬之交界此各質所見生成者其次第亦有條理如一種礦石內有此質之兩種者則必爲前列之次第內相連之二質如韋脫來得石內有鍶養炭養合于鋇養炭養又如細勒司的尼石內有鈣養炭養合于鍶養硫養又阿拉果奈脫石內有鍶養炭養合于鈣養炭養又多踏美得即鈣養炭養鎂養炭養礦

鋁

鋁爲土屬金類中之首質此金類有鋊鈕鈦鉺鋱錯鑭鏑鋯共有十種各質之內惟鋁爲有用之物其餘用處甚少者

地毬所有之金類鋁爲極多者動植物內含鋁極微幾可

謂之無相關

地毬最古之基址惟有花綱石西名顆闌尼得即多顆粒之意因此石爲顆粒甚多合成者其顆粒分爲三種一爲石英一爲非勒特司怕耳一爲雲母石另含鐵養錳養少許而各處所產者不同

石英爲花綱石內之明顆粒大半爲矽養非勒特司怕耳爲微黃之暗質係矽養合于鋁養與鉀養即爲雙鹽類質其質爲鉀養三矽養鋁養三矽養雲母石爲多層光片合成亦爲雙鹽類質亦即鋁養與鉀養二質合于矽養但其鋁養常以鐵養代之而鉀養常以鎂養代之

荒古以前之地毬原爲流質即花綱石鎔化之料外面漸冷而結成此石其外皮久遇空氣與水之變化又漸鬆爛更有化分化合衝激摩盪之事則或消或散而成塵埃砂磧地面之水常含炭養氣又與石內所含之鉀養合成鉀養炭養其鋁養二矽養亦爲水所漱洗而與石英相離至水平之時漸沉而成泥一層所以地毬原爲花綱石之面而今則以泥土爲面

泥質大半爲鋁養矽養合成間有不化合之矽養羼雜並雜生灰鐵養等質因此泥質不同而各處之泥性亦不同茲將三種泥之原質列後

	高嶺泥	火泥	白石脂泥
矽養	五〇·五	六四·一	五三·七
鋁養	三三·七	二三·一	三二·〇
水	一一·二	一〇·〇	一二·二
鐵養	一·八	一·八	一·四
鈣養	一·八	一·八	〇·四
鎂養	〇·八	〇·九	〇·四
鉀養並鈉養	一·九	〇·九	〇·四

鋁養三矽養又有數種地產之質如端石浮石板石滑石等又有一種泥質西名瑪而拉多含鈣養炭養又一種西

化學鑑原補編 卷三 四二

名羅末亦爲不淨之泥又有數種土如黃紅土赭土並細閑奶土等俱爲平常之泥合于鐵養與錳養者

工藝所用之鋁質最多者爲白礬取之之法或用泥或用板石另有多法能取之最簡者將白泥或含鐵質極少之別種泥置于倒焰爐內煆之而磨粉每二分和以流强水一分加熱和勻成膏令遇空氣數十日則泥內之鋁養合于强水成鋁養硫養以水淋之則鋁養硫養消化于水所有不消化之矽養與未化合之鋁養仍留泥內將水熬濃待冷而結白色之質即常用之白礬又有法能得顆粒即鋁養三硫養含水十八分劑惟取此質爲最難因其極易自消化所以鋁養三硫養不常取用然若先變爲白礬而取其水與鉀養硫養相和即以熬乾能成八面形美觀之顆粒即鋁養三硫養鉀養硫養含水二十四分劑尋常取白礬之法原有一種礬石其質爲鋁養三矽養合于極細鐵硫之粒甚多並雜必刁門之質此礬石打碎成小塊作長尖形之堆堆內用礬石一層另加煤一層燒之俟煆至合用而止如其礬石含必刁門甚多則不必用煤而能自生火每堆在數處引燃而堆上蓋以用過之石令其熱不速散燒煆之時鐵硫之硫放出其半而成硫養遇礬石與空氣之養氣即變爲硫養此硫養隨合于鋁養成鋁養硫

化學鑑原補編 卷三 四三

養令此堆遇空氣數月屢次澆水令其鐵硫收養氣而變爲鐵養硫養後將此堆之質浸于水內則鋁養三硫養與鐵養硫養全消化兼有鎂養硫養少許消化濾取其水謂之生礬水熬至將濃先有鐵養硫養結成顆粒將其餘水少許和以鉀綠少許試準若干鉀綠能得白礬最多者依此比例將全水盡加鉀綠此鉀綠即是造肥皂廢棄之料提硝廠與造玻璃之廠常有此廢質出售所有餘下之鐵養硫養遂爲鉀綠化分而成鐵綠並鉀養硫養此質與鋁養三硫養化合成白礬謂之鉀養礬如其水多含鎂養硫養可另分之而得其顆粒

煤氣廠之內淡輕$_4$養硫養$_3$之價甚廉所以常將此質代鉀綠所得之礬謂之淡輕$_4$礬與鉀養礬略同所有分別因以淡輕$_4$代鉀故其質爲鋁$_2$養$_3$三硫養$_3$淡輕$_4$養硫養$_3$含水二十四分劑

白礬之用處甚廣如染布造紙爲色料其淡輕$_4$礬與鉀養礬可公用所以俱謂之礬

以上各種礬爲雙鹽類質一分劑鹼類合于硫養$_3$爲其第一種又有一箇半分劑與養化合之質爲本硫養$_3$爲配爲其第二種此質化合成一種雙鹽類俱含水二十四分劑其顆粒之形或爲立方形或爲八面形

礬水和以鈉養炭養$_2$少許則結成之質爲鋁$_2$養$_3$若將其水掉和則其質再消化再加鈉養炭養$_2$又有結成之質再掉之而再消化如此至結成者不消化而止則得鋁$_2$養$_3$硫養$_3$其式爲

鋁$_2$養$_3$三硫養$_3$鉀養硫養$_3$丄二（鈉養炭養$_2$）=鋁$_2$養$_3$硫養$_3$丄二（鈉養硫養$_3$）丄鉀養硫養$_3$丄二炭養$_2$

如將此種礬水加熱令沸卽有鋁$_2$養$_3$結成而其水仍含平常之白礬其式爲

三（鋁$_2$養$_3$硫養$_3$）丄鉀養硫養$_3$=二鋁$_2$養$_3$丄鋁$_2$養$_3$三硫養$_3$鉀養硫養$_3$

如將綢布等浸於礬水卽收其鋁$_2$養$_3$之一分而在質紋內和勻能令質紋收住顏料後再浸於染色之水則顏料因此鋁$_2$養$_3$而不退

鋁$_2$養$_3$

淡輕$_4$礬加以大熱先放水而後放淡輕$_3$（淡輕$_4$礬化分水與淡輕$_3$之時能多收大熱而藏在內所以新製鐵箱以藏貴書等物將外內二層鐵皮之間裝滿此種礬而在箱外加熱至紅而箱內仍不甚熱）再後放硫養$_3$所餘者爲白色之土質卽鋁$_2$養$_3$此質之性與尋常金類合養之質大不同因其爲本之性最弱也鋁$_2$養$_3$不但無鹼性且不能全滅酸質之性故鋁$_2$養$_3$硫養$_3$並白礬謂之有酸性之鹽類質

生成之鋁$_2$養$_3$爲極硬之質卽寶砂此質除金剛石之外無有比其更硬者有一種寶砂不透光而不淨則爲常用之物又有紅寶石與明藍寶石大半爲純鋁$_2$養$_3$又有一種西名司批內辣卽鎂養鋁$_2$養$_3$又有一種西名土巴司卽鋁$_2$養$_3$合于矽養$_2$與鈣弗又有一種西名第雅司布耳此名之意爲散開因加熱卽成粉其原質爲鋁$_2$養$_3$二輕養巳有化學家將硼養$_3$加以大熱而遇鈣弗霧則成小顆粒與生成之藍寶石略同又有人用此法加以鉻弗少許而得顆粒亦與紅寶石並綠寶石相似

鋁$_2$養$_3$三輕養

取得之質有如膠形如將白礬少許在温水消化再加淡輕$_3$水則淡輕$_4$與硫養$_3$化合而其鋁$_2$養$_3$與水化合成稠質卽

鋁養三輕養洗之乾之而縮小如膠此質與平常之顏料愛力甚大所合之質不能在水消化此種顏料西國謂之類克如將蘇木水和于白礬水而再加淡輕少許則其鋁養與顏料合成紫紅色之類克料濾之而其水無色印花布全藉此性俱用鋁養之雜質令布受色

鋁綠

淡輕礬煆之而和以木炭盛于瓷罐或甑加大熱再令乾綠氣行過則鋁養之養爲木炭所收而變成炭養其綠即與鋁合成鋁綠此質成霧而透出可用受瓶收之而得白色之顆粒其式爲鋁養丄炭丄綠＝鋁綠丄三炭養

鋁綠取得之理在化學內稍有意趣因其事將雜質合用兩原質而化分之若以此兩原質分開試之即不能變動又如獨用炭或獨用綠則無論熱度大若幾何終不能化分故必令炭與養之愛力綠與鋁之愛力同時顯出始成分合之事鋁綠爲化學之要質因鋁能從此質取得也

鋁之取法將鋁綠之霧行過熱鈉其綠氣即爲鈉所收而即變成鈉綠其鋁即爲白色之金類硬如鋅而易打薄加熱不甚大而即鎔若欲多取則鋁綠不用白礬爲之而用一種金類礦西名龍克歲得此質每百分含鋁養六十七分另含鐵養與矽養等質將龍克歲得礦和以造鈉養所得之灰加以大熱則炭養放出而其矽養合于鈉養成鈉養矽養而鋁養與鈉養合成三鈉養鋁養如將此質添以水則三鈉養鋁養消化而其餘質爲鋁養三矽養與鈉養矽養爲不消化之質印花布者俱用三鈉養鋁養令布收色若欲分出此質內之鋁養先用輕綠減其鹼性鈉即變爲鈉綠而鋁養與水合成鋁養三輕養遂將此質和以木炭與鈉綠搏成毬形曬乾之而置於泥罐內加大熱再令乾綠氣行過則炭質收鋁養之養而成炭養其鋁合于綠而成鋁綠此質又與鈉綠合成鋁綠鈉綠即雙鹽類質將此鹽類再和以鈉若干而在倒焰爐內加熱則鈉合于鋁綠之綠而鋁落于爐底適爲鎔化之鈉綠所蓋而不遇養氣此鋁可軋爲皮可抽成絲

鋁作薄板而擊之響於別種金類或作條形而以繩挂起以小椎敲之亦發鏗鏘之聲鋁在金類之內爲最輕重率爲二.五其體積大於黃銅三倍大於鉑九倍如此輕質宜作化學內權物之細碼又以作美觀之物雖不及銀之光亮然遇輕硫氣而不變黑此變黑爲銀之大病詳見第三卷輕硫下鋁遇硝强水亦不變化雖加熱至沸亦不甚變常見之金類除鉑與金之外俱無此性惟輕綠與鋁易於化合成鋁綠而有輕氣放出其式爲

鋁丄三輕綠〢鋁綠丄輕鉀養或鈉養水易以消化而成三鉀養鋁養或三鈉養鋁養其式爲

三鈉養輕養丄鋁〢三鈉養鋁養丄輕鋁在空氣內加極大之熱亦不甚與養氣化合此因外面生鋁養一層即是不能鎔化之質故其內質不過養氣鋁雖加大熱不能化分水氣亦是此理鋁不能與汞並鎔化之鉛相合

鋁一分和以紅銅九分質與黃金相似而硬略如鐵近人用此爲表殼表鏈鈕扣等物以當金質之用但不久而色稍暗不能如金之光亮

鋁養與矽養合成之質

凡礦所含鋁養合于別種金類並養氣並矽養者其質最繁因其鋁若干常有鐵若干代之鐵養與鋁養更便于相代亦不變其顆粒之形與其性又以同理礦所含之別種金類且有同形異原之質代之如非勒特司帕耳有二種一爲鉀養者一爲鈉養者其鉀養者西名哇而土苦斯其鈉養者西名阿勒倍得其質爲鉀養鋁養六矽養並鈉養鋁養六矽養此二種偶有合爲一礦者西名泒利可里尼惟其各質之數無有一定之比例所以此種雜質爲(鉀鈉)養鋁養六矽養又有一種石西名拍弗里其原質與非勒特司帕耳相同

雲母石含鎂養與鋁養與矽養其質爲四鎂養鋁養四矽養其鎂之一分常有鉀與鐵代之其鋁亦常有鐵養代之所以雲母石之公式爲四(鉀鎂鐵)(鋁鐵)養四矽養又紅寶石西名加尼得即鋁養與鈣養二質各與矽養化合但其鈣常有或鐵或鎂或錳代之而其鋁常有鐵代之故得公式爲三(鈣鎂鐵錳養)(鋁鐵)三矽養此質間有在鎔鐵礦之爐內遇見之

又有一種西名克綠來得即鋁養與鎂養二質各與矽養化合內有數質爲別質所代而其質之公式爲四(鎂鐵)養(鋁鐵)養二矽養三輕養

又有一種石西名內斯其原質與花綱石同其內之雲母石質層疊而平排列又有一種石西名脫辣伯兼含非勒特司帕耳與華勒布倫特此質爲鋁養鈣養鎂養俱與三矽養化合又含鐵養又有數種花綱石其應有雲母石之處以華勒布倫特代之西人謂之歲以內得

又有一種靑金石可研細粉作顏料大半爲矽養與鋁養每百分含矽養四十五分鋁養三十二分鈉養九分硫養六分硫一分並鐵少許鈣養少許惟其所以變藍色之故尚未考知因各原質俱無合成藍色之性也此石甚少價亦極貴可造假者價則甚廉將白泥一百分即中國高嶺

所産者並乾鈉養炭養一百分硫六十分木炭十二分研勻而盛于罐內蓋密加熱至紅略三四小時依其原質之性則變成之質當爲鈉養矽養與鈉養鋁養即白色之質又有鈉硫爲黃色之質然所得者成綠色研爲細粉以水洗之而烘乾之每五分和以硫一分鋪作薄層而煆之硫即燒盡如此爲之數次每次另加以硫即變最美觀之藍色眞青金石研粉入遇空氣不變色惟强水能令變白有矽養變爲稠質而分出又有輕硫氣放出平常之藍紙俱用假青金石爲之染布之小粉內加此料即成淡藍色無論眞假俱能爲綠氣所變白

鋁養含燐養之質生成者有數種有一種寶石西名土而苦哇斯即鋁養燐養合于輕養其色淡藍因含銅養又有一種西名韋夫來脫其質爲三鋁養二燐養此所含之燐養乃從前化學家未曾考得者因其燐養最難從鋁養分出所以化學書中往往誤此質爲鋁養合于輕養

鋊

鋊略同於鋁其質白色乃極少之金類其鹽類質有甜味西名谷路可司即甜之意鋊合于矽養與鋁養即成透明綠寶石其質爲鋁養三矽養三鋊養矽養其色因含鋊養少許之故又有一種寶石綠色更淡西名伯而以辣原質與前相同惟其色或爲鐵養所成又有一種西名可里蘇伯而以辣係鋊養合于鋁養其色亦藉鐵而成初化分此石之人誤以鋊養爲鋁養因其水內加淡輕即結成膠形之質然其爲木之性强於鋁養故能將淡輕鹽類分出其淡輕又能爲淡輕鹽類質所消化如淡輕養炭養能從鋁養內分出鋊養因冷時能消化其鋊養成鋊養炭養與淡輕養炭養加熱令沸則鋊養炭養結成沉下鋊養之性在鋁養與鎂養之間能收空氣內之炭養氣同於鎂養又能與淡輕之鹽類質合成雙鹽類質鋊養與鎂養合成膠形之質同於鋁養又能在鹼類內消化其鹽類質而成甜濇

之味亦同於鋁養所以前人誤謂鋊養即與鋁養相對之分劑現在考知爲鋊養

釷

釷在奴耳威國之礦內得之此礦不常見西名土來得另含矽養與鈣養與鎂養等此金類與鋁大相似然與養氣合成釷養不能在鉀養等鹼類內消化而能在鉀養炭養內消化則不同於鋁養並鋊養又釷養硫養難在熱水內消化故將其水加熱至沸即有結成之質

鈥鉺鋱

瑞顛國以大皮地方所産之礦西名加度里內得取得此

三質此礦原含矽養兼含鈷錯與鐵三質俱能與養相合而成鈦養鉺養鉽養此各質不能在鹼類內消化而能在鹼類合炭養之質內消化卽同於鈺養鈦養爲白色鉺養爲黃色鈦養與鉺養之鹽類質無色鉽養之鹽類質淡紅色

錯鋃鏑

此金類亦在加度里內得之中取得者然昔來得礦中更多此礦大半爲錯合于矽養藥品內之錯養草酸卽錯養炭養三輕養錯與養合成二種質一爲錯養色白可成無色之鹽類質一爲錯養色黃可成黃色或紅色之鹽類質

錯有此性比鉛更近于鐵錯養與錯養不能在鹼類水消化其錯養可用草酸從其鹽類質水中分出變成錯養草酸錯養不能變爲錯綠如將錯養和以鹽强水而加熱卽成錯綠並有綠氣放出

鋃亦爲昔來得礦內取得者西名艮大尼卽隱而不顯之意但與錯有別因只能與養合成一種質卽鋃養與水化合者爲白色無水者爲古銅色如將錯養淡養合于鋃養淡養而加熱煅之則得錯養與鋃養用硝强水一分和以清水一分卽能消化此鋃養

鏑與鋃大同小異亦於昔來得礦內取得者西名商商末卽雙生之意因與鋃常同見也與養合成一質卽鏑養合水者茄花色無水者棕色鉀養水內俱不消化鏑之各鹽類質或爲淡紅色或爲茄花色

鋯

此質有二種礦石產之一爲素告鈉一爲海耶辛得此二礦內有鋯養合于矽養亦不能在鉀養水消化而能在鉀養炭養消化鋯養硫養合于鉀養硫養而加熱至沸卽能化分成鉀養二硫養另有鋯養硫養結成鋯與變形之矽略相似但遇沸水漸能化分鋯之鎔界極大尙未有人能鎔之者

鉡

鉡爲金類中有用之質體質較輕便于作簷牙之水溝與屋旁之通水管並可代瓦之用比鉛更好因鉛之重率爲一一·四而鉡之重率爲六·九故其爲用遠勝于鉛又可打薄鉡在平常之熱度打之必裂若加熱至二百五十度而乘熱打之卽有韌性再熱至四百度則又變脆鉡能打薄乃前人所未知者約在一千八百年以後始知之前此用鉡不過配合黃銅而已鉡易鎔化故便傾鑄各物加熱不至紅而已鎔其界爲七百七十度循常之金類少於鉡之鎔界者只有錫與鉛二種鉡遇濕空氣比鐵不易生銹因

能在光面上生皮一層爲鋅養此質漸收空氣之炭養而變爲鋅養炭養即不能爲濕氣所變故鋅面能久不壞打鋅須準熱度之意猶之中國作響銅之鑼鈸等須在北牖下陰光之處乘微紅時搥打可打之時不過分許過熱則脆過冷亦脆

鐵之堅固鋅之不變化殊難兼擅其美然今將光面之鐵器鍍鋅一層則不銹而甚牢兩美並得如大城大鎮多燒煤炭或製造之處多放强水等氣空氣內常含硫養或硫養之氣鐵器最易消毀鍍鋅之後可免其弊所用之鐵必先令外面極淨其製法與馬口鐵同惟鎔鋅之鍋內必添淡輕綠令浮在鋅面若無此料鋅面必生鋅養鐵入鋅時先黏于鐵面而鋅即不能黏合其式爲

鋅養丄淡輕輕綠＝鋅綠丄淡輕輕養最好之法將其鐵器用電器鍍錫一層後再鍍鋅

生成之鋅從未遇見平常採取之礦西名卡拉米尼即鋅養炭養又有鋅硫礦西名布倫特又有一種鋅養礦係鋅養合于鐵養並錳

卡拉米尼之意即蘆葦因此礦似蘆葦一捆之狀英國色末色與敢部倫與脫而皮等省產此礦甚多又有一種爲電氣卡拉米尼係二鋅養矽養輕養布倫特爲射目之意因其顆粒最光亮平常之質多含鐵硫幾爲白色淨鋅硫即是白色布倫特在英國內夸納哇勒敢布倫脫而皮各省並威勒士並曼納海島常多見之惟有鉛硫礦雜于內故鎔鍊之先必揀出之否則變爲鉛養而鉛養能銹蝕鎔礦之泥罐

英國燒煏鋅礦而取鋅其工有三處爲之一爲布里司土一爲伯明巷一爲失非特將各礦在取鋅之先必令變爲鋅養如卡拉米尼用倒焰爐煅之燒出其炭養又布倫特須煅十小時常掉撥而令空氣常遇礦面硫即變爲硫養鋅即變爲鋅養至於鋅養分取其鋅藉鋅能以暗紅色之熱變成霧其沸界爲一千九百〇四度

鋅變霧最易如將鋅盛于鐵杓而加熱至光紅即能發霧此霧若遇空氣即自燃而成淡綠色之光放出白色之薄片輕如雪花而鬆如柳絮散在空中漸落即鋅養

試取之法用筆鉛罐如第二百二十四圖高五寸徑三寸

第二百二十四圖

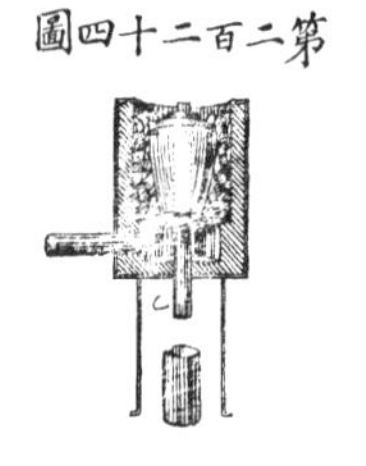

罐底作圓孔將熱鐵管如乙通于孔內長約九寸徑一寸幾至罐口之下如管與罐孔有漏縫須用火泥和以硼砂成膏而封固之將生鋅礦數兩盛於罐內蓋密即用前料彌其縫其罐先用小熱烘乾始

置于圓爐之內爐底有孔通管又有平管通風先添巳燃之木炭後添枯煤於上吹風熾火罐內之鋅得熱化氣而從鐵管放出以冷器受之半小時內能得鋅四兩

取鋅之法

多取鋅質將鋅礦變爲鋅養再將鋅養每二分和以枯煤

第二百二十五圖

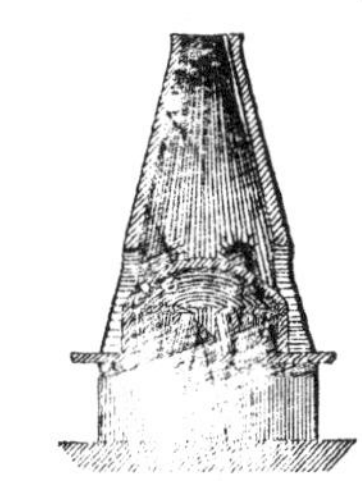

或白煤粉一分盛于大罐內如第二百二十五圖大罐之底有孔接以鐵管收其鋅霧此罐高約四尺徑二尺半先用枯煤數塊裝滿其底令其鋅養不從管內漏出鋅料既滿加蓋而用火泥料塞密每六罐爲一副置于爐內如圖式二次能燒鋅養料一噸罐內之料熱至紅即放炭養氣乃鋅養之養合于所和之炭而成在鐵管口成藍色之焰罐內熱至將白鋅即變爲霧而管口有藍白色之焰見此焰時將鐵管長八尺套在罐底鐵管之外則鋅霧在此管內凝結而以受器收之燒煏一次歷六十小時每礦一百分得鋅三十五分其罐內另有鋅若干尚未盡出即鋅養矽養此質不能爲木炭所化分所得之鋅尚非純質兼含鋅養並罐中所出之別質故必提純用大鐵鍋鎔之取去浮出之異質所餘之純鋅傾入模內成錠

即平常出售之物以上爲英國取鋅之法而卑利知國則另有法其鋅廠名老山廠將卡拉米尼礦攤在空露之處待雨淋去泥質再煆盡其水與炭養氣所得之質即鋅養每二分和以煤屑一分盛于火泥罐內如第二百二十六

第二百二十六圖

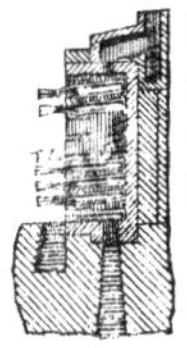

圖丙每罐能容料四十磅以四十二罐爲一副叠成六層列在爐內每罐有短圓柱形之鐵管乙能收其鋅霧引入圓柱形之受器丁每二小時將各受器之鋅傾入大鐵杓再傾入模內成錠每十二小時燒煏一次此法排列其罐大有益處因含鋅不多之礦可置于上層含鋅極多者可置於下層能省燒料卑利知之礦更有二種其一每百分含鋅三十三分其二每百分含鋅四十六分此鋅多雜鋅養矽養不能以前法取之

第二百二十七圖

須里西阿取鋅之法用泥甑如第二百二十七圖甲內盛卡拉米尼和以枯煤屑或煤爐此甑有小門如乙便於添料甑內裝滿之後即用火泥封其門其甑在爐列雙行如第二百二十八圖各甑有彎瓦管連在其端而其彎之中另有小門內常封密管若塞滯即開而通之其燒料省于英國之法將所得之鋅

第二百二十八圖

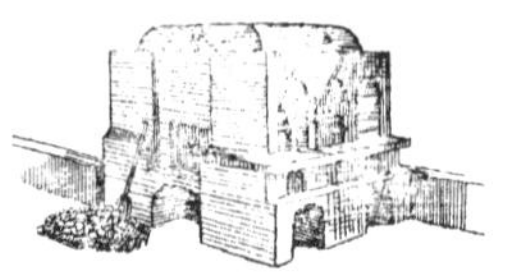

鎔之而去其雜質傾入瓦模成錠用瓦之意因熱鋅有消鐵之性鋅欲軋皮含鐵雖少薄時必裂.

凡鋅礦燒煏之時必有鉛隨鋅而出鋅若含鉛少許亦難軋成薄皮故必去盡其鉛將多鋅用倒焰爐鎔之爐底作斜度而更有大凹近于煙通因鉛之重率爲一一四而鋅之重率爲六九則鉛聚于凹處而上半者含鉛極微.

鋅色微綠其錠折斷之而有顆粒之形甚是美觀因此二

事易辨鋅與別質.

尋常售賣之鋅常含鉛並有鐵錫銻鉀銅鎘.

鋅易在各種淡强水內消化故凡飲食之器用鋅所造者必愼此事因鋅之鹽類質能消化成毒.

淡硫强水遇鋅即放輕氣然用純鋅取輕氣較爲遲緩此因面上生出水泡許多而强水不能遇鋅面故須在强水內用鉑或銅與鋅相切則爲一正一負之電氣而其水泡黏在鉑或銅之面令鋅多遇强水輕氣即連發不息試考此性甚有意趣將鉑或銀極薄之片置於淡硫强水自然沉下如强水之底有鋅板則薄片遇鋅而立發多泡黏於

薄片而推之上浮平常之鋅含鐵與鉛等質其電氣爲鋅之相反者電氣自能連發不息.

鉀養濃水加熱至二百十二度浸入鋅銅二質而令相遇.鋅必有若干分與養化合成鋅養而放出輕氣所消之鋅附于銅面銅即可以此法鍍鋅.

鋅養

鋅與養只能合成一質即鋅養俗名鋅白其取法作磚房令鋅霧透進而再添空氣於其內鋅白可代鉛白作油色.其益處有二發出之氣不毒遇輕硫不變色所以大城大鎮常有輕硫氣者鋅白最爲合用但有難合于油質而易

脫落之弊鋅養加熱即變黃色冷則仍復白色光學內所用之鏡間有配合鋅養在其料內者鋅養能與鉀合成易消化之質故與鉛養相同若鋅在鉀養水加熱令沸則放輕氣而其養與鋅化合.

鋅養硫養

此質可爲藥品之用印花布之料亦用之其取法將鋅硫礦西名布倫特加小熱燒之則其鋅與硫俱與養化合而成鋅養與硫養隨合爲鋅養硫養再煆之而以水浸之則其鋅養硫養消化濾水熬乾即得方柱形之顆粒即鋅養硫養輕養兼含水六分劑.

鋅綠

取法將鋅在鹽强水內消化取水熬之待冷而結白色之質與水之愛力甚大遇空氣自能消化西名白昵得減臭料能收輕硫氣與淡輕等此俱為動植物發臭之質又能令木質與動質久不腐爛

鎘

鋅礦之內稍含鎘如取鋅而燒煏之時鐵管口初出之火燄有棕色者即知含鎘後再見藍色之鋅燄鎘受熱至一千五百八十度即變為霧鋅必熱至一千九百○四度方能為霧所以初蒸得者常含鎘如將此含鎘之鋅在淡硫强水消化而再加淡輕養炭養則有鎘養炭養結成將此質和以木炭而煏之即得鎘

鎘易成霧並其變化之性與鋅相似其色與錫相似如揉鎘之薄板即能發響亦似乎錫平常熱度可以打薄引長亦與錫同加熱至一百八十度即變脆性熱至二百四十二度而鎔故可與別金配合易鎔之料將鎘三分鉍十五分鉛八分錫四分相和熱至一百四十度即鎔鎘遇酸質並鹼質之變化與鋅略同然與各種金類又易分別如空氣內加熱變為鎘養係栗殼色鎘與養化合之質祇此一質

鎘在水內遇碘即成鎘碘此料為照像所用

銦

銦為近時考得之金類將孛來白合山所產之布倫特用分光鏡辨之得藍色之光線殊與已知之金類不同故細考而知為原質惜尚未考至極詳其色白其性韌能在鹽强水消化與鋅鎘相同重率七·三六分取此銦先浸在淡硫强水內鋅有幾分不消化又有銦與鉛將其餘者再在硝强水內消化隨用輕硫令其鉛與鎘結成再加熱至輕硫散去用鋇養炭養令銦養結成將銦養以鹽强水消化再加淡輕$_3$至有餘即結白色之銦養輕養在空氣內加熱即能化分而得銦若將銦加熱至光紅色即燒成深茄花色之火而變黃色之粉即銦養

鈾

鈾為罕見之金類工藝內無所用惟鈾$_2$養$_3$與二鈾養鈾$_2$養$_3$在燒造玻璃與瓷釉之料用之一得黃色二得黑色此各質大半從一種金類礦西名必處布倫特礦所得此礦含二鈾養鈾$_2$養$_3$並矽養$_2$與銅與鉛與鐵與鉀依其變化之相關則鈾與鐵與錳有相似之處鈾與養合成二種雜質一為鈾養$_2$一為鈾$_2$養$_3$其鈾養有為本之性鈾$_2$養$_3$則能為本而能為配鈾$_2$養$_3$所成之各鹽類質有淡綠色其質即以此色

辨之、如用鉀養合于玻璃為顏料則有閃光、

鐵

地毬上所有之金類最多而最適用者惟鐵凡土石砂泥之內無不有之可以其色而知之植物內亦含少許動物之內則較多人血每百分含鐵半分即二百分之一分與其色料相合甚繁鐵之生成者甚屬罕見常與養或硫化合偶有鐵塊從空中落下者大小不等古名雷楔雷墨皆是也將此質化分之大半為鐵質另雜鈷鎳鉻錳銅錫鎂炭燐硫等質、

地毬所產含鐵之礦種類繁多可以鎔鍊而得鐵者惟有

八種、

鐵三養四即吸鐵礦

鐵二養三即紅鐵礦

鐵二養三即光點鐵礦

二鐵二養三三輕養即棕色鐵礦

鐵養炭養西名司巴的克礦

鐵養炭養合於泥即泥鐵礦

鐵養炭養合於泥並煤黑油之料即黑帶礦

鐵硫二即中國藥材內之自然銅

八種礦內常含別種質有害於鐵質者惟硫與燐此二質

雜於鐵內最難去盡而得上等之鐵茲將英國常用之鐵礦所含害鐵之質列後此質為錳與養或炭養化合又燐與養合成燐養五硫與鐵合成鐵硫所列二數為極少與極多之數、

英國鐵礦

每百分	鐵	錳養	燐養五	硫養三	化分礦之數
煤層所產之泥鐵礦	極多四三·三〇 極少二〇·九五	三·三〇 〇·四六	一·四二 〇·〇七	一·三一 〇·〇〇	七十七
里阿司層之泥鐵礦	極多四九·一七 極少一七·三四	一·三〇 〇·〇〇	五·〇五 〇·〇〇	一·六〇 〇·〇〇	十二
棕鐵礦	極多六三·〇四 極少一一·九八	一·六〇 微迹	三·一七 〇·〇〇	〇·三〇 〇·〇〇	二十三
紅鐵礦	極多六九·一〇 極少四七·四七	一·二三 微迹	微迹 微迹	〇·〇六 〇·〇〇	五
鐵養炭養礦	極多四九·一〇 極少一三·九八	六·六四 一·九三	〇·二三 〇·〇〇	〇·一一 〇·〇〇	六
鐵養礦	極多五七·〇一 極少	〇·一四	〇·一〇	〇·〇七	二

前表之鐵礦內其紅色者含鐵最多而質最淨其棕色者多含硫與燐其鐵養炭養礦雖含硫與燐而不多惟有錳若干、

里阿司層所產之泥鐵礦常含燐養五且多於煤層所產之泥鐵礦而煤層所產者之含硫則多於里阿司層之礦前表未顯此事、

英國所取之鐵大半用泥鐵礦鎔鍊如司太孚省與含勒浦省並威勒士之南邊多產此礦用此礦有一事最便因

近處常有灰石與煤並造爐之火泥可免遠運之費
黑帶爲蘇格蘭所產泥鐵礦之類百分之內含煤黑油二十分至三十分故鎔鍊此礦可以省費

鐵二養三礦係鐵礦之最易辨者常見圓形之硬塊外面略光而內有質紋色爲紅棕而暗又似血色故西名喜瑪台即血石之意英國蘭卡司太與夸捺烏拉二省多產此礦惜其質甚硬而難于鎔化故常用泥鐵礦相和而鍊之惟所得之鐵不及專用鐵養礦之純因含硫與燐也

紅土爲鐵二養三礦之軟者含泥少許

棕鐵礦即二鐵二養三三輕養英國之敢步侖省阿司頓模耳

地方所產得哈末省亦有產者又在歐羅巴之別國多見之如卑利知國與法國常用之礦即此質

又有一種豆形礦又有一種黃土亦爲棕色礦之類蘇格蘭有一種腰子形泥鐵礦係鐵二養三合于水

又有一種光點鐵礦又名鏡形鐵礦亦爲鐵二養三與紅鐵礦同原質但有灰色如鋼地中海之愛勒拔島多產此礦日耳曼國法國俄國亦多有之此礦所得之鐵爲上等因礦質既淨又用木炭鎔鍊

鐵三養四礦亦謂之磁石礦其顆粒甚顯明其色深灰如鐵瑞顛國有一大山盡是此質俄國與北阿美利加亦有之常

用木炭鎔鍊所得之鐵爲上等又有一種鐵砂其質甚重色黑而光大半爲鐵三養四兼含鍇養二在內此質常產於印度又有奴弗司可希阿與牛齊倫地方亦產之惜其粒甚小不便於取鐵之用

鐵養炭養二礦蔵克斯尼國多產之常含錳養炭養故鍊得之鐵亦含此質

魚子鐵礦英國奴太布頓省所有魚子石層內多有此質內含鐵二養三與水化合者又含鐵養炭養二與泥

鐵硫二礦色黃而有光成顆粒之形或爲立方形或爲十二面形或爲圓粒其質紋自心向外前人以爲此礦不便取

鐵因含硫而不易分出近日鐵之需用極多礦質不能敷用故設法將此鍊取先須加熱煆之燒出其硫之大半

鍊鐵之理

鐵爲金類中之最有用者其形性比別金類有益於世能任之牽力極大而重率則小不過七七故造橋造船爲最便質既堅硬難令其變形故以抵托重物爲最穩加熱則易于引長與軋薄又可抽成極細之絲若論牽力則絲徑十分寸之一能懸七百〇五磅之重而不斷鐵絲之外銅絲亦牢同徑之絲能任三百八十五磅

鐵之鎔界甚大除鉑之外爲尋常金類之最難鎔化者故

作火爐能耐大熱而不壞鐵之有益于人者不但藉其本性又能與別質合成多種雜質工藝之內尤爲合用鐵與炭質極爲相關如熟鐵內加炭少許即變成鋼質既堅固而凹凸力更大於熟鐵加炭更多變成生鐵易于鎔化可以模鑄各器

鐵之形性

純鐵遇乾空氣無甚變化遇水或溼氣漸變爲二鐵$_{二}$養$_{三}$三輕養即鐵鏽水內若含炭養$_{二}$氣生鏽更速即在水內變成鐵養炭養$_{二}$其式爲

鐵丄輕養丄炭養$_{二}$‖鐵養炭養$_{二}$丄輕所成之質又爲炭養$_{二}$所消化速收空氣之養氣而有鐵養合水之質結成其式爲

二鐵養炭養$_{二}$丄養‖鐵$_{二}$養$_{三}$丄二炭養$_{二}$試將鐵釘打入新木之內則每釘之下不久成黑痕此因樹皮酸與鐵養炭養$_{二}$水化合成鐵養樹皮酸即是西國之墨水又試將麻布合遇鐵釘與水速生鐵鏽之迹不能洗去此亦鐵養炭養$_{二}$之故凡地內所出含鐵之水其鐵爲鐵養炭養$_{二}$之形而爲炭養$_{二}$氣消化將此水暫遇空氣而放出其炭養$_{二}$氣即有鐵$_{二}$養$_{三}$炭養$_{二}$結成沉下水底能顯鐵銹之形水內若含消化之鹼類或鹼類合炭養$_{二}$之質以鐵浸入亦不生鏽

純鐵在平熱之時而遇極濃之硝强水或硫强水不能消化試將純鐵浸于濃硫强水而加熱令沸雖有消化亦屬甚慢如浸于一四五之濃硝强水而再浸于淡硝强水亦不消化若從濃硝强水內取出之後揩乾而再浸于淡硝强水即能消化因不揩則爲靜性之狀揩則有動性之狀試將鐵絲置于一·三五之硝强水立能消化若將金或鉑之片在强水內與鐵絲相切則其消化立停而鐵有靜性之狀此理尚未深悉別種金類亦有之俱不及鐵之顯明

鐵與養合成之質

鐵與養化合有三種俱可分取之即鐵養鐵$_{二}$養$_{三}$鐵$_{三}$養$_{四}$又疑另有一種合于別質而不能分取者即鐵養$_{三}$

鐵養不多見其獨成者因最易與養化合而變鐵$_{二}$養$_{三}$如將鉀養與淡輕$_{三}$各少許添入鐵養硫養$_{三}$水內立有結成白色之質即鐵養輕養此質立收水內之養氣而變爲鐵$_{二}$養$_{三}$輕養即暗綠色將此遇空氣又變爲棕色之鐵$_{二}$養$_{三}$含水之質鐵養輕養易收養氣藉此可得其益處如靛料之藍色者欲變爲白色者則用鐵養硫養$_{三}$合于鈣養或鉀養而添入靛內其色自變鐵養爲本之性甚强

鐵$_{二}$養$_{三}$

此質已在鐵礦內論之而肆中另有出售者用處多端如

夸苦太爾又金銀匠之紅料又非尼司紅此三名即是一質可將鐵養硫養煅而得之即礬紅其式爲

二鐵養硫養川鐵養丄硫養丄硫養

二鐵養三輕養

此質之取法將鐵綠以鹼類消化之即結棕色之質有膠類之狀易被強水消化加熱至暗紅忽然自發光紅而變成之質與原者不同極難爲強水消化惟其原者仍與前易消化之質相同如將鐵養加白熱即放養氣而變爲鐵養其式爲三鐵養川二鐵養丄養

土質之內常含鐵養惟多寡不定化學家以爲能令土內

之生物質收其養氣而與炭合成炭養氣便爲植物所收則鐵養因此而變爲鐵養此鐵養遇空氣之養氣仍變爲鐵養如此則循環無窮也鐵養爲弱性之本質與鋁養同若遇強性之本質即能顯出配質之性但此性甚小於鋁養

吸鐵礦

此質謂之黑鐵礦化學家以爲鐵養合于鐵養即鐵養鐵養有數種金類礦其顆粒之形與此鐵礦相同惟其鐵之若干分或其全分可以別金類代之故即以此爲據如司批內辣爲鎂養鐵養福闌克林內得爲鋅養鐵養又如鉻

鐵礦爲鉻養鐵養此吸鐵礦已在前鐵礦內論之如令鐵受大熱而遇空氣或水氣即能成此質又有法能得鐵養顆粒形之黑粉將鐵養硫養一分劑和以二鐵養三硫養一分劑添入淡輕水此水足滅其酸性而有餘加熱令沸即成鐵養再遇強水或別種酸類即成鐵養合于鐵養之鹽類質可見鐵養不能獨合于配質成鹽類質

鐵養

此質不能分取只能得化合於別種本質者如將鐵屑和以硝而加大熱再和以水少許即成淡紫色之水即鉀養鐵養又法將新結成之鐵養和以水五十分再加鉀養輕

養之定質三十分再通綠氣至飽足其式爲

鐵養丄綠丄五鉀養川三鉀綠丄二鉀養鐵養此鉀養鐵養結成黑質不能在濃鹼類水消化能在清水內消化成紫色之水如多加以水令淡即能化合而有養氣放出並有鐵養輕養結成其式爲

二鉀養鐵養川二鉀養丄鐵養丄養若將濃水加熱令沸或加酸質令放其鐵養變化亦同又有鋇養鐵養鎴養鐵養鈣養鐵養俱爲美觀之紅色質取此各質將鋇養鎴養鈣養之鹽類質合于鉀養鐵養即能結成

鐵養硫養

此質之取法將濃硫强水一分半和水六分消化鐵絲一分結成顆粒又名皂礬多取之法用鐵硫礦令收空氣之養氣前巳言能得綠色之顆粒爲斜方形其原質爲鐵養硫養輕養含水六分劑其色或有不同則因鐵養三硫養之微數相雜此質一分在水二分能消化若以平常之鐵養硫養消化于水而加熱令沸即成淡棕色之濁水因所含鐵養三硫養化分而有含硫養之質結成鐵養硫養易收養氣而變爲鐵養三硫養平常之顆粒遇空氣漸變赭黃色即鐵養硫養有中立性並有爲本之性其式爲

十(鐵養硫養$_{三}$丄養$_{五}$)‖三(鐵$_{二}$養$_{三}$三硫養$_{三}$)丄二鐵$_{二}$養$_{三}$硫養$_{三}$鐵養

硫養易收養氣故能令別質放養氣如含金之硫質添以鐵養硫養即能令金分出然其大用可作墨水與黑染料因此質遇植物質水之含樹皮酸者如五倍子等水即變成黑色卑利知國有鐵養三硫養從地中挖出者其色白而有顆粒之形其質紋如絲西名各苛未倍得其原質爲鐵養三硫養九輕養鐵養與鐵養合于燐養之質常含於石內其色藍俗名生成普藍西名非非阿內得

鐵綠

鐵絲置于玻璃管內加熱而令乾綠氣行過即有鐵綠成霧透至管之冷處結成魚鱗形之顆粒色綠而美觀與水之愛力甚大故遇空氣即收其水而漸消化若將鐵在鹽强水內消化即得鐵綠再遇合强水即變爲鐵綠或云鐵綠水最宜滅臭之用因易變爲鐵綠故能令所遇之生物質收其綠氣藥品內用鐵綠在酒醋消化成純鐵酒大有功力

錳

錳之形與變化之性甚似於鐵然尚未在工藝內用之又常見錳與鐵相和在銅礦者其取錳之法將錳養炭養和以木炭而加極大之熱即能得錳而含炭少許有如生鐵之意若將所得之質再與錳養炭養相和而鎔化即得純

質錳比熟鐵之色更深而硬於熟鐵其質脆稍能受吸鐵之力比鐵易收養氣

錳與養合成之質

錳與養合成之質有三種俱有法取之又有二種在別質內化合尚未有人分出又未取得與水合成之質所言五種即　錳養　錳養　錳養　錳養　錳養

錳養

錳礦之合用者常與養二分劑化合即錳養錳之各雜質俱藉此質爲之地產含錳之礦有一種爲首西名貝路羅

歲得爲多邊柱形之顆粒其色略如鋼又有同原異形之質西名西路密辣尼又有含水者西名華特其貝路羅歲得俗名黑錳係日耳曼國與西班牙國運至英國者用以造漂白粉與玻璃等又可爲取養氣之用其取法加熱至紅則養氣放出其所餘之質爲紅色卽錳三養四錳養二爲本之性甚弱與配質不肯化合如和以濃硫强水而加熱則放養氣之半而成錳養此質爲本之性甚强與硫强水化合成錳養硫養三其式爲

錳養二丄輕養硫養三＝錳養硫養三丄輕養丄養生成之錳養二常含鐵二養三化合此質有鐵二養三硫養三結成若以烘乾加熱至

紅則其鐵二養三硫養三化分而放出硫養三所餘者爲鐵二養三其錳養因有爲本之强性故不肯放硫養三卽能用水消化濾取其水熬之待冷而結淡紅色之顆粒其質爲錳養硫養三輕養含水四分劑染色布與印花布用此質成黑色或棕色如將錳養硫養三水和以鈣綠水卽有結成黑質係錳養合于水其式爲

二（錳養硫養三）丄鈣養綠養丄二鈣養＝二錳養二丄二（鈣養硫養三）丄鈣綠如將錳養硫養三水和以鉀養或鈉養卽化分而有白色之質結成卽錳養輕養遇空氣卽變棕色而收養氣遂變爲錳二養三合于輕養

錳養硫養三水和以鈉養炭養二卽結白色之質係二錳養炭養二輕養有一種金礦西名孟司怕耳其色淡紅有顆粒之形內含錳養炭養二

錳養

此質之取法可將錳養炭養二盛于管內令輕氣行過不可雜空氣因遇空氣必變爲錳三養四所得之錳養爲綠色之粉有人設法能得錳養之顆粒有明綠色

錳二養三

此質有生成者常爲八面形之顆粒其礦西名布羅內得又有錳二養三輕養之礦爲多邊柱形之顆粒西名孟加內得

錳二養三爲本之性甚弱能在酸質內消化成深紅色之水若加以熱卽放養氣所餘者爲錳養之鹽類質錳二養三硫養三能合于鉀養硫養三成錳礬其質爲鉀養硫養三錳二養三三硫養三含水二十四分劑其結成之顆粒與鋁二養三之礬相似如將錳二養三少許加入鎔化之玻璃內卽得紫色此因玻璃內成錳二養三矽養三有紫寶石西名阿米替司得化學家以爲其色因此故而成

錳三養四

此質紅色而爲錳合養氣之質內最不易變化者如將別種錳與養合成之質在空氣內加熱卽變爲此質其色紅

棕又有生成之質爲黑色之礦其原質與此質相同西名何司曼內得疑其原質之排列爲二錳養$_{二}$因合于淡硝强水則變成之質爲黑色之錳養$_{三}$輕養

凡將含錳之質極微之數合于鈉養炭養$_{二}$而置鉑片上加熱鎔化如前第一百十二圖則變成者爲鈉養錳養$_{三}$熱時綠色冷則變藍色少含養氣之錳質變爲錳養$_{三}$其養氣俱從空氣內收得者

錳養$_{三}$

此質常與鉀養相合者取法將極細之錳養$_{二}$粉一分並將鉀養輕養一分先用水少許消化兩質相和成膏曬乾而盛于玻璃管加熱至暗紅令養氣行過管中俟其料飽足爲度取出和以冷水少許則成深綠色之明水將此水置于硫强水盆上以玻璃罩蓋密用抽氣筩去其空氣能成深綠色之顆粒即鉀養輕養錳養$_{三}$其顆粒之形與鉀養硫養$_{三}$相同將此顆粒置于鉀養水內即又消化添以淨水則成紅色之水即鉀養錳$_{二}$養$_{七}$另含錳養$_{二}$其式爲

三(鉀養錳養$_{三}$)丄二輕養＝鉀養錳$_{二}$養$_{七}$丄錳養$_{二}$丄二(鉀養輕養)

若加酸質少許變化更全雖其配性弱於炭養$_{二}$亦可因此而成變色之事鉀養錳養$_{三}$西名卡米里恩礦此名即四足蛇之意其皮有閃色如鉀養錳養$_{三}$水另含鉀養而遇與養有愛力之質即易化分而放養氣若遇各種生物質亦放養氣而有錳養$_{二}$分出如以紙濾其水紙能收其養氣故生物質忽然發臭則其臭氣易收鉀養錳養$_{二}$之養氣而臭即滅

鈉養錳養$_{三}$

取此質之法將錳養$_{二}$合于鈉養輕養而加熱再令多遇空氣即成在水消化得綠色之水名爲敗弟滅臭水

以上所有之法表明錳養$_{二}$暫時能存之據大約錳養能令鉀養綠養$_{五}$放養氣俱爲此故詳見取養氣

銀養錳$_{二}$養$_{七}$以硫强水化分之再在真空內熬乾之即得錳$_{二}$養$_{七}$合于輕養之質成棕色之顆粒易在水內消化爲紅色之水加熱至九十度即化分而放出養氣有錳養$_{二}$結成

鉀養錳$_{二}$養$_{七}$

此質爲化學內多用之料取法將錳養$_{二}$之細粉四分鉀養綠養$_{五}$三分半鉀養輕養五分此先以水少許消化將各質相和成膏在瓦罐內加熱至暗紅則鉀養綠養$_{五}$所放之養氣令錳養變爲錳養$_{三}$而與鉀養輕養化合待冷而取其質浸入水內則鉀養錳養$_{三}$消化而成深綠色之水加水令淡以炭養$_{二}$氣行過至不變色爲度則炭養化合其餘鉀養此餘鉀養原令鉀養錳養$_{三}$不化分既爲炭養$_{二}$收去則鉀養錳

養化分而變爲鉀養錳養另有錳養遲片時而沉下可將其紅色水傾出熬濃待冷而結多邊柱形之顆粒卽鉀養錳養此顆粒向光看之爲紅色而其回光則深綠色其水內尚含鉀養炭養因此質最難結成故和於水而鉀養錳養之紅色卽極濃如將其極微之粒以多水消化亦變爲大紅色此質消化於水凡遇與養有大愛力之質如硫養或含鐵養之鹽類質卽放養氣其錳養變爲錳養紅色立滅如將鐵絲一小段在淡硫强水消化卽成鐵養硫養水此水添入鉀養錳養水卽滅其色而鐵養硫養變爲鐵養三硫養其式爲

鉀養錳養丄十（鐵養硫養丄八（輕養硫養＝鉀養硫養丄二（錳養硫養丄五（鐵養三硫養丄八輕養以上之變化雖稍繁而其理則甚簡明其法亦大有益因試鐵礦所含之鐵數能最準全藉錳養之變化

生物質有多種俱易取鉀養錳養之養氣又生物腐爛發臭用此質滅臭爲最宜故化學家常用之水名爲敢弟滅臭之紅色水

錳與綠合成之質

錳與綠氣化合約有三種卽錳綠錳綠錳綠與錳養錳養相對然能分取者惟錳綠其餘但得其水而其水又易化分而放出綠氣

錳綠

此質爲數種工藝內多得之餘料如造漂白粉必先取綠氣而取綠氣卽有錳綠爲餘質此質因無用處故再令變爲錳養葢生成之錳養常含鐵故在鹽强水內消化者係鐵綠與錳綠分出其鐵藉一理卽含養一分劑半者其爲本之性弱於含養一分劑之質如將鈣養少許添入其水內則鐵變爲鐵養結成而不化分其錳綠其式爲

鐵綠丄三鈣養＝鐵養丄三鈣綠再將其錳綠水和以白石粉而令遇二倍空氣壓力之汽卽有結成錳養炭養之質其式爲

錳綠丄鈣養炭養＝鈣綠丄錳養炭養將此質烘乾而于濕空氣內加熱至六百度則炭養放出而錳養之大半變成錳養此質仍能爲取綠氣所用之料

鉀養錳養以硫强水消化再添鎔過之鈉綠小片則得淡綠色之氣質其性最奇遇濕空氣卽變爲棕色之霧能爲水所化分成紅色之流質內含輕綠與錳養故此氣內必含錳與綠或謂此氣內有錳綠氣與錳養氣爲相對之質然其實惟錳惟養惟綠三質卽錳養綠（見後鉻與綠合質有鉻養綠）

鈷

鈷之雜質大有用於工藝其色美觀而耐久鈷礦常有鉮與硫相合有鈷鉮礦又有鈷鉮鈷硫礦兼含鎳銅鐵錳鉍等質

取鈷之法將鈷養草酸卽鈷養炭養盛於瓷罐蓋密而加以大熱其性與鐵略同或云比鐵更有牽力

鈷與養合成之質

鈷與養化合有二種一爲鈷養有爲本之性一爲鈷二養三爲本之性甚弱鈷養能收空氣之養與鐵養錳養同又在空氣內加熱卽變爲鈷養鈷二養三卽與鐵養鐵二養三相對平常之鈷養用作瓷面之畫其取法將鈷礦加熱煆之則硫與鉮大半放出再以鹽强水消化而漸添鈣養則所含之鐵養結成沉下尚有餘鉮又合成鐵養鉮養五沉下再令輕硫氣行過其水內必與銅結成而水內只有鈷與鎳再加以熱至沸令餘輕硫氣放出再添鈣養滅其酸性又添鈣綠水卽鈣養綠養加鈣養之水則鈷養結成黑色之粉而有鎳養在水內再加鈣綠鎳亦結成

鈷養之鹽類質或含水者或消化於水者色俱紅而美觀其不含水者多半爲藍色鈷養矽養合于鉀養矽養亦成美觀之藍色西名司莫得其取法將鈷礦煆之令其大半變爲鈷養惟鉮與硫尙未盡化分而放出將所得之質和以石英粉而盛于罐內鎔化卽得藍色之易鎔玻璃卽鈷養矽養與鉀養矽養其鐵鎳銅合于鉮與硫而聚于罐底成金光色之質西名司配司可將此質化分而取鎳所得藍色之質傾入冷水易研爲細粉卽常用之司莫得若煆礦之時加熱過大鐵必變成鐵養而合於其內卽爲鐵養矽養色遂混

鈷礦一分和以砂二三分則煆後所得之質西名洒弗耳亦爲瓷釉顏料之用又有一質西名替乃特藍此質爲鈷養燐養合于鋁養燐養其取法將結成之鋁養與鈷養燐養相和而盛于罐內蓋密加熱煆之取鈷養燐養之法將鈷養淡養五水和以鉀養燐養五或鈉養燐養五卽有結成之質又有一質西名林曼綠其取法將鈷養硫養和以鋅養硫養在水消化再加鈉養炭養所結之質卽鈷養合於鋅養而成

鈷綠

此質之取法將鈷養在鹽强水內消化結成含水之顆粒其色紅加熱化散其水卽變藍色以水消化又成紅色再添鹽强水仍變藍色若再加以多水藍又漸變淡紅加熱令沸其水先變灰色後又復藍色如將鈷綠水寫字因其紅色甚淡白紙不顯紙若受熱字迹漸變深藍色此紙待

冷而令遇濕空氣仍爲極淡之紅色字迹遂隱若加鐵綠少許其色變綠。

鈷硫

此質之取法將鈷之鹽類質水加以鹼類與硫合質之水，即有黑色之質結成即鈷硫又有鈷硫爲灰色之礦有八面形之顆粒又有鈷硫可將料變成之。

鈷之鹽類質水和以淡輕至有餘即成深紅色之流質速收空氣之養氣另添淡輕綠收養更速能合成數種奇性之繁本質內含淡輕並鈷與養合成之各質。

鎳

鎳在工藝之內有大用因能合于銅與鋅而變成白色之羼金其形如銀俗名日耳曼銀即白銅。鎳與鈷多有相同之處鈷之礦內常含鎳平常稱爲銅形鎳礦從前日耳曼人誤以鎳礦爲銅礦故立此名其色紅而有金光其質爲鎳鉮灰色之鎳礦又名鏡形鎳礦爲鎳鉮與鎳硫其鎳鉮與鈷鉮相對取鎳之法用鈷礦取司莫得所餘之司配司分出其鎳養和以木炭而加大熱即得鎳尚含炭少許若欲純者必將鎳養草酸在罐內煆之如前節取鈷之法鎳之各性略同於鈷之各性。

鎳與養合成之質

鎳養之合質與鈷養之合質相對鎳養所成之鹽類質亦與鈷養所成之鹽類質相對惟其色不同大半爲綠色而其水爲明綠色鎳養輕養之色綠如平果之皮而不收空氣之養氣則與鈷養輕養不同前言鈷養易變爲鈷養因藉此性能分出其鎳與鈷生成之鎳養爲八面形之顆粒曾在鎔鍊銅礦之爐內偶見自成之鎳養顆粒。

鎳養硫養輕養含水六分劑即多邊柱形之顆粒有艷綠色其成顆粒之水可以鉀養硫養代之而成鎳養硫養即雙鹽類質含水六分劑最易成顆粒故前人疑此質爲鎳與別質分出而自成顆粒之事。

鎳與硫合成三種質一爲鎳硫二爲鎳硫此質之生成者爲微管形之鎳礦又有法能製之將鎳之鹽類質水合于鹼類合硫之質即結黑色之質又有一質爲鎳硫。

鉻

此金類之各雜質有各種色工藝內常用爲顏料故其西名爲各路馬即色之意此金類礦甚少常見者爲鐵養鉻養礦遇强水並各種變化之料不肯化分乃是奇性瑞顛俄魯斯花旗常產此礦運至英國製鍊鉀養二鉻養爲化學家必需之物其法將礦加熱至紅淬入水內使鬆脆研爲細粉而和以鉀養炭養與白石粉令其質不鎔化置於

倒焰爐內加大熱以空氣行過屢次掉之令其遍遇空氣則鐵養變為鐵養鉻養變為鉻養隨合于鉀養而成鉀養鉻養或加以硝合其收養更速再添以水即成黃色之鉀養鉻養水其餘不消化之質為鐵養與鈣養水內和以硝強水至有餘即變成鉀養二鉻養其式為

二（鉀養鉻養）丄輕養淡養＝鉀養二鉻養丄鉀養淡養丄輕養

將此水熬之即結片形顆粒有艷紅色此質一分須用水十分消化即成酸性之水鉻之別種雜質一一從鉀養二鉻養得之

鉻之原質極難鎔化工藝內尚無用處或用鈉遇鉻綠即

成八面形之顆粒又有用鉀得其粉將其粉遇酸質則易變化惟成顆粒之鉻雖遇極濃之強水或合強水俱不能消化鉻加大熱而遇鹼類合輕養之質則能化分而放出輕氣變成含鉻養之鹽類質

鉻與養合成之質

鉻與養化合有二種即鉻養與鉻養此二質俱可分取之另有鉻養與輕養化合者又有鉻養能得在水消化之質而不能分取之

鉻養

此為鉻與養氣合質之最要者其取法將水熱至一百三十度鉀養二鉻養消化飽足者一體積以濃硫強水一體積有半漸漸添入待冷而有鉻養結成針形之顆粒有美觀之深紅色能自消化極易在水消化若稍加熱即化分而成養氣與鉻養鉻養最易放養氣而為別質所收生物質如紙等遇鉻養紙即收其養氣而令變綠色遂成鉻養

將鉀養二鉻養合于硫強水能漂白數種油質其油之色料合于鉻養之養氣而有鉻養三硫養變成其式為

鉀養二鉻養丄四（輕養硫養）＝鉀養硫養丄鉻養丄養丄四輕養

若將鉀養二鉻養加熱至紅則先鎔而後化分放出養氣其式為

二（鉀養二鉻養）＝二（鉀養鉻養）丄鉻養丄養

鉀養鉻養

此質之取法將鉀養炭養添入鉀養二鉻養之紅水其紅色變為美觀之黃色熬之而結成顆粒亦是黃色係多邊柱形其形與鉀養硫養相同比鉀養二鉻養更易消化于水其水有鹼性加熱即變紅不化分而鎔化

鉀養三鉻養

此質之取法將鉀養二鉻養和以硝強水即得紅色之顆粒

鉛養鉻養

此質之取法將鉛養酸醋之淡水和以鉀養鉻養之淡水所結之質即是此質為黃色之料畫家及印花布用之化學家用此取養氣以便化分生物質因加熱即鎔化成棕色之質熱至紅而多放養氣熬糖之肆加此料於糖能成黃色惟其性有毒急宜禁止此用俄國東北須皮利阿所產之紅鉛礦乃不常見之礦實即鉛養鉻養之顆粒有多邊柱形

二鉛養鉻養

此質之取法將鉛養鉻養水合于鈣養而加熱令沸其式為二（鉛養鉻養）丄鈣養‖鈣養鉻養丄二鉛養鉻養

此質為橘皮黃色即花布先用鉛養鉻養染其布後浸于鈣養水內即變橘皮黃色

紅寶石之原質為鉛養之顆粒其色因含鉻養少許

鉻養

此質為綠色之顏料玻璃與瓷器俱用之因加熱不化分也取法將鉀養二鉻養四分小粉一分相和加熱則小粉之炭收鉻養養氣之半遂變為鉻養並鉀養炭養以水洗之而鉀養炭養消化若以硫代小粉則所成之質為鉀養硫養並鉻養亦可用水消化而分出之鉻養加以大熱則熱至若干度忽發光亮其本色更深不能在酸水消化其

未熱之先易在酸水消化此性與鋁養並鐵養相同其為本之性甚弱亦與此二質相同鉻養能成二種鹽類質其本配之數亦相同惟其水之色不同又有別性亦不同即鉻養三硫養為綠色之料含水五分劑又有一種含水十五分劑其色如茄花如將其水加熱令沸即變為綠色同於前質又有一種礬內含鉻養其色深棕其質為鉀養硫養鉻養三硫養含水二十四分劑如消化于水而加熱令沸不肯結成或云令受大冷方能結成茄花色之質鉻養硫養不含水之顆粒其色紅不能在水並酸質內消化又有一種綠色之質西名古章尼綠可作畫料與印花料其

取之之法乃將鉀養二鉻養一分和以硼砂顆粒三分則成鉀養硼養與鉻養硼養而其鉻養養氣之半即放出將此浸於水內令鉀養硼養與其餘硼養消化而出或將含鉻養之質合于鹼類所成之質用鈉養硫養化分之則得鉻養鉻養結成棕色之質

鉻養

此質尚未能分取其淨者祇能得與水相合之質其取法將鉻綠以鉀養化分即得棕色之質其收養氣更速于鐵養故易變成鉻養鉻養與水合成之質其原質之排列略與鐵養相同鉻養稍有為本之性近有化學家得一質名

鉻養硫養鉀養硫養合水六分劑此質顆粒之形同於相對之鐵鹽類質即鐵養硫養鉀養硫養合水六分劑其色藍消化于水亦成藍水遇空氣即變綠色因有變成之鐵養

鉻養

此為化學家疑有之質即令輕養遇鉻養水其水變為藍色疑有鉻養在水內尚未能分出且未得其鹽類質

鉻與綠合成之質

鉻綠之取法令乾綠氣行過玻璃管其管內預盛鉻養合于木炭而加熱至紅候綠氣行過之時合成鉻綠之霧在管之冷處凝結遂成茄花色之光片浸于冷水不能消化若在熱水則緩消化而變為綠色之水此與鉻養在鹽強水消化所得之水略同

鉻綠

此質之取法將鉻綠加熱至紅而令輕氣行過所得之質為白色有此白色意所不料其質能在水內消化水即變為藍色收空氣之養氣而變綠色若將茄花色之鉻綠在水內掉和加以鈣綠甚微則鉻綠立消化而變為綠色之水且自生熱

鉻養綠

此為紅棕色之流質其取法將鹽十分與鉀養二鉻養十七分相和加熱鎔化待冷打碎添以硫強水四十分而蒸之其式為

鉀養二鉻養丄二鈉綠丄三(輕養硫養)‖鉀養硫養丄二鈉養硫養丄三輕養丄二鉻養綠此質之外形與溴略同遇空氣則發霧濕氣能化分其霧而變鉻養與輕綠其式為

鉻養綠丄輕養‖鉻養丄輕綠此質能令各質收其養氣與綠氣若遇淡輕或醕能令其生火

化學家常用此質以顯火能發亮之理如將鉻養綠數滴盛于瓶內而令輕氣行過輕氣即收其霧如燃其霧即燒成美觀之白色若將瓷片或玻璃片遇其火遂結艷綠色之質一層即鉻養此質尚不知其能與別質合成鹽類否

鉻弗

此為鉻易于化散之雜質其取法將鉛養鉻養和以鈣弗並硫強水而蒸之即得紅色之氣質加以大冷凝成紅色之水遇水即能化分成鉻養與輕弗

鉻硫

此質之取法以炭硫霧行過紅熱之鉻養所成之質即得黑色之光片與筆鉛為同形異質

鋅鐵鈷鎳錳鉻總論

金類六種其相似之處甚多故可稱爲一屬加熱至紅俱能化分水質如入鹽强水內俱能令其輕氣放出俱能與養氣一分劑化合而爲本質此本質所成之鹽類質其顆粒之形略同其各質與養一分劑化合者易收空氣之養氣而成一分劑有半其養與金類有三與二之比惟鋅與鎳不在此例蓋鋅與養化合者並無鋅養鎳雖能成鎳養其性又甚弱如鈷養爲本之性最弱錳養爲本之性稍强鉻養與鐵養爲本之性最强易于顯出鋅並鎳與養化合者不甚顯出配性質但化學家常疑鈷與養合成者有爲

配之性但其質尚未考得確據又鐵錳鉻各與養三分劑合成配質鋅與鎳各與綠一分劑化合成質其他分劑之質所無有者鈷與錳各與綠一分劑化合成質能分開取之又有鈷養與錳養二質只能在水內有之而不能分取之但鐵綠與鈷綠之質不多自變化加熱即能化散此一屬之金類俱爲二分劑者即二質點之金類地產之礦常含此一屬之質數種相并於一礦者而鐵錳鈷鎳又爲最多此一屬除鋅之外俱能爲吸鐵所引又需極大之熱方能鎔化惟鋅爲此一屬與鎂一屬承起之質鋅之與鎂亦多相似即能化散能燒能得同形顆粒之鹽類質鐵與鉻

能連此屬與鋁之一屬其鐵養並鉻養二質與鋁養一質爲同形異原而鐵綠並鉻綠二質與鋁綠一質加熱俱能自散

銅 此須與化學鑑原參看

生成之銅甚多於生成之鐵而鐵之雜質則多於銅之雜質如美國之北太湖相近處有一山能得生成之銅極多西歷一千八百五十八年此山所開之銅六千噸英國哥如瓦納地方亦得純銅礦知里國所產銅砂即純銅合于石英粉運至英國鎔鍊

所謂藍銅者即第四次所得之白色銅料此料含鐵硫若

干因爐內之銅養太少又有一種面上如發麻之狀即第四次銅養有餘而生者其銅養有若干化成紅銅第五次之工內有硫養氣放散若干放散之時成紅色之泡故名發麻其紅色因所成之紅銅而生者又有一種粗銅在白色銅與泡面銅之間又有瓦銅此爲白銅錠之底層其上層取出以作上等銅之用餘即此質又一種名爲玫瑰銅其取法令水流於熱韌之銅則成薄片如玫瑰花瓣又一種麻那銅其質極韌英國暗古須地方之麻那礦洞內有藍色之水甚多將純鐵浸在水內銅即結於鐵面質純而韌 此節與鑑原之鍊銅參看

銅之性情

銅爲大有用之金類能打薄故易軋成薄皮常用之金類可打薄者惟金與銀其次卽銅金與銀爲貴物而銅則多產之物故凡薄料必用銅

銅能引長之力於鐵爲次如紅銅絲徑十分寸之一掛重三百八十五磅而不斷同徑之鐵絲能掛七百〇五磅而不斷銅之牽力小于鐵故作極細之絲尙不能如鐵之細

銅易鎔化故比鐵易鑄蓋鐵必加極大之白熱方能鎔化銅則熱至二千度而卽鎔此適爲光紅之熱

銅爲金類之最響者自古及今常以傾鑄鐘與樂器其傳引電氣之性亦極大所以電報之事俱用之其通電之性略與銀同而稍次其傳熱之性亦速而稍次於金銀

銅軟於鐵而重於鐵鑄成之銅重率八九二打薄與引長者重率八九五銅能遇濕空氣而不變化故比鐵更合于用若遇酸質亦不化分水質故發金類電氣用爲負電氣之板

銅遇海水之變化

銅浸于鹽水內初不變化日久而遇空氣漸生綠色之皮卽銅綠三銅養四輕養此種變化略因先收空氣之養而變銅養再收鹽內之綠而令銅養化分其式爲

四銅養丄鈉綠‖銅綠三銅養丄鈉養銅之面因此生銹故船底所釘之銅皮常遇海水多致消化而外面不光海草與壳蟲之類卽能黏于其面大減船之速率已有多人設法欲免此病或在外面釘鋅皮令銅有負電氣或在外面敷以數種油料然尙未得妙法有人名門子用銅三分鋅二分合成黃銅其價較廉生銹較難然仍不能盡免其病或云每銅百分含燐半分海水難以侵蝕

銅器煑食物宜愼

燒煑食物之器用銅爲之久食致病因銅所變之雜質最毒昧其理者往往受害如燒平常食物則銅之光面不致有變化然其銅久遇空氣卽生銅養一層此銅養與水化合並收空氣之炭養氣又成銅養炭養此質俗名爲銅綠食物內和入銅養炭養必成毒性此物之生於銅面或遇酒醋或遇果酸或遇油類並鹽等故用銅器必在內面鍍錫一層無論遇鹽與酸不致有變化之事若用極純之銅而勤揩擦至極光尙無大害因所生之污穢卽有銅養在內也

銅鍍於別金

鐵與鋼之器俱可鍍銅一層而相黏極牢其法用銅養硫養和以鉀養果酸並鈉養果酸與鈉養在水消化將鐵或

鋼浸于內而與鋅板相連則生電氣而紅銅漸黏于器面鋅乃消化水內若加鈉養錫養二又能鍍成黃銅

銅與養合成之質

銅與養合成有二種一為銅養二一為銅養又有一質為銅四養但尚未能分取之化學家又疑有銅與養合成之配質此亦未有確據

銅養

銅在空氣內加熱外面能生黑質一層即銅養化分生物質而求其原質者必用此質詳見考驗生物合炭若欲多用將銅消化于硝强水而令變為銅養淡養五詳見淡養取其質盛于銅皮之粗器而加熱至暗紅餘者為銅養其式為

銅養淡養五‖淡養四丄養丄銅養若加更大之熱銅養遂變為硬塊而不能為熱所化分銅養易收空氣之水而不能為水消化惟酸質始能消化而成各鹽類質故可用硫養三或淡養五洗淨銅面如將黑暗之錢一枚浸于硝强水而取出洗之即能同于新製者矽養合于銅養而加大熱即能鎔成銅養矽養二玻璃欲作美觀之綠色依此理而加銅養

銅養二

銅養五分和以銅屑四分盛于鑵內蓋密而加熱即成銅二養又法用銅養硫養三水加熱令沸和以鈉養硫養三一分並鈉養炭養一分消化于水而沸之亦有銅二養結為金黃色之粉用沸過之水洗之每洗一次待其沉下而傾出其水其式為

二〔銅養硫養三〕丄二〔鈉養炭養二〕丄鈉養硫養三‖銅二養丄三〔鈉養硫養三〕丄二炭養二

銅二養為本之性甚弱故難與配質一逕合成鹽類質因銅二養遇酸質必化分為銅與銅養而銅養遂與酸質化合銅二養之濕者易收空氣之養氣如將銅二養合于淡輕三水尚是無色令遇空氣始變美觀之藍色其變色之故因銅二養變為銅養而與淡輕三化合若將此藍色水滿盛于有塞之瓶而瓶內再置淨銅條則藍水漸變無色此因銅養變為銅二養而銅之一分化分如將銅屑盛於空瓶添以淡輕三而搖動之亦得藍色之水因銅與養化合之時則淡輕三有一分亦與養化合而變為淡養四所以瓶之上半有白色之霧為淡輕四養淡養如將藍水多和以淡水即有銅養輕養結成其色淡藍銅養淡輕三能消化紙與棉花並獸毛並寫留路司類之別種質消化之水加以酸質即有寫留路司結成沉下

銅四養

銅二養合于玻璃能變為艷紅色故可用此質燒造紅玻璃

錫綠合于鉀養而遇含錒之鹽類質卽成此質但不能與水分離銅之配質尚未能化分而得之如將銅和以鉀養淡養並無水之鉀養而加熱鎔化疑其變化之質內約有銅所成之配質其鎔化而得之質在水內消化卽得藍色之水最易化分而放養氣遂有結成之銅養其銅養合于鉀養綠養而加熱能助其放養氣卽與錳養同所以化學家疑必有銅與養數分劑合成之質但其質最易變化不能於刖質內分取之

銅養硫養

取硫養氣之時常有結成藍色之顆粒卽銅養硫養（見第三卷硫養下）其銅用硫强水消化則放硫養氣又提銀之工亦常得銅養硫養（詳見硫養）又可將鐵銅硫礦煅之而遇多空氣卽變為銅養硫養合于鐵養硫養其式為

鐵銅硫丄養‖鐵養硫養丄銅養硫養鐵養硫養為熱所化分遂放其硫養而變為鐵養將煅後之質浸于水內則鐵養不消化濾取其水熬濃卽得銅養硫養之顆粒

前法所得之顆粒不透明須用熱水消化而緩緩結成始能透明其質為銅養硫養含水五分劑如將顆粒加熱至二百十二度則放水五分之四而變為灰白色之粉卽銅養硫養輕養此質和水少許令濕自生大熱而復藍色或

化學鑑原補編卷三 二十三

常之銅養硫養稍帶白色而不甚明者因其含水不足五分劑

銅養硫養輕養加熱至四百度其水盡能散出其後散之一分劑係成質之水與成顆粒者不同故其顆粒之式應命為銅養硫養輕養四輕養此顆粒一分能在冷水四分消化沸水則二分消化其水能令藍試紙變紅

銅養硫養為染布與印布多用之料又可造顏料之用又用於藥品與鍍金並發電氣等事

銅養硫養水和以鉀養至有餘能結藍色之質卽銅養輕養若不取出其質而加熱令沸則放出其輕養而變為黑色之銅養有一種顏料西名勿弟脫藍卽銅養輕養其取法將銅養淡養以鈣養輕養化分而得之

淡輕添於銅養硫養水卽結成含硫養之本質若添淡輕至有餘再能消化而成深藍色之水此水熬濃能結深藍色之顆粒卽銅養硫養二淡輕輕養久遇空氣又放出其淡輕

有一種銅礦西名布路嵌台得其原質為銅養硫養四銅養輕養

銅養硫養結顆粒時水內設有鐵養硫養或鋅養硫養或鎂養硫養卽難與分離因能與此各質合成雙鹽類質而

化學鑑原補編卷三 二十四

多含水數分劑如曼司非勒地方造銅養硫養其成顆粒之水因有異質而帶黑色所以結成之顆粒為藍黑色與皂礬同形異質如鐵養硫養七輕養為皂礬之式而此水所結之質係數種金類合成之質其式為

銅錳鐵鎂鈷鎳養硫養七輕養此六種金類固可任意調換而不改變其鹽類之形已詳含鉀養之質內論西里綠即二銅養鉀養

又有二種金類礦西名太茄來得並里皮脫內得俱以銅養燐養為原質

前言藍色瑪拉開得又名只西來得並綠色瑪拉開得俱是玉類俱以銅養炭養為原質

又有一種金類綠係銅養炭養與銅養輕養其原質之排列同於綠色之瑪拉開得取此綠料將鈉養炭養之熱水與銅養硫養之熱水相和即能結成若二水以冷者相合之後而加熱令沸漸變為黑色之銅養此種綠料華名銅綠

又有二種金類礦一名台哇布對司即綠色明玉之銅礦一名可里酥殼辣俱含銅養矽養

銅與綠合成之質

銅綠此質之取法令二原質一逕化合而成棕色之質易于鎔化而化分為綠氣與銅綠此銅綠後又變為霧質銅綠在水內消化濃則為綠色淡則為藍色若將黑色銅養在熱鹽強水消化待冷即結針形之顆粒其色綠即是銅綠二輕養將此質以酒醕消化而燒其醕能得綠色之火甚是美觀若將其霧和以煤氣而燒之其火亦成綠色

銅綠三銅養四輕養

此質為阿太末地方所產之顆粒名阿太卡末得有一種顏料名布倫司會格綠亦是同質取法將銅屑合于鹽強水或合于淡輕綠水而遇空氣即收空氣之養氣其式為

銅丄輕綠丄三輕養丄養＝銅綠三銅養四輕養又有假物將普藍合于鉛養鉻養並鋇養硫養即成

銅綠

極細之銅屑和以濃鹽強水少許盛於大瓶內搖動之即成銅綠其式為

銅丄輕綠丄養＝銅綠丄輕養此銅綠在多餘之強水消化成棕色流質將此流質稍以多水又結成白色之銅綠此為不能消化于水之質若令見光即變深灰色如用黑色之銅養五分在鹽強水內消化而添以細銅屑四分加熱令沸亦成棕色流質若和以水亦結銅綠設流質不甚淡而久待則結銅綠四面形之顆粒如將銅綠遇淡輕而

不見空氣卽消化成無色之流質久遇空氣卽收養氣而變爲深藍色銅二綠與淡輕三合成之流質可以試驗阿西台里尼使結成紅色之質詳見炭四輕二其水存于瓶內必裝滿密封而添以淨銅條如將極細之銅屑添入淡輕三水加熱令沸則結無色之顆粒卽銅二綠淡輕二此鹽類質遇空氣卽變藍色之顆粒其質爲銅綠淡輕三銅綠淡養三輕養若又多見空氣則合于淡輕四綠而結成銅二綠在鹽强水內消化可爲化分氣質之用因能收炭養氣如將此水見空氣則收養氣而結成銅綠三銅養四輕養淡輕四綠之濃水或鉀綠之濃水以銅二綠添入最易消化雖冷水亦易消化成雙綠氣質惟此鉀綠或淡輕四綠所成之二種流質俱不收養氣

銅與硫合成之質

銅與硫之愛力極大雖不加熱亦甚顯明純銅之光面遇硫不久變暗若遇輕硫卽變黑色如將極細之銅屑和以硫粉而在空氣平熱漸能化合加熱則生火而化合所以銅絲在硫霧之內亦易燒見一百八十四圖銅在硫强水內加熱令沸如取硫養二氣之法銅有數分變爲銅養因銅與硫之愛力甚大故鐵硫二礦雖含銅無多亦能分出每百分有一分已可得銅其法將鐵硫二和以煤而作大堆煅之數十日詳見硫之末節則鐵之大半變爲鐵二養三其銅仍與硫化合而聚在礦塊之中心成核打開其塊取其核每百分含銅五分可鎔化而取銅其礦塊卽鐵二養三並銅養硫養三少許用水消化而分取之

銅二硫

此已在銅礦內言之鎔銅爐內所得之異質有此質間有得八面形顆粒鹽强水不能消化硝强水易消化或謂銅鐵礦內含銅二硫者其質爲銅二硫鐵二硫三若含銅硫則所含之鐵亦必爲鐵硫卽銅硫鐵硫然鐵硫易爲淡硫强水或鹽强水消化而銅鐵礦則無此性惟遇硝强水則速消化

銅硫

生成之銅硫常有挖得者俗名靛色銅礦又名藍色銅礦又有法能取之將銅養硫養三水以輕硫氣行過而結黑色之質卽銅硫將此質再和以硫與淡輕四硫水而加熱令沸稍能消化待冷卽結針形顆粒有美觀之大紅色乃銅與多硫化合而另合淡輕四硫

銅養硫養以鉀硫五化分之卽結黑色之質爲銅硫五此質能在鉀養炭養二水內消化若銅與硫合成之別種質不能在此水內消化故易分辨

銅硫相合之質遇空氣而兼遇水則漸收養氣而變爲銅養硫養三易在水內消化開銅礦之處其水常帶藍色因有

銅養硫養在內即是依此理而變成者

銅燐

此為黑色之粉其取法將銅養硫養水和以燐而加熱令沸此質可為取燐輕之料又有銅合燐之質可為吸鐵電器放水雷之引火其製法將銅極細之粉加以大熱而令燐霧行過變成之後再和以銅硫與鉀養綠養即是

銅與矽合成之質可將極細之銅粉和以矽養與木炭而加大熱所得之質色如銅含矽約有百分之五或云此質可以引長又能任牽力與鐵相同其鎔化之度略等于黃銅以上共缺十三圖已見鑑原前編所以鐵銅二質須與前編參看

鉛

鉛之適用藉其軟與易鎔二性軟則易軋成薄皮易引作長管原為常用金類之最軟者惟任牽力最小故難成細絲雖可作絲牽之即斷若用鉛條在白紙上畫線易脫於紙面即是質點鬆而牽力小之證

鉛之鎔界除錫之外小於常用之金類即六百十七度重率大於常用之金類即一一·四因此二事最合於槍彈並小子之用又可代屋瓦之用但其質甚重而易鎔設如房屋失火則鎔化落下最為危險

英國所產之各礦除鐵礦之外以鉛硫礦為最多此礦重

率大而色光易誤視為純鉛英國敢步倫省特而皮省哥奴滑勒省常見此礦之大脈又在灰石內泥板石內西班牙亦多產此礦

鉛硫礦西名加里那其顆粒最美觀常見者有立方形能在其面平行而剖開又有鋅硫礦或銅鐵礦常與鉛硫礦同見又常合于石英並鋇養硫養礦或鈣弗礦又常合銀硫間合銻硫與鉍硫

鉛硫為常見之鉛礦另有數處多產別種鉛礦間有生成之鉛又有鉛養炭養俗名白色鉛礦美國與西班牙國多產之又有鉛養硫養係新金山所產常運至英國取鉛

鉛硫礦之取鉛其理藉金類與養合成之質遇同金類與硫合成之質加大熱時養必與硫化合而金類放出

第二百四十二圖

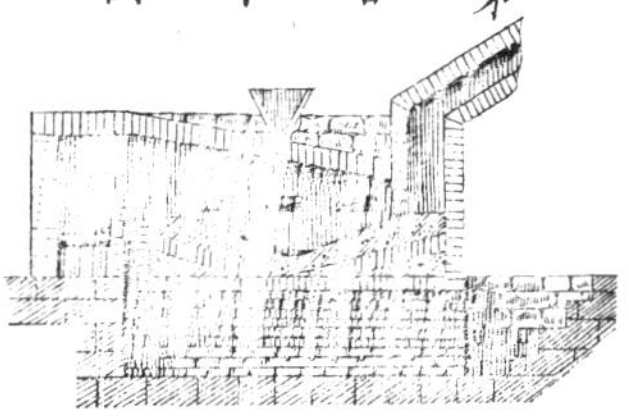

分取之法將其礦去盡所雜之異質如土石等和以鈣養少許而鋪在倒焰爐之面如第二百四十二圖此爐自邊向中斜成凹能存鎔化之鉛

鎔鍊之工先煅其礦而令多遇空氣將礦屢調轉其向外之面加熱小於鉛硫鎔化之度首二小時爐

柵上不添燒料祇用前次所餘之熱此熱從爐體傳出足鎔其礦常常掉撥令多遇空氣而收養氣

煅礦之後則鉛硫幾分變爲鉛養硫養又幾分放其硫而變爲硫養鉛則收養氣而變爲鉛養惟其礦之大半不收養氣俟煅礦之工已足卽將燒料添在爐柵又將前次所得之滓添入爐面風門稍開而爐門緊閉漸增其熱度令鉛養硫養能與鉛硫相合而分出其鉛爲度硫則變爲硫養而散去其式爲

鉛硫丄二鉛養川鉛$_{三}$丄硫養$_{二}$又鉛養硫養$_{三}$丄鉛硫川鉛$_{二}$丄二硫養$_{二}$

作此工時須將爐面之礦料屢屢用耙移向火壩則鉛易分出而流至凹處如將爐門忽開而減爐內之熱分出更易約四小時其料多變爲流質而積在凹處下爲鉛而上爲滓其滓大半爲鈣養矽養與鉛養其鉛養之數甚少因初用鈣養爲配料之故若初時不用鈣養則滓內之鉛養必多故欲令滓多放鉛養須將石灰數鏟投入爐內同時添以煤屑少許則鈣養能令其滓放鉛養而煤屑能令鉛養放鉛

鈣養矽養雖鎔於鉛養矽養所添入之鈣養能令其滓變爲稠質若初時所添之鈣養不足則常爲稠質而鉛不肯分出

鍊工將終之一小時須加大其熱度共歷六小時之後視其鉛大半已分出則從爐門取出其滓爐凹處之對面有塞門可開而放出其鉛受以鐵盆再舀入模內成錠

含鉛略多之滓並鉛面所生之皮卽鉛硫存爲第二次之用

鎔此鉛硫礦時必有多鉛變霧散出故爐尾出火之路宜曲折來往多次然後通入烟通間有火路長至三四英里者燒鍊日久開其火路之旁門掃刷可得鉛養與鉛硫數十頓

英國北疆常用之法與前不同其爐名爲省爐如第二百四十三圖係小風爐而不用倒焰爐有進風管三筒如甲甲甲添進鉛礦與燒料在乙處其鎔化之鉛流至爐底凹處如丙其渣滓自能流出於外爲丁池所受爐頂有小孔藏一噴水管如戊其管端有小孔散水成雨此管在通烟之孔如已之上其噴水之意能令添進之料不吹入烟通而耗散

第二百四十三圖

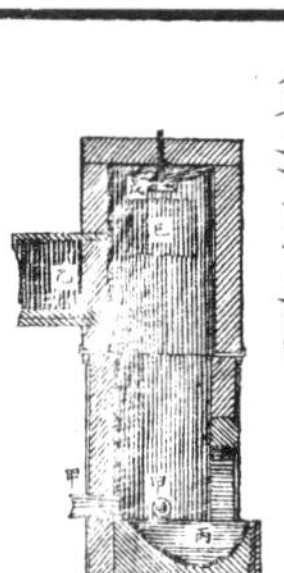

有數種鉛俗名硬鉛因雜錦等物西班牙礦鍊得之鉛俱

如此茲將硬鉛與英國之軟鉛化分得數列之

	鉛	銻	銅	鐵
西班牙鉛	九五·八一	三·六六	〇·三二	〇·二一
英國鉛	九九·二七	〇·五七	〇·一二	〇·〇四

第二百四十四圖

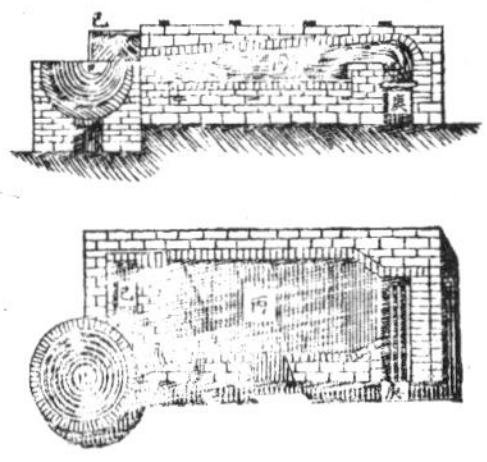

硬鉛不便作器用故必去其異質同時有鉛一分亦放出如第二百四十四圖用大鐵鍋如已能鎔硬鉛六頓至八頓鎔盡而傾入淺盆如丙長十尺闊五尺此盆爲倒焰爐之底近爐柵處深八寸後端深九寸有爐柵庚通至火路如巳燒火所歷之時刻與其質之硬軟有比例間有纔燒一日而足者竟有連燒二十日至三十日而足者習慣之人能知其提純之時刻取出少許待冷察其成顆粒之形如已提純隨傾於模成大條硬鉛遇熱比銻易與養化合而放散如此則鉛應放散而反比原者更硬惟銻易成銻養而與鉛養化合其合成之滓可分出其相合之鉛與銻每百分有銻三十分至四十分此宜於印書家鑄爲邊條與嵌條之用

鉛內分銀

鉛硫礦內鍊取之鉛常含銀得數足爲分銀之費西歷一千八百二十九年以前尙用舊法將鉛全變爲鉛養而得銀再將鉛養還爲鉛其工極繁得銀不足補其費新法爲英國白天生所剏能將鉛一噸分出其銀取得之餘鉛含銀既多始用法變爲鉛養如鉛一頓含銀三兩至四兩亦可分取而得利其大略將鎔化之鉛常掉之而令漸冷則大半結爲顆粒餘鉛含銀尙極少屢次分出其顆粒鉛內含銀必漸多

生鐵大鍋八隻或十隻以磚圍砌成竈每鍋容鉛六頓如第二百四十五圖左邊之鍋爲第一其餘以次勻列至右爲第十將含銀之鉛添入第五鍋內加熱令鎔取去面上

第二百四十五圖

之皮即減其火待漸冷用長鐵條掉攪不止俟鉛有顆粒結成即用漏杓舀出此杓徑約十寸深約五寸所得之顆粒添入第四鍋內待鉛五分之四成顆粒而取出隨將此第五鍋之餘鉛盛於第六鍋內此已含銀較多第五鍋既空再添新鉛鎔之

屢次爲之而至第四鍋與第六鍋內之鉛將滿則亦鎔化滅火待冷取顆粒其顆粒亦置於左邊之鍋而流質亦盛於右邊之鍋則第十鍋內之鉛含銀極多間有鉛一噸含銀三百兩者其第一鍋內之鉛含銀極少每噸不能過半兩遂鑄成大條出售鉛內所雜之銅亦已隨銀分出各鍋之旁另用小鍋盛鎔鉛滿杓常置此鍋令不冷

第十鍋內之鉛含銀最多分取其銀所藉之理因鉛在空氣內加熱卽變爲鉛養而銀則不變所用之爐如第二百四十六圖卽倒焰爐其底有橢圓形之盆如丁盆下有鐵架深略四寸下面有柵形每柵寬約四寸用骨灰粉與木

第二百四十六圖

灰相和加水掉之成泥以此泥在架柵上鋪滿打實再挖凹成盆形其邊厚約二寸其底厚約三寸盆長四尺闊二尺半庚爲燒煤之爐柵其火焰行過骨灰盆之面而入烟通乙旁有噴空氣管寅噴氣行過盆面其盆造成之後漸加熱至紅爲度將第十鍋內之鉛以鐵鍋已鎔化此鍋連于爐邊有槽通至骨灰盆內其盆將滿之時噴以空氣而令鉛面生皮卽鉛養此皮遂爲噴氣吹去而能再生第二層此鉛養俗名密陀僧必有若干爲骨灰所收者噴氣管之對面另有槽鉛養又能隨氣流出如圖內之甲槽底有鐵箱可受此鉛養如此鍊之鉛乃漸漸散去屢從爐旁小鍋添以新鉛共至五噸而止所餘之質二三擔約含銀一千兩盆底有孔能放出塞其孔而添以新鉛如前數次之後得質已多另有骨灰盆如前法爲之分盡其鉛而止

有套如辛通至烟通乙此在噴氣管之對面因有鉛養霧散出能收之而得鉛養

銀內之鉛分盡與否極易辨別有鉛則面上生皮無鉛則光亮射目待冷而面生花紋是謂紋銀此乃鎔時多收養

氣在內結則放出故致生花

爐中放出之密陀僧和以煤屑而置於鎔鉛礦之爐仍能化分而得鉛

鉛硫礦試取其鉛將礦研細三百釐鈉養炭養烘乾四百五十釐木炭粉二十釐相和而盛于泥罐將大鐵釘兩三枚插于罐內卽蓋其罐而用小火加熱約半小時如前一百十七圖之爐最爲合用待冷而取出未消化之餘鐵打碎其罐檢得其鉛稱之卽知原礦含鉛之數驗鉛含銀與否將所得之鉛盛于小鍋如第二百四十七圖此鍋以骨灰爲之置于泥殼之內如第二百四十八圖之爐加熱至

第二百四十七圖

第二百四十八圖

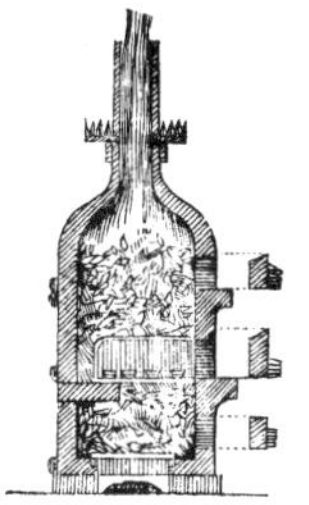

鉛全與養氣化合而爲骨灰所收則小鍋內所餘者爲純銀

鉛如不多可用吹火筩分出其銀將木炭挖成小凹內加骨灰而壓實之令遇吹火之外層即放養氣之火見前一百○七圖連吹至不能減少而止若雜銅者骨灰冷時有綠色之迹若爲純鉛其迹黃色前節小試之法其礦內之硫俱能散出幾分爲鈉養炭養之鈉所收又幾分爲釘鐵所收其鈉養炭養尚有餘力能令礦內之矽養鎔化而分出

鉛之用

鉛皮代瓦前已言之又因易鎔可鑄印書之字然獨用鉛嫌其太軟故宜每鉛四分和銻一分又有礫彈內之羣子亦以同料爲之若用軟鉛則礫裂之時必致連合而不散開槍彈須用純鉛爲之若用硬料必致衝壞膛內之螺絲

鉛與鉮相合宜作小鉛子每鉛一噸和鉮四十磅鉮在鉛內消化令質變硬又能令成渾圓其製法用空心高塔在塔頂置鎔鉛之鍋又有一桶其底作圓孔甚多將鎔鉛傾入此桶自孔落下至水池而止取出之後以其大小分作數號盛于轉桶內而和以筆鉛粉輥轉數時擦光用鉮太少鉛子必成橢圓形與卵形或太多則成扁圓形

平常銲錫之料用鉛一分錫一分合成因此二金相和鎔界即能減小又有數種𨭌金內含鉛各詳本節

化學並製造之工多用鉛器因能耐强水之力空氣平熱鉛遇極濃之硫强水或鹽强水或硝强水或輕弗俱不能消化惟重率一·二之淡硝强水反易消化因硝强水之濃者不能消化鉛養淡養故綴于鉛面而掩蓋其內質

鉛遇多含炭養之空氣易以生銹即收養氣而變爲鉛養此質合于炭養與水即成鉛養炭養鉛養輕養舊棺內之鉛皮常變爲白色之脆質如土即鉛養炭養脆質之中尚

有極薄之鉛一層

鉛遇空氣與醋酸即變鉛養醋酸此爲最毒之藥故凡苦酒平果酒葡萄酒等切忌遇鉛質鉛器盛醋則更忌鄉村無知者因平果等酒太酸即置鉛皮在內令解酸或用小鉛子洗瓶而誤留小粒在內藏酒于瓶飲之必受其害鉛水箱常有危險之事前已言之鉛遇空氣與海水不久而變成鉛養與鉛綠

鉛與養合成之質

鉛與養化合有四種即鉛$_{二}$養鉛養鉛$_{三}$養$_{四}$鉛養$_{二}$

鉛養

鉛之光面遇空氣即生黑色之薄皮故不久而變暗化學家以此皮爲鉛養

純鉛分作極細之點速撒于空中即自燃而變爲鉛養

鉛能自燃之事可用法顯之如第二百四十九圖將鉛養果酸置于玻璃管一端有底一端引長成小頸平置之而用酒燈或煤氣燈加熱俟不發霧隨吹鎔其小頸而封密之蓋鉛養果酸遇熱化分所餘之質即純鉛極細之點而稍雜炭有此炭質適令鉛點不相黏合封密之後藏久不變若破其管端而速撒于空中即能自燃成濃霧即鉛養取鉛養果酸之法將果酸水和以淡輕三水掉之不止則初生之淡輕四養二果酸全行消化再添鉛養醋酸水令其質結成即得鉛養果酸以紙濾之以水洗之極淨而烘乾

第二百四十九圖

鉛養

此質之取法將鉛在空氣內加熱其熱若不甚大則成黃色之粉西名馬西各得若加大熱則其鉛養鎔化冷時又結脆質即密陀僧西名來得阿止即銀石之意昔日之化學家鎔鉛令成鉛養往往得銀蓋白天生之分銀法未行凡鉛常含銀也密陀僧稍帶紅色因含紅色之鉛三養四少許若將密陀僧加熱至暗紅即鎔化而剝蝕泥罐因與泥質內之矽養合成鉛養矽養二而變爲鎔化之物罐體因此多生小孔如將密陀僧和以蒸水而加熱令沸稍能消化水即稍有鹼性遇空氣則收炭養二而變濁遂有鉛養炭養二結成水內若含鹼類質少許則其鉛養不消化若含生物之質則易消化若含糖質極易消化如將含鉛之水加以鹼類質而令結成則爲鉛合養之質兩種俱是白色一爲輕養二鉛養一爲輕養三鉛養其鉛養爲大愛力之本質如鉀養之熱水與鈉養之熱水易令其消化冷則結成淡紅色之顆粒

密陀僧與矽養能在大熱度化合故可作玻璃並瓷器面之釉又化分金類礦常用之爲易鎔之料或將密陀僧細粉合于鈣養染髮但此稍變紫色因髮內之硫合于鉛養成鉛硫有一種膠料可以黏連碎石將馬西各得一分磨刀砂俗名磚砂十分胡麻油够成漿用此黏連碎石不久而變爲甚硬此因幾分變成鉛養矽養二又因鉛養令胡麻油速乾

鉛三養四

此即鉛丹其製法將馬西各得在空氣內加熱至六百度則收養氣而變爲鉛三養四取馬西各得之法將鉛置於倒焰爐加熱其熱不足鎔化所成之鉛養初成者含鐵與銻此

等質比鉛易與養氣化合後成者含銅與銀此等質比鉛難與養氣化合所取者為中間之物磨成細粉漂于水內則粗粒能與細粒分開將其細者烘乾鋪于鐵盆而置倒焰爐內加熱俟有合宜之色而取出鉛三養四多用于造玻璃之料但不可含鐵養銅養鈷養因此各質能使玻璃變雜色又可用為紅顏料

鉛三養四合于淡硝強水則成鉛養淡養五而消化于水內兼有鉛養二結成棕色之粉因此知鉛三養四為二鉛養與鉛養二合成者如將馬西各得在空氣內加熱至能加重則為二鉛養鉛養二即鉛三養四此為正料若平常出售者則為三鉛養鉛養二

如將此質合于鉀養則鉛養消化而分出所餘者仍為二鉛養鉛養二若以正料加熱至紅又變為鉛養所以鍊取此料之工其熱度不可大於六百度

鉛養二

此質又名墨棕色粉間有生成者為六面柱形顆粒其色黑而發光俗名重鉛礦鍊取之法用硝強水一分和水五分將鉛三養四之細粉添入其內加熱令沸洗而烘乾即成鉛養二易放養氣與別質如將硫合于鉛養二而重擦之即能自燃所以此料為自來火內常用者化學家亦常用之為放養氣之料如氣質內含硫養二者能與此質變為鉛養硫養三

其式為

鉛養二丄硫養二‖鉛養硫養三此鉛養二不能為淡強水消化又無為本之性化學家謂之鉛酸因與鉀養輕養或鈉養輕養相和而鎔化即能化合有人嘗從鹼類水內得顆粒即鉀養鉛養三輕養此質在淨水之內能化分

鉛養炭養二

此即鉛粉其實為鉛養炭養二合于鉛養輕養惟其比例不定鉛若久遇空氣與水則生銹而成此粉若遇腐朽之生物質生銹更速因腐質能放炭養二氣也

製造鉛粉有二法其理則相同如鉛養遇醋酸即放醋酸之水而成鉛養醋酸即鉛養炭四輕三養三此質能與二倍鉛養合成三本之鉛養醋酸即三鉛養醋酸若令此質遇炭養二氣則鉛養三分之二變為鉛養炭養二而餘者為鉛養醋酸二法之內其舊者為荷蘭法將純鉛鑄成方板而置于瓦罐之上罐內盛醋少許將此罐累疊成堆每層之上蓋以牛馬之糞或製皮用過之樹皮屑其堆之上面亦用此料蓋之則堆內因生物質化分而發酵即生熱而有濕氣其醋又放酸霧鉛遂速變為鉛養而鉛養再與醋酸合成三鉛養醋酸隨為糞所放之炭養二氣化分即成鉛養炭養二此質合于鉛養之別一分又合于水而成平常之鉛粉其三

鉛養醋酸放出二鉛養之後所餘之鉛養醋酸再能收鉛養二分劑如此循環變化數十日後鉛外生厚皮一層開其堆而刮取之洗淨所黏之鉛養醋酸和以水而研成漿烘之使乾凡鉛軋成之皮較難變化故宜用鑄板

新法之理雖同而法則直截將醋酸多和以密陀僧而加熱令沸即成三鉛養醋酸再令生物質發酵或燒物或藉地面發出炭養氣行過所成之質再將鉛養醋酸水合于密陀僧而加熱令沸亦成三鉛養醋酸用炭養氣令結成其質為鉛養炭養尚含鉛養輕養若干此新法速于舊法而省磨研之工蓋磨研之工最能害人惟此鉛粉有顆粒

之形作為顏料之用較為多費不及舊法所成之極細也

鉛粉之質為鉛養輕養二鉛養炭養所有鉛養炭養之別種為本之質常雜此質在內

鉛粉之性極毒故用為油色之料其匠常欲生病乃因鉛質竄入體內無法再能消去每日所入雖微而數月或數年之後必致漸多病亦漸生其積多之故因漆匠飲食之時指甲內所黏之鉛粉常不洗淨誤雜于食物之內此種人應多食淡硫强水或鎂養硫養或鹼類質合于硫養之質腹內變成鉛養硫養即為無毒之物

含鉛之油色或敷鉛粉之紙若遇輕硫氣即變黑色因成鉛硫將其變黑者遇日光與多空氣能再變白因鉛硫收養氣而變為鉛養硫養即白色之質既變黑而置于暗處則不變白平常出售之鉛粉稍雜鉛硫或木炭粉此因買者喜其稍帶藍色也

鉛養硫養

鉛養炭養之生成者為白色之顆粒常與鉛硫礦同見

此質之生成者有柱形之顆粒或八面形顆粒西名安古歲脫此質在淡强水內幾不能消化又化學事內有含鉛之質結成者常有此質又有一種礦西名闌那開得又一種西名留弟來得俱為鉛養硫養合于鉛養炭養此外尚

有鉛與鉻養合成之各質已詳前

三鉛養燐養

此質常見于鉛礦內與鉛養炭養相合

鉛綠

此質俗名牛角形鉛水內不易消化凡金類與綠氣之合質水內不消化者甚少將含鉛之水和以鹽强水或和以能消化之含綠氣質即有鉛綠結成沸水三十分鉛綠一分幾全消化待冷又結美觀之針形顆粒有光白色鉛綠易于鎔化加以大熱即變霧

鉛綠鉛養

此質之取法將鉛綠在空氣內加熱即成或用以當鉛粉作油色之細料此等用處之取法將鉛硫礦作細粉以濃鹽强水化分之變成鉛綠以冷水洗之其式爲

鉛硫丄輕綠〓鉛綠丄輕硫再用熱水消化而添以鈣養水即有鉛綠鉛養結成沉下其式爲

二鉛綠丄鈣養〓鉛綠鉛養丄鈣綠

鉛綠七鉛養

此質俗名脫那黃又名巴里黃又名金類黃其取法將密陀僧合于淡輕綠而加熱即成黃色如金之質易于鎔化冷時結成八面體又有一種礦西名門弟配脫係鉛綠二鉛養即無色之柱形顆粒

鉛碘

此質之取法將鉛養淡養五水或鉛養醋酸水和以鉀碘水結成之質光黃色即鉛碘俟其沉下傾出其水將結成者以沸水消化再添鹽强水一二滴則成無色之水待冷而結鱗形之顆粒其色如金

鉛與硫合成之質

前言鎔化鉛硫礦時即結成鉛硫而鉛礦內又有鉛硫凡輕硫或含硫之易消化者若遇含鉛之水即有鉛硫結成雖其輕硫等質極少亦必結成又有一種質爲鉛與多硫

合成者其原質之分劑尚未考定凡含鉛之水合于含鹼類與硫之水此水另含硫至飽足即有結成紅色之質即是鉛合多硫之質又鉛水合于淡輕硫之水而久存之即變紅色亦有此質結成

三鉛硫二鉛綠

此爲光紅色之質如將鉛綠以鹽强水消化再將輕硫添入即有此質結成

有一質在數種鉛礦內見之名爲鉛硒其性與鉛硫略同其顆粒亦同形

鉈

西歷一千八百六十一年格致家名克路克司用光色分原鏡考得此種金類（見二百二十圖）考驗之時用造硫强水火爐內所結之質此爐內所燒之硫原爲鐵硫礦用分原鏡察得光帶內有綠色之線乃前人所未論及者若不細辨必誤視爲鋇之線因其方位與鋇之方位甚相近克路克司既能明察細微即疑爲別種原質隨將考驗之質以化學之法詳細化分竟得金類一種命名台里烏未即萌芽之意因其光色同於春天初發芽之綠色後又有人在數處泉澗之水內得之西班牙國與卑里知國之鐵硫礦所含略多將此礦燒硫成强水取其火爐之粉以簡法能得其

原質但此粉必甚多而得鉛少許將其粉先澣于沸水而
多和以濃鹽强水則鉛與綠化合取置于硫强水內則成
鉛養硫養三再消化于水內令結顆粒又用鋅令其化分即
結絨形之質即鉛以煤氣火加熱鎔化成錠
鉛之形性與鉛畧同若遇空氣比鉛易生銹用鉛一條在
紙面劃線其迹變爲黃色即鉛養若將生銹之鉛舐以舌
覺有鹼類之味因鉛養在水消化故將生銹之鉛置水內
則鉛養速消而變光亮鉛養既易消化于水似應列于鹼
屬金之內又準其熱率則命爲一質點之金類與鉀並鈉
相同惟鉛與別種一質點之金類更相近如鉛綠難消化

鉛硫不消化又能存于水內不變其鹽類水內加以鋅即
能分出其鉛殊與鹼屬之金大不同鉛養之易消化乃鉛
養與銀養亦稍有此性稍能在水消化其水有鹼性如令
鉛遇淡硫强水則放輕氣同于鋅鉛能在養氣內燃成綠
色之火或云鉛養綠養五可代鋇養綠養五作綠色之焰火見第
二卷綠養五下 鉛養硫養三易在水內消化與鉛養硫養三同鉛養炭
養稍能在水消化而較易于鉛養炭養二

鉛養三

此質之取法將鈉養綠合于鉛綠再加鈉養炭養二至有餘
所成之質亦是爲本之質因能與硫養三化合成鉛養三硫

養輕養含水六分劑
鉛之鹽類質與鉛之鹽類質俱有毒性
鉛之分劑數與質點重率相同其數爲二百〇四

長洲 徐鍾 校

化學鑑原補編卷六 金類

英國 傅蘭雅 口譯
無錫 徐壽 筆述

銀

前列之金類俱能在空氣內與養氣化合惟銀則否其色最為美觀易於打薄引長故各種鑲嵌之人物花樣多用之至於金則更有此二性能軋成極薄之箔故面積雖大而分量無幾又能抽成極細之絲織造花邊之類

銀在地球面產處雖多而其數不多故價甚貴通作錢幣之用

銀與養不能直顯其愛力故常有生成之純銀其顆粒或為立方形或為八面形間有叢聚之顆粒布都西地方之銀礦又成樹枝之形

銀常與硫化合成銀硫而銀硫又常合于鉛硫或銻硫或鐵硫

鉛硫礦取銀詳前鉛礦內

銅之各礦常含銀如灰色銅礦所含之數足為鍊取之費而有餘將礦照常法鎔化而銀即雜于銅內分取之法藉銀易為鎔鉛所收故將此銅一分和以鉛三分而鎔之鑄成圓板用爐加熱如第二百五十圖鉛則先鎔而流出銀

第二百五十圖

亦隨鉛而出其板仍為圓形而祗賸銅所得雜銀之鉛以第五卷鉛內取銀法分取其銀

礦若含銀甚多者宜用水銀引取之日耳曼國之富來白軋地方有一種礦雜有銀硫另雜鐵硫並雜別種金類合硫之質將其礦和以食鹽少許而置于倒焰爐煅之則銀硫變為銀綠磨成細粉盛于轉桶之內和水與鐵即能收其綠氣而銀綠又變為銀隨將水銀添入桶內轉之數小時水銀消融其銀銅鉛而成稠質取出而以粗麻布濾盡有餘之水銀即可分取其銀如第二百

第二百五十一圖

五十一圖將濾去水銀之軟料置于鐵盆之內層層疊起以鐵罩蓋之罩底置水罩之上端加熱足化散其水銀而收於水內其銀銅鉛則留在盆內將此質再和以鉛而用前鉛內分銀之法變鉛為鉛養而分出之銅亦與養化合而隨鉛同出所留之質為純銀或另設法以免水銀之繁將其礦和以食鹽而煅之令變為銀綠又用食鹽極濃之沸水消化其銀綠而濾出之將銅條置於其內即能收得純銀或用鈉養硫養消化其銀綠而濾出之再添鈉硫即有銀硫結成加熱煅之硫盡散

出而留者爲純銀

銀雖不收空氣內之養氣然其質軟而易致消磨故以銀造器必加純銅少許若製錢幣又有定率英國之例每一千分銀居九百二十五分銅居七十五分法國之例銀居九百分銅居一百分

銀錢或銀器照前數配合其色太紅可在空氣內加熱而浸入淡硫强水則所成之銅養消化於强水外面幾成純銀若暗色之銀面亦以此法爲之又有與養化合之銀浸於硫合鉀養之沸水則生銀硫一層

銀匠所用之銲料每銀五分加鋅二分加銅六分

銀表銅裏之器將銅板以銀養淡養$_{5}$水洗淨外加薄銀皮而軋之則銀黏合於銅面此因銀養淡養$_{5}$水內之銀爲銅所代而鍍於銅面故銀皮能黏而不脫

鍍銀之法將賤金類作器而浸於銀水之內外面即黏銀一層製銀水之法以銀衰在鉀衰水內消化或用鉀衰一分消化以水十分此水一升加以銀綠五十釐將欲鍍之器接連於發電器之鋅片即負極點電氣能分開其鉀衰與銀故銀必在器面黏結見一卷輕氣下又用銀片浸在其水內而連至發電器之銅片即正極點則化分之鉀衰凝于銀片隨與其銀化合成銀鉀衰而消化于水內如此則銀水之濃淡不變受鍍之銀與消化之銀二數必相等

黃銅或紅銅之器又可用揩銀之法將銀綠十分汞綠一分鉀養二果酸一百分相和而揩在銅面則汞與銀遇銅化分而成銀汞膏易黏于銅面其鉀養果酸令其化分更易所欲揩銀之器先須浸入硝强水內少傾而收盡其銅養取出而以冷水洗淨始揩以前料又有乾法將汞和銀成膏揩在洗淨之面加熱散去其汞即留銀一層

玻璃面鍍銀之法用數種生物質能令銀水內之銀結成如銀養果酸水或淡輕養果酸水傾於玻璃面上加熱若干度則銀養之養氣爲果酸所收銀即結成一層如玻璃球與瓶之內面即用此法

次銀分取鈍銀可用硝强水加熱消化而添以清水令淡再添鹽水令變銀綠沉下傾出其水將此銀綠用水洗淨以洗下之水試添淡輕$_{3}$水不變藍色而止取出烘乾每一分和以乾鈉養炭養一分盛於罐內鎔之將罐打碎則罐底有銀一小塊其式爲

銀綠$+$鈉養炭養$=$銀$+$鈉綠$+$養$+$炭養

銀之形性

銀色潔白異於別種金類比鉛稍輕其重率爲一〇五三硬於金而軟於銅除金之外最易打薄引長者其牽力則

大於金鎔界則小於金與銅即一千八百七十度銀爲傳電氣最易之質遇乾空氣或濕空氣俱不能收養氣雖加大熱亦不收養氣若遇電臭氣即收養氣或遇輕硫氣色乃變暗因成銀硫可以鉀衰水洗淨之硫强水之淡者不能消化惟淡硝强水則消化若用濃硫强水而加熱即變銀養硫養$_{三}$用濃鹽强水而加熱亦稍消化而成銀綠再加以水銀綠結成若將鉀養輕養或鈉養輕養合於銀而鎔化其變化不及合於鉑而鎔化之多故化學之工用銀鍋等受熱之器間有數事較勝於白金

銀與養合成之質

銀與養化合之質有三種即銀$_{二}$養銀養銀養$_{二}$惟銀養$_{二}$之淨質尚未有人取得者銀養在化學之內甚有關切蓋銀所成之鹽類質俱以銀養爲本而銀$_{二}$養與銀養$_{二}$不與焉

銀養

此質之取法將銀養淡養$_{五}$以鉀養化分之結成棕色之質即銀養爲大愛力之本質易在水內消化能令其水稍有鹼類之變化銀養加以小熱即能化分新結成之濕銀養和以淡輕$_{三}$之濃水數小時後變爲黑色即大危險之爆藥此藥之原質尚未深悉化學家以爲淡養$_{三}$即與淡輕$_{三}$相對之質

銀養淡養$_{五}$

此質之取法將銀置於硝强水內而稍加熱即漸消化熬乾而加熱至鎔則餘强水放散外科所用者傾入小管之內成條便於指在病處化學所用者以水消化而結成片形之顆粒淨白無色銀養淡養$_{五}$可爲烙炙之用者藉其易放養氣而其銀化分養氣則與生物質化合若遇日光或陰光變化更速然以淨質遇光原不變色如遇生物質或自含生物質始變黑色之質此爲銀極細之粉故銀養淡養$_{五}$水沾在手指而不見光終不變色見光即變黑色此可用鉀衰洗脫或速用汞養淡養$_{五}$亦可如將銀養淡養$_{五}$水滴

於白紙而見日光則成黑色之迹有迹之處亦毁白衣寫記號所用之墨水必藉銀養淡養$_{五}$則見光而變爲銀粉辨衣不脫或將鈉養炭養$_{二}$水先沾寫記號之處再用墨水寫字則其字迹爲銀養炭養$_{二}$更易變黑如用熱烙鐵熨之變黑更速若不用鈉養炭養$_{二}$則將銀養淡養$_{五}$加以淡輕$_{三}$水至有餘此能收淡養$_{五}$而令其質遇熱或遇光而速變黑染鬚髮之藥常有銀養淡養$_{五}$在內照像所用銀養淡養$_{五}$變化之理已詳第三卷硫養$_{二}$之下

次銀欲取銀養淡養$_{五}$必去所含之銅將銀在不甚濃之硝强水內消化用瓷鍋熬乾所得之質爲綠色因雜銅養淡

養加熱至鎔而見黑色則藍色之銅養淡養已化分而變爲黑色之銅養惟其熱度常須不足化分銀養淡養俟銅養淡養全化分而止試其全化分之法將玻璃條取出少許以水消化而濾之以淡輕水試之倘含銅養淡養者必有藍色若已無色可用熱水消化而濾出銅養熬濃其水結成顆粒

銀綠

鍊銀或別種金類內分出其銀俱須先變爲銀綠將含銀之水和以鹽强水或食鹽則結白色之質如豆腐初成之時白色光亮不久而變茄花色若遇陰光漸變黑色若見

日光變黑甚速其銀綠變爲銀綠而有綠氣放出詳見第三卷硫養下如遇銀養淡養至有餘或遇生物質則所放之綠氣與其生物質化合而變黑更速試將銀箔挂于綠氣瓶內則所成之銀綠色白如雪見光不變取此白色之銀綠在暗房內用鍋加熱烘乾熱至五百度而鎔成棕色之流質待冷而結透明之定質幾爲無色俗稱明角銀因其外形與明牛角略同加以大熱則變霧而不能化分試將已鎔化之銀綠一片以鹽强水浸之將鋅一塊置其上而待數小時其銀綠全化分而變爲銀此銀綠之第一分爲鋅一逕化分其餘因鋅與銀相遇能生電氣而化分銀綠若合于

淡輕甚易消化所得之流質熬乾仍結銀綠爲無色之顆粒淡輕水或甚濃所結成者爲銀綠合淡輕之質銀綠能收淡輕氣詳見淡輕銀綠在照像內之用詳見第三卷硫養照像用過之銀養淡養水分取其銀之簡法加以食鹽水至再無結成而止待其結成之質俱沉下即傾出其流質而加淡水洗數次又和以硫强水少許將鋅一塊安在其上二三日內銀綠化分而變銀取出其鋅而以淨水洗之試其洗下之水無味而止可用硝强水消化而得銀養淡養或盛于泥罐加以硼砂少許鎔成塊

用鈉養硫養水分取銀綠者不必再用食鹽之法因銀綠遇鈉養硫養全能消化也宜將銅皮置其水內待一二日銀即分出

銀綠

此質之取法用鐵綠遇銀即[illegible]其式爲

$銀_2上鐵_2綠_3 = 銀_2綠上二鐵綠_2$

黑色不能在硝强水消化惟淡輕能化分之而令銀綠消化餘者爲銀

銀溴

此質爲知里國所產之礦係罕見之物西名安步來得間有合于銀綠者銀溴與銀綠大同小異惟淡輕不易消化

銀碘

此質有生成者銀與輕碘化合易於輕綠故成銀碘而放出輕氣銀碘能在熱輕碘內消化冷則結成顆粒如將銀養淡養$_{五}$合於鉀碘亦結銀碘為黃色之質此質不能如銀綠在淡輕碘內消化若用銀養淡養$_{五}$極濃之水而加熱令沸始能在內消化冷亦結成顆粒即銀碘銀養淡養$_{五}$此質遇日光而化分更易於銀碘故因其性而用於照像之藥品內其顆粒能為水所化分而有銀碘分出

銀硫

產銀之礦此種為最多俗名亮銀礦其光色極美觀有立方形顆粒與八面形顆粒又有紅銀礦西名路西可辣礦內含銀硫合於銻礦並鉀硫凡含銀之水遇輕硫即變銀硫為黑色之質如將銀和以硫而盛於罐內蓋密加熱亦成銀硫其質軟而可打薄又可用模打成杯形或錢形不能為淡硫強水或淡鹽強水消化而易為硝強水所消化銀硫和於銀而加熱鎔化即變脆質雖為百分之一其性亦脆

汞

金類之質能在平熱度內鎔為流質者祇此一種受冷至負三十九度始結定質故最宜於寒暑表並風雨表之用其沸界為六百六十度在寒暑表更相宜其重率甚大即一三五四尤宜於風雨表因高約三十寸能當相等橫剖而全空氣之重汞之西名亦為水銀之意

第二百五十二圖

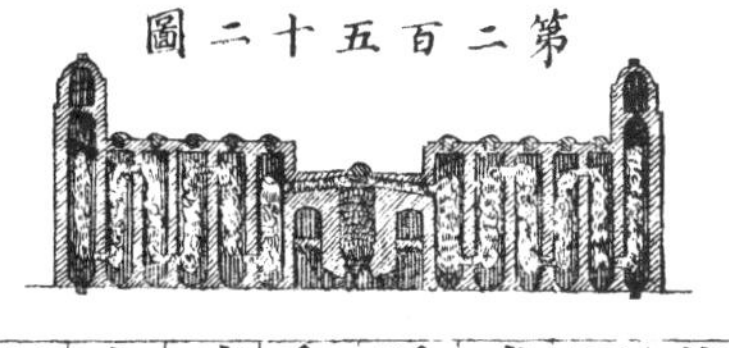

英國不產水銀惟奧地里國西班牙國中國舊金山俱有產者其礦為汞硫即朱砂或在土石內之凹處結成小圓粒間有純汞

奧地里國以特里阿地方所產之礦為汞硫煉取之法將礦置於窰內如第二百五十二圖其窰口通至左右之凝房俱以磚砌成硫在窰內變為硫養汞則變為霧而透至凝房內凝汞沉下

西班牙國阿馬屯地方亦以同理取之惟其汞在瓦器內收之此各器能相通又有槽能引其汞至受器內

第二百五十三圖

汞硫礦置於磚砌之環蓋上如第二百五十三圖甲環蓋中有多孔以通火而火在乙處生出燒以木料此火能令汞硫自燃因爐下所進之空氣而變硫養與汞霧其式為

汞硫丄養$_{二}$川汞丄硫養$_{二}$此二質過火爐已而通至各瓦器汞霧之大半在此處凝成汞而流至庚槽內硫養氣經過

火路辛而放出所有未凝之汞霧在丁槽內收之最後之氣過戊烟通而外出烟通之內配有吸風之各法

日耳曼國有一處將汞硫礦和以石灰而盛於生鐵甑內煏之則其硫合成鈣硫並鈣養硫養而留於甑內汞乃化氣而透出用器收之其式爲

四汞硫丄四鈣養〓三鈣硫丄鈣養硫養丄汞

市肆常售之汞總不能極純如將少許置於淨玻璃片輥動之即見汚迹純者無迹所雜之質常爲鉛去鉛之法將汞盛於淺盆成薄層以硝強水一分水二分相和傾於汞面兩三日內屢次掉之鉛乃易消而汞則難消故所耗之汞極少即以水洗之再用生紙收其水後稍加熱散盡水氣如汞含土砂等物則用紙置於漏斗內成錐形其尖處以細針刺多孔而濾之

汞在空氣之內與養雖不化合然分爲極細之點則稍能化合汞之各種藥品有將汞合於油或膏而研勻者又有合於別料成水銀丸合於白石粉爲銀灰散各料與汞原無愛力其藥之功力大半藉養氣化合之一分

汞最宜於玻璃鏡之擺錫先將錫箔一張與玻璃之面積相等置於平面桌上壓至極平錫箔面擦汞輕勻而再傾少許成薄層隨將玻璃片漸推於錫箔之面則玻璃之前邊推去多餘之汞又將重錘壓於玻璃面而擠出之數日之後錫與汞粘結於玻璃面每五分內汞居一分錫居四分凡常作水銀之工者必致受毒爲害

汞易與金類之大半相合成膏此爲最奇之性故藉此性可令金銀從礦內分出如金遇汞則外面與汞化合而變白色又如金箔挂於汞面之上久亦變白可用淡硝強水加熱洗之或加大熱化散之但其金面必須研平

發電氣之鋅板須鍍汞將鋅板浸於淡硫強水消盡鋅養用汞擦勻則汞合於鋅面而不生鋅養使難消化此鍍汞之鋅板浸於發電箱之淡硫強水如第十七圖之說各器未連成循環鋅不消化又如玻璃磨電器用汞五分鋅二分和成膏敷於皮墊之面令其易生電氣

汞合於鈉少許更易粘於金類又能粘於鐵或用此法將兩金類面銲連或又言銀礦金礦以汞收出其金銀汞內須加鈉少許

平常之金類祇有鐵與鉑遇汞不粘合然鉑遇汞時久亦能粘在其面

化學家將各種金類合於多汞而用壓水櫃擠出其汞每平方寸加力六十頓所得之質爲鉛汞銀汞鐵汞鋅汞銅鉑汞其銀汞有數處取得生成者爲十二面形之顆粒

又法，能取銀汞二之長顆粒，最爲美觀，將銀養淡養五四百釐在水四十兩消化，再添極濃之硝强水一百六十滴，卽量杯所量者，以汞一千八百四十釐添入，待一二日後自有長顆粒結成，其長二三寸。

汞與養合成之質

汞與養化合有二種人已知者，卽汞二養與汞養，此二質能與配質合成鹽類質。

汞二養

此質之取法，將汞二綠合以鉀養水，變成之後以水洗之，其式爲

汞二綠丄鉀養＝汞二養丄鉀綠，遇光或小熱易化分爲汞養與汞。

汞養

汞久加熱至沸界，再令多遇空氣，面上生黑色之質，卽汞養，取出待冷變爲紅色，藥品用作膏藥，其製法，將汞以硝强水消化而熬乾之，得汞養淡養五，漸加熱煆之，而淡養五化散，冷則成金黃色之粉，熱度過大卽變黑色，冷則仍復原色，若至紅熱，養卽化分，此質稍能在水消化，其水稍有鹼性，又可取淺黃色者，將汞綠水以鉀養化分之，結成之質卽是，其式爲

汞綠丄鉀養＝汞養丄鉀綠，此淺色者變化之性比深色者更猛。

汞養遇淡輕三之濃氣卽成淡黃色之粉，其爲本之性甚强，能在空氣內多收炭養二氣，易與別種酸質化合，見光卽易化分，將其乾者在乳鉢內研之，稍有爆裂而化分，與銀爆藥幾相似，惟其性稍緩，其原質爲四汞養淡輕二二輕養，在抽氣筩內置於濃硫强水之上，抽得眞空，卽放二輕養，而變爲四汞養淡輕二，加熱至二百六十度則再放水一分劑，而變爲棕色之質，或謂將此質在乾淡輕三氣內久加熱，則所有之輕氣全變爲水放出，而所餘之質爲淡汞四養，有大爆裂性，又能合於水而變爲淡汞四養輕養，此質有爲本之性，能與酸質合成鹽類，前言變棕色之時，其質爲汞四養二淡輕，可謂汞養合於淡輕三而成者，其淡輕三內有輕一分劑爲汞所代，則其質爲淡輕二汞二汞養，既如此，則易明此質合於鉀養輕養而加熱鎔化，卽放出淡輕三氣，其式爲

淡輕二汞三汞養丄鉀養輕養＝淡輕三丄四汞養丄鉀養，其質或謂之汞阿米尼，能與酸質化合成鹽類質，若與硫養三化合成（淡輕二汞三汞養）硫養三，卽汞阿米尼硫養三。

淡輕三氣行過黃色之汞養，至再不能收氣爲限，取其質在淡輕三氣內加熱至二百六十度，俟不放水而止，卽得棕色

之爆藥化學家疑爲淡汞卽淡輕放其輕而以汞代之
汞合養氣之質與含養之配質合成之鹽類無甚大用如
將汞以淡硝强水消化之每硝强水一分和水五分能得
顆粒爲汞二養淡養五二輕養惟尋常之柱形顆粒爲三(汞二養
淡養五)汞養輕養其取法淡硝强水內多添以汞變成之質
和以食鹽少許在乳鉢研勻則放汞二養而變爲黑色其式
爲
三(汞二養淡養五)汞二養輕養丄三鈉綠〓三汞二綠丄三(鈉養淡
養五)丄汞二養丄輕養其第一法所成者卽汞二養淡養五二輕養
以同法試之不變黑色其式爲

汞二養淡養五丄鈉綠〓汞二綠丄鈉養淡養五此各種含淡養五之
質在水消化則幾分化分而有結成黃色爲本之質
濃硝强水多而汞少待其消化加熱令沸卽成汞養淡養五
又有簡法濃硝强水一分和水一分消化汞養至飽足能
得顆粒爲二(汞養淡養五)輕養若置於水內又化分成黃色
之質卽含淡養五之本質如以水久洗之則餘下之質爲汞
養

汞二養硫養三

此質之取法將汞二養淡養五水合於淡硫强水結成白色之
顆粒卽汞二養硫養三

汞養硫養三

此質之取法將汞二分劑合於硫養三分劑加熱消化而
再熬乾其初成者爲汞二養硫養後卽收硫養之養氣而變
成汞養硫養三其質爲白色之粉能爲水所化分而成消化
之質並有酸性又成不能消化之黃色質卽汞養硫養三二一
輕養俗名得必得因其藥性與得必得花之根相同此花
卽牽牛花之類可作藍試紙

汞與綠合成之質

汞與綠化合有二質汞二綠並汞綠汞二綠卽輕粉汞綠卽毒
輕粉若加熱於汞令發霧而入綠氣之內則能自燃成汞
綠

汞綠

此質之取法將汞二分濃硫强水三分加熱消化而再熬
乾卽得汞養硫養三其式爲
汞丄二(輕養硫養三)〓汞養硫養三丄二輕養丄硫養二將此質
一分和以食鹽一分半在玻璃甑內加熱則其式爲
汞養硫養三丄鈉綠〓鈉養硫養三丄汞綠甑內所留之質爲
鈉養硫養其汞綠變爲霧而凝結於收器之冷處成白色
之質而甚重其重率爲五四折斷之面有多顆粒之形加
熱至五百〇九度卽鎔成流質熱至五百六十三度放出

極辣之霧若嗅此霧鼻失其功用者久久其霧凝結極細之針形顆粒間有成八面形者汞綠一分投於沸水三分之內全能消化若用冷水必須十六分故消化於熱水而待冷即結方柱形之長顆粒醋與以脫俱能消化汞綠一分醋祇一分已全消以脫之冷者亦須三分若將在水消化者與以脫相和而搖動之則以脫收其汞綠而盡浮於水面若用淡輕綠消化於水而投以汞綠則所能消化之數多於純水令結顆粒則得片形者其質為汞綠三淡輕綠汞養此質消化於水可以毒蜰虫

汞綠之毒性甚烈小童誤食三釐必死蛋白解此毒最為

靈效因與汞綠合成不消化之質毒性即能不散而無害蛋白與汞綠之合質比蛋白更難腐爛故可用汞綠令動植物質不腐又能合於木內自有之蛋白質故可為專保木質不壞之料

汞綠能與數種含綠氣之質化合以成能消化之雙鹽類質又能與汞養合成數種雜質但亦無甚大用

汞綠水倍和以淡輕水即得白色之質其式為

二汞綠丄二淡輕〓淡輕輕綠丄淡輕汞汞綠此質可以毒蟲與鼠

化學家多論此質之原質為何法排列而成歷考其各種

變化以為此質與淡輕輕綠相對即將輕綠之輕並淡輕之輕一分劑俱為汞所代若將此質合於鉀養而加熱令沸則成淡輕與汞養其式為

淡輕汞汞綠丄鉀養輕養〓淡輕丄二汞養丄鉀綠此質和以水而加熱令沸則其化分無多所餘之質為黃色之粉即(淡輕汞汞綠)二汞養其式為

二(淡輕汞汞綠)丄二輕養〓淡輕輕綠丄(淡輕汞汞綠)二汞養又有一質與此黃色質相似惟以汞綠代汞養其取法將淡輕漸多和以汞綠水所結之質為淡輕汞汞綠合於未化分之汞綠二分劑即(淡輕汞汞綠)二汞綠

淡輕汞汞綠加熱至六百度即放淡輕而成二汞綠又有紅色之粉不能在水與淡強水消化若和以鉀養而加熱令沸亦不變化此物之原質疑為汞綠合於淡輕綠而成者其輕氣俱為汞所代其質為淡汞汞綠汞綠如將汞綠水加入淡輕綠與淡輕相和之熱水待冷而結顆粒即淡輕汞輕綠此質可為淡輕綠其全輕氣之四分之一為汞所代又有法能成此質即將淡輕汞汞綠合於淡輕綠水加熱令沸其式為

淡輕汞汞綠丄淡輕輕綠〓二(淡輕汞輕綠)以上各質於變化之事甚有意趣因淡輕之輕能以他質可代之理俱

從此各變化而考知之後用淡輕與金類合碘之質變化成生物本質所有彼此之相關如後列之各質明之

淡輕汞汞綠

合於多汞綠卽成淡輕二汞汞綠二汞綠

合於沸水加熱令沸卽成淡輕二汞汞綠二汞養

合於淡輕水加熱令沸卽成淡輕汞綠汞綠

汞綠

此質不能在水消化故將汞養淡養水和以輕綠或含綠氣而能消化之質則有此質結成最簡之取法將汞綠一分劑和以汞一分劑加水少許令相粘研勻之後微熱烘乾而煏之卽得汞綠其式爲

汞綠丄汞川汞綠此法雖簡亦不常用不如將汞二分和以硫養三分加熱消化再加熱令乾其式爲

汞丄二輕養硫養川汞養硫養丄硫養丄二輕養既得汞養硫養再加以汞二分並食鹽一分半研至不見星而止加熱則汞綠變霧散出凝結成塊餘質爲鈉養硫養其式爲

汞養硫養丄汞丄鈉綠川汞綠丄鈉養硫養欲作藥品之用則引其霧入凝房而多遇冷氣能結極細之粉或噴水氣入凝房令其易於凝結所得之汞綠常含汞綠少許故必洗淨否則有毒而不可用若將淨汞綠煏之又有若干化分變成汞與汞綠

汞綠之形或爲半透明而有質紋之塊或爲極細而稍帶黃色之粉比汞綠更重其重率爲七·二八加熱則不鎔化而一徑化氣若緩煏之卽能成方柱形之顆粒淡硝強水不能消化若沸之卽變爲汞綠與汞養淡養鹼類水能合變爲黑色之汞養卽是藥品內之黑色洗水其製法將汞綠和以鈣養水而得之其式爲

汞綠丄鈣養川汞養丄鈣綠投入淡輕水能變爲灰色之質卽淡輕汞汞綠此與淡輕汞汞綠爲相對之質乃以汞代汞

汞碘

此爲綠色而不變化之質其取法將碘多和以汞並醋少許而研勻

汞碘

此爲最美觀之大紅色質詳見第三卷碘其霧極濃霧之重率爲一·五六八

汞碘在鉀碘水內消化將鉀養加入其水而再加淡輕水卽結棕色之質其質爲淡汞汞碘二輕養其變化之式爲

四汞碘丄三鉀養丄淡輕川淡汞汞碘二輕養丄三鉀碘

上輕養如將鉀碘水和以鉀養再將汞碘消化在內能試水內含淡輕三此爲化學家納斯蘇所設之法最爲精細因水半升含淡輕三百分厘之一尙能稍帶棕色

汞與硫合成之質

汞和以硫而研勻則成黑色之質爲汞硫前人謂之黑礦此質易化分爲汞與汞硫前言汞硫之原質與銀朱同生成之汞硫原名朱砂所以朱砂爲地產之銀朱而銀朱即人造之朱砂也朱砂常有成塊者其質點之排列無定形間有成六面柱形者其色或爲暗棕色或爲光紅色其重率八·二因此而與別金類礦易辨用刀刮之內顯紅色浸

於硝强水或鹽水水亦不變化二强水相和始能消化而變爲汞綠另有硫分出有數處所產之朱砂色甚紅研細漂淨即是大紅顏料若將棕色者和以鉀養與硫消化之水加熱至一百二十度亦變爲銀朱

升煉之汞硫有二種一爲黑色即將汞綠合於輕硫或合於能消化之含硫質一爲紅色即銀朱可將黑色者加熱而升得之或置於鹼類水內而多和以硫日久亦能變紅所有黑色之質變紅色並未變質曾將紅黑二質俱化分之其原質相同荷蘭國並以特里阿之造法將汞六分硫一分置於輥桶久轉之即得黑色之汞硫遂盛於高瓦盆

內以鐵板爲蓋加熱熠之銀朱即在鐵蓋上結成取下研細漂淨惟熠法所成之質大不及濕法所成者將汞三百分硫一百四十分和研二三小時即得黑色質置於鉀養輕養七十五分在水四百分消化之內加熱一百二十度俟得美觀之紅色而止銀朱遇光或養氣或炭養氣或水氣或輕硫或硫養或硫養霧等俱不變質故能久不變色至於鉛所成之紅料易變黑色又如植物與動物之紅料見光或見空氣內之養氣或見硫養氣速變白色

黑色之汞硫和以汞綠水而加熱令沸即變爲汞綠二汞硫或將輕硫氣少許合於汞綠亦成此質

鉍

鉍之光色微紅而質內有多顆粒新折斷者易見此形若欲得其立方顆粒或斜方顆粒可將數兩在鍋內鎔化待面上凝結一層速傾出其內之流質即可見其顆粒粘於鍋之內面鉍輕於鉛其重率爲九·八加以大熱比鉛易化散鉍性極脆與別金類相合有專用之處

鉍之生成者常見純質此事與尋常之金類不同奈斯石並泥板石內可覓此質之脈西國所用者大半爲憨克斯尼國所產合於鈷礦之質

鉍礦所雜之土質須分出之此藉鉍之鎔界不大即五百

○七度將礦打爲小塊盛於鐵桶此鐵桶斜置於爐上如第二百五十四圖鐵桶之上口有鐵門即添礦之處下端有火泥板之蓋此板有多孔能放出鎔化之鉍受以鐵鍋用木炭加熱令不冷

第二百五十四圖

平常之鉍合鉮與硫與銀多許或將生鉍鎔化而與鉛同法吹之亦能得銀所變之鉍養和以木炭屑而還爲鉍純鉍置於重率一二之淡硝强水內全能消化鹽强水或淡硫强水不能消化鉍若含鉮則其鉮與鉍化合成鉍養鉮養$_5$爲白色之質

鉍之用處可作㢘金以鑄數種鉛字與細圖之板因將冷而結能漲入極細之紋內

鉍能減小別金類之鎔界此非因鉍鎔界之小如鉍二分鉛錫各一分鎔和之後不至水之沸界而鎔惟三種金最小之鎔界爲錫尚須四百五十度故其理不在鎔界而在㢘雜各種銲金亦此理鉍合於銻又可作熱電器

鉍與養合成之質

鉍與養化合有三種鉍養$_2$鉍養$_3$鉍養$_5$俱爲化學家所已知者

鉍養$_2$

此質之取法將鉍綠$_3$合於錫綠$_2$令遇多鉀養而鎔化之將此鉍養$_2$在空氣內加熱又易變爲鉍養$_3$

鉍養$_3$

此質爲鉍合養之要質將鉍在空氣內加熱即成或將鉍養淡養$_5$加熱化分成黃色之粉熱時爲棕色易於鎔化鉍養$_3$之礦不常見俗名爲鉍黃土

鉍養$_5$

此質之取法將鉍養$_3$之細粉和以濃鉀養水而令綠氣行過則成鉀養鉍養$_5$之紅水又有輕養鉍養$_5$結成紅色之粉將此加熱至二百七十度其水散出而變棕色加熱則易化分而放出養氣其餘質即鉍養$_3$若和以强水而加熱即放養氣而成鉍養$_3$之鹽類質凡鹼類合於鉍養之質易於化分遇水則化分更速

鉍之鹽類質惟有二種合於工藝之用一爲鉍養$_3$淡養$_5$一爲鉍綠二鉍養$_3$取此二質之理能顯明鉍鹽類之性即能爲水化分而成不消化之鹽類質

鉍以硝强水消化則收養氣而變爲鉍養$_3$此質再和以硝强水則成鉍養$_3$三淡養$_5$合水十分劑如將其消化之水和以多水即結白色片形之質即鉍養淡養$_5$輕養多餘之硝强水留在水內

鉍綠二鉍養輕養

此質俗名爲珍珠白其取法將鉍在硝强水內消化再添以鹽强水即成

鉍在乾綠氣內加熱蒸之即得鉍綠爲自能鎔化之定質易爲鹽强水所消化而水亦能化分之其變化之式爲三鉍綠丄六輕養〡〡鉍綠二鉍養丄六輕綠此質難在水內消化所以鉍綠水加以酸質稍有酸性再加多水則其鉍幾能全結成質而沉下

鉍硫

此質有生成者又有鉍硫爲更多之礦係暗灰色之光顆

粒與銻硫同形異質若和輕硫水於含鉍之鹽類質即結黑色之質即鉍硫此質不能在淡硫强水或淡鹽强水消化而易在硝强水內消化

銻

銻之外形並變化之性與鉍大略相同惟其質更硬更脆易研成黑粉而質內多成顆粒傾鑄之新面有花紋如背陰草謂之銻星其顆粒爲斜方柱形同於鉍與鉮質輕於鉍其重率爲六·七一五其鎔界八百度比鉍更易化散故在空氣內加大熱即發濃白霧因與養化合銻遇鹽强水或淡硫强水不甚消化而硝强水能令其收養氣所消化

者亦不多其大半變爲銻養若欲令銻全消化先用鹽强水加熱令沸後漸加以硝强水

銻礦之常見者俱含硫俗名灰色銻礦即銻硫英國哥奴滑勒產之而亭軋里國產之更多此礦常合於鉛硫或鐵硫或石英或鋇燒煉之法藉其易鎔之性將礦置於倒焰爐加熱另加以木炭屑免與養氣化合則銻硫鎔化而沉於別質之下引入模中鑄成塊此爲生銻尚含鉮硫鐵硫與鉛硫

提淨之法將銻硫和以碎鐵或碎馬口鐵而鎔化之即有鐵硫之滓浮在上面易於分出其式爲

銻硫丄鐵〡〡三鐵硫丄二銻此法所得之銻常含鐵

又法能取其純質將銻礦置於倒焰爐內加熱至不足鎔之度約十二小時則硫與鉮之大半變爲硫養與鉮養而散出亦有銻養稍與同散所煆之礦變爲紅棕色內含銻養與銻硫每五分和以木炭屑一分其炭屑用極濃之鈉養炭養水掉成漿和此料後盛於罐內加大熱俟銻養之養爲木炭所收而銻硫之一分因變爲銻養亦放出養氣其式爲

銻硫丄三鈉養〡〡銻養丄三鈉硫多餘之銻硫合於鈉硫成滓而浮出可取其銻鑄成塊其滓大半爲三鈉硫銻硫

尚可取銻之雜質數種

試取之法將銻硫三一分和以鉀衰四分盛於泥罐加小熱或將銻硫三四分和以鉀養二果酸三分硝一分半先將空罐加熱至紅後將此料少許添入硫因遇硝而收養氣遂變爲鉀養硫養三惟其硝數不足令銻收養氣銻故沉於罐底每若干時添料少許盡而後止將銻傾出

純銻甚脆故工藝內無所用惟格致之事用銻合鉍作熱電氣器又有數種雜金加銻令硬如鉛字或羣彈或英國錫料

變形銻

銻之平常顆粒其形與銅並別種金類以同法得之將含銻之流質通以電氣或將銻在極濃之流質通電氣所結成之質其性與平常之銻不同如鉀養果酸銻養果酸一分和以極濃之銻綠水四分通司米電器三具令化分作銻綠極濃之水用銻硫三在鹽强水內加熱俟再不能消化爲度電器內之鋅板以銅絲通至含銻水內之銅板又鍍白金之銀片用銅絲通至含銻水內之銻片則銅面所結之銻能光亮特是不成顆粒之粉與尋常之銻大不同如將此質加小熱或捶打忽自生熱至四百度所變之質與尋常顆粒形之銻相似生熱之時多放銻綠三霧因此變形之質常含銻綠三百分之五或六故疑此質非眞變形之質不能與變形燐相對雖有大相似之處而尚無全據

銻與養合成之質

銻與養氣化合有二種銻養三與銻養五

銻養三

銻在空氣內燒之即成銻養三多取之法將銻硫三在空氣內加熱燒之所成之質可當白鉛粉作畫料或油漆料生成者謂之白銻礦西名發侖弟內得此質爲顆粒形之粉大半爲小粒似鉮養三有兩種顆粒之形即柱形與八面形所以銻養三與鉮養三係同形異原詳見第四卷非金類總論銻養三柱形顆粒之取法將八面形顆粒在無養氣之空氣內加熱蒸之有一礦西名愛克西台里即柱形顆粒者又一礦西名須那孟台得即八面形顆粒者銻養三在空氣內加熱即變黃色後遂生火而漸熄變成銻養三銻養五即銻養四舊說以銻養四爲另一質銻養三不能在水消化能在强水內消化成鹽類質其爲本之性甚弱而鹽類亦難定其界限鉀養與鈉養俱能消化之故或稱爲銻養三酸或又得鈉養合銻養三成二種質其鈉養銻養三含水六分劑者稍能在水消化其鈉養三銻養三含水二分劑者不能在水消化

銻養五

此質之取法將銻消化於硝强水即成白色之粉洗之乾之而加熱即變淡黃色大熱則化分所餘者爲銻養銻養五銻養五能爲鉀養消化成鉀養銻養即用火泥罐盛硝四分將銻之細屑一分漸漸添入硝即放養氣而令銻變爲銻養五隨與鉀養化合此質研作細粉以水洗之去其未化合之餘硝即得不能消化之無水鉀養銻養五和以水而加熱令沸一二小時又合於水而成含水之鉀養銻養五即能消化將此熬濃即得鉀養銻養五五輕養係稠質

鉀養銻養五

此質之水合以炭養氣二即有鉀養二銻養五結成鉀養銻養五

在銀鍋內合於鉀養輕養而鎔化亦變鉀養二銻養五此質能爲水所化分而變爲鉀養與鉀養輕養銻養易在水內成顆粒最合用於試驗鈉養因鈉養輕養銻養爲鈉養之鹽類質含鈉養者俱能在水消化獨此不能在水消化故有含鈉養之水而加鉀養輕養銻養五即成顆粒惟鉀養輕養銻養五水久存之則變化而成鉀養銻養五不能令鈉養結成

含銻養五之質與含燐養五之質相對火變之銻養五質與火變之燐養五質相對

那波里黄料即銻養三合於鉛養而成

銻輕三

此質之取法將鋅合銻而鎔化後令遇淡硫强水即得此質合於不化合之輕氣或將含銻之鹽類質即打打以密

第二百五十五六圖

第二百五十七圖

的之水傾入發輕氣之瓶而瓶內先盛淡硫强水與鋅如第二百五十五圖所出之氣燒得發光之焰而放出銻養三之霧若將玻璃或瓷如第二百五十六圖之式入其火內則面上結成黑皮即銻加熱至紅則其氣化分所以通此氣之管用酒燈加熱如第

二百五十七圖則成光黑之銻質在加熱處之外銻輕三之原質尚未考準因常有餘輕氣在內然銻輕三行過銀養淡養五水能結黑色之質即銻銀如此則可與別質相對即淡輕三燐輕三鉀輕三等是也化分之事設有含銻微數之質若令變爲銻輕則能辨之

銻與綠合成之質

銻與綠最易化合其時發熱發光所合成之雜質有二種銻綠三與銻綠五

銻綠三

此質之取法將銻之細粉三分合於汞綠八分而蒸之甑

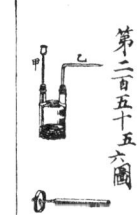

內所留者爲汞綠並錦合汞之質所透出者卽錦綠其式爲

錦丄四汞綠丨錦綠丄錦汞丄汞綠其錦綠加熱至四百三十三度卽沸又有法將錦粉或錦硫粉添以濃硫强水加熱令沸至乾卽得二錦養硫養和以食鹽而蒸之所成之錦綠爲灰色之軟質有顆粒之形易以鎔化故從前之俗名爲錦油能在水少許消化若用多水卽化分成白色之質爲錦綠二錦養其式爲

三錦綠丄六輕養丨錦綠二錦養丄六輕綠如將熱水和於鹽强水內消化之錦綠卽結成極小之柱形顆粒爲錦綠五錦養西名阿里加羅特粉錦綠合水之變化同於鉍綠合水之變化錦綠可爲外科所用之烙質洋槍筒上欲不銹可令成錦一層以護之

錦綠

此質之取法將粗錦之粉在甑內加熱而令乾綠氣行過甑內如第一百九十九圖甑口通入接管令其錦綠凝結錦一兩所需之綠氣必用錳養六兩鹽强水量盃十八兩淨錦綠爲無色而能發霧之流質其臭難當嗅之大咳能與水少許化合成顆柱形之質若加多水則化分成輕綠並二輕養錦養此二輕養錦養爲白色之質其式爲

錦綠丄七輕養丨五輕綠丄二輕養錦養錦綠能令別質收綠氣如炭輕氣行過此質卽成炭輕綠又如炭養氣行過此質卽成炭養綠其錦綠則變爲錦綠

錦綠與燐綠略爲相對又有一質爲錦綠硫亦與燐綠硫相對其取法令錦綠合於輕硫爲白色成顆粒之質

錦與硫合成之質

錦硫爲錦礦之要質其質甚重其重率爲四·六三深灰色而有金光所見之塊爲長柱形顆粒相聚而成易以鎔化蒸之而不遇空氣不變化而透出若研爲細粉和以鹽强水而加熱卽放出輕硫氣將此流質添以清水卽結橘皮色之質卽錦綠其原質與深灰色者相同又一取法將錦之鹽類質如打打以蜜的等和以鹽强水少許得酸性再合以輕硫氣亦得橘皮色之質此質能變爲深灰色之錦硫其橘皮色者爲錦硃詳見第三卷硫養下生成之錦硫和以鉀養綠養卽爲礮之拉引火若合以汞爆藥與鉀養綠養又可用於銅帽內若和以硝而燃之卽成淡藍色之火凡作各色之焰火俱藉此質爲配合之料

錦玻璃爲紅色之質能透光其製法將錦硫在空氣內加熱煆之取其質添入玻璃料內同鎔此玻璃以錦養八分錦硫一分

紅色之銻礦其質為銻養二銻硫。

銻硫

此質之取法將銻綠在鹽強水內消化而令輕硫氣行過結成橘皮色之質即是

銻硫與銻硫俱為配質若遇鹼類合硫之質即成鹽類所以銻硫與銻硫易為鹼類並鹼類合硫之質所消化試將硫消化於鉀硫水內而再將銻之細粉添入即能消化銻內含鐵或鉛則不消化故可將此法試銻含別質之據

銻養與銻硫合成之質西名克密士其分劑數不定將銻硫合於鉀養或鈉養而加熱令沸則得紅棕色之粉即克密士前人多用此質為藥料

又有一鹽類質西名司可里伯鹽類即三鈉硫銻硫含水十八分劑能得其四面形之透明顆粒

錫

錫之產處不甚多純者總不得見其常採之礦為錫養或在石英或在花綱石或在端石等有脈夾於其間又常合於含鉮之鐵硫礦並合於鎢礦其鎢礦為鎢養合於鐵養與錳養等質

錫養礦間有在水灘之砂土內成圓塊則謂之河錫礦此質比石間之脈內者更淨因為水久久衝洗適與人工淘

汰地之礦法相同河錫礦常見方柱形者其端有錐形英國哥奴滑勒地方產錫最多從來由國與彭加地方所產次之哥奴滑勒之錫礦用人工揀出其石英與別種土質並銅硫礦並含鉮之鐵硫礦使之略淨用臼舂為粗粉在長流水內淘之此因錫養礦之質甚硬故其粉稍粗而下沉其餘雜物易以漂去錫養礦之重率為六·五砂與石英等質之重率不過二·七所以流動之水能令餘質散去而錫養不動此種淘漂之法最為簡易如礦百分祗有錫養一分尚可取之而得利淘淨之礦尚含鉮與硫等必再分出將八担至十担在倒焰爐內煆之則硫變硫養鉮變鉮

養而放出鐵則變為鐵養銅則幾分變為銅養硫養幾分仍為銅硫此銅硫不肯消化故須令其變為銅養後再變為銅養硫養法將煆過之礦以水濕之而遇空氣多日後以水洗之則銅養硫養消化而出再在長流水內淘之所雜之鐵養亦能漂去此質原為鐵硫之時其重率五·〇而錫養礦之重率六·五兩質之重率相近難以分離既變鐵養輕而易出

錫礦二次淘汰之後每百分含錫六十分至七十分遂用八分配以煤屑一分另加鈣養或鈣弗礦少許燒時所成之渣滓能帶出砂等雜質先須將此合料濕以水不為風

所吹去即置於倒焰爐每次用料二十担至二十五担如

第二百五十八圖

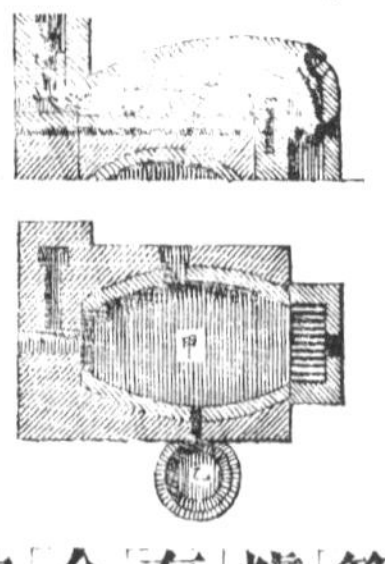

第二百五十八圖爐內之熱度初時不可過大恐有錫養幾許合於鈔養成雜質令錫難以分出其料進爐之後約六小時至八小時緊閉爐門不許空氣竄入炭始收錫養之養而變爲炭養錫乃聚於爐底而爲渣滓所蓋俟變化之事已畢即用鐵鏟掉之令錫與滓分開先放出其滓而後令錫流入鐵盆如圖之乙在此盆內暫停片時俟餘滓盡浮於面傾入模內成塊

放出之滓亦宜詳細分類若含錫養多者下次再用若有錫之小粒者舂碎而在長流水內分取之

礦內初得之錫尚是不純必雜鐵鉮銅少許提純之法將錫塊置於倒焰爐之近火墻處疊成空心之堆而緩加熱至鎔度錫因大半鎔化而流至外盆之內其餘變爲錫養而停於爐底所有鐵銅鎢合養之質亦停於爐底鉮則變爲鉮養而散出每若干時添進錫塊若干俟外盆內受錫五頓而止約一小時能得此數

錫之重率較小即七二八五故鎔時相雜之渣滓不易分離可將木棹浸水濕透掉其所鎔之錫或將木塊漬透以水置於錫內則所發之汽能浮出其滓成水泡形之質連掉三小時而止再待二小時將面上之滓取出而傾錫入模錫質既輕所雜之別金類必沉故易分出鍋內初出之錫比之後出者更純質若極純性必甚脆如將熱錫塊以椎敲之即碎而成亂形之塊俗名粒錫若不純者在此熱度時不顯脆性新加玻相近之處名絆卡其錫礦爲最淨者

錫礦內含鎢可在未鎔煉之先提淨之其法和以鈉養炭養在倒焰爐內鎔之則其鎢養變爲鈉養鎢養能爲水所消化而成顆粒此鹽類質在印花布之工內有大用

小試取錫之法將礦一百釐和以鈉養炭養二十釐硼砂二十釐兩質俱宜極細盛於罐內加熱其罐內以炭築實同於小試取鐵之法

錫之形性易與別金類分辨如將錫條漸漸彎之有聲簌簌似裂俗名錫叫除鉛與鋅之外錫之結力爲最小結力既小即不能任牽力故其引長之性亦最小難抽細絲與鉛相同然加熱至二百十二度即能引長

錫易鎔於別金類熱至四百四十二度即鎔難於化散成霧甚易打薄金銀銅以外未有更能打薄者欲作錫箔可將純錫先打爲薄皮剪成小方塊而疊起數層打至所需

之薄
馬口鐵西名錫板其實爲薄鐵皮而鍍錫者上等之物鍍錫較厚隨在光平之砧上打之令錫與鐵粘合甚固錫遇空氣不多改變故鐵藉有掩蓋而不生銹惟錫有消磨之處則速生銹此因鐵錫相遇能生電氣其銹遂散漫於外面又如與水相遇或與空氣之濕相遇水濕之內含炭養則所生之電氣化分其水而鐵與養之愛力極大則生銹極速若將鐵皮鍍鋅其鐵雖有顯露之處而鋅爲護鐵之質常能代鐵先銹故鍍鋅之鐵皮耐久於鍍錫者

製造馬口鐵必用極好之鐵作皮鍊打之時用木炭火鍍錫之工去盡鐵皮面之鐵養否則錫不粘連此工分爲數級其一浸於淡硫强水其二加熱至紅其三打之軋之去盡鐵養其四浸在發酸之麩皮水內其五浸於淡硫强水淡鹽强水相和之水其六用麩皮和水擦之其七以水洗之而插入鎔化之牛羊油內使隔絕養氣隨插入鎔化之錫約一小時半而取出其鎔錫之面亦蓋以油取出之後待餘錫流下再入鎔錫內一次錫能更厚又入熱牛羊油內俟餘錫流至下邊即將下邊入鎔錫內而搖振之餘錫盡去尋常所用者鐵皮二百二十五塊重一百十二磅鍍錫八磅

次等馬口鐵錫和以鉛而鍍之謂之脫爾撩板又如銅器之內面亦可鍍錫令食物不遇銅質其鍍法將淡輕綠擦於銅面而銅養變爲銅綠此質易以洗去其式爲

銅養丄淡輕綠＝銅綠丄輕養丄淡輕其銅面再加松香少許而用麻團揩錫於上

西國所用之帽針以黃銅爲之而鍍錫用鉀養二果酸和以食鹽白礬而加以水將錫之小粒置於內沸之久久再將針投入同沸錫即收水之養氣而爲酸質消化又因黃銅內有鋅而生電氣錫遂結於銅面鋅之正電性甚大於錫故能收水內所含之錫

錫之雜質

銲連馬口鐵之料錫鉛相和其比例與其用處有相關上等之銲料錫二分鉛一分中等者錫一鉛一下等者錫一鉛二此各種銲料之鎔度比錫與鉛更小凡用銲料須審所銲之處有無含養之質有則必致不粘或用淡輕綠或鹽强水或硼砂敷於銲處其强水應將鋅消化飽足而再添强水一二分所成之鋅綠略能令其銲縫不收養氣硼砂易鎔能化分金類與養合成之質

尋常之錫器用鉛相和如錫四分和鉛一分又有一種錫另含銻與銅與鉛俱少許其色與銀相似又有一種用錫

十二分銻一分銅少許

礟銅用錫九分半銅九十分五俱必極純者其質堅靱易於鎔化配合此質先將錫一分鎔化後加以銅二分同鎔即得硬脆之質所有多銅用倒焰爐收養氣之火鎔化而將前質和入用木條掉勻之尋常用舊礟銅和入銅內鎔化則其銅錫更易和勻俟和勻之後則金類與養合成之質可從面上取出此礟銅料傾入泥模之時須速掉之不止令其金類不分離此因常有白色之質即多含錫者輕而易浮能聚於模口之近處如鑄銅礟其模立置而礟口在上礟口以上之餘料略長於礟三尺所有浮出之輕質並金類與養相合之質俱聚於此藉此餘料之重能壓緊其下半之礟質又能阻其輕質分出又能令礟底即最任力之處壓至極固傾鑄之要法凡鎔料入模須俟其料將結未結之時而速傾則各質不及分離而已結

又有一種銅錫相合之質其錫多於礟銅料之數此與其用處有相關間有將鉛或鋅和入者此質之受熱變性與鋼相反速冷則軟而韌可以打薄緩冷則硬而脆打之即碎配合此質之法尚在古人不能鍊鋼之時即考工記六劑之意

英國銅錢之料用銅九十五分錫四分鋅一分相和

銅四分錫一分相和或加鉛與鋅少許以製各種樂器之用平常銅與錫與鐘銅相同

鏡銅之料以鑄光學之器即回光鏡所用者銅二分錫一分再加鋅鉮銀少許其質硬而能磨光

上等鉛字之料用錫一分銻一分鉛二分和成

錫遇硝强水不能消化但成白色之粉即錫養若在鹽强水內加熱則消化而放輕氣鹽强水內和以硝强水少許消化更易錫遇鹽强水外面能生顆粒之形所以馬口鐵上拭以鹽强水則生花紋最美觀如硝强水內稍和以鹽强水用蔴擦馬口鐵所成之花紋甚佳外面數漆一層即不改變

市肆出售之錫常雜鉛銅鉮鐵銻鉍金鉬鎢之微數

濃錫綠水面上有水一層將鋅置於其內則稍生電氣令錫在水內成顆粒

錫與養合成之質

錫與養化合二種質即錫養與錫養$_2$

錫養○此質無甚大用其取法將錫綠合以鹼類而得之其色與其製法有相關或爲黑色或爲橄欖色或爲紅色其爲本之性甚弱故不能在强水內消化而能在濃鉀養水消化如用此水消化則易化分而成錫與錫養此錫養

又與鉀養化合

錫養二

前言此質爲產錫最要之礦凡錫在空氣內加熱即成此質錫礦亦謂之錫石係方柱形之硬塊若合鐵二養三即變棕色之質不能在强水內消化似乎矽養二之性若以鹼類或鹼類合炭養二之質相和鎔化則變成之質能在水內消化

鈉養錫養二

此質爲印花布者用以收住顏色之料其取法將錫礦如前取錫之說舂碎淘淨和以鈉養輕養水而熬之俟熱度至五百度或六百度而止又法將錫礦和以鈉養淡養五則硝强水擠出而成鈉養錫養二此質爲六面片形之顆粒合水四分之一易在冷水消化將水加熱仍能結成即是鹼類內中立性之質鈉養錫養二水有大鹼類性與鈉養矽養二相同如和以酸質而變爲中立性則有結成之質爲輕養錫養二如將鈉養錫養二水和以鹽强水至有餘則錫養二存於水內若用隔滲之法如前第一百十三圖之說則先成稠質後漸消化而鈉綠散去再後得錫養二之淨水若再加以鹽强水或加中立性之鹽類質少許仍變成稠質此事亦爲錫養二與矽養二相同之性如將錫養二加熱能變爲錫五養十

錫五養十

此質之取法錫在硝强水消化即得白色之顆粒以水洗之而晒乾即爲錫五養十輕養若以二百十二度之熱烘乾則爲錫五養十五輕養加以更大之熱又變爲黃色其硬略如錫礦粉磨光玻璃等物之錫粉即錫五養十之質肆中出售者多雜鉛養此錫五養十不能在水並淡强水消化能在鹼類合輕養之質內消化而變爲能消化之錫養二質若和以鉀養水而加熱令沸即成鉀養錫五養十此質不肯如錫養二而成顆粒然再添鉀養輕養於其水內即能結成其質爲鉀養錫五養十四輕養易在水內消化而有强鹼性加熱而散出其水又即化分可用水洗出鉀養而餘質爲錫五養十其錫五養十合輕養之質並錫養二合輕養之質可用法辨之即以錫綠令變黃色之錫養錫五養十四輕養錫綠與鐵二養三輕養相合亦得黃色之質即錫養錫養二輕養其式爲

鐵二養三丄二錫綠川錫養錫養二丄二鐵綠或即謂之錫二養三

錫與綠合成之質

錫與綠化合之二質爲錫綠與錫綠二適與合養之二質相對

錫綠

染色之肆與印花布之肆多用此質其取法將錫在鹽强

水內消化冷時即結柱形顆粒而光亮俗名錫顆粒又名錫鹽類其質爲錫綠二輕養錫以鹽强水消化宜在紅銅器內爲之因有電氣生出錫即收其電氣而變化故其消化之事速於別器之內如將錫綠顆粒漸加以熱即放水而有幾許化分並放輕綠幾許其式爲

錫綠丄輕養川錫養丄輕綠若加更大之熱錫綠又能化散或以曲頸甑熇之能得無水之錫綠此質之製法將錫之細屑和以汞綠而熇之甑內成灰色之質加熱至紅遂化散爲霧若將水傾於錫綠顆粒之上則幾分消化所分出之質爲錫綠錫養二輕養若用錫綠水之略淡者置於空氣內能收其養氣而結成白色之質即錫綠與錫養其式爲

二錫綠丄養川錫綠錫養若其水內多含未化合之輕綠則仍爲明流質而全變成錫綠惟濃錫綠水遇空氣則不收養氣至於淡錫綠水遇錫其不變化之時比濃者更長錫綠與綠氣或養氣之愛力甚大故化學家常用以收綠氣或收養氣錫綠水內加以鋅能結錫之微顆粒於鋅面將此在濃鹽强水消化而加熱則鋅面上能得美觀之花形如多葉之樹枝其法用錫一千釐濃鹽强水量杯八兩再加以水四倍體積將鋅條彎成亂形而置於其內

錫綠

此質之取法用合强水加熱而消化純錫即成染肆所用者以淡輕綠與硝强水相合而消化之其無水錫綠之製法將錫在乾綠氣內加熱則自生火而化合變成錫綠而透出爲無色之電流質其重率爲二·二八其沸界爲二百四十度能自化散在空氣內常發白霧嗅之難當若和以水少許化合甚猛而成顆粒即錫綠五輕養若遇多水即化分而有錫綠輕養分出錫綠能與鹼類合綠氣之質化合成雙鹽類質有顆粒之形又有一質亦爲染肆所用即錫綠與淡輕綠相合俗名紅鹽

錫與硫合成之質

錫與硫化合有二種即錫硫並錫硫

錫硫

此質在英國哥奴滑勒地方多產之礦如將錫合硫而加熱則成灰色之顆粒形即錫硫或將錫綠水合於輕硫即成暗棕色之質

錫硫爲硫類質之本質如加以硫即能爲鹼類所消化而變成錫硫又有硫類質之配質

錫硫

此質原謂之假金又謂之黃銅粉陳設之物須用金箔者

可以此質代之疇昔燒煉之家刱用多法令賤金變化黃金偶成此質以爲得訣故世俗名爲痴人金約在西歷一千七百七十四年煉得者其製法將錫十二分汞六分加熱相和則成甚脆之質研作細粉再以硫七分淡輕綠六分和入研勻盛於玻璃燒瓶隔砂緩緩加熱以不發輕硫氣爲度再加熱至暗紅色俟不發霧而止則瓶口有汞硫與汞綠而瓶底有片形之粒黃色甚佳即是錫硫用汞之意欲令其錫分至極細用淡輕綠之意欲令其熱度不甚大蓋淡輕化散之時能減熱度而已成之錫硫不變爲錫硫此質不能爲鹽强水或硝强水所消化惟合强水始能消化其性與金相同故亦難辨其眞假若和以鹼類質而加熱即能消化因錫硫爲硫類質之配質或用輕硫和以錫綠水亦得錫硫爲黃色之質

鍇

鍇之變化性情與錫相近從前化學家以此爲罕見之質今知鐵礦與泥等質含鍇亦多以此礦煉出之鐵或以此礦合於平常之鐵與鋼能令其質更硬此事之外鍇乃無甚大用鍇常與養二分劑化合成礦有三種金類礦俱含未化合之鍇養在內即阿那太西魯的里布路蓋得其魯的里與鐵養礦同形異原其質最硬與錫養同又有鍇養與鐵養同見成鐵砂礦又名以西里尼又名孟那根奈其形略似火藥原在英國孟那根奈地方所產現在從英屬地奴弗斯哥希阿地方並牛齊侖地方採得此礦有數種每百分含鍇養四十分而與鐵養化合分出其鍇養之法將礦磨成細粉每一分和以鉀養炭養三分則放出炭養氣而成鉀養鍇養以熱水洗之則鉀養鍇養化分而其鉀養爲水所收所得之質爲酸性之鉀養鍇養合於鉀養此質以鹽强水消化而熬乾則有鍇養與矽養變爲不消化之形再以淡鹽强水消化其餘質則此質不消化而能分出以水洗之俟鍇養沉下而傾出其清水再以水洗之數次若以常法濾之則鍇養能與水同過濾紙此質烘乾和以鉀養二硫養而鎔化則硫養與鍇養合成能消化之質即鍇養硫養其矽養仍不消化可用冷水淋出將此鍇養水和以水二十倍體積加熱令沸片時則鍇養分出而成白色之質粘於玻璃瓶之內面成薄皮一層不肯相離其瓶略如生銹之狀鍇養若加大熱即變黃色待冷仍復白色不能在鉀養水內消化如矽養等質若和以鉀養而加熱鎔化則成鉀養鍇養能爲水所化分所餘之酸性鉀養鍇養能以鹽强水消化若將其水以淡輕養炭養滅其酸性則成膠形之質爲鍇養輕養與鋁養略同如將此膠形

之質在冷鹽強水消化而用隔滲之法即得錯養之水如水百分之內錯養多於一分自能多稠質

錯養

此質之用處可作假牙並瓷器面之釉色如稻草黃

錯養和以木炭屑而在瓷管內加熱至紅令乾綠氣行過則得無色之錯綠即易化散之流質亦與錫綠略同若以錯綠之霧行過紅熱之鈉能成柱形之顆粒即錯與光點鐵礦相似錯置於鹽強水內即消化而發輕氣錯之奇性能與淡氣有大愛力故錯在空氣內加大熱則收空氣之淡氣而成錯淡鎔煉含錯鐵礦之爐內常見紅銅色之立

方顆粒其質極硬粘於滓渣之上前人以此為純錯實則每百分錯居七十七分淡居十八分炭略四分疑其原質為錯衰三錯淡若以淡氣行過錯養合於木炭而加白熱亦得此質或令輕氣收錯綠之霧而行過紅熱之瓷管即成錯綠之顆粒有茄花色以水消化仍是茄花色其性與錫綠相同錯養水或酸性之鉀養錯養在鹽強水內消化而遇鋅亦成茄花色之水待片時而結成藍色或綠色之質即錯養速收空氣之養氣而變為錯養酸又有錯養即黑色之粉其取法將木炭屑築實於罐內成凹置錯養而加以大熱煅之

錯綠

此質遇輕硫尚不能變成錯硫則與錫硫相同須將錯綠霧和以輕硫而行過紅熱之瓷管始成淡綠色之錯硫為鱗形顆粒與假金同

鎢

鎢在烏甫辣末礦內所得者較多此礦常與錫養同見係棕色之大顆粒並有光亮重於錫養其重率為七三因此重率故名為董斯敦即瑞顛國重石之意鎢礦含鐵與錳其數無定惟其質為錳養鎢養三鐵養鎢養又有含鎢之礦即鈣養鎢養名為斯幾來得

又有一質印花布者用以收住顏料或以此料染細紗即能避火其製法將鎢礦合於鈉養炭養而鎔之或將多含鎢之錫礦先用此法而後再鎔之水內即能消化而結斜方形之片粒其質為鈉養鎢養二輕養若將此水和以鹽強水至有餘能結白色之質即輕養鎢養輕養若將淡鹽強水合於鈉養鎢養水此含百分之五而所加淡鹽強水足滅其鹼性遂將此水用隔滲之法則鈉綠滲出而留鎢養消化於水內此水沸之亦不變化若熬乾之能成玻璃形之顆粒與直辣丁略同粘於鍋邊再加水四分之一則成最重之流質其重率為三二玻璃條尚能浮在其面味

若而濇能化分鈉養炭養而有發沸之事遇空氣則變綠色因收空氣內生物質之微分若令鎢養輕養放出其水卽變爲黃色不能以强水消化鎢養有二種變形之質略與錫養並錫養相同

鎢養

此質最奇之性令遇鹽强水與鋅能成藍色之質卽鎢鎢養

鈉養二鎢養四輕養和以錫而鎔之卽成最奇之質爲鎢養合鈉養將鎔成之質和以濃鉀養去其不化合之鎢養再以水洗之而添鹽强水卽結立方形之顆粒有黃色而

發亮此顆粒雖爲鈉之鹽類質但不能爲水消化又鹼類與酸類亦不能消化只有輕弗水能消化之此顆粒之原質爲鈉養鎢養二鎢養

鎢養

此質爲中立性之質其取法將鎢養加以暗紅之熱而令輕氣行過卽成棕色之粉能在沸鉀養水內消化放出輕氣而成鉀養鎢養

取鎢之法

將鎢養和以木炭屑而加白熱則得鐵灰色之金類質甚堅硬不能鎔化遇鹽强水或淡硫强水亦不變化若遇硝强水卽仍變爲鎢養純鎢一分和入鎔化之鋼十分能成極硬之金類

鎢在綠氣內加熱則成鎢綠透出而結針形之顆粒有古銅色能爲水所化分若在輕氣內而稍加熱卽變鎢綠若將其霧和以輕氣而行過紅熱之玻璃管則此霧質不能爲各種强水消化若和以鉀養綠養而再添鉀養至有餘卽變鉀養鎢養

鎢硫

此質爲黑色之顆粒與筆鉛略同其取法將鉀養鎢養和以硫而加熱再以熱水洗之卽得此質又有鎢硫係酸性

之質其取法將鎢養在鹼類合硫之質內消化而以酸質令結成

鉬

鉬爲白色之金類西名目立步低那卽希臘方言鉛之意其最要之礦卽鉬硫形與筆鉛略同此質在布希米阿國並瑞顚國所產旣與筆鉛略同乃易分別又可置於濃硫强水加熱令沸使成藍色之水亦是辨驗之法化學內之用處可造淡輕養鉬養以試燐養其取法將鉬硫礦在空氣內加熱至暗紅則有硫養氣放出而成鉬養存留此質和以淡輕之濃水卽成淡輕養鉬養熬之而得顆粒將此

顆粒和於含燐養在淡硝强水消化之質即成淡輕養鉬養合燐養之黃色質此質爲鉬養燐養淡輕化合而成故燐養之微數能以此法試辨之若將鹽强水少許和入淡輕養鉬養之濃水則有鉬養結成漆至有餘又能消化將此水用隔滲之法即得鉬養爲流質之形藍試紙能變紅其味最濇熬之則成膠形而爲能消化之質鉬養加以紅熱能變黃色之玻璃加熱而令空氣行過則結針形之顆粒遇淡鹽强水與鋅即變爲藍色之質係鉬養合於鉬養其質爲鉬養四鉬養能在水內消化若加以鹽類水又即結成又有鉛養鉬養爲黃色顆粒形之礦鉬養則爲本質

能成暗紅棕色之鹽類質鉬養之取法將鹼類合於鉬養在鹽强水消化而久遇含鋅之水此亦爲本質能收空氣之養氣

鉬之取法

鉬養和以木炭而加白熱即得白色之金類難以鎔化遇鹽强水與淡硫强水亦不變化若置於硝强水內加熱令沸仍變爲鉬養鉬爲輕金類其重率八六二在綠氣內加熱即成鉬綠爲紅色之霧能結成顆粒與碘略同能在水內消化又有鉬綠又有鉬硫與鉬硫爲配質又一種黃土名爲鉬黃土即含鉬養間有大塊者難以鎔化煞克司尼那鎔鍊紅銅爐內常出此物內含多鉬合於鐵銅鈷鎳

釩

瑞顛國所產鐵礦數種可取此質今又得鉛養釩養礦乃蘇格蘭與墨西哥與智利所產者釩之西名爲凡那第即歐羅巴北邊古神之名釩養又在數種泥質內見之又在俄國拍麻地方產銅之砂石內見之如將鉛養釩養和以淡養而熬之俟散盡其酸質用水漂出其鉛養淡養即得粗釩養以淡輕消化而令成顆粒即得淡輕養釩養加熱化散其淡輕餘者爲紅黃色之質冷時能成顆粒難在水內消化所消微數令水變爲黃色能在鹽强水內消化將

此水和以能分養氣之質如輕硫等即變爲艷藍色因成釩綠若將淡輕養釩養水和以五倍子酒即變深黑水之水可爲墨水之用西國所製墨水此爲最耐久者雖遇酸類鹼類與綠氣俱不變色若將釩養和以鉀而加熱即得白色之粉即釩之原質硫强水或鹽强水俱不消化硝强水則消化而成釩養淡養藍色之水

釩養之質不甚有金類合養之性釩綠爲黃色之質最易化散能自發霧

釩硫

此質之取法將釩綠和於鹼類合硫之質其性似硫配質

之性因能在鹼類合硫之質內消化成紫色之水

鈮

鈮之原名爲鎢因初得此物有礦名髙侖倍得係深灰色之硬顆粒此礦所含之質有鈮養合於鐵養與錳養分取鈮養甚是繁難玆不細論鈮養爲白色之粉不易在硝強水內消化鈮之原質爲黑色之粉硝強水不能消化合強水亦不消化硝強水合輕弗之水始消化

另有一質名鉭即前人誤認爲鈮者係瑞顛國之旦太來得礦並系忒路旦太來得礦有此質其礦俱含淡養與鈮養近有化學家化分此質定爲鉭養滿低布賴地方所產錫礦含鈮與鉭每百分略有二分至三分

鉑

鉑常與金同產爲片形之小粒西名白辣替那係西班牙之語即小銀之意鉑礦內兼含五種原質爲別種礦內所無者即鈀銥鋨銠釕俄羅斯產鉑最多大半產於烏拉勒山又有巴西國秘魯國俱產之新金山舊金山俱產少許

取鉑之法不藉鎔鍊而藉消化之理將鉑礦之小粒以淡合強水消化即變爲鉑綠其銥與鋨不消化而留在渣質內濾取其水和以淡輕綠則與鉑綠合成不消化之鹽類

質其色黃即淡輕綠鉑綠濾取此質而洗之加熱至紅則各質變氣而化散餘者惟鬆質謂之鉑絨欲將鉑絨變鉑頗非易事平常之爐雖有極大之熱不能鎔化宜將鉑絨置於木盆內和水研成漿若用粗硬之器其質必有粘連之處將此漿置細篩內以手擦使過篩極其停勻置於黃銅管內加以大壓力而擠出其水則鉑之微點連成小圓塊將此加熱至白用椎打至密合各質點粘連而成料

鎔化之鉛易與鉑相和故可將鉑礦一分和以鉛硫一分鉛養一分在倒焰爐內鎔化則硫與養合成硫養而散出鉛則令鉑鎔化其鋨與銥則沉下即將上浮之質用杓舀出如前鉛內分銀之法取盡其鉛所餘者爲鉛絨以輕養

第二百五十九圖

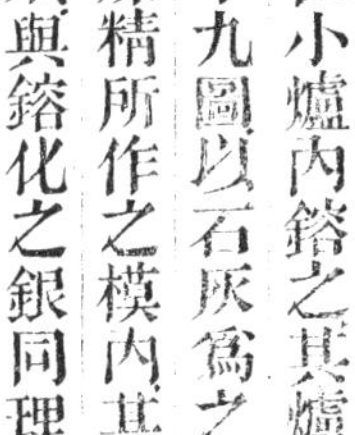

火在小爐內鎔之其爐形如第二百五十九圖以石灰爲之既鎔之後傾入煤精所作之模內其鎔化之鉑收養氣與鎔化之銀同理冷即放出近時所造鉑器之料俱經鎔化而不用打粘

鉑能受極大之熱或遇數種猛烈之物俱不能壞其質故最宜製造化學之器如熬濃硫強水須用鉑甑又如考質求數二事須用鉑盂鉑鍋並鉑片鉑絲惟鉑性不甚硬殊不能耐久其重率且大即二一·五故化分求數所用之器

必極薄否則重而難稱鉑受熱而漲大之數小於別金類故玻璃管內可以銲粘鉑絲雖加熱而玻璃不裂鉑能軋薄引長故易成薄皮與細絲其韌性稍次於金銀而遠勝於別金類胡類司敦捌一妙法能作鉑絲其徑三萬分寸之一鉑雖重金而五千餘尺重不過一釐其作法在鉑絲外套以銀小管而抽之漸長至極細而目幾不能見遂浸於硝强水內消盡其銀所餘之絲乃更細或將鉑銲於洋槍火門以免銹壞之病鉍與鉑相合能增其凹凸力

鉑能令養氣與別種氣化合前已論之不但鉑絨有此能力鉑絲與鉑片亦能之如將鉑片一塊在鐵絲布所盛之

煤氣燈上加熱至紅忽閉其氣而熄其火再速通氣鉑仍發熱至紅氣若常噴雖久亦紅因鉑面有煤氣遇養氣化合而不息

第二百六十圖

酒燈試之如第二百六十圖用鉑絲作圈在火加熱至紅忽熄其火鉑絲仍發紅熱因醋霧與養氣化合之故如將鉑絨一小塊作球而挂於酒燈之上酒內稍添香油以同法爲之發香不息又捌作輕氣燈用鉑絨一塊置於噴輕氣之嘴前輕氣噴出而與鉑絨內之養氣化合遂熱至紅作鉑絨之法將鉑綠水稍加熱而令煤氣或輕氣行過俟輕綠之霧不發爲

度即成純物

鉑從水內分出即得黑色之粉此質令養氣化合之事更猛如將鉑在合强水內消化即成鉑綠以隔砂之法熬乾俟不發綠氣而止其質爲鉑綠以極濃之鉀養水消化和以醋而加熱則黑粉結成沉下濾之淋之烘乾之

鉑之黑粉每一體積能收養氣八百體積絕不與此養氣化合不過藏在其粉間噴以輕氣立能生火若將少許添入輕氣養氣相合之內立即爆裂若將醋滴在此粉之上亦立生火此黑粉加熱一次失去此性鉑雖能在合强水消化然平常之熱度並無別質能與化合若加大熱則燐

鉀炭硫矽並多種金類皆能鎔合而鹼類並鹼土類亦能銹之故鉑器必慎用之鉑與銀等分鎔和即能在硝强水內消化

鉑與養合成之質

鉑合養之質祇有一種可分取之又有一種祇可在水內得之將鉑綠和以鉀養而化分之再添淡硫强水減其鹼性即結黑色之質即鉑養輕養其爲本之性甚弱遇熱即化分而復爲鉑又有鉑養其爲本之性亦弱間有爲配性者故化學家謂之鉑酸又有鉑養二輕養其取法將鉑綠水和以鉀養至有餘即結鉀綠鉑綠加熱則全消化再添

醋酸卽得鉑養二輕養爲棕色之質稍加以熱水卽放出加熱更大又放養氣如將此質在鈉養水內消化而成顆粒則得鈉養三鉑養六輕養又有一質爲鈣養鉑養此質能分出鉑內所雜之鉉其分法將鉑先在合强水內消化而熬至冷時能凝結卽爲鉑綠與鉉綠添水消化而加鈣養至有餘切不可遇日光鉑卽變爲鈣養鉑養水若濾其水而遇日光則化分而鉑養離鈣養其鉑養能爲配質所消化而成棕色之鹽類質此質尚未有人能合成顆粒鉑養在淡硫强水消化而再和以淡輕至有餘卽成黑色之鉑爆藥熱至四百度而爆裂甚猛此鉑爆藥之式爲淡輕輕養鉑養輕養又可名之爲淡輕鉑四輕養卽淡輕輕養內之輕氣二分劑爲鉑一分劑所代而鉑養內之養卽當輕

鉑與綠合成之質

鉑合綠之質以鉑綠爲最有用其取法將輕綠四體積合以淡養一體積每量盃三兩用鉑之小塊一百釐稍加熱俟消化熬成稠質再添淡鹽强水消化而熬出其淡養所得之質仍濃待冷而成紅棕色之質極易在水內或醕內消化成紅棕色之流質如將其濃水不待輕綠化散而自冷則得棕色柱形之顆粒卽鉑綠合輕綠之質其鉑綠能與鹼屬金合綠之質並生物合輕綠之質合成雙綠氣之質難以消化故化學家於此種質用鉑綠分出或辨別最爲便當

近有化學家藉此理而分取或鉀或鋤或錴三質將含此三種金類之水添以鉑綠令其結成則鉑綠與此三質化合

鉀養鉑綠比諸鋤養鉑綠並錴養鉑綠更易爲沸水所消化故將結成之雜質添以熱水少許而再沸之俟水不變黃色而止所餘之質爲鋤鉑綠並錴鉑綠再以輕氣行過而加熱鉑卽分出而其餘含綠之質易在水內消化

鉀綠鉑綠爲極細之黃色顆粒又有鋤綠鉑綠並錴綠鉑綠其顆粒之形與原質之排列法俱相同

鈉綠鉑綠與前二質之分別因最易在水或醕內消化能結成紅色之長顆粒其質爲

鈉綠鉑綠上六輕養

淡輕輕綠鉑綠前已言之係鉑與別金類分開所用之質此質所成顆粒與鉀綠鉑綠同形同色難在水內消化不能在醕內消化凡求淡氣之數須先變爲此質而後能定其重率如加熱至紅則餘下之質爲鉑絨或用鉑綠令洋槍䈴變成棕色

鉑綠加熱至四百五十度尚不化分過此則化分而放出綠氣漸變爲鉑鉑綠爲暗綠色之粉不能在水並硝强水與硫强水消化而能在熱鹽强水並鉑綠水內消化鹽强水消化之質爲光紅色鉑綠水消化之質爲深紅棕色若在鹽强水內消化者鉀綠不能令其結成但能在水成顆粒而爲鉀綠鉑綠若以鹽强水消化而加以淡輕綠再熬乾之卽成淡輕輕綠鉑綠或不用淡輕綠而將淡輕添入至有餘而沸之卽成光綠色之針形顆粒俗名綠鹽質內含鉑綠與淡輕但此質合於數種質其變化之法似乎淡輕鉑輕綠鉑綠益輕氣一分劑在

二淡輕內以鉑代之如將此鹽類質合以淡輕至有餘則所含之鉑綠能化分其水冷時卽結黃白色之顆粒卽二鉑蘇阿米尼輕綠卽淡輕鉑輕綠鉑綠其變化之式爲

淡輕鉑輕綠鉑綠丄二淡輕‖二淡輕鉑輕綠如將此鹽類質水和以銀養硫養化分之卽得二鉑蘇阿米尼硫養其式爲

淡輕鉑輕綠丄銀養硫養‖淡輕鉑輕養硫養丄銀綠

二鉑蘇阿米尼硫養水和以鋇養輕養水卽結成鋇養硫養其水有强鹼性能結成淡輕鉑二輕養卽二鉑蘇阿米尼合輕養之質此强鹼性之質可當爲水一分劑合淡輕

二分劑卽淡輕綠內以鉑代其輕氣一分劑其二鉑蘇阿米尼二輕養與地產含輕養之鹼類質相似易收空氣之炭養氣其鹽類質能放出淡輕如將二鉑蘇阿米尼輕養加熱至二百三十度卽放水與淡輕而變爲灰色不消化之質卽鉑蘇阿米尼輕養可名此質爲水合淡輕一分劑所成而其輕氣有三分之一以鉑代之其質爲淡輕鉑輕養可當爲本質而成鹽類質其質之大半不能消化所有鉑蘇阿米尼硫養卽淡輕鉑輕養硫養輕養可謂之淡輕輕養硫養內有輕氣一分劑以鉑代之其淡輕鉑輕綠卽鉑蘇阿米尼輕綠與前言之綠鹽同形取法將綠鹽和於

淡輕養硫養水加熱消化待冷而結顆粒卽淡輕鉑輕綠二鉑蘇阿米尼之鹽類質與鉑蘇阿米尼之鹽類質其分別之法用淡養水則二鉑蘇阿米尼能成美觀之藍色或綠色此種變化甚是深奧詳見化學家哈度之書

鉑蘇阿米尼輕綠在沸水掉和而遇綠氣卽變爲鉑阿米尼輕綠卽淡輕鉑二輕綠此質可謂之含淡輕合輕綠之質其輕氣二分劑以鉑一分劑代之此鉑與在鉑綠內同形其在鉑綠內與輕氣二分劑相配鉑蘇阿米尼輕綠變爲鉑阿米尼輕綠其式爲

淡輕鉑輕綠丄綠‖淡輕鉑二輕綠如將鉑阿米尼輕綠

和以銀養淡養而加熱令沸則變爲鉑阿米尼淡養即淡
輕鉑輕養淡養此質在沸水消化而用淡輕化分之即得
鉑阿米尼四輕養即淡輕鉑四輕養爲黃色之顆粒其原
質之排列法與鉑爆藥相同
又有數種質如淡輕合鉑所成者不能與前各質並列其
鉑在鉑綠內者當輕氣一分劑而以鉑命之鉑在鉑綠內
者當輕氣二分劑以鉑命之茲將前各質列表
鉑蘇阿米尼輕養即淡輕鉑輕養
鉑蘇阿米尼輕綠即淡輕鉑輕綠
鉑蘇阿米尼硫養即淡輕鉑輕養硫養輕養

鉑阿米尼四輕養即淡輕鉑四輕養
鉑阿米尼輕綠即淡輕鉑二輕綠
二鉑蘇阿米尼二輕養即淡輕鉑二輕養
二鉑蘇阿米尼輕綠即淡輕鉑輕綠
二鉑蘇阿米尼二硫養即淡輕鉑輕養硫養
有人得二鉑阿米尼鹽類質此質之本爲淡輕鉑乃淡輕
二分劑內以鉑代輕二分劑
鉑合硫之質與鉑合養鉑合綠之質相對其取法將綠氣
合鉑所成相對之質令遇輕硫即有結成之黑質即鉑合
硫之質

鈀

鈀常與鉑並金同產惟其數無多其形與鉑略同易與養
氣合化又與汞有大愛力合成之質不能消化故易與鉑
分別鉑礦含鈀者即藉此性分取之將鉑礦消化爲水如
前取鉑之法用淡輕綠令結成將其餘水和以鈉養炭養
滅其酸性而再和以汞衰水能結黃色之質即鈀衰將此
質加熱即成鈀絨此絨可打粘成塊與鉑同法金礦含鈀
者將礦和以銀而鎔之置於硝強水內加熱令沸則鈀與
銀消化而金不消化加以鈉綠則銀變爲銀綠而沉下將
鋅條置於水內則鈀與鉛與銅結成黑色之粉將此粉在

硝強水內消化而加淡輕至有餘則鉛養結成沉下水內
之餘質爲鈀與銅添以鹽強水稍餘遂結黃色之質即淡
輕鈀輕綠即鈀阿米尼輕綠將此質加熱則質化散而所
餘者爲鈀
鈀硬於鉑而質甚輕其重率爲一一·五易以引長打薄同
於鉑而比鉑易鎔惟平常之爐不能鎔若稍加熱鈀即多
收輕氣將打薄之片加熱至二百十二度能收輕氣如原
體積六百四十倍若用鑄成之片所收之輕氣爲原體積
六十八倍鈀不收養氣與淡氣故在空氣不加熱不能變
化加以不甚大之熱面上亦生藍色即與養化合之質然

加大熱鈀養又放其養而成鈀鈀能在硝强水內消化成鈀養淡養五此質能合碘在雜質內分出而成黑色之質即鈀碘造格致之器鈀為最宜因硬而輕日久不暗鈀銀等分鎔和可作小法碼之用

鈀與養合成之質

此有二質與鉑合養之質相對化學家曾作鈀養二將鈀養漸加熱而成之又有一質為鈀綠易在水內消化亦易化分為鈀綠與綠此鈀綠與鈀綠二與鹼類合綠之質化合即成雙鹽類質鈀綠為深綠色鈀在酒燈火加熱即變成鈀炭脆而易研為粉

錴

錴常與鈀同產於鉑礦之內其鹽類質大半為紅色故希臘語挼第哇末即玫瑰花之意其取法將鉑礦以合强水消化而和以淡輕四綠分出其鉑遂加鈉養炭養二滅其酸用汞衰分出其鈀將其餘水添以鹽强水至有餘而熬乾之再和以醕則有錴綠鈉綠之雙鹽類質變成紅色之粉不能消化將此質在管內加熱而令輕氣行過錴即分出用水消化鈉綠而濾取灰色之粉即錴更耐熱於鉑輕養吹火勉强能鎔此種金類極硬亦能打薄不能為合强水消化如有別種金類和入者即能消化然鉑一百分合以錴三十分合强水亦不消化所以數種化學器以此為之最佳錴與鉀養二硫養三相和而鎔化其質能在水內消化放出硫養二氣而成錴養硫養三與鉀養硫養三在水消化令水變為紅色如將錴為極細之粉而在空氣內加熱能收養氣

錴與養合成之質

硫養相合有二種一為錴養乃不常見之質二為錴養三其取法將錴合以鉀養炭養二與硝而鎔之將鎔得之質以水洗之則所餘者錴養三合鉀養之質不能在水消化和以鹽强水則餘質為錴養三不能為熱所化分不能為强水消化可作為本之質而其鹽類質為紅色不能一徑得之必用繞合之法

錴綠三

此為黑棕色之質不能成顆粒在水消化水變紅色和以鹼類合綠之質即成雙鹽類質之顆粒有艷紅色如將錴之細粉合以鈉綠而加熱再令綠氣行過即得雙鹽類質即三鈉綠錴綠三十八輕養為紅色之八面形顆粒將錴綠三水和以淡輕三而加熱令沸則成黃色鹽類質之顆粒即錴綠三五淡輕三加熱至紅即得錴將錴合以硫而加熱化合甚猛即成錴硫二與錴硫三

銤

鈢亦是鉑礦內所產常爲片形如鱗即鈢合鉉與硫與綠之各質鈢合養能成易化散之配質其霧之臭最辣故其原質謂之哇斯米烏買即希臘語臭之意金礦內常雜此質此質最重故在鎔金之罐底結聚此質極硬西國筆頭間有加此質在其尖能久不消磨如製金錢其金偶雜鈢一小粒則印打之鋼模易壞鉑礦遇合强水則此闢質不消化另有鉻鐵礦與鐠鐵礦之小粒亦不消化而沉下故將沉下之質置於瓷管內加熱而令乾空氣行過則鈢變爲鈢養[四]其霧爲空氣帶出管外可以瓶收之此鈢養[四]結成無色之柱形顆粒加熱至二百十二度即鎔而化散所成

之霧極辣與綠氣相彷最易在水消化水內發出鈢養[四]之臭人皮遇之變黑色其水合以五倍子醕則結藍色之質其酸性極淡藍試紙且不變紅又不能令合炭養[二]質化分其鹽類質以水消化而加熱令沸即能化分如將輕硫合於鈢養[四]水即成鈢硫[四]爲黑色之質烘乾之而在炭精罐內加熱即成脆質爲鈢其重率二一·四輕養火不能鎔各種强水不能消若以別法爲之得其極細之粉空氣平熱之時能與養化合而發鈢養[四]之臭此細粉能爲硝强水消化而變爲鈢養[四]

鈢養[四]以鉀養消化而加以醕則鈢養[四]放其養氣而爲醕所收即結玫瑰花色之八面顆粒即鉀養鈢養[三]二輕養其鈢養[三]尚未得分取之法但能得鈢養與鈢養[二]

鈢與綠合成四種質一爲鈢綠一爲鈢綠[二]一爲鈢綠[三]一爲鈢綠[四]其鈢綠與鈢綠[二]可將鈢一逕與綠化合而得之如乾蒸鈢綠即結綠色之針形顆粒水內消化水變爲藍色但速收養氣而變爲鈢綠[二]如將鈢之細粉合以鉀綠而在綠氣內則成鉀綠鈢綠[二]爲雙綠氣之質稍能消化而結成八面顆粒與鉑爲相對之質如將銀養淡養[五]化分之即結深綠色之質爲銀綠鈢綠[二]

釕

羅尼亞地方有一種新得之礦名路來得即釕硫合鈢硫係發亮之小粒平常取釕之法從鉑礦內得之將鉑礦消化於合强水內先分出其鉑將餘水加熱而令空氣行過則結成方柱形之顆粒結成之處在管近於加熱處與鈢養[四]凝結處之間此質原不化爲霧然亦外散者是被鈢養[四]所帶出也如將釕養在輕氣內加熱即成釕之原質爲硬脆之金幾不能鎔化合强水亦不消化釕養[二]爲深灰色之粉强水亦難消化釕養[二]與釕養[三]俱稍有爲本之性而釕養[三]不能爲熱所化分其無水之釕養[二]爲淡藍色之粉釕養[二]常與別種本質化合不能分取

鋐

鋐之雜質其色各不相同西名衣里第阿姆卽虹色之意因虹有多色之故前言鉑礦內所得不消化之質含鋐在內間有純者又有合於鉑者其屑質能結成八面顆粒更重於鉑其重率爲二二·三若將分取鉑之餘水和以食鹽而加熱隨令綠氣行過卽得鋐與綠氣合成之雙鹽類質以沸水消化而熬乾之和以硝强水而加熱過之卽變爲鉥養而化散再加淡輕綠又變深紅棕色之質卽淡輕輕綠鋐綠再加以熱則鋐之原質能成灰色之絨如鉑絨若在空氣內加熱卽與養氣化合可用輕養火鎔成硬脆之質空氣內不收養氣合强水不能消化如合於鉑者亦能消化此與鋟同若用極細之鋐在空氣內收養氣則成鋐養乃黑色之粉可作瓷器之深黑色不能在强水內消化鋐養遇鹼質比遇酸類更易變化在鉀養內消化而遇空氣能變藍色卽鋐養其鋐養爲綠色之質其鋐綠並鋐綠似乎鉑綠與鉑綠因與鹼類合綠之質變成雙鹽類質又有一質爲鋐綠其水爲綠色合於汞養淡養卽結黃色之質合於銀養淡養卽結藍色之質鋐若置於酒燈火內卽與炭化合成鋐炭又與鈀同

化合鉑礦內之雜質列表以明其次第惟各金類提純之法表內不贅

化分鉑礦用合强水加熱令沸

不消化者爲鋐鉥釕又有鐵合鉻養並鐵鍇等質再令乾空氣行過而加熱	三	餘質合以鈉綠而加熱再令綠氣行過所得之質浸於沸水 不消化者爲鐵鍇並鐵合鉻養之質 消化者爲鋐卽鈉綠鋐綠
	二	透出之質爲釕養
	一	化散之質爲鉥卽鉥養
消化者爲鉑鈀鋟再加淡輕綠加以鈉養炭養減其酸性再加汞衰	三	前水內所餘之水和以鹽强水而熬之再和以醋不消化者爲鋟卽三鈉綠鋟綠
	二	結成之質爲鈀卽鈀衰
	一	結成之質爲鉑卽淡輕綠鉑綠

以上各種似鉑之質俱有奇性提純此各金費甚大而工甚難化學家尚未詳細考究惟此各金可分爲二類以其分劑數與重率而定之

重者鉑分劑數九八·五六重率二一·五

鉥分劑數九九·四一重率二一·五

鋐分劑數九八·五六重率二一·二

輕者鈀分劑數五三·二四重率一一·四

鋟分劑數五二·二六重率一二·一

釕分劑數五二·一一重率一一·四

鉥易與養氣化合成鉥養易以化散則與銻鉮燐三質之

一屬相似，所以鉑之一屬與鋨鉀燐三質之一屬藉鈦有相關，鈀能在硝強水內消化，與碘並衰有大愛力，則與汞並銀之一屬相似。

金

黃金難與別質化合，故常有生成之純質。天下之產處甚多，而取得者甚少。西國之金大半產於舊新兩金山，並麥西哥與普拉齊以及秘魯等國。又俄國之烏拉勒山，英國則阿爾蘭之會克魯與威勒士，與卡特愛特里山，蘇格蘭之鉛山並夸奴哇勒地方。

金礦略與錫礦同列，又產於火成之石內，或河底之砂內。此因石質久爲風日雨水剝蝕衝洗，自成砂粒，而流在河底也。金在火成石內者，常爲顆粒，或立方形，或八面形，或此二者之變形，間有成樹枝形者。砂內之顆粒常爲片形，間有大塊者。此塊之面略有消磨之迹，因砂被水衝而常動盪之故。

河砂中分取其金，藉金之重而得之。金之重率爲一九三，而砂之重率爲二五六，故以水冲入而淘去輕浮之砂粒。金乃自沉而聚於器底。平常用木盆或銅盆盪動而搖振之，令簸出其上浮者，而收其沉底之質。又有大取之法，用木槽墊以彎木，搖其槽而簸出其浮砂。此槽置於斜面，下有孔放水，將砂先過槽頭之粗篩，令其粗砂粒分出，後即多冲以水，搖動而淘之，槽底自有沉下之質。

火成之石含金，如石英等，分取之法甚難，必須碎石爲粉，或用硬生鐵之雙軸軋之，或用大杵臼舂之，常令水行過其臼內。

含金之礦有數種，必和以別質鎔化，而令別質收其金。此以鉛爲最宜。將礦軋碎，和以鉛或鉛養與木炭，或鉛硫礦而鎔之。用此各物，必另和以鈣養與鐵養，或白泥等質，令其矽養鎔化，金遂爲鉛所收，而在渣滓之下相聚，再如前鉛內分銀之法分出其金。

亭軋里化分石英金礦之法，和以鐵硫。其礦原雜鐵硫，另又含金少許，將軋碎之粉與鈣養和鎔，先去其石英，其鐵硫亦放硫之半，而變爲鐵硫，沉在渣滓之下，引合所有之金。將此質煆之，令其鐵變爲鐵養，再添原礦若干，則鐵養能令石英鎔化，而新成之鐵硫能引第二次之金而沉下。如是屢次爲之，俟所沉之鐵硫已含多金而止。即將此質和以鉛而鎔之，金又爲鉛所收而沉下，仍用鉛內分銀之法分取其金。

鉛礦、銅礦、銀礦含金者，常與鉛銅銀等相雜，其分取之法詳後。金礦照前法淘汰，可用水銀引出其金，將礦粉和以水銀而搖動掉擻令金點收入水銀用麂皮絞之則無金之水銀過皮而出有金者留在皮內可以煏出其水銀近時取金者云水銀內加鈉少許則金與銀更易收入

替如辣地方有含金之鐵硫礦分取之法有特設之磨器將礦和水與水銀少許而磨勻此水銀連用數次能收多礦之金水銀收金飽足之後遂用麂皮絞之而加熱煏之生成之金常有銀與銅相雜須分出之將硝強水消化其銀與銅若二質極少者不宜用硝強水因價貴而費多宜用硫強水消化之將其雜金鎔化而傾入冷水成小粒在濃硫強水內加熱令沸則銀銅消化而成銀養硫養或銅

養硫養並有硫養氣放出金點不能消化而沉下其水內分銀可將銅條浸入卽令銀養硫養化分而成銀取其銀再將餘水熬之而令成顆粒又得銅養硫養此法最簡雖銀二千分含金一分尚能取出所以舊銀器或銀錢卽前人所不能分取其金者今可化分而得利如將舊銀錢或器和以硝強水而加熱令沸卽得紫色之粉卽金粉然金數多者此法不靈蓋銀銅爲金所包護而不遇強水如每銀五兩含金過一兩者當另加以銀若干令其多於五與一之比硝強水始能消盡又如銀內多含銅者必加熱而令空氣行過則成銅養而分出乃便於分金

純金甚軟略同於純銀故不能作平常器具與錢之用如金錢每十二分銅居一分金居十一分金器則銅與銀之數不定金若合銅其色紅於純金

英國金之成色以分數命之如定二十四分爲成數則以二十二分爲準金卽每二十四分內純金居二十二分又有十八分之金卽每二十四分內純金居十八分亦卽每四分含純金三分

純金之取法可將準金卽金匠金以合強水消化此合強水用硝強水一體積鹽強水四體積消化之後熬至將乾再加水消化濾出銀綠而添以鐵養硫養金乃結成深紫

色之粉濾之洗之烘之盛於罐內鎔之此罐先用硼砂鎔粘於內面以免粘金之小粒再加硼砂少許金能成塊其變化之式爲

金綠$_{三}$＋六(鐵養硫養$_{三}$)＝金＋鐵$_{二}$綠$_{三}$＋二(鐵$_{二}$養$_{三}$三硫養$_{三}$)

草酸可代鐵養硫養將其水加熱則結成之質爲金絨此質受壓力卽變爲光質補牙者多用之

準金在合強水內消化其外面常生白皮卽銀綠金遂不再消化故必傾出其強水而洗淨其金加以淡輕消化其銀綠而又洗去其淡輕然後再入合強水內若平常之金匠金應先在硝強水內加熱令沸消去其銀與銅而後用

合强水消化。至如金絲布或帶，必先燒去其內線，而用合强水消化。

金器辨其成色，須用硝强水一滴，若雜多銅，卽變綠色。其面若鍍厚金，此法不靈，只可試其重率。然或用鉑藏在中心，而配準其重率者，亦不能辨。惟金錢原是定例，而非作僞，其重率爲一七·二五七。

化分羼金之法：計此羼金內有金一分，卽和以純銀三分、純鉛十二分，盛於骨灰鍋而加熱鎔化（見第二百四十七圖），或在爐內，或在吹火放養氣處，則鉛銅與養氣化合，其鎔化之鉛養又能化銅養，而同爲骨灰所收。察其餘存之質，再不縮

小，待冷而打成薄片，加熱至紅，令軟，軋成薄皮，將皮捲成筒形，置於一·一八之硝强水內，加熱令沸，消化餘銀，以淨水洗之，再用一·二八之硝强水加熱令沸，消盡銀跡，再洗之，而加熱至紅，卽爲純金。此法先用淡硝强水者，因先用濃，則金皮破碎而成屑，不便於洗。每金一分，須加銀三分，銀若少於此數，不易分出，被金所遮護也。

金之形性異於別種金，除鉑之外，爲金類之最重者，其重率爲一九·三。其打薄引長之性大於別金類，如作金箔，將金條軋成薄帶，而剪作方塊，夾於極薄之皮內，用大椎打之，再剪成小方，而夾於極薄之皮內，再打至極薄，純金一

兩，其面積大至一百平方尺。如將此箔二十八萬二千張疊起，高纔一寸。此箔對光視之，光能透過而顯綠色，或藍色。若爲回光，卽顯金色。若將平常之金箔浮於鉀衰水之面，更能變薄，對光視之，變爲茄花色或紅色，因光仍顯金色。若置於玻璃片上而加熱至六百度，則失黃色而變爲深紅。若以硬物壓之，則變綠色。極細之金粉以水掉和，令其不沉，水變紅色或茄花色。欲作此種極細之金粉，以合强水消化純金而添水令極淡，另用燐在以脫內消化，而添入前水，待若干時卽有金之微點結成，其色與在水掉時相同。此有藍色之點先沉，而其紅色之點須數月始沉。

磁面用極細之粉畫金花，卽是此法。又有一種紅玻璃，其色亦用此質所成。此金粉百分釐之一，和於水一立方寸，水變玫瑰花色。

繡工所用之金線，亦藉金能引長之性，將銀作細管，在外加金箔，用抽絲之器抽至極細如髮，或用此法以金六兩引長至二百英里。

金之鎔界與銅略同，惟冷結之時縮小甚多，故不合於模鑄之用。

金遇空氣不變色，雖遇輕硫氣亦不變暗，故凡久欲光亮之物，鍍金最好。

鍍金之法昔用金汞相合成膏敷於器面加熱化散其汞或將金以合强水消化再添鉀養炭養或鈉養炭養至有餘加熱令沸將其沸水刷於器面然不如電氣之善將欲鍍之器連於發電器之鋅板而浸於金鉀衰之水又用金片連於發電器之銅板而與鍍物相對其器受鍍若干金片亦消金若干

化學之工備金鍋亦甚便用因有鉀養與鈉養並淡輕養等之鹼類質以鉑鍋鎔之則生銹以金鍋鎔之不被蝕

金與養合成之質

金合養之質有二種一爲金養一爲金養但此二質無甚

大用金養之取法將金在合强水內消化而添以鉀養至有餘加熱令沸變成鉀養金養以硫强水化分之即成金養以硝强水消化而加以多水金養仍結成黃色之質見光則化分或加熱至五百度亦能化分若在鉀養水內消化而在真空內熬乾即成鉀養金養六輕養爲黃色之鍼形顆粒或將金綠以鉀養化分之即結黑色之質爲金養

金與綠合成之質

金合綠之質與合養之質相對金綠之取法金在合强水內消化此合强水用鹽强水四體積硝强水一體積消化之後隔砂熬至體積稍減小待冷而結黃色之柱形顆粒

即金綠合輕綠之質如加熱在二百五十度以下則變爲紅棕色之質易自消化尤易於水內消化此水成光黃色入膚或別種生物質遇之變成紫色因有結成極細之金點凡能與養化合之質除數物之外俱能令其金分出玻璃瓶或玻璃管欲在內面鍍金一層先洗至極淨而將金綠之淡水和以橘檬酸與淡輕勻敷於內而稍加熱照像全藉金綠結成金點始能見空氣而不變金綠又能爲醕或以脫所消化故在水內消化而加以脫則以脫能從水內收其金綠而令消化金綠遇鹼類合綠氣之質或生物合輕綠之質則變成之質能結顆粒此與鉑綠同理因有

此性故化學家試驗生物質俱藉金綠又有鈉綠金綠四輕養乃紅黃色之顆粒照像家間有用之者

金綠之取法將金綠漸漸加熱至鎔化熱至三百五十度遂化分而放出綠氣二分劑即成金綠若熱至四百度即復爲金金綠之色淡黃難在水內消化若和以沸水則變爲金並金綠

淡輕合於金綠水遂成古銅色之粉即金爆藥設遇小熱爆烈甚猛故難於化分而考其原質祇疑爲金養二淡輕輕養

照像所用之料俗名金鹽乃金養硫養合於鈉養硫養其

質爲金養硫養三〔鈉養硫養四輕養其取法將金綠一分鈉養硫養三分各消化於水二水相合而加以醋變成雙鹽類質醋不能消化故結成沉下而得其柱形顆粒其式爲

八〔鈉養硫養二〕工金綠二‖金養硫養三〔鈉養硫養二〕工三鈉綠工二〔鈉養硫養但此式實爲此質之質點排列法因不能以平常含硫養之質爲配質所消化若遇淡養五金能全數分出

卡西由斯紫色

此料之用能令玻璃與泥變爲深紅色其質爲金錫養三質相合而成其排列之式略爲金養錫養錫養錫養四輕養取法將錫綠和以錫綠與金綠先用金七分錫二分各以合强水消化二水相和另將錫以鹽强水消化而加水令淡滴滴添入前水俟變美觀之紫色而止所成極細之紫粉待久沉下或添鹽類水少許沉下較速其新結成之粉能在淡輕水消化遇光則紫色之水化分而變藍色久而藍色漸滅有金結成水內但留錫養

金與硫合成之質

金與硫之合質不能盡知如將輕硫合以金綠即成黑色之質爲金硫金硫能在鹼合硫之質內消化或取得鈉硫金硫八輕養乃無色之柱形顆粒能在醋內消化所結成之金硫不能在强水消化惟合强水能消化若和以淡養則養與硫化合而放出其金質然輕硫和於金綠之沸水即有金結成其式爲

四金綠工三輕硫工十二輕養‖金工十二輕綠工三〔輕養硫養

鎵

西歷一千八百七十五年八月二十七日法國化學家蒲布特蘭考得此質在法國南疆比立尼山之谷中用光色分原鏡辨驗鋅礦察其光圖中忽有光帶其色與已知之原質不同故再詳細化分其礦得一新質謂之家里吽末由是取得其原質一塊送與法國博物會中存之爲據分取此質之法用含鎵之水通以電氣則連於負電之鉑片自有鎵之原質結成其性硬可用瑪瑙硏器磨至發亮其色白於鉑如依法配其電氣之力並通電面之大小則得鎵之細顆粒以顯微鏡察之甚是發亮遠視似銀屑置於水內加熱沸之不收養氣在空氣中加熱至百度表二百度亦不與養化合其硏光之面久遇空氣光亦稍遜若置於淡鹽强內則化分其水而放輕氣如有含鎵之水和以綠氣或硫養三即成鹽類質將鋅一塊置其水中則其鎵養

或鎵養結成沉下又如含鎵之水中添以淡輕少許則鎵
合綠氣並合硫養之質結成沉下惟其淡輕有餘或用淡
輕養炭養至有餘則結成之質再能消化其大半如將不
消化之少半再用鹽强水消化仍用淡輕結成後用多淡
輕消化之則能盡取其鎵又如鎵養硫養或鎵綠以淡輕
消化而再添醋酸則其質結成若用淡輕養醋酸則必加
熱而能結成如水中有消化之鎵鹽類添以淡輕硫則其
鹽類質亦結成無論有淡輕養醋酸或醋酸在內俱能結
成惟鎵硫不能為淡輕硫所消化故能結成如有鋅則第
一次結成之鎵質為最多連結成六次之後尚含鋅硫少

許鎵之各鹽類質不能為輕硫所結成含鎵養硫養或鎵
綠之水添以鋇養炭養即有鎵養炭養結成如將鎵養硫
養烘乾而連加熱至硫養幾散盡亦能在冷水內消化又
鎵綠之酸性水添以鉀衰鐵亦能結成鎵能與淡輕合成
礬類之質能在冷水內消化但加熱其水即化分惟添以
醋酸則不化分此礬與白礬之形相似或為立方形或為
八面形之顆粒考此礬之形性疑鎵為三質點之原質故
與養氣合成之質為鎵養用光色分原鏡察之即得茄花
色之細線若用電光通過鎵綠亦得淡茄花色線蒲氏已
化分數種鋅礦大半有此原質在內疑凡鋅硫礦必含此

質所試之礦雖含鎵極微其光線亦能顯出

製造與化學相關之理

燒鍊玻璃

玻璃之料全藉金類合矽養而變成如鹼類合矽養者又
如鈣養或鋇養或鐵養或鉛養或鋅養等合矽養者
矽養一分合以鉀養炭養或鈉養淡養一分加熱鎔化即
成透明之質惟此質能在水內消化故不宜為平常玻璃
之料設用作窗片遇雨即漸消若作器具亦不可存流質
須加鈣養或鋇養少許或鐵養或鋅養或鉛養等始能遇
流質而不變

玻璃之美有三蓋一為透光二為久不變三為熱時質軟
玻璃之各料原依其用處而配合將所需之料盛於火泥
大罐而置於倒焰爐內用煤火或煤氣火鎔化
玻璃片之料用鈉養矽養和以鈣養矽養而鎔成每百分
含鈉養十三分三即一分劑含矽養六十九分一即五分
劑又常含鋁養少許
鎔鍊之法將砂一百分和以白石粉三十五分鈉養炭養
三十五分惟鎔此料時須加碎玻璃若干其白石粉與鈉
養炭養所含之炭養必須放散否則令料發沸玻璃內即
有氣泡甚多故必先將其料加熱小於鎔度俟炭養氣散

盡而加大熱始免氣泡之病。
鈉養硫養可代鈉養炭養之用但必另加木炭令硫養變爲硫養而散出。玻璃料在罐之時須用大熱鎔化甚久則氣泡盡散於上浮之滓內可取去之。

玻璃片之料原爲鈉養矽養與鈣養矽養相合而成然必添鉀養矽養少許每百分配準矽養七十四分鈉養十二分鉀養五分五鈣養五分五所用之白砂須極淨者最忌異質相雜。

光學器之玻璃不用鈉養因鈉養能變綠色故將砂和以鉀養炭養與鈣養炭養而鎔化每百分配準鉀養二十二

分鈣養十二分五矽養六十二分。

酒瓶之料質粗而價廉大半爲鈣養矽養另添鹼類合矽養並鋁養矽養各少許又有鐵養因此變爲黝色鎔鍊此料最爲簡便即平常之黃砂內含鐵與鋁養又造肥皂之餘料內含鈣養與鹼類質少許又煤氣廠用過之石灰又泥與石鹽少許。

玻璃杯並玩器之料用鉀養矽養與鉛養矽養每以百分配準鉀養十三分六七鉛養三十三分二八此二料爲各成一分劑又矽養五十一分九三即六分劑合製之法將極淨之白砂三百分鉛養二百分提淨之木灰一百分硝

三十分盛於罐內蓋密火焰不可竄入如遇火焰則鉛養若干必與養氣化合加硝之意欲令收養之雜質不收鉛養之養而收硝之養。

玻璃用鉛養欲其易以鎔化其質又稍軟又易造成各種陳設玩耍之形。

鋇養亦能令玻璃料易鎔鋅養能令明澈而增大光差所以光學之器常用此質造成其製法用硼養若干代矽養若干。

有數種玻璃加熱至將鎔而漸冷則變爲瓷形而不透光名六麻瓷此種變化謂之改性玻璃此因矽養成顆粒之

故如將此質再鎔化仍能透明。

無色玻璃

此料全藉能鎔之金類合養之質前已言黝色在鐵養因砂常含鐵而白石粉亦含鐵養造玻璃者其意原欲無色然常稍帶綠色欲去綠色須將放養氣者添入則鐵養變爲鐵養此質之數不多色可不見或加硝少許又或加鉀養少許此質令鐵養收其養氣鉀乃變霧而散出或用鉛養即變爲鉛養而存在料內又有用錳養則放養氣而變爲錳養存在料內無色然用錳養過多玻璃又變殷紅色。

各色玻璃

欲紅須加銅養若欲極明之紅色必加金少許見上金綠下用銻合養之質則有黃色用極細之木炭則變黃棕色用鉍養即得淡綠色最為美觀用銅養或鉻養即得艷綠色用鈷養即得艷藍色用鈷養合錳養即得深黑色又有暗白玻璃以火石為之內有錫養每百分居十分或加骨灰亦得此色。

陶器

陶器之料產於山中原是嫩石而非泥質精者為瓷粗者為瓦然亦有生成之泥而嫩石碓細者亦謂之泥則碓細之泥為瓷生成之泥為瓦。刱造瓦器先於玻璃文教未盛之時人見地面之泥質軟而可作器加熱能變堅質初成此事與化學不相關與玻璃不相同但將泥質造成粗器而已然其實全藉變化之事大與化學相關蓋此泥有多種其原質各不同欲辨其性須明化學之理所以泥雖多種而其適用之性祇有二其一能就範其二多含鋁養矽養

高嶺泥為鋁養矽養合輕養之質最精之瓷需此質造時極能就範惟造成之坯烘熱則縮故在窰內受熱常欲變形或燥裂之病須將原料加以砂與白石粉或骨灰或鋇礦然加此各質則減原料之韌力其坯乃甚脆又須另加一質能在適宜之熱度鎔化遂使泥之各質粘合而成堅質或加以鋁養矽養合鉀養矽養之礦西名非勒特司怕耳又或加鉀養炭養或鈉養炭養令其矽養變為易鎔之質如將原料和以砂與非勒特司怕耳或相類之質則能加熱而不變形惟易滲漏倘不合用必須再加一質在其外面成玻璃或和在其體質之內成器始能不漏所有花紋用紙片鏤空貼於器面而刷色又有極細之花以筆畫成而加釉。

西國有一種精瓷名為歲扶而瓷其配料之比例用高嶺泥六十二分白石粉四分砂十七分非勒特司怕耳十七分先將四質各和以水淳勻沉去其粗質後將細質之各水照比例和勻待其細質沉下而取出形略如膠可摶之而藏在濕處歷數月之久其質更能變細設含生物質者亦自能化分而散出其化分之理因與養氣化合其養氣即含硫養之質所放而為生物質所收造器之時將配合而藏久之料就模成體在空氣內自乾列於粗泥盒內蓋密而入窰中初用木火而漸加大熱火候既足乃成生瓷必在外面加釉一層其釉漲縮之性必與本體相同否則冷時裂為冰紋歲扶而地方所用之釉將非勒特司怕耳合於石英研成極細之粉和水而加醋少許令其不沉將

生瓷醮此水中卽收此水而面上得釉一層再入窰中燒之釉質鎔化半入瓷體半在瓷面

瓷器欲作一種純色則將金類之顏料合於釉料其顏料必能受大熱者若欲作五彩花紋必在加釉之後畫之此器必受熱三次所用各色係玻璃之料和以金類合養之質與松香油研勻成漿用筆畫在器面入窰燒之玻璃鎔化而粘於外面

瓷面鍍金或用水內結成之金或用金爆藥合於松香油畫於器面加熱燒之再以瑪瑙研之

英國瓷用果臯書地方之泥合以磨細之火石粉與骨灰

間有加鈉養炭養或硼砂或矽養其矽養能令瓷色更佳其釉係果臯書石卽非勒特司怕耳與石英合成者又用火石粉與白石粉與硼砂又加鉛養炭養令其易鎔

粗泥所作之器常用鈉養矽養爲釉此釉以極細之砂和水掉勻而加於器面置於窰內加大熱將鈉綠稍濕以水而撒在窰內則鈉綠與水霧能令器面之砂變成鈉養矽養鎔化於器面成玻璃其式爲

鈉綠丄輕養丄矽養川鈉養矽養丄輕綠

水缸水罐等瓦器用平常之泥和砂造成其加釉之法用砂四五分密佗僧六七分相和此瓦器之色紅或棕因有

鐵養

房屋之磚瓦用平常之泥爲之間有加砂在內者其泥之本色或灰色或藍色或黃色加熱之後卽變紅色因所含之鐵原爲鐵養炭養遇空氣之養卽收之而變爲鐵養

粗泥易鎔於細泥故作爐內之火磚或鎔鍊玻璃之爐或作鑄鋼之罐必用細泥爲之再將舊罐研粉和入泥內則受熱不縮有一種火磚名第乃司火磚其泥含矽養每百分居九十八分並有鋁養若干此料百分和以鈣養一分並水少許造成之磚受熱則漲平常之火磚受熱則縮

磨光槍筩之礪石其消去之粉常含鐵之小點將此撒於

化學鑑原補編 卷六 陶器

磚面磚卽變爲藍色因加熱之時面質鎔化能成鐵養矽養之玻璃料

房屋料之石與灰

起造房屋最合宜之石料論以化學之理須用淨矽養卽水晶或石英此質遇空氣永不變化如能得其大塊最爲合用惟鑿磨之工不易難成所需之形其次則有花綱石並巴所得與怕弗里極能耐久水與空氣之炭養氣幾不能令其消毁然亦最硬鑿工亦難惟鋪路砌階造橋等事宜用其大塊者又有一種磨石內含矽養甚多可築牆基凡易鑿易鋸之石如砂石灰石等謂之軟石砂石爲泥與

砂粒並灰石粘連而成英國有一種板形之石多含矽養最合於鋪路又有一種砂石係倫敦常用之軟石每百分含矽養九十八分另含鈣養炭養少許

各國常用造屋之石係鈣養炭養所成此種石之耐用與其質之鬆實有相關如大理石等質點緊密能久耐空氣之變化若鬆質之灰石其外面不久即爛英國倫敦大禮拜堂係布得闌特地方之石所造色末色德公局亦此石所造又有一種排德石亦能耐用但日久亦爲空氣所變化其變化而消毀之故因冬季冷時質點內之水結冰而漲石遂裂而成粉有人設法考驗各種石耐久之次第將石浸於極濃之鈉養硫養水內取出待乾則其鈉養硫養結成顆粒而漲略同於水之結冰以每塊石所剝落之粉稱之即知其耐凍之次第鎂養炭養與鈣養炭養合成之石最宜於房屋鏤花之用因鋸磨最易此石如爲鈣養炭養鎂養炭養各一分劑者尤爲合用若鈣養炭養過限則磨粉而浸於淡醋酸內易致消去英國公會房屋之石每百分含鈣養炭養五十分鎂養炭養四十分又有矽養與鋁養

灰石之面常有剝蝕之病因空氣內之水合於炭養而爲石所收又有大城大鎮之內多燒煤炭並有化學之工散出硫養等氣石亦易毀英國公會之屋其石俱因此事而設法在石外加料以免空氣消毀如加油質與松香類之質或加玻璃料但此各法尚未久試而得其實有益之據另有數種灰石最合於房屋之用如白比格石安卡司脫石爾嵌石等

築牆之石灰須用新化者一分砂二三分加水掉成稠質始能變硬此因收得炭養氣則鈣養半變爲鈣養炭養而合於未變之鈣養輕養遂成硬質一層在磚石之縫內粘連甚牢

房屋或別種工程常欲遇水之處若用平常之灰則消毀甚速故必用水結之灰此種灰用鈣養炭養一百分泥十分至三十分相和而煆之散出其炭養再和以泥含矽養之質令成鈣養矽養又或與鋁養化合成鈣養鋁養此質煆後磨成細粉而和以水則鋁養矽養與鈣養矽養並鈣養鋁養合成雙含矽養與鋁養之質遇水不變化如羅馬灰用一種灰石煆之此石之含泥每百分有二十分和以水而不久變硬

又有一種灰名布得闌特灰因其變硬之時與布得闌特石略同其製法用火泥和以灰石加大熱煆之

礫石合石灰能成極耐久之物非尼西亞地方有極古之

廟尚在數千年前用此法所造有人鑿其料若干攜回本國試之硬如生成之石每百分有礫石三十分又有一種灰其合製之法將石灰加熱至暗紅再燒硫而得硫養氣令其合於空氣而行過熱石灰之上所成之質最能變硬此因化合之鈣養硫養與鈣養相和遇水之後亦硬如生成之石

長洲　徐鍾　校

化學補編附卷　體積分劑

英國　傅蘭雅　口譯
無錫　徐　壽　筆述

質點之理

英國化學家都勒敦考驗原質之化合其重數與體積常是相同無稍改變其原質乃無數小質點合成而此小質點不能再分如輕氣每一質點為一而養氣每一質點為八則輕與養彼此化合或與別質彼此化合其比例常為一與八或為此二數之若干倍是即質點不能再分之理各原質變為霧而化合其重數之體積同於輕氣一分劑之體積惟養硫硒燐鉮碲為其體積之半

各原質變為霧而體積相等則易明質點之理必依重率與體積化合之事然養硫硒燐鉮碲化合之數其體分劑數不能與重分劑數相等因此各質為體積之半則必為各重率之倍如養之重數為十六即養氣重十六分之體積等於輕氣重一分之體積惟其重分劑數為八因養八分重與輕一分重能化合所以水之體分劑式為輕養等於水二體積其輕為重二分即二體積即輕氣二質點而養為重十六分即一體積即養氣一質點近時化學家俱用體分劑式而不用重分劑式其體分劑式為雜質內所

含各原質之體積然將此兩法相比則考究變化之理固以體分劑爲宜若欲作分合之事當以重分劑爲主此書專論化學之功用故仍依重分劑數

又有一事可證質點之理即質點之重率與各質增熱至若干度所需之熱畧爲同比例即原質之質點熱率與其質點體積相同惟等分劑之原質令得若干度之熱所加之熱數各不相同

如水一分劑增熱一度所需之熱數爲一則養氣之熱率爲○·二一七五而輕氣之熱率爲三·四○九約多至十六倍故知輕氣若干重減熱若干度所散之熱多於等重之

養氣所散之熱十六倍即輕一分重之熱與養十六分重之熱等又因其熱率爲一分重之熱數則養之質點熱率爲其體積熱率之十六倍即○·二一七乘十六得三·四八此數畧等於輕氣之質點熱率即三·四○九乘一

雜質之變霧或氣其化合之重數與體積或爲養氣化合之重數與體積二倍至四倍故得二種要理如後

一凡原質之霧或氣其化合之體積爲一體積如養氣等或爲二體積如輕氣等

二凡雜質之霧或氣其化合之體積或爲二體積或爲四體積

故以體分劑式代重分劑式在考驗氣質與霧質最爲簡明因原質之體分劑爲其霧之一箇體積而雜質之體分劑爲其霧之二箇體積

炭養與炭養$_2$之體積

炭在養氣內燒之其合成之炭養$_2$氣適等于養氣之體積故養一體積合成炭養$_2$氣仍是一體積

炭養$_2$氣一體積之重率即一·五二九減去養氣一體積之重率即一·一○五得餘數○·四二四爲炭養$_2$一體積內所含炭霧之重如謂炭質能變爲霧則體積必等於養氣之一體積而炭霧之重率爲○·四二四所以炭養$_2$必爲炭霧

與養氣各一體積相合而成

炭養$_2$氣一體積即含養氣一體積者行過燒熱之炭即成炭養氣二體積此二體積內含養氣一體積與炭養一體積其重率爲○·九六七故得炭養二體積之重一·九三四減去養氣一體積之重一·一○五餘數爲炭養二體積內炭之重即○·八二九

炭霧一體積之重率既爲○·四二四即可命○·八二九爲炭霧二體積之重而炭養二體積內含養一體積與炭霧二體積惟此炭霧尚未有人取得即謂之虛質而但論其理

如以輕氣代空氣而爲重率之主其理更屬顯明即炭養二
炭養二一體積之重率爲二二
養氣一體積之重率爲一六
炭養一體積內炭霧一體積之重率爲六
炭養一體積之重率爲一四
炭養二體積之重率爲二八
養氣一體積之重率爲一六
炭養二體積內炭霧二體積之重率爲一二
炭養與別質化合之分劑數（各質分合既以重分劑爲主則但言分劑數者即重分劑數）
如以鉀化分水用鉀三十九分能散出水之輕氣一分

而與養氣八分合成鉀養四十七分故以輕氣爲主則鉀
之分劑數爲三十九鉀養之分劑數爲四十七而鉀養四
十七分能與炭養氣二十二分化合故即命二十二分爲
炭養氣之分劑數惟鉀養四十七分又能與炭養二四十四
分化合又必收水九分而其合成之質爲鉀養二炭養二易
放炭養二之半即可謂含炭養二二分劑又炭養二二十二分之
內含炭六分合于養氣十六分而炭養氣內炭之六分與
養八分化合自可命六爲炭化合之分劑數即與輕氣一
分劑相配之數
如命養氣八分重之體積爲一則所成之炭養二氣十一分

重爲一體積而二十二分重爲二體積內含炭霧二體積
與養氣二體積茲依此理而將炭養二與炭養之分劑與原
質列後
炭養　分劑數十四（炭重六 養重八）　體積數二（炭體積二 養體積一）
炭養二　分劑數二十二（炭重六 養重十六）　體積數二（炭體積二 養體積二）
炭之質點重率常以爲十二然亦難考炭霧一體積之重
率所以化學家不能逕得其數祇能依公理而用比較之
法得之
如前理則炭養與炭養二之體分劑式爲
炭養　體分劑式　炭養　重分劑數二十八　炭重十二

養重十六　體積二　炭體積一　養體積一
炭養二　體分劑式　炭養二　重分劑數四十四　炭重十二
養重三十二　體積二　炭體積一　養體積二
淡輕三之分劑
輕綠一分劑即三十六分五能滅淡輕三十七分之鹻性而
成淡輕四綠更用別種强水試之亦得同數因命十七爲淡
輕三之分劑數此數之體積等於養氣一分劑即八分之四
倍體積故以養氣爲體積之主數則淡輕三化合之體積數
爲四又如淡輕三十七分之體積等於輕氣一分劑之倍體
積若以輕氣爲主數則淡輕三之化合體積數爲二

淡氣之分劑

淡輕$_3$十七分含淡氣十四分輕氣三分如以輕氣爲主則三分爲輕氣之三分劑而淡氣十四分當爲淡氣之一分劑淡輕$_3$以電氣化分之則得輕氣三體積淡氣一體積故淡輕$_3$所含之淡氣十四分自必爲一分劑其輕氣既爲三分劑則淡氣之化合體積可以同於輕氣之化合體積生物化學亦證淡輕$_3$內之輕氣三分劑每一分劑可以別質代之故輕氣之質點必爲三箇至於淡氣之十四分不能分析而與別質化合如有化合必足十四分是必爲一箇質點之數從此而得淡輕$_3$之分劑與體積

淡氣一分劑以養爲主者二體積以輕爲主者一體積分劑之重十四

輕氣三分劑以養爲主者六體積以輕爲主者三體積分劑之重三

淡輕$_3$一分劑以養爲主者四體積以輕爲主者二體積分劑之重十七

因是知淡輕$_3$之體分劑式即原質變爲氣質其一體積爲一質點之理與其重分劑數相配

淡養$_5$之分劑

嘗考鉀養一分劑即四十七分遇輕養淡養$_5$六十三分即化合而全滅其性輕養淡養$_5$六十三分含輕一分淡十四分養四十八分故其質爲輕淡養$_6$如欲指明原質之排列必爲輕養淡養$_5$

輕綠與綠氣之分劑

輕綠三十六分五合於鉀養四十七分則能彼此滅性故以三六·五爲輕綠一分劑之重率如將綠氣化分之（詳見綠氣取法）即得綠氣三五·五養氣八即一分劑故以三五·五爲綠氣一分劑之重率如將綠氣三五·五量其體積即得倍於養氣八之體積故以養氣一分劑爲一體積綠氣一分劑爲二體積其餘輕氣之分劑同因知輕氣二體積即一分

劑其重一分綠氣二體積即一分劑其重三十五分五兩質化合成輕綠四體積即一分劑其重三十六分五

體分劑式之理

輕綠輕$_2$養淡輕$_3$炭輕$_4$四氣質之體積同在平熱度與平壓力之時其含輕氣爲一二三四體積如輕綠氣二體積含綠氣一體積輕氣一體積又水氣二體積含養氣一體積輕氣二體積又淡輕$_3$氣二體積含淡氣一體積輕氣三體積又炭輕$_4$氣二體積含炭一體積輕氣四體積其炭輕$_4$內炭霧若干重之體積不能以試法知之惟以炭霧重十二分之體積與養氣重八分之體積相等爲證其餘各質

則依試得之數爲據如以每原質一質點爲一體積則輕綠氣與水氣與淡輕氣與炭輕$_{四}$氣每配綠一質點養一質點淡一質點炭一質點必與輕一質點二質點三質點四質點化合如以每原質一分劑爲一質點卽得

輕綠＝綠輕○＝輕綠＝二體積以輕氣爲一體積＝三十六五以輕氣爲一分劑

輕$_{二}$養＝養輕$_{二}$輕＝輕$_{二}$養＝二體積以輕氣爲一體積＝十八以輕氣爲一分劑

淡輕$_{三}$＝淡輕$_{三}$輕＝輕$_{三}$淡＝二體積以輕氣爲一體積＝十七以輕氣爲一分劑

炭輕$_{四}$＝炭輕$_{四}$輕＝輕$_{四}$炭＝二體積以輕氣爲一體積＝十六以輕氣爲一分劑

依體分劑之理輕氣爲質點體積之主數故可命此質爲化合力爲主之數又可將各原質依其質點而與輕氣一質點或多質點化合之性而列之

所謂原質之體分劑卽原質一質點或一體積與輕氣幾質點能相對如綠氣之體分劑爲一因綠氣一體積卽一質點不但能與輕氣一質點卽一體積化合而滅其本性又能代各雜質內之輕氣一質點

養氣之體分劑爲二因養氣一體積卽一質點能與輕氣二體積卽二質點化合成水而滅其本性又能在輕氣之雜質內代輕氣二質點

淡氣之體分劑爲三因淡一體積卽一質點能在淡輕$_{三}$內滅輕氣三質點卽三體積之本性又能在輕氣之雜質內代輕氣三質點卽三體積

炭之體分劑爲四因炭霧雖是未能分取之質然其一體積能與輕氣四體積卽四質點化合而滅其本性以成炭輕$_{四}$又能與別種原質化合卽炭一質點能代輕氣四質點

輕綠與水與淡輕$_{三}$與炭輕$_{四}$四質係雜質內常見之物故可謂之雜質之模又綠養淡炭各以體分劑而分之則爲其首質

如綠氣爲一質點原質之首凡一質點之原質其重分劑數同於體分劑數

養氣爲二質點原質之首凡二質點之原質其重分劑數半於體分劑數卽養之重分劑數爲八而養之體分劑數爲十六

淡氣爲三質點原質之首凡三質點之原質其重分劑數常與體分劑數相同然以重分劑之理而推算之則其重分劑數應爲體分劑數三分之一

炭爲四質點之首其重分劑數常爲體分劑數之半卽炭之重分劑數爲六而體分劑數爲十二然以理推之當爲體分劑數四分之一

前論似爲不甚妥洽然今日之化學正在舊法新法之際故學者往往不從重分劑數而從體分劑數因考分合之

理最易顯明若論實用仍以重率爲便惟重率之法常有數種不合者亦可改正而用之

數年來考得之新事日後必能將體積分劑之式改正其不合理之處凡氣質之體積並各原質之熱率等事必當試得其實據不可但藉空談之理如無實據則體積分劑式終不能勝於重分劑數

有一事爲奇卽生物質之大半爲輕養淡炭四質而此四質爲一質點二質點三質點四質點之原質

雜質之體分劑式已有簡法能顯各原質之質點數凡一質點之質祇有一箇相連之邊如輕氣命爲 輕一 二質點之質有二箇相連之邊如養氣命爲 一養一 故養氣常與輕氣二質點化合成水其質點式爲 輕一養一輕 惟輕養$_{二}$之質點式爲 輕一養一養一輕 其養氣第二箇質點祇有一箇相連之邊命其式爲 一養一輕一養一輕 從此知輕養$_{二}$最易化分爲水與養氣三質點之質有三箇相連之邊如淡氣爲 一淡< 所以淡輕$_{三}$內之淡氣連以輕氣三質點如 輕一淡<輕輕 炭爲四質點之質有四箇相連之邊故記之爲 >炭<

所以炭$_{二}$輕$_{四}$卽炭輕$_{四}$可命爲 輕輕>炭<輕輕 又炭養$_{二}$氣卽炭養$_{二}$命爲 養=炭=養

炭與綠合質之體積

炭與綠合成之各質以化分之法得其各原質之數並其霧之重率爲據惟炭$_{四}$綠$_{二}$尚未考得其霧重率之確數如以炭重六分變爲霧則有二體積卽以養氣之體積爲一則炭綠必有虛炭霧二體積與綠氣二體積

虛炭霧之重率卽一體積之重數爲○·四二四綠氣一體積之重數爲二·四七所以虛炭霧二體積之重○·八四八綠氣二體積之重四·九四共重五·七八八炭$_{四}$綠$_{四}$霧一體積之重已考得五·八二此數與前數所差無多略因器與工不準之故所以炭$_{四}$綠$_{四}$卽炭綠之體積爲一含虛炭霧二體積綠氣二體積如炭$_{四}$輕$_{四}$卽重二十八分卽四體積而以養氣爲一體積則炭$_{四}$綠$_{四}$之重必爲一百六十六分亦卽四體積

又考得炭$_{四}$綠$_{二}$霧一體積之重數爲八一五七其炭霧四體積卽二分劑之重與綠氣六體積卽三分劑之重相和爲一六五一六卽炭綠之二體積所以炭$_{四}$綠$_{六}$爲炭霧八體積與綠氣十二體積合成炭$_{四}$綠$_{六}$之四體積

炭綠之質能顯體積之理與質性有相關如將炭綠霧通過紅熱之管即得流質化分之而得炭與綠之分劑與炭綠定質之分劑相同惟其霧之重數為四〇八二即炭綠定質重之半可見流質內炭霧與綠氣相同之數而凝成之體積比定質者大一倍此因流質之霧之四體積含炭霧四體積綠氣六體積其質為炭綠

炭綠霧一體積之重為五三即炭霧一體積與綠氣二體積之和所以炭綠之質為炭霧二體積即一分劑與綠氣四體積即二分劑凝成炭綠二體積又炭綠為炭四體積與綠八體積凝成炭綠四體積茲將炭與綠之合質列後

炭綠	體積四	分劑數九十五
炭綠	體積四	分劑數一百六十六
炭綠定質	體積四	分劑數二百三十七
炭綠流質	體積四	分劑數一百十八·五
炭綠	體積四	分劑數一百五十四

矽綠之分劑

矽綠一體積之重為五八七此質若與炭綠以同法排列其原質應含綠氣二體積矽之虛霧一體積故將綠氣二體積之重四九四與矽綠一體積之重五·八七相較得餘數〇·九三為矽虛霧一體積之重

矽綠為綠氣四體積即二分劑與矽霧二體積即一分劑相合而凝為二體積之容積

輕碘之分劑

鉀在輕碘氣一體積內加熱則收其碘而輕氣祗賸原體積之半故輕氣一體積和以碘霧一體積即成輕碘二體積又鉀養一分劑即四十九分遇輕碘一百二十八分則滅其性而一百二十八分為四體積即以養氣八分為一體積推之故輕碘一分劑即四體積即一百二十八分含輕氣一分劑即二體積即一分與碘一分劑即二體積即一百二十七分

輕弗之分劑

輕弗之分劑數以鈣弗定之化分鈣弗而得鈣一分劑即重二十分合於弗十九分如以為輕弗之原質與輕綠相對則十九分為弗之一分劑而輕弗含輕氣一分劑即二體積合於弗一分劑如以為輕弗一分劑即重二十分為四體積（此以養氣一分劑為一體積之比）則輕弗氣一體積之重率為〇·六九弗氣為一·三一

矽弗之分劑

矽弗之重率三·六〇如令虛矽霧之重率為〇·九三弗之重率為一·三一則矽霧一體積與弗二體積之和重為三

五五其矽霧一分劑卽二體積合于弗二分劑卽四體積卽成矽弗二體積

輕硫氣之分劑

輕硫遇金類與養氣化合之質則養氣八分常以硫十六分代之故命八爲養氣一分劑之重率此以輕氣爲一硫爲十六而輕硫一分劑之重率爲十七卽含輕一分劑與硫一分劑試將錫置于輕硫氣一體積內而加熱卽收其全硫而所餘輕氣之體積同于原輕硫內之體積故輕硫一體積含輕一體積則輕硫一體積之重爲一·一九一二減去輕一體積之重卽○·○六九二得餘數一·一二二○

此爲輕硫一體積所含硫霧之重而硫霧之重卽硫一體積之重在一千九百度之熱爲二·二三所以輕硫一體積內含輕氣一體積硫霧半體積也然以養氣八分爲一體積則輕硫一分劑之重十七分當爲二體積因含輕一分劑卽二體積與硫一分劑卽一體積

輕硫以體積而論其原質之排列與水相同如其體分劑以輕一體積爲一質點則爲輕硫卽等於二體積而硫質點之重爲三十二加熱至一千九百度而成霧其體積同于輕氣一分重之體積

氣與霧之重率常與熱度相關

氣或霧之重率將等體積之乾空氣以同熱度同壓力而比較之因知無論何冷何熱而度數相等者其重率常不變氣與霧之難凝者概有此事如養氣與空氣以等體積與同熱度而稱之其重率之比例必爲一·一○五七與一之比然有數種霧質其熱近於能凝之度則其重率大于大熱度之時如硫霧是也硫之沸界爲八百三十六度如加熱至九百度而取其霧稱之則與空氣等體積而九百度熱之重率爲六·六一七與一之比故其重率必爲六·六一七卽硫一分劑之體積爲三分體積之一卽以養氣爲一體積而例之如以硫霧加熱至一千九百度則重率爲

同熱度同壓力之空氣一體積之二倍二三故其重率爲前數三分之一卽硫一分劑適合一體積

硫養之原質排列法

硫在養氣內燒之則合成硫養之體積等於養氣之體積故硫養一體積含養一體積

硫養一體積之重二·二四七○養氣一體積之重一·一○五六兩數相減卽得硫養氣一體積在一千九百度熱之重爲二·二四故前重數爲硫霧之半體積卽硫養氣二體積含養氣二體積與硫霧一體積

硫養與本質之一分劑所化合者重三十二分故此數可

謂之硫養氣之分劑此種體積乃養氣重八分之體積之倍
硫養氣一分劑卽重三十二分卽二體積含硫霧一分劑卽重十六分卽一體積並含養二分劑卽重十六分卽一體積

硫養原質之理

淨輕養硫養只能用成顆粒之法得之如令沸而熬之則輕養硫養之一分化分而放出無水硫養至甑內所餘者含輕養硫養每百分有九十八分七用鉀養一分劑卽重四十七分加入硫强水重四十九分卽能滅其性若將四

十九分重之硫强水置鍋內加熱再加淨鉛養其重多於硫强水則散去水重九分而鉛養加重四十分蓋硫强水一分劑之重率四十九分卽硫養之一分劑四十分水之一分劑九分硫養一分劑內有硫十六分養氣二十四分故將四體積輕養硫養卽六七六八與二體積輕養卽一二四四相較得五五二四卽四體積輕養硫養霧內之硫養霧重數所以硫養霧一體積在八百八十度熱之重爲一·六九二其一分劑卽重四十九分含四體積此以養氣八分重爲一體積卽輕養硫養四體積卽一六九二乘四等於六七六八輕養二體積卽〇·六二二乘二等於一·二四四將二數相較得餘數爲五·五二四卽硫養霧四體積所含之無水硫養霧之重數

將無水硫養霧行過紅熱之瓷管則成二體積硫養氣與一體積養氣可見必含硫養一分劑卽硫一分劑卽一體積並養氣二分劑卽二體積又養氣一分劑所以無水硫養所含之質爲硫霧一體積卽重二·二三〇〇養氣三體積卽重三二一六八相加得五五四六八惟無水硫養之霧一體積已試得三·〇一故以上所得之數卽五一五四爲霧之二體積但試得之數與推算之數所有之差大於平常化學事內所得之差其二數之較卽五五四六與五

五二四可以不計可令五五四六爲硫强水霧四體積所含無水硫養霧之重故可見硫强水霧四體積卽一分劑含水霧二體積卽一分劑並無水硫養霧二體積卽一分劑卽含輕氣二體積卽輕養內之輕氣二體積並硫一體積與養氣四體積卽硫養內之養氣三體積與輕養一體積內之養氣一體積

炭硫之分劑與體積

化學家試得炭一分劑卽六分與硫三十二分卽二分劑化合因鉀硫一分劑卽五十五分與炭硫三十八分合成鉀硫炭硫則一分劑之式爲炭硫又炭硫一體積之重卽

重率二六四四七此以養氣八分即一分劑爲一體積則炭硫$_{二}$三十八分即一分劑必爲二體積即炭硫霧二體積之重二六四四七之倍即五二八九四又硫霧二體積即二分劑之倍二二三之倍即四四六〇〇兩數相較得〇八二九四此數爲炭硫$_{二}$霧二體積內所含虛炭霧之重必爲二體積故炭硫$_{二}$霧一分劑即二體積含虛炭霧一分劑即二體積與硫霧二分劑即二體積化合依體積而論其質點則與炭養$_{二}$之質相對

燐養$_{五}$之分劑數

無水燐養$_{五}$以水消化之即成輕養燐養$_{五}$如水含無水燐養$_{五}$

七十一分能滅鈉養一分劑即三十一分之鹼性而合成鈉養燐養$_{五}$又如燐三十一分在乾空氣內燒之如前二百〇五圖即成燐養$_{五}$七十一分故七十一減三十一得四十即與燐三十一分合成燐養$_{五}$七十一分之養氣而養之四十分即五分劑故得燐養$_{五}$之分劑數

燐輕之分劑數

化分此氣而知含燐三十一分含輕三分即燐一分劑與輕三分劑化合此質又能與輕碘氣等體積化合而所成之雜質含燐輕$_{三}$三十四分輕碘一百二十八分即一分劑但輕碘一分劑有四體積此以養爲一體積故燐輕$_{三}$一分

劑之體積爲四而此氣一體積之重率爲一·一八五則四體積之重率爲四·七四〇其輕氣三分劑之體積爲六所得如後數

燐輕$_{三}$四體積　重四·七四〇

輕六體積　即〇·六九乘六爲〇·四一四

燐輕$_{三}$四體積所含燐霧之重率爲此二數之較即四·三二六而燐霧之重率爲四·五〇故以此數與前數之較爲試驗人之差則可得燐霧一體積之重率所以燐輕$_{三}$一分劑即四體積含燐霧一分劑即一體積並輕氣三分劑即六體積但此式與淡輕$_{三}$之式不相配因淡輕$_{三}$之淡一分劑有

二體積如將燐輕$_{三}$用電氣火星通過而化分之則氣之二體積變成輕氣三體積而有紅色之燐分出

鉮養$_{三}$與鉮養$_{五}$之分劑數

鉮養$_{五}$與燐養$_{五}$變化之性甚相似故化學家疑其原質之排列略同即燐養$_{五}$有燐一分劑養五分劑則依同理鉮一分劑亦有養五分劑配之有人化分鉮養$_{五}$而得養五分劑即重四十分鉮一分劑即重七十五分此數即是鉮質分劑之數又鉮養$_{三}$亦化分之而得鉮重七十五分養重二十四分故鉮養$_{三}$可從此而得其分劑適爲無水燐養$_{三}$相對之質鉮養$_{三}$霧一體積之重爲一三·八五鉮霧一體積之重爲一

○·六○二數相較得餘數爲養三體積重之略數其準數應爲一·一○五七之三倍所有小差乃試驗者之器具不精所以鉮養三霧一體積含鉮霧一體積與養三體積而鉮之體積爲一即與燐相同

鉮輕三之分劑數

此氣之重率爲二·六九五則鉮輕三應有鉮霧一體積輕氣六體積爲○·○六九之六倍即○·四一四共得一·○一四但此數爲鉮輕三一體積之四倍故鉮輕三之式爲四體積之式而含鉮霧一體積輕氣六體積

鉀之分劑數

化分鉀綠而得綠氣一分劑即重三十五分五鉀一分劑即重三十九分故知鉀之分劑數爲三十九

鈉之分劑數

化分鈉綠而得綠三十五分五鈉二十三分故知鈉之分劑數爲二十三

淡輕四綠分劑數

淡輕四綠霧一體積之重率○·八九淡輕四綠一分劑爲淡輕三一分劑即四體積與輕綠一分劑即四體積此以養氣爲一體積

淡輕三四體積之重爲○·五九乘四即二·三六輕綠四體積之重爲一·二五乘四即五·○○二數相加得七·三六即淡輕四綠霧八體積之重此霧之體積爲養氣一分劑即重八分之八倍即輕氣一分劑其重一分之四倍若以體分劑數而論之每原質之一分劑爲一體積而雜質之一質點有二體積依此理則淡輕四綠霧應有輕氣一分劑重之體積之二倍以其重分劑而論則有四倍此爲二理不對之處但有法可解之即淡輕四綠變霧之時其輕綠與淡輕三暫時分開故測驗者爲此二種氣之各重而非合成一氣之重

鋇鎴鈣鎂之分劑數

鋇綠之質含鋇一分劑即重六十八分五與綠一分劑即重三十五分五所以鋇之分劑數定爲六十八分五又以同理鎴之分劑數爲四十三分八鈣之分劑數爲二十分鎂之分劑數爲十二分故其分劑數與其電氣正極點之性以同比例而減小即與前說鹼屬金相同

熱率與分劑數相關

以上四種金類其質點之重數不能一一逕考知因其霧之體積重率尚未考準也茲當藉其熱率而考知之準前論凡質之熱率是令此質增熱一度所需熱力之數即與水增熱一度所需熱力之數相比此以水之數爲主可比某

質重一分令其增熱一度所需之熱數如令水增熱一度所需熱力之數爲一則鉀之熱率爲〇·一六九六鈉爲〇·二九三四鋰爲〇·九四〇八此各數卽三質各重一分增熱一度所需之熱數與水比例而得若但以各質之熱率相比則不顯相關之處必考各原質一分劑之重須加若干熱方能增熱一度則所得之數自有證據如鉀重一分其增熱一度所需之熱數爲〇·一六九六將此數以鉀之分劑數三十九乘之得六·六一卽令鉀一分劑增熱一度所需之熱數又以同理令鈉一分劑增熱一度所需之熱數爲〇·二九三四乘二十三得六·七五鋰一分劑增熱一

度所需之熱數爲〇·九四〇八乘七得六五九此各數因求熱率而不免微差故得數亦隨之微差然六·六一與六·七五與六五九已可當爲同數茲因鉀鈉鋰三質之質點重率原與其分劑數相同則六·六一與六·七五與六·五九又可當此三種金類之質點熱率卽能令各質之一質點增熱一度所需熱數之比從此推得公式凡質之質點熱率卽其原熱率與質點之重率相乘之和數如將此三質之數求其中數卽得六·六五可爲三金類質點之公式不但鉀鈉鋰一屬內之各質有此公質點熱率卽每屬之原質俱有此公質點熱率近時化學家以爲原質之大半其

質點熱率相同如養氣輕氣淡氣三質其質點熱率爲三四八與三四一與三四一此三數之微差恐是試驗之差原可以爲同數

不但一屬之各原質有此理而其各原質合成之雜質亦有此理如將鉀鈉鋰與綠氣合質之熱率以其質點率乘之得數略等於一二六九如以此各質爲俱含其原質之一質點又以各原質爲質點熱率相同則前數半之得六三四可爲鹼土屬金各質之質點熱率其數不甚差卽六六五

鋇鍶鈣之熱率尚未考準故其質點熱率不能一逕考知

惟鎂之熱率爲〇·二四[illegible]如其質點重率與其分劑數相等卽爲十二卽其質點熱率爲三若以質點重率爲分劑數之倍卽二十四則其質點熱率爲〇·二四九九乘二十四卽等於六此數略近於鹼屬金類之熱率或因此理以鎂之質點重率爲二十四卽其分劑數之倍

鋇綠鍶綠鈣綠鎂綠其各質之熱率業經考得爲〇·〇九〇〇又〇·一一八〇又〇·一六八六又〇·一九七〇此各金類之質點重率與其分劑數相等故各金與綠氣化合之質點熱率其中數爲九三六將此數以二約之卽其質爲二質點合成卽得其雜質內原質之質點熱率四六八

此數與鎂之質點熱率並鹼屬金之熱率無甚相關然以鋇鎴鈣鎂之質點實為二個分劑即鋇綠鎴綠鈣綠鎂綠各含三個原質點即綠二質點金類一質點則此四種含綠之質其質點重率為倍數故其質點熱率為前數之倍即一八七二將此數以三約之即與綠合質之質點數即得六二四為其各原質之質點熱率此數與鎂並鹼屬金所得之數無甚差

鋇鎴鈣鎂平常以為二分劑原質即二質點原質是一質點當輕氣二質點故其質點重率為鋇一百三十七鎴八十七五鈣四十鎂二十四此各質與養合成之質為鋇養鎴養鈣養鎂養與綠合成之質為鋇綠$_{二}$鎴綠$_{二}$鈣綠$_{二}$鎂綠$_{二}$近時以體分劑式為公用之式而非其分劑式則含養之質之式與含綠之質之式不能相對所以各種金類變化之式大為不便而甚繁

鋁之分劑數

化分鋁$_{二}$綠$_{三}$而得綠氣之一分劑為三十五分五合於鋁之一分劑九分一六綠氣與鋁合成之質名為鋁綠則鋁之分劑數為九分一六然鋁$_{二}$綠$_{三}$以鹼質化分之即得鋁$_{二}$養$_{三}$合於鹼質與綠氣合成之質其鋁與綠合成之鋁綠則遇鉀養而變成鋁養其式為鋁綠丄鉀養‖鉀綠丄鋁養鋁與

養合質之變化性情並其鹽類質之變化性情與鐵$_{二}$養$_{三}$大相似又礬類內並數種金類質其鐵$_{二}$養$_{三}$能代鋁$_{二}$養$_{三}$所以化學家不能不以鋁合養之質為鋁$_{二}$養$_{三}$如用鉀養之法取之其式為鋁$_{二}$綠$_{三}$丄三鉀養‖三鉀綠丄鋁$_{二}$養$_{三}$正可見鋁合綠之質為鋁$_{二}$綠$_{三}$

又試驗綠氣三分劑即三十五五乘三合于鋁二十七四八如以此數為二分劑則鋁之分劑數為十三七四但此數亦非令輕氣一分劑從其雜質分出所需鋁之數

鋁之霧若干重之體積尚未考知所以鋁之質點重率當用別法求之如鋁綠霧之重率即一體積之重為九三四又鋁$_{二}$綠$_{三}$九三四含鋁一九二故可見鋁$_{二}$綠$_{三}$一體積為九三四內含鋁一九二餘綠氣七四二但如綠氣一體積之重二四七又如三體積之重七四二又如鋁一體積之重為一九二可見鋁綠霧內有鋁一體積即一質點又綠三體積即三質點但平常之雜質以一點為二體積此以輕氣為一體積所以鋁$_{二}$綠$_{三}$之一質點即二體積含鋁二體積即二質點又含綠氣六體積即六質點綠氣一質點為三十五分五所以六質點共為二百十三分而於鋁$_{二}$綠$_{三}$內合於鋁五十五分一所以鋁綠內之二質點為五十五分一即鋁每一質點重二十七分五即以上所言分劑數之倍所

以鋁綠以體分劑式記之為鋁綠鋁之質點熱率亦以同理得二十七五此因鋁綠內其鋁二質點與綠六質點內當輕氣六質點則鋁一質點當輕三質點而鋁則為三質點之金類如以養等於十六則鋁養之體分劑式為鋁養

鋅之分劑數

鋅在鹽强水內消化則每重三十二分五能放輕氣一分故得鋅一分劑之重率為三十二分五化學家考鋅與鎂略同理以鋅之質點重率為六十五係分劑數之倍則鋅為二分劑之金類亦即二質點之金類鋅合養之質其體分劑式為鋅養即鋅為六十五而養為十六所以鋅綠之體分劑式為鋅綠

鎘之分劑數

化分鎘綠而得鎘一分劑之重率五十六鎘霧一體積之重為三九四即輕氣之五十七倍如以輕一體積為一質點而其重率為一分則鎘霧一體積即一質點其重五十七分惟取鎘霧之重率為極難之事易致錯誤故可命鎘之體分劑數等於其重分劑數因其所差者無幾但鎘之熱率與變化之性並與別質之相關略指出鎘為二質點之金類與鋅同而其質點重率為一百十二

錭之分劑數略為三十六

鐵之分劑數

鐵在鹽强水內消化則鐵二十八分與綠三十五分五即一分劑化合能代輕氣一分劑故得鐵之分劑為二十八鐵之熱率又因鐵能代錳鋅鎘在其各鹽類內則其質點重率為其分劑數之倍即五十六故鐵為二分劑即二質點之原質

鐵合養之質並合綠之質依此例而列之則鐵養為鐵養鐵養為鐵養鐵綠為鐵綠鐵綠為鐵綠即為體分劑之各式

鐵綠之體分劑式以其霧之重率而求之為輕氣之一百六十五倍故輕氣一體積即一質點其重率等於一則鐵綠霧之二體積即一質點其重應為一百六十五乘二即三百三十此質幾同於鐵二質點之數即一百十二合於綠六質點即二百十三所合成之質

可見鐵之質點有二理一為與鐵一分劑所成之質一為與鐵二分劑所成之質如鐵養與鐵綠其鐵每一質點代輕氣二質點如鐵養與鐵綠其鐵每一質點代輕氣三質點即為三質點之質所以鐵為二質點之原質又為三質點之原質

錳之分劑數

錳綠化分之而得綠氣三十五分五卽一分劑並錳二十七分五所以錳之分劑數爲二十七分五

錳之熱率並與鐵與鋅可以成同形異原之質故化學家以其質點重率爲五十五所以錳爲二質點之金類錳養之體分劑式以養爲十六卽得錳養又錳養$_{二}$爲錳養$_{二}$又錳綠爲錳綠$_{二}$

含錳$_{二}$養$_{七}$之鹽類質與含錳綠$_{二}$之鹽類質可以互代鉀養綠養$_{五}$之體分劑式爲鉀綠養$_{四}$又如以錳之質點重率爲五十五則鉀養錳$_{二}$養$_{七}$之體分劑式爲鉀錳養$_{四}$如以錳之質點重率爲二十七分五則鉀養錳$_{二}$養$_{七}$之體分劑式變爲鉀錳$_{二}$養$_{四}$此式與鉀養綠養$_{三}$之式不相配故不可以二十七分五爲其質點重率

鉻之分劑數與質點重率

化分銀養鉻養$_{三}$每得銀一百〇八分卽一分劑另得鉻二十六分三又因含鉻養$_{三}$之質與含硫養$_{三}$之質其顆粒之形相同故疑其原質之分劑數亦同銀養鉻養$_{三}$之銀一分劑卽爲一百〇八則鉻之二十六分三可爲一分劑

鐵與鉻多有相似之處故可將鉻之分劑數倍之而得其質點重率所以鉻一質點爲鉻卽五十二分六爲二質點之金類而鉻$_{二}$養$_{三}$爲鉻$_{二}$養$_{三}$鉻養$_{三}$爲鉻養$_{三}$鉻綠爲鉻綠$_{二}$鉻$_{二}$綠$_{三}$爲鉻綠$_{三}$

鉻養$_{二}$綠之體分劑式爲鉻綠$_{二}$養$_{二}$卽一百五十五分六鉻養$_{二}$綠霧之重率卽一體積之重爲五五分五二卽輕氣之八十倍又如輕氣一質點卽一體積之重爲一則鉻養$_{二}$綠一質點卽二體積應重一百六十然依前例爲一百五十五分六此小差卽化分求數之難處

銅之分劑數與質點重率

黑色之淨銅養在輕氣內加熱每三十九分五能放養氣八分合於輕氣成水所餘之銅得三十一分五故淨銅養含銅與養各一分劑則銅之分劑數爲三十一分五若用紅色之銅養則銅二分劑合養一分劑以此銅之數爲一分劑則其分劑數爲六十三黑色之銅養與鐵養爲同形異質又與鋅養亦爲同形異質若與硫養化合其三種金類可任意代換故疑所含銅鐵鋅之原質同法排列而銅之分劑數必爲三十一分五

銅爲二質點之金類則其質點重率爲分劑數之倍卽銅等於三十六此說以其熱率與其雜質之排例法爲憑如淡銅$_{三}$之取法令淡輕$_{三}$遇熱銅養$_{三}$可見銅之三質點以代輕之三質點依此理則銅雜質之體分劑式如紅色銅$_{二}$養爲銅$_{二}$養其黑色者爲銅養其銅$_{二}$硫爲銅$_{二}$硫而銅硫爲銅硫又

銅$_2$絲為銅絲而銅絲為銅絲$_2$

鉛之分劑數與質點重率

鉛養與鉛絲已化分而知養一分劑卽重八分絲一分劑卽重三十五分五俱可合於鉛重一百〇三分五所以此數為鉛之分劑數又考鉛之熱率並鉛與二質點金類質乃為異質同形者則知其質點重率為分劑數之倍卽二百〇七所以鉛雜質之體分劑式如密陀僧為鉛養鉛丹為鉛$_3$養$_4$黑棕色粉為鉛養$_2$鉛硫礦為鉛硫鉛絲為鉛絲$_2$

銀之分劑數與質點重率

極細之銀粉在絲氣內加熱則銀一百〇八分與絲三十五分五化合既知絲之分劑數故命銀之分劑數為一百〇八銀之熱率已知其分劑數與質點重率相同所以銀為一質點之原質其雜質之體分劑式為銀養卽銀$_2$養銀絲卽銀絲銀硫卽銀$_2$硫

汞之分劑數與質點重率

化分紅色汞養而知含養一分劑卽重八分含汞之重一百分故以汞養為汞與養各一分劑相合而成則汞之分劑數必為一百如以黑色之汞$_2$養命為汞與養各一分劑是此質含養八分汞二百分而汞之分劑數當為二百然黑色之汞養易化分為汞養與汞而汞養則耐久而不化分因知汞養所含之汞必是正分劑宜定為一百分故汞之別種雜質亦有此理含汞百分者比含二百分者亦能耐久不變如汞$_2$絲易化分為汞絲與汞故定為絲一分劑卽重三十五分五汞一分劑卽重一百分合成汞絲又如汞養為本之性甚强與銀養鉛養相同此二金類俱含一分劑者汞$_2$養則為本之性較弱適同於銅$_2$養之理

考定汞之點質重率將其霧與輕氣相比卽得汞霧之重率為六九七六卽輕氣之一百倍故以輕氣一體積或一分劑命為一則汞之一體積卽一質點應重一百

汞$_2$絲霧一體積之重率為八三五故汞之質點為一百則汞$_2$絲含汞二質點絲一質點

汞霧二體積之重一三九五二絲氣一體積之重二四七〇共重一六四二二此數略為汞$_2$絲霧二體積之重所以汞$_2$絲霧一質點卽二體積含汞霧二體積卽二質點又含絲氣一體積卽一質點而其體分劑式應為汞$_2$絲卽與重分劑式同

汞絲霧之重率為九八汞霧一體積之重率為六九七六絲氣一體積之重率為二四七〇共九四四六可見汞絲一分劑含汞一體積絲一體積則與輕絲之類不相似因輕絲類內其各原質一體積卽是合成雜質二體積故欲

將汞綠合於公理即雜質之一質點含二體積則其體分劑式必為汞綠即二體積又以同理汞合溴之各質其體分劑式為汞溴與汞溴又汞合碘之質為汞碘

汞硫霧之重率為五·五一因硫霧一體積熱至一千九百度其重率為二·二三又合於汞之比例為十六與一百之比而汞硫內所含之汞數為一三·九五二故汞霧二體積之重一三·九五二而硫霧一體積之重二·二三○共得一六·一八二即略為汞硫霧之重率略三倍所以汞硫三體積含汞霧二體積即二質點又含硫霧一體積即一質點若與輕硫氣原質之排列相比則汞二體積與硫一體積應凝成二體積所以此質不相配但其不合法之處略因汞硫變霧所需之大熱能令其原質之愛力減小故測量其重率之霧非汞硫霧而已改變為汞霧二體積硫霧一體積共得三體積故可謂其霧暫時化分又因其黑質蒸過之後能變為紅質略為此理

從前說可見汞硫之體分劑式應為汞硫即疑為二體積汞之熱率為一百而其質點重率則大至一倍故以二百為汞之質點重率如此為二質點之金類可見汞綠內所有汞二百分合於綠三十五分五能代輕綠內輕之一分所以汞二分劑之鹽類質內所有之汞為一質點之質但汞綠內之汞二百分合於綠七十一分而當輕綠內之輕二分故可見含汞一分劑之鹽類質內之汞為二質點者

茲將汞雜質之要質照以上三理而列表

俗名	專分劑數以汞為一百	體分劑式汞＝一百即一體積	體分劑式汞＝二百即一體積
	汞養＝二○八	汞$_{四}$養＝四一六	汞$_{二}$養＝四一六
	汞養＝一○八	汞$_{二}$養＝二一六	汞養＝二一六
輕粉舊稱	汞綠＝二三五·五	汞$_{二}$綠＝二三五·五 即二體積	汞綠＝二三五·五 即二體積
輕粉舊稱	汞綠＝一三五·五	汞$_{二}$綠$_{二}$＝二七一 即二體積	汞綠$_{二}$＝二七一 即二體積
	汞硫＝二一六	汞$_{四}$硫＝四三二	汞$_{二}$硫＝四三二
銀朱	汞硫＝一一六	汞$_{二}$硫＝二三二 即三體積	汞硫＝二三二 即三體積
	淡輕$_{二}$汞綠＝一五一·五	淡輕$_{二}$汞綠＝二五一·五	淡輕$_{二}$汞綠＝二五一·五

鉍之分劑數與質點重率

鉍綠化分之則得綠一分劑即三十五分五合於鉍七十分然鉍綠與銻綠之變化其理略同故疑銻綠亦為含綠三質點即綠三分劑合於鉍一分劑即二百十分此因鉍與銻與鉀大為相似故可為據鉍之熱率亦是試驗鉍綠所得之據可知鉍之質點重率與其分劑數相同又可知此原質為三質點之質如非金類內之淡燐鉀等所以鉍養之體分劑式為鉍養鉍綠為鉍綠鉍硫為鉍硫

銻之分劑數與質點重率

銻綠$_{三}$化分即得綠三十五分五銻四十分六六如以銻為一分劑合於綠一分劑則銻之分劑數為四十分六六如準此理則銻綠必含銻一分劑綠一分劑又三分之二然燐綠$_{五}$與銻綠$_{五}$原為相對之質故知銻綠$_{五}$必含綠五分劑而銻綠$_{三}$必含綠三分劑俱含銻一分劑所以銻之分劑數為一百二十二準銻之熱率並準銻與鉮為同形異質可見其質點重率同於分劑數故平常為三質點之原質而當輕氣三質點

銻綠霧一體積為八一假如此質依公法而成每二體積內含銻霧一體積綠氣三體積則銻霧之重率為八七九

銻綠$_{三}$霧二體積之重為一六二〇綠氣三體積之重為七四一銻霧一體積為八七九

銻霧一體積之重為輕氣一體積之一百二十二倍餘故可以一百二十二為銻之質點重率銻雜質之體分劑式如銻養$_{三}$為銻$_{二}$丨養$_{三}$其銻養$_{五}$為銻$_{二}$丨養$_{五}$其銻硫$_{三}$為銻$_{二}$丨硫$_{三}$其銻硫$_{五}$為銻$_{二}$丨硫$_{五}$其銻綠$_{三}$為銻綠$_{三}$其銻綠$_{五}$為銻綠$_{五}$前人命銻之分劑數為其真數之一半

錫之分劑數與質點重率

錫合於淡養$_{五}$則養重八分即一分劑能合錫重二十九分五如養與錫各為一分劑即錫之分劑為二十九分五惟錫與養有合成一質而其養之數為前者之半如錫養$_{二}$與矽養$_{二}$多有相似之處故以錫合硝強水所成之質為含養二分劑者即含養重十六分錫一分劑從此得錫之分劑數為五十九分

考知錫之熱率即知其質點重率為一百十八又考錫綠$_{二}$霧之重率亦為其據故錫綠$_{二}$霧一體積之重為九二〇則二體積即一質點之重為一八四〇而一質點所含錫之重為八分三五所以錫綠$_{二}$二體積所含綠氣之重十分〇五茲因二四七為綠氣一體積之重率則十分〇五為綠氣四體積之重率又如錫綠$_{二}$二體積為一質點則含錫一質點與綠氣四質點即四體積故其體分劑式為丨錫綠$_{四}$即錫等於一百十八錫必為四質點之質與炭與矽略同一質點能當輕氣四質點所成雜質之體分劑式為錫養即丨錫丨養錫丨養$_{二}$即丨錫丨養$_{二}$又錫綠為丨錫綠$_{二}$錫綠$_{二}$為丨錫綠$_{四}$錫硫為丨錫丨硫錫硫$_{二}$為丨錫丨硫$_{二}$錯

鑽為四質點之原質分劑數為二十五質點重率為五十

鉑之分劑數與質點重率

鉑綠$_{二}$與鉀綠合成之質化分之即得綠一分劑即三五五合於鉑一分劑即四九三故以鉑綠$_{二}$為含綠一分劑者則鉑之分劑數為四九三惟鉑綠$_{二}$所含之綠氣為鉑綠$_{二}$之半

故以鉑綠爲含綠一分劑而鉑綠爲含綠二分劑俱與鉑一分劑化合所以鉑一分劑與綠七十一分即二分劑化合之數爲九十八分六因含鉑而從淡輕變成之質其原質之排列法亦爲此理之據又如考得鉑之熱率即知其質點重率以爲分劑數之倍即一百九十七分二又如含鉑綠之雜質其鉑所成之雜質代輕氣四質點必有此理數故化學家以鉑爲四質點之原質即鉑等於一百九十七分二其雜質之體分劑式爲鉑養即鉑養鉑養即鉑養鉑綠即鉑綠鉑綠即鉑綠鉑蘇阿米尼輕養即淡輕鉑輕養鉑蘇阿米尼四輕養即淡輕鉑四輕養二鉑蘇阿米尼二輕養即淡輕鉑二輕養

金之分劑數並質點重率

金綠合於鉀綠所成之顆粒化分而得綠氣一分劑即三五五合於金六五五三因金合綠所成之質其金爲三倍綠氣之重故疑金之分劑數爲六五五三乘三得一百九十六分六又從金之熱率而知其質點重率亦爲一九六六則其雜質之體分劑式爲金養即金養金養即金養金綠即金綠金綠即金綠化學家以金爲三質點之原質能代輕氣三質點